JN291069

微小光学ハンドブック

微小光学ハンドブック編集委員会
編

朝倉書店

微小光学ハンドブック

応用物理学会 日本光学会
編　集

朝倉書店

- ●編集委員会主査　伊賀健一　東京工業大学
- ●編　集　幹　事　國分泰雄　横浜国立大学
- ●編集委員（五十音順）

荒井則一	コニカ株式会社	近藤由紀子	東京大学
有本　昭	株式会社日立製作所	中島俊典	理化学研究所
小椋行夫	日本電気株式会社	中島啓幾	株式会社富士通研究所
金森弘雄	住友電気工業株式会社	西澤紘一	日本板硝子株式会社
河内正夫	日本電信電話株式会社	波多腰玄一	株式会社東芝
黒田和男	東京大学	南　節雄	キヤノン株式会社
小池康博	慶應義塾大学	柳川久治	古河電気工業株式会社
後藤顕也	東海大学	横森　清	株式会社リコー
小松進一	早稲田大学	渡辺　勉	株式会社フジクラ

序

　1981年春に，筆者らはハワイで開かれる予定になっていた第2回分布屈折率光学国際会議（GRIN-II）の準備を進めていた．1981年春は，サンフランシスコにおいてIOOC（光集積回路と光通信に関する国際会議）が開かれるのに呼応してGRIN-IIがハワイで持たれることになったのだった．そして，1983年にはIOOCが日本にもどってくるので，GRIN-IIIも日本で開催されることが期待されていた．しかし，日本には研究者の数はかなりいるものの組織だった受け皿がない．そこで，同好の士が集まって研究者グループを作り国際会議に備えることとした．1981年の春に何回かの会合を持ったが，微小光学ということばもなく，日本電気（株）の内田禎二氏（現東海大学教授）らが提唱していたMicroopticsを，日本流に微小光学にしようという末松安晴　東京工業大学教授（当時）の発案を採用し，日本板硝子（株）の北野一郎氏を委員長として国際会議が準備されることとなった．

　ところで，集まった人々の熱心なアクティビティーによって1983年の国際会議（GRIN-IV）も成功裡に終わり，引き続いて微小光学の研究グループをやっていこうということになり，応用物理学会光学懇話会の研究グループとして再出発したのだった．そして，田中俊一　東京大学教授（現東京理科大学教授）を第2期の委員長，伊賀健一　東京工業大学教授を第3期の委員長として活発さをさらに増し，光通信，光電子機器，光センサーなど光エレクトロニクスで展開される微小光学コンポーネントをほぼカバーできる研究会活動を続けてきた．また，1983年より発行している機関誌"Microoptics News"はなかなかの好評を得ている．

　さて，レーザーによってディスクに書き込まれた情報を読み出すレーザーディスクが脚光を浴びはじめ，1983年頃からオーディオディスクが実用になりはじめた．このレーザーディスクのヘッドには，半導体レーザー，集光レンズ，アレ

イ光検出器など多くの微小光学コンポーネントが使われており，まさに微小光学そのものであることから，1985年2月の研究会で特集した．また，1985年7月には，光通信における"微小光学コンポーネント"，1986年2月には"オートフォーカスとロボットの目"の特集を行って活発な討論を繰り広げた．その間，Microoptic Conference を1987年，1989年，1991年に開催して，多くの外国の研究者も参加する国際的会議へと発展させた．

このように，微小光学は光エレクトロニクスにおけるデバイスへの要求を非常に現実的な方法で，しかもこれまでの産業分野の枠にとらわれず解決しようとする技術であるといえよう．しかし，本当の微小光学の発展はまだまだ十分とはいえない．微小光学コンポーネントは1990年代に入っても，なお手作り的な域を出ていないし，導波路デバイスも実用に耐えうる設定が十分になされているともいえない．やはり，光軸無調整で大量生産可能な構成法の発見がぜひとも必要である．筆者らの夢とするところは，微小光学（Microoptics），集積光学（Integrated Optics）を経て，知能光学（Intelligent Optics）ともいうべき"賢い光学"の開拓であり，高性能を提供できる微小光学と機能性を特徴とする半導体光デバイスとの融合が期待される．

受動形光コンポーネントと半導体光デバイスとを複合的に用いる集積デバイスの実現が鍵となろう．さらに，1992年になると，量子井戸構造による光スイッチやゲートデバイスなどこの面発光レーザー形式の光デバイスが発展の兆しを見せはじめた．一方，半導体結晶成長技術の発展は著しく速く，Si 基板の上に形成する光導波路とともに，シリコン基板上へ GaAs などの III-V 族化合物を成長させたり，人工的な結晶，あるいは半導体のみならず金属や絶縁物で構成する超格子構造など，従来にない性質の材料を創生して全く新しいデバイスを作り出す可能性が広がりつつあり，先に述べた Intelligent Optics の実現も夢ではなさそうである．

このような状勢のもとで，微小光学研究会，セミナー，国際会議などを運営してきた，応用物理学会日本光学会の微小光学研究グループの実行委員会メンバーを中心に，10年の活動の一区切りとして，微小光学に関する学問的基礎，技術の

発展状況をまとめて,世に問うこととした.最初に述べたように,完成された技術分野を網羅するハンドブックというよりは,著者らが発展に夢を託して読者とともに考える指針とすることを目的としており,不備,誤解もあるかもしれない.その場合,読者共々より新しい考えの完成を目指して議論を重ねたいところであり,ご意見を頂ければ幸いである.

1995年5月

編著者代表 伊賀健一

執筆者

伊賀 健一（いが けんいち）	東京工業大学
南 節雄（みなみ せつお）	キヤノン株式会社
荒井 則一（あらい のりかず）	コニカ株式会社
鈴木 隆史（すずき たかし）	キヤノン株式会社
伊藤 雅英（いとう まさひで）	筑波大学
黒田 和男（くろだ かずお）	東京大学
小松 進一（こまつ しんいち）	早稲田大学
國分 泰雄（こくぶん やすお）	横浜国立大学
波多腰 玄一（はたこし げんいち）	株式会社東芝
後藤 顕也（ごとう けんや）	東海大学
渡辺 勉（わたなべ つとむ）	株式会社フジクラ
小山 二三夫（こやま ふみお）	東京工業大学
大頭 仁（おおがしら ひとし）	早稲田大学
柳川 久治（やながわ ひさはる）	古河電気工業株式会社
西澤 紘一（にしざわ こういち）	日本板硝子株式会社
河内 正夫（かわうち まさお）	日本電信電話株式会社
飯野 顕（いいの あきら）	古河電気工業株式会社
小池 康博（こいけ やすひろ）	慶應義塾大学
萬 雄彦（よろず たけひこ）	日立マクセル株式会社
中村 宣夫（なかむら のぶお）	住友金属鉱山株式会社
小舘 香椎子（こだて かしこ）	日本女子大学
中島 啓幾（なかじま ちかき）	株式会社富士通研究所
出井 康夫（いでい やすお）	株式会社東芝
金森 弘雄（かなもり ひろお）	住友電気工業株式会社
水戸 郁夫（みと いくお）	日本電気株式会社
西本 裕（にしもと ひろし）	日本電気株式会社
松岡 芳彦（まつおか よしひこ）	HOYA株式会社
虎溪 久良（とらたに ひさよし）	HOYA株式会社
太田 義徳（おおた よしのり）	日本電気株式会社
水本 哲弥（みずもと てつや）	東京工業大学
有本 昭（ありもと あきら）	株式会社日立製作所
西原 浩（にしはら ひろし）	大阪大学
三川 孝（みかわ たかし）	富士通株式会社
藤井 洋二（ふじい ようじ）	日本電信電話株式会社
石山 唱藏（いしやま しょうぞう）	コニカ株式会社
小椋 行夫（おぐら ゆきお）	日本電気株式会社
庄野 裕夫（しょうの やすお）	日本デンヨー株式会社
中島 俊典（なかじま としのり）	理化学研究所
青木 貞雄（あおき さだお）	筑波大学
熊谷 康一（くまがい こういち）	古河電気工業株式会社
矢嶋 弘義（やじま ひろよし）	電子技術総合研究所
北山 研一（きたやま けんいち）	日本電信電話株式会社

〔執筆順〕

目　　次

第Ⅰ部　総　　論

1. オプトエレクトロニクスの新分野……………………………………………(伊賀健一)…3
2. オプトエレクトロニクスと微小光学…………………………………………(伊賀健一)…5
    2.1　微小光学サブシステム……………………………………………………5
    2.2　微小光学素子………………………………………………………………6
        2.2.1　マイクロレンズ……………………………………………………6
        2.2.2　分布屈折率平板マイクロレンズ…………………………………6
        2.2.3　モノリシック集積形導波路コンポーネント……………………7
        2.2.4　ハイブリッド集積形導波路コンポーネント……………………7
        2.2.5　光ファイバーによる光回路素子…………………………………8
    2.3　応用サブシステムの概要…………………………………………………8
        2.3.1　光ファイバー通信用レンズ素子…………………………………8
        2.3.2　光エレクトロニクスにおける微小光学素子……………………9
        2.3.3　微小光学コンポーネントの問題点………………………………10
3. 微小光学とその手法……………………………………………………………(伊賀健一)…12
    3.1　物理現象と解析手法の概要………………………………………………12
        3.1.1　波動光学……………………………………………………………12
        3.1.2　光線光学……………………………………………………………12
        3.1.3　導波光学……………………………………………………………13
        3.1.4　ビーム光学…………………………………………………………14
        3.1.5　回折現象……………………………………………………………14
        3.1.6　ビーム伝搬法………………………………………………………15
    3.2　基礎となるプロセス技術…………………………………………………15

第Ⅱ部　基　礎　編

1. 幾　何　光　学…………………………………………………………………………19
    1.1　分布屈折率媒質中の光線の振舞いと反射，屈折の法則………………(南　節雄)…19
    1.2　光学系の構成（符号の規約）と光線の追跡……………………………(南　節雄)…22

- 1.2.1 符号の規約 ……………………………………………………………… 22
- 1.2.2 光線追跡式 ………………………………………………………………… 23
- 1.3 分布屈折率光学系の近軸理論 …………………………………(南　節雄)… 23
  - 1.3.1 均質媒質系の近軸理論 …………………………………………………… 23
  - 1.3.2 分布屈折率媒質系の近軸追跡式 ………………………………………… 27
- 1.4 光学系の近軸量と結像公式 ……………………………………(南　節雄)… 30
- 1.5 分布屈折率媒質光学系の三次収差論 …………………………(南　節雄)… 34
  - 1.5.1 収差の概念と収差論の導出にあたって ………………………………… 34
  - 1.5.2 光学系を構成する面と分布屈折率の係数 ……………………………… 35
  - 1.5.3 アイコナール係数と横収差係数との関係 ……………………………… 36
  - 1.5.4 光学系全体と各面，各媒質からの寄与との関係 ……………………… 40
  - 1.5.5 収差係数の計算公式 ……………………………………………………… 42
  - 1.5.6 近軸色収差係数（$\kappa=1$） ……………………………………………… 44
- 1.6 分布屈折率レンズの光線追跡 …………………………………(荒井則一)… 46
  - 1.6.1 分布屈折率媒質中の光線 ………………………………………………… 46
  - 1.6.2 分布屈折率レンズの光線追跡法 ………………………………………… 47
- 1.7 光線追跡による性能評価 ………………………………………(荒井則一)… 53
  - 1.7.1 収差図 ……………………………………………………………………… 53
  - 1.7.2 スポットダイヤグラム …………………………………………………… 57
  - 1.7.3 波面収差 …………………………………………………………………… 58
  - 1.7.4 収差分類 …………………………………………………………………… 59

2. 波 動 光 学 …………………………………………………………………… 61

- 2.1 波動としての光の概念 …………………………………………(鈴木隆史)… 61
- 2.2 干　　　渉 ………………………………………………………(伊藤雅英)… 62
  - 2.2.1 干渉の原理 ………………………………………………………………… 62
  - 2.2.2 各種干渉計 ………………………………………………………………… 63
  - 2.2.3 光学薄膜 …………………………………………………………………… 65
- 2.3 光ビームの伝搬 …………………………………………………(伊賀健一)… 67
  - 2.3.1 分布屈折率光導波路における固有モード ……………………………… 67
  - 2.3.2 固有モード展開法 ………………………………………………………… 68
  - 2.3.3 拡張されたフレネル-キルヒホッフ積分 ………………………………… 68
  - 2.3.4 フレネル-キルヒホッフ積分 ……………………………………………… 69
  - 2.3.5 自由空間におけるガウスビーム波の伝搬 ……………………………… 69
  - 2.3.6 波面係数の変換 …………………………………………………………… 70
  - 2.3.7 レンズによる波面係数の変換 …………………………………………… 71
  - 2.3.8 マトリクス表示とその応用 ……………………………………………… 71
- 2.4 回折現象の取扱い ………………………………………………(伊賀健一)… 73

		2.4.1 ホイヘンスの原理 ……………………………………………… 73

  2.4.1 ホイヘンスの原理……………………………………………………… 73
  2.4.2 回折の例………………………………………………………………… 74
  2.4.3 レンズによる集光……………………………………………………… 76
  2.4.4 集光限界………………………………………………………………… 78
 2.5 回折格子……………………………………………………(黒田和男)… 80
  2.5.1 平面回折格子…………………………………………………………… 80
  2.5.2 ブレーズ格子…………………………………………………………… 81
  2.5.3 ホログラフィック回折格子…………………………………………… 81
  2.5.4 凹面回折格子…………………………………………………………… 81
 2.6 結像光学系の点像強度分布とOTFの計算理論…………(南 節雄)… 82
  2.6.1 瞳関数による点像強度分布とOTF…………………………………… 82
  2.6.2 レーザービーム走査光学系の点像強度分布の歪曲特性による影響… 90
 2.7 フーリエ光学………………………………………………(小松進一)… 93
  2.7.1 波動光学とフーリエ解析……………………………………………… 93
  2.7.2 フラウンホーファー回折とフーリエ変換…………………………… 94
  2.7.3 結像光学系のフーリエ解析……………………………………………103
  2.7.4 ホログラフィー…………………………………………………………105
3. 導 波 光 学 …………………………………………………………………… 107
 3.1 導波路のモードの一般的概念……………………………(國分泰雄)…108
  3.1.1 波動方程式と境界条件…………………………………………………108
  3.1.2 固有モードの分類と伝搬定数…………………………………………110
  3.1.3 電磁界分布と近視野像…………………………………………………115
  3.1.4 モードの直交性と固有モード展開……………………………………116
  3.1.5 遠視野像と開口数………………………………………………………118
  3.1.6 光の閉込め係数…………………………………………………………118
  3.1.7 単一モード条件とモード個数…………………………………………119
 3.2 光導波路の基本的構造とモード…………………………(國分泰雄)…120
  3.2.1 二次元平板導波路………………………………………………………120
  3.2.2 三次元導波路……………………………………………………………128
  3.2.3 光ファイバー……………………………………………………………131
 3.3 光導波路どうしの結合……………………………………(國分泰雄)…136
  3.3.1 光導波路の従属接続による結合………………………………………136
  3.3.2 近接平行光導波路間の光結合…………………………………………138
  3.3.3 光導波路の合流と分岐…………………………………………………141
 3.4 導波路回折格子による導波モード間の結合……………(波多腰玄一)…147
  3.4.1 導波路回折格子における結合モード理論……………………………147
  3.4.2 導波路グレーティングレンズにおける結合モード理論……………150

3.4.3　結合係数……………………………………………………………153
　　　3.4.4　DFB/DBR レーザーの理論 …………………………………………155
　3.5　導波モードと放射モードとの結合………………………(波多腰玄一)…159
　　　3.5.1　導波路形回折格子による導波モードと放射モードとの結合…………159
　　　3.5.2　非線形分極による導波モードと放射モードとの結合…………………160
4. 結 晶 光 学………………………………………………………(後藤顕也)…166
　4.1　結晶の電気光学的効果………………………………………………………166
　　　4.1.1　一次電気光学効果（ポッケルス効果）……………………………167
　　　4.1.2　二次電気光学効果（カー効果）……………………………………168
　4.2　電気光学結晶の種類と特性…………………………………………………169
　4.3　電気光学結晶の応用…………………………………………………………172
　　　4.3.1　電圧可変位相差板と光変調…………………………………………172
　　　4.3.2　光偏向……………………………………………………………………174
　　　4.3.3　光波領域可変フィルター………………………………………………174
　　　4.3.4　電界測定への応用………………………………………………………174
　4.4　非線形光学結晶 $LiNbO_3$ による第2高調波発生………………………174
　　　4.4.1　第2高調波発生の原理…………………………………………………175
　　　4.4.2　角度整合技術……………………………………………………………175
　　　4.4.3　位相整合角 θ_m の求め方……………………………………176
　　　4.4.4　温度整合技術……………………………………………………………176
　　　4.4.5　光損傷と Li: Nb 組成比変更…………………………………………177
5. 量 子 光 学………………………………………………………………………178
　5.1　半導体レーザー………………………………………………(渡辺　勉)…178
　　　5.1.1　半導体レーザーとその発振条件………………………………………178
　　　5.1.2　レート方程式……………………………………………………………179
　　　5.1.3　レーザー共振器とモード………………………………………………179
　　　5.1.4　半導体レーザーの構成…………………………………………………180
　　　5.1.5　半導体レーザーの基礎特性……………………………………………181
　5.2　光　増　幅……………………………………………………(小山二三夫)…184
　　　5.2.1　光増幅の原理……………………………………………………………184
　　　5.2.2　増幅度と光出力飽和……………………………………………………186
　　　5.2.3　自然放出光と雑音………………………………………………………187
6. 非 線 形 光 学……………………………………………………(黒田和男)…189
　6.1　非線形分極……………………………………………………………………189
　6.2　二次の非線形感受率…………………………………………………………189
　6.3　結合波方程式…………………………………………………………………192
　6.4　第2高調波発生………………………………………………………………194

6.4.1 結合波方程式·······194
6.4.2 位相整合条件·······195
6.4.3 ガウスビーム·······199
6.4.4 擬似位相整合·······200
6.5 パラメトリック発振·······201
6.6 三次の非線形光学効果·······202
6.6.1 高調波発生·······202
6.6.2 光カー効果·······202
6.6.3 誘導散乱·······203
6.7 位相共役·······203
7. 視覚光学·······(大頭 仁)···206
7.1 微小光学デバイスとしての生体眼·······206
7.1.1 ヒトの眼（特に水晶体，網膜）·······206
7.1.2 動物の眼（複眼）·······208
7.2 色覚·······210
7.2.1 視細胞と視物質（錐体）·······211
7.2.2 色知覚の三色性と反対色メカニズム·······212
7.2.3 色表示·······215

第Ⅲ部 材料・プロセス編

1. 半導体材料·······223
    1.1 Ⅲ-Ⅴ族半導体材料の特性·······(柳川久治)···223
        1.1.1 半導体におけるエネルギー状態·······223
        1.1.2 ダブルヘテロ接合·······225
        1.1.3 半導体と光の相互作用·······226
    1.2 半導体薄膜の成長·······(渡辺 勉)···230
        1.2.1 液相成長法·······230
        1.2.2 気相成長法·······231
        1.2.3 分子ビーム成長法·······232
        1.2.4 ガスソースMBE成長法·······233
    1.3 半導体材料の加工·······(渡辺 勉)···234
        1.3.1 オーミックコンタクト·······234
        1.3.2 絶縁膜形成·······234
        1.3.3 拡散·······234
        1.3.4 エッチング·······235

目　次

2. **ガラス材料**（アモルファス材料）……………………………………………236
   - 2.1　ガラス材料の基本特性………………………………（西澤紘一）…236
     - 2.1.1　透明性とは………………………………………………236
     - 2.1.2　屈折率と分散……………………………………………237
     - 2.1.3　機械的特性………………………………………………238
     - 2.1.4　熱的特性…………………………………………………239
     - 2.1.5　電気・磁気的性質………………………………………241
   - 2.2　石英系ガラスと光ファイバー/光導波路……………（河内正夫）…242
     - 2.2.1　石英系ガラス材料………………………………………242
     - 2.2.2　石英系光ファイバーの製法……………………………244
     - 2.2.3　石英系光導波路の製法…………………………………247
   - 2.3　多成分ガラスと光ファイバー………………………（西澤紘一）…250
     - 2.3.1　多成分光ファイバー……………………………………250
     - 2.3.2　多成分系光導波路………………………………………254
   - 2.4　赤外用ガラスと光ファイバー………………………（飯野　顕）…259
     - 2.4.1　特　性……………………………………………………259
     - 2.4.2　応　用……………………………………………………260
   - 2.5　分布屈折率形成法……………………………………（西澤紘一）…261
     - 2.5.1　熱イオン交換法…………………………………………261
     - 2.5.2　分子スタッフィング法…………………………………266
     - 2.5.3　ゾルゲル法………………………………………………267
   - 2.6　光機能性ガラス………………………………………（西澤紘一）…267
     - 2.6.1　レーザーガラス…………………………………………267
     - 2.6.2　音響光学ガラス…………………………………………271
     - 2.6.3　光磁気光学ガラス………………………………………273
     - 2.6.4　半導体ドープガラス……………………………………274
     - 2.6.5　調光ガラス………………………………………………276

3. **有　機　材　料**……………………………………………（小池康博）…278
   - 3.1　屈折率とアッベ数……………………………………………………278
     - 3.1.1　化学構造との関係………………………………………278
     - 3.1.2　屈折率の温度依存性……………………………………281
     - 3.1.3　屈折率制御の実際………………………………………282
   - 3.2　複　屈　折……………………………………………………………284
     - 3.2.1　非複屈折ポリマー………………………………………284
     - 3.2.2　複屈折消去の原理………………………………………284
     - 3.2.3　非複屈折ポリマー固体…………………………………285
   - 3.3　光吸収損失……………………………………………………………287

3.3.1　振動による吸収の波長·················287
　　3.3.2　吸収の基本振動と倍音·················288
　　3.3.3　近赤外低損失ポリマー·················289
　3.4　光散乱損失·····································290
　　3.4.1　透明性と不均一性·····················290
　　3.4.2　ポリマー固体中の不均一構造と光散乱の関係·····290
　　3.4.3　導光材料としての無定形ポリマー固体·········292
　3.5　耐　熱　性·····································294
　3.6　分布屈折率ポリマー材料·······················295
　　3.6.1　GI形ポリマー光ファイバー···············295
　　3.6.2　GRIN球レンズ·······················297
　3.7　有機非線形光学材料···························298
　　3.7.1　非線形効果と屈折率変化の関係·············298
　　3.7.2　有機材料とその応用·····················300
4.　光　磁　気　材　料·······························304
　4.1　光磁気記録材料·······················(萬　雄彦)···304
　　4.1.1　希土類-遷移金属アモルファス合金材料·······304
　　4.1.2　酸化物材料···························307
　　4.1.3　積層多層膜材料·························308
　4.2　光アイソレーター用材料，光磁界センサー用材料·····(中村宣夫)···311
　　4.2.1　光アイソレーター用材料···················311
　　4.2.2　光磁気センサー用材料···················316
5.　リソグラフィー技術·······················(小舘香椎子)···322
　5.1　微小光学とリソグラフィー技術···················322
　　5.1.1　リソグラフィープロセス···················323
　　5.1.2　リソグラフィーの評価·····················325
　5.2　レジスト材料·································327
　　5.2.1　レジストプロセス技術·····················327
　　5.2.2　レジストの特性·························331
　　5.2.3　光露光レジスト·························332
　　5.2.4　電子線レジスト·························334
　　5.2.5　X線レジスト···························335
　　5.2.6　無機レジスト···························336
　　5.2.7　多層レジスト···························336
　5.3　リソグラフィー技術·····························336
　　5.3.1　フォトリソグラフィー·····················337
　　5.3.2　ホログラフィックリソグラフィー·············341

5.3.3　電子ビームリソグラフィー ……………………………………………… 342
　　　5.3.4　X線リソグラフィー ……………………………………………………… 343
　　　5.3.5　イオンビームリソグラフィー …………………………………………… 345
　5.4　エッチング技術 ……………………………………………………………………… 346
　　　5.4.1　ウェットエッチング ……………………………………………………… 346
　　　5.4.2　ドライエッチング ………………………………………………………… 348
6. 誘電体結晶材料 ……………………………………………………（中島啓幾）… 356
　6.1　誘電体結晶材料と微小光学 ………………………………………………………… 356
　6.2　誘電体結晶の育成/加工/評価 ……………………………………………………… 357
　　　6.2.1　チョクラルスキー（CZ）法 ……………………………………………… 357
　　　6.2.2　ベルヌーイ法（火炎溶融法） …………………………………………… 357
　　　6.2.3　フラックス法（融液析出法） …………………………………………… 357
　　　6.2.4　浮遊帯域溶融（FZ）法 …………………………………………………… 357
　6.3　LN系結晶と導波路の形成 ………………………………………………………… 358
　　　6.3.1　結晶組成と物性 …………………………………………………………… 359
　　　6.3.2　導波路作製 ………………………………………………………………… 359
　6.4　LN系結晶における分極反転 ……………………………………………………… 360
　　　6.4.1　イオン拡散，交換 ………………………………………………………… 361
　　　6.4.2　電子ビーム照射，電界印加 ……………………………………………… 361
　6.5　その他の微小光学用誘電体結晶 …………………………………………………… 362

第Ⅳ部　デバイス編

1. 発光デバイス …………………………………………………………………………… 367
　1.1　発光ダイオード ……………………………………………………（出井康夫）… 367
　　　1.1.1　可視発光ダイオードの材料と構造 ……………………………………… 367
　　　1.1.2　可視発光ダイオードの特性 ……………………………………………… 373
　1.2　半導体レーザー ……………………………………………………（波多腰玄一）… 376
　　　1.2.1　半導体レーザーの材料と構造 …………………………………………… 376
　　　1.2.2　半導体レーザーにおける導波モード …………………………………… 377
　　　1.2.3　半導体レーザーの光学的特性 …………………………………………… 379
　　　1.2.4　半導体レーザーの縦モード特性，雑音特性 …………………………… 383
2. 光増幅デバイス ………………………………………………………………………… 387
　2.1　光増幅器 ……………………………………………………………………………… 387
　　　2.1.1　各種光ファイバー増幅器の原理と特徴 ………………（金森弘雄）… 387
　　　2.1.2　希土類元素添加光ファイバー増幅器の構成 …………（金森弘雄）… 388
　　　2.1.3　励起用半導体レーザー …………………………………（水戸郁夫）… 396

2.1.4　希土類元素ドープ光ファイバー増幅器特性……………（水戸郁夫）…402
　　2.1.5　光ファイバー増幅器の応用……………………………（水戸郁夫）…406
　2.2　半導体レーザー増幅器………………………………………（小山二三夫）…411
　　2.2.1　半導体レーザー増幅器の仕組み………………………………………411
　　2.2.2　半導体レーザー増幅器のデバイス技術………………………………413
　　2.2.3　いろいろな光増幅器……………………………………………………415
3. 光スイッチ………………………………………………………………（西本　裕）…418
　3.1　光スイッチの必要性…………………………………………………………418
　3.2　光スイッチの分類……………………………………………………………418
　　3.2.1　光スイッチの種類………………………………………………………418
　　3.2.2　光導波路形光スイッチの特徴…………………………………………419
　3.3　導波路形光スイッチ…………………………………………………………420
　　3.3.1　光導波路形光スイッチの構造例………………………………………420
　　3.3.2　マトリクス光スイッチ回路……………………………………………420
　3.4　光スイッチの光システムへの適用…………………………………………426
　　3.4.1　空間分割形光交換システムへの適用…………………………………426
　　3.4.2　ディジタルクロスコネクトシステムへの適用………………………427
　　3.4.3　時分割形光通話路方式への適用………………………………………429
4. 集光用コンポーネント……………………………………………………………431
　4.1　分布屈折率マイクロレンズ……………………………………（西澤紘一）…431
　　4.1.1　分布屈折率レンズの光学………………………………………………432
　　4.1.2　分布屈折率レンズの応用光学系………………………………………433
　4.2　平板マイクロレンズ……………………………………………（西澤紘一）…436
　　4.2.1　平板マイクロレンズの製法……………………………………………436
　　4.2.2　平板マイクロレンズの光学特性………………………………………438
　　4.2.3　平板マイクロレンズの応用光学………………………………………438
　4.3　微小球レンズ……………………………………………………（西澤紘一）…443
　　4.3.1　光学的基礎………………………………………………………………443
　　4.3.2　球レンズの応用光学系…………………………………………………444
　4.4　非球面レンズ……………………………………………………（荒井則一）…446
　　4.4.1　非球面レンズの特徴……………………………………………………446
　　4.4.2　非球面レンズの製法……………………………………………………446
　　4.4.3　非球面レンズの集光特性………………………………………………450
　4.5　平面回折形マイクロレンズ……………………………………（後藤顕也）…453
　　4.5.1　回折形光学素子の種類と特徴…………………………………………453
　　4.5.2　回折形光学素子によるレンズ作用の原理……………………………454
　　4.5.3　グレーティングの回折効率……………………………………………456

xvi　目次

4.5.4　グレーティングレンズの諸特性………………………………458
4.5.5　回折形光学素子原盤の作製……………………………………459
4.5.6　回折形光学素子レプリカの作製………………………………461
4.5.7　回折形レンズの応用……………………………………………461

5. 接続用コンポーネント ……………………………（金森弘雄）…465

5.1　光ファイバーコネクター………………………………………………465
　5.1.1　光ファイバーコネクターの用途……………………………465
　5.1.2　接続損失の要因と対策………………………………………466
　5.1.3　各種光コネクター……………………………………………470
5.2　光ファイバー融着接続機……………………………………………475
　5.2.1　被覆除去………………………………………………………475
　5.2.2　切　断…………………………………………………………475
　5.2.3　融　着…………………………………………………………476
　5.2.4　補　強…………………………………………………………477
　5.2.5　特殊光ファイバーの融着接続………………………………477
5.3　光ファイバーと導波路形光部品との接続…………………………478
　5.3.1　光ファイバーと導波路の光導波構造が近い場合…………478
　5.3.2　光ファイバーと導波路の光導波構造が異なる場合………479

6. 分岐・合流/分波・合波用コンポーネント ………（柳川久治）…483

6.1　分岐・合流器，分波・合波器とは…………………………………483
6.2　バルク素子を用いた分岐・合流/分波・合波用コンポーネント…483
　6.2.1　フィルター形…………………………………………………484
　6.2.2　回折格子形……………………………………………………484
6.3　ファイバー加工形の分岐・合流/分波・合波用コンポーネント…485
　6.3.1　融着形…………………………………………………………486
　6.3.2　フィルター埋込形……………………………………………487
6.4　導波路形の分岐・合流/分波・合波用コンポーネント……………487
　6.4.1　Y分岐…………………………………………………………488
　6.4.2　方向性結合器…………………………………………………488
　6.4.3　マッハ-ツェンダー干渉計……………………………………489
　6.4.4　フィルター埋込形……………………………………………490
　6.4.5　集積分岐・合流コンポーネント……………………………490

7. 波長制御デバイス ……………………………………………………493

7.1　二次の非線形光学効果を用いた各種波長変換デバイス……（松岡芳彦）…493
　7.1.1　二次の非線形光学効果を有する材料………………………493
　7.1.2　光共振器形波長変換デバイス………………………………495
　7.1.3　光導波路形波長変換デバイス………………………………496

　　　　7.1.4　変換効率……………………………………………………498
　7.2　二次の非線形光学効果を用いない波長変換………………(虎渓久良)…500
　　　　7.2.1　周波数アップコンバージョンの原理と特徴…………………501
　　　　7.2.2　各種周波数アップコンバージョン材料………………………503
　　　　7.2.3　周波数アップコンバージョンレーザー………………………506
8.　偏光制御デバイス………………………………………………(太田義徳)…510
　8.1　偏　　光……………………………………………………………………510
　8.2　複屈折性……………………………………………………………………511
　8.3　偏光デバイス………………………………………………………………512
　　　　8.3.1　偏光素子……………………………………………………………512
　　　　8.3.2　偏光分離素子………………………………………………………514
　8.4　偏光制御素子………………………………………………………………515
　　　　8.4.1　電気光学効果と偏光制御器………………………………………515
　　　　8.4.2　磁気光学効果と回転直線偏光器…………………………………516
　　　　8.4.3　音響光学効果と回転直線偏光器…………………………………517
9.　光非相反デバイス………………………………………………(水本哲弥)…518
　9.1　バルク形非相反デバイス…………………………………………………518
　　　　9.1.1　バルク形光アイソレーター………………………………………518
　　　　9.1.2　バルク形サーキュレーター………………………………………523
　9.2　導波路形非相反デバイス…………………………………………………524
　　　　9.2.1　導波路形光アイソレーター………………………………………524
　　　　9.2.2　導波路形サーキュレーター………………………………………529
10.　光走査デバイス…………………………………………………(有本　昭)…533
　10.1　機械式走査デバイス………………………………………………………533
　10.2　超音波偏向走査デバイス…………………………………………………535
　10.3　電気光学走査デバイス……………………………………………………536
　10.4　そ の 他……………………………………………………………………537
11.　光集積回路………………………………………………………(西原　浩)…541
　11.1　光集積回路の基本技術……………………………………………………541
　　　　11.1.1　光集積回路の特徴…………………………………………………541
　　　　11.1.2　単一モード導波路…………………………………………………542
　　　　11.1.3　導波路用薄膜作製技術……………………………………………542
　　　　11.1.4　パターニング技術…………………………………………………543
　　　　11.1.5　応用研究分野………………………………………………………544
　11.2　通信用光 IC………………………………………………………………544
　11.3　光集積 RF スペクトルアナライザー……………………………………545
　11.4　情報記録・読取り用光 IC………………………………………………547

- 11.4.1 光集積プリンターヘッド ……………………………………………547
- 11.4.2 光集積ディスクピックアップ ……………………………………547
- 11.4.3 並列光情報読取り用光集積ディスクピックアップ ……………550
- 11.5 計測用光 IC …………………………………………………………………551
  - 11.5.1 レーザードップラー速度計 ………………………………………552
  - 11.5.2 ファイバージャイロ ………………………………………………553
  - 11.5.3 OTDR …………………………………………………………………553

12. 実 装 技 術 …………………………………………………………………556
- 12.1 ハイブリッド光実装 ……………………………………(伊賀健一・河内正夫)…556
  - 12.1.1 ハイブリッド光実装の役割 ………………………………………556
  - 12.1.2 ハイブリッド集積化 ………………………………………………557
  - 12.1.3 ハイブリッド光配線 ………………………………………………558
- 12.2 積層光集積回路 ………………………………………………(伊賀健一)…561
  - 12.2.1 積層光集積回路の原理 ……………………………………………561
  - 12.2.2 構成法 …………………………………………………………………562
  - 12.2.3 必要なプレーナーデバイス ………………………………………563
  - 12.2.4 将来の応用システム ………………………………………………566

13. 受光デバイス ……………………………………………………(三川　孝)…571
- 13.1 受光デバイスの分類と特徴 ………………………………………………571
- 13.2 フォトダイオード …………………………………………………………572
  - 13.2.1 pn フォトダイオード ………………………………………………573
  - 13.2.2 pin フォトダイオード ……………………………………………575
  - 13.2.3 ショットキー形フォトダイオード ………………………………576
  - 13.2.4 アバランシェフォトダイオード …………………………………576
  - 13.2.5 フォトトランジスター ……………………………………………579
- 13.3 フォトコンダクター ………………………………………………………581
- 13.4 その他の受光素子 …………………………………………………………582
  - 13.4.1 イメージセンサー …………………………………………………582
  - 13.4.2 光電子増倍管 ………………………………………………………583

14. 光 変 調 器 ……………………………………………………(中島啓幾)…585
- 14.1 光変調器の概要 ……………………………………………………………585
  - 14.1.1 光変調器の歴史 ……………………………………………………585
  - 14.1.2 光変調器の分類と応用例 …………………………………………587
- 14.2 LiNbO$_3$（LN）導波路形光変調器 ………………………………………587
  - 14.2.1 LN 導波路の特長とデバイス化 …………………………………587
  - 14.2.2 マッハーツェンダー（MZ）形変調器の特性改良と超高速伝送 ……588
  - 14.2.3 その他の LN 変調器 ………………………………………………591

- 14.3 半導体系光変調器 ………………………………………………… 592
  - 14.3.1 半導体系光変調器の動作原理 ……………………………… 592
  - 14.3.2 電界吸収形変調器と光源との集積化 ……………………… 593
  - 14.3.3 半導体マッハ-ツェンダー形変調器 ………………………… 594
- 14.4 その他の光変調器 …………………………………………………… 594
  - 14.4.1 有機非線形材料による光変調器 …………………………… 594
  - 14.4.2 音響光学変調器 ……………………………………………… 595
  - 14.4.3 磁気光学変調器 ……………………………………………… 595
  - 14.4.4 空間光変調器 ………………………………………………… 596

第V部 システム編

1. 光　通　信 ……………………………………………（藤井洋二）… 601
   - 1.1 光通信ネットワークにおける微小光学部品の役割 ……………… 601
   - 1.2 基幹伝送系システム ………………………………………………… 602
     - 1.2.1 反射戻り光の対策 …………………………………………… 602
     - 1.2.2 超高速光強度変調 …………………………………………… 604
     - 1.2.3 光源の冗長構成 ……………………………………………… 605
     - 1.2.4 海中分岐 ……………………………………………………… 606
   - 1.3 加入者系システム …………………………………………………… 606
     - 1.3.1 シングルスター構成 ………………………………………… 607
     - 1.3.2 パッシブダブルスター構成 ………………………………… 608
   - 1.4 光ローカルエリア通信網 …………………………………………… 610
     - 1.4.1 光ローカルエリア通信網の構成 …………………………… 610
     - 1.4.2 伝送路アクセス方式 ………………………………………… 611
     - 1.4.3 スター構成 …………………………………………………… 611
     - 1.4.4 ループ構成 …………………………………………………… 612
   - 1.5 次世代光通信システム ……………………………………………… 613
     - 1.5.1 コヒーレント光通信 ………………………………………… 613
     - 1.5.2 Erドープ光ファイバー増幅器の応用 ……………………… 616
     - 1.5.3 ソリトン伝送 ………………………………………………… 617
2. 光メモリーと微小光学素子 ……………………………………（後藤顕也）… 619
   - 2.1 光メモリーの種類と光デバイス …………………………………… 619
   - 2.2 光ヘッド構成と対物レンズの機能 ………………………………… 621
     - 2.2.1 光ディスクヘッド構成 ……………………………………… 621
     - 2.2.2 光ヘッドの基本と対物レンズの基本的特性 ……………… 623
   - 2.3 光ディスク用光部品の許容波面収差 ……………………………… 624

2.3.1　光ディスク用光学部品の種類と許容波面収差………………624
　　2.3.2　波面収差とアプラナティックレンズ………………625
　2.4　対物レンズの種類………………626
　　2.4.1　3枚構成ガラス組合せレンズ（ガラストリプレット）………………626
　　2.4.2　片球面研磨 GRIN レンズ………………627
　　2.4.3　両面非球面プラスチックモールドレンズ………………627
　　2.4.4　両面非球面ガラスプレスレンズ（非球面ガラスレンズ）………………629
　　2.4.5　非球面プラスチック層付球面ガラス単玉レンズ………………629
　　2.4.6　平面グレーティングコリメーターレンズ………………630
　　2.4.7　片球面グレーティングレンズ………………631
　2.5　光ヘッドの対物レンズアクチュエーター………………632
　　2.5.1　対物レンズアクチュエーターに要求される機能………………632
　　2.5.2　対物レンズアクチュエーターの振動系解析………………633
　　2.5.3　直交二軸電磁式アクチュエーターとマグネット………………634
　　2.5.4　フォーカスアクチュエーター用コイルの設計………………635
　　2.5.5　光ディスクヘッド用永久磁石材料………………636
　2.6　半導体レーザーと光ヘッド光学部品特性………………636
　　2.6.1　光ディスクヘッド用半導体レーザーの基本特性………………637
　　2.6.2　レーザー発振モードに起因する雑音特性………………642
　　2.6.3　光ディスクヘッド用半導体レーザーの雑音低減策………………645
3. 光電子機器………………651
　3.1　カメラ………………（石山唱藏）…651
　　3.1.1　スチールカメラの光学系………………651
　　3.1.2　ビデオカメラの光学系………………668
　3.2　複写機の光学系………………（小椋行夫）…671
　　3.2.1　アナログ複写機の光学系………………671
　　3.2.2　ディジタル複写機の光学系………………674
　　3.2.3　微小光学結像素子を用いた複写光学系………………676
　3.3　光プリンター………………（小椋行夫）…681
　　3.3.1　レーザープリンターの光学系………………681
　　3.3.2　レーザービームの伝搬………………682
　　3.3.3　レーザープリンター用光学素子………………683
　　3.3.4　その他の光プリンター………………685
4. ステッパーの光学系………………（小椋行夫）…688
　4.1　結像光学系概略………………688
　　4.1.1　レンズによる結像………………688
　　4.1.2　部分コヒーレント照明による結像………………690

4.2 投影露光装置·····691
  4.2.1 反射形等倍露光装置·····691
  4.2.2 反射屈折形等倍光学系·····692
  4.2.3 屈折形縮小投影装置·····693
  4.2.4 走査形縮小投影光学装置·····693
4.3 位相シフト技術·····694

5. ディスプレイ ·····(庄野裕夫)···698
5.1 電子ディスプレイデバイスの方式·····699
5.2 ブラウン管·····699
5.3 液晶ディスプレイ·····700
  5.3.1 単純マトリクス形·····701
  5.3.2 アクティブマトリクス形·····702
  5.3.3 評価・検査装置·····703
5.4 プラズマディスプレイ·····705
5.5 蛍光表示管·····706
5.6 EL·····706
5.7 発光ダイオード·····707
5.8 その他·····707

6. 光センサー ·····(中島俊典)···709
6.1 光センサーの概要·····709
6.2 物体検知センサー·····710
  6.2.1 化学量センサー·····710
  6.2.2 温度・圧力センサー·····711
6.3 変位センサー·····712
  6.3.1 光ファイバーによる変位センサー·····712
  6.3.2 光導波路による変位センサー·····713
6.4 レーザードップラー速度計·····713
  6.4.1 光ファイバーレーザードップラー速度計·····713
  6.4.2 光導波路レーザードップラー速度計·····714
6.5 光ファイバージャイロ·····715
6.6 半導体レーザーを用いる高精度干渉計·····715
  6.6.1 高精度干渉法の原理·····716
  6.6.2 半導体レーザーの周波数変調·····717

7. X線光学機器 ·····(青木貞雄)···719
7.1 X線光学機器の構成要素·····719
  7.1.1 X線源·····719
  7.1.2 X線光学素子·····720

7.2 X線分光器···723
　7.2.1 X線モノクロメーター··································723
　7.2.2 X線ポリクロメーター··································724
7.3 X線生物顕微鏡···725
　7.3.1 X線吸収コントラスト··································726
　7.3.2 X線顕微鏡の種類······································726
　7.3.3 ゾーンプレートX線顕微鏡·······························726
　7.3.4 斜入射ミラーX線顕微鏡·································728
7.4 X線リソグラフィー装置···································729
　7.4.1 プロキシミティー露光装置······························729
　7.4.2 縮小投影露光装置······································730
7.5 X線マイクロトモグラフィー装置···························731
　7.5.1 放射光マイクロトモグラフィー··························731
　7.5.2 発散X線ビームマイクロトモグラフィー···················732
7.6 X線顕微分析装置···732
　7.6.1 放射光蛍光X線分析顕微鏡·······························733
　7.6.2 走査形光電子顕微鏡····································733

8. 画像伝送光学機器···(熊谷康一)···736
8.1 ファイバーを用いた画像伝送·······························736
8.2 ファイバースコープ·······································738
　8.2.1 石英フレキシブルファイバースコープ····················738
　8.2.2 耐放射線用ファイバースコープ··························739
　8.2.3 管路内点検用ファイバースコープ························742
8.3 パイプカメラ（ハイビジョンスコープ）·····················744
　8.3.1 カラーパイプカメラに要求される性能····················744
　8.3.2 全体構造図··745

9. 光情報処理···(小松進一)···749
9.1 コヒーレント光情報処理···································749
　9.1.1 マッチフィルター······································750
　9.1.2 ジョイント変換··752
　9.1.3 相似図形認識··752
　9.1.4 位相共役波の応用······································754
9.2 インコヒーレント光情報処理·······························755
　9.2.1 ベクトル・マトリクス演算······························756
　9.2.2 視覚システムをモデルにした光情報処理··················756

10. 光インターコネクション···································(矢嶋弘義)···759
10.1 情報媒体としての光······································759

	目　　次	xxiii

10.2　光インターコネクションと計算機技術 …………………………………760
　　10.2.1　電子計算機と信号遅延 ………………………………………760
　　10.2.2　光インターコネクションと光コンピューティング …………760
10.3　光インターコネクションの方式 ……………………………………761
　　10.3.1　光バス ……………………………………………………761
　　10.3.2　光スイッチング回路網 ………………………………………761
10.4　光インターコネクションとデバイス ……………………………765
　　10.4.1　自由空間接続 …………………………………………………765
　　10.4.2　導波接続素子 …………………………………………………767
　　10.4.3　発受光デバイス ………………………………………………767
　　10.4.4　光電複合素子 …………………………………………………769
10.5　光インターコネクションとその応用 ……………………………770
　　10.5.1　計算機技術と光バス …………………………………………770
　　10.5.2　光スイッチング網 ……………………………………………771

11. 光コンピューター ……………………………………（北山研一）…774
11.1　何故，光コンピューターなのか …………………………………774
　　11.1.1　コンピューターが直面している問題 …………………………774
　　11.1.2　光コンピューター：新しいコンピューターのパラダイム ………776
11.2　光ディジタルコンピューターの代表例 …………………………786
　　11.2.1　OPALS …………………………………………………786
　　11.2.2　規則的空間光配線網に基づく光コンピューター ……………787
　　11.2.3　ILA 光プロセッサー …………………………………………789
　　11.2.4　その他の光コンピューティングシステム ……………………792
11.3　光ニューラルネットの代表例 ……………………………………797
　　11.3.1　光連想記憶 ……………………………………………………797
　　11.3.2　学習形光ニューラルネット ……………………………………801
　　11.3.3　光ニューロチップ ……………………………………………808

索　　引 …………………………………………………………………817

第Ⅰ部 総 論

1. オプトエレクトロニクスの新分野

近年レーザーなどを応用する光技術とエレクトロニクスの最新技術を駆使する光エレクトロニクスともいうべき新しい学問，産業分野が発展しつつあり，各方面から強い関心が寄せられている．たとえば，光ファイバー通信，複写機やオーディオ・ビデオディスクなどの光電子機器では実用化の域に達しているものもあり，さらに高度の性能をもつシステムへの努力もなされつつある．

これらの分野で重要な役割を果たしている光デバイスとしては，光ファイバー，レーザー，微小なレンズや導波路で構成されるコンポーネントがあり，光の伝送，発生，集光，結像，分岐，画像の処理などをその目的としている．このように微小な光学系で構成される光学分野は微小光学（マイクロオプティックス）とよばれている．

まず，微小光学素子として考えられるものに分布屈折率ロッドレンズ，光ファイバー回路，微小な曲面レンズ，分布屈折率＋曲面レンズ，アレイレンズ，平板マイクロレンズ，フレネルレンズ，回折格子，誘電体導波路などがあげられる．

これらのうち，屈折率の分布によって光を屈折させレンズ作用をもたせる，いわゆる分布屈折率レンズ（distributed index, gradient index または graded index lens）では，端面が平面にできることから光ファイバーなど他の光素子と密着接続が可能であることと，単レンズで1対1の正立実像の結像が可能である特徴があり光コンポーネントの構成範囲を広げるものとなり，微小光学研究グループの主な研究テーマの一つになっている．

このような直径0.1～数ミリ程度の微小なレンズの製法としては，従来の光学研磨やモールドのほかに，イオン交換拡散，拡散重合，イオン移入（ion migration），蒸着，スパッター，CVDなどと，リソグラフィー（光，UV，電子ビームなど）やエッチングなどのエレクトロニクスで多用されている手法が組み合わされて適用される．材料としてはガラス，石英，プラスチック，半導体を含む結晶など制限はなく，適用分野に応じて選択される．詳しいことについては後で述べることにする．

一方，誘電体導波路を基礎とするデバイスとしては，半導体レーザーはもちろんのこと光スイッチや変調器などの研究も盛んになってきている．

微小光学素子によって構成される光コンポーネントシステムには次のようなものが考えられる．光ファイバー通信システムでは，送信，受信，中継装置に各種の光コンポーネントが使われる．レーザーダイオードと光ファイバーを結合する光源結合素子，光の道すじ

を分ける分岐，異なる波長の光を分ける分波器などがある．また，用いるファイバーによって単一モード，あるいは多モード用のコンポーネントに分類できる．レーザー光を読取りに使う光方式のビデオディスクあるいは音響ディスクでは，レーザー光を幅約 $1\,\mu m$ の溝に集光したり，書き込まれた PCM の光信号を受光するための微小なレンズが必要である．レコードの振動を補償するための MFB（運動帰還）が有効になるよう軽量化が要求される．複写機においては，分布屈折率レンズのアレイ化により1対1の実像を形成し感光紙に原板の像を転写する方式が実用化され，小型軽量化に役立っている．また，同じ目的でファクシミリにもアレイレンズは応用される．ファイバー束を用いる内視鏡が一般に用いられているが，分布屈折率レンズを画像伝送に用いる内視鏡も実用になっている．また，カメラやプリンターなどにも応用される可能性がおおいにある．

　光学素子およびコンポーネント，システム化などを支える関連光学理論として，結像論，収差論，システム構成論，光結合理論などがあり，いわゆる微小光学として発展中である．

　これまで述べた分野の発展は，1980 年代後半から実用になりつつあるものばかりで種々の問題点をかかえている．その第一は収差である．半導体レーザーからの光はふつう 40〜50°の広がり角をもっているので（NA〜0.4），有効に平行光にしたり集光するための大きな NA をもつ無収差マイクロレンズが要求され，しかも大量生産化，低価格化が眼目であった．

　第二は調整の必要性である．微小な光学素子の軸合せやレーザーダイオードとの組合せなど多くの労力と時間を要しているが，構成法の改善がぜひとも必要である．光回路の一部としては，いわゆる光集積回路が将来その役割を担うことになろうが，その実用化にはどうしても新しいアイデアと精密なプロセス技術が肝要である．

　第三は半導体レーザーの問題点である．半導体レーザー関係の研究者の努力によって長寿命の素子が実現されつつあるが，応用に対しては数多くの問題点を残している．たとえば，反射光による発振の不安定性，単一波長発振あるいは発振波長の不確実性，温度による動作状態の変化，可視化など，問題は山積している．したがって，今後半導体レーザーを安定に動作させるための研究が不可欠であり，結晶成長やプロセスに対する研究投資によりいっそう重い責任が負わされる．

　ともかく，オプトエレクトロニクスの発展は誠に速く，20 世紀中には各家庭に光ファイバーが入り，新聞や郵便はほとんど伝送，情報はディジタル化による瞬間アクセス，カメラも手帳形でフィルム不要の IC メモリーとレーザーカラープリンターによるコピーなど夢は多く，本ハンドブックで述べた内容がすぐ過去のものとなるような画期的発展がいまの瞬間にも刻一刻なされつつある．

[伊賀健一]

2. オプトエレクトロニクスと微小光学

2.1 微小光学サブシステム

　光エレクトロニクスは1993年代に至って3兆円産業になった．それには光通信と光ディスクが2本の柱となっている．長距離幹線のみならず，加入者系を含む大規模光交換網，LANなどに加え，マイクロホウル（micro-haul）光通信ともいうべきコンピューター内のチップ間，ボード間の光結合などが発展しそうである[1]．光エレクトロニクスのもう1本の柱である光ディスクはこれからメモリーディスクとして，あるいは画像ファイルなどコンピューターと呼応して伸びるであろう[2]．

　ところで，もう1桁大きい10兆円の規模になるには，もう1本の柱がほしいというのが大方のみるところで，新しいコンセプトの登場が待たれる．まず光波センシングが考えられるが，多様性のほかに突出した需要がほしい．また，レーザープリンターなど光電子機器に爆発的な需要を期待したい．さらに光コンピューティングか，その前に光情報処理かが現在のところ有力ではなかろうか．このような背景を考えると，マイクロオプティックスは第3の柱を生み出す有力な基礎技術であることは間違いなさそうである．

　上記の分野で重要な役割を果たしている微小光学（マイクロオプティックス；micro-optics）は，光の発生，増幅，伝送，集光，結像，分岐，分波，画像の処理などを目的としている．マイクロオプティックスとは数 μm から数 mm の非常に小さいあるいはコンパクトな光学素子を巧みに組み合わせたあるいは集積した光学素子やそれを基本とする総合技術をいう[3]．

　初期には，受動的微小光学コンポーネントを中心に発展した．これらに加えて，これからのマイクロオプティックスでは，半導体レーザーを含む光半導体技術，特に化合物半導体結晶成長技術，極微プロセス技術などによるいわゆるマイクロ光エレクトロニクスが登場してくる．したがって，どこまでマイクロオプティックスか？　という問に対しては，「オングストローム（Å）」までと考えておこう．

2.2 微小光学素子

2.2.1 マイクロレンズ

光通信や光電子機器など光エレクトロニクス分野において,種々の機能(たとえば,集光,コリメーション,結合,分岐,分波,アイソレーション,など)を高性能に実現して,その発展を陰で支えているのがマイクロレンズをはじめとする微小光学系である[1,2,3]. 特にこれまで種々のマイクロレンズが開発され,システムに導入されつつあるのでまとめてみた.

表I.2.1にマイクロレンズとその性能を示す.まず,球レンズは直径や真円性の再現性がよく光ファイバー通信用コンポーネントに多用されている[5]. 特に,球面からの反射光がレーザーに戻りにくい特徴がレーザー光のコリメートに利用される[6].

表 I.2.1 マイクロレンズの種類と性能[2]

種類	用途	口径(mm)	焦点距離(mm)	開口数
球レンズ	レーザー→ファイバー	0.1～1	0.15	0.8
球面レンズアレイ	複写機,ディテクター	0.05～1	0.4	0.2
非球面レンズ	ディスク用対物	6～8	4.5	0.4～0.45
ロッドレンズ	ディスク,等倍正立像	0.5～4	1～4	0.3～0.6
平板マイクロレンズ	マルチ光素子	0.01～2	0.02～3	0.2～0.5

分布屈折率ロッドレンズ[7,8]は逆に表面が平らなため,直接ファイバーなどが接着できるので光通信用部品として重要性が増している[9]. また,アレイ状にして1対1正立実像系としてコピー機に使われている[10]. ファクシミリにも同じ原理が利用できる.

最近のディジタルオーディオディスク(CD)の大量生産を支えているのが,レーザー光のコリメートおよび集光レンズである.組合せレンズ[11]に始まって,図I.2.1のプラスチックモールド非球面レンズ[12],分布屈折率球面レンズ[13]などが開発され,フレネルレンズもコリメーター用に考えられつつある[14]. 今後は,耐湿,対温度変化の性能を高めながら,性能,価格の競争が激しくなるであろう.

2.2.2 分布屈折率平板マイクロレンズ

さて,微小光学系のこれからの問題点は,大量生産性と光軸合せの簡単化であろう.著者らは図I.2.2のような平板マイクロレンズ[15]を考案して,これら問題点の解決を目指している.表I.2.2に,電界移入法で現在製作可能な平板マイクロレンズの諸特性を示す.これからレンズの性能が上がり,量産と積層光集積回路[16]の構成が可能になれば,

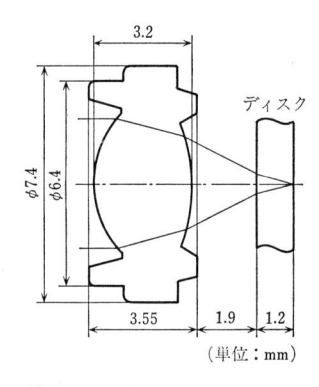

図 I.2.1 プラスチックのモールド非球面レンズ[12]

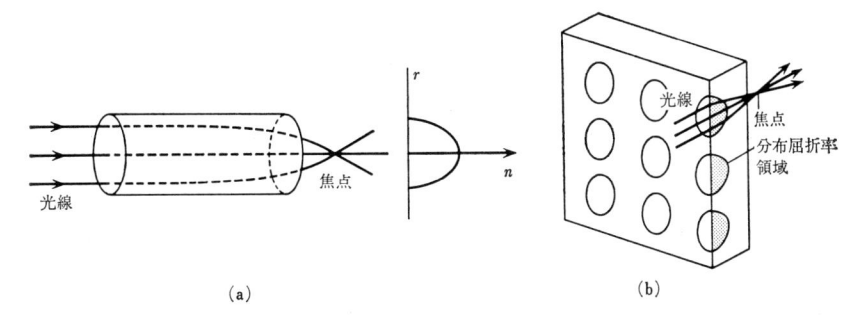

図 I.2.2 分布屈折率平板マイクロレンズ[16]

表 I.2.2 平板マイクロレンズの特性[2]

マイクロレンズ形式		PLS（標準）	PLW（大NA）
直 径	$2a$	0.9 mm	0.9 mm
レンズ間隔	r_p	1.0 mm	1.0 mm
焦点距離	f	2.0 mm	1.5 mm
NA（単レンズ）		0.23	0.3
NA（2枚合せ）		0.35	0.54

光通信はもとより，マルチイメージ系への応用も開けよう．これからも微小光学は地道ながら着実な発展を続けるであろう．

このほか，微小レンズアレイの製作法として報告されているものとして，プラズマCVD法によりSiO₂とSi₃N₄の混合物を，ガラス基板上に掘った半球状の穴に堆積させる方法がある[17]．この場合，SiO₂とSi₃N₄との屈折率差は $\Delta n = 0.5$ であり高NAレンズが期待できる．また，光化学反応による平板マイクロレンズの報告もあり[18]，種々の方法による試みが活発になってきた．

2.2.3 モノリシック集積形導波路コンポーネント

1960年代の後半に誘電体光導波路を用いる光集積回路（integrated optics）の考え方が打ち出され[20]，モノリシックに光回路を製作しようとする試みが始まった．そこでは，屈折率の高いコア部を，それより低い屈折率のクラッドで挟む構成を基本としている．実用が早く，自動車などへ大量に使われると思われる多モードの光導波路素子では，モード依存性が一つの障害となっているが，モードスクランブラーの集積による分岐などが考えられている[21]．同じ平板光導波路を用いても水平方向には導波路形レンズによって光を集光，変換しようとする方法もある．

2.2.4 ハイブリッド集積形導波路コンポーネント

最近，Si基板上に形成する石英系光導波路や，ガラス拡散導波路を伝送用の回路素子とし，かつ微小なフィルターや反射鏡をスリットに挿入して光コンポーネントを構成する方法が提案され[22]，新しい実用的な微小光学素子として注目され始めた．

2.2.5 光ファイバーによる光回路素子

光導波路として光ファイバーを基本とし，光ファイバーの加工（延伸，研磨，接着，エッチングなど）によって所望の回路を実現しようとするものである．偏波面保存ファイバーを用いるコンポーネントや，非線形ファイバー，増幅作用のあるファイバーなどを活用してシステムへの広がりをみせている．

2.3 応用サブシステムの概要

2.3.1 光ファイバー通信用レンズ素子

光通信では，これまでに多くの光コンポーネントが実用になっており，以下のような各種の光コンポーネントがある[1,2,3]．

（1） **集光系コンポーネント** 半導体レーザーあるいは発光ダイオードなど光源からの出射光や光ファイバーからの出射光はそのままでは空間に広がってしまうので，さらに別の光ファイバーや光コンポーネントに入射させるには多くの場合集光用レンズが必要になる．球レンズは NA が大きく，かつ波面が球面であるため反射光は発散するため，半導体レーザーへの戻り光が小さくなる利点があるので，広がり角の大きい半導体レーザーの出射光を球レンズを用いてほぼ平行ビームとし，さらにこの平行ビームを分布屈折率ロッドレンズを用いて光ファイバーの NA に合うような小さな入射角で集光すると，半導体レーザーから光ファイバーへの高効率結合が可能となる．

（2） **光分岐回路，方向性結合器，カップラー** 高度の光通信においては，1本の光を複数に分割したり，さらに複数本の光を混合させて複数に分けたり，といった機能がシステムの構成に要求される場合がある．光分岐回路は1本の光を複数に分岐するもので，分布屈折率ロッドレンズをくさび形に切った反射鏡をつけ，万華鏡のように分割するものや，平板基板上にパターンを切った光導波路を用いるものがある．この光回路を逆方向に用いれば異なった光信号を一つにする光合流回路になる．

光方向性結合器は2ポートの合流回路と分岐回路を接続したような回路であり，ポート1から入射した光は2と3から出射するが，逆に3から入射した光は1と4へ出射される．分布屈折率ロッドレンズとハーフミラーを用いたもののほかに，2本の単一モード導波路を近接して配置し，互いに結合させて光を分けるものなどがある．ハーフミラーを用いたものでは，鏡の反射率を調節することによって分岐比を1対1以外の任意の比率にすることも可能である．光ミキサーは方向性結合器のポート数が3以上のものであり，一般に m 本の光を合流して n 本に分岐する機能をもつ．これらの合流分岐回路，方向性結合器，光ミキサーなどは，光通信システムの中の新しい応用分野である光データハイウェイや光ローカルエリアネットワーク（LAN）などにおいて，光信号をバスラインへ合流させ，あるいは分岐して取り出したりするのに用いられる．

（3） **波長多重用コンポーネント** 光合波器と波長の異なる複数の光を一つの伝送路に入れ，逆に光分波器は1本の伝送路を送られてきた波長の異なる光をそれぞれの波長ご

とに分離する光素子であり，波長多重光通信に用いられる．合波器としては，光合流器でもよいが，双方向の波長多重通信には使えない．図Ⅰ.2.3に示す(a)分布屈折率ロッドレンズと

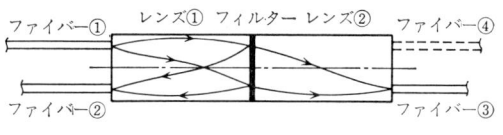

図 I.2.3 分布屈折率マイクロレンズと多層膜フィルターを用いる分波器[9]

誘電体多層膜フィルターを組み合わせたものと，(b)回折格子を用いるものがある．合波・分波器の性能は，分離して取り出したい波長に対する損失(挿入損失)が小さく，かつその波長へほかの波長の光が混ざらない(アイソレーションが30dB以上)ことが必要で，挿入損失数dBが得られている．

(4) 光スイッチ　光スイッチは光路を外部からの電気信号によって切り替える光素子であり，光伝送路や発光・受光素子が故障した際に予備のものと切り替えることによって信頼性を確保するのに用いられる．光スイッチの方式は，機械的にプリズムや光ファイバーを駆動して光路を切り替える機械式のものと，電気光学効果，音響光学効果，あるいは磁気光学効果を用いた非機械式のものに大別できる．機械式のものは構造は簡単であるが，切替え時間が数十msかかり，信頼性や安定性の向上が検討課題である．また，アイソレーターの動作原理を利用した光スイッチもあり，実用になっている．

2.3.2　光エレクトロニクスにおける微小光学素子

微小光学素子を最もたくみに利用してシステムを構成し，かつ産業規模に発展しつつあるものに図Ⅰ.2.4のように光ディスクがある．そこでは，半導体レーザーから得られるコヒーレントな光を平行光に直し，分岐を行ったのち対物用マイクロレンズで光ディスク上に約1μmのスポットに集光する．光ディスクのピットに応じた光信号をディテクターで検出し信号処理を行う．コンパクトディスクの名で知られるオーディオディスクシステムは1985年度には約400万台生産された．これに伴ってマイクロレンズも月産数十万個に達しつつある．

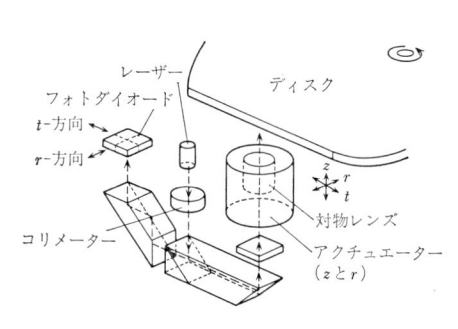

図 I.2.4 レーザーディスクシステム[11]

コピーマシーンにも，多くのマイクロレンズをアレイ状にして図Ⅰ.2.3のように1対1の正立実像系を構成するものもある[10]．逆に，レーザープリンターでは，レーザー光を変調して信号を文字に変える高速プリンターとして発展中である．カメラにおいてもオートフォーカス機構はマイクロオプティクスの例としてあげられる．いろいろな方式が提案，実用になっているが，アレイレンズによって図Ⅰ.2.5のように焦点ずれが検出され，焦点が自動制御されるものがある[20]．そのほか，レーザーや光ファイバーを使う光波利用センシングなどこれから発展の兆しを

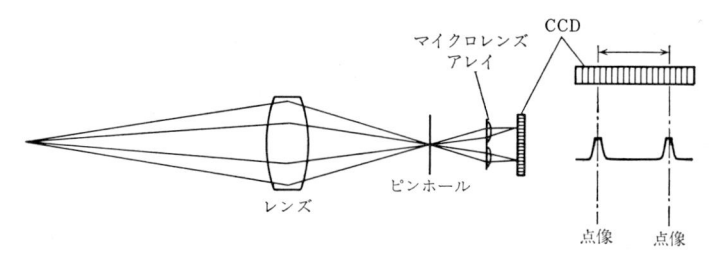

図 I.2.5 オートフォーカスシステム[20]

みせている.

2.3.3 微小光学コンポーネントの問題点

光コンポーネント分野は，ここ数年やっと実用になりつつあるものの，まだ種々の問題点をかかえている．その第一は収差である．半導体レーザーからの光はふつう $40°\sim50°$ の広がり角をもっているので（NA～0.4），有効に平行光にしたり集光するための大きなNAをもつ無収差レンズが要求され，しかも大量生産，低価格化は容易でない．第二は調整の必要性である．微小な光学素子の軸合せやレーザーダイオードとの組合せなど多くの労力と時間を必要としているが，構成法の改善がぜひとも必要である．

光回路の一部はいわゆる光集積回路が将来その役割を担うことになろうが，その実用化にはどうしても新しいアイデアと精密なプロセス技術がぜひ必要である．第三は半導体レーザー自身の問題点である．半導体レーザー関係の研究者の努力によって長寿命の素子が実現されつつあるが，応用に対しては数多くの問題点を残している．たとえば，反射光による発振の不安定性，単一波長発振あるいは波長発振の不確実性，温度による動作状態の変化，短波長化，など課題は多い．したがって，これからは半導体レーザーを安定に動作させるための研究も不可欠であり，デバイス設計上での創造性や結晶成長とプロセス技術がその基礎となる[21]．

[伊賀健一]

参考文献

1) K. Iga, Y. Kokubun and M. Oikawa: Fundamentals of Microoptics, Academic Press/Ohm, New York (1984).
2) 伊賀健一，三澤成嘉：電子通信学会誌，**68** (1985), 1297.
3) 伊賀健一，國分泰雄：光ファイバ，オーム社 (1986).
4) 伊賀健一：応用物理，**55** (1986), 661.
5) 高梨裕文：第1回微小光学特別セミナー (1981).
6) M. Saruwatari: JARECT, **11** (1984), 129.
7) T. Uchida, M. Furukawa, I. Kitano, K. Koizumi and H. Matsumura: IEEE J. QE., **QE-6** (1970), 606.
8) Y. Ohtsuka, T. Senga and H. Yasuda: Appl. Phys. Lett., **25** (1974), 659.
9) K. Kobayashi, R. Ishikawa, K. Minemura and S. Sugimoto: Fibers & Integrated Opt.,

参 考 文 献

    2 (1979), 1.
10) I. Kitano: JARECT, Optical Devices and Fibers, Ohm, **5** (1983), 151.
11) T. Musha and T. Morokuma: JARECT Optical Devices and Fibers, Ohm, **11** (1984), 108.
12) T. Kiriki, N. Izumiya, K. Akurai and T. Kojima: CLEO '84, WB-3 (1984).
13) 西 寿己, 遠山 実: 60年春応物, 29-ZD-4 (1985).
14) G. Hatakoshi, H. Fujima and K. Goto: Microoptics News (1985).
15) M. Oikawa, K. Iga and S. Sanada: Electron Lett., **17** (1981), 452.
16) K. Iga, M. Oikawa, S. Misawa, J. Banno and Y. Kokubun: Appl. Opt., **21** (1982), 3456.
17) G. D. Khoe, H. G. Kock, J. A. Luijendijk, C. H. J. van den Breckel and D. Kuppers: 7th European Conf. Optical Commun., **7** (1981), 6.
18) N. F. Borrelli, D. L. Morse, R. H. Bellman and W. L. Morgan: Appl. Opt., **24**, 16 (1985), 2520.
19) M. Kawachi, Y. Yamada, M. Yasu and M. Kobayashi: Electron. Lett., **21**, 8 (1985), 314.
20) 向井 弘: Microoptics News, **4**, 1 (1986), 54.
21) 伊賀健一, 國分泰雄: 日本の科学と技術 (科学技術館), **26**, 234 (1985), 90.
22) S. Kawakami: Appl. Opt., **16** (1983), 2426.

3. 微小光学とその手法

まず微小光学を考えるときにどうしても必要になる波動光学,光線光学,導波光学,ビーム光学,回折現象の基礎についてまとめる.特に,微小光学では,屈折率の異なる媒質の中での屈折,反射を利用することが多い.本章では,このような微小光学の解析手法,実験手法についての概要をまとめる.

3.1 物理現象と解析手法の概要

3.1.1 波動光学

複素屈折率 n_1 と n_2 をもつ誘電体境界での光波の電界反射率 r は

$$r = \frac{n_1 - n_2}{n_1 + n_2} = |r| \exp[-i\phi] \tag{3.1}$$

で与えられる.いろいろな境界での垂直入射に対する反射率を $\varDelta = (n_1 - n_2)/n_1$ ($\varDelta \ll 1$) として,表 I.3.1 にまとめた.特に,位相の変化は反射の性質を考えるうえで重要である.

表 I.3.1 いろいろな境界での反射率

		$|r|$	ϕ
誘電体(n_1)－誘電体(n_2)	($n_1 > n_2$)	$\cong \varDelta/2$	0
誘電体(n_2)－誘電体(n_1)	($n_1 > n_2$)	$\cong \varDelta/2$	π
誘電体(n_1)－金属($n_2 + jk_2$)	($|k_2| \gg n_2$)	$\cong 1$	$\cong \pi$

3.1.2 光線光学

微小光学で用いられる分布屈折率ロッドレンズ内の光線軌跡について考える.すなわち,屈折率が半径 r の2乗に比例して減少する媒質もレンズ作用をもつ.このような媒質を棒状にしたものは分布屈折率あるいは集束形ロッドレンズとよばれ,内部の光線軌跡は正弦波状になる.分布屈折率ロッドレンズは直径 1～2 mm と太く,クラッド部もない.また製作法もファイバーとは違ってガラスのイオン交換法やプラスチックのモノマー交換などで製作される.このロッドレンズの屈折率分布は,屈折率勾配の強さを表すパラメーター g (集束定数とよばれる)を用いて

$$n^2(r) = n^2(0)[1-(gr)^2+h_4(gr)^4+\cdots] \quad (r \leq a)$$
$$= 1 \quad (空気) \quad (r > a) \quad (3.2)$$

ただし，$r^2 = x^2 + y^2$ と書かれる．$h_4\cdots$ は屈折率分布の高次項を表す定数であるが，ここでは簡単のために $h_4 = 0$ として話を進めよう．この場合の x 軸を含む子午面内（光軸を含む断面内）での光線軌跡は，入射端での入射位置 x_i とその傾き $\dot{x}_i$（・は z 微分を表す）が与えられたときの距離 z における位置 $x(z)$ は四次項以下を考えないと，

$$x(z) = x_i \cos(gz) + (\dot{x}_i/g)\sin(gz) \quad (3.3)$$

と表される．上式より光線軌跡は周期

$$L_p = 2\pi/g \quad (3.4)$$

ごとに同じ位置と傾きを繰り返す正弦波になることがわかる[1]．この L_p を蛇行ピッチ（または単にピッチ）とよぶ．図 I.3.1 に実際の分布屈折率ロッドレンズ内のビームの軌跡を示す．この分布屈折率ロッドレンズに平行ビームを入射させると，図に示すように収束と

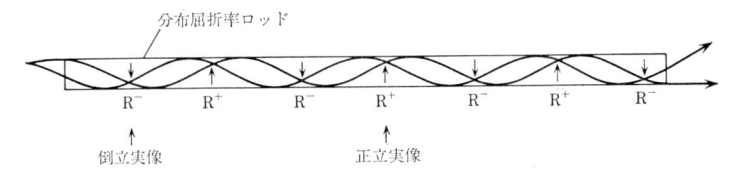

図 I.3.1 分布屈折率ロッドレンズとその中の光線軌跡[1]

平行を繰り返すのでたとえば $1/4 L_p$ の長さに切ると平行ビームを集光することができ，また $1/2 L_p$ と $1/4 L_p$ の中間の長さに切り出せば半導体レーザーからの出射光のような発散光を集光することもできる．このように，分布屈折率ロッドレンズは切り出す長さを適当に調節することによって任意の焦点距離の集光レンズが得られ，しかも端面を平面に研磨するだけで微小なレンズになるのでたいへん便利であり，光通信用コンポーネントや小形複写機などに多く用いられる．

3.1.3 導 波 光 学

微小光学コンポーネントとして，光ファイバーや誘電体導波路をその一部に使用する構成も少なくない．誘電体導波路の伝送特性を表すものとして伝搬定数，その周波数に対する一次，二次微分，コアへの電力閉込め係数，モード分布などがある．導波路内伝搬定数 β を自由空間の伝搬定数で規格化した

$$b = \frac{(\beta/k_0)^2 - n_2^2}{n_1^2 - n_2^2} \cong \frac{\beta/k_0 - n_2}{n_1 - n_2} \quad (3.5)$$

と，規格化周波数

$$V = k_0 n_1 a \sqrt{2\varDelta} \quad (3.6)$$

とのいわゆる分散関係がわかれば，上記の伝送特性がほぼ理解できる．

さて，最も簡単でかつ基本的な形式である，コア内の屈折率が一様ないわゆる屈折率階段形平板光導波路と円筒光ファイバーの分散特性は次式で解析的に表される．

$$V=\frac{1}{\sqrt{1-b}}\left[\tan^{-1}\frac{\sqrt{b}}{\sqrt{1-b}}+N\left(\frac{\pi}{2}\right)+\frac{\pi}{4}\phi\right] \quad (N=0,1,2,3,\cdots) \quad (3.7)$$

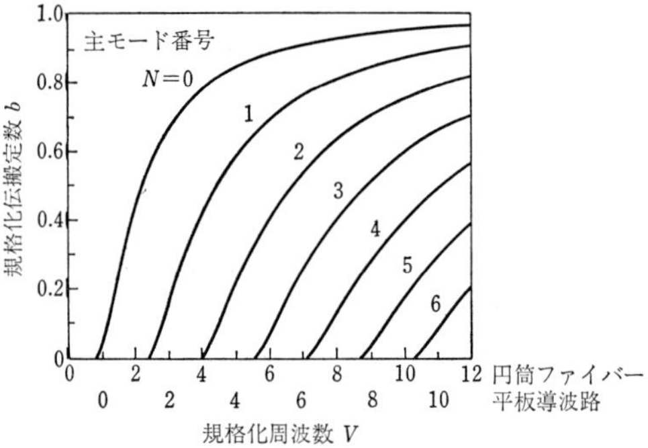

となる[3]. ただし,

$\phi=0$ ［平板光導波路
　　　　　　（TEモード）］
$=1$ ［円筒ファイバ］

上の式を使って，たとえばコアの中にどのくらい光が閉じ込められているかを表す閉込め係数は，

$$\xi=(V+\sqrt{b})/(V+1/\sqrt{b}) \quad (3.8)$$

で与えられる[1]. また，屈折率が式 (3.2) で表される分布屈折率導波路のモードはエルミートあるいはラゲール・ガウス関数を与えられ，また伝搬定数 β は p, q 次のエルミート・ガウスモードの場合，$N=p+q$ とおいて b を V で表すと，

$$b=1-(2/V)[N+1] \quad (3.9)$$

図 I.3.2 平板および円筒光導波路の分散関係[3]

3.1.4 ビーム光学

レーザーから得られるガウスビーム波は微小光学における基本的概念の一つといってよい. $z=0$ において，スポットサイズ s をもつ

$$f(r,0)=E_0\exp\left[-\frac{1}{2}\left(\frac{r}{s}\right)^2\right] \quad (3.10)$$

で与えられるガウスビーム波は，距離 z だけ伝搬すると，

$$f(r,z)=E_0(s/w)\exp[-ikz+i\phi]\exp\left[-\frac{1}{2}r^2(1/w^2+ik/R)\right] \quad (3.11)$$

に変化する. ここで，スポットサイズ w，波面の曲率半径 R，位相シフト ϕ は，それぞれ次式で与えられる[1].

$$\left.\begin{array}{l}w=s\sqrt{1+(z/ks^2)^2}\\ R=z[1+(ks^2/z)^2]\\ \phi=\tan^{-1}[z/ks]^2\end{array}\right\} \quad (3.12)$$

基本的には，この式によってビームの変化はよく表されているのだが，ビーム光学系の設計には，マトリクス法やスミス図などが便利に利用される.

3.1.5 回折現象

微小光学では，レンズ系における集光や，レーザー光の伝搬など回折限界に迫る設計がよく使われる. そこでは，回折を表すフレネルキルヒホッフ積分が用いられる. $z=0$ における光電界 $f(x',y',0)$ が与えられていると，$z=z(z\gg D^2/\lambda)$ における界分布 $f(x,y,z)$

は，

$$f(x, y, z) = (i/\lambda z)\exp[-ikz]\int_D dx'dy' f(x', y', 0)\exp[ikxx'/z + ikyy'/z]$$
(3.13)

で与えられる．この式を用いて任意の形をもつ光電界の自由空間による変化が計算できる．たとえば，直径 D のアパーチャーによる波長 λ の光の回折界の強度分布 $I(\theta)$ の角度依存性は

$$\left.\begin{array}{l} I(\theta) = I(0)[2J_1(u)/u]^2 \\ u = (kD/2)\sin\theta \end{array}\right\}$$
(3.14)

となる．主ビームの回折角 $\varDelta\theta$ は，ベッセル関数 J_1 の最初の零点 $(kD/2)\varDelta\theta = 2.405$ より

$$\varDelta\theta = 1.22\lambda/D$$
(3.15)

で与えられる．また，直径 D，焦点距離 f の無収差レンズによる波長 λ の光の集光スポット系 $\varDelta D$ は

$$\varDelta D = 1.22\lambda/\mathrm{NA}$$
(3.16)

となる．ただし，NA はレンズの開口数で，$\mathrm{NA} = 1/F = f/D$ である．

3.1.6 ビーム伝搬法

任意の屈折率をもつ媒質中を伝搬する光波の振舞いを回折現象をも含めて解析する手法としてビーム伝搬法 (beam propagation method; BPM) がある．Lagasse（ベルギー）らによって開発された[4]．これから回折効果とビーム伝搬効果が相半ばするマイクロレンズ中の光伝搬には有効のようで，筆者らも検討を始めた．Bell Communications Research の R. Hawkins による，マッハ-ツェンダー干渉形変調器や分岐回路など実際の光導波路設計に威力を発揮する propagator method などもある[5]．

3.2 基礎となるプロセス技術

微小光学コンポーネントはまことに多岐にわたっているので，その製造法も総合的な技術として発展しつつある．代表的なものを以下にまとめる．
 （a） レンズ形成法： 微小球の形成，分布屈折率形成，モールド
 （b） 光導波路形成法： ガラス（拡散，電界移入），石英系（CVD）
  　　　　　　　　　　　LiNbO₃（拡散），半導体（エピタキシー，エッチング，拡散）
 （c） 回折格子形成： レーザー干渉，電子ビーム描画
 （d） 誘電体多層膜形成： 電子ビーム蒸着，CVD，スパッター
 （e） 光ファイバー加工法：延伸，研磨

これらのうち，特に微小光学で利用される分布屈折率形成法について表 I.3.2[1] にまとめた．

[伊賀健一]

表 I.3.2 分布屈折率形成法

形成法	母材	添加物	形状	特徴
イオン交換拡散	ガラス，光学結晶	Ag, Li, Tl, Cs, Pb	ファイバー，ロッド，平板	分布がなめらか，遅い形成
イオン電界移入	ガラス，光学結晶		平板	深い移入，急峻な分布
CVD法	石英ガラス	Ge, P, B, F	チューブ	層状
VAD法	石英ガラス		ロッド	らせん層状
プラズマCVD法	石英ガラス	Si_3N_4	平板	層状，屈折率差大きい
分子スタッフィング法	石英ガラス	Cs, Pb, Ag	ロッド	速い形成
拡散重合法	プラスチック	プラスチックモノマー	ロッド，平板	材料が多様
光共重合法	プラスチック		ファイバー	割れにくい
結晶引き上げ法	Siなど	Geなど	ロッド	赤外用

参考文献

1) K. Iga, Y. Kokubun and M. Oikawa: Fundamentals of Microoptics, Academic Press/Ohm, New York (1984).
2) 伊賀健一, 三澤成嘉: 電子通信学会誌, **68**, (1985), 1297.
3) 伊賀健一, 國分泰雄: 光ファイバ, オーム社 (1986).
4) P. E. Lagasse and R. Baets: The Beam Propagation Method in Integrated Optics, Private communication.
5) Technical Digest of 1st Microoptics Conference, published by the Microoptics Group (1987).

第Ⅱ部 基 礎 編

1. 幾何光学

　本章では，原則として回転対称軸すなわち光軸をもつ光学系について，幾何光学的観点から，厳密な光線追跡技術に対応して，まずその近似理論として位置づけられる第一次の近似理論である近軸理論（paraxial optics）およびその次のオーダーの第三次の近似理論である三次収差論（primary aberration theory，または 3rd-order aberration theory）について論じる．そして，厳密な光線追跡技術について述べることにする．光学系を構成する各面は一般に回転対称な非球面とし，各面間の媒質は一般に分布屈折率媒質とする．面が球面の場合や媒質が均質の場合はその特別な場合で，本論はこれらを包含する．

　光学系を取り扱う場合，これを設計する立場とこれを評価する立場の2通りが存在する．近軸理論は理想結像論ともいわれ，光学系の骨組ともいうべき全体の尺度や理想的な結像の条件を明確に論じる理論であり，設計および評価のいずれにおいてもその土台づけをする重要な役割を果たす．一方，光線追跡技術は光線の振舞いを厳密に論じるもので，像面上で1点に集まるべき光線がどれだけの範囲に散らばるかといったレンズの欠点，いわゆる収差を求めるのに不可欠な手段である．すなわち，これによって光学系の結像の具合を論ずることができ，やはり設計および評価の両方の立場で使用されるのである．そして，収差論（aberration theory）は結像の具合を近似的に論ずるものであるが，厳密な収差の値を与えない代わりに収差の性格を明確に論ずる重要な手段で，設計をする際積極的な役割を果たす．

　本論では，まず均質媒質系の幾何光学について述べ，ついで分布屈折率媒質系について均質媒質系に何が加わるのかを明確に論じ分けることにした．これによって従来の均質媒質による光学系とどこがどう違うのかがわかりやすく，設計・評価への見通しが立てやすくなる．

1.1 分布屈折率媒質中の光線の振舞いと反射，屈折の法則

　電磁界のマクスウェル方程式を時間的に自由で非伝導な等方媒質に適用し，幾何光学の前提として光の波長 λ を $\lambda \to 0$ の極限に移行することによって次のアイコナール方程式が導かれる[1]．

$$\{\mathrm{grad}\,\varphi(\boldsymbol{r})\}^2 = \{N(\boldsymbol{r})\}^2 \tag{1.1}$$

ここに，$\varphi(\boldsymbol{r})$: 光路長で位置ベクトル $\boldsymbol{r}\equiv(x, y, z)$ のスカラー関数であり，$N(\boldsymbol{r})$: 媒質中の点 $\boldsymbol{r}$ における屈折率である．式 (1.1) はまた光線の方向単位ベクトル $\boldsymbol{s}=d\boldsymbol{r}/ds$ を定義することによって次のようにも表せる（s は光線の長さ，$ds=\sqrt{dx^2+dy^2+dz^2}$）．

$$N\boldsymbol{s}=\mathrm{grad}\,\varphi \tag{1.2}$$

さらに，上式の両辺を s で全微分すると

$$\frac{d}{ds}\left(N\frac{d\boldsymbol{r}}{ds}\right)=\mathrm{grad}\,N \tag{1.3}$$

が得られる．これが光線方程式 (differential equations of the light rays) である．

一方，点 P_1 から P_2 に至る光路長を $[P_1P_2]$ で表すと式 (1.2) より（図 II.1.1 参照），

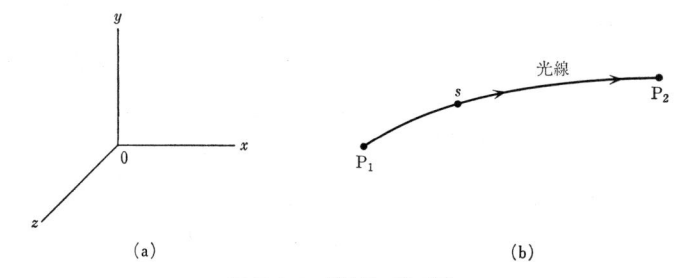

図 II.1.1 光路長の説明図

$$[P_1P_2]=\int_{P_1}^{P_2}N\,ds=\varphi(P_2)-\varphi(P_1) \tag{1.4}$$

を得る．光線は光路長が極値をとるように進むというフェルマーの原理から，数学的には式 (1.4) に変分法を適用することによっても式 (1.3) が得られる．

なお，光線方程式は，座標の一つ，ここでは x をパラメーターとして表示すると，光路長の式 (1.4) を x に関して変形した式

$$[P_1P_2]=\int_{x(P_1)}^{x(P_2)}L(x, y, z, y', z')dx \tag{1.5}$$

ここに，

$$L(x, y, z, y', z')\equiv N(x, y, z)\sqrt{1+y'^2+z'^2} \tag{1.6}$$

（y', z' は x の一次導関数）から変分法を適用して次のようにも表せる．

$$\left.\begin{array}{l}\dfrac{\partial L}{\partial y}-\dfrac{d}{dx}\left(\dfrac{\partial L}{\partial y'}\right)=0 \\[6pt] \dfrac{\partial L}{\partial z}-\dfrac{d}{dx}\left(\dfrac{\partial L}{\partial z'}\right)=0\end{array}\right\} \tag{1.7}$$

式 (1.7) を具体的に記述すると結果として次の微分方程式として表せる．

$$\left.\begin{array}{l}Ny''-(1+y'^2+z'^2)\left(\dfrac{\partial N}{\partial y}-y'\dfrac{\partial N}{\partial x}\right)=0 \\[6pt] Nz''-(1+y'^2+z'^2)\left(\dfrac{\partial N}{\partial z}-z'\dfrac{\partial N}{\partial x}\right)=0\end{array}\right\} \tag{1.8}$$

(y'', z'' は x の二次の導関数).

光線方程式としては式 (1.3) または式 (1.7), (1.8) を必要に応じて使い分けると便利である.

ところで, 均質等方媒質では, $N=\text{const}$ と式 (1.3) より $s=\text{const}$ が得られ, いわゆる光の直進性が得られる.

次に, 異なる媒質の境界面での光の反射屈折の法則について述べる.

これはまたスネルの法則として有名である.

図 II.1.2 のように光線が媒質 1 から境界面 S 上の点 P を経て媒質 2 へ屈折して進む場合を想定し, 点 P での入射光線の方向単位ベクトルを s_1, 屈折後の出射光線の方向単位ベクトルを s_2, 点 P での面法線単位ベクトルを ε, さらに点 P 上での入射側媒質の屈折率を N_1, 出射側のそれを N_2 とすれば, スネルの法則は次のように表せる[2)].

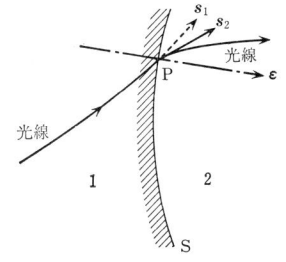

図 II.1.2 屈折の法則の説明図

$$N_1(\varepsilon \times s_1) = N_2(\varepsilon \times s_2) \tag{1.9}$$

($\times$ はベクトル積を意味する). この式はベクトル等式であることから, s_1 と ε を含む入射面および s_1 と ε のなす角すなわち入射角を i_1, また s_2 と ε を含む出射面および s_2 と ε のなす角すなわち出射角を i_2, として,

$$\left.\begin{array}{l} \text{① 入射面と出射面は同一平面内にある} \\ \text{② } N_1 \sin i_1 = N_2 \sin i_2 \\ \text{が成立する.} \end{array}\right\} \tag{1.10}$$

の二つの意味を有している.

さて, 反射の場合は, $N_2 = -N_1$ と約束することによって式 (1.9), (1.10) をそのまま活用できる. すなわち, 式 (1.10) よりこの場合,

$$i_2 = -i_1 \tag{1.11}$$

以上, 一般に非伝導な等方的媒質 (以後ここでは一般に分布屈折率媒質とよぶことにする*) における光線の幾何光学の前提について述べた. 要点は次のようである.

① 分布屈折率形の媒質を通過する光線は光線方程式に従った振舞いをする. 特に, 均質等方媒質中では光は直進する.

② 異なる媒質を通過する際は反射屈折の法則すなわちスネルの法則に従う.

③ さらに, 個々の光線は互いに無関係で干渉はしない.

---

* 名称は固定的ではない. 分布屈折率の名称の提案 (伊賀健一: 光学, **10**-2 (1981), 89) がある. ここでは, これにならう.

1.2 光学系の構成（符号の規約）と光線の追跡

1.2.1 符号の規約

以後取り扱う光学系では，被写体すなわち物体は光学系の左方にあり，物体から光学系に入射する光線は，左から右へ向かって進むものとする（図 II.1.3 参照）．ただし，反射

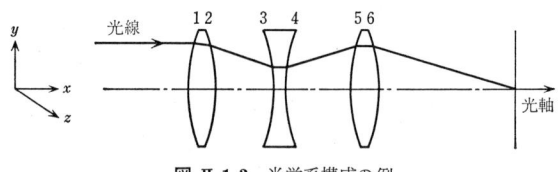

図 II.1.3 光学系構成の例

面が存在する場合はこの限りでない．光学系の面には，光線が遭遇する順序に順次 1, 2, $\cdots, \nu, \cdots k$，なる番号を付してよぶことにする（反射面を含む光学系で同じ面を光線が重複して通過する場合には同じ面を重複して数える）．
符号の規約の原則は右手座標系に従う．すなわち，光軸を x 軸，x 軸と直交する断面を y-z 面とする．そして光軸方向に測る量は，すべて基点から右へ測るときは正，逆方向に測るときは負とする．以上の原則に従って，構成要素に関しては次のように約束する．

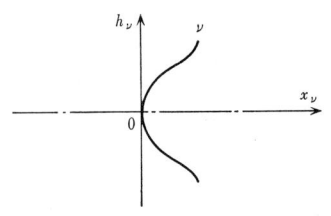

図 II.1.4 面の表示

① 面について．面は一般に回転二次曲面をベースにした非球面として，第 ν 面の方程式を次のように定義する（図 II.1.4 参照）．

$$x_\nu = \frac{(1/\tilde{r}_\nu)h_\nu^2}{1+\sqrt{1-K_\nu(h_\nu/\tilde{r}_\nu)^2}} + \sum_{j=1}^{n} \tilde{A}_{j,\nu} h_\nu^{2j} \tag{1.12}$$

ここに，$h_\nu \equiv \sqrt{y_\nu^2 + z_\nu^2}$，$\tilde{r}_\nu$ は面が球面の場合の曲率半径で，その曲率中心が面の頂点（光軸と面との交点）の右にあるときは正，左にあるときは負とする．また，K_ν は円錐定数（conic constant）で，

$$\begin{cases} K_\nu = 1: \text{球面} \\ K_\nu = 0: \text{回転放物面} \\ K_\nu > 0: \text{一般に回転楕円面} \\ K_\nu < 0: \text{回転双曲面} \end{cases}$$

をそれぞれ意味する．さらに $\tilde{A}_{j,\nu}$ は非球面係数である．

② 面間隔 d_ν' は ν 面の頂点から $\nu+1$ 面の頂点に至る距離である（図 II.1.5）．したがって $\nu+1$ 面の頂点が ν 面の頂点より右にあるときは正，左にあるときは負とする（負の値は光学系の中に反射面を含む場合に起こる）．

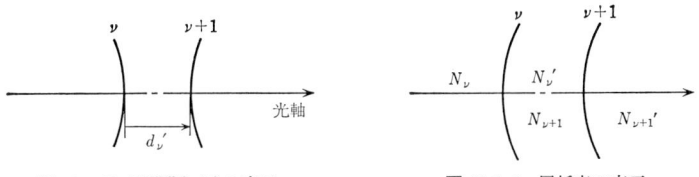

図 II.1.5 面間隔 d_ν' の表示　　　　**図 II.1.6** 屈折率の表示

③ 媒質の屈折率 N_ν, N_ν' について，ν 面より前の媒質すなわち光線が入射する側の媒質を N_ν, ν 面より後すなわち光線が ν 面から出射する媒質をダッシュを付して N_ν' と表す（図 II.1.6）. したがって，

$$N_\nu' \equiv N_{\nu+1} \tag{1.13}$$

符号は屈折面の前後の媒質では同符号，反射面の前後では反転（互いに異符号）させる．

ところで，分布屈折率媒質を次のように表すことにする[3]．

$$N_\nu(\xi_\nu, x_\nu) = N_{0,\nu}(x_\nu) + \sum_{j=1}^{m} N_{j,\nu}(x_\nu) \xi_\nu^j \tag{1.14}$$

ここに，

$$\xi_\nu \equiv y_\nu^2 + z_\nu^2 = h_\nu^2 \tag{1.15}$$

（屈折後の媒質の場合は N_ν' とダッシュを付す）．

1.2.2 光線追跡式

光学系を通しての光線の追跡式は二つの要素からなる．すなわち，その一つは面から面に至る媒質中の光線の追跡，これを転送式（transfer equation）とよぶ．そして次に面上に到達した光線の次の媒質への屈折（または反射），これを屈折式（refraction equation）とよぶ（反射面の場合も式の形式上区別を要しないことを先に指摘した．ここではもちろん反射も含む），の二つである．このうち屈折式は境界面上の点が定まれば，均質媒質系と分布屈折率媒質系との区別はない．

したがって，均質媒質系での光線の追跡について論じることに加えて，分布屈折率媒質系では光線の転送式を新たに考察しなおすことで十分である．

1.3 分布屈折率光学系の近軸理論

1.3.1 均質媒質系の近軸理論―分布屈折率媒質系への準備―

近軸理論は，光学系の光軸近傍の極限の結像関係を取り扱うものであって，光線が光軸となす角度 u に関して，$\sin u = \tan u = u$ とおくことによって導かれる．したがって近軸理論の役割は，まだ光学系の具体的な形がはっきりしていない設計の初期段階から，形が漸次具体化し，複雑化していく過程を通じて，つねに隠された骨組として全体を秩序づけるところにある．さらに，収差の除去された光学系を取り扱う土台となる技術でもあり，光学系の仕様（焦点距離，結像配置など）を設定するのに不可欠のものである．近軸理論

は理想結像理論ともいわれる.

(1) 近軸追跡式[4]　まず，1個の屈折面による結像すなわち屈折式について考える．この面の光軸近傍の曲率半径を r とする．図II.1.7に示すように，光軸と u なる角度をなす光線が面頂点から s の位置で光軸と交わるように入射し，屈折後は光軸と u' なる角度をなし，面頂点から s' の距離で光軸と交わるとすれば，明らかに，

$$i=\theta-u, \quad i'=\theta-u'$$

が成り立つ．ここに，θ は入射点での面法線が光軸となす角である．一方，近軸関係であることに留意してスネルの法則（式(1.10)）は $Ni=N'i'$ となるので，上式より

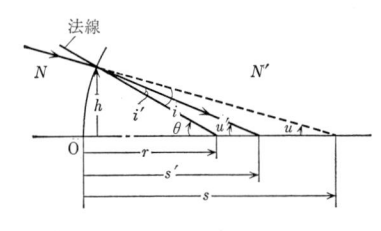

図 II.1.7　1個の屈折面による結像

$$N(\theta-u)=N'(\theta-u') \tag{1.16}$$

を得る．ここで，θ を r および光線の面への入射高 h を用いて表すと $\theta=h/r$ と書けるから，結局1個の面による屈折式を次のように得る．

$$\alpha'=\varphi h+\alpha \tag{1.17}$$

ここに，

$$\alpha \equiv Nu, \quad \alpha' \equiv N'u' \tag{1.18}$$

$$\left. \begin{array}{l} \varphi \equiv \dfrac{N'-N}{r} \\[6pt] \text{ただし，一般には，} \dfrac{1}{r} \equiv \dfrac{1}{\tilde{r}_\nu}+2\tilde{A}_{1,\nu} \quad (\text{cf. 式 }(1.12)) \end{array} \right\} \tag{1.19}$$

α, α' はおのおの入射，出射の換算傾角といわれ，φ は屈折力といい，その逆数すなわち，

$$f=\frac{1}{\varphi} \tag{1.20}$$

を焦点距離という．

なお，s, s' との結像関係については，u, u' との次の自明な関係，

$$u=\frac{h}{s}, \quad u'=\frac{h}{s'} \tag{1.21}$$

を用いて，直ちに次の周知の結像関係式を得る．

$$\frac{N'}{s'}=\frac{1}{f}+\frac{N}{s} \tag{1.22}$$

また，式(1.16)の θ, u, u' を以上での寸法量で置き換えることにより，よく知られたアッベの不変量を得る．すなわち，

$$N\left(\frac{1}{r}-\frac{1}{s}\right)=N'\left(\frac{1}{r}-\frac{1}{s'}\right) \tag{1.23}$$

（以上の式を任意の第 ν 面に適用の際はすべての諸量に添字 ν を付せばよい）．

次に，ν 面から $\nu+1$ 面への近軸光線の転送式は，図II.1.8より，明らかに

1.3 分布屈折率光学系の近軸理論

$$h_{\nu+1} = h_\nu - e_\nu' \alpha_\nu' \quad (1.24)$$

ただし，

$$e_\nu' \equiv \frac{d_\nu'}{N_\nu'} \quad (1.25)$$

を得る．e_ν' は換算面間隔といわれる．

以上，任意の ν 面の屈折式および ν 面から $\nu+1$ 面の転送式を合わせて近軸追跡式として次にまとめておく．

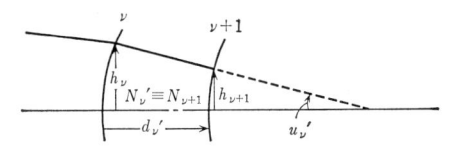

図 II.1.8 近軸光線の面間の転送

$$\left.\begin{array}{l} \alpha_\nu' = h_\nu \varphi_\nu + \alpha_\nu \\ h_{\nu+1} = h_\nu - e_\nu' \alpha_\nu' \quad (\alpha_{\nu+1} \equiv \alpha_\nu') \end{array}\right\} \quad (1.26)$$

光学系が k 面よりなる場合，上式を，$\nu=1\sim k$ まで反復適用することにより，近軸光線の追跡を実行することができる．その際，初期値として，第1面より物体までの距離 s_1 を用いて，

$$\left.\begin{array}{l} h_1 = 1 \quad (\text{任意でよい}) \\ \alpha_1 = N_1 \times \dfrac{h_1}{s_1} \end{array}\right\} \quad (1.27)$$

を設定する．また，最終面（k 面）より像面までの距離 s_k' は次式より求めることができる．

$$s_k' = \frac{h_k}{\alpha_k'} \times N_k' \quad (1.28)$$

ところで，角度 u, u'，したがって α, α' の符号は式 (1.21) より自明である．すなわち図 II.1.7 および図 II.1.8 での図示量が正である（解析幾何学と符号は逆となっている）．

（2） 光学系全体の関係式　k 面よりなる光学系全体の入，出射関係を求めてみよう（図 II.1.9 参照）．これには式 (1.26) を繰り返し適用すればよいのであるが，その際，次

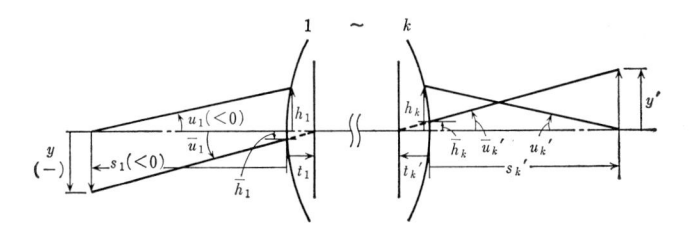

図 II.1.9 光学系全体の近軸光線

のように行列の知識を活用するのが便利である．まず，屈折式より $\nu=1$ とおいて

$$\begin{pmatrix} h_1 \\ \alpha_1' \end{pmatrix} = \begin{pmatrix} 1 & 0 \\ \varphi_1 & 1 \end{pmatrix} \begin{pmatrix} h_1 \\ \alpha_1 \end{pmatrix} \quad (1.29)$$

次に転送式より $\nu=2$ とおいて

$$\begin{pmatrix} h_2 \\ \alpha_2 \end{pmatrix} = \begin{pmatrix} 1 & -e_1' \\ 0 & 1 \end{pmatrix} \begin{pmatrix} h_1 \\ \alpha_1' \end{pmatrix} \tag{1.30}$$

さらに，$\nu=2$ の屈折式は式 (1.29) で添字を 2 とおけばよいので，まず $k=2$ の光学系の関係式を次のように得る．

$$\begin{pmatrix} h_2 \\ \alpha_2' \end{pmatrix} = \begin{pmatrix} 1 & 0 \\ \varphi_2 & 1 \end{pmatrix} \begin{pmatrix} 1 & -e_1' \\ 0 & 1 \end{pmatrix} \begin{pmatrix} 1 & 0 \\ \varphi_1 & 1 \end{pmatrix} \begin{pmatrix} h_1 \\ \alpha_1 \end{pmatrix} \tag{1.31}$$

この関係式を，任意の ν まで広げることは容易である．すなわち，

$$\begin{pmatrix} h_\nu \\ \alpha_\nu' \end{pmatrix} = \begin{pmatrix} {}^1A_\nu & {}^1B_\nu \\ {}^1C_\nu & {}^1D_\nu \end{pmatrix} \begin{pmatrix} h_1 \\ \alpha_1 \end{pmatrix} \tag{1.32}$$

ここに，

$$\begin{pmatrix} {}^1A_\nu & {}^1B_\nu \\ {}^1C_\nu & {}^1D_\nu \end{pmatrix} \equiv \begin{pmatrix} 1 & 0 \\ \varphi_\nu & 1 \end{pmatrix} \begin{pmatrix} 1 & -e_{\nu-1}' \\ 0 & 1 \end{pmatrix} \begin{pmatrix} 1 & 0 \\ \varphi_{\nu-1} & 1 \end{pmatrix} \cdots \begin{pmatrix} 1 & 0 \\ \varphi_1 & 1 \end{pmatrix}$$
$$= \begin{pmatrix} 1 & 0 \\ \varphi_\nu & 1 \end{pmatrix} \begin{pmatrix} 1 & -e_{\nu-1}' \\ 0 & 1 \end{pmatrix} \begin{pmatrix} {}^1A_{\nu-1} & {}^1B_{\nu-1} \\ {}^1C_{\nu-1} & {}^1D_{\nu-1} \end{pmatrix} \tag{1.33}$$

式 (1.33) より次の漸化式を得る．

$$\left. \begin{aligned} {}^1A_\nu &= {}^1C_{\nu-1}(-e_{\nu-1}') + {}^1A_{\nu-1} \\ {}^1C_\nu &= {}^1A_\nu \varphi_\nu + {}^1C_{\nu-1} \\ {}^1B_\nu &= {}^1D_{\nu-1}(-e_{\nu-1}') + {}^1B_{\nu-1} \\ {}^1D_\nu &= {}^1B_\nu \varphi_\nu + {}^1D_{\nu-1} \end{aligned} \right\} \tag{1.34}$$

ここに，初期値として

$$ {}^1A_0 = {}^1D_0 = 1, \quad {}^1C_0 = 0, \quad {}^1B_0 = 0 \tag{1.35}$$

を設定する．これを $\nu=1\sim k$ まで適用すれば，光学系の構成データよりなる φ_ν, e_ν' ($\nu=1\sim k$) から

$$A \equiv {}^1A_k, \quad B \equiv {}^1B_k, \quad C \equiv {}^1C_k, \quad D \equiv {}^1D_k \tag{1.36}$$

を求めることができ，結局，h_k, α_k' は h_1, α_1 と，

$$\begin{pmatrix} h_k \\ \alpha_k' \end{pmatrix} = \begin{pmatrix} A & B \\ C & D \end{pmatrix} \begin{pmatrix} h_1 \\ \alpha_1 \end{pmatrix} \quad \text{または} \quad \begin{cases} h_k = Ah_1 + B\alpha_1 \\ \alpha_k' = Ch_1 + D\alpha_1 \end{cases} \tag{1.37}$$

で関係づけることができる．A, B, C, D を光学系の近軸特性量と通常よんでいる．これらの間には，式 (1.33) の行列式をとることにより，次の重要な関係式を見出すことができる．

$$AD - BC = 1 \tag{1.38}$$

この関係はヘルムホルツ－ラグランジュの不変量と等価な関係式である．これを知って，式 (1.37) を h_1, α_1 に関して解くことにより，次式の逆追跡の関係式を得る．

$$\begin{pmatrix} h_1 \\ \alpha_1 \end{pmatrix} = \begin{pmatrix} D & -B \\ -C & A \end{pmatrix} \begin{pmatrix} h_k \\ \alpha_k' \end{pmatrix} \quad \text{または} \quad \begin{cases} h_1 = Dh_k - B\alpha_k' \\ \alpha_1 = -Ch_k + A\alpha_k' \end{cases} \tag{1.39}$$

例として，単レンズ ($k=2$) の場合 A, B, C, D は，

$$\left.\begin{array}{l}A=1-\varphi_1 e_1' \\ B=-e_1' \\ C=\varphi_1+\varphi_2-e_1'\varphi_1\varphi_2 \\ D=1-e_1'\varphi_2\end{array}\right\} \quad (1.40)$$

となる．そしてさらに薄肉単レンズの場合は，$e_1'=0$ とおいて，

$$A=D=1, \quad B=0, \quad C=\varphi_1+\varphi_2 \quad (1.41)$$

を得る．

1.3.2 分布屈折率媒質系の近軸追跡式

すでにふれたように，光線追跡式で分布屈折率媒質系の場合，均質媒質系と扱いが異なるのは光線の転送式である．これが光線方程式 (1.3) に従って一般に曲線的軌跡となるところが基本的に違うところである．屈折式は光学系の面上の交点における媒質の屈折率が式 (1.14) で与えられることに留意すれば均質系での屈折式と基本的には変わらない．

したがって分布屈折率媒質系の近軸理論[5]は，すでに述べた均質媒質系での屈折式と以下に述べる転送式により近軸追跡を実行することによって論じられる．

分布屈折率媒質中の光線方程式 (1.8) に式 (1.14) で表される分布屈折率を代入し，近軸領域（一次の領域）に限定すると，結果として次の近軸域での転送式に関する微分方程式を得る[3]（面間の番号を意味する添字は省略）．

$$\left.\begin{array}{l}\dfrac{d}{dx}\left\{N_0(x)\dfrac{dy}{dx}\right\}-2N_1(x)y(x)=0 \\ \dfrac{d}{dx}\left\{N_0(x)\dfrac{dz}{dx}\right\}-2N_1(x)z(x)=0\end{array}\right\} \quad (1.42)$$

これは，x-y 断面内での光線の振舞いと x-z 断面内での光線の振舞いは全く等価であることを示しているので，ここでは，均質系での近軸理論で用いた類似の記号を用いて，y, z を代表する光軸上からの高さ h と換算傾角 $u \equiv -dh/dx$ で式 (1.42) を次のように表すことにする（図 II.1.10 参照，h の符号は光軸より上方を正，下方を負）．

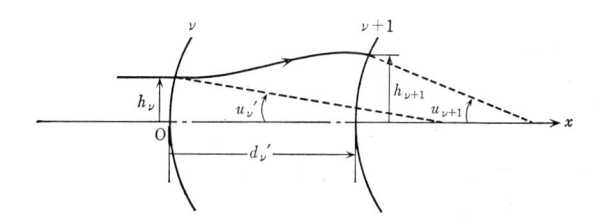

図 II.1.10 分布屈折率媒質系での近軸光線追跡

$$\frac{d}{dx}\alpha(x)+2N_1(x)h(x)=0 \quad (1.43)$$

ここに，

$$\alpha(x) \equiv N_0(x)u(x) = -N_0(x)\frac{dh}{dx} \tag{1.44}$$

式 (1.43) は一般に解析的には解けないが，通常の数値計算手法によれば簡単に $h(x)$ および $\alpha(x)$ を求めることができる．ただし，初期値として図II.1.10に示すように，

$$h(0) = h_\nu, \qquad \alpha(0) = \alpha_\nu' \equiv N'_{0,\nu}(0) u_\nu' \tag{1.45}$$

が既知であるとする．

（1） 近軸特性量 A^*, B^*, C^*, D^* 　第 ν 面から第 $\nu+1$ 面に至る転送式について式 (1.43) を考察する．その際，均質系で用いた近軸特性量 A, B, C, D を活用すれば光学系全体についての見通しが得やすい．いま，ν 面から第 $\nu+1$ 面に至る媒質中の近軸特性量を $A(x), B(x), C(x), D(x)$ （混乱のない限り，面番号に関する添字を省略）とすれば，$h(x), \alpha(x)$ は次のように表すことができる．

$$h(x) = A(x)h_0 + B(x)\alpha_0, \qquad \alpha(x) = C(x)h_0 + D(x)\alpha_0 \tag{1.46}$$

ただし，$h_0 \equiv h(0)$，$\alpha_0 \equiv \alpha(0)$ の意．A, B, C, D は初期値として次の値をとることは，式 (1.46) で $x=0$ とおくことより，容易にわかる．

$$A(0) = D(0) = 1, \qquad B(0) = 0, \qquad C(0) = 0 \tag{1.47}$$

まず，一般にヘルムホルツ-ラグランジュの不変式と等価な関係式，

$$A(x)D(x) - B(x)C(x) = 1 \tag{1.48}$$

が成立することを示そう．そのためにもう一つの近軸光線 $\bar{h}(x), \bar{\alpha}(x)$（区別するために上にバーを付す）を考えると，式 (1.43)〜(1.46) はこのバーを付した光線についても全く成立する（もちろん α, h の初期値にもバーを付す）．そこで，式 (1.43), (1.44) を用いれば次の関係式を得ることができる．

$$\int_0^x N_1(x)h(x)\bar{h}(x)dx$$
$$= -\frac{1}{2}\int_0^x \left\{\frac{d}{dx}\alpha(x)\right\}\bar{h}(x)dx = -\frac{1}{2}\left[\alpha\bar{h}\Big|_0^x + \int_0^x \frac{\alpha\bar{\alpha}}{N_0}dx\right]$$

一方，

$$= -\frac{1}{2}\int_0^x \left\{\frac{d}{dx}\bar{\alpha}(x)\right\}h(x)dx = -\frac{1}{2}\left[\bar{\alpha}h\Big|_0^x + \int_0^x \frac{\bar{\alpha}\alpha}{N_0}dx\right]$$

これより，直ちに

$$\alpha(x)\bar{h}(x) - \bar{\alpha}(x)h(x) = \alpha_0\bar{h}_0 - \bar{\alpha}_0 h_0 \tag{1.49}$$

を得る．これは分布屈折率媒質系でのヘルムホルツ-ラグランジュの不変式にほかならない．この式 (1.49) より式 (1.46) を活用すれば式 (1.48) が得られることがわかる．

次に，A, B, C, D を求めるために必要な関係式を導出する．まず，式 (1.46) を式 (1.43) に代入して整理することにより次の関係式が得られる．

$$\frac{dC(x)}{dx} + 2N_1(x)A(x) = 0, \qquad \frac{dD(x)}{dx} + 2N_1(x)B(x) = 0 \tag{1.50}$$

さらに，式 (1.46) を式 (1.44) に代入することによって，

1.3 分布屈折率光学系の近軸理論

$$C(x)+N_0(x)\frac{dA(x)}{dx}=0, \quad D(x)+N_0(x)\frac{dB(x)}{dx}=0 \quad (1.51)$$

を得る．この式（1.51）を式（1.50）に代入すれば，結果として，$A(x)$ および $B(x)$ に関する次の微分方程式を得る．

$$\left.\begin{aligned}\frac{d}{dx}\left\{-N_0(x)\frac{dA(x)}{dx}\right\}+2N_1(x)A(x)=0 \\ \frac{d}{dx}\left\{-N_0(x)\frac{dB(x)}{dx}\right\}+2N_1(x)B(x)=0\end{aligned}\right\} \quad (1.52)$$

初値（式（1.47））を知って式（1.52）および（1.51）より $A(x), B(x), C(x), D(x)$ を数値計算手法で求めることは困難ではないであろう．

そこで，1～k の面よりなる光学系全体の A, B, C, D は，いますべての媒質が分布屈折率形であるとすれば，新たな記号

$$\left.\begin{aligned}A_\nu^*\equiv A_\nu(d_\nu'), \quad B_\nu^*\equiv B_\nu(d_\nu') \\ C_\nu^*\equiv C_\nu(d_\nu'), \quad D_\nu^*\equiv D_\nu(d_\nu')\end{aligned}\right\} \quad (1.53)$$

を導入することによって，均質系での式（1.33）に対応して，次のように表すことができる．

$$\begin{pmatrix}A & B \\ C & D\end{pmatrix}=\begin{pmatrix}A_k^* & B_k^* \\ C_k^* & D_k^*\end{pmatrix}\begin{pmatrix}1 & 0 \\ \varphi_k & 1\end{pmatrix}\begin{pmatrix}A_{k-1}^* & B_{k-1}^* \\ C_{k-1}^* & D_{k-1}^*\end{pmatrix}\begin{pmatrix}1 & 0 \\ \varphi_{k-1} & 1\end{pmatrix}\cdots\cdots$$
$$\cdots\cdots\begin{pmatrix}A_1^* & B_1^* \\ C_1^* & D_1^*\end{pmatrix}\begin{pmatrix}1 & 0 \\ \varphi_1 & 1\end{pmatrix}\begin{pmatrix}A_0^* & B_0^* \\ C_0^* & D_0^*\end{pmatrix} \quad (1.54)$$

（右辺の両端の行列はおのおの像界，物界が分布屈折率を有す場合を考慮したことによる）．

光学系全体の A, B, C, D が求まれば，1.3.1項(2)で与えた諸関係，特に式（1.35）～（1.39）（ただし，式（1.40）および式（1.41）は除く）はすべて適用可能である．

（2）特別な分布屈折率の場合 解析的な考察が可能な特別な場合として，1, 2 例について，A^*, B^*, C^*, D^* を与える．

（a）分布屈折率がシリンドリカル状の場合： すなわち $N_0(x)=\text{const}, N_1(x)=\text{const}$ の場合である．この場合，式（1.52）は

$$\frac{d^2A(x)}{dx^2}+aA(x)=0, \quad \frac{d^2B(x)}{dx^2}+aB(x)=0 \quad (1.55)$$

ここに，

$$a\equiv-\frac{2N_1}{N_0} \quad (1.56)$$

となる．

いま，$N_1<0$ すなわち $a>0$ の場合を考える．これはセルフォックレンズとして実存の材質である．このとき，式（1.55）は式（1.51）と初期値（1.47）を知って，解くことができて，結果を次のように得る．

$$\left.\begin{array}{l} A^*=D^*=\cos\sqrt{a}\,d' \\ B^*=-\dfrac{1}{N_0\sqrt{a}}\sin\sqrt{a}\,d' \\ C^*=N_0\sqrt{a}\sin\sqrt{a}\,d' \end{array}\right\} \qquad (1.57)$$

ただし，d' はこの媒質での面間隔である．このような例では光線は光軸方向に曲げられる，いわゆる凸レンズ作用をもつ．

次に，$N_1>0$ すなわち $a<0$ の場合は，凹レンズとしての作用をもつことになる．この場合，改めて，$a\equiv 2N_1/N_0$ として，式 (1.57) にかわって，

$$\cos \to \cosh, \quad \sin \to \sinh$$

と置き換えた結果を得る．

(b) **分布屈折率が光軸方向にのみ変化する場合：** すなわち，$N_1(x)=0$ の場合である．そうすると，式 (1.52)，(1.51) および初値 (1.47) より，

$$D(x)=-N_0(x)\frac{dB}{dx}=\mathrm{const}=D(0)=1$$

$$C(x)=-N_0(x)\frac{dA}{dx}=\mathrm{const}=C(0)=0$$

を得，結果は次のようになる．

$$A^*=D^*=1, \quad B^*=-\int_0^{d'}\frac{dx}{N_0(x)}, \quad C^*=0 \qquad (1.58)$$

もし，$N_0(x)=\mathrm{const}$ なら均質系の結果，$B^*=-d'/N_0$ に帰着する．

1.4 光学系の近軸量と結像公式

一般に光学系は分布屈折率媒質からなる $1\sim k$ 面で構成されているものと考える．そして，ここではこの光学系は均質媒質中に配置されているという前提にする．すなわち，物界および像界の媒質は均質媒質（たとえば，空気中とか水中とか）である．これによって何ら一般性は失われない．もし，物界なり，像界が分布屈折率形媒質である場合は，改めてその物界なり，像界を光学系を構成する一部として取り込んだ考え方に立つ．

こうすることによって光学系全体としての近軸量や結像公式などは，すべて均質媒質系の光学系全体としての取扱い方に帰着できる．ここでは，光学系の近軸特性量 A, B, C, D が近軸追跡式によって求められるなり，または与えられるなり，わかっているものとして，光学系全体の近軸諸量について述べる．

以下，A, B, C, D を介して主要と思われる結像に関するいくつかの関係式について記す．

まず，光学系の横倍率 β の関係式を与える．定義は，物体の高さ y に対する像の高さ y' との比である（図Ⅱ.1.9参照）．すなわち，

$$\beta \equiv \frac{y'}{y} \qquad (1.59)$$

1.4 光学系の近軸量と結像公式

いま，図 II.1.9 に示したように，物体の高さ y の物点より出て光学系へ入射する 1 本の近軸光線（入射位置 $\bar{h}_1$ は任意でよい）を考える．その入射傾角を $\bar{u}_1$, 光学系を出射する傾角を $\bar{u}_k{}'$, 最終面（k 面）の高さを $\bar{h}_k$ で表示する．そして，入射光線が光軸と交わる位置を第 1 面の頂点より測って t_1, その出射光線と光軸との交点を最終面より測って $t_k{}'$ とする．像面位置は，最終面より $s_k{}'$ の距離に位置することを知って，この光線が出射後，像面上を切る位置が，先述の y' となる．そうすると図より

$$y = -g_1 \times \bar{u}_1, \qquad y' = -g_k{}' \times \bar{u}_k{}' \tag{1.60}$$

ここに，

$$g_1 \equiv s_1 - t_1, \qquad g_k{}' \equiv s_k{}' - t_k{}' \tag{1.61}$$

の関係を見出す．そこで，

$$\left.\begin{aligned} s_1 &= \frac{h_1}{u_1}, & s_k{}' &= \frac{h_k}{u_k{}'} \\ t_1 &= \frac{\bar{h}_1}{\bar{u}_1}, & t_k{}' &= \frac{\bar{h}_k}{\bar{u}_k{}'} \end{aligned}\right\} \tag{1.62}$$

の関係を用いて β を表せば，式 (1.59), (1.60) より

$$\beta = \frac{(\alpha_k{}' \bar{h}_k - \bar{\alpha}_k{}' h_k) \times \alpha_1}{(\alpha_1 \bar{h}_1 - \bar{\alpha}_1 h_1) \times \alpha_k{}'} \tag{1.63}$$

を得る．ここに，

$$\bar{\alpha}_1 \equiv N_1 \bar{u}_1, \qquad \bar{\alpha}_k{}' \equiv N_k{}' \bar{u}_k{}' \tag{1.64}$$

ところで，このバーを付した近軸光線についても，明らかに式 (1.37) と全く同様な関係が成り立つ．すなわち，

$$\begin{pmatrix} \bar{h}_k \\ \bar{\alpha}_k{}' \end{pmatrix} = \begin{pmatrix} A & B \\ C & D \end{pmatrix} \begin{pmatrix} \bar{h}_1 \\ \bar{\alpha}_1 \end{pmatrix} \quad \text{または} \quad \begin{cases} \bar{h}_k = A\bar{h}_1 + B\bar{\alpha}_1 \\ \bar{\alpha}_k{}' = C\bar{h}_1 + D\bar{\alpha}_1 \end{cases} \tag{1.65}$$

この関係と式 (1.37) および式 (1.38) とから次の重要な関係式を見出す．

$$\begin{aligned} \alpha_1 \bar{h}_1 - \bar{\alpha}_1 h_1 &= \cdots = \alpha_\nu \bar{h}_\nu - \bar{\alpha}_\nu h_\nu = \alpha_\nu{}' \bar{h}_\nu - \bar{\alpha}_\nu{}' h_\nu \\ &= \cdots = \alpha_k{}' \bar{h}_k - \bar{\alpha}_k{}' h_k \end{aligned} \tag{1.66}$$

(k は任意数をとれることから一般に ν として成り立つ)．

これは，またヘルムホルツ-ラグランジュの不変量の別形式である．この関係を知れば，結局 β は次のように表せる．

$$\beta = \frac{\alpha_1}{\alpha_k{}'} \tag{1.67}$$

この関係と β の定義式 (1.59) とから，いわゆるヘルムホルツ-ラグランジュの不変量が次のように得られる．

$$y_1 \alpha_1 = y_1{}' \alpha_1{}' = \cdots = y_\nu \alpha_\nu = y_\nu{}' \alpha_\nu{}' = \cdots = y_k{}' \alpha_k{}' \tag{1.68}$$

ここに，$y_\nu, y_\nu{}'$: 第 ν 面に対する物体の高さ，像の高さである．

アッベの不変量は面前後でのみ成立するのに対して，これは光学全体を通して成立する．

式 (1.67) と式 (1.37), (1.39) から β と s_1 または $s_k{}'$ との関係は近軸特性量を介して

次のように得る.

$$\beta = \frac{1}{C(s_1/N_1)+D} = -C\left(\frac{s_k'}{N_k'}\right) + A \tag{1.69}$$

結局，s_1 が決まればこれに対する近軸結像面の位置 s_k' および結像倍率は一意的に決定される．このような物体面と像面との関係を互いに共役関係にあるという．さらに物体の高さ y が与えられると y' は，

$$y' = \beta y \tag{1.70}$$

で与えられるが，β は近軸光線の入射高さ h によらないことから，ある物点から出射したすべての近軸光線は所定の像点に集光することがわかる．このことから近軸理論は理想結像論ともいわれる．

次に，光学系の焦点距離 f を与える．f は定義として，

$$f \equiv \left(\frac{h_1}{\alpha_k'}\right)_{\alpha_1=0} = \frac{1}{C} \tag{1.71}$$

となる．したがって，C は光学系の屈折力であることがわかる．

次に，光学系の主平面を与える．主平面には前側（または物界側）主平面と後側（または像界側）主平面とがあり，互いに共役関係にある（図 II.1.11 参照）．定義は，

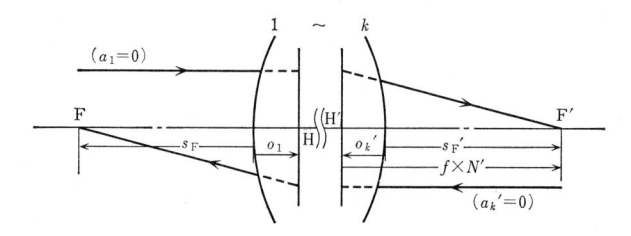

図 II.1.11 光学系の主要点

$$\beta = +1 \tag{1.72}$$

の共役面である．主平面と光軸との交点をそれぞれ前側主点 H，後側主点 H' とよび，それぞれの位置は，前側主点については第 1 面の頂点より o_1，後側主点については最終面より o_k' とすると，それぞれ式 (1.69) から，

$$o_1 = \frac{1-D}{C} \times N_1, \quad o_k' = \frac{A-1}{C} \times N_k' \tag{1.73}$$

で与えられることがわかる．

次に，後側（または像界側）焦点 F' の位置は最終面から s_F' の位置とすると（図 II.1.11 参照），

$$s_F' \equiv \left(\frac{h_k}{\alpha_k'}\right)_{\alpha_1=0} = \frac{A}{C} \times N_k' \tag{1.74}$$

さらに，前側（または物界側）焦点 F は，第 1 面より s_F の位置とすると（図 II.1.11 参照），

1.4 光学系の近軸量と結像公式

$$s_\mathrm{F} \equiv \left(\frac{h_1}{\alpha_1}\right)_{\alpha_k{'}=0} = -\frac{D}{C}\times N_1 \tag{1.75}$$

で与えられることがわかる（式 (1.37), (1.39) 参照）. そして, 以上の諸量には次の関係が見出せる.

$$N_k{'}f = s_\mathrm{F}{'} - o_k{'}, \quad -N_1 f = s_\mathrm{F} - o_1 \tag{1.76}$$

また, $s_1, s_k{'}$ については次の関係がある.

$$\left. \begin{array}{l} \dfrac{s_k{'}}{N_k{'}} = \dfrac{h_k}{\alpha_k{'}} = \dfrac{1}{C}(A-\beta) = \dfrac{A(s_1/N_1)+B}{C(s_1/N_1)+D} \\[2mm] \dfrac{s_1}{N_1} = \dfrac{h_1}{\alpha_1} = \dfrac{1}{C}\left(\dfrac{1}{\beta}-D\right) = \dfrac{D(s_k{'}/N_k{'})-B}{-C(s_k{'}/N_k{'})+A} \end{array} \right\} \tag{1.77}$$

以上, 物体面（位置は第1面より s_1）と像面（位置は最終第 k 面より $s_k{'}$）との共役関係に関する諸関係は, 入射瞳面（位置は第1面より t_1）と出射瞳面（位置は第 k 面より $t_k{'}$）との共役関係に関して全く同様に成立する. その際, 瞳の横倍率を β_p で与えれば, 物体の横倍率 β（式 (1.67) 参照）と同様に, 瞳の近軸光線についても,

$$\beta_\mathrm{p} = \frac{\bar{\alpha}_1}{\bar{\alpha}_k{'}}$$

が成立する. そうすれば, 瞳に関する諸関係は, 物体に関する式 (1.77) のような関係式において $\beta, s_1, s_k{'} \to \beta_\mathrm{p}, t_1, t_k{'}$ と置き換えることによって, 物体に関する諸関係と全く同様に成立する.

さて, ここで主平面を介した結像関係について与えておく（図 II.1.12 参照）. 前側主平

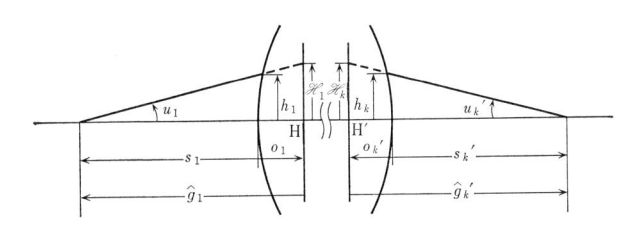

図 II.1.12 主平面を介した結像

面における入射光線の高さを $\mathscr{H}_1$, 後側主平面における出射光線の高さを $\mathscr{H}_k$ とすると,

$$h_1 = \mathscr{H}_1 + \frac{o_1}{N_1}\times\alpha_1, \quad \mathscr{H}_k = h_k - \frac{o_k{'}}{N_k{'}}\times\alpha_k{'}$$

式 (1.37) とこれらより,

$$\mathscr{H}_k = \mathscr{H}_1 \equiv \mathscr{H}, \quad \alpha' = C\mathscr{H} + \alpha \tag{1.78}$$

を得る（ここで, $\alpha' \equiv \alpha_k{'}, \alpha \equiv \alpha_1$ と表記した）. 式 (1.78) は, 光学系全体の結像関係は主平面を介すと, 1面における関係と形式的に全く同じであることを意味する. さらに, 前側主平面より物体までの距離を $\hat{g}_1$（または単に $\hat{g}$）, 後側主平面より像面までの距離を $\hat{g}_k{'}$（または単に $\hat{g}'$）, とすると, 式 (1.78) から次の関係を見出せる（式中, $N \equiv N_1$, $N' \equiv N_k{'}$）.

$$\frac{\hat{g}}{N} = \frac{\mathscr{H}}{\alpha} = f\left(\frac{1}{\beta} - 1\right), \quad \frac{\hat{g}'}{N'} = \frac{\mathscr{H}}{\alpha'} = f(1-\beta) \tag{1.79}$$

$$\frac{N'}{\hat{g}'} = \frac{1}{f} + \frac{N}{\hat{g}} \tag{1.80}$$

以上,主要と思われる諸関係について述べた.近軸論の基本的な性質を把握しておけば,種々の応用に対する展開は自ずとできよう.

1.5 分布屈折率媒質光学系の三次収差論

1.5.1 収差の概念と収差論の導出にあたって

まず理想結像の条件と対応する収差の概念について紹介する[4,6].いま,物体面上から発する光線群が光学系を経てその結像面に達する際,理想結像の条件は大別次のように分類することができよう.

(i) 鮮鋭性: 物体面上の1点から発した光線束が像側で1点に結像すること.これに対し,収差として,光線束の中心の光線すなわち主光線に関して対称に両側に出る球面収差および片側に非対称的に出るコマ,さらには点が点にならず主光線に沿って長く伸びる非点収差などがある.

(ii) 平面性: 物体平面上の各点から発した光線束がおのおの像面側で結像する際,それらの各結像点がまた平面上にあること.これに対する収差として像面湾曲がある.すなわち結像点のつくる面が一般に平面にならないで湾曲面となる.

(iii) 相似性: 物体平面上の任意の2点を結ぶ線分がまた結像面上で一定に縮尺された線分になること,これの収差として,歪曲がある.

(iv) 色収差: ガラスには波長によって屈折率が異なる性質すなわち分散があるので光学系による結像は光の波長によって差ができる.この収差を色収差という.色収差には,結像位置が光軸方向にずれる軸上色収差と,像の大きさが像面上でずれる倍率の色収差とがある.

以下の収差論(三次)においてはこれらの収差の概念を具体的に説明することができる.

収差論の導出には,これまで二つのアプローチがある.一つは H. A. Buchdahl[3] の quasi-invariant 法であり,いま一つは M. Herzberger[7] が用いたポイントアイコナール理論からのアプローチである.この両法はいずれも均質媒質の回転対称光学系の五次収差論までの導出に適用されたことは著名である.松居[8] は Herzberger の手法を踏襲して実用的な五次収差論を確立している.

さて,分布屈折率媒質系の三次収差論については,すでにその基本形をやはり H. A. Buchdahl[3] が提示し,それに P. J. Sands[9] が具体的な式を導出している.さらに,分布屈折率がシリンドリカル状をしている場合の計算に都合のよい実用的な検討[10]もなされている.これらは quasi-invariant 法による.

そこで本論では，もう一つのアプローチすなわち Herzberger および松居が均質媒質系で行ったように，アイコナール方程式 (1.2) を分布屈折率媒質光学系を狭んだ物体面と出射瞳面間の光路長に適用して，三次収差論を導出する，いわゆるポイントアイコナールから出発した三次収差論について述べる．結果は P. J. Sands が導出したものと一致するはずで，ただ，実用的な観点から松居の均質媒質系における実用的な収差論に同化させることを意図したい．また，ポイントアイコナール法による利点は均質系の場合と同じく次の二つのメリットがある．まずアイコナール係数（波面収差係数に対応）と横収差係数との関係式が得られることである．さらに，物体の収差係数に加えて瞳の収差係数が同時に得られ，またこれらの収差係数間の関係が明らかにできる．最後に近軸色収差係数についても提示する．

1.5.2 光学系を構成する面と分布屈折率の係数

光学系は k 個の回転対称な面より構成される共軸系である．三次収差論の範囲では，任意の第 ν 面（$\nu=1 \sim k$）の面形状係数および任意の第 ν 番目（$\nu=1 \sim k, k+1$）の媒質の屈折率を表現する係数は四次の係数まででよい．

まず，第 ν 面の形状については次式のようになる．

$$x_\nu = \frac{\tilde{c}_\nu \xi_\nu}{1+\sqrt{1-K_\nu \tilde{c}_\nu^2 \xi_\nu}} + \sum_{j=1}^{n} \tilde{A}_{j,\nu} \xi_\nu^j \quad \text{(定義式, cf (1.12))} \tag{1.81}$$

$$\cong \frac{1}{2} c_\nu \xi_\nu + A_{2,\nu} \xi_\nu^2 + \mathrm{O}(6) \tag{1.82}$$

ここに，$\tilde{c}_\nu \equiv 1/\tilde{r}_\nu$ と曲率で表示，また $\xi_\nu \equiv h_\nu^2 = y_\nu^2 + z_\nu^2$．そして

$$c_\nu \equiv \tilde{c}_\nu + 2\tilde{A}_{1,\nu}, \qquad A_{2,\nu} \equiv \frac{1}{8} K_\nu \tilde{c}_\nu^3 + \tilde{A}_{2,\nu} \tag{1.83}$$

c_ν は二次の非球面係数 $\tilde{A}_{1,\nu}$ がある場合の，光軸と面との交点すなわち面の頂点での実質上の曲率である．このときの座標の原点はこの面の頂点である（念のため）．

そして，分布屈折率は，第 ν 面の前の媒質の場合として，次式のように近似形式で与えられる．

$$N_\nu(\xi_\nu, x_\nu) = N_{0,\nu}(x_\nu) + \sum_{j=1}^{m} N_{j,\nu}(x_\nu)\xi_\nu^j, \quad \text{(定義式, cf (1.14))} \tag{1.84}$$

$$\cong N_{0,\nu}(x_\nu) + N_{1,\nu}(x_\nu)\xi_\nu + N_{2,\nu}(x_\nu)\xi_\nu^2 + \mathrm{O}(6) \tag{1.85}$$

第 ν 面の後の媒質のときは，上式の屈折率の係数にダッシュ（'）を付す．やはりこのときの原点は第 ν 面の頂点である．分布屈折率の場合は，均質媒質と違って必ずしも N_ν' と $N_{\nu+1}$ とは等しくはないことに留意すべきである．結局，式 (1.82) および (1.85) が三次収差領域における近似式である．

そして，本論では物界側および像界側の媒質は均質媒質とする．すなわち，

$$N_1 \equiv N_{0,1} = \text{const}, \qquad N_k' \equiv N_{0,k}' = \text{const} \tag{1.86}$$

および

$$N_{j,1} = N'_{j,k} \equiv 0 \quad (j=1 \sim m)$$

これによって一般性は損なわれない．

1.5.3 アイコナール係数と横収差係数との関係

ポイントアイコナールを光学系に適用する際，Herzberger が行ったように，物体面上の点 A から発する光線が光学系を通過して出射瞳面上の点 B′ に至るまでの光路長を問題にする（図Ⅱ.1.13 参照）（各物体，像面，入・出射瞳面などの各座標は図示したとおり）．

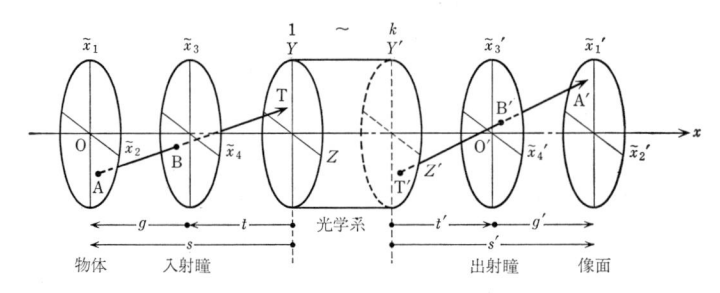

図Ⅱ.1.13 収差論導出に関する光学系配置（分布屈折率光学系）

そこで，点 A から点 B′ に至る光路長すなわちポイントアイコナールを $E_{AB'}$ とすれば，物体の座標 $(\tilde{x}_1, \tilde{x}_2)$ および出射瞳の座標 $(\tilde{x}_3', \tilde{x}_4')$ でこれをべき級数展開し，三次収差論に必要な四次の項までとった形式は，結果として次のようになる．

$$E_{AB'} = E_{OO'} + \kappa\left\{\left(\frac{\bar{\alpha}}{\alpha}\right)u_1 + u_2 + \left(\frac{\alpha'}{\bar{\alpha}'}\right)u_3\right\}$$

$$+ \kappa^4\left[\frac{1}{2}A_{11}u_1^2 + A_{12}u_1u_2 + A_{13}u_1u_3 + \frac{1}{2}A_{22}u_2^2 + A_{23}u_2u_3 + \frac{1}{2}A_{33}u_3^2\right] \quad (1.87)$$

ここに，u_1, u_2, u_3 は光学系の物体座標および出射瞳座標に関する回転不変量で，

$$u_1 \equiv \frac{1}{2}(\chi_1^2 + \chi_2^2), \quad u_2 \equiv \chi_1\chi_3' + \chi_2\chi_4', \quad u_3 \equiv \frac{1}{2}(\chi_3'^2 + \chi_4'^2) \quad (1.88)$$

によって定義される．さらに，(χ_1, χ_2) は物体の尺度換算座標，および (χ_3', χ_4') は出射瞳の尺度換算座標でもとの座標と次の関係で結ばれる．

$$（物体座標）\begin{cases}\chi_1 \equiv \dfrac{\alpha}{\kappa}\tilde{x}_1 \\ \chi_2 \equiv \dfrac{\alpha}{\kappa}\tilde{x}_2\end{cases} \quad （出射瞳座標）\begin{cases}\chi_3' \equiv -\dfrac{\bar{\alpha}'}{\kappa}\tilde{x}_3' \\ \chi_4' \equiv -\dfrac{\bar{\alpha}'}{\kappa}\tilde{x}_4'\end{cases} \quad (1.89)$$

ついでに，像面および入射瞳の尺度換算座標 (χ_1', χ_2') および (χ_3, χ_4) も後のためにここで与えておく．すなわち，

$$（像面座標）\begin{cases}\chi_1' \equiv \dfrac{\alpha'}{\kappa}\tilde{x}_1' \\ \chi_2' \equiv \dfrac{\alpha'}{\kappa}\tilde{x}_2'\end{cases} \quad （入射瞳座標）\begin{cases}\chi_3 \equiv -\dfrac{\bar{\alpha}}{\kappa}\tilde{x}_3 \\ \chi_4 \equiv -\dfrac{\bar{\alpha}}{\kappa}\tilde{x}_4\end{cases} \quad (1.90)$$

式中の α, α' は物体近軸光線（物体面の中心を通る近軸光線のことをいう）のおのおのの物界側，像界側の換算傾角（傾角 u, u' におのおのの屈折率 $N_0(\equiv N_1)$, $N_0'(\equiv N_k')$ を乗

じたもの）で，$\bar{\alpha}, \bar{\alpha}'$ は瞳近軸光線（入射瞳面の中心を通る近軸光線のことをいう）のおのおの物体側，像界側の換算傾角（傾角 $\bar{u}, \bar{u}'$ におのおのの屈折率を同様に乗じたもの）である．図Ⅱ.1.14にこれらの二つの近軸光線の様子を示した．そして，κ はヘルムホルツーラグランジュの不変量に関するもので

$$\kappa \equiv \alpha \bar{h}_1 - \bar{\alpha} h_1 = \cdots$$
$$= \alpha' \bar{h}_k - \bar{\alpha}' h_k \tag{1.91}$$

で定義される．なお，$E_{oo'}$ は光軸上の光路長である．

そこで式（1.87）において 6 個の A_{ij} ($i=1\sim3, j=1\sim3$) が四次のアイコナール係数とよばれるものである．収差論による横収差係数で論じる際は後で述べるように次数が一次減るので，結局この四次の A_{ij} が三次の横収差係数に相当することになる．したがって，三次収差論では収差係数の自由度は 6 であることがわかる．後で横収差係数を導くが物体収差にかかわる係数が 6 個，瞳収差にかかわるものが 6 個と計 12 個の係数が出てくるので，自由度 6 からみれば各収差係数間には多くの従属関係があることがわかるであろう．また，u_1, u_2, u_3 にかかる係数は式（1.87）ではすでに近軸理論を用いて explicit に出しており，これらが二次のアイコナール係数である．これら係数の自由度は自明のように 3 である．そして，これら三つの係数が近軸理論での光学系の特性量に対応する．すでに，前節 1.3 で述べた近軸特性量 A, B, C, D の四つには，$AD - BC = 1$ の関係があることに相当する．

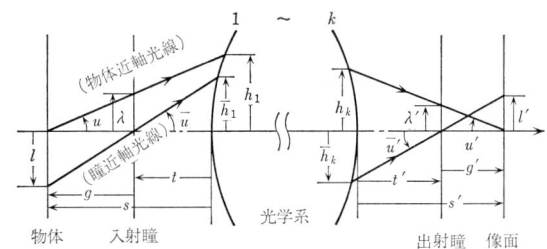

図 Ⅱ.1.14 物体近軸光線と瞳近軸光線の関係図

では，式（1.87）の $E_{AB'}$ にアイコナール方程式（1.2）を適用して横収差との関係を導出する．まず，式（1.2）より，次式を得る．すなわち，

$$\begin{pmatrix} -N_0 Q_y \\ -N_0 Q_z \end{pmatrix} = \begin{pmatrix} \dfrac{\partial E_{AB'}}{\partial \bar{x}_1} \\ \dfrac{\partial E_{AB'}}{\partial \bar{x}_2} \end{pmatrix} = \dfrac{\alpha}{\kappa} \left[\left(\dfrac{\partial E_{AB'}}{\partial u_1} \right) \begin{pmatrix} \chi_1 \\ \chi_2 \end{pmatrix} + \left(\dfrac{\partial E_{AB'}}{\partial u_2} \right) \begin{pmatrix} \chi_3' \\ \chi_4' \end{pmatrix} \right] \tag{1.92}$$

$$\begin{pmatrix} N_0' Q_{y'} \\ N_0' Q_{z'} \end{pmatrix} = \begin{pmatrix} \dfrac{\partial E_{AB'}}{\partial \bar{x}_3'} \\ \dfrac{\partial E_{AB'}}{\partial \bar{x}_4'} \end{pmatrix} = \left(-\dfrac{\bar{\alpha}'}{\kappa} \right) \left[\left(\dfrac{\partial E_{AB'}}{\partial u_2} \right) \begin{pmatrix} \chi_1 \\ \chi_2 \end{pmatrix} + \left(\dfrac{\partial E_{AB'}}{\partial u_3} \right) \begin{pmatrix} \chi_3' \\ \chi_4' \end{pmatrix} \right] \tag{1.93}$$

（座標系は尺度換算座標系を使用．以下も同じ．）

ここに，Q_y, Q_z：物界側（均質媒質）の光線の方向余弦 $\boldsymbol{Q}$ の y, z 成分，$Q_{y'}, Q_{z'}$：像界側の光線の方向余弦 $\boldsymbol{Q}'$ の y, z 成分である．

そこで，光線の横収差との関係を論ずるときは，光線の入射および出射の tangent が必要となる．すなわち，

$$-V \equiv -\frac{Q_y}{Q_x},$$
$$-W \equiv -\frac{Q_z}{Q_x}, \quad Q_x = \{1-(Q_y{}^2+Q_z{}^2)\}^{1/2} \quad (1.94)$$

$$V' \equiv -\frac{Q_y'}{Q_x'},$$
$$W' \equiv -\frac{Q_z'}{Q_x'}, \quad Q_x' = \{1-(Q_y'^2+Q_z'^2)\}^{1/2} \quad (1.95)$$

そうすると、V, W, V', W' はアイコナール係数で表されることになる。これらは、形式的には新たな係数 B_{ij}, B_{ij}' を導入して次のように表せる。

$$\begin{pmatrix} -N_0 V \\ -N_0 W \end{pmatrix} = \alpha \Bigg[\left\{ \frac{\bar{\alpha}}{\alpha} + \kappa^3 (B_{11}u_1 + B_{12}u_2 + B_{13}u_3) \right\} \begin{pmatrix} \chi_1 \\ \chi_2 \end{pmatrix}$$
$$+ \{1 + \kappa^3 (B_{21}u_1 + B_{22}u_2 + B_{23}u_3)\} \begin{pmatrix} \chi_3' \\ \chi_4' \end{pmatrix} \Bigg] \quad (1.96)$$

$$\begin{pmatrix} N_0' V' \\ N_0' W' \end{pmatrix} = (-\bar{\alpha}') \Bigg[\{(1 + \kappa^3 (B_{21}'u_1 + B_{22}'u_2 + B_{23}'u_3)\} \begin{pmatrix} \chi_1 \\ \chi_2 \end{pmatrix}$$
$$+ \left\{ \frac{\alpha'}{\bar{\alpha}'} + \kappa^3 (B_{31}'u_1 + B_{32}'u_2 + B_{33}'u_3) \right\} \begin{pmatrix} \chi_3' \\ \chi_4' \end{pmatrix} \Bigg] \quad (1.97)$$

（以上の式で一次の係数は、便宜上すでに近軸理論より explicit に導出した結果を用いている）そして、これら B_{ij}, B_{ij}' が幾何光学でいう光線の三次の横収差係数にほかならないことは Herzberger の指摘のとおりである。物理的意味は後述するとして、次の関係（図II.1.13参照）、

$$\tilde{x}_3 = \tilde{x}_1 + g(-V), \quad \tilde{x}_4 = \tilde{x}_2 + g(-W) \quad (1.98)$$

および

$$\tilde{x}_1' = \tilde{x}_3' + g'V', \quad \tilde{x}_2' = \tilde{x}_4' + g'W' \quad (1.99)$$

を知って、物体面と像面、および、入射瞳面と出射瞳面がそれぞれ近軸的に共役関係の配置であることを活用すれば、物体の横収差 $\varDelta \tilde{x}_1', \varDelta \tilde{x}_2'$ は理想結像点からのずれとして（図II.1.15参照）、次のようになる。

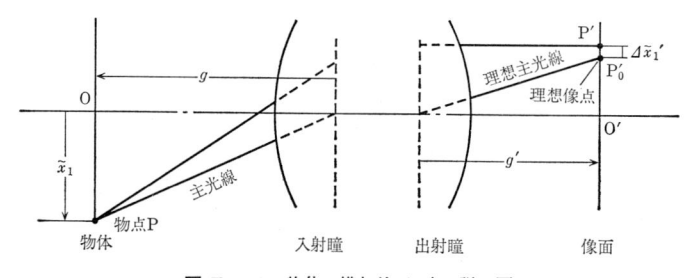

図 II.1.15 物体の横収差 $\varDelta \tilde{x}_1'$ の説明図

1.5 分布屈折率媒質光学系の三次収差論

$$\frac{\alpha'}{\kappa}\begin{pmatrix}\varDelta\tilde{x}_1{}'\\ \varDelta\tilde{x}_2{}'\end{pmatrix}\equiv\frac{\alpha'}{\kappa}\begin{pmatrix}\tilde{x}_1{}'-\beta\tilde{x}_1\\ \tilde{x}_2{}'-\beta\tilde{x}_2\end{pmatrix}=\begin{pmatrix}\chi_1{}'-\chi_1\\ \chi_2{}'-\chi_2\end{pmatrix}$$

$$=\kappa^3\left\{(B_{21}{}'u_1+B_{22}{}'u_2+B_{23}{}'u_3)\begin{pmatrix}\chi_1\\ \chi_2\end{pmatrix}\right.$$

$$\left.+(B_{31}{}'u_1+B_{32}{}'u_2+B_{33}{}'u_3)\begin{pmatrix}\chi_3{}'\\ \chi_4{}'\end{pmatrix}\right\} \tag{1.100}$$

ここに，$\beta=\alpha/\alpha'$：物体の横倍率（式（1.67）参照）である．

一方，瞳の横収差 $\varDelta\tilde{x}_3{}'$，$\varDelta\tilde{x}_4{}'$ は，今度は出射瞳面上での理想結像点からのずれとして，物体の横収差に対応して次のように与えられる（座標の展開パラメーターとしては出射瞳座標を基準にしているので，厳密には入射瞳面上での横収差である．しかし三次の理論では，座標変換の影響は現れない）．

$$\frac{\bar{\alpha}'}{\kappa}\begin{pmatrix}\varDelta\tilde{x}_3{}'\\ \varDelta\tilde{x}_4{}'\end{pmatrix}\equiv\frac{\bar{\alpha}'}{\kappa}\begin{pmatrix}\tilde{x}_3{}'-\beta_\mathrm{p}\tilde{x}_3\\ \tilde{x}_4{}'-\beta_\mathrm{p}\tilde{x}_4\end{pmatrix}=\begin{Bmatrix}-(\chi_3{}'-\chi_3)\\ -(\chi_4{}'-\chi_4)\end{Bmatrix}$$

$$=\kappa^3\left\{(B_{11}u_1+B_{12}u_2+B_{13}u_3)\begin{pmatrix}\chi_1\\ \chi_2\end{pmatrix}\right.$$

$$\left.+(B_{21}u_1+B_{22}u_2+B_{23}u_3)\begin{pmatrix}\chi_3{}'\\ \chi_4{}'\end{pmatrix}\right\} \tag{1.101}$$

ここに，$\beta_\mathrm{p}=\bar{\alpha}/\bar{\alpha}'$：瞳の横倍率である．

以上により，$B_{21}{}'$，$B_{22}{}'$，$\cdots$，$B_{33}{}'$ の計 6 個は物体の三次収差係数，および，B_{11}，B_{12}，$\cdots$，B_{23} の計 6 個は瞳の三次収差係数とよばれる．

さて，これら横収差係数とアイコナール係数 A_{ij} との関係は，式（1.92）〜（1.97）までを活用すれば結果として次のようになる．

$$\left.\begin{aligned}&\kappa^3A_{11}=\kappa^3B_{11}-\left(\frac{\bar{\alpha}}{\alpha}\right)\frac{\bar{\alpha}^2}{N_0{}^2}\\ &\kappa^3A_{12}=\kappa^3B_{12}-\frac{\bar{\alpha}^2}{N_0{}^2}=\kappa^3B_{21}{}'-\frac{\bar{\alpha}'^2}{N_0'{}^2},\quad B_{21}=B_{12}\\ &\kappa^3A_{13}=\kappa^3B_{13}-\frac{\alpha\bar{\alpha}}{N_0{}^2}=\kappa^3B_{31}{}'-\frac{\alpha'\bar{\alpha}'}{N_0'{}^2}\\ &\kappa^3A_{22}=\kappa^3B_{22}-\frac{\alpha\bar{\alpha}}{N_0{}^2}=\kappa^3B_{22}{}'-\frac{\alpha'\bar{\alpha}'}{N_0'{}^2}\\ &\kappa^3A_{23}=\kappa^3B_{23}-\frac{\alpha^2}{N_0{}^2}=\kappa^3B_{23}{}'-\frac{\alpha'^2}{N_0'{}^2},\quad B_{32}{}'=B_{23}{}'\\ &\kappa^3A_{33}=\kappa^3B_{33}{}'-\left(\frac{\alpha'}{\bar{\alpha}'}\right)\frac{\alpha'^2}{N_0'{}^2}\end{aligned}\right\} \tag{1.102}$$

これにより，各収差係数 B_{ij}，$B_{ij}{}'$ 間の関係も明らかになる．

そこで，各収差係数の物理的意味は，物体の座標 (χ_1, χ_2)（画角に相当）と瞳の座標 $(\chi_3{}', \chi_4{}')$（口径に相当）の何乗に比例するかを考慮すれば次のように与えられることがわかる[4]（以下，I，II，$\cdots$，I^s は松居[4]の与えた記号）．

$$-B_{33}' = \mathrm{I}:\text{球面収差}, \quad -B_{32}' = \mathrm{II}:\text{コマ},$$
$$-B_{22}' = \mathrm{III}:\text{非点収差}, \quad -B_{31}' = \mathrm{IV}:\text{球欠像面湾曲},$$
$$-B_{21}' = \mathrm{V}:\text{歪曲収差}, \quad -B_{11} = \mathrm{I}^s:\text{瞳の球面収差}$$

そして，$-B_{12}, -B_{22}, -B_{13}, -B_{23}$ はそれぞれ瞳にかかわるコマ，非点収差，球欠像面湾曲，歪曲であるが先の6個の収差と従属関係がある．

1.5.4 光学系全体と各面，各媒質からの寄与との関係

これまで述べてきた関係は光学系全体についてであるが，それらの関係は，たとえば光学系が1面より成り立っている系では当然成立する．さらに，光学系がある媒質で成り立っている，たとえば任意の第 ν 面を出射して ν 面の後の媒質を通過して第 $\nu+1$ 面へ入射するまでの系についても，ここでは厳密に明示しないが，同様の関係が成立することがわかる．この場合，ポイントアイコナールを適用する際，第 ν 面の出射瞳面と第 $\nu+1$ 面の物体面との間の光路長について行う．

そうすると，第 ν 面の物体から出て第 ν 面を屈折した光線は第 ν 面の出射瞳面に達し（この寄与は第 ν 面の屈折によるもの），次に第 ν 面の出射瞳面を出射した光線は ν 面の後の媒質を通過し第 $\nu+1$ 面の物体面に到達する（この寄与は第 ν 面→第 $\nu+1$ 面までの転送によるもの）．図II.1.16はこの様子を説明したものである．

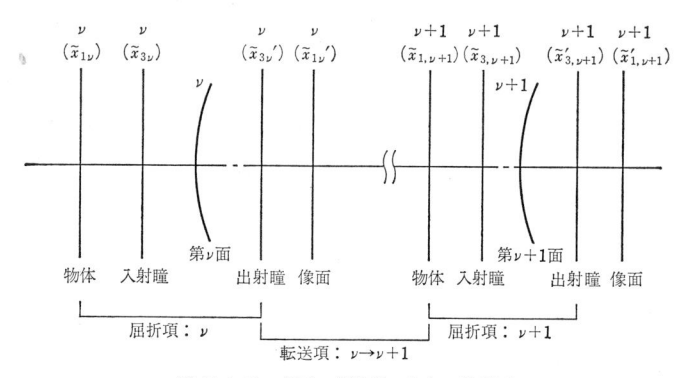

図 II.1.16 各面，各媒質の寄与の説明図

このように光学系全体では，第1面の屈折，第1面→第2面への転送，第2面への屈折，…，第 ν 面の屈折，第 ν 面→第 $\nu+1$ 面への転送，第 $\nu+1$ 面の屈折，…，最後に第 k 面（最終面）の屈折，と順に屈折の項，転送の項を実行する．

この際，先に導入した尺度換算座標系について次の関係に留意する．すなわち，収差係数 B_{ij}', B_{ij} の展開式（1.100）および（1.101）より，各座標間の関係は，第 ν 面の前後および第 ν 面→第 $\nu+1$ 面の媒質での前後について，次のように理解できる．

$$\text{(第 }\nu\text{ 面の屈折では)} \quad \begin{cases} \chi_{1,\nu}' = \chi_{1,\nu} + \mathrm{O}(3) \\ \chi_{2,\nu}' = \chi_{2,\nu} + \mathrm{O}(3), \end{cases} \quad \begin{cases} \chi_{3,\nu}' = \chi_{3,\nu} + \mathrm{O}(3) \\ \chi_{4,\nu}' = \chi_{4,\nu} + \mathrm{O}(3), \end{cases} \quad (1.103)$$

1.5 分布屈折率媒質光学系の三次収差論

(第 $\nu \to \nu+1$ 面の転送では) $\begin{cases} \chi_{1,\nu+1}=\chi_{1,\nu}{}'+O(3) \\ \chi_{2,\nu+1}=\chi_{2,\nu}{}'+O(3), \end{cases} \begin{cases} \chi_{3,\nu+1}=\chi_{3,\nu}{}'+O(3) \\ \chi_{4,\nu+1}=\chi_{4,\nu}{}'+O(3) \end{cases}$ (1.104)

(第 ν 面,第 $\nu+1$ 面に関する各座標は添字 ν, $\nu+1$ を付してある.)

以上の座標系間の関係を知って,三次収差領域における各面,各媒質の寄与と光学系全体との関係を示す.まずポイントアイコナールについては,結果として次の関係を得る.

$$E_{AB'} = E_{A_1B_1'} + E_{B_1'A_2} + E_{A_2B_2'} + \cdots + E_{B'_{k-1}A_k} + E_{A_kB_k'}$$

$$= E_{OO'} + \kappa\left\{\left(\frac{\bar{\alpha}_1}{\alpha_1}\right)u_1 + u_2 + \left(\frac{\alpha_k'}{\bar{\alpha}_k'}\right)u_3\right\}$$

$$\underset{\text{項}}{\overset{\text{屈折}}{\Big\{}} + \kappa^4\left[\frac{1}{2}\left(\sum_{\nu=1}^{k}A_{11,\nu}\right)u_1^2 + \left(\sum_{\nu=1}^{k}A_{12,\nu}\right)u_1u_2 + \left(\sum_{\nu=1}^{k}A_{13,\nu}\right)u_1u_3\right.$$
$$\left. + \frac{1}{2}\left(\sum_{\nu=1}^{k}A_{22,\nu}\right)u_2^2 + \left(\sum_{\nu=1}^{k}A_{23,\nu}\right)u_2u_3 + \frac{1}{2}\left(\sum_{\nu=1}^{k}A_{33,\nu}\right)u_3^2\right]$$

$$\underset{\text{項}}{\overset{\text{転送}}{\Big\{}} + \kappa^4\left[\frac{1}{2}\left(\sum_{\nu=1}^{k-1}A^t{}_{11,\nu}\right)u_1^2 + \left(\sum_{\nu=1}^{k-1}A^t{}_{12,\nu}\right)u_1u_2 + \frac{1}{2}\left(\sum_{\nu=1}^{k-1}A^t{}_{13,\nu}\right)u_1u_3\right.$$
$$\left. + \frac{1}{2}\left(\sum_{\nu=1}^{k-1}A^t{}_{22,\nu}\right)u_2^2 + \left(\sum_{\nu=1}^{k-1}A^t{}_{23,\nu}\right)u_2u_3 + \frac{1}{2}\left(\sum_{\nu=1}^{k-1}A^t{}_{33,\nu}\right)u_3^2\right]$$ (1.105)

ここに,$A_{ij,\nu}$ ($\nu=1\sim k$):第 ν 面の屈折によるアイコナール係数,$A^t{}_{ij,\nu}$ ($\nu=1\sim k-1$):第 $\nu \to \nu+1$ 面間の転送によるアイコナール係数である.

そして,

$$u_1 \equiv u_{1,\nu}, \quad u_2 \equiv \chi_{1,1}\chi_{3,k}{}' + \chi_{2,1}\chi_{4,k}{}', \quad u_3 \equiv u_{3,k}$$ (1.106)

で,光学系全体での物体面および出射瞳面の座標であることは明白である.ここで,定数項 $E_{OO'}$ および二次の項,すなわち,u_1, u_2, u_3 にかかる項は,各面,各媒質での寄与項は互いにキャンセルして,結果として光学系全体の場合に一致する(式 (1.87) 参照).

したがって,光学系全体のアイコナール係数 A_{ij} は,各面の $A_{ij,\nu}$ および各媒質の $A^t{}_{ij,\nu}$ の構成数の総和で与えられることがわかる.すなわち,式 (1.87) と式 (1.105) との比較より,

$$A_{ij} = \sum_{\nu=1}^{k} A_{ij,\nu} + \sum_{\nu=1}^{k-1} A^t{}_{ij,\nu} \quad (i=1\sim 3, \; j=i\sim 3)$$ (1.107)

次に,収差係数についても全く同等な関係が成立する.すなわち,第 ν 面から第 $\nu+1$ 面に至る媒質における収差展開式は,ポイントアイコナールと同様,第 ν 面での出射瞳面と第 $\nu+1$ 面での物体面との間で,式 (1.100), (1.101) と同等の関係が成立する.この,第 $\nu \to \nu+1$ 面間の媒質での転送による各収差係数を $B^t{}_{ij,\nu}$, $B'^t{}_{ij,\nu}$ と表記する.そして,第 ν 面での屈折による収差展開式についても式 (1.100), (1.101) でそのまま ν 面での寄与の意で添字 ν を付加した式が成立する.この第 ν 面での屈折による各収差係数を $B_{ij,\nu}$, $B'_{ij,\nu}$ と表記すれば,光学系全体での収差係数 B_{ij}, $B_{ij}{}'$ との関係は,総和をとることにより,

$$\left.\begin{aligned} B_{ij} &= \sum_{\nu=1}^{k} B_{ij,\nu} + \sum_{\nu=1}^{k-1} B^t{}_{ij,\nu} \\ B_{ij}{}' &= \sum_{\nu=1}^{k} B'_{ij,\nu} + \sum_{\nu=1}^{k-1} B'^t{}_{ij,\nu} \end{aligned}\right\}$$ (1.108)

の関係を得る．

　ここで，各面，各媒質での各アイコナール係数と各収差係数との関係は，第 ν 面の屈折に関しては光学系全体での関係（1.102）がそっくり成立し，また第 $\nu \to \nu+1$ 面間の転送については式（1.102）の式中近軸量で構成される第2項の符号をマイナス（－）からプラス（＋）に置き換え，さらに $\alpha,\ \bar{\alpha},\ N_0 \to \alpha_{\nu+1},\ \bar{\alpha}_{\nu+1},\ N_{0,\nu+1}$ および $\alpha',\ \bar{\alpha}',\ N_0' \to \alpha_\nu',\ \bar{\alpha}_\nu',\ N_{0,\nu}'$ と解釈して式（1.102）を活用すればよい．

1.5.5　収差係数の計算公式

　各面での屈折式（式（1.9）参照）および各媒質中での転送式（式（1.8）参照）から，三次のオーダーで，具体的に各収差係数の計算公式を導出することができる[9]．ここでは，導出の考え方とその結果の計算公式を提示する．収差係数としては，物体の収差係数，すなわち，球面収差，コマ，非点収差，球欠像面湾曲と歪曲の五つと，瞳の球面収差の合計6個の係数について示すことにする．このほかの係数は従属関係（式（1.102）参照）よりわかるので省略する．これら6個の収差係数は実際上，光学系を設計するうえで直結するものである．結果の式においては，P. J. Sands と松居の記号との関係を明らかにした．計算公式は物体および瞳の近軸光線追跡により計算可能となる．

（1）屈折および転送での収差係数計算公式導出の考え方　図 II.1.17 に第 ν 面における屈折による収差係数の導出の考え方を示す．すなわち，屈折式は ν 面での接平面上の点 $T_\nu(0,\ Y_\nu,\ Z_\nu)$ から第 ν 面へ入射する光線が ν 面上，点 P_ν で屈折（または反射）して，その後第 ν 面を出射するわけであるが，その際あたかも屈折後（反射後）の媒質中で ν 面での接平面上の点 T_ν' から出たように（すなわち図では光線を戻したと考えて）出射するものとする．結局，点 $T_\nu \to P_\nu \to T_\nu'$ を経て屈折後の媒質に向かうものと考える．そして，図 II.1.18 には，第 ν 面の接平面上の点 T_ν' から第 $\nu+1$ 面の接平面上の点 $T_{\nu+1}$ に至る転送の状況を示してある．

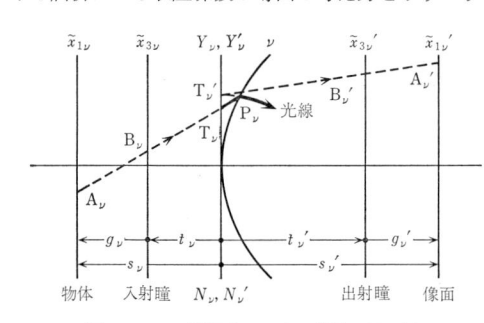

図 II.1.17　屈折式における配置の説明図

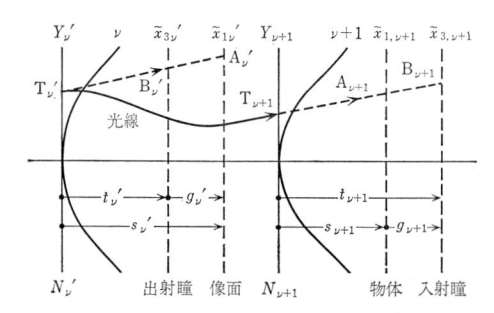

図 II.1.18　転送式における配置の説明図

　すなわち，屈折式および転送式を次のようにみる．

$$\begin{cases} 屈折： 点\ T_\nu \to P_\nu \to T_\nu' \\ 転送： 点\ T_\nu' \to T_{\nu+1} \end{cases}$$

以上の繰返しで，屈折および転送

1.5 分布屈折率媒質光学系の三次収差論

を完遂できる.

(2) **収差係数の計算公式**　第 ν 面での屈折による各収差係数および，第 ν 面から第 $\nu+1$ 面の間の媒質中の転送による各収差係数の計算公式を次のように得る.

[屈折による計算公式]

$$\begin{aligned}
-2a_{1,\nu} &= -B'_{33,\nu} = \mathrm{I}_\nu = h_\nu^4 \left\{ Q_\nu^2 \varDelta_\nu\left(\frac{1}{NS}\right) + \varPsi_{a\nu} + \varPsi_{\mathrm{in},\nu} \right\} \\
-2a_{2,\nu} &= -B'_{32,\nu} = \mathrm{II}_\nu = h_\nu^3 \bar{h}_\nu \left\{ Q_\nu \bar{Q}_\nu \varDelta_\nu\left(\frac{1}{NS}\right) + \varPsi_{a\nu} + \varPsi_{\mathrm{in},\nu} \right\} \\
-2a_{3,\nu} &= -B'_{22,\nu} = \mathrm{III}_\nu = h_\nu^2 \bar{h}_\nu^2 \left\{ \bar{Q}_\nu^2 \varDelta_\nu\left(\frac{1}{NS}\right) + \varPsi_{a\nu} + \varPsi_{\mathrm{in},\nu} \right\} \\
-2(a_{3,\nu}+a_{4,\nu}) &= -B'_{31,\nu} = \mathrm{IV}_\nu = \mathrm{III}_\nu + P_\nu, \quad P_\nu = -\left(\frac{1}{N_{0\nu}'} - \frac{1}{N_{0\nu}}\right) c_\nu \\
-2a_{5,\nu} &= -B'_{21,\nu} = \mathrm{V}_\nu = h_\nu \bar{h}_\nu^3 \left\{ \bar{Q}_\nu^2 \varDelta_\nu\left(\frac{1}{NS}\right) + \varPsi_{a\nu} + \varPsi_{\mathrm{in},\nu} \right\} + \bar{h}_\nu^2 \bar{Q}_\nu \varDelta_\nu\left(\frac{1}{Nt}\right) \\
-B_{11,\nu} &= \mathrm{I}_\nu^s = \bar{h}_\nu^4 \left\{ \bar{Q}_\nu^2 \varDelta_\nu\left(\frac{1}{Nt}\right) + \varPsi_{a\nu} + \varPsi_{\mathrm{in},\nu} \right\}
\end{aligned} \quad (1.109)$$

ここに,

$$\varPsi_{a\nu} \equiv \{8A_{2,\nu} - c_\nu^3\}(N_{0\nu}' - N_{0\nu})$$

$$\varPsi_{\mathrm{in},\nu} \equiv 4c_\nu(N_{1\nu}' - N_{1\nu}) + c_\nu^2 \frac{d}{dx}(N_{0\nu}' - N_{0\nu})$$

そして，物体近軸光線に対して

$$h_\nu Q_\nu \equiv h_\nu N_{0\nu} c_\nu - \alpha_\nu$$

$$h_\nu \varDelta_\nu\left(\frac{1}{NS}\right) \equiv \frac{\alpha_\nu'}{N_{0\nu}'^2} - \frac{\alpha_\nu}{N_{0\nu}^2}$$

および瞳近軸光線に対して,

$$\bar{h}_\nu \bar{Q}_\nu \equiv \bar{h}_\nu N_{0\nu} c_\nu - \bar{\alpha}_\nu, \qquad \bar{h}_\nu \varDelta_\nu\left(\frac{1}{Nt}\right) \equiv \frac{\bar{\alpha}_\nu'}{N_{0\nu}'^2} - \frac{\bar{\alpha}_\nu}{N_{0\nu}^2}$$

ここで，$\varPsi_{a\nu}$: 非球面項による寄与項，$\varPsi_{\mathrm{in},\nu}$: 分布屈折率の媒質が屈折に寄与する項である.

なお，式中 P_ν はペッツヴァル項として知られている.

式 (1.109) において，収差係数の記号のうち，$a_{j,\nu}$ は Sands[9] によるもの，また，I_ν, II_ν, …, V_ν, I_ν^s は松居[4]によるものである. 本論による定義との関係を明らかにした.

[転送による計算公式]

$$\begin{aligned}
-2a_{1,\nu}^* &= -B'^{t}_{33,\nu} = \varGamma_\nu \frac{h\alpha^3}{N_0^2} - \int_{\nu \to \nu+1} \left[8N_2 h^4 + \frac{4N_1 h^2 \alpha^2}{N_0^2} - \frac{\alpha^4}{N_0^3} \right] dx \\
-2a_{2,\nu}^* &= -B'^{t}_{32,\nu} = \varGamma_\nu \frac{h\alpha^2 \bar{\alpha}}{N_0^2} - \int_{\nu \to \nu+1} \left[8N_2 h^3 \bar{h} + \frac{2N_1 h\alpha}{N_0^2}(h\bar{\alpha} + \bar{h}\alpha) - \frac{\alpha^3 \bar{\alpha}}{N_0^3} \right] dx \\
-2a_{3,\nu}^* &= -B'^{t}_{22,\nu} = \varGamma_\nu \frac{h\alpha \bar{\alpha}^2}{N_0^2} - \int_{\nu \to \nu+1} \left[8N_2 h^2 \bar{h}^2 + \frac{4N_1 h\bar{h}\alpha\bar{\alpha}}{N_0^2} - \frac{\alpha^2 \bar{\alpha}^2}{N_0^3} \right] dx
\end{aligned}$$

$$\left.\begin{aligned}-2(a_{3,\nu}{}^*+a_{4,\nu}{}^*)&=-B'{t}_{31,\nu}=-B'{t}_{22,\nu}-2\int_{\nu\to\nu+1}\left[\frac{N_1}{N_0{}^2}\right]dx\\-2a_{5,\nu}{}^*&=-B'{t}_{21,\nu}=\nabla_\nu\frac{h\bar{\alpha}^3}{N_0{}^2}-\int_{\nu\to\nu+1}\left[8N_2h\bar{h}^3+\frac{2N_1\bar{h}\bar{\alpha}}{N_0{}^2}(h\bar{\alpha}+\bar{h}\alpha)-\frac{\alpha\bar{\alpha}^3}{N_0{}^3}\right]dx\\&\quad-B'{t}_{11,\nu}=\nabla_\nu\frac{\bar{h}\bar{\alpha}^3}{N_0{}^2}-\int_{\nu\to\nu+1}\left[8N_2\bar{h}^4+\frac{4N_1\bar{h}^2\bar{\alpha}^2}{N_0{}^2}-\frac{\bar{\alpha}^4}{N_0{}^3}\right]dx\end{aligned}\right\}$$
$$(1.110)$$

ここに，$\nabla_\nu q\equiv q_{\nu+1}-q_\nu'$，そして，積分は第 ν 面から第 $\nu+1$ 面の接平面に至るまでを実行する．その際の近軸追跡は，式 (1.43)，(1.44) または式 (1.46) ほか，を用いて行われる．これらは，物体近軸光線 (α, h)，瞳近軸光線 $(\bar{\alpha}, \bar{h})$ の両方について適用される．式中

$$P_\nu{}^t\equiv -2\int_{\nu\to\nu+1}\left(\frac{N_1}{N_0{}^2}\right)dx \qquad (1.111)$$

は転送におけるペッツヴァル項に対応するもので，やはり記号 $a_{J,\nu}{}^*$ は Sands[9] によるものである．

以上，屈折による収差係数と転送による収差係数の計算公式を与えた．ただし，

$$\kappa=1 \qquad (1.112)$$

と，ここでは設定してある．これによって一般性は失われない．

（3） 収差係数の計算の際の近軸光線の初値　　収差係数を計算公式に従って計算するわけであるが，その際，物体近軸光線および瞳近軸光線についておのおの代表的な光線を1本ずつ選択する．この条件は，それぞれの光線初値を設定するときに考慮する必要がある．

まず，物体近軸光線の初値 (α_1, h_1) および瞳近軸光線の初値 $(\bar{\alpha}_1, \bar{h}_1)$ の決定に対しては，次の三つの条件を満たさねばならない（図II.1.14 参照）．

　条件 1．　$s/N_0=h_1/\alpha_1$
　条件 2．　$t/N_0=\bar{h}_1/\bar{\alpha}_1$
　条件 3．　$\kappa\equiv \alpha_1\bar{h}_1-\bar{\alpha}_1 h_1=1$　　（設定）

もう一つの条件は目的に対応して自由に設定してよい．松居[4]は，これを物体近軸光線が光学系の主平面を切る高さが1となるように設定することを提案した．さらにまた，瞳近軸光線が像面を切る高さが1となるよう（図II.1.14 で，$l'=1$）にすれば，ズームレンズなどで像高サイズ不変の光学系には適していることを指摘している．あるいは，ビューファインダーの光学系では出射瞳面上物体近軸光線の高さが一定値（たとえば，1）になるよう設定するとかである．基本的な考え方としては，光学系の用途に応じて，これを設計する際に実際上光線束（あるいは口径）なり像サイズ（あるいは画角）なり，設計上着目すべき点に対応して標準化しておくのが望ましいといえる．

この光線初値は次に述べる近軸色収差係数の計算についても全く同様である．

1.5.6　近軸色収差係数 ($\kappa=1$)
単色光での三次収差論に加えて，これを基準に波長が変化した際の色収差は近軸領域で

1.5 分布屈折率媒質光学系の三次収差論

のものが，オーダー上対応する．この意味で，光学設計上，有用な近軸色収差係数の計算公式を与えておく[11]．

単色光の収差展開式 (1.100), (1.101) に，近軸色収差の項を加えたものは形式的に次のようになる．

$$\alpha'(\varDelta \tilde{x}_1') = [単色光の収差項，すなわち式(1.100)の右式]$$
$$+ \{(-L)+(-L^*)\}\chi_3' + \{(-T)+(-T^*)\}\chi_1 \quad (1.113)$$

$$\bar{\alpha}'(\varDelta \tilde{x}_3') = [単色光の収差項，すなわち式(1.101)の右式]$$
$$+ \{(-L^s)+(-L^{*s})\}\chi_3' + \{(-T^s)+(-T^{*s})\}\chi_1 \quad (1.114)$$

($\varDelta \tilde{x}_2'$, $\varDelta \tilde{x}_4'$ については座標を $\chi_3' \to \chi_4'$, $\chi_1 \to \chi_2$ とする．)

ここに，L, T, L^s, T^s: 屈折による寄与の各係数，L^*, T^*, L^{*s}, T^{*s}: 転送による寄与の各係数である．

記号 L, T, … は松居[4]にならった．そして，L に関するものは軸上色収差係数を意味し，T に関するものは倍率色収差係数を意味する．また L, T, L^*, T^* は物体の収差係数で，L^s, T^s, L^{*s}, T^{*s} は瞳の収差係数である．これらにも従属関係がる（後述）．

各面，各媒質での係数と光学系全体との関係は同様に次のようである．

$$L = \sum_{\nu=1}^{k} L_\nu, \qquad L^* = \sum_{\nu=1}^{k-1} L_\nu^* \quad (1.115)$$

(T, T^*, L^s, L^{*s}, T^s, T^{*s} についても全く同様である．)

そこで，屈折による寄与および転送による寄与の各計算公式は次のようになる．

$$\left.\begin{aligned}
-f_{a1,\nu}\omega &= L_\nu = h_\nu(h_\nu Q_\nu)\varDelta_\nu\left(\frac{\delta N_0}{N_0}\right) \\
-\bar{f}_{a1,\nu}\omega &= T_\nu = h_\nu(\bar{h}_\nu \bar{Q}_\nu)\varDelta_\nu\left(\frac{\delta N_0}{N_0}\right) \\
-f_{a1,\nu}{}^*\omega &= L_\nu{}^* = -\int_{\nu \mapsto \nu+1} h(x)\alpha(x)\frac{d}{dx}\left\{\frac{\delta N_0(x)}{N_0(x)}\right\}dx \\
&\quad -2\int_{\nu \mapsto \nu+1} h^2(x)N_1(x)\left\{\frac{\delta N_1(x)}{N_1(x)} - \frac{\delta N_0(x)}{N_0(x)}\right\}dx \\
-\bar{f}_{a1,\nu}{}^*\omega &= T_\nu{}^* = -\int_{\nu \mapsto \nu+1} h(x)\bar{\alpha}(x)\frac{d}{dx}\left\{\frac{\delta N_0(x)}{N_0(x)}\right\}dx \\
&\quad -2\int_{\nu \mapsto \nu+1} h(x)\bar{h}(x)N_1(x)\left\{\frac{\delta N_1(x)}{N_1(x)} - \frac{\delta N_0(x)}{N_0(x)}\right\}dx
\end{aligned}\right\}$$
$$(1.116)$$

ここで，上の2式が屈折によるもの，下の2式が転送によるものである．式 (1.116) において，左辺の記号は Sands[9] による．そして，$\delta A \equiv A_\lambda - A_{\lambda 0}$ (A は任意) で，基準波長 (λ_0) からの波長 (λ) によるずれを与える．また，$\varDelta_\nu(q) \equiv q_\nu' - q_\nu$，さらに，瞳の収差係数に関するもの ($L_\nu^s$, T_ν^s, L_ν^{*s}, T_ν^{*s}) は式 (1.116) に対応して，その式中，h, α, Q と $\bar{h}$, $\bar{\alpha}$, $\bar{Q}$ とを互いに置き換えればよい．

最後に，各係数間の従属関係を与えておく．すなわち，

$$\{\sum T_\nu + \sum T_\nu{}^*\} - \{\sum T_\nu{}^s + \sum T_\nu{}^{*s}\} = \frac{\delta N_{0,k'}}{N_{0,k'}} - \frac{\delta N_{0,1}}{N_{0,1}} \quad (1.117)$$

[南 節雄]

参考文献

1) M. Born and E. Wolf: Principles of Optics (5th ed.), Pergamon Press, London (1974), §3.1.1.
2) 文献1), §3.2.2.
3) H. A. Buchdahl: Optical Aberration Coefficients, Dover, New York (1968), see APPENDIX F (p. 305).
4) 松居吉哉: レンズ設計法, 共立出版 (1972).
5) P. J. Sands: J. Opt. Soc. Am., **61** (1971), 1879.
6) M. Berek: Grundlagen der praktisches Optik, Walter de Gruyter & Co. (1930). この訳本として, 三宅和夫: レンズ設計の原理, 講談社 (1970).
7) M. Herzberger: J. Opt. Soc. Am., **27** (1939), 395.
8) 松居吉哉: キヤノン研究報告, No. 2 (1964).
9) P. J. Sands: J. Opt. Soc. Am., **60** (1970), 1436.
10) D. T. Moore and P. J. Sands: J. Opt. Soc. Am., **61** (1971), 1195.
11) P. J. Sands: J. Opt. Soc. Am., **61** (1971), 777.

1.6 分布屈折率レンズの光線追跡[1]

1.6.1 分布屈折率媒質中の光線

分布屈折率媒質中の光線経路は微分方程式の解として求まる. 微分方程式の表現は独立変数, 従属変数として何を選ぶかによって異なる. 媒質中の点の座標を $r(x, y, z)$, 点 r における屈折率を $N(r)$, 光線の長さを s とし, 光学的方向余弦 $\boldsymbol{\Pi}(l, p, q)$ を, 式 (1.118) と定義する.

$$l \equiv N\frac{dx}{ds}, \quad p \equiv N\frac{dy}{ds}, \quad q \equiv N\frac{dz}{ds} \quad (1.118)$$

主な微分方程式の独立変数, 従属変数, 階数をまとめたものが表 II.1.1 である. 分布

表 II.1.1 主な光線経路を表す微分方程式

方程式名	独立変数	従属変数	階数
光線方程式	s	x, y, z	2
ラグランジュの方程式	x	y, z	2
ハミルトンの方程式	x	y, z, p, q	1

屈折率媒質中のある1点における独立変数, 従属変数がわかれば, 微分方程式の初期値問題として扱い, 光線経路を求めることが可能となる. 微分方程式の初期値問題には種々の数値的解法が知られているが, 分布屈折率媒質中の光線追跡にはルンゲ–クッタ法またはル

ンゲ－クッタ－ギル法が多くの研究者によって試みられその有効性が確認されている[2~5].

ここでは，変数 (y, z, p, q) に関する1階の連立微分方程式の形であるハミルトンの方程式をルンゲ－クッタ－ギル法（以下 RKG 法）を使って解くことにする．RKG 法については，数値計算法に関しての多くの解説書に詳しく述べられており，またプログラムライブラリーとして市販されアルゴリズムの詳細を知らなくても利用が可能であるのでここでは説明を割愛する．さてここで扱うハミルトンの方程式は，"・"が d/dx を表すものとして，

$$\dot{y}=\frac{p}{(N^2-p^2-q^2)^{1/2}}=-\frac{p}{H} \quad \dot{z}=\frac{q}{(N^2-p^2-q^2)^{1/2}}=-\frac{q}{H} \quad (1.119)$$

$$\dot{p}=-\frac{N\left(\frac{\partial N}{\partial y}\right)}{(N^2-p^2-q^2)^{1/2}}=\frac{N\left(\frac{\partial N}{\partial y}\right)}{H} \quad \dot{q}=-\frac{N\left(\frac{\partial N}{\partial z}\right)}{(N^2-p^2-q^2)^{1/2}}=\frac{N\left(\frac{\partial N}{\partial z}\right)}{H} \quad (1.120)$$

で表せる．ここで $H(x, y, z, p, q)$ はハミルトニアンで式 (1.121) で表される．

$$H=-(N^2-p^2-q^2)^{1/2} \quad (1.121)$$

光線追跡を行う場合，光線の位置や進行方向を知るだけでなく，光路長を求めることは，光学系の評価上重要なことである．点 P_1 から点 P_2 までの光路長 L は P_1, P_2 の座標 r_1, r_2 をそれぞれ $r_1=(x_1, y_1, z_1)$, $r_2=(x_2, y_2, z_2)$ として，

$$L=\int_{P_1}^{P_2}N(r)ds=\int_{x_1}^{x_2}N(x, y, z)(1+\dot{y}^2+\dot{z}^2)^{1/2}dx=\int_{x_1}^{x_2}\frac{N^2}{\sqrt{N^2-p^2-q^2}}dx \quad (1.122)$$

で表される．L は式 (1.122) を式 (1.123) のような微分方程式と考えて，式 (1.119)，(1.120) と連立させて解くことで求められる[4]．

$$\frac{dL}{dx}=\frac{N^2}{\sqrt{N^2-p^2-q^2}}=-\frac{N^2}{H} \quad (1.123)$$

RKG 法で連立方程式を解く場合のステップ幅 Δx は，必要精度にもよるが，0.1～0.4 くらいが標準的である．光路長の計算も含めて RKG 法を適用することで，出発点 P_0 ($x=x_0$) における初期値 $(y_0, z_0, p_0, q_0, L_0)$ から順次 $x_1=x_0+\Delta x$, $x_2=x_0+2\Delta x$, …, $x_m=x_0+m\Delta x$ における (y, z, p, q, L) を求めることができる．

1.6.2 分布屈折率レンズの光線追跡法

ここでは，光軸のまわりに回転対称である光学系について扱う．均質な媒質からなるレンズ系について光線追跡をする公式のなかで D. P. Feder により与えられた式が多く利用されている[6,7]．ここでは Feder の公式と結合可能な形で分布屈折率レンズの光線追跡法を示す．光学系の符号に関しては II.1.2 節で示した規約に従うこととする．

光学系が多数の面から構成されていても，光線追跡は第 $\nu-1$ 面を出射した光線の位置と光線の方向から第 ν 面へ光線が入射する位置と光線の方向を求める過程（移行過程）と，第 ν 面を通過（屈折・反射）した光線の方向を求める過程（屈折過程）を繰り返すことで実行できる．

(1) 移行過程 図Ⅱ.1.19に示すように，第$\nu-1$面に関する座標系$O_{\nu-1}$-xyzにおいて，次の量を定義する．

$T_{\nu-1}$：第$\nu-1$面上の光線通過位置P_0を示す位置ベクトル（$x_{\nu-1}, y_{\nu-1}, z_{\nu-1}$）．

$Q_{\nu-1}'$：第$\nu-1$面を出射する光線の方向余弦（$X_{\nu-1}', Y_{\nu-1}', Z_{\nu-1}'$）．

$P_{\nu-1}'$：第$\nu-1$面を出射する光線の光学的方向余弦（$l_{\nu-1}', p_{\nu-1}', q_{\nu-1}'$）．

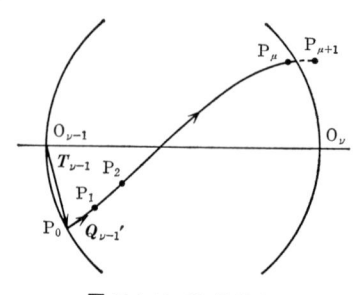

図Ⅱ.1.19 移行過程

前節で説明した方法により，第$\nu-1$面から第ν面へ進む光線の経路を求める．このためには式 (1.124)～(1.126) の連立微分方程式を解くこととなる．連立微分方程式の初期値は $(y, z, p, q, L) = (y_{\nu-1}, z_{\nu-1}, p_{\nu-1}', q_{\nu-1}', 0)$ である．

$$\frac{dy}{dx} = \frac{p}{\sqrt{N_{\nu-1}'^2 - p^2 - q^2}}, \quad \frac{dz}{dx} = \frac{q}{\sqrt{N_{\nu-1}'^2 - p^2 - q^2}} \tag{1.124}$$

$$\frac{dp}{dx} = \frac{N_{\nu-1}'\frac{\partial N_{\nu-1}'}{\partial y}}{\sqrt{N_{\nu-1}'^2 - p^2 - q^2}}, \quad \frac{dq}{dx} = \frac{N_{\nu-1}'\frac{\partial N_{\nu-1}'}{\partial z}}{\sqrt{N_{\nu-1}'^2 - p^2 - q^2}} \tag{1.125}$$

$$\frac{dL}{dx} = \frac{N_{\nu-1}'^2}{\sqrt{N_{\nu-1}'^2 - p^2 - q^2}} \tag{1.126}$$

ただし，

$$N_{\nu-1}' = \sum_{j=0}^{m} N_{j,\nu-1}'(x) h^{2j} \quad (h^2 = y^2 + z^2) \tag{1.127}$$

$$\left. \begin{array}{l} \dfrac{\partial N_{\nu-1}'}{\partial y} = 2y \sum_{j=1}^{m} j N_{j,\nu-1}'(x) h^{2(j-1)} \\ \dfrac{\partial N_{\nu-1}'}{\partial z} = 2z \sum_{j=1}^{m} j N_{j,\nu-1}'(x) h^{2(j-1)} \end{array} \right\} \tag{1.128}$$

ステップ幅 Δx として．RKG法で図Ⅱ.1.19に示すように P_0 から出発して．$P_1, P_2, \cdots$ と光線上の座標を次々に求めることができる（$N_{\nu-1}' < 0$，すなわち光線が右から左に進んでいるときは Δx を負にとる）．

さて P_μ と $P_{\mu+1}$ 間で第ν面を通過するとする．第ν面の面形状を座標系 O_ν-xyz において

$$x = f_\nu(y, z) \tag{1.129}$$

とすると，光線の通過を判別する式は，

$$\left. \begin{array}{l} x_{\mu+1} > f_\nu(y_{\mu+1}, z_{\mu+1}) + d_{\nu-1}' \\ x_\mu < f_\nu(y_\mu, z_\mu) + d_{\nu-1}' \end{array} \right\} \tag{1.130}$$

である（光線が右から左へ進んでいるときは不等号は逆向き）．したがって RKG 法の各ステップで，$x - \{f_\nu(y, z) + d_{\nu-1}'\}$ を計算し符号が反転するまで計算を続ける．

1.6 分布屈折率レンズの光線追跡

次に実際の通過点を求めることとなるが，P_μ, $P_{\mu+1}$ における (y, z, p, q, L) および ($dy/dx, dz/dx, dp/dx, dq/dx, dL/dx$) は RKG 法を実施する過程で求まっている．$P_\mu$ における $dy/dx, dz/dx, dL/dx$ をそれぞれ $\beta_\mu, \gamma_\mu, \lambda_\mu$ とし，$P_{\mu+1}$ においても同様に $\beta_{\mu+1}, \gamma_{\mu+1}, \lambda_{\mu+1}$ を定義する．次に座標系の原点を $O_{\nu-1}\text{-}xyz$ 座標系における点 ($x_\mu, 0, 0$) に移動する．この座標系において，P_μ から $P_{\mu+1}$ へ向かう光線および光路長を次のような三次の多項式で表すことにする．

$$y = a_0 + a_1 x + a_2 x^2 + a_3 x^3 \tag{1.131}$$

$$z = b_0 + b_1 x + b_2 x^2 + b_3 x^3 \tag{1.132}$$

$$L = \omega_0 + \omega_1 x + \omega_2 x^2 + \omega_3 x^3 \tag{1.133}$$

$x=0$ は点 P_μ を表し，$x=\Delta x$ は $P_{\mu+1}$ を表す．いま y について考えると，$P_\mu, P_{\mu+1}$ における $y, dy/dx$ はそれぞれ $y_\mu, \beta_\mu, y_{\mu+1}, \beta_{\mu+1}$ として既知であるので式 (1.131) から式 (1.134) のような a_0, a_1, a_2, a_3 を未知数とした連立方程式が得られる．

$$\left. \begin{array}{l} a_0 = y_\mu \\ a_0 + (\Delta x) a_1 + (\Delta x)^2 a_2 + (\Delta x)^3 a_3 = y_{\mu+1} \\ a_1 = \beta_\mu \\ a_1 + 2(\Delta x) a_2 + 3(\Delta x)^2 a_3 = \beta_{\mu+1} \end{array} \right\} \tag{1.134}$$

これを解いて

$$\left. \begin{array}{l} a_0 = y_\mu \\ a_1 = \beta_\mu \\ a_2 = \dfrac{3(y_{\mu+1} - y_\mu) - (\Delta x)(\beta_{\mu+1} + 2\beta_\mu)}{(\Delta x)^2} \\ a_3 = \dfrac{(\Delta x)(\beta_{\mu+1} + \beta_\mu) - 2(y_{\mu+1} - y_\mu)}{(\Delta x)^3} \end{array} \right\} \tag{1.135}$$

z, L に関しても同様にして，

$$\left. \begin{array}{l} b_0 = z_\mu \\ b_1 = \gamma_\mu \\ b_2 = \dfrac{3(z_{\mu+1} - z_\mu) - (\Delta x)(\gamma_{\mu+1} + 2\gamma_\mu)}{(\Delta x)^2} \\ b_3 = \dfrac{(\Delta x)(\gamma_{\mu+1} + \gamma_\mu) - 2(z_{\mu+1} - z_\mu)}{(\Delta x)^3} \end{array} \right\} \tag{1.136}$$

$$\left. \begin{array}{l} \omega_0 = L_\mu \\ \omega_1 = \lambda_\mu \\ \omega_2 = \dfrac{3(L_{\mu+1} - L_\mu) - (\Delta x)(\lambda_{\mu+1} + 2\lambda_\mu)}{(\Delta x)^2} \\ \omega_3 = \dfrac{(\Delta x)(\lambda_{\mu+1} + \lambda_\mu) - 2(L_{\mu+1} - L_\mu)}{(\Delta x)^3} \end{array} \right\} \tag{1.137}$$

が求まる．式 (1.131)〜(1.133) は x の三次式であり，RKG 法の精度を損なわずに P_μ と $P_{\mu+1}$ 間での光線の位置および光路長を近似できたこととなる．

光線の通過点を求めるには以上のような準備ができたうえで，ここでは次のような反復計算による方法を示す．図 II.1.20 はこの反復計算の過程を示すものである．初めに第 ν 面を式 (1.131)〜(1.133) と同じ座標で表しておく．第 ν 面は式 (1.129) より

$$x = f_\nu(y, z) + d_{\nu-1}' - x_\mu \qquad (1.138)$$

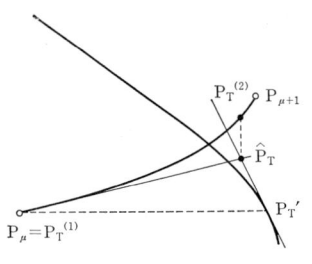

となる．光線上の点 (x_T, y_T, z_T) を P_T とする．

図 II.1.20 反復計算

① P_μ を出発点としてこの点を P_T とすると

$$x_T = 0 \qquad (1.139)$$

② 光線上の点 P_T に関して式 (1.131)，(1.132) より

$$\left.\begin{array}{l} y_T = a_0 + a_1 x_T + a_2 x_T^2 + a_3 x_T^3 \\ z_T = b_0 + b_1 x_T + b_2 x_T^2 + b_3 x_T^3 \end{array}\right\} \qquad (1.140)$$

③ 点 P_T における光線の接線を求める．初めに点 P_T における dy/dx, dz/dx を β_T, γ_T としこれらを計算しておく．

$$\left.\begin{array}{l} \beta_T = a_1 + 2a_2 x_T + 3a_3 x_T^2 \\ \gamma_T = b_1 + 2b_2 x_T + 3b_3 x_T^2 \end{array}\right\} \qquad (1.141)$$

このとき点 P_T における接線は

$$\left.\begin{array}{l} y = \beta_T(x - x_T) + y_T \\ z = \gamma_T(x - x_T) + z_T \end{array}\right\} \qquad (1.142)$$

で表され光線をこの式で近似する．

④ (y_T, z_T) に対応する第 ν 面上の点 P_T' の x 座標 x_T' を求める．式 (1.12)，(1.138) より，

$$\left.\begin{array}{c} x_T' = \dfrac{(1/\tilde{r}_\nu)h_T^2}{1 + \sqrt{1 - K_\nu(h_T/\tilde{r}_\nu)^2}} + \sum_{j=1}^n \tilde{A}_{j,\nu} h_T^{2j} + d_{\nu-1}' - x_\mu \\ (h_T^2 = y_T^2 + z_T^2) \end{array}\right\} \qquad (1.143)$$

⑤ 点 P_T' における面の法線方向を表すベクトル (ξ, η, ζ) を求める．これは式 (1.138) より，

$$\left(1, -\left.\dfrac{\partial f_\nu}{\partial y}\right|_{P_T'}, -\left.\dfrac{\partial f_\nu}{\partial z}\right|_{P_T'}\right) \qquad (1.144)$$

で表される．式 (1.12) より，

$$\left.\begin{array}{l} \xi = 1 \\ \eta = -\left\{\dfrac{(1/\tilde{r}_\nu)}{\sqrt{1 - K_\nu(h_T/\tilde{r}_\nu)^2}} + 2\sum_{j=1}^n j\tilde{A}_{j,\nu} h_T^{2(j-1)}\right\} y_T \\ \zeta = -\left\{\dfrac{(1/\tilde{r}_\nu)}{\sqrt{1 - K_\nu(h_T/\tilde{r}_\nu)^2}} + 2\sum_{j=1}^n j\tilde{A}_{j,\nu} h_T^{2(j-1)}\right\} z_T \end{array}\right\} \qquad (1.145)$$

点 P_T' における接平面の方程式は，

1.6 分布屈折率レンズの光線追跡

$$\xi(x-x_T')+\eta(y-y_T')+\zeta(z-z_T')=0 \qquad (1.146)$$

⑥ 点 P_T' における接平面と点 P_T における光線の接線との交点を求める．交点 $\hat{P}_T$ の x 座標 $\hat{x}_T$ は，

$$\hat{x}_T=\frac{\xi x_T'+(\eta\beta_T+\zeta\gamma_T)x_T}{\xi+\eta\beta_T+\zeta\gamma_T} \qquad (1.147)$$

より求まる．

⑦ あらかじめ定めた収束判別値を ε とする．

$|\hat{x}_T-x_T|\leqq\varepsilon$ → 収束したので⑧へ

$|\hat{x}_T-x_T|>\varepsilon$ → $x_T=\hat{x}_T$ として②へ戻る．

⑧ $\hat{x}_T$ に対応する y, z, L を求める．式 (1.131)～(1.133) より，

$$\hat{y}_T=a_0+a_1\hat{x}_T+a_2\hat{x}_T^2+a_3\hat{x}_T^3 \qquad (1.148)$$
$$\hat{z}_T=b_0+b_1\hat{x}_T+b_2\hat{x}_T^2+b_3\hat{x}_T^3 \qquad (1.149)$$
$$\hat{L}_T=\omega_0+\omega_1\hat{x}_T+\omega_2\hat{x}_T^2+\omega_3\hat{x}_T^3 \qquad (1.150)$$

⑨ O_ν-xyz 座標系において，光線と第 ν 面との交点の位置ベクトル $T_\nu(x_\nu, y_\nu, z_\nu)$ を求めると，

$$\left.\begin{array}{l} x_\nu=\hat{x}_T+x_\mu-d_{\nu-1} \\ y_\nu=\hat{y}_T \\ z_\nu=\hat{z}_T \end{array}\right\} \qquad (1.151)$$

また第 $\nu-1$ 面から第 ν 面までの光路長 $L_{\nu-1}$ は，

$$L_{\nu-1}=\hat{L}_T \qquad (1.152)$$

となる．

(2) 屈折過程 屈折過程では，Ⅱ.1.1 節で説明したスネルの法則として知られている反射・屈折の法則を利用し，面を出射する光線の方向余弦を求める．初めに，スネルの法則をレンズ系の光線追跡に利用しやすいような形にまとめる．

図 Ⅱ.1.21 において N, N' を入射側媒質の屈折率，出射側光線の屈折率，s, s' を入射光線，屈折光線の進行方向を表す単位ベクトル，E を境界面に垂直な方向の単位ベクトルとする．また E の方向から s, s' の方向に測った角度を i, i' とする．i, i' はそれぞれ光線の入射角，屈折角である．レンズ系の光線追跡をする場合，屈折の場合だけでなく反射も同じ式で扱えると便利であるが，反射の場合において，$N'=-N$ と約束することでこのことが達成される．以上まとめると反射・屈折の法則は

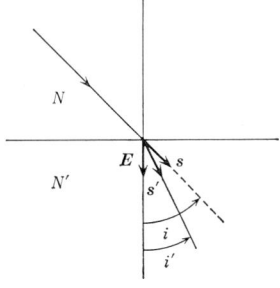

図 Ⅱ.1.21 屈折の法則

$$|N'|s'-|N|s=(|N'|\cos i'-|N|\cos i)E \qquad (1.153)$$

$$\cos i' = \frac{N'}{|N'|} \frac{N}{|N|} \frac{\cos i}{|\cos i|} \left\{ 1 - \left(\frac{N}{N'}\right)^2 (1-\cos^2 i) \right\}^{1/2} \quad (1.154)$$

のように表すことができる。

屈折過程の計算の手順は以下に示すとおりである。

① 光線と面の交点における面の法線方向の単位ベクトル $E_\nu(\bar{\xi}_\nu, \bar{\eta}_\nu, \bar{\zeta}_\nu)$ は式 (1.145) より，

$$O_\nu = (\xi^2 + \eta^2 + \zeta^2)^{1/2} \quad (1.155)$$

として，

$$(\bar{\xi}_\nu, \bar{\eta}_\nu, \bar{\zeta}_\nu) = \left(\frac{\xi}{O_\nu}, \frac{\eta}{O_\nu}, \frac{\zeta}{O_\nu}\right) \quad (1.156)$$

② 光線の通過点における入射側の媒質の屈折率 N_T と出射側媒質の屈折率 N_T' を求める．式 (1.14) より，

$$N_T = \sum_{j=0}^{m} N_{j,\nu-1}'(x_\nu + d_{\nu-1}') h_\nu^{2j} \quad (1.157)$$

$$N_T' = \sum_{j=0}^{m} N_{j,\nu}'(x_\nu) h_\nu^{2j} \quad (h_\nu^2 = y_\nu^2 + z_\nu^2) \quad (1.158)$$

③ 入射光線の方向余弦 $Q_\nu(X_\nu, Y_\nu, Z_\nu)$ を求める．

$$\left. \begin{array}{l} \hat{\beta}_T = a_1 + 2a_2 \hat{x}_T + 3a_3 \hat{x}_T^2 \\ \hat{\gamma}_T = b_1 + 2b_2 \hat{x}_T + 3b_3 \hat{x}_T^2 \end{array} \right\} \quad (1.159)$$

とすると，

$$(X_\nu, Y_\nu, Z_\nu) = \left(\frac{N_T}{|N_T|} \frac{1}{\sqrt{1+\hat{\beta}_T^2+\hat{\gamma}_T^2}}, \frac{\hat{\beta}_T}{\sqrt{1+\hat{\beta}_T^2+\hat{\gamma}_T^2}}, \frac{\hat{\gamma}_T}{\sqrt{1+\hat{\beta}_T^2+\hat{\gamma}_T^2}} \right) \quad (1.160)$$

④ 入射光線と面の法線となす角の余弦 Ω_ν は，

$$\Omega_\nu = E_\nu \cdot Q_\nu = \bar{\xi}_\nu X_\nu + \bar{\eta}_\nu Y_\nu + \bar{\zeta}_\nu Z_\nu \quad (1.161)$$

⑤ 出射光線と面の法線となす角の余弦 Ω_ν' は，式 (1.154) より，

$$\Omega_\nu' = \frac{N_T}{|N_T|} \frac{N_T'}{|N_T'|} \frac{\Omega_\nu}{|\Omega_\nu|} \left\{ 1 - \left(\frac{N_T}{N_T'}\right)^2 (1-\Omega_\nu^2) \right\}^{1/2} \quad (1.162)$$

⑥ 出射光線の方向余弦 $Q_\nu'(X_\nu', Y_\nu', Z_\nu')$ は式 (1.153) から

$$\tilde{G}_\nu = \Omega_\nu' - \left|\frac{N_T}{N_T'}\right| \Omega_\nu \quad (1.163)$$

として，

$$\left. \begin{array}{l} X_\nu' = \left|\dfrac{N_T}{N_T'}\right| X_\nu + \tilde{G}_\nu \bar{\xi}_\nu \\ Y_\nu' = \left|\dfrac{N_T}{N_T'}\right| Y_\nu + \tilde{G}_\nu \bar{\eta}_\nu \\ Z_\nu' = \left|\dfrac{N_T}{N_T'}\right| Z_\nu + \tilde{G}_\nu \bar{\zeta}_\nu \end{array} \right\} \quad (1.164)$$

⑦ 出射光線の光学的方向余弦 $P_\nu'(l_\nu', p_\nu', q_\nu')$ は，

$$l_\nu' = N_T' X_\nu', \qquad p_\nu' = N_T' Y_\nu', \qquad q_\nu' = N_T' Z_\nu' \qquad (1.165)$$

となる。

[荒井則一]

参 考 文 献

1) 応用物理学会日本光学会編：微小光学の物理的基礎，朝倉書店（1991）．
2) G. W. Jhonson: Technical Digest, Topical Meeting on Gracient Index Optical Imaging Systems, Rochester, New York (1978).
3) A. Sharma, D. V. Kumar and A. K. Ghatak: Appl. Opt., **21** (1982), 984-987.
4) N. Arai: Technical Digest, Topical Meeting on Gradint Index Optical Imaging Systems, Kobe (1978).
5) T. Sakamoto: Appl. Opt., **26** (1987), 2943-2946.
6) D. P. Feder: J. O. S. A., **41** (1951), 630-635.
7) 松井吉哉：レンズ設計法，共立出版（1972）．

1.7　光線追跡による性能評価[1~4]

II.1.6節で示した光線追跡法を利用し光学系の性能評価が可能となる．ここでは光学系の設計時によく使われる性能評価法について解説する．

1.7.1　収　差　図[1~3]

収差図は少ない本数の光線追跡結果より得られるが，これにより光学系のおおまかな性能を評価することができ設計段階でよく用いられる．ここでは一般に使われている収差図の求め方について概説する．

光線追跡により収差図を得るには，光学系の構成だけでなく，使用波長，物体距離，絞り位置，Fナンバー，物体高などが指定されている必要がある．光源がレーザーのような単色光の場合は一つの波長だけについて収差図を求めるが，白色光の場合は基準としたい波長を含め複数の使用波長を選び，最初に基準波長の収差図を求める．他の波長に関しては基準波長の収差図上に描く．ここでは単色光の場合について説明し，白色光の場合については参考文献を参照していただきたい[1,2]．

II.1.6節で示した光線追跡を実施する前にあらかじめII.1.3節，II.1.4節に従って光学系の近軸量である焦点位置（距離），主点位置，像点位置，近軸倍率，入射瞳位置，出射瞳位置などを求める．物点から出射した光線のうち光学系を通り評価の対象になる光線はその一部分である．したがってまずこれらの光線によって構成される光束の一番外側の光線を知る必要がある．物点と光軸を含む面（子午面）内の光線追跡を行う場合には，通常上限光線と下限光線の二つの光線を求めることとなる．図II.1.22はその一例である．光線追跡を実施する場合，II.1.6.2項からわかるように，最初に光線が通過する面上における光線の位置およびその面を出射する光線の方向余弦と光学的方向余弦が既知でなければならない．

通常最初の面としては，物点からの光線が最初に遭遇する光学系の実際の面（第1面）

54   1. 幾何光学

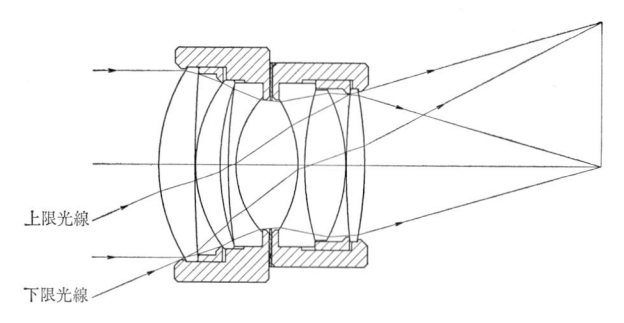

図 II.1.22　上限光線と下限光線

ではなく，最初の面として入射瞳面もしくは第1面の接平面が選ばれる．光学系の性能評価をする場合，回転対称光学系においては，物体平面上で光軸から一方向の直線上の物点について評価すれば十分であり，図II.1.23に示すように通常は y 軸上の点 y_1 ($y_1 \leq 0$) が選ばれる．ここでは光線を決めるための面が入射瞳面の場合について説明する．図II.1.23で光学系の第1面から物体平面，入射瞳面までの距離をそれぞれ t_0, t_p とする．また (y_p, z_p) を入射瞳面上での光線の位置とする．

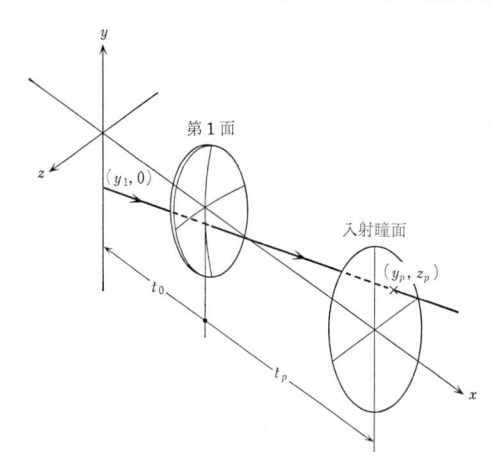

図 II.1.23　光線追跡の初期条件

① $|t_0|<\infty$ の場合

入射瞳面を出射する光線の方向余弦 (X_p', Y_p', Z_p') と光学的方向余弦 (l_p', p_p', q_p') は N_1 が物体空間（均質媒質）の屈折率であることからそれぞれ式 (1.166)，(1.167) で表される．

$$\left. \begin{aligned} X_p' &= \frac{1}{\sqrt{1+\left(\dfrac{y_p-y_1}{t_p-t_0}\right)^2+\left(\dfrac{z_p}{t_p-t_0}\right)^2}} \\ Y_p' &= \frac{y_p-y_1}{t_p-t_0} X_p' \\ Z_p' &= \frac{z_p}{t_p-t_0} X_p' \end{aligned} \right\} \quad (1.166)$$

$$l_p' = N_1 X_p', \quad p_p' = N_1 Y_p', \quad q_p' = N_1 Z_p' \quad (1.167)$$

1.7 光線追跡による性能評価

② $|t_0|=\infty$ の場合

入射光束は平行光束となり，光束が光軸となす角度（半画角）ω が y_1 の代わりに使われる．このとき (X_p', Y_p', Z_p') は式 (1.166) の代わりに式 (1.168) を使えばよい．

$$\left.\begin{array}{l} X_p'=\dfrac{1}{\sqrt{1+\tan^2\omega}} \\ Y_p'=X_p'\tan\omega \\ Z_p'=0 \end{array}\right\} \quad (1.168)$$

光線追跡は，入射瞳面 → 第 1 面，…，最終面の順で，II.1.6.2 項に示した手順で実行される．

（1） 球面収差，正弦条件　球面収差と正弦条件は光軸上の物点から出射する光線を追跡することで求められる．通常は回転対称光学系を扱うことがほとんどであり，この場合光軸を含む一断面内の，光軸を挟んで片側の光線群を評価すればよい．一般的には，X-Y 断面が選ばれ，$y_p>0$ の光線について光線追跡を実施し，球面収差と正弦条件を求める．

図 II.1.24 において近軸追跡で求まったバックフォーカス量を s_{k0}' とし，光軸上の物点

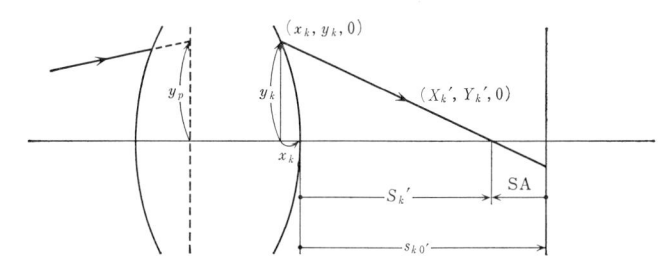

図 II.1.24 球 面 収 差

から出射した光学系に入射する任意の光線が，光学系を出射後光軸と交わる点の光学系の最終面（第 k 面）からの光軸方向の距離を S_k' とすれば，球面収差 SA は

$$\mathrm{SA}=S_k'-s_{k0}' \quad (1.169)$$

により求められる．なお S_k' は II.1.6 節で示した光線追跡の結果より

$$S_k'=x_k-\frac{X_k'}{Y_k'}y_k \quad (1.170)$$

で与えられる．球面収差を表示するには縦軸に入射瞳上の光線入射高 y_p，または物体側主平面上の入射高や F ナンバー，開口数などをとり，横軸に SA をとって図 II.1.26 (a) のように表す．

図 II.1.25 において，光軸上の点 O が，球面収差なしに O′

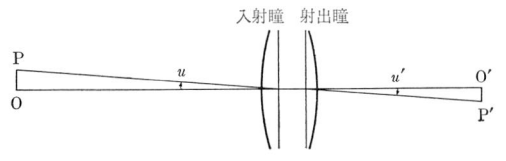

図 II.1.25 正 弦 条 件

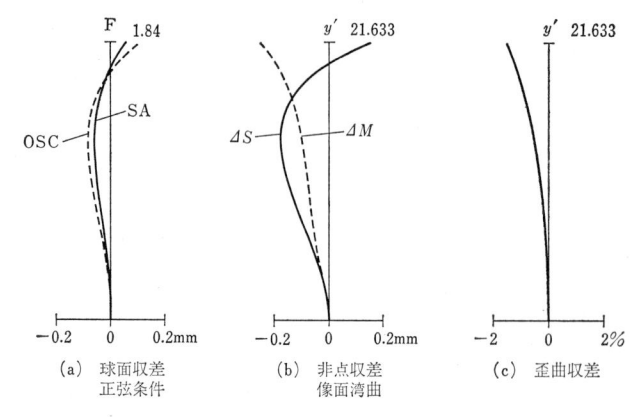

(a) 球面収差	(b) 非点収差	(c) 歪曲収差
正弦条件	像面湾曲	

図 II.1.26 収　差　図

点に結像しているものとする．u, u' をそれぞれ物体空間，像空間における光線と光軸のなす角とし，N を物体空間の屈折率，N' を像空間の屈折率，β' を近軸横倍率としたときに，以下の式が成り立つとき正弦条件が満足されているという．

$$\frac{N\sin u}{N'\sin u'}=\beta' \tag{1.171}$$

正弦条件が満足されている光学系では，O と同じ物体平面上にあって，光軸からわずかに離れた点 P を出射した光線がすべて一点 P′ に集まる．このことは球面収差だけでなく，光軸近傍においてコマ収差も補正されていることを示している．球面収差とコマ収差のない条件をアプラナチック条件とよぶ．なお物点が無限遠にあるときは，光線の入射高 h と像側焦点距離 f' から正弦条件は次式で与えられる．

$$\frac{Nh}{N'\sin u'}=f' \tag{1.172}$$

正弦条件違反量 OSC は，式 (1.171)，(1.172) に対してそれぞれ，

$$\text{OSC}=\frac{N\sin u}{N'\sin u'}-\beta' \tag{1.173}$$

$$\text{OSC}=\frac{Nh}{N'\sin u'}-f' \tag{1.174}$$

で表される．OSC は光軸上の物点に対しての光線追跡結果から計算することができ，光軸近傍においてのコマ収差の補正状況の目安となるのでよく利用される．

　球面収差が残存する光学系において，光軸近傍においての結像状態が軸上物体とほぼ同じであるための条件はアイソプラナチック条件とよばれる．アイソプラナチック条件は，球面収差を SA，射出瞳平面から近軸像面までの距離を g' として，物点が有限距離にある場合は式 (1.175)，無限遠にある場合は式 (1.176) で与えられる．

$$\beta'\frac{\text{SA}}{g'}=\text{OSC} \tag{1.175}$$

$$f'\frac{\text{SA}}{g'} = \text{OSC} \tag{1.176}$$

アイソプラナチック条件は，OSC と球面収差が比例することを要求する．このことから OSC を図Ⅱ.1.26(a)のように，球面収差と同じ図上で表すことが多い．

（2） 非点収差，像面湾曲 非点収差と像面湾曲は，通常主光線近傍の光束を光線追跡することで求めることができる．主光線は一般的には入射瞳の中心を通る光線，すなわち $(y_p, z_p) = (0, 0)$ として定義される．ただし画角が大きい場合などには，子午面内の上限光線と下限光線から定まる光束の中心光線とすることもある．

ここでは主光線を入射瞳の中心を通る光線とした場合を考える．$\Delta y_p, \Delta z_p$ を小さい量として，主光線のほかに入射瞳面上で $(\Delta y_p, 0), (0, \Delta z_p)$ を通る 2 本の光線を追跡する．前者は子午面内の光線であり，後者は子午面に垂直な球欠面内の光線である．像空間で主光線と上述のそれぞれの光線との交点を求める．

近軸像平面からこれらの交点までの光軸に沿っての距離がそれぞれ子午像面湾曲 ΔM，球欠像面湾曲 ΔS にあたる．また光学系が均質媒質だけで構成されている場合には，主光線の追跡に付随して近軸追跡に類似した方法で非点収差の追跡が可能であり $\Delta M, \Delta S$ を求めることができる[1,2]．

これらを表示するには，縦軸に半画角 ω もしくは理想像高 y' をとり，横軸に $\Delta M, \Delta S$ をとって図Ⅱ.1.26(b)のように表す．慣例として ΔM を点線，ΔS を実線で表す．

（3） 歪 曲 収 差 歪曲収差 D_{ist} は，主光線の像高 y_{pr}' の理想像高 y' との差を y' に対する百分率で表す．

$$D_{\text{ist}} = \frac{y_{pr}' - y'}{y'} \times 100 \tag{1.177}$$

近軸像平面上の像高 y_{pr}' は主光線についての光線追跡の結果から

$$y_{pr}' = y_k' + \frac{Y_k'}{X_k'}(s_{k0}' - x_k) \tag{1.178}$$

歪曲収差を表示するには，縦軸は非点収差と同じにとり，横軸に D_{ist} (%) をとって図Ⅱ.1.26(c)のように表す．

1.7.2 スポットダイヤグラム

光学系の性能をより詳しくまた視覚的に評価する手段としてスポットダイヤグラムがある．スポットダイヤグラムは入射瞳平面を等面積の小さな領域に分割し，各領域の中心に入射する光線が像平面と交わる点をプロットしたものである．スポットの大きさが残存収差で決まるような光学系の評価に主に利用される．

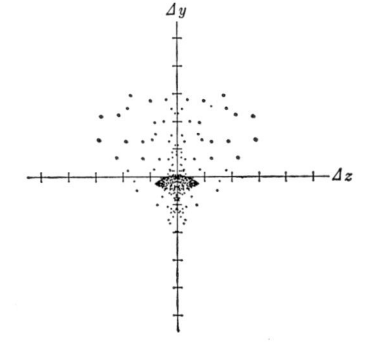

図Ⅱ.1.27にスポットダイヤグラムの一例を示す．またスポットダイヤグラムの計算結果より幾何光学的 OTF を求めることで光学系の定

図 Ⅱ.1.27 スポットダイヤグラム

量的な評価がなされている．

1.7.3 波面収差[3,4]

図II.1.28において，光軸上の物点を O，物点 O の近軸像点を O′ とし物空間，像空間とも均質で等方であるとする．O を中心とした球面 Σ は波面であり，Σ と光軸との交点を A，O を出射した任意の光線との交点を P とする．OP の光路長を [OP] と表す．光学系が無収差である場合，光学系を通過した光束は O′ に集まる．したがって O′ を中心とした球面 Σ' は波面であり，Σ' と光軸との交点を A′，また光線 OP は光学系を通過した後 Σ' と P′ で交わるとする．Σ, Σ' は波面であることから，[PP′] = [AA′]，また [OP] = [OA]，[O′P′] = [O′A′] であるから，O を出射した任意の光線に沿って O′ に至るまでの光路長と光軸上を進む光線に沿っての光路長は等しいこととなる．

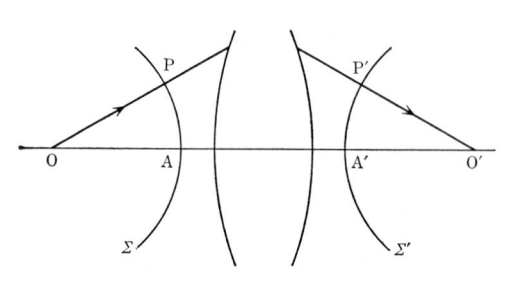

図 II.1.28 無収差光学系における波面

光学系に収差がある場合には，光学系を通過後，波面は球面波とはならない．図II.1.29において，Σ_a' を波面，Σ' を O′ を中心とした球面で，両者とも光軸上の点 A′ を通るものとし，光線 OP は光学系を通過した後，Σ', Σ_a' とそれぞれ P′, P_a' で交わるとする．

Σ' は Σ とともに参照球面とよばれ，波面 Σ_a' と参照球面 Σ' との間の光線に沿った光路差を波面収差と定義する．よって P_a' における波面収差 W' は

$$W' = [P'P_a'] \quad (1.179)$$

図 II.1.29 光学系に収差のある場合の波面収差

となる．Σ_a' は波面であるから，[PP_a'] = [AA′] であり，W' は

$$W' = [AA'] - [PP'] \quad (1.180)$$

したがって，波面収差は物空間と像空間それぞれの参照球面の間において，光軸に沿った光線の光路長と任意の光線に沿った光路長の差を計算することで求められる．

軸外物点に関しては，A, A′ として，それぞれ物空間，像空間における参照球面と近軸主光線との交点をとる場合が多い．また A, A′ をそれぞれ入射瞳平面と射出瞳平面，もしくは物体側主平面と像側主平面とすることで，軸上物点と軸外物点の双方を同様に扱うことができる．波面収差はスポットダイヤグラムと同様に入射瞳平面を等面積の小さな領域に分割し，各領域の中心に入射する光線に対して計算し波面マップを求め，その p-v 値や入射瞳面内で自乗平均をして求めた rms 値を評価尺度とするのが普通である．

1.7.4 収差分類[3〜5]

射出瞳上の座標を (y_p', z_p') とし，像平面座標上の座標を (y', z') とする．これらの量をそれぞれ射出瞳の半径，最大像高などで正規化し改めて (y_p', z_p'), (y', z') とおく．これらの量を以下のように極座標で表す．

$$\left. \begin{array}{l} y_p' = r\cos\phi \\ z_p' = r\sin\phi \end{array} \right\} \tag{1.181}$$

$$\left. \begin{array}{l} y' = \rho\cos\omega \\ z' = \rho\sin\omega \end{array} \right\} \tag{1.182}$$

回転対称光学系においては，$y_p'^2 + z_p'^2$, $y'^2 + z'^2$, $y_p'y_p + z_p'z_p$ は回転不変量である．

これらは式 (1.181), (1.182) より，

$$\left. \begin{array}{l} y_p'^2 + z_p'^2 = r^2 \\ y'^2 + z'^2 = \rho^2 \\ y_p'y_p + z_p'z_p = \rho r\cos(\phi-\omega) = q^2 \end{array} \right\} \tag{1.183}$$

で表すことができ，波面収差は r^2, ρ^2, q^2 だけのべき級数で展開ができる．$N=1, 3, 5, \cdots$ に対して $N+1$ 次の同次式は，$N+1 = 2l + 2m + 2n$ とおいて，$C_{l,m,n}\rho^{2l}r^{2n}q^{2m}$ で表される．これはまた式 (1.183) より

$$\left. \begin{array}{l} _{2l+m}C_{2n+m,m}\rho^{2l+m}r^{2n+m}\cos^m(\phi-\omega) \\ (2n+m \neq 0) \end{array} \right\} \tag{1.184}$$

の形で表現することもできる．

回転対称光学系であることから，軸外物点を通例に従って y 軸上にとることで，$z'=0$ となるから $\omega=0$ である．したがって，波面収差 W' を射出瞳面上の座標 (r, ϕ) と，像高 y' の関数として四次の項まで求めると，

$$W'(r, \phi : y') = {}_0C_{20}r^2 + {}_1C_{11}y'r\cos\phi + {}_0C_{40}r^4 + {}_1C_{31}y'r^3\cos\phi + {}_2C_{20}y'^2r^2 \\ + {}_2C_{22}y'^2r^2\cos^2\phi + {}_3C_{11}y'^3r\cos\phi \tag{1.185}$$

となる．${}_0C_{20}r^2$ は焦点はずれ，${}_1C_{11}y'r\cos\phi$ は像平面上の位置ずれをそれぞれ表しており収差には含めない．残りの五つの項は以下に示すように，ザイデルの5収差に対応している．

- ${}_0C_{40}r^4$ ：球面収差
- ${}_1C_{31}y'r^3\cos\phi$ ：コマ収差
- ${}_2C_{20}y'^2r^2$ ：像面湾曲
- ${}_2C_{22}y'^2r^2\cos^2\phi$：非点収差
- ${}_3C_{11}y'^3r\cos\phi$ ：歪曲収差

B. R. A. Nijboer は $N+1 = 2l + m + n$ として，一般項が $C_{l,m,n}\rho^{2l+m}r^n\cos^m(\phi-\omega)$ となるように収差を展開している．F. Zernike は circle polynomial を使って，一般項が $C_{l,m,n} \cdot \rho^{2l+m}R_n^m(r)\cos^m(\phi-\omega)$ となるように収差を展開している．$R_n^m(r)$ は circle polynomial であり，以下の式で表せる．

$$R_n{}^m(r) = \sum_{j=0}^{\frac{n-m}{2}} \frac{(-1)^j (n-j)! \, r^{n-2j}}{j! \left(\frac{n+m}{2}-j\right)! \left(\frac{n-m}{2}-j\right)!} \qquad (1.186)$$

これらの展開係数は，波面収差マップから最小自乗法を利用して求める．また $U_n{}^m(r, \phi)$ $= R_n{}^m(r) \cos m\phi$ と $U_n{}^{-m}(r, \phi) = R_n{}^m(r) \sin m\phi$ とは単位円内での完全直交関数系を構成する．ここに $n=0, 1, 2, 3, \cdots, m=n, n-2, n-4, \cdots (m \geq 0)$ である．この性質を利用して，干渉縞から求まる波面収差のような非対称で誤差を含んだ場合の収差分解に多く利用される． 〔荒井則一〕

参 考 文 献

1) 松井吉哉: レンズ設計法，共立出版 (1972).
2) 鶴田匡夫: 応用光学Ｉ，培風館 (1990).
3) 応用物理学会光学懇話会編: 幾何光学，森北出版 (1975).
4) 小倉磐夫: 現代のカメラとレンズ技術，写真工業出版社 (1982).
5) M. Born and E. Wolf: Principle of Optics, Pergamon Press, New York (1975).
6) J. Y. Wang and D. E. Silva: Appl. Opt., **19** (1980), 1510-1518.

2. 波動光学

2.1 波動としての光の概念

II.1章では，光は直線的に進むものとし，光線という概念が導入された．その光線の進み具合は，スネルの法則から導き出すことができた．本章から第4章までは，光を電磁波という波動として取り扱う．

よく知られているように，マクスウェルの方程式から，電場ベクトルと磁場ベクトルのそれぞれが満たす二つの波動方程式が得られる．光のさまざまな検出過程にかかわるのは電場ベクトルである．等方的な誘電体媒質中で成立する波動方程式を満たす電場ベクトルの最も簡単な解は，

$$\bm{E}(\bm{r}, t) = \bm{E}_0 e^{i(\bm{k}\cdot\bm{r}-\omega t)} \tag{2.1}$$

と書き表される[1]．上式で，$\bm{r}$ は位置ベクトル，t は時間である．$\bm{k}$ と ω の意味は後に説明する．この式に，波動のもつ二つの基本的属性が示されている．すなわち，$\bm{E}_0$ を振幅とよび，

$$\phi(\bm{r}, t) \equiv \bm{k}\cdot\bm{r} - \omega t \tag{2.2}$$

を位相とよぶ．

ある時刻 t を定めたとき，位相 ϕ が一定の値をとる面 Σ が存在する．すなわち，$\bm{k}\cdot\bm{r}$ =const によって表される面である．このとき，$\bm{k}$ は面 Σ の法線方向のベクトルとなっており，波動の進む方向を示す．この波動の進む速度は，光の速度に一致する．面 Σ を，位相が一定値をとるから等位相面とよぶが，わかりやすく波面ともよぶ．なお，位相項 $e^{i\phi}$ については，$\phi = \mathrm{const} + 2n\pi$（$n$: 整数）で一定値をとるので，位相項が面 Σ と同じ値をもつ等位相面が，空間的に一定の距離 λ を隔てて周期的に存在することがわかる．λ を波動の波長とよび，$k = 2\pi/\lambda$（$k = |\bm{k}|$）と表されるので，$\bm{k}$ を波数ベクトルとよぶ．

同様に，位置を固定して考えたとき，ν を振動数，あるいは周波数として，$\omega = 2\pi\nu$ と表されるので，ω を角振動数とよぶ．

光が光線ではなく，波動で表されるために起こる基本的な現象が二つある．II.2.2節で詳しく取り扱われる干渉と，II.2.3節で扱われる回折である．

干渉は，二つの波動が空間的に重なり合ったとき，波動が強め合ったり，弱め合ったり

する現象である．波動方程式が線形で，重ね合せの原理が成り立つことから起こる．

回折は，波動が進む通路の途中に，波動が通過しうる開口部を有する遮蔽物がある場合に起こる．光が光線として直進すると考えたときには遮蔽物の陰となるべき空間にまで光がまわり込む現象を回折という．空間的に，ある面を境に一方では有限の値をもち，他方でゼロとなるような不連続な関数は，波動方程式の解とはなりえない．したがって，回折とは，波動であれば必然的に起こりうる現象である．

全反射の際に得られるエバネッセント波[2]は，光が波動であるために起こるきわめて特徴的な現象の一つである．

光の波動の本質について若干ふれておく．量子光学[1]においては，光は光子とよばれ，粒子と波動の両方の性質をもつ．光子の振舞いを記述する量子電気力学においては，電磁波という実空間の物理量で記述される波動は存在しない[3]．光子の運動を記述する波は，数学的な確率の波であるとするのが，現在最も信頼されている解釈である．しかし，確率波の強度に相当する確率密度は，われわれが通常目にする二次の干渉現象や，回折現象を正しく記述し，光を電磁波としてその強度分布を計算した結果ともよく一致する．ただし，レーザー光などをより厳密に取り扱うためには，さらにコヒーレント状態[4]という概念を導入する必要があることを付記しておく．　　　　　　　　　　　　　　　　　　　　　　　［鈴木隆史］

表 II.2.1 記号一覧表

E	電場ベクトル	Σ	等位相面
r	位置ベクトル	π	円周率
t	時間	λ	波長
E_0	電場ベクトルの振幅	$\boldsymbol{k}$	波数ベクトル
e	exponential	k	波数
i	虚数単位	ν	振動数または周波数
ϕ	位相	ω	角振動数

参考文献

1) 櫛田孝司：量子光学（朝倉現代物理学講座 8），朝倉書店（1986），18.
2) 鶴田匡夫：光の鉛筆，新技術コミュニケーションズ（1988），252-259.
3) 田中　正：量子力学I（岩波講座　現代物理学の基礎〔第2版〕3），第10章，岩波書店（1978），561.
4) 江沢　洋：数理科学, **26**, 12 (1988), 24.

2.2　干　　　渉

2.2.1 干渉の原理

干渉は光波の重ね合せで起こる．振幅 (A)，角振動数 (ω)，波数ベクトル ($\boldsymbol{k}$)，初期位相 (ϕ) で z 方向に伝搬する波，

$$\left. \begin{array}{l} E_1 = A_1 \exp\{-i(\omega_1 t - k_1 z + \phi_1)\} \\ E_2 = A_2 \exp\{-i(\omega_2 t - k_2 z + \phi_2)\} \end{array} \right\} \quad (2.3)$$

2.2 干渉

が同一時刻,同一場所に到達したとすると,合成された光波の強度は,

$$I=|E_1+E_2|^2=A_1^2+A_2^2+2A_1A_2\cos\{(\omega_2-\omega_1)t-(\boldsymbol{k}_2-\boldsymbol{k}_1)z+(\phi_2-\phi_1)\} \quad (2.4)$$

となる. cos の中の第1項は干渉縞のうなりの成分,第2項は空間的なキャリヤー成分,第3項は初期位相である. $A_1=A_2=A$ の場合式 (2.4) の強度はゼロから $4A^2$ までの値をとるが,実際上,源の初期位相は時間的にゆらぐ.また,空間的に広がった光源の初期位相はランダムといえる.したがって観測時間中に得られる干渉縞は一般に複数の正弦曲線の和となり,図Ⅱ.2.1 のようにゲタをはいている.干渉縞の鮮明度 (visibility) を

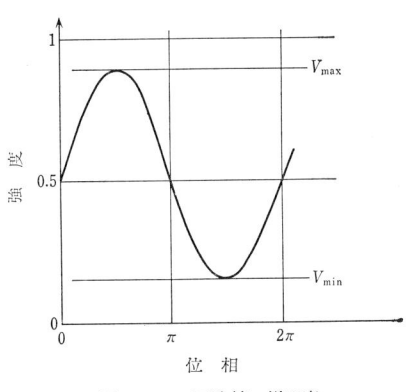

$$V=(I_{\max}-I_{\min})/(I_{\max}+I_{\min}) \quad (2.5)$$

図 Ⅱ.2.1 干渉縞の鮮明度

で定義する. $V=0$ の場合をインコヒーレント,$V=1$ の場合をコヒーレントという.

2.2.2 各種干渉計

干渉法は干渉縞の局在する場所により,大きく等傾角干渉と等厚干渉に分けられる.等傾角干渉は平行平面板の表面と裏面の反射光の干渉であり,干渉縞は無限遠に局在する.実用上は凸レンズを用いることにより,無限遠と等価な焦点面で観測する(図Ⅱ.2.2).干渉縞は平面板に入射する光線の角度に対応している.空間的に広がった光源に対しても鮮明な干渉縞を得ることができるが,単色光でなくてはならない.それに対して等厚干渉は平行でない平面板の表裏面の反射光の干渉で生じ,干渉縞は平面板付近に局在する(図

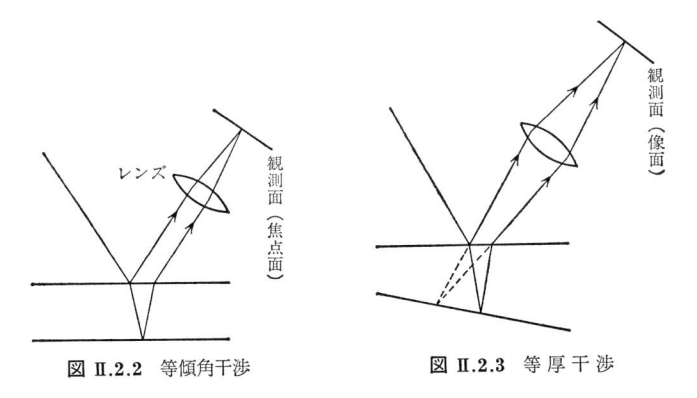

図 Ⅱ.2.2 等傾角干渉

図 Ⅱ.2.3 等厚干渉

Ⅱ.2.3).観測にあたっては,レンズにより観測面に平面板を結像する必要がある.干渉縞は平面板の等厚線となる.光源は点光源で単色性が必要である.

また,干渉する光波の数で2光束干渉,多光束干渉にも分類される.

代表的な2光束干渉計について述べる．フィゾーの干渉計を図Ⅱ.2.4に示す．等厚形の干渉計であり，観測される干渉縞は面間隔が1/2波長ごとに観測される．図Ⅱ.2.5の形のトワイマン-グリーン干渉計は光学面や精密機械加工面の形状検査などに用いられ，干

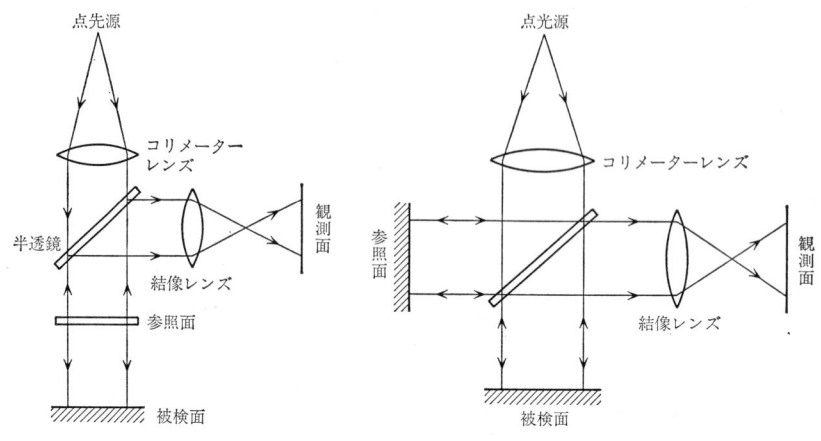

図 Ⅱ.2.4 フィゾーの干渉計

図 Ⅱ.2.5 トワイマン-グリーン干渉計

渉縞は1/2波長の等高線となる．マッハ-ツェンダーの干渉計は気体の流れやプラズマ密度の測定，気体の屈折率分布の測定に用いられる（図Ⅱ.2.6）．屈折率の測定にはジャマン干渉計が用いられる（図Ⅱ.2.7）．

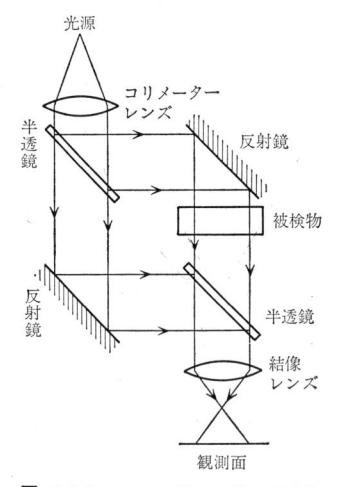

図 Ⅱ.2.6 マッハ-ツェンダー干渉計

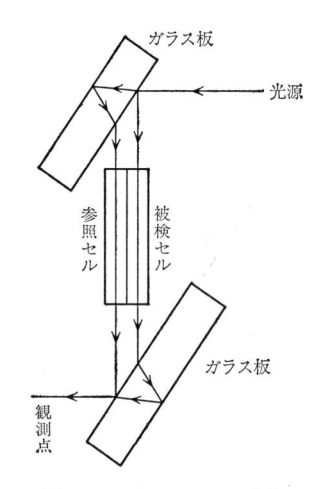

図 Ⅱ.2.7 ジャマンの干渉計

ファブリー-ペロー干渉計（図Ⅱ.2.8）は多光束干渉計である．2枚の高反射率の反射鏡

を向かい合わせると光はその間に閉じ込められ，重ね合わされる．生じる干渉縞は反射鏡の反射率に応じて図II.2.9のように干渉縞の形状（フィネス）が変化する．フィネスは干渉縞の半値全幅と干渉縞の間隔で定義される．ファブリーペロー干渉計におけるピークを与える関係式は反射鏡の間隔を d，光源の波長を λ として，$2\pi nd = \phi\lambda$ となる．ここで ϕ は反射における位相シフト量であり，n は媒質の屈折率である．この性質を利用して波長選択フィルター（スペクトロメーター）として用いられる．

光源は多くの場合，レーザーなどコヒーレントな光源を用いることが多いが，この場合干渉縞は光路差の（半）整数倍ごとに現れる

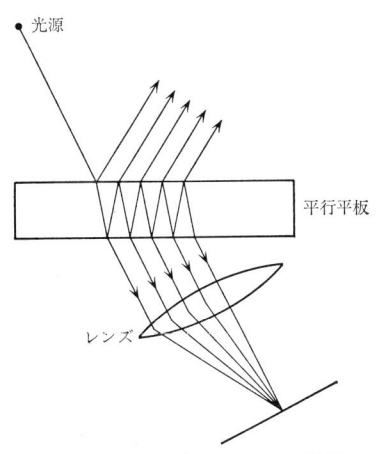

図 II.2.8 ファブリーペロー干渉計

ので，絶対的な値を得ることは困難である．それに対して，光源にスペクトル幅の広い白色光を用いると光路長が一致した場合に干渉縞が観測されるので参照鏡面の位置から測定面の絶対形状を得ることができる．

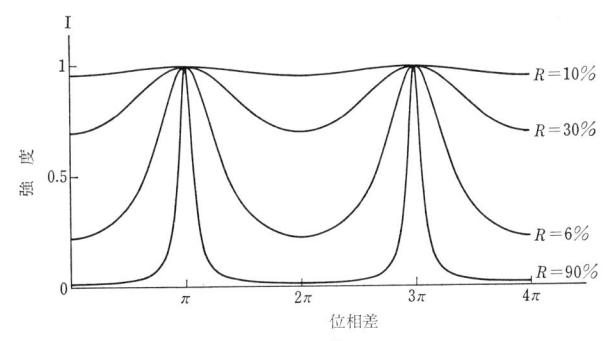

図 II.2.9 干渉縞のフィネス

2.2.3 光学薄膜

現在，光学薄膜は光学素子表面の反射率を制御する技術として広く用いられている．波長以下の薄い透明誘電体薄膜をガラスなどの透明材料表面に真空蒸着するとゼロから99.99％以上までの任意の反射率を任意のスペクトル分布で得ることができる．

屈折率 n_1 から n_2 の誘電体表面に垂直に光線が入射した場合の振幅反射率（r）と振幅透過率（t）は，

$$\left.\begin{array}{l} r = (n_2 - n_1)/(n_2 + n_1) \\ t = 2n_1/(n_2 + n_1) \end{array}\right\} \tag{2.6}$$

となる．空気中 ($n_1=1.0$) に置かれたガラス ($n_2=1.5$) の場合，強度反射率 $R(\equiv|r|^2)$ は 1 面当たり約 3% となる．

図 II.2.10 のように屈折率 n_s の基板に屈折率 n で厚さ d の薄膜を蒸着し，屈折率 n_0 の媒質から光線が垂直入射した場合，反射率は，

$$R=\frac{n^2(n_0-n_s)^2\cos^2 kd+(n_0 n_s-n^2)^2\sin^2 kd}{n^2(n_0-n_s)^2\cos^2 kd+(n_0 n_s+n^2)^2\sin^2 kd} \tag{2.7}$$

となる．ここで $kd=(2N+1)\pi/2$ ($N=0, 1, 2, \cdots$) の場合，

$$R=\left|\frac{n_0 n_s-n^2}{n_0 n_s+n^2}\right|^2 \tag{2.8}$$

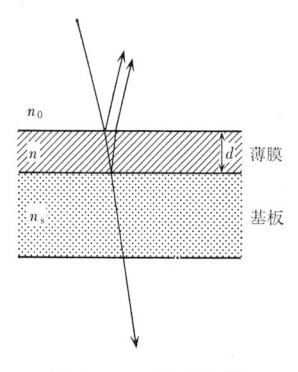

図 II.2.10 単 層 膜

となる．これは膜の光学的厚さ（膜厚 d×屈折率 n）が波長の整数倍に 4 分の 1 波長を加えた場合である．式 (2.8) で $n_0 n_s-n^2=0$，すなわち $n=\sqrt{n_0 n_s}$ となるような膜材を選ぶと反射率をゼロにすることができる（図 II.2.10）．これはカメラや顕微鏡など多数のレンズを積層した場合など，明るい像を得るのに利用される（反射防止膜）．

一方，100% の反射率を得るためには，吸収のない薄膜を無限層重ねなくてはならない．しかし，屈折率 $n_0=1.52$ の基板上に，屈折率が $n_1=1.46$ の低屈折率と，屈折率 $n_2=2.10$ の高屈折率膜材を，$(1/4)\lambda$ の光路長をもつ厚さの膜を重ねるとき，99.9% の反射率を得るためには，10 組 (20 層) の多層膜で実現でき，よく研磨されたアルミニウムの表面の反射率が，約 90% であることを考えると十分実用性がある（図 II.2.11）．金属鏡のロスは吸収であり，多層膜のロスは透過であることを考えると高パワー密度のレーザー光学系には，多層膜コーティングが必須である．

こうした多（単）層膜における反射，透過率は波長に大きく依存する．この傾向は膜の層数が多い場合に顕著であり，前節のファブリー-ペロー干渉計に相当する．このことを利用して任意の波長透過特性をもつ波長選択フィルターを設計することができる．

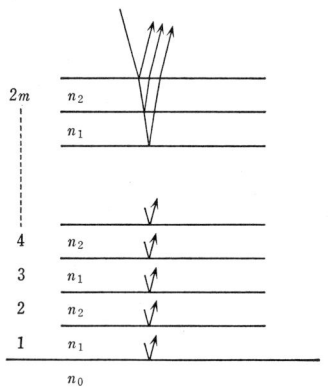

図 II.2.11 多 層 膜

垂直入射でない場合については入射光の偏光状態に依存して反射・透過率は複雑な振舞いをする．

[伊藤雅英]

2.3 光ビームの伝搬

レーザー光を読出し、書込みに用いる光ディスク、光カードあるいは光テープ記録方式では、記録媒体のいかんにかかわらずコヒーレント光のコリメーション、集光、反射信号の検出などを行う微小光学系が用いられる。たとえば、オーディオディスクシステム(CD)などでは、これら光学系は回折限界、あるいは非常にきびしい収差制約のもとでの方式が当初からスタートしており、非常に高性能の光学系を、月産数十万個以上、システムとして年間数百万台、大量・安価に製造するというこれまでにない技術が要求されている。このような微小光学系内での光波の振舞いについては、設計ごとに多少の違いのあることはもちろんであるが、本節ではできるだけ共通的に基本となるビーム波と回折について取り扱う方法論についてまとめた。

レーザーから得られる光ビーム伝搬の数学的取扱いには、① 分布屈折率光導波路における固有モード展開法 (Marcatili[1]、末松、吹抜[2])、② レーザー共振器におけるモードの積分方程式による固有界 (Boyd, Gordon[3])、③ 平面波・円筒波の合成による方法 (Goubau, Schwering[4])、④ 回折積分を直接用いる方法 などがある。ここでは、以下で述べるガウスビーム波の数学的基礎となるモード展開法について紹介する。

2.3.1 分布屈折率光導波路における固有モード

図Ⅱ.2.12に示すように、屈折率分布

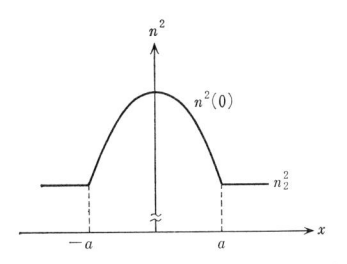

図 Ⅱ.2.12 分布屈折率導波路

$$n^2(x, y) = \begin{cases} n^2(0)[1-(gx)^2-(gy)^2] & (r=\sqrt{x^2+y^2} \leq a) \\ n_2^2 & (r=\sqrt{x^2+y^2} > a) \end{cases} \tag{2.9}$$

の中を伝搬する光電界は、次の波動方程式に従う。

$$\frac{\partial^2 E_y}{\partial x^2} + \frac{\partial^2 E_y}{\partial y^2} + [k_0^2 n^2(x, y) - \beta^2] E_y = 0 \tag{2.10}$$

ここで、z方向の依存性を $\exp(-i\beta z)$ とおくと、解はエルミート-ガウス関数となる。すなわち、

$$E_y(x, y) = A_{pq} H_p\left(\frac{x}{w_0}\right) H_q\left(\frac{y}{w_0}\right) e^{-\frac{1}{2}\left[\left(\frac{x}{w_0}\right)^2 + \left(\frac{y}{w_0}\right)^2\right]} \tag{2.11}$$

ここで、

$$A_{pq} = \left[\frac{1}{2^{p+q}(p!)(q!)\pi w_0^2}\right]^{1/2} \tag{2.12}$$

$$w_0 = 1/\sqrt{kg} \tag{2.13}$$

$$\beta_{pq} = \sqrt{k_0^2 n^2(0) - 2k_0 n(0) g(p+q+1)} \tag{2.14}$$

$$\simeq k_0 n(0) - (p+q+1)g \tag{2.15}$$

ただし，

$$k_0 n(0) \gg g(p+q+1)$$

図 II.2.13 にいくつかのエルミート-ガウスモードの形を示す．このような形のビームを励振すれば，その形を変えずに式 (2.14) で与えられる伝搬定数をもって伝わる．

2.3.2 固有モード展開法

次に，任意の形をもつビームで励振したときの応答を求める．$z=0$ における電界を $f_1(x', y', 0)$ とし，これを固有モードで次のように展開する．このことは，固有モード関数が完全正規直交系をなしているので可能である．すなわち，

$$f_1(x', y', 0) = \sum_{p=0, q=0}^{\infty} a_{pq} u_p(x', w_{01}) u_q(y', w_{02}) \tag{2.16}$$

$$a_{p'q'} = \int_{-\infty}^{\infty}\int_{-\infty}^{\infty} f(x', y', 0) u_{p'}(x', w_{01}) u_{q'}(y', w_{02}) dx' dy' \tag{2.17}$$

ただし，

$$\int_{-\infty}^{\infty} u_p(x, w_{01}) u_{p'}(x, w_{01}) dx = \delta_{pp'} \tag{2.18}$$

の直交関係を利用した．次に，距離 z だけ伝搬したあとでは，$f_2(x, y, z)$ に変換され，

$$f_2(x, y, z) = \sum_{p=0, q=0}^{\infty} a_{pq} u_p(x, w_{01}) u_q(y, w_{02}) \exp[-i\beta_{pq} z] \tag{2.19}$$

となることがわかる．伝搬定数の式 (2.15) を代入すると，

$$f_2(x, y, z) = \exp(-ikz) \sum_{p, q} \int_{-\infty}^{\infty}\int_{-\infty}^{\infty} f_1(x', y', 0) u_p(x', w_{01}) u_q(y', w_{02}) dx' dy'$$

$$\times u_q(x, w_{01}) u_q(y, w_{01}) \exp\left[ig_1\left(p+\frac{1}{2}\right)z + ig_2\left(q+\frac{1}{2}\right)z\right] \tag{2.20}$$

となる．

2.3.3 拡張されたフレネル-キルヒホッフ積分

積分式 (2.20) を計算するに際し，次のメーラー (Mehler) の公式

$$\sum_{n=0}^{\infty} \frac{\left(\frac{1}{2}\zeta\right)^n}{n!} H_n(x) H_n(x') = (1-\zeta^2)^{-1/2} \exp\left[\frac{2xx'\zeta - (x^2+x'^2)\zeta^2}{1-\zeta^2}\right] \tag{2.21}$$

を使うと，

$$f_2(x, y, z) = \frac{i}{\lambda z} \sqrt{\frac{g_1 z}{\sin g_1 z} \frac{g_2 z}{\sin g_2 z}} \exp(-ikz)$$

$$\times \iint dx' dy' f_1(x', y', 0) K(x, x'; y, y') \tag{2.22}$$

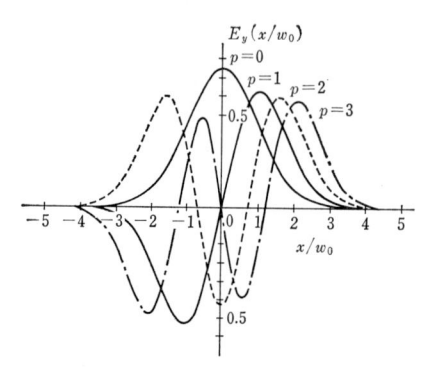

図 II.2.13 エルミート-ガウスモード関数

$$K(x, x'; y, y') = \exp\left[-\frac{i}{2w_{01}^2}\cot(g_1 z)(x^2 - 2xx'\sec g_1 z + x'^2)\right]$$
$$\times \exp\left[-\frac{i}{2w_{02}^2}\cot(g_2 z)(y^2 - 2yy'\sec g_2 z + y'^2)\right] \quad (2.23)$$

となる．この式は拡張されたフレネル-キルヒホッフ (Fresenel-Kirhhoff) の積分式となっている．

2.3.4 フレネル-キルヒホッフ積分

さて，集束定数 g を 0 に近づけてみると，式 (2.22) は

$$f_2(x, y, z) = \frac{i}{\lambda z}\exp(-ikz)\iint dx'dy' f_1(x', y', 0)$$
$$\times \exp\left\{-\frac{ik}{2z}[(x-x')^2 + (y-y')^2]\right\} \quad (2.24)$$

となる．また，円筒座標では，

$$f_2(r, \theta, z) = \frac{i}{\lambda z}\exp(-ikz)\iint r'dr'd\theta' f_1(r', \theta', 0)$$
$$\times \exp\left\{-\frac{ik}{2z}[r'^2 - 2rr'\cos(\theta-\theta') + r^2]\right\} \quad (2.25)$$

これらの式は，回折を表すホイヘンスの原理を数学的に表現したものである．

2.3.5 自由空間におけるガウスビーム波の伝搬

さて，$z=0$ における入射波の界分布を，スポットサイズ s をもつガウス波

$$f(x', y', 0) = E_0 \exp\left(-\frac{1}{2}\cdot\frac{x'^2 + y'^2}{s^2}\right) \quad (2.26)$$

とおいて，フレネル-キルヒホッフ積分式 (2.24) に代入し，積分を計算すると，

$$f_2(x, y, z) = E_0 e^{-ikz}\frac{s}{w}\exp\left[-\frac{1}{2}P(x^2+y^2) + j\varphi\right] \quad (2.27)$$

となる†．ただし，

$$w = s\sqrt{1 + \left(\frac{z}{ks^2}\right)^2} \quad \text{(スポットサイズ)} \quad (2.28)$$

$$R = z\left\{1 + \left(\frac{ks^2}{z}\right)^2\right\} \quad \text{(波面の曲率半径)} \quad (2.29)$$

とおくと，ビームパラメーター P, φ は，

$$P = \frac{1}{w^2} + i\frac{k}{R} \quad \text{(波面係数)} \quad (2.30)$$

$$\varphi = \tan^{-1}\left(\frac{z}{ks^2}\right) \quad \text{(位相シフト)} \quad (2.31)$$

で表される．係数 P は波面係数とよばれる[2]．これで，任意の距離 z におけるビーム応答が求められた．

さて，式 (2.26) からもわかるとおり，ガウス波は回折してもやはりガウス形であり，

---

† スポットサイズ s は，ガウス波の強度 $[|f(x, y, 0)|^2$ に比例] が中心の $1/e$ になる半径を表す．

スポットサイズと波面の曲率半径が変化する．R が波面を表すことは，位相項 $\exp(-ikz)$ を考慮し，位相が一定に保たれる条件として

$$kz + \frac{k}{2R}r^2 = 一定 \tag{2.32}$$

が得られ，$z = -(1/2R)r^2$ が波面を表す関数であることから理解できる．R の符号が正のときは z の $+\infty$ 方向からみて凸になっている波面を表す．

さて，これまで随所に現れてきたパラメーター z/ks^2 について考えてみる．これを

$$\frac{z}{ks^2} = \frac{1}{2\pi}\left(\frac{s^2}{\lambda z}\right)^{-1} \tag{2.33}$$

と書き直し

$$N = \frac{s^2}{\lambda z} \tag{2.34}$$

で定義される N をフレネル数とよび，光源の大きさを表す s，距離 z，波長 λ を含む無次元量であって，光源からの相対的距離を表す量となる．

$N \ll 1$ のとき　フラウンホーファー領域

$N \gtrsim 1$ のとき　フレネル領域

という．

$N \ll 1$ のフラウンホーファー領域では，式 (2.28) のスポットサイズは

$$w \cong \frac{z}{ks} \tag{2.35}$$

となり，ビームの広がり角を $\Delta\theta$ とおくと，次の式が得られる．

$$\Delta\theta = \frac{w}{z} = 0.32 \times \frac{\lambda}{2s} \tag{2.36}$$

この式は直径 D の円形開口により回折された平面波の広がり角 [式 (2.75) と同じ]

$$\Delta\theta = 1.22 \times \frac{\lambda}{D} \tag{2.37}$$

と類似の表現となっている．

2.3.6　波面係数の変換

ここでは，ビームパラメーターのうち最も重要な波面係数 P についての変換を考えてみよう．前にも述べたように，波面係数は式 (2.29) で与えられた．$z = z_1$，$z = z_2$ における波面係数 P_1，P_2 の関係は，$z = 0$ における波面係数 P_0 を用いて，

$$P_0 = \frac{1}{s^2} \tag{2.38}$$

$$P_1 = \frac{1}{w_1^2} + \frac{ik}{R_1} \tag{2.39}$$

$$P_2 = \frac{1}{w_2^2} + \frac{ik}{R_2} \tag{2.40}$$

で表される．簡単な計算により，

$$\frac{1}{P_0} = \frac{1}{P_1} + i\frac{z_1}{k} \tag{2.41}$$

$$\frac{1}{P_0} = \frac{1}{P_2} + i\frac{z_2}{k} \tag{2.42}$$

これらより，P_0 を消去すると，

$$P_1 = \frac{P_2}{1 + i\frac{1}{k}(z_2 - z_1)P_2} \tag{2.43}$$

となる．

2.3.7 レンズによる波面係数の変換

次に，薄肉レンズによる波面係数の変換について考えてみよう．図Ⅱ.2.14に示すように，薄肉レンズは焦点距離を f として，位相の変化

$$\exp(ikr^2/2f) \tag{2.44}$$

を与えるので，波面係数の変換は，

$$P_1 - ik/f = P_2 \tag{2.45}$$

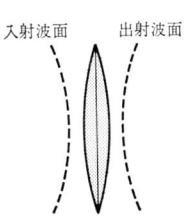

で表される．

図 Ⅱ.2.14 レンズによる波面の変換

2.3.8 マトリクス表示とその応用

（1） ビームパラメーターとマトリクス　先に述べた波面係数の変換は線形変換であることに気づく[2]．すなわち，式 (2.43) や (2.45) は

$$P_1 = \frac{AP_2 + B}{CP_2 + D} \tag{2.46}$$

の特別な場合である．電気回路と同じくマトリクス

$$\tilde{F} = \begin{bmatrix} A & B \\ C & D \end{bmatrix} \tag{2.47}$$

で表すと便利である．表Ⅱ.2.2にいままで述べたマトリクス要素をまとめた．

表 Ⅱ.2.2　いくつかの $\tilde{F}$ マトリクスと光源マトリクス

光学系	$\tilde{F}$ マトリクス，光源マトリクス
自由空間	$\begin{bmatrix} 1 & 0 \\ i\dfrac{z}{k} & 1 \end{bmatrix}$　$k = k_0 n$　（n: 屈折率）
凸レンズ，凹面鏡	$\begin{bmatrix} 1 & \dfrac{ik}{f} \\ 0 & 1 \end{bmatrix}$　$k = k_0 n$　（f: 焦点距離）

複数個の光学系が縦に接続されているとき，全体のマトリクスはそれぞれのマトリクス $\tilde{F}_1, \tilde{F}_2, \tilde{F}_3, \cdots$ の積

$$\tilde{F} = \tilde{F}_1 \cdot \tilde{F}_2 \cdot \tilde{F}_3 \cdots \tag{2.48}$$

で表され，ガウス波の波面係数の変換は直ちに式 (2.46) で求められるので便利である．なお，$\tilde{F}$ マトリクスの行列は 1 である．すなわち，

$$\begin{vmatrix} A & B \\ C & D \end{vmatrix} = 1 \tag{2.49}$$

であるので，直ちに，

$$P_2 = \frac{DP_1 - B}{-CP_1 + A} \tag{2.50}$$

が得られる．

（2） コリメーションの例　　まず，図II.2.15 のような細いガウスビームをほぼ平行な太いビームに直すいわゆるコリメーションについてみてみよう．この場合，

$$P_1 = \frac{1}{w_1^2} \tag{2.51}$$

$$P_2 = \frac{1}{w_2^2} + i\frac{k_0}{R_2} \tag{2.52}$$

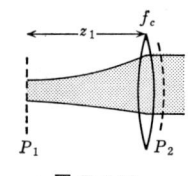

図 II.2.15 コリメーションの例

であるから，全体のマトリクス

$$\tilde{F} = \begin{pmatrix} 1 & 0 \\ i\frac{z_1}{k_0} & 1 \end{pmatrix} \begin{pmatrix} 1 & i\frac{k_0}{f_c} \\ 0 & 1 \end{pmatrix} = \begin{pmatrix} 1 & i\frac{k_0}{f_c} \\ i\frac{z_1}{k_0} & 1 - \frac{z_1}{f_c} \end{pmatrix} \tag{2.53}$$

より，

$$w_2 = w_1 \sqrt{1 + \left(\frac{z_1}{k_0 w_1^2}\right)^2} \tag{2.54}$$

$$\frac{1}{R_2} = \frac{\dfrac{1}{f_c} - \dfrac{z_1}{k_0 w_1}\left(1 - \dfrac{z_1}{f_c}\right)}{1 + \left(\dfrac{z_1}{k_0 w_1^2}\right)^2} \tag{2.55}$$

が得られる．R_2 を無限大にする（すなわち平面波面にする）には，$z_1 \cong f_c$ にすればよい．$f_c \gg k_0 w_1^2$ のとき，スポットサイズの比は

$$w_2/w_1 = f_c/(k_0 w_1^2) \tag{2.56}$$

となる．

（3） 集光の例　　次に，図II.2.16 に示す集光について考える．この場合，

$$P_1 = \frac{1}{w_1^2} \tag{2.57}$$

$$P_2 = \frac{1}{w_2^2} \tag{2.58}$$

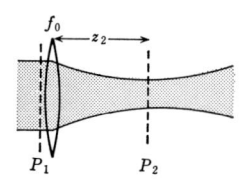

図 II.2.16 集光の例

であり，全体のマトリクスは

$$\tilde{F} = \begin{pmatrix} 1 & i\dfrac{k_0}{f_0} \\ 0 & 1 \end{pmatrix} \begin{pmatrix} 1 & 0 \\ i\dfrac{z_0}{k_0} & 1 \end{pmatrix} = \begin{pmatrix} 1 - \dfrac{z_2}{f_0} & i\dfrac{k_0}{f_0} \\ i\dfrac{z_2}{k_0} & 1 \end{pmatrix} \quad (2.59)$$

であるから，

$$w_2 \cong \frac{f_0}{k_0 w_1} \cong \frac{1}{2\pi} \cdot \frac{\lambda}{\mathrm{NA}} \quad (2.60)$$

$$z_2 = f_0 \frac{1}{1 + \left(\dfrac{1}{2\pi N}\right)^2} \quad (2.61)$$

ただし，

$$\mathrm{NA} \cong w_1/f_0 \quad (2.62)$$

式(2.61)はビームのスポットサイズが最小になる位置すなわちビームウエストのシフトを表している.

(4) 光線マトリクスとの関連　図II.2.17には，光学系の入口と出口における光線の位置 x_1, x_2 と傾き $\dot{x}_1$, $\dot{x}_2$ の関係を表している. おもしろいことに，これらは先に述べた $\tilde{F}$ マトリクスによって関係づけられる. すなわち，

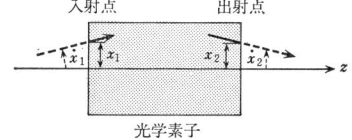

図 II.2.17　光線マトリクス

$$\begin{bmatrix} ik\dot{x}_1 \\ x_1 \end{bmatrix} = \begin{bmatrix} A & B \\ C & D \end{bmatrix} \begin{bmatrix} ik\dot{x}_2 \\ x_2 \end{bmatrix} \quad (2.63)$$

このことの証明は自由空間やレンズによる光線の変化を考えてみるとすぐに理解できよう. したがって，$\tilde{F}$ マトリクスさえわかれば，光線の追跡が容易にできる. [伊賀健一]

2.4　回折現象の取扱い

2.4.1　ホイヘンスの原理

回折現象を表すホイヘンスの原理を数学的に表現したフレネル-キルヒホッフ積分の求め方については先に紹介した. そのほか，ヘルムホルツ (Helmholz) 方程式の直接積分によっても可能であり，光学[6]や電気磁気学[7]の教科書に詳しいので参照されたい. ここで, フレネル-キルヒホッフ積分を再掲すると，

$$f_2(x, y, z) = \frac{i}{\lambda z} \exp(-ikz) \iint dx' dy' f_1(x', y', 0)$$
$$\times \exp\left\{-\frac{ik}{2z}[(x-x')^2 + (y-y')^2]\right\} \quad (2.64)$$

ここでまず，エルミート-ガウスビームの広がり方を回折積分によって評価してみよう. $z=0$ において

$$f_1(x, z) = N_p H_p(x'/w_0) \cdot \exp[(-1/2)(x'/w_0)^2] \quad (2.65)$$

のような p 次のエルミート-ガウスビームが入射したとする．これを式（2.64）に代入して積分を実行すると，

$$f_2(x, L) = \frac{i^{p+1}\sqrt{2\pi}}{\lambda L} N_p \exp(-ik_0\sqrt{x^2+L^2}) H_p(\Phi) \exp\left(-\frac{1}{2}\Phi^2\right) \quad (2.66)$$

$$\Phi = k_0 w_0 x / \sqrt{x^2+L^2} = k_0 w_0 \sin\theta \quad (2.67)$$

が得られる．やはり，エルミート-ガウスビームとなっている．

2.4.2 回折の例

さて，光源からずっと遠方のいわゆるフラウンホーファー領域における回折を計算するには近似が有効である．

式 (2.64) において，$a^2/\lambda z \ll 1$ より

$$\exp\left(-\frac{ik}{2z}x'^2\right) \simeq 1 \quad (2.68)$$

とおくと，積分は簡単になって

$$f_2(x, y, z) \cong \frac{i}{\lambda z} e^{-ikz} \exp\left[-\frac{ik}{2z}(x^2+y^2)\right]$$
$$\times \int dx' \int dy' f_1(x', y', 0) \exp\left[+i\frac{k}{z}xx' + i\frac{k}{z}yy'\right] \quad (2.69)$$

のようなフーリエ変換となる．次に，フラウンホーファー領域における回折の例をいくつか見てみよう．

（1）スリットによる回折　図Ⅱ.2.18 (a) に示す細いスリットによる回折を考える．入射波は

$$f_1(x', y', 0) = E \begin{cases} 1 & |x'| \leq a \\ 0 & |x'| > a \end{cases} \quad (2.70)$$

で与えられるので，遠方での解は

$$\int_{-\infty}^{\infty} dy' \exp\left[+i\frac{k}{z}yy'\right] = 2\pi\delta\left(\frac{k}{z}y\right) \quad (2.71)$$

$$\int_{-a}^{a} dx' \exp\left[+i\frac{k}{z}xx'\right] = 2a\frac{\sin 2\pi ua}{2\pi ua} \quad (2.72)$$

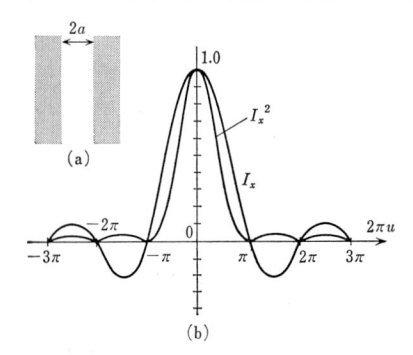

図 Ⅱ.2.18　スリットによる回折[8]

を計算することによって，

$$f_2(x, y, z) = \frac{1}{\lambda z} 4\pi a I_x \quad (2.73)$$

となる．ただし，

$$u = \frac{x}{\lambda z} \quad (2.74)$$

$$I_x = \frac{\sin 2\pi ua}{2\pi ua} \quad (2.75)$$

とおいた．式 (2.75) の関数 I_x を図 II.2.18 (b) に示した[8]．

（2）長方形開口による回折　次に図 II.2.19 に示す長方形開口による回折を考える．前に示したスリットの結果を用いると回折解 $f_2(x, y, z)$ は

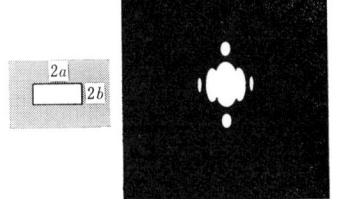

$$f(x, y, z) = \frac{i}{\lambda z}(4ab)I_x I_y \cdot e^{-ikz} \quad (2.76)$$

強度は

$$|f(x, y, z)|^2 = \frac{16a^2 b^2}{(\lambda z)^2} I_x^2 I_y^2 \quad (2.77)$$

図 II.2.19　長方形開口による回折[8]

となる．図 II.2.19 にその形を示す．

（3）円形開口による回折　円形開口による回折解を求めるには円筒座標を用いるのがよい．すなわち，式 (2.25) より

$$f_2(r, \theta, z) = \frac{i}{\lambda z} \exp(-ikz) \iint r' dr' d\theta' f_1(r', \theta', 0)$$
$$\times \exp\left\{-\frac{ik}{2z}[r'^2 - 2rr'\cos(\theta - \theta') + r^2]\right\} \quad (2.78)$$

θ' 方向は一様であるので，積分が実行でき，ベッセル関数の積分表示を用いるとよい．すなわち，

$$J_0(s) = \frac{1}{2\pi} \int_a^{2\pi+a} e^{-is\sin\theta} d\theta \quad (2.79)$$

あるいは，

$$J_0(s) = \frac{1}{2\pi} \int_0^{2\pi} \exp[is\cos(\theta - \theta')] d\theta' \quad (2.80)$$

これより，

$$f_2(r, \theta, z) = \frac{i}{\lambda z} e^{-ikz} \cdot \frac{k_0 a^2}{2}\left[\frac{2J_1(t)}{t}\right] \quad (2.81)$$

を得る．ただし，

$$t = 2\pi ua \quad (2.82)$$

$$u = \frac{r}{\lambda z} \quad (2.83)$$

ビームの強度は

$$|f(r, \theta, z)|^2 = \frac{\pi a^2}{\lambda^2 z}\left[\frac{2J_1(t)}{t}\right]^2 \quad (2.84)$$

図 II.2.21 に右辺 [　] を示す．これはエアリーパターン（Airy pattern）とよばれる．ビーム強度がはじめてゼロになるところは $t = 3.8$ であり，

$$\Delta\theta = \frac{x}{z} = 1.22\frac{\lambda}{2a} \quad (2.85)$$

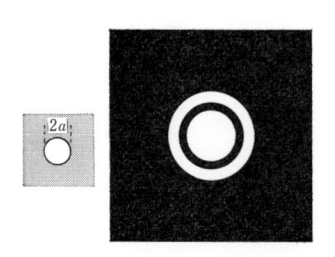

図 II.2.20 円形開口による回折[8] 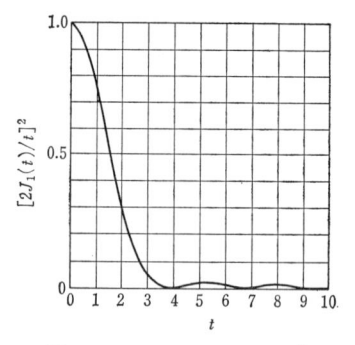　　図 II.2.21 エアリーパターン[8]

を得る．ビームの広がる方向を表している．
（4）**ガウスビームの回折**　　入射点において，x' 方向のみに
$$f_1(x', y', 0) = E_0 \exp\left[-\frac{1}{2}(x'-x_0)^2 \Big/ s^2\right] \tag{2.86}$$
のようなガウス形のビームである場合，回折積分は有限開口（半径 a）のとき，
$$f_2(x, y, z) = \frac{i}{\lambda z} e^{-ikz} \cdot 2\pi \delta\left(\frac{k}{z}y\right) G_x E_0 \tag{2.87}$$
となる．ただし，
$$G_x = \int_{-a}^{a} \exp\left[-\frac{1}{2}(x'-x_0)^2 \Big/ s^2 + i\,2\pi u x'\right] dx' \tag{2.88}$$
$$u = \frac{x}{\lambda z} \tag{2.89}$$

2.4.3 レンズによる集光
（1）**一様な光の集光**　　図 II.2.22 に示すように，レンズ（半径 a，焦点距離 f_0）によって z 軸上 f_0 付近へ集光することを考える．レンズを出た後の波面は
$$f_1(r', \theta', 0) = \exp[ik(r'^2/2f_0)] \tag{2.90}$$
で表される．回折のときと同じように
$$f_2(r, \theta, f_0) = \frac{i}{\lambda f_0} \exp[-ik(f_0 + (r^2/2f_0))]$$
$$\times \int_0^a \int_0^{2\pi} d\theta' r' dr' \exp\left[\frac{ik}{f_0} rr' \cos(\theta - \theta')\right] \tag{2.91}$$

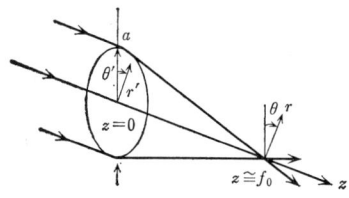

図 II.2.22 集光の座標系

が得られ，ベッセル関数の積分表示（式 (2.80)）を用いると
$$f_2(r, \theta, f_0) = i\frac{2\pi}{\lambda f_0} \exp[-ik(f_0 + (r^2/2f_0))] \int_0^a r' dr' \times J_0\left(\frac{2\pi}{\lambda} \frac{rr'}{f_0}\right) \tag{2.92}$$
また，

$$\int_0^A r' J_0(\alpha r') dr' = (A/\alpha) J_1(\alpha A) \tag{2.93}$$

より，

$$f_2(r, \theta, f_0) = j\frac{2\pi a^2}{\lambda f_0} \exp\left[-ik\left(f_0 + \frac{r^2}{2f_0}\right)\right] \frac{J_1(t)}{t} \tag{2.94}$$

ただし，

$$t = 2\pi a r / \lambda f_0 \tag{2.95}$$

集光スポットの強度分布は

$$I(t) = |f(r, \theta, f_0)|^2 = \frac{\pi^2 a^4}{\lambda^2 f_0^2}\left(\frac{2J_1(t)}{t}\right)^2 \tag{2.96}$$

最初に強度がゼロになる直径 D_s は $t=3.8$ より

$$D_s \simeq 1.22 \frac{f_0 \lambda}{a} = 1.22 \frac{\lambda}{\mathrm{NA}} \equiv \varDelta D_0 \tag{2.97}$$

ただし，$\mathrm{NA} \cong a/f_0$ とした．

（2）レンズによるガウスビームの集光　ガウスビーム（スポットサイズ s）を口径 $2a$ のレンズで集光する場合，$2a$ が $2s$ よりも約2倍であるとレンズ開口による回折の影響を受けにくい．このときの集光されたガウスビームの強度はやはり回折積分によって求められる．式 (2.90) と同様に

$$f_1(r', \theta', 0) = \exp\left[-\frac{1}{2}\left(\frac{r'}{s}\right)^2 + ik\left(\frac{r'^2}{2f_0}\right)\right] \tag{2.98}$$

とおくと，

$$\begin{aligned}
f_2(r, \theta, z) &= \frac{i}{\lambda f_0} \exp[-ik\{z+(r^2/2z)\}] \\
&\quad \times \int_0^a \int_0^{2\pi} d\theta' dr' \exp\left[-\frac{1}{2}\left(\frac{r'}{s}\right)^2 + \frac{ik}{z} r r' \cos(\theta-\theta')\right] d\theta' \\
&= i\frac{2\pi}{\lambda f_0} \exp\left[-ik\left\{z+\frac{r^2}{2z}\right\}\right] \int_0^a \exp\left[-\left(\frac{ik}{2z}-\frac{ik}{2f_0}\right)r'^2\right] \\
&\quad \times \exp\left[-\frac{1}{2}\left(\frac{r'}{s}\right)^2\right] J_0\left(\frac{2\pi r r'}{\lambda z}\right) r' dr'
\end{aligned} \tag{2.99}$$

ここで，ベッセル関数の積分表示を用いた．$r'^2 = \rho$ と変換すると，

$$\begin{aligned}
f_2(r, \theta, z) &= \frac{ik}{2f_0} \exp\left[-ik\left(f_0 + \frac{r^2}{2z}\right)\right] \\
&\quad \times \int_0^{a^2} \exp(-p\rho) J_0\left(\frac{kr}{z}\sqrt{\rho}\right) d\rho
\end{aligned} \tag{2.100}$$

ただし，

$$p = \frac{1}{2}\left[\frac{1}{s^2} + ik\left(\frac{1}{z} - \frac{1}{f_0}\right)\right] \tag{2.101}$$

もし，$s \ll a$ のように口径が大きい場合には $a \to \infty$ とおいてラプラス変換の公式

$$\int_0^\infty e^{-p\rho} J_0(2\sqrt{\alpha}\sqrt{\rho}) d\rho = \frac{1}{p} e^{-\alpha/p} \quad (\mathrm{Re}\, p > 0) \tag{2.102}$$

を使うことができて，結果は

$$f_2(r, \theta, z) = \frac{ik}{2f_0} e^{-ikz} \cdot \frac{1}{p} e^{-\frac{1}{2}P_2 r^2}$$

$$= \frac{i\dfrac{k}{f_0}}{\dfrac{1}{s^2} + ik\left(\dfrac{1}{z} - \dfrac{1}{f_0}\right)} \cdot e^{-ikz} \cdot e^{-\frac{1}{2}P_2 r^2} \quad (2.103)$$

となる．ただし，

$$P_2 = \frac{\dfrac{1}{s^2} - i\dfrac{k}{f_0}}{1 - \dfrac{z}{f_0} - i\dfrac{z}{ks^2}} \equiv \frac{1}{w_2^2} + ik\frac{1}{R_2} \quad (2.104)$$

である．この値はマトリクス法で求めた式(2.60)，(2.61)と同じになる．

ともかく，式(2.100)が口径が有限の場合のガウスビームの集光を表す基本式である．$z \cong f_0$ において $R_2 = 2$ になり最小スポット直径

$$2w_{2\,\mathrm{min}} = \frac{2f_0}{k_0 s} = \frac{1}{\pi} \cdot \frac{\lambda}{\mathrm{NA}^*} \equiv \varDelta D_{1/e}$$

をもつガウスビームとなる．中心値で規格化すると，

$$|f(r, \theta, f_0)/f(0, \theta, f_0)|^2 = \exp[-r^2/w_{2\,\mathrm{min}}^2]$$

となる．ただし，$\mathrm{NA}^* = \sin[\tan^{-1}(s/f_0)]$ とした．表 II.2.3 にいろいろなスポットサイズの定義を示す．

表 II.2.3 レンズによる集光スポット

	$\varDelta D_{1/2}$	$\varDelta D_{1/e}$	$\varDelta D_{1/e^2}$	$\varDelta D_0$	NA の定義
一様入射	$0.52\dfrac{\lambda}{\mathrm{NA}}$	$0.6\dfrac{\lambda}{\mathrm{NA}}$	$0.96\dfrac{\lambda}{\mathrm{NA}}$	$1.22\dfrac{\lambda}{\mathrm{NA}}$	$\mathrm{NA} = n\sin\theta_0$
ガウスビーム	$\dfrac{1}{\sqrt{\ln 2\pi}} \cdot \dfrac{\lambda}{\mathrm{NA}^*}$ (0.22)	$\dfrac{1}{\pi} \cdot \dfrac{\lambda}{\mathrm{NA}^*}$ (0.34)	$\dfrac{2}{\pi} \dfrac{\lambda}{\mathrm{NA}^*}$ (0.67)	—	$\mathrm{NA}^* = n\sin\theta_g$ $\cong \dfrac{n}{2}\sin\theta_0$

注 1：屈折率 $n=1$ とした．
注 2：いろいろなスポットサイズの定義を表中にまとめた．図を参照しながら比較していただきたい．

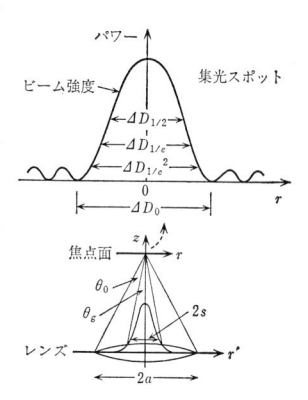

2.4.4 集光限界

ここでは，レンズによる集光の限界についてまとめておく．

(1) 回折限界 前にも触れたように回折限界は，一様ビームの場合

$$\Delta D_0 = 1.22\left(\frac{\lambda}{\mathrm{NA}}\right) \qquad (2.105)$$

で与えられる.

(2) 収差限界（波面収差）　対物レンズの性能が波面収差によって制限される．残存する波面収差の大きさで評価を行う．最大値が

$$\delta W < h\lambda \qquad (2.106)$$

であると，理想像に近い見えになることから，h を基準に用いることが多い．もちろん，収差の種類，応用に対する許容度によってその大きさは異なる.

波面収差 δW と絞り込みスポット強度 I_s の関係は

$$I_s = 1 - (2\pi/\lambda)^2 \langle (\delta W)^2 \rangle \qquad (2.107)$$

で与えられる.

a. レイリーリミット（Rayleigh criterion）：　対物レンズの性能を波面収差によって評価する Rayleigh によって提唱された方法で，残存する波面収差の最大値が

$$\delta W < 0.25\lambda \qquad (2.108)$$

であると，I_s がエアリーパターンの80％のコントラストとなり，理想像に近い見えになることから，基準に用いることが多い.

b. マレシャルリミット（Maréchal criterion）：　Maréchal によって提唱された方法で，最良集光位置（best focus）でのコントラストによって評価しようとするものである[9]．光ディスクのように焦点位置の絶対値が自動焦点方式で補正される場合などにはこの評価法が適当と考えられる.

たとえば，レンズに残存する波面収差の自乗平均誤差が

$$\sqrt{\langle (\delta W)^2 \rangle} < 0.05\lambda \qquad (2.109)$$

などが基準に用いられる[10]．なお，本節は文献11)の内容を訂正し再録したものである．

［伊賀健一］

参考文献

1) E. A. J. Marcatili: Bell Syst. Tech J., **43** (1964), 2887.
2) 末松, 吹抜: 電気通信学会雑誌, **48** (1964), 1684.
3) G. D. Boyd and J. P. Gordon: Bell Syst. Tech J., **40** (1961), 489.
4) G. Goubau and F. Schwering: IRE Trans., **AP-9** (1961), 248.
5) K. Iga, Y. Kokubun and M. Oikawa: Fundamentals of Microoptics, Academic Press/Ohm (1984).
6) M. Born and E. Wolf: Principles of Optics, Pergamon Press, New York (1975).
7) J. A. Stratton: Electromagnetic Theory, McGraw-Hill (1941).
8) M. V. Klein: Optics, John Wiley & Sons (1970).
9) S. Fluegge, Ed.: Handbuch der Physik, Band 26 (1956).
10) 立野公男: Microoptics News, **1**, 3 (1983), 116.
11) 応用物理学会光学懇話会編: 光ディスクシステム, 朝倉書店 (1989).

2.5 回折格子

2.5.1 平面回折格子

平面上に直線の溝を等間隔に引いたものを（平面）回折格子（grating）といい，主に分光素子として用いられる．平面波を角度 α で入射させ，反射光のフラウンホーファー回折像を観測する．強い回折光の生じる角度 β は下式で与えられる（図Ⅱ.2.23）.

$$\left.\begin{array}{l} \sin\beta = -\sin\alpha + m\dfrac{\lambda}{d}, \\ m = 0, \pm 1, \pm 2, \cdots \end{array}\right\} \quad (2.110)$$

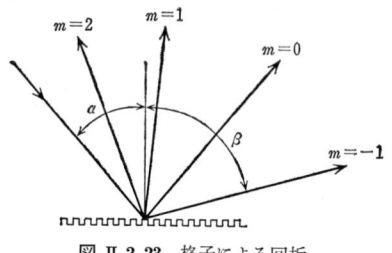

図Ⅱ.2.23 格子による回折

ただし，λ: 光の波長，d: 溝のピッチ，整数 m: 回折の次数である．$m=0$ のとき $\beta=-\alpha$ であり，通常の反射の場合になる．

上の式を満たす β が存在する限りいくらでも高次の回折波が発生する．もちろん，一般に次数が高くなると回折効率は低下する．格子のピッチが波長に比べて大きいときは多数の回折波が生じる．ところがピッチが波長と同程度になると，たかだか一次の回折波しか生じない．ピッチが波長の半分以下になると，回折は全く生じなくなる．

回折格子を分光素子として用いたときの分解能は

$$R = \frac{\lambda}{\Delta\lambda} = mN \quad (2.111)$$

で与えられる．ここで N は格子の総本数である．回折格子の分解能は溝の総本数に次数をかけたものに等しく，波長にも入射角にもよらない．

回折格子の（角度）分散能（単位波長当たりの角度変化）は，式（2.110）を波長で微分して

$$D_\lambda = \frac{m}{d\cos\beta} \quad (2.112)$$

となる．焦点距離 f の光学系を用いたときの（線）分散能（単位波長当たりのスペクトルの位置の変化）は

$$fD_\lambda = \frac{mf}{d\cos\beta} \quad (2.113)$$

で与えられる．たとえば，1200本/mm の回折格子と $f=1$ m の光学系を用いたとき，一次回折波の線分散能は（$\cos\beta \simeq 1$ として）1.2 mm/nm になる．

分光器のスリット幅を狭くするほど分解できる最小のスペクトル幅を小さくできるが，光学系の分解限界以下に狭めても，光量が減るだけだから，これをスリット幅の最適値とするのが妥当である．焦点距離を f，口径を D，したがって，Fナンバーが $F=f/D$ のとき，無収差光学系の分解限界は λF となる．よって，最適スリット幅 w は

$$w=\lambda F \qquad (2.114)$$

で与えられる．なお，F ナンバーは，カメラの場合と同様に，分光器の明るさを表す量である．

2.5.2 ブレーズ格子

実用を考えると特定の回折次数で高い回折効率の得られることが望ましいが，平面に溝を刻んだだけの回折格子では効率が上がらない．この点を解決するために考案されたのがブレーズ格子 (blazed grating) である．これは図Ⅱ.2.24 のように正反射方向が回折の方向に一致するように反射面を傾けてつくられた，三角形状の回折格子である．反射面の傾き角をブレーズ角 θ といい，入射角 α と出射角 β の平均値 $(\alpha+\beta)/2$ に等しい．回折光が最も強くなる波長をブレーズ波長という．現実には，ブレーズ波長の前後かなり広い範囲で高い回折効率が得られる．実際の回折格子はある配置である波長にブレーズしてあるので，正しい使い方をする必要がある．特に，回折格子には向きがあることを忘れてはならない．

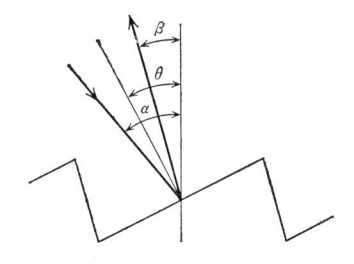

図 Ⅱ.2.24 ブレーズ格子

2.5.3 ホログラフィック回折格子

通常の回折格子は，機械的につくった原版を転写複製したものである．ところがレーザーの発明によって，波長オーダーの干渉縞を写真技術を用いて記録するホログラムをつくることが可能になった．これは回折格子にほかならない．ホログラフィック回折格子 (holographic grating) には，光学系の収差を補正できること，機械式回折格子では避けるのがむずかしいピッチの周期的な変動がなくゴーストが発生しないことなど優れた特性があるので，広く使われるようになっている．ホログラフィック回折格子をブレーズする技術も開発されている．

2.5.4 凹面回折格子

球面上に回折格子を刻み，分光と結像の二つの機能を併せもたせることができる．しかし，球面鏡を斜入射で用いると，水平方向と垂直方向で焦点距離が異なる非点収差が発生し，垂直入射に近い配置を除いて通常の結像には使い物にならない．ところが分光器では，入射スリットを出射スリット上に結像すればよい．スリットは縦に長い線状物体であるから，水平方向のみピントが合えばよく，垂直方向はいくらぼけてもかまわない．つまり分光器では非点収差は許されるのである．

そこで水平焦点のみを考えると，各回折次数ごとに物点を与えれば像点は一意的に決まるから，物点と像点の組合せは無限にある．中でも Rowland による配置は有名である．凹面回折格子の曲率半径を R とすると，回折格子の中心で接する半径 $R/2$ の円をローランド円という．この円周上の任意の位置にスリットを置くと，どの次数の回折波も，同じ円周上に像を結ぶ．よって，入射スリットをローランド円上の適当な位置に置き，ローラ

ンド円に沿って写真フィルムを置くか,出射スリットを配置すれば分光器となる.さらに,ふつうの分光器のように,入射スリットと出射スリットを固定し,回折格子を回転して波長を選べるように変形したものに瀬谷-波岡形の分光器がある. [黒田和男]

参考文献

1) 吉永 弘編:応用分光学ハンドブック,朝倉書店(1973).
2) 工藤恵栄:分光の基礎と方法,オーム社(1985).

2.6 結像光学系の点像強度分布とOTFの計算理論

本節では,結像光学系の点像強度分布とOTF(optical transfer function)について,実用的な観点からこれらの計算技術論を提示する.特に実用的な面からすると軸外の性能について忌憚なく扱えることに留意した.そして,軸外の結像性能も含めて光学系は,不遊条件(isoplanatic condition)を実用的に十分満足する程度に,良好に補正されているものとする.通常,実用に供している光学系である.

この場合,以下本論で述べるように,点像の振幅分布(この複素共役との積が点像の強度分布となる)は瞳関数のフーリエ変換で与えられるという前提条件が成立する.ほとんどの結像光学系はこの範疇に入ると考えてよい.ただし,著しく大口径,たとえばの目安ではFナンバーが1をかなり下まわる,すなわちNAが0.5を大きく上まわる場合はこの限りでない.この場合は,厳密には電磁場のベクトル理論によらねばならないだろうし,ここでは割愛する.

まず,2.6.1項では一般の結像系について論ずる[1].出典は筆者の「結像光学系の評価計算」(光学技術コンタクト,Vol. **12**, No. 8 (1974), p. 11)からの抜粋である.次に,2.6.2項ではレーザービームによる走査光学系の結像論について紹介する[2].最近の電子映像・情報のプリンター分野では不可欠な光学系である.このペーパーは「レーザー記録」として,筆者が1977年画像工学コンファレンスで発表したものからの抜粋である.一連の研究は筆者らがSPIEのTopical Meeting (1986)およびそのProceedings (Vol. **741**, 1987) "Design of Optical Systems Incorporating Low Power Lasers"に発表および掲載している.

2.6.1 瞳関数による点像強度分布とOTF

インコヒーレント照明下における結像光学系のOTFは点像強度分布のフーリエ変換で定義づけられる.OTFは,光学系を空間周波数領域でのフィルターと考えるとき,光学系が物体構造を再現する能力,すなわち光学系の分解能と密接に関連しており,結像性能に対する不可欠な評価手段であるといえる.

計算による正しいOTF値(一般に複素数.そのmodulus partをMTFとよび,正弦波チャート像のコントラストに対応する)を求めようとすればまず点像の強度分布,結局

2.6 結像光学系の点像強度分布と OTF の計算理論

点像の振幅分布が正しく算出されなければならない．これに論拠を与えるのがスカラー波の理論によるキルヒホッフの回折積分式である．そして，結像光学系の場合，この点像振幅分布は瞳関数のフーリエ変換で与えられるという従来からの見方がキルヒホッフの回折積分式の最低次の近似（フラウンホーファー回折）であることは周知であり，その近似精度の信頼性はかなり高いといえる[3]．

（1）　キルヒホッフの回折積分式と波面収差計算式　まず結像光学系におけるキルヒホッフの回折積分式，すなわち点像の振幅分布計算式を与えておく必要がある．ここでは，結像光学系に都合のよい次式を採用する[3]．

$$U(y', z') = \frac{1}{S} \iint_\Sigma e^{ik\Delta W(\eta,\zeta;\, y',z')} dS \tag{2.115}$$

ここに，$\Delta W(\eta, \zeta ; y', z')$ は物点 P_0 を中心にもつ入射側参照球面 Σ 上の光線の通過点 Q から出射側参照球面 Σ' 上の通過点 Q' に至るまでの波面収差である（図 II.2.25 参照）．

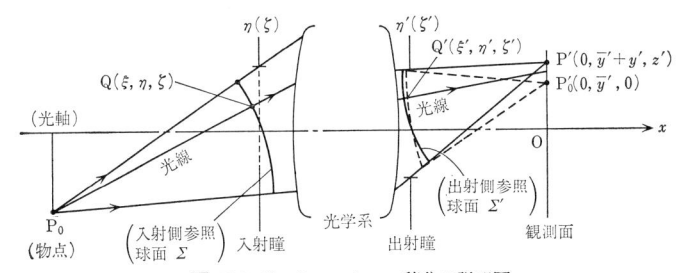

図 II.2.25　キルヒホッフ積分の説明図

その際 Σ' は観測点 $P'(0, \bar{y}'+y', z')$ を球心にもつので観測座標 (y', z') の関数となる（P_0' は観測原点，すなわち $y'=0, z'=0$ である）．積分は Σ の有効領域内で行われ，S はその Σ 上の有効面積である．ここに，$k=2\pi/\lambda$，λ: 真空中の光の波長，i: 虚数単位．

ここでは物点 P_0 から出る光量は単位立体角当たり一様とし，また光学系には光の吸収がないものとして取り扱っていることに注意する．（注：dS は P_0 が十分遠方にあれば $dS = \text{const}\, d\eta d\zeta$ とみなせる）．

そこで，$\Delta W(\eta, \zeta ; y', z')$ の算出式を以下に述べる．物点 P_0 から出て入射側参照球面上の点 $Q(\xi, \eta, \zeta)$ に入射する光線の波面収差 $\Delta W(\eta, \zeta ; y', z')$ を次式で定義する（図

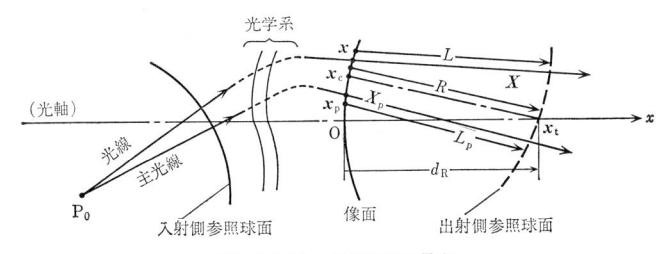

図 II.2.26　ΔW 算出の見方

II.2.26 参照).

$$\varDelta W \equiv \{\Sigma + |N'|L\} - \{\Sigma_p + |N'|L_p\} \qquad (2.116)$$

実際の計算では式 (2.116) を変形した次の式を使用する.

$$\varDelta W = \{\Sigma + |N'|\varDelta L\} - \{\Sigma_p + |N'|\varDelta L_p\}, \quad \varDelta L \equiv L - R \qquad (2.117)$$

ここに, Σ: 光線の入射側参照球面上から像面 (観測面) 上に至る光路長, R: 像面上の観測点 $\boldsymbol{x}_c$ を中心にもつ出射側参照球面の半径 (図 II.2.26 中を正とする), L: 光線の像点 $\boldsymbol{x}$ から出射側参照球面上に至る光線長 (図 II.2.26 中を正とする), N': 像空間の使用波長に対する媒質の屈折率 (注: 式中の添字 p は主光線に関する意味を表す), とする.

いま, 像面 (すなわち, 観測面. ここでは一般に曲面として扱う) はすでに基準となる位置 (通常ガウス像面位置) から縦方向に $\varDelta x_c$ だけ defocus された位置に設定されているものとし, この像面の頂点を原点として像空間における座標を定義することにする. そうすると式 (2.117) における $\varDelta L$ は次式で与えられる.

$$\varDelta L = -\frac{c^2}{L+R} - \frac{2L}{L+R}b \qquad (2.118)$$

ただし,

$$\left. \begin{array}{l} L = -b + \left[\dfrac{b^2 - c^2}{R^2} + 1 \right]^{1/2} R \\ b \equiv \{(\boldsymbol{x} - \boldsymbol{x}_c) \cdot \boldsymbol{X}\} \\ c \equiv |\boldsymbol{x} - \boldsymbol{x}_c| \end{array} \right\} \qquad (2.119)$$

ここで,

$$\boldsymbol{x} \equiv (x, y, z): \text{光線の像面上の座標}$$
$$\boldsymbol{X} \equiv (X, Y, Z): \text{光線の出射方向余弦}$$
$$\boldsymbol{x}_c \equiv (x_c, y_c, z_c): \text{観測点 } P' \text{ の座標}$$

である. また R は $\boldsymbol{x}_t \equiv (d_R, 0, 0)$ を任意に設定できるものとして次式で与える.

$$R = d_R \left[\left(1 - \frac{x_c}{d_R} \right)^2 + \frac{y_c^2 + z_c^2}{d_R^2} \right]^{1/2} \qquad (2.120)$$

$\varDelta W$ の算出を式 (2.117) で与えることの利点は $|R| \to \infty$ でも計算精度が落ちないことである. そして $|R| = \infty$ では式 (2.118), (2.119) より $\varDelta L = -b$ となり D. P. Feder が提唱する characteristic function に帰着する. 一般に d_R としては近軸出射瞳位置, 主平面位置などがあてられる.

ところで, $\varDelta W$ を算出する際に主光線を定める必要がある. 一般には入射光線束の中心光線とすべきであろうが, 取り扱う光学系が回転対称系であることを考慮して単に入射側での子午光線束の中心光線をもって主光線としてもよい. これによって一般性は失われない.

次に, 観測点 $\boldsymbol{x}_c$ について記しておく. $\boldsymbol{x}_c$ は, 実質上, 横の defocus (y', z') を与えるために導入されたもので, 観測原点 P_0' の座標を $\boldsymbol{x}_{c_0} \equiv (x_{c_0}, y_{c_0}, z_{c_0})$ として, 次式で与えられる.

$$\boldsymbol{x}_c = \boldsymbol{x}_{c_0} + \varDelta \boldsymbol{x}_c, \quad \varDelta \boldsymbol{x}_c \equiv (x', y', z') \qquad (2.121)$$

ここで，x' は $\boldsymbol{x}_c$ が像面上を動くよう定められる従属量で，像面の形状を表す方程式を $x=f(y,z)$ とすれば，

$$x'=f(y'+y_{c_0}, z'+z_{c_0})-x_{c_0} \qquad (2.122)$$

で定められる．ただし，$x_{c_0}=f(y_{c_0}, z_{c_0})$．もし像面（観測面）が平面なら，$x_{c_0}\equiv 0$, $y_{c_0}=\bar{y}'$, $z_{c_0}\equiv 0$（図II.2.25参照）となる．このように $\boldsymbol{x}_c$ は $\boldsymbol{x}_{c_0}$ が設定された以降は $\Delta\boldsymbol{x}_c$ が変わる，すなわち y', z' を変化させるごとに定められる．そして式 (2.115) によれば，$U(y', z')$ はそのつど計算される．その際の ΔW の算出で，$\Delta\boldsymbol{x}_c$ の影響を受けるのは ΔL を求める箇所だけであることがわかる．ここに，観測原点（座標 $\boldsymbol{x}_{c_0}$，すなわち y_{c_0}, z_{c_0}）は独立に設定できる量で，ふつう主光線の像点，理想像点，または光線束の重心などがとられよう．

もし，点像振幅分布を式 (2.115) によって忠実に数値積分するとしたら莫大な計算量を必要とする．

（2）フーリエ変換近似としての点像振幅分布計算式 式 (2.115) で与えた結像光学系におけるキルヒホッフの回折積分式から，従来使用されている瞳関数のフーリエ変換による近似としての回折積分式を導出しよう．

式 (2.117) の波面収差を与える式において，観測座標 (y', z') の関数で表される項は ΔL のみである．この ΔL（式 (2.118) 参照）を y', z' が十分小さいとして（これがフーリエ変換近似の基本となる），y' および z' に関する一次のテイラー級数展開近似で表せば次のようになることがわかる．

$$\Delta L \cong \Delta L_0 + \left[Y + \frac{1}{R_0}(y-y_{c_0})\right]y' + \left[Z + \frac{1}{R_0}(z-z_{c_0})\right]z' \qquad (2.123)$$

ただし，ここでは観測面（像面）は平面とする．ここに，R_0: 観測原点 $\boldsymbol{x}_{c_0}$ における出射側参照球面 Σ_0' の半径，ΔL_0: R_0 の定義に対応する ΔL である．

ここで，Y および Z を L_0（R_0 の定義に対応する L）がほぼ，$L_0 \cong R_0$（R_0 が y', z' の領域に比して十分大とする）で代表できるとし，次式，すなわち

$$\left.\begin{aligned} Y &= \frac{\eta'-y}{L_0} \cong \frac{\eta'-y}{R_0} \\ Z &= \frac{\zeta'-z}{L_0} \cong \frac{\zeta'-z}{R_0} \end{aligned}\right\} \qquad (2.124)$$

で表記する．そうすると式 (2.123) は次のように表せる．

$$\Delta L \cong \Delta L_0 + \left[\frac{\eta'-y_{c_0}}{R_0}\right]y' + \left[\frac{\zeta'-z_{c_0}}{R_0}\right]z' \qquad (2.125)$$

ここに，η', ζ': 観測原点を中心にもつ出射側参照球面上の光線の座標 (ξ', η', ζ') の y, z 成分である．

そこで，式 (2.125) の近似のもとでは，式 (2.117) の波面収差 ΔW は次式で与えられる．

$$\Delta W(\eta, \zeta; y', z') \cong \Delta W(\eta, \zeta; 0, 0) + |N'|\left[\left\{\frac{\eta'-\eta_p'}{R_0}\right\}y' + \left\{\frac{\zeta'-\zeta_p'}{R_0}\right\}z'\right] \qquad (2.126)$$

ただし，$\eta_p{}', \zeta_p$：主光線の η', ζ' を意味する．

これを式 (2.115) に代入すれば，結局点像の回折分布 $U(y', z')$ は近似的に次のように導ける．

$$U(y', z') = \frac{1}{S} \iint_\Sigma F(\eta, \zeta) \exp\left[i\,2\pi \frac{|N'|}{\lambda} \left\{ \left(\frac{\varDelta \eta'}{R_0}\right) y' + \left(\frac{\varDelta \zeta'}{R_0}\right) z' \right\}\right] dS \quad (2.127)$$

ここに，

$$F(\eta, \zeta) \equiv \exp[ik\varDelta W_0(\eta, \zeta)] : \quad \text{瞳関数}$$
$$(\varDelta W_0(\eta, \zeta) \equiv \varDelta W(\eta, \zeta; 0, 0))$$
$$\varDelta \eta' \equiv \eta' - \eta_p{}', \quad \varDelta \zeta' \equiv \zeta' - \zeta_p{}' \quad (\zeta_p{}' \equiv 0)$$

この式 (2.127) が，"点像の振幅分布は瞳関数のフーリエ変換である"という近似式の原形にほかならない．このとき，$\varDelta \eta', \varDelta \zeta'$ は一般に η, ζ の関数となるが，これは近似的に

$$\varDelta \eta' \propto \eta - \eta_p, \quad \varDelta \zeta' \propto \zeta - \zeta_p \quad (\zeta_p \equiv 0)$$

と解釈できよう（以下）．

（3）フーリエ変換用座標と実際の座標との関係 式 (2.127) をフーリエ変換に対応する変数に変換する．図 II.2.27 はこのために必要な関係図（ただし，子午断面）を示したものである．フーリエ変換用座標を求める際，必要なのは像側の明るさ，すなわち F ナンバーがどのように関連してくるかである．

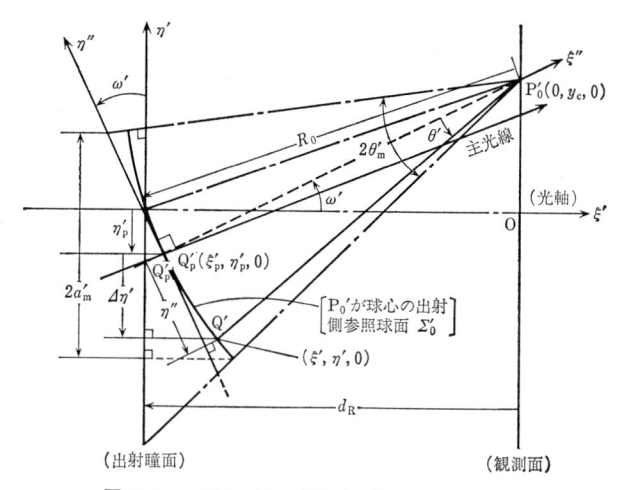

図 II.2.27 子午面内の光量（F 値）を示す関係図

いま，図で Σ_0' 上の主光線位置 $Q_p{}'$ と観測原点 P_0' を結ぶ直線と光軸とのなす角を ω' とし，$Q_p{}'$ を通り直線 $\overline{Q_p{}'P_0{}'}$（これを ξ'' 軸とする）に垂直な直線の座標を η'' 軸とする（注：ξ'', η'' の座標原点は $Q_p{}'$）．そして，P_0' を球心にもつ出射側参照球面 Σ_0' 上の任意の1点を $Q'(\xi', \eta', 0)$ とするとき，まず $\varDelta \eta'$ と η''（Q' を (ξ', η') で表した場合）の関係は，座標変換の関係と Σ_0' の方程式から次のようになる．

2.6 結像光学系の点像強度分布とOTFの計算理論

$$\varDelta\eta' = \eta'' \cos\omega' \left[1 + \left\{ \frac{-\left(\frac{\eta''}{R_0}\right)\tan\omega'}{1+\sqrt{1-\left(\frac{\eta''}{R_0}\right)^2}} \right\} \right] \quad (2.128)$$

この関係で [ ] 内の { } の項が無視できる条件を考えてみる．そのために

$$\frac{\eta''}{-R_0} \equiv \sin\theta' = \frac{1}{2|N'|F_\mathrm{e}(\theta')} \quad (2.129)$$

ただし，$F_\mathrm{e}(\theta') \equiv 1/(2|N'|\sin\theta')$ を定義し（図 II.2.27 参照）

$$\left| \frac{-\left(\frac{\eta''}{R_0}\right)\tan\omega'}{1+\sqrt{1-\left(\frac{\eta''}{R_0}\right)^2}} \right| \leq \varepsilon \quad (2.130)$$

（ε：十分小さな正の判定量）の関係を調べてみる．

条件式 (2.130) を $|N'F_\mathrm{e}(\theta')|$ に関して整理すると次の関係が得られる．

$$|N'F_\mathrm{e}(\theta')| \geq \frac{1}{4}\left|\frac{\tan\omega'}{\varepsilon} + \frac{\varepsilon}{\tan\omega'}\right| \quad (2.131)$$

表 II.2.4 は ε の妥当な値を 0.05 とみたときの ω' と $|N'F_\mathrm{e}(\theta')|$ の対応値を示したものである．たとえば，$\omega'=45°$ の場合 F ナンバー（$|N'F_\mathrm{e}(\theta')|$）が 5.01 以上なら式 (2.128) の [ ] 内の { } の項が無視できることを意味する．一般の写真レンズなどでは十分この条件をみたすものと考えてよいであろう．そうすると式 (2.128) は，条件（式 (2.131)）のもとに，最終的に次の近似関係で表せることになる．

$$\varDelta\eta' \cong \eta'' \cos\omega' \quad (2.132)$$

表 II.2.4 $\varepsilon=1/20$ のときの画角とFナンバーの適用限界の関係

ω'（単位：度）	$\leq |N'F_\mathrm{e}(\theta')|$
45	5.01
40	4.21
35	3.52
30	2.91
25	2.36
20	1.85
15	1.39
10	0.95
5	0.58

この関係が式 (2.127) においてフーリエ変換項をフーリエ変換用変数に変形するための基本となる（ただし，子午断面の場合）．すなわち，図 II.2.27 に示したように，子午面内の $\varSigma_0'$ 上を $\varDelta\eta'$ が動きうる口径の最大径（注：光線束の最大径ではない）を $2a_\mathrm{m}'$ とすれば，式 (2.132) の関係から式 (2.127) の $\{|N'|\varDelta\eta'/R_0\}y'$ は次のように変形できる．

$$|N'|(\varDelta\eta'/R_0)y' = \left(\frac{\varDelta\eta'}{a_\mathrm{m}'}\right)\left\{\frac{|N'|a_\mathrm{m}'/\cos\omega'}{R_0}\right\}y'\cos\omega' \cong -\left(\frac{\varDelta\eta'}{a_\mathrm{m}'}\right)\frac{\cos\omega'}{2F_\mathrm{em}}y' \quad (2.133)$$

ただし，

$$F_\mathrm{em} \equiv \frac{1}{|2N'\sin\theta_\mathrm{m}'|} \cong \frac{-R_0\cos\omega'}{2|N'a_\mathrm{m}'|} \quad (子午面内の実効 F ナンバー) \quad (2.134)$$

同様に，Q_p' を通る ζ' 方向（近似的に球欠断面）を考えれば，対応して式 (2.127) の $\{|N'|\varDelta\zeta'/R_0\}z'$ を次のように変形できる（ただし，子午断面とは違って ω' の考慮は必要ない）．

$$|N'|(\varDelta\zeta'/R_0)z' = \left(\frac{\varDelta\zeta'}{a_s'}\right)\left\{\frac{|N'|a_s'}{R_0}\right\}z' \cong -\left(\frac{\varDelta\zeta'}{a_s'}\right)\frac{1}{2F_{es}}z' \qquad (2.135)$$

ただし,
$$F_{es} \equiv \frac{1}{2|N'\sin\theta_s'|} \cong \frac{-R_0}{2|N'a_s'|} \quad (\text{球欠方向の実効 F ナンバー}) \qquad (2.136)$$

ここに, a_s', θ_s': 球欠方向の a_m', θ_m' に対応する量である.

さて, そこで次の定義による新しい座標, すなわち

$$\left.\begin{array}{ll}\bar{\eta}' \equiv \left(\dfrac{\varDelta\eta'}{a_m'}\right), & \tilde{y}' \equiv \dfrac{\cos\omega'}{2\lambda F_{em}}y' \\[6pt] \bar{\zeta}' \equiv \left(\dfrac{\varDelta\zeta'}{a_s'}\right), & \tilde{z}' \equiv \dfrac{1}{2\lambda F_{es}}z'\end{array}\right\} \qquad (2.137)$$

を導入すれば, 式 (2.127) は最終的にフーリエ変換の形式で次のように表せる.

$$U(y', z') = \frac{1}{S}\iint_{\Sigma} F(\eta, \zeta)\exp[-i2\pi(\bar{\eta}'\tilde{y}' + \bar{\zeta}'\tilde{z}')]dS \qquad (2.138)$$

ところで, われわれは物界側の入射瞳座標 (η, ζ) でフーリエ変換を実行するのがつねである. この場合, 入射瞳平面上で出射側の口径 a_m', a_s' に対応する入射側の口径, すなわち子午断面内で Σ 上を $\varDelta\eta$ が動く最大径を $2a_m$, 球欠断面内で Σ 上を $\varDelta\zeta$ が動く最大径を $2a_s$ とそれぞれするなら, 次の定義量

$$\left.\begin{array}{ll}\bar{\eta} \equiv \left(\dfrac{\varDelta\eta}{a_m}\right), & \varDelta\eta \equiv \eta - \eta_p \\[6pt] \bar{\zeta} \equiv \left(\dfrac{\varDelta\zeta}{a_s}\right), & \varDelta\zeta \equiv \zeta - \zeta_p \quad (\zeta_p \equiv 0)\end{array}\right\} \qquad (2.139)$$

を導入することによって, 光学系が軸外も含めて不遊条件をみたすものと解釈できることを前提にして

$$\bar{\eta} = \bar{\eta}', \quad \bar{\zeta} = \bar{\zeta}' \qquad (2.140)$$

の関係を見出すことができ[4], 入射瞳座標 (ただし, 正規化された $\bar{\eta}, \bar{\zeta}$) によるフーリエ変換の形式を実現できる.

最後に, 式 (2.138) の Σ 上の積分に関する面積素 dS と入射瞳座標 (η, ζ) との関係を与えておく. いま, 入射側参照球面 Σ の方程式を ξ に関する陽関数の形式で一般に,

$$\xi = \varphi(\eta, \zeta) \qquad (2.141)$$

で表すなら, 簡単な考察から, 公式

$$dS = \alpha(\eta, \zeta)d\eta d\zeta, \quad \alpha(\eta, \zeta) \equiv \left[1 + \left(\frac{\partial\varphi}{\partial\eta}\right)^2 + \left(\frac{\partial\varphi}{\partial\zeta}\right)^2\right]^{1/2} \qquad (2.142)$$

が得られる. この関係を知れば式 (2.138) は結局

$$U(y', z') = \frac{1}{S}\iint_{\Sigma_A} F_A(\eta, \zeta)\exp[-i2\pi(\bar{\eta}\tilde{y}' + \bar{\zeta}\tilde{z}')]d\eta d\zeta \qquad (2.143)$$

と書き換えられる. ここに,

$$F_A(\eta, \zeta) \equiv \alpha(\eta, \zeta)F(\eta, \zeta)$$

また, Σ_A は Σ の有効領域の (η, ζ) 平面への射影領域を意味し, このとき S は $S =$

$\iint_{\Sigma_\text{A}} \alpha(\eta, \zeta) d\eta d\zeta$ で与えられる.そしてフーリエ変換項は式 (2.140) の関係を使って $\bar{\eta}, \bar{\zeta}$ で表した.

$\alpha(\eta, \zeta)$ は物点 P_0 が十分遠方にあれば定数とみなせることは前にも記した.この式 (2.143) が点像振幅分布を近似的に瞳関数 $F(\eta, \zeta)$ (注:ここでは $F_\text{A}(\eta, \zeta)$) のフーリエ変換として計算する式である.

(4) OTF 計算式と cut-off 周波数 OTF は点像強度分布のフーリエ変換として定義される.点像振幅分布(式 (2.143) 参照)が計算されれば点像強度分布は

$$I(y', z') \equiv U(y', z')U^*(y', z') \qquad (2.144)$$

で与えられる(注:U^* は U の共役複素量.$I(0, 0)$ は正規化の定義から Strehl の中心強度比を与える).OTF は,したがって,次式で表せる.

$$D(s, t) = \frac{1}{D_0} \iint_{-\infty}^{\infty} I(y', t') e^{-i2\pi(sy' + tz')} dy' dz' \qquad (2.145)$$

ただし,

$$D_0 \equiv \iint_{-\infty}^{\infty} I(y', z') dy' dz' \qquad (2.146)$$

s および t はそれぞれ子午方向および球欠方向の空間周波数で,単位は,y', z' を mm にとれば,lines/mm となる.

ところで s および t には,瞳領域が有限のためにある値(これを cut-off 周波数という)以上では $D \equiv 0$ となる性質があることはすでに知られている.これについては説明するまでもないが,ここで,以後の説明の都合上,この cut-off 周波数の算出式について付言しておく.ただし,これはあくまでも $U(y', z')$ が式 (2.143) の近似的算出法によって計算される場合についての論拠である.

$D(s, t)$ の定義式(式 (2.145))に式 (2.144) を介して式 (2.143) を代入し,理論的に整理すれば,$D(s, t)$ は次のようになる.

$$D(s, t) = \frac{1}{D_0'} \iint_{\tilde{\Sigma}_\text{AS}} (\bar{\eta} - A_y s, \bar{\zeta} - A_z t) F_\text{A}^*(\bar{\eta}, \bar{\zeta}) d\bar{\eta} d\bar{\zeta} \qquad (2.147)$$

ここに,

$A_y \equiv 2\lambda F_\text{em}/\cos \omega'$
$A_z \equiv 2\lambda F_\text{es}$, (式 (2.137) 参照)

ただし,瞳座標は正規化座標 $(\bar{\eta}, \bar{\zeta})$ を使用した.このとき積分領域 $\tilde{\Sigma}_\text{AS}$ は瞳の有効領域とこれを中心座標が $(A_y s, A_z t)$ となるようシフトした瞳の有効領域とのオーバーラップした領域を示す.また

$$D_0' \equiv \iint_{\tilde{\Sigma}_\text{AS}} F_\text{A}(\bar{\eta}, \bar{\zeta}) F_\text{A}^*(\bar{\eta}, \bar{\zeta}) d\bar{\eta} d\bar{\zeta} \qquad (2.148)$$

である.この式 (2.147) は H. H. Hopkins が提唱した "OTF は瞳関数の自己相関関数である" として周知である.また $A_y s, A_z t$ は換算周波数として知られている.そこで,式 (2.147) の積分は,$F_\text{A}(\bar{\eta}, \bar{\zeta})$ が瞳の有効領域内,すなわち,$|\bar{\eta}| \leq 1, |\bar{\zeta}| \leq 1$ (式 (2.139)

参照）でのみ定義されるのであるから，積分領域 Σ_{AS} が存在しなくなるとゼロになる．その限界は明らかに，$A_y s=2$, $A_z t=2$ である．したがって，s および t の cut-off 値をそれぞれ s_c, t_c とすれば結局次のようになる．

$$\left.\begin{array}{l} s_\mathrm{c}=\cos\omega'/\lambda F_{\mathrm{em}} \\ t_\mathrm{c}=1/\lambda F_{\mathrm{es}} \end{array}\right\} \quad (2.149)$$

OTF を種々の波長について計算する場合，当然のことながら，cut-off 値も波長によって異なってくることを念頭におかねばならない．

以上，実用的な観点から，点像強度分布およびそのフーリエ変換として定義される OTF の計算理論について述べたが，実際の計算手法については，文献 1) にも述べた FFT (fast Fourier transform) 法などのほかいろいろあるが，今日のコンピューターの充実した状勢下では読者の知恵にお任せしたい．

また，白色光照明下（通常はほとんどこの状況下であろう）や，多色光照明下での結像性能評価については，単波長に関しての重ね合せで考えるのが基本である．これらについては，ここではたとえば文献 5) を紹介するにとどめる．

2.6.2 レーザービーム走査光学系の点像強度分布の歪曲特性による影響

図 II.2.28 に示すように，入射画角すなわち偏向角 ω で入射する平行な円形ガウシアンビーム（すなわち，光源点は無限遠方の平行ビーム）の点像強度分布が画角 ω に対してどのような振舞いをするか考察する．特に，ひずみ特性との関連を見極めるために，ここでは三次収差論[6]を補助として用いる（以下の記号は図 II.2.28 を参照）．

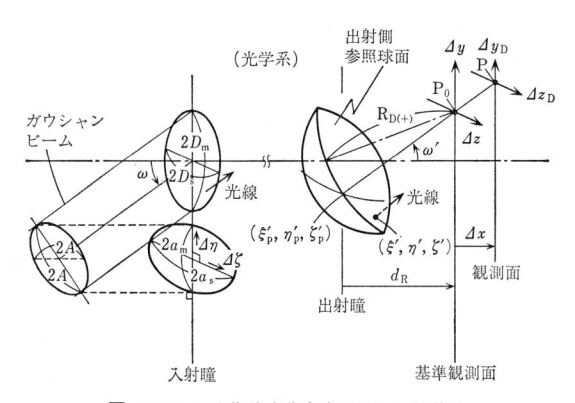

図 II.2.28 点像強度分布式のための説明図

観測点 P における点像強度 $I(P)$ は点像振幅 $U(P)$ の複素共役との積で与えられるので，基本的には $U(P)$ について考察する．

キルヒホッフの回折積分式[7]を結像光学系に適用した一般式は次式で与えられる[3]．

2.6 結像光学系の点像強度分布と OTF の計算理論

$$U(P) \cong (-ie^{ikR_0})/(\lambda R_0 \sqrt{\cos\omega\cos\omega'}) \iint_\Sigma \phi(\eta,\zeta) e^{ik\Delta w(\eta,\zeta;\,P)} \left|\frac{\partial(\eta',\zeta')}{\partial(\eta,\zeta)}\right|^{1/2} d\eta d\zeta$$
(2.150)

ここに, $\phi(\eta,\zeta)$ は入射光束 (円形ガウシアンビーム) の $(\Delta\eta, \Delta\zeta)$ における振幅 (注: $\Delta\eta \equiv \eta - \eta_p$, $\Delta\zeta \equiv \zeta - \zeta_p$, 添字 p は主光線に関する意味を表す), $\Delta w(\eta,\zeta;\,P)$ は観測点 P を中心にした参照球面上に至る波面収差である. さらに λ は真空中の波長, $k \equiv 2\pi/\lambda$, i は虚数単位, また, 積分 Σ は入射側参照球面 (ここでは参照平面としている) 上の領域で行う.

そこで, $\Delta w(\eta,\zeta;\,P)$ を観測原点 $P_0 \equiv (x_{c_0}, y_{c_0}, z_{c_0})$ からのデフォーカス量 $(\Delta x, \Delta y, \Delta z)$ で一次近似展開できるとすれば式 (2.150) は次のようになる[1].

$$U(\tilde{y},\tilde{z}) = \frac{-i}{\lambda}\frac{e^{ikR_0}}{R_0}\frac{\cos^2\omega D_m D_s}{\sqrt{\cos\omega\cos\omega'}} \iint_{\text{単位円}} \phi(\tilde{\eta},\tilde{\zeta}) e^{ik[\Delta w_0(\tilde{\eta},\tilde{\zeta};\,P_0)-(w_{20y}\tilde{\eta}^2+w_{20z}\tilde{\zeta}^2)]}$$
$$\times e^{-i2\pi[\tilde{\eta}\tilde{y}+\tilde{\zeta}\tilde{z}]}\left|\frac{\partial(\eta',\zeta')}{\partial(\eta,\zeta)}\right|^{1/2} d\tilde{\zeta}d\tilde{\eta}$$
(2.151)

ここに, $\tilde{\eta} \equiv \Delta\eta/a_m$, $\tilde{\zeta} \equiv \Delta\zeta/a_s$, そして

$$\left.\begin{array}{l}\tilde{y} \equiv \dfrac{\cos\omega'}{2F_{em}\lambda}\Delta y_D, \quad \Delta y_D \equiv \Delta y - \dfrac{y_{c_0}-\eta_p'}{R_0}\times\Delta x \\[6pt] \tilde{z} \equiv \dfrac{1}{2F_{es}\lambda}\Delta z_D, \quad \Delta z_D \equiv \Delta z - \dfrac{z_{c_0}-\zeta_p'}{R_0}\times\Delta x\end{array}\right\}$$
(2.152)

$$\left.\begin{array}{l}w_{20y} \equiv \dfrac{1}{2}\left(\dfrac{\cos\omega'}{2F_{em}}\right)^2\Delta x \\[6pt] w_{20z} \equiv \dfrac{1}{2}\left(\dfrac{1}{2F_{es}}\right)^2\Delta x\end{array}\right\}$$
(2.153)

また, F_{em}, F_{es} はそれぞれ像界側の子午および球欠断面の有効 F ナンバーである.

さて, 三次収差論を用いれば, 歪曲収差係数 V のみが存在する際の F ナンバーおよび被積分中のヤコビアンは次のようになることが判明する.

$$\left.\begin{array}{l}\left(\dfrac{\cos\omega'}{2F_{em}}\right) = \dfrac{D_m}{f}\left[1+\dfrac{1}{2}\{3(V-1)\}\tan^2\omega\right] \\[6pt] \left(\dfrac{1}{2F_{es}}\right) = \dfrac{D_s}{f}\left[1+\dfrac{1}{2}\{V-1\}\tan^2\omega\right]\end{array}\right\}$$
(2.154)

$$J^{1/2} \equiv \left|\frac{\partial(\eta',\zeta')}{\partial(\eta,\zeta)}\right|^{1/2} = \frac{R_0}{f\cos\omega}[1+(V-1)\tan^2\omega]$$
(2.155)

周知のように, ヤコビアンは不遊条件が満たされている場合, 瞳座標に無関係な定数になる[4].

式 (2.154), (2.155) でわかるようにひずみ特性 (ここでは V で近似) は明るさすなわち点像の広がり具合, および点像の値そのものに影響する.

ここで, 入射光束として TEM$_{00}$ モードのレーザービームすなわち円形ガウシアン分布のビームに式 (2.151) を適用する. ビームの位相は完全にそろったコヒーレント光とする. このビームは偏向には無関係の垂直断面径 $2A$ をもつものとし, 中心に対し強度

が $1/e^2$ に落ちるビーム径を $2B$ とする．そうすると，入射振幅は中心強度を I_0 として

$$\phi(\tilde{\eta}, \tilde{\zeta}) \equiv \sqrt{I(\tilde{\eta}, \tilde{\eta})} = \sqrt{I_0} \exp\left\{-\left(\frac{A}{B}\right)^2(\tilde{\eta}^2+\tilde{\zeta}^2)\right\} \quad (2.156)$$

と書ける．$D_m = A/\cos\omega$, $D_s = A$ を知って，レーザービームの点像強度分布を与える式を最終的に次のように得る．ただし，J のみを三次で近似した．

$$I(\tilde{y}, \tilde{z}) = \frac{2\kappa W A^4}{\pi \lambda^2 f^2 B^2} \Gamma(\omega, V) \left[\iint_{\text{単位円}} \exp\left\{-\left(\frac{A}{B}\right)^2(\tilde{\eta}^2+\tilde{\zeta}^2)\right\} \right.$$
$$\left. \times e^{ik[\Delta w_0(\tilde{\eta},\tilde{\zeta};p_0)-(w_{20y}\tilde{\eta}^2+w_{20z}\tilde{\zeta}^2)]} \times e^{-i2\pi[\tilde{\eta}\tilde{y}+\tilde{\zeta}\tilde{z}]} d\tilde{\eta}d\tilde{\zeta} \right]^2 \quad (2.157)$$

ここに，W はレーザーの総出力（単位はたとえばワット），κ は走査光学系へ入射するまでの伝達効率で，$I_0 = 2\kappa W/(\pi B)^2$ の関係を用いた．そして，

$$\Gamma(\omega, V) \equiv \frac{[1+(V-1)(\tan\omega)^2]^2}{\cos\omega \cos\omega'} \quad (2.158)$$

この $\Gamma(\omega, V)$ と F ナンバーとの間には次の重要な関係を見出す．すなわち式 (2.154) から，

$$\Gamma(\omega, V) \equiv \left\{\frac{f}{A}\left(\frac{1}{2F_{\text{em}}}\right)\right\}\left\{\frac{f}{A}\left(\frac{1}{2F_{\text{es}}}\right)\right\} \quad (2.159)$$

右辺の逆数は点像分布の垂直断面上の広がりを表す尺度である．これと Γ の積が画角 ω およびひずみ特性によらないということはエネルギー保存の法則の側面にほかならないことがわかる．すなわち点像強度が落ちた分だけ分布は広がるのである．

もし，強度分布の値の落ちないことが書込みエネルギー効率を落とさないこと，特にスレッシュホールドタイプの感材などに対応するなら画角すなわち偏向角に依存して強度値の変化が急な糸巻形歪曲の光学系は不適当ということになる．

図Ⅱ.2.29 は $\gamma \equiv [1+(V-1)(\tan\omega)^2]^2$ の値を各ひずみ特性について図示したものである．$V=1$ すなわちフーリエ変換レンズが理想的である．また幸いにして $f\omega$ 系はそれに近い．$f\tan\omega$ 系はよくない．

理想結像すなわち $\Delta w_0 = 0$ の場合の $\Delta x = \Delta y = \Delta z = 0$ における強度値について考察する．この場合，式 (2.157) より直ちに次の結果を得る．

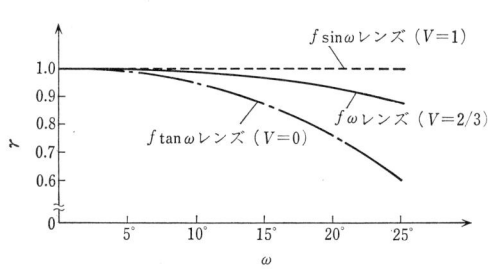

図 Ⅱ.2.29 ひずみ特性による点像強度の落ち

$$I(0, 0) = \frac{2\pi\kappa W A^2}{\lambda^2 f^2} \Gamma(\omega, V) \left[\frac{1-e^{-\left(\frac{A}{B}\right)^2}}{(A/B)}\right]^2 \quad (2.160)$$

$A/B = 1.1209$ のとき [ ] 値が極大，すなわち点像の中心強度値が最大になることは R. Rhyins[8] の指摘するところである．それにしても，偏向角に関して $\Gamma(\omega, V)$ の変動が伴うことは留意すべきことである．

[南 節雄]

参考文献

1) 南 節雄:光学技術コンタクト, **12**, 8 (1974), 11-23.
2) 南 節雄:画像工学コンファレンス (予稿集), S-2「レーザー記録」. および, S. Minami, K. Minoura and H. Yamamoto: SPIE, **741** (1987), 118-139.
3) 松居吉哉, 南 節雄, 山口 伸, 小川良太, 中村泰三:光学, **4**, 3 (1975), 125-139. または英語版として, Y. Matsui, S. Minami, S. Yamaguchi, R. Ogawa and T. Nakamura: OPTICA ACTA, **23**, 5 (1976), 389-411. および詳細レポートとしては, JOERA 技術資料 **10**, 10 (1974).
4) 小穴 純:応用物理, **38**, 9 (1969), 850-860.
5) JOERA 技術資料 **16**, 4 (1979).
6) 松居吉哉:レンズ設計法, 共立出版 (1972), 102.
7) M. Born and E. Wolf: Principles of Optics (5 th ed.), Pergamon Press, London (1974), 380, eq. (18).
8) R. Rhyins: Laser Focus, June (1974), 55.

2.7 フーリエ光学

2.7.1 波動光学とフーリエ解析

波動光学の基礎となる回折現象を取り扱ううえでフーリエ解析が重要である. 特に, II.2.3 節で述べたように, 光を回折する開口から十分に遠方のファーフィールドに生じるフラウンホーファー回折像の複素振幅分布は開口における複素振幅の二次元フーリエ変換で表される.

また, レンズを用いると, 後側焦点面という有限の距離にフラウンホーファー回折像をつくることができる. すなわち, 光学レンズは二次元フーリエ変換を実時間で行うデバイスとみなすことができる.

このような見方を発展させると, レンズの重要な働きである結像作用を二重のフーリエ変換過程としてとらえることができる. また, 結像光学系の線形システムとしての取扱いでは, 結像特性の評価にフーリエ解析が有効である.

さらに, 物体のフーリエ変換面においた種々の複素振幅フィルターで光波の振幅・位相を変調する空間周波数フィルタリングの手法によって, 入力画像の強調・パターン認識・数学的演算などの光情報処理が可能となる.

このような複素振幅フィルターをつくるうえで, ホログラフィーは有効な製作方法の一つである. と同時に, ホログラフィー自身の記録・再生過程を理解するためにフーリエ光学の考え方が役に立つ.

本節では, まず 2.7.2 項でフラウンホーファー回折とフーリエ変換の関係を見直してから, レンズのフーリエ変換作用について述べる. 次にフーリエ変換の一般的性質と重要な定理を実際の光学の問題とからめて説明した後, 基本となる開口関数の具体例とその二次元フーリエ変換についてまとめる. また空間フィルタリング光学系についても簡単にふ

れ，第Ⅴ部9章の光学情報処理の準備とする．さらに，2.7.3項では結像光学系のフーリエ解析，2.7.4項ではホログラフィーの基礎について述べる．

2.7.2 フラウンホーファー回折とフーリエ変換
（1） ファーフィールドのフラウンホーファー回折

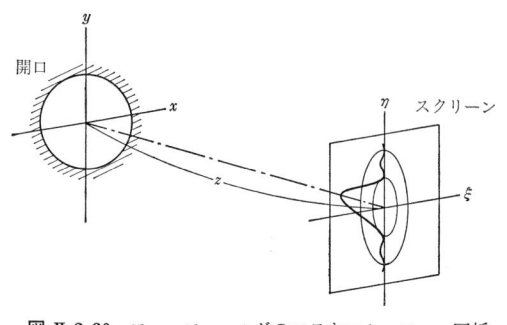

光を回折する開口から十分遠方のファーフィールドで観測されるフラウンホーファー回折については前節に詳しいが，結果について簡単にまとめておく．

図Ⅱ.2.30のように，波長 λ の準単色光の平面波を開口に垂直入射させたとき，十分大きな距離 z 離れた観測用スクリーン上に生じるフラウンホーファー回折像の複素振幅 $u(\xi, \eta)$ は，開口を通過した直後での複素振幅 $u(x, y)$ を用いて式（2.161）のように表される．

図 Ⅱ.2.30 ファーフィールドのフラウンホーファー回折

$$u(\xi, \eta) = \alpha(\xi, \eta) \iint_{-\infty}^{\infty} u(x, y) \exp\left[-\frac{i2\pi}{\lambda z}(\xi x + \eta y)\right] dx dy \qquad (2.161)$$

ただし

$$\alpha(\xi, \eta) = \frac{\exp\left(\dfrac{i2\pi z}{\lambda}\right) \exp\left[\dfrac{i\pi(\xi^2 + \eta^2)}{\lambda z}\right]}{i\lambda z}$$

ここで，積分にかかる $\alpha(\xi, \eta)$ において，分子の2番目のファクターは放物面状に湾曲した波面を表す ξ と η の関数であるが，その絶対値は1である．その他はスクリーンの上で定数係数であり，$|\alpha(\xi, \eta)| = 1/(\lambda z)$ となる．したがって，回折像強度の相対分布のみが問題になる場合には，$\alpha(\xi, \eta)$ は無視できる．積分の部分については

$$\left.\begin{array}{l} f_x = \dfrac{\xi}{\lambda z} \\[6pt] f_y = \dfrac{\eta}{\lambda z} \end{array}\right\} \qquad (2.162)$$

のように変数を変換すると

$$U(f_x, f_y) = \iint_{-\infty}^{\infty} u(x, y) \exp[-i2\pi(f_x x + f_y y)] dx dy \qquad (2.163)$$

となる．これは，関数 $u(x, y)$ の二次元フーリエ変換 $U(f_x, f_y)$ の定義式そのものである．簡単のために，以下ではこの関係を

$$U(f_x, f_y) = \mathscr{F}\{u(x, y)\} \qquad (2.164)$$

のように表すことにする．この例のように，対応するフーリエ変換対を示すために，U と u のように同じアルファベットの大文字と小文字を用いることが多い．反対に $U(f_x, f_y)$

から $u(x, y)$ を求めるためのフーリエ逆変換は

$$u(x, y) = \iint_{-\infty}^{\infty} U(f_x, f_y) \exp[i2\pi(f_x x + f_y y)] df_x df_y \qquad (2.165)$$

であり，この関係を

$$u(x, y) = \mathscr{F}^{-1}\{U(f_x, f_y)\} \qquad (2.166)$$

と表す．

式（2.165）の積分中の複素指数関数 $\exp[i2\pi(f_x x + f_y y)]$ は，図Ⅱ.2.31に示されるように，周期 d の等位相線をもつ θ 方向への周期関数である．さまざまな周期と方向をもつこのような要素関数の線形結合で，与えられた関数 $u(x, y)$ を表すことができて，その重み付けの係数がフーリエ変換 $U(f_x, f_y)$ となることを式（2.165）は示している．

周期の逆数，$1/d = \sqrt{f_x^2 + f_y^2}$ は周期構造の細かさを表すが，これを空間周波数とよび，ふつう1mm当たりの周期数（サイクル/mm あるいは 本/mm）を単位として用いる．f_x, f_y はそれぞれ x 方向および y 方向の空間周波数成分を表す．

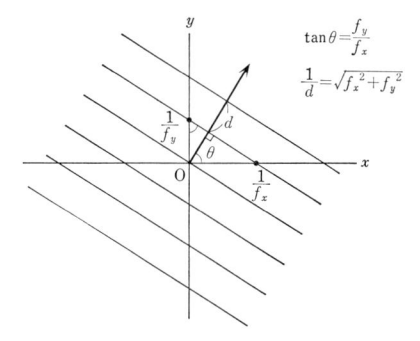

図 Ⅱ.2.31 フーリエ変換の要素関数 $\exp[i2\pi(f_x x + f_y y)]$

空間周波数成分 f_x, f_y は，式（2.162）によってフラウンホーファー回折の回折方向と関係づけられており，これらに対応する回折方向が光軸となす角は，x 方向および y 方向にそれぞれ $\xi/z = \lambda f_x, \eta/z = \lambda f_y$ である．

以上をまとめると，フラウンホーファー回折像の複素振幅分布は

$$u(\xi, \eta) = \alpha(\xi, \eta) U\left(\frac{\xi}{\lambda z}, \frac{\eta}{\lambda z}\right) \qquad (2.167)$$

ただし

$$|\alpha(\xi, \eta)| = \frac{1}{\lambda z}$$

となる．

なお，ファーフィールドの条件は開口幅の最大値を w として $z \gg \pi w^2/\lambda$ である．

（2）レンズによるフーリエ変換 薄肉レンズの仮定のもとで，レンズは式（2.168）のような振幅透過率をもつ位相物体として取り扱える[1~3]．

$$t(x, y) = \exp\left[-\frac{i\pi}{\lambda f}(x^2 + y^2)\right] \qquad (2.168)$$

ここで，f はレンズの焦点距離であり，レンズ媒質の屈折率を n，レンズ前面と後面の曲率半径をそれぞれ R_1, R_2（凸面のとき正にとる）とすると，大気中に置かれた場合は

2. 波動光学

$$\frac{1}{f}=(n-1)\left(\frac{1}{R_1}+\frac{1}{R_2}\right) \quad (2.169)$$

で与えられる．

前項で示したように，振幅透過率が $g(x,y)$ で表される透過物体に平面波を照射すると，ファーフィールドにそのフラウンホーファー回折，すなわち物体のフーリエ変換 $G(f_x, f_y)$ が生じた．

ここで，たとえば図 II.2.32 (a) のように物体の直後にレンズを置くと，フーリエ変換

図 II.2.32 レンズによるフーリエ変換

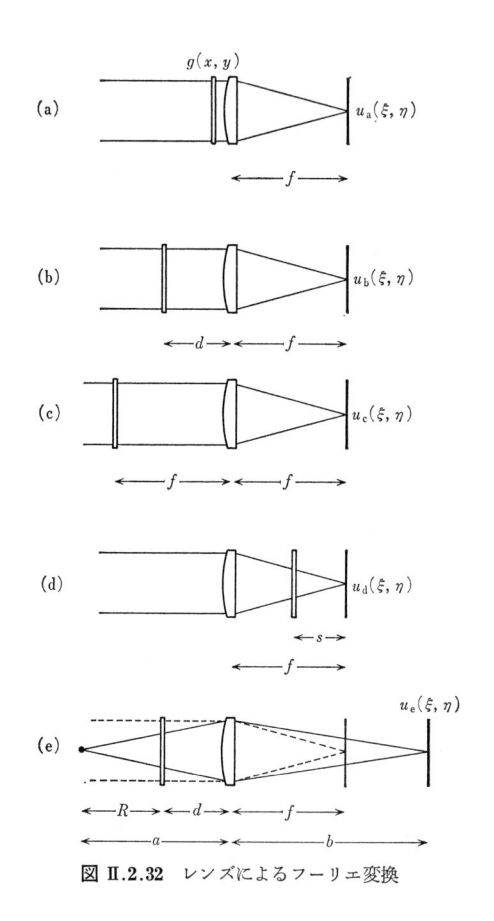

の生じる位置をレンズの後側焦点面にもってくることができる．このことは，レンズから焦点面までの光波の伝搬にフレネル近似を用いて，焦点面上の複素振幅分布 $u_a(\xi, \eta)$ を計算することにより容易に示すことができる[1,6]．その結果は

2.7 フーリエ光学

$$u_\mathrm{a}(\xi,\eta)=\beta(\xi,\eta)\iint_{-\infty}^{\infty}g(x,y)\exp\left[-\frac{i2\pi}{\lambda f}(\xi x+\eta y)\right]dxdy \qquad (2.170)$$

ただし

$$\beta(\xi,\eta)=\frac{\exp\left(\dfrac{i2\pi f}{\lambda}\right)\exp\left[\dfrac{i\pi(\xi^2+\eta^2)}{\lambda f}\right]}{i\lambda f}$$

となり，式 (2.161) 中の z を f で置き換えたものに等しい．

すなわち，このときにも物体を表す関数の二次元フーリエ変換が得られる．このため，しばしばこのような場合の焦点面をフーリエ変換面とよぶ．空間周波数と焦点面内の座標成分との関係は

$$\left.\begin{array}{l}f_x=\dfrac{\xi}{\lambda f}\\[6pt] f_y=\dfrac{\eta}{\lambda f}\end{array}\right\} \qquad (2.171)$$

で与えられる．式 (2.170) の関係は

$$u_\mathrm{a}(\xi,\eta)=\beta(\xi,\eta)G\left(\frac{\xi}{\lambda f},\frac{\eta}{\lambda f}\right) \qquad (2.172)$$

のように簡略に表せる．

図 II.2.32 (b) のように，透過物体 $g(x,y)$ が距離 a だけレンズの手前に置かれた場合，物体からレンズまでのフレネル回折を考慮にいれて計算をすると，焦点面での複素振幅 $u_\mathrm{b}(\xi,\eta)$ は式 (2.173) で表される[1,6]．

$$u_\mathrm{b}(\xi,\eta)=\gamma(\xi,\eta)G\left(\frac{\xi}{\lambda f},\frac{\eta}{\lambda f}\right) \qquad (2.173)$$

ただし，

$$\gamma(\xi,\eta)=\frac{\exp\left[\dfrac{i2\pi(d+f)}{\lambda}\right]\exp\left[\dfrac{i\pi}{\lambda f}\left(1-\dfrac{d}{f}\right)(\xi^2+\eta^2)\right]}{i\lambda f}$$

図 II.2.32 (b) の特別な場合として，図 II.2.32 (c) のように物体をレンズの前側焦点面に置いて $d=f$ としたときは，$\gamma(\xi,\eta)$ 中の ξ,η の2乗項が消えて定数となるため，複素振幅 $u_\mathrm{c}(\xi,\eta)$ は

$$u_\mathrm{c}(\xi,\eta)=\gamma_\mathrm{c}G\left(\frac{\xi}{\lambda f},\frac{\eta}{\lambda f}\right) \qquad (2.174)$$

ただし，

$$\gamma_\mathrm{c}=\frac{\exp\left(\dfrac{i4\pi f}{\lambda}\right)}{i\lambda f}$$

となり，あまり重要でない定数係数 γ を除いて完全なフーリエ変換となる．このため，レンズでフーリエ変換を行うには通常この配置を選ぶ．一方，図 II.2.32 (d) のように透過物体をレンズと後側焦点面との間に置いた場合には，透過物体の直前に短い焦点距離 s のレンズを置いた場合と等価であるから，レンズの集光効果をも考慮すると，

$$u_\mathrm{d}(\xi, \eta) = \frac{f}{s}\beta'(\xi, \eta) G\left(\frac{\xi}{\lambda s}, \frac{\eta}{\lambda s}\right) \tag{2.175}$$

ただし,

$$\beta'(\xi, \eta) = \frac{\exp\left(\dfrac{i 2\pi s}{\lambda}\right)\exp\left[\dfrac{i\pi(\xi^2+\eta^2)}{\lambda s}\right]}{i\lambda s}$$

となる.

　以上のように平面波に対しては,焦点面,すなわち無限遠の点光源と共役な面がフーリエ変換面となることがわかる.図Ⅱ.2.32(e)のように,点光源が有限の距離にある一般の場合に対して,光源と共役な面における複素振幅 $u_\mathrm{e}(\xi, \eta)$ をフレネル近似を用いて計算すると,

$$u_\mathrm{e}(\xi, \eta) = \varepsilon(\xi, \eta) G\left(\frac{\xi}{\lambda b}\cdot\frac{a}{R}, \frac{\eta}{\lambda b}\cdot\frac{a}{R}\right) \tag{2.176}$$

ただし,

$$\varepsilon(\xi, \eta) = \frac{\exp\left[\dfrac{i 2\pi(d+b)}{\lambda}\right]\exp\left[\dfrac{i\pi}{\lambda b}\cdot\dfrac{a}{R}\left(1-\dfrac{d}{f}\right)(\xi^2+\eta^2)\right]}{i\lambda b}$$

となり,この場合にも点光源の共役面がフーリエ変換面となることがわかる[9].

　また,透過物体をレンズの前側焦点面に置くと$(d=f)$,このときにも $\varepsilon(\xi, \eta)$ が定数となり,位相をも含めた完全なフーリエ変換が得られる.

　(3) いろいろな開口とそのフーリエ変換　初めに,フーリエ変換の一般的な性質を光学における具体例と対応させながらまとめる.ここでは式(2.163)のフーリエ変換の定義式に従って,$F(f_x, f_y)=\mathscr{F}\{f(x, y)\}$, $G(f_x, f_y)=\mathscr{F}\{g(x, y)\}$ とし,a, b は定数とする.

　以下に与えられるのは回折像の複素振幅分布であるから,回折像の強度分布を求める場合は,それらの絶対平方をとればよい.

　a. 線形性(和の開口):　フーリエ変換は線形変換であるから,

$$\mathscr{F}\{af(x, y)+bg(x, y)\}=aF(f_x, f_y)+bG(f_x, f_y) \tag{2.177}$$

が成り立つ.これは,複雑な振幅透過率分布の開口を,より簡単な開口関数の線形結合で表す場合,あるいは複数の小開口が集合した開口の場合に相当する.

　b. スケーリング(開口の拡大・縮小):

$$\mathscr{F}\left\{f\left(\frac{x}{a}, \frac{y}{b}\right)\right\}=|ab|F(af_x, bf_y) \tag{2.178}$$

開口を x 方向に a 倍,y 方向に b 倍だけ拡大(縮小)した場合で,回折像の広がりは対応する方向にそれぞれ $1/a$ 倍および $1/b$ 倍に縮小(拡大)する.フーリエ変換の前の係数は,拡大・縮小に伴う放射照度の変化を表す.

　c. シフト定理(開口の横移動):

$$\mathscr{F}\{f(x-a, y-b)\}=\exp[-i 2\pi(f_x a+f_y b)]F(f_x, f_y) \tag{2.179}$$

開口を面内で移動すると,回折像の振幅分布は変わらず(したがって強度分布も不変で),

位相だけが変化する．位相変化は直線的で，移動量に比例して波面が傾くことに対応している．

d. コンボリューション定理（制限開口，重ねた透過物体，多重開口）： 二つの関数の積のフーリエ変換は次式で表される．

$$\mathscr{F}\{f(x,y)g(x,y)\}=\iint_{-\infty}^{\infty}F(\nu_x,\nu_y)G(f_x-\nu_x,f_y-\nu_y)d\nu_xd\nu_y \quad (2.180)$$

これは，2枚の透過物体 f, g を重ねた場合，あるいは透過物体 f の領域を制限する開口 g を設けた場合に相当する．右辺の積分は $F(f_x,f_y)$ と $G(f_x,f_y)$ のコンボリューションとよばれ，ここでは $F*G$ と略記する．

フーリエ変換と逆変換の対称性から，式（2.180）の裏返しの関係として次式が得られる．

$$\mathscr{F}\{f(x,y)*g(x,y)\}=F(f_x,f_y)G(f_x,f_y) \quad (2.181)$$

ただし

$$f(x,y)*g(x,y)\equiv\iint_{-\infty}^{\infty}f(s,t)g(x-s,y-t)dsdt \quad (2.182)$$

式（2.182）は，$f(x,y)$ と $g(x,y)$ のコンボリューション $f*g$ の定義式であり，式（2.181）に示されるように二つの関数のコンボリューションのフーリエ変換はそれぞれの関数のフーリエ変換の積となる．ふつうは式（2.181）の形式をコンボリューション定理とよぶ．

式（2.182）の $g(x,y)$ を，$g^*(-x,-y)$，すなわち複素共役をとってから原点のまわりに180°回転したもので置き換えたものが f と g の相互相関関数

$$f(x,y)\star g(x,y)\equiv\iint_{-\infty}^{\infty}f(s,t)g^*(s-x,t-y)dsdt \quad (2.183)$$

であり，

$$\mathscr{F}\{f(x,y)\star g(x,y)\}=F(f_x,f_y)G^*(f_x,f_y) \quad (2.184)$$

となることが式（2.181）から導かれる．相互相関は二つの開口関数 f と g の類似度を示す関係である．

さらに，式（2.183）において $f(x,y)=g(x,y)$ とした特別な場合が自己相関関数

$$f(x,y)\star f(x,y)\equiv\iint_{-\infty}^{\infty}f(s,t)f^*(s-x,t-y)dsdt \quad (2.185)$$

であり，そのフーリエ変換は

$$\mathscr{F}\{f(x,y)\star f(x,y)\}=|F(f_x,f_y)|^2 \quad (2.186)$$

である．この関係は自己相関定理（ウイナー-ヒンチンの定理）とよばれている．自己相関は原点で最大値をとる．式（2.186）の右辺のようにフーリエ変換を絶対平方したものをパワースペクトルという．

さらに，式（2.186）からパーセバルの定理

$$\iint_{-\infty}^{\infty}|f(x,y)|^2dxdy=\iint_{-\infty}^{\infty}|F(f_x,f_y)|^2df_xdf_y \quad (2.187)$$

が容易に導かれる．これは光エネルギーの保存則に対応している．

次に，形と大きさが同じ多数の開口を向きをそろえて並べた多重開口を考える．要素となる開口関数が $f(x, y)$ で，各開口の基準となる対応点の位置座標が (x_i, y_i) $(i=1, 2, \cdots, N)$ のとき，全体の開口関数は，

$$f(x, y) * \sum_{i=1}^{N} \delta(x-x_i, y-y_i) \tag{2.188}$$

というコンボリューションで表される．総和はディラックのデルタ関数 $\delta(x, y)$ を用いて開口配列の様子を表現したものである．デルタ関数の性質より，$\mathscr{F}\{\delta(x, y)\}=1$ となるから，式 (2.188) 全体のフーリエ変換は，式 (2.181) のコンボリューション定理と式 (2.179) のシフト定理を使って

$$\mathscr{F}\left\{f(x, y) * \sum_{i=1}^{N} \delta(x-x_i, y-y_i)\right\}$$
$$= F(f_x, f_y) \cdot \sum_{i=1}^{N} \exp[-i2\pi(f_x x_i + f_y y_i)] \tag{2.189}$$

となる．

このような多重開口が直交格子の格子点上に規則的に配列している特別な場合には，くし関数 $\mathrm{comb}(x)$ とそのフーリエ変換の性質

$$\left.\begin{array}{l} \mathrm{comb}(x) \equiv \sum_{n=-\infty}^{\infty} \delta(x-n) \\ \mathscr{F}\{\mathrm{comb}(x)\} = \mathrm{comb}(f_x) \end{array}\right\} \tag{2.190}$$

を利用して，繰返しの周期を a, b とすると

$$\mathscr{F}\left\{f(x, y) * \left[\mathrm{comb}\left(\frac{x}{a}\right)\mathrm{comb}\left(\frac{y}{b}\right)\right]\right\}$$
$$= |ab|\mathrm{comb}(af_x)\mathrm{comb}(bf_y)F(f_x, f_y) \tag{2.191}$$

が得られる．

e．サンプリング定理（離散サンプル画像）：　フーリエ変換と逆変換の対称性を考慮して，式 (2.191) の裏返しの関係式

$$\mathscr{F}\left\{f(x, y)\mathrm{comb}\left(\frac{x}{a}\right)\mathrm{comb}\left(\frac{y}{b}\right)\right\}$$
$$= F(f_x, f_y) * [|ab|\mathrm{comb}(af_x)\mathrm{comb}(bf_y)] \tag{2.192}$$

が成り立つ．これは開口関数 $f(x, y)$ を周期的にサンプリングしてフーリエ変換すると，開口関数のフーリエ変換スペクトル $F(f_x, f_y)$ を直交格子の各格子点上に配列したものになることを示している．

サンプリング周期を十分細かくすると，それに反比例して格子点の間隔は大きくなるので，となり合うスペクトルが重ならないようにできる．このためには，スペクトル $F(f_x, f_y)$ が占める領域を座標軸に平行な辺をもつ最小の長方形で囲んだとき，x および y のそれぞれの方向について，サンプリング周波数 f_s が対応する方向の辺の長さ $2f_c$ に対して

$$f_s \geqq 2f_c \tag{2.193}$$

となるように選べば十分である。f_c はその方向の空間周波数帯域幅で，式 (2.193) の関係は電気信号のサンプリングについてのナイキスト条件と同じである．

式 (2.193) の条件が満たされているとき，式 (2.192) の多重スペクトルから実際に $F(f_x, f_y)$ を一つだけ切り出すには，たとえば，幅 $1/a$, 高さ $1/b$ の長方形のような適当なマスクを周波数領域でかければよい．

このことは，

$$\text{rect}(x) \equiv \begin{cases} 1 & |x| \leq \dfrac{1}{2} \\ 0 & |x| > \dfrac{1}{2} \end{cases} \tag{2.194}$$

で定義される矩形関数を用いると，フーリエ変換面で $\text{rect}(af_x, bf_y)$ を乗算することに対応する．コンボリューション定理により，この関係を物体面に戻すと

$$f(x, y) = \left[f(x, y) \text{comb}\left(\frac{x}{a}\right) \text{comb}\left(\frac{y}{b}\right) \right] * \left[\frac{1}{|ab|} \text{sinc}\left(\frac{\pi x}{a}\right) \text{sinc}\left(\frac{\pi y}{b}\right) \right]$$

$$= \sum_{n=-\infty}^{\infty} \sum_{m=-\infty}^{\infty} f(na, mb) \text{sinc}\left[\frac{\pi}{a}(x-na)\right] \text{sinc}\left[\frac{\pi}{b}(y-mb)\right] \tag{2.195}$$

となる．これは $f(x, y)$ を離散的にサンプルした値 $f(na, mb)$ (n, m: 整数) を用いて $f(x, y)$ が完全な形で表せるという，サンプリング定理を示したものである．

f. フーリエ積分定理（二重フーリエ変換光学系，空間フィルタリング）: フーリエ変換とフーリエ逆変換を続けて行うともとの関数となる．すなわち

$$\left.\begin{array}{l} \mathscr{F}^{-1}\mathscr{F}\{f(x, y)\} = f(x, y) \\ \mathscr{F}\mathscr{F}^{-1}\{F(f_x, f_y)\} = F(f_x, f_y) \end{array}\right\} \tag{2.196}$$

ただし，関数が不連続点を含むときは，その点のまわりの各方向の値を平均したものになる．

図 II.2.33 の二重フーリエ変換光学系は，しばしば $4f$ の光学系とよばれる．これは，図 II.2.32 (c) のフーリエ変換光学系を 2 段直列につなげたもので，フーリエ変換を 2 度続けることになる．この場合には

$$\mathscr{F}\mathscr{F}\{f(x, y)\} = f(-x, -y) \tag{2.197}$$

すなわち，180°回転したもとの物体になる．これは図 II.2.33 の光学系が結像系となることを示している．あらかじめ結像面の座標軸を反転しておけば，フーリエ変換と逆変換を連続して行うことに対応し，正しくもとの物体になる．

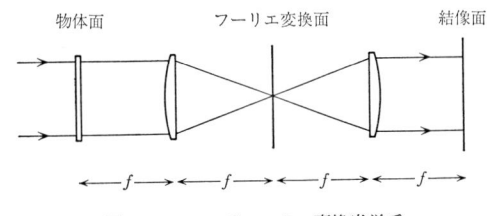

図 II.2.33 二重フーリエ変換光学系

二重フーリエ変換系の結像作用は，アッベの結像理論と相通じるものがある[2]．すなわち，図 II.2.32 (e) のような一般的な光学配置においても，物体はいったんフーリエ変換

されて空間周波数成分に分けられてから，ふたたびその背後で合成されて像を結ぶものと考えられる．

中間のフーリエ変換面に透過光の振幅や位相を変化させるフィルターを置くことによって，物体面に置かれた入力画像に対して，平滑化・輪郭強調・アポダイゼーションなどの処理を施すことができる．このような処理を空間フィルタリングとよび，第V部9章に詳述する光情報処理の一つの基本原理となっている．この目的で使われるフィルターを空間フィルターといい，振幅を変調するものを振幅フィルター，位相を変調するものを位相フィルターという．両方を同時に変調するものを複素振幅フィルターという．

g. 基本的な開口関数とそのフーリエ変換: 最後に，いくつかの基本的な開口関数の具体例とそのフーリエ変換を対として表 II.2.5 にまとめる．

表 II.2.5 基本的な開口関数とそのフーリエ変換

開口関数: $f(x, y)$	フーリエ変換: $F(f_x, f_y)$	備考
$\text{rect}(x)$	$\text{sinc}(\pi f_x)\delta(f_y)$	スリット（単位幅） $\text{sinc}\, x \equiv \dfrac{\sin x}{x}$
$\Lambda(x)$	$\text{sinc}^2(\pi f_x)\delta(f_y)$	$\Lambda(x)=\text{rect}(x)*\text{rect}(x)$
$\delta(x)$	$\delta(f_y)$	線光源
$\delta(x, y)$	1	点光源
1	$\delta(f_x, f_y)$	平面波（無限）
$\text{sgn}(x)$	$\dfrac{1}{i\pi f_x}\delta(f_y)$	$\text{sgn}(x)=\begin{cases} 1 & x\geq 0 \\ -1 & x<0 \end{cases}$
$\cos(2\pi x)$	$\dfrac{1}{2}\left[\delta\left(f_x-\dfrac{1}{2}\right)+\delta\left(f_x+\dfrac{1}{2}\right)\right]\delta(f_y)$	
$\sin(2\pi x)$	$\dfrac{1}{2i}\left[\delta\left(f_x-\dfrac{1}{2}\right)-\delta\left(f_x+\dfrac{1}{2}\right)\right]\delta(f_y)$	
$\text{step}\, x$	$\dfrac{1}{2}\left[\delta(f_x)+\dfrac{1}{i\pi f_x}\right]\delta(f_y)$	エッジ $\text{step}(x)=\dfrac{1+\text{sgn}(x)}{2}$
$\dfrac{1}{2}[1+\cos(2\pi x)]$	$\left[\dfrac{1}{2}+\dfrac{1}{4}\delta\left(f_x-\dfrac{1}{2}\right)+\dfrac{1}{4}\delta\left(f_x+\dfrac{1}{2}\right)\right]\delta(f_y)$	$\cos$ 振幅格子
$\text{rect}(x)\text{rect}(y)$	$\text{sinc}(\pi f_x)\text{sinc}(\pi f_y)$	正方形開口（単位辺）
$\text{circ}(r)$	$\dfrac{J_1(2\pi\rho)}{\rho}$	円形開口（単位半径） $r^2=x^2+y^2$ $\rho^2=f_x^2+f_y^2$
$\exp(-\pi r^2)$	$\exp(-\pi\rho^2)$	ガウスビーム（ビームウエスト）
$\exp[i2\pi(ax+by)]$	$\delta(f_x-a, f_y-b)$	傾いた平面波
$\text{comb}(x)$	$\text{comb}(f_x)\delta(f_y)$	$\text{comb}(x)=\sum_{n=-\infty}^{\infty}\delta(x-n)$
$\text{comb}(x)\text{comb}(y)$	$\text{comb}(f_x)\text{comb}(f_y)$	

円形・正方形・スリットなど原点を中心とする単位長の開口関数を代表として掲げてあるから，楕円・長方形あるいは大きさの異なるものについては b. のスケーリング則を適用し，開口の位置が横にずれているものは c. のシフト定理を適用すればよい．

また，フーリエ変換の欄に掲げた関数形のフーリエ変換が必要な場合は，式 (2.197)

の性質,すなわち $\mathscr{F}\{F(x, y)\}=f(-f_x, -f_y)$ を利用して対応する開口関数を 180° 回転した関数形を用いればよい.

さらに,フーリエ逆変換の定義を表す式 (2.165) の両辺を x で偏微分してみればわかるように

$$\mathscr{F}\left\{\frac{\partial}{\partial x}[f(x, y)]\right\}=i\,2\pi f_x F(f_x, f_y) \tag{2.198}$$

という関係がある.y 方向の微分および高次の微分が混じった場合も同様に行える.たとえばラプラシアンについては

$$\mathscr{F}\{\nabla^2 f(x, y)\}=-4\pi^2(f_x{}^2+f_y{}^2)F(f_x, f_y) \tag{2.199}$$

となる.

2.7.3 結像光学系のフーリエ解析

(1) インパルス応答と点像分布関数　前項において図Ⅱ.2.33 の二重フーリエ変換光学系が結像系として働き,物体を完全な形で再生することをみた.このような光学系のインパルス応答,すなわちデルタ関数状の入力(点光源)に対する出力像(点像)は理想的な点となり,これもデルタ関数で表される.ただし,そこでの取扱いではレンズの大きさ(口径)を無限とし,かつレンズの性能が完全(無収差)であるとした.

しかしながら,現実のレンズの口径は有限であり,これを通過する波面には理想的な波面からのずれ(波面収差)が存在するために点像は有限の広がりをもつ.このようなレンズおよびレンズ系の特性は,瞳を通過する光波の複素振幅 $P(\xi, \eta)$ を使って記述することができる.この関数を瞳関数とよび,その絶対値は瞳の形と大きさ,位相は波面収差を表している.

図Ⅱ.2.33 において,フーリエ変換面での瞳関数を $P(\xi, \eta)$ とすると,図Ⅱ.2.32 (c) と同様に結像面での複素振幅 $u_p(x, y)$ は瞳関数のフーリエ変換になる.式 (2.174) の座標変数の役割を代えて定数係数を無視すると,

$$u_p(x, y)=\iint_{-\infty}^{\infty}P(\xi, \eta)\exp\left[-i\,2\pi\left(\frac{\xi x}{\lambda f}+\frac{\eta y}{\lambda f}\right)\right]d\xi d\eta \tag{2.200}$$

が得られる.これを絶対平方して強度を求めたものが点像分布関数 psf(x, y) であるが,結像面の座標軸の向きを初めから反転させておけば,瞳関数のフーリエ逆変換 $p(x, y)=\mathscr{F}^{-1}\{P(f_x, f_y)\}$ を用いて

$$\text{psf}(x, y)=|u_p(x, y)|^2=\left|p\left(\frac{x}{\lambda f}, \frac{y}{\lambda f}\right)\right|^2 \tag{2.201}$$

と書ける.式 (2.200) の点像振幅分布関数と区別するために式 (2.201) を点像強度分布関数とよぶこともある.

1 枚のレンズで結像を行う場合にも,点像分布関数は式 (2.201) と同様の式で表せる.ただし,この場合にはレンズ面内で瞳関数 $P(\xi, \eta)$ を与え,焦点距離 f の代わりに像面までの距離 d を用いる[1,6].また,一般の結像光学系については,射出瞳において瞳関数を求め,ここから像面までの距離 d を焦点距離 f の代わりに用いればよい.

（2） OTF と MTF　一般に，インパルス応答が $h(x, y)$ のシフトインバリアントな線形システムにおいて，入力 $i(x, y)$ と出力 $o(x, y)$ はコンボリューションの関係

$$o(x, y) = i(x, y) * h(x, y) \tag{2.202}$$

で結ばれる．この関係を，それぞれのフーリエ変換を使って書き直せば，コンボリューション定理により

$$O(f_x, f_y) = I(f_x, f_y) H(f_x, f_y) \tag{2.203}$$

となる．ここで，伝達関数 $H(f_x, f_y)$ はシステムの周波数特性を表す．

光学系の場合，ふつうはゼロ周波数での値で正規化した伝達関数を用い，OTF（光学的伝達関数）とよぶ．OTF は一般に複素数値をとるから

$$\mathrm{OTF} = \mathrm{MTF} \exp(i\,\mathrm{PTF}) \tag{2.204}$$

のように，その絶対値部分 MTF（変調伝達関数）と位相部分 PTF（位相伝達関数）とに分けられる．MTF は各周波数成分のコントラスト特性を表し，PTF は横ずれの特性を与える．

コヒーレント結像系の場合は，複素振幅について線形性が成り立つから，インパルス応答は式（2.200）の点像振幅分布関数の f を d で置き換えたものである．したがって，

$$H(f_x, f_y) = \mathscr{F}\{u_p(x, y)\} = \mathscr{F}\left\{p\left(\frac{x}{\lambda d}, \frac{y}{\lambda d}\right)\right\} \tag{2.205}$$

$$\mathrm{OTF} = P(\lambda d f_x, \lambda d f_y) \tag{2.206}$$

となり，コヒーレント結像系の OTF は瞳関数と同じ形になる．瞳の ξ 方向の幅を $2\xi_{\max}$ とすると，x 方向のカットオフ周波数 f_c は $\xi_{\max}/(\lambda d)$ となる．

これに対して，インコヒーレント結像系の場合は，強度について線形性が成り立つから，インパルス応答は式（2.201）の点像（強度）分布関数である．したがって，

$$H(f_x, f_y) = \mathscr{F}\{|u_p(x, y)|^2\}$$
$$= \mathscr{F}\left\{\left|p\left(\frac{x}{\lambda d}, \frac{y}{\lambda d}\right)\right|^2\right\} \tag{2.207}$$

であり，自己相関定理を利用すると，正規化のための係数を除いて

$$\mathrm{OTF} = P(\lambda d f_x, \lambda d f_y) \star P(\lambda d f_x, \lambda d f_y) \tag{2.208}$$

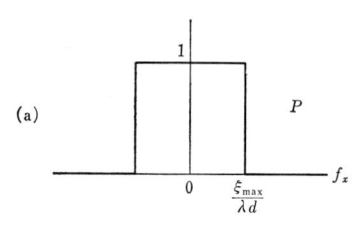

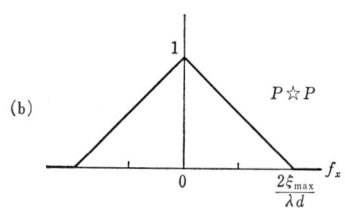

図 II.2.34　OTF
(a) コヒーレント　(b) インコヒーレント

のように，インコヒーレント結像系の OTF は瞳関数の自己相関関数で表される．自己相関関数の広がりは瞳関数の 2 倍になるから，たとえば，x 方向のカットオフ周波数は $2\xi_{\max}/(\lambda d)$ となる．

2.7.4 ホログラフィー

フーリエ光学では光波の複素振幅，すなわち振幅と位相の両方が重要である．光強度だけを記録できる写真感光材料を用いて，位相を含めた複素振幅を記録・再生する方法としてホログラフィーがある．ホログラフィーの方法で，振幅・位相を同時に変調する複素振幅フィルターを比較的容易につくることができる．

（1） ホログラフィーの原理（波面の記録と再生） 図Ⅱ.2.35(a)のように，互いにコヒーレントな二つの光波を感光材料の上で干渉させ，その干渉縞を記録したものがホログラムである．二つの光波のうち，情報を記録・再生したい物体波の感光材料上での複素振幅を $O(\xi, \eta)$ とし，もう一方の参照波の複素振幅を $R(\xi, \eta)$ とする．いま，写真材料に対して，現像・定着後の振幅透過率 $t_a(\xi, \eta)$ が露光量に対して線形となるような感光特性を仮定すると，α, β を定数として

$$t_a(\xi, \eta) = \alpha - \beta |O(\xi, \eta) + R(\xi, \eta)|^2 \quad (2.209)$$

となる．このホログラムに，記録時と同じ配置で参照波だけを照射すると，ホログラム透過直後の光波の複素振幅は

$$t_a R = [\alpha - \beta(|R|^2 + |O|^2)] R - \beta |R|^2 O - \beta R^2 O^* \quad (2.210)$$

となる．ただし，簡単のために座標成分 ξ, η は省略してある．右辺の各項のうち，O に比例する第2項は物体波が再生されていることを示し，第3項は O^* に比例する共役波の発生，第1項は直接透過波（ゼロ次の回折光）の存在に対応している．特に，法線に対して角度 θ だけ傾いた単位振幅の平面波，

$$R = \exp\left(\frac{i 2\pi}{\lambda} \eta \sin \theta\right) \quad (2.211)$$

を参照波とした場合は

$$t_a R = [\alpha - \beta(1 + |O|^2)] \exp\left(\frac{i 2\pi}{\lambda} \eta \sin \theta\right) - \beta O - \beta O^* \exp\left[\frac{i 2\pi}{\lambda} \eta (2 \sin \theta)\right] \quad (2.212)$$

となり，物体波，共役波とも余分な関数を含まない完全なものが得られることがわかる．また，これらとゼロ次光のすべてが互いに異なる方向に再生されるので，傾き角 θ を十分大きくとれば重なり合わないようにできる．このような方法でつくられたホログラムをオフアクシス（または軸はずし）ホログラム，参照波を傾けないものをインライン（またはガボア形）ホログラムとよぶ．

オフアクシスホログラムでは，物体波と参照波がつくる干渉縞のコントラストによって物体波の振幅情報を，また干渉縞の横ずれで位相情報を表していると考えられる．参照波の傾き角 θ を大きくすると干渉縞の搬送周波数が高くなるから，感光材料の空間周波数

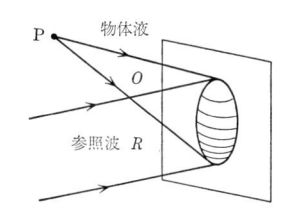

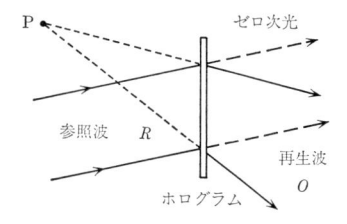

図 Ⅱ.2.35 ホログラムの (a) 記録と (b) 再生

特性（MTF）によって θ の最大値が制限される.

（2）ホログラフィックフィルター　振幅と位相の両方を表す複素振幅フィルターは一般に製作がむずかしいが，ホログラフィーを使うと比較的容易にできる．これをホログラフィックフィルターとよぶ．次に説明する Vander Lugt フィルターのように，フーリエ変換光学系のフーリエ変換面でホログラム記録を行えば，周波数フィルターをつくるのに必要な計算を省くこともできる[1]．

物体 $f(x, y)$ のフーリエ変換面において，平面参照波 R を用いてオフアクシスホログラムをつくると，その振幅透過率は式（2.209）から

$$t_\mathrm{a} = \left[\alpha - \beta\left(1 + \left|\frac{F}{\lambda f}\right|^2\right)\right] - \frac{\beta}{\lambda f} F \exp\left(-\frac{i2\pi}{\lambda}\eta \sin\theta\right) - \frac{\beta}{\lambda f} F^* \exp\left(\frac{i2\pi}{\lambda}\eta \sin\theta\right) \tag{2.213}$$

ただし，ここでは物体波を傾けている．また式中の F は

$$F = F\left(\frac{\xi}{\lambda f}, \frac{\eta}{\lambda f}\right) \tag{2.214}$$

で，$f(x, y)$ のフーリエ変換に用いたレンズの焦点距離を f とした．再生用平面波の入射角，または再生された光波の方向を選択することによって，F あるいは F^* という透過率をもつ複素振幅フィルターとして使用することができる．

電子計算機の進歩により，二次元データのフーリエ変換の計算そのものは昔に比べてずいぶん容易になってきている．単なるフーリエ変換に限らず種々の最適化フィルターを実現するうえでも，計算機を利用したホログラム合成が有効となっている．計算機合成ホログラムではむしろフィルターの作製法に課題が残されているといえる．

以上では，感光材料の面上に記録された干渉縞としてのホログラムを考えたが，写真乳剤をはじめ現実の感光材料には厚みがあり，干渉縞は三次元的に形成されている．特に厚いホログラムは体積ホログラムとよばれ，結晶と同様な波長選択性や角度選択性などが顕著に現れる．波長選択性はリップマンホログラムのように三次元カラー物体の記録・再生などに用いられているが，角度選択性とともにホログラフィックフィルターの多重化などにも利用することができる．最近盛んになってきたフォトリフラクティブ結晶による位相共役波発生においても，体積ホログラムとしての考慮が重要である．　　　　［小松進一］

参考文献

1) J. W. Goodman: Introduction to Fourier Optics, McGraw-Hill (1968).
2) E. Hecht: Optics, 2nd edition, Addison-Wesley (1987).
3) A. Papoulis: Systems and Transforms with Applications in Optics, McGraw-Hill (1968).
4) E. G. Steward: Fourier Optics An Introduction, 2nd edition, Ellis Horwood (1987).
5) J. D. Gaskill: Linear Systems, Fourier Transforms, & Optics, John Wiley & Sons (1978).
6) 飯塚啓吾：光工学，共立出版 (1983).
7) 龍岡静夫：光工学の基礎，昭晃堂 (1984).
8) W. T. Welford: Optics, 3rd edition, Oxford University (1988).
9) S. Komatsu et al.: Appl. Opt., **22** (1983), 3532.

3. 導波光学

　光導波とは，光源からの光を伝搬方向にはほぼ一様な構造の媒体に閉じ込めて目的の領域に導くことであり，その媒体を光導波路，伝搬方向の軸を光軸とよぶ．空間的に局在する電磁波（つまりビーム波）は，回折によって広がろうとする性質がある．光導波路が光を導波する原理は，伝搬するに従って光軸から広がろうとする光を，反射や屈折によって光軸方向に戻しながら光軸に沿って導波させるわけである．そして，光電力が主に閉じこめられて導波される領域をコア（core）とよび，その周囲の領域をクラッド（cladding）とよぶ．一般にコアおよびクラッドには透明な媒質（誘電体やバンドギャップエネルギーが光子のエネルギーよりも大きい半導体）が用いられ，時にはクラッドには金属が用いられることもある．

　光導波路には，断面形状で大別して，光ファイバーやロッドレンズのような円筒断面の光導波路（主に通信用の伝送路などに用いられる）と平板基板上に製作された光導波路（光集積回路や導波路形光デバイスに用いられる）があり，図II.3.1に示すようなさまざまな断面構造のものがある．

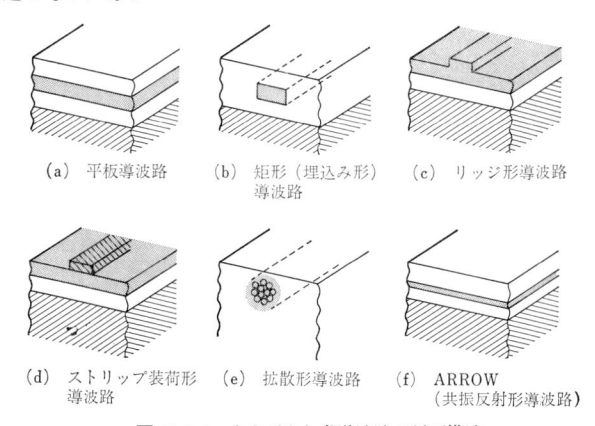

(a) 平板導波路　　(b) 矩形（埋込み形）導波路　　(c) リッジ形導波路

(d) ストリップ装荷形導波路　　(e) 拡散形導波路　　(f) ARROW（共振反射形導波路）

図 II.3.1　さまざまな光導波路の断面構造

　ここで，光が主に導波される層をコア（core），またはその周囲の層（または領域）をクラッド（cladding）とよぶ．コアに光を閉じ込めるには，クラッドとの境界面での反射

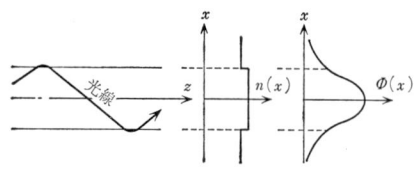

(a) 全反射閉じ込め形導波路

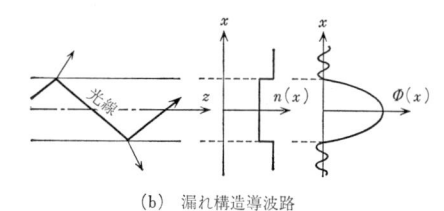

(b) 漏れ構造導波路

図 II.3.2 全反射閉じ込め形導波路と漏れ構造導波路

やコア内での屈折を用いるが，図II.3.2 (a) に示すように全反射および屈折を用いる場合には光パワーをコアに100％閉じ込めることができるので，原理的に伝搬に伴う光電力の損失は起こらない．一方，図II.3.2(b) に示すように通常のフレネル反射を用いる場合には，反射率が1.0よりも小さいので透過も起こり，したがって反射のたびに少しずつコアからクラッドへ光電力が逃げていくので，伝搬に伴う光電力の損失が生じる．この損失を，放射損失（radiation loss）とよぶ．また，コアまたはクラッドの媒質が光を吸収する場合（屈折率が複素数で $n = n_r + in_i$ のように表され，n_i が負の場合）にも光損失が生じる．この損失を吸収損失（absorption loss）とよぶ．この光をコアへ閉じ込める導波原理やコアとクラッドの材料によって光導波路を分類すると，表II.3.1のようになる．

表 II.3.1 導波原理による光導波路の分類

導波原理 \ 材料	無損失誘電体	吸収や利得をもつ媒質
全反射 $R=1.0$	通常の解放形誘電体導波路	半導体レーザー，吸収形変調器など
フレネル反射 $R<1.0$	漏れ構造導波路 金属クラッド導波路など	

光導波路の厳密な解析には，マクスウェルの電磁方程式から出発して光を電磁波として扱う波動理論が適している．以下ではこの波動論を用いて，光導波路の基本的な諸特性とそれを解析する手法を解説する．

3.1 導波路のモードの一般的概念

3.1.1 波動方程式と境界条件

振動電磁界を扱う場合には，マクスウェルの電磁方程式（Maxwell's equations）は次の2式を考えればよい[†]．

[†] マクスウェルの方程式は，さらに $\nabla \cdot \boldsymbol{D} = \rho$，$\nabla \cdot \boldsymbol{B} = 0$ の二つを加えて合計四つ，さらに三つの補助方程式（$\boldsymbol{D} = \varepsilon \boldsymbol{E}$, $\boldsymbol{B} = \mu \boldsymbol{H}$, $\boldsymbol{J} = \sigma \boldsymbol{E}$）を加えると七つあるが，電荷がなくて，かつ振動する電磁界の場合には $\nabla \cdot \boldsymbol{D} = 0$ と $\nabla \cdot \boldsymbol{B} = 0$ の二つは式 (3.1) と式 (3.2) から導出できる．

3.1 導波路のモードの一般的概念

$$\mathbf{\nabla} \times \mathbf{E} = -\frac{\partial \mathbf{B}}{\partial t} \tag{3.1}$$

$$\mathbf{\nabla} \times \mathbf{H} = \mathbf{J} + \frac{\partial \mathbf{D}}{\partial t} \tag{3.2}$$

ここで，媒質として透明誘電体を考えて，

$$\left.\begin{array}{l} \mu = \mu_0 \quad \text{(非磁性体)}, \\ \sigma = 0 \quad \text{(絶縁体，したがって } \mathbf{J}=0\text{)} \end{array}\right\} \tag{3.3}$$

とおき，さらに誘電率を屈折率で表して，

$$\varepsilon = \varepsilon_0 n_i^2 \quad (i=1 \text{ または } 2) \tag{3.4}$$

とおく．また，電界と磁界の時間依存性を，

$$\mathbf{E} = \mathbf{E}^0(x, y, z) e^{i\omega t} \tag{3.5}$$

$$\mathbf{H} = \mathbf{H}^0(x, y, z) e^{i\omega t} \tag{3.6}$$

と表すと，式 (3.1) と式 (3.2) は次の2式のように変形される．

$$\mathbf{\nabla} \times \mathbf{E}^0 = -i\omega\mu_0 \mathbf{H}^0 \tag{3.7}$$

$$\mathbf{\nabla} \times \mathbf{H}^0 = i\omega\varepsilon_0 n_i^2 \mathbf{E}^0 \tag{3.8}$$

ここで，ベクトル公式

$$\mathbf{\nabla} \times (\mathbf{\nabla} \times \mathbf{A}) = \mathbf{\nabla}(\mathbf{\nabla} \cdot \mathbf{A}) - \mathbf{\nabla}^2 \mathbf{A} \tag{3.9}$$

を用いると，以下の波動方程式（wave equations）が得られる．

$$\mathbf{\nabla}^2 \mathbf{E}^0 + \omega^2 \varepsilon_0 \mu_0 n_i^2 \mathbf{E}^0 = 0 \tag{3.10}$$

$$\mathbf{\nabla}^2 \mathbf{H}^0 + \omega^2 \varepsilon_0 \mu_0 n_i^2 \mathbf{H}^0 = 0 \tag{3.11}$$

一方，不連続部での境界条件（boundary conditions）は，振動電磁界の場合には次の2式で表される[†]．

$$(\mathbf{E}_1 - \mathbf{E}_2) \times \mathbf{n} = 0 \tag{3.12}$$

$$(\mathbf{H}_1 - \mathbf{H}_2) \times \mathbf{n} = 0 \tag{3.13}$$

（$\mathbf{n}$ は境界面に対する単位法線ベクトル）

これらの物理的な意味は，$\mathbf{E}$ および $\mathbf{H}$ の接線成分が境界面の両側で相等しくなければならないということである．

さて，一般にいくつかの領域内で屈折率が連続ならば，それぞれの領域内で波動方程式 (3.10) と (3.11) の一般解を求め，それぞれの解が各領域の境界において境界条件式 (3.12) と (3.13) を満たすように一般解の未定係数を決めれば，系全体の解が求められる．ただしその際に，波動方程式 (3.10) と (3.11) および境界条件式 (3.12) と (3.13) は電磁界成分を6個（$\mathbf{E}$ 3個＋$\mathbf{H}$ 3個）含んでいるので，6元の連立方程式になるように思われるかもしれない．しかしながら，便利なことに，6個の電磁界成分のうちで独立なものは $\mathbf{E}$ と $\mathbf{H}$ の中のそれぞれ1個ずつ，合計2個のみを考えればよい．たとえば，xyz デカルト座標系で E_z と H_z についてそれぞれ波動方程式と境界条件を満たす解が得られ

[†] 境界条件にはこの2式のほかに，$\mathbf{D}$ および $\mathbf{B}$ の法線成分が境界面の両側で等しいという2式があるが，振動電磁界の場合にはマクスウェルの方程式の場合と同様に，これらは式 (3.12) と式 (3.13) から導くことができる．

たとすると，残りの E_x, E_y, H_x, H_y は E_z と H_z を用いて以下のように表すことができる．

$$E_x = \frac{-i}{\omega^2 \varepsilon \mu - \beta^2} \left(\beta \frac{\partial E_z}{\partial x} + \omega \mu \frac{\partial H_z}{\partial y} \right) \tag{3.14}$$

$$E_y = \frac{-i}{\omega^2 \varepsilon \mu - \beta^2} \left(\beta \frac{\partial E_z}{\partial y} - \omega \mu \frac{\partial H_z}{\partial x} \right) \tag{3.15}$$

$$H_x = \frac{-i}{\omega^2 \varepsilon \mu - \beta^2} \left(-\omega \varepsilon \frac{\partial E_z}{\partial y} + \beta \frac{\partial H_z}{\partial x} \right) \tag{3.16}$$

$$H_y = \frac{-i}{\omega^2 \varepsilon \mu - \beta^2} \left(\omega \varepsilon \frac{\partial E_z}{\partial x} + \beta \frac{\partial H_z}{\partial y} \right) \tag{3.17}$$

導波路の伝搬軸に平行な方向を縦方向，伝搬軸に垂直な方向を横方向とよぶので，この場合には E_z と H_z が縦方向成分（longitudinal components）とよばれ，残りの四つの成分が横方向成分（transverse components）とよばれる．また同様に，円筒座標系で E_z と H_z についての波動方程式と境界条件を満たす解が得られた場合には，残りの横方向電磁界成分 E_r, E_θ, H_r, H_θ は E_z と H_z を用いて以下の4式によって求めることができる．

$$E_r = \frac{-i}{\omega^2 \varepsilon \mu - \beta^2} \left(\beta \frac{\partial E_z}{\partial r} + \omega \mu \frac{1}{r} \frac{\partial H_z}{\partial \theta} \right) \tag{3.18}$$

$$E_\theta = \frac{-i}{\omega^2 \varepsilon \mu - \beta^2} \left(\beta \frac{1}{r} \frac{\partial E_z}{\partial \theta} - \omega \mu \frac{\partial H_z}{\partial r} \right) \tag{3.19}$$

$$H_r = \frac{-i}{\omega^2 \varepsilon \mu - \beta^2} \left(-\omega \varepsilon \frac{1}{r} \frac{\partial H_z}{\partial \theta} + \beta \frac{\partial E_z}{\partial r} \right) \tag{3.20}$$

$$H_\theta = \frac{-i}{\omega^2 \varepsilon \mu - \beta^2} \left(\omega \varepsilon \frac{\partial E_z}{\partial r} + \beta \frac{1}{r} \frac{\partial H_z}{\partial \theta} \right) \tag{3.21}$$

3.1.2 固有モードの分類と伝搬定数

この節では，導波路構造として最も簡単な図 II.3.3 に示すような対称三層平板導波路を例に用いて，固有モード（eigenmode）の概念を説明する．この導波路は，コアが y および z 方向に無限に広がり，x 方向にのみコアとクラッドの境界が存在する．また，コアの上部のクラッド層と下部のクラッド層の屈折率が等しく，y-z 面に対して対称であるので，対称三層平板導波路とよばれる．

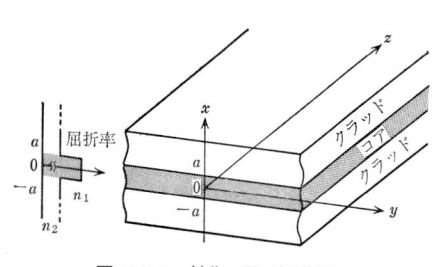

以後の表記を簡単化するため，以下では電界と磁界の空間分布 $\boldsymbol{E}^0(x, y, z)$ と $\boldsymbol{H}^0(x, y, z)$ を単に $\boldsymbol{E}$ および $\boldsymbol{H}$ と簡単

図 II.3.3 対称三層平板導波路

に表すことにする．また，光の伝搬方向を z 軸方向にとり，伝搬定数を β とおいて電磁界の z 方向依存性を $\exp(-i\beta z)$ と仮定する．したがって，読者は以下の電磁界分布に依存項 $\exp[i(\omega t - \beta z)]$ を補って読んでいただきたい．

図 II.3.3 に示す平板導波路では，光は x 方向には閉じ込められるが，y 方向には一様

3.1 導波路のモードの一般的概念

であるので，y方向の微分はゼロ$\left(\dfrac{\partial}{\partial y}=0\right)$である．以上の条件より，マクスウェルの方程式を$xyz$デカルト座標系で書き下すと，表Ⅱ.3.2のようになる．

表 Ⅱ.3.2 平板導波路に対するマクスウェルの方程式の xyz 成分

座標	式 (3.1) の座標成分	式 (3.2) の座標成分
x	$i\beta E_y = -i\omega\mu_0 H_x$ (3.22)	$i\beta H_y = i\omega\varepsilon_0 n_i^2 E_x$ (3.25)
y	$-i\beta E_x - \dfrac{\partial E_z}{\partial x} = -i\omega\mu_0 H_y$ (3.23)	$-i\beta H_x - \dfrac{\partial H_z}{\partial x} = i\omega\varepsilon_0 n_i^2 E_y$ (3.26)
z	$\dfrac{\partial E_y}{\partial x} = -i\omega\mu_0 H_z$ (3.24)	$\dfrac{\partial H_y}{\partial x} = i\omega\varepsilon_0 n_i^2 E_z$ (3.27)

この表に現れる方程式をよく見ると，式 (3.22), (3.24), (3.26) は六つの電磁界成分のうちの E_y, H_x, H_z のみを含み，残りの式 (3.23), (3.25), (3.27) は H_y, E_x, E_z を含んでおり，それぞれが独立した方程式になっていることがわかる．したがって，一般の電磁界はこれら独立な二つの方程式系の解の線形結合で表すことができる．これら二つの独立な方程式の解を，それぞれ

TE モード: $\boldsymbol{E}(0, E_y, 0)$, $\boldsymbol{H}(H_x, 0, H_z)$
(transverse electric modes)
TM モード: $\boldsymbol{E}(E_x, 0, E_z)$, $\boldsymbol{H}(0, H_y, 0)$
(transverse magnetic modes)

とよぶ．これらの名前の由来は，それぞれ電界または磁界の横方向 (transverse) 成分のみを含むからである．（縦方法 (longitudinal) 成分とは，光の進行方向成分，すなわち z 方向成分である．）

さて，以下では TE モードを例にとって，電磁界分布と伝搬定数 β を求めてみよう．TE モードでは，E_y 成分を用いてほかの二つの成分 H_x と H_z を以下のように表すことができる．

$$H_x = -\frac{\beta}{\omega\mu_0} E_y \tag{3.28}$$

$$H_z = \frac{i}{\omega\mu_0} \cdot \frac{\partial E_y}{\partial x} \tag{3.29}$$

式 (3.28) と (3.29) を式 (3.26) へ代入すると，次の波動方程式が得られる．

$$\frac{\partial^2 E_y}{\partial x^2} + (\omega^2 \varepsilon_0 \mu_0 n_i^2 - \beta^2) E_y = 0 \tag{3.30}$$

ここで，さらに

$$k_0^2 = \omega^2 \varepsilon_0 \mu_0 \tag{3.31}$$

とおいて，式 (3.30) の波動方程式をコア内 ($n = n_1$) とクラッド内 ($n = n_2$) に分けて書き表すと，次の2式となる．

$$\frac{\partial^2 E_y}{\partial x^2} + (k_0^2 n_1^2 - \beta^2) E_y = 0 \quad (\text{コア内}) \tag{3.32}$$

$$\frac{\partial^2 E_y}{\partial x^2} - (\beta^2 - k_0^2 n_2^2) E_y = 0 \quad (\text{クラッド内}) \tag{3.33}$$

さて，上記の式 (3.32) と (3.33) の一般解はそれぞれ sin と cos の線形結合，および指数関数的に増大する関数と減少する関数の線形結合で表される．これらの一般解の未定係数は，さらに境界条件を考慮することによって決まる．この境界条件は，式 (3.12) と (3.13) を図Ⅱ.3.3 に適用すると，境界面の接線成分は E_y と H_z であるので，次の 2 式で表される．

$$E_y(x \to \pm a_{+0}) = E_y(x \to \pm a_{-0}) \quad (\text{複号同順}) \tag{3.34}$$
$$H_z(x \to \pm a_{+0}) = H_z(x \to \pm a_{-0}) \quad (\text{複号同順}) \tag{3.35}$$

さらにクラッド内においては，物理的に意味のある解は

$$\bm{E}(x \to \pm\infty) = 0, \quad \bm{H}(x \to \pm\infty) = 0 \tag{3.36}$$

を満たす解である．

(1) TE モードの解　　波動方程式 (3.32) と (3.33) の解を求める際に，まず伝搬定数 β が次の範囲にある場合を考える．

$$k_0 n_2 \leqq \beta < k_0 n_1 \tag{3.37}$$

このように β の範囲を仮定すると，式 (3.32) と (3.33) の E_y の係数項は正の定数となるので，この係数項を以下のようにおく．

$$\kappa^2 = k_0^2 n_1^2 - \beta^2 \tag{3.38}$$
$$\gamma^2 = \beta^2 - k_0^2 n_2^2 \tag{3.39}$$

さらに，規格化周波数（V パラメーター）を

$$V = k_0 n_1 a \sqrt{2\varDelta} \tag{3.40}$$

と定義する．ここで

$$\varDelta = \frac{(n_1^2 - n_2^2)}{2 n_1^2} \tag{3.41}$$

$$\cong \frac{(n_1 - n_2)}{n_1} \quad (\text{ただし } (n_1 - n_2) \ll n_1 \text{ の場合}) \tag{3.42}$$

は比屈折率差 (relative index difference) とよばれる基本的パラメーターである．式 (3.38) と (3.39) を用いると，次式が成り立つ．

$$(\kappa a)^2 + (\gamma a)^2 = V^2 \tag{3.43}$$

式 (3.32), (3.33) の解で式 (3.34) と (3.36) の条件を満たすものを求めると，次の二つがある．

a. TE 偶数次モード (TE even modes):

$$\begin{aligned} E_y &= A_e \cdot \cos(\kappa x) & (|x| \leqq a) \\ &= A_e \cdot \cos(\kappa a) \cdot e^{-\gamma(|x|-a)} & (|x| > a) \end{aligned} \tag{3.44}$$

b. TE 奇数次モード (TE odd modes):

$$\begin{aligned} E_y &= A_0 \cdot \sin(\kappa x) & (|x| \leqq a) \\ &= \frac{x}{|x|} A_0 \cdot \sin(\kappa a) \cdot e^{-\gamma(|x|-a)} & (|x| > a) \end{aligned} \tag{3.45}$$

さらに，TE 偶数次モードの場合には，式 (3.44) を式 (3.29) へ代入し，式 (3.35) の境界条件が満たされるには，次の固有値方程式が満たされればよい．

$$\tan(\kappa a) = \frac{\gamma a}{\kappa a} \tag{3.46}$$

他のモードの場合にも，同様の手順で固有値方程式を求めることができる．これらをまとめて，界分布と固有値方程式を表 II.3.3 に示す．

表 II.3.3 平板導波路の各モードの界分布と固有値方程式

モード	モード電磁界 $\|x\| \leq a$	モード電磁界 $\|x\| > a$	固有値方程式
			$V^2 = (\kappa a)^2 + (\gamma a)^2$
TE 偶数次	$E_y = A_e \cdot \cos(\kappa x)$	$E_y = A_e \cdot \cos(\kappa a) \cdot e^{-\gamma(\|x\|-a)}$	$\tan(\kappa a) = \dfrac{\gamma a}{\kappa a}$
TE 奇数次	$E_y = A_0 \cdot \sin(\kappa x)$	$E_y = \dfrac{x}{\|x\|} A_0 \cdot \sin(\kappa a) \cdot e^{-\gamma(\|x\|-a)}$	$\tan(\kappa a) = -\dfrac{\kappa a}{\gamma a}$
TM 偶数次	$H_y = B_e \cdot \cos(\kappa x)$	$H_y = B_e \cdot \cos(\kappa a) \cdot e^{-\gamma(\|x\|-a)}$	$\tan(\kappa a) = \left(\dfrac{n_1}{n_2}\right)^2 \dfrac{\gamma a}{\kappa a}$
TM 奇数次	$H_y = B_0 \cdot \sin(\kappa x)$	$H_y = \dfrac{x}{\|x\|} B_0 \cdot \sin(\kappa a) \cdot e^{-\gamma(\|x\|-a)}$	$\tan(\kappa a) = -\left(\dfrac{n_2}{n_1}\right)^2 \dfrac{\kappa a}{\gamma a}$

（2）分散曲線 式 (3.43) と式 (3.46) は連立方程式になっているので，この2式を解くと解として κ と γ が得られる．この κ と γ から式 (3.38) と (3.39) を用いて，伝搬定数 β が求められる．この手順は，以下のような図式解法を用いると理解しやすい．すなわち，変数変換を行って

$$\kappa a = X \tag{3.47a}$$
$$\gamma a = Y \tag{3.47b}$$

とおくと，式 (3.43) と式 (3.46) は以下の連立方程式となる．

$$X^2 + Y^2 = V^2 \tag{3.48}$$
$$Y = X \cdot \tan X \tag{3.49a}$$

同様に，奇数次モードに対しては，式 (3.49a) の代わりに次式が得られる．

$$Y = -X \cdot \cot X \tag{3.49b}$$

式 (3.48) と式 (3.49a) または (3.49b) の解は，図を用いて求めれば，図 II.3.4 に示すように X が $\pi/2$ ごとに区切られた区間で 0 から無限大へ発散する単調増加関数と，半径 V の円との交点となる．この交点の X 座標と Y 座標がそれぞれ κa と γa に対応するので，これらの値を式 (3.38) と (3.39) へ代入すれば伝搬定数 β が求められる．

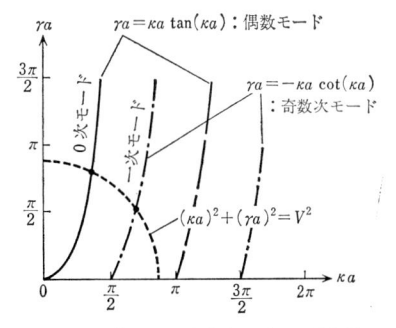

図 II.3.4 モード固有値方程式の図式解法

ところで，式 (3.40) で定義された V パラメーターは，導波路のコアとクラッドの屈折率 n_1, n_2 とコア半幅 a および光源の波長 λ が決まると一義的に決まるパラメーターである．そこで伝搬定数も規格化して，規格化伝搬定数 b を

$$b = \frac{(\beta/k_0)^2 - n_2^2}{n_1^2 - n_2^2} = \frac{(\gamma a)^2}{(\kappa a)^2 + (\gamma a)^2} \tag{3.50}$$

と定義すると，V と b の関係をいったん求めておけば，導波路パラメーターが変わってもいちいち伝搬定数を計算し直す必要がないし，導波特性を把握するうえで見通しがよい．このようにして V と b の関係を求めて描いた図Ⅱ.3.5のような曲線を，分散曲線 (dispersion curve) とよぶ．一度この分散曲線を描いておけば，導波路構造と波長が与えられたときの各モードの伝搬定数を求める手順は，図Ⅱ.3.6に示すように単純化される．

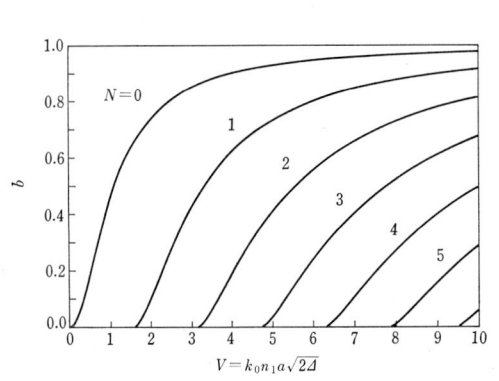

図 Ⅱ.3.5　対称三層平板導波路の分散曲線 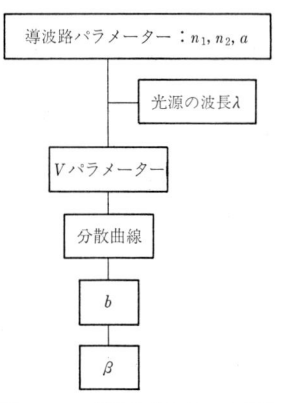　　図 Ⅱ.3.6　伝搬定数を求める手順

分散曲線を b の V に関する関数として解析的に表すことができれば便利であるが，実はそのような解析解はみつかっていない．しかしながら，逆に V を b の関数として次式のように表すことはできる[1]．

$$V = \frac{1}{\sqrt{1-b}} \left[\tan^{-1} \sqrt{\frac{b}{1-b}} + \frac{\pi}{2} N \right] \tag{3.51}$$

(N: モード番号)

この式から分散曲線を描くときには，横軸 b，縦軸を V として描いてから縦軸と横軸を入れ換えればよい．

図Ⅱ.3.5の分散曲線を見ると，V パラメーターが $\pi/2$ ずつ増えるたびにモードが 1 個ずつ増えることがわかる．そして，V が $\pi/2$ よりも小さいときには，モードは 1 個しか存在しない．このモードを TE0 次モードとよぶ（0 次モードを基本モードと呼ぶ場合もある）．TE0 次モードはまた，V 値が $\pi/2$ よりも大きい領域（すなわち複数のモードが存在する領域）において，伝搬定数が最も大きいモードである．このモードが複数個存在する領域においては，モードの番号を伝搬定数の大きい順にふる．また，モードが 1 個し

か存在しない V の領域を単一モードとよび，この状態にある導波路を単一モード導波路とよぶ．導波路が単一モード導波路になる条件を単一モード条件とよび，階段屈折率平板導波路の場合には次式で表される．

$$V \leqq \frac{\pi}{2} \tag{3.52}$$

（3）モードの分類　分散曲線を描く際には，伝搬定数を式（3.37）の範囲に仮定したが，伝搬定数が式（3.37）の下限よりも小さい場合もありうる．たとえば図II.3.5の分散曲線において，式（3.52）の上限値 $\pi/2$ は TE 一次モードの規格化伝搬定数 b が 0 （伝搬定数 β が $k_0 n_2$）となった点に相当するが，伝搬定数が $k_0 n_2$ よりも小さくなると，このモードの界分布は波動方程式（3.30）からもわかるようにクラッド内においても振動する関数になり，全空間に広がってもはやコアに閉じ込められたモードではなくなる．このようなモードを放射モード（radiation modes），またコアに閉じ込められたモードを導波モード（guided modes）とよぶ．さらにある導波モードが放射モードに変わる境界点を，そのモードのカットオフ（cutoff）とよび，そのときの V 値をカットオフ V 値とよぶ．階段屈折率平板導波路の単一モード条件は，TE 一次モードのカットオフ V 値よりも導波路の V 値が小さいことである．

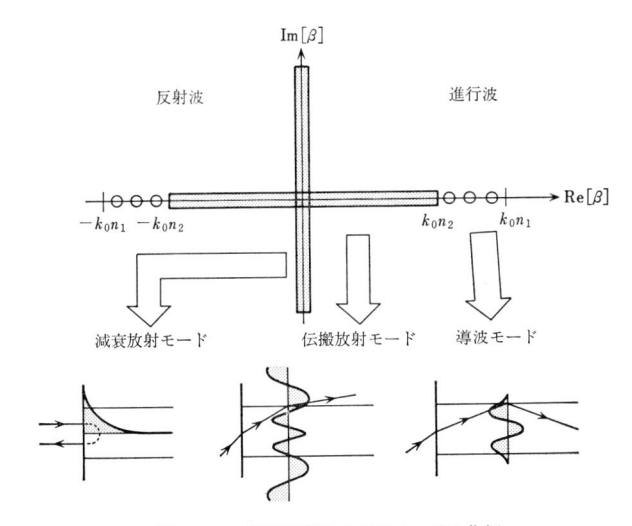

図 II.3.7　伝搬定数軸上でのモードの分類

このモードの分類を伝搬定数軸上にプロットすると，図II.3.7のようになる．図II.3.7からもわかるように，導波モードの伝搬定数（数学的には固有値）は離散値であるが，放射モードの伝搬定数は連続値である．

3.1.3　電磁界分布と近視野像

TE 基本モードの電磁界分布は，$\kappa a \leqq \pi/2$ とおいて，E_y についての式（3.44）を式

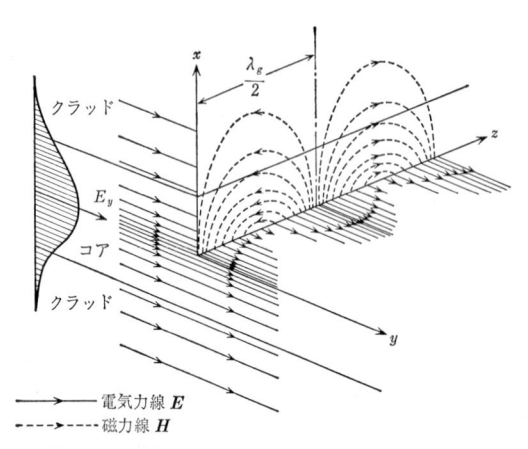

図 II.3.8 対称三層平板導波路の TE 基本モードの電磁界分布

(3.28) と (3.29) へ代入するとすべての電磁界成分が求められる．これらの電磁界成分より電磁界分布を電気力線と磁力線で表すと，図 II.3.8 のようになる．

一方，断面内での光強度分布は，複素ポインティングベクトルの実数部の z 方向成分（実は実数部は z 方向成分しかないが）によって表される．この断面内光強度分布を，近視野像（near field pattern; NFP）とよぶ．TE モードの近視野像は，式 (3.28) を用いて次式のようになる．

$$\tilde{S}_z = \frac{1}{2}(\boldsymbol{E} \times \boldsymbol{H}^*) \cdot \boldsymbol{e}_z \tag{3.53}$$

$$= \frac{\beta}{2\omega\mu_0}|E_y|^2 \quad (\text{TE モードの場合}) \tag{3.54}$$

ここで，* は複素共役を表し，振動項 $\exp[j(\omega t - \beta z)]$ を打ち消して時間平均を求めためにつける．

図 II.3.8 からもわかるように，一般に基本モードの横方向電磁界分布は単峰性のなだらかな曲線になり，ガウス形関数

$$f(x) = \exp\left[-\left(\frac{x}{w}\right)^2\right] \tag{3.55}$$

で近似できる．このガウス形関数で近似したときのパラメーター w をスポットサイズとよび，単一モード導波路では基本的なパラメーターの一つである（光ファイバーでは，スポットサイズの 2 倍をモードフィールド径（直径）ともよぶ）．このスポットサイズを基本モードの横方向電磁界分布の関数 $\phi(x)$ から求める式はいくつか提案されているが，光ファイバーで一般的に用いられる Petermann の式（II.3.2.3項の (5) を参照）を円筒座標系から x, y, z 座標系に座標変換して得られる式は，次式である[2]．

$$w^2 = \frac{\int_{-\infty}^{\infty} \phi^2(x)dx}{\int_{-\infty}^{\infty}\left[\frac{\partial \phi(x)}{\partial x}\right]^2 dx} \tag{3.56}$$

3.1.4 モードの直交性と固有モード展開

II.3.1.2項で導出した導波モードや放射モードは，数学的にはその伝搬定数が固有値，電磁界分布が固有関数になっており，固有モードとよばれる．数学の固有値問題において，

3.1 導波路のモードの一般的概念

その固有関数が直交することからもわかるように,固有モードも以下の直交関係を満たす.

$$\frac{1}{2}\int_{-\infty}^{\infty}(\boldsymbol{E}_\mu\times\boldsymbol{H}_\nu^*)\cdot\boldsymbol{e}_z dx = P_z \begin{cases} \delta_{\mu\nu} &: 導波モード \\ \delta(\beta_\mu-\beta_\nu) &: 放射モード \end{cases} \quad (3.57)$$

ここで,μ, ν:モード番号,P_z:$\mu=\nu$が成り立つときにモードによって運ばれる電力である.

この固有モードの直交関係を用いると,光導波路に入射した任意の入射電磁界を次式のように固有モードに展開することができる.

$$\mathscr{E} = \sum_{\nu=0}^{N} a_\nu \boldsymbol{E}_\nu + \sum_{\text{TE, TM}}\int_0^\infty a_\sigma \boldsymbol{E}_\sigma d\sigma \quad (3.58)$$

$$\mathscr{H} = \underbrace{\sum_{\nu=0}^{N} a_\nu \boldsymbol{H}_\nu}_{導波モード} + \underbrace{\sum_{\text{TE, TM}}\int_0^\infty a_\sigma \boldsymbol{H}_\sigma d\sigma}_{放射モード} \quad (3.59)$$

ただし,$\mathscr{E}, \mathscr{H}$ は入射電磁界(各座標成分をもち,かつ x, y, z に依存)であり,また積分変数 σ は

$$\sigma = \sqrt{k_0^2 n_2^2 - \beta^2} = \sqrt{-\gamma^2} \quad (3.60)$$

によって伝搬定数と関係づけられる.さらに,式 (3.58) と (3.59) の展開係数は,式 (3.57) の直交関係を用いて,

$$a_\nu = \frac{1}{2}\int_{-\infty}^{\infty}(\mathscr{E}\times\boldsymbol{H}_\nu)^*\cdot\boldsymbol{e}_z dx \quad (3.61\text{a})$$

$$= \frac{1}{2}\int_{-\infty}^{\infty}(\boldsymbol{E}_\nu\times\mathscr{H}^*)\cdot\boldsymbol{e}_z dx \quad (3.61\text{b})$$

のように表される.ただし,式 (3.57) において $P_z=1$ となるように各固有モードの光電力を規格化した.

式 (3.58) と (3.59) の物理的な意味は,光導波路に入射した電磁界分布(光ビーム)の電力が,図II.3.9 に示すように各固有モードに分かれて伝搬することを表している.このとき,入射ビームの内で導波モードに展開された光電力は出射端まで導波されるが,

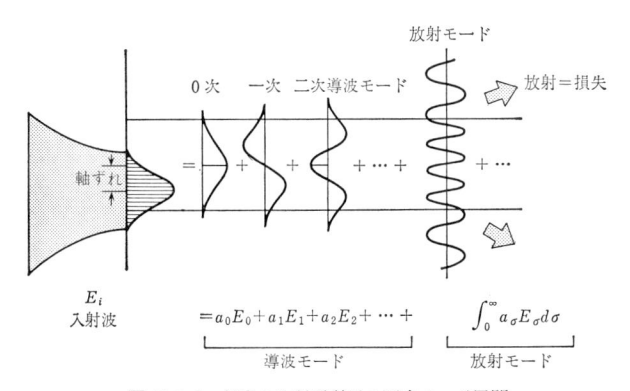

図 II.3.9 任意の入射電磁界の固有モード展開

放射モードに展開された分は導波路から放射（および反射）されて出射端には到達しないので，この分の光電力は損失となる．この損失を，入射端での結合損失とよぶ．

また，式 (3.57)～(3.59) より，次式が導かれる．

$$\frac{1}{2}\int_{-\infty}^{\infty}(\mathscr{E}\times\mathscr{H}^*)\cdot e_z dx = \sum_{\nu=0}^{N}|a_\nu|^2 + \sum_{\text{TE, TM}}\int_0^{\infty}|a_\sigma|^2 d\sigma \tag{3.62}$$

この式は，フーリエ変換におけるパーセバル (Perseval) の等式と同じもので，この式の左辺は入射した光ビームの電力を，右辺は各モードによって運ばれる光電力の総和を表している．したがって，この式からも，入射光ビームの固有モード展開の物理的な意味がわかる．

3.1.5 遠視野像と開口数

光導波路から光を出射させる場合には，光はある特定の角度の広がり角をもった光ビームとして出射される．光導波路に光ビームを入射させる場合には，入射ビームの集束角とこの出射角を整合させないと，入射端で結合損失が生じる．この角度は，最大受光角とよばれる．多モード導波路においては，図 II.3.10 に示すように出射角は光線光学を用いて簡単に求められる．図 II.3.10 において，スネルの法則より最大受光角 $\theta_{\max}$ は

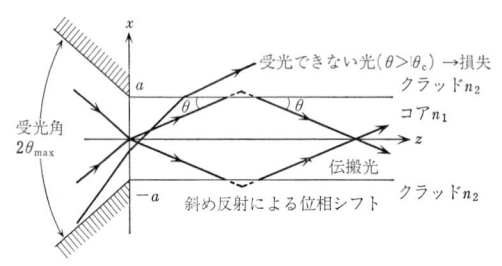

図 II.3.10 多モード導波路の最大入射角

$$2\theta_{\max} = 2\sin^{-1}(n_1\cdot\sin\theta_c) = 2\sin^{-1}(n_1\sqrt{2\varDelta}) \tag{3.63}$$

となる．また，最大受光角の半角の sin をとった量を NA (numerical aperture の略，日本語では開口数) とよぶ．式 (3.63) より，NA は

$$\mathrm{NA} = \sin\theta_{\max} = n_1\sqrt{2\varDelta} \tag{3.64}$$

と表される．

また，単一モード導波路の最大受光角は光線光学からは求められないので，近視野像の放射パターンをフレネル-キルヒホッフ積分を用いて計算する必要がある．この計算は複雑になるので，紙面の都合で省略する．

3.1.6 光の閉込め係数

光導波路の導波モードの電磁界分布は，コアの中だけに閉じ込められて導波されるわけではなく，式 (3.44), (3.45) からわかるようにクラッド内にもしみ出している．このコアとクラッドの両方にまたがって存在する光電力のうち，コアの中に存在する光電力の割合を閉込め係数とよぶ．閉込め係数の定義を式で表せば，次式のようになる．

$$\varGamma \triangleq \frac{\int_{-a}^{a}|E_y|^2 dx}{\int_{-\infty}^{\infty}|E_y|^2 dx} \tag{3.65}$$

さらにこの式を階段屈折率平板導波路の場合について計算すると，以下のように簡単に表される.

$$\Gamma = \frac{V+\sqrt{b}}{V+\frac{1}{\sqrt{b}}} \tag{3.66}$$

式 (3.66) は V と b の関数になっているが，規格化伝搬定数 b は分散曲線によって V と関係づけられるので，結局式 (3.66) は V のみの関数になっている．したがって，TE 基本モードの閉込め係数を V について計算すると，図Ⅱ.3.11 のようになる．

この閉込め係数が用いられるのは，半導体レーザーや光増幅器のようにコアに利得と吸収をもち，クラッドに吸収をもつ導波路の場合である．このような導波路のあるモード（多くの場合 TE 基本モード）の光電力利得定数 G は，閉込め係数 Γ を用いて近似的に

$$G = (g - \alpha_1)\Gamma - \alpha_c(1 - \Gamma) \quad (\text{Neper/cm}) \tag{3.67}$$

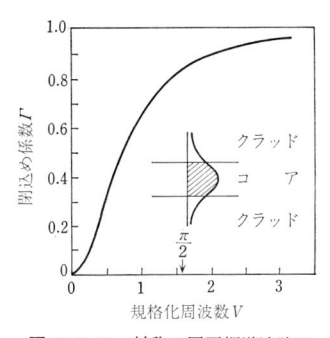

図Ⅱ.3.11 対称三層平板導波路の閉込め係数

と表される．ただし，

$g =$ コア媒質の利得定数
$\alpha_1 =$ コア媒質の吸収係数
$\alpha_c =$ クラッドの媒質の吸収係数（自由電子吸収など）

である．

3.1.7 単一モード条件とモード個数

Ⅱ.3.1.2 項の図Ⅱ.3.5 からわかるように，対称三層平板導波路では V パラメーターが $\pi/2$ よりも小さくなると，もはや導波路には基本モードしか伝搬しなくなる．このような導波路を，単一モード導波路（円形断面の場合には単一モードファイバー）とよび，ある導波路が単一モード導波路になるための条件を単一モード条件とよぶ．単一モード条件は，導波路の V パラメーターが第一次モードのカットオフ V 値よりも小さくなることと等価であり，たとえば対称三層平板導波路では式 (3.52) で表される．V パラメーターは式 (3.40) の定義からわかるように，コアとクラッドのそれぞれの屈折率 n_1, n_2 とコア半幅 a，および導波路に伝搬させる光の波長 λ によって決まるので，入射させる光の波長 λ が

$$\lambda \geqq 4n_1 a \sqrt{2\varDelta} \tag{3.68}$$

を満たす場合にその導波路が単一モードになる．

さて，単一モード条件は対称三層平板導波路では式 (3.52) で与えられるが，コア内の屈折率が分布をもつ場合には条件式が異なる．屈折率分布を一般的に

$$\begin{aligned} n^2(x) &= n_1^2[1 - 2\varDelta f(x)] \quad (|x| \leqq a) \\ &= n_2^2 \quad (|x| > a) \end{aligned} \tag{3.69}$$

と表して，$f(x)$ が $x=0$ に対して対称であるとすると，この対称三層平板導波路の TE_1 モードのカットオフ V 値 V_c は次式で与えられる[3]（紙面の都合で詳しい計算は省略する）．

$$V_c \cong \left[2\int_0^1 \{1-f(\eta)\} \left\{ \int_0^\eta \xi^2 \{1-f(\xi)\} d\xi \right\} d\eta \right]^{-1/4} \quad (3.70)$$

ただし，上式において座標 ξ と η はコア半幅 a によって規格化されている．この近似式の誤差は約2%以下である．

さて，コア内の屈折率が一様な対称三層平板導波路では V 値が $\pi/2$ ずつ増えるたびにモード個数が1個増えるので，モード個数 M は V 値が $\pi/2$ よりも十分大きい場合には次式で近似できる．

$$M \cong \frac{2V}{\pi} \quad (3.71)$$

一方，屈折率分布が式（3.69）で与えられる場合には，モード個数 M は WKB 法を用いて

$$M \cong \frac{1}{\pi} \int_0^a k_0^2 (n^2(x) - n_2^2) dx \quad (3.72)$$

によって求めることができる．

[國分泰雄]

3.2　光導波路の基本的構造とモード

前節3.1では，コアを挟む上下のクラッド層の屈折率が等しい対称三層平板導波路を例として，導波路のモードの概念と基本的特性項目を述べた．この節では，さらにさまざまな光導波路の構造とその導波モードの特徴を述べる．

3.2.1　二次元平板導波路

二次元平板導波路は，図Ⅱ.3.12に一般的構造を示すようにコアの上下のクラッド層の屈折率が必ずしも等しくはないし，コア内の屈折率も一様とは限らない．さらにはコアおよびクラッド層が多層になっている場合もある．以下にそのうちの代表的な導波路の例をあげて，モードの特徴と解析法の概要を述べる．

（1）非対称三層平板導波路　この導波路は，コアの上下の屈折率が等しくない導波路であり，y-z 面についての対称性が失われているので，座標系の定義もコアの真ん中に x 座標の原点を位置させる必然性がない．そこで，コアと上部クラッド層との境界面

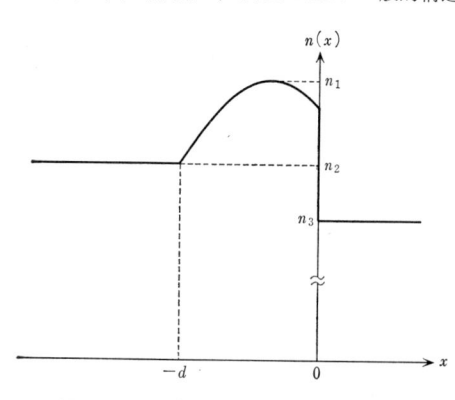

図 Ⅱ.3.12　一般の屈折率分布をもつ二次元平板導波路

を y-z 面として図II.3.12 に示すように座標系を定義し，コアの厚みを d とおく．すると，屈折率分布は次式で表される．

$$\begin{aligned} n(x) &= n_3 & (x \geq 0) \\ &= n_1 & (-d \leq x < 0) \\ &= n_2 & (x < -d) \end{aligned} \quad (3.73)$$

ただし，$n_3 \leq n_2 < n_1$ である．この場合の TE モードに対する波動方程式 (3.30) の解は，導波モードの場合は次式のようになる．

$$\begin{aligned} E_y &= Ae^{-\delta x} & (x \geq 0) \\ &= A\cos\kappa x + B\sin\kappa x & (-d \leq x < 0) \\ &= (A\cos\kappa a - B\sin\kappa a)e^{\gamma(x+d)} & (x < -d) \end{aligned} \quad (3.74)$$

ここで，κ と γ は対称三層平板導波路の場合と同様に，それぞれ式 (3.38) と (3.39) で定義される．また，δ は

$$\delta^2 = \beta^2 - k_0^2 n_3^2 \quad (3.75)$$

によって定義され，γ と同様に上部クラッド内での界の減衰定数である．式 (3.74) から容易にわかるように，界分布は原点 $x=0$ について対称ではない．これは屈折率分布が対称性をもたないからで，したがって解も偶モードや奇モードに分けることができない．

TE モードのほかの二つの電磁界成分 H_x と H_z は，式 (3.74) を式 (3.28) と (3.29) にそれぞれ代入して求められるので，コアとクラッドの境界面で折線成分が連続になる境界条件より，次の固有値方程式が得られる．

$$\tan\kappa d = \frac{\kappa(\gamma+\delta)}{(\kappa^2-\gamma\delta)} \quad (3.76)$$

また，TM モードの場合には，H_y から出発して次の固有値方程式が導かれる．

$$\tan\kappa d = \frac{n_1^2\kappa(n_3^2\gamma+n_2^2\delta)}{(n_2^2 n_3^2 \kappa^2 - n_1^4 \gamma\delta)} \quad (3.77)$$

さて，非対称三層平板導波路ではコアの厚みを d と表したので，V パラメーターを

$$V' = k_0 n_1 d\sqrt{2\varDelta} \quad (3.78)$$

と表すことにする．$n_3=n_2$ の場合にはこの導波路は対称三層平板導波路になるが，その場合には $d=2a$ であるので，式 (3.40) と比較する場合には $V'=2V$ となっていることに注意する必要がある．また，比屈折率差 $\varDelta$ の定義は式 (3.42) と同様に

$$\varDelta = \frac{(n_1^2 - n_2^2)}{2n_1^2} \quad (3.79)$$

である．V' と b との関係を求めれば分散関係が得られたことになるが，対称三層平板導波路の式 (3.51) と同様に V' から b を求める式は導出困難であり，その逆の関係式として TE モードの固有値方程式 (3.76) より

$$V' = \frac{1}{\sqrt{1-b}}\left[\tan^{-1}\sqrt{\frac{b}{1-b}} + \tan^{-1}\sqrt{\frac{b+a'}{1-b}} + N\pi\right] \quad (3.80)$$

を得る[1]．ただし，上式における a' は屈折率分布の非対称性を表すパラメーターであり，

$$a' = \frac{n_2^2 - n_3^2}{n_1^2 - n_2^2} \tag{3.81}$$

で定義される．$n_3 = n_2$ となった対称な場合には，$a' = 0$ である．この式を用いて a' をパラメーターとして分散曲線を描くと，図 II.3.13 のようになる[1]．

式 (3.80) において $N = 0$ および $N = 1$ の場合に $b = 0$ を代入するとそれぞれ 0 次モードと一次モードのカットオフ V 値が得られるので，非対称三層平板導波路の単一モード条件は

$$\tan^{-1}\sqrt{a'} < V' \leqq \tan^{-1}\sqrt{a'} + \pi \tag{3.82}$$

となる．上式より，非対称な場合には基本モードにもカットオフが存在することがわかる．また，上式と式 (3.52) を比較する際には，$n_3 = n_2$ となった極限の対称三層平板導波路においては $V' = 2V$ となっていることに注意する必要がある．

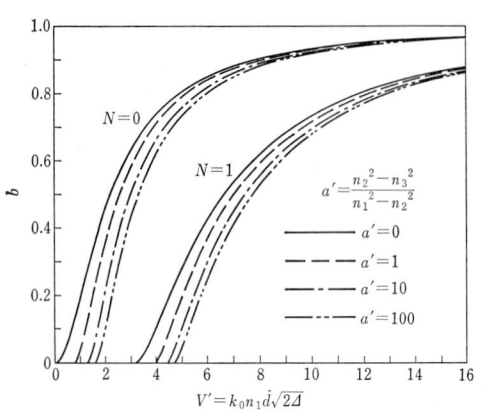

図 II.3.13 非対称三層平板導波路の分散曲線[1]

(2) 分布屈折率平板導波路 前節 3.1 と前項 (1) ではコアの中の屈折率が一様な平板導波路を扱ったが，コア内の屈折率が一般に式 (3.69) によって与えられる場合には，固有値方程式を解析的に式で表すのは困難である．その場合の解析手法は次項で述べるが，式 (3.69) の屈折率分布関数 $f(x)$ が x^2 に比例して減少するような分布では，ある近似のもとで解析解を得ることができる．そこで，屈折率分布を

$$\begin{aligned} n^2(x) &= n^2(0)[1 - (gx)^2] \quad (|x| \leqq a) \\ &= n_2^2 \quad (|x| > a) \end{aligned} \tag{3.83}$$

と表して，波動方程式 (3.30) へ代入すると

$$\frac{d^2 E_y}{dx^2} + [k_0^2 n^2(x) - \beta^2] E_y = 0 \tag{3.84}$$

となる．この方程式を正確に解く場合にはコア内とクラッド内で分けて考えなければならないが，解析的に解くことは容易ではないので，通常は光の電磁界がコア内によく閉じ込められている（つまり多モード導波路の）場合には，以下のような近似を用いてモードの伝搬定数と界分布を求める．

仮定 (1) 2 乗分布が $x \to \pm\infty$ まで続くと仮定．これは，クラッド層の存在を無視して，$x \pm \to \infty$ のときに屈折率が $-\infty$ になることに相当する．物理的にはこのような 1 よりも小さい屈折率は存在しえないが，界分布がコア内に良く閉じ込められているときには，光はコア内の屈折率分布しか感じないので，良い近似を与える．

仮定 (2) $E_y(x \to \pm\infty) = 0$

すなわち，式 (3.36) と同じく，物理的に意味のある解を求める．

以上の仮定で式 (3.84) の解を求めると，以下のようなエルミート-ガウスモード関数で表される．

$$E_y^{(p)}(x) = \frac{1}{\left[2^p p! w_0 \sqrt{\frac{\pi}{2}}\right]^{1/2}} H_p\left(\sqrt{2}\frac{x}{w_0}\right) e^{-\left(\frac{x}{w_0}\right)^2} \quad (3.85)$$

ただし，$H_p(x)$ はエルミート多項式で，低次の関数を表II.3.4に示す．さらに詳しくは特殊関数の参考書を参照されたい．

表 II.3.4 エルミート多項式

p	$H_p(x)$
0	1
1	$2x$
2	$4x^2 - 2$
3	$8x^3 - 12x$

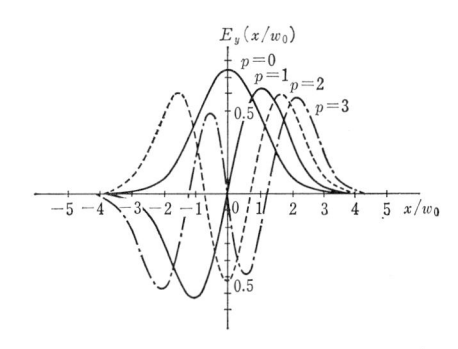

図 II.3.14 エルミート-ガウスモードの界分布

また，式 (3.85) の w_0 は式 (3.55) と同じスポットサイズであり，

$$w_0 = \sqrt{\frac{2}{k_0 n(0) g}} \quad (3.86)$$

で屈折率分布と関係づけられる．II.2.3.1項では，ガウス関数の部分を

$$\exp\left[-\frac{1}{2}\left(\frac{x}{w}\right)^2\right] \quad (3.87)$$

と表した場合のエルミート-ガウス関数を用いており，回折積分などの計算にはこの形式はフーリエ変換しても形が変わらないので便利であるが，スポットサイズの定義としてJIS規格や国際規格では"電界振幅が中心の $1/e$ になる点とビーム中心との距離"または"光強度が中心の $1/e^2$ になる点とビーム中心との距離"と定義することになっているので，スポットサイズの定義には注意を要する．

式 (3.85) のモード関数を描くと，図 II.3.14 のようになる．

（3）多層平板導波路 これまで述べた対称三層平板導波路や非対称三

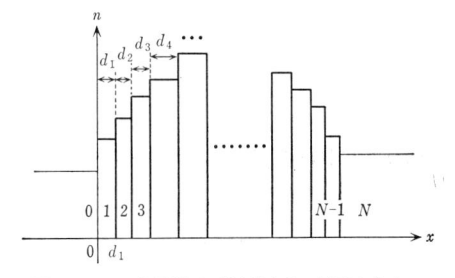

図 II.3.15 多層構造平板導波路の屈折率分布と座標の定義

層平板導波路は光導波路の中では最も簡単な構造であるので，固有値方程式やモード関数を解析的に導出できるし，導波モードの一般的性質を理解するにはよい例題である．しかしながら，コア内屈折率分布が式 (3.69) で与えられるような分布屈折率導波路やコアが屈折率の異なる複数の層で構成されている多層構造の場合には，解析解を導出するのは困難な場合が多い．そのような場合には，分布屈折率導波路はコア内屈折率分布を階段近似して図Ⅱ.3.15のように表すと，数値計算に適したマトリクス形式で固有値方程式を導出することができる[4~6]．そこでこの項では，平板導波路ではあるが，図Ⅱ.3.15に示すようにコア層が多層構造をした光導波路の解析法について述べる．

まず平板導波路では各層の間の境界面は y-z 面に平行であるので，境界条件式 (3.12) と式 (3.13) を満たすべき成分は，TE モードでは E_y と H_z，TM モードでは H_y と E_z の組である．そこで，これら二つの偏波モードを統一的に記述するために，電磁界成分を以下のようにおく．

$$\begin{bmatrix} \Phi_y(x) \\ \Phi_z(x) \end{bmatrix} = \begin{bmatrix} E_y(x) \\ i\eta H_z(x) \end{bmatrix} \quad (\text{TE モード}) \tag{3.88a}$$

$$= \begin{bmatrix} \eta H_y(x) \\ -iE_z(x) \end{bmatrix} \quad (\text{TM モード}) \tag{3.88b}$$

ただし，η は空間インピーダンスであり，

$$\eta = \sqrt{\frac{\mu_0}{\varepsilon_0}} \tag{3.89}$$

と定義される．ここで，i 番目の層内の点 x を考えて，

$$x_i \leq x \leq x_{i+1} \tag{3.90}$$

のとき，位置 x の界分布は層の左端 x_i での界分布を用いて次式で表される．

$$\begin{bmatrix} \Phi_y(x) \\ \Phi_z(x) \end{bmatrix} = [F_i(x-x_i)] \cdot \begin{bmatrix} \Phi_y(x_i) \\ \Phi_z(x_i) \end{bmatrix} \tag{3.91}$$

ただし，i 層において $\beta < k_0 n_i$ の場合には，

$$[F_i(x)] = \begin{bmatrix} \cos \kappa_i x, & \dfrac{k_0 \zeta_i}{\kappa_i} \sin \kappa_i x \\ -\dfrac{\kappa_i}{k_0 \zeta_i} \sin \kappa_i x, & \cos \kappa_i x \end{bmatrix} \tag{3.92}$$

$$\kappa_i = \sqrt{k_0^2 n_i^2 - \beta^2} \tag{3.93}$$

$$\zeta_i = \begin{cases} 1 & : \text{TE モード} \\ n_i^2 & : \text{TM モード} \end{cases} \tag{3.94}$$

また，i 層において $\beta > k_0 n_i$ の場合には，

$$[F_i(x)] = \begin{bmatrix} \cosh \gamma_i x, & \dfrac{k_0 \zeta_i}{\gamma_i} \sinh \gamma_i x \\ \dfrac{\gamma_i}{k_0 \zeta_i} \sinh \gamma_i x, & \cosh \gamma_i x \end{bmatrix} \tag{3.95}$$

$$\gamma_i = \sqrt{\beta^2 - k_0^2 n_i^2} \tag{3.96}$$

を用いる．

さて，境界で Φ_y と Φ_x は連続なので，マトリクス $[F_i(x)]$ は次々と接続できる．したがって，領域 0 と領域 N は次式で関係づけられる．

$$\begin{bmatrix} \Phi_y(x_0) \\ \Phi_z(x_0) \end{bmatrix} = [T] \cdot \begin{bmatrix} \Phi_y(x_N) \\ \Phi_z(x_N) \end{bmatrix} \tag{3.97}$$

ただし，

$$[T] = \begin{bmatrix} A & B \\ C & D \end{bmatrix} = \prod_{i=1}^{N-1} [F_i(-d_i)] \tag{3.98}$$

物理的に意味のある解は，領域 0 では $e^{\gamma_0 x}$，領域 N では $e^{-\gamma_N x}$ となる条件より，次の固有値方程式が得られる．

$$\frac{k_0 \zeta_N}{\gamma_N} A - B - \frac{k_0^2 \zeta_0 \zeta_N}{\gamma_0 \gamma_N} C + \frac{k_0 \zeta_0}{\gamma_0} D = 0 \tag{3.99}$$

この解析法は，以下のような特徴がある．
- コア内の屈折率が分布をもつ場合には，分布を階段状に近似すれば任意の屈折率分布に適用可能である．
- 伝搬定数 β が決まってから界分布がわかるので，コアがどの範囲かを最初に指定する必要はない．
- 無限遠での界分布が減衰することを前提としているので，漏れ導波路には適用が困難である．

（4） **ARROW および漏れ構造導波路**　　前項ではコアが多層構造（ただし，光が閉じ込められるのは多層構造の全層にわたるとは限らないので，コアおよびクラッドが多層といったほうが正確であるが）の導波路の解析法を述べた．逆にクラッドが多層構造でしかもクラッドの反射率が 1 より小さい（すなわち全反射ではない）漏れ構造導波路の場合には，さらに別の考え方でモードの概念を考える必要がある．

漏れ構造導波路は図 II.3.2(b) に示すように，伝搬に伴って光電力が少しずつクラッドへ放射されるので放射損失が生じる．したがって光ファイバーのような長距離にわたる伝送路には使用不可能であるが，ある工夫を施すと長さ数 cm の光集積回路用導波路には十分使用可能である．そのような導波路として筆者らが開発した新形導波路に ARROW 形導波路がある[7,8]．この導波路は，図 II.3.16 に示すように高屈折率の半導体基板上に製作される光導波路であり，コアと高屈折率基板の間に 2 層一組の干渉反射膜をクラッドとして挟んだ構造をしている．コア上部のクラッドは同時に干渉反射クラッドでもよいし，通常の低屈折率クラッドでもよい．干渉反射クラッドの内のコアに近いほうから，第 1 ク

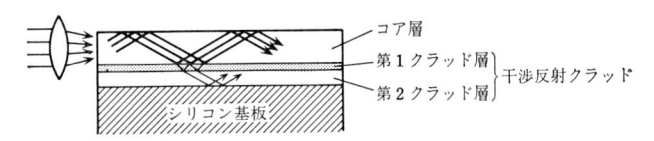

図 **II.3.16**　　ARROW 形導波路[7,8]

ラッド層，第2クラッド層とよび，第1クラッド層はコアよりも非常に屈折率が大きいかまたは小さく，第2クラッド層はコアと同じ屈折率である．第1クラッド層がコアよりも非常に大きい構造を ARROW とよび，コアより小さい導波路を ARROW-B とよぶ．

光はコアと上部クラッドとの境界では全反射し，干渉クラッドからは干渉反射を繰り返して導波される．干渉反射は全反射ではないので反射率はわずかに 1.0 よりも小さいが，非常に 1.0 に近い（通常は 99.9% 以上）ので，基板への放射損失は 0.1 dB/cm 以下と実用上十分な低損失である．さらには，従来形（つまり全反射を利用した）導波路に比べて，表Ⅱ.3.5 に示すような多くの優れた特徴があり，光集積回路に適した導波路である，

表 Ⅱ.3.5 従来形導波路と ARROW 形導波路の比較

特性 \ 構造	従来形導波路	ARROW	ARROW-B
損失 （理論値）	無損失	低損失 （<0.1dB/cm）	低損失 （<0.5dB/cm）
クラッド層厚	≧4 μm	≦2 μm	
屈折率制御	0.1% 以下の高精度必要 ⇩	制御不要 ⇩	
薄膜形成による製作容易性	容易ではない	製作容易	
コアへの光閉込め	弱い （<87%）	強い （>99%）	
損失の偏波依存性	なし	TE 偏波低損失 TM 偏波高損失 ⇩ 偏光器機能	依存性小 ⇩ 光配線に適
損失の波長依存性	依存性小 （単一モードの範囲で）	広範囲で低損失だが特定波長で高損失 ⇩ 波長フィルター機能	依存性小 ⇩ 光配線に適

この ARROW は漏れ構造導波路なので，クラッド内の電磁界が無限遠で 0 に収束するという式 (3.36) のような境界条件が成り立たない．したがって，これまでに述べてきたような解析法は適用できない．以下では図Ⅱ.3.17 に示すようにコアの屈折率がクラッド層の屈折率よりも低い漏れ構造光導波路を解析するために，筆者らの研究室で開発した方法の概要を述べる．

この解析法では，まずコアと考える（光が閉じ込められる）層を仮定する．漏れ構造導波路においては，コアとクラッドの境界面では全反射は起こらず単なるフレネル反射が起こる．したがって，図Ⅱ.3.17 に示すように

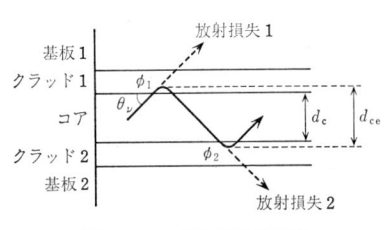

図 Ⅱ.3.17 漏れ構造導波路

光が境界面で反射されるたびにコアからクラッドへ屈折によって光が逃げて，この分が放射損失になる．しかし，反射も起こるので，光は導波もされる（この反射を非常に1に近づけて低損失にし，かつ新しい機能を実現したのが ARROW である）．このジグザグ光路をとって導波される光は，2回の反射による位相変化とジグザグ光路の1回分の光路長の和が 2π の整数倍にならないと，モードとして横方向にほぼ一定の電磁界分布を保ったまま伝搬することができない．そこで，モードの伝搬角を θ_ν，上下の境界面における反射の際の位相変化をそれぞれ ϕ_1, ϕ_2 とすると，モードが立つ条件（位相条件）は次式で与えられる．

$$2k_0 n_c d_c \sin\theta_\nu + \phi_1 + \phi_2 = 2\pi\nu \quad (\nu: モード番号) \quad (3.100)$$

また放射損失は，光が単位長さを伝搬する間に何回反射を繰り返すかと，1回の反射でどれだけの割合で光がコアから放射されるかによって決まる．そこで，上下の境界面における電力反射率をそれぞれ R_1, R_2 とすると，ν 次モードの放射損失 α_ν は，次式で表される．

$$\alpha_\nu = 2.17(2 - R_1 - R_2)\frac{\tan\theta_\nu}{d_{ce}} \quad (\text{dB/m}) \quad (3.101)$$

ここで，d_{ce} は界分布のコア外へのしみ出しを考慮した等価的なコア厚で，

$$d_{ce} = d_c + \frac{2\pi + \phi_1 + \phi_2}{2k_0 n_c \sin\theta_\nu} \quad (3.102)$$

と近似できる．

反射の際の位相変化 ϕ_1, ϕ_2，電力反射率 R_1, R_2 は電磁界の複素反射率 r_1, r_2 を用いて次のように表される．

$$\phi_l = -\arg(r_l) \quad (l=1 \text{ または } 2) \quad (3.103)$$

$$R_l = |r_l|^2 \quad (l=1 \text{ または } 2) \quad (3.104)$$

ここで，クラッド層が多層膜からなる場合には，r_1, r_2 は次式で計算できる．

$$r_l = \frac{m_{11} - Y_c^{-1} Y_s m_{22} + Y_s m_{12} - Y_c^{-1} m_{21}}{m_{11} + Y_c^{-1} Y_s m_{22} + Y_s m_{12} + Y_c^{-1} m_{21}} \quad (3.105)$$

ただし，Y_c, Y_s: それぞれコアと基板のアドミタンス，$m_{11} \sim m_{22}$: 干渉マトリクス $\boldsymbol{M}$ の各成分であり，次式によって定義される．

$$\boldsymbol{M} = \begin{bmatrix} m_{11} & m_{12} \\ m_{21} & m_{22} \end{bmatrix} = \prod_i \begin{bmatrix} \cos\varphi_i & iY_i^{-1}\sin\varphi_i \\ iY_i\sin\varphi_i & \cos\varphi_i \end{bmatrix} \quad (3.106)$$

ここで φ_i は i 層内における光の位相変化と吸収（つまり複素数），Y_i は i 層のアドミタンスであり，各層の厚さ d_i，屈折率 n_i，各層内を通過する際の境界面に対する光線の角度 θ_i，波長 λ_0 などを用いてそれぞれ次式で与えられる．

$$\varphi_i = k_0 n_i d_i \sin\theta_i \quad (3.107)$$

$$Y_i = \begin{cases} -n_i \sin\theta_i : \text{TE モード} \\ \dfrac{n_i}{\sin\theta_i} : \text{TM モード} \end{cases} \quad (3.108)$$

ただし，θ_i はスネルの法則 $n_i \sin\theta_i = n_c \sin\theta_\nu$ によって θ_ν から得られ，第 i 層が光吸収

を含んだり，次の第（$i+1$）層との境界で全反射を含む場合には複素数となる．この解析法の手順を図Ⅱ.3.18に示す．

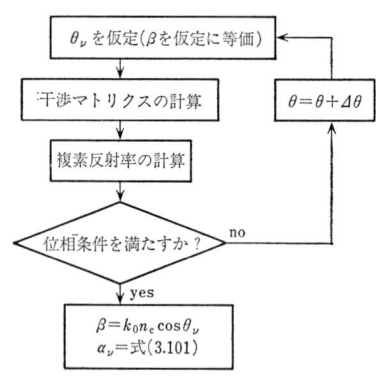

図Ⅱ.3.18 干渉マトリクス法の計算手順

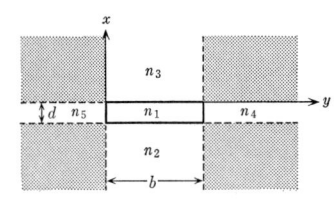

図Ⅱ.3.19 矩形導波路を Marcatili 法で解析する際の界分布を考える領域[9]

3.2.2 三次元導波路

断面構造が x 方向のほかに y 方向にも光を閉じ込める構造をもった光導波路を三次元導波路とよぶ．実際に導波路形デバイスに応用する場合には横方向にも光を閉じ込める三次元導波路構造も必要になる．この三次元導波路構造には，図Ⅱ.3.1に示すようにいくつかの構造があるが，ここでは，代表的な図Ⅱ.3.1（b）の矩形断面構造と，図Ⅱ.3.1（c）に示すようにコア膜厚が横方向に分布した構造の近似解法を述べる．

（1）矩形導波路の Marcatili 法による解法 図Ⅱ.3.19に示すようなコア断面が矩形の三次元導波路構造は，厳密な解析をするには数値解析法が必要である．そこで，近似的に解析解を求める方法として，Marcatili の方法[9]がある．この方法では，図Ⅱ.3.19のアミ点を施した部分での電磁界分布を無視して，コアの4辺の境界面のみで境界条件を考える．したがって，コア内に光がよく閉じ込められている場合には良い近似を与えるが，光がクラッドにもしみ出すような単一モード導波路では近似が悪くなる．この解析法で用いられる仮定と解析の要点は，以下のとおりである．

要点：（1） 図Ⅱ.3.19のアミ点の部分を無視する．
　　　　　→　単一モード導波路で誤差が大きい
要点：（2） 横方向電磁界分布を
$$F(x, y) = f(x) \cdot g(y)$$
と変数分離ができるものと仮定．
要点：（3） 偏波を TE 的または TM 的と仮定．

以上の仮定のもとで，波動方程式と境界条件を満たす界を求めると以下のようになる．

例： 主に x 方向に偏波した（TM 的）モード
領域1の電磁界：
$$E_z = A\cos\kappa_x(x+\xi)\cos\kappa_y(y+\eta)$$
$$H_z = -A\left(\frac{\varepsilon_0}{\mu_0}\right)^{1/2} n_1^2 \left(\frac{\kappa_y}{\kappa_x}\right)\left(\frac{k_0}{\beta}\right)\sin\kappa_x(x+\xi)\sin\kappa_y(y+\eta)$$

$$E_x = \left(\frac{jA}{\kappa_x \beta}\right)(k_0{}^2 n_1{}^2 - \kappa_x{}^2)\sin\kappa_x(x+\xi)\cos\kappa_y(y+\eta)$$

$$E_y = -iA\left(\frac{\kappa_y}{\beta}\right)\cos\kappa_x(x+\xi)\sin\kappa_y(y+\eta)$$

$$H_x = 0$$

$$H_y = iA\left(\frac{\varepsilon_0}{\mu_0}\right)^{1/2} n_1{}^2 \left(\frac{k_0}{\kappa_x}\right)\sin\kappa_x(x+\xi)\cos\kappa_y(y+\eta)$$

領域 2 の電磁界:

$$E_z = A\cos\kappa_x(\xi-d)\cos\kappa_y(y+\eta)\exp[\gamma_2(x+d)]$$

$$H_z = -A\left(\frac{\varepsilon_0}{\mu_0}\right)^{1/2} n_2{}^2 \left(\frac{\kappa_y}{\gamma_2}\right)\left(\frac{k_0}{\beta}\right)\cos\kappa_x(\xi-d)\sin\kappa_y(y+\eta)\exp[\gamma_2(x+d)]$$

$$E_x = iA\left(\frac{\gamma_2{}^2 + k_0{}^2 n_2{}^2}{\gamma_2 \beta}\right)\cos\kappa_x(\xi-d)\cos\kappa_y(y+\eta)\exp[\gamma_2(x+d)]$$

$$E_y \cong 0$$

$$H_x = 0$$

$$H_y = iA\left(\frac{\varepsilon_0}{\mu_0}\right)^{1/2} n_2{}^2 \left(\frac{k_0}{\gamma_2}\right)\cos\kappa_x(\xi-d)\cos\kappa_y(y+\eta)\exp[\gamma_2(x+d)]$$

領域 3 の電磁界:

$$E_z = A\cos\kappa_x \xi \cos\kappa_y(y+\eta)\exp(-\gamma_3 x)$$

$$H_z = -A\left(\frac{\varepsilon_0}{\mu_0}\right)^{1/2} n_3{}^2 \left(\frac{\kappa_y}{\gamma_3}\right)\left(\frac{k_0}{\beta}\right)\cos\kappa_x \xi \sin\kappa_y(y+\eta)\exp(-\gamma_3 x)$$

$$E_x = iA\left(\frac{\gamma_3{}^2 + k_0{}^2 n_3{}^2}{\gamma_3 \beta}\right)\cos\kappa_x \xi \cos\kappa_y(y+\eta)\exp(-\gamma_3 x)$$

$$E_y \cong 0$$

$$H_x = 0$$

$$H_y = iA\left(\frac{\varepsilon_0}{\mu_0}\right)^{1/2} n_3{}^2 \left(\frac{k_0}{\gamma_3}\right)\cos\kappa_x \xi \cos\kappa_y(y+\eta)\exp(-\gamma_3 x)$$

領域 4 の電磁界:

$$E_z = A\left(\frac{n_1{}^2}{n_4{}^2}\right)\cos\kappa_x(x+\xi)\cos\kappa_y(w+\eta)\exp[-\gamma_4(y-w)]$$

$$H_z = -A\left(\frac{\varepsilon_0}{\mu_0}\right)^{1/2} n_1{}^2 \left(\frac{\gamma_4}{\kappa_x}\right)\left(\frac{k_0}{\beta}\right)\sin\kappa_x(x+\xi)\cos\kappa_y(w+\eta)\exp[-\gamma_4(y-w)]$$

$$E_x = iA\left(\frac{n_1{}^2}{n_4{}^2}\right)\left(\frac{k_0{}^2 n_4{}^2 - \kappa_x{}^2}{\kappa_x \beta}\right)\sin\kappa_x(x+\xi)\cos\kappa_y(w+\eta)\exp[-\gamma_4(y-w)]$$

$$E_y \cong 0$$

$$H_x = 0$$

$$H_y = iA\left(\frac{\varepsilon_0}{\mu_0}\right)^{1/2} n_1{}^2 \left(\frac{k_0}{\kappa_x}\right)\sin\kappa_x(x+\xi)\cos\kappa_y(w+\eta)\exp[-\gamma_4(y-w)]$$

領域 5 の電磁界:

$$E_z = A\left(\frac{n_1^2}{n_5^2}\right)\cos\kappa_x(x+\xi)\cos\kappa_y\eta\,\exp(\gamma_5 y)$$

$$H_z = A\left(\frac{\varepsilon_0}{\mu_0}\right)^{1/2} n_1^2 \left(\frac{\gamma_5}{\kappa_x}\right)\left(\frac{k_0}{\beta}\right)\sin\kappa_x(x+\xi)\cos\kappa_y\eta\,\exp(\gamma_5 y)$$

$$E_x = iA\left(\frac{n_1^2}{n_5^2}\right)\left(\frac{k_0^2 n_5^2 - \kappa_x^2}{\kappa_x \beta}\right)\sin\kappa_x(x+\xi)\cos\kappa_y\eta\,\exp(\gamma_5 y)$$

$$E_y \cong 0$$

$$H_x = 0$$

$$H_y = iA\left(\frac{\varepsilon_0}{\mu_0}\right)^{1/2} n_1^2 \left(\frac{k_0}{\kappa_x}\right)\sin\kappa_x(x+\xi)\cos\kappa_y\eta\,\exp(\gamma_5 y)$$

ここで，境界面は y-z 面に平行な面と x-z 面に平行な面があるので，固有値方程式は次の二つの連立方程式になる．

$$\tan\kappa_x d = \frac{n_1^2 \kappa_x (n_3^2 \gamma_2 + n_2^2 \gamma_3)}{n_3^2 n_2^2 \kappa_x^2 - n_1^4 \gamma_2 \gamma_3} \tag{3.109}$$

$$\tan\kappa_y w = \frac{\kappa_y(\gamma_4 + \gamma_5)}{\kappa_y^2 - \gamma_4 \gamma_5} \tag{3.110}$$

また，横方向の位相 ξ と η は次式より決まる．

$$\tan\kappa_x \xi = -\left(\frac{n_3}{n_1}\right)^2 \frac{\kappa_x}{\gamma_3} \tag{3.111}$$

$$\tan\kappa_y \eta = -\frac{\gamma_5}{\kappa_y} \tag{3.112}$$

さらに，κ_x, κ_y, γ_2, γ_3, γ_4, γ_5 の間には次の関係がある．

$$k_0^2 n_1^2 - \beta^2 = \kappa_x^2 + \kappa_y^2 \tag{3.113}$$

$$k_0^2 n_2^2 - \beta^2 = \kappa_y^2 - \gamma_2^2 \tag{3.114}$$

$$k_0^2 n_3^2 - \beta^2 = \kappa_y^2 - \gamma_3^2 \tag{3.115}$$

$$k_0^2 n_4^2 - \beta^2 = \kappa_x^2 - \gamma_4^2 \tag{3.116}$$

$$k_0^2 n_5^2 - \beta^2 = \kappa_x^2 - \gamma_5^2 \tag{3.117}$$

(2) 等価屈折率法 (equivalent index method)　図Ⅱ.3.1(c)に示すリッジ形導波路の場合には，横方向の構造変化がなめらかなので，界分布の横方向変化も縦方向に比べてなめらかであると近似すると，以下に示すような近似解法が使える．

まず，図Ⅱ.3.20に示すようにコア膜厚が横方向（y 方向）に分布した構造を考える．このような導波路の解析では，x 方向の厚みの分布を y 方向の等価的な屈折率分布に置き換えることによって，二次元の断面形状を一次元に還元することができる．この解析法で用いられる仮定の要点は，以下のとおりである．

要点：（1） 偏波を TE モードまたは TM モードと仮定する．

要点：（2） 電磁界分布と伝搬定数を計算する際に，まず $y=y_0$ における膜厚 $d(y_0)$ をもち，その膜厚が y 方向に一様と仮定したときの平板導波路の伝搬定数を求める．

要点：（3） 次に，電磁界分布の y 方向の変化が十分ゆるやかと仮定して，y 軸上の異なる点における膜厚分布 $d(y)$ の各値に応じて，（2）の仮定によって伝搬定数の y

方向分布を求める.

要点：(4)(3)のステップで求めた伝搬定数の y 方向分布は，等価的に y 方向に屈折率分布をもち，x 方向に無限に広がった平板導波路に等しいので，この等価的な平板導波路の伝搬定数を求める.

TEモードを例にとると，上記(2)の仮定により，界分布を次式のように表す.

$$E_y(x, y) = \phi(y)\cos[\kappa(y)x] \quad (3.118)$$

ここで，$\kappa(y)$ は次の固有値方程式より求められる.

$$\tan\left(\frac{\kappa(y)d(y)}{2}\right) = \frac{\sqrt{k_0^2(n_1^2 - n_2^2) - \kappa^2(y)}}{\kappa(y)} \quad (3.119)$$

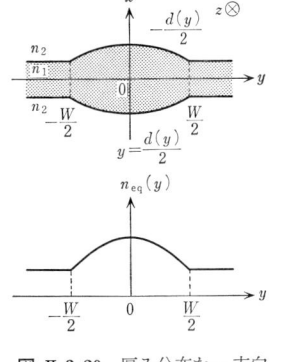

図 II.3.20 厚み分布を y 方向の等価屈折率分布に置き換える等価屈折率法

ここで，(3)の仮定によって，式(3.118)を波動方程式(3.7)へ代入して次式のような波動方程式が得られる.

$$\frac{d^2\phi(y)}{dy^2} + (k_0^2 n_1^2 - \kappa^2(y) - \beta^2)\phi(y) \cong 0 \quad (3.120)$$

上式は，y 方向の厚み分布が式(3.119)によって決まる $\kappa(y)$ を通じて，

$$n_{eq}^2 = n_1^2 - \frac{\kappa^2(y)}{k_0^2} \quad (3.121)$$

のように y 方向に等価的な屈折率分布をもち，x 方向に無限に広がった平板導波路の波動方程式に等価である．ここで，等価屈折率（equivalent index）とは，

$$n_{eq} = \frac{\beta}{k_0} \quad (3.122)$$

によって定義され，図II.3.3のような平板導波路の導波モードに対しては，つねに

$$n_2 \leq n_{eq} < n_1 \quad (3.123)$$

が成り立つ．式(3.121)はこの等価屈折率に等しいので，この解析法を等価屈折率法（equivalent index method）[10] とよぶ．

この方法は本質的に三次元構造を等価な二次元の平板導波路（断面の次元は二次元を一次元）に置き換える方法であり，その結果得られた波動方程式(3.120)を解くには，それぞれの場合に応じて数値解析法や近似解析法が用いられる．

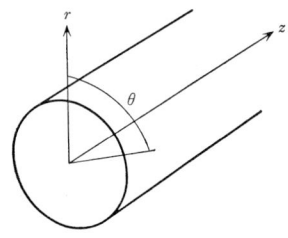

3.2.3 光ファイバー

断面構造が円形の光ファイバーの場合には，これまで用いてきた xyz 座標系の代わりに円筒座標系を用いるほうが便利である．そこで図II.3.21のように座標系を定義し，そのモードを求めてみよう．

(1) 光ファイバーの固有値方程式　波動方程式(3.10)および(3.11)の z 方向成分を円筒座標で書くと，以下のようになる．

図 II.3.21 円筒光ファイバーの座標系

$$\frac{\partial^2 E_z}{\partial r^2} + \frac{1}{r}\frac{\partial E_z}{\partial r} + \frac{1}{r^2}\frac{\partial^2 E_z}{\partial \theta^2} + (k_0^2 n^2 - \beta^2)E_z = 0 \tag{3.124}$$

$$\frac{\partial^2 H_z}{\partial r^2} + \frac{1}{r}\frac{\partial H_z}{\partial r} + \frac{1}{r^2}\frac{\partial^2 H_z}{\partial \theta^2} + (k_0^2 n^2 - \beta^2)H_z = 0 \tag{3.125}$$

さて，屈折率分布がコア内で一様な階段屈折率円筒光ファイバー (step-index round optical fiber) を考えると，式 (3.124) と (3.125) の中の n^2 はコアとクラッドに分けて以下のように表される．

$$n^2(r) = \begin{cases} n_1^2 & (r \leq a) \\ n_2^2 = n_1^2[1 - 2\varDelta] & (r > a) \end{cases} \tag{3.126}$$

式 (3.126) を式 (3.124) と (3.125) へ代入して E_z と H_z の導波モードの解を求めると，変数分離法によって角度 θ の依存性は三角関数で，半径 r 方向の依存性はコア内は振動解となるので，第1種ベッセル関数 $J_\nu(x)$ で表され，クラッド内は無限遠でゼロに収束する条件より第2種変形ベッセル関数 $K_\nu(x)$ で表されるので，以下のようになる（ただし，時間および z 依存項 $e^{i(\omega t - \beta z)}$ は省略する）．

コア内 $(r \leq a)$:

$$E_z = A_l J_l(\kappa r) \cos(l\theta + \phi_a) \tag{3.127}$$
$$H_z = B_l J_l(\kappa r) \sin(l\theta + \phi_a) \tag{3.128}$$

クラッド内 $(r > a)$:

$$E_z = A_l \frac{J_l(\kappa a)}{K_l(\gamma a)} K_l(\gamma r) \cos(l\theta + \phi_a) \tag{3.129}$$

$$H_z = B_l \frac{J_l(\kappa a)}{K_l(\gamma a)} K_l(\gamma r) \sin(l\theta + \phi_a) \tag{3.130}$$

ここで，l は角度 θ 方向のモード番号である．ϕ_a は $l=0$ の場合（詳細は後述）に sin 関数を含む界分布が恒等的にゼロにならないようにするための位相項である．

式 (3.127)～(3.130) において，E_z と H_z はコアとクラッドの境界面（円筒面）に対して接線成分であるので，これらの解は $r=a$ において連続になるようにすでに係数が決められている．残りの接線成分は E_θ と H_θ であり，これらがコアとクラッドの境界で連続になる条件は次式で表される．

$$E_\theta(r \to a_{+0}) = E_\theta(r \to a_{-0}) \tag{3.131}$$
$$H_\theta(r \to a_{+0}) = H_\theta(r \to a_{-0}) \tag{3.132}$$

E_θ と H_θ は式 (3.127)～(3.130) をそれぞれ式 (3.19) と (3.21) に代入すると得られるので，これらの成分が式 (3.131) と (3.132) を満たす条件より，次の固有値方程式が得られる[11]．

$$\left[\frac{J_l'(\kappa a)}{\kappa a J_l(\kappa a)} + \frac{K_l'(\gamma a)}{\gamma a K_l(\gamma a)}\right]\left[\frac{J_l'(\kappa a)}{\kappa a J_l(\kappa a)} + (1-2\varDelta)\frac{K_l'(\gamma a)}{\gamma a K_l(\gamma a)}\right]$$
$$= \left(\frac{l\beta}{k_0 n_1}\right)^2 \left(\frac{1}{(\kappa a)^2} + \frac{1}{(\gamma a)^2}\right)^2 \tag{3.133}$$

この固有値方程式は対称三層平板導波路に比べて複雑であるが，次に述べるように $\varDelta \ll 1$

の場合には多少簡単になる．V パラメーターと規格化伝搬定数 b の定義は対称三層平板導波路と同様に式（3.40）と（3.50）で定義する．また，κ と γ の定義も同様に式（3.38）と（3.39）である．すると，次の関係が成り立つ．

$$\kappa a = V\sqrt{1-b} \tag{3.134}$$

$$\gamma a = V\sqrt{b} \tag{3.135}$$

$$(\kappa a)^2 + (\gamma a)^2 = V^2 \tag{3.136}$$

（2）弱導波近似（weakly-guiding approximation）　固有値方程式（3.133）において，

$$\Delta = \frac{n_1^2 - n_2^2}{2n_1^2} \simeq \frac{n_1 - n_2}{n_2} \ll 1 \tag{3.137}$$

が成り立つ場合には，さらに

$$\beta \simeq k_0 n_1 \tag{3.138}$$

とも近似できるので，固有値方程式は以下のように簡単化される．

$$\left[\frac{J_l'(\kappa a)}{\kappa a J_l(\kappa a)} + \frac{K_l'(\gamma a)}{\gamma a K_l(\gamma a)} \right] = \chi l \left(\frac{1}{(\kappa a)^2} + \frac{1}{(\gamma a)^2} \right) \tag{3.139}$$

（ただし，$\chi = +1$ または -1）

このような近似を一般に弱導波近似[12]とよぶ．式（3.139）はベッセル関数の公式を用いると，$l \neq 0$ でかつ $\chi = +1$ と -1 の場合についてそれぞれ以下のように書き直すことができる．

- $\chi = -1$ の場合（HE モード）

$$\frac{J_{l-1}(\kappa a)}{\kappa a J_l(\kappa a)} - \frac{K_{l-1}(\gamma a)}{\gamma a K_l(\gamma a)} = 0 \tag{3.140}$$

- $\chi = +1$ の場合（EH モード）

$$\frac{J_{l+1}(\kappa a)}{\kappa a J_l(\kappa a)} + \frac{K_{l+1}(\gamma a)}{\gamma a K_l(\gamma a)} = 0 \tag{3.141}$$

これらの固有値方程式は，式（3.133）に比べれば，かなり簡略化されている．次にこれらの固有値方程式で記述されるモードがどのように分類されるかをみてみよう．

（3）モードの分類　三層平板導波路の場合には，マクスウェルの方程式を各座標成分に分解して書き下した段階ですでに六つの連立方程式が 2 組の三元連立方程式に分かれていたので，モードも TE モードと TM モードに分解できた．しかしながら，光ファイバーの固有値方程式（3.133）の導出過程では，六つの電磁界成分がすべて式（3.14）〜（3.21）と境界条件式（3.131）および（3.132）によって結びつけられているので，一般解としては TE モードと TM モードに分解することができない（もちろん，最初に $E_z = 0$ または $H_z = 0$ を仮定すれば，TE モードと TM モードを導出できるが，それは特異解であって一般解ではない）．したがって，光ファイバーのモードは一般に六つの電磁界成分をすべてもったモードで，このようなモードを一般にハイブリッドモードとよぶ．

a．HE モード：　$\chi = -1$ で $l \geq 1$ の場合，モードを新たに

$$\nu = l - 1 \tag{3.142}$$

とふると，固有値方程式（3.140）はベッセル関数の公式を用いて次式のように変形できる．

$$\frac{J_{\nu-1}(\sqrt{1-b}\, V)}{J_\nu(\sqrt{1-b}\, V)} \cdot \frac{K_\nu(\sqrt{b}\, V)}{K_{\nu-1}(\sqrt{b}\, V)} = -\sqrt{\frac{b}{1-b}} \tag{3.143}$$

この固有値方程式を解いて得られる固有値 b（あるいは伝搬定数 β）を値の大きい固有値から順に $m=1, 2, \cdots$ と番号をふると，この番号は半径 r 方向のモード番号になっている．そこでこのモードを一般に $HE_{l,m}$ モードとよぶ．平板導波路の場合とは異なって，断面が二次元なのでモード番号も方位角 θ 方向のモード番号 l と半径 r 方向のモード番号 m の二つが必要になる．

b. TEモードとTMモード： $l=0$ の場合には，式（3.141）あるいは式（3.140）より

$$\frac{J_0(\sqrt{1-b}\, V)}{J_1(\sqrt{1-b}\, V)} \cdot \frac{K_1(\sqrt{b}\, V)}{K_0(\sqrt{b}\, V)} = -\sqrt{\frac{b}{1-b}} \tag{3.144}$$

を得る（この式は，固有値方程式（3.133）において $l=0$ および $\Delta \ll 1$ を代入し，さらに公式 $J_0'(x) = -J_1(x)$ および $K_0'(x) = -K_1(x)$ を用いても導出できる）．$l=0$ なので，z 方向界分布の式（3.127）～（3.130）において $\phi_a = \pi/2$ とすれば $E_z = 0$ になるので TE モードが，また $\phi_a = 0$ とすれば $H_z = 0$ になるので TM モードが導出できることがわかる．

c. EHモード： $\chi = +1$ で $l \geq 1$ の場合，モード番号を新たに

$$\nu = l+1 \tag{3.145}$$

とふると，HE モードの場合と同様に次式を得る．

$$\frac{J_{\nu-1}(\sqrt{1-b}\, V)}{J_\nu(\sqrt{1-b}\, V)} \cdot \frac{K_\nu(\sqrt{b}\, V)}{K_{\nu-1}(\sqrt{b}\, V)} = -\sqrt{\frac{b}{1-b}} \tag{3.146}$$

（4）LPモードと分散曲線 さて，これらのモードは固有値方程式（3.143）と（3.144）および（3.146）を見比べてみると，すべて同じ形をしていることがわかる．すなわち，方位角方向のモード番号 l を変換して

$$\nu = \begin{cases} l-1: HE_{l,m} \text{モード} \\ l+1: TE_{0,m}, TM_{0,m}, EH_{l,m} \text{モード} \end{cases} \tag{3.147}$$

とおくと，同じ ν をもつ $HE_{\nu+1,m}$ モードと $EH_{\nu-1,m}$（または $l=0$ の場合には $TE_{0,m}$ あるいは $TM_{0,m}$）モードは伝搬定数が等しくなることを意味する．このように異なる固有関数の固有値が等しくなることを"縮退"とよぶ．互いに縮退を起こしている固有関数は線形結合で新しい固有関数をつくることができる（すなわち直交化することができる）ので，これらの固有モードを組み合わせると，横方向断面内で一方向に直線偏光したモードをつくることができる．このモードを LP（lineary polarized）モード[12] とよび，モード番号をつけて

表 II.3.6　LPモードとHE, EH, TE, TMモードとの対応関係

LP モード	ハイブリッドモード
$LP_{0,1}$	$HE_{1,1}$ のみ
$LP_{1,1}$	$HE_{2,1}, TE_{0,1}, TM_{0,1}$
$LP_{2,1}$	$HE_{3,1}, EH_{1,1}$
$LP_{0,2}$	$HE_{1,2}$ のみ
$LP_{3,1}$	$HE_{4,1}, EH_{2,1}$
$LP_{1,2}$	$HE_{2,2}, TE_{0,2}, TM_{0,2}$

$LP_{\nu,m}$ のように表示する.

LP モードと HE, EH, TE および TM モードの縮退関係を書くと，表Ⅱ.3.6 のようになる.

また $LP_{\nu,m}$ モードの固有値方程式を解いて分散曲線を描くと，図Ⅱ.3.22 のようになる.

光ファイバーのモード番号は，ν は 0, 1, 2, … のように 0 から始まるのに対して，半径 r 方向のモード番号 m は 1 から始まることに注意を要する. 平板導波路ではモード番号は 0 から始まり，それは界分布のゼロ点の数（界分布がゼロになる位置の数で，基本モードは無限遠までゼロにならないのでゼロの数がゼロ）に対応していたが，光ファイバーでは伝統的に半径方向のモード番号を 1 からふることにしてしまったので，m は光強度分布が半径方向にとる極大の数と対応させればよい. 一方, もう一つのモード番号 ν は，光強度分布が方位角 θ 方向でとるゼロ点（節）の数の半分に対応する.

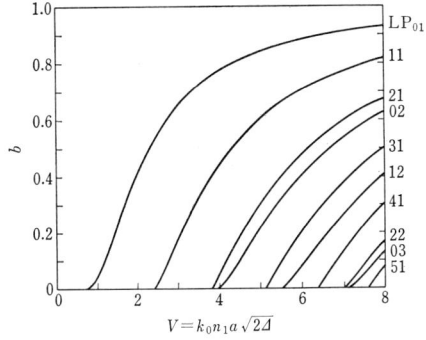

図Ⅱ.3.22 光ファイバーの LP モードの分散曲線[12]

さて，LP モードで縮退が起こるのは，固有値方程式 (3.133) において $\varDelta \ll 1$ と弱導波近似を導入したからであり，正確には $HE_{\nu+1,m}$ モードと $EH_{\nu-1,m}$ モードの伝搬定数はほんのわずか違っている. しかし，その差が小さいので光ファイバーの入射端で直線偏光を入射させた場合にも LP モードはほとんどそのまま直線偏光を保って伝搬できる. なお，基本モード $LP_{0,1}$ は $HE_{1,1}$ モードのみから構成されるので，理論的には伝搬に伴って偏光状態が変化することはない（実際には曲がりによる応力などによって偏光状態は変化するので，偏光状態を保ちたい場合には偏波面保存ファイバーが用いられる）.

(5) 基本モードと単一モードファイバー　$LP_{0,1}$ モード（あるいは $HE_{1,1}$ モードでも同じ）は図Ⅱ.3.22 からわかるように，最低次モード，すなわち基本モードである. 式 (3.143) において $\nu = 0$ とおくと

$$\frac{J_1(\sqrt{1-b}\,V)}{J_0(\sqrt{1-b}\,V)} \cdot \frac{K_0(\sqrt{b}\,V)}{K_1(\sqrt{b}\,V)} = \sqrt{\frac{b}{1-b}} \tag{3.148}$$

となる. この方程式の解の最大のものが，基本モードの規格化伝搬定数 b を与える. さらに V と b から κa と γa が求められるので，これらを用いて式 (3.127) と式 (3.130) および式 (3.18)～(3.21) から基本モードの界分布を描くと，図Ⅱ.3.23 のようになる.

この図からは光強度分布はよくわからないが，基本モードの光強度分布はガウス形の強度分布によく似ているので，平板導波路の場合と同様に電磁界分布の広がり具合をガウス形分布のスポットサイズ（光ファイバーではスポットサイズの 2 倍をモードフィールド径とよび，直径で表示する）で表すと便利である. このスポットサイズの近似式としてよく

用いられるのに，Petermann の近似表現がある[13]（正確には Petermann は近似表現式を二つ提案しており，よく使われるのは2番目に提案した式である）．この式は，次のように書かれる．

$$w = \left[\frac{2\int_0^\infty \psi^2(r)rdr}{\int_0^\infty \left(\frac{d\psi}{dr}\right)rdr} \right]^{1/2} \quad (3.149)$$

平板導波路のスポットサイズ近似式 (3.56) はこの式を座標変換して導出される．この表現式は，波動方程式の停留表現から導出されるものであるので伝搬定数を界分布から近似する式としては妥当性が認められるが，次の節で述べる軸ずれ損失特性の近似に対しては界分布の広がりに注目した表現式が用いられるべきであり，数学的にはまだ未完成の近似式といえる．ただし，経験的にこの式で求めたスポットサイズを用いると，軸ずれ損失特性や分散特性なども比較的よく近似できるといわれている．

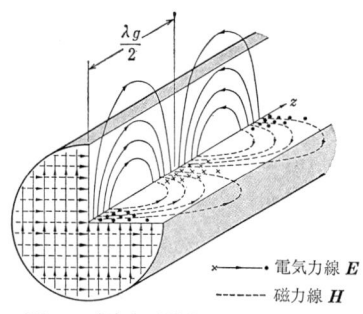

HE_{11}モードあるいはLP_{01}モード

図 II.3.23 階段屈折率ファイバーの基本モードの界分布

― 電気力線 E
------ 磁力線 H

さて，基本モードの次の高次モードが $LP_{1,1}$ モードであるので，光ファイバーの単一モード条件は $LP_{1,1}$ モードのカットオフ V 値で与えられる．式 (3.144) において $b=0$ とおいてその解を求めると，

$$J_0(V_c) = 0 \text{ の第1番目の解 } V_c = 2.405 \quad (3.150)$$

となる．すなわち，階段屈折率円筒光ファイバーの単一モード条件は，

$$V \leq 2.405 \quad (3.151)$$

で表される．また，コア内に屈折率分布をもつ場合には屈折率分布関数を式 (3.69) と同様に $f(x)$ とおくと，$LP_{1,1}$ モードのカットオフ V 値は次式で計算できる[3]．

$$V_c = \left[\frac{1}{2} \int_0^1 \frac{1}{\eta}[1-f(\eta)] \left\{ \int_0^\eta \xi^3[1-f(\xi)]d\xi \right\} d\eta \right]^{-1/4} \quad (3.152)$$

この式の誤差も約2％以下である．

また，階段屈折率円筒ファイバーの閉込め係数は，平板導波路の場合の式 (3.66) を用いて精度よく近似できる．

［國分泰雄］

3.3 光導波路どうしの結合

3.3.1 光導波路の従属接続による結合

(1) 結合効率の一般式 光導波路に任意の電磁界分布をもつビームを入射させると，図 II.3.9 に示すように各固有モードに光電力が分配されて伝搬し始める．そして各モードへの結合係数は，式 (3.61a) (3.61b) によって与えられる．光導波路どうしを接

続した場合も同様の考え方で，出射側導波路の各出射モードの電磁界を入射側導波路の固有モードでそれぞれ展開すればよい．そして，放射モードに結合した光電力が結合損失になる．

両方の導波路が単一モード導波路の場合には，図Ⅱ.3.24のように出射側の導波路を♯1，入射側の導波路を♯2として，それぞれの基本モードの横方向電磁界分布関数を $E^{(1)}(x)$, $E^{(2)}(x)$ と表す．偏波方向は固有偏波軸方向のどちらでもよいが，仮に y 方向 TE 偏波を仮定すると，どちらの成分も E_y 成分ということになる．$E^{(1)}(x)$ を導波路♯2の固有モードで展開すると，導波モードが一つしかないので，

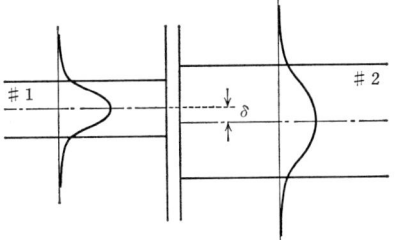

図 Ⅱ.3.24 二つの導波路どうしの突き合せ結合

$$E^{(1)}(x) = a_0 E^{(2)}(x) + \int_0^\infty a_\sigma E_\sigma^{(2)}(x) d\sigma \qquad (3.153)$$

となる．ここで，固有モードの直交性を用いて，式 (3.153) の両辺に $E^{(2)*}(x)$（*は複素共役を表し，振動項 $e^{j(\omega t - \beta z)}$ を打ち消すために必要）を掛けて積分すると，

$$a_0 = \frac{\int_{-\infty}^\infty E^{(1)}(x) E^{(2)*}(x) dx}{\left[\int_{-\infty}^\infty |E^{(2)}(x)|^2 dx\right]^{1/2}} \qquad (3.154)$$

となる．ただし，式 (3.61a) および (3.61b) においては，式 (3.57) の P_z が1となるように各固有モードの光電力を規格化したが，ここではこの規格化定数も式に表している．また，本来は $H_x^{(2)}$ を掛けて積分するのが直交関係であるが，式 (3.28) によって H_x は E_y の定数倍なので，このように計算が簡単化される．さらに式 (3.62) によって，モード $E^{(1)}(x)$ の光電力についても規格化して，新たに

$$\eta = \frac{\left[\int_{-\infty}^\infty E^{(1)}(x) E^{(2)*}(x) dx\right]^2}{\left[\int_{-\infty}^\infty |E^{(1)}(x)^2| dx\right]\left[\int_{-\infty}^\infty |E^{(2)}(x)^2| dx\right]} \qquad (3.155)$$

と定義すると，上式は導波路♯1から♯2への結合効率を表している．$E^{(1)}(x)$ と $E^{(2)}(x)$ が等しい場合には，η は1.0になるが，等しくない場合には必ず1よりも小さくなる．通常はこの結合効率を $-10\log_{10}\eta$ と変換して dB で表した量を結合損失とよぶ．なお，この式は平板導波路のモードを仮定して導出したので積分は一次元のみになっているが，光ファイバーのような三次元構造導波路では，積分を x-y 断面内の二重積分に置き換えればよい．

（2）**ガウス分布近似による軸ずれ損失特性** 導波路の基本モードの界分布は，Ⅱ.3.1.3項において述べたように，一般にはガウス形関数で近似できる．そこで，二つのス

ポットサイズの異なるガウス形関数で表される電磁界分布の軸ずれ損失特性を，それぞれ式 (3.55) において w_1 と w_2 という異なるスポットサイズをもつ関数を式 (3.155) へ代入して求めると，

$$\eta = \frac{2w_1 w_2}{w_1^2 + w_2^2} \exp\left[-\frac{2\delta^2}{w_1^2 + w_2^2}\right] \tag{3.156}$$

となる．二つの単一モード導波路を突き合せ接続する際の軸ずれ損失特性は，それぞれの導波路のスポットサイズを式 (3.56) によって求めて式 (3.156) へ代入すればよい．

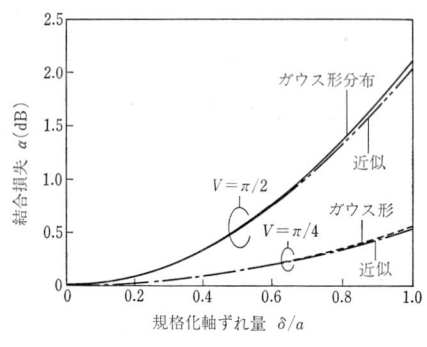

図 II.3.25　等しいスポットサイズをもつ導波路の突き合せ接続時の軸ずれ損失特性

図 II.3.26　導波路の突き合せ接続時のスポットサイズ不整合による損失特性[14]

二つのスポットサイズが等しい場合の式 (3.156) による軸ずれ損失特性を求めると，図 II.3.25 のようになる．

また，二つの導波路の中心軸が一致しているがスポットサイズが異なる場合の接続損失は，図 II.3.26 のようになる．この図より，光導波路どうしの接続にはスポットサイズの整合（スポットサイズを一致させること）が非常に重要であることがわかる．そこで，光導波路のスポットサイズを変換するスポットサイズ変換器がいくつか提案されている[14]．

さて，式 (3.156) は光を x 軸方向にのみ閉じ込める平板導波路についての式であるが，光を x-y の二次元断面内で閉じ込める三次元導波路では，x 軸方向のスポットサイズと y 軸方向のスポットサイズをそれぞれ w_x と w_y と定義すると，ガウス形関数で近似した電磁界分布が

$$f(x, y) = \exp\left[-\left\{\left(\frac{x}{w_x}\right)^2 + \left(\frac{y}{w_y}\right)^2\right\}\right] \tag{3.157}$$

と表されて変数分離形になっているので，式 (3.155) を二次元で表した式による結合効率は，x 軸方向の結合効率と y 軸方向の結合効率の積で表すことができる．したがって，dB で表した結合損失は x 軸方向の結合損失と y 軸方向の結合損失の和になる．

3.3.2　近接平行導波路間の光結合

2 本のほぼ等しいコア（すなわち基本モードの等価屈折率がほぼ等しいコア）を波長と

3.3 光導波路どうしの結合

同程度の距離までに近づけると，2本のコアの間で光電力が結合を起こす．この場合の結合とは，図Ⅱ.3.27に示すように一方の導波路の光電力が徐々に他方に移動し，そしてまたもとの導波路に徐々に戻るといった，光電力のやりとりを意味する．

この近接平行導波路間の光結合特性は，正確には5層構造光導波路の基本モードを解析することによって理解される．すなわち，図Ⅱ.3.27に示すような導波路構造では，図Ⅱ.3.28に示

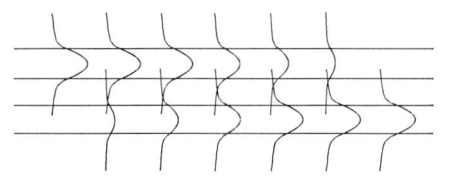

図Ⅱ.3.27 二つの近接平行導波路間の光結合

すように基本モードに偶モード（even mode）と奇モード（odd mode）とよばれるほぼ等しい（つまりほぼ縮退した）伝搬定数をもつモードが存在し，電界分布が偶モードでは二つのコアに同位相で山をもつのに対して奇モードでは逆位相で山をもつ．したがって，これらの位相関係によって重ね合わせた界分布の光電力が，どちらか一方のコアに局在化する場合もある．そして，これら偶モードと奇モードのわずかな伝搬定数差によって，その位相差は伝搬軸方向に変化するので，光電力も図Ⅱ.3.27に示すように二つのコア間で伝搬軸方向に交互に周期的に変動する．

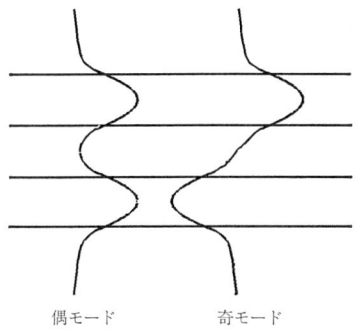

偶モード　　奇モード
図Ⅱ.3.28 結合導波路系の二つのほぼ縮退した固有モード

さて，このような結合導波路の特性を上記のように5層導波路の二つの擬縮退モードの重ね合せで記述すれば正確であるが，二つのコアの間隔がそれほど近接していない場合（この状態を弱結合の状態とよぶ）には，以下に述べる結合モード理論[16]によってそれぞれのコアが独立する場合の基本モードの伝搬定数から光電力の周期的な変動を記述できる．

二つのコアを伝搬するモードの電界振幅をそれぞれ $a_1(z)$ と $a_2(z)$，伝搬定数を β_1 と β_2 と定義しよう．もし二つのコアが独立に存在すれば，電界振幅は $a_i\psi_i(x,y)\exp(-j\beta_i z)$ $(i=1, 2, \cdots$，また $\phi_i(x, y)$ は界分布）のように表され，コア内の光電力は一定になる．ところが，二つのコア間に結合が起こると，これらの電界振幅の変化は次式で表される．

$$a_1(z)=\left[\left(\cos\beta_b z-j\frac{\beta_d}{\beta_b}\sin\beta_b z\right)a_1(0)+\frac{c_{12}}{\beta_b}\sin\beta_b z\, a_2(0)\right]e^{-j\beta_a z} \quad (3.158\text{a})$$

$$a_2(z)=\left[\frac{c_{21}}{\beta_b}\sin\beta_b z\, a_1(0)+\left(\cos\beta_b z+j\frac{\beta_d}{\beta_b}\sin\beta_b z\right)a_2(0)\right]e^{-j\beta_a z} \quad (3.158\text{b})$$

ただし，

$$\beta_a=\frac{\beta_1+\beta_2}{2} \quad (3.159)$$

は二つのモードの平均伝搬定数，

$$\beta_d = \frac{\beta_1 - \beta_2}{2} \tag{3.160}$$

は二つのモードの伝搬定数差に対応し，β_b はビート波数とよばれて次式で与えられる．

$$\beta_b = \sqrt{\left(\frac{\beta_1 - \beta_2}{2}\right)^2 + |c_{12}|^2} \tag{3.161}$$

また，c_{12} はコア1からコア2への結合係数，c_{21} はその逆の結合係数で，全光電力の保存条件より

$$c_{12} = -c_{21}{}^* \tag{3.162}$$

の関係がある．この結合係数は，図Ⅱ.3.27に示すように二つのコアが等しい場合には，次式で表される．

$$c_{12} = -j \frac{\kappa_0{}^2}{\beta_0} \frac{1}{\gamma_3 a} \frac{\exp(-\gamma_3 d)}{1 + \left(\frac{\kappa_0}{\gamma_3}\right)^2} \tag{3.163}$$

ただし，β_0 はコアが単独で存在する場合のモードの伝搬定数（クラッドは非対称）で，κ_0 は

$$\kappa_0 = \sqrt{k_0{}^2 n_1{}^2 - \beta_0{}^2} \tag{3.164}$$

により定義される横方向伝搬定数，また γ_3 はコアと中間クラッド層の屈折率を用いて

$$\gamma_3 = \sqrt{\beta_0{}^2 - k_0{}^2 n_3{}^2} \tag{3.165}$$

と表される．

さて，a_1 と a_2 はモードの電界振幅であるから，$|a_1|^2$ と $|a_2|^2$ はそれぞれのモードの電力（すなわちそれぞれのコアを伝搬する光電力）に比例する．その比例定数は偏波や界分布などに依存するのでここでは省略して，コア1にのみ規格化電力 P_0 が入射した場合を考えよう．この場合の初期条件は，

$$|a_1(0)|^2 = P_0 \tag{3.166a}$$
$$|a_2(0)|^2 = 0 \tag{3.166b}$$

となるので，これらを式 (3.158a) と式 (3.158b) へ代入すると，それぞれのコアを伝搬する光電力の変化は次式のようになる．

$$\begin{aligned} P_1(z) &= |a_1(z)|^2 \\ &= P_0[1 - K\sin^2 \beta_b z] \end{aligned} \tag{3.167a}$$

$$\begin{aligned} P_2(z) &= |a_2(z)|^2 \\ &= P_0 K \sin^2 \beta_b z \end{aligned} \tag{3.167b}$$

ただし，K は

$$K = \frac{1}{1 + \left(\frac{\beta_1 - \beta_2}{2|c_{12}|^2}\right)} \leq 1 \tag{3.168}$$

上式より，もし二つのコアを伝搬するモードの伝搬定数が等しければ（$\beta_1 = \beta_2$），光電力はコア1からコア2へ完全に移行し，また逆に戻る変化を周期的に繰り返す．この場合を完全結合とよぶ．また，完全結合からずれた場合には，光電力は一方から他方に完全には

移行しない．ここで，光電力の移行に要する距離 L_b を結合長（またはビート長）とよび，式 (3.167a) より

$$L_b = \frac{\pi}{|\beta_1 - \beta_2|} \quad (3.169)$$

となる．

3.3.3 光導波路の合流と分岐

三次元光導波路が2本に分岐したり，あるいは2本の光導波路が1本に合流する際には，ある法則に従って損失やモード変換が生じる．この分岐と合流は，導波路が多モード導波路（しかもモード数が非常に多い場合）と単一モード導波路（2モードや3モードの場合も含めて）で解析法が異なる．

（1） 多モード導波路の合流と分岐　モード数が非常に多い多モード導波路では，光軸に垂直な断面内での光電力分布（あるいはモード分布）を光線密度で表すと有効である．このとき，1本の光線はある時刻においてその位置と向きによって表現されるので，モード分布を光線の位置座標上の分布としてのみ表現したのでは正確ではない．そのモード分布が全体としてどのような変化をしつつあるかを表現するには，その向きも考慮する必要がある．このようなモード分布の表現法として筆者らが提案したものに，光線の位相空間表現法† (phase space expression)[17] がある．

まず，図II.3.29(a) のように任意の屈折率分布をもった光導波路の二次元断面内である光線軌跡が与えられている場合を考えよう．位相空間では，伝搬距離 z においてこの

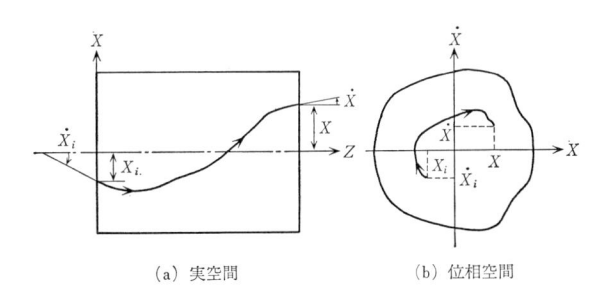

(a) 実空間　　(b) 位相空間

図 II.3.29　多モード導波路内の実空間での光線軌跡と位相空間での光線軌跡（X と $\dot{X}$ は x と $\dot{x}$ の最大値で規格化した座標）

光線の位置座標 x を横軸に，その z 軸に対する傾き $\dot{x}(=dx/dz)$ を縦軸にとって，その光線を点で表現する．すると，この光線の $z=0$ での位置座標を x_i，傾きを $\dot{x}_i$ とし，出射時の位置を x，傾きを $\dot{x}$ とすると，図II.3.29(a) の実空間での光線軌跡は，位相空

---

† 位相空間とは解析力学で用いられる用語で，位置とそれに共役な運動量を座標軸とする空間をさす．質点系の自然運動によって位相空間内に占められる面積（あるいは体積）は，状態が変化しても不変である (Liouville の定理)．

間では図（b）のようになる．また，導波路構造と屈折率分布によって光線が伝搬可能な位相空間上の領域が決まり，伝搬途中でこの領域から出たものは放射される．

さて，図Ⅱ.3.29では1本の光線のみを考えたが，多数の光線を考えれば位相空間上に点の分布が得られる．たとえば，ほぼz軸方向に平行にそろって伝搬する光線群は位相空間上では横軸（x軸）上にのみ分布するし，点光源からあらゆる方向に放射される光線は縦軸（$\dot{x}$軸）上にのみ分布する．また，光源の放射面のどの位置からも一様に，角度についてもあらゆる方向に（ただし光導波路内の最大受光角内で）一様に放射された光線は，導波路内のある断面では，位相空間上で導波モードが許される領域内に一様に分布する点群として表現される．また，2乗分布屈折率導波路では，導波モードに対応する光線の位相空間における軌跡は円になる．この位相空間でモード分布を表現した場合のいくつかの特徴を，2乗分布屈折率導波路と階段屈折率導波路の場合について表Ⅱ.3.7に示す．ただし，この表において，縦軸と横軸は，それぞれコア半幅aと光線の傾きの最大値$\dot{x}_{\max}$（$=\tan\theta_{\max}$）で規格化してある．

表 Ⅱ.3.7 モード分布の位相空間表現

	分布屈折率	階段屈折率
導波モードの存在範囲	$X^2+\dot{X}^2\leq 1$	$|X|\leq 1, |\dot{X}|\leq 1$
位相空間でのモード分布の表現（一様モード分布の場合）		
モード次数に対応する量	$\sqrt{X^2+\dot{X}^2}$	$|\dot{X}|$
低次モード	$\sqrt{X^2+\dot{X}^2}\to 0$	$|\dot{X}|\to 0$
高次モード	$\sqrt{X^2+\dot{X}^2}\to 1$	$|\dot{X}|\to 1$
光線軌跡		

この位相空間表現を用いて，多モード導波路の合流と分岐におけるモード分布の変化の様子をみてみよう．2乗分布屈折率導波路を考え，表Ⅱ.3.7と同様に，位相空間の縦軸と横軸を規格化しておく．2乗分布屈折率導波路のモードが許容される領域は円になるが，合流導波路では導波路の光軸がz軸に対して少し傾いている†ため，入射導波路の位相空間での導波モード許容領域は，円の中心が縦方向にずれている．そして，2本の導波路が徐々に合流するに従って（つまり光線が伝搬するにつれて），二つの円が横軸方向に合体してくる．もしも合流角がモードの最大伝搬角よりも大きいと，二つの円は縦方向に完全にずれるので，以下に述べる合流による放射損失やモード変換は起こらない．最初に

---

† この合流角や分岐角は，導波路内の光線の伝搬角に比べて十分小さい必要があり，通常は1度以下である．

3.3 光導波路どうしの結合

モードは合流導波路の一方に，位相空間内の導波モード許容領域の半分（規格化半径が $1/\sqrt{2}$）の円内に一様な分布で入射するものとする．このときの光線軌跡を実空間と位相空間で表現すると，それぞれ図Ⅱ.3.30と図Ⅱ.3.31のようになる．

図Ⅱ.3.30において，合流前の入射光モード分布の位相空間に占める面積は $\pi/2$ であ

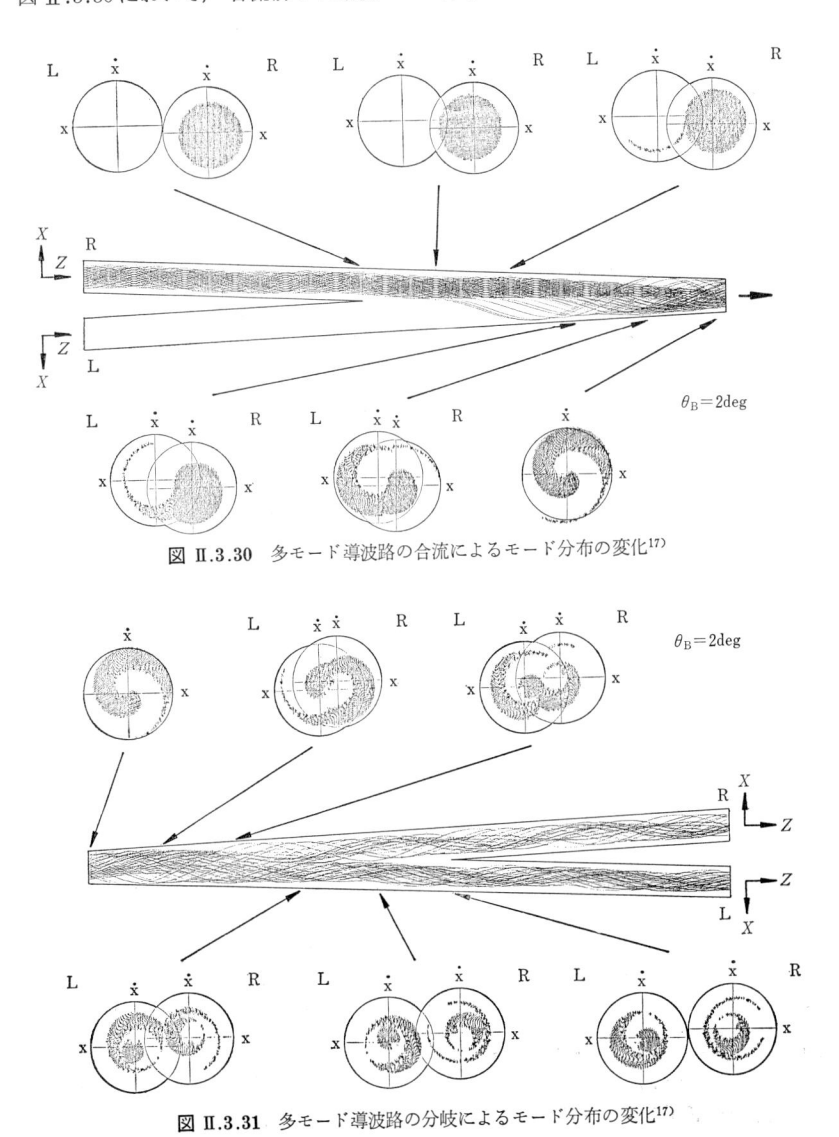

図Ⅱ.3.30 多モード導波路の合流によるモード分布の変化[17]

図Ⅱ.3.31 多モード導波路の分岐によるモード分布の変化[17]

り，解析力学における質点の運動と同様に合流後においてもその面積が変わっていない．ただし，その分布は合流後には導波モードが許容される円の外周まで広がっている．このことは，低次モードから高次モードへのモード変換が生じたことを示している．したがって，もし入射モード分布が半径1の円内を占めていると，その半分は放射されて損失となる．また，合流後のモード分布は，一様ではないことがわかる．

一方，この合流後のモード分布が逆の分岐導波路に入射したときの軌跡が，図Ⅱ.3.31である．このように，一様ではないモード分布が分岐導波路に入射すると，たとえ分岐が完全に対称構造でも，二つの出射端でのモード分布は異なっている．しかも，この図からは明確には読みとりにくいが，実はその分布の面積が異なっているので，出射端での分岐比が1対1になっていない．このように，多モード導波路の分岐においては，その入射端でのモード分布に依存して分岐比が大きく変わるので，分岐を含むモード導波回路の設計には注意が必要である．そこで，分岐部の入射端でのモード分布を一様分布に近づけるために，光路をジグザグ形に曲げたり分岐と合流を数回繰り返すようなモードスクランブラーが提案されている．

(2) **単一モード導波路の合流と分岐** 単一モード導波路の合流と分岐は，前節の結合モード理論を用いて説明することができる[18,19]．まず，図Ⅱ.3.32に示すような対称形（2本の入射ポートが等しい）合流回路の両方の入射ポートに，それぞれ等しい電界振幅の光が入射した場合を考える．合流角は非常に小さいとする（すなわち，合流部の長さは波長や導波路は場に比べて数百から数千倍と十分に大きい）．

(a) 同相で入射した場合 　　　　　(b) 逆相で入射した場合

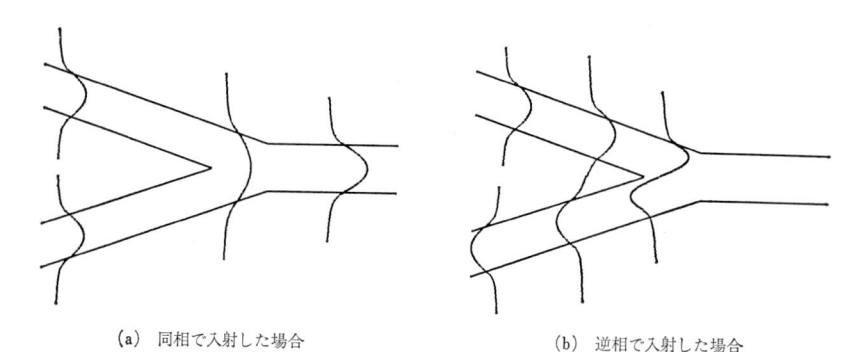

図 Ⅱ.3.32 単一モード導波路の合流[18,19]

合流する2本のコアが徐々に近づいていく途中では，2本の導波路の間隔が伝搬方向に徐々に小さくなっている結合導波路系と考えることができる．結合導波路系に図Ⅱ.3.32(a)のように両方の導波路から周波数の等しいコヒーレント光が同相で入射した場合には，偶モードが励振される．そして，導波路間隔が徐々に小さくなってゼロになると，結合導波路の偶モードは真ん中の谷間が徐々に小さくなって山が一つになり，2モード導波路の基本モード（0次モード）に変換される．さらに2モード導波路のコア幅がテーパー

3.3 光導波路どうしの結合

状に小さくなって単一モード導波路になっても,基本モードはカットオフがないので放射されることがない.したがって,同相入力では合流による損失はほとんどない(合流角の大きさによっては,多少の損失が生じる).これに対して,図Ⅱ.3.32(b)のように逆相で入射した場合には,両方の入射ポートが接近して結合導波路になると,奇モードが励振される.そして導波路間隔がゼロになると2モード導波路の一次モードに変換されるので,さらに2モード導波路がテーパー状に小さくなって単一モード導波路になる過程でカットオフになり,放射されてしまう.したがって,逆相入力の合流はすべての光電力が放射損失になる.

それでは,合流導波路の一方の入射ポートにのみ光が入射した場合はどうであろうか.その場合には,結合導波路では偶モードと奇モードが同じ割合で励振されるので,入射電力の半分は出射ポートの基本モードに結合し,残りの半分は一次モードに変換されてテーパー部で放射される.したがって,合流によって3dBの放射損失が生じる.

次に分岐を考えてみよう.この場合は,図Ⅱ.3.32(a)に示すのと逆の場合に相当するので,出射ポートから1対1で同相の光出力が得られる.

以上の合流と分岐を組み合わせると,図Ⅱ.3.33のようなマッハーツェンダー干渉計回路の動作が理解できる.分岐された光は同相で分かれるので,もしも2本のアームの光路長が同じならば,合流部に入射する際も同相で入力する.したがって,分岐と合流による損失は,分岐角が十分に小さければほとんどない.ところが,電気光

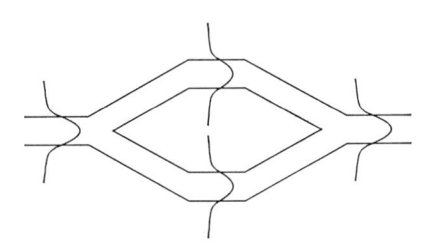

図 Ⅱ.3.33 導波路形マッハーツェンダー干渉計回路

学効果や熱光学効果を用いて2本のアームの内の1本の光路長(具体的には屈折率)を変化させて,そのアームを透過する光の位相を他方の光に対して相対的にπだけずらすと,合流部では逆相入力になるので,光は放射されてしまう.これが,電気光学効果などを用いたマッハーツェンダー形変調器の原理である.

では逆に,まず合流してから分岐させた場合はどうであろうか.まず,2本の入射ポート1本から入射した場合には,合流によって3dBの放射損失を受け,残りの半分の光電力が出射ポートから1対1の比で出力される.また,2本の入射ポートから周波数の等しいコヒーレント光が入射すると,その位相関係によって合流損失が変動する.したがって,このような合流分岐回路(2×2のスターカップラーとも考えられる)は,動作が複雑でかつ不安定であるので,通常は用いられない.この合流損失を避けるには,合流部で2本の入射ポート導波路の間隔がゼロになり,導波路幅が2倍の2モード導波路になった直後に分岐を開始すればよいと考えるかもしれない.しかしながら,この場合には結合導波路の導波路間隔が伝搬軸方向に変化している場合に相当し,合流・分岐角や波長によって分岐比が変わるので,設計が困難である.したがって,この回路も通常は用いられない.

2×2の合流分岐回路(スターカップラー)としては,図Ⅱ.3.34のような非対称X形合流分岐回路[20]が用いられる.この光回路の動作は,合流部分は図Ⅱ.3.32のテーパー

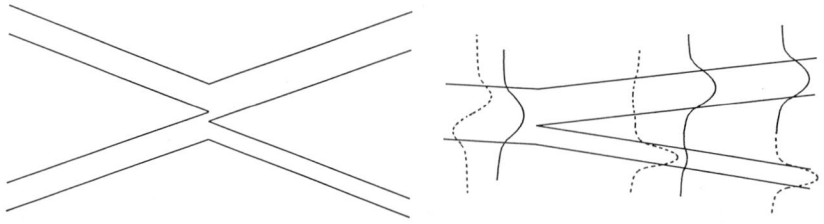

図 Ⅱ.3.34 非対称X形合流分岐回路[20]　　図 Ⅱ.3.35 非対称分岐回路[19,20]

部直前までと同様であるので,非対称な分岐部分を図Ⅱ.3.35のような2モード導波路から導波路幅の異なる2本の単一モード導波路に分岐する非対称分岐[19,20]で考えてみる.この場合には,分岐の途中の結合導波路系に生じる偶モードと奇モードは,図のように偶モードが導波路幅が広い(等価屈折率が大きい)ほうのコアに大きな山をもち,奇モードが導波路幅の狭い導波路に大きな山をもつ.したがって,2モード導波路の基本モードはその光電力のほとんどが導波路幅の広い導波路に出力され,一次モードは導波路幅の狭い導波路に出力される.この動作を合流回路と結びつけると,図Ⅱ.3.34の非対称X形合流分岐回路の2本の入射ポートに周波数の等しいコヒーレント光が同時に入射した場合には,その同相成分が導波路幅の広い出射ポートに,また逆相成分が狭い出射ポートに出力される.また,入射ポートの片方のみに入射した場合には,どちらから入射しても2本の出射ポートに1対1の分岐比で出射される.　　　　　　　　　　　　　　　　［國分泰雄］

参考文献

1) H. Kogelnik and R. V. Ramaswamy: Appl. Opt., **13**, 8 (1974), 1857-1862.
2) F. Villuendas, F. Calvo and J. B. Marqués: Opt. Lett., **12**, 11 (1987), 941-943.
3) Y. Kokubun and K. Iga: J. Opt. Soc. Am., **70**, 1 (1980), 36-40.
4) L. M. Brekhovskikh: Waves in Layered Media, Academic Press, New York (1960).
5) Y. Suematsu and K. Furuya: IEEE Trans. Microwave Theory and Tech., **MTT-20** (1972), 524-531.
6) P. Yeh: Optical Waves in Layered Media, John Wiley & Sons, New York (1988).
7) M. A. Duguay, Y. Kokubun, T. L. Koch and L. Pfeiffer: Appl. Phys. Lett., **49**, 1 (1986), 13-15.
8) T. Baba and Y. Kokubun: JEEE J. Quantum Electron., **28**, 7 (1992), 1689-1700.
9) E. A. Marcatili: Bell Sys. Tech. J., **48** (1969), 2071-2102.
10) R. Ulrich and R. J. Martin: Appl. Opt., **10**, 9 (1971), 2077-2085.
11) E. Snitzer: J. Opt. Soc. Am., **51**, 5 (1961), 491-498.
12) D. Gloge: Appl. Opt., **10**, 10 (1971), 2252-2258.
13) K. Petermann: Electron. Lett., **19**, 18 (1983), 712-714.
14) 柳川久治: 光学, **19**, 12 (1990), 807-812.
15) 河野健治: 光デバイスのための光結合系の基礎と応用, 現代工学社 (1991).

16) S. E. Miller: Bell Sys. Tech. J., **33**, 3 (1954), 661-719.
17) Y. Kokubun, S. Suzuki and K. Iga: IEEE J. Lightwave Tech., **LT-4**, 10 (1986), 1534-1541.
18) H. Yajima: IEEE J. Quantum Electron, **QE-14**, 10 (1978), 749-755.
19) S. K. Burns and A. F. Milton: IEEE J. Quntum Electron., **QE-16**, 4 (1980), 446-454.
20) 井筒雅之, 末田　正: 電気学会電磁界理論研究会資料, EMT-87-129 (1987).
21) D. Marcuse: Theory of Dielectric Optical Waveguides, second ed., Academic Press, Boston (1991).
22) H. Kogelnik: Guided-Wave Optoelectronics (ed. by T. Tamir), chap. 2, Springer-Verlag, Berlin (1988).
23) M. J. Adams: An Introduction to Optical Waveguides, John Wiley & Sons, Chichester (1981).

3.4 導波路回折格子による導波モード間の結合

3.4.1 導波路回折格子における結合モード理論

　回折格子による二つの光波の結合に関しては，ホログラフィック回折格子における結合波理論[1]がよく知られており，光導波路においても基本的にはこの取扱いが適用できる[2]．光導波路の場合，厳密には，複数の導波モードや放射モードへの回折を考慮する必要があるため，電界をモード展開してマクスウェル方程式に代入した表式が結合モード方程式の出発点となる[3~5]．ここでは簡単のため，入射導波モードに対してブラッグ条件を満たす一つの回折導波モードのみを考えることにする．また特にことわらない限り，TE モードの場合を記述することにする．

　図II.3.36に示すように，導波路回折格子の格子ベクトルを K，入射導波モードおよび回折導波モードの伝搬ベクトルをそれぞれ ρ, σ とするとブラッグ条件は次式で表される．

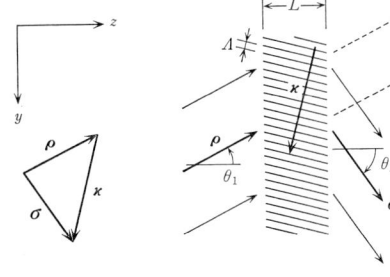

$$\sigma = \rho + K \quad (3.170)$$

図 II.3.36　導波路形回折格子における導波平面波の結合

ρ, σ, K の大きさはそれぞれ

$$|\sigma| = \beta_1 \quad (3.171)$$
$$|\sigma| = \beta_2 \quad (3.172)$$
$$|K| = 2\pi/\Lambda \quad (3.173)$$

で与えられる．ここで，β_1, β_2 はそれぞれ入射導波モードおよび回折導波モードの実効伝搬定数，また Λ は導波路回折格子の格子間隔である．入射導波モードおよび回折導波モードの電場ベクトルをそれぞれ $E_1(x, y, z)$ および $E_2(x, y, z)$ として，回折格子領域における電場 $E(x, y, z)$ を次のように表す．

$$E(x, y, z) = R(z)E_1(x, y, z) + S(z)E_2(x, y, z) \quad (3.174)$$

ただし，ここでは時間依存性の項 $e^{i\omega t}$ は省略してある。E_1, E_2 はII.3.1節に示されている導波モードを用いて以下のように表される。

$$E_1(x, y, z) = A_1 F_1(x) \exp(-i\boldsymbol{\rho}\cdot\boldsymbol{r}) \tag{3.175}$$

$$E_2(x, y, z) = A_2 F_2(x) \exp(-i\boldsymbol{\sigma}\cdot\boldsymbol{r}) \tag{3.176}$$

ここで，$\boldsymbol{r}$ は y–z 面内の位置ベクトルである。$F_1(x)$ および $F_2(x)$ は導波モードの解を表し，たとえばTEモードの場合にはII.3.1.2項の E_y に相当する。A_1, A_2 は電場ベクトルの方向を表すベクトルで，TEモードの場合には，

$$A_1 = \begin{pmatrix} 0 \\ -\cos\theta_1 \\ -\sin\theta_1 \end{pmatrix} \tag{3.177}$$

$$A_2 = \begin{pmatrix} 0 \\ -\cos\theta_2 \\ -\sin\theta_2 \end{pmatrix} \tag{3.178}$$

ただし，θ_1, θ_2 は z 軸から反時計回りを正にとってある。

II.3.1節の波動方程式（3.10）で $\omega^2 \varepsilon_0 \mu_0 n_i^2 = k_0^2 \{n(x, y, z)\}^2$ とおいた式に式（3.174）を代入することにより，次式が得られる。

$$2\rho_z E_1 \frac{dR}{dz} + 2\sigma_z E_2 \frac{dS}{ds} = -ik_0^2 (n^2 - n_0^2)(RE_1 + SE_2) \tag{3.179}$$

ここで，$n_0 = n_0(x)$ は回折格子がない場合の光導波路の屈折率，$n = n(x, y, z)$ は回折格子領域の光導波路の屈折率を表す。なお上式では，R および S の変化は小さいとして2階微分の項は省略してある。式（3.179）に E_1^* または E_2^* を乗じて，x で積分し直流成分（y, z により変化しない成分）をとることにより，次の結合モード方程式が得られる。

$$\cos\theta_1 \frac{dR}{dz} = -i\kappa_0 \cos(\theta_1 - \theta_2) S \tag{3.180}$$

$$\cos\theta_2 \frac{dS}{dz} = -i\kappa_0 \cos(\theta_1 - \theta_2) R \tag{3.181}$$

これらの式における $\cos(\theta_1-\theta_2)$ の項はTEモードの場合の $A_1 \cdot A_2$ に相当しており，TMモードの場合には異なる表式になる[6]。上式の導出にあたっては，$n^2 - n_0^2$ が $\cos(\boldsymbol{K}\cdot\boldsymbol{r})$ の成分をもっており，また

$$\left[\int (n^2 - n_0^2) E_1 \cdot E_1^* dx\right]_{DC} = 0 \tag{3.182}$$

$$\left[\int (n^2 - n_0^2) E_2 \cdot E_2^* dx\right]_{DC} = 0 \tag{3.183}$$

が成り立つことを仮定している[7]。ただし，$[A]_{DC}$ は A の直流成分を表す。また各電場ベクトルは複素ポインティングベクトル $\tilde{s} = (\boldsymbol{E}\times\boldsymbol{H}^*)/2$ の大きさが1となるように規格化されているものとした。すなわち，

$$\beta_1 \int E_1 \cdot E_1^* dx = \beta_2 \int E_2 \cdot E_2^* dx = 2\omega\mu_0 \tag{3.184}$$

このとき，式 (3.180), (3.181) 中の係数 κ_0 は次式で与えられる．

$$\kappa_0 = (\omega\varepsilon_0/4)\left[\int (n^2-n_0^2)F_1 F_2 \exp(i\bm{K}\cdot\bm{r})dx\right]_{\mathrm{DC}} \tag{3.185}$$

式 (3.180), (3.181) の結合モード方程式の導出で，直流成分あるいは y, z 依存性の同じ項をとる理由はモードの直交性から説明される．$\beta_1 \neq \beta_2$ の場合には F_1 と F_2 の直交性のみでこれらの式が導かれるが，$\beta_1 = \beta_2$ の場合には $\exp(-i\bm{\rho}\cdot\bm{r})$ と $\exp(-i\bm{\sigma}\cdot\bm{r})$ との直交性を利用していることになる．なお，式 (3.181) 中の κ_0 の代わりに κ_0^* を用いる表式もある[5,8]．これは式 (3.180) と (3.181) における結合係数がそれぞれ $\int \varDelta n^2 \exp(-i\bm{K}\cdot\bm{r}) \bm{E}_1^* \cdot \bm{E}_2 dx$ および $\int \varDelta n^2 \exp(i\bm{K}\cdot\bm{r}) \bm{E}_1 \cdot \bm{E}_2^* dx$ の形になっているためで，$\bm{E}_1^* \cdot \bm{E}_2$ が実数とならない場合，およびブラッグ条件から外れている場合の $\exp(i[\bm{\sigma}-\bm{\rho}-\bm{K}]\cdot\bm{r})$ の項を κ_0 の中に含めて記述する場合にはこの表式が必要である．しかし，後述する利得結合 DFB レーザーの場合のように $\varDelta n^2$ 自体が複素数となる場合には，複素共役の $\varDelta n^{2*}$ は現れないので，κ_0^* と記述することはできない．いずれにしても，ここでは κ_0 は実数なので問題はない．

（1）透過形回折格子におけるモード結合　入射波と反射波の伝搬ベクトルの z 成分が同符号の場合，すなわち $\cos\theta_1\cos\theta_2 > 0$ の場合に

$$R(0)=1, \quad S(0)=0 \tag{3.186}$$

の境界条件の下で結合モード方程式 (3.180), (3.181) を解くと，以下の解が得られる．

$$R(z) = \cos(\kappa z) \tag{3.187}$$

$$S(z) = -i\sqrt{\cos\theta_1/\cos\theta_2}\,\sin(\kappa z) \tag{3.188}$$

ここで結合係数 κ は TE モードの場合，次式で表される．

$$\kappa = \kappa_0 \cos(\theta_1-\theta_2)/\sqrt{|\cos\theta_1 \cos\theta_2|} \tag{3.189}$$

式 (3.188) を用いて，z 方向の長さが L の回折格子の回折効率 η[1] は

$$\left.\begin{array}{l}\eta = |\cos\theta_2/\cos\theta_1|S(L)S^*(L) \\ = \sin^2(\kappa L)\end{array}\right\} \tag{3.190}$$

で与えられる．

（2）反射形回折格子におけるモード結合　図Ⅱ.3.37 に示すような反射形回折格子では入射波と反射波の伝搬ベクトルの z 成分が異符号すなわち，$\cos\theta_1 > 0$, $\cos\theta_2 < 0$ となる．この場合

$$R(0)=1, \quad S(L)=0 \tag{3.191}$$

の境界条件の下で結合モード方程式 (3.180), (3.181) を解くと，以下の解が得られる．

$$R(z) = \frac{\cosh(\kappa[z-L])}{\cosh(\kappa L)} \tag{3.192}$$

$$S(z) = i\sqrt{\frac{\cos\theta_1}{|\cos\theta_2|}}\,\frac{\sinh(\kappa[z-L])}{\cosh(\kappa L)} \tag{3.193}$$

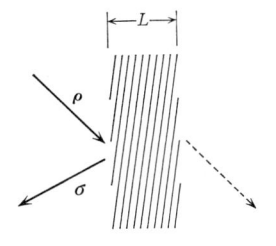

図 Ⅱ.3.37　反射形回折格子による導波平面波の結合

ここで κ は式 (3.189) と同じ表式で与えられる．式 (3.190) と同様にして，回折効率 η は

$$\left. \begin{array}{l} \eta = |\cos\theta_2/\cos\theta_1| S(0) S^*(0) \\ = \tanh^2(\kappa L) \end{array} \right\} \quad (3.194)$$

で与えられる．

3.4.2 導波路グレーティングレンズにおける結合モード理論

導波路グレーティングレンズ[9~11]は入射導波光をある焦点に収束する，あるいはある焦点から発散する円筒波に変換する機能をもつ．導波モードとしての円筒波の解は，波動方程式を図Ⅱ.3.38に示したような円筒座標で変数分離することによって得られ，たとえば TE モード円筒波の電磁界の解は次式で表される[7,12]．

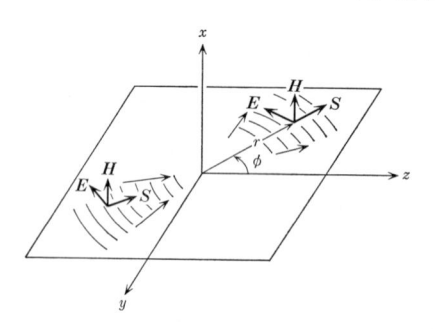

$$E = aH_1^{(k)}(\beta r) \begin{pmatrix} 0 \\ -\cos\phi \\ -\sin\phi \end{pmatrix} F(x) \quad (3.195)$$

図Ⅱ.3.38 導波円筒波の電磁界と円筒座標系

$$H = \frac{ia}{\omega\mu_0} \begin{pmatrix} \beta H_0^{(k)}(\beta r) \\ H_1^{(k)}(\beta r)\sin\phi\, d/dx \\ -H_1^{(k)}(\beta r)\cos\phi\, d/dx \end{pmatrix} F(x) \quad (3.196)$$

ここで $F(x)$ は導波平面波の場合のモード関数と同じもので，たとえばⅡ.3.1.2項の E_y に相当する．$H_\nu^{(k)}$ は ν 次のハンケル関数（円筒関数の一種）で，$k=1$ および $k=2$ がそれぞれ第1種および第2種のハンケル関数を表す．この関数は $\beta r \gg 1$ のとき

$$H_\nu^{(1)}(\beta r) \sim \sqrt{\frac{2}{\pi\beta r}} \exp\left(i\left[\beta r - \frac{\nu\pi}{2} - \frac{\pi}{4}\right]\right) \quad (3.197)$$

$$H_\nu^{(2)}(\beta r) \sim \sqrt{\frac{2}{\pi\beta r}} \exp\left(-i\left[\beta r - \frac{\nu\pi}{2} - \frac{\pi}{4}\right]\right) \quad (3.198)$$

と近似され，第1種および第2種のハンケル関数がそれぞれ収束および発散円筒波に相当していることがわかる．実際にはグレーティングレンズは $\beta r \gg 1$ の領域で用いることがほとんどなので，グレーティングレンズの設計には円筒波の位相として $\pm i\beta r$ を用いればよい．なお図Ⅱ.3.38中に収束円筒波および発散円筒波の電界，磁界およびポインティングベクトルの関係を示してある．

（1）平面波と円筒波との結合 図Ⅱ.3.39に示したように，導波平面波を導波円筒波に変換するグレーティングレンズを考える．このような回折格子では，結合係数が場所によって変わるため，式 (3.180)，(3.181) のような一次元の結合モード方程式ではなく，R, S を y, z の関数とした二次元の取扱いが必要となる．このような二次元の結合モード方程式[13~16]は一般に次のような形で記述される（TE モードの場合）．

$$\nabla\phi_1\cdot\nabla R+i\frac{A_2}{A_1}\kappa_0(\nabla\phi_1\cdot\nabla\phi_2)S=0 \tag{3.199}$$

$$\nabla\phi_2\cdot\nabla S+i\frac{A_1}{A_2}\kappa_0(\nabla\phi_1\cdot\nabla\phi_2)R=0 \tag{3.200}$$

ここで，ϕ_1,ϕ_2：入射波および回折波の位相（を規格化したもの），A_1, A_2：それぞれの波の振幅の絶対値（場所に依存，平面波の場合は定数）である．

図 II.3.39 の場合に式（3.199），(3.200)の結合モード方程式を具体的に書き表すと，(r,ϕ) 円筒座標系を用いて次のようになる[7]．

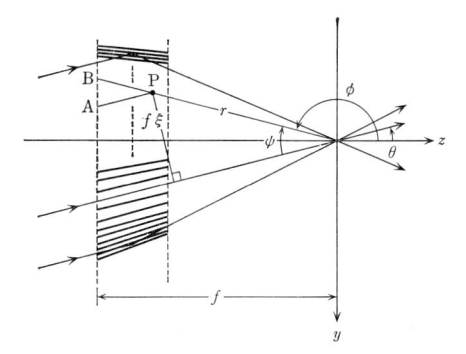

図 II.3.39 導波路グレーティングレンズによる平面波と円筒波の結合

$$\frac{\boldsymbol{\beta}_1\cdot\nabla R}{\beta_1}+i\kappa_0\frac{\cos(\phi-\theta)}{\sqrt{\pi r}}S=0 \tag{3.201}$$

$$\frac{1}{\pi r}\frac{\partial S}{\partial r}-i\kappa_0\frac{\cos(\phi-\theta)}{\sqrt{\pi r}}R=0 \tag{3.202}$$

ここで，$\boldsymbol{\beta}_1$ は入射平面波の実効伝搬ベクトル，θ は入射角である．この方程式はさらに次の変数変換

$$\xi=(r/f)\sin(\phi-\theta) \tag{3.203}$$

$$\psi=\pi-(\phi-\theta) \tag{3.204}$$

$$R=\xi^{1/2}U \tag{3.205}$$

$$S=\sqrt{\frac{\pi f}{\sin\psi}}\frac{1}{\tan\psi}V \tag{3.206}$$

を用いて，次式に変換される．

$$\frac{\partial U}{\partial\psi}-if\kappa_0\frac{1}{\sin\psi\tan^2\psi}V=0 \tag{3.207}$$

$$\frac{\partial V}{\partial\xi}+if\kappa_0\,\xi U=0 \tag{3.208}$$

上式で用いられている座標系 (ξ,ψ) は，図 II.3.39 からもわかるように，$\xi=$一定，および $\psi=$一定の直線が，それぞれ入射平面波および回折円筒波の光線を規定するように選ばれている．

式（3.207），(3.208) より，U, V はいずれも次の微分方程式を満たす．

$$\frac{\partial^2 U}{\partial\psi\partial\xi}-\frac{f^2\kappa_0^2\xi}{\sin\psi\tan^2\psi}U=0 \tag{3.209}$$

この方程式は $z=-f$ に相当する境界，すなわち

$$\xi(\varphi)=\frac{\sin\psi}{\cos(\psi-\theta)} \tag{3.210}$$

における境界条件を用いて，リーマンの積分法[17]により解くことができる．この場合の積分は図Ⅱ.3.39のAB間に相当する範囲に対して行われる．このことはP点での電磁界が，AB間に入射した光の分布によって決まることを意味している．なお具体的な解法例[7]についてはここでは省略する．

（2）円筒波どうしの結合　発散円筒波を収束円筒波に変換するグレーティングレンズ[18]における結合モード方程式を記述するための座標系を図Ⅱ.3.40に示す．この図に示した σ, ϕ を用いて入射円筒波と回折円筒波に対する結合モード方程式は以下のように表される．

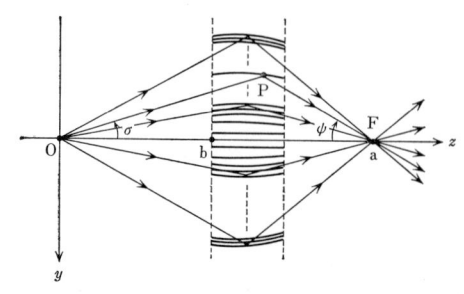

図Ⅱ.3.40 導波路グレーティングレンズによる円筒波どうしの結合

$$\frac{\partial R}{\partial \phi} - ia\kappa_0 (\sin\sigma \sin\phi)^{1/2} \frac{\cos(\sigma+\phi)}{\sin^2(\sigma+\phi)} S = 0 \tag{3.211}$$

$$\frac{\partial S}{\partial \sigma} + ia\kappa_0 (\sin\sigma \sin\phi)^{1/2} \frac{\cos(\sigma+\phi)}{\sin^2(\sigma+\phi)} R = 0 \tag{3.212}$$

この場合も，$\sigma=$ 一定，および $\phi=$ 一定の直線は，それぞれ入射円筒波および回折円筒波の光線を規定する．式 (3.211)，(3.212) の連立偏微分方程式は，平面波と円筒波との結合の場合と異なり，R, S の係数が $f(\sigma)g(\phi)$ のような変数分離形になっていないため，式 (3.209) に相当する微分方程式には変換できない．そのためリーマンの積分法は適用できないが，以下に述べるような差分近似を用いて数値計算により解を求めることができる．

ここで便宜上 σ, ϕ を次式のように u, v に変換する．

$$u = \tan\phi, \quad v = \tan\sigma \tag{3.213}$$

このとき，式 (3.211)，(3.212) は次の形に書き表される．

$$\frac{\partial R}{\partial u} - ia\kappa_0 f(u, v) S = 0 \tag{3.214}$$

$$\frac{\partial S}{\partial v} + ia\kappa_0 g(u, v) R = 0 \tag{3.215}$$

グレーティングレンズの入射側境界を $z=b$ とすると，この境界は u-v 平面上では

$$v = \frac{a-b}{b} u \tag{3.216}$$

で表される（図Ⅱ.3.41(a) 参照）．式 (3.214)，(3.215) を差分近似を用いて書き直すと

$$R(u_{j+1}, v_k) = R(u_j, v_k) + i\Delta u a\kappa_0 f(u_j, v_k) S(u_j, v_k) \tag{3.217}$$

$$S(u_j, v_{k-1}) = S(u_j, v_k) + i\Delta v a\kappa_0 g(u_j, v_k) R(u_j, v_k) \tag{3.218}$$

これより，グレーティングレンズ領域の任意の点 P における R, S の振幅は，図II.3.41 (a) の直線 AB から出発して，矢印の方向に差分計算を繰り返すことにより求めることができる．u-v 平面をもとの y-z 座標に戻すと図II.3.41 (b) のようになる．この図から

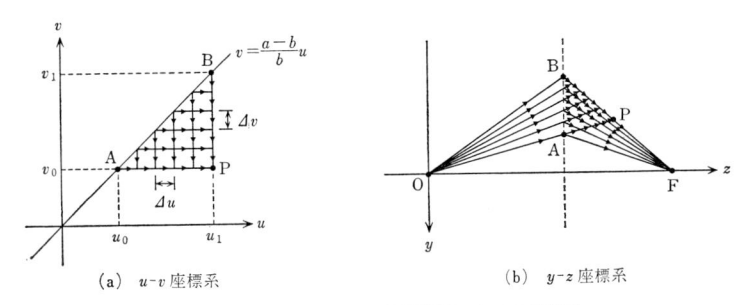

(a) u-v 座標系 (b) y-z 座標系

図II.3.41 差分近似による数値計算のための座標系

もわかるように，ここで述べた取扱いでは，平面波と円筒波の結合におけるリーマンの積分法の場合と同様に，P 点での電磁界が AB 間に入射した光の分布によって決まる．この方法は一般の二次元結合モード方程式に適用でき，入射波の振幅が一様でない場合やブラッグ条件からずれた場合[19]にも適用できる．

3.4.3 結合係数

式 (3.189) などで与えられる結合係数のもとになるのは式 (3.185) で定義される κ_0 である．式 (3.185) 中のモード関数 F_1, F_2 は既知であり，また $n^2 - n_0^2$ も回折格子の形状から決定されるので，一般にはこの積分を実行すれば求まる[3~8,20,21]．ここでは図II.3.42 に示したような凹と凸のピッチが等しい単純な形状の回折格子について，κ_0 を求めてみる．

さて，式 (3.185) を計算する際にまず留意すべきことは，$n_0^2(x)$ をどうとるか，いいかえると回折格子のない場合の導波路構造をどう選ぶかということである．これは，導波層とクラッド層との屈折率差が小さく，回折格子の溝の高さが小さい場合にはあまり問題とならないが，溝の高さ

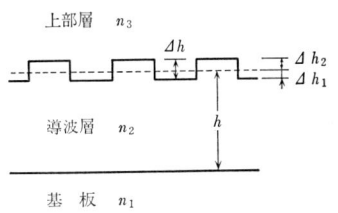

図II.3.42 3層構造導波路における回折格子

が大きい場合には $n_0^2(x)$ の取り方により結果が違ってくるので注意する必要がある．もとになる導波路構造としては，たとえば図II.3.42 で回折格子の凹凸領域を，その平均屈折率をもつ層とみなして，4層構造の導波路として取り扱う方法があるが，4層構造導波路のモード関数はやや繁雑であるので，ここでは3層構造として取り扱う方法[7]を述べる．なお簡単のため，ここでは入射波と回折波のモード関数は同じ次数とする．すなわち

$$F_1(x) = F_2(x) \equiv F(x) \tag{3.219}$$

図II.3.42 において，もとになる3層構造の導波層とクラッド層との境界を $x = h$ とす

ると，$n^2(x, y, z) - n_0^2(x)$ は次式で与えられる．

$$n^2 - n_0^2 = \begin{cases} \dfrac{\Delta n^2}{2} + \dfrac{2\Delta n^2}{\pi}\sum_{k=0}^{\infty}\dfrac{(-1)^k}{2k+1}\cos([2k+1]\boldsymbol{K}\cdot\boldsymbol{r}) & (h < x < h+\Delta h_2) \\ -\dfrac{\Delta n^2}{2} + \dfrac{2\Delta n^2}{\pi}\sum_{k=0}^{\infty}\dfrac{(-1)^k}{2k+1}\cos([2k+1]\boldsymbol{K}\cdot\boldsymbol{r}) & (h-\Delta h_1 < x < h) \\ 0 & \text{それ以外} \end{cases}$$

(3.220)

ここで

$$\Delta n^2 = n_2^2 - n_3^2 \tag{3.221}$$

式 (3.180), (3.181) の結合モード方程式を導くに当たっては，式 (3.182), (3.183) が成立することを仮定している．そこで，境界 $x = h$ の位置は，式 (3.182), (3.183) が成立するように選ぶことにする．このための条件は

$$\int_h^{h+\Delta h_2}[F(z)]^2 dz = \int_{h-\Delta h_1}^{h}[F(z)]^2 dz \equiv g(\Delta h_1) \tag{3.222}$$

モード関数の具体的な形を代入すると，この式は次のように書き直せる．

$$\Delta h_2 = -\dfrac{1}{2\gamma_3}\ln\left[1 - 2\gamma_3\left(1+\dfrac{\gamma_3^2}{\kappa_2^2}\right)g(\Delta h_1)\right] \tag{3.223}$$

$$2g(\Delta h_1) = \Delta h_1 + \dfrac{\sin(\kappa_2 \Delta h_1)}{\kappa_2\left(1+\dfrac{\gamma_3^2}{\kappa_2^2}\right)}\left\{2\dfrac{\gamma_3}{\kappa_2}\sin(\kappa_2 \Delta h_1) + \left(1-\dfrac{\gamma_3^2}{\kappa_2^2}\right)\cos(\kappa_2 \Delta h_1)\right\}$$

(3.224)

式 (3.185), (3.220) より，κ_0 は式 (3.224) の $g(\Delta h_1)$ を用いて次式で表される．

$$\kappa_0 = \dfrac{2k_0 \Delta n^2}{\pi N h_{\text{eff}}} g(\Delta h_1) \tag{3.225}$$

ここで，N: 導波路の実効屈折率 ($=\beta/k_0$，等価屈折率)，h_{eff}: 実効的厚さである．

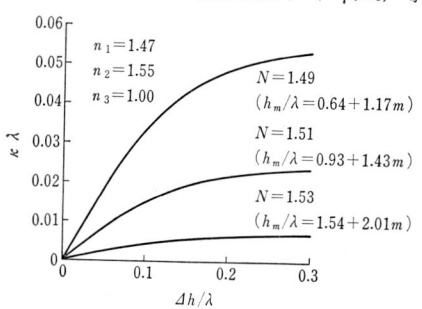

図 II.3.43 結合係数と回折格子深さとの関係
(h_m は TE_m モードに対する膜厚)

この式を用いて計算した κ_0 と Δh ($= \Delta h_1 + \Delta h_2$) との関係を図 II.3.43 に示す．図からわかるように，Δh が小さい領域では κ_0 はほぼ Δh に比例するが，Δh が大きくなると κ_0 は飽和する傾向にある．これは，Δh の大きい領域では，$\Delta h_1 < \Delta h_2$ となって，凹凸領域のほとんどの部分で導波モードはエバネッセント波として減衰するため，式 (3.185) の積分にはほとんど寄与しないためである．この κ_0 と Δh との関係は後で述べる入出力グレーティングカップラーの結合係数においても同様である．

Δh_1 が十分小さい場合には，式 (3.225) は次のように近似される．

$$\kappa_0 = \frac{4(n_2^2 - N^2)}{\lambda N h_{\text{eff}}} \Delta h_1 \tag{3.226}$$

導波層とクラッド層との屈折率差が小さい場合には，$\Delta h_1 \sim \Delta h_2$ となるので，上式の Δh_1 は $\Delta h/2$ とおける．この式は振幅が $\Delta h/2$ の正弦波形状回折格子における結合係数の近似式[4]

$$\kappa_0 = \frac{\pi(n_2^2 - N^2)}{\lambda N h_{\text{eff}}} \frac{\Delta h}{2} \tag{3.227}$$

と係数以外は一致する．係数の違いは図Ⅱ.3.42 の回折格子の一次の正弦波成分係数が $4/\pi$ であることに起因している．

3.4.4　DFB/DBR レーザーの理論

(1) DFB レーザー　分布帰還形 (DFB) レーザーでは，回折格子導波路が共振器として働き，その周期構造から決まる共振条件によってレーザーの発振波長が決定される．図Ⅱ.3.44 のような DFB レーザーの結合モード方程式を記述するにあたって，まず回折格子導波路における実効屈折率（等価屈折率）の実数部 $n(z)$ および虚数部 $g(z)/k_0$ が次のような周期性をもつと仮定する[22~24]．

$$n(z) = n + n_1 \cos(2\beta_0 z + \Omega) \tag{3.228}$$
$$g(z) = g + g_1 \cos(2\beta_0 z + \Omega) \tag{3.229}$$

ここで，β_0 は回折格子の周期 Λ と以下の関係にある．

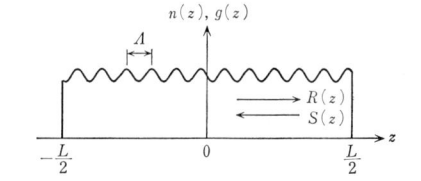

図 Ⅱ.3.44　分布帰還形 (DFB) レーザー

$$\beta_0 = \pi/\Lambda \tag{3.230}$$

このとき z 方向の実効伝搬定数 $k(z)$ は次式で与えられる．

$$k^2(z) = k_0^2 n^2 + 2ik_0 ng + 4k_0 n\kappa \cos(2\beta_0 z + \Omega) \tag{3.231}$$
$$\kappa = \frac{1}{2}(k_0 n_1 + ig_1) \tag{3.232}$$

このような DFB 共振器において，光の電界 E を $+z$ 方向および $-z$ 方向に進む波との和として

$$E = R(z)\exp(-i\beta_0 z) + S(z)\exp(i\beta_0 z) \tag{3.233}$$

と表すと，$R(z)$ および $S(z)$ の間の結合モード方程式は以下のように記述される．

$$-\frac{dR}{dz} + (g - i\delta)R = i\kappa e^{-i\Omega} S \tag{3.234}$$

$$\frac{dS}{dz} + (g - i\delta)S = i\kappa e^{i\Omega} R \tag{3.235}$$

ここで，δ は回折格子の周期 Λ から決まるブラッグ条件からの伝搬定数のずれを表し，以下で与えられる．

$$\delta = \beta - \beta_0, \quad \beta = k_0 n \tag{3.236}$$

なお，式 (3.234)，(3.235) で $g = 0$，$\delta = 0$ とおいた式と，式 (3.180)，(3.181) で $\theta_1 =$

0, $\theta_2=\pi$ とおいた式との符号の違いは電界 $\boldsymbol{E}_2$ の符号の取り方によるもので本質的なものではない.

外部からの入力光がなく，共振器端面（$z=\pm L/2$）での反射がない場合，すなわち境界条件が

$$R(-L/2)=0, \quad S(L/2)=0 \tag{3.237}$$

で与えられる場合，式 (3.234)，(3.235) の結合モード方程式の解は次の形で表される[22]．

$$R(z)=a\sinh(\gamma[z+L/2]) \tag{3.238}$$
$$S(z)=b\sinh(\gamma[z-L/2]) \tag{3.239}$$

ここで a, b は定数，また

$$\gamma^2=\kappa^2+(g-i\delta)^2 \tag{3.240}$$

式 (3.238)，(3.239) を式 (3.234)，(3.235) に代入すると，次の関係式が得られる．

$$b=\pm ae^{i\Omega} \tag{3.241}$$
$$\kappa=\mp i\gamma/\sinh(\gamma L) \tag{3.242}$$
$$g-i\delta=\gamma\coth(\gamma L) \tag{3.243}$$

式 (3.242)，(3.243)（あるいはこのうちの一つと式 (3.240) を組み合わせたもの）は DFB レーザーの特性を決定する重要な式である．結合係数 κ および共振器長 L が与えられれば，この式よりブラッグ条件からのずれ δ と利得係数 g が求まる．すなわち，発振波長と発振しきい利得が求まることになる．

式 (3.242)，(3.243) からわかるように，κ が実数の場合，すなわち屈折率結合の場合には $\delta=0$ となる解は存在しない．両式を満たす解は $\delta=0$ を対称軸としてその両端に存在する[22]．したがって，発振しきい利得の等しい二つのモードが解として存在することになる．$\delta=0$ の近傍の解の存在しない領域は禁止帯とよばれる．このような発振しきい利得差の小さい複数のモードが存在すると，高速変調時に安定な単一縦モード発振が得られない．

高速変調時における単一縦モード発振，すなわち動的単一モード（DSM）動作[25]を実現するため，DFB レーザーの構造に関するさまざまな工夫が行われている[26]．その一つは回折格子に不均一な構造を導入した位相シフト構造である．DFB 領域の途中に位相シフトがある場合には，その位置で領域を分割して各領域の R, S を求め，位相シフトを考慮した境界条件を適用することにより，固有値方程式が導かれる．いま，$z=0$ で回折格子の位相が $2\Omega_0$ だけシフトしているとすると，$g-i\delta$, κ, γ の間の関係式は次のようになる．

$$g-i\delta\pm\kappa\exp(-i\Omega_0)=\gamma/\tanh^2(\gamma L/2) \tag{3.244}$$

この式と式 (3.240) とから，δ および g が決定される．位相シフトが π の場合，すなわち $\Omega_0=\pi/2$ の場合は，この位相シフト分が波長の 1/4 に相当することから，4 分の 1 波長シフト構造とよばれている[26~28]．このとき式 (3.240)，(3.244) より，

$$\gamma^2+\kappa^2\{\cosh(\gamma L)-1\}=\pm\kappa\gamma\sinh(\gamma L) \tag{3.245}$$

κ をある範囲の実数に選ぶと，式 (3.245) を満たす実数 γ が存在し，$\delta=0$ とすることが

できる。このような位相シフト構造は，回折格子の位相を直接変化させる方法のほかに，ストライプ幅変調などにより実効屈折率を変調する方法によっても実現される[26,29,30]。

DSM 動作のためのもう一つの方法は，κ の虚数部を利用する利得結合構造[22,26]である。式 (3.242) において，κ が純虚数とすると，γ が実数または純虚数となる解が必ず存在する。このとき式 (3.238) からわかるように，$\gamma\coth(\gamma L)$ は実数となり，$\delta=0$ となる。

以上では，共振器端面での反射がない場合を述べたが，実際の DFB レーザーでは，端面反射率を完全にゼロにすることはむずかしい。端面での反射は単一モード動作条件に大きく影響する[23,31~33]ため，これを考慮した設計が必要である。いま，$z=L/2$ および $z=-L/2$ における反射率をそれぞれ $\hat{\rho}_1$, $\hat{\rho}_2$ とすると，R, S に対する境界条件は次式で与えられる。

$$R(-L/2)\exp(i\beta_0 L/2)=\hat{\rho}_1 S(-L/2)\exp(-i\beta_0 L/2) \qquad (3.246)$$
$$S(L/2)\exp(i\beta_0 L/2)=\hat{\rho}_2 R(L/2)\exp(-i\beta_0 L/2) \qquad (3.247)$$

この条件のもとでは，式 (3.242)，(3.243) に相当する固有値方程式は以下のようになる[23,33]。

$$(g-i\delta)(1+\rho_1\rho_2)-i\kappa(\rho_1+\rho_2)=\gamma(1-\rho_1\rho_2)\coth(\gamma L) \qquad (3.248)$$

ここで

$$\rho_1=\hat{\rho}_1\exp(-i[\beta_0 L-\Omega]) \qquad (3.249)$$
$$\rho_2=\hat{\rho}_2\exp(-i[\beta_0 L+\Omega]) \qquad (3.250)$$

式 (3.248) は DFB 領域の途中で位相シフトのない場合に対する固有値方程式であるが，位相シフトのある場合にも，式 (3.244) を求めた場合と同様の方法で固有値方程式を導出することができる。

式 (3.249)，(3.250) からわかるように，ρ_1 および ρ_2 の位相は端面における回折格子の位相により変わる。この値 ($\beta_0 L-\Omega$, $\beta_0 L+\Omega$) を制御することは現実的には困難である。したがって，たとえば式 (3.240)，(3.248) から求まる δ と g はこの位相の値によっていろいろな値をとることになり，単一モード動作条件を確定することはむずかしい。このような場合の取扱いに対して，単一モード確率という概念が用いられている[33]。これは，ρ_1 および ρ_2 の位相をそれぞれ変化させて，各場合に対して発振しきい利得 g および z 方向の電界分布を計算し，その中で単一モード動作条件を満たす割合を確率として求めるものである。この単一モード確率は実際の作製において，単一モード動作の得られる歩留りに相当する。単一モード動作条件は，たとえば発振しきい利得の小さい二つのモード間の利得差 Δg および z 方向電界分布の平坦性があ

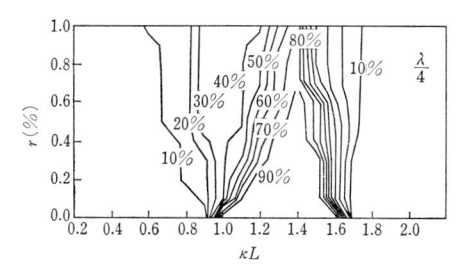

図 Ⅱ.3.45 単一モード確率の計算例[33]

る基準を満たす範囲として与えられる．電界分布の平坦性は，軸方向の空間的ホールバーニングを抑えて，モードの安定性を確保するために必要とされる．平坦性 FR はたとえば電界強度の最小値と最大値の比として定義される．

図Ⅱ.3.45 は4分の1波長シフト構造の DFB レーザーにおいて，$\Delta gL \geq 0.1$ および $FR \geq 0.5$ を満たす確率（単一モード確率）を κL および端面反射率 r に対してプロットした例である[33]．図から明らかなように，4分の1波長シフト構造ではつねに単一モード動作条件を満たしているわけではなく，κL および r をある範囲に最適化する必要がある．特に端面反射率の影響は大きく，実際の作製では1％以下に抑えることが目安となる．

（2）DBR レーザー 分布反射形（DBR）レーザー[24,25,34,35]では，図Ⅱ.3.46に示したように，活性領域の片側または両側に導波路回折格子を反射器として設けることにより共振器を形成する．ここで回折格子の z 方向長さを L_1 として，式 (3.234), (3.235) から $z=0$ における反射光と入射光の比，すなわち振幅反射率を求めると，

$$r_1 = \frac{S(0)}{R(0)} = \frac{-i\kappa \tanh(\gamma L_1)}{\gamma + i\delta \tanh(\gamma L_1)} \tag{3.251}$$

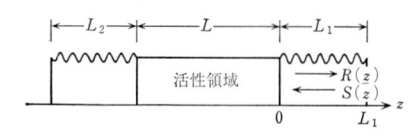

図Ⅱ.3.46 分布反射形（DBR）レーザー

DBR レーザーでは，DFB レーザーの場合と異なり，回折格子領域の利得は一般にゼロであるので，式 (3.240) で $g=0$ とおくと，$\delta < \kappa$ の領域で r_1 の絶対値および反射光と入射光の位相差 ϕ_1 は次式で与えられる．

$$|r_1| = \frac{\kappa \tanh(\sqrt{\kappa^2 - \delta^2}\, L_1)}{\sqrt{\kappa^2 - \delta^2}/\cosh^2(\sqrt{\kappa^2 - \delta^2}\, L_1)} \tag{3.252}$$

$$\phi_1 = \frac{\pi}{2} + \tan^{-1}\left[\frac{\delta \tanh\sqrt{\kappa^2 - \delta^2}\, L_1}{\sqrt{\kappa^2 - \delta^2}}\right] \tag{3.253}$$

DFBレーザーでは結合係数 κ と共振器長 L が与えられれば，式 (3.242) および (3.243) などにより，発振しきい利得 g と発振波長が決まるのに対し，DBR レーザーでは上式で与えられる $|r_1|$，ϕ_1，および同様にして与えられる反対側の DBR 反射器（または端面）に対する $|r_2|$，ϕ_2 により発振しきい利得と発振波長が決まる．発振しきい利得 g_{th} は基本的にはファブリーペロー型レーザーの場合と同様で，次式により与えられる．

$$g_{th} = \frac{1}{\Gamma}\left(\alpha + \frac{1}{L}\ln\frac{1}{|r_1 r_2|}\right) \tag{3.254}$$

ここで，α：自由キャリヤー損失などを含む活性領域の導波路損失，L：活性領域の長さ，Γ：活性層に対する光閉じ込め係数である．

式 (3.252) で与えられる $|r_1|$ は $\delta=0$ のときに最大となり，したがってこのときに g_{th} は最小となる．一方，発振波長を決定する位相条件は

$$2\beta L + \phi_1 + \phi_2 = 2m\pi \quad (m \text{ は整数}) \tag{3.255}$$

で与えられる．

なお DBR レーザーでは一般に活性領域と DBR 領域との導波路構造が異なるので境界

における導波路間の結合を考慮する必要がある[24,25]．この場合には $|r_1|$, $|r_2|$ のそれぞれに結合効率を乗じたものが実効的な反射率となる．

[波多腰玄一]

3.5 導波モードと放射モードとの結合

3.5.1 導波路形回折格子による導波モードと放射モードとの結合

導波路形回折格子は，II.3.4 節で述べた導波モード間の結合のほか，導波モードと放射モードとの結合にも用いられる．図II.3.47 は回折格子を利用したグレーティングカップラー（回折格子結合器）[36,37]の構造を簡単に示したもので，光導波路に外部から光を入射させる，あるいは光導波路から外部に光を取り出すのに用いられる．グレーティングカプラーにおけるモード結合は，厳密解による数値解法[38,39]や摂動法[40~43]を用いた解析方法が報告されている．ここでは出力カップラーにおける導波モードから放射モードへの変換について，摂動法による取扱いを述べる．

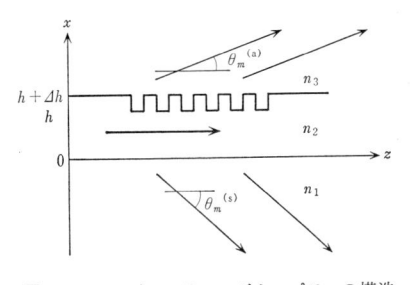

図 II.3.47 グレーティングカップラーの構造

なお入力カップラーにおける結合効率などは相反定理により導くことができる[36,40,44]．

図II.3.47 のグレーティングカップラーの格子間隔を Λ とすると，m 次の回折により出力される放射モードの z 方向伝搬定数 k_{zm} および放射角 θ_m と導波路の実効伝搬定数 β とは次の関係にある．

$$k_{zm} = k_0 n_j \cos\theta_m = \beta - \frac{2\pi m}{\Lambda} \tag{3.256}$$

ここで，$k_0 = 2\pi/\lambda$, n_j: 放射モードの存在する領域の屈折率，m: 正の整数である．

上式から明らかなように，m は $-k_0 n_j < \beta - 2\pi m/\Lambda < k_0 n_j$ を満たす範囲の値をとりうる．この範囲の各 m に対する放射モードの電場振幅を V_m として回折される放射モードの電場 E_y を次のように表す（TE モードの場合）．

$$E_y(x, z) = \sum_m V_m(x) \exp(-ik_{zm}z) \tag{3.257}$$

この E_y と導波モードの電場 E_{y0} との結合は次の波動方程式により記述される．

$$\nabla^2 E_y + \omega^2 \mu_0 \varepsilon(x) E_y = -\omega^2 \mu_0 \Delta\varepsilon E_{y0} \tag{3.258}$$

ここで，$\varepsilon(x) = \varepsilon_0\{n(x)\}^2$ は回折格子のない場合の導波路の誘電率を表し，たとえば図 II.3.37 の $h < x < h + \Delta h$ の領域ではその平均の誘電率

$$\varepsilon_g = \varepsilon_2 - (\varepsilon_2 - \varepsilon_3)\Lambda_1/\Lambda \tag{3.259}$$

をとるものとする[42]．式 (3.258) の右辺に現れる $\Delta\varepsilon$ は回折格子による誘電率の摂動項を表し，$h < x < h + \Delta h$ の領域で次のように記述される．

$$\Delta\varepsilon = \sum_{m=1}^{\infty} 2\Delta\varepsilon_m \cos(2\pi mz/\Lambda) \tag{3.260}$$

ここで，$\Delta\varepsilon_m$：回折格子の形状により決まる展開係数である．

式 (3.256)〜(3.260) より V_m に対する次の方程式が導かれる．

$$\frac{d^2V_m}{dx^2}+(\omega^2\mu_0\varepsilon-k_{zm}^2)V_m=-\omega^2\mu_0\Delta\varepsilon_m V_0 \quad (3.261)$$

ここで，V_0 は導波モードの電界を $E_{y0}=V_0(x)\exp(-i\beta z)$ とおいた場合のモード関数である．

式 (3.261) を導く際には，E_{y0} の z 方向の変化は十分小さく，また摂動項が $\Delta\varepsilon E_{y0}$ のみであると仮定している．この仮定の下では上式からも明らかなように各 V_m を独立に求めることができる．式 (3.261) の解法としては，電界，磁界をそれぞれ電圧，電流に置き換えた等価回路法があるが，詳細はここでは省略する．

さて，上述したように E_{y0} の z 依存性は $\exp(-i\beta z)$ のみであると仮定したが，実際には放射モードに結合して失われる光エネルギーは導波モードにとっては損失項になるので，これに $\exp(-\alpha z)$ の項が掛けられる．この係数 α は次式により与えられる．

$$2\alpha\int|V_0|^2 dx = \sum \sin\theta_m^{(s)}|V_m^{(s)}|^2 \\ + \sum \sin\theta_m^{(a)}|V_m^{(a)}|^2 \quad (3.262)$$

ここで添字 (s) および (a) はそれぞれ基板および上層部 (図 II.3.47 の場合には空気) への放射モードを表す．式 (3.262) の α により導波モードの z 方向の強度分布が与えられ，したがって，各放射モードの z 方向分布も決定される．

以上で述べたグレーティングカップラーは等間隔等周期回折格子を用いたものであるが，このほかに，空中で直線上に収束する放射モードとの結合のためのチャープトグレーティングカップラー[45,46]や，回折光を空中で1点に収束させるための曲線回折格子を用いた結合器[47〜49]もある (図 II.3.48)．

3.5.2 非線形分極による導波モードと放射モードとの結合

チェレンコフ放射形第2高調波発生 (SHG)[50,51] では，基本波の導波モードにより励振される非線形分極により，基板放射モードとしての第2高調波が発生する．このようなチェレンコフ放射形 SHG は，非線形分極による導波モードと放射モードとの結合として

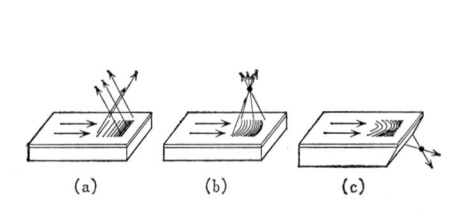

図 II.3.48　直線上 (a) あるいは1点 (b), (c) に収束する放射モードとの結合のためのグレーティングカップラー

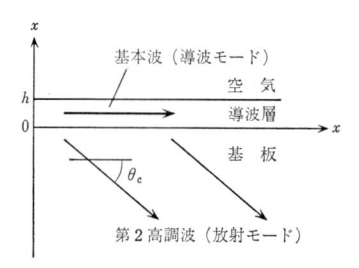

図 II.3.49　チェレンコフ放射形 SHG の構成

3.5 導波モードと放射モードとの結合

記述することができる[52~55]。

図Ⅱ.3.49にチェレンコフ放射形SHGの構成を示す．この構成において，第2高調波の放射角 θ_c は次式で与えられる．

$$n_{s2} \cos \theta_c = N \tag{3.263}$$

ここで，n_{s2}: 第2高調波に対する基板の屈折率，N: 基本波に対する導波路の実効屈折率である．

基本波導波モードの電界を $F_1(x)\exp(-i\beta_1 z)$ とすると，これにより励振される非線形分極 P_{NL} は次式で表される．

$$P_{NL} = \frac{8 d_{jk} P_1}{c N h_{\text{eff}} W} p_1^2 \{F_1(x)\}^2 \exp(-2i\beta_1 z) \tag{3.264}$$

ここで，P_1: 入射導波モードの全パワー，d_{jk}: 利用する非線形光学定数（たとえば z 板で TM モードを用いる場合には d_{33}），c: 光速，h_{eff}: 導波路の実効膜厚，W: 導波路幅，p_1: 導波モードの電界方向に依存する係数で次式で与えられる．

$$p_1(x) = \begin{cases} 1 & \text{TE モード} \\ n_{g1} N / n_1^2(x) & \text{TM モード} \end{cases} \tag{3.265}$$

ただし取扱いを簡単にするため，式 (3.264) 中のモード関数 $F_1(x)$ は TM モードの場合は H_y を表すものとし，規格化係数は省いて，

$$F_1(x) = \begin{cases} \cos \phi_{a1} \exp(-\gamma_{a1}[x-h]) & x \geq h \\ \cos(\kappa_{g1} x - \phi_{s1}) & 0 \leq x \leq h \\ \cos \phi_{s1} \exp(\gamma_{s1} z) & x \leq 0 \end{cases} \tag{3.266}$$

の形で表されているものとした．なお以下では添字 s, g, a はそれぞれ基板，導波層，および上部層（空気）を表すものとし，また添字 1, 2 はそれぞれ基本波および第2高調波に対応するものとする．

式 (3.264) の P_{NL} を用いて，第2高調波の電界 E_2 が満たす波動方程式は次式で記述される．

$$\nabla^2 E_2 + \omega_2^2 \mu_0 \varepsilon_2(x) E_2 = -\omega_2^2 \mu_0 P_{NL} \tag{3.267}$$

ここで，E_2 を $C F_2(x) \exp(-i\beta_2 z)$ とおいた場合のモード関数 $F_2(x)$ を次のように表す[53]．

$$F_2(x) = \begin{cases} A_a \exp(-\gamma_{a2}[x-h]) & x \geq h \\ A_g(x) \exp(i\kappa_{g2} x) + B_g(x) \exp(-i\kappa_{g2} x) & 0 \leq x \leq h \\ A_s(x) \exp(i\kappa_{s2} x) + B_s(x) \exp(-i\kappa_{s2} x) & x \leq 0 \end{cases} \tag{3.268}$$

式 (3.267) の両辺に E_2 を乗じて x で積分することにより得られる関係式および $x=0$ と $x=h$ における境界条件より，$A_g(h), B_g(h), A_g(0), B_g(0), A_s(0), B_s(0), A_s(-\infty), B_s(-\infty)$ に対する8個の連立方程式が得られる[53]．これによりこれらの変数はすべて求められる．長さ ΔL の導波路から発生する第2高調波の全パワー $P_2 \Delta L$ は

$$P_2 \Delta L = W \Delta L |A_s(-\infty)|^2 \sin \theta_c \tag{3.269}$$

で与えられるので，上述の連立方程式から $A_s(-\infty)$ が求まれば変換効率が決定される．式 (3.264), (3.267) からわかるように $A_s(-\infty)$ は入力基本波の全パワー P_1 に比例す

るので，上式を

$$P_2 = \gamma_{\text{SH}} P_1^2 \tag{3.270}$$

の形に書き直すと，γ_{SH} は次式で表される[50,53]．

$$\gamma_{\text{SH}} = \frac{8(d_{jk}^{(\text{s})})^2 |S|^2 \sin\theta_\text{c}}{c\varepsilon_0 n_{\text{s}2} N^2 h_{\text{eff}}^2 W} \tag{3.271}$$

$$S = a_{\text{s}0} + \frac{r_{\text{ga}} - r_{\text{gs}}}{1 - r_{\text{gs}} r_{\text{ga}}} a_{\text{s}0}{}^* + d' \frac{t_{\text{gs}}(a_{\text{g}0} + r_{\text{ga}} a_{\text{g}0}{}^*)}{1 - r_{\text{gs}} r_{\text{ga}}} \tag{3.272}$$

$$d' = \frac{d_{jk}^{(\text{g})}/n_{\text{g}2}}{d_{jk}^{(\text{s})}/n_{\text{s}2}} \tag{3.273}$$

$$a_{\text{s}0} = \frac{(k_{02} p_{\text{s}1} \cos\phi_{\text{s}1})^2 n_{\text{s}2}}{p_{\text{s}2} \kappa_{\text{s}2} (2\gamma_{\text{s}1} - i\kappa_{\text{s}2})} \tag{3.274}$$

$$a_{\text{g}0} = \frac{(k_{02} p_{\text{g}1})^2 n_{\text{g}2}}{p_{\text{g}2} \kappa_{\text{g}2}} \Bigg[i \frac{\exp(-i\kappa_{\text{g}2} h) - 1}{2\kappa_{\text{g}2}}$$
$$+ \frac{(2\kappa_{\text{g}1} \sin 2\phi_{\text{a}1} - i\kappa_{\text{g}2} \cos 2\phi_{\text{a}1}) \exp(-i\kappa_{\text{g}2} h)}{2(4\kappa_{\text{g}1}^2 - \kappa_{\text{g}2}^2)}$$
$$+ \frac{(2\kappa_{\text{g}1} \sin 2\phi_{\text{s}1} - i\kappa_{\text{g}2} \cos 2\phi_{\text{s}1})}{2(4\kappa_{\text{g}1}^2 - \kappa_{\text{g}2}^2)} \Bigg] \tag{3.275}$$

$$r_{\text{ga}} = \frac{(q_{\text{g}2} \kappa_{\text{g}2} + i q_{\text{a}2} \gamma_{\text{a}2}) \exp(-2i\kappa_{\text{g}2} h)}{q_{\text{g}2} \kappa_{\text{g}2} - i q_{\text{a}2} \gamma_{\text{a}2}} \tag{3.276}$$

$$r_{\text{gs}} = \frac{q_{\text{g}2} \kappa_{\text{g}2} - q_{\text{s}2} \gamma_{\text{s}2}}{q_{\text{g}2} \kappa_{\text{g}2} + q_{\text{s}2} \gamma_{\text{s}2}} \tag{3.277}$$

$$t_{\text{gs}} = \frac{2 q_{\text{g}2} \kappa_{\text{g}2}}{q_{\text{g}2} \kappa_{\text{g}2} + q_{\text{s}2} \gamma_{\text{s}2}} \tag{3.278}$$

$$p_{j2} = \begin{cases} 1 & \text{TE モード} \\ n_{\text{s}2}/n_{j2} & \text{TM モード} \end{cases} \tag{3.279}$$

$$q_{j2} = \begin{cases} 1 & \text{TE モード} \\ 1/n_{j2}^2 & \text{TM モード} \end{cases} \tag{3.280}$$

式 (3.273) における $d_{jk}^{(\text{s})}$ および $d_{jk}^{(\text{g})}$ はそれぞれ基板および導波層の非線形光学定数を表す．

以上の式を用いて計算した γ_{SH} の導波層膜厚 h に対する依存性を図Ⅱ.3.50に示す[53]．この例は $LiNbO_3$ の z 板における TM モードについて計算したもので，図から明らかなように，γ_{SH} が最大となる最適膜厚が存在する．さらに基板および導波

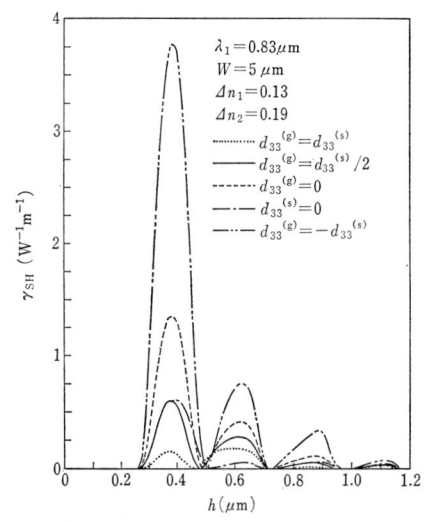

図 Ⅱ.3.50 チェレンコフ放射形 SHG における変換効率[53]

層の非線形光学定数の値あるいはその符号により γ_{SH} が大きく異なることがわかる．これは基本波と第 2 高調波の膜厚方向における位相不整合に起因するものである[53]．

以上の取扱いでは，基本波のパワーが z 方向に一定であるとしたが，実際には導波路損失および第 2 高調波に変換されるパワーを損失として考慮しなければならない．式(3.270)で定義した γ_{SH} およびそれ以外の導波路損失 α に対して，基本波パワー $P_1(z)$ は次の微分方程式を満たす．

$$\frac{dP_1}{dz} = -\alpha P_1 - \gamma_{SH} P_1^2 \qquad (3.281)$$

$P_1(0)=P_0$ とすると，この微分方程式の解は次式で与えられる[56]．

$$P_1(z) = \frac{1}{(1/P_0 + G)\exp(\alpha z) - G} \qquad (3.282)$$

$$G = \gamma_{SH}/\alpha \qquad (3.283)$$

式(3.282)を式(3.270)に代入して z で積分することにより，長さ L の導波路で発生する第 2 高調波の全パワー P_2 が得られる．この積分も解析的に得られ，次式で与えられる．

$$P_2 = P_0\{1-\exp(-\alpha L)/C\} - (1/G)\ln(C) \qquad (3.284)$$

$$C = 1 + GP_0\{1-\exp(-\alpha L)\} \qquad (3.285)$$

［波多腰玄一］

参考文献

1) H. Kogelnik: Bell System Tech. J., **48** (1969), 2909.
2) R.P. Kenan: J. Appl. Phys., **46** (1975), 4545.
3) D. Marcuse: Theory of Dielectric Optical Waveguides, Chap. 3, Academic Press, New York (1974).
4) H. Kogelnik: Theory of Dielectric Waveguides (T. Tamir ed.), Integrated Optics, Chap. 2, Springer-Verlag, Berlin (1975).
5) A. Yariv: Introduction to Optical Electronics, Chap. 13, Holt, Rinehart and Winston (1985)（多田邦雄，神谷武志訳）光エレクトロニクスの基礎，丸善 (1988).
6) K. Wagatsuma, H. Sakaki and S. Saito: IEEE J. Quantum Electron., **QE-15** (1979), 632.
7) G. Hatakoshi and S. Tanaka: J. Opt. Soc. Am., **71** (1981), 40.
8) A. Yariv: IEEE J. Quantum. Electron., **QE-9** (1973), 919.
9) P.R. Ashley and W.S.C. Chang: Appl. Phys. Lett., **33** (1978), 490.
10) G. Hatakoshi and S. Tanaka: Opt. Lett., **2** (1978), 142.
11) S.K. Yao and D.E. Thompson: Appl. Phys. Lett., **33** (1978), 635.
12) 波多腰玄一: 光学, **10** (1981), 420.
13) L. Solymar and M.P. Jordan: Optical and Quantum Electronics, **9** (1977), 437.
14) L. Solymar and C.J.R. Sheppard: J. Opt. Soc. Am., **69** (1979), 491.
15) J. Van Roey and P.E. Lagasse: Appl. Opt., **20** (1981), 423.
16) Z. Lin, S. Zhou, W.S.C. Chang, S. Forouhar and J. Delavaux: IEEE Trans. Microwave Theory and Techniques, **MTT-29** (1981), 881.

17) R. Courant and D. Hilbert: Methods of Mathematical Physics, Vol. II, Chap. V, Interscience, New York (1962)（斎藤利弥，筒井孝胤訳）数理物理学の方法 4, 東京図書 (1976).
18) G. Hatakoshi and S. Tanaka: J. Opt. Soc. Am., **71** (1981), 121.
19) S. Tanaka, G. Hatakoshi, H. Yashiro and S. Umegaki: Appl. Opt., **23** (1984), 1754.
20) W. Streifer, D. R. Scifres and R. D. Burnham: IEEE J. Quantum. Electron., **QE-11** (1975), 867.
21) W. Streifer, D. R. Scifres and R. D. Burnham: IEEE J. Quantum Electron., **QE-12** (1976), 74.
22) H. Kogelnik and C. V. Shank: J. Appl. Phys., **43** (1972), 2327.
23) W. Streifer, R. D. Burnham and D. R. Scifres: IEEE J. Quantum Electron., **QE-11** (1975), 154.
24) 末松安晴：半導体レーザと光集積回路，オーム社 (1984).
25) Y. Suematsu, S. Arai and K. Kishino: IEEE J. Lightwave Technol., **LT-1** (1983), 161.
26) 中野義昭，多田邦雄：応用物理，**58** (1989), 1554.
27) H. A. Haus and C. V. Shank: IEEE J. Quantum Electron., **QE-12** (1976), 532.
28) K. Utaka S. Akiba, K. Sakai and Y. Matsushima: IEEE J. Quantum Electron., **QE-22** (1986), 1042.
29) Y. Nakano and K. Tada: IEEE J. Quantum Electron., **24** (1988), 2017.
30) H. Soda, Y. Kotaki, H. Sudo, H. Ishikawa, S. Yamakoshi and H. Imai: IEEE J. Quantum Electron., **QE-23** (1987), 804.
31) K. Utaka, S. Akiba, K. Sakai and Y. Matsushita: IEEE J. Quantum Electron., **QE-20** (1984), 236.
32) Y. Itaya, K. Wakita, G. Motosugi and T. Ikegami: IEEE J. Quantum Electron., **QE-21** (1985), 527.
33) J. Kinoshita and K. Matsumoto: IEEE J. Quantum Electron., **25** (1989), 1324.
34) S. Wang: IEEE J. Quantum Electron., **QE-10** (1974), 413.
35) H. Kawanishi, Y. Suematsu, K. Utaka,Y. Itaya and S. Arai: IEEE J. Quantum Electron., **QE-15** (1979), 701.
36) T. Tamir: Beam and Waveguide Couplers (T. Tamir ed.), Integrated Optics, Chap. 3, Springer-Verlag, Berlin (1975).
37) 西原　浩他：光集積回路，オーム社 (1993).
38) N. Neviere, P. Vincent, R. Petit and M. Cadilhac: Opt. Commun., **8** (1973), 113.
39) S. T. Peng, H. L. Bertoni and T. Tamir: Opt. Commun., **10** (1974), 91.
40) J. H. Harris, R. K. Winn and D. G. Dalgoutte: Appl. Opt., **11** (1972), 2234.
41) K. Ogawa, W. S. C. Chang, B. L. Sopori and F. J. Rosenbaum: IEEE J. Quantum Electron., **QE-9** (1973), 29.
42) K. Handa, S. T. Peng and T. Tamir: Appl. Phys., **5** (1975), 325.
43) S. T. Peng and T. Tamir: Appl. Phys., **7** (1975), 35.
44) R. Ulrich: J. Opt. Soc. Am., **63** (1973), 1419.
45) A. Katzir, A. C. Livanos, J. B. Shellan and A. Yariv: IEEE J. Quantum Electron., **QE-13** (1977), 296.
46) M. Miler: Opt. Quantum Electron., **11** (1979), 359.
47) D. Heitmann and C. Ortiz: IEEE J. Quantum Electron., **QE-17** (1981), 1257.
48) G. Hatakoshi, H. Fujima and K. Goto: Appl. Opt., **23** (1984), 1749.
49) S. Ura, T. Suhara, H. Nishihara and J. Koyama: IEEE J. Lightwave Technol., **LT-4** (1986), 913.

参考文献

50) P. K. Tien, R. Ulrich and R. J. Martin: Appl. Phys. Lett., **17** (1970), 447.
51) T. Taniuchi and K. Yamamoto: Optoelectronics, **2** (1987), 53.
52) N. A. Sanford and J. M. Connors: J. Appl. Phys., **65** (1989), 1429.
53) G. Hatakoshi, K. Terashima and Y. Uematsu: Trans. IEICE Jpn., **73** (1990), 488.
54) K. Hayata, T. Sugawara and M. Koshiba: IEEE J. Quantum Electron., **26** (1990), 123.
55) H. Tamada: IEEE J. Quantum Electron., **26** (1990), 1821.
56) G. Hatakoshi, K. Terashima and Y. Uematsu: Trans. IEICE Jpn., **73** (1990), 1834.

4. 結晶光学

4.1 結晶の電気光学的効果

電気光学効果とは，よく知られているように電界の印加によって屈折率が変化する現象である．光学的異方性をもつ結晶内では一般に入射光の電界 E と結晶内に誘起された電気変位 D とは平行でない．また結晶内の屈折率は入射光の偏波面や進行方向によって異なるので，光学的異方性をもつ結晶内の屈折率を一般に一つの屈折率楕円体で表すことができる．主軸を x_1, x_2, x_3 とし，主軸方向の屈折率を n_1, n_2, n_3 とすれば，屈折率空間で考えると簡単に式（4.1）で表すことができる．

$$X_1^2/n_1^2 + X_2^2/n_2^2 + X_3^2/n_3^2 = 1 \tag{4.1}$$

ここで，$n_1 = n_2 = n_3$ ならば，光学的に等方な結晶，$n_1 = n_2 \neq n_3$ のように一つの n だけ異なれば一軸性結晶，$n_1 \neq n_2 \neq n_3 \neq n_1$ ならば二軸性結晶とよぶ．一軸性結晶の対称軸を x_3 軸に選んだとき $n_1 = n_2 \equiv n_o$ は常光線屈折率，$n_3 \equiv n_e$ は異常光線屈折率に対応する．

式（4.1）で表される楕円体を座標変換して一般化すれば，

$$a_{11}X_1^2 + a_{22}X_2^2 + a_{33}X_3^2 + 2a_{23}X_2X_3 + 2a_{31}X_3X_1 + 2a_{12}X_1X_2 = 1 \tag{4.2}$$

この新しい直交座標軸 x_1, x_2, x_3 の方向余弦を $\alpha_1, \alpha_2, \alpha_3, \beta_1, \beta_2, \beta_3, \gamma_1, \gamma_2, \gamma_3$ とすると，式（4.1）と（4.2）の二つの座標系は，行列

	x_1	x_2	x_3
X_1	α_1	α_2	α_3
X_2	β_1	β_2	β_3
X_3	γ_1	γ_2	γ_3

(4.3)

により互いに変換できる．したがって，式（4.2）におけるパラメーター a_{ij} と式（4.1）における屈折率 n_i との関係は

$$a_{ij} = \alpha_i\alpha_j/n_1^2 + \beta_i\beta_j/n_2^2 + \gamma_i\gamma_j/n_3^2 \tag{4.4}$$

となる．Pockels の理論[1]によると対称中心のない結晶では a_{ij} は電界 E および応力 T とに比例して変化する．

結晶に応力 T も印加される場合の屈折率変化の取扱いは他の章ならびに他の参考書[2]

4.1 結晶の電気光学的効果

を参照のこと．ここで $T=0$ の状態の結晶に電界 E のみ印加した場合の a_{ij} の変化量 Δa_{ij} を考える．

これは Pockles の理論より次式で与えられる．

$$\Delta a_{ij} = \sum_{k=1}^{3} \gamma_{ijk} E_k + 1/2 \sum_{k=1}^{3} \sum_{l=1}^{3} g_{ijkl} E_k E_l \tag{4.5}$$

ここで，第1項は線形電気光学効果（ポッケルス効果），第2項は二次電気光学効果（カー効果）とよばれ，γ_{ijk} および g_{ijkl} はそれぞれ一次および二次電気光学係数とよばれる3階および4階のテンソルである．

4.1.1 一次電気光学効果（ポッケルス効果）

前述の式（4.1）～（4.5）からわかるようにポッケルス効果とは，式（4.1）で与えられる屈折率をもつ結晶に，外部電界 $\boldsymbol{E}=(E_1, E_2, E_3)$ を加えると a_{ij} が変化し，その変化分は式（4.4）ならびに式（4.5）の第1項から

$$\Delta a_{ij} = \Delta(\alpha_i\alpha_j/n_1^2 + \beta_i\beta_j/n_2^2 + \gamma_i\gamma_j/n_3^2) = \sum_{k=1}^{3} \gamma_{ijk} E_k \tag{4.6}$$

で与えられる．

対称中心のある結晶では外場の反転に対して性質が変わらないので，式（4.6）からわかるように $(\gamma_{ijk})=0$ となる．(γ_{ijk}) は27個の成分をもつ3階のテンソルであるが，同じ添字が2回出てきたらそれについての和を取ることにする．簡単のため添字 (ijk) において $i=j$ なら，$(ijk)=(i,k)$，$i \neq j$ なら $(2,3,1) \to (4,1)$，$(3,1,3) \to (5,3)$，$(1,2,2) \to (6,2)$ のようにしるし，6行3列の行列 (γ_{ij}) で示すことにする．

たとえば立方晶系，点群 $43m$ に属する結晶では

$$(\gamma_{ij}) = \begin{pmatrix} 0 & 0 & 0 & \gamma_{41} & 0 & 0 \\ 0 & 0 & 0 & 0 & \gamma_{41} & 0 \\ 0 & 0 & 0 & 0 & 0 & \gamma_{41} \end{pmatrix}$$

$$n_1 = n_2 = n_3 = n$$
$$a_{11} = a_{22} = a_{33} = n^{-2}$$
$$a_{ij} = 0 \ (i \neq j)$$

三斜晶系，点群 32 に属する結晶では

$$(\gamma_{ij}) = \begin{pmatrix} \gamma_{11} & -\gamma_{11} & 0 & \gamma_{41} & 0 & 0 \\ 0 & 0 & 0 & 0 & -\gamma_{41} & -\gamma_{11} \\ 0 & 0 & 0 & 0 & 0 & 0 \end{pmatrix}$$

$$n_1 = n_2 = n_\mathrm{o}, \quad n_3 = n_\mathrm{e}$$
$$a_{11} = a_{22} = n_\mathrm{o}^2, \quad a_{33} = n_\mathrm{e}^{-2}$$
$$a_{ij} = 0 \ (i \neq j)$$

正方晶系，点群 $42m$ に属する結晶では

$$(\gamma_{ij}) = \begin{pmatrix} 0 & 0 & 0 & \gamma_{41} & 0 & 0 \\ 0 & 0 & 0 & 0 & \gamma_{41} & 0 \\ 0 & 0 & 0 & 0 & 0 & \gamma_{63} \end{pmatrix}$$

$$n_1 = n_2 = n_o, \quad n_3 = n_e$$
$$a_{11} = a_{22} = n_o^{-2}, \quad a_{33} = n_e^{-2}$$
$$a_{ij} = 0 \quad (i \neq j)$$

正方晶系，点群 $4mm$ に属する結晶では

$$(\gamma_{ij}) = \begin{pmatrix} 0 & 0 & 0 & 0 & \gamma_{42} & 0 \\ 0 & 0 & 0 & \gamma_{42} & 0 & 0 \\ \gamma_{13} & \gamma_{13} & \gamma_{33} & 0 & 0 & 0 \end{pmatrix}$$

$$n_1 = n_2 = n_o, \quad n_3 = n_e$$
$$a_{11} = a_{22} = n_o^{-2}, \quad a_{33} = n_e^{-2}$$
$$a_{ij} = 0 \quad (i \neq j) \tag{4.7}$$

となる．したがって，常温で点群 $4mm$ に属する $K_{0.6}Li_{0.4}NbO_3$ 結晶の z 軸方向にのみ電界 E_3 を加えたときの屈折率楕円体を考えると，式 (4.1)〜(4.7) から

$$(1/n_o^2 + \gamma_{13}E_3)(x_1^2 + x_2^2) + (1/n_e^2 + \gamma_{33}E_3)x_3^2 = 1 \tag{4.8}$$

が得られる．

屈折率楕円体（式 (4.8)）を楕円体の主軸 ξ, η, ζ の座標系に変換すると

$$\xi^2/n_o^2(1+n_o^2 \cdot \gamma_{13}E_3) + \eta^2/n_o^2(1+n_o^2 \cdot \gamma_{13}E_3) + \zeta^2/n_e^2(1+n_e^2 \cdot \gamma_{33}E_3) = 1$$

となる．ここで $n_o^2 \cdot \gamma_{13}E_3 \ll 1$，$n_e^2 \cdot \gamma_{33}E_3 \ll 1$ なので上式は

$$\frac{\xi^2}{n_o(1-1/2n_o^2 \cdot \gamma_{13}E_3)^2} + \frac{\eta^2}{n_o(1-1/2n_o^2 \cdot \gamma_{13}E_3)^2}$$
$$+ \frac{\zeta^2}{n_e(1-1/2n_o^2 \cdot \gamma_{13}E_3)^2} = 1$$

と変形できる．したがって，電界 E_3 による屈折率 n の変化は

$$\left. \begin{array}{l} n_1 = n_o - (1/2)n_o^3 \cdot \gamma_{13}E_3 \\ n_2 = n_o - (1/2)n_o^3 \cdot \gamma_{13}E_3 \\ n_3 = n_e - (1/2)n_e^3 \cdot \gamma_{33}E_3 \end{array} \right\} \tag{4.9}$$

となる．

4.1.2 二次電気光学効果（カー効果）

次にカー (Kerr) 効果について考える．式 (4.5) の第 2 項において二次電気光学係数 g_{ijkl} は $3^4 = 81$ 個の成分をもつ 4 階のテンソルであるが，(γ_{ijk}) の場合と同様に簡単のために $(ij) \to m, (kl) \to n$ $(m, n = 1, 2, \cdots, 6)$ と置き換えると，g_{mn} は 6 行 6 列の行列を表す．結晶の対称性がよくなるにつれて係数の数は減少する．カー効果の場合には式 (4.5) 第 2 項を分極 P で表すことが多い．したがって，カー効果による屈折率の変化は

$$\Delta a_{ij} = \sum_{k,l=1}^{3} g_{ijkl} P_k P_l \quad (i, j, k, l = 1 \sim 3) \tag{4.10}$$

で表される．

たとえば，点群 $m3m$ に属する立方晶系（$KTaO_3$ やキュリー点以上の KTN: $KTaNbO_3$ など）では (g_{mn}) は

$$(g_{mn}) = \begin{pmatrix} g_{11} & g_{12} & g_{12} & 0 & 0 & 0 \\ g_{12} & g_{11} & g_{12} & 0 & 0 & 0 \\ g_{12} & g_{12} & g_{11} & 0 & 0 & 0 \\ 0 & 0 & 0 & g_{44} & 0 & 0 \\ 0 & 0 & 0 & 0 & g_{44} & 0 \\ 0 & 0 & 0 & 0 & 0 & g_{44} \end{pmatrix} \qquad (4.11)$$

であるので，z 軸方向の分極 $p_3 = \varepsilon_3 E_3$ による屈折率楕円体は次の式 (4.12) で表される．

$$\left(\frac{1}{n_o^2} + g_{12}P_3^2\right)(x_1^2 + x_2^2) + \left(\frac{1}{n_o^2} + g_{11}P_3^2\right)x_3^2 = 1 \qquad (4.12)$$

したがって，P_3 による n の変化は x_1 および x_2 方向では $-\frac{n_o^2}{2}g_{12}p_3^2$，$x_3$ 方向では $-\frac{n_o^2}{2}g_{11}p_3^2$ で表される．

4.2 電気光学結晶の種類と特性

前節で述べたように，結晶に電界を印加した際に起こる結晶の屈折率変化には一次電気光学効果によるものと二次の電気光学効果によるものとがある．どちらの効果によるかは，その結晶の対称性を調べることにより直ちに判別できる．簡単な例として，結晶ではないが等方体としてのガラスやニトロベンゼンをあげると，等方体という性質のために式 (4.5) の第1項の係数 γ_{ijk} がすべてゼロとなり，二次電気光学効果のみになる．さらに，よい対称のために係数の数は減少して，

$$\varDelta a_{ij} = B_{ijkl}E_iE_j = g_{ijkl}P_kP_l$$

で表せる．ここで，$P_k = P_l$ となるように，偏波面に対して 45° の方向に電界を印加すれば，

$$\varDelta a_{ij} = g_{mn}P_l^2 = B_lE_l^2$$

となり，よく知られているカー効果の式が得られる．

このように結晶の対称性のうえからの分類のほかに，応用上からの分類も考えられる．ここでは，結晶構造上から大きく五つに分類し，さらに応用上の便利のために各分類における代表的電気光学結晶の特性を列記する．

良い結晶としての条件は，

① 使用波長域で十分透明であり，不純物などによる着色がないこと
② 光学的に均一であること
③ 特別な場合のほかは屈折率の温度変化があまり大きくないこと
④ 電気光学係数 γ_{ijk}, g_{ijkl} および屈折率 n が大きいこと
⑤ 強力入射光に対しても出力光がひずみや散乱を伴わず，いわゆる光損傷 (optical damage, オプティカルダメッジ，屈折率の乱れ) を生じないこと
⑥ 容易に大きい単結晶が得られること
⑦ 潮解性などがなく化学的・機械的に安定であること

⑧ 抵抗率が大きく，誘電正接 $\tan\delta$ が小さいこと

などである．

現在のところ，これらすべてを満足する理想的な結晶はなく，開発されているいずれの光学結晶もそれぞれに一長一短をもっている．とはいえ，1960年代後期以降のこの方面の結晶開発の進歩は目ざましく，特に，アメリカのベル研究所で開発されたタングステンブロンズ形結晶はその育成の困難さや光学的均質化の困難さの点を除けばかなり理想に近い電気光学結晶であるといえる．以下に非線形光学結晶を五つの結晶群に分けて説明する．

（1） KDP 形結晶　一次電気光学結晶を示す結晶として，1960年のレーザー光の出現以前に光変調や瞬間シャッターの主役を演じてきた KDP 形結晶がある．このタイプの結晶の代表は1938年スイスの Bush によってロッシェル塩につぐ第二の強誘電体として発見された KDP（KH_2PO_4）である．大きな結晶が比較的楽に入手でき光学的均質性，可視域での透明度ともに優れた結晶であるが，潮解性であることと，半波長電圧が約 10 kV と非常に高いことが難点である．表 II.4.1 に本グループの結晶を示す．

表 II.4.1　KDP 形結晶の電気光学定数

KDP 形光学結晶	T_c(K)	結晶点群	n_o	n_e	γ_{41}	γ_{63}	$(E*1)\varDelta/2$	d_{14}	d_{36}	$\varDelta$
KDP(KH_2PO_4)	123	$42m$	1.51	1.47	8.6	-10.5	7.65 kV	3.0	3.0	3.60
ADP($NH_4H_2PO_4$)	148	$42m$	1.53	1.48	24.5	8.5	9.60 kV	2.9	3.0	3.15
KD*P(KD_2PO_4)	222	$42m$	1.51	1.47	8.8	26.4	3.40 kV	2.7	2.7	3.20
KDA(KH_2AsO_4)	97	$42m$	1.57	1.52	12.5	10.9	6.20 kV	3.4	3.2	2.60
RDA(RbH_2PO_4)	110	$42m$	1.56	1.52		13.0	7.30 kV			
ADA($NH_4H_2AsO_4$)	216	$42m$				6.2	13.00 kV			

（2） ABO_3 形酸化物結晶 I（立方晶系）　KDP 形の二つの難点を克服したのが1964年ベル研究所で開発され，二次電気光学効果を示す KTN 結晶である．潮解性はもちろん無いうえに約 500 V に直流バイアスをかけておけば半波長電圧はわずか 28 V である．しかし，残念ながらこの材料は次のようないろいろな問題をもっている．まず $KTa_{0.65}Nb_{0.35}O_3$ で示されるように混晶なので，① Ta/Nb の組成比に不均一が生じやすく，消光比が悪い，② 抵抗率が高くない，③ キュリー温度のすぐ上の温度で動作させるので 0.01°C 以内の精密温度調整が必要である．④ 電界を印加した KTN 単結晶にある程度

表 II.4.2　立方晶系ペロブスカイト酸化物結晶

立方晶系の酸化物結晶	T_c(K)	結晶点群	n_o	g_{11}	g_{12}	g_{44}	$g_{11}-g_{12}$	$(E*1)\varDelta/2$	融点(°C)	ダメッジ
KTN	～283	$m3m$	2.29	0.136	-0.038	0.147	0.174	380 V		あり
$BaTiO_3$	933	$m3m$	2.4	0.12	-0.01		0.13	310 V	1600～1500	?
$SrTiO_3$	33	$m3m$	2.38				0.14			
$PbMgNbO_9$	265	$m3m$	2.56			0.008	0.015	～1250 V		なし

以上の強さの光ビームを照射すると，結晶中に新たに屈折率の不均一が生じる（オプティカルダメッジ），などである．この種の結晶を表II.4.2 に示す．

（3） ABO₃ 形酸化物結晶 II（強誘電性） 1949 年に誘電性の特異性に関心がもたれ，レーザーが出現した後，電気光学係数が大きく，かつ非線形光学係数も大きい結晶として再発見され，1964 年に Ballman らによって大型単結晶が育成された LiNbO₃, LiTaO₃ がこのグループの代表である．これらは，同じグループの BaTiO₃ と比較して大形結晶が得られ，光学的均一性も良く，潮解性もなく，また（1）群に比較して半波長電圧も数千 V とかなり低いが（2）群の結晶と同様，強いレーザー光を照射するとビーム光路に屈折率の不均一なところができるために，ビームを散乱するというオプティカルダメッジの現象が起こる欠点がある．しかし，Li/Nb の化学量論比を 1 からずらしたり，あるいは結晶成長時の熱処理に工夫することにより，ある程度ダメッジが避けられるようになった．本グループの結晶例を表 II.4.3 に示す．

表 II.4.3 強誘電性ペロブスカイト酸化物結晶

ペロブスカイト	T_c (K)	結晶点群	n_o	n_e	γ_{13}	γ_{33}	γ_{42}	γ_{22}	$(E*1)\lambda/2$	γ_c	融点 (°C)	ダメッジ
KTN	~283	$4mm$	2.32	2.28			4000		−90	600		あり
BaTiO₃	393	$4mm$	2.39	2.33	8.0	28.0	820			19	1600~1500	?
LiNbO₃	1485	$3m$	2.29	2.20	8.6	30.8	28	3.4	~4000	21	1300	あり
LiTaO₃	933	$3m$	2.18	2.18	7.0	30.3	20	~1	2700	28	1600	工夫による

（4） AB 形（せん亜鉛鉱形）結晶 電気光学結晶の最初の応用として，KDP や ADP が光学的な瞬間シャッターとして使われた．この際，最も問題になるのはオプティカルアパーチャである．すなわち，シャッターが閉じているときでも斜めに入射した光は位相差を生じてしまうので，開いているのと同じ効果が起こる．これを解決するには等方性の結晶で，しかも電気光学効果の大きい結晶を探すことである．

このような目的で利用されたのが AB 形結晶に属する ZnS や CuCl であった．しかし，残念ながら ZnS や CuCl などではいまのところ，安定で大きな結晶を育成することが困難である．

せん亜鉛鉱形の結晶の特徴は，これまでのグループの酸化物結晶よりも長い波長領域で

表 II.4.4 AB 形（せん亜鉛鉱形）結晶の電気光学定数

せん亜鉛鉱形	結晶点群	n_o	γ_{41}	$(E*1)\lambda/2$	$\tan\theta$	d_{14}	Δ_{14}	ε
ZnS	$43m$	2.36	2.00	10.4kV		153	3.5	8.3
ZnSe	$43m$	2.66	2.00	7.8		200	2.5	9.11
ZnTe	$43m$	3.10	4.55	2.2		660	2.9	0.11
GaAs	$43m$	3.60	1.20	~5.6		1500	1.0	1.2
CuCl	$43m$	2.00	6.10	6.2	0.001 (6GHz)			7.5

使えること，概して誘電率が小さく，圧電効果もそう大きくないなどである．したがって，GHz 以上の広帯域変調に適している．このグループに属する結晶を表Ⅱ.4.4に示す．

（5） **タングステンブロンズ形結晶** この結晶群はオプティカルダメッジのないことに大きな特徴がある．1967 年にベル研究所で初めて開発された．なかでも $K_{0.6}Li_{0.4}NbO_3$，$Sr_xBa_{1-x}Nb_2Nb_2O_6$，$KSr_2Nb_5O_{15}$，および $Ba_2NaNb_5O_{15}$ が特に優れている．オプティカルダメッジを受けないのは $LiNbO_3$ 構造とは異なり，大きなイオン半径の正イオンの占めるべき位置が完全に満たされているためであろうと説明されている．半波長電圧が約 1000〜1500 V とかなり低いことも大きな特徴であるが，非線形光学係数の大きなことも第2高調波発生やパラメトリック発振用結晶として重要である．しかしながら，前述したように固溶体から育成するので単結晶の光学的均一性に問題があり，今後の結晶育成技術に期待されるところである．表Ⅱ.4.5にこの群の結晶の諸性質を示す．

表 Ⅱ.4.5 タングステンブロンズ形結晶の電気光学係数

	結晶点群	$T_c(K)$	γ_{13}	γ_{33}	γ_{42}	γ_{23}	γ_c	n_o	n_e	$(E*1)\lambda/2$	ダメッジ
$K_{0.6}Li_{0.4}NbO_3$	$4mm$	693					580	2.277	2.163	630 O	ない
$Sr_xBa_{1-x}Nb_2O_6$	$4mm$	523〜333	67	1340	42	42	1380	2.310	2.30	40〜4000 O	?
$KSr_2Nb_5O_{15}$	$4mm$	433					130	2.250	2.25	427 O	?
$Ba_2NaNb_5O_{15}$	$mm2$	833	200	570		148	340	2.326	2.221	1570 O	ない
Ca_2NbO_7	$mm2$						14			4550 O	?

4.3 電気光学結晶の応用

以上述べたように電気光学効果を示す結晶にはいろいろなタイプがあり，各種の応用研究がなされている．光応用研究上で重要な技術は光変調である．以下，光変調を中心に光偏向，可変同調光波帯域フィルター，電界測定への応用などを簡単に説明する．

4.3.1 電圧可変位相差板と光変調

Ⅱ.4.1.1項で述べたように，電気光学結晶に電界 E を印加すると屈折率 $\boldsymbol{n}$ (n_1, n_2, n_3) が変化することがわかった．カー効果の例（式 (4.12)）をふたたび考えると，分極 $\boldsymbol{P}$ によって常光線のほかに異常光線が誘起され，両者の屈折率の差により両位相間に位相差 $\Delta \Phi$ を生ずる．

$$\Delta \Phi \equiv \left\{ \frac{2\pi l}{\lambda}(n_o - n_e) \right\} = \frac{\pi l n_o^3}{\lambda}(g_{11} - g_{12})P_3^2 \qquad (4.13)$$

ここで，n_o, n_e：電圧印加時の常光および異常光の屈折率，l：波長 λ の光の光路長，$\boldsymbol{n}$：電圧を印加しないときの屈折率である．

ポッケルス効果の場合の屈折率変化式 (4.9) では，元来存在していた n_o, n_e による位相差が加わることになる．もっとも KDP などの z-cut 板に電界 E_3 のみを印加し，光ビ

ームもその方向に透過させる方法では，最初，単軸結晶であったものが電界によって二軸結晶となり，E_3 方向に生ずる位相差 $\varDelta\varPhi$ は

$$\varDelta\varPhi = \frac{2\pi}{\lambda} l n_0{}^3 \gamma_{63} E_3 = \frac{2\pi}{\lambda} n_0{}^3 \gamma_{63} V_3 \tag{4.14}$$

のように表される．式（4.14）の場合には位相差 $\varDelta\varPhi$ は結晶の厚さ l に関係なく，結晶にかかっている電圧 V に比例する．これが可変位相差板の原理である．

さて，この可変位相差板を2個の偏光子の間に入れ，これを透過する光の強度 I と入射光強度 I_0 との比を計算すると

$$I/I_0 = \cos^2 \tau_1 - \sin 2(\tau_2 - \tau_1) \sin 2\tau_2 \sin^2(\varDelta\varPhi/2) \tag{4.15}$$

となる．ここで，τ_1 は偏光子と検光子（どちらも，たとえばニコルプリズムなどの偏光子）のそれぞれの主軸がなす角，τ_2 は偏光子の主軸と結晶の屈折率楕円体の一つの主軸とがなす角を示す．$\tau_1 = 90°$，$\tau_2 = 45°$ に選ぶと式（4.15）は簡単に

$$I/I_0 = \sin^2\left(\frac{\varDelta\varPhi}{2}\right) \tag{4.16}$$

と表される．この式の $\varDelta\varPhi$ に式（4.13）や（4.14）で与えられる電界や電圧をパルスで与えると，レーザー発振器内部に置いた場合のQ変調器や瞬間シャッターが構成される．透過する光を100%オンオフするのに必要な電圧は表Ⅱ.4.1～表Ⅱ.4.5に示す半波長電圧である．しかし，印加電圧として $V = V_0 \cos\omega t$ となる交流電圧の場合には，得られる透過光は周波数 $\omega/2\pi$ の偶数次の高調波で振幅変調されるだけで基本波による変調はできない．基本波によるリニアな変調を得るためには，図Ⅱ.4.1の例のように $\lambda/4$ 板を挿入して光学的なバイアスをかけたり，直流のバイアス電圧を印加したり，結晶の自然複屈折を利用した場合であって，図に示した光学系の透過光量 I は

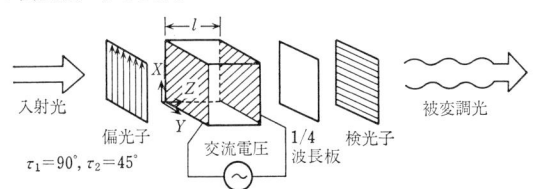

図Ⅱ.4.1 基本波によるリニアな変調光を得るための一例として1/4波長板を挿入した光波の振幅変調器構成図

$$I = I_0 \sin^2\left(\frac{\pi\gamma_{63}n_0{}^3}{\lambda} V_0 \cos\omega t + \frac{\pi}{4}\right) = \frac{r_0}{2}\left\{1 + 2J_1\left(\frac{2\pi\gamma_{63}n_0{}^3}{\lambda} V_0\right)\cos\omega t \right.$$
$$\left. - 2J_3\left(\frac{2\pi\gamma_{63}n_0{}^3}{\lambda} V_0\right)\sin 3\omega t + \cdots\right\}$$

で表せる．ここに $J_1, J_3, \cdots$ はベッセル関数であり，$V_0 = 2.8\text{kV}$ のとき J_1 は約80%，第3変波成分を表す J_3 は約2%であるので，ほぼリニアな光変調ができる．また式（4.15）において $\tau_2 = 0$ または $90°$ に選び，$\tau_1 = 0$ にすれば結晶中で位相差を受けることなく光ビームは結晶中でその光学的長さ（nl）が印加電界に比例した変化を受けるので光の位相変調が可能である．この方法をレーザー共振器中で行えば発振するレーザーの周波数変調ができる．

4.3.2 光 偏 向

電気光学結晶中に不均一電界を与えるとその屈折率が印加電界強度に比例して変化するから，ここへ光ビームを入射させると偏向を受ける．ふつうの電気光学結晶では電界による屈折率の変化の絶対値が小さいので，このような方法で得られる偏向角は1°程度である．

偏向角度を大きくするために電気光学結晶でプリズムを構成し，しかも複数個組み合わせる方法も考案されているが，わずか10%程度の偏向角度しか得られていない．これに対して，ディジタル偏向器は最近の光情報処理技術の開発に伴って重要性を増してきた．これは電気光学結晶に半波長電圧を印加し，これを信号に従ってオンオフする．この結晶の後に偏光を分離させるための複屈折結晶をウォラストンプリズムやロションプリズムにして組み合わせるもので，いくつかの実験が行われている．

4.3.3 光波領域可変フィルター

平行ニコル（偏光子と検光子の主軸が平行）の間に長さ l の電気光学結晶を挟み，その後に長さ $l/2$ ずつ短くした電気光学結晶を次々に重ね合わせると，透過光 I は

$$I = \prod_k \left(I_0 \cos \frac{\pi n_0{}^3 \gamma_{63} I E_3}{2^{k-1} \lambda} \right)^2 \tag{4.17}$$

で表される．ここで変数を λ にとればリオ (Riot) のフィルターとして知られている特性を得る．このフィルターのバンド幅 ω は電気光学結晶の最初の厚さ l によって定まり，

$$\omega = \frac{\lambda^2}{l(n_0 - n_e)}$$

で与えられる．ここで電界 E を変化させればフィルターの透過中心波長が変化し，いわゆる tunable filter[24] ができる．

4.3.4 電界測定への応用

超高電圧，大電力，高周波電界，特にマイクロ波電界やミリ波電界の精密測定にレーザー光と電気光学結晶との組合せが利用されている．超高電圧測定の場合にはレーザービームを遠く離れたところで送受でき，電圧をレーザーの位相差の情報に変換できるので絶縁破壊の心配や感電の危険を防止することができる．また，高周波電界の測定では測定による電界の擾乱という従来の方法ではさけられなかった欠点を克服することができる．

4.4 非線形光学結晶 $LiNbO_3$ による第2高調波発生[17]

これまで述べてきた各種の非線形光学結晶の中で最もよく使われているのは $LiNbO_3$ であろう．そこでここでは $LiNbO_3$ の使い方に的を絞って述べてみたい．この結晶は点群 $3m$ の対称性をもった菱面体晶系 (rhombohedral) の一軸性圧電結晶である．可視域と近赤外域で非常に大きい負の複屈折 B (~ 0.08) がある．また波長帯が可視域から近赤外域 ($0.4 \sim 5 \mu m$) にわたって透明である．非線形係数 d_{31} は，これまでよく使われていた KDP (KH_2PO_4) の d_{36} よりも約11倍も大きい．したがって $LiNbO_3$ 結晶は非線形光

4.4 非線形光学結晶 LiNbO₃ による第 2 高調波発生

学材料として近年よく使われている．なかでも光導波路タイプの第 2 高調波発生（second harmonic generation；SHG）効果の大きい材料としてよく使われるようになった．

その理由の一つに，この結晶は光学用結晶としてよりも，テレビ，ビデオや通信機器に使用される SAW（surface acoustic wave）デバイスである櫛形フィルター用の圧電結晶として量産されるようになって価格も低下したことがきっかけとなったことをあげることができる．光学用結晶として人気があるのは良質の大形結晶が容易に生産できるからであろう．しかし以下に述べるように LiNbO₃ や同じ仲間の LiTaO₃ 結晶独特の光損傷の問題や紫外線領域で使用できないなどの使用上の制限にも注意を払う必要がある．

4.4.1 第 2 高調波発生の原理

LiNbO₃ は第一に屈折率の温度変化が大きく，複屈折（B）の温度勾配 dB/dT は負であるが，分散（D）の温度勾配すなわち dD/dT が正であることから温度による位相整合が可能であること，したがって条件さえそろえば波の進行方向とポインティングベクトルの向きを完全に一致させることができる．しかし KDP などでは観測されなかった光損傷（オプティカルダメッジ）の現象[18] が起こるのでこれを避ける対策があらかじめ必要である．

次に KDP，ADP（$NH_4H_2PO_4$）や HIO_3 などの水溶性結晶を取り扱う際に注意しなければならない潮解性の問題は，LiNbO₃ 結晶では全く起こらないので心配ないが，その反面で KDP や ADP では問題なかった紫外域では吸収が多く，使用できないことをあらかじめ心得ておかねばならない．

$P = \varepsilon_0 E$ であるが，強いレーザー光の電界が物質（誘電体）に照射されると，光と物質の相互作用が通常の線形領域を越えたところで起きる現象である．通常は光が照射されたときの物質の分極 P は，光の電界 E，物質の誘電率を ε_0 で表すと強いレーザー光照射では

$$P_i = \varepsilon_0 \chi_{ij}^{(1)} E_j + \varepsilon_0 \chi_{ijk}^{(2)} E_j E_k + \varepsilon_0 \chi_{ijkl}^{(3)} E_j E_k E_l$$

と物質の分極 P は，光の電界 E のべきで展開できる．ここで第 1 項は線形誘電感受率と物質の誘電率とレーザー光の電界であり，第 2 項以下が強いレーザー光照射によって誘起される項で第 2 項から第 2 高調波発生や和周波発生，差周波発生，光パラメトリック増幅，3 光波混合，光整流などの非線形光学効果を説明できる．χ_{ijk} は二次の非線形感受率である．

4.4.2 角度整合技術[25]

結晶の長さを l とすると SHG の発生効率は $d^2 l^2$ で表され，結晶有効長の 2 乗に比例する．したがって飽和がなければ LiNbO₃ の d_{31} に対するほかの結晶の非線形係数の比の少なくとも 2 乗倍だけ大きな高調波発生が可能である．KDP 結晶の場合に比べると SHG パワーとしては約 120 倍の大きさとなる．しかし数 MW/cm² の基本波パワー密度で非線形感受率の飽和が観測されるので得られる SHG パワーには上限が存在する．

結晶中を進行する基本波の位相速度と第 2 高調波の位相速度とを合わせるための整合技術には次に述べる角度位相整合技術と温度位相整合技術がある．圧電結晶における SH

Gなどの非線形光学現象では二次の分極波とそれがつくり出す輻射波は，一般に異なる位相速度で進行する．LiNbO₃ は複屈折性結晶なので図Ⅱ.4.2に示すように，関係する二つの波の速度が等しくなるような結晶上の方向が存在する．

図において添字1，2は基本波および高調波に対応し，添字o，eはそれぞれ常光線屈折率，異常光線屈折率に対応する．まず基本波の進行方向を結晶の光軸に対応させて考える．速度を整合させるために基本波を結晶の光軸に対して整合角 θ_m で入射する常光線とすると，図から想像できるように結晶中に発生する高調波の中で位相整合の条件に合う高調波は異常光線となる．

4.4.3 位相整合角 θ_m の求め方

高調波のポインティングベクトルは基本波のポインティングベクトルとは角 $\rho \sim (B/n)\sin 2\theta_m$ [19] だけ異なる（n は平均屈折率，B＝複屈折＝$n_2^o - n_2^e$）．θ_m は図Ⅱ.4.2から幾何学的に

$$\sin^2\theta_m = \left(\frac{n_2^e}{n_1^o}\right)^2 \frac{(n_2^o)^2 - (n_1^o)^2}{(n_2^o)^2 - (n_2^e)^2}$$

で求まる．

室温における LiNbO₃ の屈折率を図Ⅱ.4.3に示す[20]．基本波 $1.065\,\mu m$，高調波 $0.532\,\mu m$ の場合を図Ⅱ.4.3から求めると，$n_1^o = 2.230$，$n_1^e = 2.151$，$n_2^o = 2.320$，$n_2^e = 2.230$ となり上式から $\theta_m = 84°$ を得る．

したがって，この場合の基本波の結晶入射角 θ_{in} （図Ⅱ.4.4）はスネルの法則から $13°30'$

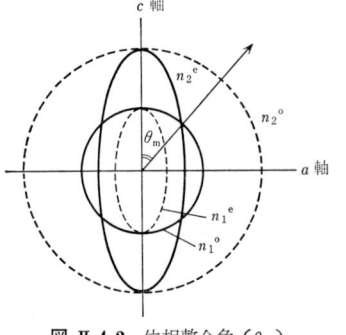

図Ⅱ.4.2 位相整合角（θ_m）

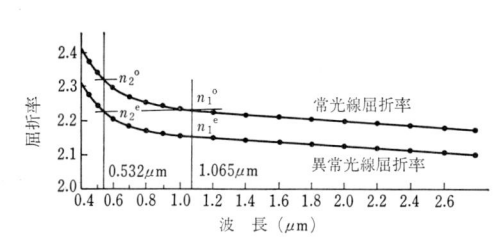

図Ⅱ.4.3 室温における LiNbO₃ の屈折率分散

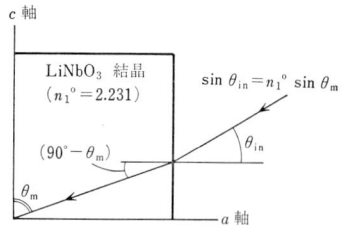

図Ⅱ.4.4 LiNbO₃ 結晶を用いた1.06 μmYAG レーザー光の第2高調波発生に必要な位相整合角度の求め方

と求まる．この角度で $1.065\,\mu m$ 光を LiNbO₃ 結晶に入射させれば LiNbO₃ 結晶中に発生する SHG 波との位相整合が可能となる．

4.4.4 温度整合技術

以上の一般的な角度整合技術のほかに，前述したように LiNbO₃ には温度整合技術[19]が利用できる．これは，LiNbO₃ の屈折率が温度によってよく変わる性質を利用したもの

である. LiNbO₃ の複屈折の温度変化率 (dB/dT) として結晶軸方向によって異なるが $dB/dT \sim -4.5 \times 10^{-5}/°C$, $dB/dT \sim +1.21 \times 10^{-5}/°C$ であることが観測されている. すなわち, 結晶温度を適当に制御すれば $n_1{}^o - n_2{}^e = (n_2{}^o - n_2{}^e) - (n_2{}^o - n_1{}^e) = B - D = 0$ とすることができ, このとき $\theta_m = 90°$ となる. したがってこのときには複屈折効果のない, $\rho = 0$ という効果的な SHG 発生が可能となる. 通常の LiNbO₃ では 1.06 μm 基本波に対するこの整合温度は 60°C 前後に存在する.

4.4.5 光損傷と Li : Nb 組成比変更

ふつうの LiNbO₃ 結晶は可視または紫外の強い光によって光損傷が生じる[18]. これを避けるには, ① パルスのレーザー光を使用する[21], ② 結晶を約 170°C 以上で使用する, ③ 入射基本波および SHG 波の波長を可視光領域(短波長)にしないように工夫する. 応用上ではいまのところ②の対策が最も効果的であり, この目的のために非線形光学結晶 LiNbO₃ の Li : Nb の比を変えることによって整合温度を変えている. そうすると結晶の屈折率 n が変化し[22], その結果 θ_m が変化する. Li : Nb = 1.10 : 1 以上の結晶では 170°C 以上で $\theta_m = 90°$ が実現できる. 　　　　　　　　　　　　　　　　　　　　[後藤顕也]

参考文献

1) F. Pockels: Lehrbush der Kristalloptik, Leipzig (1906).
2) M. Born and E. Wolf: Principles of Optics (1964), 605.
3) J. E. Geusic et al.: Appl. Phys. Lett., **4** (1964), 141.
4) A. A. Ballman et al.: J. Amer. Ceram. Soc., **48** (1965), 112.
5) F. S. Chen: J. Appl. Phys., **38** (1967), 3418.
6) A. Ashkin et al.: Appl. Phys. Lett., **9** (1966), 72.
7) H. Hirano and H. Takai: Unpublished (1968).
8) H. J. Levinstein et al.: J. Appl. Phys., **38** (1967), 3101.
9) 難波, 小川: 応用物理, **26**, 10 (1957), 502.
10) W. A. Bonner et al.: J. Crystal Growth, **1** (1967), 318.
11) J. E. Geusic et al.: Appl. Phys. Lett., **11** (1967), 269.
12) 吉田, 後藤: エレクトロニクス, **10**, 5 (1965), 545.
13) 電気通信研究所: 第 11 回施設案内資料, No. 37 (1968), 79.
14) B. H. Billings: J. Opt. Soc. Amer., **37** (1947), 738.
15) 藤沢, 難波: 応用物理, **26**, 10 (1957), 506.
16) 斎藤, ほか: 電子通信学会, 量子エレクトロニクス研究会資料, 量子 66 (1966), 10-19.
17) 後藤顕也: 応用物理, **40** (Oct. 1971), 1101.
18) F. S. Chen: J. Appl. Phys., **40** (July 1969), 3389.
19) R. C. Miller, G. D. Boyd and A. Savage: Appl. Phys. Lett., **6** (Feb. 1965), 77.
20) G. D. Boyed et al.: Appl. Phys. Lett., **5** (Dec. 1964), 234.
21) 後藤, 平野, 樋口: 第 29 回応用物理学会講演会予稿, **1** (1968), 117.
22) J. G. Bergman et al.: Appl. Phys. Lett., **12** (Feb. 1968), 92.
23) 後藤顕也: 電気学会雑誌, **90**, 9 (1970), 1656.
24) 後藤顕也: 可変同調オプティカルフィルタ　特許第 803220 号 (1976 年 2 月 10 日登録), 特許出願公告: 昭 50-17869 (S50-6-24), 公開: 昭 48-42746 (出願 S46-9-30)
25) 後藤顕也: 従続形光逓倍器　特許第 638286 号 (1972 年 3 月 10 日登録), 特許出願公告: 昭 46-24988 (S46-7-19, 出願: S43-11-20)

5. 量子光学

5.1 半導体レーザー

1970年,アメリカのベル研究所でAlGaAs/GaAs半導体レーザーが世界で初めて室温連続発振に成功[1]して以来,低電流動作・高光出力・高信頼性の研究が各地で進められてきた.さらに波長の長波長化がInGaAsP/InP半導体レーザーにより検討され,1976年に$1.1\mu m$帯[2,3],1977年に$1.3\mu m$帯[4],1979年に$1.55\mu m$帯[5~7]の室温連続発振に成功し,今日に至っている.従来よりガスレーザーや固体レーザーはすでに研究されていたが,この半導体レーザーは何より小形で大電力を必要とせず,通信用光源として電気信号を光信号に変換しやすい大きな特徴をもっている.

5.1.1 半導体レーザーとその発振条件

物質中の電子の遷移過程にはさまざまな種類が存在するが,半導体レーザーは価電子帯-伝導帯間のバンド間遷移に伴う発光現象を利用したものである.図Ⅱ.5.1に示すように,バンド間発光遷移過程には,自然放出と誘導放出の2通りの過程がある.自然放出は,伝導帯にある電子が価電子帯に遷移することによって生じ,誘導放出は,熱平衡状態にある電子を外部エネルギーによって励起し,電子の非平衡状態をつくったのちに,遷移エネルギーに近いエネルギーを有した光子を入射させた場合に生じる.このような非平衡状態にある電子分布は,反転分布とよばれる.生じた誘導放出光は,入射光と波長および位相のそろった光であり,式(5.1)で規定される発光波長λをもっている.

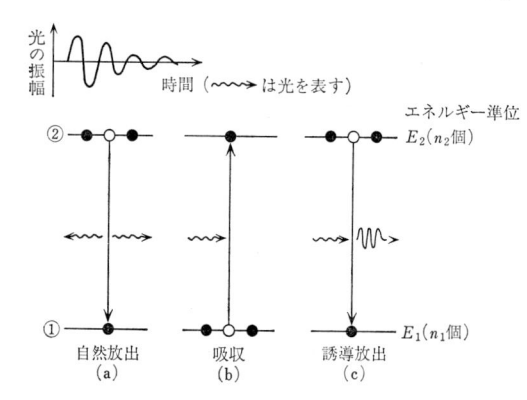

図Ⅱ.5.1 エネルギー準位と遷移の過程[8]

$$h\nu = h\frac{c}{\lambda} = E_2 - E_1 \equiv E_g \tag{5.1}$$

ここで, h: プランク定数, ν: 光の振動数, c: 光の速さ, λ: 発光波長, E_2: 伝導帯のエネルギー準位, E_1: 価電子帯のエネルギー準位, E_g: 禁制帯のエネルギーギャップ, である.

5.1.2 レート方程式

半導体レーザーの光出力が注入電流 I の変化により変動する状態を, 注入キャリヤー密度 N と光子密度 S の時間的変化で表した式をレート方程式とよんでいる. 式 (5.2) に注入キャリヤー密度の時間変化を, 式 (5.3) に光子密度の時間変化を, 図II.5.2に物理的背景を示す.

$$\frac{dN}{dt} = \frac{I}{eV} - G(N-N_t)S - \frac{N}{\tau_s} \tag{5.2}$$

図 II.5.2 レート方程式の物理的背景[9]

$$\frac{dS}{dt} = G(N-N_t)S - \frac{S}{\tau_p} + C\frac{N}{\tau_s} \tag{5.3}$$

ここで, $G(N-N_t)$: 利得, τ_s: 注入キャリヤーの寿命, τ_p: 光子の寿命, C: 自然放出光係数 ($10^{-4} \sim 10^{-6}$ 程度), N_t: キャリヤー密度変化量, である.

5.1.3 レーザー共振器とモード

レーザー発振には, 光の帰還を行う共振器が必要である. 図II.5.3に示すように, 通常の半導体レーザーでは結晶のへき開面を利用した反射鏡を相対させたファブリー–ペロ

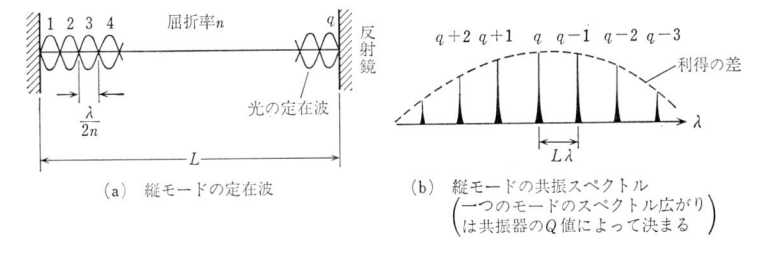

図 II.5.3 レーザー共振器内の定在波[8]

ー共振器が用いられている. 発振状態を得るためのしきい値利得定数 g_{th} は式 (5.4) で表すことができる.

$$g_{th} = \alpha + \frac{1}{2L}\ln\frac{1}{R_1 \cdot R_2} \tag{5.4}$$

ただし，α: 電力損失定数 (cm^{-1})，g_{th}: しきい値利得定数 (cm^{-1})，R_1, R_2: 反射鏡の反射率，L: 共振器長 (cm)，である．

反射鏡の反射率 R_1, R_2 は，導波路の等価屈折率 n_{eq} を用いて表すことができる．

$$R_1=R_2=R=\{(n_{eq}-1)/(n_{eq}+1)\}^2 \tag{5.5}$$

InGaAsP/InP 系レーザーの反射率 R は，一般的に 27〜31% の値をとる．

レーザー発振状態では，共振器中に反射鏡と同位相面を有する定在波ができており，存在しうる定在波の波長は式 (5.6) によって求められる．

$$\frac{\lambda}{2n}\cdot q=L \quad (q=1, 2, 3, \cdots, \infty) \tag{5.6}$$

また，隣接する波長との波長差（モード間隔）$\Delta\lambda$ は

$$\Delta\lambda=\lambda^2/2nL \tag{5.7}$$

である．

5.1.4 半導体レーザーの構成

半導体レーザーの室温連続発振は，二重ヘテロ構造 (double heterostructure; DH) の採用によって実現された．図Ⅱ.5.4にDH構造の模式図を示す．DH構造は，活性導波路層を活性導波路層より E_g の大きなクラッド層で両側を挟んだ構造となっている．半導体材料を誘電体としてみた場合，E_g の大きな材料の屈折率 n_2 の間には，$n_1<n_2$ の関係が存在する．つまり DH 構造では，活性導波路層内で，注入キャリヤーの閉込めと発生した光の閉込めが実現できる．

多くのⅡ-Ⅵ族やⅢ-Ⅴ族化合物材料は直接遷移形材料であって，電気-光変換効率が Si や Ge などの間接遷移形材料よりも高いことが知られている．図Ⅱ.5.5にⅢ-Ⅴ族を中心とした化合物半導体材料のバンドギャップ，発光波長と格子定数の関係を示す．二元化合物を結んだ面内において，四元化合物は混晶比を適宜変化させることで，基板と格子整合させなが

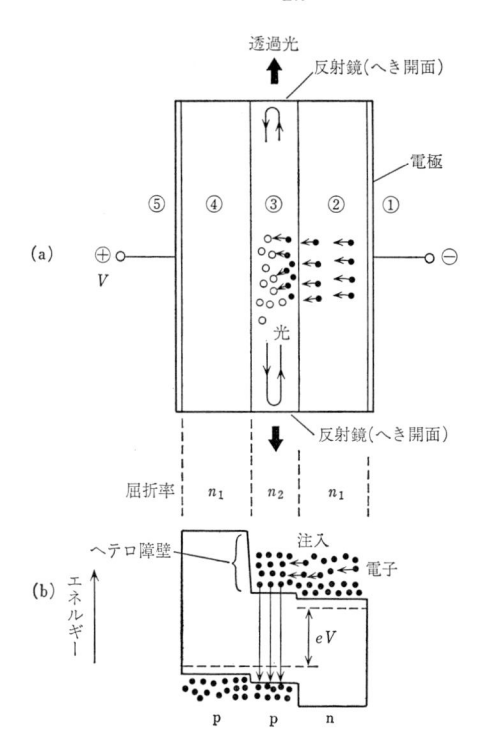

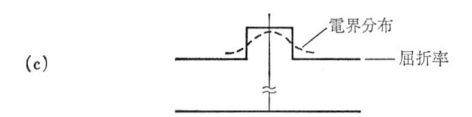

図 Ⅱ.5.4 ダブルヘテロ半導体レーザーの構造 (a) とエネルギー帯 (b)，屈折率と電界分布 (c)[9]

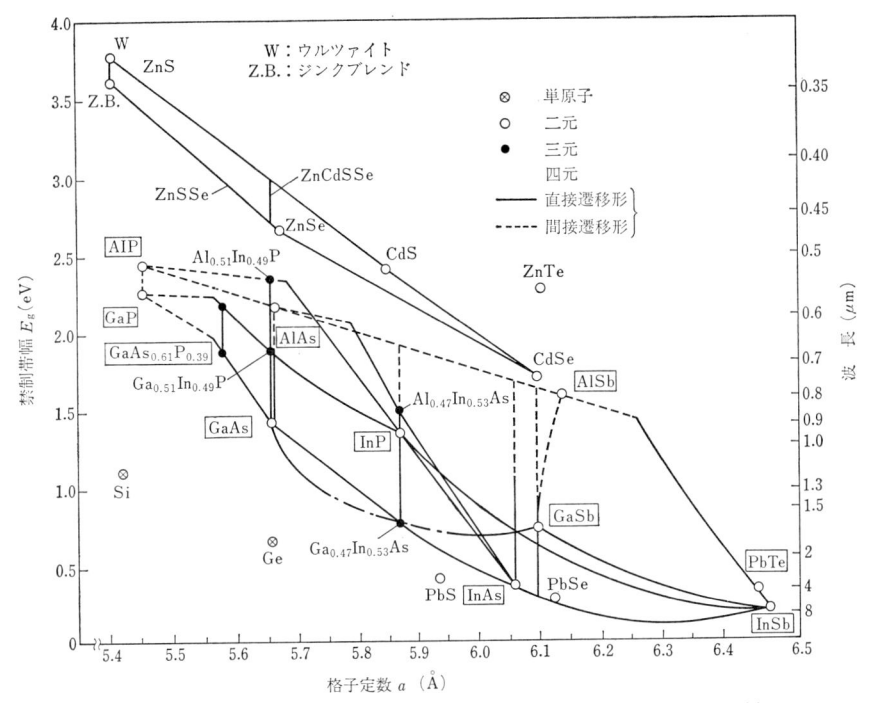

図 II.5.5 III-V 族を中心とした化合物材料の格子定数とバンドギャップ波長[10]

ら E_g を変化させることが可能である．また，図II.5.6に各種基板上にエピタキシャル成長させた多元混晶の成長可能領域と発光波長領域を示す．

5.1.5 半導体レーザーの基礎特性

半導体レーザーの代表的な特性として，光出力，発振スペクトル（縦モード），光ビーム（横モード），それらの温度特性，そして信号電流に対する応答特性，などがあげられる．

（1）電流-光出力特性 注入電流に対し，活性領域での利得が損失を超えるまでを，自然放出領域，ちょうど拮抗するところを発振しきい値とよび，さらに電流を増していくと誘導放出により光は増幅され，発振条件に合った縦モードの波長の光が発振を開始する．代表的な例を図II.5.7に示す．

（2）発振スペクトル（縦モード）特性と横モード特性 図II.5.8に，半導体レーザー内に発生するモードの種類を示す．ここで，反射面である結晶へき開面での水平・垂直横モードを近視野像（NFP；ニアフィールドパターン），遠方で観察される横モードを遠視野像（FFP；ファーフィールドパターン）という．活性導波路層に対し水平面と垂直面に 15°〜30° の出射角度をもっている．構造が屈折率導波路では，出射光のビームウエ

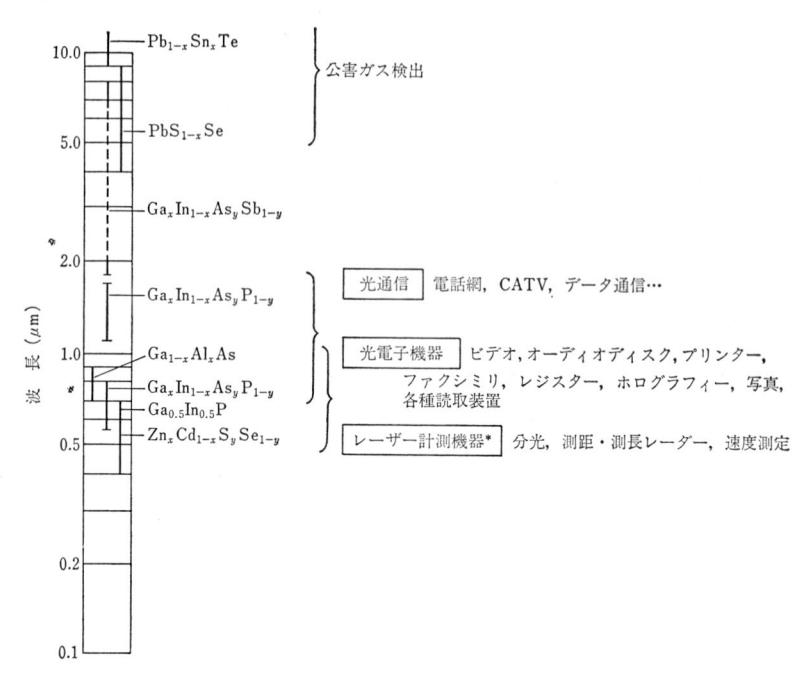

図 II.5.6 半導体レーザーの波長範囲と応用分野[10]

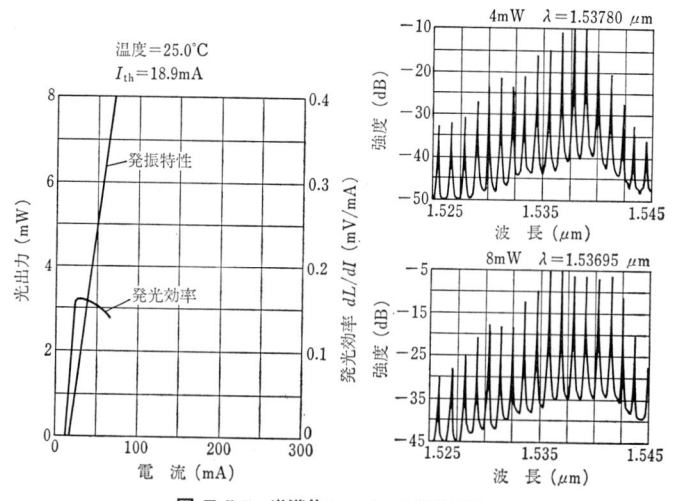

図 II.5.7 半導体レーザーの発振特性

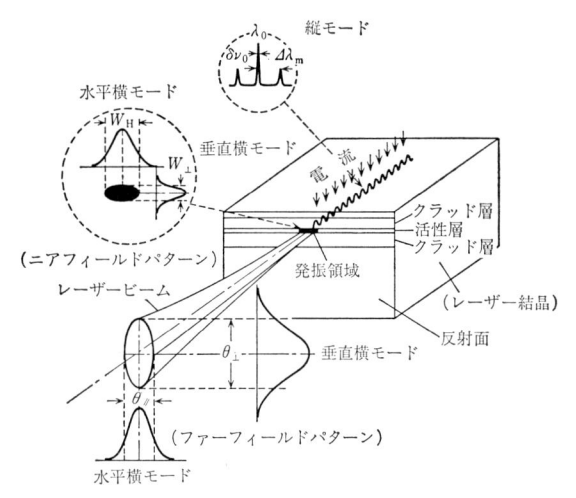

図 II.5.8 半導体レーザーの発光モード[9]

ストは端面に位置して安定である.しかし,利得導波路では伝搬する光の等位相面は曲面形状のため,いくぶん内側に位置している.したがって,仮想的な焦点がレーザー内部にあるように見える.このため出力光に非点収差という「ずれ」を生ずる.

それに対し,反射面に垂直に発生するモードを縦モードといい,これが発振スペクトルである.中心波長は活性導波路層の材料のバンドギャップに依存し,隣接するピークとの間隔はレーザーの反射鏡間隔による.(式(5.7))

(3) 温度特性(I-L, 発振波長) 発振しきい値,光出力,発振スペクトルは温度により変動する.注入電流と光出力の温度依存性の一例を図 II.5.9 に示す.この中で,発振しきい値の変化は活性導波路の媒質により異なり,また,レーザー各部の性能(電極や結晶の質)によっても変わる.その率を特性温度 T_0 で表し,

$$I_{th} = I_0 \exp(T/T_0) \quad (5.8)$$

または

$$T_0 = (T_2 - T_1)/\ln(I_{th2}/I_{th1}) \quad (5.9)$$

で算出される.ここで,I_{th1}: T_1(K)における半導体レーザーの発振しきい値である.

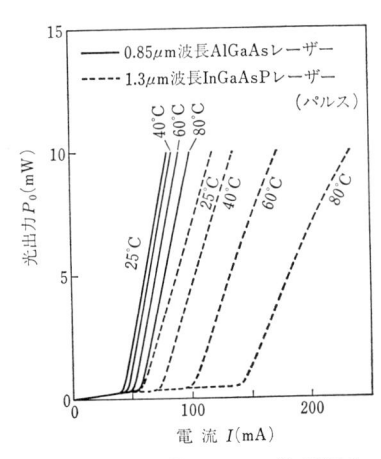

図 II.5.9 半導体レーザーの温度特性[9]

InP 系の半導体レーザーで 70K 程度,GaAs 系で 120K 程度が得られている.さらに

新しい構造（MWQ, SQW）では 200K 以上のものも得られている．

（4） **変調特性**　半導体レーザーは信号の乗った電流を注入し，発光出力を変化させることができる．発光出力を一定に保ち，素子の外部で出力を変化させる外部変調方法と比較し，この方法を直接変調とよぶ．電流の信号周波数に対し，光出力が急に増大する値があり，その周波数を共振状周波数とよんでいる．

（5） **RIN**　連続動作（cw）しているレーザーの光強度はわずかにゆらいでいる．これを強度雑音とよび，規格化して RIN（相対強度雑音（単位：dB/Hz））で表し，次式で算出される．

$$\mathrm{RIN} = 10 \cdot \log[\langle \delta P^2 \rangle / P_0^2 / \Delta f] \qquad (5.10)$$

ここで，$\langle \delta P^2 \rangle$：ゆらぎのフーリエ周波数 f と $f+\Delta f$ の帯域に入ってくる強度ゆらぎの2乗平均値，P_0：平均光強度，Δf：測定系の帯域，である．

（6） **スペクトル線幅 $\Delta\nu$**　DFB-LD，DBR-LD などの単一モード発振レーザーにおいて，その1本のスペクトルがもつ幅を，半値幅により決めた数値がスペクトル線幅である．τ は，レーザーの活性導波路部に注入された電流により励起した状態が減衰していく時間でもあり，

$$\Delta\nu = 1/\pi\tau \qquad (5.11)$$

で表される．一般的に，DFB-LD，DBR-DF などの単一モードレーザーの $\Delta\nu$ は数十 MHz の値を有し，外部に共振器をそなえたレーザーでは数百 kHz まで低減化される．

［渡辺　勉］

5.2　光　増　幅

5.2.1　光増幅の原理

ここでは光と物質系との相互作用による光増幅の原理について説明する．図Ⅱ.5.10は，エネルギーの高い励起準位と基底準位からなる2準位系における遷移過程を示している．励起準位から基底準位に遷移して光を増幅する誘導放出，その逆の光からエネルギーをもらって基底準位から励起準位に遷移する吸収，光が存在しない状態でも場の零点振動との相互作用で励起準位から基底準位に遷移する自然放出がある．

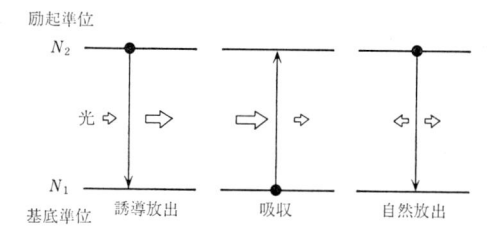

図 Ⅱ.5.10　エネルギー準位と遷移過程

光の増幅はマクスウェル方程式から得られる以下の波動方程式により記述される．

$$\nabla^2 E - \mu_0 \sigma \partial E/\partial t - \mu_0 \varepsilon \partial^2 E/\partial t^2 = \mu_0 \partial^2 P/\partial t^2 \qquad (5.12)$$

ここで，E：電界，μ_0：真空の透磁率，σ：導電率，ε：誘電率，P：着目している準位間

5.2 光増幅

の遷移に伴う振動分極である．

電界を次式のように光の波長で速く振動する項とそれに比べて緩やかに変化する項 $E(z)$ の積で表す．

$$E = E(z)\exp\{j(\omega t - kz)\} \tag{5.13}$$

ここで，k: 媒質中の波数であり $k = \omega\sqrt{(\varepsilon\mu_0)}$ である．

式 (5.13) を式 (5.12) に代入して，$E(z)$ に関する2階微分の項を無視すると次式を得る．媒質の損失を表す導電率 σ をゼロとした．

$$\frac{\partial E(z)}{\partial z} = -j\frac{1}{2}\sqrt{\frac{\mu_0}{\varepsilon}}\varepsilon_0 \omega \chi E(z) \tag{5.14}$$

ここで，振動分極 P を分極率 χ を用いて以下のように表した．

$$P = \varepsilon_0 \chi E \tag{5.15}$$

分極 P は，物理的には図Ⅱ.5.11 に示すように正の電荷をもつ原子核のまわりを周回する電子の分布が電界 E によりひずむことにより形成される．感受率 χ は，量子力学的手法を用いて計算することが可能であり[1,2]，その結果は，電子分布のひずみの度合を表す双極子能率の2乗に比例し，また励起準位の原子の密度 N_2 と基底準位の密度 N_1 の差 $N_2 - N_1$ に比例する．以上から，次式が得られる．

$$\frac{\partial |E(z)|^2}{\partial z} = g|E(z)|^2 \tag{5.16}$$

$$g = \sqrt{\frac{\mu_0}{\varepsilon}}\varepsilon_0 \omega \chi'' = A(N_2 - N_1) \tag{5.17}$$

ここで，χ'': 感受率の虚数部，g: 単位長さ当たり光のパワーが増幅される割合を表し，利得定数とよぶ．通常単位は (cm^{-1}) が用いられる．

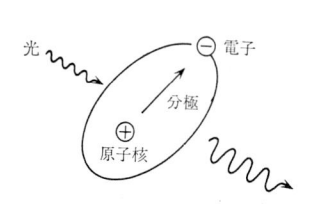

図Ⅱ.5.11 分極による光の増幅

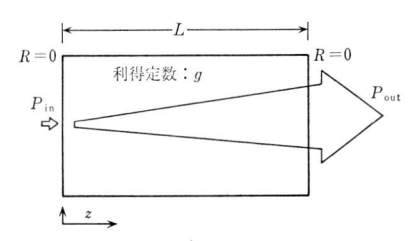

図Ⅱ.5.12 光増幅器

式 (5.16) の解から，P_s を z におけるポインティングパワーとすると，

$$P_s = P_{s0}\exp\left(\int g\,dz\right) \tag{5.18}$$

特に，g が z に対して均一であるときは，

$$P_s = P_{s0}\exp(gz) \tag{5.19}$$

$g > 0$，すなわち $N_2 > N_1$ のとき，光強度が指数関数的に増大し光の増幅が起こる．これを反転分布という．反転分布は，光励起や電流注入を行うことによって実現される．以上

の議論は最も簡単な2準位系の場合であるが，半導体のようなバンド構造をもつ場合も近似的に次式のようにおくことができる[2]．

$$g = A(N - N_g) \tag{5.20}$$

ここで，N: 伝導帯の電子密度，N_g: 正の利得が生じるのに必要な電子密度である．

5.2.2 増幅度と光出力飽和

図II.5.12に示すような長さ L の増幅媒質を考える．ここで，両端での反射は考えないことにする．$z=0$ での光の入力パワーを P_in，$z=L$ での出力パワーを P_out とすると，式 (5.19) から

$$P_\text{out} = P_\text{in} \exp(gL) \tag{5.21}$$

増幅度（通常利得とよぶ）は次式で表される．通常デシベル（dB）の単位が用いられる．

$$G = \frac{P_\text{out}}{P_\text{in}} = \exp(gL) \tag{5.22}$$

また，デシベル（dB）で表すと，

$$G = 10 \log\left(\frac{P_\text{out}}{P_\text{in}}\right) = 10 gL/\ln(10) \quad (\text{dB})$$

通常，半導体では $g > 100 (\text{cm}^{-1})$ 程度の値が得られるため，L が数百 μm でも利得として 30 dB 程度の大きな値が得られる[3]．

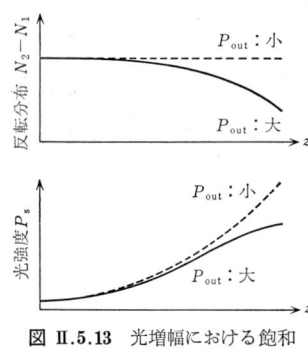

図II.5.13 光増幅における飽和

以上の議論は，g が一定の場合であるが，実際には入射パワーを増加させていくと，出口付近では光のパワーがきわめて大きくなり，誘導放出が激しく起こって，反転分布 $N_2 - N_1$ が減少する．その結果 g が減少し，入力パワーで小さいときに比べると利得が減少することになる．この様子を図II.5.13に模式的示す．この現象を利得飽和といい，光増幅器の出力限界を決める要因となっている．これは，前節で述べたレート方程式を用いて解析することができる．

$$\frac{dN}{dt} = \frac{I}{eV} - A(N - N_g)\frac{P_s}{S\hbar\omega} - \frac{N}{\tau_s} \tag{5.23}$$

ここで，I: 注入電流，V: 活性層体積，S: 活性領域断面積，τ_s: キャリヤ寿命である．

また，式 (5.16) から，

$$\frac{dP_s}{dz} = gP_s \tag{5.24}$$

式 (5.23) で N の定常解を求めて，利得 g を求めると，

$$g = \frac{g_0}{1 + P_s/P_0} \tag{5.25}$$

ここで，g_0, P_0 はそれぞれ次式で与えられる[4]．

5.2 光増幅

$$P_0 = \hbar\omega/\tau_s A$$
$$g_0 = A(I\tau_s/eV - N_g)/v \tag{5.26}$$

ここに，v：増幅器内の光速，P_0：利得飽和の大きさを決定する重要なパラメーターで，飽和強度という．

式 (5.24)，(5.25) から，

$$G \cong G_0 \exp\left(-\frac{P_{\text{out}}}{P_0}\right) \tag{5.27}$$

ここで，G_0 は P_{out} が十分小さく利得飽和が生じないときの利得で小信号利得であり，

$$G_0 = \exp(g_0 L) \tag{5.28}$$

利得 G が小信号利得 G_0 の半分になる出力を飽和出力 P_{sat} とよび，次式で与えられる．

$$P_{\text{sat}} = \ln(2) P_0 \tag{5.29}$$

第IV部の第2章で述べる光増幅器では，この飽和出力は光通信システムなど実用上，その性能を決定するきわめて重要なパラメーターである．

5.2.3 自然放出光と雑音

光が入射しないときでも，励起準位から基底準位に遷移するという自然放出が生じる．これは，レーザーや増幅器などで雑音を発生する本質的な要因となっている．この自然放出が生じると位相がランダムな光が誘導放出とともに混入することになる．この自然放出の効果を考慮すると，増幅媒質からの光出力は次式で与えられる[4,5]．

$$P_{\text{out}} = 信号光 + 自然放出光$$
$$= G P_{\text{in}} + (G-1) n_{\text{sp}} \hbar\omega \Delta f \tag{5.30}$$

Δf は自然放出光の周波数幅，出力端で光フィルターを挿入した場合はその通過帯域幅になる．n_{sp} は反転分布パラメーターで2準位系の場合には次式で与えられる．

$$n_{\text{sp}} = \frac{N_2}{N_2 - N_1} \tag{5.31}$$

半導体の活性媒質の場合にも近似的に以下のように表される．

$$n_{\text{sp}} = \frac{N}{N - N_g} \tag{5.32}$$

雑音のない理想的な光受信器で受光したときの雑音電流は，

$$I_n = 信号光と自然放出光間のビート + 自然放出光のビート$$

で表され，$G \gg 1$ のとき信号対雑音比 S/N は次式で表される．

$$S/N = \frac{P_{\text{in}}^2}{\{4 P_{\text{in}} \hbar\omega n_{\text{sp}} + 2 n_{\text{sp}}^2 (\hbar\omega)^2 \Delta f\} B} \tag{5.33}$$

ここで，B は受信器の帯域である．S/N は，光フィルターを挿入するなどして Δf を小さくすれば，式 (5.33) の分母第2項の自然放出光ビート雑音をゼロに漸近させることができる．このとき，

$$S/N = \frac{P_{\text{in}}^2}{4 P_{\text{in}} \hbar\omega n_{\text{sp}} B} \tag{5.34}$$

これをビート雑音限界という．一般に，増幅器の雑音性能を表す指標として，次式で定義

される雑音指数が用いられる．

$$F = \frac{\text{入力光の } S/N}{\text{出力光の } S/N} \tag{5.35}$$

ただし，入力光としてはショット雑音限界の光を仮定する．式 (5.33) から

$$F = 2n_{sp} + n_{sp}^2 \Delta f \hbar \omega / P_{in} \tag{5.36}$$

$\Delta f \to 0$, $n_{sp} \to 1$ の理想的な増幅器を仮定すると，雑音指数は2になり，したがって，S/N は3dB劣化することになる．

以上，ここでは光増幅の基礎的事項について述べたが，具体的な光増幅器の詳細については第Ⅳ部第2章で述べる． ［小山二三夫］

参考文献

1) M. Sargent, M.O. Scully and W.E. Lamb: Laser Physics, Addison-Wesley Publishing Company (1974).
2) 末松安晴編: 半導体レーザと光集積回路, オーム社 (1984).
3) T. Saitoh and T. Mukai: IEEE J. Quantum Electron., **QE-23**, 6 (1987), 1010-1020.
4) T. Yamamoto: IEEE J. Quantum Electron., **QE-16**, 10 (1980), 1073-1081.
5) K. Shimada, H. Takahashi and C.H. Townes: J. Phys. Soc. Japan, **12** (1957), 686-700.

6. 非線形光学

6.1 非線形分極

　物質と光は，光によって誘起された物質の分極（単位体積中の電気双極子モーメントの総和）を介して相互作用する．光が物質中に入射すると，光の電場 $E(t)$ の作用により電子が運動し，分極が生じる．光が弱いうちは電子の運動は調和振動子で近似できるから，分極 $P(t)$ は電場に比例する．ところが収束したレーザー光のように強度が大きくなると非線形項が無視できなくなり，電場の2乗や3乗に比例する成分が観測にかかるほど大きくなる．この非線形分極に起因する現象を非線形光学という．

　結晶中では方向にも依存することを考慮すると，分極を電場のべきで展開し

$$P = \varepsilon_0 \chi^{(1)} : E + \varepsilon_0 \chi^{(2)} : EE + \varepsilon_0 \chi^{(3)} : EEE + \cdots \tag{6.1a}$$

または成分に分け

$$P_i = \varepsilon_0 \sum_j \chi_{ij}^{(1)} E_j + \varepsilon_0 \sum_{jk} \chi_{ijk}^{(2)} E_j E_k + \varepsilon_0 \sum_{jkl} \chi_{ijkl}^{(3)} E_j E_k E_l + \cdots \tag{6.1b}$$

と書くことができる．2階のテンソル $\chi^{(1)}$ を線形感受率，3階および4階のテンソル $\chi^{(2)}$, $\chi^{(3)}$ をそれぞれ二次，三次の非線形感受率とよぶ．これから二次および三次の非線形光学効果が生じる．

6.2 二次の非線形感受率

　入射光が周波数 ω_α，波数ベクトル k_α の単色平面波の集まりであるとき，電場 $E(t)$ を周波数成分に分け，

$$E = \frac{1}{2} \sum_\alpha [E(\omega_\alpha, k_\alpha) + E(-\omega_\alpha, -k_\alpha)] \tag{6.2a}$$

$$E(\omega_\alpha, k_\alpha) = u^\alpha E_\alpha \exp[i(k_\alpha r - \omega_\alpha t)] \tag{6.2b}$$

$$E(-\omega_\alpha, -k_\alpha) = E^*(\omega_\alpha, k_\alpha) \tag{6.2c}$$

とする．E_α はゆっくり変化する複素振幅，u^α は偏光状態を表す単位ベクトルである．このとき，二次の非線形分極 $P_{\mathrm{NL}} = \varepsilon_0 \chi^{(2)} : EE$ は周波数 $|\omega_\alpha| \pm |\omega_\beta|$ の成分からなる．

$$P_i(\omega_\alpha + \omega_\beta, k_\alpha + k_\beta)$$

$$= g_{\alpha\beta}\varepsilon_0 \sum_{jk} \chi_{ijk}{}^{(2)}(-(\omega_\alpha+\omega_\beta); \omega_\alpha, \omega_\beta)E_j(\omega_\alpha, \boldsymbol{k}_\alpha)E_k(\omega_\beta, \boldsymbol{k}_\beta) \quad (6.3)$$

ただし,$\alpha=\beta$(つまり振幅の2乗)のとき $g_{\alpha\alpha}=1/2$,$\alpha\neq\beta$ のとき $g_{\alpha\beta}=1$ とする.非線形感受率 $\chi_{ijk}{}^{(2)}(\omega_\gamma; \omega_\alpha, \omega_\beta)$ では必ず $\omega_\alpha+\omega_\beta+\omega_\gamma=0$ が成り立つから,ω_γ を省略してもよい.

$\chi_{ijk}{}^{(2)}$ は以下に示す性質をもつ.

① $\chi_{ijk}{}^{(2)}$ は結晶に固有の対称性をもつ.特に,等方媒質や反転対称性のある結晶では $\chi_{ijk}{}^{(2)}$ のすべての成分がゼロになる.二次の非線形光学効果は反転に対して対称ではない結晶においてのみ起こる.

② 定義から

$$\chi_{ijk}{}^{(2)}(\omega_\gamma; \omega_\alpha, \omega_\beta) = \chi_{ikj}{}^{(2)}(\omega_\gamma; \omega_\beta, \omega_\alpha) \quad (6.4)$$

特に第2高調波発生の場合 $\alpha=\beta$ だから,$\chi_{ijk}{}^{(2)}$ は (j, k) について対称である.このとき添字のペア (j, k) を表Ⅱ.6.1のように番号づけする.これに応じて

表 Ⅱ.6.1 対称テンソルのサフィックス

m	1	2	3	4	5	6
(j, k)	(1,1)	(2,2)	(3,3)	(2,3)	(3,1)	(1,2)
				(3,2)	(1,3)	(2,1)

$$d_{im} = \frac{1}{2}\chi_{ijk}{}^{(2)} \quad (6.5)$$

と書く.こうして3階の対称テンソルを3×6の行列で表現できる.なお係数の 1/2 は $g_{\alpha\alpha}$ に起因する.

③ 添字の置換に対する対称性.

$$\chi_{ijk}{}^{(2)}(\omega_\gamma; \omega_\alpha, \omega_\beta) = \chi_{jki}{}^{(2)}(\omega_\alpha; \omega_\beta, \omega_\gamma) = \chi_{kij}{}^{(2)}(\omega_\beta; \omega_\gamma, \omega_\alpha) \quad (6.6)$$

この関係式はエネルギー保存則および光子数の保存則と深く関係している.

④ 周波数分散が無視できると,②,③より $\chi_{ijk}{}^{(2)}$ は (i, j, k) のすべての置換に対して等しくなる.これを Kleinman の対称性という[1].d_{im} 表現における Kleinman の対称性を表Ⅱ.6.2に示す.

表 Ⅱ.6.2 Kleinman の対称性[1]

$d_{15}=d_{31}$, $d_{16}=d_{21}$
$d_{26}=d_{12}$, $d_{24}=d_{32}$
$d_{34}=d_{23}$, $d_{35}=d_{13}$
$d_{14}=d_{25}=d_{36}$

⑤ 次の式で定義される $\varDelta_{ijk}$ をミラー係数(Miller's delta)という[2].

$$\varDelta_{ijk} = \frac{\chi_{ijk}{}^{(2)}(-\omega_\gamma; \omega_\alpha, \omega_\beta)}{\chi_{ii}{}^{(1)}(\omega_\gamma)\chi_{jj}{}^{(1)}(\omega_\alpha)\chi_{kk}{}^{(1)}(\omega_\beta)} \quad (6.7)$$

多くの物質に対しミラー係数を求めると,その値は感受率そのものに比べて狭い範囲に分布する,つまり物質による個性が少ない.ある文献によると,その分布は平均値 3×10^{-13} m/V,標準偏差が 1.9×10^{-13} m/V であるという[3].さらに,波長分散も感受率そのものより小さい.したがって,ある波長における感受率の値が既知であって,別の波長における値を推定するときにも有用である.物質を古典的な電子の非調和振動子の集まりと

する近似で非線形感受率を求めると，ミラー係数は非調和ポテンシャルに直接関係することがわかる．また，ミラー係数は結晶中の局所電場によらないことが知られている．

表 II.6.3 主な非線形光学結晶の二次の感受率[10]

物 質	化学式	対称性	非線形感受率 (pm/V)
KDP	KH_2PO_4	$\bar{4}2m$	$d_{36}=0.435$
ADP	$NH_4H_2PO_4$	$\bar{4}2m$	$d_{36}=0.528$
lithium niobate	$LiNbO_3$	$3m$	$d_{31}=-5.95$
			$d_{33}=-34.4$
lithium iodate	$LiIO_3$	6	$d_{31}=-7.11$
			$d_{33}=-7.02$
BBO	$\beta\text{-}BaB_2O_4$	$3m$	$d_{22}=\pm 1.78$
			$d_{31}=\pm 0.12$
proustite	Ag_3AsS_3	$3m$	$d_{15}{}^{*}=\pm 11.3$
			$d_{22}{}^{*}=\pm 18.0$
cadmium selenide	CdSe	$6mm$	$d_{15}{}^{*}=18$
cinnabar	HgS	32	$d_{11}{}^{*}=50.2$
tellurium	Te	32	$d_{11}{}^{*}=650$
potassium niobate	$KNbO_3$	$mm2$	$d_{31}=11.5$
			$d_{32}=-13.2$
			$d_{33}=-20.1$
KTP	$KTiOPO_4$	$mm2$	$d_{31}=6.5$
			$d_{32}=5.0$
			$d_{33}=13.7$
			$d_{24}=7.6$
			$d_{15}=6.1$
"Banana" or BNN	$Ba_2NaNb_5O_{15}$	$mm2$	$d_{31}=-13.2$
			$d_{33}=-18.2$
LBO	LiB_3O_5	$mm2$	$d_{31}=-1.09$
			$d_{32}=1.17$
			$d_{33}=0.065$

*印は波長 $10.6\,\mu m$，その他は $1.06\,\mu m$ における値．

表II.6.3に主な非線形光学結晶の二次の感受率をあげる．感受率は電場の逆数の次元をもち，実用単位 (mks) は $pm/V=10^{-12}m/V$ である．なお，mks と cgs の換算は

$$\frac{\chi^{(2)}(\text{mks})}{\chi^{(2)}(\text{cgs esu})} = \frac{4\pi}{3}\times 10^{-4} \tag{6.8}$$

である（分母の3は厳密には光速度の数値）．

図II.6.1[10]に，表II.6.3にリストアップした材料の透過波長域を示す．

6.3 結合波方程式

周波数 ω_1, ω_2, $\omega_3 = \omega_1 + \omega_2$ の単色平面波が非線形分極を介して結合しながら結晶中を伝搬しているとする。電場を式 (6.2) のように周波数成分に分けてマクスウェル方程式に代入すると，定常状態では

$$\nabla \times (\nabla \times \boldsymbol{E}(\omega_\alpha)) - \frac{\omega_\alpha^2}{c^2} \frac{\boldsymbol{\varepsilon}(\omega_\alpha)}{\varepsilon_0} : \boldsymbol{E}(\omega_\alpha) = \frac{\omega_\alpha^2}{c^2} \frac{1}{\varepsilon_0} \boldsymbol{P}_{\mathrm{NL}}(\omega_\alpha) \tag{6.9}$$

が得られる。ここで，$\boldsymbol{\varepsilon}(\omega_\alpha)$: 線形の誘電率テンソル，$\boldsymbol{P}_{\mathrm{NL}}(\omega_\alpha)$: 非線形分極の ω_α 成分である。

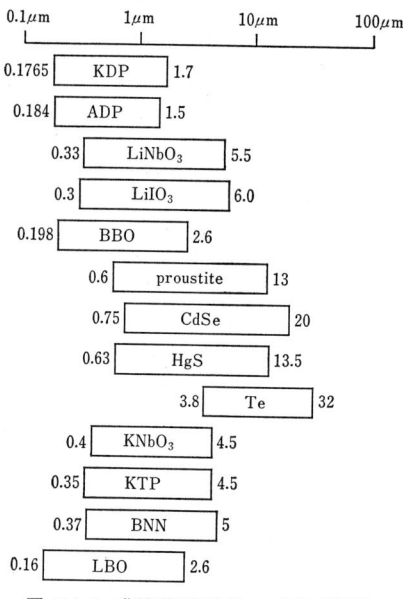

波長範囲		
0.1μm 1μm 10μm 100μm		

0.1765	KDP	1.7
0.184	ADP	1.5
0.33	LiNbO$_3$	5.5
0.3	LiIO$_3$	6.0
0.198	BBO	2.6
0.6	proustite	13
0.75	CdSe	20
0.63	HgS	13.5
3.8	Te	32
0.4	KNbO$_3$	4.5
0.35	KTP	4.5
0.37	BNN	5
0.16	LBO	2.6

図 II.6.1 非線形光学材料の透過波長域[10]

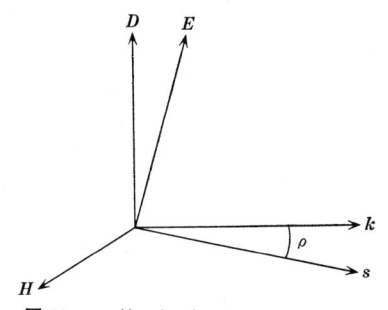

図 II.6.2 結晶中を伝搬する光の波面法線方向 ($\boldsymbol{k}$) と光線方向 ($\boldsymbol{s}$)

右辺の非線形分極をゼロとした式は結晶光学の基礎となる波動方程式であり，偏光ベクトル $\boldsymbol{u}^\alpha$，波数ベクトル $\boldsymbol{k}_\alpha$ はこの方程式を満足する．

$$\boldsymbol{k}_\alpha \times (\boldsymbol{k}_\alpha \times \boldsymbol{u}^\alpha) + \frac{\omega_\alpha^2}{c^2} \frac{\boldsymbol{\varepsilon}(\omega_\alpha)}{\varepsilon_0} : \boldsymbol{u}^\alpha = 0 \tag{6.10}$$

簡単のため，3光波とも波面が同一方向に伝搬する場合を考え，伝搬方向を z 軸にとる。したがって，

$$\boldsymbol{k}_\alpha = (0, 0, k_\alpha), \quad k_\alpha = \frac{\omega_\alpha n_\alpha}{c} \tag{6.11}$$

n_α は屈折率．一般に結晶中では光線（エネルギー）の進む方向（$\boldsymbol{E}$ ベクトルに垂直）は波数ベクトルの方向（$\boldsymbol{D}$ ベクトルに垂直）と異なる（図II.6.2）．この角度を ρ とする．このため，波数ベクトルはそろっていても，各周波数成分の光線の進む方向は一致しない．これをウォークオフ（walk off）という．

さらに，結晶の表面は z 軸に垂直であるとする．よって，E_α は z 方向にのみ変化す

る．振幅の変化は波長スケールでは十分小さく，波動方程式中の2階微分は無視できる．最後に E_α の代わりに

$$A_\alpha = \sqrt{n_\alpha}\, E_\alpha \tag{6.12}$$

を用いる．以上の仮定の下に式 (6.9) を計算すると，二次の非線形に対し次の結合波方程式が得られる．

$$\frac{dA_1}{dz} = -\frac{i\omega_1 g_{23} \chi^*_{\text{eff}}}{2c\sqrt{n_1 n_2 n_3}\, \cos^2 \rho_1} A_3 A_2^* e^{-i\Delta kz} \tag{6.13a}$$

$$\frac{dA_2}{dz} = -\frac{i\omega_2 g_{31} \chi^*_{\text{eff}}}{2c\sqrt{n_1 n_2 n_3}\, \cos^2 \rho_2} A_3 A_1^* e^{-i\Delta kz} \tag{6.13b}$$

$$\frac{dA_3}{dz} = -\frac{i\omega_3 g_{12} \chi_{\text{eff}}}{2c\sqrt{n_1 n_2 n_3}\, \cos^2 \rho_3} A_1 A_2 e^{i\Delta kz} \tag{6.13c}$$

ただし，

$$\Delta k = k_1 + k_2 - k_3 \tag{6.14}$$

$$\begin{aligned}\chi_{\text{eff}} &= (\boldsymbol{u}^3)^* \cdot \boldsymbol{\chi}^{(2)}(-\omega_3;\,\omega_1,\,\omega_2) : \boldsymbol{u}^1 \boldsymbol{u}^2 \\ &= \boldsymbol{u}^2 \cdot \boldsymbol{\chi}^{(2)*}(-\omega_2;\,\omega_3,\,-\omega_1) : \boldsymbol{u}^3 (\boldsymbol{u}^1)^* \\ &= \boldsymbol{u}^1 \cdot \boldsymbol{\chi}^{(2)*}(-\omega_1;\,\omega_3,\,-\omega_2) : \boldsymbol{u}^3 (\boldsymbol{u}^2)^*\end{aligned} \tag{6.15}$$

等式は感受率の対称性（式 (6.6)）より導かれる．χ_{eff} は有効非線形感受率である．

光の強度 I_α は

$$I_\alpha = \frac{1}{2}\sqrt{\frac{\varepsilon_0}{\mu_0}}\, |A_\alpha|^2 \cos \rho_\alpha \tag{6.16}$$

で与えられるから，式 (6.13) は

$$\frac{\cos \rho_1}{\omega_1}\frac{dI_1}{dz} = \frac{\cos \rho_2}{\omega_2}\frac{dI_2}{dz} = -\frac{\cos \rho_3}{\omega_3}\frac{dI_3}{dz} \tag{6.17}$$

の関係を満たす．$I/\hbar\omega$ は光子数密度の流量であり，さらに光線方向は z 軸から ρ だけ傾いていることを考慮すると，上式の各辺は z 軸に垂直な断面を単位時間に通過する光子数と解釈できる．したがって，上式は光子数が

$$\hbar\omega_1 + \hbar\omega_2 \rightleftarrows \hbar\omega_3 \tag{6.18}$$

なる反応式に従って変化していることを示すものである．これを Manley-Rowe の関係式という．

Δk は位相不整合とよばれる．E_3 波の発生を考えよう．E_3 波は波数 k_3 で進むが，一方発生源である非線形分極 $P_{\text{NL}}(\omega_3)$ は $k_1 + k_2$ で進行する．両者の差 $\Delta k = k_1 + k_2 - k_3$ がゼロでないとき，z 方向に進むにつれて，成長する E_3 波とそれを駆動する分極波に位相ずれが生じる．コヒーレンス長

$$l_c = \frac{\pi}{\Delta k} \tag{6.19}$$

の半分だけ進むと位相差は 90°に達し，それ以降は現象は発生から吸収に転じる．よって，$l_c/2$ より長い結晶長はむだであり，有害ですらある．

$\Delta k = 0$ を位相整合条件（phase matching condition）という．$\hbar k$ は光子の運動量であ

るから，位相整合条件は，式（6.18）の反応における光子の運動量保存の条件にほかならない．この条件は波数ベクトルが並行ではない場合に拡張できる．

$$\bm{k}_1+\bm{k}_2=\bm{k}_3 \tag{6.20}$$

位相整合は結晶の複屈折や屈折率の温度変化を利用して実現するが，第2高調波発生の場合の具体例を次節に述べる．

6.4 第2高調波発生

6.4.1 結合波方程式

第2高調波発生（second harmonic generation）の場合の結合波方程式は，周波数 ω の基本波の振幅を $A_\omega = \sqrt{n_\omega}\,E_\omega$，第2高調波の振幅を $A_{2\omega}=\sqrt{n_{2\omega}}\,E_{2\omega}$ とし，ウォークオフを無視すると

$$\frac{dA_\omega}{dz}=-iK^*A_{2\omega}A_\omega{}^* e^{-i\Delta kz} \tag{6.21a}$$

$$\frac{dA_{2\omega}}{dz}=-iKA_\omega{}^2 e^{i\Delta kz} \tag{6.21b}$$

ただし

$$K=\frac{\omega d_{\text{eff}}}{c\sqrt{n_\omega{}^2 n_{2\omega}}} \tag{6.22}$$

$$d_{\text{eff}}=\frac{1}{2}(\bm{u}^{2\omega})^*\cdot\bm{\chi}^{(2)}(-2\omega;\omega,\omega):\bm{u}^\omega\bm{u}^\omega \tag{6.23}$$

結晶に吸収があるときは右辺に $-\alpha A$ を付け加える必要があるが，ここでは省略する．また，d_{eff} は実数であるとする．

変換効率が低いときは，基本波 A_ω は定数とみなせるから，式（6.21b）を結晶長 L にわたって積分し，強度に換算すると

$$I_{2\omega}=8\pi^2\sqrt{\frac{\mu_0}{\varepsilon_0}}\left(\frac{d^2_{\text{eff}}}{n_\omega{}^2 n_{2\omega}}\right)\left(\frac{L}{\lambda}\right)^2 \text{sinc}^2\left(\frac{\Delta kL}{2}\right)I_\omega{}^2 \tag{6.24}$$

ただし，$\text{sinc}(x)=\sin(x)/x$ であり，λ は基本波の真空波長である．結果をまとめると

（1） 第2高調波の強度は入射強度の2乗に比例する．したがって，変換効率 $\eta=I_{2\omega}/I_\omega$ は入射強度に比例して増大する．

（2） $d_{\text{eff}}{}^2/n^3$ に比例する．この数値は二次非線形光学材料の特性指数（figure of merit）を表す．

（3） 位相整合条件 $\Delta kL\ll 1$ が満たされていれば，L/λ の2乗に比例する．

（4） $\text{sinc}^2(\Delta kL/2)$ に比例する．

$\Delta k\neq 0$ のとき，（3）の L^2 の因子と合わせると $\sin^2(\Delta kL/2)$ となり，L の変化に対して振動する．この第2高調波光強度の振動は，結晶を回転して L を変えることにより観測できる（図Ⅱ.6.3）．これを Maker フリンジといい，コヒーレンス長の高精度の測定に利用される[4]．

6.4.2 位相整合条件

位相整合条件を屈折率について書き直すと

$$n_{2\omega} = \frac{1}{2}(n_\omega + n_\omega') \quad (6.25)$$

基本波の屈折率を n_ω, n_ω' としたのは,異なる偏光成分が結合して第2高調波を発生することもありうるからである(これを type II の位相整合という).屈折率に分散がなければ上の条件はいつでも満足されるが,実際は分散があるため特別の配置においてのみ満足される.一軸結晶を例に位相整合条件のとり方を説明する.一軸結晶では,光の電場ベクトルが光学軸(c 軸)に直交する偏光を常光線,波数ベクトルと c 軸のなす面内に含まれる偏光を異常光線という.常光線に対する屈折率は,等方媒質と同様に伝搬の方向によらず一定値 n_O をとる.一方,異常光線の屈折率は,波数ベクトルの方向が c 軸に対し θ だけ傾いているとき

$$\frac{1}{[n_e(\theta)]^2} = \frac{\cos^2\theta}{n_O^2} + \frac{\sin^2\theta}{n_E^2} \quad (6.26)$$

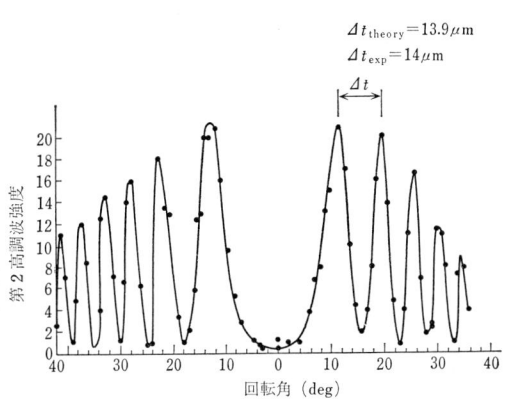

図 II.6.3 Maker フリンジ[4]
非線形光学材料は厚さ 0.78mm の水晶,光源はルビーレーザー

で与えられる.ここで,n_E を異常光線の主屈折率という.$n_E > n_O$ のときを正の結晶,逆のときを負の結晶という.

図 II.6.4 は負の一軸結晶に対し,基本波および第2高調波の常光線(円),異常光線(楕円)の屈折率を図示したものである.屈折率の分散曲線は周波数が高くなるほど大きくなるから,第2高調波の屈折率のほうが基本波より高い.したがって,$n_O^\omega > n_E^{2\omega}$ であれば,基本波の常光線と高調波の異常光線の屈折率が等しくなる方向(図の円と楕円の交点)が一つ存在する.これを type I の位相整合という.もう一つ,基本波の異なる二つの偏光成分が結合して位相整合をとる可能性

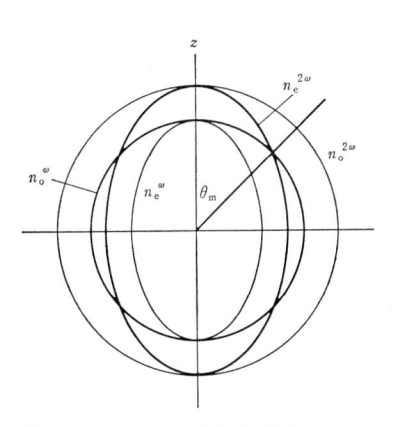

図 II.6.4 負の一軸結晶における type I の位相整合

がある.これを type II という.以上をまとめて,負の結晶($n_E < n_O$)では

type I 基本波は常光線,第2高調波は異常光線.これを(eoo)と記す.

6. 非線形光学

$$n_e^{2\omega}(\theta_m) = n_o^\omega \tag{6.27}$$

これを解くと, 位相整合角 θ_m は

$$\sin^2\theta_m = \frac{(n_o^\omega)^{-2} - (n_o^{2\omega})^{-2}}{(n_E^{2\omega})^{-2} - (n_o^{2\omega})^{-2}} \tag{6.28}$$

type II 基本波は常光線と異常光線の組合せ, 第2高調波は異常光線. (eoe)

$$n_e^{2\omega}(\theta_m) = \frac{1}{2}[n_o^\omega + n_o^\omega(\theta_m)] \tag{6.29}$$

この場合は, 位相整合角 θ_m を陽に表すことはできない.

正の結晶 ($n_E > n_O$) の場合の位相整合は次のとおり.

type I (oee)

$$n_o^{2\omega} = n_e^\omega(\theta_m) \tag{6.30}$$

type II (ooe)

$$n_o^{2\omega} = \frac{1}{2}[n_o^\omega + n_e^\omega(\theta_m)] \tag{6.31}$$

これら二つの場合も, 式 (6.28) と同様に解析的に表すことができる.

以上のとおり位相整合角は屈折率分散から計算できる. 屈折率分散については Sellmeier の式

$$n^2 = A + \frac{B_1}{\lambda^2 - B_2} + \frac{C_1}{\lambda^2 - C_2} \tag{6.32}$$

が非常によい近似を与える. 表II.6.4 にこれらの定数を示した. 波長 λ は μm を単位とする. なお, 表中の B_1 あるいは C_1 の数値のあとに+印のあるものは, 式 (6.32) と異なり, 分子にも波長の2乗が入る別の公式を用いているので注意してほしい.

常光線については, 波数ベクトル (波面法線) と光線の進行方向は一致し, ウォークオフはない. 異常光線に対する波面法線と光線の間のウォークオフ角 ρ は

$$\tan\rho = \frac{1}{2}[n_e(\theta)]^2(n_E^{-2} - n_O^{-2})\sin 2\theta \tag{6.33}$$

となる.

位相整合条件は光学軸と波面法線のなす角度を規定するが, 光学軸のまわりは自由に回転できる. よって, この角度を定めて初めて波数ベクトルの方向が確定する. 角度は図II.6.5 のよ

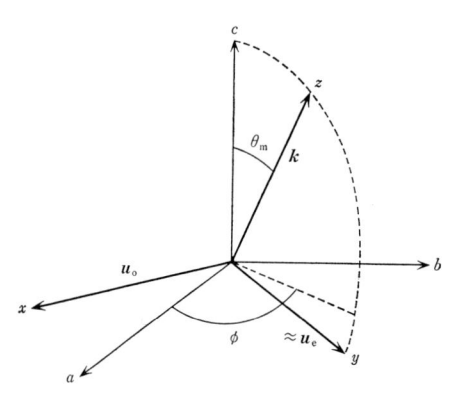

図 II.6.5 座 標 系
abc が結晶に固有の座標系で, c 軸を光学軸にとる. xyz が実験室系で, z 軸を光の波数ベクトルの方向にとり, x 軸を異常光線 (ウォークオフは無視する), y 軸を常光線の偏光ベクトルの方向にとる. c 軸と z 軸のなす角度 θ_m が位相整合角であり, 角度 ϕ は c 軸のまわりの回転角である.

表 II.6.4 Sellmeier の式の係数と屈折率の温度係数[10]

物質	ray	A	B_1	B_2	C_1	C_2	$\partial n/\partial T$ $(10^{-5}\mathrm{K}^{-1})$
KDP	o	2.259276	0.01008956	0.012942625	13.00522+	400	−3.4
	e	2.132668	0.008637494	0.012281043	3.2279924+	400	−2.87
ADP	o	2.302842	0.011125165	0.013253659	15.102464+	400	−4.93
	e	2.163510	0.009616676	0.01298912	5.919896+	400	≈0
LiNbO$_3$	o	4.9130	0.1188	0.0460	−0.00278%	—	+0.3
	e	4.5801	0.0994	0.0424	−0.00224%	—	+5.1
LiIO$_3$	o	3.415716	0.047031	0.035306	−0.008801%	—	−9.38
	e	2.918692	0.035145	0.028224	−0.003641%	—	−8.25
BBO	o	2.7359	0.01878	0.01822	−0.01354%	—	−1.66
	e	2.3753	0.01224	0.01667	−0.01516%	—	−0.93
proustite	o	9.220	0.4454	0.1264	1733	1000	—
	e	7.007	0.3230	0.1192	660	1000	—
CdSe	o	4.2243	1.768+	0.227	3.12+	3380	—
	e	4.2009	1.8875+	0.2171	3.6461+	3629	—
HgS	o	4.1506	2.7896+	0.1328	1.1378+	705	—
	e	4.0101	4.3736+	0.1284	1.5604+	705	—
Te	o	18.5346	4.3289+	3.9810	3.78+	11.813	—
	e	29.5222	9.3068+	2.5766	9.235+	13.521	—
KNbO$_3$	x	1	3.38361+	0.03448	—	—	—
	y	1	3.79361+	0.03877	—	—	—
	z	1	3.93281+	0.04486	—	—	—
KTP	x	2.16747	0.83733+	0.04611	−0.01713%	—	+2.05
	y	2.19229	0.83547+	0.04970	−0.01621%	—	+2.7
	z	2.25411	1.06543+	0.05486	−0.0214%	—	+3.98
BNN	x	1	3.9495+	0.04038894	—	—	−2.5
	y	1	3.9495+	0.04014012	—	—	≈0
	z	1	3.6008+	0.03219871	—	—	+8
LBO	x	2.4542	0.01125	0.01135	−0.01388%	—	—
	y	2.5390	0.01277	0.01189	−0.01848%	—	—
	z	2.5865	0.01310	0.01223	−0.01861%	—	—

+印は, $B_1\lambda^2/(\lambda^2-B_2)$ または $C_1\lambda^2/(\lambda^2-C_2)$
%印は, $C_1\lambda^2$

うに定義する.結晶に固有の座標系を abc とし,c 軸を光学軸とする.一方,実験室系を xyz とし,波数ベクトル (k) の方向を z 軸にとり,常光線,異常光線の D ベクトルを x, y 軸とする.ただしウォークオフを無視すれば異常光線の電場は y 軸方向を向いているとしてよいから,結局,固有偏光ベクトル u_e, u_o がそれぞれ,x 軸,y 軸に対応するとしてよい.abc 座標系における k ベクトル (z 軸) の方向を球座標表示で θ_m, ϕ とする.c 軸と z 軸のなす角 θ_m が位相整合角であり,ϕ が光学軸のまわりの回転角を表す.なお,実験室系 (xyz) で考えると,c-z 面 (異常光線の偏光面) と結晶の a-c 面の間の

角度が ϕ である．光の進む方向と固有偏光が

$$\bm{k} \propto (\sin\theta\cos\phi, \sin\theta\sin\phi, \cos\theta) \tag{6.34a}$$
$$\bm{u}_0 = (\sin\phi, -\cos\phi, 0) \tag{6.34b}$$
$$\bm{u}_e = (\cos\theta\cos\phi, \cos\theta\sin\phi, -\sin\theta) \tag{6.34c}$$

となるから，これから有効非線形定数 d_eff が計算できる．表Ⅱ.6.5は一軸性結晶につい

表 Ⅱ.6.5 正(＋)，負(－)一軸結晶の有効非線形係数

対称性	$d_{ij} \neq 0$	type Ⅰ	type Ⅱ
$\bar{4}3m$ 23	$d_{14}=d_{25}=d_{36}$	$d^+=d_{14}\cos 2\phi \sin 2\theta_\mathrm{m}$ $d^-=d_{14}\sin 2\phi \sin\theta_\mathrm{m}$	$d^+=d_{14}\sin 2\phi \sin\theta_\mathrm{m}$ $d^-=d_{14}\cos 2\phi \sin\theta_\mathrm{m}$
$\bar{4}2m$	$d_{14}=d_{25}$ d_{36}	$d^+=d_{14}\cos 2\phi \sin 2\theta_\mathrm{m}$ $d^-=d_{36}\sin 2\phi \sin\theta_\mathrm{m}$	$d^+=d_{14}\sin 2\phi \sin\theta_\mathrm{m}$ $d^-=1/2(d_{14}+d_{36})\cos 2\phi \sin 2\theta_\mathrm{m}$
$\bar{6}m2$	$d_{22}=-d_{21}=-d_{16}$	$d^+=d_{22}\cos 3\phi \cos^2\theta_\mathrm{m}$ $d^-=d_{22}\sin 3\phi \cos\theta_\mathrm{m}$	$d^+=d_{22}\sin 3\phi \cos\theta_\mathrm{m}$ $d^-=d_{22}\sin 3\phi \cos^2\theta_\mathrm{m}$
$\bar{6}$	$d_{11}=-d_{12}=-d_{26}$ $d_{22}=-d_{21}=-d_{16}$	$d^+=(d_{11}\sin 3\phi$ $+d_{22}\cos 3\phi)\cos^2\theta_\mathrm{m}$ $d^-=(-d_{11}\cos 3\phi$ $+d_{22}\sin 3\phi)\cos\theta_\mathrm{m}$	$d^+=(-d_{11}\cos 3\phi$ $+d_{22}\sin 3\phi)\cos\theta_\mathrm{m}$ $d^-=(d_{11}\sin 3\phi$ $+d_{22}\cos 3\phi)\cos^2\theta_\mathrm{m}$
32	$d_{11}=-d_{12}=-d_{26}$ $d_{14}=-d_{25}$	$d^+=d_{11}\sin 3\phi \cos^2\theta_\mathrm{m}$ $-d_{14}\sin 2\theta_\mathrm{m}$ $d^-=-d_{11}\cos 3\phi \cos\theta_\mathrm{m}$	$d^+=-d_{11}\cos 3\phi \cos\theta_\mathrm{m}$ $d^-=d_{11}\sin 3\phi \cos^2\theta_\mathrm{m}$ $+1/2 d_{14}\sin 2\theta_\mathrm{m}$
622 422	$d_{14}=-d_{25}$	$d^+=-d_{14}\sin 2\theta_\mathrm{m}$ $d^-=0$	$d^+=0$ $d^-=-1/2 d_{14}\sin 2\theta_\mathrm{m}$
$6mm$ $4mm$	$d_{31}=d_{32}; d_{33}$ $d_{15}=d_{24}$	$d^+=0$ $d^-=-d_{31}\sin\theta_\mathrm{m}$	$d^+=-d_{15}\sin\theta_\mathrm{m}$ $d^-=0$
6 4	$d_{31}=d_{32}; d_{33}$ $d_{15}=d_{24}$ $d_{14}=-d_{25}$	$d^+=-d_{14}\sin 2\theta_\mathrm{m}$ $d^-=-d_{31}\sin\theta_\mathrm{m}$	$d^+=-d_{15}\sin\theta_\mathrm{m}$ $d^-=1/2 d_{14}\sin 2\theta_\mathrm{m}$
$3m$	$d_{31}=d_{32}; d_{33}$ $d_{22}=-d_{21}=-d_{16}$ $d_{15}=d_{24}$	$d^+=d_{22}\cos 3\phi \cos^2\theta_\mathrm{m}$ $d^-=d_{22}\sin 3\phi \cos\theta_\mathrm{m}-d_{31}\sin\theta_\mathrm{m}$	$d^+=d_{22}\sin 3\phi \cos\theta_\mathrm{m}-d_{15}\sin\theta_\mathrm{m}$ $d^-=d_{22}\cos 3\phi \cos^2\theta_\mathrm{m}$
$\bar{4}$	$d_{31}=-d_{32}; d_{36}$ $d_{14}=d_{25}$ $d_{15}=-d_{24}$	$d^+=(d_{14}\cos 2\phi$ $-d_{15}\sin 2\phi)\sin 2\theta_\mathrm{m}$ $d^-=(d_{31}\cos 2\phi$ $+d_{36}\sin 2\phi)\sin\theta_\mathrm{m}$	$d^+=(d_{15}\cos 2\phi$ $+d_{14}\sin 2\phi)\sin\theta_\mathrm{m}$ $d^-=1/2[(d_{14}+d_{36})\cos 2\phi$ $-(d_{15}+d_{31})\sin 2\phi]\sin 2\theta_\mathrm{m}$
3	$d_{11}=-d_{12}=-d_{26}$ $d_{22}=-d_{21}=-d_{16}$ $d_{31}=d_{32}; d_{33}$ $d_{15}=d_{24}$ $d_{14}=d_{25}$	$d^+=(d_{11}\sin 3\phi$ $+d_{22}\cos 3\phi)\cos^2\theta_\mathrm{m}$ $-d_{14}\sin 2\theta_\mathrm{m}$ $d^-=(-d_{11}\cos 3\phi$ $-d_{22}\sin 3\phi)\cos\theta_\mathrm{m}$ $-d_{31}\sin\theta_\mathrm{m}$	$d^+=(-d_{11}\cos 3\phi$ $-d_{22}\sin 3\phi)\cos\theta_\mathrm{m}$ $-d_{15}\cos\theta_\mathrm{m}$ $d^-=(d_{11}\sin 3\phi$ $+d_{22}\cos 3\phi)\cos^2\theta_\mathrm{m}$ $+1/2 d_{14}\sin 2\theta_\mathrm{m}$

てまとめたものである．表中の θ_m は位相整合角であるが，厳密にはウォークオフ角を加える必要がある．なお，Kleinman の対称性を仮定すると，$d^+(\text{type I})=d^-(\text{type II})$，$d^-(\text{type I})=d^+(\text{type II})$ が成り立つ．

位相整合の許容範囲は

$$\frac{\Delta k L}{2}=\frac{\pi L}{\lambda}(n_\omega+n_\omega'-2n_{2\omega}) \tag{6.35}$$

を微分し，$\delta(\Delta k L/2)<\pi$ より求まる．角度については

$$\frac{d}{d\theta}n_e(\theta)=\frac{1}{2}[n_e(\theta)]^3(n_O{}^{-2}-n_E{}^{-2})\sin 2\theta \tag{6.36}$$

を用いる．たとえば，負の結晶で type I の位相整合をとったときの許容角は

$$\delta\theta<\frac{L}{\lambda}\cdot\frac{1}{(n_O{}^\omega)^3[(n_E{}^{2\omega})^{-2}-(n_O{}^{2\omega})^{-2}]\sin^2\theta_m} \tag{6.37}$$

図 II.6.6 には角度を位相整合角 θ_m からずらしたときの第2高調波の強度を示した[5]．この例では $\delta\theta$ は $0.05°$ 以下に抑えなくてはならない．

温度についても，屈折率の温度変化から，温度許容範囲を見積もることができる．波長についても同様である．

許容角度範囲を表す式(6.37)の分母に $\sin 2\theta_m$ の因子があるから，θ_m が $90°$ に近いほど許

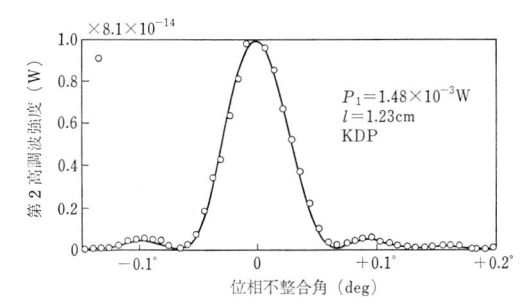

図 II.6.6 位相不整合の許容範囲[5]
厚さ 1.23 cm の KDP を用い，光源は波長 1.15 μm の He-Ne レーザー．

$P_1=1.48\times10^{-3}$ W
$l=1.23$ cm
KDP

容範囲は広がる．特に $\theta_m=90°$ では一次微分はゼロになり，角度の許容範囲は大きくなる．これを noncritical 位相整合という．さらにこのときは，ウォークオフ角（式 (6.33)）もゼロになるという利点が加わる．noncritical 位相整合の制御には屈折率の温度変化を利用する．

位相整合条件が満足されたとき，結合波方程式 (6.21) を解くと

$$I_{2\omega}(z)=I_\omega(0)\tanh^2(\kappa z) \tag{6.38}$$

$$\kappa=\frac{\omega d_{\text{eff}}|A_\omega(0)|}{2\sqrt{n_\omega{}^2 n_{2\omega}}} \tag{6.39}$$

となる．吸収を無視したので，飽和領域（$\kappa z\gg 1$）では入射光のエネルギーがすべて第2高調波に変換される．

6.4.3 ガウスビーム

実際の実験では理想的な平面波ではなく，ガウスビームが用いられることが多い．このとき，変換効率を最大にするにはガウスビームのスポットサイズをいくつにすべきかが問題になる．Boyd らはこの問題を詳しく解析した[6]．以下は彼らの得た近似解である．数

値計算結果については原著論文を参照されたい．

ここに，L: 結晶長，w_0: ガウスビームのウエスト位置でのスポットサイズ，ρ: ウォークオフ角，$P_\omega, P_{2\omega}$: 基本波，2倍波のパワー，k_ω: 基本波の波数

$$l_\mathrm{a} = \frac{\sqrt{\pi}\,w_0}{\rho}:\quad \text{口径長（aperture length）}$$

$$l_\mathrm{f} = \frac{\pi w_0{}^2 k_\omega}{2}:\quad \text{焦点深度}$$

$$C = \frac{2\mu_0^{3/2}\varepsilon_0^{1/2}\omega^2 d_\mathrm{eff}}{\pi n_\omega{}^2 n_{2\omega}}$$

と定義すると，最適条件での第2高調波のパワーは，特別の場合に次のように近似できる．ただし，吸収は無視した．

$$P_{2\omega} = C\frac{P_\omega{}^2}{w_0{}^2} \times \begin{cases} L^2 & \text{for}(l_\mathrm{a}, l_\mathrm{f} \gg L) \\ L l_\mathrm{a} & \text{for}(l_\mathrm{f} \gg L \gg l_\mathrm{a}) \\ l_\mathrm{f} l_\mathrm{a} & \text{for}(L \gg l_\mathrm{f} \gg l_\mathrm{a}) \\ 4 l_\mathrm{f}{}^2 & \text{for}(L \gg l_\mathrm{a} \gg l_\mathrm{f}) \\ 4.75 l_\mathrm{f}{}^2 & \text{for}(l_\mathrm{a} \gg L \gg l_\mathrm{f}) \end{cases} \quad (6.40)$$

l_a はコヒーレントに相互作用できる距離を表し，この距離を超えるとウォークオフにより基本波と第2高調波が分離してしまう．よって，この距離までは第2高調波の振幅が距離に比例して増大するが，これを超えるとビームが空間的に重ならないから，単に強度の和しか得られない．一方，l_f は実質的な結晶長を与える．

6.4.4 擬似位相整合

位相不整合量 Δk がゼロではないとき，非線形分極と2倍波の位相差が伝搬につれて変わるため，基本波と2倍波のあいだでエネルギーの流れの向きが交互に切り替わる．このため2倍波のパワーは距離に対して正弦波状に変化する．この切替りはコヒーレンス長 $l_\mathrm{c} = \pi/\Delta k$ ごとに起こる．したがって，非線形感受率の符号をコヒーレンス長（の奇整数倍）ごとに変えることができれば，基本波から2倍波へ向かう一方的なエネルギーの流れを保つことができる．非線形感受率の符号を変えるには，たとえば，結晶軸の方向を反転（ドメイン反転）すればよい．このように，非線形媒質のほうに波数 K の周期構造を設け

$$\Delta k \pm mK = 0, \quad m = 1, 3, 5, \cdots \quad (6.41)$$

の形で位相整合をとることを擬似位相整合（quasiphase matching）という．擬似位相整合の利点として，① 複屈折を用いたふつうの位相整合がとれない物質に対して位相整合を実現できることと，② 非線形感受率のいろいろな成分のうち，複屈折を用いたふつうの位相整合では利用できない成分を使えるようになることがあげられる．後者の意味は，ふつうの位相整合ではすべてが常光線である（ooo）とかすべてが異常光線である（eee）といった配置はとることができないが，擬似位相整合を用いればこのような配置も可能になるということである．たとえば，c 軸に垂直に光を通し（eee）の配置をとれば d_{33} 成分を使うことができる．表Ⅱ.6.5を見ればわかるようにふつうに位相整合を満足させた

状態では d_{33} 成分を利用できない．表Ⅱ.6.3によると $LiNbO_3$ では d_{33} 成分が d_{31} 成分の5倍以上あるから，非線形光学定数の有効利用という点で擬似位相整合の実現は魅力的である．ただし現実にドメイン反転した試料を用意するのは技術的にむずかしい．現状では主にドメイン反転構造の比較的つくりやすい光導波路形の第2高調波発生で擬似位相整合の研究が行われている．特に半導体レーザーを光源とするとき，電流や温度を変えることによって容易に発振波長を変化できるので，波長制御による擬似位相整合が行われている．

6.5 パラメトリック発振

パラメトリック発振の例にブランコの運動がよく取り上げられる．ブランコを振るためには，上に乗った人はブランコの固有振動数（f）の2倍の繰返しで重心を上下する．固有振動数が $2f$ の変調を受けることにより，本来の f の振動が励振される．光の場合は，3光波混合を利用し

$$\hbar\omega_3 \rightarrow \hbar\omega_1 + \hbar\omega_2 \tag{6.42}$$

の反応で ω_1 の光を発生させることを（3光波）パラメトリック増幅という．さらに，共振器を組んでレーザーのように発振させたときパラメトリック発振という．ω_3 の光をポンプ光，ω_1, ω_2 の光をシグナル光，アイドラー光という．

パラメトリック増幅の基本方程式は式 (6.13) で与えられる．ポンプ光 A_3 が，A_1, A_2 に比べ十分大きければ A_3 を定数と近似できる．さらに，位相整合条件は満たされているとすると

$$A_1(z) = A_1(0)\cosh(gz) - iA_2^*(0)\sinh(gz) \tag{6.43a}$$
$$A_2^*(z) = A_2^*(0)\cosh(gz) + iA_1(0)\sinh(gz) \tag{6.43b}$$

$$g = \frac{\sqrt{\omega_1\omega_2}\,|\chi_{eff}A_3|}{2c\sqrt{n_1n_2n_3}} \tag{6.44}$$

となる．

パラメトリック発振器では，ポンプ光の減衰と，共振器の損失を考慮しなくてはならない．特に共振器については，シグナル光に対してのみ高い Q 値（つまり低損失）をもつ場合と，シグナル光とアイドラー光の両方に対して高い Q 値をもつ場合で動作特性が異なる．後者のほうが発振のしきい値は低くなるが，発振波長の安定性に劣る．発振波長は位相整合条件が満足されるように定まる．よって，結晶を回転させたり温度を変えて発振波長を制御できる．図Ⅱ.6.7は温度を変えて波長制御した例である[7]．

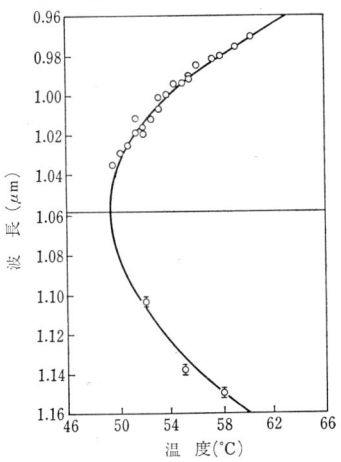

図Ⅱ.6.7 光パラメトリック発振器の温度同調曲線[7]

6.6 三次の非線形光学効果

三次の非線形分極からは，周波数成分

$$P_i(\omega_\delta, \boldsymbol{k}_\delta) = h_{\alpha\beta\gamma}\varepsilon_0 \sum \chi_{ijkl}^{(3)}(-\omega_\delta; \omega_\alpha, \omega_\beta, \omega_\gamma) E_j(\omega_\alpha, \boldsymbol{k}_\alpha) E_k(\omega_\beta, \boldsymbol{k}_\beta) E_l(\omega_\gamma, \boldsymbol{k}_\gamma) \tag{6.45}$$

ただし

$$\begin{aligned}\omega_\delta &= \omega_\alpha + \omega_\beta + \omega_\gamma \\ \boldsymbol{k}_\delta &= \boldsymbol{k}_\alpha + \boldsymbol{k}_\beta + \boldsymbol{k}_\gamma\end{aligned} \tag{6.46}$$

が発生する．ここで，$\alpha=\beta=\gamma$ のとき $h_{\alpha\alpha\alpha}=1/4$，$\alpha\beta\gamma$ のうち二つが等しいとき $h_{\alpha\beta\beta}=3/4$，全部が異なるとき $h_{\alpha\beta\gamma}=3/2$ である．負の周波数に対しては複素共役をとる．三次の非線形は，二次の場合と異なり，等方物質を含めすべての物質に存在する．

非共鳴の場合三次の非線形定数は非常に小さく，たとえば溶融石英で $\chi^{(3)}{}_{1111}=3\times10^{-22}$ m²V⁻² である．これを後に述べる非線形屈折に換算すると $n_2=4\times10^{-16}$ cm²W⁻¹ となる．光が物質の遷移に共鳴するときは，非共鳴の場合に比べ非線形定数は格段に大きくなる．ただしそのぶん応答速度が遅くなるのがつねである．

なお，mks と cgs の間の単位の換算は次のとおりである．

$$\frac{\chi^{(3)}(\text{mks})}{\chi^{(3)}(\text{cgs esu})} = \frac{4\pi}{9}\times10^{-8} \tag{6.47}$$

6.6.1 高調波発生

三次あるいはさらに高次の非線形性が高調波発生に使われるのは，三次の非線形定数の測定に用いられる場合を除き，実用的には，透明な結晶が存在しない 200 nm 以下の短波長光を発生させたいときに限られる．気体を媒質とし，軟X線までの短波長コヒーレンス光の発生が確認されている．

物質に静電場がかかったときは，$\chi^{(3)}(-2\omega; 0, \omega, \omega)$ を介して第2高調波発生が起こる．最近，二次の非線形分極をもたないガラスのファイバーで SHG が観測されているが，それはこの効果によるものと考えられている[8]．静電場が発生するメカニズムはまだ不明な部分が多いが，基本波光と第2高調波光が混在する中での 2, 3 および 4 光子吸収過程の干渉により，光電流分布が非対称になり，ファイバーの断面内に電荷分布が生じるためであるとする説などが提案されている[9]．さらにこの電場はコヒーレンス長ごとに反転するので，擬似位相整合が自動的に実現する．

6.6.2 光カー効果

周波数 ω の単色波が入射したとき，一次も含めた非線形分極は

$$P = \varepsilon_0\left\{\chi^{(1)}(-\omega; \omega) + \frac{3}{4}\chi^{(3)}(-\omega; \omega, -\omega, \omega)|E|^2\right\}E \tag{6.48}$$

となる．これから，媒質の屈折率が

$$n = n_0 + n_2 I$$
$$n_2 = \frac{3 Re \chi^{(3)}}{4\varepsilon_0 c n_0^2} \tag{6.49}$$

と，光強度に依存するようになる．これを光カー効果（optical Kerr effect）または非線形屈折率（nonlinear refractive index）という．これから自己収束（self-focusing）やパルス光の自己位相変調（self phase modulation）が生じる．後者は，回折格子のような分散素子と組み合わせ，パルス圧縮に利用されている．さらに光ソリトンの発生においても光カー効果は本質的な役割を果たす．非線形光学物質をファブリー-ペロー共振器のようなフィードバック系の中に組み込むことにより，光双安定やカオスが実現される．またこの非線形感受率から縮退4光波混合が生じ，これを用いて位相共役光が得られる．

この屈折率変化は自分自身だけではなく，他の周波数の光にも効果が及ぶ．ω_1 と ω_2 光が同時に入射したとき ω_1 光に対する屈折率変化は自分自身による式 (6.48) のほかに $(3/2)\chi^{(3)}(-\omega_1;\omega_2,-\omega_2,\omega_1)|E_2|^2$ に比例する項が加わる．この効果は ω_2 光を制御光とするシャッターに用いられる．

6.6.3 誘導散乱

誘導ブリュアン散乱や誘導ラマン散乱は $\chi^{(3)}(-\omega_2;\omega_1,-\omega_1,\omega_2)$ の虚部を介して生じる．周波数差 $\omega_1-\omega_2$ は，ブリュアン散乱では音波の周波数，ラマン散乱では遷移のエネルギー差によって決まる．誘導散乱は波長変換素子として重要である．

6.7 位相共役

時間反転は物理学に興味深いテーマの一つである．物理の基礎方程式（力学，電磁気学，量子力学）は，素粒子論の例外的な場合を除き，時間反転に対して不変である．一方，熱力学の第2法則は，孤立系のエントロピーはつねに増大すること，時間に過去と未来があることを主張している．原理的な問題はさておき，実際に物理系の時間を反転させることはできないであろうか．もちろん，本当に時間を逆転することはできないが，物理系の運動を180°反転させ，実質的に時間の反転した状態をつくることは可能である．このような例の一つはエコー（スピンエコー，光エコーなど）であり，もう一つがここで述べる位相共役（phase conjugation）である．位相共役は物理現象として面白いだけではなく，いろいろな応用も考えられている[11]．

周波数 ω の単色波の複素振幅が
$$u(\boldsymbol{r},t) = E(\boldsymbol{r})\exp[i(\boldsymbol{k}\cdot\boldsymbol{r}-\omega t)] \tag{6.50}$$
で与えられるとき，空間部分について複素共役をとった
$$u_{\mathrm{pc}}(\boldsymbol{r},t) = E^*(\boldsymbol{r})\exp[i(-\boldsymbol{k}\cdot\boldsymbol{r}-\omega t)] \tag{6.51}$$
を位相共役波という．これは
$$u_{\mathrm{pc}}(\boldsymbol{r},t) = u^*(\boldsymbol{r},-t) \tag{6.52}$$
とも書ける．実数信号に書き直せば明らかなように，これは時間を逆転した波である．た

だしこれが正しいのは振幅 $E(r)$ が時間によらないときである．位相共役波はまさしく時間を過去にさかのぼるように振る舞う．たとえば，z 軸のプラス方向に進む平面波であれば，その位相共役波は z 軸のマイナス方向に進む波を表す．また，点光源から広がる球面波の位相共役波は，1点に収束する球面波である．

時間反転波が存在できることは，運動方程式の時間に対する対称性から証明できる．光は波動方程式，あるいはマクスウェル方程式に従うが，これらの方程式は時間反転に対して不変である（ただし，マクスウェル方程式では，電場はそのままだが，磁場は時間反転で符号を変える）．したがって，波動方程式（マクスウェル方程式）を満足する波動があると，その位相共役波も同じ方程式を満足する．もちろん吸収があるとこの関係は満足されなくなるが，しかし位相のみを考慮するのであれば，やはり時間反転が成り立つとしてよい．

位相共役の顕著な特性として，位相乱れの回復について述べよう．平面波（とは限らないが，波面のきれいな波）をランダムな屈折率分布をもつ物質中に通したとする．通過してきた波の波面はランダム位相物体のために乱れている．ふつうの方法ではこの乱れを回復できない．ところが，この乱れた波の位相共役をつくり，ランダム位相物体をもう一度逆向きに通過させると，もとの波面のきれいな波が得られる．つまり，ランダム位相物体を往復することにより，往路で発生した位相の乱れが復路で完全にキャンセルされるのである．このように位相共役鏡を用いた光学系では，光学素子の不完全性（収差）などを気にする必要がなくなる．

これまで位相共役波の発生には，誘導ブリュアン散乱，誘導ラマン散乱，二次の非線形を用いた3波混合，三次の非線形を用いた縮退（または近縮退）4光波混合，フォトリフラクティブ効果（やそれと同様の効果）を用いた4光波混合などが利用された．このうち，高出力レーザーのビーム整形には誘導ブリュアン散乱，光学情報処理への応用にはフォトリフラクティブ結晶による縮退4光波混合がよく使われる．

縮退4光波混合を例に，発生のメカニズムを説明する．周波数が等しく，進行方向が異なる三つの波

$$u_i(r, t) = E_i \exp[i(k_i \cdot r - \omega t)] \tag{6.53}$$

を三次の非線形光学媒質に入射させると，非線形分極

$$P(\omega) = \frac{3}{2}\chi^{(3)}(-\omega; \omega, \omega, -\omega)E_1 E_2 E_3^* \exp[\{i(k_1+k_2-k_3)\cdot r - \omega t\}] \tag{6.54}$$

が発生する．もしも，第1の波と第2の波（これらをポンプ波という）が逆向きに進む平面波であるとき，つまり

$$k_1 = -k_2 \tag{6.55}$$

であり，振幅 E_1, E_2 が（近似的に）定数であるとき，非線形分極は

$$P(\omega) = \frac{3}{2}\chi^{(3)}(-\omega; \omega, \omega, -\omega)E_1 E_2 u_{pc}(r, t) \tag{6.56}$$

となり，第3の波（信号波）の位相共役に比例する．この非線形分極成分により位相共役

波が発生する．なお，一般的には二つのポンプ波が位相共役になっていればよい．

　フォトリフラクティブ結晶の場合は，ホログラムであると考えてもよい．ポンプ波の一つと信号波が干渉して，フォトリフラクティブ結晶中に屈折率格子を形成する．これを逆向きに進む第2のポンプ波で読み出すと，信号波と逆方向に進む波が再生される．これが位相共役波である．

　三次の非線形光学効果による位相共役波の発生と，フォトリフラクティブ結晶による発生の違いは，前者は高速であるが大パワー（たとえばQスイッチパルスレーザー）が必要であるのに対し，後者では，時間はかかるが（$BaTiO_2$を用いた場合で1秒程度），数mW/cm^{2}の低出力レーザーでも位相共役が得られることにある．物質や方法によらず，光強度と速度は反比例の関係にあり，両立させることはむずかしい． [黒田和男]

参考文献

1) D. A. Kleinman: Phys. Rev., **128** (1962), 1761.
2) R. C. Miller: Appl. Phys. Lett., **5** (1964), 17.
3) P. N. Butcher and D. Cotter: The Elements of Nonlinear Optics, Cambridge Univ. Press, Cambridge (1990), 117.
4) P. D. Maker, R. W. Terhune, M. Nisenoff and C. M. Savage: Phys. Rev. Lett., **8** (1962), 21.
5) A. Ashkin, G. D. Boyd and J. M. Dziedzic: Phys. Rev. Lett., **11** (1963), 14.
6) G. D. Boyd and D. A. Kleinman: J. Appl. Phys., **39** (1968), 3597.
7) J. A. Giordmaine and R. C. Miller: Phys. Rev. Lett., **14** (1965), 973.
8) U. Östergerg and W. Margulis: Opt. Lett., **11** (1986), 516.
9) D. Z. Anderson, V. Mizrahi and J. E. Sipe: Opt. Lett., **16** (1991), 796.
10) V. G. Dmitriev, G. G. Gurzadyan and D. N. Nikogosyan: Handbook of Nonlinear Optical Crystals, Springer Verlag, Berlin (1991).
11) 左貝潤一：位相共役光学（先端科学技術シリーズ），朝倉書店 (1990).

7. 視覚光学

7.1 微小光学デバイスとしての生体眼[1]

　生物の眼はその生存環境に適合した構造・機能をもっており，各生物ごとに異なるといってもよいが，基本的な構造・機能の点で比較すると脊椎動物の眼と無脊椎動物の眼に大別できる．脊椎動物の代表例が人間の眼であり，無脊椎動物の例としては昆虫などの複眼があげられる．生体眼においては，レンズ系はほとんどが屈折率分布形であり，視細胞は光ファイバー，複眼はマイクロレンズアレイといってもよいものである．

7.1.1　ヒトの眼（特に水晶体，網膜）

　ヒトの眼は直径約24mmほどの球状をなしていて，構造は図Ⅱ.7.1のようなものである．角膜から入射した光は前房，水晶体，硝子体などの透明媒質を通り網膜に達する．光学的に対称軸となる光軸と視線の方向を示す視軸は一致しておらず，そのずれは約5°である．

　結像レンズ系は固定レンズである角膜と焦点調節を行う水晶体である．外界とふれている角膜前面では屈折率差が大きく，屈折力の最も大きい屈折面となる．眼球全体の屈折は角膜による割合が60％程度であるため，屈折異常（近

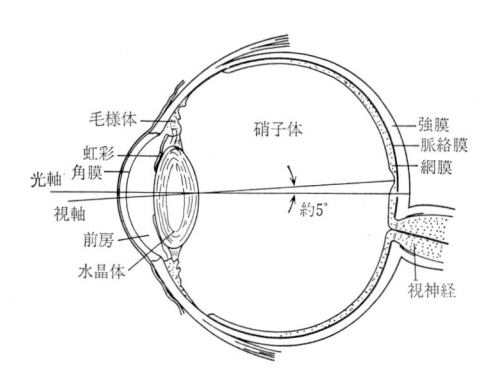

図 Ⅱ.7.1　ヒト右眼の水平断面図[2]

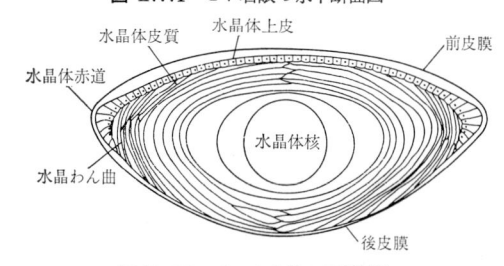

図 Ⅱ.7.2　イヌ水晶体の切断図[2]

視，遠視，乱視）などは主として角膜の曲率異常によって生じ，その補正は眼鏡レンズ，コンタクトレンズなどによって行われる．

光学結像的に興味があるのは水晶体であり，図Ⅱ.7.2のような数百層からなる屈折率分布形レンズを構成している．屈折率差は0.015～0.049くらいであるが，屈折率変化は中心部にいくほど急激に大きくなり，これにより収差を小さくすると同時に，焦点調節を容易にしていると考えられる．もう一つの特徴は，柔らかい構造であって，焦点合せのために形状および屈折率分布を変化させて巧みに網膜上に焦点合せを行うことができる点である．水晶体は加齢とともに固くなり，その結果焦点調節力がなくなり，老眼となる．

水晶体はその焦点距離を変えても，光軸上の結像性能はあまり変化しないが，画角の大きな場所での特性はよくない．この点を巧みに補っているのが眼球運動であり，外界の注視すべき物体の像をつねに中心にもってくるように働く．そのため，周辺部にいくほど視細胞（桿体）が大きくなり解像力が悪くなるという網膜の特性による像の劣化が補正されている．

結合面に相当する網膜は図Ⅱ.7.1に示すように半円状の膜であり，この中に光を受容する視細胞と，それから出力される電気信号を前処理する各種神経節細胞層からなる．

図Ⅱ.7.1で，視軸に交わる網膜部分は凹んでいるが，この部分が黄斑部といわれる．ここには錐体といわれる細い円錐状の視細胞（直径約 $1.5\,\mu m$）が約700万個密に配列されていて，解像力が最も高いところである．通常，眼球運動により，この部分に注視物体を結像し，明所視（$10～10^5\,lux$ 程度の明るい状態で見る場合）での明るさと色の情報を検出している．

一方，その周辺にはこれより太い（$2～4\,\mu m$）の円柱状の桿体視細胞が約1億個以上あり，周辺にいくに従って直径も太くなる．桿体は暗所視（$10^{-3}～10^{-1}\,lux$ 程度の暗い状態でも

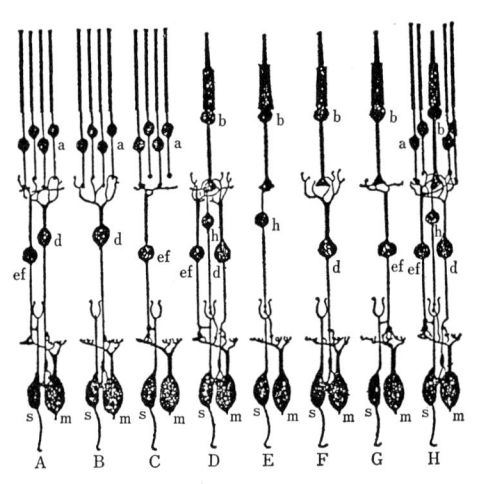

A: 桿体系
B: モップ双極細胞の還元桿体系
C: ブラッシュあるいはフラットトップ双極細胞錐体系
D: 完全錐体系
E: ミジェット双極細胞の還元錐体系
F: モップ双極細胞の還元錐体系
G: ブラッシュあるいはフラットトップ双極細胞の還元錐体系
H: 混合完全桿体系および錐体系
 a: 桿体
 b: 錐体
 d: モップ双極細胞
 e: ブラッシュ双極細胞
 f: フラットトップ双極細胞
 h: ミジェット双極細胞
 m: ディフューズ神経節細胞
 s: ミジェット神経節細胞

図 Ⅱ.7.3　網膜の神経結合図[3]

のを見る場合）での明るさ検出を行う．

桿体，錐体ともに屈折率はその周囲より高く，光ファイバーとしての機能も有している．

これらの視細胞からの情報は図Ⅱ.7.3に示すように多くの神経細胞層により処理され，脳に向かう神経は約80万本で情報が伝達されている．視細胞の数と比較するとかなり少なくかなりの情報処理が神経細胞層で行われていると考えられる．最終的には大脳において知覚判断などより高次の処理が行われる．網膜はこのように三次元構造を有し，かつ各部位での機能が異なるような集積回路網となっている．

なお，図Ⅱ.7.3において上方が脈絡膜側であり，光刺激を検出する視細胞層は光の入射方向から見ると眼球外側にある．入射光が視細胞層に到達するまでには，視神経線維などによる格子を通ることになり，これを反転網膜とよぶ．

7.1.2 動物の眼（複眼）

最も原始的な視覚系としてはミドリムシが代表的である．図Ⅱ.7.4(a)のように眼点と光受容器からなり，鞭毛のつけ根がピンホールになっている．光源の方向に対してのみ光受容器が動作して鞭毛を回転させ，光源の方向に進む．これをモデル化したのが，図Ⅱ.7.4(b)である．

この原始的な眼から，ピンホールがレンズとなり，光受容器が増加して発達したのが脊椎動物の眼となる．一方，このような個眼が多数集合したものが複眼として進化したともいわれる．複眼として古くから研究されたのは，その単純性のためにカブトガニである．図Ⅱ.7.5(a)のような個眼が集まり，その情報処理機構が比較的単純に調べら

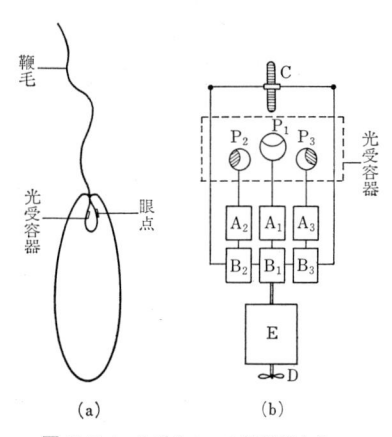

図Ⅱ.7.4　ミドリムシの視覚系とそのモデル（Wolken）

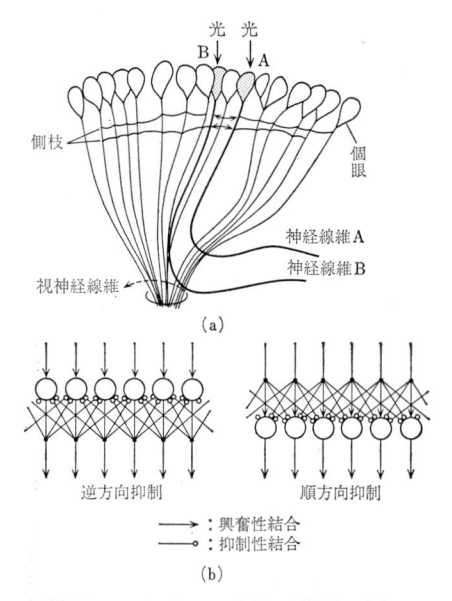

図Ⅱ.7.5　カブトガニ複眼の側抑制回路[4]

れたからである．1958 年に Hartline と Ratliff[4] がその研究から，側抑制回路モデル図 Ⅱ.7.5 (b) を確立したことは有名であり，今日では視覚，聴覚，触覚などのほとんどの感覚器官に共通した基本構造であることが明らかにされている（図 Ⅱ.7.6）．

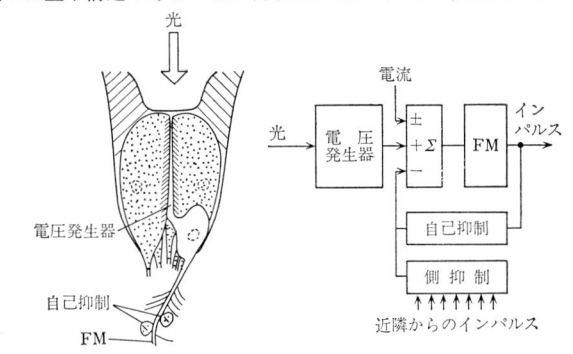

図 Ⅱ.7.6 カブトガニ視覚系モデル（Dodge）

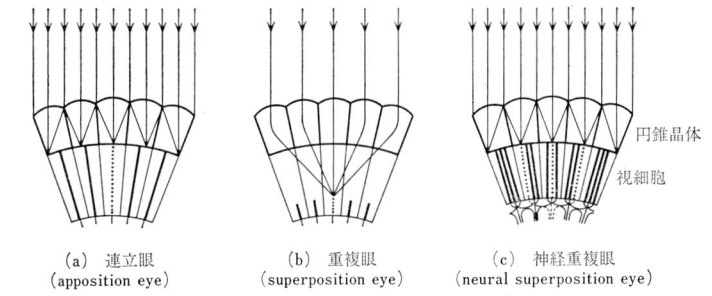

図 Ⅱ.7.7 複眼の三つの分類タイプ（Kirschfeld に一部加筆）
(a) 連立眼 (apposition eye)
(b) 重複眼 (superposition eye)
(c) 神経重複眼 (neural superposition eye)

一般に昆虫や甲殻類では種々の複眼がある．光学的に分類すると図Ⅱ.7.7のように3種類に分けられる．図Ⅱ.7.8は複眼の個眼の解剖図である．

図Ⅱ.7.7(a)の連立眼（apposition eye）は，図Ⅱ.7.8(a)のように一つ一つの個眼がそれぞれ独立した結像系となっている．光路となる円錐晶体のまわりは色素細胞に覆われており，近隣の個眼から入射する迷光を遮断する役目をもっている．この結果，連立眼の個眼はきわめて小さい開口のレンズ系をもち，シャープな像を得ることが可能となっている．一方，一つの視細胞には一つのレンズ系からの光しか到達しないため，明るさに対する感度はあまりよくないといわれる．一般に昼間活動する昆虫類に連立眼が多い．

図Ⅱ.7.7(b)の重複眼（superposition eye）は，多くの個眼からの光の重ね合せによって光学像を形成している．図Ⅱ.7.8(b)のように円錐晶体のまわりが色素細胞に覆われておらず，近隣の個眼から光が入射するために一つの視細胞に集まる光は多くなる．この結果，明るさに対する感度は増大するが，像のシャープネスは犠牲となる．重複眼は夜光性の昆虫や海中に棲む甲殻類に多い．これらの中には，円錐晶体のまわりの色素細胞が

明るい場所では存在し連立眼のように働き，暗い場所では除かれ重複眼となるものもある．

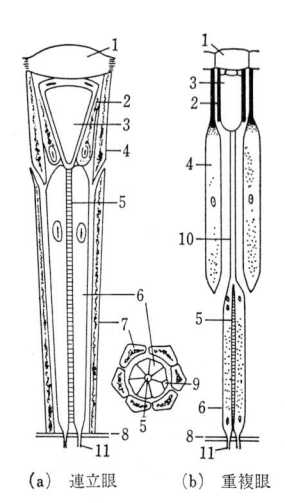

図 II.7.8 昆虫複眼の断面
(a) 連立眼　(b) 重複眼

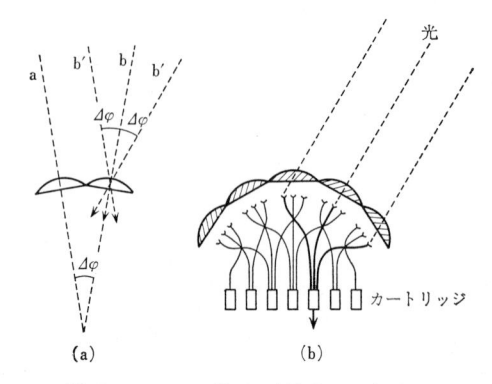

1：角膜，2, 4, 7：色素細胞，3：円錐晶体，5：感桿，6：網膜細胞，8：基底膜，9：退化した網膜細胞，10：網膜細胞の突起，11：視神経線維

図 II.7.9 ハエの複眼の光学系および神経系（Braitenberg）

これは，明るさに対する順応機構を有すると考えられる．

図II.7.7(c) の神経重複眼（nueral superposition eye）は，上記二つとは幾分異なり，ハエの複眼がその例である．構造的には連立眼と似ているが，一つの個眼に複数の光受容器をもっている．これらの光受容器からの信号は図II.7.9のように特定の神経の中断所（カートリッジ）に集まる．このように神経重複眼では，神経線維の結合によって重複眼のように複数の個眼からの情報を得ていることになる．機構的には連立眼と重複眼の両方を併せもつようにみえるが，その機能についての詳細は明確にはなっていない．

このほかにクモでは昆虫のように多数の個眼ではなく，数個の個眼からなる複眼をもつ．それぞれの個眼は，シャープな像を得るため，動きを検出するため，距離を得るためなどの機能分化がなされている．

一般に複眼にあるレンズ系には焦点調節能力はないが，色収差や球面収差はほとんどないと思われる．また，偏光検出能力のあることも注目すべきである．

これらの複眼の光学情報処理機能についての詳細は未だ明らかではない点が多い．

このように複眼は，1個のマイクロレンズ付きファイバーであり，それらの情報を全部集めて，小さな頭部の計算機で処理し，行動に必要な細かいものまで見るメカニズムをもつ興味深いシステムであるといえる．

7.2　色　　　覚

ヒトが色を感じることができるのは，外界から入るさまざま光の分光組成が異なるため

7.2 色覚

であるが,色の知覚はヒトの感覚であって物理量そのものではない.そして物理的分光組成とは1対1対応はしない.

一般に色は,色相(色の違い),彩度(あざやかさ),明度(明るさ)の三つの次元をもつと考えられる.このような色の特性は視細胞から大脳処理に至る視覚系全体の情報処理によって決まるものである.

7.2.1 視細胞と視物質(錐体)[5]

眼に入射した光を最初に受容するのが図Ⅱ.7.3に示した視細胞で網膜の内側に存在する.ヒトの視細胞には,桿体と錐体の2種類があり,色を識別するのは錐体である.

この視細胞の外節部に光に感光し変化する視物質が存在するのでヒトは明るさやスペクトル色を判別できると考えられている.

桿体に関しては,ヒトの桿体の外節部に含まれる視物質ロドプシンが抽出され,その吸収曲線は心理物理学的な測定から求められた暗所視(桿体が機能する明るさで見たとき)の感度曲線(比視感度曲線)の形状とたいへんよく一致している(図Ⅱ.7.10).そのため現在ではロドプシンが桿体の視物質であると考えられている.

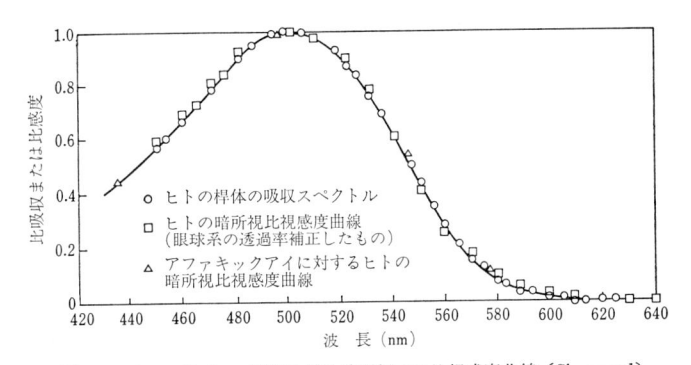

図 Ⅱ.7.10 ロドプシン吸収曲線と暗所視での比視感度曲線(Sheppard)

一方,錐体の視物質に関しては,ヒトの色知覚における三色性を考えると3種類の適当な分光特性をもつ視物質が存在すると考えられ,その抽出が多く試みられてきたが,断定できる物質はまだ得られていない.

視物質の抽出という方法ではなく,Rushtonらは,網膜反射を測定することで網膜部分の分光吸収特性から錐体視物質について研究を行った.この測定方法の原理は,単色光を網膜上に集光させ,再び眼球外に反射された光を計測するものである.この研究より,黄色吸収物質および赤色吸収物質が錐体中に多く存在することがわかった.しかし,三色性を説明するために必要な青色吸収物質の存在は確認されておらず,またこの方法では,特性を異にする視物質がそれぞれ別個の視細胞に含まれているのか,あるいは同一視細胞中に混合されて含まれていて,それらが異なった割合で刺激されて別個の応答を生じるのか,または一つの視物質のみで,それらが視細胞中で別個のフィルター作用によって3種

類の応答を生じるのかを明確にすることはむずかしい.

Enoch は強い光で完全に退色させたヒトおよびサルの網膜標本にキセノンアークを集光させると, 網膜光受容器の形状ならびに屈折率の差により図II.7.11 に示すような導波

像						
モード	TE_{01}	TM_{01}	HE_{11}	HE_{12}	$HE_{12}+EH_{11}$	$2HE_{12}+EH_{11}+HE_{31}$
半径(μm)	0.83	1.32	0.53	1.32	1.32	1.32
波長(μm)	0.603	0.491	0.548	0.548	0.550	0.548

図 II.7.11 導波管モードパターン (Enoch)

管モードパターンを生じることを実験的に観察した[6]. このモードパターンはヒトの錐体とほぼ同一の形状寸法の円柱でつくられたものと一致していた. また, 青―青緑―緑―赤などのスペクトル全域にわたり感度をもつ錐体が存在することを示した. さらに与えられた一定の網膜の場所の色相分布は入射光の入射角に沿って変化する, 光の伝搬は HE_{11}, TE_{01} などの単一モードパターンとそれらの組合せで行われることを示した. このような伝搬は錐体に対して視物質の有無にかかわらず, 一つの明確な波長弁別機能を与えることになり, このように各錐体に導波管が存在することは, 実験によって得られた分光吸収特性が単純に錐体視物質と関係するものではないことを示している.

7.2.2 色知覚の三色性と反対色メカニズム

異なった分光組成の光を与えても同一の色知覚を与えることが可能であることは, 光の波長のように連続多次元量ではなく, 色知覚機構がいくつかの次元しかもたないことを示している.

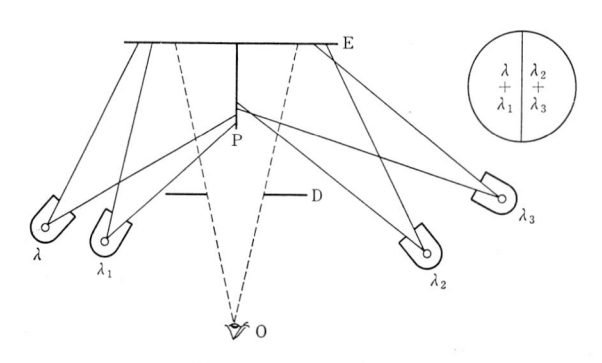

図 II.7.12 等色実験

7.2 色覚

色知覚機構のモデルはそのアプローチによってさまざまなものが存在するが，現在でも用いられており，また生理的測定や心理物理的実験結果との対応も確認されているものに色の三色性と反対色メカニズムがある．

これらの説明に入る前に色の等価および加法性について述べる．

図Ⅱ.7.12のように測定する刺激光（消長 λ）とこれと色のマッチングを行ういくつかの参照光（$\lambda_1, \lambda_2, \lambda_3$）を積分球の左右に照射する．観察者は刺激光と参照光の色を一致させるよう参照光の割合を調整する．これを等色実験とよび，また色が一致したとき両者は等色であるという．

ここで，二つの色光 A と B が等色しており，また C と D が等色している，つまり
$$A \equiv B, \quad C \equiv D$$
のとき，それぞれの色光を加えたもの，一方を引いたものはやはり等色であり，
$$A+C \equiv B+D \quad \text{あるいは} \quad A-C \equiv B-D$$
となることが知られている．これが色の加法性である．なお，色を引くのは等色実験で参照光側にあった光を刺激光側に移動することに対応する．〔$\equiv$〕は等色記号である．

（1）三色性（Young-Helmholtz の理論）　等色実験において，いかなる分光強度分布をもった光の色でも，互いに独立な三つの参照光の代数和でもって等色できるという実験事実に基づく理論である．つまり，次の等色式が成立する．
$$C_\lambda(\lambda) \equiv C_1(\lambda_1) + C_2(\lambda_2) + C_3(\lambda_3)$$

視覚系には三つのそれぞれ異なった分光感度をもった組織（g_1, g_2, g_3）が存在し，分光強度分布 E_λ の光が視覚系に入ると各組織の出力は
$$G_i = \int g_i E_\lambda d\lambda \quad (i=1, 2, 3)$$
で与えられ，色感覚は三つの出力の対相値の関数となる．明るさ感覚は
$$l_1 G_1 + l_2 G_2 + l_3 G_3$$
によって与えられる．三つの組織の分光感度はそれぞれ赤，緑，青の領域にピークをもつものと考えられている．

実験から得られた三つの分光感度の例を図Ⅱ.7.13に示す．g の曲線が互いにオーバーラップしているので，これらの曲線を等色実験からユニークに決定することはできず，色覚異常者のデータなどが有効に利用されている．なお，これらの曲線を錐体の測定から得ようとする努力は行えるが，動物のものからはそれらしきものが見つかっているものの，ヒトに関しては満足できる結果は得られていない．

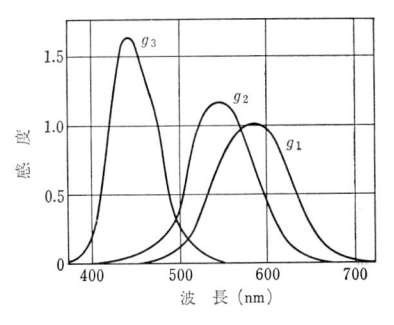

図 **Ⅱ.7.13**　3種類の分光感度曲線（Thomson と Wright）

（2） 反対色（Hering の理論）

世の中に存在する自然にある物体の色をよく観察してみると，混ざり気のない純粋な色を四つ既定できる．この色をユニークな色とよび，赤，黄，緑，青である．そして他のすべての色はこれら四つの混ざったものであると考える．ただし，赤と緑，黄と青の混合はないものとする（図Ⅱ.7.14）．このように色の見え方から出発して考え出されたモデルである．

ここでは，視覚系の中には3種類の組織があり，それぞれ赤一緑，黄一青，白一黒に関するものである．そして，各組織の中には互いに相反する反応が誘起され，大きいほうの反応が最終的な反応となる．たとえば，赤一緑の組織では，長波長の光が入ると赤の感覚が得られ，比較的短波長の光が入ると緑の感覚が得られる．両方の光が同時に入ると，これら2種類の反応は打ち消し合い，残ったほうの反応に対応する感覚が得られる．両方の反応が等しい場合は，この組織からの出力がないと考える．

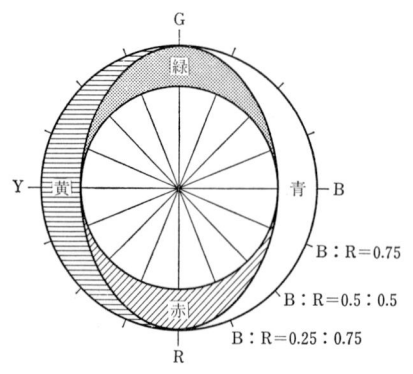

図Ⅱ.7.14 Hering のカラーサークル

このモデルでは色知覚を与える反応が互いに打ち消し合う反対の関係にあることから，反対色説（opponent-color theory）とよばれている．

なお，最終的な色の感覚は赤一緑，黄一青の2対の応答の相対的な値で決まり，明るさの感覚は白一黒の組織によって与えられる．

各波長の光に対する各組織の感度曲線は図Ⅱ.7.15 のようなものになる．

実験的な検討として，Harvich らが図Ⅱ.7.15 と同様な反対色応答曲線を得たこと，また電気生理学的な研究として Svaetichin が魚の水平細胞から得たポテンシャルが波長に対して2相性をもっていたなど，反対色説を支持する結果が得られている．

両モデルとも実験事実や通常われわれがもつ色知覚と対応するなどの点で有力なモデル

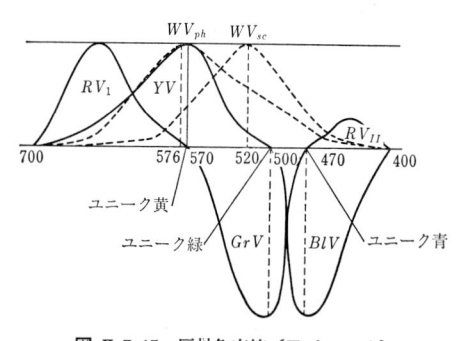

図Ⅱ.7.15 反対色応答（Tschermak）

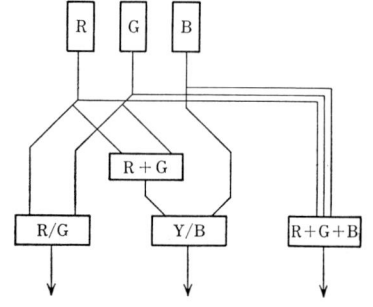

図Ⅱ.7.16 段階説モデル

であるが，両モデルとも色知覚に関する問題，たとえば色覚異常など，すべての問題に明確な説明を与えることはできていない．

そこで，現在では，両理論を組み合わせた段階説（Muller, Walraven ら）とよばれるものが考えられている．これは，視覚系の末端部である視物質の段階では三色性の理論を，その後の情報処理レベルにおいて反対色の理論を適応するものである．この理論を簡単に示したのが，図Ⅱ.7.16 である．

7.2.3 色　表　示

色を実際に用いる場合には，個々の色の表し方を決めておく必要があり，これが表色系 (color system) とよばれるものである．人間の色知覚と分光エネルギー分布は1対1に対応しておらず，異なる分光分布をもつ光を同じ色と知覚する場合もあるし，また同じ分光分布の光でも周囲の条件，時間変化，個人差などの要因で知覚される色は異なってくる．したがって，色表示に対象の光の分光組成を用いることは適当ではなく，また色を測定する際の条件についての規定も必要になってくる．

色を表示する表色系には，その応用分野に併せてさまざまな方式が考案されているが，ここでは CIE（国際照明委員会）が1971年に定めた XYZ 表色系を中心に解説する．

（1） RGB 表色系　XYZ 表色系の基礎となった表色系であり，人間の色知覚における三色性に基づいて考えられたものである．任意の色 $C(C)$ に対して，適当な三つの単色光 $(R), (G), (B)$ を用いて，

$$C(C) \equiv R(R) + G(G) + B(B)$$

を成立させることができる．C, R, G, B はそれぞれ単位の色刺激 $(C), (R), (G), (B)$ の混合量を示す．ここで，色の加法性を考慮して，各波長に対して

$$C_\lambda(C_\lambda) \equiv R_\lambda(R) + G_\lambda(G) + B_\lambda(B)$$

ならば，

$$C(C) \equiv \sum C_\lambda(C_\lambda) \equiv \sum R_\lambda(R) + G_\lambda(G) + B_\lambda(B)$$

となる．つまり，各単色光に対する単色光 R, G, B（これを原刺激とよぶ）の割合があらかじめわかっていれば，任意の光の分光特性を測定することで，色を表すことが可能となる．これが，RGB 表色系の基本的な考え方である．

表色系とするためには，原刺激 R, G, B の波長を決定するほかに，それらの単位の関係を決めておく必要がある．CIE では，原刺激の単位関係を定めるために特定の分光分布で規定された白色刺激 (W) を定め（これを基礎刺激とよぶ），原刺激 R, G, B の等量の混合で基礎刺激と等色にするものと決めた．

$$(W) = 1/3(R) + 1/3(G) + 1/3(B)$$

このように単位を定めた系において，R, G, B を色刺激 $C(C)$ の三刺激値といい，単位色刺激 (C) についての等色式

$$(C) \equiv r(R) + g(G) + b(B)$$

$$r = \frac{R}{C}, \quad g = \frac{G}{C}, \quad b = \frac{B}{C} \quad \text{ただし，} r + g + b = 1$$

の r, g, b を色度座標とよぶ．

CIE 1931 における RGB 表色系では，原刺激 $(R), (G), (B)$ をそれぞれ，700.0，546.1，435.8nm の単色光とし，基礎刺激 (W) を等エネルギースペクトルの白色光とし，実験データをもとにその単位系および各波長光に対する三刺激値（スペクトル三刺激値）がまとめられた．これによると単位量の原刺激 $(R), (G), (B)$ の輝度比は $1.0000 : 4.5907 : 0.0601$ で，放射輝度比で表すと $73.042 : 1.3971 : 1.0000$ となる．この表色系による三刺激値 R, G, B と測光量 L とには

$$L \propto 1.000R + 4.5907G + 0.0601B$$

の関係がある．

RGB 表色系のスペクトル三刺激値を図Ⅱ.7.17 に，色度座標 r, g を直角座標にとった色度図を図Ⅱ.7.18 に示す．

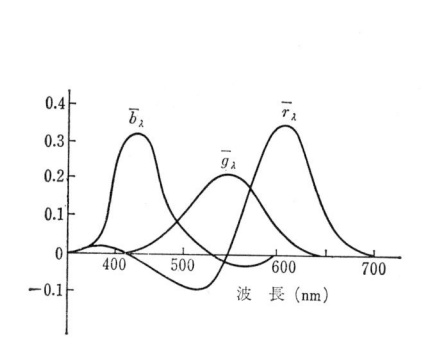

図 Ⅱ.7.17 CIE-RGB 表色系のスペクトル三刺激値

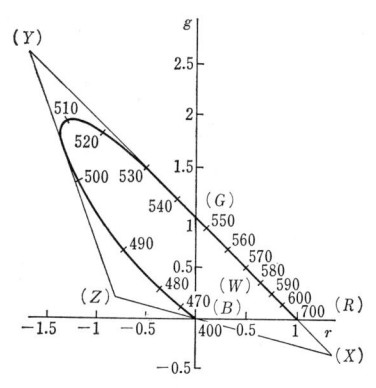

図 Ⅱ.7.18 CIE-RGB 表色系の色度図

RGB 表色系の問題点として，スペクトル三刺激値に負数が存在する場合があることであり，CIE ではこの点を改善した XYZ 表色系が考案され，通常はこちらを用いるようになっている．

(2) XYZ 表色系 RGB 表色系を座標変換することで三刺激値の負の部分をなくすとともにいくつかの便利さをもりこんでつくられた表色系である．

図Ⅱ.7.18 の色度図上のスペクトル色の軌跡とその両端を結ぶ線分で囲まれた範囲に実在するすべての色が入る．この実在色の範囲が $(R), (G), (B)$ によってつくられる三角形よりも広いことが，スペクトル三刺激値に負の部分があることと対応する．したがって，これを避けるには新しい原刺激 $(X), (Y), (Z)$ を実在色の範囲外におくことが必要である．この条件を満たす原刺激の設定には自由度が大きいが，CIE では次のような点を考慮して定めた．

① 測光量が三刺激値 Y に比例するようにし，原刺激 $(X), (Z)$ は明度への寄与がないようにする．

7.2 色覚

② スペクトル軌跡の 570 nm 付近から長波長側がほぼ完全な直線であり，この波長域では色覚が 2 色性であることを示す．そこでこの波長域でスペクトル三刺激値の 1 個が 0 となるようにする．

③ 原刺激 (Z) は，基礎刺激 (W) から心理的に緑味も赤味も感じない青色のスペクトル色（波長約 477 nm）を結ぶ直線上におく．

④ (X), (Y), (Z) でつくられる三角形の中に非実在色が多くならないように，(Z) からスペクトル軌跡にほぼ接するように引いた直線上に原刺激 (Y) をおく．

これらの規定から，XYZ 表色系における原刺激 (X)(Y)(Z) の RGB 表色系における rg 色度座標は次のようになった（図Ⅱ.7.18）．

$$(X): (1.2750, -0.2778)$$
$$(Y): (-1.7392, 2.7671)$$
$$(Z): (-0.7431, 0.1409)$$

なお，基礎刺激 (W) は RGB 表色系と同じ等エネルギースペクトルの白色光としている．

XYZ 表色系における三刺激値 X, Y, Z と RGB 表色系における三刺激値 R, G, B との関係は，

$$Y = 1.0000R + 4.5907G + 0.0601B$$
$$X = 2.7689R + 1.7517G + 1.1302B$$
$$Z = 0.0000R + 0.0565G + 5.5943B$$

となる．

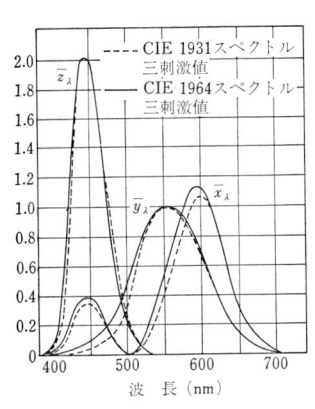

図Ⅱ.7.19 CIE-XYZ 表色系のスペクトル三刺激値

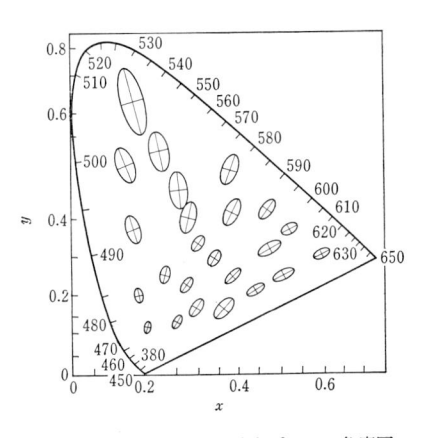

図Ⅱ.7.20 CIE-XYZ 表色系の xy 色度図

図Ⅱ.7.19 は XYZ 表色系のスペクトル三刺激値である．また，RGB 表色系の rg 色度座標に相当する xy 色度座標を図Ⅱ.7.20 に示す．

（3） UCS 色度図（uv 色度図）　xy 色度図では，Y の値が等しい 2 色についても，図上の距離と色の違い（色差）に関する感覚との関係は色度図上の場所によって一定ではない．たとえば，見分けられる色差の 10 倍を表す長円（弁別長円）を xy 色度上に示すと図 II.7.20 のようになる．

この長円が色度図上のどの部分でもほぼ同じ大きさの円になるように変換した色度図を均等色度図，UCS (uniform chromaticity scale) 色度図という．さまざまな UCS 色度図が提案されたが，実用的な簡便さに欠けているものが多く，CIE では近似的ではあるが簡便な UCS 色度図として CIE 1960 UCS 色度図（uv 色度図）を定めた．

この色度座標 u, v は XYZ 表色系の色度座標 x, y と次の関係にある．

$$u=\frac{2x}{-x+6y+1.5}$$

$$v=\frac{3y}{-x+6y+1.5}$$

$$x=\frac{1.5u}{2+u-4v}$$

$$y=\frac{v}{2+u-4v}$$

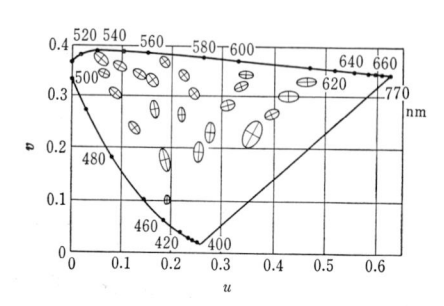

図 II.7.21　uv 色度図

uv 色度図および色差の弁別長円を図 II.7.21 に示す．xy 色度図に比べて図上の距離と色差の感覚との対応が改善されている．

（4） 均等色空間　UCS 色度図として採用された uv 色度図は，一定の輝度の色光に対して得られた結果であり，明るさに関しては考慮されていないため，色度図上では同じ距離にある 2 組の色でも明るさが異なると色差は異なる場合がある．実用的な観点か

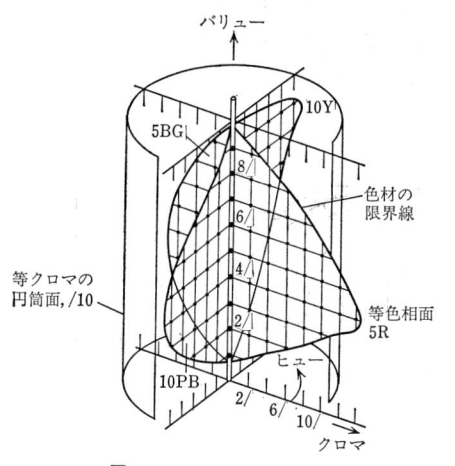

図 II.7.22　マンセル色立体

らは三次元の色空間の同方向への色の変化も感覚的に均等になっていれば都合がよい．このような色空間を均等色空間とよび，CIE では，1964 年に CIE 1976 U*V*W* 均等色空間をとりあえず勧告した．

このほかに CIE LUV 均等色空間（CIE 1976 Lu*v*），CIE LAB 均等色空間（CIE 1976 L*a*b*）などが作成されたがすべての面で実用的なものはないのが現状である．

（5） その他の表色系　現在色の表示には XYZ 表色系が用いられることが多く，

xy 色度図あるいはこれらから導かれた uv 色度図などが使われる.

しかし,XYZ 表色系と全く異なる体系であり,現在も多くの分野で使用されているものにマンセル表色系がある.マンセル表色系は心理的な面から出発して作成されたものであり,色相 (hue),明度 (value),彩度に関係するクロマ (chroma) からなる三次元色空間である.尺度は心理的な等間隔をもとに決定し,円筒座標系による一種の均等色空間となっている.図Ⅱ.7.22 にマンセルの色立体を示す. 　　　　　　　　　　　[大頭　仁]

参考文献

1) 応用物理学会編:生理光学,朝倉書店 (1975).
2) H. Davson ed.: The Eye, Academic Press (1962).
3) S. L. Polyak: The Retiva, Univ of Chicago Press (1941).
4) H. K. Hartline and F. Ratliff: J. Gen. Physiol, **41** (1958), 1049.
5) 久保田　広編:光学技術ハンドブック,朝倉書店 (1968).
6) J. M. Enoch: J. Opt. Soc. Amer., **51** (1961), 1122.
7) P. L. Walraven and M. A. Bouman: Vision Res., **6** (1966), 567.

第Ⅲ部　材料・プロセス編

1. 半導体材料

1.1 III-V 族半導体材料の特性

GaAs, AlGaAs, InP, InGaAs, GaInAsP などの III-V 族の化合物半導体は，
- 直接遷移形である
- 電流や電圧によって屈折率を変化させることができる
- 混晶を用いてバンドギャップを広い範囲で変えられる
- 量子井戸などにより人工的な結晶が得られる

ことから，電子デバイスのみならず，発受光デバイス，光増幅器などの能動デバイス，光スイッチなどの機能デバイスなど微小光学の基本となる各種のデバイスの最も重要な構成材料の一つとなっている．

1.1.1 半導体におけるエネルギー状態

（1） エネルギーバンド　　GaAs, AlGaAs, InP, InGaAs, GaInAsP などの III-V 族の化合物半導体は面心立方格子の閃亜鉛鉱 (zinc blende) 形の結晶構造をもっている．これらの結晶のエネルギーバンド構造は，k・p 摂動法などによって理論的に詳しく求められており[1]，実験的にも確認されている．これらによれば，実用的に重要な二元の化合物半導体のうち，GaAs, InP, InSb, GaSb は直接遷移形で伝導帯の底は $k=0$ の Γ 点にあり，AlAs, GaP は間接遷移形で伝導帯の底は $k \neq 0$ の X 点にある（図 III.1.1）．表 III.1.1 にバンドギャップエネルギーの値の例を他の物性値とともに示す[2]．

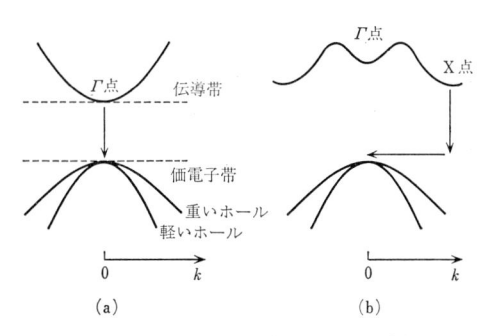

図 III.1.1　直接遷移形半導体（a）と間接遷移形半導体（b）

三元および四元の半導体はこれら二元の半導体の混晶と考えられるので，そのエネルギーバンド構造は，混晶比により，もととなる二元の半導体の構造の中間のものとなる．

1. 半導体材料

表 III.1.1 各種 III-V 族半導体の物性定数

結晶材料	バンドギャップ E_g (eV)	バンドギャップ波長 λ_g (μm)	格子定数 a (Å)	屈折率 n	有効質量（正孔/電子）m^*	移動度（正孔/電子）(cm^2/Vs)
AlP	2.45	0.51	5.4625	3.03		80/
AlAs	2.13	0.58	5.6611	3.18	0.11/0.22	180/
AlSb	1.62	0.77	6.1355	3.79	0.39/0.11	200/300
GaP	2.26	0.55	5.4495	3.45	0.35/0.14	2100*/1000*
GaAs	1.43	0.87	5.6419	3.62	0.065/0.082	16000*/4000*
GaSb	0.70	1.77	6.0940	3.82	0.049/0.056	10000*/6000*
InP	1.35	0.92	5.8680	3.40	0.077/0.8	44000/1200*
InAs	0.36	3.44	6.0580	3.52	0.027/0.024	120000*/200
InSb	0.18	6.89	6.4784	4.21	0.014/0.016	10^6/1700*

*のみ77K. 他は300K.

たとえば，Al$_x$Ga$_{1-x}$As を考える．$x=0$ は GaAs に対応するので直接遷移形であり，図III.1.2(a)のようなエネルギーバンド構造をもつ．一方，$x=1$ は AlAs に対応するの

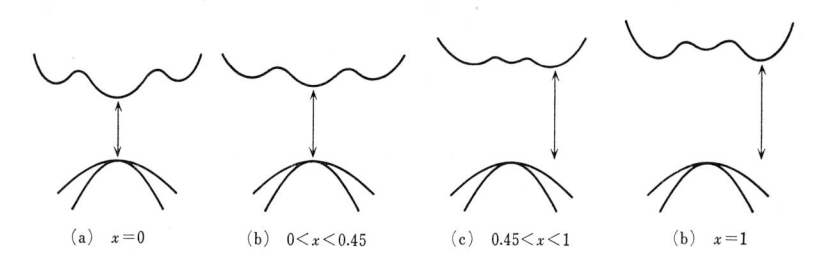

図III.1.2 Al$_x$Ga$_{1-x}$As におけるエネルギーバンドと電子遷移の様子

で間接遷移形であり，同図(d)のような構造をもつ．$0<x<1$ ではこれらの中間の構造をもち，(b)に示すように $0<x<0.45$ では直接遷移形，(c)に示すように $0.45<x<1$ では間接遷移形となる．

（2） 量子井戸，細線，箱構造におけるエネルギー状態　結晶成長技術の進歩により，原子層間隔のオーダーで，半導体結晶の膜厚，幅，組成を制御し，量子井戸，量子細線，量子箱など新しい構造の結晶を作成する試みがなされている．このような結晶では，個々の半導体がバルクとしてもつのとは全く異なる物性をもつようになり，従来では得られなかった優れた特性をもつ光デバイスや新原理に基づく新しい光デバイスが可能となる．

量子井戸は，異なった特性をもつ半導体薄層が電子のド・ブロイ波長（数十nm）程度以下の間隔で接合されたものであり，井戸から電子の波動関数が障壁中にはみ出すとともに，井戸中における電子のエネルギー準位は量子化され，離散的となる．これはちょう

ど，光導波路においてコアの厚さが光の波長の程度まで薄くなると，光がコアからクラッドにしみだすとともに，波動方程式の解が伝搬モードという形で有限となり，伝搬定数が離散的になるのに対応している．したがって，量子井戸構造におけるエネルギー分布の構造は，図Ⅲ.1.3に示すように，それぞれ価電子帯，伝導帯の中で離散的となる．

量子井戸は一次元の構造（通常は膜厚のみが薄く，膜面内の寸法は電子波長より十分大きい）であるが，これを二次元，三次元の構造まで拡張したのが，量子細線，量子箱である．すなわち，量子井戸において電子は膜面内においてのみ自由に運動でき，その結果状態密度が階段的となっているが，量子細線においては電子は細線に沿った一方向のみに自由に運動でき，量子箱においては，電子はもはや自由に運動できなくなる．その結果，量子細線，量子箱において，電子の状態密度はそれぞれ，エネルギーに反比例する関数およびデルタ関数となり，電子のエネルギー分布の集中化がもたらされる．

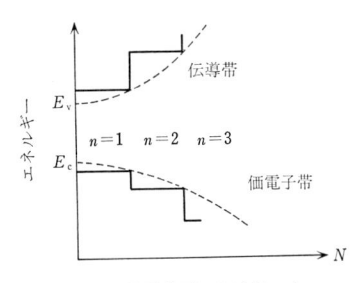

図 Ⅲ.1.3 量子井戸におけるエネルギー図

1.1.2 ダブルヘテロ接合

半導体光デバイスでは，ダブルヘテロ接合における電流注入，電圧印加を利用することが多い．ヘテロ接合とは異なった組成の半導体を接触させたものであり，ヘテロ接合を二つ設けたものをダブルヘテロ接合とよぶ．図Ⅲ.1.4に，バンドギャップの小さいp形の半導体をバンドギャップの大きいp形とn形の半導体で挟んだ構造のダブルヘテロ接合の概念的なエネルギー図を示す．順バイアスをかけるとn形の半導体からp形の半導体に接合1を通じて電子が注入されるが，反対側の接合2においてはエネルギー障壁が存在するため，電子はさらに拡散することはできず，二つの接合間に閉じ込められることになる．

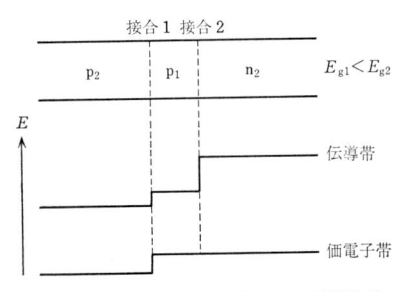

図 Ⅲ.1.4 ダブルヘテロ接合における概念的なエネルギー図

次の1.1.3項(1)で述べるように，Ⅲ-V族半導体を用いた場合，図Ⅲ.1.4に示す構造は導波路となり，光の閉込め効果がある．すなわち，ダブルヘテロ接合は，キャリヤーおよび光の両方の閉込め作用をもち，これら両者の相互作用を利用した高効率の光デバイスを実現することができる．

たとえば，半導体レーザーでは，ダブルヘテロ接合における局在的な反転分布の形成，正孔および電子の再結合をうまく利用している．

なお，格子定数の大きく異なる半導体によってダブルヘテロ接合を形成すると，転位などの結晶欠陥を生じ，光デバイスの特性劣化や信頼性低下の原因となる．したがって，格子定数が基板やその他の層の半導体と等しい組成の混晶を用いてダブルヘテロ接合を形成する必要がある．この条件は，格子整合条件とよばれる．

1.1.3 半導体と光の相互作用

（1） 半導体の屈折率　半導体はバンドギャップ E_g に対応する下記の波長 λ_g より長波長では透明となり，誘電体として動作する．

$$\lambda_g = c \cdot h / E_g \tag{1.1}$$

ここに，c: 光速，h: プランク定数である．

図Ⅲ.1.5に，四元系である GaInAsP の屈折率の波長依存性の計算結果[3]を示す．この例からも明らかなように，同一材料において屈折率は波長とともに減少する．また逆に，同一波長においてバンドギャップの小さい半導体の屈折率は大きいものに比べて高いのが一般である．したがって，バンドギャップの小さい半導体をコア層とし，これをクラッド層となるバンドギャップの大きい半導体で挟んだダブルヘテロ接合の構造により，導波路を形成することができる．また，この場合，コアを活性層としたときクラッド層は透明となるので，半導体レーザーの基本構造として適している．最も広く使用されている AlGaAs, GaInAsP 系の混晶では，屈折率は約 3.5 であり，ダブルヘテロ接合により 10 分の数％から数％のコア/クラッド間比屈折率差が実現できる．

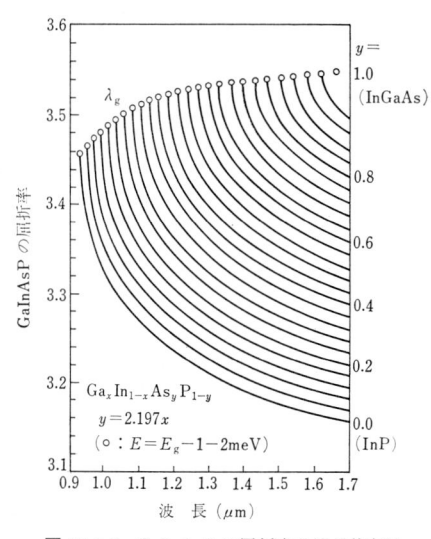

図Ⅲ.1.5 GaInAsP の屈折率の波長依存性

また，p 形および n 形の不純物がドーピングされた半導体では，ドーパントに基づく自由キャリヤーのため，上に述べた不純物を含まない材料としての屈折率より減少する．これはいわゆるプラズマ分散効果とよばれるものであり，屈折率低下量 Δn は，電荷素量 e，波長 λ，キャリヤー密度 N，有効質量 m^*，光速 c，真空誘電率 ε_0，屈折率 n を用いて，

$$\Delta n = \frac{e^2 \lambda^2 N}{8\pi^2 m^* c^2 \varepsilon_0 n} \tag{1.2}$$

と表せる[4]．ドーピングを用いて導波路を形成するには，キャリヤーをもたない i 層を p 形もしくは n 形の不純物をドープした層で囲んだ構造とする必要があり，たとえばプロトン打込みにより局所的に高抵抗化し高屈折率層を形成した試み[5]などが報告されている．

1.1 III-V族半導体材料の特性

不純物濃度の差を利用した導波路のコア/クラッド間比屈折率差としては，100分の数％から10分の数％がふつうである．

（2）光の吸収 石英などのガラスを用いた導波路，$LiNbO_3$ などの強誘電体を用いた導波路では，吸収損失は散乱損失より十分小さく，実用上重要でない．しかしながら，半導体導波路においては，吸収がデバイスの本質的な動作にかかわる能動デバイスに用いられること，機能デバイスにおいては通常不純物（pn接合）をドープした半導体が使用されること，などからバンド間遷移およびキャリヤーに基づく光の吸収は重要である．

上述したように，半導体においては，バンドギャップ E_g に対応する波長 λ_g より短波長側では，価電子帯から伝導帯への電子の遷移により 10^4 dB/cm オーダーの損失の吸収が生じる．しかしながら実際には，λ_g より長波長側においても λ_g 近傍では裾を引いたように吸収が生じているので注意が必要である．

(1)で述べた自由キャリヤーは，屈折率変化とともに吸収損失を生じる．その値 α は，半導体の移動度を μ とすると，

$$\alpha = \frac{e^3 \lambda^2 N}{4\pi^2 n m^{*2} \mu \varepsilon_0 c^3} \tag{1.3}$$

と表され[6]，不純物濃度が高いときや高密度のキャリヤーが注入されるときには数 dB/cm オーダーの損失を生じる．

（3）屈折率および吸収を変化させる物理効果 光導波路において，屈折率もしくは吸収を変化させることにより，効率のよい光変調や光スイッチングを行うことができる．半導体導波路においては pn 接合が利用できることから，pn 接合における逆バイアス電圧による印加電界，順バイアス時の注入電流による自由キャリヤーに基づく屈折率もしくは吸収の変化が，もっぱら光デバイスの動作に使用されている[7]．また，先述した量子井戸などの構造においては，エネルギー準位の量子化に伴う新しい効果も使用される．

GaAs など閃亜鉛鉱形の結晶は点群 $\overline{4}3m$ に属し，一次電気光学効果（ポッケルス効果）テンソルの $r_{41} = r_{52} = r_{63}$ が非ゼロとなる[8]．したがって，[001]方向に E の電界を印加すると，[$\bar{1}$10]および[110]方向の偏光は，それぞれ下式で表される $+\Delta n$, $-\Delta n$ の屈折率変化を感じる．

$$\Delta n = n^3 r_{41} E / 2 \tag{1.4}$$

GaAs の r_{41} の大きさは約 1.4×10^{-12} m/V であり，1 μm 厚の空乏層に 1 V の電圧を印加すると，3×10^{-5} 程度の屈折率変化が生じる．

一次電気光学効果以外に，電界が印加されたとき，図III.1.6に示すように[9]，吸収端が長波長側にシフトする効果，すなわちフランツ-ケルディシュ効果も生じる．逆に，同一波長から見たとき電界印加により吸収損失が増加するので，この効果は電界吸収効果とも

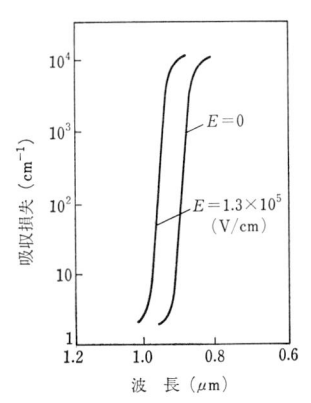

図 III.1.6 フランツ-ケルディシュ効果

よばれる．吸収（屈折率の虚部）の変化はクラマース-クローニッヒの関係により実部にも影響を与えるので，屈折率変化も生じる．この大きさは，GaAs について，波長 λ が $0.9 \sim 1.55\,\mu\mathrm{m}$ の間で，

$$\Delta n = 3.45 \times 10^{-16} \cdot \exp\left(\frac{3}{\lambda^3}\right) \cdot E^2 \qquad (1.5)$$

と表せる[7]．たとえば，$1\,\mathrm{V}/\mu\mathrm{m}$ の電界を印加したときの波長 $1.3\,\mu\mathrm{m}$ における屈折率変化量は 1.4×10^{-3} となる．

キャリヤーによる効果としては，(1)，(2)で述べたプラズマ効果とバンドフィリング効果がある．

プラズマ効果による屈折率変化は式 (1.2) で表される．たとえば，n 形の GaAs については，キャリヤー密度 $1 \times 10^{17}\,\mathrm{cm}^{-3}$ による屈折率変化は，波長 $1.3\,\mu\mathrm{m}$ において -3.4×10^{-4} となる．

バンドフィリング効果は，高い濃度で不純物がドープされた場合，キャリヤーにより伝導帯下部，価電子帯上部の準位が埋められ，バンドギャップエネルギーが大きくなったように見える効果である．すなわち，吸収端は短波長側にシフトする．この効果による屈折率変化は，B を波長に依存する定数として，

$$\Delta n = B(\lambda) \cdot N \qquad (1.6)$$

と表される[7]．GaAs における B 定数の値を図Ⅲ.1.7に示す．同図より，たとえばキャリヤー密度 $1 \times 10^{17}\,\mathrm{cm}^{-3}$ による屈折率変化は，波長 $1.3\,\mu\mathrm{m}$ において 2.8×10^{-4} となる．

キャリヤーによる効果では，ドーピングや pn 接合への電流注入によりキャリヤーを存在させると，上に述べた屈折率変化（すなわち屈折率減少）が生じる．逆に，pn 接合への逆電圧印加によりあらかじめ存在していたキャリヤーを空乏させると，上に述べたのと逆符号の屈折率変化（すなわち屈折率増加）が生じる．

以上，バルクの半導体結晶で生じる効果について述べてきたが，量子井戸，箱，細線などでは量子化に基づく特徴的な物理効果が生じ，これを制御して全く新しいデバイスを実現したり，性能向上を図ろうとする試みがなされている．たとえば，QCSE（量子閉込めシュタルク効果）は，量子井戸面に垂直に印加された電界により，励起子ピークが保持されたまま吸収端が大きく長波長側に移動する効果[10]で，光の吸収係数が大きく変化する．図 Ⅲ.1.8に，それぞれ 10 nm 厚の InGaAs, InP からなる多重量子井戸構造における QCSE の測定結果を示す[11]．重い正孔の励起子ピークの長波長側への移動が明らかであり，適当な波長を選べば，20 V 程度の印加電圧により，0 から 1000 cm^{-1} 程度の範囲で吸収損失を

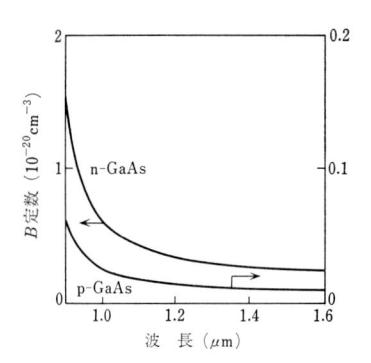

図 Ⅲ.1.7 GaAs におけるバンドフィリング効果の B 定数

変化させることができる.

半導体以外の結晶では,もっぱら一次電気光学効果が使われ,それによる屈折率変化量はおおむね$1×10^{-4}$のオーダーであり,また偏光依存性がある.これに対し,半導体では,一次電気光学効果以外の多数の効果が利用でき,10^{-3}から10^{-2}までに及ぶ大きな屈折率変化を得たり,偏光依存性のない屈折率変化が実現できるという特徴がある.また,電圧印加,電流注入により大きな吸収係数の変化が得られるのも半導体の特徴である.

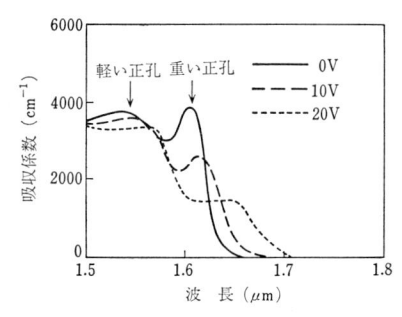

図Ⅲ.1.8 InGaAs/InP 多重量子井戸構造における量子閉込めシュタルク効果測定結果

(4) 光の発生 半導体の二つのエネルギー準位をもつ電子と光の相互作用を考える.図Ⅲ.1.9(a)のように,上の準位にある電子は,下の準位にホールがあれば光を放射して下の準位に遷移する.これを自然放出という.放射された光の波長は,バンドギャップエネルギー E_g に対応する λ_g となる.しかしながら,これまで述べてきた半導体の E_g は 1eV 前後と,室温での熱エネルギー(0.03eV)に比べて十分大きく,通常の状態で電子が上の準位に存在する確率

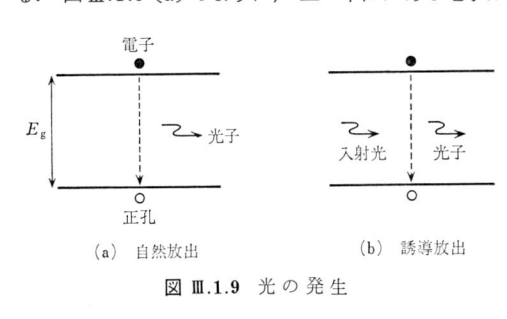

図Ⅲ.1.9 光の発生

はきわめて小さい.したがって,pn 接合への電流注入により上の準位の電子密度が下の準位より大きな状態(反転分布)を人為的につくり,発光させる.これが発光ダイオード(LED)である.

さらに,反転分布が形成された状態で,λ_g に近い波長の光が入射すると,図Ⅲ.1.9(b)に示すように,入射光の位相にそろった形で,電子が上の準位から下の準位に遷移し,放射される光は入射した光に位相が同期した状態で加わる.したがって,入射した光は増幅され,誘導放出とよばれる.pn 接合への電流注入によりこれを実現したのが半導体光増幅器であり,へき開面やグレーティングを利用し正帰還を起こさせ発振器としたのが半導体レーザー(LD)である.

表Ⅲ.1.1に示すように,Ⅲ-Ⅴ族半導体の λ_g は可視から近赤外の幅広い範囲をカバーしており,適当な組成を選ぶことにより,この範囲の波長の光源を実現できる.また,図Ⅲ.1.9の遷移においては,エネルギー保存則のみならず運動量保存則が満足される必要がある.したがって,フォノンが遷移に関与する間接遷移ではその確率が低くなるため,所望の λ_g をもつ直接遷移形の混晶が光源の構成材料として用いられる. 　　[柳川久治]

参考文献

1) H. Hazama, Y. Itoh and C. Hamaguchi: J. Phys. Soc. Jpn., **54**, 1 (Jan. 1985), 269-277.
2) Electronic Property Information Center: Handbook of Electronic Materials, Vol. 2, New York (1971).
3) 宇高勝之: 東京工業大学博士論文 (Jan. 1981).
4) R. G. Hunsperger: Integrated Optics: Theory and Technology, Springer-Verlag, Springer Series in Optical Sciences, Vol. 33 (1984), 55-57.
5) E. Garmire, H. Stoll, A. Yariv and R. G. Hunsperger: Appl. Phys. Lett., **21**, 3 (Aug. 1972), 87-88.
6) R. G. Hunsperger: Integrated Optics: Theory and Technology, Springer-Verlag, Springer Series in Optical Sciences, Vol. 33 (1984), 75-77.
7) J. G. Mendoza-Alvarez, L. A. Coldren, A. Alping, R. H. Yan, T. Hausken, K. Lee and K. Pedrotti: IEEE/OSA Lightwave Technol., **6**, 6 (June 1988), 793-808.
8) A. Yariv 著, 多田邦雄, 神谷武志訳: 光エレクトロニクスの基礎, 丸善 (1974), 233-240.
9) R. G. Hunsperger: Integrated Optics: Theory and Technology, Springer-Verlag, Springer Series in Optical Sciences, Vol. 33 (1984), 127-129.
10) T. H. Wood, C. A. Burrus, D. A. B. Miller, D. S. Chemla, T. C. Damen, A. C. Gossard and W. Wiegmann: Appl. Phys. Lett., **44**, 1 (Jan. 1984), 16-18.
11) I. B. Joseph, C. Klingshirn, D. A. Miller, D. S. Chemia and B. I. Miller: Appl. Phys. Lett., **50**, 15 (Apr. 1987), 1010-1012.

1.2 半導体薄膜の成長

半導体薄膜の成長法は，大別して液相成長法，気相成長法，分子線成長法の三つに分類できる．以下にそれぞれの特徴を述べる．

1.2.1 液相成長法

（1） **成長原理**　液相成長は，過冷却状態での結晶の析出の原理を用いたもので，徐冷法，温度差法，二相融液法等がある．

二相融液法は，溶媒金属に溶質化合物を溶け込ませ，徐冷して過冷却状態をつくりだし，その溶液下部に種結晶を投入する徐冷法とほぼ等しいものである．ただ，その溶液中に種結晶と同じ物質を過剰に入れ，溶液の上部に浮上させて析出が上下で同時に起こるようにしている．したがって，この浮上量を調節することで結晶成長速度をコントロールすることが可能である．図Ⅲ.1.10にその原理を，図Ⅲ.1.11に結晶成長層厚の実験値を示す．

（2） **原料と装置**　GaAs系とInP系で使用原料が異なるが，それぞれ基板としてGaAs単結晶とInP単結晶，溶媒金属としてGaとInを用いる．また，溶質化合物結晶としてGaAs系がGaAsポリ結晶にAl（これは金属），InP系がInP, InAs, GaAsのポリ結晶を用いている．

結晶成長用装置は，①金属を溶かすカーボンボートと基板をセットするホルダー，②

これを還元雰囲気（たとえば水素ガス）に保持する石英管，③還元雰囲気とする真空排気装置と純化水素精製器，④上記①と②を一定の温度に保持し，後に一定の勾配で下げるコントローラ付きファーネス，⑤材料をセットする乾燥窒素雰囲気のアクリルボックスに分けられる．

（3）特　　徴　この液相成長法は，比較的低価格の装置と原料が利用でき，後に述べる成長法と組み合わせることができる．また，基板に形成した凹凸を平坦化することができる．さらに，メルトバックという溶融金属に基板の一部を溶け込ませ，その上に新たな結晶を成長させる特殊な用途もある．

結晶成長の温度プロファイルは，図 III.1.12 に示すように三つの段階からなっている．
Ⅰ…In の溶媒に各化合物とドーパントを溶け込ませる．
Ⅱ…冷却段階
Ⅲ…所定の冷却速度になり，設定温度まで降下したとき，溶液下部に種結晶である
　　InP 単結晶基板をすべり込ませ，所定の時間，結晶成長を行わせる．
図 III.1.13 に四層構造の結晶成長ウェーハの断面 SEM 写真を示す．

1.2.2　気相成長法

（1）成長原理　気相成長法は，大きく分けて有機金属ガスを主原料とした有機金属気相成長法と塩化金属ガスを用いたクロライド VPE 法がある．

有機金属ガスや塩化金属ガスとヒ素やリンの化合物ガスが高温の状態で待機する基板上に導入され，反応して化合物を生成するものである．

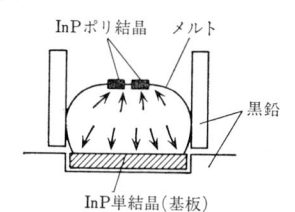

図 III.1.10　二相融液法の原理

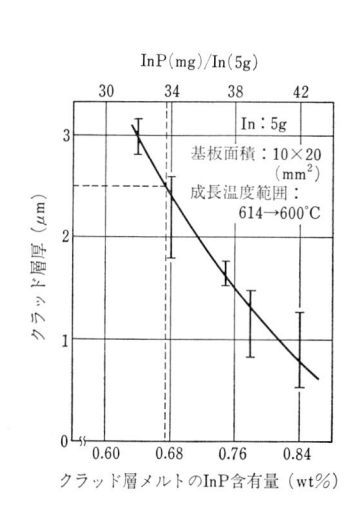

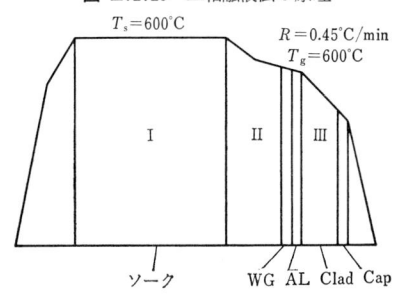

図 III.1.11　クラッド層厚と InP 含有量との関係[11]

図 III.1.12　結晶成長温度プログラム[11]
WG：光導波路層　　Clad：クラッド層
AL：活性層　　　　Cap：キャップ層

(2) **原料と装置** 原料ガスの種類として，有機金属ガスでは TMG（トリメチルガリウム），TEA（トリエチルアルミニウム），TMI（トリメチルインジウム），ハイドライドガスとしてアルシン（ヒ素），フォスフィン（リン）など，ドーパントとして硫化水素，セレン化水素，DMZ（ジメチルジンク）などを使用する。
塩化金属ガスでは塩化インジウムや塩化ガリウムなどを使用する。

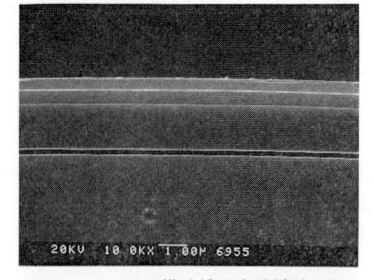

図 Ⅲ.1.13 四層構造結晶成長断面 SEM 写真

装置としては，原料ガスを得るボンベやキャリヤーガスの水素に蒸気をのせるバブラー付き蒸発器，流量を制御するマスフローコントローラー，基板を反応温度に保持するサセプター，排ガスを処理する吸着器に分類される。

装置の一般的な概略として，有機金属気相成長装置を図Ⅲ.1.14に示す。

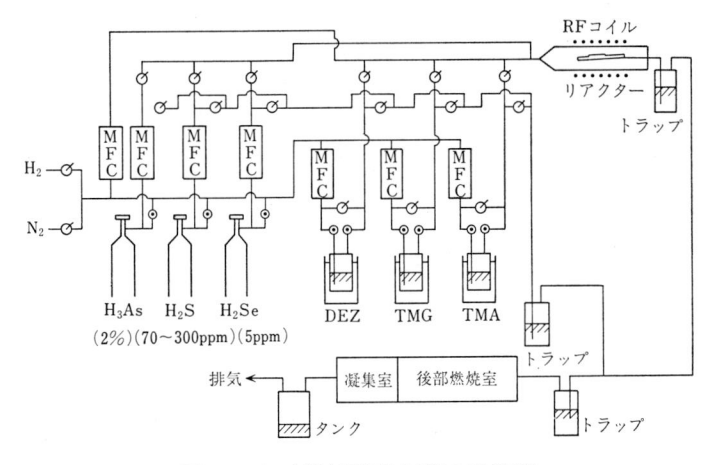

図 Ⅲ.1.14 有機金属気相成長法の模式図[12]

(3) **特徴** 1.2.1項に述べた液相成長法と異なる点は，格子整合の合っていない結晶，たとえばひずみ量子井戸結晶が成長できる，nm オーダーの薄い膜が繰り返し多層に形成できる，などと有利な点が多い。

これらの技術から，いままでの構造では得られなかった量子効果をもつ多層量子井戸，ひずみ量子井戸のデバイス作製が可能となった。

1.2.3 分子ビーム成長法
(1) **成長原理** 超高真空チャンバー内部で，原料元素の入ったるつぼを加熱し，

1.2 半導体薄膜の成長

蒸発して出る蒸気を分子線として放出させ,高温の状態で待機している基板上に成長させるものである.

(2) **原料と装置** 原料の種類として,GaAs系でGa, Al, Asが,ドーパントとしてSi, Beがあげられる.

装置としては,超高真空チャンバーと内部のシャッター付き原料加熱るつぼ,基板加熱用サセプター,成長表面観察用装置,などから構成されている.一般的な装置の概略を図Ⅲ.1.15に示す.

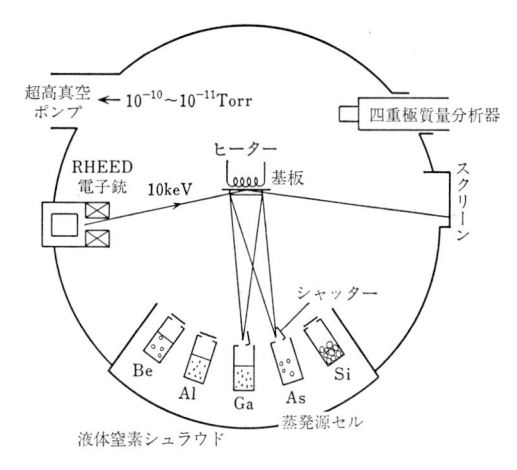

図Ⅲ.1.15 分子線エピタキシー装置の概略図[13]

(3) **特　　　徴** 液相結晶成長法,有機金属気相成長法よりもさらに急峻なヘテロ界面をつくることができ,薄膜はモノレイヤーレベルまで制御可能である.現在では元素の単原子層を交互に成長させた多層膜として,従来の化合物結晶よりも特性を向上させた構造を検討する研究もある[14].

1.2.4 ガスソースMBE成長法

(1) **成　長　原　理** 超高真空チャンバー内部で原料の有機金属などのガスを1000°Cの高温で熱分解し,500°C程度に加熱した基板へ導入させ結晶を成長させるものである.

(2) **原料と装置** 原料の種類として,Ⅲ族材料にはTMIn(トリメチルインジウム)とTEGa(トリエチルガリウム)があり,V族材料にはアルシン(AsH_3),ホスフィン

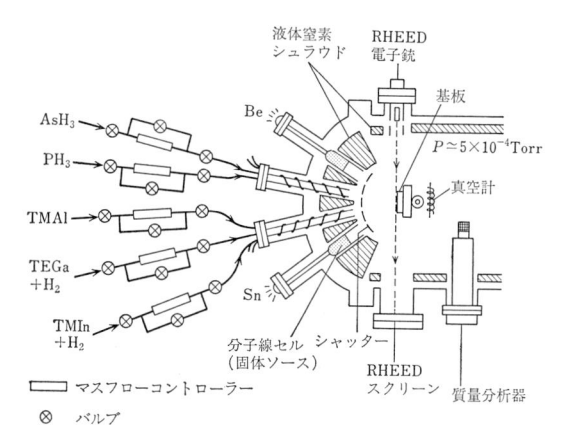

図Ⅲ.1.16 ガスソースMBE成長装置の概略図[15]

(PH₃) がある．ドーパントとして Sn, Be がある．

装置としては，原材料導入配管と熱分解するクラッカー，基板加熱用サセプター，成長表面観察用装置，などから構成されている．一般的な装置の概略を図Ⅲ.1.16に示す．

（3）特　徴　有機金属気相成長法と分子ビーム成長法の長所を取り入れた，さらに急峻なヘテロ界面をつくることができ，膜厚・組成ともに優れた制御性能が期待されている．

［渡辺　勉］

1.3 半導体材料の加工

光デバイスを作製するうえで，いくつもの工程を経て特性の良好な素子を得ることができる．その中でも特に重要な，電極形成のためのオーミックコンタクト工程と絶縁膜形成工程，拡散工程と材料基板の微細加工に用いるエッチング工程について以下に述べる．

1.3.1 オーミックコンタクト

（1）概　要　金層・半導体界面にはショットキー障壁が形成される．この障壁を低くしてオーミックコンタクトを下げるため，半導体界面のドーピング濃度を高くする必要がある．

（2）方法と材料　方法としてイオン注入，不純物拡散，エピタキシーなどがある．材料には n 形に Si, Ge, Sn, Se, Te，p 形に Zn, Cd, Be, Mg などがある．

以上により接触抵抗を下げた半導体表面に，形成が容易で付着力が強く信頼性の高い材料を用いて電極を形成する．GaAs 系の n 形電極として Au-Ge-Ni 合金，p 形として Au-Zn 合金が，InP 系の n 形電極として Au-Sn 合金，p 形として Au-Zn が用いられる．方法として真空蒸着，スパッターなどがある．

1.3.2 絶縁膜形成

（1）概　要　電流注入形のデバイスの場合では，電流を効率よく活性部に注入するために，他の部分を絶縁膜により覆う必要がある．電界効果形のデバイスでは，高電圧が印加できるようにピンホールのない，しかも電圧に耐える絶縁膜を用いる．

（2）方法と材料　材料の種類として SiO_2, Si_3N_4 がある．形成方法として，減圧 CVD，プラズマ CVD（スパッター），電子ビーム蒸着などがある．

1.3.3 拡　散

（1）概　要　金属・半導体界面のショットキー障壁を低減化し接触抵抗を下げるため，半導体界面のドーピング濃度を高める方法の一つである．また，結晶の一部に高濃度のドーピングを施すことにも用いられている．

（2）方法と材料　デバイスが形成されたウェーハに電流注入領域を窓開けした絶縁膜を施し，拡散材料とともに封入後高温に加熱して拡散させる．

拡散材料に InP や InGaAsP 表面用として $ZnAs_2$, ZnP_2 の混合剤がある．

拡散方法の一例として，石英の開管を二つの部屋に分け，間を細い連通管でつなぎ，一方に拡散材料，他方に窓開けされたウェーハを入れ，真空排気しつつ封止し，600°C 程度

の炉で拡散する封管法がある．

1.3.4 エッチング

(1) 概　　要　エッチングには，液体の化学的エッチング溶液を用いたウエットエッチングとガスソースを用いたドライエッチングの2通りの方法がある．基板材料表面に機能をもたせたデバイスを形成するため，パターンを作製するものである．

(2) 方法と材料

a. ウエットエッチング：　エッチャントとして酸やアルカリの水溶液を用い，エッチングされる物質により種類，濃度，温度，ほかの材料との混合などを選んで使用する．結晶の方位によるエッチング速度の依存性があるものもあり，これを利用したメサエッチング，逆メサエッチングなどがある．

エッチャントは静止状態，撹拌，流動，噴霧などの条件で使用している．

表Ⅲ.1.2に，エッチャントの種類と用途についての一例を示す．

表 Ⅲ.1.2　ウエットエッチング用試薬例[16]

エッチャント名	使 用 薬 品	組 成 比	用　　途
硫酸過酸化水素水	$H_2SO_4 : H_2O_2 : H_2O$	3:1:1	四元系選択エッチ
ブロムメタノール	$Br_2 : CH_3OH$	1:20〜30	逆メサ，順メサ
4:1塩酸水溶液	$HCl : H_2O$	4:1	InP系エッチ
臭素硝酸水	$HBr : HNO_3 : H_2O$	1:1:10	InP系回折格子
K・K・Iエッチャント	$HCl : CH_3COOH : H_2O_2$	1:1:1	InP系回折格子

b. ドライエッチング：　ガスソースとしてArなどの不活性ガスやCF_4，CCl_4などの反応性ガスがある．エッチング装置としては，スパッターエッチング装置，イオンビームエッチング装置，プラズマエッチング装置などがある．　　　　　　　　　　　［渡辺　勉］

参 考 文 献

1) I. Hayashi and P. B. Panish: A. P. L., **17**, 3 (1970), 109.
2) J. J. Hisieh and J. A. Rossi: A. P. L., **28**, 6 (1976), 709-711.
3) K. Oe and K. Sugiyama: J. J. A. P., **15**, 12 (1976), 740-741.
4) T. Yamamoto, K. Sakai, S. Akiba and Y. Suematsu: E. L., **13**, 3 (1977), 142-143.
5) S. Arai, Y. Suematsu and Y. Itaya: J. J. A. P., **18**, 3 (1979), 709-710.
6) S. Akiba: E. L., **15**, 9 (1979), 606-607.
7) H. Kawaguchi: E. L., **15** (1979), 669-700.
8) 末松安晴，伊賀健一：光ファイバ通信入門，オーム社 (1989)．
9) 米津宏雄：光通信素子工学，工学図書 (1984)．
10) 伊賀健一：レーザ光学の基礎，オーム社 (1988)．
11) 須崎慎三，渡辺　勉：藤倉技報，第68号 (1984)．
12) Y. Mori and N. Watanabe: J. Appl. Phys., **52** (1981), 2792.
13) 江崎玲於奈，榊　裕之：超格子ヘテロ構造デバイス，工業調査会 (1988)．
14) K. Aoyagi: 第9回混晶エレクトロニクス・シンポジウム論文集 (1990), 3.
15) W. T. Tsang: Semiconductors and Semimetals, Vol. 24, chap. 7, pp. 397-458.
16) 原　徹，柏木正弘：半導体プロセス材料実務便覧，サイエンスフォーラム．

2. ガラス材料（アモルファス材料）

2.1 ガラス材料の基本特性

2.1.1 透明性とは

ガラスの定義は過去いろいろ試みられてきたが，現在まで一般的に支持されてきた定義は高温溶融体が結晶化することなく固化した過冷却液体とする意見である．

すなわち原料を高温で溶融しその熱的なランダムネスを保持したまま冷却固化した媒質をガラスとよぶ．しかし最近 Sol-Gel 法という液相からガラスを低温合成する方法が開発され必ずしも高温溶融体という言葉が合わなくなってきた．そこで最も新しい定義はガラス転移点をもった非晶質媒質をガラスという．ガラス転移点とはガラスを明確に特徴づける特性で，図Ⅲ.2.1 に示すようにガラスはもともと結晶と異なり明確な融点をもたない．その代わりにガラス転移点という塑性流動と粘性流動を区分するガラス転移点をもつのである．ガラス材料のもつ特徴は次のようなものがある．

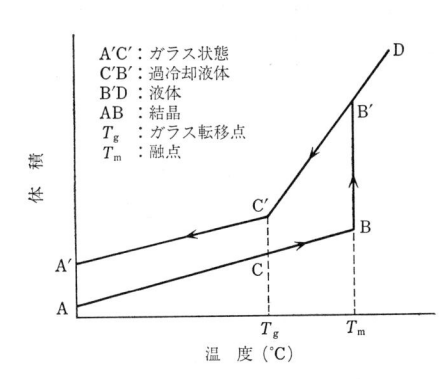

A′C′：ガラス状態
C′B′：過冷却液体
B′D：液体
AB：結晶
T_g：ガラス転移点
T_m：融点

図Ⅲ.2.1 ガラス状態と結晶状態になることができる物質の体積と温度の関係

① 透明性をもつ．
② 結晶に似た構造をもつ．
③ 結晶と違い，元素の組合せと組成比がある領域で大きい自由度をもつ．
④ 成形性に富み，板，管，棒，繊維，球などの形状の自由度をもつ．
⑤ 化学的，機械的に安定で長期信頼性をもつ．
⑥ 電気的絶縁性をもつ．

なんといっても①にあげた透明性はガラスの有用性という点では第1位であろう．この特性が窓や容器に利用され，また高透明ガラスの場合には光ファイバーに用いられることになるのである．

2.1 ガラス材料の基本特性

一般に透過率 (T) は，ガラスに入射した光量 I_0 と出射光量 I の比 I/I_0 で表すことができる．光ファイバーなどのように透過率の高い媒体については，特に，$-10 \log T$ と表す．またランベルト-ベールの法則により，透過率 T は次のように表すことができる．

$$T = \exp(-\alpha t) \qquad (2.1)$$

ここで，α：吸収係数，t：媒体の厚み，である．

ガラスの損失の要因は，表面での反射，ガラス内部の吸収と散乱である．この中で主たる損失の原因であるガラスの吸収損失には，二つの機構がある．一つは，ガラスを構成する原子やイオンの価電子帯から伝導帯への電子遷移による紫外域での強い吸収である．もう一つは分子や格子の振動準位間の励起による赤外域での吸収である．この二つの吸収帯の間，すなわち可視領域がガラスの透明な窓であるといえる．しかしカルコゲナイドガラスのような半導体ガラスでは，電子遷移による吸収が赤外領域まで及んでおり，可視領域では不透明となる．

一方散乱損失は，ガラス中に存在する屈折率のゆらぎや微小な粒子による光の弾性散乱が原因で損失を与える．通常は吸収損失に比べて散乱損失は小さいが，光ファイバーなどのような長尺媒体では無視できない．すなわち屈折率のゆらぎによる散乱は，レイリー散乱とよばれ，その大きさは透過波長の4乗に逆比例する．したがって長波長を用いるほどこの散乱損失は小さくなるため光ファイバーでの長距離通信用に赤外透過光ファイバーが研究されているのである．

2.1.2 屈折率と分散

一般に媒質の全分極率は，原子，電子，分子配向の三つの部分からなる．しかし振動数がきわめて高い光の領域では，電子分極率の影響が最も高い．また媒質の屈折率は電子分極率とローレンツ-ローレンツの式で結び付けられる．

$$\frac{n^2+1}{n^2+2} = \frac{4\pi \sum Q_i \alpha_i}{3} \qquad (2.2)$$

ただし，α_i は媒体を構成する i イオンの電子分極率である．Q_i は単位体積当たりのイオン数を表す．したがって電子分極率の大きなイオンの濃度が高ければ，高い屈折率を与えることになる．

屈折率は光の波長により変化する．これを分散といいアッベ数で表す．

$$\nu = (N_d - 1)/(N_f - N_c) \qquad (2.3)$$

ただし，N_d, N_f, N_c はそれぞれスペクトル線のd線 (587.6nm)，f線 (486.1nm)，c線 (656.3nm) を表す．

アッベ数が大きいほど分散は小

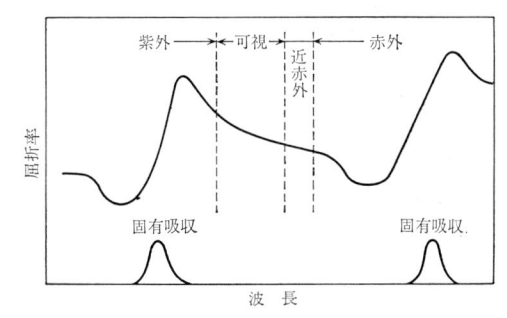

図 Ⅲ.2.2 石英ガラスの屈折率の波長変化

さく，屈折率の波長に対する変化が小さいことになる．図Ⅲ.2.2に石英ガラスの屈折率の波長依存性を示す．一般に可視域では波長が長くなると屈折率が小さくなるが，この領域を正常分散領域という．また固有吸収位置で屈折率の波長依存性が逆になる．これを異常分散領域という．

2.1.3 機械的特性

ガラス材料は結晶と異なり，粒界や転位などの強度劣化をもたらす要因はもともと存在しない．したがってガラス材料そのものの強度は本質的にきわめて大きく数 GPa というヤング率をもつといわれている．そこでこの強度を処女強度または固有強度という．しかし現実のガラス材料の強度は決して大きくない．この原因はガラス材料の表面に存在する微小なきずによると考えられている．すなわちガラスは構造的に内部から破壊するのではなく，表面のきずの成長により破壊するのである．

図Ⅲ.2.3に強度スケールに対して各ガラスの強度の位置を示したものである．石英ガラスの固有強度は常温の 6 GPa，78 K での低温度下では 14 GPa という高い値を示す．この強度は原子間の結合力の理論計算からも求められ，鉄のウイスカーに匹敵するという．実際のガラスの強度は，表面きずのために 2～3 桁理論強度から低下し，現実のガラスは 7 MPa くらいである．このようなガラスの破壊は表面きずによる張力（テンション）で起こることになる．したがって表面に圧縮応力をあらかじめ加えておくと強度を上げることができる．そこでガラスの強度を上げる方法について述べる．

物理的強化方法は，風冷強化ともいいガラスの転移点以上の温度に加熱した後表面のみを空気で急冷固化すると，ガラス内部では徐々に冷却されるため表面層に圧縮応力が発生する．自動車のフロントガラスなどに用いられている強化ガラスがこの方法で製作されている．この強化法の欠点は，熱膨張係数の小さなガラスや薄肉厚のガラスには適用できない．また加熱時にわずかの変形を起こすことも欠点の一つである．

化学的強化方法はガラスを高温に維持されたアルカリ溶融塩に浸漬しガラス中のアルカリイオンと相互拡散させ冷却後に生じる相互のアルカリイオンのイオン半径の違いによる圧縮応力を表面層に形成させる方法である．通常表面層には 10～300 μm の圧縮層が形成

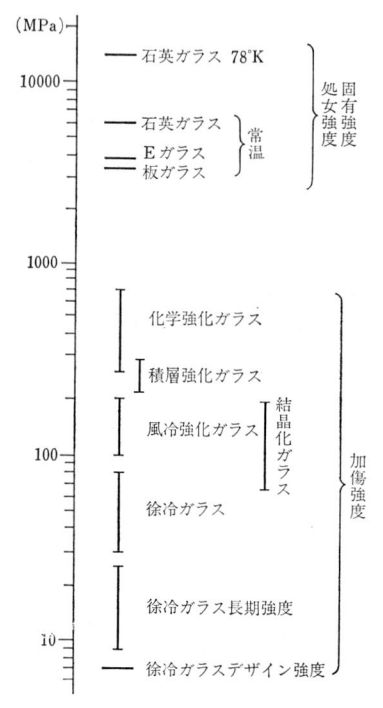

図 Ⅲ.2.3　ガラスの強度スケール

され，3000〜5000 kg/mm² の応力が発生する．特殊な場合は，Li⁺ をガラス中に拡散させ熱処理をした後，低膨張性の結晶を析出させて表面層を強化する方法もある．これはガラス組成に制限がありアルミノシリケート組成のガラスに限られる．この方法は薄肉厚のガラスにでも適用でき，強化後の変形量も少ないという長所をもつが，圧縮層が薄く表面にきずが入った場合の強度，加傷強度が低いという欠点がある．

化学的強化法は，光ディスク用ガラス基板や磁気ディスク用ガラス基板としての応用が開けている．この場合ガラス基板を高速回転させることになるがそのとき生じる最大の応力は，曲率半径の小さい基板内周円部のエッジ部に生じる．このときの最大応力が強化されたガラス基板の圧縮強度より大きくなければよい．通常化学強化されたガラスの強度は，1000 kg/mm² 以上あり，15000 回転/分 の高速回転にも十分耐える強度である．

2.1.4 熱的特性

2.1.1項でも述べたように，ガラスの熱的な性質を特徴づけるものはガラス転移点である．図Ⅲ.2.1に示すようにガラスは結晶とは異なり，明確な融点をもたない．一般的に物

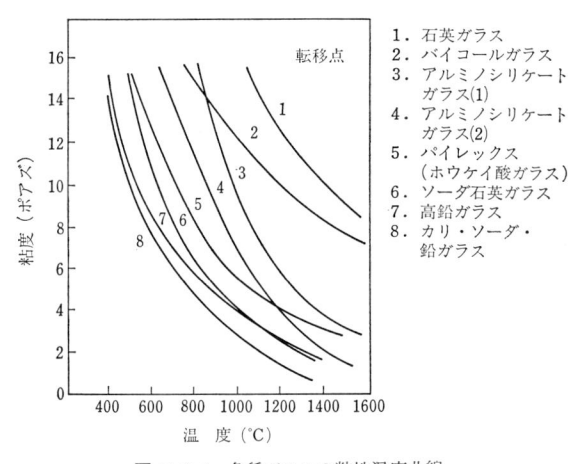

図 Ⅲ.2.4　各種ガラスの粘性温度曲線

1. 石英ガラス
2. バイコールガラス
3. アルミノシリケートガラス(1)
4. アルミノシリケートガラス(2)
5. パイレックス（ホウケイ酸ガラス）
6. ソーダ石英ガラス
7. 高鉛ガラス
8. カリ・ソーダ・鉛ガラス

質は加熱すると，体積膨張を起こすことが知られている．すなわち結晶は融点で液体から固体へと不連続な体積変化を生じるのに比べて，ガラスは液体から固体へは粘性を上げながら連続的に変化していくのである．

図Ⅲ.2.1でのC′点の高温側と低温側では温度に対する体積の変化率が異なることがわかる．すなわち高温側では粘性流動領域であり，低温側では塑性流動領域となる．C′点はガラスの熱的な性質が変化するいわば変曲点にあたり，このときの温度をガラス転移点とよぶ．ガラス転移点はガラスの固有の値ではなく，ガラスの熱履歴によっても変化する．これが熱加工によるガラスの残留変形量AA′として残り，ガラスの精密な熱加工を必要とするときには問題となる．

一般的にガラス転移点は、ガラスの耐熱性を表すパラメーターとして用いることができる。図Ⅲ.2.4に種々のガラスについてその粘性と温度の関係を示す。ガラスの中で最も耐熱性のあるものは石英ガラスである。以下代表的な耐熱性ガラスについて紹介したい。

石英ガラス: 1800年代前半に高温アーク溶融法が開発され石英ガラスの製造が始まったとされている。その後1965年になり酸素プラズマ炎溶融法が発明されると石英ガラスは工業製品として普及を始めた。石英ガラスは出発原料により透明石英ガラスと合成石英ガラスに分類できる。前者は天然または人工の水晶を原料としているのに対して、後者は四塩化シリコンなどの工業薬品から合成されたものである。この方法は少しプロセスが高価ではあるが化学的、物理的にきわめて安定な石英ガラスを製造することができるため、光学用途の石英ガラスに用いられる。その極限が石英ガラス系光ファイバーである。

表Ⅲ.2.1に石英ガラスの熱的性質をまとめて示す。ガラス転移温度は1025～1075℃ときわめて高い。成形温度は1800～2100℃と高いため2000℃くらいの高温にしないと成

表Ⅲ.2.1 石英ガラスの熱的性質

特性	粘度 (log(ポアズ))	透明石英ガラス (℃)	合成石英ガラス (℃)
転移温度域	—	1075～1180	1025～1120
ひずみ点	$\log \eta$ 14.5	1075	1025
徐冷点	$\log \eta$ 13.0	1180	1120
軟化点	$\log \eta$ 7.6	1730	1600
作業温度範囲	$\log \eta$ 5～8	1700～2100	1600～2000
最高使用温度(連続)	—	1100	950
最高使用温度(短時間)	—	1300	1200

形加工ができない。1000℃以上の熱衝撃強度をもっており、ガラスとしては優れた耐熱材料の一つである。また熱膨張率が低いため(5.6×10^{-7}/℃)熱衝撃にも強いことが特徴である。このため最近ではpoly-Si系TFT用基板として注目されている。すなわち、既存のSi系半導体プロセスをそのまま利用できるからである。

石英ガラスに近いものとしてバイコールガラスがある。これはガラス転移点の低い成形容易なホウケイ酸アルカリガラスを出発母材として、低温度で成形加工した後熱処理を行いシリカ骨格とホウ酸アルカリ部に分相させる工程と、酸処理を行いホウ酸アルカリ部を溶出させる工程および残ったシリカ骨格部を焼結して再び透明なシリカ系ガラスを得る工程からなっている。すなわちほとんどシリカ分のみを含むガラスが比較的成形しやすい低温度で加工でき、しかも擬石英ガラス、透明耐熱材料として用いることができるため工業用途に歓迎された。しかし現在では合成石英ガラスの価格が下がり、バイコールガラスの用途は限定されている。

アルミノケイ酸塩ガラス: シリカ、アルミナにアルカリ土類酸化物を加えた3成分系が基本組成である。このガラスは石英系ガラスに次いで耐熱性があるとされている。このガラスの特徴はガラス転移点は高く800℃以上の耐熱性をもっていながら高温側で粘性

が急激に下がり成形が容易である点である．このガラスは絶縁性も高くプリント回路用基板に混入するガラス繊維（E-ガラスという）にも用いられている．今後LCD用ガラス基板として重要な材料となることが期待されている．図Ⅲ.2.5にシリコンデバイスをガラス基板上に形成するとき，ガラス基板のもつべき性質を示した．すなわちシリコンは熱膨張率が $40\times10^{-7}/°C$ でありまたCVD法などでpoly-シリコン系デバイスを合成する際には800°C以上の耐熱性が要求される．さらにそのデバイスの安定性を確保するためにガラス基板中に易動度の大きいアルカリイオンを含まないことが条件だとされている．このような条件を満足させるガラスの一つとしてアルミノケイ酸塩ガラスは現在盛んに研究がなされている．

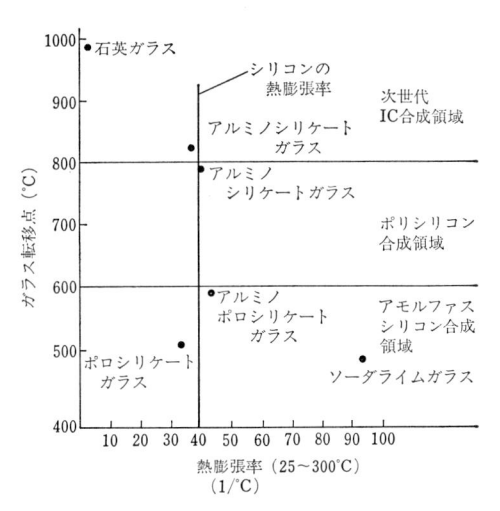

図Ⅲ.2.5 シリコンデバイス用基板としての熱膨張率とガラス転移点

2.1.5 電気・磁気的性質

ガラスは本来電気を通さない絶縁材料として知られている．しかしフラットディスプレイ分野にガラスの応用が広がってくるとガラスの表面に透明導電膜をコートする技術が開発されてきた．一方ガラスそのものに電気を通す性質をもたせる試みもなされてきた．表Ⅲ.2.2に電気・磁気特性をもつガラスとその応用を示す．

表Ⅲ.2.2 電気・磁気機能性をもつニューガラスの応用

電導性ガラス ・イオン伝導性ガラス ・電子伝導性ガラス	センサー，電池，ELディスプレイ，コンデンサー 光メモリー，フォトレジスト，撮像管，透明導電膜
磁性ガラス ・ファラデー回転ガラス	光アイソレーター，磁気センサー
遅延線ガラス	遅延素子
ガラス基板 ・磁気ディスク基板 ・光ディスク基板 ・平面ディスプレイ用基板	磁気ディスク 光ディスク，光磁気ディスク LCD，EL，PDP，ECD

また表Ⅲ.2.3には電導機構が電子によるものか，イオンによるものかでいくつかのガラスが開発されている．

表 III.2.3 電導性ガラスとその動作原理

	エレクトロクロミック材料	
	イオン伝導性	電子伝導性
バルクガラス	超イオン伝導ガラス	遷移金属を含むリン酸塩ガラス カルコゲナイドガラス
薄膜ガラス		ITO, TO 膜 カルコゲナイドガラス アモルファスシリコン

カルコゲナイドガラス: 1960年代の後半，SeやSを基本とした非酸化物ガラスが開発され，光メモリーや光スイッチ動作が確かめられた．代表例はSe系のカルコゲナイドガラスで通常は高抵抗を有するが，可視光が入射すると光導電性を示す．これはゼログラフィー技術として電子写真用に応用されたのはよく知られている．またSe-As-Te系カルコゲナイドガラスは蓄積形撮像管の光電導膜として有名である．このようにカルコゲナイドガラスはその導電率が $10^{-3} \sim 10^{-18}$ S/cm ときわめて広い範囲を示す．このガラスの長所欠点をあげると次のようになる．

長　　　所	欠　　　点
組成の自由度が大きい 大面積均質薄膜ができる 耐水性，耐湿性がよい	毒性をもつ材料，非酸素中での溶解が必要 可視光領域は透過しない 耐熱性が低い

超イオン伝導ガラス: ガラス中にイオン電導を示す Cu, Ag, Li, Na, F などのイオンが知られている．Li系のガラスで 10^{-3} S/cm のレベルまで達しており，Ag系のガラスでは 10^{-2} S/cm 以上のものが得られている．

このガラスの応用としては小形長寿命の固体電池が期待されている．表 III.2.4 にその構成例を示す． ［西澤紘一］

表 III.2.4 小形長寿命固体電池の構成

陰　極　(−)	電　解　質	陽　極　(+)
Ag	Ag イオン伝導性ガラス	I_2, C
Li, Al	Li イオン伝導性ガラス	Ti_2S
Li, Al	Li イオン伝導性ガラス	$Cu_4O(PO_4)_2$

2.2　石英系ガラスと光ファイバー/光導波路

2.2.1　石英系ガラス材料

石英系ガラスがほかのガラス（多成分系ガラス）と異なる化学構造上の特徴は，SiO_2 を主体とする網目形成化合物（network former）のみでガラスが構成されている点であり，

100% SiO_2 の石英ガラス（純粋石英ガラス）と，SiO_2 に数％から数十％の添加物（ドーパント）を加えたドープド石英ガラス（doped silica glass）に大別できる[1]．石英ガラスの優れた耐熱性や透光性，機械的強度は古くから注目され，るつぼ材料や理化学機器などの幅広い分野に応用されてきた．表 III.2.5 に石英ガラスの基本的な物理定数を示した．

ドープド石英ガラスが注目されるようになったのは，シリコン半導体や光ファイバーの開発研究を通じて比較的最近のことである．ドーパントとしては，GeO_2, P_2O_5, B_2O_3, TiO_2 などが一般的であり，酸素の一部を置き換える陰イオンとして，F（フッ素）もドーパントになる．

石英系ガラスを構成する網目形成化合物となる金属元素のほぼ共通的性質として，それらの元素が常温で液状のハロゲン化物（$SiCl_4$, $GeCl_4$, PCl_3, BCl_3, $TiCl_4$ など）や気相の水素化物（SiH_4, GeH_4, PH_3 など）を出発原料としてもっている点がある．液状のハロゲン化物は容易に気化させることが可能であり，気相反応を用いて不純物の少ない石英系ガラスを合成することができる．主原料ガス（$SiCl_4$ や SiH_4 など）に添加するドーパントガス（$GeCl_4$ や PH_3 など）の比率によって石英系ガラスの屈折率値を精密に調節することが可能であり，光ファイバーや光導波路の導波構造（コア部とクラッド部）形成の基本となっている．図 III.2.6 には石英系ガラス屈折率のドーパント濃度依存性を示した．TiO_2, GeO_2, P_2O_5, Al_2O_3 は屈折率値を増加させ，逆に B_2O_3, F は減少させる．

石英ガラスにドーパントとして GeO_2 を添加しても赤外光吸収特性への影響は少ない．B_2O_3 を添加すると赤外光吸似の立上りが短波長域に移るため，長距離伝送用石英系光ファイバーのドーパントとしては B_2O_3 は不向きである[2]．P_2O_5 を添加すると初期的には赤外吸収の立上りに大きな変化は現れないが，P_2O_5 はガラス中に侵入した水素と徐々に反応して長波長域での光ファイバー損失増問題を引き

表 III.2.5 石英ガラスの物理定数

屈折率	1.458（$\lambda_D = 0.589\,\mu m$） 1.445（$\lambda = 1.3\,\mu m$）
光透過波長域	0.16〜4.5 μm
屈折率温度係数 （熱光学定数）	$1 \times 10^{-5}/°C$
熱伝導率	1.4 W/(m・°C)
熱膨張率	$0.35 \times 10^{-6}/°C$
比　熱	787 J/(kg・°C)
軟化温度	〜1650°C
密　度	2.2×10^3 kg/m^3
ヤング率	7.3×10^{10} N/m^2
剛性率	3.12×10^{10} N/m^2
ポアソン比	0.17
音　速	5968 m/s（縦波） 3764 m/s（横波）

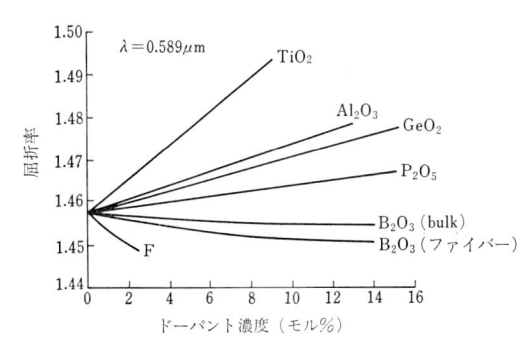

図 III.2.6　ドーパント濃度と屈折率の関係

起こすなどの理由で用いられなくなっている．

ドーパントとして TiO_2 を用いると Ti イオンの一部がガラス中で本来の4価から3価へと転じ遷移金属としての吸収損失が紫外域，可視域に現れ，近赤外域にも影響をもたらすので光ファイバー用ドーパントとしては不適である．結局，長距離伝送用石英系光ファイバーの作製に用いられるドーパントは今日では GeO_2 と F の2種類に限定されている．長さが数 cm～数十 cm と短い平面基板上の光導波路の場合には，上記の吸収損失は無視できるので GeO_2 以外にも TiO_2 や P_2O_5，B_2O_3 などのドーパントが屈折率制御やガラス軟化温度調節を目的として用いられている．

2.2.2 石英系光ファイバーの製法

石英系ガラスが低損失光ファイバー材料として使用できることを最初に提案したのは1966年イギリス STL 社の Kao と Hockham である[3]．これに応えて，1970年にアメリカコーニング社の Kapron らが，石英系ガラスを材料として 20 dB/km の低損失光ファイバーの製造に成功し[4]，これにより世界中で石英系光ファイバーの開発競争が始まった．今日では量産レベルで 0.2 dB/km（波長 1.55 μm）の低損失石英系光ファイバーを製造できる段階に達している．石英系光ファイバーは石英系ガラスのもつ優れた光学的性質や機械的性質を材料の極限まで利用している．

石英系光ファイバー製造の基本は，目的とする光ファイバーと断面が相似形の母材（preform）を作製することから始まる．母材は電気炉で約 2000℃ もの高温に加熱されファイバー外径（通常 125 μm 直径）に線引きされる．ファイバー表面にきずがつくのを防ぐために線引き直後にプラスチック材料で被覆が施される[5]．

石英系光ファイバー母材の代表的製法としては MCVD 法，OVD 法，VAD 法の三つをあげることができる．

MCVD（modified chemical vapor deposition）法は1974年アメリカ Bell 研究所から発表された母材製造方法であり，その概略を図Ⅲ.2.7に示した[6]．キャリヤーガスとして

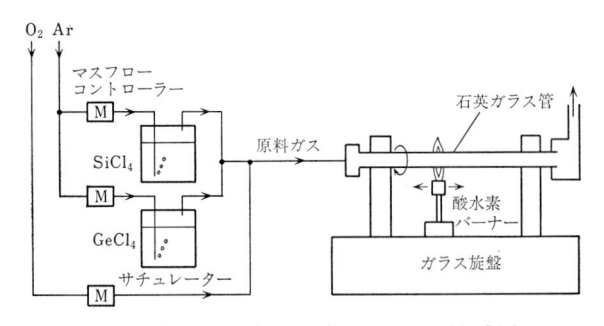

図 Ⅲ.2.7 MCVD 法による光ファイバー母材作製系

アルゴンガスを用い，$SiCl_4$，$GeCl_4$ などの金属ハロゲン化物を気相状態にし酸素ガスと混合して回転している石英ガラス管に導く．石英ガラス管を外部から酸水素バーナーで局所

的に加熱する (1400～1700°C) ことにより，金属ハロゲン化物は管内部で酸化され生成したガラス微粒子は下流側の管内壁に付着する．加熱部の移動に伴ってガラス微粒子は焼結され薄いガラス層となる．

この工程を数十回以上繰り返した後，原料ガスの供給を止め，バーナー加熱温度を上昇させるとガラス管は表面張力によって収縮し，中空部を完全につぶすこと（中実化；collapse）ができる．こうして作製した母材は，コア直径/外形直径比の調整のために必要に応じて別の石英ガラス管（ジャケット管）に収められ一体として線引きされ所望の光ファイバーとなる．屈折率分布の制御は，原料ガス中のドーパント濃度を時間的に変化させることにより容易に達成でき，ステップ形，グレーデッド形，単一モード形などの各種構造のファイバーを作製できる．MCVD 法が石英系光ファイバーの低損失化に果たしたパイオニアとしての役割は大きく，$1.3 \mu m$ や $1.55 \mu m$ の長波長領域開拓の先駆けとなった製造方法である[7,8]．

MCVD 法では原料ガス ($SiCl_4$) 中に SiH_4 や $SiHCl_3$ などが含まれていると水酸基 (OH 基) として堆積ガラス層中に残存し光ファイバー低損失化の妨げになるので原料ガスの純度に注意が必要である．また通常石英ガラス管に含まれている水酸基がガラス層の堆積や中実化時の高温で堆積ガラス層にまで拡散し，波長 $1.39 \mu m$ などに吸収ピークが現れる．そこでコア層の堆積に先立ち，クラッド層を十分に厚く堆積し光伝搬領域への OH 基の侵入を防止する対策が行われている[9]．

MCVD 法の変形として PCVD (plasma activated chemical vapor deposition) 法がある[10]．この方法は，MCVD 法におけるバーナーの代わりに高周波加熱源を用いるものである．高周波により石英ガラス管内部に酸素プラズマを発生させガラス原料ガスを酸化しガラス膜として管内部に堆積させるものである．この方法は多量のフッ素のドーピングが容易であり，GeO_2 を用いずに SiO_2-F の系のみで多様な光ファイバー構造を実現できる特徴がある．

OVD (outside vapor phase deposition) 法はアメリカコーニング社で開発された母材製造方法である[11]．概略を図Ⅲ.2.8に示した．原料ガスの供給法は MCVD 法と類似しているが，OVD 法の場合，金属ハロゲン化物は酸水素バーナーの火炎中での加水分解反応によりガラス微粒子となり支持棒の外周上に堆積して多孔質ガラス母材とする．屈折率分布の制御は MCVD 法と同様に時間軸上で行われる．こうして堆積した多孔質ガラス母材の中心支持棒を引き抜き，内面を研磨した後，電気炉中で加熱することにより多孔質ガラス母材を中実化し，気泡を含まない透明なガラス母材を得ることができる．

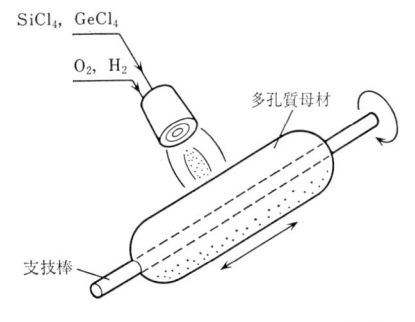

図Ⅲ.2.8 OVD 法による光ファイバー母材作製系

上記の火炎加水分解反応で合成されるガラス微粒子中には，酸水素炎に起因する水酸基が多量に含まれ，そのまま透明ガラス化すると，母材中に水酸基が残存し，最終的に得られる光ファイバーにOH基吸収損失として影響して望ましくない．そこで多孔質ガラス母材を透明ガラス化する際に，電気炉中に含塩素雰囲気ガスを導入して脱水処理が行われる．

VAD (vapor phase axial deposition) 法は1977年にNTT研究所により提案された母材製造方法である[12]．概略図を図Ⅲ.2.9に示した．火炎加水分解反応によりガラス微粒子を合成する点はOVD法と類似しているが，ガラス微粒子を回転する支持棒の下端に堆積させる点で異なっている．堆積速度に合わせて支持棒を軸方向に引き上げると，支持棒の下部にガラス微粒子の集合体である多孔質ガラス母材が成長する．多孔質ガラス母材はOVD法の場合と同様に含塩素ガス雰囲気中で加熱され透明ガラス母材となる．図Ⅲ.2.10にはVAD光ファイバーの低OH化の歩みを示した．低OH化が進んだ高品質石英系光ファイバーの短波長側の光損失は，波長の4乗に逆比例するレイリー散乱でほぼ規定され，長波長側では赤外光吸収の裾で規定されている．

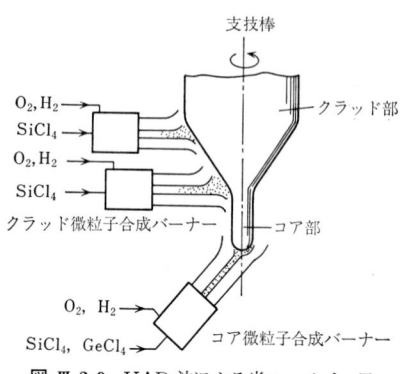

図Ⅲ.2.9 VAD法による光ファイバー母材作製系

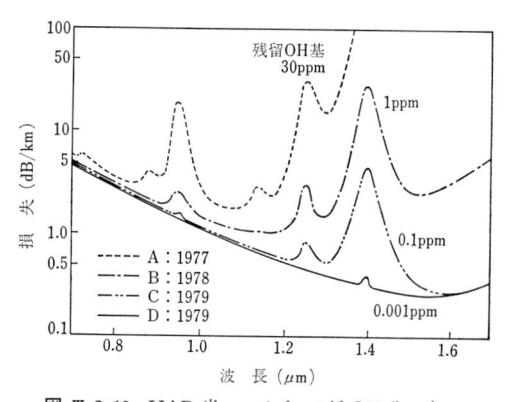

図Ⅲ.2.10 VAD光ファイバーの低OH化の歩み

VAD法はMCVD法に比べて高速母材合成が可能であり，OVD法に比べて中心支持棒を引き抜くなどの煩雑な工程がない長所をもつ反面，屈折率分布制御が困難である短所が開発当初あった．これは，MCVD法やOVD法が時間軸領域で屈折率分布制御を行うのに対し，VAD法は空間軸領域で屈折率制御を行う必要があることに起因していた．その後，酸水素バーナー構造・配置の改善や反応機構の解明などにより上記の短所が克服され，現在日本で生産されている石英系光ファイバーのほとんどがVAD法でつくられている．

石英系光ファイバーの種類としては，多モード光ファイバー，単一モード光ファイバー，分散シフト単一モード光ファイバー，偏波保持単一モード光ファイバーなどがある[5]

（第Ⅰ部第3章参照）．現在，石英系光ファイバーは，単一モード光ファイバーを中心とした中・長距離の基幹光伝送系システムに最も信頼性の高い高速伝送媒体として大量に導入されており，今後，各家庭や事務所を光ファイバーで結ぶ光加入者系システムでも中心的な役割を果たすと期待される（第Ⅴ部第1章参照）．

2.2.3 石英系光導波路の製法

透光性に優れた石英系ガラスを光集積回路用の光導波路材料として用いる試みは光集積回路構想の提案当初にまでさかのぼる[13]．初期の石英系光導波路は真空蒸着やスパッタリングなどの薄膜形成技術に基づく膜厚 1 μm 程度以下のものがほとんどであった[14]．最近では，CVD（chemical vapor deposition）法や火炎加水分解堆積法（FHD；flame hydrolysis deposition）により，石英系光ファイバーのコア径に匹敵する膜厚の石英系光導波路を形成できるようになり，光通信分野への応用を目指した導波路形光部品の開発が進められている[15~17]．

図Ⅲ.2.11 には単一モード光ファイバーと同等のコア寸法をもつ石英系単一モード光導波路の断面構造例を示した．(a) LETI（フランス）では，SiH_4, PH_3 を原料とするプラ

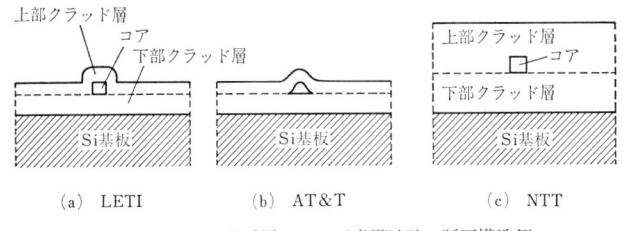

図Ⅲ.2.11 石英系単一モード光導波路の断面構造例

ズマ CVD 法により SiO_2-P_2O_5 系導波路を作製している[15]．(b) AT & T（アメリカ）では減圧 CVD 法によりやはり SiO_2-P_2O_5 系導波路を作製している[16]．(c) NTT（日本）では FHD 法により SiO_2-TiO_2 系や SiO_2-GeO_2 系の光導波路を作製している[17,18]．気相反応で合成可能な石英系ガラスは，逆に気相反応によりエッチングすることが可能であり，このドライエッチング手法は光導波路の微細加工に利用されている．代表的なドライエッチング法としては反応性イオンエッチング（RIE；reactive ion etching）法や反応性イオンビームエッチング（RIBE；reactive ion beam etching）法がある．これは CF_4 や C_2F_6 などの炭化フッ素ガスを真空プラズマ中で分解・イオン化し電界で加速して石英系ガラス膜に照射する方法で，元来 LSI 微細加工用に開発されたが，石英系光導波路作製に活用されている[19]．

図Ⅲ.2.12 には FHD 法による SiO_2-GeO_2 系単一モード光導波路の作製工程を示した（図Ⅲ.2.11 (c) に対応）．まず，光ファイバー製造時と同じ気体状原料（$SiCl_4$, $GeCl_4$）を酸水素バーナー中に送り込み火炎中で加水分解して得られるガラス微粒子をシリコン基板（シリコンウェーハ）上に吹き付け堆積させる．原料ガスの組成（ドーパント濃度）を変え

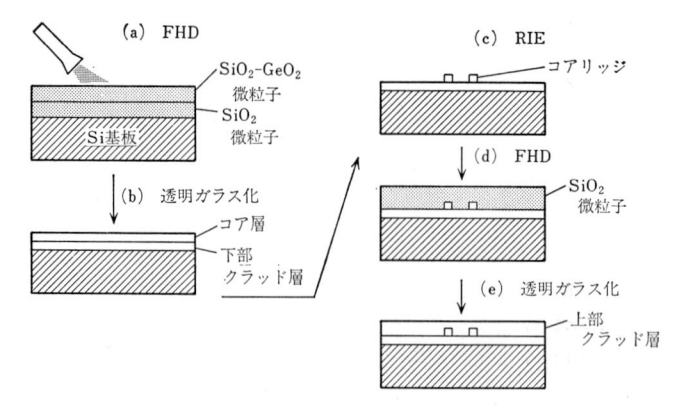

図 Ⅲ.2.12 FHD 法による石英系単一モード光導波路の作製工程

ることにより下部クラッド用ガラス微粒子とコア用ガラス微粒子の 2 層構造が形成される．続いてガラス微粒子膜を電気炉中で高温（1100～1300°C）に加熱し，シリコン基板の上を覆う透明な光導波膜とする．次に反応性イオンエッチングによりコア層の不要部分を除去してリッジ状のコア部を残す．最後にコア部を覆うように上部クラッド用ガラス微粒子を堆積し，再度電気炉中で透明化することにより埋込み構造の単一モード光導波路ができあがる．FHD 法はガラス膜の堆積速度が早くコア部寸法 8 μm 程度の単一モード光導波路に加えてコア部寸法が 50 μm 程度の多モード光導波路も作製可能である．

FHD 法で作製した SiO_2-GeO_2 系単一モード光導波路の基本特性を表 Ⅲ.2.6 に示した．

表 Ⅲ.2.6 石英系単一モード光導波路の基本特性

	低 $\varDelta$ 形	高 $\varDelta$ 形
比屈折率差 $\varDelta$ (%)	0.3	0.75
コアサイズ (μm)	8×8	6×6
光伝搬損失 (dB/cm)	<0.1	<0.1
光ファイバー接続損*(dB/point)	0.1	0.4
許容曲げ半径** (mm)	25	5

* 対 1.3 μm ゼロ分散単一モード光ファイバー（屈折率整合剤使用）
** 90 度曲り導波路での損失増 0.1 dB 以下（λ=1.55 μm）

低 $\varDelta$ 形の導波路は，通常の 1.3 μm ゼロ分散単一モード光ファイバーとの接続性を第一優先に設計された光導波路である．高 $\varDelta$ 形は，許容曲げ半径が 5 mm 程度と小さい利点があり，複雑な光回路の構成に適している[17]．

導波路形光部品の種類（導波路形光干渉計など）によっては，石英系光導波路の位相や複屈折を精密に制御する必要があり，図 Ⅲ.2.13 に示した位相・複屈折制御法が開発されている．光導波路上に設けられた薄膜ヒーターは，石英系ガラスの屈折率温度依存性を利

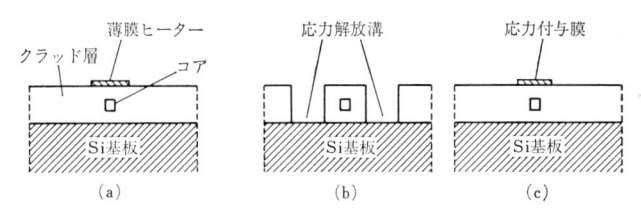

図 Ⅲ.2.13 石英系光導波路の位相・複屈折制御

用した熱光学（TO; thermo-optic）位相シフターとしての役割を果たす[20]. また，石英系光導波路がシリコン基板から受ける圧縮応力による複屈折性（基板面に垂直な偏光と水平な偏光との間でわずかに屈折率が異なる現象）を補償するために，応力解放溝や応力付与膜（通常，高速スパッター法で形成した非晶質シリコン膜）が考案されている[21].

これまでに石英系光導波路を用いて光スプリッターや熱光学スイッチ，波長多重/光周波数多重用合分波回路をはじめとする多彩な導波路形光部品の開発が試みられている[22]（第Ⅳ部第6章参照）. また石英系光導波路をベースとして光半導体素子などを複合化するハイブリッド光集積や光実装の研究も進められている（第Ⅳ部第11章，第12章参照）.

［河内正夫］

参考文献

1) シリカガラス研究会：シリカガラスデータブック（昭和63年度），社団法人ニューガラスフォーラム．
2) 小林, 柴田, 柴田：通研研究実用化報告, **26** (1977), 2569-2583.
3) K. C. Kao and G. A. Hockman: Proc. IEE, **113** (1966), 1151-1158.
4) F. P. Kapron, D. B. Keck and R. D. Maurer: Appl. Phys. Lett., **17** (1970), 423-425.
5) 末松, 伊賀：光ファイバ通信入門（改訂3版），オーム社 (1989).
6) J. B. MacChesney, P. B. O'Conner, F. V. DiMacello, J. R. Simpson and P. D. Lazay: 10th Int. Congr. on Glass (Kyoto), 6 (1974), 40.
7) M. Horiguchi and H. Osanai: Electron. Lett., **12** (1976), 310-312.
8) T. Miya, Y. Terunuma, T. Hosaka and T. Miyashita: Electron. Lett., **15** (1979), 106-108.
9) M. Kawachi, M. Horiguchi, A. Kawana and T. Miyashita: Electron. Lett., **13** (1977), 247-248.
10) P. Geittner, D. Kuppers and H. Lydtin: Appl. Phys. Lett., **28** (1976), 645-646.
11) D. B. Keck and P. C. Shultz: U. S. Patent 3,737,292 (June, 1973).
12) T. Izawa, S. Kobayashi, S. Sudo and F. Hanawa: IOOC '77, C1-1 (1977), 375.
13) 光導波路, 光集積回路全般については, 西原, 春名, 栖原：光集積回路, オーム社 (1985).
14) F. S. Hickernell: Solid State Technol., (1988), 83-87.
15) S. Valette, S. Renard, H. Denis, J. P. Jadot, A. Founier, P. Philippe, P. Gidon, A. M. Grouillet and E. Desgranges: Solid State Technol. (Feb. 1989), 69-74.
16) C. H. Henry, G. E. Blonder and R. F. Kazarinow: J. Lightwave Technol., **7** (1989), 1530-1539.
17) M. Kawachi: Optical and Quantum. Electronics, **22** (1990), 391-416.

18) T. Kominato, Y. Ohmori, H. Okazaki and M. Yasu: Electron. Lett., **26** (1990), 327-328.
19) マイクロ加工技術編集委員会編：マイクロ加工技術（第2版），日刊工業新聞社 (1988).
20) M. Haruna: JARECT, vol. 17, Optical Devices & Fibers, OHM*North-Holland (1985/1986), 69-81.
21) A. Sugita, K. Jinguji, N. Takato and M. Kawachi: IEEE J. Selected Areas in Communications, **8** (1990), 1128-1131.
22) 河内：NTT R & D, **40** (1991), 199-204.

2.3 多成分ガラスと光ファイバー

2.3.1 多成分光ファイバー

多成分光ファイバーは，元来照明用（ライトガイド）として開発された．その後イメージガイド用光ファイバーバンドル[1]や短距離通信用光ファイバーとして開発改良され今日に至っている．光通信用光ファイバーについていえば 1960 年代の後半，当時イギリスのスタンダード通信研究所にいた C. Kao が光学ガラス繊維を通信用伝送路として適用できることを提案したのが最初であった[2]．また 1968 年日本電気と日本板硝子が共同で開発に成功した光集束形多成分光ファイバー，セルフォックファイバーは現在の光通信用 GI 形光ファイバーの原点である[3]．

1970 年にコーニング社が石英系光ファイバーの開発に成功し，現在の光ファイバー全盛の時代をつくったことはよく知られている．その後多成分光ファイバーは波長 0.8 μm 帯で 3.5 dB という低損失を実現したが石英系光ファイバーの 1 μm 帯での 0.2 dB とは到底太刀打ちできず，その量産性，組成の自由度の大きさなどの特徴を生かして現在は短距離光通信用光ファイバーとして実用化されている．そこで多成分光ファイバーの特徴をあげてみると次のようになる．

① 二重るつぼ法により生産が可能で量産に向いた技術である．
② ガラス組成，屈折率の選択の自由度が大きいため開口数の大きいファイバーや口径の大きいファイバーが可能である．
③ 耐熱性，耐候性が比較的よい．

欠点としては，
① 損失値が石英系ファイバーに比して大きい．特に 1 μm 以上の長波長帯では損失が大きい．
② 強度がやや弱い．

（1）多成分ガラス光ファイバーの製法 プロセスとしては，通常次の三つをあげることができる．

a. 原料精製： ガラス中の不純物特に遷移金属（Fe, Co, Ni など）や OH 基は ppb オーダーまで減少させなければならない．純度向上としては原料となる酸化物，水酸化物，炭酸塩，硝酸塩などの蒸留，再結晶法，溶媒抽出，キレート化，吸着法などの精製技術が駆使される．この高純度原料精製のために微量化学分析技術が開発された．たとえ

ば，高感度原子吸光法，スパークソース質量分析などである．多成分ガラス光ファイバーの組成は，コア材料とクラッド材料の屈折率と熱膨張率などの熱的性質，また化学的耐候性などを総合的に考えて決めなければならない．代表的な光ファイバーの組成を表Ⅲ.2.7に示す[4]．

表 Ⅲ.2.7 多成分系光ファイバー成分例

コアガラス	SiO_2-GeO_2-B_2O_3-Na_2O-CaO-BaO-ZrO_2
クラッドガラス	SiO_2-B_2O_3-Na_2O-Al_2O_3-ZnO-MgO

(注) 開口数の変更は，コアガラスの BaO, ZrO_2, CaO の量を変えることにより得られる．

b. ガラス溶融： 精製されたガラス原料を調合，溶融する．このとき，泡，脈理，失透などが生じないように注意して溶解しなければならない．一般にコアガラスとしては，屈折率は1.6以上，低軟化点，適当な粘性曲線をもつガラスが望ましいといわれている．一方クラッドガラスとしては，屈折率1.53以下，コアガラスとの熱的，機械的特性の適合性，優れた耐候性などが要求される．溶融のためのるつぼは通常 Pt または石英が用いられる．溶融法は，高周波誘導加熱，抵抗当熱加熱法などがふつうである．図Ⅲ.2.14に代表的な高周波誘導加熱溶融法を示す．すなわち 5〜6MHz の電磁波によりガラスを直接誘導加熱する方法で，るつぼを加熱することがないためるつぼから不純物導入を極力少なくすることができる．

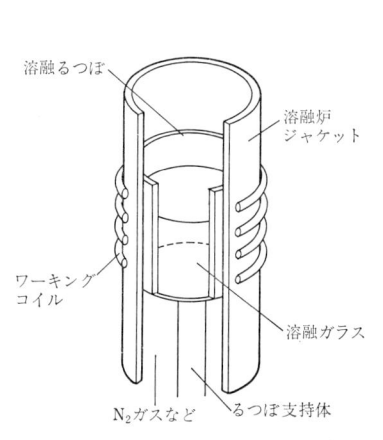

図 Ⅲ.2.14　高周波誘導加熱法

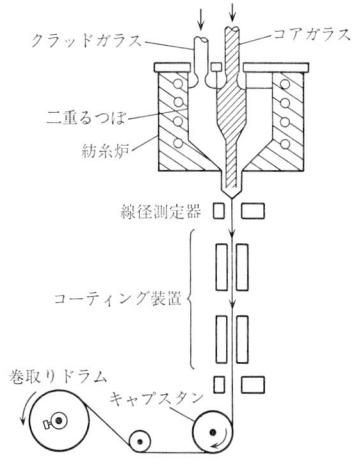

図 Ⅲ.2.15　多成分系光ファイバー製造法

c. ファイバー製造： 最も広く用いられているのが，図Ⅲ.2.15に示すように二重つぼ法である[5]．同心円上に配置された2組のるつぼにそれぞれコアとクラッド用ガラス

を投入し共心ノズルからファイバーを引き出しドラムに巻き取る．ファイバーの線径は，巻取り速度で制御される．コア・クラッド比はるつぼ内のヘッドとガラスの温度すなわち粘性に依存する．もう一つ別のファイバー製造方法にロッドインチューブ法がある．これはコアガラスをロッド状に成形し，クラッドガラスでパイプをつくり両者を組み合わせてファイバー化する方法で，少量でもファイバー化できるため実験用に用いられることが多い．

（2） 多成分光ファイバーの特徴 多成分光ファイバーは石英系ファイバーに比べて，図Ⅲ.2.16に示すようにガラス中の水酸基の除去がむずかしく伝送損失特に長波長領域での損失が大きい．しかしコア材料とクラッド材料の光学特性を比較的自由に選択できることから，高NA，大口径などの特殊な光ファイバーを低コストで製作することができる．高NA光ファイバーは光源との結合効率を大きくすることができるため光源との結合光学系を簡単にすることができる．図Ⅲ.2.17は光ファイバーの長さによる光源からの入力パワーの変化量を光ファイバーの開口（NA）をパラメーターに示したものである．この図から開口が大きいほどファイバー長に対する伝送損失量は小さい．また光ファイバーの曲がりに対する損失の増加を抑えることもできることがわかる．一方，大口径光ファイバーは光源との高効率結合ばかりでなく光ファイバーどうしの接続の容易さも実現することができる．図Ⅲ.2.18に光ファイバーの接続損失の例を示す．光ファイバーどうしの軸ずれ量や角度ずれ量による損失の増加は，開口が大きくまた口径が大きいほど少ないことがわかる．さらにコア径とクラッド厚の比も自由に選択できることも特徴である．すなわち200 μm のコア径に対して外径を230～250 μm とした光ファイバーが現在も製作されている．

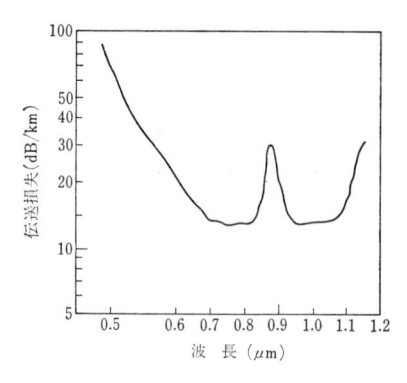

図 Ⅲ.2.16 多成分系光ファイバーの分光特性（例）

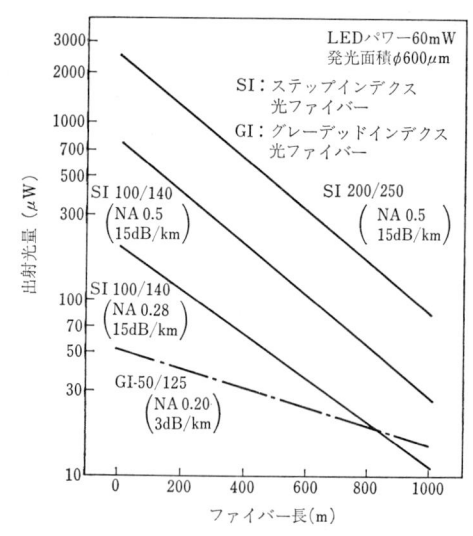

図 Ⅲ.2.17 多成分系光ファイバーとLED光源との結合時の出射光量
200/250 はコア径/クラッド径を示す．

（3） 多成分光ファイバーの応用

a．ライトガイド： 上述の方法で作成された $50\sim200\,\mu\mathrm{m}\phi$ 口径をもつファイバーを適当に束ねてバンドル化したものである．可とう性と曲げ強度を保障するための適当な外装を施したものが市販されている．

b．イメージガイド： 図Ⅲ.2.19 に示すように箔積法と溶出法がある．前者はループ形状にアレイ配列されたシート状ファイバーバンドルを1段ずつ積層していく方法である．細径のファイバーや長尺のファイバーなどは扱いがきわめて困難である．それに対して溶出法はクラッドの最外層に特殊な酸に溶解するガラスパイプを用意しコア・クラッドとともにロッドインチューブ法でファイバー化する．このファイバーの束を再度酸に溶解するガラスパイプに挿入し熱延伸をする．こうして得たプリフォームを両端のみ耐酸性の樹脂で固め，中央部を酸溶液に浸漬して溶解させる．したがって両端部を除く各ファイバーがばらばらの状態になりフレキシビリティを付与しつつ両端面は1対1に対応しているイメージバンドルができたことになる．

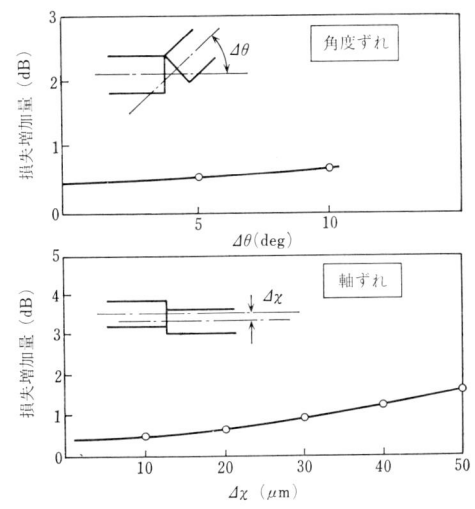

図 Ⅲ.2.18　NA 0.5 200/250光ファイバーにおける角度ずれ，軸ずれによる損失増加量

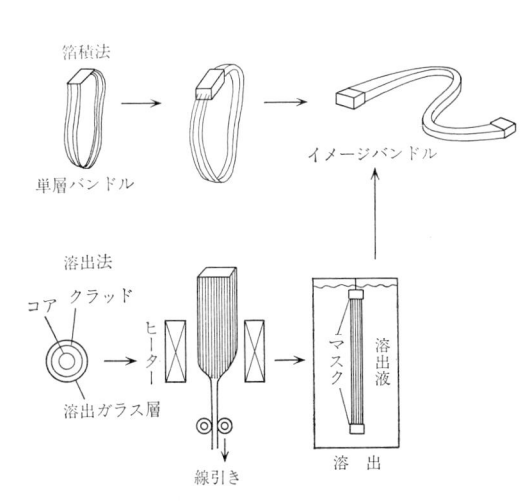

図 Ⅲ.2.19　イメージバンドルの製造方法

c．通信用ファイバー： 多成分光ファイバーの最小損失値は $3\sim5\,\mathrm{dB/km}$ まで実現できたとされているが，コストと品質から石英系ファイバーに太刀打ちできない．そこで $10\sim30\,\mathrm{dB}$ の範囲でコストパフォーマンスのよいファイバーをつくり短距離通信用ファイバーとして活路を見つけた．また光源との結合効率の良い開口数の大きなファイバーが容易に製作できるため，光リンク用ファイバーとしても歓迎されている．代表的なファイバーとしては次の

ようなものが市販されている．

開口数 0.55, 損失 15 dB/km, 帯域 5 MHz/km
開口数 0.28, 損失 12 dB/km, 帯域 10 MHz/dm

多成分光ファイバーは，古い歴史をもち照明用やイメージ伝送用として実用化されてきた．1970年代には通信用光ファイバーとして脚光を浴び一時は石英系光ファイバーと低伝送損失化の競争を行ったが光源の波長が長波長にシフトしたことで決着がつきそれ以降多成分光ファイバーは短距離光通信用ファイバーとして特化されることとなった．一方イメージ伝送やライトガイドは医療分野や OA や FA 機器に大量に応用されることになり，現在でも生産が続けられている．今後は多成分ガラスのもつ自由度の大きさを利用して，レーザー発振や波長変換，非線形光学効果をもつ機能形光ファイバーの開発が期待されている．

2.3.2 多成分系光導波路

多成分ガラスは最も代表的な非晶質材料で高透明性，成形性，高信頼性かつ量産性などの特徴をもつために古くから導波路材料として研究されてきた．

多成分ガラス導波路の製法には，大きく分けるとウェットプロセスとドライプロセスがある．前者はガラス基板上にあらかじめ Ti などの高耐久性の導波路マスクパターニングを形成しておき，それを高温に保持された溶融塩中に浸漬してマスク開口を介してイオン交換を行わせて埋込み形の導波路をつくる方法で 1971 年にはすでに住本ら（NEC, NSG）によって実施されていた[7]．次いで 1972 年伊沢ら（NTT）は，イオン交換中に電界を加えることによって導波路を深く埋め込むことに成功した[8]．一方，後者はガラス基板上に Ag 膜を蒸着法などで形成し，フォトリソグラフィー技術を用いて所定の回路パターンを残す方法で，次にガラスの両側に電極を蒸着したのちガラスの厚み方向に電界を印加し Ag イオンをガラス基板中に拡散移入する[9]．この方法の変形として先にマスクパターンを形成しその上に Ag 膜をべた蒸着しマスク開口部から Ag を拡散移入する方法も提案されている[10]．

ウェット，ドライプロセス両者とも Ag イオンを拡散種とする場合ガラス中に還元性物質，たとえば Sb_2O_3, As_2O_3, FeO などが含有されていると Ag イオンが Ag コロイドに還元されて着色し光損失の原因となる．最近ではガラス組成そのものを酸化性にしたり，徹底的に不純物を除去して Ag イオンの拡散でも実用的な導波路が得られている．1970 年代当時は多モード導波路がどうにかできるという状態で実用化のレベルとはほど遠く，またシステム側からの要請もそれほど強くなかったため，基礎研究が日本や欧州で細々と続いている状況であった．1980 年代に入ると集積回路の研究が活発となり，基板材料の一つの候補としてガラス製導波路も再び脚光を浴びはじめた．

（1）**多成分ガラス系光導波路の製法**　現在では主としてウェットプロセスが広く用いられており，これについて述べたい[11~13]．図Ⅲ.2.20 に示すようにアルカリ含有ホウケイ酸ガラスを基板として，その表面にイオンの拡散バリヤーとして金属膜を蒸着する．通常は Ti 膜や Al 膜が用いられる．そこでフォトリソグラフィー技術を用いて設計された

マスクパターンを形成する．埋込み形の導波路を形成するときには，2段階のイオン交換を行う．

第1段目は，屈折率に寄与するイオン（Tl, Cs, Agなど）を含む溶融塩を用いてイオン交換を行う．この結果基板内に半円状の導波路が形成される．次に金属拡散バリヤー膜を除去した後，第2段目として屈折率の寄与度の少ないイオン（Cs, Na, Kなど）を含む溶融塩を用意し再びイオン交換を行う．この結果導波路をガラス基板中に深く埋め込むことができる．この場合熱拡散のみを利用するときと電界印加イオン交換を組み合わせるときでいくつかのバリエーションがある．その結果を表Ⅲ.2.8に示す[14〜17]．

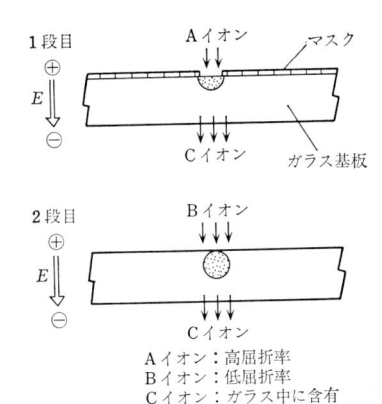

Aイオン：高屈折率
Bイオン：低屈折率
Cイオン：ガラス中に含有

図 Ⅲ.2.20 イオン交換形光導波路

表 Ⅲ.2.8 チャネル導波路のI/E作製法

方法	基板ガラス	溶融塩	導波路	作製条件	文献
2段熱 I/E	ソーダライム Naイオン含有	1段：K塩 2段：K塩	逆リッジ	$t_1=t_2$	14)
2段熱 I/E	ボロシリケート Naイオン含有	1段：Tl塩 2段：K塩	楕円形	$D_2t_2/D_1t_1=0.5$	15)
2段電界印加 I/E	ボロシリケート他 Naイオン含有	1段：Ag塩 2段：Na塩	円形 (多モード)	$T=610$ K, $V=50$ V, $t_1=30$ min $\geq t_2$	16)
2段電界印加 I/E	ボロシリケート Na, Fイオン含有	1段：Cs塩 2段：K塩	楕円形	$T_1=380°C<T_2$, $E_1>E_2$, $t_1=35$ min $<t_2$	17)

（注）t：I/E時間，D：拡散定数，T：温度，V：電圧，E：電界，i：I/Eの段を示す．

電界印加イオン交換と熱イオン交換の拡散方程式はその和で表され，式(2.4)のようになる．

$$\frac{\delta C}{\delta t} = \frac{D\delta^2 C}{\delta \chi^2} - E\mu \frac{\delta C}{\delta \chi} \tag{2.4}$$

ここに，C：ガラス中のイオン濃度，t：時間，D：拡散係数，E：電界強度，μ：イオン移動度，χ：厚み方向距離，である．

いま溶融塩中の初期濃度をC_0とし，t時間後としたときχの位置における拡散イオン濃度Cは次のようになる．

$$C = C_0 \operatorname{erfc}\{(\chi - E\mu t)^2/\sqrt{Dt}\} \tag{2.5}$$

すなわちerror functionに従ってイオンが拡散移入することがわかる．そこで拡散イオンとして屈折率への寄与度が大きいものを選択すれば式(2.5)に比例した屈折率分布が形

成される．

　導波路基板の屈折率が高いと光ファイバーとの接続点での反射が生じアナログ伝送などの場合雑音の原因となることが知られている．そこで光ファイバーの構成材料である石英ガラスの屈折率にできるだけ近いガラス基板が開発されている．ホウケイ酸アルミナ系のガラスで，その酸素の一部をフッ素に置換した組成をもっており，1.460台の低い屈折率を与える[18]．

（2）マルチモード導波路の応用例

a. 分岐回路： $1 \times n$ 分岐は，図Ⅲ.2.21に示すような1本の信号を複数の端末へ分配するときに必要な基本回路である．一般に多段分岐回路は，1×2 分岐回路を多段に接続したものである[13]．

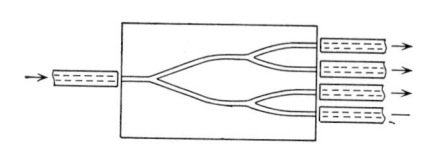

図Ⅲ.2.21　分岐回路

分岐数は2～32まで製作されている．1*8分岐回路の場合，過剰損失1.09dB，分岐比のばらつきは±0.9dBという値が得られている[19]．

b. スターカップラー： Nポート間に同じ情報を伝達したり，Nポート間どうしの情報を等分配する回路である．図Ⅲ.2.22に示すように光の均一混合を行うスラブ導波路と光ファイバーへの入力を効率的に行うチャネル形導波路を組み合わせたものである．8×8，16×16スターカップラーが試作されているが，前者の場合過剰損失2.8dB，ポート間ばらつき±1.2dBという特性が得られている[20]．

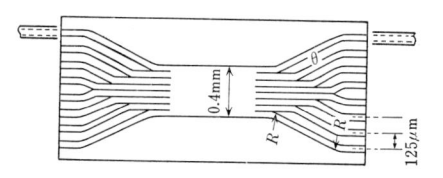

図Ⅲ.2.22　スターカップラー

c. アクセスカップラー： 光ループネットワークにおいてある端末に故障が生じたとき，その影響を最小限に止めるため光バイパス機能をもつアクセスカップラーが重要である．図Ⅲ.2.23に示すように，二つのY分岐を組み合わせた構造をもっており，バイパス損失（A→B）6.4dB，出力損失（A→D）5.0dB，入力損失（C→B）5dB，漏話（C→D）は−53dBという特性が得られている．きわめて簡単な構造で，バイパス機能を果たすこの光回路の実用化が期待されたが入出力の損失がいつも3dB上乗せになるという欠点があり，現在ではあまり使われていない[20]．

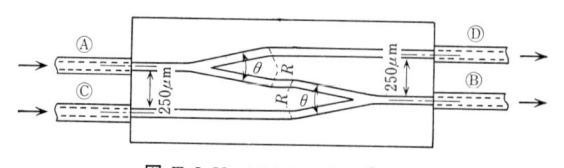

図Ⅲ.2.23　アクセスカップラー

d. 分波合波光回路: 波長多重光伝送システム（WDM）の場合は，信号波長の分波合波をする光回路を必要とする．原理的には，フィルター形と回折格子形がある．いずれも光導波路との組合せで，集積形の光回路が実現されている．前者の例は，光導波路中に超小形干渉フィルターを挿入し分波合波をする方法で，図Ⅲ.2.24 に示したのは3チャネルの分波合波光回路で，$0.89\,\mu m$, $1.20\,\mu m$, $1.30\,\mu m$ の波長を制御するもので挿入損失は，$0.7\,dB$（分波の場合），$1.2 \sim 1.5\,dB$（合波の場合）が得られている．

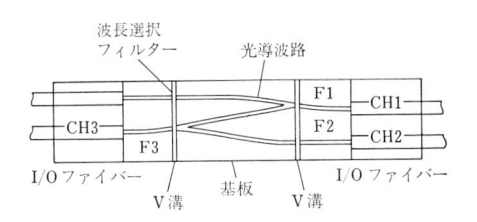

図 Ⅲ.2.24 分波合波回路

一方後者の例は，スラブ形の導波路の端面を円形に加工しその面に回折格子を形成したもので この例では中心波長が $1.0\,\mu m$, $30\,nm$ 間隔で5チャネル分波合波光回路を実現したものである[21]．

(3) シングルモード導波路の応用例

a. 1*N 分岐回路: 2段とも熱拡散法を用いる場合と，2段目を電界印加イオン交換法を用いる場合がある．前者の場合は，導波路部がガラス基板表面近くにあるため表面の影響を受けやすく損失値がやや大きいが比較的容易に製作が可能である．後者の場合は，深く埋め込まれているため伝搬損失は小さいが円形のモードフィールドを得るのにやや難点がある[15]．現在代表的な導波路形分岐回路では，伝送損失 $0.06\,dB/cm$, 光ファイバーとの接続損失1か所当たり $0.15\,dB$ という値が実現されており，1×8 分岐回路で挿入損失としては $10.5\,dB$（理論損失としては $9.0\,dB$）のものは得られるという．いま分岐回路としては 1×2, 1×4, 1×8, 1×16, 1×32 までが製作されている．

b. 方向性結合器: 2本の導波路を近接させ導波路間の結合を利用した方向性結合器は，分波合波光回路や $3\,dB$ カップラーなどの基本素子である．コヒーレント光通信用バランス形受信器における $3\,dB$ カップラーの例をあげる．過剰損失値は，平均 $0.7\,dB$ である（結合損失含む）．また分岐比の波長依存性は $10\,nm$ の範囲では分岐比のずれが $\pm 1.1\%$ であり，$0 \sim 60^\circ C$ の温度変動範囲では，$\pm 0.6\%$ であった．またガラス導波路の特徴でもある偏波保存性はきわめて安定している．すなわち消光比は $-33\,dB$ 以下，分岐比の偏光依存性は $\pm 1.5\%$ であり，偏向特性を必要とする応用には有効である[22]．図Ⅲ.2.25 にファイバーアレイと平板マイクロレンズを組み合わせた方向性結合器の例を示す．

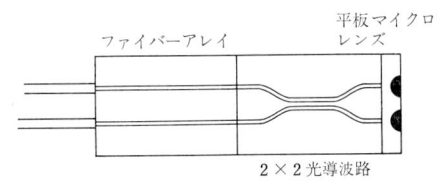

図 Ⅲ.2.25 方向性結合器の例

c. 光導波路レーザー: ファイバー形レーザー，結晶基板レーザーと並んで安定性，耐久性，加工性，成形性などの優れているガラス導波路レーザーは，今後の低コスト化，

2. ガラス材料（ノモルファス材料）

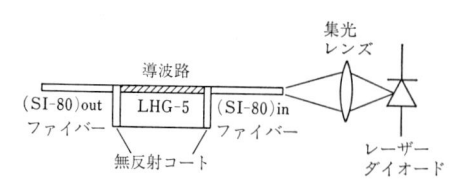

図 Ⅲ.2.26

ハイブリッド集積化への有力候補として研究が盛んになってきた．原理は，レーザー発振の可能なレーザーガラスにイオン交換などの手段で埋込み形導波路を形成したものである．1972年矢島らによってすでに原理確認が終わっているものであるが，ファイバーレーザーに匹敵する効率が得られるものと期待されている．図Ⅲ.2.26に代表例を示す．

多成分ガラス導波路を用いた光回路は，安定した光学特性（広い波長範囲での低損失性），偏波無依存性，高い信頼性，小形一体形構造，低コスト量産性など種々の特徴をもっている．ただし一般に多成分ガラスの屈折率が石英系ガラスに比べて高いこと，光ファイバーとの接続技術がむずかしいことなどの課題があった．しかし最近ガラス中の酸素イオンを一部フッ素イオンに置換することによって低屈折率を有する安定なガラスが得られるようになったこと，またガラスの高精度V溝加工ができるようになり接続技術が進歩したことなど多成分ガラスを用いた光導波路も実用化の目処がついてきた．

さらに非線形効果の利用やレーザー発振が可能な光導波路が開発されると，ガラス基板を用いた機能形光集積回路が実現できることになる．　　　　　　　　［西澤紘一］

参 考 文 献

1) N. S. Kapany: Fiber Optics, Academic Press, New York (1967).
2) C. Kao: エレクトロニクス・イノベーション, 日経エレクトロニクス・ブックス (1981).
3) T. Uchida, M. Furukawa, I. Kitano, K. Koizumi and H. Matumura: IEEE J. Quantum. Electron, **QE-6** (1969), 606.
4) 今川, 荻野: セラミックス, **12** (1977), 3.
5) K. Koisumi et al.: Appl. Opt., **13** (1974), 255.
7) 住本, 松下, 小泉, 古川: 第32回秋季応用物理学会, 1p-C-2 (1971).
8) 伊沢, 中込: 電子通信学会, 量子エレクトロニクス研究会資料, QE 72-23 (1972).
9) J. Viljanen and Leppihalme: J. Appl. Phys., **51** (1988), 3565.
10) 楓, 橋本, 石川: 春季応用物理学会講演予稿集, 2p-F-13 (1982).
11) G. Chartier, P. Collier, A. Guez, P. Jaussaud and Y. Won: Appl. Opt., **19**, 7 (1980), 1092.
12) G. L. Tangonann, D. L. Persechini and C. K. Asawa: Phys. of Fiber Optics, **2** (1981), 463.
13) E. Okuda, I. Tanaka and T. Yamasaki: Appl. Opt., **23**, 11 (1984), 1745.
14) J. Albert and G. L. Yip: ECOC Proc. Barcelona (1986), 373.
15) M. Seki, H. Hashizume and R. Sugawara: Electron Letters, **24** (1988), 125.
16) H. J. Lilienhof, E. Voges, D. Ritter and B. Pantschew: IEEE J. Quantum. Electron., **QE-18** (1982), 1878.
17) A. H. Reihelt, P. C. Clemens, H. F. Mahlein and G. Winzer: MOC/GRIN, Tokyo, Proc.

(1989), 122.
18) L. Ross, N. Fabricius and H. Oeste: EFOC/LAN, Basel, Proc. (1987), 99.
19) E. Okuda, H. Wada and T. Yamasaki: Tech. Digest IGWO '84, ThB 6-1 (1984).
20) E. Okuda, H. Wada and T. Yamasaki: Tech. Digest IOOC/ECOC '85 (1985), 423.
21) M. Seki, R. Sugawara, Y. Hanada, E. Okuda, H. Wada and T. Yamasaki: Electron Lett., **23** (1987), 948.
22) S. Sano, M. Seki, H. Hashizume, M. Oikawa, S. Kobayashi, N. Nakama and H. Wada: OEC '90, 13 D 2-2 (1990).
23) H. Aoki, O. Maruyama and Y. Asahara: OFC '90, S. F (1990).
24) 浅原ほか: 第50回秋季応用物理学学予稿集 27 a-ZL 6/III (1989).

2.4 赤外用ガラスと光ファイバー

中赤外波長域($2\sim10\,\mu$m)で光の透過率が最大(光損失というパラメーターを使えば最小)となるガラス材料を特に赤外用ガラスとよんでおり,フッ化物,カルコゲナイド,酸化物系に大別される.また,近赤外波長域の光をよく透過する石英系光ファイバーに対し,それらのガラスで構成された光ファイバーを中赤外光ファイバー(mid-infrared fiber)とよぶ場合がある[1].

2.4.1 特性

赤外用ガラスは,一般に石英系ガラスやケイ酸塩ガラスの主成分であるシリコン(Si)などより質量の大きい元素(たとえば,フッ化物系: ZrF_4-BaF_2-LaF,カルコゲナイド系: As-S, 酸化物系: GeO_2-Sb_2O_3 など)で構成されている.ガラス構成元素の格子振動によって生じる光吸収の波長λは,以下の式で表すことができる.

$$\lambda = c/\omega = c\sqrt{\mu}/k \tag{2.6}$$

ここに,ω: 基本振動の振動数,μ: 振動にあずかる二つの原子の換算質量,k: 定数,である.

したがって赤外用ガラスでは,通常μが石英系ガラスより大きくなるため,λがより大きくなる.いいかえれば,赤外波長域における光損失の立上り(エッジ)が,石英系ガラスに比べより長波長側へシフトする.このため,その波長域ではレイリー散乱係数の光損失への寄与がより小さくなるので,理論上きわめて低損失な光導波路が得られる可能性がある.中赤外光ファイバーの理論上の最低光損失は,$10^{-2}\sim10^{-4}$ dB/km であり,石英系光ファイバーのそれより1~3桁ほど小さい.しかし,図III.2.27に示すように,実際は石英系光ファイバーの損失をしのぐもの

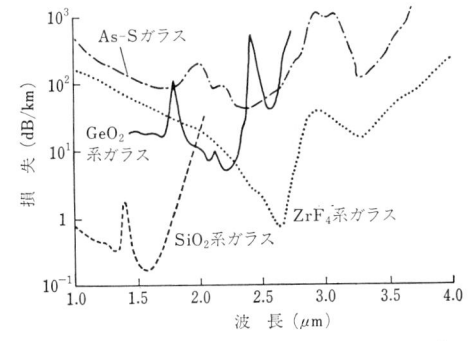

図 III.2.27 中赤外光ファイバーの損失スペクトル[1]

が未だ報告されていない[1]．この原因は，現在の中赤外光ファイバーの製造技術にある．
　中赤外光ファイバーは，通常円筒状に成形したクラッド部の中空にコア用ガラス融液を流し込み，急冷後そのプリフォームロッドを線引きすることで得られる[2]．このような，ガラス原料を混合・溶融する製造方法では，原料中の不純物がほとんど除去されることなく，そのまま最終製品—光ファイバー—中に残ってしまう．また，その工程中でさらに不純物が混入したり微小気泡が発生するので，光は吸収や散乱を受け，理論上の最低損失まで近づけることができなかった．そこで，最近有機金属化合物，Zrのβ-ジケトン錯体を用いたプラズマCVD法による合成技術が研究されている[3]．得られたフッ化物ガラス膜の吸収スペクトルを図Ⅲ.2.28に示す．

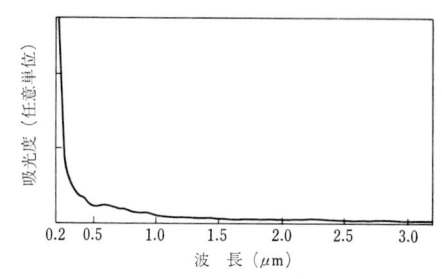

図Ⅲ.2.28　ZrF_4系ガラス膜の吸収スペクトル[3]

　赤外用ガラスは，石英系ガラスより水に対して安定ではなく，取扱いに注意しなければならない．また引張強度の点でも，石英系光ファイバーのそれが4.8GPa程度であるのに対し，中赤外光ファイバー（ZrF_4系）では0.4GPaとかなり小さいことが報告された[4]．

2.4.2 応　　用

（1）光通信システム　フッ化物ガラスは比較的製造が容易でしかも固有の光損失が小さいので，公衆通信用光ファイバーへの応用を目的に研究が続けられている．波長2.5μmにおいて，0.04dB/kmの光損失特性を実現できれば，1500km無中継伝送も可能であるが，上記したように未だ光損失が大きいことなど，解決しなければならない課題が残されている．

　最近，フッ化物ガラス（ZrF_4系）で1.3μm帯の光増幅器用ファイバーを作製するという研究が盛んになってきた．これは，フッ化物ガラスのコア中に数百～数万ppmドープされたネオジム（Nd）やプラセオジム（Pr）の電子遷移を応用したものである[5]（詳細は，第Ⅳ部第2章2.1節参照）．フッ化物ガラス中では，石英系ガラスなどほかのものに比べ，励起されたNdやPrの電子がより低いエネルギー準位に戻る際非輻射遷移を起こしにくく，1.3μm帯光増幅器用ファイバーの材料として最も有用なものの一つと考えられている．

（2）その他[6]　ZrF_4系ガラスなどを用いた中赤外光ファイバーは，被測定物体から放射される赤外光の伝送が可能なため，温度の計測器に応用されている．GeO_2を主成分とする酸化物系光ファイバーに高出力YAGレーザー（波長1.06μm）を入射するとラマン発光（波長1.11, 1.16, 1.23, 1.29, 1.38, 1.46μm）が見出された．この非線形効果は石英系ガラス材料に比べ約1桁大きく，ストークス光を計測器用の光源などに応用することが検討された．

[飯野　顕]

参考文献

1) P. W. France, S. F. Cater, M. W. Moore, J. R. Williams and C. R. Day: 14th Eur. Gonf. Opt. Commun., Vol. 1, Brighton (1988), 428-432.
2) 飯野　顕, 大久保勝彦: 光学, **19**, 2 (1990), 113-120.
3) 藤浦和夫, 西田好毅, 小林健二, 高橋志郎, 佐藤弘次, 菅原駿吾: 第52回応用物理学会学術講演会講演予稿集, 11-a-ZK-10 (1991).
4) 及川喜良, 大石泰丈: 電子情報通信学会春期全国大会論文集, 4-392 (1989).
5) 大石泰丈, 金森照寿, 西　俊弘, 高橋志郎, Elias Snitzer: 第52回応用物理学会学術講演会講演予稿集, 11p-ZK-6 (1991).
6) 吉田　進: 光技術コンタクト, **24**, 9 (1986).

2.5　分布屈折率形成法

2.5.1　熱イオン交換法

　イオン交換法は伝統的なガラス処理技術の一つで，元来はイオン半径の異なるイオンどうしをガラス表面で交換して圧縮ひずみを与え強化をする目的で開発されたものである．したがって，ガラス表面にイオンの濃度分布が形成されその分布に比例した応力が発生しガラスの表面強化が実現できる．この原理を応用して，イオンの濃度分布を屈折率分布に置き換えたものが分布屈折率レンズである．このときにはできたレンズの変形や破壊を避けるためにイオン交換前後での応力の導入を極小化しなければならない．そこでイオン交換温度を粘性流動領域に近い温度を選択する必要がある．

　イオン交換法とはガラスを高温の溶融塩に浸漬しガラス中に存在するイオンと溶融塩中のイオンを交換させるプロセスである．本来は2種類のイオン半径の違いを利用してガラス表面に圧縮応力を発生させガラスを強化する方法の一つであった．このイオン交換により屈折率分布が形成できることを理論および実験的に示したのが北野，内田らのグループであった．このとき同時に発生する応力をできるだけ緩和するために通常ガラスのひずみ点以上の高温度で処理される．イオン交換プロセスは熱拡散を基礎とした原子レベルの物質移動現象であるため，きわめてなめらかな濃度分布が形成される．したがって，レンズのような光学的な不均質を嫌う応用には適しているといえる．また熱拡散現象は等方的に進行するためロッド状，板状，円盤状などいずれの形にでも適用できるばかりか，マスクパターンを介して行う選択的なイオン交換も可能である．

（1）イオンの電子分極率と屈折率

　一般に誘電体の全分極率は前述したようにローレンツ-ローレンスの式で屈折率が与えられることが知られている．

　ここで α_i は物質を構成する i イオンの電子分極率であり Q_i は単位体積当たりのイオンの数を示す．したがって屈折率の変化分は次のような値をもつ．

$$\sum (\Delta Q_i \cdot \alpha_i + Q_i \cdot \Delta \alpha_i) \tag{2.7}$$

ただし，$\varDelta$ はそれぞれの変化分を表す．

そこでこの変化分を大きくするためには次のような方法をとればよい．すなわち

① 分極性イオンの効果：電子分極率の大きいイオンをガラス中に導入してその濃度変化を利用する．導入イオンの $\varDelta Q \cdot \alpha$ の効果

② 分極力イオンの効果：自らの分極性は小さいがほかのイオンを分極させる能力，すなわち分極力の大きいイオンを導入してその濃度変化を利用する．導入イオンによって生ずるほかの分極性イオンの $Q \cdot \varDelta \alpha$ の効果

いずれの場合も導入されたイオンの濃度変化はイオン交換プロセスによって実現される．また導入イオンの条件としては，高温での自己拡散係数の大きい1価のイオンが望ましい．ここで上記条件についてガラス設計の問題として詳しく検討してみたい．

（2） ガラス組成の設計

表 Ⅲ.2.9 イオンの電子分極率とイオン半径

イオン	イオン半径 (Å)	電子分極率 ($cm^3 \times 10^{-24}$)
Li^+	0.60	0.03
Na^+	0.95	0.41
K^+	1.33	1.33
Rb^+	1.48	1.98
Cs^+	1.69	3.34
Tl^+	1.49	5.20
Mg^{2+}	0.65	0.09
Ca^{2+}	0.99	1.1
Sr^{2+}	1.13	1.6
Ba^{2+}	1.35	2.5
Zn^{2+}	0.74	0.8
Cd^{2+}	1.03	1.8
Pb^{2+}	1.32	4.9
B^{3+}	0.20	0.003
Al^{3+}	0.50	0.052
La^{3+}	1.15	1.04
Si^{4+}	0.41	0.017
Tl^{4+}	0.68	0.19
Ce^{4+}	0.53	
Zr^{4+}	0.80	0.37
Sn^{4+}	0.71	3.4
Ce^{4+}	1.01	0.73
F^-	1.36	1.04
O^{2-}	1.40	3.88

導入イオンの濃度差によって屈折率の変化をガラスの中に形成させることができることを示した．またイオン交換という方法でイオンの濃度分布を実現できることも明らかになった．そこで a. で述べたように導入イオンの効果についてガラス組成との対応を中心に解析する．

a. 分極性イオンの効果 表Ⅲ.2.9にガラスを構成する網目修飾イオンおよび網目形成イオンについての電子分極率とイオン半径を示した．これから Tl イオンや Cs イオンが適していることがわかる．Tl イオンは外殻電子配列が非希ガス形構造（18+2）をもち分極性の大きなイオンの一つである．さらに1価イオンであるためガラス中での拡散係数も大きい．Cs イオンもほぼ同様な性質をもっている．母材ガラスとしてホウケイ酸ガラスを選んだ．その理由は比較的低温での溶融が可能なこと，均質性がよく成形しやすいこと，耐環境性がよいことなどである．ただしこのガラスは分相しやすいのでガラス化領域としては図Ⅲ.2.29に示すような組成を選ぶ必要がある[1]．

図Ⅲ.2.30は母材ガラスとして表Ⅲ.2.9に示すような組成のガラスに導入イオンとして Tl イオスをドープしていったときの屈折率の変化を示したものである．ドープ量の少ないときは Tl イオンのドープ量と屈折率の増加分は直線関係に乗るが，ドープ量が多くなると屈折率の増加量が小さ

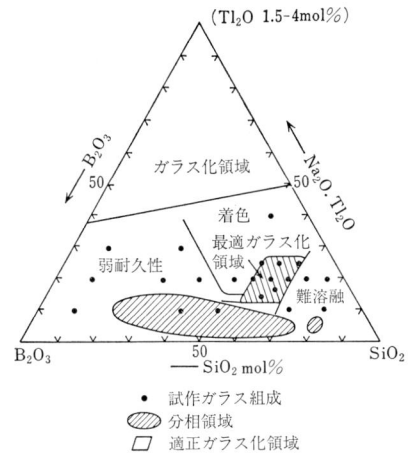

2.5 分布屈折率形成法

図 Ⅲ.2.29 ガラス化範囲とその特性

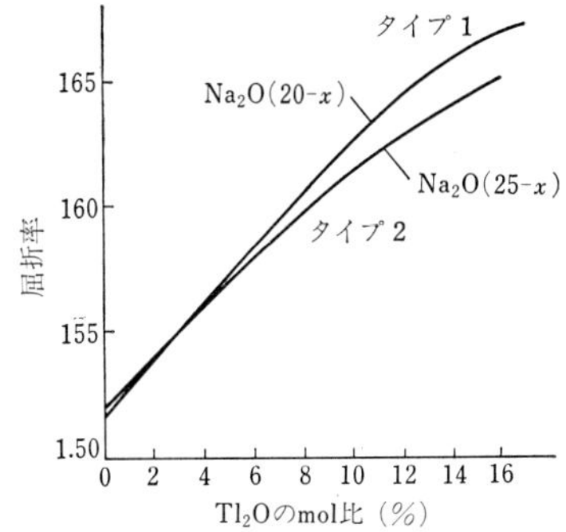

図 Ⅲ.2.30 ホウケイ酸ガラスにおいて Na_2O を Tl_2O で置換したときの屈折率変化

くなってくる．これは Tl イオンの一部が3価に変化し網目修飾イオンから網目形成イオンに変化したと考えられる．この現象をうらづける事実として Tl イオンの高濃度ドープガラスは黄色に着色している．イオン交換温度としては，ガラスの変形を抑えかつ拡散を促進するためにガラス転移点付近に選ぶ．実際にはガラスの塑性流動領域と粘性流動領域の中間の温度域で，$\log \eta \sim 10^{3.1}$ ガラス化範囲とその特性の付近である．

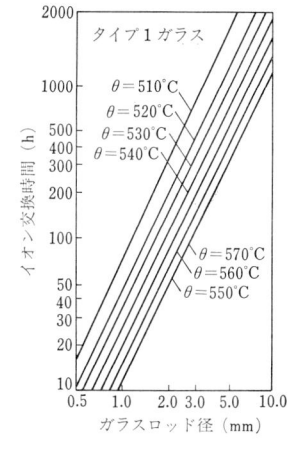

いまタイプ1のガラスをイオン交換した例を示す．ロッド径1.8 mm の母材ガラスを540度に加熱された KNO_3 溶融塩中に浸漬すると表面から溶融塩中に Tl イオンが拡散し，反対に溶融塩中の K イオンがガラスへ拡散する．すなわちガラス表面で Tl イオンと K イオンのイオン交換が生じていることになる．実際にはガラス中の Na イオンも溶融塩中に拡散していくので2対1のイオン交換が行われていることになる．これはイオン交換が終わった後のガラスロッドのひずみ緩和のためには重要な役目をしている．この例では約80時間のイオン交換処理でロッドの中心部から周辺に向かってほぼ2乗分布近似の濃度分布が得られる．

図 Ⅲ.2.31 ホウケイ酸ガラス（タイプ1）をイオン交換したときのレンズ径と処理温度

ホウケイ酸ガラスにおいて Tl イオンおよび K イオン，Na イオンの濃度分布を X 線マイクロアナライザーで求めた結果を示す．表Ⅲ.2.9からもわかるように電子分極率の大

きさからKイオンやNaイオンの分布による屈折率変化への寄与はきわめて小さく無視できる値と考えてよい。イオン交換時間は，熱拡散の理論式からも推定できるように母材ロッドの半径の2乗に比例して長くなる。

b. 分極力イオンの効果 Liイオンは表Ⅲ.2.9からもわかるように自分の電子分極率は小さいがイオン半径がきわめて小さいため隣接のイオンたとえば酸素イオンを分極させる能力が大きい。ガラスの構造モデルで説明するとLiイオンのまわりには平均4個の単結合酸素イオンが配位しており（しかも酸素イオンは表Ⅲ.2.9からわかるようにイオン半径の大きな分極されやすいイオンである），これらの酸素イオンの電子雲は強くLiイオンに引っ張られ著しい変形を受ける。

このような状態はイオンの tightening 効果とよばれ屈折率の上昇が認められる。したがってイオン交換によりKイオンやNaイオンがガラス中のLiイオンと交換導入されるとKイオンやNaイオンはLiイオンより分極能力が小さいためこれらのイオンのまわりの電子雲を変形させる効果が減少する。その結果Liイオンによって強く引き締められていた酸素イオンの電子雲の変形が緩和され，Liイオンによる tightening 効果が緩むことによって屈折率が低下することになる。

この場合の屈折率変化は電子分極率の差で生じるのではなく，Liイオンを取り囲んでいる酸素イオンの分極性の変化によるものであることが結論づけられる。すなわち屈折率の変化は $Q \cdot \varDelta \alpha$ の効果であるといえる。この分類に属するイオン交換法分布屈折率レンズについては，1969年当時のベル研究所においてLiイオンとNaイオンのイオン交換法で実現された。GRIN (grade index lens) と名づけいまでもベル研究所の研究者は分布屈折率レンズを GRIN とよんでいる。

（3） イオンの濃度分布と屈折率分布

前項でイオン交換法で分極性の大きいイオンの濃度分布が実現できることを示した。ここでイオン交換法による拡散で生じた濃度分布とその結果得られる屈折率分布との関係について理論的に解析する。

イオン濃度分布は熱拡散によって起こり，次の拡散方程式の解から求まる。

$$\frac{1}{D}\frac{\delta C}{\delta t} = \frac{1}{r}\frac{\delta C}{\delta r} + \frac{\delta^2 C}{\delta r^2} \tag{2.8}$$

ただし，C：分極性イオンの濃度，D：分極性イオンの拡散係数，t：時間，r：中心軸より半径方向の距離である。

r_0 を母材ロッドの半径とし，いま境界条件

$$\left. \begin{array}{ll} t=0, & 0<r<r_0: \quad C=C_0 \\ t>0, & r=r_0: \quad C=C_1 \end{array} \right\} \tag{2.9}$$

のもとで解くと次のようになる。

$$\frac{C(r)-C_0}{C_1-C_0} = 1 - 2\sum_{n=1}^{\infty} \exp\{-D(\beta_n/r_0)^2 t\} \times J_0(\beta_n(r/r_0))/\beta_n \cdot J_1(\beta_n) \tag{2.10}$$

ここで $\beta_n = r_0 \delta_n$ であり，δ_n は0次のベッセル関数の第 n 番目の根である。中心濃度 C_0

2.5 分布屈折率形成法

は規格化時間 $T_0=Dt_0/r_0^2$ 経過した後,C_0 より下がり出すので適正イオン交換時間を t_0 と決める.このとき式 (2.10) より $r=0$ で $C(r)=C_0$ となるから,

$$\frac{1}{2} = \sum_{n=1}^{\infty} \exp(-\beta_n^2 T_0)/\beta_n J_1(\beta_n) \qquad (2.11)$$

が得られる.またこの時点における濃度分布は J_0 を展開し式 (2.10) より,

$$C(r)-C_0=(C_1-C_0)\left[1-2\left\{\sum_{n=1}^{\infty} \exp(-\beta_n^2 T_0 \cdot Y/\beta_n \cdot J_1(\beta_n))\right\}\right] \qquad (2.12)$$

ただし,

$$Y=1/1!\cdot(\beta_n/2r_0)^2 r^2 - 1/(2!)2\cdot(\beta_n/2r_0)^4 r^4 + 1/(3!)2\cdot(\beta_n/2r_0)^6 r^6 + \cdots \qquad (2.13)$$

で表される.

すなわち濃度分布に対応して生成する屈折率分布が r のべき級数で表されることが示唆される.

一方,式 (2.13) の第二次微分を計算すると,

$$\delta^2 Y/\delta r^2=(\beta_n/2)^2\{2-3(\beta_n2/2)^2(r/r_0)^2+5/6\cdot(\beta_n^2/2)^4(r/r_0)^4+\cdots\} \qquad (2.14)$$

となり,高次項を無視し,また $\beta_n=\beta_1$ とすると $\delta^2 Y/\delta r^2 \sim 0$ とする点を求めると,

$$r/r_0=4.8(1/\beta_1^2)=4.8(1/2.4^2)=0.83 \qquad (2.15)$$

となり,濃度分布曲線は $r/r_0=0.83$ に変曲点をもつことがわかる.すなわち単純なイオン交換(拡散係数が濃度依存性をもたない場合)によって形成される 2 乗分布近似の屈折率分布はロッドの 80% の範囲となる.なお式 (2.10) の分布を $T=Dt/r_0^2$ をパラメーターとして描くと,$T_0=Dt/r_0^2=0.05$ でちょうど,ごく周辺を除いて形成された屈折率分布が 2 乗形に近くなることがわかる.したがって所定の半径 r_0 をもつ母材ロッドのイオン交換時間の予測をする際 $Dt=0.05 r_0^2$ なる式で交換処理時間 t を求めることができる.この値を図Ⅲ.2.31 に適用するとタイプ 1 のガラスの各温度での Tl イオンの拡散係数 D の値が求まる.520 度以上の温度では,ガラス中の Tl イオンの拡散の活性化エネルギーは図Ⅲ.2.32 のアレニウスプロットの直線の傾きから $Q=19.7$ kcal/mol という値が得られた.同様の実験をタイプ 2 のガラスで行い同じ図に示した.タイプ 2 のガラス中の Tl イオンの拡散の活性化エネルギーも図の直線の傾きからタイプ 1 のガラスとタイプ 2 のガラス中の Tl イオンの拡散はタイプ 1 のガラス中の Tl イオンの拡散に比べて非常に遅いにもかかわらず活性化エネルギーがほぼ同じ値をもつことがわかった.

この実験結果は Tl イオンの拡散がガラスの構造にのみ依存し(ガラスの熱特性すなわち粘性)拡散パターンは変わらないことを示唆している.

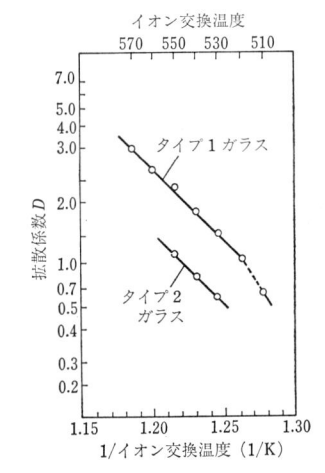

図Ⅲ.2.32 ホウケイ酸ガラス(タイプ 1 およびタイプ 2)での Tl^+ の拡散係数

式（2.10）からイオン交換によって得られる屈折率分布は，誘電率分布（屈折率分布の2乗で表現される）としてごく周辺を除けば，次のようなべき級数に展開できることが結論づけられる．

$$n(r) = \varepsilon_0 \{1-(gr)^2+h_4(gr)^4+h_6(gr)^6+\cdots\} \quad (2.16)$$

また屈折率分布の表現と誘電率分布との関係は，

$$\varepsilon(r) = n^2(r) \quad (2.17)$$

であるので，

$$n^2(r) = n_0^2\{1-(gr)^2+h_4(gr)^4+h_6(gr)^6+\cdots\} \quad (2.18)$$

となる．しかし近軸光線を扱うときには高次項を無視してよいので，

$$n^2(r) = n_0^2\{1-(gr)^2\} \quad (2.19)$$

$$n(r) = n_0\{1-(gr)^2\}^{1/2} \cong n_0\{1-(gr)^2/2\} \quad (2.20)$$

したがって通常近軸光線を扱う限りにおいては，式（2.20）を用いてよい．

2.5.2 分子スタッフィング法

ポーラスガラスに導入したイオンを水溶液中に拡散抽出して，濃度分布をつくりその母材を焼結して屈折率分布をもつプリフォームを得る方法である．図Ⅲ.2.33に製作プロセスの概要を示す．出発母材は特別な組成をもつアルカリホウケイ酸ガラスを用いる．このガラスは熱処理を行うとアルカリホウケイ酸部とシリカ骨格部に組成が分離する．これはガラスの分相とよばれる現象である．このガラスに酸処理を行うとアルカリホウ酸部は溶解して，シリカの骨格部のみが残るポーラスガラスが得られる．これを高温度で焼成するとシリカ分のみを含む石英系透明ガラスとなり，擬似石英ガラスとして広く応用されている．

このバイコールガラスの工程で酸処理後のポーラスガラスを出発母材としてCsイオンやTlイオンを含む溶液中に浸漬すると，これらのイオンがガラス中に均一拡散し一定の濃度となる．このプロセスをスタッフィングとよぶ．この出発母材がガラスのイオン交換直前の状態と同じとなる．この母材をドーパントを含まない水溶液中に浸漬するとガラス中のドープされたイオンが再び拡散溶出する．このときドープされたイオンの濃度分布が適当な形状をとると，急冷してその濃度分布を凍結しそのまま減圧下で加熱焼成を行う．ガラス中のドーパントの濃度分布すなわち屈折率分布が形成され分布屈折率レンズが得られる．この方法はあらかじめ

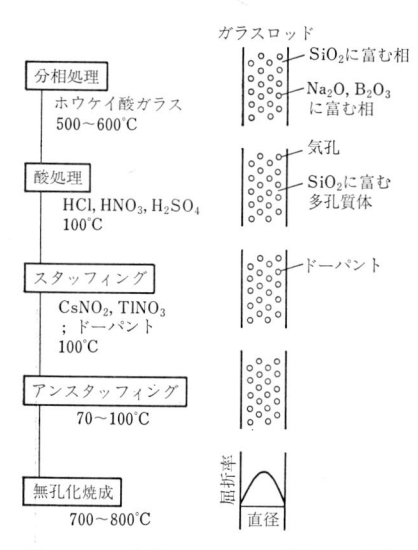

図 Ⅲ.2.33 分子スタッフィング法による分布屈折率レンズの製法

2.5.3 ゾルゲル法

ゾルゲル法とは，液相からガラスを低温合成する方法である．出発原料は金属アルコラートを，たとえば Si のアルコラートを基本組成に選び，Ti を屈折率分布を形成するイオンに用いる．製造基本プロセスを図Ⅲ.2.34に示す．すなわちまず最初に Si と Ti のアルコラートの均質混合物なるゾルをつくる．その後加水分解によりロッド状のウェットゲルを作成する．このウェットゲルを適当な溶媒中に浸漬し Ti を拡散溶出させる．こうして得た Ti の濃度分布をもつゲルを乾燥し，焼成すれば屈折率分布をもつレンズ状媒質が得られる．この方法も分子スタッフィング法と同じく低温合成を基本としているため，大口径，高 NA レンズが比較的容易に得られる．ゾルゲル法のむずかしさは，ガラス化するときに大きな体積収縮を起こすことでこのときクラックが生じたり，ひずみが残ったりする．ドーパントは Ti のほかに Zr, Cs, Pb などが試みられている．

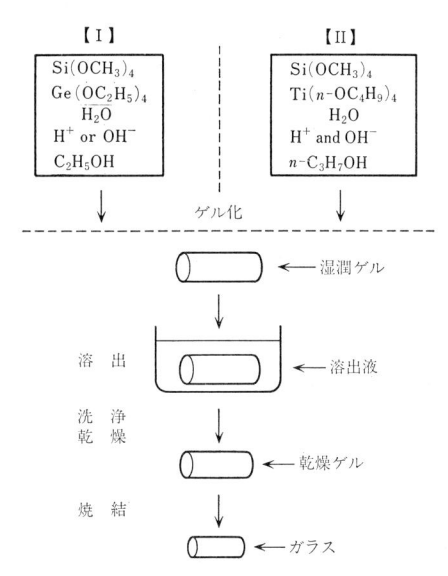

図 Ⅲ.2.34　ゾルゲル法による r-GRIN レンズの作製工程（ドーパント Ti, Ge）

［西澤紘一］

参考文献

1) H. Kita, I. Kitano, T. Uchida and M. Furukawa: J. Am. Ceram. Soc., **54** (1971), 321.
2) K. Otto and M. E. Milberg: J. Am. Ceram. Soc., **50** (1967), 513.
3) Y. Asahara and A. Ikushima: Optoelectronics, **3**, 1 (1988), 1.
4) S. Konishi, K. Shingyouchi and A. Makishima: J. Non-Cryst. Solids, **100** (1988), 511.

2.6 光機能性ガラス

2.6.1 レーザーガラス

Nd イオンをガラス中にドープしてレーザー発振に初めて成功したのは，1961 年当時アメリカンオプティカル社にいた Snitzer であった[1]．しばらく応用面での展開がなかった

2. ガラス材料（アモルファス材料）

が，1972年頃になってレーザー核融合用の高出力レーザー装置として脚光を浴び始めた．その後，高出力安定光源としてレーザーガラスの研究開発が盛んとなってきた．

代表的なレーザーガラスは，ガラス中に Nd^{3+} を活性イオンとしてドープし，図III.2.35に示すようにこのイオンがつくる4準位を利用している．すなわち Nd^{3+} の基底準位から高い準位へ励起された電子は，非輻射遷移により $^4F_{3/2}$ 準位に移り，$^4F_{3/2}$ と ^4I 準位との間に反転分布をつくる．ついで $^4F_{3/2}$ と ^4I 準位との間で輻射遷移が生じエネルギー差に等しい光を発光する．この際，$^4F_{3/2}$ と4つの ^4I 準位の間の遷移確率は，$^4I_{11/2}$ が最も大きく $1.06\mu m$ の光として放出される．

このとき非輻射遷移も同時に起こるのでレーザーとしての効率をあげるためには，この非輻射遷移を抑え輻射遷移の確率を上げることである．

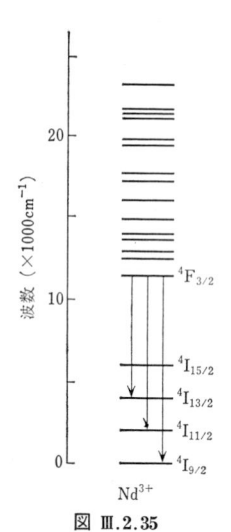

図 III.2.35
Nd^{3+} イオンのエネルギー準位

最初は，母材として珪酸塩ガラスが選択されたが，最近では，誘導放出遷移が大きく非線形係数の小さいリン酸塩ガラスが用いられている[2]．

レーザーガラスは，高出力のレーザー光を発振の際，光を閉じ込めることになるので，ガラスに非線形性が大きいとビームの自己集束が生じ，ガラスを破壊してしまうことになる．また，局部的な温度上昇が生じ，ガラスの膨張や屈折率変化でレーザー発振が不安定になる現象も観測される．したがって温度上昇によるガラスの膨張と屈折率変化が互いにキャンセルされ，光学的な光路長が温度変化に対しても一定であるガラスすなわちアサーマルガラスも開発されている[3]．

ガラスをレーザー光源とする特徴は，光学的な均質性が高く，低損失で大型の母材が容易に得られること，またファイバーや導波路など種々の形状を選択することができることにある．

（1） レーザー発振の原理 ガラスが結晶と最も異なる点は，ミクロな構造がランダムで周期性がないことである．したがってガラス中にドープされた活性イオンは，結晶が少しずつ異なる位置に存在しているため，発光スペクトルは結晶に比べるとブロードになる．また周期性の欠如は，フォノンの平均自由行程を減少させるため結晶に比べて熱伝導率がきわめて小さいという特性をもつ．特に後者は冷却効果が低いことが欠点となる．

現在，ドープイオンとしては，4f準位を利用したものしかレーザー発振が得られていないが，4fイオンの電子が 5s, 6p などの外殻電子でスクリーニングされ結晶場の影響を受けにくいからだといわれている．

図III.2.36に示すような四つのエネルギー準位を考えたとき，活性イオンが外部の光電場 $P(v)$ に曝された場合放出されるエネルギー P_{12} は，次の式で表される．

2.6 光機能性ガラス

$$P_{12} = (N_2 B_{21} - N_1 B_{12}) P(v)$$
$$= (N_2 - N_1) B_{12} \cdot P(v)$$

以上の式で P_{12} が正である条件は，(N_2-N_1) が正，すなわち $N_2 > N_1$ なる条件，反転分布が必要である．いま準位1と準位2とのエネルギー差が室温に比べて十分大きければ，準位1のイオン密度は無視してよい．したがって準位1と準位2との間では，弱い励起で十分この反転分布をつくることができる．

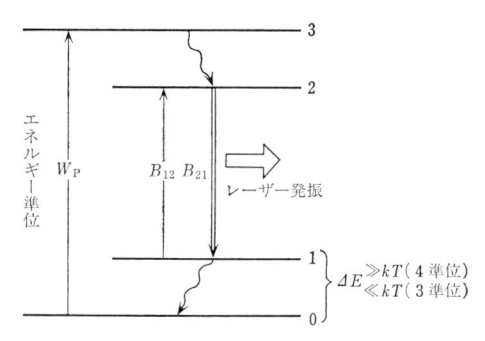

図 III.2.36 レーザー遷移の模式図

この反転分布は，光の励起速度，イオン濃度，準位2における寿命の積に比例する．したがって反転分布を実現するに必要な励起強度は次のように与えられる．

$$W_P = L / N_0 \tau \sigma$$
$$L = \gamma - (\ln R_1 R_2)/2l$$

ここで，L は共振器の全損失，N_0 はイオン濃度，τ は準位2の寿命，σ は誘導放出断面積，γ はガラスの損失，R_1, R_2 は共振器ミラーの反射率，l は共振器長である．

この式でわかるように，準位2の寿命，誘導放出断面積，イオン濃度が大きく，ガラスの損失が小さいことが望ましい．

（2） 母材としてのガラス 高出力レーザーの母材としてのガラスに要求される仕様は，光学的透明性かつ均質性はもとより，耐光損傷，耐熱衝撃性，熱光学的効果，非線形係数，化学的耐久性，機械的な強度などがある．高ピーク出力レーザーの場合には，耐光損傷，非線形係数などの考慮が必要であり，高繰り返し高平均出力レーザーの場合には，耐熱衝撃性，熱光学効果などの考慮が必要である．

まず透明性については，活性イオンの吸収帯，および発振波長での透明性が要求される．たとえば，Nd イオンをドープした場合，$1.06 \mu m$ での発光を邪魔する Fe, Cu などの不純物イオンを含まないガラスを用意する必要がある．

次に耐光学損傷については，ガラス自身は十分耐える材料であるが，ガラス中に含まれる金属コロイドなどによる光の吸収で局部的な温度上昇が生じ熱応力破壊を起こすことが知られている．最も危険な現象は，るつぼなどから混入する Pt コロイドで，$1 \mu m$ 以下の微粒子でもガラスに損傷を与えることがわかっており，この不純物の混入を抑えることがきわめて重要である．現在では，溶融雰囲気を酸化性にして Pt をイオンとして溶解させる方法で解決を図っている．

レーザー光強度が大きくなると，光の存在する部分のガラスの屈折率が大きくなり，凸レンズ作用による自己集束効果が現れる．これは光の強度が大きくなると加速され，ガラス自身のもつ光損傷のしきい値を上回り，破壊を起こす．そのために非線形係数の小さなガラスを選択しなければならない．低屈折，低分散ガラスが適当であることが知られてい

る．代表的なガラスはリン酸塩ガラスである．

次に重要な特性は，光路長の温度依存性である．ガラスは一般的に熱伝導率が低くレーザー発振を繰り返すと温度上昇を生じる．その結果，熱膨張による長さの変化および屈折率の変化による光学長の変化や複屈折が生じ，発振が不安定となる．

通常，光路長の温度依存性は次のように与えられる．

$$dS/dT=(n-1)\alpha+dn/dt$$

すなわち熱膨張 α と屈折率の温度変化 dn/dt の効果を逆にすればよい．一般的に α は，温度とともに大きくなるので屈折率の温度変化を負の値とする材料を選択することになる．最も適当な材料がリン酸塩ガラスであり，dS/dt がほぼ零とすることができる．したがって結果として熱伝導率が小さいことによる低い冷却効果の欠点をカバーしている．

その他，ガラスのもつ組成やドーピングの自由度を利用して種々の改良が可能となる．その一つに活性イオンの増感がある．通常ガラス中に Er イオンをドープするとその吸収帯が狭く，かつ吸収係数も小さいため励起効率が悪い．そこで吸収帯を広げ，Er イオンにエネルギーを移転すれば励起効率を上げることができる．代表的な増感イオンとしては Yb^{+3} がある．Yb^{+3} は可視域に吸収をもちかつその発光帯が Er の吸収帯と重なっている．これはコドープガラスの開発としてよく知られている．

(3) レーザーガラスの応用

a. 高ピーク光出力レーザー： 代表的な例は，レーザー核融合システム用光増幅器である．Nd ドープガラスレーザーの $1.06\,\mu m$ の出力波長の3倍高調波 $0.35\,\mu m$ で，出力数十kJ（数百 ps～数 ns のパルス発振）のレーザー光を重水素と三重水素を封入した直径数百 μm のペレットに照射して核融合を行うというものである．発振器からの数 μJ から順次増幅していくが最終段で大きなピーク出力を得るために口径を大きくしてエネルギー密度を小さくする．現在最大のレーザーガラスはローレンスリバモア国立研究所の NOVA システムにある直径 60cm のガラスレーザーで 100kJ, 1ns ものが開発されている．

b. 高平均光出力レーザー： 最近は，高繰り返し発振を利用した加工用レーザーへの応用も検討されている．ガラスの熱伝導率が低いことによる熱用力破壊を避けるために，図III.2.37 に示すようにジグザグ形スラブレーザーが開発されている[4]．レーザー光は，スラブの上下面で全反射を繰り返しつつ，スラブの両面から励起されて生じる温度勾配を横切って進むため温度変化による光路長の変化を相殺する工夫がされている．またスラブの両側から効率的な冷却をすることもできる．出力 400W～1kW（20～50J, 20Hz）位のレーザーガラスは実現可能である．

c. 光ファイバー増幅器： 石英系光ファイバーに Er イオンをドープしたファイバーアンプが実用化されている．Er イオンは $^4I_{13/2}$–$^4I_{15/2}$ 遷移は，$1.54\,\mu m$ 付近のレーザー発振が得られる．励起用光源としては，$1.48\,\mu m$ または $0.98\,\mu m$ の半導体レーザーを用い，ファイバーカプラーを介して Er ドープの光ファイバーアンプに導入する．Er の $1.54\,\mu m$ の発光は3準位であり，比較的弱い励起で大きな反転分布が得られる．現在光フ

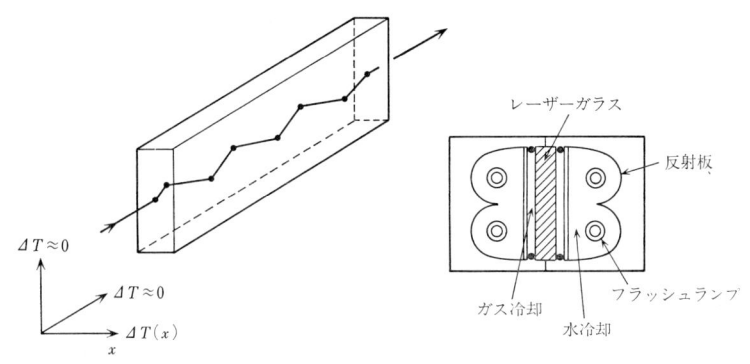

図 Ⅲ.2.37　ジグザグ形スラブレーザー

ァイバーアンプでは数十dBのゲインが得られている[5]．また0.98μmの励起に対してはYbの共ドープが有効であることがわかっている．一方，石英系光ファイバーにNdドープしたものは，Ndのもつ$^4F_{3/2}-^4I_{13/2}$の遷移は，1.3μm帯に発光ピークをもつが励起準位からの再吸収（ESA）による励起効率の低下が大きくまだ実用的な光ファイバーアンプは得られていない．

ESAを抑えるためには，石英系ガラスにP, Al, Geをドープすることが有効であるが，母体ガラスをリン酸塩ガラスにすることでESAを大幅に改善することが期待されている．

d．マイクロレーザー：　ガラスは，形状を自由に変えられるためファイバーや導波路に加工することができる．導波路形にすると光の進行する断面積を小さくできるため，ゲインを大きくすることができる[6]．リン酸系ガラスを用いてイオン交換でマルチモード導波路を形成し，低しきい値6.9mWで170mWの出力が得られている．

低しきい値マイクロレーザーの可能性を示唆しており，集積光回路への応用が期待されている．

2.6.2　音響光学ガラス

超音波を透明な材料中に導入すると超音波の周期に比例した屈折率の周期的変化が現れ，これに光を入射させると屈折率の周期的変化が回折格子として働く．この現象を音響光学効果とよぶ．

（1）音響光学効果の原理　　光が超音波により生じた回折格子により光がブラッグ反射される場合，その偏向角は，図Ⅲ.2.38のように表される[7]．

$$\sin\theta_{\beta} = K/\kappa$$
$$I = I_0 \sin^2(AMeP/\lambda^2)^{1/2}$$

ここで，Kは超音波の波数，κはレーザーの波数，Pは超音波のパワー，λはレーザー光の波長，Aは超音波ビーム形状による係数，Meは物質固有の係数（フィギュアオブメリット）である．

$$Me = n^6 p^2 / \rho v^3$$

ここで，n は屈折率，p は光弾性係数，ρ は密度，v は音速である．

したがって Me を大きくする物質は，屈折率，光弾性係数が大きく，密度，音速が小さいものがよい．ガラスにおいては屈折率の大きいテルライトガラスの Me が大きいことが知られている．

（2） 母材としてのガラス 音響光学素子の材料の要求仕様は，光の透過性，高回折効率，低消費電力，超音波の低減衰量，耐光損傷などである．

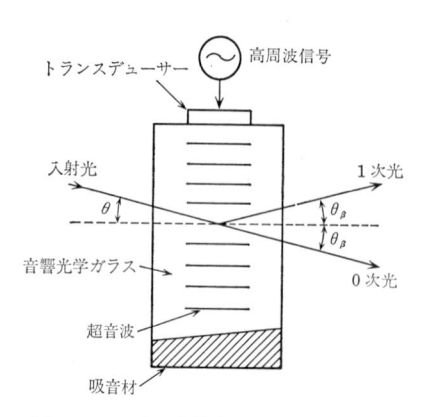

図 Ⅲ.2.38 音響光学効果を利用した偏光・変調の原理

特にガラス材料では，比較的安価で光学的な均質性がよく加工しやすい特徴がある．ただし結晶と比べると超音波の減衰量が大きく，特に高周波での特性が悪い．ガラス材料としては，重金属を含むガラスやテルル系ガラスが用いられる．

テルライトガラスは，屈折率を上げる修飾イオンを含まなくても，網目を構成する酸化テルル自身が高屈折率を与えるため，格子フォノンの緩和時間が比較的短くなり超音波の吸収が少ない．したがって高周波領域まで特性が延びていることを意味している．

またカルコゲナイドガラスは，吸収端が長波長側にあるが，高い屈折率を有し，大きな Me をもつ．Ge-As-S 系ガラスは，石英系ガラスに比べ 150 倍の Me をもつ．しかし可視域での透過率が低いため応用に限界がある．

（3） 音響光学ガラスの応用

a．周波数シフター： 音響光学効果により回折された光は，超音波自身によるドップラーシフトを受け光の周波数が超音波の周波数分だけシフトする．これをもとの光と重ね合わせるとビート光が得られ，光の位相変調ができる．低周波領域では，変調器の相互作用長を大きくとる必要があるため大型で均質性の良いガラス材料が使われる（40 MHz で 50 mm 位の長さとなる）．

b．光変調器： 超音波の中心周波数に対して振幅変調をすることでレーザー光を強度変調することができる．光の行路を変えることでデジタル変調，または超音波の強度を変えることで光の振幅を変えるアナログ変調が可能である．

c．光偏向器： 超音波の周波数を変調することで光の偏向角を変えることができる．偏向角度は超音波の音速に反比例する．同時に振幅変調を重ねることもできる．

d．音響光学フィルター： 周波数変調と振幅変調を組み合わせて入射光の波長を選択することができる．すなわち選択すべき特定の波長の光のみ一定方向に任意の強度で取り出すことができる．波長領域は，380～750 nm で，分解能は 1～2 nm 位である．

これらの基本動作を利用して，各種のデバイスが実用化されている．光チョッパー・スイ

ッチ，レーザービームプリンター用駆動デバイス，スペクトルアナライザーなどである．

2.6.3 光磁気光学ガラス

ファラデー回転ガラスともよばれ，磁場中にこのガラスが置かれたとき，入力側から直線偏光が入射されると磁場とそのガラス中を進む光の距離により偏光面が回転を起こす．この効果を光磁気効果，ファラデー現象という．

（1） 光磁気効果の原理　ファラデー回転ガラス中に入力された直線偏光がそのガラスから出力する際に生じる偏光面の回転角度は，次のように表すことができる．

$$\theta = VHl$$

ここで，θ はファラデー回転角，V はベルデ定数，H は磁場の強度，l は物質の長さである．ただし，V 値は，常磁性の場合は負，反磁性の場合は正と定義する．

ファラデー回転を起こす原因は，透明磁性物質の構成する原子のもつ固有磁気モーメントが，磁場中で磁場方向に配列され左右の円偏光に対する分散が異なるためそれぞれの進行速度に差が生じ，物質を通過した後両者が合成されると入射時の直線偏光が回転を受けることになる．

（2） 母材としてのガラス　反磁性ガラスの場合は，そのベルデ定数は次のように与えられる[8]．

$$V = (\nu g/2mc^2)(dn/d\lambda)$$

この式の第2項は，屈折率の波長依存性すなわち分散を表す．したがって分散の大きなガラスは，ベルデ定数を大きくすることができる．代表的なガラスは，Tl, Pb, Bi, Te などを含む．

常磁性ガラスの場合は，そのベルデ定数は次のように与えられる．

$$V = \{(4\pi)^2 \mu\nu^2/3chkT\}(Np/g)\sum(Cn/(\nu^2 - \nu n^2))$$

ここで，μ はボーア磁子数，N は常磁性イオンの単位体積当りの数，p は有効磁子数，ν は振動数，νn は固有吸収振動数，cn は遷移確率，g はランデ定数である．

すなわち $\sum$ の項は，分散を表すのでやはり高分散ガラスが大きなベルデ定数を与える．代表的なイオンとしては，図Ⅲ.2.39に示したよう

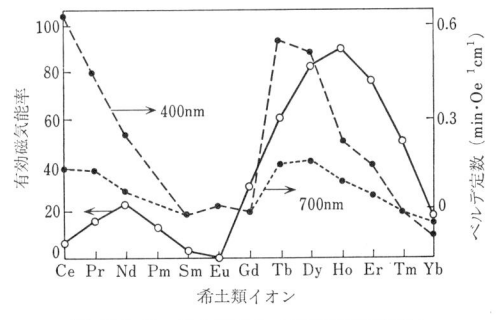

図 Ⅲ.2.39　希土類イオンの有効磁気能率と希土類含有ガラスのベルデ定数

に不対電子をもつ希土類イオンで Ce, Tb, Dy, Eu などがある．一般的に常磁性イオンを含むガラスの方が反磁性イオンを含むガラスよりも大きなベルデ定数を与える．またベルデ定数の温度依存性は反磁性イオンを含むイガラスの方が小さい．

（3） ファラディ回転ガラスの応用

a. 磁気センサー：　図Ⅲ.2.40に示すようにファラデー回転ガラスを互いに偏光軸を

45度に回転させた偏光子でサンドイッチした構造のセンサーである．このセンサーが磁

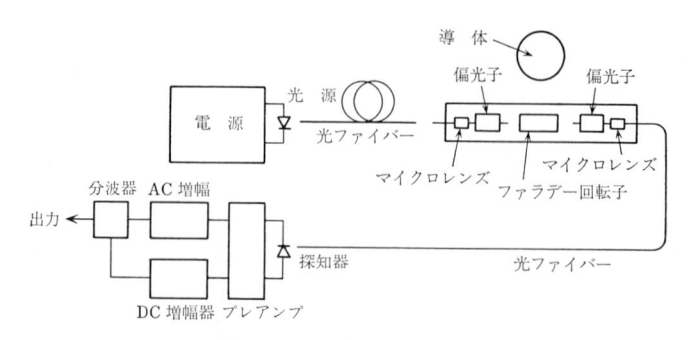

図 Ⅲ.2.40 磁気センサーの原理

場中に置かれると磁場の強さで偏光角の回転が生じ出力側の強度が変化を受ける．この強度変化を測定すれば，未知の磁場強度を知ることができる．

b. 光アイソレーター： 光のダイオードともいうべき素子で，一方向の光しか透過させない機能をもつ．光通信システムに用いられる各種光素子からの反射光（雑音の原因となる）を遮断するためによく用いられる．入出力側に互いに偏光軸を45度回転させた偏光子を設置し，その間に挿入されたファラデー回転ガラスに加える外部磁場を偏光面が45度回転するように調節すると，順方向の光は通過するが，逆方向の光はファラデー回転ガラス中を通過する途中で45度の回転を受け入力側に設けられた偏光子と直交することになり入力側には抜けられない構造になる．すなわち反射してきた光は，入力側の偏光子で遮断されることになる．

ガラス材料は，通常可視域ではベルデ定数が大きいが，光通信などに用いられる赤外域では結晶（YIG など）に劣る．

2.6.4 半導体ドープガラス

半導体微結晶を含むガラスは，非線形光学効果を示すことが知られている．この微結晶は直径数十nm 程度の大きさであるため量子効果が現れる[9]．すなわち，ガラスマトリクスに埋め込まれた半導体微結晶中の電子，ホール，エキシトンなどはガラスのつくる深いポテンシャルに閉じ込められる．この閉じ込め効果は，三次元的で量子ドットとなり，電子やホールは0次元的な振る舞いをする．

その結果，電子やホールは狭い空間に閉じ込められることとなり，振動強度や非線形感受率などがバルクに比べると100倍から400倍のきわめて大きな値をもつことになる．

（1） 半導体ドープガラスの原理 ガラス中に埋め込まれた半導体微粒子が電子，ホール，エキシトンのもつボーア半径に近づくとガラスのつくる三次元的なポテンシャルにより閉じ込められ電子状態のエネルギー準位が量子化される．ガラスの非線形効果は，量子化された電子準位のバンドフィリングによる吸収端の移動により生じる．

通常のガラスの三次の非線形定数は，次のような式で与えられる．

$$n = n_0 + n_2 \langle E^2 \rangle$$

第2項が，非共鳴領域での光の電場による屈折率変化を表す．
n_2 は，三次の非線形光学定数 $\chi^{(3)}$ と次の関係をもつ．

$$n_2 = 12\pi\chi^{(3)}/n$$

（2）半導体ドープガラスの母材　ガラスが，非線形光学材料として注目される理由は，加工性，安定性，機械的強度，化学的耐久性などがある．また光ファイバーや導波路などの成形への自由度の大きさも重要である．

入射光強度を1Wとしたとき，入射断面積 $1\,\mu\mathrm{m}^2$，相互作用長1cmをもつ非線形ガラス材料で，光源として1mWの半導体レーザーをパルス幅1ps，繰り返し1GHzで入射すると，材料の $\chi^{(3)}$ の値は，10^{-10} esu が必要とされる．

通常の光学ガラスでは，$1\sim5\times10^{-13}$ のオーダーであるが，CdSSe 半導体微粒子を含むガラスの場合は，1.3×10^{-8} の値をもち実用領域に入る．

ガラス中に析出する微粒子は，半導体微粒子をあらかじめドープされたガラスを熱処理することで形成されるが，その粒子径は次の式で与えられる．

$$R = (4\alpha Dt/9)^{1/3}$$

ここで，R は平均粒径，D は拡散係数，t は熱処理時間である．

ガラス中に半導体微粒子を析出させる方法はいろいろ提案されているが，最も一般的なものは，半導体微結晶をガラス原料とともに溶解成形した後，熱処理を施して結晶核化を促し成長させる．この成表過程は熱力学的に起こるため，微粒子径がばらつく．たとえば，中心粒径が 10nm であっても 5nm から 150nm までの分布となる．粒径分布の制御のために，ゾルゲル法，CVD法，レーザーアブレーション法などが提案されている．

（3）半導体ドープガラスの応用
光の並列演算や高速の光スイッチングなど，光の演算処理の集積化素子への展開に大きな期待が寄せられている．

光双安定素子：　光自身の入力強度

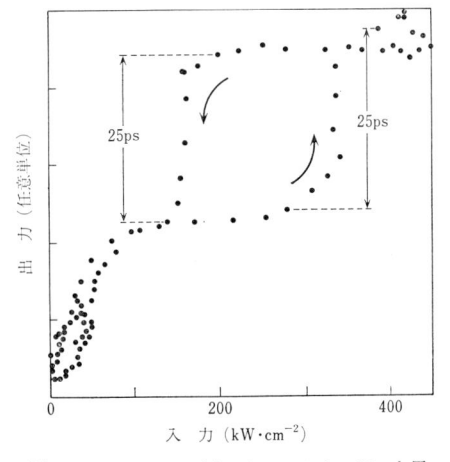

図Ⅲ.2.41　シャープカットフィルター Y_{52} を用いた共振器の光双安定特性

の差で非線形ガラスの屈折率を起こさせ光双安定素子を構成することができる．すなわち非線形ガラス素子をファブリー-ペロー共振器の間に挿入し双安定動作の実験を行った．図Ⅲ.2.41に入射光強度と透過光強度の関係を示す．約 $350\,\mathrm{kW/cm^2}$ の光強度で双安定が現れ，このときのスイッチング時間は25psであったという[10]．

2.6.5 調光ガラス

光の透過率を光自身や外部の電気エネルギーで制御したり，また視認性を制御するガラスを調光ガラスとよぶ．

（1）調光ガラスの原理

a．フォトクロミックガラス： 光が入射するとその光の波長や強度で透過率が変化するガラスをいう．また入射光を取り去ると元へ戻る可逆性をもっている．

ガラスのフォトクロミズムは2種類ある．第1は，CeやEuを含むアルカリ珪酸塩ガラスを強還元性雰囲気で溶融すると生じるフォトクロミズムである．量産性と安定性に欠け，実用化には至らなかった．第2は，ハロゲン化銀の微結晶を析出させたアルミノほう珪酸ガラスやアルミノリン酸ガラスである．着色・退色応答安定で早く，透過率の変化度

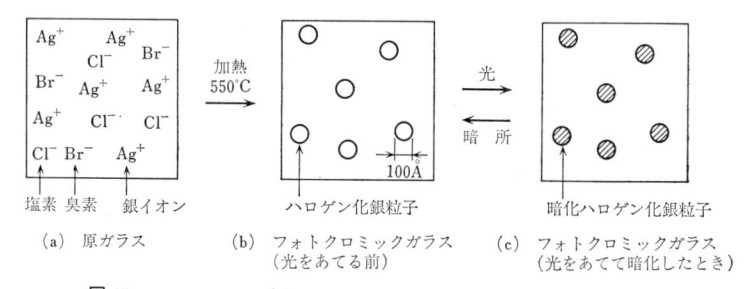

図 Ⅲ.2.42 ハロゲン化銀フォトクロミックガラスの生成と着色の図解

も大きいためサングラスなどへの実用化が進んでいる．図Ⅲ.2.42に示すように，ガラスの溶融時にハロゲンや銀をイオンとして溶かし込み，成形した後再熱処理で10〜30nmの直径をもつハロゲン化銀の微粒子を析出させる．ガラス中に分散析出したAg(Cl, Br)組成のハロゲン化銀微粒子がフォトクロミズムを示す．すなわち紫外光または短波長の可視光が入射するとハロゲン化銀の結晶が分解して銀コロイドが生成しこれが光吸収を起こす．光が除かれると熱的にコロイドが分解して再びハロゲン化銀に戻り透明に戻る．

次のような反応が起こると考えられている．

$$n\text{Ag}(\text{Cl, Br}) \underset{kT}{\overset{h\lambda}{\rightleftarrows}} n\text{Ag}^0 + n(\text{Cl, Br})$$

ただし，Ag^0 は銀原子を示すがいくつか集合して銀コロイド粒子を示す．

b．エレクトロクロミックガラス： 物質の光学吸収がその物質に印加されている電流の方向により透過率が可逆的に変化する現象をエレクトロクロミズムとよぶ．

図Ⅲ.2.43に代表的な材料構成を示す．着色を起こす材料としては，WO_3 がよく知られており，他に MoO_3，$IrOx$ などがある．電解質中のイオンとしては，水素やリチウムなどがある．両側を透明電極で挟み電流を流すと，次のような過程を経て着色が起こると考えられている．

$$H_2O = 2H^+ + 1/2 O_2 + 2e$$

$$WO_3 + xH^+ + xe \underset{退色}{\overset{着色}{\rightleftarrows}} H_xWO_3$$

$$IrO_x + xH^+ + xe \underset{退色}{\overset{着色}{\rightleftarrows}} IrO_{2-x}(OH)_x$$

この反応はHイオンと電子が関与しており，電解質に電流を流すことで着色と退色を制御することができる．

b. 液晶カプセル分散ガラス: ポリマーマトリクス中にネマティック液晶を分散させて数 μm の液晶ミクロカプセルを形成し，このマイクロカプセル化した液晶を透明導電膜をコートしたプラスチックフィルムで挟んだ構造である．このフィルムの両側に電流が流れていない状態では，液晶分子はカプセルの内壁に沿って配向しており，入射した光は液晶分子の複屈折性により散乱される．したがって入射光は直進できず乳白色となり視界が遮られる．一方，電流を印加すると誘電率の異方性が正である液晶は，分子長軸が電界方向に平行となる．したがってカプセル内の液晶はフィルム面に対して直角方向に配列する．このとき液晶の分子の長軸方向の屈折率とマトリクスポリマーの屈折率を近くしておけば光は散乱せず直進できる．すなわち視野が確保されることになる．

電流強度を制御することで散乱度合いを変化できるので視野の制御が可能となる．

この原理による調光は，着色現象を利用したフォトクロミズムやエレクトロクロミズムと異なり透過する光のエネルギーを制御することはできない．

c. 調光ガラスの応用: 光のエネルギーを制御する着色・退色形調光ガラスは，カーテンレス窓やサングラスなどの応用が開けている．一方，視野制御する調光ガラスの場合は，プライバシーの保護やショウウインドウなどのディスプレイ用の応用が考えられる．

いずれも大型化，信頼性，量産性が課題である． ［西澤紘一］

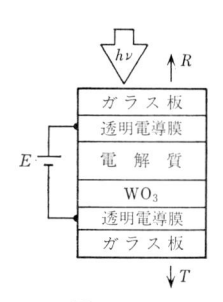

図 III.2.43
エレクトロクロミック
ガラスの構成例

参考文献

1) E. Snitzer: phys. Rev. Lett., **7** (1961), 444.
2) T. Yamashita: SPIE. Proc., **1171** (1990).
3) T. Izumitani and H. Toratani: J. Non-Cryst. Solids, **40** (1980), 611.
4) W.B. Jones, L.M. Golmann, J.P. Chernoch and W.S. Martin: IEEE Quantum Electron, **QE-8** (1972), 534.
5) F. Hakimi, et al.: Opt. Lett., **14** (1989), 1060.
6) M.J.F. Dignonnet and C.J. Gaeta: Appl. Opt., **24** (1985), 333.
7) 泉谷徹郎, 中川賢司: セラミックス, **18** (1983), 307.
8) H. Bequerel: Compt. Rend, **125** (1897), 679.
9) R.K. Jain and R.C. Lind: J. Opt. Soc. Am., **73** (1983), 647.
10) J. Yumoto, S. Fukushima and K. Kobodera: Opt. Letter, **12** (1987), 832.

3. 有機材料

3.1 屈折率とアッベ数

3.1.1 化学構造との関係

屈折率 n_D と化学構造を関係づける式は多数提案されているが[1]，一般的にローレンツ-ローレンツ式が用いられており，式 (3.1)，(3.2) の関係がある。

$$\frac{n_D^2-1}{n_D^2+2} = \frac{4}{3}\pi N\alpha \equiv \frac{[R]}{V} \equiv \phi \tag{3.1}$$

$$n_D = \frac{2\phi+1}{1-\phi} \tag{3.2}$$

ここで，N：単位体積中の分子数，α：分極率，$[R]$：分子屈折（一般に原子屈折の和），V ($=M/\rho$, M：分子量，ρ：密度)：分子容，である。

ポリマー中の繰返し単位であるモノマーユニットの原子団屈折を $[R]_i$，その容積を V_i，繰返し単位数（重合度）を m とすると，$[R]=m[R]_i$，$V=mV_i$，であるのでポリマーの屈折率 n_D は $\phi=[R]_i/V_i$ により求められる。

色収差（光の分散性）を決定するアッベ数 ν_D は，式 (3.3) で与えられる[2]。

$$\nu_D \equiv \frac{n_D-1}{n_F-n_C} = \frac{6n_D}{(n_D^2+2)(n_D^2+1)} \cdot \frac{[R]}{[\Delta R]} \tag{3.3}$$

ここで，添字は F 線 (486 nm)，D 線 (589 nm)，C 線 (656 nm) を示す。

$[\Delta R]=[R]_F-[R]_C$ は分子分散とよばれ，原子分散の和である。上式より，アッベ数は分散が大きいと小さくなることから逆分散率ともよばれる。

屈折率と化学構造との関係は，分子容 V を横軸に，分子屈折 $[R]$ を縦軸にとって，ポリマー P をベクトル表示する[3]（式 (3.1) より）とわかりやすい（図Ⅲ.3.1）。傾きは $(n_D^2-1)/(n_D^2+2)$ となるので，高屈折率ほど急傾斜である。いま，ポリマー P が原子団 G_1，G_2 および G_3 からなっていれば，ベクトル P は原子団それぞれのベクトルの和となる。

図Ⅲ.3.2に数種の原子団の分子容 V_g-分子屈折 $[R_g]$ プロットを示す。図Ⅲ.3.2からわかるように，水素をフッ素で置換すると C-F 結合は分極を起こしにくいので $[R_g]$ の

3.1 屈折率とアッベ数

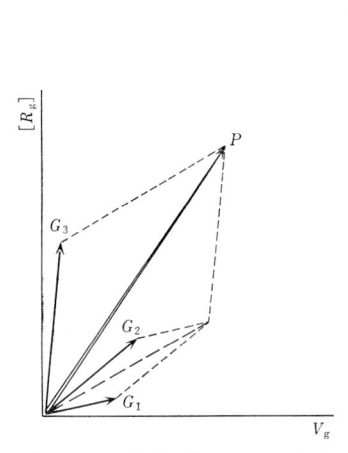

図 Ⅲ.3.1 V_g-$[R_g]$のベクトル表示

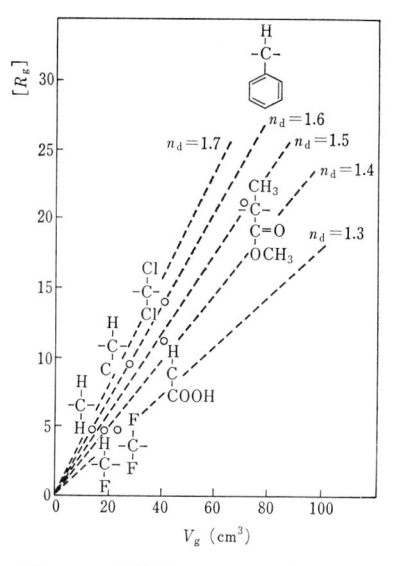

図 Ⅲ.3.2 原子団の V_g-$[R_g]$ プロット

増加は見られずに V_g だけが増すことになって傾斜が緩やかになり，低屈折率となる．また，ベンゼン環などの芳香族基の導入は π 電子による分極率の増加のために逆に高屈折率となる．このほか，屈折率を高めるにはフッ素以外のハロゲンの導入および硫黄 (S) の導入が効果的である．表Ⅲ.3.1 に屈折率調整の例を示す．

表 Ⅲ.3.1 屈折率の調整（PMMA（n_D=1.495）を基準）

ポリマー構造	実例	屈折率の変化
F以外のハロゲンの導入	塩素化フタル酸エステル 塩素化テレフタル酸エステル ハロゲン化ビスフェノールA	上昇 (n_D=約 1.6)
Sの導入	ポリスルフォン ポリフェニレンスルファイド	上昇 (n_D=1.63～1.78)
芳香族基の導入	ポリカーボネート ポリアリレート	上昇 (n_D=約 1.61)
フッ素の導入	テフロン AF*1，サイトップ*2	低下 (n_D=1.29～1.34)

*1：デュポン商標名，*2：旭硝子商標名．

アッベ数は，n_D, $[R]$ と分子分散 $[\varDelta R]$ から，式 (3.3) を用いて計算することができる．表Ⅲ.3.2 に，ポリマーを構成する原子の 原子屈折 $[R]_D$ と原子分散 $[\varDelta R]\equiv[R]_F-[R]_C$ の値を示す[4]．この表の原子屈折の総和と，密度からポリマー屈折率が算出でき，さ

表 Ⅲ.3.2　原子屈折と原子分散（単位：cm³/mol）[4]

結合様式	記号	原子屈折 $[R]_D$	分散 $[R]_F-[R]_C$
水素	$-H$	1.100	0.023
塩素（アルキル基に結合）	$-Cl$	5.967	0.107
（カルボニル基に結合）	$(-C=O)-Cl$	6.336	0.131
臭素	$-Br$	8.865	0.211
ヨウ素	$-I$	13.900	0.482
酸素（ヒドロキシル基）	$-O-(H)$	1.525	0.006
（エーテル）	$>O$	1.643	0.012
（カルボニル基）	$=O$	2.211	0.057
（過酸化物）	$-O_2-$	4.035	0.052
炭素	$>C<$	2.418	0.025
メチレン基	$-CH_2-$	4.711	0.072
シアノ基	$-CN$	5.415	0.083
イソシアノ基	$-NC$	6.136	0.129
二重結合	$=$	1.733	0.138

らに式 (3.3) を用いてアッベ数を求めることができる．このようにして，化学構造式から計算された屈折率およびアッベ数をそれぞれの測定値とともに表Ⅲ.3.3に示す．無定形ポリマーに対しては，両者は比較的よく一致することが知られている．

表 Ⅲ.3.3　屈折率とアッベ数

ポリマー	n_D		ν_D	
	測定値	計算値	測定値	計算値
PMMA	1.492	1.494	56.3	55.8
PSt	1.60	1.605	30.8	33.9
poly (ethylene dimethacrylate)	1.506	1.508	53.4	56.7
CR-39	1.500	1.487	58.8	59.1
Nylon 6	1.53	1.535	—	42.6

そこで，PMMA を例に，ハロゲン，ベンゼン環の導入によって屈折率およびアッベ数がどのように変化するかを予測してみよう．PMMA のエステルのメチル基の水素を臭素 Br およびベンゼン環で置換した場合を考える．表Ⅲ.3.4に上述の方法で屈折率とアッベ数を求めた値を示す．どちらで置換した場合も分極率が増大するので得られるポリマーの屈折率は PMMA より高くなっている．しかし，アッベ数は，π 電子をもつベンゼン環で置換したほうは大幅に減少している一方，臭素で置換されたほうはそれほど減少していない．高屈折率，高アッベ数

表 Ⅲ.3.4　屈折率, アッベ数の置換基効果

ポリマー	屈折率	アッベ数
PMMA	1.49	56
Br-MMA	1.54	48
⌬-MMA	1.56	39

のポリマーを得るためには，臭素などのハロゲン（フッ素を除く）の導入や，π電子をもたない脂環式基を導入すればよいことになる．高屈折率ポリマーの詳細は，3.1.3項で述べる．

現在つくられている代表的な有機ポリマーをガラス材料とともに，アッベ数 ν_D を横軸に，屈折率 n_D を縦軸にとってプロットしたものを図Ⅲ.3.3に示す．有機ポリマーの傾向

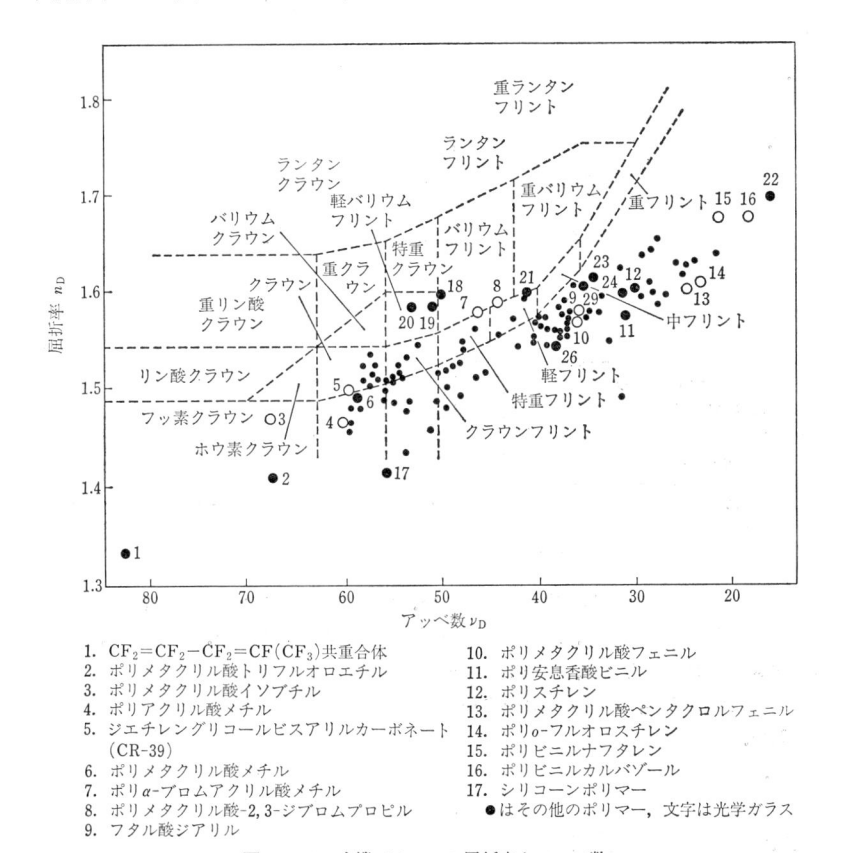

図 Ⅲ.3.3 有機ポリマーの屈折率とアッベ数

1. $CF_2=CF_2-CF_2=CF(CF_3)$ 共重合体
2. ポリメタクリル酸トリフルオロエチル
3. ポリメタクリル酸イソブチル
4. ポリアクリル酸メチル
5. ジエチレングリコールビスアリルカーボネート (CR-39)
6. ポリメタクリル酸メチル
7. ポリα-ブロムアクリル酸メチル
8. ポリメタクリル酸-2,3-ジブロムプロピル
9. フタル酸ジアリル
10. ポリメタクリル酸フェニル
11. ポリ安息香酸ビニル
12. ポリスチレン
13. ポリメタクリル酸ペンタクロルフェニル
14. ポリo-フルオロスチレン
15. ポリビニルナフタレン
16. ポリビニルカルバゾール
17. シリコーンポリマー

●はその他のポリマー，文字は光学ガラス

としては，高屈折率は低アッベ数，低屈折率は高アッベ数であったが，近年プロット18などにみられるような脂環式基を有する高屈折率，高アッベ数の光学ポリマーが特許などで報告されている．

3.1.2 屈折率の温度依存性

屈折率の温度依存性は，式 (3.1) のローレンツ-ローレンツ式から，式 (3.4) のようになる．

$$\frac{dn_D}{dT}=\frac{(n_D{}^2+2)(n_D{}^2-1)}{6n_D}\left(\frac{1}{\alpha}\frac{d\alpha}{dT}+\frac{1}{\rho}\frac{d\rho}{dT}\right) \tag{3.4}$$

共有結合主体の有機ポリマーでは,無機ガラスに比べ,分極率の温度変化$(1/\alpha)(d\alpha/dT)$がきわめて小さいので,ポリマーの屈折率温度依存性は簡単に式(3.5)で与えられる.

$$\frac{dn_D}{dT}=\frac{(n_D{}^2+2)(n_D{}^2-1)}{6n_D}\cdot\frac{1}{\rho}\frac{d\rho}{dT} \tag{3.5}$$

このため密度変化$(1/\rho)(d\rho/dT)$が屈折率の温度変化に支配的な影響を及ぼすことになる.

表Ⅲ.3.5[3)]に有機ポリマーおよび無機光学ガラスの体積膨張係数と屈折率の温度依存性を示す. 有機ポリマーの体積膨張係数は, 無機光学ガラスに比べて約1桁大きく, dn_D/dT は $10^{-4}\,°C^{-1}$ のオーダーであることから, 精密光学の分野での使用にあたっては屈折

表Ⅲ.3.5 屈折率,体積の温度依存性

	屈折率 n_D	$-\dfrac{dn_D}{dT}$ ($\times 10^{-5}\,°C^{-1}$)		体積膨張係数 $-\dfrac{1}{\rho}\dfrac{d\rho}{dT}$ ($\times 10^{-5}\,°C^{-1}$)
		実測値	計算値	
ポリカーボネート(PC)	1.59	9〜14	14	20
ポリスチレン(PSt)	1.60	12〜14	13〜18	13〜24
ポリメタクリル酸メチル(PMMA)	1.49	8.5〜11	8	13
CR-39ポリマー	1.50		14	24
光学ガラス	1.46〜1.96	0.5〜-1.0	—	1.5〜4.5
石英ガラス	1.45		0.09	0.17

率の温度依存性には注意しなければならない.プラスチックレンズの場合,温度変化は絶対焦点距離を変化させるが,球面収差カーブはほとんど変化しない.このため,CD用ピックアップレンズのように,オートフォーカス機構を備えた光学系では高精度レンズとして使用されているが,CDコリメーターレンズのようにレンズを固定して用いる場合はむずかしい.PMMAのガラス転移温度以下での屈折率温度依存性は経験式(3.6)で近似される.

$$n_D=1.4933-1.1\times10^{-4}t-2.1\times10^{-7}t^2 \tag{3.6}$$

3.1.3 屈折率制御の実際

現在,その用途に応じてさまざまな屈折率およびアッベ数を有するポリマーが求められている.たとえば,レンズ材料としては高屈折率,低色収差(高アッベ数)のポリマーが求められている.ここでは,実例をあげて屈折率制御方法について述べる.

(1) 高屈折率ポリマー 市販されているものでは,ハロゲン化ビスフェノールAを含んだプラスチックレンズ($n_D=1.596$, $\nu_D=32$)[12)]がある.

また,パラビフェニレン基の2,2′位にバルキーな基を導入した芳香族ポリアミドで,高屈折率,高 T_g であり,ポリマー鎖が剛直鎖状構造であってもベンゼン環が非同一平面構

造をとっているため,紫外部吸収帯(λ_{max})は短波長であるため無色透明で,溶剤易溶性なポリマーが得られる[13].

(2) 高屈折率・高アッベ数ポリマー　アッベ数を低下させることなく屈折率を高くするためには,3.1.1項で述べたようにフッ素以外のハロゲンまたは脂環式基の導入が考えられるが,高 T_g,低吸水率という点でも有利になることから,近年脂環式基の導入が検討されている.

a. 側鎖への導入:　日立化成工業のオプトレッツ OZ-1000 などがこの例である.具体的には,メタクリル酸の脂環式アルコールエステルのポリマー,たとえば図Ⅲ.3.4の(a)に示すアルコール残基 R をもったポリマーや(b)のホモポリマーがある.

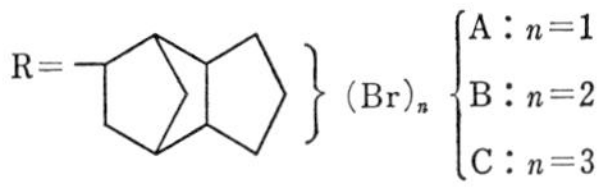

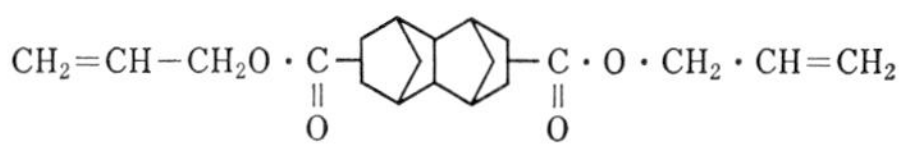

図 Ⅲ.3.4

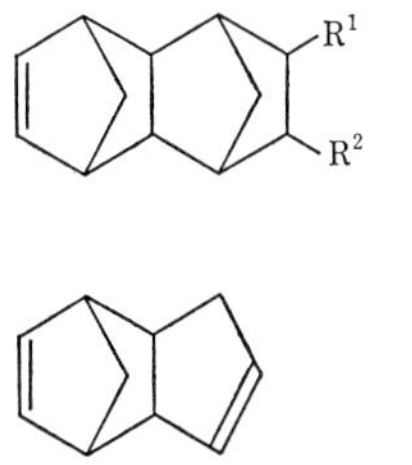

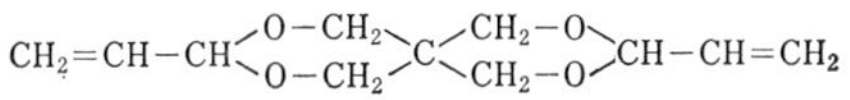

b. 主鎖への導入(環状オレフィンの共重合):　たとえば,図Ⅲ.3.4の(c)の縮合環形オレフィンとエチレンとの共重合により,$n_D=1.54$,非晶質で,透明性・耐熱性・耐溶剤性に優れ,複屈折がきわめて小さい光学材料が得られるなど[14],種々の縮合環形オレフィンとの共重合体が開発されている[15].

c. 主鎖への導入(スピラン構造の導入):　スピラン樹脂のことである[16].図Ⅲ.3.4の(d)は,ジアリリデンペンタエリスリット(DAPE)と多官能性のアルコール・チオールとで水素移動による付加反応を起こさせたもので,この系は硬化収縮率がビニル重合に比べて半分程度となるので光学ひずみを発生しにくい.

(3) 低屈折率ポリマー　低屈折率ポリマーを得るには,フッ素の導入が有効である.含フッ素エポキシ樹脂では,屈折率が $n_D=1.40\sim1.555$ のものが得られ,SiO_2 系光ファイバーの鞘材としても利用できる[17].

また，α-フルオロアクリル酸ポリマー（PF）では，フッ素置換前（メタクリル酸エステルポリマー）と比べて，屈折率の低下だけでなく，密度，T_g の上昇，弾性率の低下，熱安定性の上昇がもたらされている[18]．

フッ素導入により，無定形の透明ポリマーで最も屈折率を低下させた例としては，表Ⅲ.3.1のテフロン AF（n_D=1.29～1.33），サイトップ（n_D=1.34）があげられる．

3.2 複屈折

光の伝搬速度が進行方向によらず同じ，つまり屈折率が同じであるような等方性の物体に，一方的に外力が加わりひずみを生じると複屈折を生じて異方性となる．無定形ポリマーは，ポリマー鎖がランダムに配向している場合には，モノマーユニットに分極異方性が存在しても，それぞれの分極異方性を打ち消しあって巨視的には等方性ポリマーとなる．しかし，ポリマーにひずみを加えた場合は分子配向が起こり，分極異方性を有するモノマーユニットは一定方向に配列するため，一般にポリマーは配向複屈折を生じる．

ポリマーの複屈折は成形時にかかる応力ひずみに依存するため，成形方法，熱処理条件などによって大きく変化し，材料によって一意的には決められない．成形方法による複屈折は，一般に次の順序で示され，なかでも注型成形による複屈折は，モノマー重合時の体積収縮によるもので非常に小さい．

射出成形≧押出成形＞圧縮成形＞注型成形

ポリマーを材料とする光学系において，配向複屈折は集光性の低下や偏波の乱れといった点で問題になっているが，生産性の面から考えて主に射出成形法が用いられることから，配向複屈折の低減化にむけてさまざまな試みがなされている．

3.2.1 非複屈折ポリマー

配向複屈折を低減化させる方法として，複屈折の正負が異なるポリマーどうしを混ぜ合わせて複屈折を消去するブレンド法が提案されている[19,20]．ブレンド法では，ポリマーを複屈折相殺組成で混合することによって，分子配向が存在していても成形物の複屈折をゼロにしうるが，相分離による均一性，透明性の低下の点で問題を有する．光導波路媒体としての透明光学材料への応用を考えた場合には，ポリマー鎖を構成するモノマーユニット単位での複屈折の消去を行う必要がある．

本項においては，複屈折消去の原理，および非複屈折性ポリマーの作製原理と実例について述べる．

3.2.2 複屈折消去の原理

一軸配向されたポリマー固体を例にとると，複屈折は式 (3.7) で表される．

$$\varDelta n = n_{\parallel} - n_{\perp} \tag{3.7}$$

$n_{\parallel}$ は高分子の配向方向に平行な偏波面をもつ光の屈折率，$n_{\perp}$ はそれに垂直な偏波面をもつ光の屈折率である．

モノマーユニットに分極異方性が存在する無定形ポリマーは，多かれ少なかれ配向複屈

折が本質的なものである（固有複屈折）．ブレンド法は，固有複屈折が正のポリマーと負のポリマーを適当なブレンド比で混合することで複屈折の消去を行う．一方，モノマーユニット単位での複屈折の消去ができれば本質的に等方性ポリマーになると考えられ，さらにブレンドポリマーにみられる相分離の心配もなくなる．以下にその原理を示す．

それぞれ正負の複屈折を与えるモノマーどうしをランダムに共重合させると，それぞれのモノマーユニットの分極率楕円体の長軸の向きが異なるために，数Åオーダーで互いの分極異方性を打ち消しあう．モノマーユニット単位での分極異方性がゼロになれば配向によっても複屈折は生じないので，これにより非複屈折性透明ポリマー固体を得ることができる．図Ⅲ.3.5にその模式図を示す．

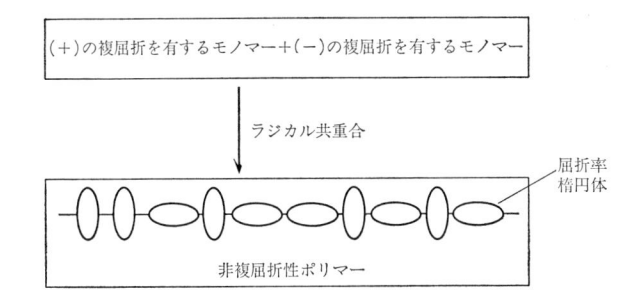

図 Ⅲ.3.5 ランダム共重合法による配向複屈折消去の原理

3.2.3 非複屈折ポリマー固体

ブレンド法では，ブレンドするポリマーどうしの相溶性がその透明性を大きく左右するため，ポリマーの組合せが非常に重要である．このような立場から，複屈折がゼロとなるポリマー対を探索した結果，表Ⅲ.3.6[20]の非複屈折性ポリマーブレンドが見出されている．

モノマーユニット単位で複屈折を消去して非複屈折性ポリマー固体を得るには，複屈折の正負が異なり，互いにランダム共重合するモノマーの組合せの選択が重要である．表Ⅲ.3.7に正および負の複屈折を与えるモノマーの例を示す．この表の中では，MMA-3FMA および MMA-BzMA の組合せでランダム共重合となり[21]，光学的に均一な透明ポリマーが報告されている．

表 Ⅲ.3.6 非複屈折性ポリマーブレンド

ポリマーペア[*1] $((-)\Delta n/(+)\Delta n)$	組　成[*2] （wt 比）	延　伸 温　度（℃）
PMMA/PVDF	80：20	90
PMMA/VDF・TrFE-58	90：10	90
PMMA/PEO	65：35	90
PS/PPO	71：29	180
S・LMI-19/PPO	73.5：26.5	180
S・PMI-16/PPO	74.5：25.5	180
S・CMI-17/PPO	75.5：24.5	180
S・MAN-8/PC	77：23	180
AS-25/NBR-40	40：60	90

[*1] 複屈折（－）のポリマーと複屈折（＋）のポリマーの組合せ
[*2] 複屈折相殺組成比

表 Ⅲ.3.7 正および負の複屈折を与えるモノマー

負　の　複　屈　折	正　の　複　屈　折
メチルメタクリレート（MMA）	トリフルオロエチルメタクリレート（3FMA）
スチレン	トリヒドロパーフルオロプロピルメタクリレート（4FMA）
ブチルメタクリレート（BMA）	ベンジルメタクリレート（BzMA）
シクロヘキシルメタクリレート（CHMA）	

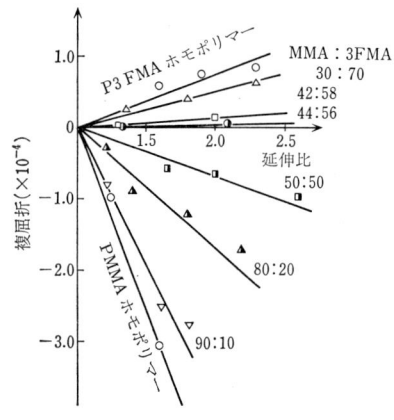

図 Ⅲ.3.6 MMA-3FMA ポリマーフィルムの延伸に伴う複屈折の発現

図Ⅲ.3.6 に組成を変化させた MMA-3FMA 系ポリマーフィルムの延伸による配向複屈折の変化を示す．この図によると，モノマー組成比 MMA/3FMA＝44/56（wt/wt）で合成すると，延伸によってほとんど複屈折を生じないポリマーフィルムが得られることがわかる．さらに，MMA-BzMA 系では，組成比 82/18（wt/wt）で，複屈折がほぼ完全に消去される．

また，これらの非複屈折ポリマーの散乱損失値は数十 dB/km と，MMA ホモポリマーに匹敵する透明性を有し，光学材料としての応用が期待できる．

3.3 光吸収損失

光学ポリマーにおいて，その透明性の向上は非常に重要な課題であり，飛躍的な発展への鍵であるといえる．ポリマーの透明性は，一般に伝送損失で表され，吸収損失と散乱損失に大別される．不純物などの外的要因の排除によって，透明性は大幅に向上するが，ポリマー固有の透明性を向上させるには，伝送損失と化学構造との関係やその極限を理解していなければならない．本節では，吸収損失について，本質的な原因およびそれらの低減化の方法について解説する．散乱損失については次節で述べる．

ポリマー固体に固有の吸収損失には，短波長側で増大する電子遷移吸収と長波長側で周期的に現れる原子振動吸収がある．電子遷移吸収は，主にベンゼン環やカルボニル基などのπ電子→π^*遷移によって生じるが，光通信で考えられている光源の波長領域（可視から近赤外）では無視できるほど小さいため，ここでは原子振動吸収について述べる．

物質はすべて原子から構成されており，原子の種類や，原子間どうしの結合の種類がその物質を特徴づけている．ところがこれらの原子間の結合は，ある結合の振動エネルギーをもっており，物質にエネルギーを照射すると，結合の伸縮振動や，変角振動のあるいは回転振動など（図Ⅲ.3.7参照）のエネルギーの倍音（倍の周波数）の吸収が現れる．

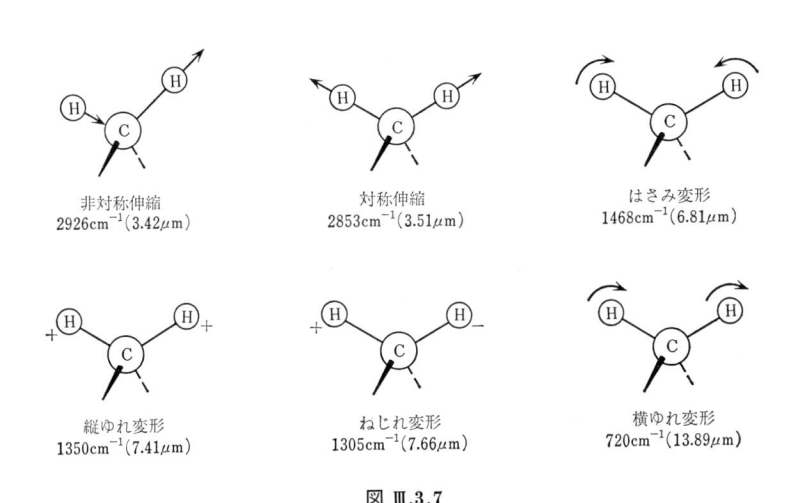

非対称伸縮
$2926 cm^{-1}(3.42\mu m)$

対称伸縮
$2853 cm^{-1}(3.51\mu m)$

はさみ変形
$1468 cm^{-1}(6.81\mu m)$

縦ゆれ変形
$1350 cm^{-1}(7.41\mu m)$

ねじれ変形
$1305 cm^{-1}(7.66\mu m)$

横ゆれ変形
$720 cm^{-1}(13.89\mu m)$

図 Ⅲ.3.7

3.3.1 振動による吸収の波長

まず，質量m_1, m_2の原子が，力の定数kのばねに対して振動する場合（ポテンシャルエネルギー$U=1/2kx^2$．ここでxは平衡点からの変位で表される場合），基本振動数ν_0は式（3.8）で示される．

$$\nu_0 = (1/2\pi c) \cdot (k/m_r)^{1/2} \tag{3.8}$$

ここで，c: 光速，m_r: 換算質量(還元質量)であり，式(3.9)で表される．

$$m_r = m_1 \cdot m_2 / (m_1 + m_2) \tag{3.9}$$

特にCHを基本とする高分子物質では，水素原子が軽量で振動しやすいため，基本吸収強度は大きくなり，そのために倍音の吸収も大きくなる．たとえば，水素原子を重水素原子やフッ素原子に置換すると，吸収ピークの波長は長波長側に移動するとともに，倍音による吸収量も減少する．図Ⅲ.3.8[22]は，PMMA，PMMA-d_5 コアのファイバーおよびPMMA-d_8 コアのファイバーの伝送損失スペクトルであり，ここでPMMA-d_8は，PMMAのすべての水素を重水素で置換したものである．

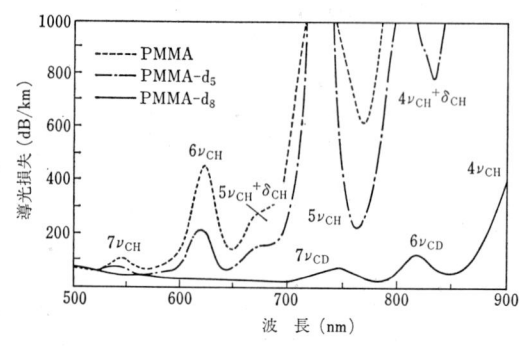

図Ⅲ.3.8 ポリマー光ファイバーの吸収による伝送損失

上記の吸収エネルギーは，主に原子間の結合の伸縮振動の倍音によるものである．以下に，その倍音の吸収が，どの波長にどの程度の大きさで現れるかを説明する．

3.3.2 吸収の基本振動と倍音

振動吸収がとりうるエネルギーレベル E は，量子数 v により，式(3.10)のように表される．

$$E = \left(v + \frac{1}{2}\right)\frac{2\pi}{h}\left(\frac{k}{m_r}\right)^{1/2} = \left(v + \frac{1}{2}\right)hc\nu \tag{3.10}$$

ここで，h: プランク定数，$v = 0, 1, 2, 3, \cdots$ である．

図Ⅲ.3.9(a)にそのポテンシャルエネルギー曲線を示す．ここで縦軸はエネルギーレベル，横軸は平衡点からのずれの量を表している．ところが，実際の分子や原子について考えると，結合している原子は2原子だけではないために，その非調和性により，高次の倍音エネルギーは，理想分布に比べ，エネルギーレベルが低くなり，倍音吸収が起こりやすくなる．

このようなエネルギー曲線は，非調和定数 χ を導入したモースポテンシャルエネルギー理論とよく一致する[23]．

モースポテンシャルによるエネルギーレベル $G(v)$ は式(3.11)のように示される．

$$G(v) = \nu_0(v + 1/2) - \nu_0\chi(v + 1/2)^2 \tag{3.11}$$

この式を変形すると式(3.12)となる．

$$\nu_0 = G(v) - G(0) = \nu_0 v - \chi\nu_0 v(v+1) \tag{3.12}$$

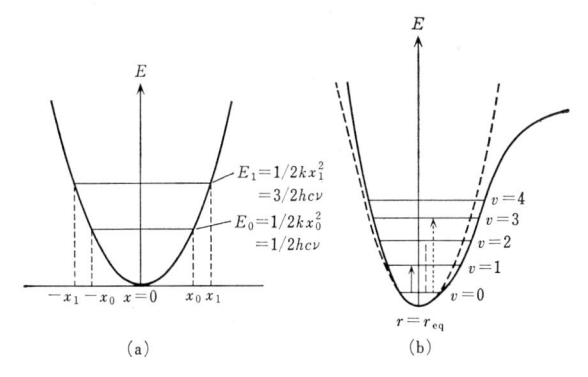

図 III.3.9 式 (3.10) に従う理想モデル (a) と理想モデルからのずれ (b)

ここで理想基本振動数 ν_0 および実際の基本振動数 ν_1 の関係は式 (3.13) で表される．

$$\nu_0 = \frac{\nu_1}{1-2\chi} \tag{3.13}$$

以上のことから，もし ν_1 および ν_2 の振動数がわかれば χ の値がわかることになり，これにより，すべての倍音の位置を計算することができる．また基本振動吸収に対する倍音での振動吸収の強度比も χ の値がわかれば，容易に計算することができる[23]．

図 III.3.10 に炭素原子と各種の原子が結合した場合の倍音振動吸収の位置と，その大きさを上式を用いて計算した結果を示す[23]．縦軸の値 E_v/E_1^{CH} は，炭素-水素結合の基本振動エネル

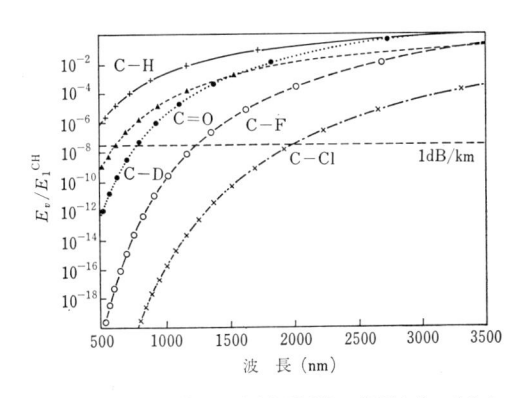

図 III.3.10 C-X 結合の倍音振動吸収の位置とその大きさ（計算値）

ギーに対するその倍音での振動エネルギーの大きさの比であり，吸収損失の大きさの目安となる．損失に換算すると $E_v/E_1^{CH} = 3.1 \times 10^{-8}$ が約 1 dB/km に対応する．

3.3.3 近赤外低損失ポリマー

ポリマー材料の光学系への応用を考えた場合には近赤外域において低損失なものが望ましい．

図 III.3.8 において，波長 630 nm に注目すると，PMMA の場合には C-H の 6 倍音に

よる吸収損失は約 400 dB/km ($E_v/E_1^{CH}=1.4\times10^{-5}$) と見積られており，図Ⅲ.3.10 の計算結果とよく一致している．一方，同じ波長において，PMMA-d_8 の場合には C—D の 8 倍音が現れ，その吸収損失は図Ⅲ.3.10 から見積ると約 2 dB/km ($E_v/E_1^{CH}=2.9\times10^{-8}$) であり，PMMA に比べて非常に低損失となる．さらに重水素に代えてフッ素化を行えば，図Ⅲ.3.10 よりさらに数桁低損失となる．これは近赤外域で実質的に光吸収がないことを意味する．

PMMA-d_8 コアの光ファイバーでは，波長 650～680 nm での伝送損失が約 20 dB/km，850 nm でも約 50 dB/km のファイバーが報告されており[24]，近赤外域で，プラスチックファイバーとしてはきわめて低損失な値が達成されている．しかし，近赤外域では吸湿によって吸収損失が増大するという欠点を有している．

フッ素を導入した場合は，フッ素のはっ水性によって吸湿性の影響を抑制することができるため，無定形フッ素ポリマーは近赤外域においてきわめて興味深い光学材料となる可能性がある．

3.4 光散乱損失

3.4.1 透明性と不均一性

散乱は，不均一な構造（屈折率のゆらぎ）の存在により起こる．たとえば，グラフトポリマーやブロックポリマーに存在するミクロ的な相分離や，結晶性ポリマーにおける結晶領域の混在などによる不均一な構造が散乱の要因になる．また，無定形ポリマー固体は，むかしは構造ゆらぎをもたない液体構造と考えられていたが，測定技術の進歩によりさまざまな疑問が投げかけられてきた．たとえば，X線，中性子散乱測定からは異方性構造が認められない高純度な PMMA（ポリメタクリル酸メチル）固体中にも 1000 Å 程度の屈折率の不均一構造が，光散乱法の角度依存性に測定により検出されている[25〜27]．これらは，アインシュタインの光散乱の揺動説理論である式 (3.14)[28] から予測される散乱強度 (10 dB/km) よりも 1 桁大きいものである．

$$V_V^{iso}=\frac{\pi^2}{9n^4\lambda^4}(n^2-1)^2(n^2+2)^2kT\beta \tag{3.14}$$

ここで，V_V^{iso} の iso とは等方性散乱を意味し，垂直偏光（V）で入射した光が垂直偏光（V）で散乱した場合の強度を示す．ここで n：ポリマーの屈折率，k：ボルツマン係数，T：絶対温度，β：等温圧縮係数，λ：ポリマー中の光線の波長である．

無定形ポリマーの透明性は，その重合条件に大きく依存する[29]．従来考えられてきたように，不純物の除去も重要なファクターであるが，過剰散乱の制御には，重合条件をいかに設定して高次構造を制御するかがきわめて重要である．

3.4.2 ポリマー固体中の不均一構造と光散乱の関係

強度 I_0 の自然光を無定形ポリマーに入射し，距離 y を透過した後，光の強度が散乱により I に減衰したとすると，濁度 τ は，式 (3.15) で定義される．

3.4 光散乱損失

$$\frac{I}{I_0} = \exp(-\tau y) \quad (3.15)$$

τ は全方向への散乱光を積分したものに相当するので,式 (3.16) の関係がある.

$$\tau = \pi \int_0^\pi (V_V + V_H + H_V + H_H) \sin\theta d\theta \quad (3.16)$$

H および V はそれぞれ水平,垂直偏光を意味し,記号 A_B の A は検光子の偏光方向を,添字 B は入射光の偏光方向を示す.θ は散乱角である.$H_V (=V_H)$ は異方性に起因するものであり,フェニル基などの分極異方性基が存在する場合は大きくなる.

$$H_H = V_V \cdot \cos^2\theta + H_V \cdot \sin^2\theta$$

であるので,結局 τ は V_V と H_V の関数として式 (3.17) で表される.

$$\tau = \pi \int_0^\pi \{(1+\cos^2\theta)V_V + (2+\sin^2\theta)H_V\} \sin\theta d\theta \quad (3.17)$$

得られたポリマー固体からの V_V 散乱強度は,固体内の 1000 Å 程度の屈折率不均一性のために角度依存性を示す.そこで,V_V を角度依存性のない,いわゆるレイリー散乱による等方性散乱強度 $V_{V_1}^{\mathrm{iso}}$ と,ある大きさの屈折率不均一領域から生じる角度依存性を示す等方性散乱強度 $V_{V_2}^{\mathrm{iso}}$ とすると,式 (3.16) の V_V は式 (3.18) となる.

$$V_V = V_{V_1}^{\mathrm{iso}} + V_{V_2}^{\mathrm{iso}} + \frac{4}{3}H_V \quad (3.18)$$

$V_{V_2}^{\mathrm{iso}}$ は,Debye らにより式 (3.19)[30] で与えられる.

$$V_{V_2}^{\mathrm{iso}} = \frac{8\pi^2 \langle \eta^2 \rangle a^3}{\varepsilon^2 \lambda^4 (1+\nu^2 s^2 a^2)^2} \quad (3.19)$$

ここで,ε: 固体の平均誘電率 ($\varepsilon = n^2$),$\langle \eta^2 \rangle$: 誘電率ゆらぎの 2 乗平均を表し,$\nu = 2\pi/\lambda$,$s = 2\sin(\theta/2)$ である.λ および λ_0: それぞれ,媒体および真空中での光線波長である ($\lambda = n\lambda_0$).a: 長さの単位をもち,相関距離とよばれるもので,固体内の屈折率の不均一領域の大きさの目安となる重要なパラメーターである.

濁度 τ は,式 (3.20) のように三つに分けられる.

$$\tau = \tau_1^{\mathrm{iso}} + \tau_2^{\mathrm{iso}} + \tau^{\mathrm{aniso}} \quad (3.20)$$

ここで,τ_1^{iso}: $V_{V_1}^{\mathrm{iso}}$ による濁度,τ_2^{iso}: $V_{V_2}^{\mathrm{iso}}$ による濁度,τ^{aniso}: 異方性散乱 H_V による濁度である.

また,散乱損失 α (dB/km) は濁度 τ と式 (3.21) の関係がある.

$$\alpha \text{ (dB/km)} = 4.342 \times 10^5 \times \tau \text{ (cm}^{-1}) \quad (3.21)$$

したがって,V_V,H_V の測定により全散乱損失 α_t を以下の三つに分けて求めることができる.

- α^{aniso}: 材料の異方性のために生ずる散乱損失
- α_1^{iso}: レイリー散乱により生ずる散乱損失
- α_2^{iso}: ある大きさの不均一性を有するため散乱光強度に角度依存性を示す等方性散乱による損失

$$\alpha_t = \alpha_1^{iso} + \alpha_2^{iso} + \alpha^{aniso} \tag{3.22}$$

3.4.3 導光材料としての無定形ポリマー固体

不純物を除去したモノマーの重合においても，重合条件の設定がポリマーの透明性に大きく影響することを述べたが，実際 PMMA の場合，重合条件の違いによって 10 から 800 dB/km までの散乱損失値を有するポリマーが得られることが実験的にわかっている[31]．これは，固体内の高次構造が光散乱に大きく関与していることを意味する．以下に，PMMA 固体について具体的に解説する．光散乱法による散乱損失値の測定では，サンプルは 20 mmφ の円柱状のものを用い，側面からの縦偏光の He-Ne レーザーを入射し，θ 方向への散乱強度の測定により散乱損失値を見積る．

（1）PMMA の過剰散乱 重合温度を変化させると，分子量や残存モノマー量などポリマーの特性が大きく変化する．図 III.3.12 に PMMA 固体の V_V 散乱強度の重合温度依存性を示す．また，その散乱パラメーターの値を表 III.3.8 に示す．図 III.3.11 からわかるように，重合温度 70°C では V_V 散乱強度に角度依存性が存在するが，温度上昇につれ

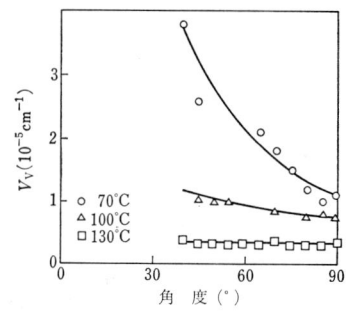

図 III.3.11 重合温度を変化させた場合の PMMA 固体の V_V 散乱強度（重合時間 96 h）

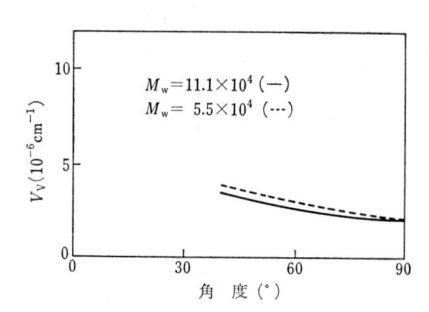

図 III.3.12 V_V と分子量の関係
―――：重合温度 70〜150°C
―-―：重合温度 130〜150°C

表 III.3.8 図 III.3.11 のサンプルの散乱パラメーター

重合温度 (°C)	a (Å)	$\langle \eta^2 \rangle$ ($\times 10^{-9}$)	α_1^{iso} (dB/km)	α_2^{iso} (dB/km)	α^{aniso} (dB/km)	α_t (dB/km)
70	676	10.5	16.8	40.8	4.4	62.0
100	312	20.0	8.9	18.8	4.0	31.7
130	—	—	9.7	—	4.7	14.4

て角度依存性はなくなり V_V 散乱強度は大幅に減少する．表 III.3.8 をみると，全光散乱損失 α_t が 62 dB/km から 14.4 dB/km に減少している．これは主に約 $a=700$ Å で $\langle \eta^2 \rangle = 10.5 \times 10^{-9}$ の誘電率ゆらぎをもつ不均一領域が消滅したことによる．また，異方性散乱 α^{aniso} はほぼ一定であるので，重合温度上昇によって等方性散乱が大きく減少したことがわかる．では，どうして重合温度が上がると等方性散乱が減少するのだろうか？

3.4 光散乱損失

（2） 過剰散乱に影響を及ぼすファクター[31,32]　過剰散乱に影響を及ぼすファクターは，分子量や残存モノマー，重合中のゲル効果による架橋構造の形成，固有のタクティシティーによる立体規則性などが考えられていたが，これらのファクターが異なる PMMA の散乱損失は，T_g 以上の温度における十分な熱処理によってほぼ等しくなる．図Ⅲ.3.12 に V_V 散乱強度と分子量の関係を示す．この場合，重合温度は 70°C と 130°C であるが，いずれも T_g 以上の温度（150°C）で熱処理を行った．これより，分子量が約 2 倍異なる PMMA であっても T_g を越える高温で熱処理を行うと，散乱強度 V_V はほとんど同じであることがわかる．また，残存モノマーの影響に関しては，非重合性のモノマーのモデルとしてプロピオン酸メチルを数％まで混入したものについて添加量の変化に対する散乱損失値への影響を調べた．高温での十分な熱処理を行うと，散乱損失は添加量にほとんど関係なく，全散乱損失値 α_t は 12 dB/km 程度と変化なかった．タクティシティーについても同様で，重合温度の違いにより異なったタクティシティーを有する PMMA 固体であっても，高温での熱処理により散乱損失の違いは消失する．

さまざまな条件で重合された PMMA の散乱損失はまちまちであるが，それらを高温（T_g 以上）で熱処理するとすべて 10 dB/km 強の損失値まで下がる．表Ⅲ.3.9 にその一例を示す．熱処理前に 325 dB/km であったサンプルが熱処理後には 13 dB/km まで減少している．これは，アインシュタインの揺動説の理論限界値にほぼ等しい．

表 Ⅲ.3.9　70°C で 216 時間重合した PMMA と熱処理後の散乱損失

	a (Å)	$\langle \eta^2 \rangle$ ($\times 10^{-9}$)	α_1^{iso} (dB/km)	α_2^{iso} (dB/km)	α^{aniso} (dB/km)	α_t (dB/km)
重合直後	856	43.2	79.7	238.9	6.3	324.9
180°C で十分熱処理後	—	—	8.9	—	4.0	12.9

以上より，熱処理が PMMA 固体の過剰散乱に影響を及ぼす最も重要なファクターであると考えられる．

（3） 過剰散乱の原因　T_g を越える温度での熱処理で過剰散乱が消失するメカニズムであるが，T_g 以下の温度での重合では重合時のモノマーからポリマーへの体積収縮などで生じたひずみ，不均一性が，T_g 以上での熱処理によって緩和されて不均一性が消失，つまり過剰散乱が消失するものと考えられる．重合時のモノマーからポリマーへの体積収縮時に生じる不均一構造が，過剰散乱の原因であることが最近報告されている[32]．

この不均一構造の原因は，特に高転化率での重合によるわずかに局在化した微小な空隙の生成であると考えられる．図Ⅲ.3.13 に熱処理による残存モノマー量の変化と V_V 散乱強度の関係を示す[32]．この図からも高転化率時のわずかな転化率の上昇（0.5～1％）により，急激な散乱強度の増加が認められる．

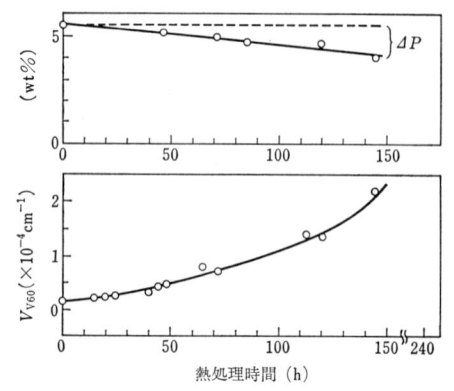

図 Ⅲ.3.13 熱処理による残存モノマー量の変化と V_V 散乱強度の関係（熱処理温度 70°C）

3.5 耐 熱 性

ポリマーには，加熱することにより可塑性を示し，外力により容易に変形が可能な熱可塑性ポリマーと，熱を加えて重合することにより固い網目構造を形成する熱硬化性ポリマーがある．一般に，熱硬化性ポリマーは，熱可塑性を示さず変形しないことから，熱可塑性ポリマーに比べて耐熱性に優れている．一方，生産性などにおいて有利な熱可塑性ポリマーの耐熱性は，ガラス転移温度（T_g）と関係がある．光学材料として適している無定形ポリマーの比容積は，T_g を境に変化の割合が大きく異なる．つまり T_g 以下のガラス状態ではポリマー鎖のシーケンスが凍結されているのに対して，T_g を越えるとシーケンスの熱運動の始まりにより体積が増大し，さらには粘ちょう流体へ変化する．このことから，熱可塑性ポリマーでは，T_g を高くすることにより耐熱性が向上する．

たとえば，耐熱性光ファイバー材料として古くから知られるものとしてポリカーボネート（PC）があるが，クラッド材にポリ-4-メチルペンテン-1 を使用した PC コア光ファイバーと従来の PMMA コア光ファイバーの耐熱性

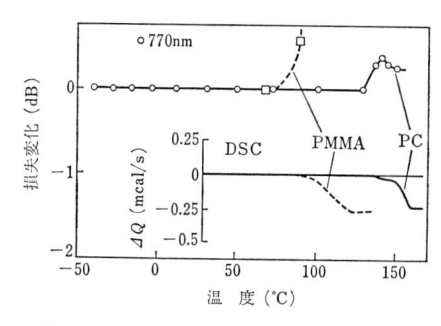

図 Ⅲ.3.14 導光損失と DSC 曲線の温度変化

変化と導光損失の変化を対応させてみると（図Ⅲ.3.14)[33]，いずれも T_g を境に損失が増加している．

これらのことから，耐熱性の向上には網目構造の導入，または T_g の上昇が有効である

耐熱性ポリマー

まず，T_g の上昇についてであるが，T_g はポリマーの主鎖や側鎖が剛直であるほど，また水素結合や極性基などの存在により主鎖間の凝集力が強いほど高くなる．PC が，PMMA に比べて T_g が高いことも，PC はベンゼン環を含む剛直な構造を有するためである（図Ⅲ.3.14）．高 T_g ポリマーの例をいくつか示す．PMMA（T_g は 105°C 付近）のエステル部のメチル基を以下に示すようなトリシクロデカニル基やボルニル基で置換して側鎖を剛直にすることにより T_g が数十°C 上昇し，また吸湿性の大幅な低減にもつながる[34]．

メタクリル酸トリシクロデカニル　　　メタクリル酸ボルニル

また，以下に示す構造を有する芳香族ポリエステル（polyarylate）のように主鎖が剛直なものも高 T_g を示す[35]．

m-, p- 混合物

また，網目構造の導入については，光ファイバーにおいて試みられており，熱硬化性アクリレートを用いて硬化反応を行いながら連続的に紡糸するプロセスが開発され，PC よりさらに 30〜50°C 程度高い耐熱性が報告されている[36]．

3.6 分布屈折率ポリマー材料

屈折率分布形（graded-index 形，GRIN or GI 形）ポリマー材料は，可とう性やコストの面など，無機光学材料における問題点をカバーしうる数々の特徴を有する．ここでは，数々の GI 形ポリマー機能材料の中から，GI 形光ファイバーおよび GRIN 球レンズについてその特性を紹介する．

3.6.1 GI 形ポリマー光ファイバー

ポリマー光ファイバー（POF）は，加工性に優れ，フレキシブルで大口径化が可能であることから，ガラス光ファイバーに比べて接続，分岐が容易に行える．ローカルエリアネ

ットワークに代表される高密度光通信においては，GHz·km オーダーの伝送帯域が必要である．GI 形 POF は，コアの部分に屈折率分布を有する光ファイバーであり，構造上モード分散が起こりにくく，屈折率分布の制御によっては理論的に無限大の伝送帯域を有し，加えて POF の利点をもった光ファイバーである．

（1） GI 形 POF の作製　　GI 形 POF は，線形ポリマーを用いて光ファイバープリフォーム（直径の大きいロッド状のもの）を作製して，これを連続的に熱延伸することによって作製する．プリフォームロッドの作製方法は数多く提案されてきたが[37,38]，界面ゲル重合法[39]は，作製方法が容易で，屈折率分布を精度よく制御できる方法である．

（2） GI 形 POF の屈折率分布と伝送帯域　　GI 形 POF の場合，その伝送帯域は屈折率分布の形状に大きく影響を受け，屈折率分布が二次分布となるときに最も伝送帯域が広くなる．

図Ⅲ.3.15 は，クラッドに PMMA を用いて，コアを MMA-BzMA 系で界面ゲル重合法を行うことによって作製した GI 形プリフォームロッドおよび POF の屈折率分布である．それぞれの半径は，R_p として規格化して示した．熱延伸による屈折率分布の変化はほとんど観察されない．

光ファイバーの伝送帯域は，光ファイバーにパルスを入射して出射波形を観察し，さらに得られた波形をフーリエ変換することによって周波数換算して求める．図Ⅲ.3.16 に GI 形 POF と市販の SI 形（階段屈折率形，step-index 形）POF（いずれも 55m）にパル

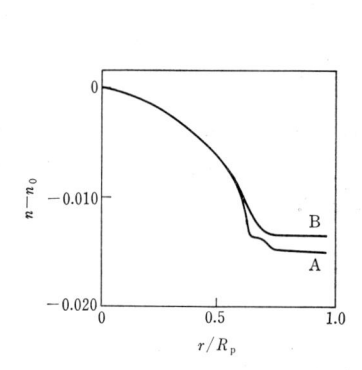

図 Ⅲ.3.15　作製された GI 形プリフォームとファイバーの屈折率分布
A：プリフォームロッド
B：ファイバー

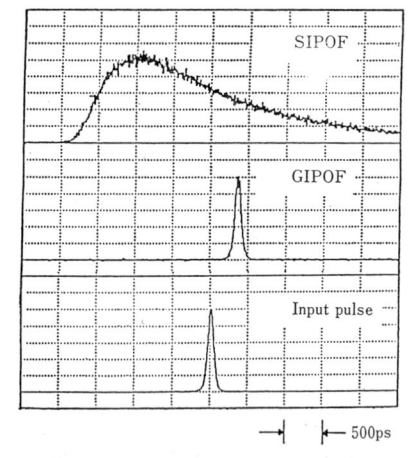

図 Ⅲ.3.16　GI 形および SI 形 POF からの出射パルス光の広がり

スを入射して出射波形を観察した結果を示す．SI 形 POF の理論的な伝送帯域は約 2〜6 MHz·km である．

入射波形と比較すると，SI 形の出射波形が非常に広がっているのに対し，GI 形は，入射光とほぼ同様であることが観察される．この波形より GI 形 POF の伝送帯域を計算した結果，約 2 GHz·km であり，SI 形 POF の数百倍の伝送帯域を有している．

(3) GI 形 POF の伝送損失　POF の透明性は，本質的にガラス光ファイバーより劣る．通信媒体としては，透明性が使用上の重要なファクターとなるために，その低損失化は重要な課題である．図Ⅲ.3.17 に，代表的な GI 形 POF の伝送損失スペクトルを示す．まず，A のスペクトルであるが，これは MMA ベースの GI 形 POF で，いわゆる通常のポリマーを材料としたファイバーの伝送損失スペクトルである．このような場合，ポリマーを構成している C–H 結合の伸縮振動の倍音吸収が吸収損失として現れ，さらに波長の 4 乗に逆比例する光散乱による損失の影響を受けて，波長約 550～600 nm と約 640～660 nm のところに低損失領域が存在する．実際に A では，735 nm に 5 倍音，626 nm に 6 倍音の吸収が現れ，約 572 nm のところで最も低損失となり，約 90 dB/km である．これは SI 形 POF の約 100～300 dB/km に匹敵する．

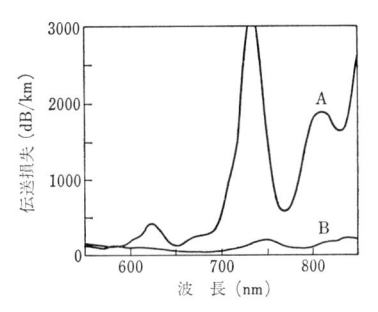

図Ⅲ.3.17　GI 形 POF の伝送損失値
A：通常のポリマー
B：重水素化ポリマー

また B のスペクトルは，水素原子をすべて重水素原子に置換した MMA-d_8 を用いて作製した GI 形 POF の伝送損失を表している．重水素化により先述した C–H 結合による振動吸収はなくなるため，伝送損失値は全体的に低くなっており，波長約 692 nm のところでは，56 dB/km と非常に低損失のものが得られている．

3.6.2　GRIN 球レンズ

コネクター用などに用いられるマイクロレンズは球面収差が小さいものが望ましく，GRIN 球レンズは球内の屈折率分布によって低収差を実現することが可能である．ポリマー GRIN 球レンズは，ルビー球レンズなどの無機材料に比べて低コストで球面収差の小さい，高性能なマイクロレンズとなりうる．

ポリマー GRIN 球レンズは，特殊な懸濁重合を応用した作製方法[40]によって容易に得られ，しかも屈折率分布の制御も精度よく行うことができる．

図Ⅲ.3.18 に，マイクロビームを用いて測定した GRIN 球レンズと単一屈折率球レンズの集光特性の結果を示す．ここで，GRIN 球レンズの屈折率分布はほぼ二次分布であり，屈折率差 Δn は約 0.06 である[41]．図Ⅲ.3.18 より，単一球に比べて球面収差は球周辺部において特に改善されることがわかる．

また，それぞれの球レンズに球全体にわたってレーザー光を入射して焦点での集光スポットを測定すると，図Ⅲ.3.19 のように GRIN 球レンズの集光特性が大幅に改善されていることがわかる（スポット径半値幅約 4 μm）．

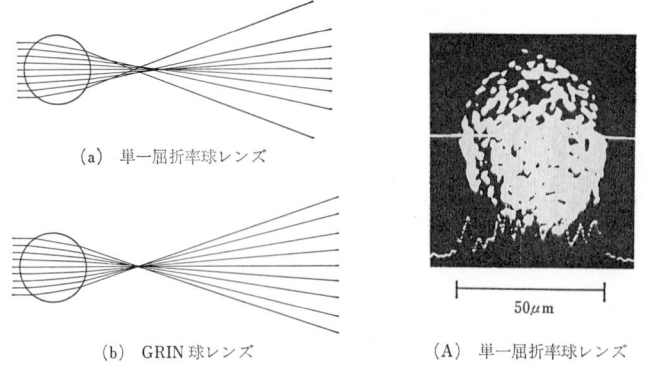

図 Ⅲ.3.18　GRIN 球レンズと単一屈折率球レンズの集光特性

図 Ⅲ.3.19　測定されたスポット
(A) 単一屈折率球レンズ　(B) GRIN 球レンズ

3.7　有機非線形光学材料

　オプトエレクトロニクスの基盤をなす光集積回路では，従来の電気信号に代わって高速の光変調が重要となる．光信号のオン・オフ，光伝送路切換スイッチ，光コンピューターの光双安定素子など，いわゆるアクティブ素子とよばれるものである．具体的には，電界や光を与えて導波路の屈折率（複屈折）を変化させることにより，それぞれの機能が引き出される．

　光スイッチング素子は，ニオブ酸リチウム（$LiNbO_3$），KDP（KH_2PO_4）といった無機結晶媒体によるものが多いが，有機結晶や高分子材料などの有機材料も，超高速スイッチングが可能な材料であり注目されている[43]．現在の電子回路スイッチでは，ジョセフソン素子を用いてもスイッチング時間は 1ns が限界であるが，ポリジアセチレンなど π 電子共役系を有する有機材料では，きわめて高速の電子遷移応答を示すためフェムト秒までの超高速スイッチングが可能であると考えられている．

　本節では，無機材料に比べて非線形光学特性が大きく，最近注目を浴びている有機非線形光学材料およびその応用について述べる．

3.7.1　非線形効果と屈折率変化の関係

　物質の誘電分極 P は，強い電界 E のもとでは式 (3.23) のように非線形を含んだ表現となる．

$$P = \chi^{(1)}E + \chi^{(2)}EE + \chi^{(3)}EEE + \cdots \quad (3.23)$$

ここに，$\chi^{(1)}, \chi^{(2)}, \chi^{(3)}$ は，それぞれ一次，二次，三次の電気感受率テンソルである．

　分極 P は，$\chi^{(2)}, \chi^{(3)}$ が存在すると，電界 E に対し非線形性を有するため，屈折率が変化する．$\chi^{(2)}$ による屈折率変化をポッケルス効果，$\chi^{(3)}$ による屈折率変化をカー効果という．一方周波数変調機能では，$\chi^{(2)}$ は第 2 高調波発生（SHG），$\chi^{(3)}$ は第 3 高調波発生

(THG) をもたらす．代表的な非線形光学有機材料の構造, $\chi^{(2)}$ のテンソル成分 d_{ij}, 複屈折変化により半波長の波面のずれを得るための電圧値 V（詳細は後述）を表Ⅲ.3.10 に示す．d_{ij} が大きければ，印加電圧の方向を工夫すれば大きなポッケルス効果を得るこ

表 Ⅲ.3.10　非線形光学材料

構造		d_{ij} ($\times 10^{-9}$ e.s.u.)	V (kV)
MNA（結晶）	![NH2, CH3, NO2 置換ベンゼン]	$d_{11}=600$ $d_{12}=70$	1.4 11.7
NPP（結晶）	![N-ピロリジン-CH2OH, NO2 置換]	$d_{21}=200$	4.1
ピラゾール誘導体（結晶）	![ピラゾール-CH=C(CN)2]	$d_{33}=2206$	0.37
色素 Red I を PMM 中に分散ポーリング	![CH3CH2, HOCH2CH2-N-C6H4-N=N-C6H4-NO2]	$d_{33}=6.0$	136
ニオブ酸リチウム（結晶）	LiNbO₃	$d_{31}=14$	58
KDP（結晶）	KH₂PO₄	$d_{14}=1.6$ $d_{36}=1.5$	—

とができる．ポッケルス効果は，ランダム構造であったり，反転対称中心を有する構造ではゼロである．このため，対称中心を欠く結晶，またはポーリングにより双極子が巨視的に一定方向に配向した構造が提案されている．

d_{ij} と屈折率変化の関係を述べる．ポッケルス効果を示す電気光学定数を r_{ij} とすると，χ のテンソル成分 d_{ij} との関係は式（3.24）で表される．

$$r_{ij} = -\frac{4\pi}{n^4} d_{ji} \tag{3.24}$$

r_{4j}, r_{5j}, r_{6j} が値をもつ場合，つまり，d_{j4}, d_{j5}, d_{j6} がゼロでない場合には，印加電圧を加えると屈折率楕円体は主軸が回転して傾くことになる．しかし，有機非線形光学材料の多くは r_{4j}, r_{5j}, r_{6j} が無視できるほど小さいので，図Ⅲ.3.20 に示されるように，屈折率楕円体は回転せず，楕円体の長軸，短軸のみが変化する．

表Ⅲ.3.10 のピラゾール誘導体を例に考えると，d_{33} が大きいので，式（3.24）より r_{33} が大きな値をもつ．その他の r_{ij} は小さいのですべてほぼゼロとみなせる．z 軸方向に電界 E_z を印加すると，屈折率楕円体は回転せずに z 軸方向だけ変化した点線の楕円体になる．このとき z 軸方向の屈折率は n_z である．

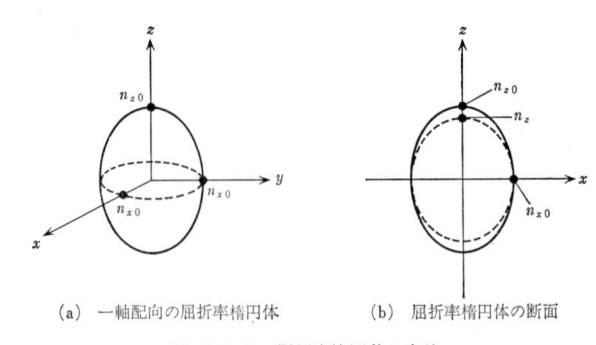

(a) 一軸配向の屈折率楕円体　　(b) 屈折率楕円体の断面

図 Ⅲ.3.20　屈折率楕円体の定義

偏波面がz軸より45度傾いた偏光をこのサンプル（長さ$L=2.8$mm）に入射し，電界E_zを徐々に印加しながら検光子を通過後の光強度を測定した結果を図Ⅲ.3.21に示す．電極間距離dは1.1mmである．光強度が極大から極小に変化したことは，電界印加による複屈折変化（n_{z0}がn_zとなる）により，x軸とz軸に分かれた二つの偏波の波面が半波長ずれたことを意味する．$L=d$のとき，半波長の波面のずれを得るのに要する電圧が，表Ⅲ.3.10にまとめたVである．無機材料に比べ，有機材料のほうが小さな電圧で屈折率変化が達成できるものがあり興味深い．

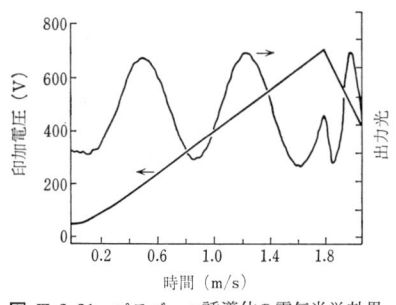

図 Ⅲ.3.21　ピラゾール誘導体の電気光学効果

3.7.2　有機材料とその応用

有機非線形光学材料は，大きく，有機結晶[42]，LB膜[43]，ポリマー[44,45]の3種類に大別される．有機結晶では，現在までに多数の報告があり，大きな非線形光学時性が報告されている一方，無機結晶に比べ大きな単一結晶をつくりにくい，導波路化が困難であるといった課題が残されている．LB膜では，分子膜が一方向にきれいに配向することが知られており，近年相次いで二次の非線形光学時性が報告されており興味深い．しかし，光導波路タイプの現実的な応用を考えた場合は，少なくとも数十層以上のLB膜が必要であり，それが今後の課題であると思われる．一方ポリマーは，上記二つと比較して非線形光学材料として以下に示す利点を有する．

① 加工しやすい
② ポーリングによる原子団の配向により，比較的容易に非中心対称構造が得られる

ポリマーSHG材料の例を表Ⅲ.3.11[46]に示す．

非中心対称構造の付与は主としてコロナ放電によってポリマー主鎖や側鎖に導入された原子団を配向させて得られる．

3.7 有機非線形光学材料

表 Ⅲ.3.11 高分子系 SHG 材料の非線形光学定数

ホストポリマー	ゲスト NLO 色素	二次の非線形光学定数 (pm/V)	屈折率（波長, μm）
PMMA	DRI	$d_{33}=8.4$	1.52 (0.8)
PMMA	DANAB	$d_{33}=1.9$	
PMMA	DCV	$d_{33}=31$	1.58 (0.8)
P (VDF-TrFE)	BMANS	$d_{33}=2.5$	
POE	p-NA	$d_{33}=22$	1.621 (0.532)
			1.535 (1.064)

ポリマー主鎖	NLO 側鎖	二次の非線形光学定数 (pm/V)	屈折率（波長, μm）
Polystyrene	p-NA	$d_{33}=31$	1.824 (0.532)
		$d_{31}=5.1$	1.690 (1.064)
Polystyrene	DRI	$d_{33}=1.1$	
Polystyrene	DASP	$d_{33}=0.05$	
Polystyrene	NPP	$d_{33}=27$	1.580 (0.633)
PMMA	HNS	$d_{33}=75$	1.63
PMMA	stilbene	$d_{33}=5.5$	
PMMA	DCV	$d_{33}=21.4$	1.58 (0.8)
		$d_{31}=7.1$	
Poly (PMMA-PMAA)	BA	$d_{33}=30$	
Poly (PMMA-PMAA)	AB	$d_{33}=41$	
Poly (PS-AA)	AB	$d_{33}=41$	
Poly (phosphazene)	Nitrostilbene	$d_{33}=21.4$	
PPO	NPP	$d_{33}=27$	1.58 (1.064)
Poly (Vat-VA)	p-NA	$d_{33}=35$	1.677 (0.532)
			1.587 (1.064)
Poly (Vat-VAc)	p-NA	$d_{33}=30$	1.654 (0.532)
			1.581 (1.064)
doly (VA-VAc)	p-NA	$d_{33}=15$	1.649 (0.532)
			1.599 (1.064)

架橋性ポリマーモノマー	ゲスト NLO 色素	二次の非線形光学定数 (pm/V)	屈折率（波長, μm）
Bis-A	NPDA	$d_{33}=14$	1.684 (0.5145)
		$d_{31}=3$	1.602 (1.064)
DGNA	APNA	$d_{33}=50$	
Polystyrene+(BDE)	NPP	$d_{33}=2.9$	
PVCN	CNNB-R	$d_{33}=21.5$	1.634 (0.532)
			1.625 (1.000)

ポリマー系における問題点は，配向した原子団の熱的緩和である．この問題については
いろいろな研究がされているが，配向過程あるいは配向後の架橋構造の導入や電界印加時
のアニーリング，Λ形分子の導入などの方法により，抑制が期待される．また，ある種の
極性高分子や液晶性高分子とパラニトロアニリンなどの融液からの結晶による，いわゆる
高分子複合系でも大きな SHG 活性が得られる．しかし複合系は，光散乱が大きいという
問題を有している．

これらの有機材料を非線形光学材料としてデバイス化するためには，位相整合を行うう
えで何らかの方法をとる必要がある．位相整合の方法の例を以下に示す．

位相整合の方法

- 周期構造の導入

 くし形電極などを用いて周期的に分極処理を行い，擬似位相整合を行う方法

- チェレンコフ放射

 適当な屈折率と厚みを有する高分子をガラス基板上にデポジットし，分極処理した後
 伝搬層として用いることにより位相整合をとる方法．入射光伝搬層から放射される二
 次光はクラッド層を伝搬し，クラッドの形状によって半月状あるいはサークル状の出
 力が観察される．

- モード位相整合の利用

 入射光と二次光の見かけの屈折率が同一な導波路の厚みを探す方法．数 Å 程度まで
 の導波路厚の制御が困難なため，テーパー形導波路などが試みられている．

現在，非線形光学材料としての有機材料の探索から実際のデバイス化への検討へと移行
しつつある．研究室レベルでは多くの成功例が報告されているものの，実用レベルでの有
機材料の安定性が今後の大きな課題である． 　　　　　　　　　　　　　　[小池康博]

参考文献

1) 高分子実験学 12「熱力学的・電気的および光学的性質」，共立出版.
2) 大塚保治：高分子，**33** (1984), 266.
3) 大塚保治：オプトテクノロジーと高機能材料，CMC (1985).
4) 日本化学会編：化学便覧，基礎編 II (改訂第 3 版)，丸善，558.
5) 特開昭 60-124607 (日本合成ゴム).
6) 特開昭 59-7901 (保谷).
7) 特開昭 60-26010 (小西六).
8) 特開昭 60-124606 (呉羽化学).
9) 特開昭 59-96113 (三井東圧).
10) 特開昭 59-133211 (東レ).
11) 特開昭 59-15118 (保谷).
12) 四方和夫，酒井保雄：化学と工業，**36** (1985), 794.
13) H. Rogers et al.: Macromolecules, **18** (1985), 1058.
14) 三井石油化学：特開昭 61-271308, 61-2722216, 61-292601.
15) 日本合成ゴム：MH 樹脂 (仮称).

参考文献

16) 昭和電工(株).
17) K. Nakamura, T. Maruno and S. Ishibashi: Japan-US Polymer Symposium (1985), 118.
18) 石割和夫, 大森 晃, 小泉 舜: 日化誌 (1985), 118.
19) B. R. Hahn and J. H. Wendorff: Polymer, 26 (1985), 1619.
20) H. Saito and T. Inoue: J. Poly. Sci: Part B: Polym. Phys., 25 (1987), 1629.
21) 小池康博: 光学, 20, 2 (1991).
22) T. Kaino et al.: Polymer Preprints, Japan, 31 (9), 2357 (1982).
23) W. Groh: Makromol. Chem., 189 (1988), 2861-2874.
24) T. Kaino et al.: Appl. Phys. Lett., 41 (1982), 802.
25) M. Dettenmaier and E. W. Fischer: Kolloid-Z. U. Z. Polymer, 251 (1973), 922.
26) R. E. Judd and B. Crist: J. Polymer. Sci. Polum. Lett. Ed., 18 (1980), 717.
27) B. Crist and M. Marhic: SPIE, 297 (1981), 169.
28) A. Einstein: Ann. Phy., 33 (1910), 1275.
29) 大塚保治, 小池康博, 淡路恵子, 谷尾宣久: 高分子論文集, 42 (1985), 265.
30) P. Debye et al.: J. Appl. Phys., 28 (1957), 679.
31) Y. Koike, N. Tanio and Y. Otsuka: Macromolecules, 22 (1989), 1367.
32) Y. Koike, S. Matsuoka and H. E. Bair: Macromolecules, 25, 18 (1992).
33) 田中 章, 高橋栄悦, 沢田寿史, 若月 昇: 電子情報通信学会, EMC 87-9 (1987), 1.
34) 日立化成工業(株): 高機能アクリレート FA-513M カタログ.
35) ユニチカ U-100 (ユニチカ(株)); Ardel D-100 (Union Carbide 社).
36) 阿部富也, 丹野清吉羅: 電子通信学会総合全国大会, EMC 87-9 (1987), 1.
37) Y. Koike and Y. Otsuka: Appl. Opt., 22, 3 (1983), 418-423.
38) Y. Koike: Polymer, 32, 10 (1991), 1737-1745.
39) 小池康博, 二瓶栄輔: 傾斜機能材料研究会会報, No. 16, 11-23.
40) Polymer for Lightwave and Integrated Optics, Macel Dekker Publisher (1992), 71-103.
41) Y. Koike, A. Kanemitsu, Y. Shioda, E. Nihei and Y. Otsuka: Applied Optics, to be published (1993).
42) S. J. Lalama and A. F. Garito: Phys. Rev., A, 20 (1979). 1179-1194.
43) 有機非線形光学材料, CMC (1985).
44) C. C. Teng: Appl. Phys. Lett., 58 (1991), 1730.
45) R. A. Norwood and G. Khanarian: Electronics Letters, 26 (1990), 2105.
46) 宮田清蔵: 高分子可能性講座講演予稿集 (1991).

4. 光磁気材料

4.1 光磁気記録材料

4.1.1 希土類-遷移金属アモルファス合金材料

重希土類-遷移金属（RE：主として Gd, Tb, Dy；TM：主として Fe, Co）合金系の光磁気記録材料としての最大の特徴は，それがアモルファス・フェリ磁性体であることに起因する（一部，軽希土類を用いる場合もあるがここでは主として重希土類に話をしぼる）。いいかえればアモルファスであるために媒体の粒界ノイズは著しく低減され，さらにフェリ磁性であることを利用し，図Ⅲ.4.1 の磁化および保磁力の温度依存性模式図にみられるように，室温付近に補償温度（T_{comp}）を設けることによって室温での飽和磁化の値を小さくし垂直磁化条件を満たすことが容易となる．それに加えて読出しに際し，現状の半導体レーザー波長領域（780～830 nm）ではカー効果が主としてフェリ磁性体の TM 副格子成分の磁化により誘起されるため，RE と TM 副格子磁化の和が小さい補償組成付近でも，ある程度の大きさを有するカー回転角が得られる。

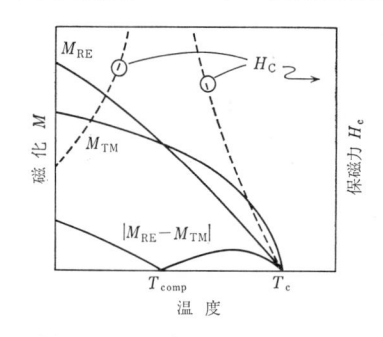

図Ⅲ.4.1 重希土類（RE）-遷移金属（TM）系材料の磁化と保磁力の温度依存性

基本的に以上のような優れた特徴を有する記録媒体であるが，実使用面での経験がまだ浅いため解決途上の問題もいくつかある．本節では主として，記録用材料として希土類-遷移金属アモルファス合金薄膜の有するポテンシャルについて簡単に述べる．なお，実際の情報記録媒体としてのドライブ上での電気特性評価，並びに薄膜製造技術については割愛させていただく．

（1） 記録過程からみたポテンシャル 先に述べたように，本材料の最大の特徴はアモルファスであることに起因するが，なぜアモルファス状態で垂直磁気異方性が誘起されるかについてはまだ確答は得られていない模様である[1~9]．しかしながら，まさにこのことが本材料，とりわけ TbFeCo 系材料の記録用媒体としての特性を決定づける要因といっ

て過言ではない．最近のマイクロマグネティックスの計算機シミュレーション[10~18]によれば情報が記録される過程での核生成，磁壁の動的挙動，磁化反転領域の形状などが垂直磁気異方性定数，交換定数，およびそのゆらぎによって決まるとされている．さらには，構造敏感であると考えられる保磁力の発生起源も同様に説明できるとしている．

光磁気記録用希土類-遷移金属アモルファス合金薄膜では，アモルファスであるがゆえの磁気特性のゆらぎによって生じる欠陥に，磁壁が容易にピン止めされる（ただし，計算によれば，ゆらぎによる変化はその箇所でクリティカルでなければ大きなピン止め効果は期待できないようである）．その結果，磁化反転領域が固定化され記録情報の安定性が保たれる．したがって，いかにしてピンニング力の強い欠陥を均一な密度で点在させるかということが，磁壁の安定性，ならびに記録磁区形状を決定づける重要な因子の一つである[13,58]．

ただし磁壁が欠陥に過度にピン止めされるのは，記録磁界に対する応答性が悪いということになり磁界感度という観点からは好ましくない[58]．加えてここで注意すべきは，光磁気記録はレーザー光照射に伴う昇温過程が存在するため，高温領域でのピンニング効果も考慮せねばならない．一方，異方性や交換定数のゆらぎを導入することは磁区反転における核生成の確率を高めることになり，記録磁区の安定性という観点から逆効果ともなりうる．

以上の要素を温度分布をも含めて考慮したうえで，磁壁エネルギー，静磁エネルギーなどのバランスによって反転磁区領域が決定される．これら一つ一つの要素は，先に述べたように膜の微細構造に大きく影響されるため，本来特性の最適化を図るには成膜条件，膜の微細構造，磁気特性，記録（電気）特性それぞれの相関性を把握することから着手するのが常套手段であろう．

しかしながら本材料がアモルファスであることと相まって構造解析がむずかしく，いまだ研究手法が試行錯誤的であることは否めない．いいかえれば，成膜プロセスと記録特性の間はブラックボックスとして目をつむっているのが現状である．ある程度このような手法によって功は奏しているものの，やはり今後，媒体のより高性能化を図るうえでこれら成膜条件，構造，特性間の関連性を明らかにすることは必須であると思われる．

（2）**再生過程からみたポテンシャル**　次に再生特性について若干の考察を述べる．大まかにいって，光磁気記録媒体の再生特性の良否を決定づけるのはカー回転角度（θ_k）の大きさと反射率で決まる性能指数，および記録磁区形状の良し悪しである．磁区形状に関しては4.1.1項(1)ですでに述べたように本質的に記録過程で決まるものであり，その意味で本 RE-TM 系材料は，ある程度の大きさと空間的分布を有するピンニングサイトによって記録－再生ビーム形状に適した記録状態を再現できる．したがって，残された課題はいかに性能指数を向上させるかということになる．

RE-TM 系材料が本来示す θ_k の大きさは，現状の半導体レーザーの波長付近でたかだか 0.3~0.4 度程度である．結晶系金属材料ではこれをしのぐものは，たとえば MnBi がその代表といってよいが，あるにはあるが結晶粒界に起因する媒体雑音がきわめて大きく

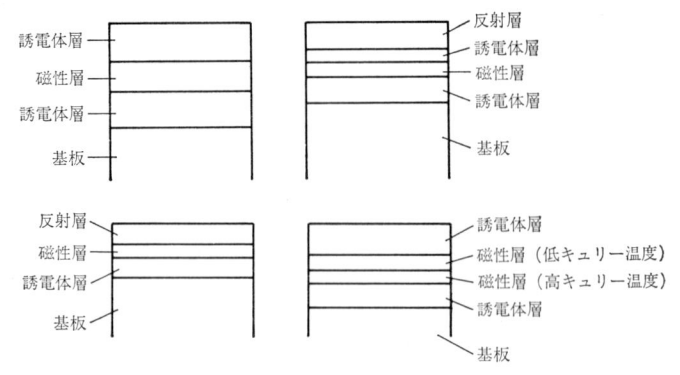

```
誘電体層 ─                    ─ 反射層
磁性層 ─                      ─ 誘電体層
誘電体層 ─                    ─ 磁性層
基板 ─                        ─ 誘電体層
                              ─ 基板

反射層 ─                      ─ 誘電体層
磁性層 ─                      ─ 磁性層（低キュリー温度）
誘電体層 ─                    ─ 磁性層（高キュリー温度）
基板 ─                        ─ 誘電体層
                              ─ 基板
```

図 III.4.2　一連の媒体構成図

実用に適さない．現状の光磁気ディスクではこのような RE-TM 系材料が有している小さな θ_k を見かけ上増大させるため，図 III.4.2 の一連の媒体構成図に示すように，媒体保護を兼ねた誘電体層，あるいはそれにさらに金属反射層を加え，入射光を多重反射させているのが一般である．具体的には各層の膜厚，屈折率並びに吸収係数をパラメーターとして数値シミュレーションにより θ_k の大きい領域をみつけ媒体構造を決定する．ただし，極端に大きな θ_k を与える媒体構造は逆に反射率の低下を招き，またその場合，膜厚変動に対して θ_k は急峻な動きを示すため製法上も好ましくない．

　ここで注意すべきことがいくつかある．一つはやはり記録過程に関係することがらで，前にも述べたように光磁気記録は本質的に熱磁気記録過程であり，媒体上での熱流制御をいかに行うかが記録特性の良し悪しを決める一つの要因でもある．したがって，媒体構造を設計する場合には，光学的と同時に熱的にも最適化を図ることが重要である[19~21]．

　さらに各層の成膜条件によっては膜内部に生じる応力が著しく異なることがある．これが極端な場合には，媒体は基板から容易に剥離してしまうが，それほどではないにせよ応力は本材料の垂直磁気異方性の起源の一つとも考えられており，磁気特性自体も応力の大小に左右され変化する．したがって，応力の制御も記録特性を決める重要なパラメーターの一つである．もう一つは再生光の楕円率の問題である[22]．平面偏光の入射光は基板の複屈折や多重反射時に生じた位相のずれにより最終的な反射光として検出される際に楕円成分をもつ．このような場合，実効的に検出される再生信号振幅は小さくなるため，媒体構造を決定するうえでは基板の複屈折がなるべく小さいことはもちろんのこと，θ_k が大きくかつ位相のずれが小さくなる構造であることが望ましいとされている（本文では簡易的に検出光学系の位相ずれに関しては考慮していない．詳しくはたとえば文献 22）を参照のこと）．現状の媒体は，以上のことがらを加味して数値解析シミュレーションによって光学的，熱的にほぼ最適解に近い膜構成となっている．

　（3）解決途上，未解決の問題点　最後に，本 RE-TM 系材料の抱えるいくつかの

問題点と最近の話題について簡単にふれる．いままで述べたように本材料は記録用媒体として実使用に耐えうるレベルにあるといってよい反面，まだ改良が重ねられている部分もある．それは一つには耐久性能であり，他方ではより高密度，高ディスク回転速度での記録，並びに重ね書きなど多機能化によるシステム全体としての改良である．

前者に関しては表Ⅲ.4.1に示すように，誘電体保護層[23~27)]や，磁性体に耐腐食性添加物を加えることによる腐食防止策が施されている[28~35)]．また消去，書込みに対する繰返し

表 Ⅲ.4.1 種々の媒体保護膜と磁性層への添加物

保護膜：	$SiO^{23)}$, $SiO_2^{23)}$, $Al_2O_3^{24)}$, $Al_2O_3/Ta_2O_5^{24)}$, $SiAlON^{23)}$, $AlN^{25)}$, Si_3N_4, $SiCN:H^{26)}$, $SiN:H^{26)}$, $AlSiN^{23)}$, $SiO_2/Tb^{27)}$, $ZnS^{27)}$
添加物：	$Al^{28)}$, $Be^{29)}$, $Cr^{30)}$, $Ti^{30~32)}$, $Hf^{32)}$, $In^{33)}$, $Mo^{32)}$, $Nb^{34)}$, $Pt^{30,35)}$, $Pd^{34)}$, $Ta^{34)}$

（注）肩つきの数字は文献番号

耐久性能の向上策としては消去，書込み時の熱拡散計算を行い，磁性体の保磁力の熱設計および図Ⅲ.4.3に示すような媒体構成の熱設計によって効率的な熱の注入，散逸を図り，高温での磁化反転や磁区形状の制御を行うように工夫されている[19~21)]．

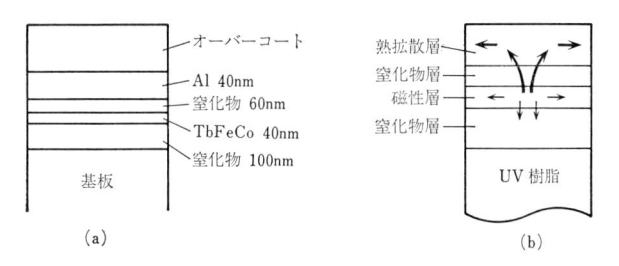

図 Ⅲ.4.3 熱設計された媒体構成の一例と熱流の様子[19,21)]

後者に関しては，やはり媒体構成の熱設計と同時に磁界強度変調方式，および交換結合膜を利用した光強度変調方式による重ね書き[36~38)]，マーク長記録方式（記録された領域の両端で信号変化の検出を行う）[39~41)] または，光学的超解像[42)]，並びに最近の報告例では交換結合膜を利用した磁気的に誘因された[43)]超解像による高密度記録などが材料側からのアプローチとして提案されている．

以上のように本 RE-TM 系材料はいろいろ問題を抱えながらも改良が加えられ，実用的には他材料を数歩リードした形でここ何年かは推移するものと思われる．

4.1.2 酸化物材料

光磁気記録用材料として研究の対象となっている酸化物は比較的数多いが，最近では Bi 置換ガーネット系材料の研究が盛んに行われている．これら酸化物は透明であり，読出しは透過光の偏光面回転によるファラデー効果を利用する．本材料の特徴は前項で述べた

RE-TM系アモルファス材料に比べ，酸化反応による媒体劣化の心配がないこと，図Ⅲ.4.4に示すように短波長側での磁気光学効果が大きくレーザーの短波長化による高密度記録に有利であることなどがあげられる[44]．しかしながら一方では，製造工程において高温処理を必要とする，また図Ⅲ.4.5のように粒界に起因する媒体雑音が依然として大きいなどの難点がある[45]．

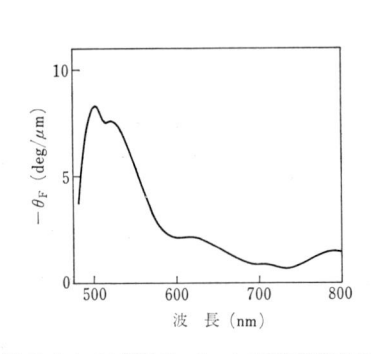

図Ⅲ.4.4 Bi置換ガーネットの磁気光学効果の波長依存性[44]

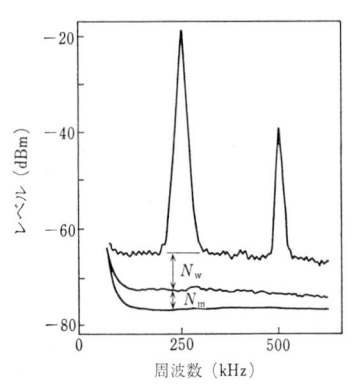

図Ⅲ.4.5 ガラス基板上に熱分解法で作製されたガーネット膜の記録特性[45]

本材料における現状の研究開発状況は，材料探索と同時にいかにして高温処理プロセスの短縮化を図るかということであろう．たとえば，Suzukiらは大出力の赤外線加熱によりガラス基板上に成膜されたアモルファスBi置換ガーネットの結晶化時間を大幅に短縮できることを確認している[46]．また媒体雑音低減策としては，結晶粒の微細化や保磁力の大きさを制御するためのW[44]，Ba[47]，B[48]，P[48]などの不純物添加が検討されている．

基板材料としてはGGG（Gd-Ga-garnet）かガラスが多く用いられており，GGG基板で低周波数（600 kHz）記録ではあるものの60 dBのCN比（光源：Arイオンレーザー（514 nm），レーザーパワー：23 mW）がBi置換ガーネット系で得られている[49]．記録パワー低減のため金属反射膜を積層し干渉効果によって光を有効に利用する手段も考えられている[50]．

4.1.3 積層多層膜材料

ここでは最近注目を集めているPt/Co，およびPd/Co系の組成変調多層膜材料について述べる．従来，PtおよびPdとCoのfcc合金薄膜は垂直磁化膜になりにくいとされていた．しかしながらCarciaらはオングストロームオーダーの積層膜とすることで角形性のよいヒステリシスループを描く垂直磁化膜を得ることに成功した[51]．それ以来，次世代光磁気記録媒体の候補の一つとして多くの研究者に有力視されている．

この系の特徴は酸化物材料と同様，耐腐食性の強い構成元素を使用しているため腐食による媒体劣化が抑えられること，短波長領域での磁気光学効果が大きくなることなどがあ

げられる．加えて本系では反射率が従来の系（たとえば現状の RE-TM 系材料を用いて多重反射構造とした光磁気ディスクの反射率の典型的な値は約 20% 前後）に比べ非常に大きい（約 70～80%）ため多少カー回転角度が小さい場合でも，性能指数としては比較的大きな値が得られ再生上都合がよい．

一方，課題としては保磁力の増大，高温時の積層構造の安定性向上などがある．保磁力を増大させる方法としては，スパッター中の Ar ガス圧を増加させたり[52]，Ar よりも質量の大きい不活性ガス種によるスパッター[53]など成膜条件を変化させることによって行う場合と，下地層の改質[54]や fcc 構造金属下地の採用[55]などによって行う場合がある．本材料系は本質的には微細な多結晶体であり，成膜条件の変化や下地層の影響で層間のひずみ，結晶の微細構造あるいは配向に変化が生じその結果，異方性，保磁力などが変わるのではないかと考えられている．ただし現状得られている保磁力は数 kOe であり記録磁区の安定性を保つためにはまだ不十分ではないかと考えられる．

ひるがえって本系の高温環境下における安定性を検討したところ，積層構造は 250～300 °C 付近の温度で崩れ始めるという報告があり[56]，光磁気記録媒体として繰返し記録時での安定性に不安が残る．しかしながら図 III.4.6 に示すように 10^4 回繰返し書換え後でも特性に変化がなかったという報告もある[57]．この問題に関しては現状の RE-TM 系と同様，熱拡散層を設けることによってある程度回避できると思われる．いずれにせよ本系は初期特性としては RE-TM 系媒体と比較して見劣りするものではなく，残る問題が解決されれば非常に有望な媒体といえよう．

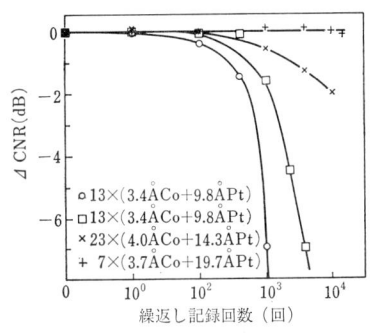

図 III.4.6 繰返し記録-消去を行った場合の Pt/Co 多層膜における C/N の変化[57]

[萬　雄彦]

参 考 文 献

1) R. Sato, N. Saito and Y. Togami: Jpn. J. Appl. Phys., **24** (1985), L 266.
2) R.C. Taylor and A. Gangulee: J. Appl. Phys., **47** (1976), 4666.
3) W.H. Meiklejohn, F.E. Luborsky and P.G. Frischmann: IEEE Trans. Magn., **MAG-23** (1987), 2272.
4) R.J. Gambino and J.J. Cuomo: J. Vac. Sci. Technol., **15** (1978), 296.
5) Y. Suzuki, S. Takayama, F. Kirino and N. Ohta: IEEE Trans. Magn., **MAG-23** (1987), 2275.
6) X. Yan, T. Egami and E.E. Marinero: J. Appl. Phys., **69** (1991), 5448.
7) Y. Suzuki, J. Haimovich and T. Egami: Phys. Rev., **B 35** (1987), 2162.
8) S. Tsunashima, H. Takagi, K. Kamegaki, T. Fujii and S. Uchiyama: IEEE Trans. Magn., **MAG-14** (1978), 844.

9) T. Mizoguchi and G. S. Cargill Ⅲ: J. Appl. Phys., **50** (1979), 3570.
10) M. Munsuripur: J. Appl. Phys., **61** (1987), 3334.
11) M. Mansuripur: ibid., **63** (1988), 5809.
12) M. Mansuripur and R. C. Giles: Computers in Physics, **MAY/JUNE** (1990), 291.
13) H. Fu, R. C. Giles and M. Mansuripur: ibid., **JAN/FEB** (1994), 80.
14) K. Matsuyama, Y. Hirokado and H. Asada: J. Appl. Phys., **69** (1991), 4853.
15) E. Della Torre and C. M. Perlov: ibid., **69** (1991), 4596.
16) J. C. Suits: ibid., **67** (1990), 4926.
17) M. Mansuripur, R. C. Giles and G. Patterson: J. Magn. Soc. Jpn., **15** (1991), 17.
18) 長谷川, 諸我, 岡田, 岡田, 檜高: 電気学会研究会資料, **MAG-91-174** (1991), 73.
19) N. Ogihara, K. Shimazaki, Y. Yamada, M. Yoshihiro, A. Gotoh, H. Fujiwara, F. Kirino and N. Ohta: Jpn. J. Appl. Phys., **28, Supplement 28-3** (1989), 61.
20) S. Tamada, S. Igarashi, S. Sakamoto, H. Nakayama, M. Yoshida and Y. Nakane: ibid., **28, Supplement 28-3** (1989), 67.
21) 宮本, 新原, 高橋, 助田, 尾島, 太田: 光メモリシンポジウム '88 論文集 (1988), 49.
22) 藤原: 日本応用磁気学会誌, **14** (1990), 175.
23) M. Asano, M. Kobayashi, Y. Maeno, K. Oishi and K. Kawamura: IEEE Trans. Magn., **MAG-23** (1987), 2620.
24) Y. Watanabe, J. Tsuchiya, Y. Kobayashi and T. Yoshitomi: ibid., **MAG-23** (1987), 2623.
25) 太田, 広兼, 片山, 山岡: 日本応用磁気学会誌, **8** (1984), 93.
26) M. Asano, H. Misaki, T. Shibutami, K. Kasai, M. Fukuda and N. Imamura: Jpn. J. Appl. Phys., **28, Supplement 28-3** (1989), 353.
27) 岡田, 宮崎, 柴田, 内藤, 前田, 伊藤, 小川: 光メモリシンポジウム '86 論文集 (1986), 63.
28) K. Aratani, T. Kobayashi, S. Tsunashima and S. Uchiyama: J. Appl. Phys., **57** (1985), 3903.
29) T. Fujii, T. Tokushima and N. Horiai: Digest of Intermag Conf., CG-08 (1987).
30) 小林, 浅野, 川村, 大野: 日本応用磁気学会誌, **9** (1985), 93.
31) M. Kobayashi, M. Asano, Y. Maeno, K. Oishi and K. Kawamura: Appl. Phys. Lett., **50** (1987), 1694.
32) M. Kobayashi, Y. Maeno, K. Oishi and K. Kawamura: ibid., **52** (1988), 510.
33) T. Iijima and I. Hatakeyama: Digest of Intermag Conf., CG-12 (1987).
34) 荻原, 桐野, 太田: 第12回日本応用磁気学会学術講演概要集 (1988), 229.
35) N. Imamura, S. Tanaka, F. Tanaka and Y. Nagao: IEEE Trans. Magn., **MAG-21** (1985), 1607.
36) J. Saito, M. Sato, H. Matsumoto and H. Akasaka: Jpn. J. Appl. Phys., **26** (1987), 155.
37) M. Kaneko, K. Aratani, Y. Mutoh, A. Nakaoki, K. Watanabe and H. Makino: ibid., **28, Supplement 28-3** (1989), 27.
38) T. Fukami, Y. Nakaki, T. Tokunaga, M. Taguchi, K. Tsutsumi and H. Sugahara: ibid., **28, Supplement 28-3** (1989), 371.
39) M. Takahashi, H. Sukeda, T. Nakao, T. Niihara, T. Ojima and N. Ohta: ibid., **28, Supplement 28-3** (1989), 323.
40) H. Miyamoto, T. Niihara, H. Sukeda, M. Takahashi, T. Nakao, M. Ojima and N. Ohta: J. Appl. Phys., **66** (1989), 6138.
41) M. Takahashi, H. Sukeda, M. Ojima and N. Ohta: J. Appl. Phys., **63** (1988), 3838.
42) Y. Yamanaka, Y. Hirose and K. Kubota: Jpn. J. Appl. Phys., **28, Supplement 28-3** (1989), 197.
43) M. Ohta, A. Fukumoto, K. Aratani, M. Kaneko and K. Watanabe: J. Magn. Soc. Jpn.,

15, Supplement No. S1 (1991), 319.
44) M. Gomi and M. Abe: Mat. Res. Soc. Symp. Proc., **150** (1989), 121.
45) 伊藤: 光磁気ディスク製造技術ハンドブック (今村監修), サイエンスフォーラム社 (1991), 91.
46) T. Suzuki, G. Zaharchuk, G. Goman, F. Sequeda and P. Laubun: IEEE Trans. Magn., **MAG-26** (1990), 1927.
47) A. Itoh and M. H. Kryder: Appl. Phys. Lett., **53** (1988), 1125.
48) A. Itoh, W. R. Eppler and M. H. Kryder: 第12回日本応用磁気学会学術講演概要集 (1988), 127.
49) H. Kano, K. Shono, S. Kuroda, N. Koshino and S. Ogawa: IEEE Trans. Magn., **MAG-25** (1989), 3737.
50) K. Shono, H. Kano, N. Koshino and S. Ogawa: ibid., **MAG-23** (1987), 2970.
51) P. F. Carcia: J. Appl. Phys., **63** (1988), 5066.
52) Y. Ochiai, S. Hashimoto and K. Aso: IEEE Trans. Magn., **MAG-25** (1989), 3755; S. Hashimoto, Y. Ochiai and K. Aso: J. Appl. Phys., **66** (1989), 4909.
53) P. F. Carcia, S. I. Shah and W. B. Zeper: Appl. Phys. Lett., **56** (1990), 2345.
54) 鷲見, 棚瀬, 虎沢, 綱島, 内山: 電子情報通信学会磁気記録研究会資料, MR-89-45 (1990).
55) 橋本, 落合, 阿蘇: 第13回日本応用磁気学会学術講演概要集 (1989), 56.
56) H. Nakazawa, Y. Takatsuka and T. Yorozu: J. Magn. Soc. Jpn., **15, Supplement No. S1** (1991), 255.
57) P. F. Carcia, W. B. Zeper, H. W. van Kesteren, B. A. J. Jacobs and J. H. M. Spruit: ibid., **15, Supplement No. S1** (1991), 151.
58) T. Satoh, Y. Takatsuka, H. Yokoyama, S. Tatsukawa, T. Mori and T. Yorozu: IEEE Trans. Magn., **MAG-27** (1991), 5115.

4.2 光アイソレーター用材料, 光磁界センサー用材料

4.2.1 光アイソレーター用材料

光ファイバー通信は, 波長 1.31, 1.55 μm の光を用いることで従来の電気通信と比べて大容量のデータを高速にかつ低損失に伝送することができる. しかしこれらの光源である半導体レーザー (LD) は, 光ファイバーの接続点や光回路部品などから戻る反射光により発振が不安定になる. この戻り光を遮断する光学部品が光アイソレーターである. すなわち光アイソレーターは一方からの光は通すがその逆方向からの光は通さない素子であり, LD と光ファイバー間または光ファイバー間へ挿入される. LD の偏波面は固定されているため LD と光ファイバー間には偏波面依存形光アイソレーターが, 光ファイバー間では偏波面が固定されていないために偏波面無依存形光アイソレーターが用いられる.

（1） 光アイソレーターの構成と原理 偏波面依存形光アイソレーターの基本構成と原理をそれぞれ図Ⅲ.4.7, Ⅲ.4.8 に示す. 45度配置の2個の偏

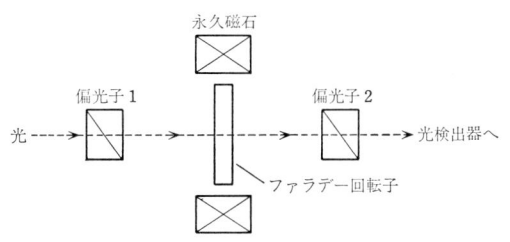

図 Ⅲ.4.7 偏波依存形光アイソレーターの基本構成

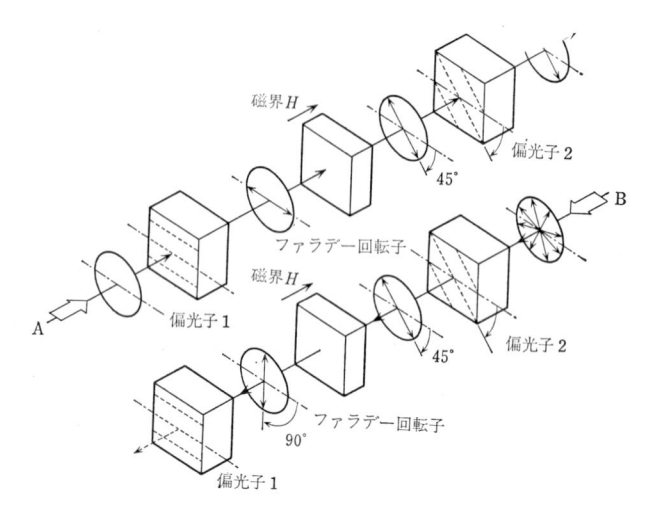

図 III.4.8 偏波依存形光アイソレーターの原理

光子，偏光面を45度回転させるファラデー回転子および光の進行方向と平行に磁界を加え単磁区にするための永久磁石からなる．LD から出た光 A はファラデー回転子を通過する際45度偏光面が回転し偏光子2を通過する．一方，戻り光 B はランダムな偏光成分をもっているが，その一部が偏光子2を通過した後ファラデー回転子を通過する際（ファラデー効果の非相反性により）偏光面はさらに45度回転し偏光子1に対して垂直な成分となり LD には到達できない．

（2）ファラデー回転子材料 光アイソレーターの高性能化，安定化，小形化という点から，ファラデー回転子には以下に示すことを総合的に満足することが必要である[1]．
① ファラデー回転係数が大きい．
② ファラデー回転角の温度係数が小さい．
③ LD の発振波長域での光の吸収が小さい．
④ 消光比が大きい．
⑤ 飽和磁界が小さい．

ファラデー回転子は光を透過させて用いることから光の吸収は大きな問題である．光通信で用いられる主な波長領域 $1.31, 1.55\,\mu m$ で透明な磁気光学材料は少なく希土類鉄ガーネット $R_3Fe_5O_{12}$（R: 希土類元素）が代表的であり RIG とよばれている．

従来近赤外波長領域のファラデー回転子としてフローティングゾーン法（FZ法）により作製された $Y_3Fe_5O_{12}$（YIG）が用いられていた．しかし YIG はファラデー回転係数が小さく偏光面を45度回転させるのに必要な材料長が約2mmと大きい．育成に長時間を要し大形の結晶が得られず結晶加工に時間がかかるなど量産の面で問題をもっていた．

ファラデー回転係数を大きくすることは RIG の希土類サイトを Bi で置換することにより可能である[2,3]．Bi を多量に置換した RIG を作製する方法には，Bi_2O_3 フラックスを用いた撹拌すくい上げ法[4]，PbO，B_2O_3，Bi_2O_3 フラックスを用いる液相エピタキシャル法（LPE 法）[5,6]，イオンビームスパッター法[7]，熱分解法[8,9]などがあるが，光アイソレーター用ファラデー回転子の作製に実用化されている方法は LPE 法とフラックス法のみである．なお，量産性の面から LPE 法が最も優れている．

（3）Bi 置換 RIG 膜のファラデー回転係数 YIG の Y の一部を Bi で置換したときのファラデー回転係数 θf の波長分散を図Ⅲ.4.9に示す[10]．Bi 置換量の増加に伴い θf は符号が逆転するとともにその絶対値は増大する傾向がみられる．また同一波長では Bi 含有量と θf は比例関係にあることが知られている[11]．ここで θf の符号は，光の進行方向に磁界を加えたとき光の進行方向に対して右ねじを進めるような回転方向を正とする．LPE 法で Bi 置換 RIG 膜を作製する場合，基板と RIG 膜の格子定数マッチングをとる必要から希土類元素により Bi 含有量（置換量）は変わってくる．LPE 法による RIG 膜の波長 1.31 μm における θf と Bi 含有量の関係を図Ⅲ.4.10に示す[6]．希土類元素の種類によらず θf は Bi 含有量により決定されていることがわかる．

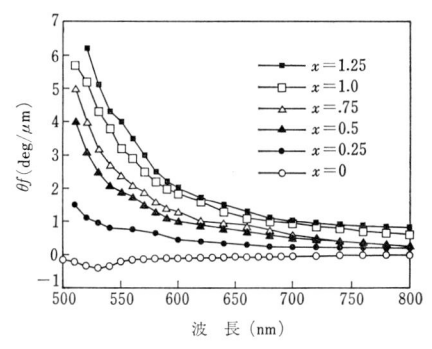

図Ⅲ.4.9 Bi 置換 YIG のファラデー回転係数の波長分散：x は Bi 含有量（f.u.）

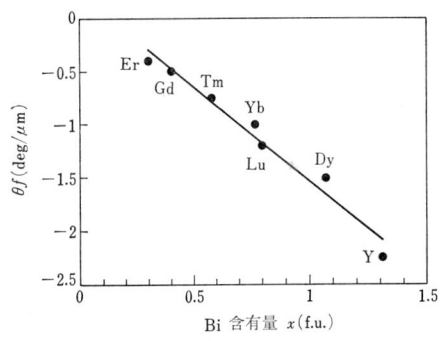

図Ⅲ.4.10 波長 1.31 μm におけるファラデー回転係数と Bi 含有量の関係

LPE 法では基板の格子定数の制限があるために Bi 含有量に限界がある．また基板と RIG 膜の熱膨張係数の差により LPE 育成中にそりという現象が生じるが[12]，含有量が増加するとこれが顕著になり良質な結晶が得られにくくなる．これらのことから LPE 法による光アイソレーター用 RIG 膜として実用可能な θf には限界がある．$(GdCa)_3(MgZrGa)_5O_{12}$ 基板上に育成した $(YbTbBi)_3Fe_5O_{12}$ 膜で $-0.2 deg/\mu m$ (at $\lambda=1.31 \mu m$) が得られている[13]．

（4）ファラデー回転角の温度特性および波長特性 ファラデー回転子の回転角 θ の 45 度からのずれは光アイソレーターの重要な特性の一つであるアイソレーション I_{so}(dB)

の低下をもたらす．I_{so} は，順方向の光強度（図Ⅲ.4.8 で光 A が偏光子 2 を通過した後の強度）を I_1，逆方向の光強度（図Ⅲ.4.8 で戻り光 B が偏光子 1 を通過した後の強度）を I_2 とすると

$$I_{so} = -10 \log (I_2/I_1)$$

と表され理想的な場合（$I_2=0$）∞ である．θ が 45 度から ϕ だけずれた場合は最大でも $I = 10 \log (\sin^2 \phi)$ となる．θ が 45 度からずれる原因として

① 温度変化に対して θ が変化する
② 波長変化に対して θ が変化する

の二つが考えられる．②は LD の発振波長が温度により変化する．また LD 発振波長に個体差があるために問題となる．

RIG の場合一般に θ の絶対値は温度上昇とともにほぼ直線的に減少する．θ の温度係数は 1°C 当たりの $|45°|$ からのずれであり $d\theta/dT$ で表される．

YIG の θ の温度係数は波長 1.31 μm で -0.04 deg/°C である．なお一般に温度係数は光アイソレーターが使用される 0〜60°C の温度範囲における値で表される．当初 LPE 法により作製された $(GdBi)_3(FeAlGa)_5O_{12}$ の $d\theta/dT$ は -0.1 deg/°C であった[6]．Fe サイトの非磁性元素による置換がキュリー温度 T_C を大きく下げ $d\theta/dT$ を大きくしていたことが明らかにされた[6]．希土類元素を変えて Bi 含有量を変化させた材料の T_C と $d\theta/dT$ をそれぞれ図Ⅲ.4.11，Ⅲ.4.12[6] に示す．T_C は Bi 含有量の増加に伴い上昇し $d\theta/dT$ は直線的に小さくなっており，また希土類元素の種類には依存していない．しかし図Ⅲ.4.12 中には示していないが $(TbBi)_3Fe_5O_{12}$ はこの直線からずれることが明らかにされている[14]．現在 $(YbTbBi)_3Fe_5O_{12}$ と $(TbBi)_3Fe_5O_{12}$ で $d\theta/dT = -0.04$ deg/°C (at $\lambda = 1.31 \mu$m) が得られている．

以上希土類元素を適当に選ぶこと

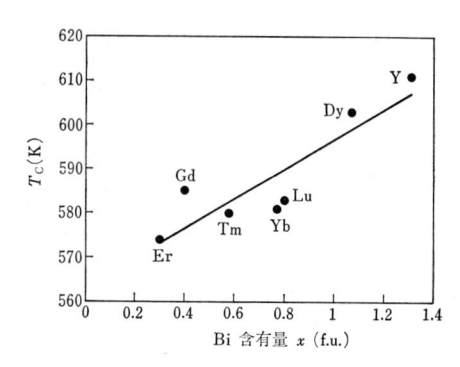

図Ⅲ.4.11　RIG 膜の Bi 含有量とキュリー温度の関係

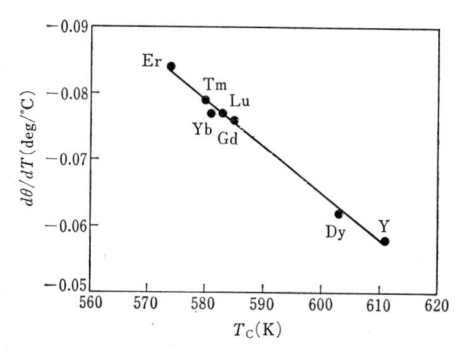

図Ⅲ.4.12　RIG 膜のキュリー温度とファラデー回転角の温度係数の関係

で $d\theta/dT$ を改善することが可能であるが,このほかに θ(および $d\theta/dT$)の符号がおのおの異なる材料,たとえば $(GdBi)_3(FeGaAl)_5O_{12}$ と $(YbTbBi)_3Fe_5O_{12}$ を組み合わせることにより,$d\theta/dT$ をほとんどゼロにすることも可能であり,$d\theta/dT=0.003\,\mathrm{deg}/°C$($at\lambda=1.31\,\mu m$)が得られている[15]。

θ の波長依存性に関しては $(TbBi)_3Fe_5O_{12}$ において波長 $1.55\,\mu m$ 付近でほとんど波長依存性のない材料も開発されているが[16],波長 $1.31\,\mu m$ 付近では改善されておらず開発が待たれる。

(5) 光 の 吸 収　YIG の吸収係数の波長分散を図Ⅲ.4.13に示す。$1.26\,\mathrm{eV}$ および $1.37\,\mathrm{eV}$ における吸収は a サイトの Fe^{3+} の $^6A_{1g}\to{^4T_{1g}}$ 遷移,$1.77\,\mathrm{eV}$ における吸収は a サイトの Fe^{3+} の $^6A_{1g}\to{^4T_{2g}}$ 遷移,$2.03\,\mathrm{eV}$ における吸収は d サイトの Fe^{3+} の $^6A_1\to{^4T_2}$ 遷移とされている[17]。

このため波長 $1.1\,\mu m$ 以下での吸収係数は大きいが,光通信での主要波長である $1.31,1.55\,\mu m$ における吸収係数は非常に小さい。しかし光アイソレーター用ファラデー回転子の挿入損失 L は $0.1\,\mathrm{dB}$ 以下が望まれているため,吸収低減の研究が多くなされている。ここで L は,ファラデー回転子への入射光強度を I_1,通過した後の強度を I_2 とすると,$L=-10\log(I_1/I_2)$ と表される。

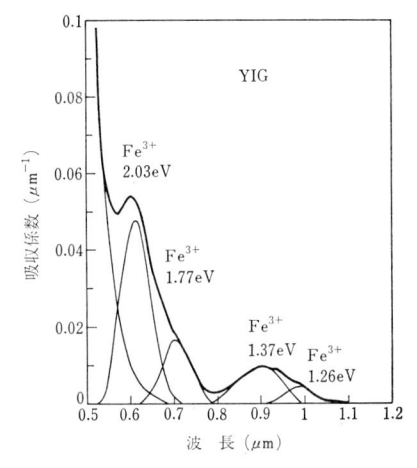

図Ⅲ.4.13　YIG の吸収係数の波長分散

フラックス法,LPE 法で作製する場合,製造の際に用いられるフラックス成分としての酸化鉛からの Pb^{2+} やるつぼ材としての白金からの Pt^{4+} など3価以外のイオンがガーネット単結晶中に混入するために Fe^{3+} からの価数のずれ,すなわち Fe^{2+},Fe^{4+} が生じそれは上記波長において吸収に寄与する[18,19]。これらを解決するために Si^{4+},Ca^{2+} などをドープすることにより Fe の 3 価からのずれを防ぐ方法[19],ヒドラジン水和液あるいは H_2 ガス中熱処理により還元する方法などが提案され,現在 $(YbTbBi)_3Fe_5O_{12}$,$(HoTbBi)_3Fe_5$

表Ⅲ.4.2　代表的な光アイソレーター用ファラデー回転子の諸特性

	$Y_3Fe_5O_{12}$; YIG	$(GdBi)_3(FeAlGa)_5O_{12}$	$(YbTbBi)_3Fe_5O_{12}$
試料厚(μm)	2000	375	320
飽和磁界(A/m)	1.43×10^5	0.16×10^5	0.64×10^5
θf (deg/μm)	2.25×10^{-2}	0.12	-0.14
消光比(dB)	>40	>40	>40
$d\theta/dT$ (deg/°C)	-0.04	-0.1	-0.04
挿入損失(dB)	<0.1	<0.1	<0.1

O_{12} などで YIG と同等の挿入損失 0.1 dB 以下が得られている．

（6）光アイソレーター用ファラデー回転子 代表的な光アイソレーター用ファラデー回転子の波長 1.31 μm における諸特性を表Ⅲ.4.2 に示す．

4.2.2 光磁界センサー用材料

（1）光磁界センサー 図Ⅲ.4.14 に光磁界センサーの基本構成を示す．2 個の偏光子と磁気光学材料からなる．すなわち光アイソレーターから永久磁石を取り去った構成である．被測定磁界は光の進行方向に平行である．また 2 個の偏光子は最もセンサーが高感度となる 45 度配位をとる．一般に LD や LED の光源から出た光は偏光子 1 で直線偏光になり磁気光学材料に入る．光は磁気光学材料を通過する際ファラデー効果により磁界の大きさに応じて偏光面が回転し偏光子 2 を通過し磁界の大きさに応じた強度となり検出器に入る．磁気光学材料に強磁性体である $(YbTbBi)_3Fe_5O_{12}$ LPE 膜を用いた光磁界センサーの磁界と光出力の関係を図Ⅲ.4.15 に示す．

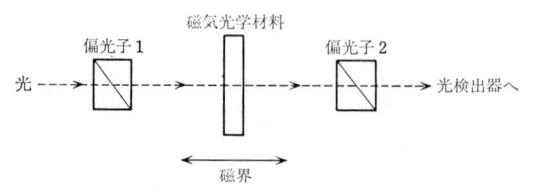

図 Ⅲ.4.14 光磁界センサーの基本構成

（2）光磁界センサーの特徴 磁界センサーにはすでに工業的にも多く用いられている磁気ダイオードや MR 素子，コイルの電磁誘導を用いたものなどがあるが，これらのセンサーでは補いきれない特徴が光磁界センサーにはある．その特徴を以下に示す．

① 高耐圧，高絶縁，非接触
② 磁界測定点の付近に電気回路や電源が不要
③ 小形軽量
④ 二次元磁界分布を高分解能で測定できる（ただし後で述べる Bi 置換 RIG 膜を用いた場合のみ）

図 Ⅲ.4.15 $(YbTbBi)_3Fe_5O_{12}$ を用いた光磁界センサーの磁界と光出力の関係

（3）光磁界センサー材料の感度 光磁界センサーに用いられる磁気光学材料には，常磁性体である FR-5 ガラス，反磁性体である鉛ガラス，ZnSe, $Bi_{12}GeO_{20}$, $Bi_{12}SiO_{20}$, 希釈磁性半導体（DMS; diluted magnetic semiconductor）とよばれる[21] CdMnTe, 強磁性体である YIG, LPE 法による Bi 置換 RIG 膜などがある．

a. 常磁性体，反磁性体，DMS: 図Ⅲ.4.14 のセンサーにおいて偏光子 1 を通過した

4.2 光アイソレーター用材料，光磁界センサー用材料

強度 I_0 の光が光検出器へ入るときの強度 I を考える（図Ⅲ.4.16参照）．磁気光学材料による光の吸収は無視する．偏光子1と2の角度 ϕ を45度，用いる磁気光学材料のファラデー回転角を θ とすると，

$$I = I_0 \cos^2(\phi - \theta)$$
$$= \frac{1}{2} I_0 (1 + \sin 2\theta) \quad (4.1)$$

となる．磁気光学材料のベルデ定数と光路長をそれぞれ V, L とすると，$\theta = V \cdot L \cdot H$ となり，また θ が小さいとすると式 (4.1) は，

$$I = \frac{1}{2} I_0 (1 + 2V \cdot L \cdot H) \quad (4.2)$$

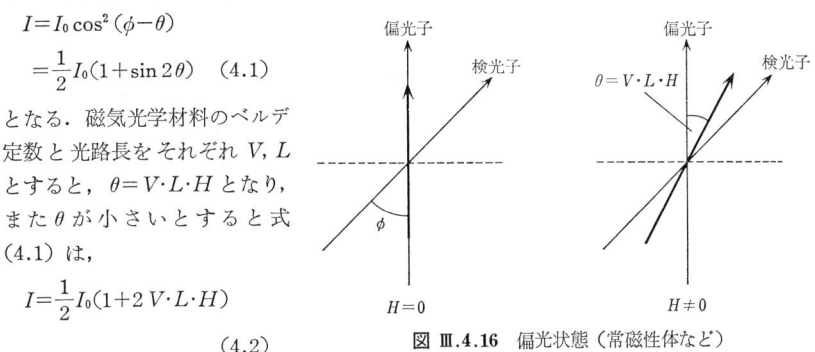

図Ⅲ.4.16 偏光状態（常磁性体など）

となり磁界 H に比例した光出力が得られる．感度 S は磁界の変化に対する光出力の変化率であるため，

$$S = V \cdot L \quad (4.3)$$

となる．

b. 強磁性体： Bi 置換 RIG 膜に代表される強磁性体膜では，図Ⅲ.4.17に示すように迷路状磁区を呈する垂直磁化膜である．図Ⅲ.4.18を参考にすると，たとえば迷路状磁

図Ⅲ.4.17 RIG 垂直磁化膜の磁区
（材料：$(GdBi)_3(FeAlGa)_5O_{12}$）

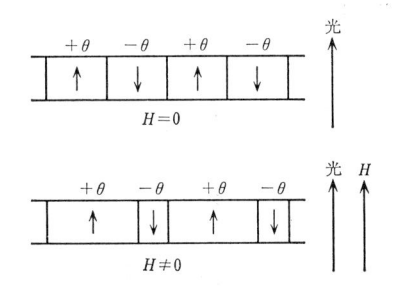

図Ⅲ.4.18 RIG 垂直磁化膜の磁化過程

区の明るい部分の磁化が↑とすると暗い部分は↓である．↑の領域を直線偏光の光が通過するとき偏光面が $+\theta$ 回転するとすれば↓の領域の場合は $-\theta$ 回転する．θ は RIG 膜のファラデー回転係数 θf と膜厚 L の積 $\theta f \cdot L$ である．すなわち磁界 H によって変化するのは↑と↓の領域の体積であり，常磁性体などの場合と異なり θ 自身は変化しない．したがって光が RIG 垂直磁化膜を通過した後の偏光状態は図Ⅲ.4.19のようになる．

これらのことより，RIG 垂直磁化膜にはベルデ定数は存在しない．さらに θ の符号が

＋, − と異なる磁区構造をもつ材料では磁区が位相格子となるため, 光は通過した後回折を生じ 0 次, 一次, 二次, …, n 次 ($H=0$ では奇数次のみ) と次数に応じた角度をもって広がっていく[22]. 磁界に対して直線性の良い出力を得るためには, これらの回折光をすべて光検出器へ取り込む必要がある[22]. このときの $\phi=45°$ における出力光強度 I は,

$$I = \frac{1}{2} I_0 \left(1 + \frac{H}{H_s} \sin 2\theta \right) \quad (4.4)$$

となる[22]. ここで H_s は RIG 膜の飽和磁界である. 式 (4.4) からわかるように, 先に述べた常磁性体などと RIG 膜が大きく異なる点は磁界 H が sin 関数の中に含まれないことである. したがって出力 I は θ の大きさによらず磁界に比例し感度 S は,

$$S = \frac{\sin(2\theta)}{H_s} \quad (4.5)$$

となる.

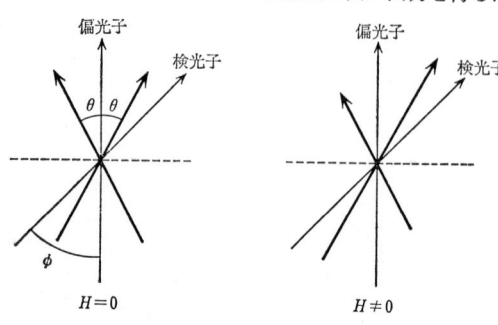

図 Ⅲ.4.19 偏光状態 (RIG 垂直磁化膜)

(4) 光磁界センサーの用途と材料

a. 光電流センサー: 発電所から消費者までの電力伝送路の電流から発生する磁界を測定し異常などを発見するセンサーであり, いままでは電磁誘導を利用したトランス形セ

表 Ⅲ.4.3 光電流センサー用磁気光学材料の諸特性

	常磁性体	反磁性体				DMS[21]	強磁性体
	FR-5 ガラス	鉛ガラス	ZnSe	$Bi_{12}SiO_{20}$	$Bi_{12}GeO_{20}$	CdMnTe[22]	YbTbBiIG[*3]
材料長;光路長 (mm)[*1]	5	5	5	5	5	2	0.025
波長 (nm)	850	850	820	870	850	820	850
旋光性 (deg/mm)	なし	なし	なし	10.0	9.6	なし	なし
ベルデ定数 (deg/A)	−0.0029	0.0010	0.0043	0.0021	0.0040	0.0691	—
θ_f (deg/μm)	—	—	—	—	—	—	−0.8
感度 (m/A)	5.1×10^{-7}	1.7×10^{-7}	7.5×10^{-7}	3.7×10^{-7}	7.0×10^{-7}	48×10^{-7}	101×10^{-7}
感度の温度変動 (%)[*2]	±1.5	<±1.0	±1.0	±1.0	±1.5	±6.5	<±1.0
飽和磁界 (A/m)	なし	なし	なし	なし	なし	なし	1×10^{5}[*4]

*1: 光路長は常磁性体, 反磁性体では実用的な値として 5 mm とした.
*2: −20〜+60°C における変動率.
*3: $(YbTbBi)_3Fe_5O_{12}$ の略.
*4: +25°C における値.

ンサーが用いられていたが，前述の（2）「光磁界センサーの特徴」の①〜③により近年光磁界センサーが用いられるようになってきた．センサーの基本構成は図Ⅲ.4.14と同じである．光電流センサーに用いられる磁気光学材料の諸特性を表Ⅲ.4.3に示す．

常磁性体および反磁性体は感度が低いが，磁気飽和がないため大電流の計測に適している．一方，磁気飽和はあるが感度が常磁性体や反磁性体と比較して2桁高い$(YbTbBi)_3Fe_5O_{12}$などのRIG膜は小さい電流の計測に適している．CdMnTeは磁気飽和もなく感度もBi置換RIG膜と同等であるため，感度の温度変動が大きいという問題点はあるが広い範囲の大きさの電流計測が可能である．

b. 二次元磁界分布測定： いままでは磁気ダイオードやMR素子を二次元的に敷き詰めて行われることが多かったが，素子の大きさ（小さくすること）に制限がありチャネル数が多い割には分解能がよくなかった．近年これらの素子と同等の感度を有する大面積$(3''\phi)$のRIG膜がLPE法により容易に得られるようになり，RIG膜が見直されている．たとえば酸化物高温超電導材料の研究に用いられている[24]ほか，工業的には鋼板の微小なきずの検出に用いる試みがあり[25]，磁気光学探傷とよばれている．

磁気光学探傷の基本構成を図Ⅲ.4.20に示す．鋼板直上にRIG膜が配置されている．鋼板を磁化すると鋼板に欠陥がない場合は磁束は鋼板内部にあるが，欠陥があると磁束は鋼板外部へもれ出しこれによりRIG膜の磁区の体積比が変化しこれを磁気光学的に検出する．偏光子などの配置は異なるが，基本的には図Ⅲ.4.14と同じである．実際の鋼板のきずからの漏洩磁束による磁区の変化を図Ⅲ.4.21に示す．鋼板の微小な欠陥からの漏洩磁束による磁界は数百A/mと小さいため，これに用いられ

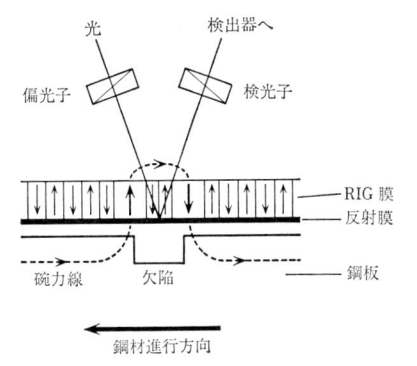

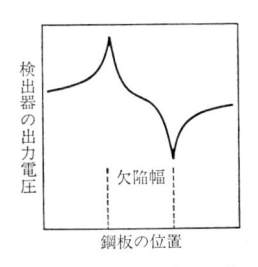

図Ⅲ.4.20 磁気光学探傷の基本構成

るRIG膜は光電流センサーに用いられるものよりも高感度であることが必要である．

RIG膜の感度は式（4.4）からわかるように飽和磁界H_sを小さくしていくことにより大きくすることが可能である．RIG膜のH_sは飽和磁化の大きさにほぼ比例するため，センサーを使用する温度でのH_sを小さくする方法として，

・補償温度やキュリー温度がセンサー使用温度付近にくるようにする
・FeサイトをAlやGaなどの非磁性イオンで置換して飽和磁化を小さくする

などがある．このようにして材料設計された高感度RIG膜の例に$(GdBi)_3(FeAl)_5O_{12}$[26]

図 III.4.21 鋼板漏洩磁束による RIG 膜の磁区の変化（住友金属工業（株）提供）

があり，その諸特性を表 III.4.4 に示す。　　　　　　　　　　　　　　　[中村宣夫]

表 III.4.4 磁気光学探傷用 $(GdBi)_3(FeAl)_5O_{12}$ の諸特性

波　長	膜　厚	ファラデー回転係数	飽和磁界	感　度	磁区幅
780 nm	15 μm	$-0.7\,\mathrm{deg}/\mu\mathrm{m}$	$2.3\times10^3\,\mathrm{A/m}$	$1.7\times10^{-4}\,\mathrm{m/A}$	30 μm

参考文献

1) 佐藤勝昭：光と磁気（現代人の物理 1），朝倉書店 (1988), 165.
2) S. Wittekoek and D. E. Lacklinson: Phys. Rev. Lett., **28** (1972), 740.
3) H. Takeuchi, S. Itoh, I. Mikami and S. Taniguchi: J. Appl. Phys., **44** (1973), 4789.
4) 玉城孝彦, 対馬国郎：日本応用磁気学会誌, **8** (1984), 125.
5) 日比谷孟俊：日本応用磁気学会誌, **9** (1985), 389.
6) K. Machida, Y. Asahara, H. Ishikawa, K. Nakajima and Y. Fujii: J. Appl. Phys., **61** (1987), 3265.
7) 奥田高士, 腰塚直己, 林　邦彦, 高橋隆雄, 小谷英之, 山元　洋：日本応用磁気学会誌, **9** (1987), 389.
8) K. Matsumoto, S. Sasaki, Y. Yamanobe, Y. Asahara, K. Yamaguchi and T. Fuiii: J. Appl. Phys., **70** (1991), 1624.
9) 前戸邦也, 伊藤彰義, 小池修司, 井上文雄, 川西健次：日本応用磁気学会誌, **10** (1986), 213.
10) H. Takeuchi: Jpn. J. Appl. Phys., **14** (1975), 1903.
11) G. B. Scott and D. E. Lacklinson: IEEE Trans. Magn., **MAG-12** (1976), 292.
12) K. Nkajima and K. Machida: J. Cryst. Growth, **92** (1988), 23.
13) K. Nakajima, Y. Nomi, H. Ishikawa and K. Machida: IEEE Trans. Magn., **MAG-24**

(1988), 2565.
14) Y. Honda, T. Jshikawa and T. Hibiya: J. Magn. Soc. Ipn., **11**, Supplement Sl (1987), 361.
15) K. Machida, Y. Asahara, K. Nakajima and Ishikawa: OPTOELECTRONICS-Device and Technologies, **3** (1988), 99.
16) 玉城孝彦, 金田英明, 斉藤準二: 第14回日本応用磁気学会学術講演概要集 (1990), 148.
17) D. L. Wood and J. P. Remeika: J. Appl. Phys., **38** (1967), 1038.
18) D. L. Wood and J. P. Remeika: J. Appl. Phys., **37** (1966), 1232.
19) J. F. Dillon, E. M. Gyorgy and J. P. Remeika: J. Appl. Phys., **41** (1970), 1211.
20) Y. Yokoyama and M. Umezawa: J. Mag. Soc. Jpn., **11, Supplement S 1** (1987), 203.
21) J. K. Furdyna: J. Appl. Phys., **64** (1988), R 29.
22) 沼田卓久, 棚池博行, 井口征士, 桜井良文: 日本応用磁気学会誌, **14** (1990), 642.
23) E. Aikawa, A. Ueda, N. Mikami, C. Nagao and T. Sawada: Technical Digest of 9 th Sensor Symposium (1990), 55.
24) 蓮見裕一, 横山郁子, 小原春彦, 片山利一: 第14回日本応用磁気学会学術講演概要集 (1990), 332.
25) 桜井良文, 沼田卓久, 岡谷 享: 特定研究「新しい光磁気材料の開発と物性の研究」(1989), 252.
26) 浅原陽介, 石川治男, 大住修司, 朝倉聡章, 中村宣夫: 第14回日本応用磁気学会学術講演概要集 (1990), 150.

5. リソグラフィー技術

5.1 微小光学とリソグラフィー技術

　光エレクトロニクスの急速な発展と今後ますます進展が予想される社会の情報化を支える基礎として，電子的情報処理の科学技術に，光を用いた情報処理のコンセプトおよびテクノロジーを融合させていくことが有望である．そのためには，長い伝統をもつ光学の理論的背景に基づいて最新の手法を駆使した素子，装置を研究開発していくことが必要である．なかでも，半導体レーザーは光通信のみならず情報の記録，再生や入出力機器などに広く用いられるようになり，機器のコンパクト化，高信頼性に拍車をかけている．

　半導体レーザーに見合った大きさ，重さをもつコンパクトな光学素子への要求が高まり，高性能，高機能性と量産性，高信頼性の要求が高まっている．さらに次世代の光応用システムとして，コンパクト化による光コンポーネントの光学軸アライメントの信頼性の向上などのため，光源，素子などの個別部品の集積化をめざした開発が進められている．また，広い波長域と視野，面角，大開口により多量の光情報を取り込むため，小形の同一素子の多数並列使用の方向も検討されている．このような光並列化・集積化の要求を達成するには，ゾーンプレートなどの回折格子形素子のように複数の機能をもつ素子の開発と作成が必要である．

　これらの微小光学素子の大きさは直径 数 μm から数 mm 程度であり，また散乱損失を小さくするため，端面の平滑化などサブミクロンサイズの加工と数 nm までの加工精度が必要である．そのため，作成法としては，従来の機械的刻線や研磨法に代わり，各種リソグラフィーとドライエッチング，イオン拡散，プラズマCVD，スパッタリングなど半導体微細加工技術を適用するのが有望と考えられる[1]．サブミクロン寸法を実現する能力のあるリソグラフィー技術としては，図Ⅲ.5.1に示すように，超 LSI の微細加工の進展[2]により各種の手法が開発，研究されている．すでに，電子ビーム描画法，ホログラフィー法などの各種のリソグラフィーを用いたフレネルゾーンプレート，導波路レンズなどの試作研究も行われている[3~5]．

　これらの作成法は，半導体微細加工技術に基本的には共通する部分が多いが，微小光学素子の作成に特有な技術や注意点も少なくない．たとえば，作成するパターンが半導体微

細加工では直線を中心としたもので描画面積が数 mm なのに対し，微小光学素子や光回路では緩やかな直線や曲線も多く，描画面積も数十 mm になること，さらに高効率化を考慮したブレーズ形状などの形状制御が重要となることなどがある．これらの技術を微細光学素子作成へ応用するという観点から眺めた特徴を表Ⅲ.5.1 に示す．それぞれに長所短所があり，対象により上手に使い分けることが必要である．

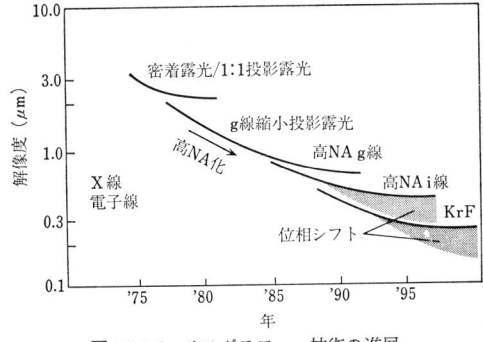

図 Ⅲ.5.1 リソグラフィー技術の進展

以上の点をふまえ，ここでは，微小光学素子作成に必要な一般的な技術の現状と将来の課題について述べる．

5.1.1 リソグラフィープロセス

図Ⅲ.5.2 は微小光学素子作成に使われる一般的なリソグラフィープロセスを示してあ

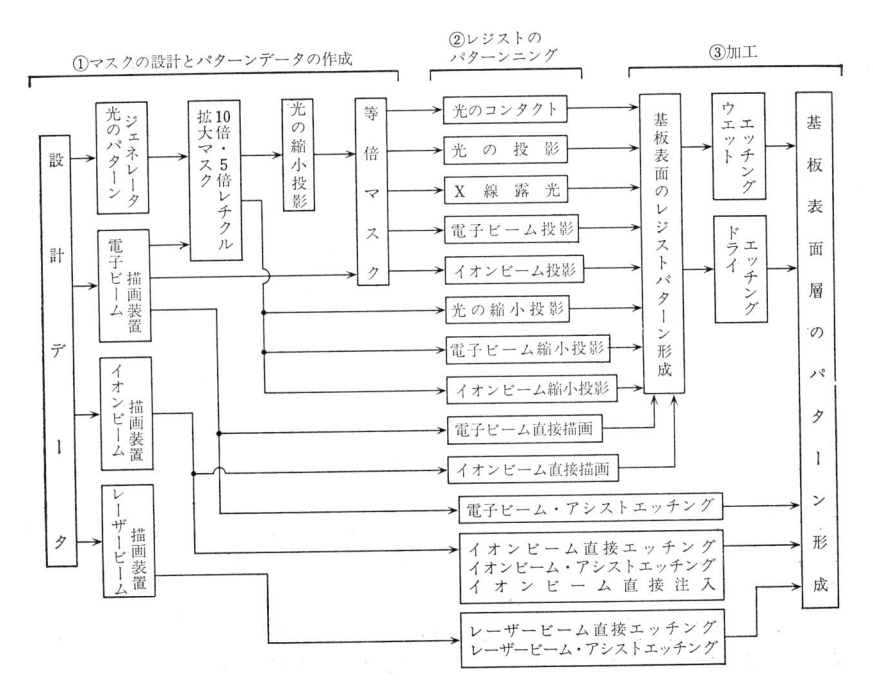

図 Ⅲ.5.2 リソグラフィープロセス

表 III.5.1 リソグラフィーの特徴

	線光源		マスク基板	遮光材	長所	短所	対策
光転写	UV	水銀灯 (350～450 nm)	ガラス	Cr	1. 従来技術の延長 2. 経済的	1. 解像力が限界 2. 焦点深度が浅い	1. 高解像度レンズの開発 2. 多重レジストプロセス 3. 短波長光源の開発
	deep UV	重水素ランプ (200～300 nm)	石英	Cr a-Si			
ホログラフィックリソグラフィー		レーザー			1. 高い周期精度 2. パターンの自由度 3. 均一露光面積が大きい	1. 振動に弱い 2. 感光波長域の制限 3. 作成波長と使用波長の違いによる収差	1. 除振装置を設置 2. レジストの開発
EB直接描画		電子銃 (10～50 keV)	石英	Cr	1. 0.3 μmまで微細化 2. マスク不要	1. 近接効果 2. EBによるトラップの発生	1. アニールによるトラップの除去 2. レジストの改良
X線露光 (ターゲット)		X線管 (0.5～5 nm)	シリコンマイラ	Au	1. 0.5 μmまで微細化 2. ゴミに強い	1. マスク作製がむずかしい 2. 半影マスク 3. 位置合せ精度不十分	1. マスク技術開発 2. 高精度X線源開発 3. ステッパ技術の導入 4. レジストの開発
SR		SR (0.1～5 nm)	シリコンマイラ	Au	1. 微細化に強い 2. X線強度がある 3. 指向性がよい	1. 装置が大がかり 2. マスク作製がむずかしい 3. フレネル回折	1. ビームスキャン技術を含めた装置開発技術
イオンビーム		イオン銃 (20～200 keV)		金属	1. 解像力の向上 2. マスクレスレジストのプロセスの可能性	1. 基板損傷	1. イオン源を含む装置開発技術 2. 利用技術の開発

る.すなわち,① マスクの作成またはパターンデータの作成,② レジストのパターンニング,③ 加工,の三つの工程である.パターンの設計とパターンニングはすべての微小光学素子作成に共通の技術であるが,エッチングなどの加工法は素子の形状,機能により異なる.さらに,基板上に塗布されたレジストにマスクを用いて露光する「転写」と,細く絞ったビームでパターンを線描する「描画」と,レジストプロセスなしで直接パターンニングする「直接加工」に分けられる.

また，転写のリソグラフィープロセスで良好なパターンニングを得るには，まず，精細なコントラストの高いマスクを作成しなければならない．マスクの拡大パターンを描き，これを数段階で写真縮小するなどして作成することも可能であるが，パターンの微細化に伴い電子ビームの微細性と高速性を生かしたマスク製造装置もあり，高価にはなるが，外注する場合も増えてきている．マスク作成についての詳細は文献[6~8]を参照されたい．

5.1.2 リソグラフィーの評価

微小光学素子作成技術の評価は素子の効率，分解能，結像スポット径，収差などの光学特性の測定によって行うことになる．これらの諸特性は素子の大きさ，解像度，寸法精度，形状など加工特性に大きく依存するので，光学特性を測定することで加工特性を評価できる．

ここでは，リソグラフィー法で作成したグレーティングとフレネルゾーンプレートをとりあげ，作成技術の評価について述べる．グレーティングは，よく知られている波長分離機能に加え，光路偏光，分岐機能などを有し，波長多重光伝送用の分波器・合波器や各種ビームスプリッターとしても有力である．図Ⅲ.5.3 (a), (b)に格子ピッチ 1 μm の平面位相格子の走査形電子顕微鏡（SEM; scanning electron microscope）による断面形状写

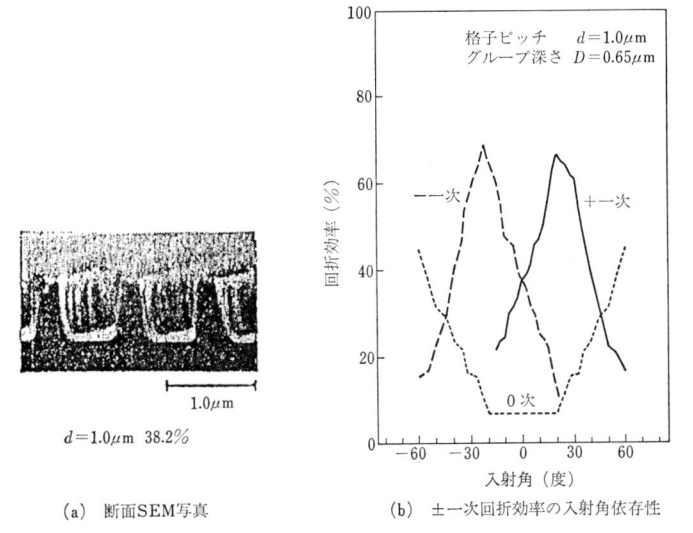

(a) 断面SEM写真　　　　　　　(b) ±一次回折効率の入射角依存性

図 Ⅲ.5.3　deep-UV リソグラフィーによるフォトレジスト位相格子

真および垂直入射に対する一次回折効率を示す[9]．これらの格子パターンは電子ビーム描画とプラズマエッチングにより作成したクロムマスクを重水素ランプを光源とする deep UV リソグラフィー法により，ハードコンタクトでガラス基板上に転写した位相形のものである．作成条件の最適化を図ることによりラメラ形状の格子が作成され，He-Ne レーザー（633 nm）の垂直入射条件で 40% を越える効率が得られている．

また，ブラッグ条件に近い斜入射できわめて高い効率が得られるのは薄膜領域内の多重反射効果とブラッグ反射効果の複合[10]によるものであり，この結果はビームスプリッターなどへの応用に有効であることを示している．図Ⅲ.5.4(a),(b)は，10×10分岐のフレネルゾーンプレートアレイの表面・断面 SEM 写真および半導体レーザー光による TV カメラと画像処理装置と X-Y レコーダーで記録した結像スポットと光強度分布による分

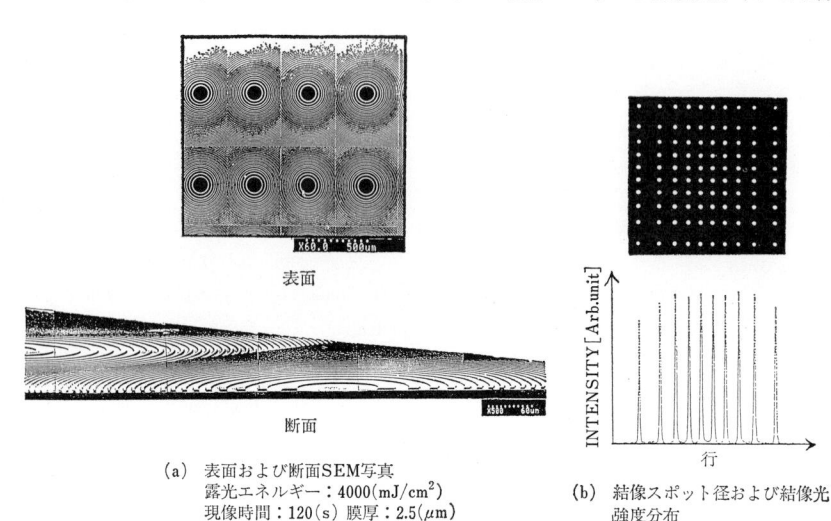

(a) 表面および断面SEM写真
　　露光エネルギー：4000(mJ/cm^2)
　　現像時間：120(s) 膜厚：2.5(μm)

(b) 結像スポット径および結像光強度分布

図 Ⅲ.5.4　deep-UV リソグラフィーによるフレネルゾーンプレートアレイ

岐結像特性を示す[11]．理論値に近い 40% を越す効率と回折限界に近い結像スポット径が，100 個について 8% 近い偏差で得られていることから，ほぼ理想に近いゾーンプレートになっていると評価できる．

こうした光学測定とは別に，加工精度の確認，外見検査などには光学顕微鏡が用いられている．しかし，加工技術の微細化が進んできた現在では，分解能がせいぜい 1 μm 程度の光学顕微鏡に代わり，解像力に優れ，焦点深度が深く，広い視野を一度に観察できるなどの性能を備えている SEM が有効に利用されている．しかし，SEM は試料に電子線を照射するので，電子が試料表面に帯電（チャージアップ）する現象の除去や面積 数 μm^2，数 μm 厚の微細光学素子の断面形状観察用試料を作成することなどには，技術的な検討と熟練を要する．これらの詳細については各専門書[12,13]を参考にされたい．

なお，1 μm 幅付近までの溝の およその断面形状は触針式の表面粗さ計である程度は評価できる．図Ⅲ.5.5はその測定結果の一例である．中心付近の形状は矩形状で理想に近いものができているが，ピッチが細かくなるにつれて正弦波状になっているのがわかる．これは，リソグラフィー装置の分解能やレジスト現像過程のサイドエッチングの寄与などによるものと思われる．

さらに，微細化・集積化の方向をめざす微小光学素子の実現に向かっては，基礎技術の一つとして，解像度や汎用性とともに，現状より優れた新しい評価法の確立も必要である．

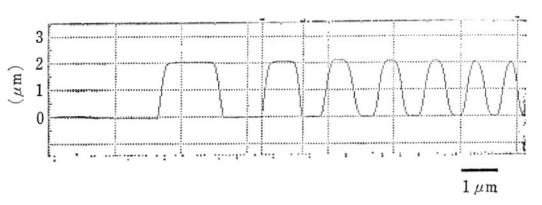

図Ⅲ.5.5 フレネルゾーンプレートの断面

5.2 レジスト材料

フォトレジストとは化学エッチングのマスクに利用される高分子感光材のことで，Kodak社の商品名 Kodak Photo Resist から出たものである．この材料が半導体素子製作に使われてから類似の材料まで photo resist（フォトレジスト）とよばれるようになり，最近では，照射光として可視光からX線までが使用されるため，これらを含め単に resist（レジスト）とよばれるようになってきた[14〜16]．

レジストの利用は，歴史的には精密機械加工や写真製版に始まったものであるが，ICやLSIなどの半導体微細加工のプロセスに応用され，パターン形成や被加工層のマスクという重要な役割を果たすため飛躍的な発展をしている[17,18]．また，近年，光ディスクなど光情報処理用機器のヘッドや光導波路，ビームスプリッターなどの光コンポーネント作成のために不可欠の材料ともなっている[19]．これらの素子の高密度化，高性能化のために，極微細パターン形成や高感度，高分解能の要求はますます高まり，加工の微細度向上のためプラズマや加速イオンを用いるドライエッチングが多用されるようになり，耐ドライエッチング性も材料開発の重要な項目である[20,21]．

このほか，多重レジスト材の研究などを含め光感度，高分解レジスト材の開発が行われている[22]．サブミクロン加工用レジスト材（UV, deep-UV）の現状を光学素子作製の立場からまとめたものとして文献[23]がある．

5.2.1 レジストプロセス技術

レジスト工程は，一般に基板の前処理に始まり，レジスト塗布→プリベーク→露光→現像→リンス→ポストベーク→エッチング→除去の順で行われる．レジストは各工程における使用条件によって現像性や密着性などが左右され，加工特性を決める重要な役割になっているので最適条件で使用するのが望ましい．図Ⅲ.5.6に一般的な工程を示す．

① 基板の前処理： 基板の前処理として通常基板上の油分の除去および水分の除去が行われる．特に，酸化膜とレジストの密着性をよくするため表面処理剤としてヘキサメチルジシラザンなどのトリメチル-ケイ素化剤が使用されている．

② レジスト塗布： 塗布方法にはスピンナー法，スプレー法，ロールコーター法，浸漬法などがあるが，1μm 以下の薄い均一な膜を形成するにはスピンナー法が一般的である．スピンナー法は粘度と回転数によって膜厚は決まるが，レジストの種類によって同一

① 前処理 　基板

② レジスト塗布 　フォトレジスト

③ プリベーク

④ 露光

P形　UV, deep-UV, EB, X線　N形

マスク

⑤ 現像

⑥ リンス

⑦ ポストベーク

⑧ エッチング

⑨ レジスト除去

図 Ⅲ.5.6　レジスト工程

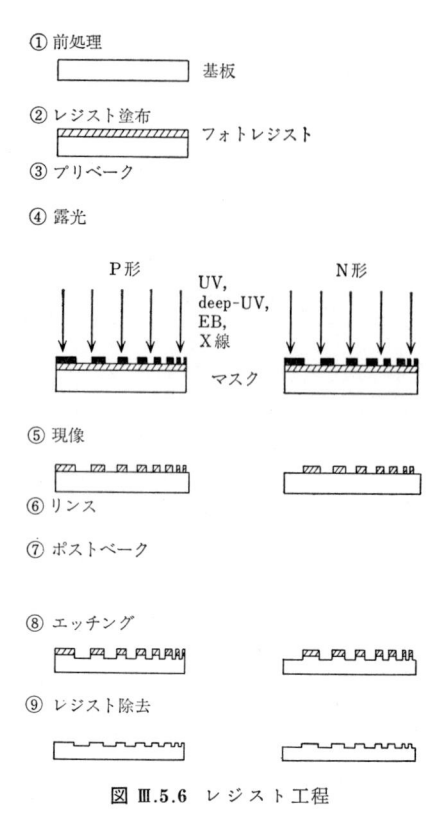

粘度でも樹脂濃度が異なるので膜厚は異なる．また，レジストは液温によって同一回転数であっても若干膜厚が異なる．液温が高いと塗布膜厚は厚く塗布され，液温が低いと膜厚は薄くなるので，液温は一定条件で塗布されるのが望ましい．塗布した膜厚は微分干渉形金属顕微鏡や 5.1.2 項で述べた触針式の表面粗さ計などによる測定が一般に行われている．

また，図Ⅲ.5.7 に示すようにレジスト膜厚は分光感度特性と相関があるので，レジストを石英ガラス基板上などに塗布後，分光光度計により露光光源波長で透過率を測定し，あらかじめ測定した膜厚との実験曲線を用いると，容易に精度良く，目的の膜厚で塗布することができる[24]．膜厚は，厚いと横方向に大きな誤差を生じる．解像度と耐エッチング性を考慮し，さらに，周期構造のピッチや各露光法によって決まってくる露光，現像の条件を考えると，一般に薄いほうが有利である．しかし，ラメラ構造の高効率形格子やブラッグ格子などの作成には，必要な膜厚まで塗布する．

③　プリベーク：　プリベークはレジストの膜中から溶剤を除去する目的で行われる．

5.2 レジスト材料

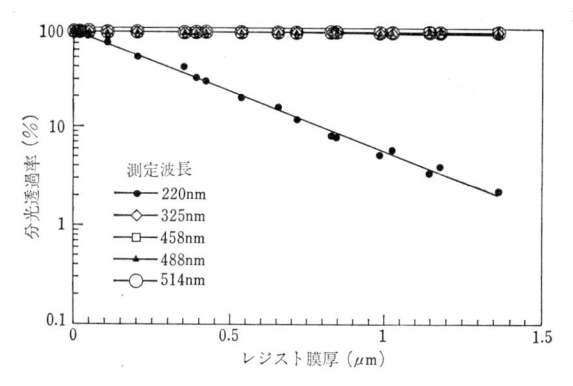

図 Ⅲ.5.7 レジスト膜厚と分光透過率

ベーク温度が高いほど溶剤は短時間でなくなるが，ベーク温度が高すぎると感光基および増感剤が分解して現像不良を起こすことになる．通常光露光用レジストは感光基の分解が起こらない温度の 80～100°C で 20～30 分が適当である．また，増感剤を含まない電子線レジストやX線レジストはベークによるポリマーの変形が起こらない条件で行う．条件をきちんと制御し，しっかりした膜づくりが必要である．

④ 露光・放射線照射： 図Ⅲ.5.6に示すように露光用アライナーを用い，レジスト膜上にマスクを重ねて線源を照射し，パターンをレジストに露光することを転写という．このほかに，ビームを用い描画する方法もある．露光条件は，使用する光源の種類とその光量，レジストの感度に依存する．図Ⅲ.5.8にいくつかのレジストの分光感度特性を示

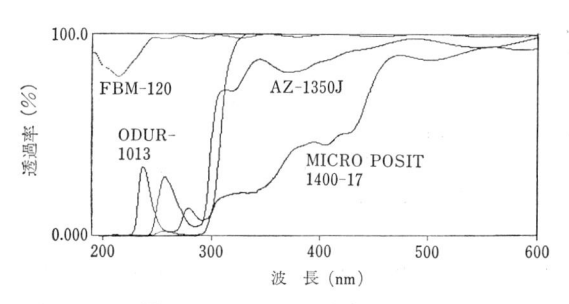

図 Ⅲ.5.8 レジストの分光透過特性

すが，レジストの分光感度と使用す光源とのマッチングは特に重要である[25]．露光により分光透過特性の変化が見られる．また，レジスト塗布後，露光するまでの時間経過などによる感度特性の変化も考慮する必要がある．

⑤⑥ 現像およびリンス： 転写の場合は露光したレジスト膜を現像液で現像すると，マスクと同じパターンを形成する．現像の後，リンス洗浄を行って現像液の残りを除去す

る．現像，リンスは，スプレー法またはディップ法が採用されているが，レジストに合った専用現像液，リンス液を使用することが望ましい．現像液が強すぎる場合には，レジストパターンが膨潤したり，レジストが膜減りして，ピンホールやレジストのはがれを起こしやすくなる．

また，現像温度やスプレー圧，現像，リンスのスプレーによる粒子径などによっても解像度が異なるので，レジストの条件に合った現像処理の最適化を検討する必要がある．現像過程で，非線形性やサイドエッチング[26]の寄与などが起こるので，深い溝や断面形状の制御が必要な光学素子の微細加工の場合には，分光的方法を用いてレジストの光吸収係数や溶解度係数を算出し，最適な処理条件の検討が重要である[27]．

⑦ ポストベーク： 現像後のレジストは軟化するので，これを固化するためにエッチング時の基板とレジストの密着性を向上させる目的で行われる．通常光露光用レジストのゴム系は $140\sim160°C$ で，ケイ皮酸系は $200°C$ でそれぞれ $30\sim40$ 分行われる．また，フェノールノボラック系のレジストは，$120\sim160°C$ で行われる．遠紫外用および電子線，X線レジストは，あまり高温にするとポリマーの変質が起こるが，変質のない上限の温度でベークすると基板との密着性が向上する．通常 PMMA は $170°C$ が一般的であるが，添加増感剤やポリマーの種類によって異なるので，それぞれの特性を理解したうえで使用する必要がある．

⑧ エッチング： レジスト膜上に形成されたパターンを保護膜として使用する工程にはエッチングが必要となる．エッチング法は 5.4 節で述べるが，大別して，ウエットエッチング法とプラズマやイオンによるドライエッチング法がある．レジストの耐エッチング性は加工には重要なので，初めに加工法を決め，それに耐えるレジストを選択するのが望ましい．

⑨ レジスト除去： 露光とポストベークで固まったレジスト膜は頑強なため，$120\sim130°C$ に加熱したフェノールとハロゲン系の有機溶剤を主体にしたはく離剤や熱濃硫酸，発煙硝酸，硫酸一過酸化水素などの強い酸に浸漬してはく離する．これらは非常に強力な酸化剤で取扱いが危険であり，また廃液処理もむずかしいという欠点をもつ．そこで，無公害なプラズマ灰化法が注目を集めている．しかしながら，レジストの使用条件の違いにより，プラズマ法はすべてのレジストに利用できるというわけにはいかず，浸漬法との併用が一般的である．

なお，レジスト膜を位相材として用いる素子の場合には，⑦，⑧ の工程は行わない．

通常，レジストは常温で長期間品質が安定していることが望ましいが，保存中，高温や低温にレジストがさらされた場合などは若干レジストに変質をきたす場合がある．また，大気中の酸やアルカリに長期間さらされないことも重要である．通常，$2\sim3$ 年は変質は認められないが，十分に注意を払う必要がある．X線や電子線レジストは極端に暗所保存の必要はないが，常温で保存するのが望ましい．長期間を経たレジストの使用時には，分光感度特性を測定のうえ，使用する配慮が必要であろう．

5.2.2 レジストの特性[16,28]

現在の微細加工用レジストは，リソグラフィーで使用する線源の種類，波長により，① 光露光レジスト，② deep-UV レジスト，③ 電子線レジスト，④ X線レジスト，⑤ 無機レジスト，などに分けられる．それぞれのレジストは，素材面からは有機高分子レジストと無機レジストに分類され，両者ともにポジ形，ネガ形があり，レジスト特性にあったプロセスが用意されている．ネガ形レジストは環化ゴム系が代表的であり，光のあたった部分が架橋反応を起こし，現像後レジストパターンとして残る．これとは逆に，ポジ形レジストはナフトキノンアジトが光分解し，アルカリ可溶になる反応を用いたものであり，非露光部分が残る．

レジストの性質として重要なものは，感度，解像度，コントラスト，耐エッチング性，接着性，安定性などである．

（1）感　　度　露光装置からの出力強度が小さいほうがパターン精度が向上することと，強い線源を得ることがむずかしいことにより，レジストは露光に使われる光源に対して高感度が要求される．感度はレジスト膜厚がゼロになる露光量（単位は mJ/cm^2，C/cm^2）または，この逆数で表すのが一般的である．フォトレジストではポジ形，ネガ形で感度の差はないが，電子線レジストなどではネガ形のほうが高い．これは，架橋が連鎖反応的に進み，放射線に対する反応効率がポジ形より大きくなったためである．また，電子線，イオン線では，ビームエネルギーが低いほど反応効率は高く，高感度となる．また，膜厚がゼロになる点近傍の特性曲線の接線の勾配でコントラストを定義する．この値が小さいほど感度は高いことになる．図Ⅲ.5.9に感度と解像度，コントラストの関係を示す[28]．

（2）解 像 度　パターンニング可能な最小寸法により解像度を定義する．微細素子作成用レジストには特に高い解像度が要求される．現像後のレジスト膜がエッ

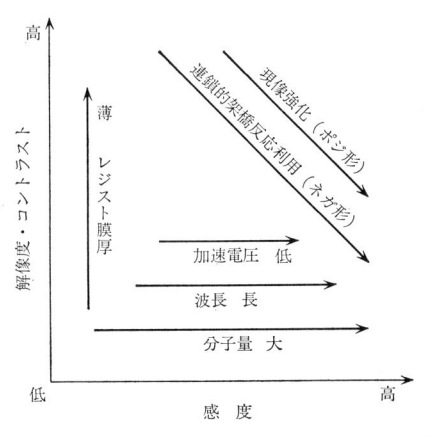

図Ⅲ.5.9　感度・解像度・コントラストの関係

チングに耐えるのに十分な厚さをもち，しかも微細な寸法を解像するためには，レジストが現像液によって膨潤せず，しかも高いコントラスト特性（露光量のわずかの差によっても溶解，不溶解の差が大きく表れる性質）をもつことが必要である．解像度はレジストを構成する材料に依存し，しかも露光方法，現像条件によっても変化するためレジストの改良に加えてプロセスの工夫も必要である．

（3）耐エッチング性　ウェットエッチングにおける耐エッチング性は，膜の水溶液中での接着性に依存する．レジスト膜は，エッチング液に侵されないのでレジスト膜がは

がれなければよいからである.最近の微細素子加工には加工精度向上のため,異方性ドライエッチングが可能なドライ方式が多く用いられている[29].ドライエッチングでは接着性よりも膜自身の耐性が重要である.加速イオンを用いる異方性ドライエッチングに対するすべてのレジストの耐性は十分とはいえないが,一般にフェノール樹脂やポリスチレンなどの芳香族化合物はドライエッチングに比較的強いことが知られている.電子線などのポジ形レジストは,放射線で溶けやすくなる性質をもつためドライエッチング耐性が弱い.

(4) 接 着 性 ネガ形レジストでは,架橋して強固な構造となったものが残膜となっているので,接着性に優れている.

(5) 安 定 性 熱による反応の活性化エネルギーが常温の熱エネルギーより十分に高いものがよい.

5.2.3 光露光レジスト[30]

超高圧水銀灯からの 250〜400 nm 付近の光を用いる UV レジストと 200〜300 nm 付近の紫外線を用いる deep-UV レジストとに分けて述べる.

(1) UV レジスト 感光域が 250〜400 nm の紫外域にある代表的 UV レジストを表Ⅲ.5.2 に示す.

表Ⅲ.5.2 UV レジスト

レジスト名	タイプ	感度 (mJ/cm²)	解像度 (μm)	メーカー (開発)	主 成 分	備 考
AZ-1350	P	3×10⁻⁶	1〜0.6	Shipley	フェノール樹脂+キノンジアジド	
Micro Posit-1400	P			〃	〃	
OFPR-77	P			東京応化	〃	
OFPR-800	P		1	〃	〃	
HPR-204	P			富士ハント	〃	
KPR	N	5×10⁻⁶		Kodak	環化ゴム	
KTFR	N	2×10⁻⁵	1	〃	〃	
CBR-M	N		1.6	日本合成ゴム		耐熱性
PDP	N		2	東京応化		ドライプロセスレジスト
Waycoat-Type 3	N			富士ハント	環化ゴム+アジド化合物	

a. ポジタイプ UV レジスト: ポジタイプで実用化されているものの多くはナフトキノンアジド系のものである.露光によりインデンカルボン酸になり,アルカリ可溶性に変化する.ネガタイプに比べ密着性,耐薬品性に劣るが解像力,パターンの切れに優れているため,プロジェクション露光やドライエッチング技術の導入により 2 μm 以下の微細プロセス用として期待されている[31].

また,ポジタイプフォトレジストは,露光部と未露光部の溶解度差が小さいため現像液の濃度,温度変化が,感度,寸法精度に影響を与えるため,狭い範囲でコントロールする

必要がある．微細加工に応用されるポジタイプフォトレジストの高感度化が進められ，市販品としては Shipley 社（アメリカ）の AZ 系が有名であったが，現在は同社の Microposit-1400 や東京応化の OFPR などが多く用いられている．

b. ネガタイプ UV レジスト： 現在代表的なネガタイプ UV レジストは環化ゴム系フォトレジスト[32]である．表Ⅲ.5.2 に示すレジストのうち KPR はケイ皮酸残基の光二量化反応により架橋し光照射部分が網状巨大ポリマーとなり不溶化する．感度やエッチングの寸法精度は高いが，解像度が低いので，微細化に伴い性能に限界を生じている．ゴム系ネガレジストの 2～3 倍の感度をもち，接着性，耐熱性も高く 1 μm までの加工実績がある．

ほかに環化ゴム系レジストとして KTFR がある．環化ゴム系フォトレジストは感度も高く密着性，安定性に優れているが，現像の際膨潤するため 2～3 μm 以上の高解像度が得にくかったのが，近年，原料ゴムの反応方法の開発や現像液の検討が進み，1～2 μm の実用的な解像度が得られている．

UV 露光法としては，ドライエッチング技術の開発とともに 1/10 縮小投影露光法の開発，解像度のあるポジタイプレジストを用いたレジスト表面の薬品処理，2 層および 3 層構造パターンの形成などによりサブミクロンへの可能性が生まれてきている[33]．

(2) deep-UV レジスト[34] 従来の UV リソグラフィーより短波長の遠紫外線 (deep-UV) 200～300 nm 光を光源として使用し，光の回折現象を軽減して，1 μm 前後の解像度の向上を図ろうとするのがパターンニング技術である．紫外線の波長が短くなるとエネルギーは大きくなり化学反応作用も大となるため，専用レジストが開発されている．表Ⅲ.5.3 に代表的な deep-UV レジストを示す．

表 Ⅲ.5.3 deep-UV レジスト

レジスト名	タイプ	感度 (mJ/cm^2)	解像度 (μm)	メーカー（開発）	主成分	備考
ODUR-1000	P	0.5～0.6	0.25	東京応化	ポリメチルメタクリレート	
ODUR-1013	P		0.5	東京応化	ポリメチルイソプロピルケトン	
ODUR-1014	P		0.5	〃	〃	
GCM-06	P	0.25	<1	(沖電気)		高感度
PMMA	P	0.5～0.6	0.25	IBM		
OUUR-120	N			沖電気	フェノール樹脂＋アジド化合物	高感度
White Resist	N	10	1	(超 LSI 共同研)		高感度
ODUR-110 WR	N			東京応化	環化ゴム＋アジド化合物	高感度

a. ポジタイプ deep-UV レジスト： 電子線レジストでもある PMMA（ポリメチルメタクリレート）系や PMIPK（ポリメチルイソプロピルケトン）系が主流を占めている．

電子線レジストは 340 nm 以下の短波長紫外線も吸収し, 励起状態から遷移し主鎖切断を起こして露光部が溶解する. 高解像度を示すが感度は低い. 図Ⅲ.5.10 に ODUR-1013 の露光に依存した分光透過特性を示す[35]. 増感剤の吸収スペクトルが光源のスペクトルと一致するため, 効率よく光源のエネルギーを吸収していくのが図からわかる.

このタイプのレジストは光の透過性が非常によく, 膜厚が厚い部分でも十分に光が下まで届くので線幅の変化も少ない[36]. さらに, ドライエッチングの耐性の欠点を補い, 解像度向上を図るため deep-UV 照射後, 現像を高周波プラズマ中で行うドライプロセスを取り入れ, $0.5\,\mu m$ ラインを転写した報告例などもある[37].

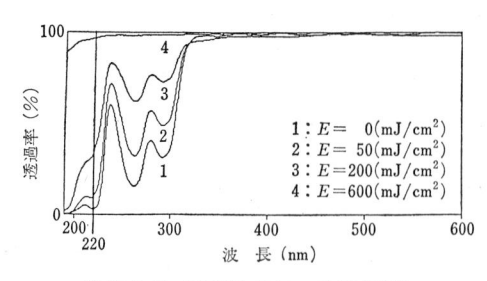

図Ⅲ.5.10 ODUR-1013 の分光透過率

凡例：
1 : $E = 0\,(mJ/cm^2)$
2 : $E = 50\,(mJ/cm^2)$
3 : $E = 200\,(mJ/cm^2)$
4 : $E = 600\,(mJ/cm^2)$

b. ネガタイプ deep-UV レジスト： ネガタイプレジストは, いずれも感度が低い. 電子線レジストである PGMA は deep-UV 光に対し主鎖が切断しポジタイプになるので, エポキシ基を残したままケイ皮酸を付加し, ネガタイプとして使用する考案もある. 実用レジストとしてはゴム系の ODUR-110 WR やフェノール樹脂系 ODUR-120 が市販され高感度, 下地との密着性向上という利点をもつが, ポジタイプに比べ解像度が低い.

フェノールノボラック樹脂とビスアジド化合物を主成分とする ODUR-120 は AZ 系レジストと同じプロセス処理で強い吸収をもつため, 定在波が立ちにくく鋭い断面形状を示す. また, 膨潤もなく高感度で $0.38\,\mu m$ のライン幅を解像した報告などがある[38,39].

5.2.4 電子線レジスト[40]

電子線リソグラフィーに使用される電子線エネルギーは 5〜30 keV と高いので, 電子線照射により誘起される化学反応により励起され, 架橋反応でレジストが可溶性や不溶性になる. この範囲は光化学反応を起こす物質範囲より広いので, 初期には UV レジストが感光材として使用されていた. ただし, これらは低感度で実用性を欠くため専用の高感度電子線レジストの開発が行われている[41,42]. 表Ⅲ.5.4 に代表的電子線レジストを示す.

(1) ポジタイプ電子線レジスト 分解形が主となっているポジタイプのうち早くから使用されていたのは PMMA である. このレジストは $0.1\,\mu m$ までの高解像力と耐エッチング性, 入手容易などの利点をもっている. しかし, 実用的には低感度であり, 高感度材料の開発が進められている. 大部分は表Ⅲ.5.4 に示すように PMMA の誘導体メチルメタクリレートの共重合体である. EBR-9 は PMMA の α 位を塩素原子に置換し, 側鎖のメチルエステル部をトリフルオロエチルに置換したもので PMMA の 100 倍の感度をもつ. その他, Bell 研では高感度レジスト PBS を開発し, また, 熱処理をしてあらかじめ不溶化しておくレジストなど, すでに実用段階に達した電子ビームリソグラフィーに対してレジストの開発研究が相次いで行われている.

5.2 レジスト材料

表 III.5.4 電子線レジスト

レジスト名	タイプ	感度 (C/cm^2)	解像度 (μm)	メーカー (開発)	主成分	備考
PMMA	P		0.1		ポリメチルメタクリレート	
OEBR-1000	P	$5×10^{-5}$	0.25	東京応化	〃	
FBM-120	P	$4×10^{-7}$	0.3	ダイキン	メタクリル酸ポリヘキサフルオロブチル	
PBS	P	$7×10^{-7}$	0.5	ミード	ポリ(ブテンスルホン)	
EBR-9	P	$8×10^{-7}$	0.1	東レ(超LSI共同研)	α-クロロアクリル酸ポリトリフルオロエチル	高解像度
PGMA	N		0.25			
CMS	N					耐エッチ性
SEL-N	N	$5×10^{-7}$	0.3	ソマール	メタクリル系高分子+マレイン酸エステル	
COP	N	$4×10^{-7}$	0.5	ミード	メタクリル酸グリシジル+アクリル酸エチル共重合体	

(2) ネガタイプ電子線レジスト 一般にポジタイプに比べ感度が高くコントラストは低い.放射線架橋タイプが用いられ,エポキシ基をもつものとしてPGMAがあり0.25 μm の高解像度を示している[43].また,耐ドライエッチ性の高いCMSなども開発されている[44].

5.2.5 X線レジスト[40]

波長の短い軟X線(0.4~4nm)が物質に入射すると,光電効果によって物質中の電子を自由電子とする.この自由電子はエネルギーの電子線と同じように,物質中のほかの電子に作用し,励起状態の電子やイオン,さらに二次電子をつくりだし,物質の化学変化を起こす.放射光のような連続スペクトル線源では,レジストに入射するX線スペクトルのうち,Be窓とマスク支持膜を透過した成分のレジストに吸収される波長域が露光に有効な成分となる[45].

表III.5.5に代表的なX線レジストを示す.このように,X線は電子線と全く同様の化学作用でレジストに反応を起こすため,電子線レジストがそのままX線レジストとしても使用可能である.しかし,エネルギー密度が高くないので,炭素,水素,酸素,窒素からなる有機物のX線レジストの開発が活発化している[46~48].

(1) ポジタイプX線レジスト 電子線レジストであるPMMAはAl線光源で2J/cm^2の感度を示す.さらに,このPMMAにZnI_2を混入したレジストは混入量の増加とともに高感度を示す.また,X線照射前後の溶解度差が大きいP(MMA-DMM)は高感度とともに高解像度ももっている.

(2) ネガタイプX線レジスト COPはEBレジストとして開発されたがPd線源,Al線源で175mJ/cm^2,20mJ/cm^2の高感度を示す.その他,側鎖に臭素元素をもつPDBAやドライ現像などのプロセスの工夫も行われている.

表 III.5.5 X線レジスト

レジスト名	タイプ	感度 (mJ/cm²)	解像度 (μm)	メーカー (開発)	主成分	備考
PMMA	P	2000			ポリメチルメタクリレート	
OEBR-1000	P	4000		東京応化	〃	
FBM-120	P	7〜35	0.3	ダイキン	メタクリル酸ポリヘキサフルオロブチル	
P (MMA-DMM)	P					高感度 高解像度
RE-500P	P	100		日立化成	ノボラック+ポリメチルペンテンスルホン	
JSR MES	N	70		日本合成ゴム	塩素化ポリメチルスチレン	
COP	N	20〜175				
PDBA	N	1.5	1.5			高感度

5.2.6 無機レジスト[49]

以上のような有機高分子レジスト材料のほかに, AS_2-S_3, Se-Ge などのカルコゲン非晶質材料が無機レジストとして提案されている[50]. この無機レジストは高解像力と多機能性をもち, 多層構造, ドライ現像などのプロセスへも適用可能な新しいレジスト材である. カルコゲナイドガラスは S, Se, Te などの VI 族元素を主成分として含んだもので, 非晶質材料の総称である. 光照射により金属原子がカルコゲナイドガラス中に拡散するホトドーピング現象が生じる. 特に, 金属として銀が有効で光照射により溶解度速度変化が大きく, アルカリ不溶となり, この光化学的効果によりネガ形が, また光黒化によっても溶解速度が変化し, ポジ形レジストになる. このように, 処理法のわずかな変更で両方の使い分けもできる[51]. 電子ビームやイオンビームの直接描画に使用されている.

5.2.7 多層レジスト[52]

サブミクロンの微細パターンの作成や素子の集積化をめざすには, 三次元構造での精度のよい加工や, ある程度の膜厚のレジストパターンの確保, しかもドライエッチングの耐性の高いレジストが必要となる. 微細なレジストパターンを得るには, 基板面からの反射がレジストの露光に影響を与えないようにする. しかし, プロセスの工程数を少なくするには, 多層レジスト法が有効である. この多層レジスト法については 5.3 節で述べるが, 表 III.5.6 に, 現在, 開発が行われている多層レジストの例を示した.

5.3 リソグラフィー技術[53]

微細構造のパターンをもつ光学素子作成のための加工技術は, 高精度でクリーンなプロセスであることや加工損傷がないことなどが要求されるので, 種々のリソグラフィー技術が重要となる. 最近の研究の動向は, 従来からの光を用いて限界を追求する流れと, 電子線, X線, イオンビームなどの光以外を利用したリソグラフィーに大別できる[54].

表 Ⅲ.5.6 多層レジスト

レジスト構造			プロセス			最小パターン (μm)
上層	中間層	下層	上層	中間層	下層	
AZ 0.2 μm		PMMA 1.5 μm	deep-UV (Xe-Hg アークランプ)			0.8
HPR-204 0.3 μm		PMMA 2.0 μm	deep-UV (Xe-Hg ランプ)			
GCM 0.5 μm	SiO$_2$ 0.1 μm	HPR-204 2.6 μm	EB	CHF$_3$ RIE	O$_2$ RIE	0.5
AZ 1350 B 0.2 μm	Al-PMMA 0.05, 0.2 μm	P(MMA/MAA)0.5 μm	EB	wet-etch	wet-etch	0.25
Organosilicon 0.2 μm		AZ-1350 J 1.6 μm	EB		O$_2$ RIE	0.5
PMMA 0.4 μm	Ti 0.05 μm	AZ-1350 J 1.0 μm	EB	リフトオフ	O$_2$ RIE	0.17

　電子線リソグラフィーは，パターンの微細さなどのメリットをもち，研究の歴史も長いが，量産用としては量産効率（スループット）が不十分なので，現在では，主として，少量多品種なマスクパターン形成や研究開発用に用いられている．

　X線リソグラフィーは，光に比べて波長が短く，透過性も強いため微細パターンの転写に有効で，光に続く技術として注目されている．また，高精度X線源，マスク製造プロセスなどの将来の実用化をめざした研究開発が活発化している．

　一方，光リソグラフィーは，g線から 0.32 μm を達成する i 線，i 線＋位相シフトリソグラフィーなどの超精細なリソグラフィーへ向かいつつある[55]．また，光を用いた直接描画法のホログラフィック法は，容易に高精度のグレーティングが作成できるので，DFB レーザーやフィルター，分波器などをはじめとする光回路素子作成にきわめて有効である[56,57]．

5.3.1　フォトリソグラフィー

（1）**UV リソグラフィー**[58]　光リソグラフィーの光源には，レジストを光分解または光架橋させる波長のもの，主として高圧水銀灯の g 線（435 nm），i 線（365 nm）が用いられている．この光源を用いて，レジストを塗布した基板を露光するとき，① コンタクト露光法，② プロキシミティ露光法，③ 等倍反射投影露光法，④ 縮小投影露光法，などいくつかの方式が利用されてきているが，微細加工には，主に縮小投影露光法が用いられている[59~62]．

　① コンタクト露光法では，基板とマスクを密着させて露光する．これは，古くから用いられており，高い解像度が得られるが，マスクと基板が接触するため，レジスト膜にきずがつきやすいこと，マスクが汚れやすいことが欠点である．

　② プロキシミティ露光法は，上記の欠点を除去するため，基板とマスクを数十 μm 離して露光する方法である．これにより，上記の欠点は軽減できるが，逆に解像度の低下は避けられない．現在の大部分の露光装置（マスクアライナー）は簡単な操作でいずれかを選択できるようになっており，目的に応じて使い分けるのがふつうである．

③ 等倍反射投影露光法では，反射鏡よりなる光学系を用いて，マスクのパターンを色収差なしに1対1で基板上に投影して露光する．この場合，マスクと基板は十分離れており，レジスト膜の損傷およびマスクの汚れの心配は全くなくなる．

④ 縮小投影露光法[63]では，実際のチップの n 倍（n は 4, 10 が一般的）のパターンをもつマスクを用い，レンズを用いて縮小像を投影して露光する．高解像縮小レンズの投影面積は直径 30 mm 程度なので，基板を機械的に精密移動し，ステップアンドリピートを繰り返して露光するので，この装置は別名ステッパーとよばれる．図Ⅲ.5.11 に縮小投影露光装置の一例を示す．

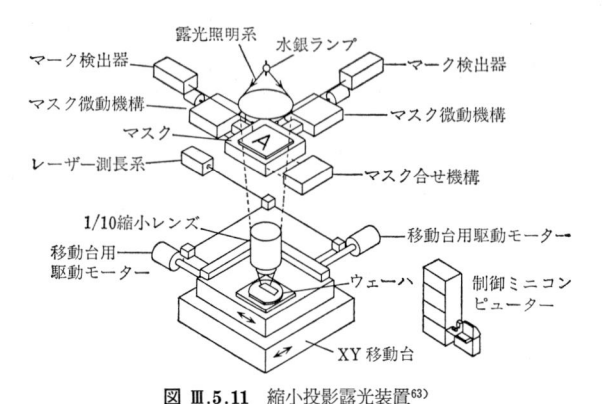

図 Ⅲ.5.11 縮小投影露光装置[63]

一般に，レンズの解像度 R および焦点深度 DOF は次式で表される．

$$R = K_1 \lambda / \mathrm{NA} \tag{5.1}$$

$$\mathrm{DOF} = K_2 \lambda / \mathrm{NA}^2 \tag{5.2}$$

ここで，K_1, K_2：プロセス，材料で決まる定数，λ：転写用光源の波長，NA：転写光学系の開口数である．

したがって，焦点探度の許す限り NA を大きくとり，短波長の光である i 線（354 nm）を用いると，0.5 μm までの高解像度化は達成される[64]．この場合，光源として従来の水銀灯が使用でき，レンズやレジスト材料も従来と同じようなものが使えるメリットがある．しかし，解像限界に近い領域では，焦点深度が小さく段差のあるパターンの場合には，i 線を用いてもパターン形成上問題が残る．このため，多層レジスト法[65]の利用や従来の光リソグラフィーに位相差を導入し，一定の焦点深度を保ちながら解像限界を向上させ，微細加工を可能にする新しい技術として，IBM の M. D. Levenson が提案した位相シフト法[66~68]が注目されている．

多層レジスト法は 2 層法と 3 層法に分けられ，パターン形成に用いる薄い上層レジストと中間膜層，それに下地転写に用いる厚い下層レジストからなっている．図Ⅲ.5.12 にプロセスの概略を示す．上層レジストパターンを形成し，中間層の薄い無機膜にドライエッ

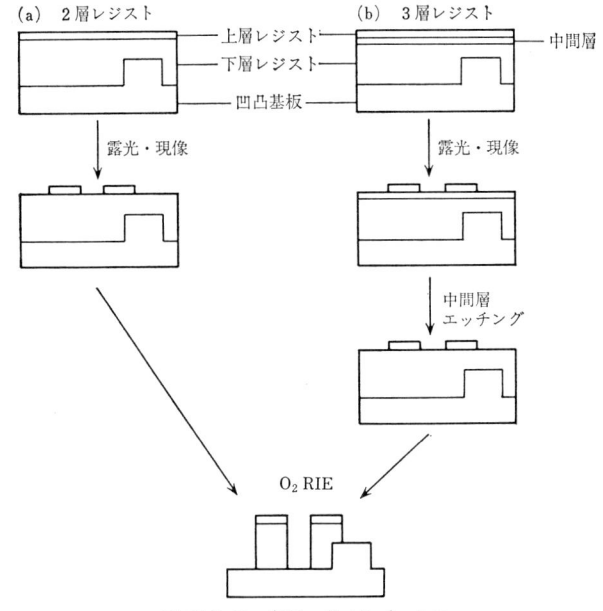

図 III.5.12 多層レジストプロセス

チング法で反転し，この中間層をマスクとして下地の厚い下層レジストを O_2 RIE 法でエッチングするので，アスペクト比の高いレジスト層が得られている[52]．

図 III.5.13 に位相シフト法の原理[78,79]を示すが，マスク上で隣り合うパターンを透過する光の位相を反転する位相膜を設け，二つの開口部の中間の光強度をゼロとして両者を明確に分離する方法である．この方法は，回折形格子などの周期パターンをもつ素子の解像度の向上には有効であり，$0.2〜0.3\,\mu m$ のパターン形成の報告もある．

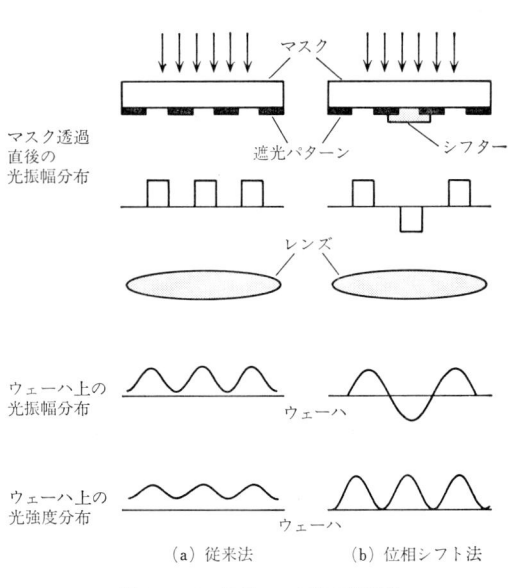

図 III.5.13 位相シフト法の原理[68]

さらに位相シフトマスク製造工程の簡略化や FLEX 法[81]による焦点接点向上を位相シフト法に取り込んだり，実用化に向けてさまざまな課題の検討も盛んである[69,70]．

（2） deep-UV リソグラフィー[71]　微細化に伴う回折効果を軽減するために，UV よりさらに短波長光源を用いたものとして，IBM の Lin によって開発された deep-UV リソグラフィーがある．この方法は，従来の UV リソグラフィー技術が一部の変更で適用でき，量産性のうえから小形シンクロトロンなどを用いた軟X線リソグラフィーが有望と考えられている将来と現状をうめる技術として用いられている．

光源としては 200〜300 nm の連続分布をもつ重水素ランプがあり，メタクリル樹脂系レジストの分布感度に合致したスペクトル分布をもっている．このほかの光源として Xe-Hg ランプがある．このランプは重水素ランプに比べ発光効率は低いが，点光源タイプで作製すると 200〜260 nm で高出力が得られるので，量産には有効であり，コールドミラーを用いて熱線を除去したコンタクトプロキシミティ露光装置や縮小投影法装置も開発されている．

さらに，KrF を光源とした高効率, 高出力をもつ光源としてエキシマレーザー（248 nm）が注目され，露光法の検討が進められ，ステッパーの実用化への進展とともに，レーザー出力の安定性，保守性能の進歩により量産ラインへの導入も近くなっている[72〜74]．図 III.5.14 にエキシマレーザーを用いた投影光学系を示す[75]．エキシマレーザー光は，ビー

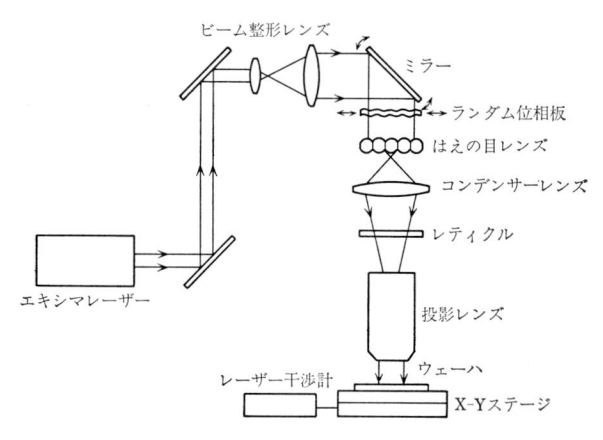

図 III.5.14 エキシマレーザー投影光学系[75]

ム整形レンズ，はえの目レンズ，コンデンサーレンズを通ってレティクルを照明する．15〜20 mm 角の小画面にマスクパターンを投影レンズにより縮小結像し，基板の全面を逐次露光していくので，投影レンズの高 NA 化とアラインメントの高精度化を可能にしている．

deep-UV 光に透明なマスク材料としては，$SiCl_4$ を酸化して得られる合成石英が用いられている．当初は高価であったが，現在かなり廉価になり入手しやすくなった．また，遮

光材としては Cr 膜の使用が一般的であるが，量産性，密着性，耐久性に優れ，加工が簡便で，厚さ 0.5 μm でほぼ完全な遮光効果を果たす a-Si 膜を用いた EB 描画マスクの有効性が確かめられている[76]．deep-UV レジストとしては，表III.5.6のようなレジストが使用され実用性も高い．

5.3.2 ホログラフィックリソグラフィー

線幅 1 μm 以下の微細な周期露光パターンを簡単な装置で作成する最も有効な手法は，図III.5.15に示すコヒーレント光の2光束干渉法である[77,78]．これは，回折格子をホログ

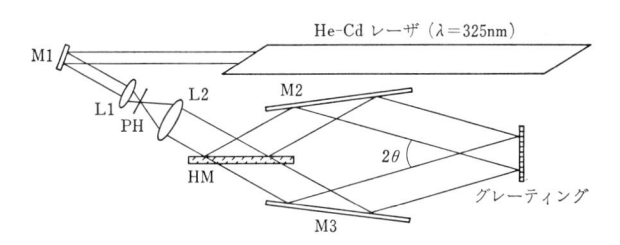

図 III.5.15 ホログラフィック露光光学系

ラムの一種として露光作成するよく知られた手法で，格子ピッチ d は次式で与えられる．

$$d = \lambda/(2n \sin \theta) \tag{5.3}$$

ただし，λ: レーザー波長，n: 媒質の屈折率，θ: 干渉角度である．

格子ピッチを変えて作成する場合には，ハーフミラー（HM）2枚の全反射鏡と感光材がつねにひし形の頂点にあり，ハーフミラーの入射角度の変化により，二つの光路長が一定で等しく，つねに感光材上で干渉するようになっている．図のように，集光レンズとピンホール（PH）からなる空間フィルターで高調波成分を除去し，光ビームの質を改善し，2光束を干渉する．実際の露光にあたっては，装置の振動や空気のゆらぎの除去が必要で，装置全体を単一の除振台の上にコンパクトに設置し，光路全体をプラスチックの箱などで覆うことが有効である．光源のレーザーは短波長が望ましいので，He-Cd レーザーの 325 nm や 442 nm，あるいは Ar レーザーの 458 nm などの光が用いられる．また，0.2 μm 以下の微細格子が，12 ns パルス幅の 249 nm の KrF エキシマレーザーを光源として，増感 PMMA レジストに作成された例もある[79]．

レジストは解像力に優れたポジ形のものが用いられ，この露光現像過程は，種々の要因からサイドエッチングの寄与が生じやすいので，深い溝形成には同時露光現像法[80]などが試みられている．

図III.5.16に示すように，円筒レンズを挿入することにより，非周期パターン格子を作成することもできる[81]．この図のように，左側へいくほど2光束の角度が大きくなるので周期 d が小さくなる．この方法によって，光合波分波器や広帯域フィルターなどが試作されている．また，この方法を改良して，二つの球面波を干渉させる露光法も考案されている[82]．

ホログラフィックリソグラフィーは，装置が簡便であり，高い周期精度と優れた均一性をもつ広面積の作成が容易であるなどの利点をもっている．図Ⅲ.5.17にHe-Cdレーザー（325 nm）を光源として作成したグレーティングの断面形状[83]を示すが，得られる形状

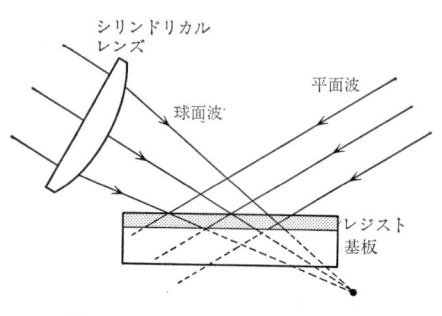

図Ⅲ.5.16 非周期格子の露光光学系

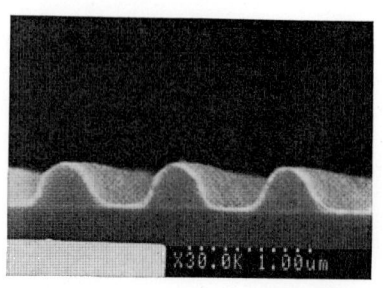

図Ⅲ.5.17 ホログラフィック格子の断面形状
露光エネルギー：30 mJ/cm²
現像時間：8 s

は，この例のように正弦波状なので，高効率化のためにブレーズ化したりする溝の制御や試料面への転写を行ったりするには，5.4節で述べるドライエッチング法を用いる必要がある[84]．また，記録材料に感光領域があり，再生光と同一波長の光で記録できないため，収差が生じやすいので設計や作成法などでの工夫もされている．

5.3.3 電子ビームリソグラフィー[85]

電子ビームは光に比べて波長がきわめて短いため，回折効果が軽減でき，さらにビーム走査が容易なため，サブミクロンやそれ以下のサイズをもつ種々の光回路のパターン作成に適した技術の一つである．電位差 V (V) で加速された電子ビームの波長 λ (nm) は，$\lambda = 1.5/V$ で与えられる．たとえば，20 keV の電子ビームの波長は 8.7 pm であり，光に比べて波長がきわめて短い．このため，回折による解像の限界は無視できる．

電子ビームリソグラフィーは，これらの性質を利用したものであり，各種光学素子のマスターマスクの製造に威力を発揮している[86]．また，図Ⅲ.5.2に示したようにレジストのパターンニングの工程を省き，電子ビーム照射で屈折率が変化する現象を用い，基板上にパターンを描く直接描画にも使用されている．As_2Se_3 に直接描画したビームスプリッターの試作例などがある．

通常，電子ビーム露光法により描ける最小パターンは 0.1 μm で，このサイズはレジストおよび基板材料中での電子ビームの散乱により決まってくる．電子はレジスト中で原子との衝突を繰り返しながら運動し，やがて静止するが，レジスト分子にエネルギーを与えると同時に質量が原子に比べて小さいため散乱を受け広がっていく．

このように，散乱が大きいため回折格子（グレーティング）のような周期パターンの場合，隣接パターンとの間隔が近いと，隣のパターンも露光され，二つのパターンが融合して一つになる近接効果があり，通常に描画できる最小ピッチは 0.6 μm くらいとなる．ナ

ノメートルパターンを描画するには，散乱を減らす必要があり，このための高エネルギービームを用いると，たとえば 50 keV の電子ビームによって 40 nm の周期パターン描画も可能となっている．さらに，アルカリハライド，NaCl などの無機レジストを用いて，3 nm 周期で 4.5 nm 幅のラインパターンが得られている[87]．また，有機レジストを用いた研究では，線幅で 10 nm，周期で 50 nm が可能となっている．

電子ビーム露光装置は，コンピューターで制御され，レーザー位置合せやアラインメントを含めて自動化されている．このように，大きなシステムであり，かつ優れた解説もあるので，それらを参考にされたい[88~90]．

電子ビーム描画法は，走査方式と投影方式とに大別されるが，現在は走査方式が主に用いられている．この方式では，サブミクロンサイズのパターンを描くのは，ビームの走査幅が限られるので，大きい面積の図形描画には試料を機械的に動かす方法が用いられている．このような市販の露光装置は高価で，かつ光学素子のような曲線を描くには時間がかかりすぎてあまり実用的でないため，簡易形 SEM を用いコンピューターで制御する露光装置も利用されている[91,92]．

一例として，図Ⅲ.5.18 に楕円ゾーンプレートの試作実験用のビーム位置制御装置を示す[114]．ここでは，正弦および余弦波の信号を X 軸，Y 軸のビーム変調コイルに印加し，それらの振幅は CPU から送られる制

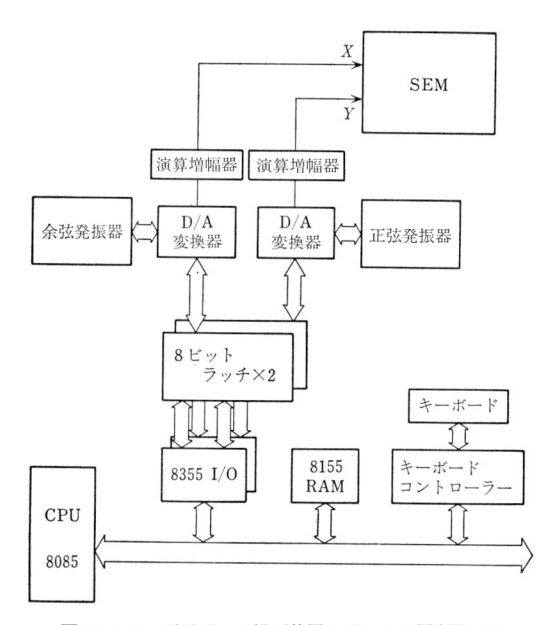

図Ⅲ.5.18 電子ビーム描画装置のビーム位置制御回路

御データを D/A 変換器や演算増幅器を用いて設定している．パターンの塗りつぶしは走査方式で，濃淡は半径方向のきざみにより補償している．

このような電子ビーム露光法によって作製されたマスクを用いた，光遅延回路やビームスプリッター，直接描画のブレーズ化された導波路マイクロレンズアレイや集積ディスクピックアップなどのかなりの光デバイスが作成されている[3,5,87,93]．

5.3.4 X線リソグラフィー[94]

X 線リソグラフィーは光の代わりに波長 0.1～10 nm の軟X線を用いるもので，原理的

には図Ⅲ.5.19に示すように光リソグラフィーと同じである．回折・干渉の影響が少ないので解像度が高く，かつ電子ビームに比べレジスト中の透過能が桁違いに大きいためアスペクト比の高いレジストパターンを作成でき，塵埃に対する透過性もよいのでパターンの欠陥が少なくなる．二次電子の飛程距離と回折効果の兼ね合いから，金属ターゲットを励起した $C_{K\alpha}$（$\lambda=4.4$ nm），CuL（$\lambda=1.34$ nm），$Al_{K\alpha}$（$\lambda=0.83$ nm）などの特性X線が用いられている．

X線をリソグラフィーへ応用する場合，しばらくはマスクを用いた転写が中心となるが，使用するマスクは光リソグラフィーとは異なり，X線が透過できる厚さ 2～3 μm の支持体の上に不透明な金属薄膜でパターンを形成した脆弱な構造なので，このマスクの問題の解決がキーポイントの一つである．吸収体としては加工が容易な金がよく用いられる．支持体としては，ポリイミド，ポリエステル，Si，Si_3N_4 などが用いられているが，有機ポリマー膜は耐薬品性，耐熱性に難点があり，無機膜は機械的強度が不十分である．さらに，マスクは電子ビーム法などのほかの方法で作成するため，解像度の支配因子の一つになる可能性がある[95～97]．

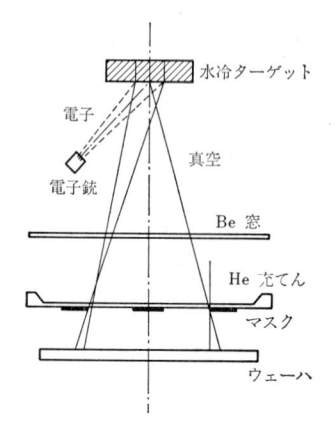

図 Ⅲ.5.19 X線リソグラフィーの原理

露光方式には，マスクとウェーハを近接する露光方式とミラー光学系を用いた縮小投影露光方式がある[98,99]．表Ⅲ.5.7に，この二つの露光方式の比較を示す．また，解像度 0.1

表 Ⅲ.5.7 X線露光方式の比較

	近接露光方式	縮小投影露光方式
目標解像度	<0.1 μm	<0.1 μm
波長域	0.5～1.5 nm	7～13 nm
光源	シンクロトロン放射光	シンクロトロン放射光
マスク	透過形	反射形
課題	・マスクの構成と製作 ・パターンのボケ 　（フレネル回折， 　　二次電子飛程）	・光学系の構成と製作 ・アライメント［難］

μm を達成する露光システムの構成例を図Ⅲ.5.20に示す[100]．ここでは，光量の点からX線源としてシンクロトロン放射光を想定している．SRからのX線はコンデンサーミラーで反射形X線マスク上の円弧上の領域に集光される．円弧上に照明されたマスク上のパターンはX線光学系によりウェーハ上に縮小投影される．そして，マスクとウェーハは，それぞれステージにより異なる速度で周期走査され広い露光面積を得ることができる．

このように，平行性がよく大出力密度が得られるシンクロトロン放射光（SR；synchro-

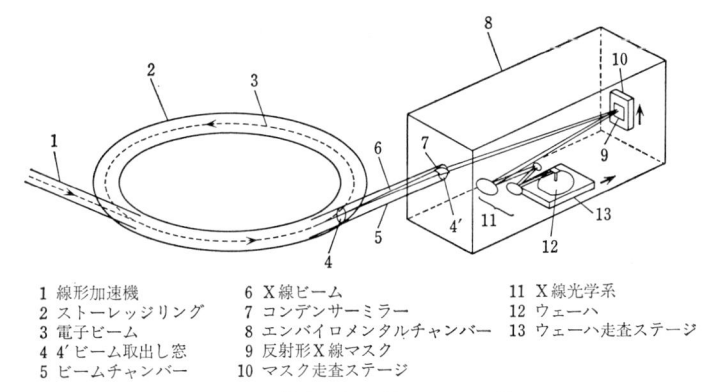

1 線形加速機	6 X線ビーム	11 X線光学系
2 ストーレッジリング	7 コンデンサーミラー	12 ウェーハ
3 電子ビーム	8 エンバイロメンタルチャンバー	13 ウェーハ走査ステージ
4 4' ビーム取出し窓	9 反射形X線マスク	
5 ビームチャンバー	10 マスク走査ステージ	

図 III.5.20 X線縮小投影露光システムの構成図

tron radiation light) を線源としたリソグラフィーが研究されており[101〜103]，SR光は電子が光速に近い速度で曲線軌道を描くとき相対論的効果により軌道の各点で接線方向の前方に電磁波を出す．この放射光はシンクロトロンで見出されたのでSR光とよばれている．これにより，発生するX線は発生効率が高く1点に集中しているのでリソグラフィーに適しているが，大規模で高価なため高スループットをめざして小形SR装置の開発が盛んである[104]．

また，X線強度をあげるための方法として，小形で安価なシステムを生かした大パワーのパルスガラスレーザーをAlやFeなどの金属ターゲットにあて高温プラズマ状態を形成し，1〜3 keVの軟X線を放射させるレーザー励起プラズマX線源がある[105,106]．図III.5.21に示すようにパルス列波形(16パルス，パルス幅100 ps，パルス間隔300 ps)のテーブルトップサイズの高繰返し可能な小形YAGレーザー(10 Hz)を用いた膜厚 0.5 μm のPMMAを露光した実験も最近試みられ[107]，このようなプラズマX線源は点光源に近い線源が得られるので，次の世代のパターン転写の重要技術として期待されている．

5.3.5 イオンビームリソグラフィー[108]

イオンビームを照射することにより，PMMAなどの有機レジスト膜に主鎖切断反応や重合反応を引き起こし，パターン形成が可能となる．イオンビームリソグラフィー法としては，シャワーイオンビームによる近接露光や縮小投影露光法および集束イオンビームによる直接描画法などの方法でも電子ビームに比べて散乱がきわめて小さく 0.02 μm 以下の微細パターンの形成が可能である．任意パターン描画が可能で回折近接効果がないので，露光感度が高いパターン断面形状の制御性に優れている[109,110]．

シャワーイオンビームリソグラフィーは，使用するマスクの構造に熱的寸法の安定性や機械的強度，イオン衝撃に対する耐性など解決すべき問題があり，透過形，薄膜形，密着形など種々のマスクが検討されている[111]．Auマスクパターンを用いてPMMAを 50 keV Hイオンで露光して基板に垂直な断面とマスクと同一の微小な構造をそのまま分解能20

nm以下で転写した例などもある[112]．また，イオンビームを集束し，基板上に直接イオン注入，エッチング，薄膜堆積をし，光回路素子を全ドライ工程で作成することも可能である．厚さ$0.7\mu m$のPMMAを200 keVのBeとSiイオンで露光し，両イオン飛程の違いを利用し，T字形のレジスト断面をつくり，電極材料を蒸着し，リフトオフにより再現性よく，高精度にマッシュルーム形のゲートを作成した例もある[113]．

5.4 エッチング技術[114]

種々のリソグラフィー法によって作成したレジスト膜のパターンを保護膜として，その下の基板に転写し薄膜材料をエッチングする工程により，微細加工の精度は最終的に決められる．

エッチング技術としての要求される性能は，加工精度すなわちレジストパターンに忠実にパターンを形成することであるが，それに加えて選択性（被加工層のエッチング速度）と下地基板のエッチング速度の選択比などがある．

レジストパターン形成のエッチング法には，化学溶液中に材料を浸して溶かし込むウェットエッチングか反応性ガスプラズマやイオンを利用して被加工物を気化して取り除くドライエッチングが用いられている．ウェットエッチングによれば比較的簡単に行えるが，溝形状や深さはかなり制約される．近年，ドライエッチング法は加工精度の向上，作業の安全性と公害の防止という利点から，広く利用されるようになっている．

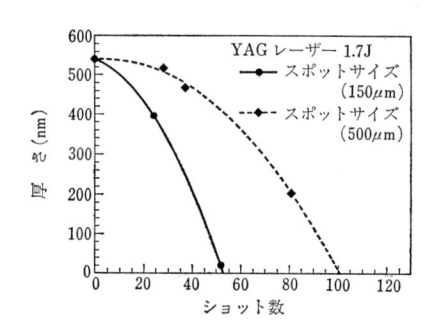

図Ⅲ.5.21　YAGレーザーのショット数とFBM-120の残膜厚の相関

さらに，実際のエッチングで重要なことは，終りの判断である．材料膜厚とエッチング速度から必要なエッチング時間を計算し，あるいは試験材料を使ってエッチング時間を求め，エッチング材料とエッチングにより露出する材料との特性の差を利用し，顕微鏡観察により終点を判断する．ドライエッチングによる微細加工では，再現性ある検出法として，表Ⅲ.5.8に示した方法が使用されている．

5.4.1 ウェットエッチング[115]

ウェットエッチングは，純粋に化学的反応によるので，その特徴は等方的エッチングになる．図Ⅲ.5.22(a)のエッチング速度は，絶対温度をTとすると$e^{-E/KT}$となり，温度に対して指数関数的に増大するので再現性を重視し，正確なエッチングを行うには液温分布を一定にするための温度制御装置や撹拌器を用いることも必要である[147]．光導波路用などの微細パターンのプロセスでは，導体金属としてAl蒸着膜，Ta，Ni，Pt，およびAuなどの各種金属の単独膜や重ね膜を利用する．これら金属膜などのエッチング液を表

表 Ⅲ.5.8 エッチング終了の検出法

名　称	方　法	特　徴
発光分光法	プラズマの発光分光分析	エッチング物質の露出面積が大であること.
原子吸光法	光を試料室にあて,特定波長の減衰率を分析	発光分光法と同じ欠点をもつが,プラズマ発光しない原子も検知できる.
レーザー光干渉法	干渉光強度変化を分析	多層膜およびパターンニングされた試料には,モニター試料で検出.
質量分析法	質量分析により特定ガスの流量の変化を分析	質量分析装置のエッチングガス耐性に問題.

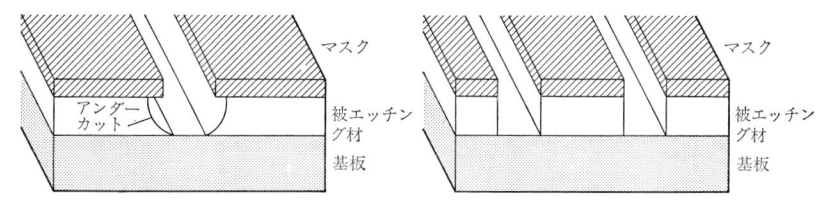

(a) 等方性エッチング　　　　(b) 異方性エッチング

図 Ⅲ.5.22 エッチング後の断面形状

表 Ⅲ.5.9 ケミカルエッチング液

材料	エッチング液	エッチング速度など
Si	フッ酸:硝酸:酢酸 水酸化ナトリウム水溶液 (10〜30%)	1:3:5 で約 0.3 μm/min Si_3N_4 は不溶 SiO_2 は不溶
Cr	① 赤血塩 (30 g) 　NaOH (5 g)　水 (100 cc) ② 硝酸第二セシウム (17 g) 　過塩素酸 (5 cc) 　水 (100 cc)	
Al	温リン酸 フッ酸+硫酸+水 (1〜5%) (5%)	50°C レジスト不溶
Au	ヨード:ヨウ化アンモニウム:水:アルコール (1.2 g)　　(3.0 g)　　(40 cc) (60 cc)	
Cu	塩化第二鉄水溶液	
SiO_2	フッ酸:フッ化アンモニウム (1:6)	0.1 μm/min レジスト不溶
Si_3N_4	熱リン酸	200°C で約 20 nm/min SiO_2 不溶

Ⅲ.5.9に示すが，レジストや基板などとの選択性を考慮して選ぶ必要がある[116].

また，ホログラフィー法や電子ビーム描画で光リソグラフィー用マスクを作成する場合に，遮光材として Cr を用いることが多い．表Ⅲ.5.9にアルカリ性，酸性の Cr のエッチング液の組成を示したが，酸性エッチ液では硫酸や酢酸を過塩素酸の代わりに使用できる．

ケミカルエッチングはその特性であるアンダーカットのため線幅が狭くなる傾向にあり，サブミクロン以下の信頼度の高い加工には不向きである．これを避けるためには，ドライエッチングやリフトオフ法の適用の検討を進めたい．リフトオフ法は，図Ⅲ.5.23に示してあるように，通常のウェットエッチングと異なり，基板に塗布したレジストにパターンニングを行い，次に基板全面に真空蒸着やスパッタリングにより薄膜を堆積し，有機溶媒に浸してレジストを溶解除去する方法である．特別な装置を用いず，サブミクロン領域の微細な転写も可能なので，しばしば用いられている．

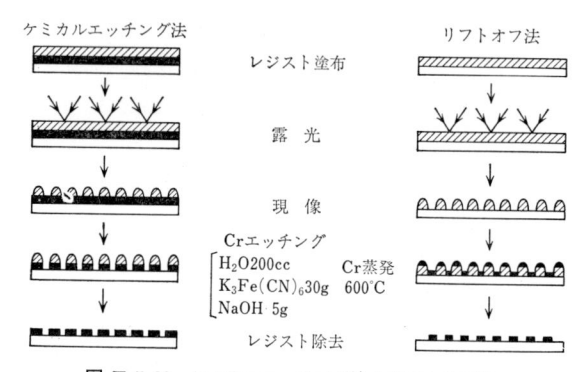

図 Ⅲ.5.23 ケミカルエッチング法とリフトオフ法

ウェットエッチングは，結晶軸方向で異方性エッチングを行える薬品もある．たとえば，Si の結晶を 80°C の水酸化カリウムの液でエッチングすると，(100) 面と (110) 面は数分で $2\sim3\,\mu m$ をエッチングできるが，(111) 面はわずかしかエッチングされない．この異方性エッチングを利用すると図Ⅲ.5.22 (b) のような垂直溝の形成が可能となる[117,118]．この特性をX線露光用マスクに適用し微細加工した例もある．

5.4.2 ドライエッチング[119]

サブミクロン素子の作成に伴い，ウェットエッチングのアンダーカットによる寸法精度の低下の軽減や廃液処理の問題を避けるために，溶液を使用しないエッチング法として表Ⅲ.5.10に示すような各種のドライエッチング法がある．ドライエッチングの機構は，イオン衝撃によって被加工物表面の原子がはぎとられるスパッタリング現象を利用する物理的な機構によるものと $1\sim100\,Pa$ の減圧気体に高電圧をかけて発生させたプラズマ中のイオンや電子，それによって励起された遊離原子（ラジカル）による化学反応で表面をエッチングする化学的な機構によるものとがある．図Ⅲ.5.24にこれらのエッチング装置の例を示す．

表 Ⅲ.5.10 ドライエッチングの種類

分類	形式		エッチング機構	エッチング特性		動作圧（Pa）
				方向性	選択性	
プラズマエッチング	バレル		化学反応	等方性	大	$10 \sim 10^2$
	放電分離					
リアクティブイオンエッチング	平行平板		化学反応一部スパッター	垂直	大	$10^{-1} \sim 10$
イオンビームエッチング	Ar^+ビーム	ビーム	スパッター	垂直	小	$10^{-3} \sim 10^{-1}$
		シャワー				
	反応性イオンビーム	ビーム	化学反応一部スパッター	垂直	大	$10^{-3} \sim 10^{-1}$
		シャワー				

（1） プラズマエッチング プラズマエッチングは CF_4 などの反応性ガスの減圧雰囲気中で電極間に 100 kHz から 13 MHz の高周波電力を与え，グロー放電を起こし 1～100 Pa の圧力に下げて化合物を分解し，活性な F や Cl の遊離電子を発生させその反応を利用する方法である．プラズマ発生中に試料がある場合と，外に試料がある放電分離形の場合とがあるが，後者は材料温度の上昇が小さいので，マスク材となるレジストのもちが良好である．

たとえば，CF_4 を用いてプラズマをつくると，プラズマ中に置かれた物質，4フッ化炭素（Si, SiO_2, Si_3N_4）と反応し，生成された O_2, N_2 などのガスは揮発性のため除かれエッチングされる．イオン入射エネルギーが小さく圧力が高いので，エッチングは中性ラジカルによって行われ，被加工材料面上の多方向から入射するため，等方的エッチングが行われ，試料下部もエッチングされる．そのため，プラズマエッチングは，ウェットエッチングと同様にアンダーカットを生じ，ライン幅が 2～3 μm 以上のパターンの形成に有効であるが，微細加工には次に示す反応性イオンエッチングが用いられている．

プラズマエッチングの速度はガスの組成，圧力，ガス流量，基板温度，放電電力や材料の間隔に依存し，また反応室の直径にも依存するので，装置により反応条件を変える必要がある．したがって，実用上の加工特性の良否を左右するのは装置条件であり反応ガスの種類である．

さらに，反応に関係する物理量とエッチング反応との関係や反応機構の詳細については参考文献[114,119,120]を参照してほしい．

（2） 反応性イオンエッチング（RIE; reactive ion etching）[121]　反応性イオンエッチングは，プラズマエッチングを図Ⅲ.5.24に示すような平行平板電極の装置で行ったもので，ラジカルによる化学反応のほかにカソード暗部の電解で加速されたイオンが材料に衝突して起こるスパッタリングによってもエッチされ，物理的，化学的両機構を調節した

ものとなる．したがって，RIE では比較的大きな異方性と選択性を実現することができるので，高精度の光回路素子の加工に適している．反応ガスとしては Si 化合物のエッチングには CF_4 ガス系，金属のエッチングには CCl_4 系のガスが用いられるが，H_2, O_2 の添加や同系統の各種ガスの利用が行われ，応用面の広い技術である．エッチングが非等方的なので，斜め照射によってブレーズドグレーティングを作成することもできる[56,121]．

表 Ⅲ.5.11 RIE エッチング用ガス

被エッチ材	ガス	
Al	塩素系	CCl_4, CCl_4+He, CCl_4+Cl_2
		BCl_3
		$Si \cdot Cl_4$
Si	フッ素系	CF_4, CF_4+O_2, SF_6, $SF_6+C_2H_2$, SiF_4
	塩素系	CCl_4, $SiCl_4$
	他	$CClF_3$, CCl_2F_2, C_2ClF_3, $C_2Cl_2F_4$
SiO_2	フッ素系	CF_4, CF_4+H_2, CHF_3, C_3F_8
Si_3N_4	フッ素系	CF_4, CF_4+O_2, CF_4+H_2
GaAs	フッ素系	CF_4, CCl_2F_2
Mo, W	フッ素系	CF_4, SF_6,
	塩素系	CCl_4, CCl_4+O_2
Cr, CrO_x	塩素系	CCl_4, CCl_4+空気

（3）**イオンビームエッチング**[110]　イオンビームエッチングには，Ar などの不活性ガスを用いる不活性イオンビームエッチングと CF_4 などの反応性ガスを用いる反応性イオンビーム法がある．イオンビームエッチングは，図Ⅲ.5.24 (c) のように熱陰極から放出される電子とガス分子との衝突によって得られたイオンを，百数 keV のエネルギーに加速して試料に照射し，物理的衝撃によりエッチングする方法である．イオンとしては試料中に打ち込まれても不活性であるなどの希ガスがよく用いられる．照射されるイオンビームが大面積にわたって均一な強度をもつように装置がつくられている．

このようなイオンエッチング法を用いたパターン形状の一例を図Ⅲ.5.25 に示す．これは，基板を 45°傾斜させ斜めイオン入射により石英基板を加工したもので，イオン入射方向に投影的にパターンが形成されているのがわかる[123]．エッチングをするときにマスク材料もエッチングされるので転写精度の向上には，エッチング速度の小さいマスク材を用いる必要がある．イオンビームエッチングの特徴は，エッチング速度がイオンの入射角に比例するので，試料を傾けると，イオンを斜めから照射し，種々のブレーズ角をもつグレーティングをつくることができることである．このようなブレーズドグレーティングは，最適の角度や深さを精度よく制御できるので，高い結合効率をもつグレーティングカップラーや分散素子なども作成されている[122]．

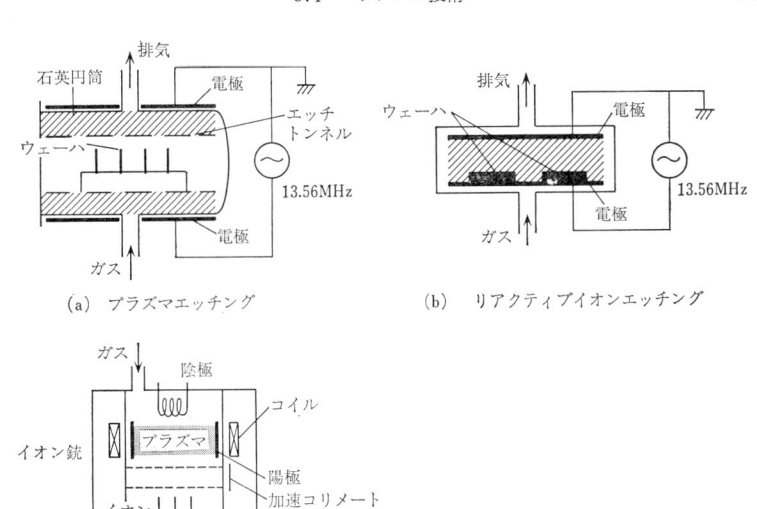

5.4 エッチング技術

(a) プラズマエッチング

(b) リアクティブイオンエッチング

(c) イオンビームエッチング

図 III.5.24 ドライエッチング装置

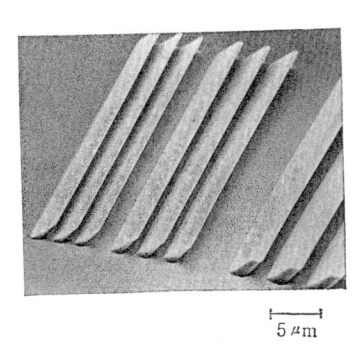

図 III.5.25 Ti マスクを使用した斜めイオン照射による加工例[123]

このほかに，集束イオンビームによりイオン注入，エッチング，薄膜堆積などを直接施して，レジスト工程を省略したマスクレスドライエッチング法やレーザービーム励起エッ

チングなども現在開発されている[124,125]. これらの加工技術を含めたリソグラフィーはますます微小光学素子の作製に寄与していくことであろう. 　　　　　　　　　　　　　　　　　　　　　　　　　　　　　　　[小舘香椎子]

参考文献

1) 神谷武志, 小舘香椎子：応用物理, **53** (1984), 714-718.
2) S. Okazaki: Advanced Lithography for VLSI, VLSI Workshop, Honolulu (1990).
3) Y. Okada, K. Kodate and T. Kamiya: Jpn. J. Appl. Phys., **27** (1988), 1440-1444.
4) M. Haruna, S. Yoshida, H. Toda and H. Nishihara: Appl. Opt., **26** (1987), 4587-4592.
5) 西原 浩：応用物理, **61** (1991), 2-3.
6) 田中喜男：サブミクロン・リソグラフィ総合技術資料集, サイエンス・フォーラム (1985), 133-143.
7) 佐野尚武：精密工学会誌, **53** (1987), 1672-1676.
8) 右高正俊：VLSIプロセス工学, オーム社 (1988), 109-115.
9) K. Kodate, H. Takenaka and T. Kamiya: Opt. Quant. Electron, **14** (1982), 85-88.
10) K. Kodate, H. Tsunekawa and T. Kamiya: Conf. Dig. 13th Congress of the International Commission for Optics (1984), 522-523.
11) K. Kodate, M. Abe, M. Kariya and T. Kamiya: Conf. Record of Optical Computing, **30** (1992), D-17.
12) 市橋幹雄, 松岡玄也：精密機械, **51** (1985), 2223-2227.
13) 日本電子顕微鏡学会関東支部編：走査電子顕微鏡―基礎と応用―, 共立出版 (1976).
14) O. E. Tory: Photolithography, Horwitz (1975).
15) W. S. Forest: Photoresist, McGraw-Hill (1975).
16) 永松元太郎, 乾 英夫：感光性高分子, 講談社 (1977).
17) 楢岡清威, 二瓶正夫：フォトエッチングと微細加工, 工学図書 (1977).
18) 垂井康夫：超LSI加工, オーム社 (1982).
19) 微小光学と微細加工, MICROOPTICS NEWS, **10** (1992), 1-82.
20) 中村洋一, 山本 兆, 小峰 孝, 浅海慎五, 横田 晃, 中根 久：日本化学会誌, **146** (1984), 321-328.
21) M. Tsuda and S. Oikawa: Jpn. J. Appl. Phys., **21** (1981), 135-140.
22) 藤本輝雄：極微細構造エレクトロニクス (1986), 374-379.
23) 小舘香椎子：光学, **12** (1983), 100-108.
24) 小舘香椎子：日本女子大学家政学部紀要, **26** (1979), 125-132.
25) 小舘香椎子：文部省科学研究費報告書 (1989).
26) K. Kodate, T. Kamiya, H. Takenaka and H. Yanai: Jpn. J. Appl. Phys., **17, suppl.** (1978), 121-126.
27) F. H. Dill, A. R. Neureuther, J. A. Tuttle and E. J. Walker: IEEE. Trans., **ED-20** (1975), 445-452.
28) 津田 穣：サブミクロン・リソグラフィ総合技術資料集, サイエンス・フォーラム (1985), 249-276.
29) 野々垣三郎：有機エレクトロニクス材料, **6** (1986).
30) 横田 晃, 山本 兆：サブミクロン・リソグラフィ総合技術資料集, サイエンス・フォーラム (1985), 277-288.
31) 藤堂安人：ニッケイマテリアル, **8** (1987), 48.
32) S. Nonogaki: Polymer J., **19** (1987), 99.
33) 大野清伍：表面科学, **6** (1985), 20-28.

34) 二村義昭：応用物理, **47** (1978), 223-228.
35) 小舘香椎子, 臼井智子：動画ホログラフィ研究会会報, **5** (1992), 16-21.
36) K. Kodate, H. Takenaka and T. Kamiya: Appl. Opt., **23** (1984), 504-507.
37) 中根 久, 金井 渡, 横田 晃, 土方 勇, 植原 晃, 笈川節子, 津田 穰：応用物理, **50** (1981), 145-146.
38) B. J. Lin and T. H. P. Chang: J. Vac. Sci. Technol., **16** (1979), 1669-1771.
39) 小川忠政, 屋代武久, 荒井英輔：応用物理, **47** (1978), 402-411.
40) 村瀬 啓：サブミクロン・リソグラフィ総合技術資料集, サイエンス・フォーラム (1985), 289-301.
41) 楢岡清威：電子通信学会論文誌, **J 68-C** (1985), 726.
42) 野々垣三郎：日経エレクトロニクス, **1**, 24 (1977), 86.
43) R. D. Heidenreich, J. P. Ballantyne and L. F. Thompson: J. Vac. Sci., **12** (1975), 1284-1288.
44) S. Imamura: Solid State Technol., **11** (1979), 126.
45) K. Way (Ed.): Atomic Data and Nuclear Data Tables, Academic Press (1982), 27.
46) K. Murase, M. Kakuchi and S. Sagawa: Proc. Int. Conf. on Microlithography, Paris (1977), 261.
47) K. Mochiji, H. Oizumi, Y. Sooda, T. Ogawa and T. Kimura: J. Vac. Sci. Technol., **B 6** (1988), 2158-2161.
48) J. E. Bjorkholm and W. M. Mansfield: O. S. A. Proceeding Soft X-ray Projection Lithography (1992), 124-128.
49) 吉川 昭：サブミクロン・リソグラフィ総合技術資料集, サイエンス・フォーラム (1985), 320-331.
50) 吉川 昭：応用物理, **50** (1981), 1118-1130.
51) H. Fritzsche: Electronic and Structural Properties of Amorphous Semiconductors, Academic Press (1973), 575-588.
52) 森 克己, 松井真二：サブミクロン・リソグラフィ総合技術資料集, サイエンス・フォーラム (1985), 302-319.
53) 鳳 紘一郎：半導体リソグラフィ技術, 産業図書 (1984).
54) 滝川忠宏：応用物理, **61** (1992), 366-367.
55) 福田 宏, 岡崎信次：光学, **19** (1991), 290-294.
56) 重松数政：Semiconductor World, **7** (1990), 140-144.
57) 難波 進：光導波エレクトロニクス, 文部省科学研究費特定研究成果編集委員会 (1981), 273-292.
58) 小舘香椎子：Micro Optics News, **4** (1986), 3-6.
59) W. Arden: Solid State Technol., **15** (1983), 143-150.
60) D. A. Markle: Solid State Technol., **6** (1974), 50-55.
61) 林 聰一郎, 久米 保, 押田良忠, 仙石正行：日立評論, **73** (1991), 15-22.
62) T. Higashiki, T. Tojo, M. Tanabe, T. Nishizaka, M. Matsumoto and Y. Sameda: Jpn. J. Appl. Phys., **29** (1990), 2568-2571.
63) 柴田幸延, 鉾谷義雄：精密機械, **51** (1985), 2190-2195.
64) 望月洋介：日経マイクロデバイス, **11** (1991), 73-78.
65) M. Toole and M. Chael: IEEE Trans., **ED-28** (1981), 1405-1409.
66) M. D. Lenvenson, N. S. Visawanthan and R. A. Simpson: IEEE Trans., **ED-29** (1982), 1828-1836.
67) Hatzakis, Hofer and Chng: J. Vac. Sci., **16** (1979), 1631-1634.
68) 岡崎信次：光学, **20** (1991), 488-493.

69) 岡崎信次: 応用物理, **60** (1991), 1076-1086.
70) 平井義彦, 松岡晃次, 渡辺尚志, 戸所義博, 野村登多: 第51回応用物理学会学術講演会予稿集 (1990), 491.
71) B. J. Lin: J. Vac. Sci. Technol., **12** (1975), 1317.
72) 中瀬 真: 光学, **20** (1991), 481-493.
73) V. Pol, J. H. Bennewitz, G. C. Escher, M. Feldman, V. A. Firtion, T. E. Jewell, B. E. Wilcomb and J. T. Clemens: Proceedings of SPIE's (1986), 6-16.
74) 村木真人, 小杉雅夫: 電子材料別冊 (1991).
75) 鈴木章義: 新技術コミュニケーション, **11** (1991), 74-81.
76) K. Kodate, T. Tamura, Y. Okabe and T. Kamiya: Jpn. J. Appl. Phys., **23** (1984), 382-383.
77) K. Kodate, T. Kamiya, H. Takenaka and H. Yanai: Jpn. J. Appl. Phys., **Suppl. 14-1** (1975), 475-480.
78) 多田邦雄, 青木昌治: 光導波エレクトロニクス, 文部省科学研究費特定研究成果編集委員会 (1981), 293-304.
79) 豊田浩一: オプトエレクトロニクス—材料と加工技術—, 朝倉書店 (1986), 200-226.
80) W. T. Tsang and S. Wang: Appl. Phys. Lett., **24** (1974), 196.
81) 馮小平, 小舘香椎子, 神谷武志: レーザ研究, **16** (1988), 836-846.
82) 鈴木 明, 多田邦雄: 信学会半導体・トランジスタ研究会資料, SSD (1980), 80-83.
83) 小舘香椎子, 藤田真弓, 中嶋 薫: 日本女子大学家政学部紀要, **39** (1992), 139-146.
84) 青柳克信: サブミクロン・リソグラフィ総合技術資料集, サイエンス・フォーラム (1985), 497-510.
85) 松本有史, 田中喜男, 中田秀文, 志水隆一, 佐本典彦: サブミクロン・リソグラフィ総合技術資料集, サイエンス・フォーラム (1985), 107-168.
86) 西原 浩, 楢原敏明: オプトエレクトロニクス—材料と加工技術—, 朝倉書店 (1986), 227-249.
87) F. J. Hohn: Jpn. J. Appl. Phys., **30** (1991), 3088-3092.
88) 右高正俊: 半導体リソグラフィ技術, 産業図書 (1984), 129-155.
89) 垂井康雄: 超 LSI 技術, 丸善 (1900), 11-111.
90) 鳳 紘一郎, 垂井康雄: 応用物理, **49** (1980), 70.
91) K. Kodate, M. Takenaka and T. Kamiya: The 4th Topical Meeting on Gradient Index Optical Imaging System, Kobe (1983), 188-191.
92) 藤田輝雄, 西原 浩, 小山次郎: 電子通信学会論文誌, **J 66-C** (1983), 85-91.
93) G. Hatakoshi, M. Yoshimi and K. Goto: Technical Digest, Fourth International Conference on Integrated Optical Fiber Communication, Paper 29 A 2, IECE, Tokyo (1983).
94) 鳳 紘一郎: 半導体リソグラフィ技術, 産業図書 (1984), 179-197.
95) 吉原秀雄: 精密機械, **51** (1985), 34-38.
96) 服部秀三: 光学, **13** (1984), 225-227.
97) B. Lochel and J. Chlebek: Jpn. J. Appl. Phys., **29** (1990), 2600-2604.
98) B. J. Lin: J. Vac. Sci. Technol., **B 8** (1990), 1539-1546.
99) K. Hoh and H. Tanino: Bull. Electrotech. Lab., **49** (1985), 983-990.
100) 児玉賢一: 光学, **20** (1991), 482-487.
101) 阿刀田伸史: 放射光, **2** (1989), 3-17.
102) 日本物理学会: シンクロトロン放射, 培風館 (1986).
103) 鳳 紘一郎: 光学, **20** (1991), 466-474.
104) 冨増多喜夫: 放射光, **2** (1989), 19-34.
105) 富江敏尚: レーザー研究, **19** (1991), 1048-1056.

106) 広瀬秀男, 原 民夫, 安藤剛三, 根岸文子, 屋代英彦, 青柳克信: レーザー科学研究, **13** (1991), 102-104.
107) 日高由美子, 中野睦子, 原 民夫, 小舘香椎子, 岩井荘八, 安藤剛三, 根岸文子, 三原 勝, 青柳克信: 理化学研究所シンポジウム (1992).
108) 難波 進: サブミクロン・リソグラフィ総合技術資料集, サイエンス・フォーラム (1985), 457-466.
109) M. Komuro, N. Atoda and H. Kawakatsu: J. Electrochem. Soc., **126** (1979), 483.
110) K. Moriwaki, H. Aritome and S. Nanba: Jpn. J. Appl. Phys., **20, Suppl. 20-1** (1981), 69-72.
111) 古室昌徳: オプトエレクトロニクス―材料と加工技術―, 朝倉書店 (1986), 272-296.
112) H. Morimoto, H. Onoda and T. Kato: Proc. 29th. Int. Symp. Electron Ion and Photon Beam (1985).
113) K. Moriwaki, H. Aritome and S. Nanba: Pro. Microcircuit Engineering '79 Inst. of Semicond. Electron and German Sect. of IEEE (1979).
114) 川本佳史, 塚田 勉, 松尾誠太郎: サブミクロン・リソグラフィ総合技術資料集, サイエンス・フォーラム (1985), 335-380.
115) 古川静二郎, 浅野種正: 超微細加工入門, オーム社 (1989).
116) W. Kern: RCA Review, **29** (1978), 278-283.
117) L. Comerford and P. Zory: Appl. Phys. Lett., **25** (1974), 208-211.
118) W. T. Tsanz and S. Wang: Jpn. J. Appl. Phys., **46** (1975), 2163-2166.
119) 菅野卓雄: 半導体プラズマプロセス技術, 産業図書 (1980).
120) 明石和夫, 服部秀三: 光プラズマプロセシング, 日刊工業新聞社 (1987).
121) 塚田 勉: サブミクロン・リソグラフィ総合技術資料集, サイエンス・フォーラム (1985), 349-369.
122) S. Matsusi, T. Yamoto, H. Aritome and S. Namba: Jpn. J. Appl. Phys., **19** (1980), 2463.
123) S. Matsuo and Y. Adachi: Jpn. J. Appl. Phys., **21** (1982), L4.
124) 蒲生健次: ULSIプロセスの基礎技術, 丸善 (1991), 171-202.
125) 岡野晴雄, 堀池靖浩: サブミクロン・リソグラフィ総合技術資料集, サイエンス・フォーラム (1985), 381-400.

6. 誘電体結晶材料

6.1 誘電体結晶材料と微小光学

　微小光学は，機能材料としての誘電体をぬきにしては語れない．誘電体結晶材料は，光源用結晶材料（Nd：YAG ほか），変調/偏向用結晶材料（SiO_2，LN ほか），波長変換用結晶材料（LN，KTP ほか）などとして広い分野で利用されている．これらを分類すると図Ⅲ.6.1のようになるが，LN($LiNbO_3$)系材料のポテンシャルの高さに改めて驚かされる．しかしながら，その電気光学効果，非線形光学効果がもう1桁大きかったならば，はるかに応用範囲は広がっていたことであろう．

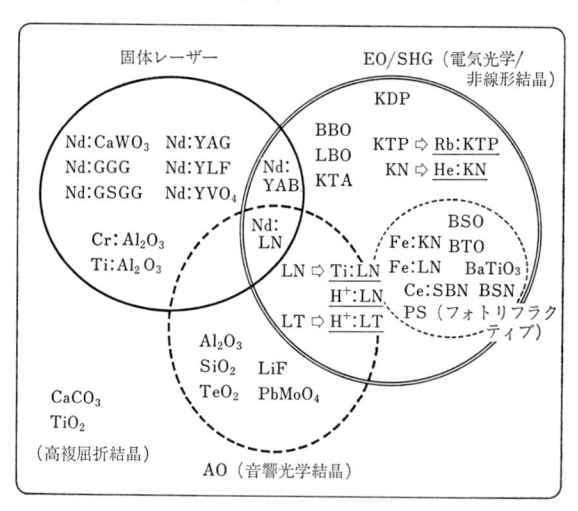

図 Ⅲ.6.1　微小光学用誘電体結晶材料の分類

6.2 誘電体結晶の育成/加工/評価

誘電体結晶の代表的育成方法としてはチョクラルスキー（CZ）法，ベルヌーイ法，フラックス法，浮遊帯域溶融（FZ）法，などがある[1,2]．また，育成された結晶から特定方位のバルクあるいはウェーハを切り出して使用目的に応じた研磨が必須となる．デバイスの作成以前に必要なこととして，その結晶が使用に耐えられる品質か否かを各種測定技術により評価することがあげられる．これらについては本項では割愛するが，詳細例は参考文献1などを参照されたい．もちろん，評価手段の一部に微小光学的手法が用いられていることはいうまでもない．

6.2.1 チョクラルスキー（CZ）法

融液に種結晶を接合した後，結晶を回転しながら引き上げる方法であり，回転引き上げ法ともいわれる（図Ⅲ.6.2）．高周波磁場によるつぼに誘導電流を流して加熱する高周波加熱が主流であるが，構造が簡単であるため抵抗加熱も用いられる．CZ法はSi, GaAs等の半導体では高品質の結晶が得られており，比較的確立された方法である．LN, LT, YAG等この方法が適用できる誘電体結晶は多い．

6.2.2 ベルヌーイ法（火炎溶融法）

原材料として微粉末を用い，それを酸水素炎のバーナー中に落下させて加熱し，半溶融状態にして種子結晶の上に積もらせて成長させる．熱源としてアークや高周波プラズマを用いる場合もある．ルビー，サファイア等が育成される（図Ⅲ.6.3）．

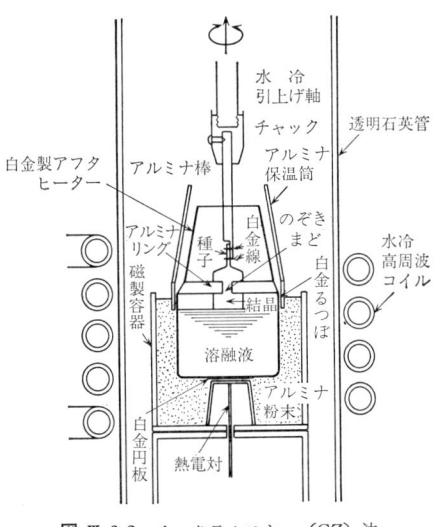

図Ⅲ.6.2　チョクラルスキー（CZ）法

6.2.3 フラックス法（融液析出法）

溶媒として適当な塩を選び材料とともにるつぼ中で加熱溶融して，飽和溶液を緩やかに冷却する，温度勾配をつけて引き上げる，などで結晶を成長させる．成長の形態により，LPE法（溶液に基板を浸して薄膜を成長させる），TSSG法（溶液の上面に種子結晶を接触させて成長させる），水熱合成法（高圧下でアルカリ性の熱水を用いて成長させる）などがある．これらの方法により，KTP, BT, KN, SiO_2など多くの結晶が育成されている．

6.2.4 浮遊帯域溶融（FZ）法

鉛直に保持された上方の原料棒と下方の種子結晶の間を加熱溶融し，溶融帯を移動する

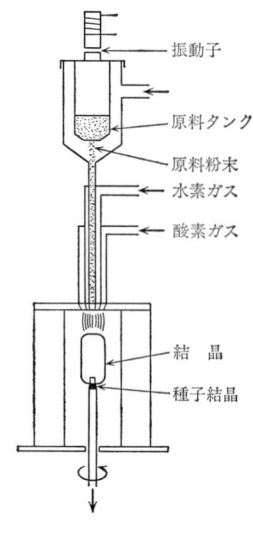

図Ⅲ.6.3 ベルヌーイ法
（火炎溶融法）

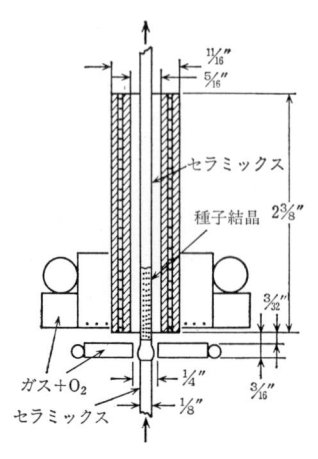

図Ⅲ.6.4 浮遊帯域溶融 (FZ) 法

ことで結晶を成長させる．るつぼを用いないことが特徴で，小型結晶の育成に向く(図Ⅲ.6.4)．研究レベルではよく利用されている．

6.3 LN系結晶と導波路の形成

微小光学の観点からみて，導波路による素子の集積化，一体化は有力な手段の一つである．導波路材料として LN 系結晶はその歴史も古く，よく研究されている．最近の動向

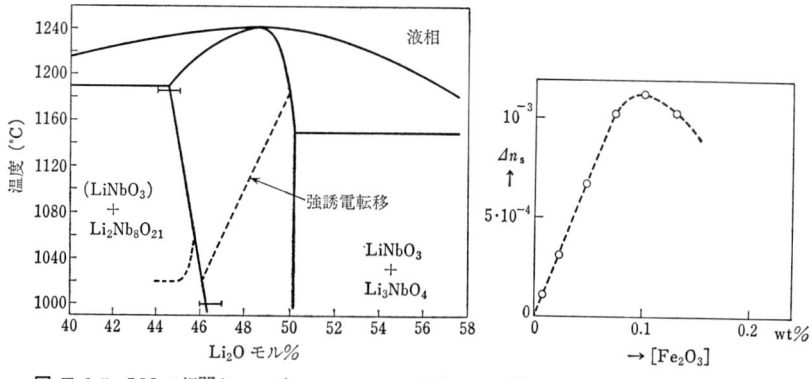

図Ⅲ.6.5 LN の相関とコングルエントメルト組成

図Ⅲ.6.6 Fe による LN の光損傷

6.3 LN 系結晶と導波路の形成

も含めて，導波路形成の観点から LN 系結晶について述べる．

6.3.1 結晶組成と物性

LN 結晶は，Li/Nb=48.6/51.4 をコングルエント（調和溶融）組成[3] とし，多くの LN 結晶は，この組成でチョクラルスキー法により育成される（図 Ⅲ.6.5）．コングルエント組成の方がストイキオメトリー（化学量論的）組成よりも光損傷が起きにくいとされている．光損傷は光の照射された領域で屈折率が変化する現象であるが，これをむしろ前向きに利用しようとする場合は，光屈折（フォトリフラクティブ）効果とよぶ．

結晶内の不純物により光損傷などの光学的特性が影響を受けるため，不純物の制御は不可欠である．特に Fe は緑-青色領域に吸収中心をつくり光損傷の原因になる（図 Ⅲ.6.6）．逆に，$Mg^{5)}$, $Zn^{6)}$, $Sc^{7)}$ などをドープすることにより，光損傷を抵減できる（図 Ⅲ.6.7）．

このほかにも，レーザー発振や光増幅の目的で $Nd^{8)}$, $Er^{9)}$ をドープする試みがなされている（表 Ⅲ.6.1）．

結晶の品質には表面弾性波素子用の SAW グレード，光学材料用のオプティカルグレード，オプティカルグレードの中の低吸収 LN 等があるが，これらの厳密な定義はなく，結晶メーカーまかせになっていたのがこれまでの実情であった．これに対して，（財）光産業技術振興協会のなかに LN 結晶研究会が発足し，光学用 LN 結晶の暫定仕様として表 Ⅲ.6.2 に示す諸特性がデバイス応用の観点から提言されている[10~12]．なお，同系に LT(LiTaO₃) 結晶があり[13]，光損傷については LN より生じにくいとされてきたが，LN の結晶成長技術の進歩により品質向上が進んだことから，現時点（1994 年）での優劣は明確ではない．

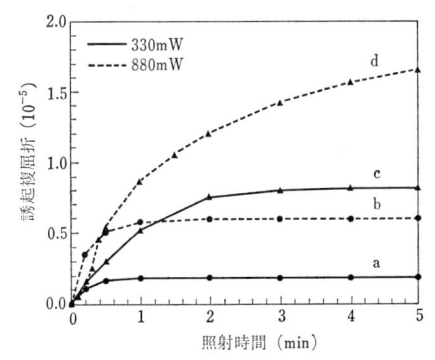

図 Ⅲ.6.7 ドーブによる LN 光損傷の低減
（Ar 照射：488 nm）
● : 1 mol Sc_2O_3，▲ : アンドープ光学グレード LN

表 Ⅲ.6.1 LN 結晶内のドーパントとその効果

ドーパント	効　果
$Fe^{4)}$	光屈折効果の増大
$Mg^{5)}$, $Zn^{6)}$, $Sc^{7)}$	光損傷の低減
$Nd^{8)}$	レーザー発振（1.06 μm 帯）
$Er^{9)}$	光増幅（1.5 μm 帯）

6.3.2 導波路作製

LN においては Ti 拡散[14,15]，H^+ 交換[16]，LT においては H^+ 交換が主な方法である．いずれもイオンの拡散した領域が屈折率が上昇して導波路となるものである．これに対して MgO 拡散は屈折率を下げる効果があり，Ti との二重拡散により屈折率分布を制御する目的に併用されることがある[17]．Li_2O 外拡散，Cu 拡散等も報告されているが，例は少ない．

表 Ⅲ.6.2　光学用 LN 結晶の仕様（案）

1. 結晶組成：congruent melt 組成
2. Li 濃度変動率：＜0.01 mol％
    → 屈折率変動量：$\Delta n \leq 2 \times 10^{-4}$
    → 音速変化量：＜1.44 m/s
    → SHG 位相整合温度幅：$T_c = 0.6 \sim 0.8 ℃$
    → Ti 拡散の均一性：結合長 L_c のばらつき＜2％
3. 不純物，欠陥密度：少ないこと，特に脈理
    X 線透過トポグラフ………目視で欠陥なし（有効）
    X 線ロッキングカーブ……半値全幅 6 秒程度以下（結晶性，研磨などを反映）
4. 結晶中の酸素濃度………（仮説）過剰でも欠乏しても DC ドリフトあり
    Li/Nb 比 → O の値に最適値あり
    → 酸素濃度を最適値に制御することが必要

Ti 拡散は LN の -C 面に Ti を製膜後，1000℃ 付近で熱拡散するものである．得られる屈折率変化は 10^{-3} 程度であるが後述する H^+ 交換と比較して，電気光学定数/非線形光学定数の低下がない等の点で有利である．Ti 拡散の場合は拡散時の雰囲気の制御が重要なパラメーターであり，特に雰囲気中の水蒸気量が結晶性に影響を及ぼすといわれている[18]．

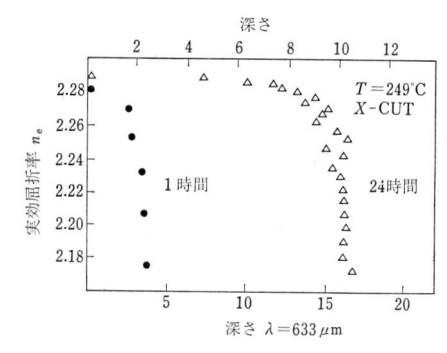

図 Ⅲ.6.8　プロトン交換による屈折率変化

H^+ 交換は，200～250℃ の安息香酸またはピロ燐酸中で，LN(LT) 中の Li^+ と H^+ を交換することで行われる．所望の領域に耐酸性マスクを製膜しておけば，チャネル導波路が作製できる．Ti 拡散と比べて屈折率変化が大きいこと（図 Ⅲ.6.8 の LN で 0.12；LT では 0.02），光損傷に強いこと，比較的低温で処理できることなどの点が有利である．H^+ 交換により非線形光学定数/電気光学定数 が 低下するといわれていたが，H^+ 交換後アニールを行うことで定数が回復するとも報告されている[19]．なお，LT は LN と比較して H の拡散定数が小さい[20]．

導波路作製のアプローチとして最近見直されているのが液層エピタキシャル成長(LPE)である[21]．これは，LN または LT 基板の上に LN 薄膜を成長させるものであるが，ドーパント等結晶品質の制御が可能であるため，今後が期待される．

6.4　LN 系結晶における分極反転

半導体レーザーと光第 2 高調波発生（SHG）素子を組み合わせることで，青色のコヒ

ーレント光源を得ようとする方向がある．このSHGの分野において，周期的に結晶の自発分極を反転する疑似位相整合（QPM）[22]が注目されている．これは，結晶内各点から発生する第2高調波の位相をブロックごとにあわせ込む方法[23]で，波長分散から角度整合の不可能な材料が利用できる（LT等），非線形光学定数の最大成分が利用できる等で有利である．また，QPMを導波路と組み合わせることで飛躍的に変換効率を上昇できる[24]（図Ⅲ.6.9）．この分野における主な分極反転の方法はTi拡散，H$^+$交換と熱処理，電子ビーム照射，電界印加などである．

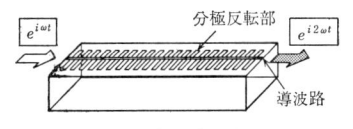

図Ⅲ.6.9 分極反転を利用した導波路形疑似位相整合(QPM)SHG素子

6.4.1 イオン拡散，交換

Ti拡散は，Tiを+C面の所望の領域に蒸着した後1000°C付近で熱処理する方法で，Tiの拡散した表面部分が分極反転する．Ti拡散は導波路作成に用いられていた方法であるが「分極が反転して電気光学効果の効率が低下する」とむしろマイナスの要因として指摘された[25]．最初のQPMの報告はこのTi拡散[26,27]とLi$_2$O外拡散によってなされた．

プロトン交換・熱処理はLTにおいて主な方法であった．これは，LTをピロリン酸中250°C付近で処理した後，キュリー点（約610°C）直下で熱処理するものである[29]．酸中のプロトンがLT中に拡散しLiが抜け出して分極反転する．Taなどの耐酸性金属を蒸着しておけば周期構造を作製できる[30,31]．

上記イオン拡散では微細な周期で深い分極反転を作製することが困難であるため，電子ビーム照射，電界印加などにより深い分極反転をめざす方向が主流になってきている．

6.4.2 電子ビーム照射，電界印加（図Ⅲ.6.10）

電子ビーム照射では，基板の裏面に達する深く細い分極反転が形成可能である[32~34]．導波路はもとより，バルク結晶についてもSHGが報告されている[32]．ただし，LN，LTの電気伝導率が低いため，帯電電荷の影響により広い領域に均一に周期構造を作製することは困難とされている．

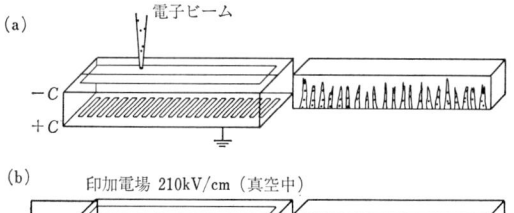

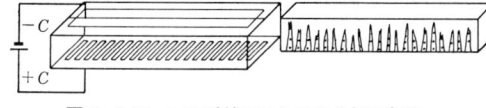

図Ⅲ.6.10 LN系結晶における分極反転法
(a) 電子ビーム照射法，(b) 電界印加法

パターン電極による電界印加では，同様に深い分極反転が可能であり[35,36]，電荷の移動を抑えるため真空中で作製される[35]．電子ビームにより電界を誘導する方法[37]もあり，今後の期待されるプロセスである．この方法を用いた電気光学偏向器/変調器なども報告されている[38]．

なお，周期的分極反転をつくることでWオーダーの緑色光を発生させたという報告もあり[39]，分極反転構造が耐光損傷性を上げているという指摘もある．

6.5 その他の微小光学用誘電体結晶

注目される誘電体結晶として，KTP と Nd: YVO₄ があげられる。

KTP は，大きな非線形光学定数をもち，角度整合による SHG の場合角度許容度，温度許容度が広い[40]（図Ⅲ.6.11）。また，Rb とイオン交換することにより導波路化，Ba とイオン交換することにより分極反転が可能である[41]。現在，水(SONY:SLD304V)

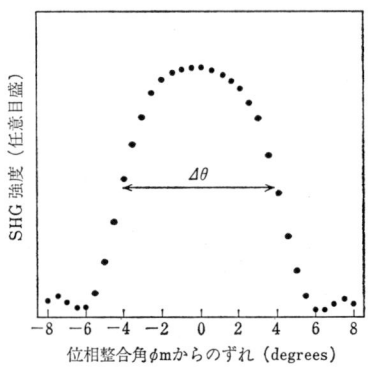

図 Ⅲ.6.11 KTP による SHG の角度整合許容幅

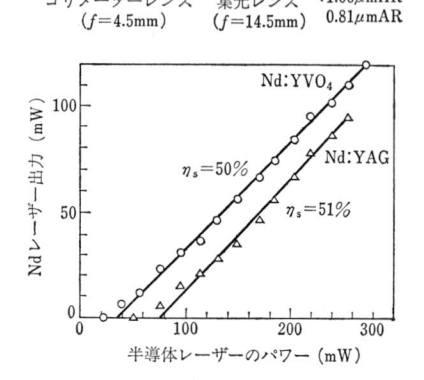

図 Ⅲ.6.12 Nd: YVO₄ と KTP の組み合せによる小形緑色レーザー

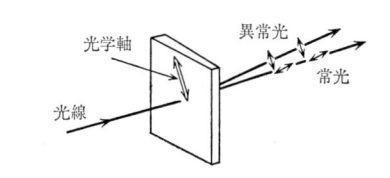

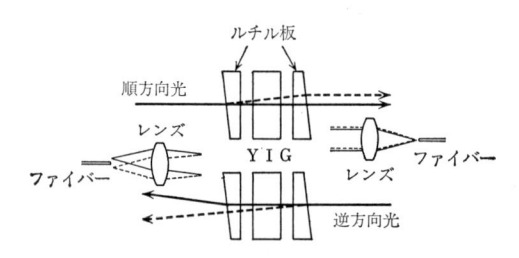

図 Ⅲ.6.13 楔形ルチル (TiO₂) 結晶を偏光子として用いた偏光無依存インラインアイソレーター

熱合成法，フラックス法などで育成されているが，育成コストが高いことと大型結晶が得られないのが難点である．

Nd: YVO₄ は，半導体レーザー励起で高効率発振が可能であること[42]（図Ⅲ.6.12）から，KTP と組み合わせる SHG グリーンレーザーの材料として注目されるようになった[43]．これは Nd: YVO₄ を半導体レーザーで励起して 1064 nm で発振させ，この第 2 高調波を KTP で発生させるものである．小型化，低ノイズ化のためにレーザー材料を薄くすることが要求され，Nd: YAG よりも励起光吸収の高い Nd: YVO₄ が広まった．Nd: YVO₄+KTP は小型の緑色レーザーとして有望な組合せである．

さて，これまで電気光学効果や非線形効果を利用する誘電体結晶材料について紹介してきたが，図Ⅲ.6.1 の分類のその他ともいうべき複屈折結晶にもふれておく．従来はカルサイト（方解石）が複屈折の大きい材料として知られ，かつよく使われていた．しかしながら，潮解性があるなど信頼性に不安があったため，より丈夫なルチル（TiO_2）単結晶が使われ始めている．複屈折もさることながら屈折率自体も大きいため，応用面では有利な点が多い．ルチルの結晶成長には初め，ベルヌーイ法[44]が用いられていたが，不純物が混入しやすいため FZ 法が採用され，良質な単結晶が入手されるようになった[45]．ルチルの複屈折をたくみに利用した偏光依存性のない光アイソレーター[46]を図Ⅲ.6.13 に示す．さらに大型の結晶を引き上げるべく Edge-defined Feilm-fed Growth（EFG）法と呼ばれる方法も開発されている[47]．高複屈折結晶としては YVO₄ も知られている[48]．最後に光部品として最も基本となる波長板が水晶からつくられていることを改めて記しておく．

[中島啓幾]

参考文献

1) 結晶工学ハンドブック編集委員会編: 結晶工学ハンドブック，共立出版 (1971).
2) 米澤，太田: 電子材料 (1992), 47.
3) J. R. Carruthers, G. E. Peterson and M. Grasson: J. Appl. Phys., **42** (1971), 1846.
4) P. Gunter: Physics Reports, **93** (1982), 199 [North-Holland and Publishing Co.,]
5) T. R. Volk, V. I. Pryalkin and N. M. Rubinina: Opt. Lett., **15** (1990), 996.
6) D. A. Bryan, R. Gerson and H. E. Tomaschke: Appl. Phys. Lett., **44** (1984), 847.
7) J. K. Yamamoto, K. Kitamura, N. Iyi, S. Kimura, Y. Furukawa and M. Sato: Appl. Phys. Lett., **61** (1992), 2156.
8) N. F, Evlanova, A. S, Kovalev, V. A. Koptski, L. S. Kornienko, A. M. Prokhorov and L. N. Rashkovich: JETP Lett., **5** (1967), 291.
9) R. Brinkmnn, W. Sohler and H. Suche: Electron. Lett., **27** (1991), 415.
10) 福田，皆方: LN 結晶研究会調査報告（Ⅰ），（Ⅱ），光産業技術振興協会 (1991, 1992).
11) 福田: 応用物理，**63** (1994), 248.
12) 皆方: 電子情報通信学会論文誌 C, **J 77-C-1,** (1994), 194.
13) 福田，佐々木編: 日本結晶成長学会誌，**20** (1993), 250.
14) R. V. Schmidt and I. P. Kaminow: Appl. Phys. Lett., **25** (1974), 458.
15) 宮澤，野田: 応用物理，**48** (1979), 867.
16) J. L. Jackel, C. E. Rice and J. J. Veselka: Appl. Phys. Lett., **41** (1982), 607.

17) K. Komatsu, M. Kondo and Y. Ohta: Electron. Lett., **22** (1986), 881.
18) T. Nozawa, H. Miyazawa and S. Miyazawa: Jpn. J. Appl. Phys., **29** (1990), 2180.
19) M. L. Bortz, L. A. Eyres and M. M. Fejer: Appl. Phys. Lett., **62** (1993), 2012.
20) K. Tada, T. Murai, T. Nakabayashi, T. Iwasaki and T. Ishikawa: Jpn. J. Appl. Phys., **26** (1987), 50.
21) H. Tamada, A. Yamada and M. Saitoh: J. Appl. Phys., **70** (1991), 2536.
22) J. A. Armstrong, N. Bloembergen, J. Ducuing and P. S. Pershan: Phys. Rev., **127** (1962), 1918.
23) 栗村: 固体物理, **29** (1994), 75.
24) K. Yamamoto, K. Mizuuchi and Y. Kitaoka M. Kato: Appl. Phys. Lett., **62** (1993), 2599.
25) S. Miyazawa: J. Appl. Phys., **50** (1979), 599.
26) E. J. Lim, M. M. Fejer, R. L. Byer and W. J. Kozlovsky: Electron. Lett., **25**(1989), 731.
27) 張, 伊藤, 稲場: 1988年秋応用物理学会予稿, 7a-ZD-9.
28) J. Webjorn, F. Laurell and G. Arvidsson: IEEE Photon. Technol. Lett., **1** (1989), 316.
29) K. Nakamura, H. Ando and H. Shimizu: Appl. Phys. Lett., **50** (1987), 1413.
30) I. Sawaki and S. Kurimura: Conference on Lasers and Electro-Optics, (1991), CTuV
31) K. Mizuuchi, K. Yamamoto and T. Taniuchi: Appl. Phys. Lett., **58** (1991), 2732.
32) H. Ito, C. Takyu and H. Inaba: Electron. Lett., **27** (1991), 1221.
33) M. Yamada and K. Kishima: Electron. Lett., **27** (1991), 828.
34) M. Fujimura, T. Suhara and H. Nishihara: Electron. Lett., **28** (1992), 1868.
35) 佐脇, 三浦, 栗村: 1992年秋応用物理学会予稿, 18-a-X-2.
36) M. Yamada, N. Nada, M. Saitoh and K. Watanabe: Appl. Phys. Lett., **62** (1993), 435.
37) S. Kurimura, M. Miura and I. Sawaki: Conference on Lasers and Electro-Optics (1992), CPD 5.
38) 森本, 井邨, 小林: 電子情報通信学会技報, **OQE 16** (1993), 19.
    猿渡, 郭, 森本, 小林: 電子情報通信学会技報, **OQE 37** (1993), 49.
39) D. H. Jundt, G. A. Magel, M. M. Fejer and R. L. Byer: Appl. Phys. Lett., **59** (1991), 2567.
40) 岸本, 伊東: 固体物理, **25** (1990), 597.
41) F. Laurell, M. G. Roelofs, H. Hsiung, A. Sung and J. O. Bierlein: J. Appl. Phys., **71** (1992), 4664.
42) R. A. Fields, M. Birnbaum and C. L. Fincher: Appl. Phys. Lett., **51** (1987), 1885.
43) 小島, 佐々木, 中井, 桑原: レーザー研究, **18** (1990), 646.
44) N. Nakazumi, K. Suzuki and T. Yajima: J. Phys. Soc. Jpn., **17** (1962), 1806.
45) M. Higuchi, T. Hosokawa and S. Kitamura: J. Crystal Growth, **112** (1991), 354.
46) M. Shirasaki and K. Asama: Appl. Opt., **21** (1982), 4296.
47) H. Machida, K. Hoshikawa and T. Fukuda: Jpn. J. Appl. Phys., **31** (1992), L 974.
48) 桑野, 斉藤: エレクトロニク・セラミクス, **24** (1) (1993), 11.

第IV部　デバイス編

1. 発光デバイス

1.1 発光ダイオード

1.1.1 可視発光ダイオードの材料と構造

発光ダイオード（LED）は，半導体 pn 接合に順方向電流を流して得られる可視，または近赤外の発光を利用するデバイスである．1960 年代に GaAs 赤外 LED や GaP 赤色 LED などが研究され始め，発光効率の向上により実用化に耐えうる特性が得られるようになり，幅広い分野で利用され始めた．1970 年ころから可視 LED は家電機器のパイロットランプや数字文字のディスプレイ素子として，赤外 LED は受光素子と組み合わせたフォトカップラーやフォトインタラプターなどの機能素子やリモコン用素子として使用され始めた．LED の主な特徴として，① 低消費電力で動作可能，② LED チップを含めて小形化でき実装密度が高い．③ 半導体であり長寿命，などがあり，今後とも応用分野は広がるものと期待されている．

最近可視 LED の高輝度化が進むに従い，屋内用途のみならず屋外表示用途が増えつつある．この背景には GaP, GaAsP などの間接遷移形化合物半導体に代わり，GaAlAs に代表される直接遷移形半導体の実用・量産化，LED チップ構造の改良による発光効率向上，LED ランプの光学設計により用途に応じた指向角製品の開発，屋外用途に耐える耐候性の高いパッケージの開発，などが進展したことによる．特に赤色と緑色 LED が高輝度化できたことで，自動車のストップランプや道路の情報板，広告看板などの屋外機器が急速に増え，市場が拡大しつつある．

他方 GaP 緑色 LED はファクシミリの読取り用光源や複写器の消去用光源として，GaAlAs 赤色 LED は発光波長帯（660 nm）がプラスチックファイバーの低損失領域にあることから，高出力で高速応答が可能な特徴を生かして短距離光通信用光源として OA/FA 機器に使われている．以下では，LED の発光メカニズム，各種 LED 材料と構造，高輝度化，青色 LED 開発について述べる．

（1）**発光メカニズム** LED の発光波長は，結晶の組成に依存した禁制帯幅から決まる．すなわち材料固有の禁制帯幅を E_g (eV) とすると，発光波長 λ (nm) は一般に，

$$\lambda \text{ (nm)} = 1240/E_g \text{ (eV)} \tag{1.1}$$

で与えられる．

1. 発光デバイス

図Ⅳ.1.1に，LEDとして現在実用化または研究段階にある各種二元および三元混晶化合物半導体の格子定数 a (Å) と禁制帯幅 E_g (eV)，バンド間遷移による発光波長 λ_p (nm)

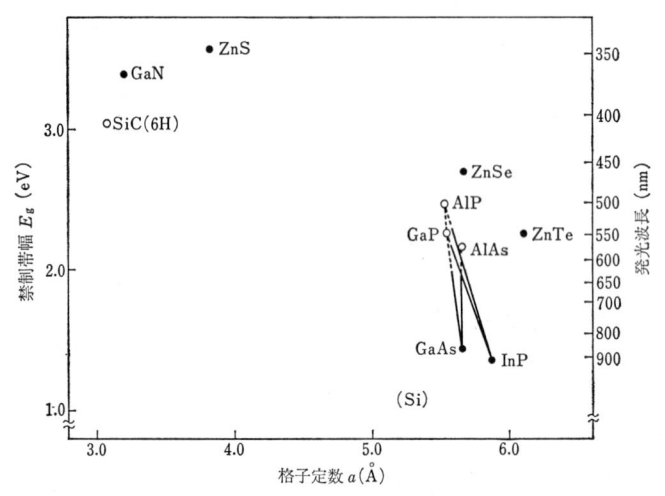

図 Ⅳ.1.1 各種化合物半導体の格子定数と禁制帯幅，発光波長の相関

の相関を示す．この中で現在実用化されているものは，GaP 赤・緑色，GaAsP 赤・橙・黄色，GaAlAs 赤色と近赤外 LED，GaAs 赤外 LED である．また最近 InGaAlP 四元混晶による橙・黄・緑色 LED の発表が相ついでいる．

ところで結晶自体の内部量子効率を向上させるには，一般に，① 良質の単結晶基板が入手できること，② 発光遷移確率が高い直接遷移形のバンド構造であること，③ 非発光センターの少ない良好な pn 接合が得られること，などが必要となる．

量産化を考えた場合，大口径で入手可能な基板は現在のところ GaAs と GaP である．これらの基板上に化合物半導体を結晶成長させる場合，基板との格子整合が問題となる．たとえば GaAs と GaP では格子不整合が3.6%あるため，GaP 基板を用いた GaAsP LED の場合 As の組成を徐々に高めた傾斜層を設けることで格子欠陥の導入を軽減させている．一方 GaAlAs では GaAs と AlAs の格子不整合は0.14%と少なく，GaAs 基板上に結晶欠陥が少ない良質の成長層が得られる．また基板の結晶品質が成長層の特性を左右するため，転位密度（EPD）低減が進められている．

図Ⅳ.1.2に GaAs に代表される直接遷移形と，GaP に代表される間接遷移形バンド構造の発光メカニズム概念図を示す．縦軸はエネルギーを，横軸は運動量空間を表している．直接遷移形の場合，伝導帯の底と価電子帯の頂上の運動量が一致しており，電子とホールの再結合確率は高い．一方間接遷移形の場合，再結合がフォノン（格子振動）を介して行われるため，再結合確率は直接遷移形よりはるかに低く不利になる．

半導体結晶の内部量子効率 η_i は，

1.1 発光ダイオード

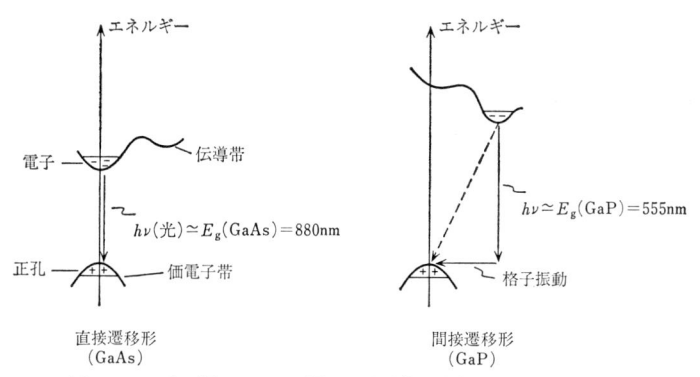

図 IV.1.2 直接遷移形と間接遷移形半導体の発光メカニズム概念図

$$\eta_i = \frac{1}{1+\tau_r/\tau_{nr}} \tag{1.2}$$

で与えられる．ここで，τ_r：発光再結合寿命，τ_{nr}：非発光再結合寿命である．

η_i を高めるには τ_r/τ_{nr} をゼロに近づけること，すなわち τ_{nr} を高くすることが重要である．非発光再結合の要因としては格子欠陥，深い準位をつくる不純物，オージェ効果に分けられる．格子欠陥は結晶中の不純物原子や格子間原子・空孔などに起因した点欠陥や，転位が代表的なものであり，基板品質，結晶成長およびデバイス化プロセスを通して高純度の結晶性が求められる．深い準位としては Cu, Fe, Au などの重金属元素があり，LED デバイス通電劣化の原因として Cu 汚染により非発光電流成分が増加した例が知られている．オージェ効果は特に高濃度に不純物を添加した場合に発生しやすく，発光の光子エネルギーをほかの電子やホール励起に与えてしまう非発光過程である．

一方，結晶外部へ取り出される光量すなわち外部量子効率は，素子構造により大きく左右される．図 IV.1.3 に示した GaAlAs ダブルヘテロ（DH）構造高輝度赤色 LED を例にして考えてみる．光が結晶外に出る場合屈折率が異なるため，臨界角すなわち

$$\theta_c = \sin^{-1}(n_2/n_1) = \sin^{-1}(1/3.4) = 17°$$

以内で垂直に入射する光のみ外部に放出される（ⓐ）．さらに臨界角内の光も一部は反射

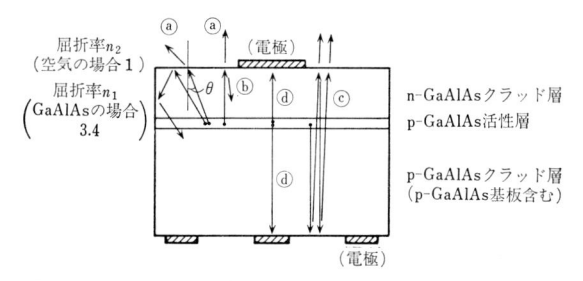

図 IV.1.3 LED の光取出し効率を支配する要因（GaAlAs DH 構造 LED）

される（ⓑ）．垂直入射の場合の反射率は

$$(n_1-n_2)^2/(n_1+n_2)^2=0.30$$

である．また GaAlAs 両クラッド層は発光波長に対し透明であるため，多重反射を繰り返して（ⓒ），外部に放出される．一方，電極は光を吸収するため（ⓓ），光取出しを高めるには面積などに工夫が必要である．

表 Ⅳ.1.1　各種可視 LED の特性比較

発光層材料	基板	遷移	構造	発光波長 (nm)	発光色	製法	発光効率 (%)	視感効率 (lm/W)
GaP:Zn,O	GaP	間接	ホモ	700	赤	LPE	3	0.6
$Ga_{0.65}Al_{0.35}As$	GaAs	直接	SH	660	赤	LPE	1.5	0.75
$Ga_{0.65}Al_{0.35}As$	GaAlAs	直接	DH	660	赤	LPE	10	5
$GaAs_{0.35}P_{0.65}$	GaP	間接	ホモ	630	赤	VPE+拡散	0.3	0.6
$In_{0.5}(Ga_{0.8}Al_{0.2})_{0.5}P$	GaAs	直接	DH	620	橙	MOCVD	1.5	4.1
$GaAs_{0.25}P_{0.75}$	GaP	間接	ホモ	610	橙	VPE+拡散	0.25	0.8
$GaAs_{0.15}P_{0.85}$	GaP	間接	ホモ	590	黄	VPE+拡散	0.2	0.9
GaP:N	GaP	間接	ホモ	565	黄緑	LPE	0.3	1.9
GaP	GaP	間接	ホモ	555	緑	LPE	0.05	0.33
SiC	SiC	間接	ホモ	470	青	LPE	0.02	0.04

（エポキシコートなし）

（2）各種 LED 材料と構造　表Ⅳ.1.1に現在実用化またはサンプルが入手可能な各種可視 LED の特性を示す．構造では，発光領域近傍の pn 接合を構成する材料が同じものをホモ接合，2種類で構成されるものを SH（シングルヘテロ）構造，活性層をバンドギャップの大きな材料で挟んだものが DH 構造である．製法の中で，LPE（液相成長）法とはたとえば GaP の場合溶媒（Ga）中に溶質（GaP）を過飽和状態で溶かしておき，降温時に基板（GaP(111)方位）上に GaP 結晶を析出させるエピタキシャル成長法である．

VPE（気相成長）法はたとえば GaAsP の場合，ハロゲン（HCl）ガスを用いてⅢ族（Ga）の塩化物（GaCl）を生成し，Ⅴ族の水素化物（AsH_3, PH_3）との反応で基板（GaP(100)）上に成長させる方法である．MOCVD（有機金属気相成長）法は，Ⅲ族の有機金属化合物とⅤ族の水素化物を加熱された基板上で反応させてエピタキシャル成長させる方法である．視感効率とは後述する視感度を考慮した外部発光効率を意味しており，外部量子効率が同じならば視感効率は純緑色（555 nm）で最も高く，青色または赤色領域で低下する特徴がある．

図Ⅳ.1.4には各種 LED の代表的な3品種についてチップ構造を示す．

(a) の GaP:N 緑色 LED は n-GaP 基板上に LPE 法により n/p-GaP 層を順次成長させて得られる．発光センターとしてアイソエレクトロニックトラップの作用を N（窒素）添加で得ることにより，間接遷移ながら 1.9 lm/W と高い視感効率を得ている．ちなみに N を添加しない純緑色 LED に対し約6倍の効率向上が得られている．さらに少数キャ

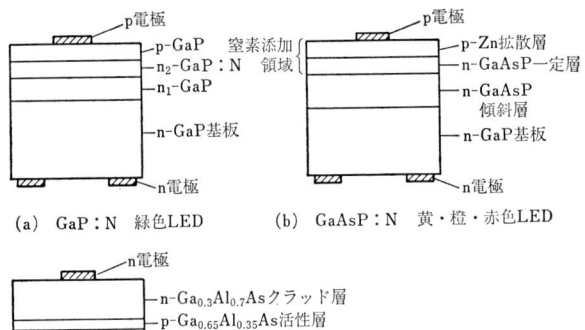

1.1 発光ダイオード

(a) GaP：N 緑色LED
- p電極
- p-GaP
- n₂-GaP：N（窒素添加領域）
- n₁-GaP
- n-GaP基板
- n電極

(b) GaAsP：N 黄・橙・赤色LED
- p電極
- p-Zn拡散層
- n-GaAsP一定層
- n-GaAsP傾斜層
- n-GaP基板
- n電極

(c) GaAlAs：DH 赤色LED
- n電極
- n-$Ga_{0.3}Al_{0.7}As$クラッド層
- p-$Ga_{0.65}Al_{0.35}As$活性層
- p-$Ga_{0.3}Al_{0.7}As$クラッド層（p-GaAlAs基板含む）

図 Ⅳ.1.4 各種 LED のチップ構造

リヤーライフタイム向上のため，発光層となる n_2-GaP 層のドナー濃度を低く制御する方法が一般的である[1]．GaP：Zn-O 赤色 LED も同様に Zn-O ペアが発光センターとなり 3％と高効率を得ている．しかし発光波長が 700nm と長波長であり視感効率は低い．

(b) の GaAsP：N 黄・橙・赤色 LED は n-GaP 基板上に VPE 法により As の組成を徐徐に増加した n-GaAsP 傾斜層，As の組成が一定の n-GaAsP 一定層（窒素を添加）を成長させた後，Zn（亜鉛）を拡散させ pn 接合を得る．GaAsP も間接遷移形ながら GaP：N 緑色 LED と同様，N 添加で高い発光効率を得ている．発光波長は As と P の組成を変えて制御する．

(c) の GaAlAs：DH 赤色 LED は p-GaAs（100）基板上に LPE 法で p/n-GaAlAs 両クラッド層と p-活性層を成長させた後，光吸収となる GaAs 基板を除去して得られる．GaAlAs は赤外（880nm）から赤色（630nm）領域の間で直接遷移形であり，Al 組成によらず格子整合がとれる特徴がある．このため良質の DH 構造が得られ，活性層に注入されたキャリヤーを効率よく発光再結合させることができ，10％前後の高効率が得られている．発光波長が 660nm と長く視感度が低いにもかかわらず，5 lm/W と現在のところ最高の視感効率が得られている．

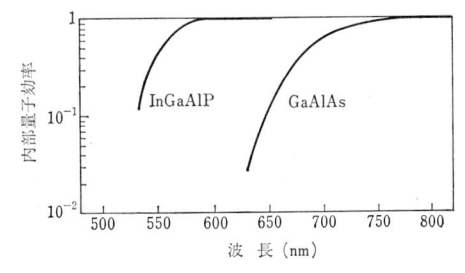

（3）高輝度化 前項(2)では各発光色で現在実用化されている

図 Ⅳ.1.5 GaAlAs と InGaAlP の内部量子効率（推定）

LEDについてみてきたが，緑・黄・橙色領域で屋外用途を考慮した場合いっそうの高輝度化が期待されていた．この期待に応えうる材料がInGaAlP四元混晶半導体である．図Ⅳ.1.5にGaAlAsとInGaAlPおのおのの，波長に対する内部量子効率の関係を示す．InGaAlPは600nm以下の短波長になると，間接遷移の影響が出てくるため効率は低下するが，緑から赤色の発光領域で直接遷移形でありGaAlAsに対し高い効率が得られるポテンシャルをもつ．

ところでInGaAlPの結晶成長はMOCVD法で行うが，従来のLPE法ではInとAlの偏析係数が著しく異なりごく微量のAlがすぐ析出してしまい組成制御が困難な問題があった．これに対しMOCVD法は非熱平衡系の結晶成長法であり，Ⅲ族の有機金属を水素ガスで反応炉内に流す方式であるため四元混晶でも容易にかつ精密な組成制御が初めて実現可能となった．

図Ⅳ.1.6に初めてカンデラ級の高輝度化が達成されたInGaAlP緑色LEDの構造を示す[2]．n-GaAs(100)基板上に，ブラッグ反射層，DH構造InGaAlP層およびp形電流拡散層を順次成長させるが，電極下の無効な発光を抑えるためDH層上に電流阻止層を設けた構造をとる．GaAs基板での光吸収を抑えた反射層や，電流阻止層の導入および(100)から15°傾斜した基板の採用により，0.7%（4.5 lm/W）とGaP:N緑色LED（0.3%）に対し2倍以上の高い効率が得られている．

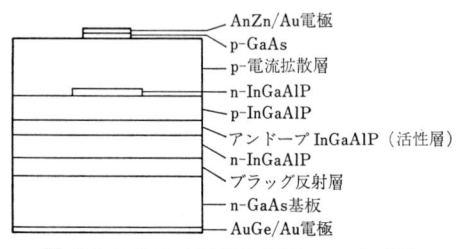

図Ⅳ.1.6 InGaAlP緑色LEDチップの構造

ところでInGaAlPの発光波長は，Inの組成を0.5，GaとAlを合わせた組成を0.5としAl組成を変えることで，GaAs基板に格子整合しながらE_gを変化させることができる．図Ⅳ.1.7に現在まで発表されている各波長帯での効率を示す．590nm黄色で2%[3,4]（9 lm/W）．620nm橙色で1.5%[5]（4 lm/W）が得られており，GaAsP LEDの5倍前後の値であり，今後さらに改善されると見込まれる．

（4）短波長化（青色LED開発）　以上説明してきたように赤～緑色領域においてはカンデラ級の高輝度化が実現されつつあり，残る課題は短波長化すなわち青色LEDの開発である．現在のところ材料としては，間接遷移形の

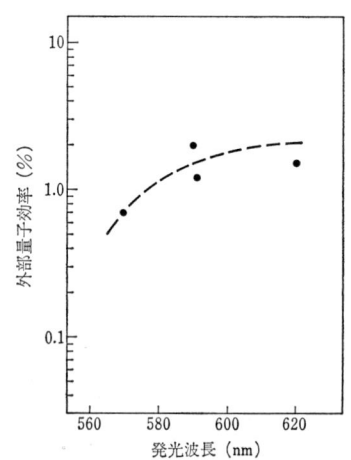

図Ⅳ.1.7 InGaAlP四元混晶LEDの波長と効率の関係

表 Ⅳ.1.2 SiC と GaN 青色 LED の特性

材　料	SiC	GaN
基　　板	SiC	サファイア（Al_2O_3）
製　　法	LPE	MOCVD
遷 移 形	間　接	直　接
発光波長	470 nm	450 nm
光　　度	15 mcd	1200 mcd
順方向電圧	4.0 V（20 mA）	3.6 V（20 mA）

SiC，直接遷移形の GaN，ZnSe の発表が相ついでいる．表Ⅳ.1.2 に SiC と GaN 青色 LED の特性を比較してまとめた．

① SiC は間接遷移形でありカンデラ級の高輝度化は望めないが，容易に pn 両伝導形が制御でき 10 mcd 以上の輝度が得られており，屋内用のフルカラーディスプレイなどに使用検討され始めている．6H-SiC オフアングル基板を用い，LPE 法で N ドナーと Al アクセプターの発光センターを n 層内に形成し正孔電流の注入で青色発光（470 nm）が得られている[6]．最近は同等以上の輝度をもつと推定される SiC チップも販売され始め，フルカラー製品化が加速されつつある．今後の高輝度化のカギは GaP における N 不純物のようなアイソエレクトロニックトラップの発見にかかっている．

② GaN 系は直接遷移形で，高輝度化が有望な材料であるが，最近 1.2 cd の高輝度青色 LED 製品化が実現した[7]．サファイア（Al_2O_3）を基板に用い，MOCVD 法で GaN 緩衝層を導入して高品質の成長膜を得た．また，熱アニールにより低抵抗 p 形 GaN 化を実現，発光層を Zn ドープの InGaN 活性層，クラッド層を AlGaN とした DH 構造を採用した．発光波長は 450 nm，順方向電圧は 20 mA で 3.6 V である．InGaN は In 組成を増加することで長波長化が可能となり，2 cd の青緑色 LED（500 nm）も製品化されている[7]．

③ ZnSe は直接遷移形で E_g が 2.7 eV あるため青色 LED 用材料として有望であり，数多くの研究例がある．しかし ZnSe など Ⅱ-Ⅵ 族化合物半導体は強いイオン結合性をもつため，自己補償効果とよばれる不純物ドーピング制御の困難な現象が見られ，この難問のブレークスルーが大きな課題であった．青色 LED の試作例も数多くあるが，低抵抗の p-ZnSe 成長膜の実現が困難であった．最近，MBE（分子線エピタキシー）法を用いて N をプラズマからのいわゆるラジカルビーム法のドーピングすることで，10^{16} cm^{-3} の p 形層が得られた[8]．さらに pn-ZnSe LED を試作し青色発光（464 nm）が確認されている．今後研究開発がさらに加速され，高輝度青色 LED の実用化も近いものと期待される．

1.1.2 可視発光ダイオードの特性

（1）**電気的特性**　　LED の順方向電流 I は以下の式で与えられる．

$$I = I_0 \exp\left(\frac{eV}{nkT}\right) \tag{1.3}$$

ここで，I_0: 飽和電流密度であり，n 値は低電流領域では 1～2 の値をとり，$n=1$ のとき拡散電流が，$n=2$ のとき再結合電流が支配的となる．

一方，高電流領域では直列抵抗による電圧降下で，I_F-V_F 特性は指数関数からずれてくる．図 IV.1.8 に GaAlAs-DH 赤色 LED の I_F-V_F 特性を示す．実使用電流 20 mA における V_F は 1.8 V であるが，20 mA の n 値は 2 以上であり，すでに直列抵抗の影響が出始めている．

逆方向の I-V 特性は式 (1.3) でわかるように一定電流 I_0 であるが，ブレークダウン電圧 V_B 以上が LED にかかると急激に電流が流れ出す．階段形の p$^+$n 接合では

$$V_B \approx 60 \left(\frac{E_g}{1.1}\right)^{3/2} \left(\frac{N_B}{10^{16}}\right)^{-3/4} \quad (1.4)$$

で与えられる．ここで N_B は低濃度側のキャリヤー濃度である．通常の LED では V_B は 10 V 以上の値となる．

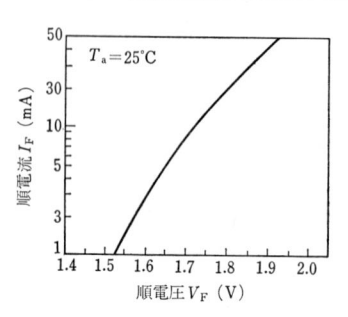

図 IV.1.8 GaAlAs-DH 赤色 LED の I_F-V_F 特性

（2） 光学的特性　　LED の電圧と光出力の関係すなわち L-V 特性は発光が拡散電流成分によって起こるため

$$L = L_0 \exp\left(\frac{eV}{kT}\right) \quad (1.5)$$

で表される．よって電流 I と光出力 L の関係は

$$L \propto I^n \quad (1.6)$$

となる．図 IV.1.9 に GaAlAs DH 赤色 LED の I_F-I_v 特性を示す．実使用電流 20 mA で

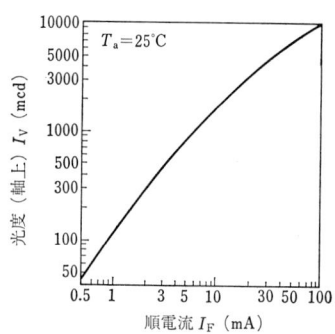

図 IV.1.9 GaAlAs DH 赤色 LED の I_F-I_v 特性

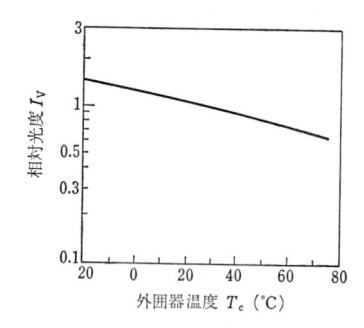

図 IV.1.10 GaAlAs-DH 赤色 LED の外囲器温度と相対光度の関係

は $n<1$ のサブリニア特性を示しており，発熱の影響による光出力の低下が見られる．一方，外囲器温度 T_c (℃) と相対発光光度の相関を図 IV.1.10 に示す．高温側で光度は低

下する傾向にあり,たとえば60°Cでは25°Cのときの光度に対し約25%下がる.

LEDの発光スペクトルは自然放出光のスペクトルを表しており,誘導放出光を利用する半導体レーザーに対して半値幅は広い特徴がある.また電流を増加させると,発光領域の温度上昇に伴いバンドギャップが縮小してピーク波長は長波長側にシフトする.図Ⅳ.1.11にGaAlAs DH赤色LEDとInGaAlP橙色LED[5]の発光スペクトルを示す.半値幅はそれぞれ25nm,17.5nmである.

(3) 信頼性 LEDは半導体であり,電球に対し寿命が長い特徴がある.図Ⅳ.1.12に屋外用高輝度GaAlAs赤色LEDの光出力の経時変化(一例)を示す.LEDチップに加わる樹脂応力は通電劣化を加速するため,外部応力の緩和が重要な課題である.また通電条件(動作温度,通電電流)にも依存し,高電流になるほど劣化しやすい傾向がある.相対出力が50%になる半減時間(光出力が50%低下すると目視で変動が識別できるといわれている)は,実使用上は数万時間あり長寿命であると思われるが,今後さらに高信頼性を確保することが応用分野の拡大につながると見られる. [出井康夫]

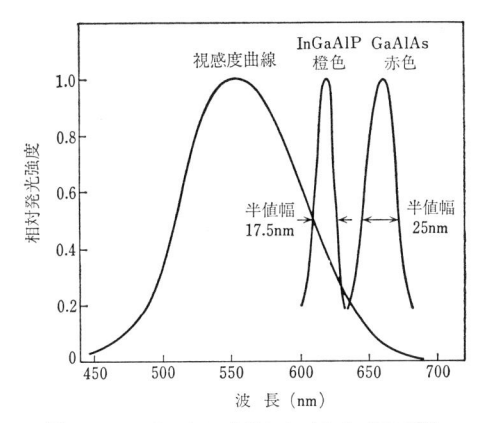

図Ⅳ.1.11 GaAlAs赤色およびInGaAlP橙色LEDの発光スペクトル

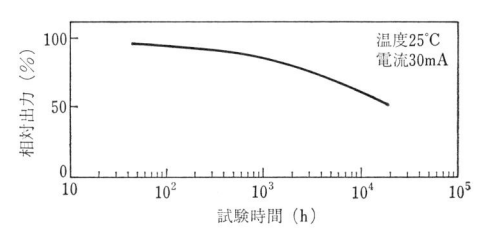

図Ⅳ.1.12 屋外用高輝度GaAlAs赤色LEDの光出力の経時変化(一例)

参考文献

1) M. Iwamoto, M. Tashiro, T. Beppu and A. Kasami: Jpn. J. Appl. Phys., **19**, 11 (1980), 2157-2163.
2) H. Sugawara, K. Itaya, H. Nozaki and G. Hatakoshi: Extended Abstracts of the 1991 International Conference on Solid State Devices and Materials (1991), 741-742.
3) 菅原,板谷,石川,波多腰,野崎,出井:1991年電子情報通信学会春季全国大会(1991年3月), 4-192.
4) C. P. Kuo, R. M. Fletcher, T. D. Osentowski, M. C. Lardizabal, M. G. Craford and V. M. Robbins: Appl. Phys. Lett., **57**, 27 (1990), 2937-2939.
5) H. Sugawara, M. Ishikawa and G. Hatakoshi: Appl. Phys. Lett., **58**, 10 (1991), 1010-

1012.
6) 松下，古賀，上田，山口：応用物理, **60**, 2 (1991), 159-162.
7) 中村：日経サイエンス, **10** (1994), 44-55.
8) K. Ohkawa, A. Ueno and T. Mitsuyu: Extended Abstracts of the 1991 International Conference on Solid State Devices and Materials (1991), 704-706.

1.2 半導体レーザー

　半導体レーザーは光通信，光ディスクシステム，レーザープリンターなど，数多くの分野における光源として使用されている．半導体レーザーでは，電気的特性，光学的特性，温度特性，スペクトル，雑音特性，信頼性などのさまざまな特性を考慮したデバイス設計が必要となるが，ここでは主として，光導波路としての半導体レーザーおよびその光学的特性を中心とした特性について述べる．

1.2.1 半導体レーザーの材料と構造

　半導体レーザー[1~3]は，発光層となる活性層とそれを挟むn形およびp形のクラッド層とで構成される"ダブルヘテロ構造"が最小構成単位となる．活性層には，直接遷移形

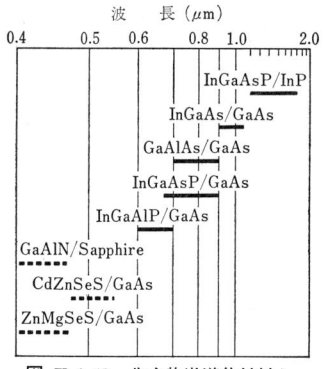

図 Ⅳ.1.13　化合物半導体材料とレーザー波長

表 Ⅳ.1.3　構造による半導体レーザーの分類

活性層構造	バルク活性層 MQW（多重量子井戸）活性層
共振器方向	端面発光形 面発光（垂直共振器）形
共振器構造	ファブリ―ペロー形 DFB（分布帰還形） DBR（分布反射形）

の禁制帯幅（バンドギャップ）をもつ半導体材料が必要であり，レーザーの発振波長λはこのバンドギャップの値によって決定される．半導体レーザー材料である化合物半導体の禁制帯幅や格子定数に関しては第Ⅲ部1.1節および本章の1.1節に述べられているので，詳しくはそちらを参照されたい．電流注入，光励起，電子線励起などの手段によりレーザー発振が確認されている主な半導体結晶材料と発振波長との関係を図Ⅳ.1.13に示す．表Ⅳ.1.3は構造（方式）による半導体レーザーの分類を示したものである．従来の半導体レーザーの典型的構造の組合せはバルク活性層/端面発光/ファブリ―ペロー形であるが，最近では多重量子井戸構造，面発光形，DFB構造などが実用化されている．

　半導体レーザーにおける光の閉込めは，活性層に垂直な方向に対しては上述のダブルヘテロ構造により実現されているが，平行な方向の水平横モードを制御するためには，これに加えて何らかの導波機構が必要であり，そのためのさまざまなストライプ構造が考案さ

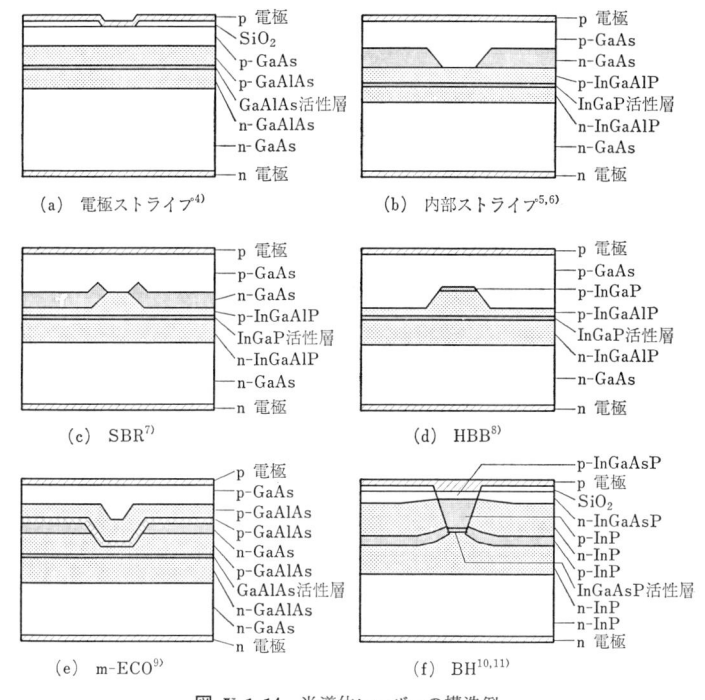

れている．図Ⅳ.1.14に水平横モード制御のための導波構造例[4〜11]を示す．これ以外にも

図 Ⅳ.1.14 半導体レーザーの構造例
(a),(b): 利得導波形, (c)〜(f): 屈折率導波形

数多くの構造が報告されているが，これらは注入電流によって生じる利得分布を利用する利得導波形と，作り付けの導波構造から決まる屈折率分布が支配的な屈折率導波形とに大きく分類される．屈折率導波形はさらに屈折率実数部の分布を利用する実屈折率導波形と，虚数部（発振波長に対する吸収損失の効果）を利用する損失導波形とに分けられる．なお，実際の半導体レーザーでは必ず利得分布があるので，屈折率導波形の場合にも以下に述べるような複素屈折率分布導波路としての取扱いが必要である．

1.2.2 半導体レーザーにおける導波モード

半導体レーザーでは材料の屈折率や吸収損失および注入電流によって形成される利得分布により，共振器内部での光分布や出射光の特性が決定される．したがって，このような特性を解析するには複素屈折率分布をもつ光導波路における導波モードを求める必要がある．このような導波モードは基本的には第Ⅱ部第3章に述べられているような解法により求めることができるが，ここでは半導体レーザーに特徴的な，利得や吸収のある光導波路における導波モードの解の存在範囲について簡単に述べる．

導波モードを求める基本となる波動方程式（第Ⅱ部第3章式(3.30)参照）を一次元の

場合(積層方向を x とする)について改めて記述すると,

$$\frac{d^2E_y}{dx^2}+(k_0^2n^2-\beta^2)E_y=0 \qquad (\text{TE モード}) \qquad (1.7)$$

$$n^2\frac{d}{dx}\left(\frac{1}{n^2}\frac{dH_y}{dx}\right)+(k_0^2n^2-\beta^2)H_y=0 \qquad (\text{TM モード}) \qquad (1.8)$$

半導体レーザーでは上式中の屈折率 n ($=n(x)$) が一般に複素数であり, したがって実効伝搬定数 β も複素数となる. TE モードの場合, 式 (1.7) に E_y^* を乗じて積分することにより次式が得られる.

$$\int_{-\infty}^{\infty}(k_0^2n^2-\beta^2)|E_y|^2dx=\int_{-\infty}^{\infty}\left|\frac{dE_y}{dx}\right|^2dx \qquad (1.9)$$

上式の導出には部分積分と, $x=\pm\infty$ で $E_y(x)=0$ となることを利用している. 式 (1.9) より β^2 の実数部 $Re(\beta^2)$ および虚数部 $Im(\beta^2)$ に関する次の関係式が得られる.

$$Re(\beta^2)\int_{-\infty}^{\infty}|E_y|^2dx=k_0^2\int_{-\infty}^{\infty}Re(n^2)|E_y|^2dx-\int_{-\infty}^{\infty}\left|\frac{dE_y}{dx}\right|^2dx \qquad (1.10)$$

$$Im(\beta^2)\int_{-\infty}^{\infty}|E_y|^2dx=k_0^2\int_{-\infty}^{\infty}Im(n^2)|E_y|^2dx \qquad (1.11)$$

この関係式から次式が得られる.

$$Re(\beta^2)<k_0^2\{Re(n^2)\}_{\max} \qquad (1.12)$$

$$k_0^2\{Im(n^2)\}_{\min}<Im(\beta^2)<k_0^2\{Im(n^2)\}_{\max} \qquad (1.13)$$

ここに, $\{A\}_{\max}$ および $\{A\}_{\min}$: それぞれ A の最大値および最小値を表す.

式 (1.12) からわかるように, この式だけからは $Re(\beta^2)$ の下限は求まらない. 実屈折率形の導波路と異なる点は, β が複素数であるために, たとえば多層スラブ導波路の場合, 最外層においても x 方向の伝搬定数実数部が必ずしも 0 とはならないことである. このため, 実屈折率形導波路では放射モードに分類されるものの一部が, 離散的なモードとして存在することになる.

利得導波構造およびその特殊な場合である反導波構造における複素屈折率分布を水平方向の等価屈折率で模式的に表した例を図 IV.1.15 に示す. このような構造の実数部だけではもちろん導波モードは存在しないが, 虚数部の分布があるため離散的な導波モードの解が求まる. 図 IV.1.15 の構造における β^2 の固有値を複素平面上に表したものを図 IV.1.16 に示す. 式 (1.12), (1.13) で示される解の存在範囲を斜線で示してある. この図からわかるように, β^2 の実数部が $k_0^2\{Re(n^2)\}_{\min}$

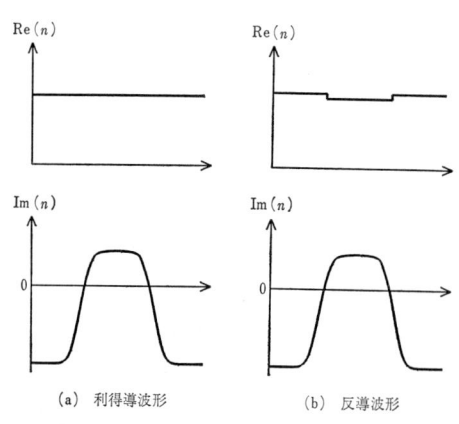

図 IV.1.15 半導体レーザーの水平方向等価屈折率分布

(a) 利得導波形　(b) 反導波形

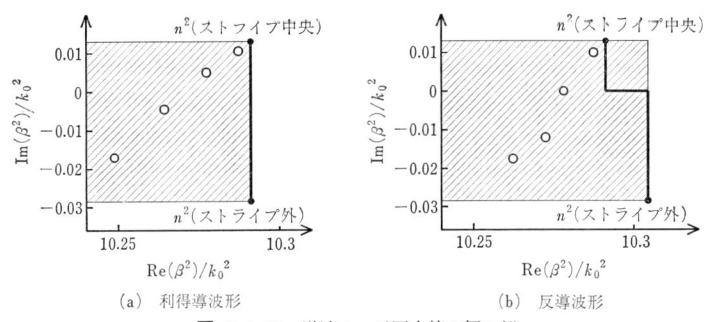

図 IV.1.16 導波モード固有値の解の例
(a) 利得導波形 (b) 反導波形
白丸は固有値,太線は導波路の n^2 の分布,斜線部は固有値の存在範囲を示す.

より小さい領域にも導波モードは存在する.なお実際のレーザーでは,これらのモードのうち利得の最も大きい基本モードが発振する.

以上のような複素屈折分布は構造から決まる屈折率に加えて,半導体レーザーに注入される電流分布から決まるキャリヤー密度分布に依存する.たとえば複素屈折率の虚数部はキャリヤー密度で決まる利得分布を直接反映する.また実数部もキャリヤー密度の関数である.キャリヤー密度が大きいほど,屈折率が低くなる現象はプラズマ効果とよばれており,半導体レーザーではさまざまな特性に影響を与える.このような半導体レーザーの動作を厳密に記述するには,波動方程式のほかに,光子密度に対するレート方程式およびキャリヤー分布を記述するための電子,正孔に対する電流連続方程式,ポアソン方程式のすべてを自己無撞着(self-consistent)に解く必要がある[12〜15].

1.2.3 半導体レーザーの光学的特性

(1) 近視野像 半導体レーザーの光学的特性は上述の導波モードにより決定される.導波モード形状を直接反映するものは,レーザー端面における光分布で,近視野像とよばれており,ほかのすべての光学的特性はこれから決まる.

半導体レーザーの横モード安定化のために重要なのは水平方向の導波モードを決定する導波構造である.すなわち安定な基本横モードで発振するためには,水平方向の屈折率分布やストライプ幅を最適化する必要がある.この水平方向の導波モードは図IV.1.14に示したような半導体レーザーの構造に依存して,それぞれ特徴的な特性を示す.図IV.1.17にリッジストライプ構造

(a) SBRレーザー
(b) 利得導波形レーザー

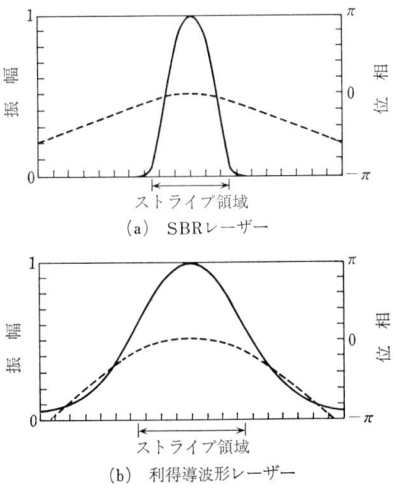

図 IV.1.17 水平横モードの振幅(実線)と位相(破線)

の屈折率導波形（図Ⅳ.1.14(c)）および内部ストライプ構造の利得導波形（図Ⅳ.1.14(b)）の各レーザーにおける水平方向導波モードの振幅および位相分布を示す[16,17]．図Ⅳ.1.17(a) の屈折率導波形では振幅の大きいストライプ領域での位相変化が小さいのに対し，(b) の利得導波形ではストライプ領域で位相が変化している．この位相分布は次に述べる非点収差特性に大きく影響する．

（2）非点収差 半導体レーザーにおける非点収差は，レーザーから出射される光をレンズで結像した場合に，水平方向と垂直方向とで焦点が異なることによって生ずる収差で，図Ⅳ.1.18 に示したように水平方向のビーム出射位置があたかもレーザー端面より Δz だけ内部にあるかのようなビームとなる．この Δz を非点隔差という．図Ⅳ.1.17 に示した振幅および位相分布のレーザーから出射した光をレンズで結像した場合の，焦点面付近における水平方向スポットの様子を図Ⅳ.1.19 に示す[16,17]．図からわかるように，スポット径が最小となる位置はレーザー端面に相当する位置とは異なっている．垂直方向のスポットはほぼレーザー端面において径が最小となるので，図Ⅳ.1.19 に示した水平方向の最小スポット径位置とレーザー端面との距離が非点隔差 Δz を表すことになる．

図Ⅳ.1.19(a) のような屈折率導波形レーザーでは，一般に Δz の値は小さいが，レーザー構造によっては，図に示したように最小スポット径位置がレーザー端面を挟んで2か所に現れる場合がある[9,16,17]．一方，利得導波形レーザーは図Ⅳ1.1.19(b) のように大きな非点隔差をもつ．いずれの場合にも，非点隔差は注入電流の分布を反映した位相分布の影響を受けるので，レーザーの駆動

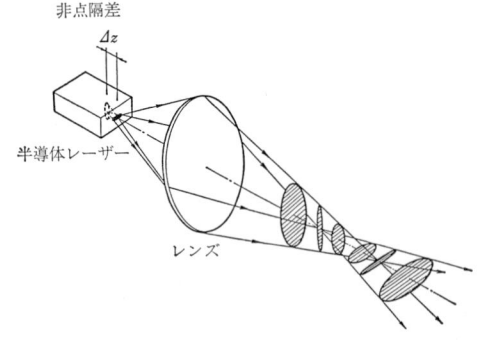

図 Ⅳ.1.18 半導体レーザーの非点隔差

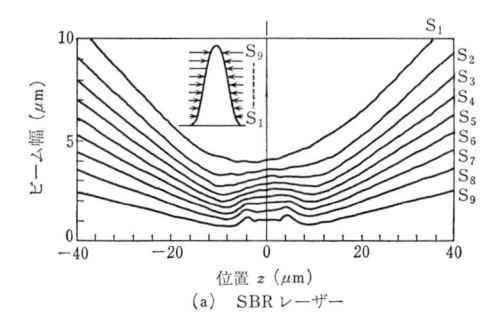

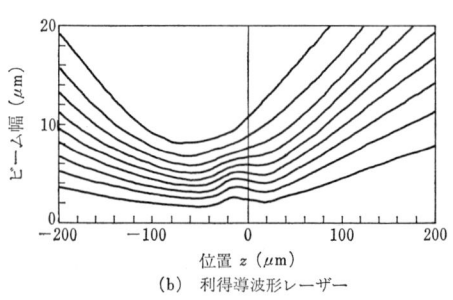

図 Ⅳ.1.19 レーザー端面付近の水平方向ビーム幅

電流値によって Δz が変化する場合がある.

図IV.1.14(c)のリッジストライプ構造レーザーにおける非点隔差の構造パラメーター依存性を図IV.1.20に示す[16,17]. この構造のレーザーでは, 活性層厚 d または活性層-電流狭窄層間距離 h が大きくなると非点隔差が増大する. これは d, h が大きいと水平方向の実効屈折率差が小さくなり, 光の閉込めが弱くなるためである. 一方, 利得導波形レーザーでは, Δz の d 依存性がこれとは逆になる. これは活性層厚に依存したしきい電流値の違いにより電流広がり幅が変わるためである. リッジストライプレーザーでも h が十分大きく

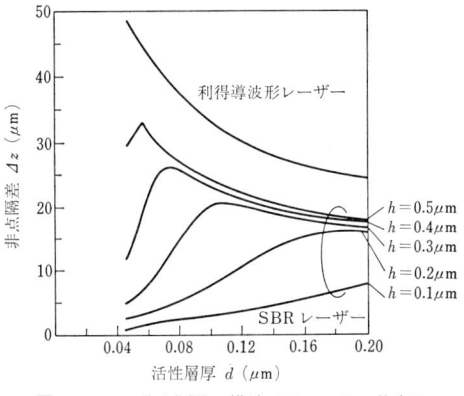

図 IV.1.20 非点隔差の構造パラメーター依存性

なると, 利得導波形レーザーの特性を示すようになる (図IV.1.20参照).

(3) **端面反射率** 半導体レーザー端面の反射率[18,19]は, 高出力化を制限する端面光パワー密度, 電流しきい値や微分効率などの電流-光出力特性およびレーザーの雑音特性に影響する重要なパラメーターである. 簡単のため, ダブルヘテロ構造のようなスラブ導波路構造について記述すると, 導波モードが一つだけと仮定した場合, モードの複素振幅反射係数 r は, 導波モードのフーリエ変換 $f(k_x)$ を用いて次式で表される.

$$\frac{1-r}{1+r} = \frac{2\pi c_0}{b\beta} \int |f(k_x)|(k_0^2 n_0^2 - k_x)^{1/2} dk_x \qquad (1.14)$$

ここに, b: 導波モードの規格化係数 (規格化されていれば1), n_0: レーザー端面外側の屈折率, c_0: モードの偏光方向に依存する係数 (TEモードの場合は1) である.

上式中の r を用いて反射率 R は

$$R = |r|^2 \qquad (1.15)$$

で表される.

図IV.1.21に端面反射率の活性層厚依存性を計算した例を示す. 一般に端面反射率はTEモードに対してのほうが高い. 活性層厚がゼロに近づいた場合の反射率はTEモード, TMモードいずれの場合にもクラッド層媒質から外部に垂直に出射する場合の反射率に漸近し, また活性層厚が無限大の場合には活性層媒質から外部に垂直に出射する場合の反射率に漸近する. これ

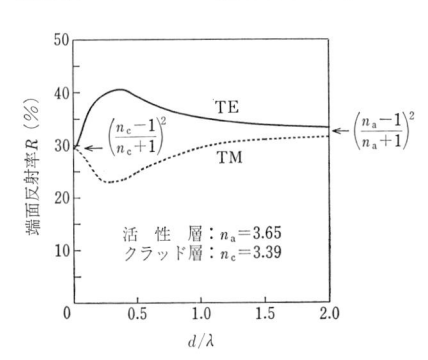

図 IV.1.21 端面反射率 R と活性層厚 d との関係

は定性的には次のように説明される．すなわち，活性層厚がゼロに近づいた場合には導波モードに対する実効屈折率はクラッド層の屈折率に近づいて光はクラッド層内を端面に垂直に伝搬するモードに近づき，逆に活性層厚が無限大の場合には実効屈折率は活性層屈折率となって光は活性層内を端面に垂直に伝搬するようになるからである．

（4）遠視野像　上述の $f(k_x)$ は遠視野像の振幅に対応する関数である．遠視野像強度分布は角度 θ の関数として次式で表される．

$$I(\theta) = |g(\theta) f(k_0 \sin\theta)|^2 \tag{1.16}$$

上式の $g(\theta)$ は角度による補正項で，たとえば TE モードの場合[20]，

$$g(\theta) = \frac{2\cos\theta\{(n^2-\sin^2\theta)^{1/2} + \beta/k_0\}}{\cos\theta + (n^2-\sin^2\theta)^{1/2}} \tag{1.17}$$

遠視野像を表すパラメーターとしては，通常，垂直方向および水平方向のビーム広がり角が用いられる．両者の比として定義されるアスペクト比も光学系設計には重要なパラメーターである．半導体レーザーでは一般に垂直方向のモード広がり幅が水平方向より小さいため，遠視野像ではこれとは逆に垂直方向のビーム広がり角のほうが大きくなる．

近視野像分布および遠視野像分布の計算例を図 IV.1.22 に示す．図中に，半値幅の等しいガウス分布を一緒に示してある．半導体レーザーを用いた光学系の設計では，ビーム特

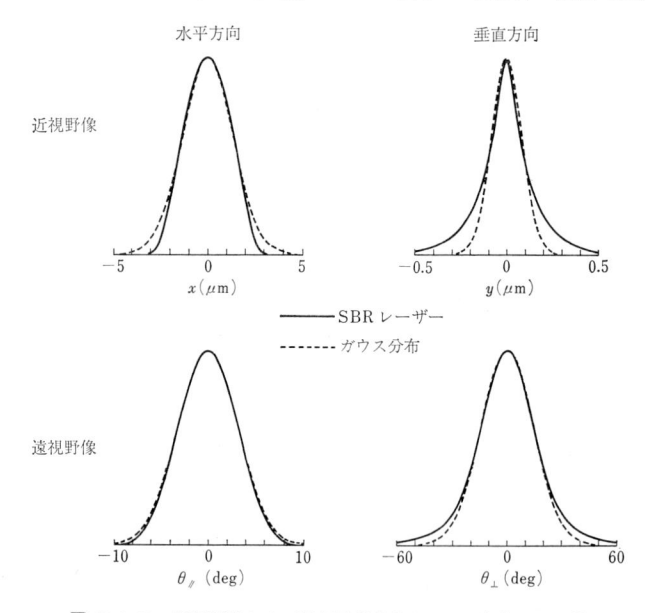

図 IV.1.22　近視野像および遠視野像分布とガウス分布との比較

性を記述するのにガウス分布の近似がよく用いられる．図に示したように厳密には両者は分布が異なるが，基本モードに対しては比較的よい近似を与える．

1.2.4 半導体レーザーの縦モード特性，雑音特性

ファブリー–ペロー形半導体レーザーの発振スペクトルの例を模式的に図Ⅳ.1.23に示す．光学的特性の項で述べたようなレーザー断面構造（レーザー光の進行方向に対して垂直方向の構造）から決まる導波モードを横モードとよぶのに対し，発振スペクトルはレーザー光の進行方向の共振器構造によって決まるので，縦モードまたは軸モードとよばれる．図Ⅳ.1.23に示したスペクトルにおける縦モード間隔 $\varDelta\lambda$ は共振器長 L と以下の関係にある[1]．

$$\varDelta\lambda = \frac{\lambda^2}{2L\{n_r - \lambda(dn_r/d\lambda)\}} \quad (1.18)$$

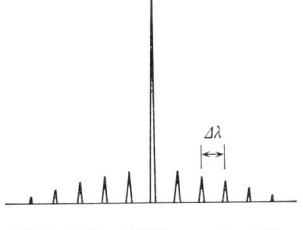

図 Ⅳ.1.23 半導体レーザーの発振スペクトル

ここに，n_r：波長 λ の導波モードに対する実効屈折率である．

上式から，たとえば縦モード間隔 $\varDelta\lambda$ を測定すれば共振器長 L を求めることができるが，注意すべきことは分母が $2Ln_r$ ではなく $2L\{n_r-\lambda(dn_r/d\lambda)\}$ となっていることである．半導体レーザーの活性層に用いられている材料の屈折率は $n_r=3.5\sim3.6$ であるが，$n_r-\lambda(dn_r/d\lambda)$ の値は，たとえば $0.8\mu\mathrm{m}$ 帯 GaAlAs 系レーザーでは 4.3 程度の値をとり，屈折率の波長分散 $dn_r/d\lambda$ を無視できないことがわかる．

式(1.18)で与えられる縦モード間隔の複数のモードのうち，レーザー発振状態では，利得の最も大きいモードの波長が選択される．この利得分布は温度に依存して変わり，通常温度を上げると発振波長は長波長側にずれる．したがって，発振波長を一定に保つには半導体レーザーの温度制御が必要である．逆にこれを利用して，温度を変えることにより

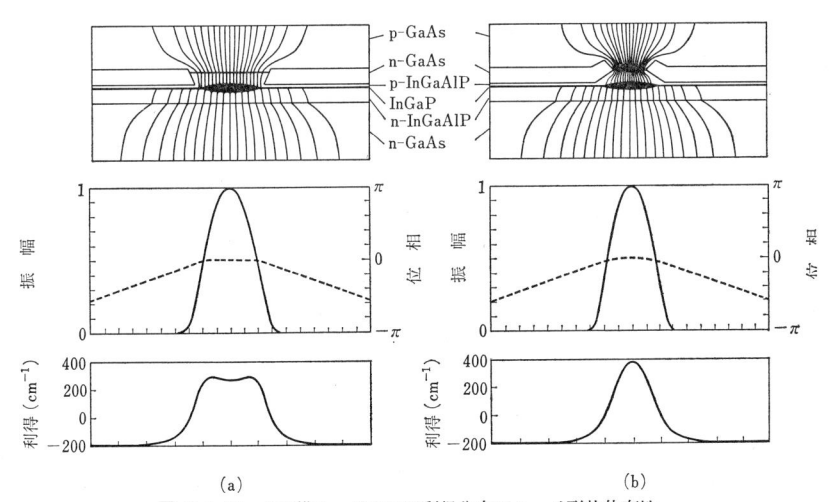

図 Ⅳ.1.24 水平横モードおよび利得分布のリッジ形状依存性

発振波長を制御することも可能である.

図Ⅳ.1.23は発振スペクトルを模式的に示したものであるが,実際のレーザーでは,デバイス構造から決まる利得分布や光強度分布を反映してスペクトルは異なる.一般に利得導波形レーザーは多モード発振となり,屈折率導波形レーザーでは単一モード発振が得られやすい.図Ⅳ.1.24はストライプ断面形状の異なる2種類のリッジストライプ構造レーザーにおける光強度分布と利得分布のシミュレーション結果例を示したものである[15,21].図Ⅳ.1.24(a)のレーザーでは,光強度の大きい領域全域にわたってほぼ均一な利得があるのに対し,(b)のレーザーでは,ストライプ両側の領域で利得が小さくなっている.この利得の小さい領域は可飽和吸収体として働くため,(b)のようなレーザーは自励発振(self-pulsation)を起こしやすくなる.この自励発振レーザーは後述する戻り光誘起雑音の低減に有効である.

半導体レーザーの発振状態における光出力の強度および発振周波数は,さまざまな要因によるゆらぎや幅をもっている.これらはそれぞれ強度雑音および周波数雑音とよばれている.強度雑音を定量的に表す指標として相対強度雑音(RIN; relative intensity niose)が用いられる.このRINは次式で定義される.

$$\mathrm{RIN} = 10\log(\langle\delta P^2\rangle/P^2/\Delta f) \tag{1.19}$$

ここに,$\langle\delta P^2\rangle$はfと$f+\Delta f$の周波数帯域における強度ゆらぎの2乗平均値である.

強度雑音の種類としては自然放出による量子雑音のほかに,モード分配雑音,モードホッピング雑音がある.外的要因による雑音として実用上重要なものは戻り光誘起雑音である.これは光通信システムにおけるファイバー端面からの反射や光ディスクシステムにおけるディスク面からの反射などによる,半導体レーザーへの戻り光によって生ずる雑音である.この場合ファイバー端面やディスク面は外部共振器を構成する鏡として作用する.1.2.3項でも述べたように,レーザー共振器端面の反射率は発振しきい値に大きく影響する.外部共振器による複合共振器が構成されると実効的な反射率は変化し,しきい値も変わる.このような複合共振器の効果に起因して戻り光誘起雑音が生ずる.

戻り光誘起雑音の低減手段として用いられている方法を表Ⅳ.1.4に示す.自励発振はたとえば図Ⅳ.1.24(b)のようなレーザーで観測される現象で,発振スペクトルが多モード化すると同時にスペクトル幅が広がる.このためレーザー光のコヒーレンスが低下し,戻り光の影響を受けにくくなる.この方法は外部の光学系や電気回路を必要としないため,半導体レーザーを使用するうえでは望ましい方法であるが,再現性よく自励発振を起こさせるためのデバイス構造の制御は容易ではない.

高周波重畳法[22]はレーザー駆動電流に1GHz程度の高周波を重畳することによってコヒーレンスを低下させる方法であるが,この場合は半導体レーザーの特性に合わせた高周波重畳回路の設計が必要である.高速APC法[23,24]は半導体レーザーの出射光をモニターして,広帯域負帰還により光出力制御を行うもので,光学系や電気回路の構成がやや複雑になるが,使用する半導体レーザーの特性に依存しないという利点をもつ.この方法では半導体レーザーの前面出射光を光電気負帰還のためのモニター光として用いる必要があ

表 Ⅳ.1.4　戻り光誘起雑音の低減手段

レーザー構造	自励発振構造
光学的方法	端面高反射コーティング 光アイソレーター
電気的方法	高周波重畳 高速 APC

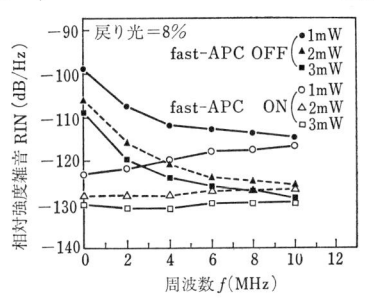

図 Ⅳ.1.25　高速 APC 法による戻り光雑音低減効果

る．これは，戻り光があると前面出射光と後面出射光との光出力の比が変わるためで，特に雑音に対してはそれぞれの光出力はほとんど相関がないと考えてよい．図Ⅳ.1.25に高速 APC の有無による雑音特性の測定結果例を示す[23]．高速 APC により RIN が低減されているのがわかる．　　　　　　　　　　　　　　　　　　　　　　　　［波多腰玄一］

参 考 文 献

1) H. C. Casey, Jr. and M. B. Panish: Heterostructure Lasers, Academic Press, New York (1978).
2) 末松安晴：半導体レーザと光集積回路，オーム社（1984）．
3) 米津宏雄：光通信素子工学，工学図書（1984）．
4) J. E. Ripper, J. C. Dyment, L. A. D. Asaro and T. L. Paoli: Appl. Phys. Lett., **18**(1971), 155-157.
5) M. Ishikawa, Y. Ohba, H. Sugawara, M. Yamamoto and T. Nakanisi: Electron. Lett., **21** (1985), 1084-1085.
6) K. Kabayashi, I. Hino and T. Suzuki: Appl. Phys. Lett., **46** (1985), 7-9.
7) M. Ishikawa, K. Itaya, Y. Watanabe, G. Hatakoshi, H. Sugawara, Y. Ohba and Y. Uematsu: Extended Abstracts, 19th Conf. on Solid State Devices and Materials, Tokyo (1987), 115-118.
8) K. Itaya, M. Ishikawa, Y. Watanabe, K. Nitta, G. Hatakoshi and Y. Uematsu: Jpn. J. Appl. Phys., **27** (1988), L2414-L2416.
9) H. Nagasaka, M. Okajima, N. Shimada, Y. Iizuka and N. Motegi: Extended Abstracts, 17th Conf. on Solid State Devices and Materials, Tokyo (1985), 67-70.
10) H. Kano, K. Oe, S. Ando and K. Sugiyama: Jpn. J. Appl. Phys., **17** (1979), 1887-1888.
11) M. Hirao, A. Doi, S. Tsuji, M. Nakamura and K. Aiki: J. Appl. Phys., **51** (1980), 4539-4540.
12) D. P. Wilt and A. Yariv: IEEE J. Quantum Electron., **QE-17** (1981), 1941-1949.
13) K. Yamaguchi, T. Ohtoshi, C. Kanai-Nagaoka, T. Ude, Y. Murayama and N. Chinone: Electron. Lett., **22** (1986), 740-741.
14) A. Shimizu and T. Hara: IEEE J. Quantum Electron., **QE-23** (1987), 293-302.
15) G. Hatakoshi, M. Kurata, E. Iwasawa and N. Motegi: Trans. IEICE Jpn., **E71** (1988), 923-925.

16) K. Nitta, K. Itaya, M. Ishikawa, Y. Watanabe, G. Hatakoshi and Y. Uematsu: Jpn. J. Appl. Phys., **28** (1989), L2089-L2091.
17) G. Hatakoshi and Y. Uematsu: Int. J. Optoelectronics, **7** (1992), 359-373.
18) T. Ikegami: IEEE J. Quantum Electron., **QE-8** (1972), 470-476.
19) F. K. Reinhart, I. Hayashi and M. B. Panish: J. Appl. Phys., **42** (1971), 4466-4479.
20) G. A. Hockham: Electron. Lett., **9** (1973), 389-391.
21) G. Hatakoshi, M. Ishikawa, Y. Watanabe and Y. Uematsu: Electron. Lett., **25** (1989), 125-126.
22) A. Oishi, N. Chinone, M. Ojima and A. Arimoto: Electron. Lett., **20** (1984), 821-822.
23) 新田康一, 波多腰玄一, 植松 豊: 1990年電子情報通信学会春季全国大会, C-161 (1990).
24) H. Satoh, Y. Kinoshita, K. Okano, M. Tanaka, H. Nagatani and Y. Honguh: Tech. Digest, Opt. Data Storage Topical Meeting, Colorado Spring, 1991 (Optical Society of America, Washington, 1991) WA 4.

2. 光増幅デバイス

2.1 光増幅器

2.1.1 各種光ファイバー増幅器の原理と特徴

エルビウム（Er）添加光ファイバーを用いた光の直接増幅技術は，1980年代後半に光技術関係者に多大なインパクトを与えつつ飛躍的発展を遂げ[1～3]，いまや商用光通信システムへの適用も進められつつある．そもそも，このErに代表される希土類元素添加光ファイバー増幅器の開発フィーバー以前より，光ファイバーを用いた光増幅の手段として，非線形光学効果に基づくファイバーラマン増幅器やファイバーブリュアン増幅器なども開発が進められていた[4,5]．

ファイバーラマン増幅器は，信号光に対しラマンシフト量だけ波長の短い励起光を入射し誘導ラマン散乱を用いて信号光の増幅を行う．同様に，ファイバーブリュアン増幅器は，誘導ブリュアン散乱を利用する．しかしながら，ファイバーラマン増幅器では，W級の高出力励起光源を要し，かつ偏波依存性があること，ファイバーブリュアン増幅器では，増幅帯域が100 MHz以下ときわめて狭いこと，等々の難点のため実用化レベルには至っていない．一方，希土類元素添加光ファイバー増幅器は図Ⅳ.2.1に示すような希土類元素イオン固有の電子準位間の誘導放出を利用するものであるが，特にErを用いることにより以下に述べるような好条件に恵まれきわめて素性のよい光増幅器が実現されている．

① $^4I_{15/2} \rightarrow {}^4I_{13/2}$ 間のエネルギー差が石英ファイバーの最低損失波長域である1.5 μm帯に一致する．
② 上準位（$^4I_{15/2}$）の寿命が長くかつ誘導放出が起きやすいため増幅効率が高い．
③ ホストファイバーとして石英ファイバーを利用でき，取扱いが容易かつ光線路との接続性がよい．
④ 励起波長が半導体レーザーの発振可能範囲内である．
⑤ 低雑音・高出力・偏波無依存性・広帯域．
⑥ 各種システムへの柔軟な適用性（波長多重一括増幅，ビットレート・変調方式を選ばないなど）

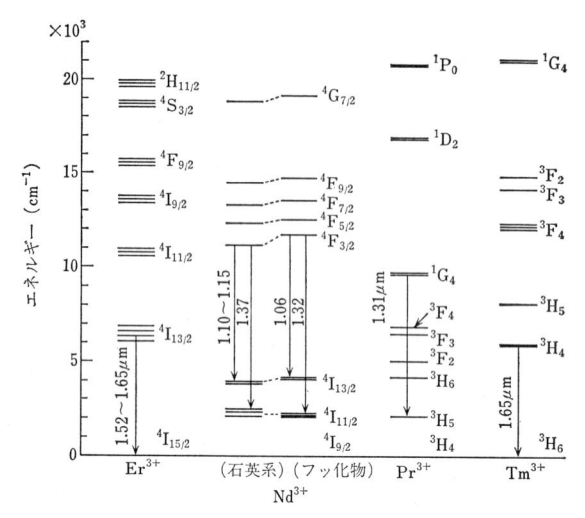

図 Ⅳ.2.1 希土類元素イオンのエネルギー準位

これらの利点より Er 添加光ファイバー増幅器は，より一般的な $1.3\,\mu\text{m}$ 帯を増幅できないという欠点をものともせず，逆に $1.5\,\mu\text{m}$ 帯の適用範囲を拡大しつつある[6~10]．なお，$1.5\,\mu\text{m}$ 帯以外の波長帯での光増幅もほかの希土類元素を用いて検討されている．たとえば，$1.3\,\mu\text{m}$ 帯ではネオジウム (Nd)[11] やプラセオジウム (Pr)[12] が，また光線路監視光として $1.65\,\mu\text{m}$ 帯用にはツリウム (Tm)[13] などが利用されている．

2.1.2 希土類元素添加光ファイバー増幅器の構成

希土類元素添加光ファイバー増幅器は図 Ⅳ.2.2 に示すように，希土類元素添加光ファイバー，励起用光源とともに光合分波器，光アイソレーター，光フィルター，光コネクター，モードフィールド変換器などの微小光学部品から構成されている．以下に各構成要素について個別に述べる．なお，励起用光源については 2.1.3 項に詳細に記載されているので本項では割愛する．

（1） 希土類元素添加光ファイバー

a．製 法： 既存の石英系光ファイバー製造方法に，希土類元素添加工程を加えるための工夫として，希土類元素原料を加熱気化させてガラス合成ゾーンへ供給する気相法と，多孔質状態のガラスに希土類元素含有溶液を浸漬させる液相法（分子スタッフィング法）がある．希土類元素原料としては，$ErCl_3$ などの塩化物が，また液相法での溶媒としては，純水やアルコール類が用いられる．図 Ⅳ.2.3 に MCVD 法および VAD 法を改良した希土類元素添加光ファイバー母材の製造方法を示す．

MCVD・気相法[14] では，やや太径に加工されたガラス管を反応ゾーン上流部に設け，この部分に希土類元素原料を置き，外部より加熱して希土類元素原料を蒸発させガラス堆

2.1 光増幅器

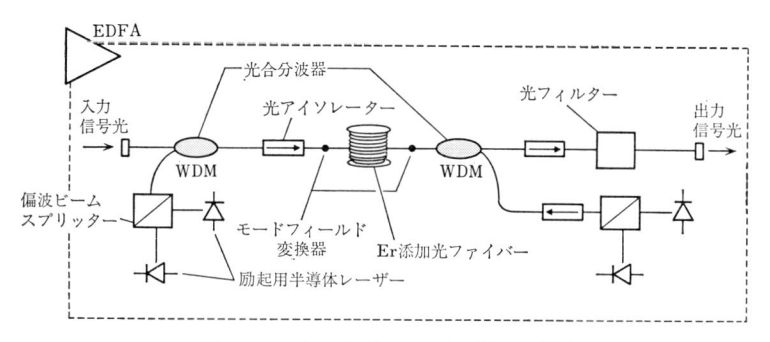

図 Ⅳ.2.2 Er添加光ファイバー増幅器の構成

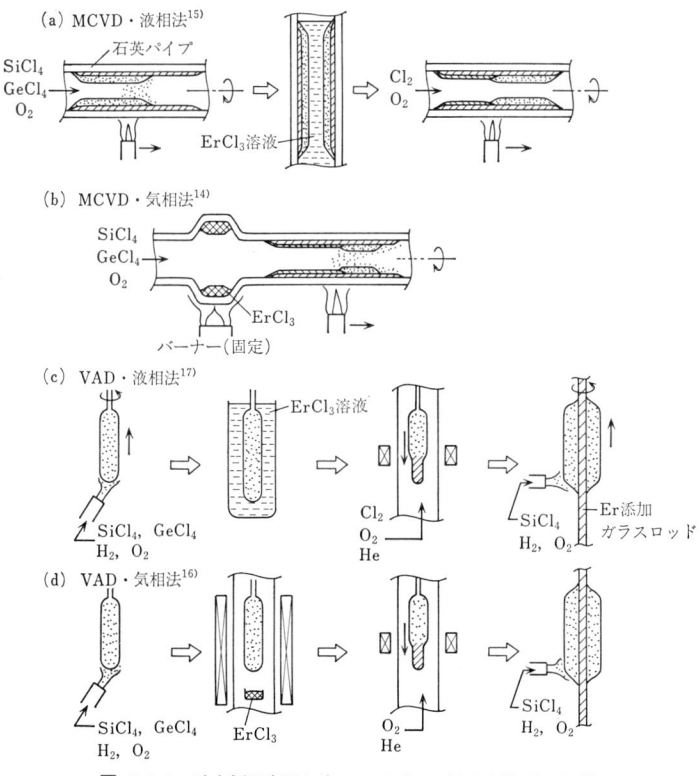

図 Ⅳ.2.3 希土類元素添加光ファイバーの製造方法（石英系）

積ゾーンへ供給する．1985年にPooleらは，この方法で作製した希土類元素添加光ファイバーを報告し，光ファイバー増幅器開発の火付け役となった．

MCVD・液相法[15]では，通常よりもガラス合成用バーナーの火炎を弱め多孔質ガラス層を出発パイプ内面に堆積させる．その後，パイプ内を希土類含有溶液で満たし，乾燥・透明化・中実化と工程を進めていく．

VAD・気相法[16]では，多孔質母材の焼結時に炉内に希土類元素原料を配置し加熱蒸発させ多孔質母材中に気相で希土類元素を拡散させた後，透明ガラス化することにより希土類元素が添加されたガラスロッドを得る．これをコアとし，その後はたとえばその外周部に再度クラッド部となる多孔質ガラス層を堆積させていけばよい．

VAD・液相法[17]では，多孔質母材を希土類元素含有溶液中に浸漬させた後，乾燥・透明化を進めていく．

OVD法もVAD法と同様に気相法，液相法を適用できる．特殊な方法として，希土類元素原料に蒸気圧の高い有機化合物を使用し多孔質母材合成時に希土類元素を添加する方法も報告されている[18]．MCVD法，VAD法を問わず気相法では，原料の気化量を調整するために原料加熱条件を厳密に制御する必要がある．また数百ppm以上の高濃度の希土類元素添加もむずかしい．液相法では，多孔質ガラスの空孔率と溶液濃度の調整により0〜数％まで比較的容易に添加量を制御できる．このような理由により最近では液相法が多く用いられているようである．

ホストガラスとしてフッ化物系ファイバーを用いる場合には，白金るつぼ中に各種出発

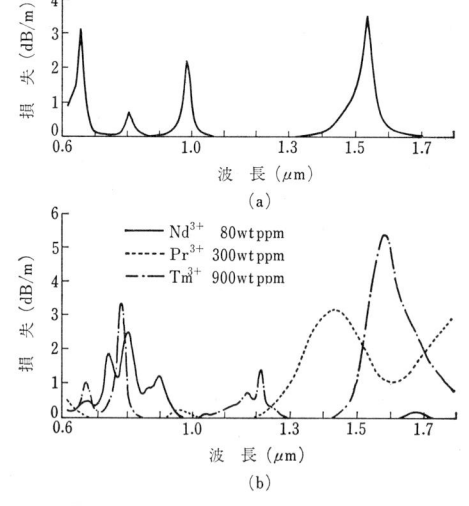

図 Ⅳ.2.4　希土類元素添加光ファイバーの損失スペクトル

フッ化物原料とともに希土類元素のフッ化物（NdF$_3$, PrF$_3$ など）を混合させておき，これを溶融し鋳型内へキャスティングする．単一モードファイバー化する際には，コア・クラッド界面において散乱中心となる酸化物，結晶，気泡などの発生を抑制しやすいビルトインキャスティング法[19]やサクションキャスティング法[20]が用いられている．これらの方法で得られたクラッド径/コア径比数倍の母材をさらに外側クラッド部に相当するパイプ内に挿入・一体化するロッドインチューブ法により所定のクラッド径/コア径比を得る．

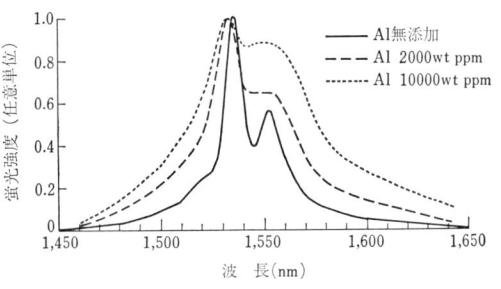

図 Ⅳ.2.5 Er 添加石英光ファイバーにおける Er 吸収スペクトル

b．組成・構造： 各種希土類元素をコア部に添加した石英系単一モード光ファイバーの損失スペクトルを図 Ⅳ.2.4 に示す．図 Ⅳ.2.1 に示した各準位に対応して損失スペクトル中には，希土類元素イオン特有の吸収ピークが現れている．

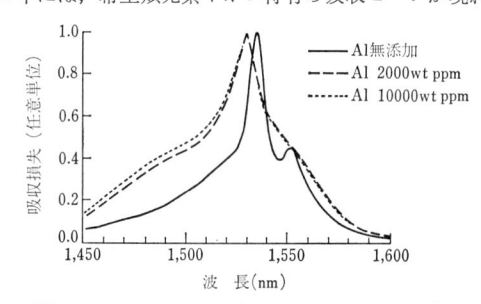

図 Ⅳ.2.6 Er 添加石英光ファイバーにおける蛍光スペクトル

Er 添加石英ファイバーにおいては，アルミニウム（Al）が重要な共添加剤として用いられる．Er 添加石英ファイバーの 1.5 μm 付近の吸収スペクトルおよび蛍光スペクトルを図 Ⅳ.2.5，図 Ⅳ.2.6 にそれぞれ示す．Al を含まない通常の組成（GeO$_2$-SiO$_2$ または SiO$_2$）では，吸収スペクトル，蛍光スペクトルともに 1.535 μm と 1.552 μm に急峻なピークが認められる．これに Al を共添加するとその添加量に応じてスペクトルがブロードになり，その結果として増幅特性の信号光波長依存性の平坦化（広帯域化）が期待できる．

また Er 濃度を高めていくと発生する濃度消光の抑制にも Al は効果的に利用される．濃度消光とは，ガラス中に分散していた希土類元素イオンが高濃度化に伴い相互にエネルギーの授受を起こし発光特性を劣化させる現象である．これを確認する手法としては増幅に寄与する遷移の上準位からの蛍光寿命変化を調べる方法が簡便であり，図 Ⅳ.2.7[21] に示すように Al 添加により濃度消光に伴う Er の $^4I_{13/2}$ 準位からの蛍光寿命変化が抑制されることが確認されている．すなわち Al 添加は，特性の劣化なく Er の高濃度化を可能とするので，ファイバー短尺化にも有効に作用する．なお，ランタン（La）にも Al と同様の効果が見出されている[22]．

1.3μm 帯光増幅については，Nd^{3+} の $^4I_{13/2} \rightarrow {}^4I_{11/2}$ 遷移の利用が検討されてきた．石英ガラスをホストとした場合はこの遷移による蛍光ピーク波長は 1.37μm となり 1.3μm 帯光増幅には利用できない．ところがフッ化物ガラスをホストとすると 図Ⅳ.2.1 に示すように Nd^{3+} のエネルギー準位が変化し蛍光ピーク波長を 1.32μm 付近に移動できる．ただし Nd^{3+} の場合，上準位 $^4I_{13/2}$ からさらに上の $^4G_{7/2}$ 準位への吸収（励起準位吸収, excited state absorption; ESA）が波長 1.31μm を中心に発生するため，1.32μm 以下の波長域での増幅は期待できない．

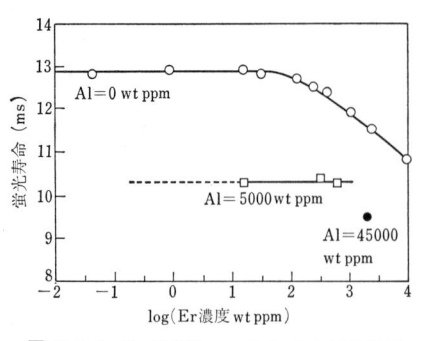

図 Ⅳ.2.7 Er 添加光ファイバーにおける蛍光寿命（$^4I_{13/2} \rightarrow {}^4I_{15/2}$）の Er 添加濃度依存性[21]

また 1.32μm 以上の波長域においても遷移確率の高い $^4F_{3/2} \rightarrow {}^4I_{13/2}$ 間の 1.06μm 発光を抑える工夫が必要となる[11]．このような Nd の欠点を克服するために新たに検討され始めた希土類元素が Pr である．Pr では $^1G_4 \rightarrow {}^3H_5$ 遷移（蛍光ピーク波長 1.31μm）を利用し 1.31μm を中心とした広い波長域での増幅が確認されている．ただし $^1G_4$ への励起効率が低くまた $^1G_4$ 準位はガラスネットワークへ多格子振動吸収としてエネルギーを奪われやすいのでフッ化物ガラス以外のホスト材料ではその蛍光すら認められていない[23]．

増幅特性を向上させるための希土類元素添加光ファイバーの構造面での工夫としては，第一に励起光パワー密度を高めるための高 NA・単一モード化がある．さらに，Er のような三準位系の場合には励起光パワー密度の低いコア外周部において Er は増幅媒質ではなく吸収媒質としてのみ作用することから，励起光パワー密度の高いコア中心部にのみ希土類元素を添加する部分添加も積極的に利用される[24]．構造最適化のために用いられる実用的なパラメーターとしては，実効断面積（A_{eff}）がある．A_{eff} は，励起光の半径方向のパワー分布を $P(r)$，希土類元素添加部の半径を b，モードフィールド径を 2ω としたとき

$$A_{eff} = \frac{\int_0^\infty P(r)rdr}{\int_0^b P(r)rdr} \cdot \pi b^2 \qquad (2.1)$$

として定義される．$P(r)$ をガウス形（$\exp(-2r^2/\omega^2)$）と近似すると A_{eff} は

$$A_{eff} = \frac{\pi b^2}{1-\exp(-2b^2/\omega^2)} \qquad (2.2)$$

と書ける．Er 添加光ファイバー増幅器において励起光波長を 1.48μm, 信号光波長を 1.536μm としたとき，励起光から信号光へのエネルギー変換効率 η と A_{eff} の関係につ

いて，計算結果例を図 IV.2.8 に示す．この場合，A_{eff} を $10\,\mu\text{m}^2$ 以下とすることにより $\eta > 80\%$ を達成できることが示されている．A_{eff} とファイバーパラメーターとの関係は

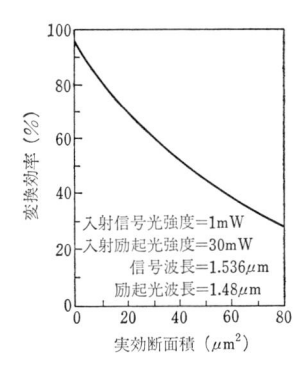

図 IV.2.8 Er 添加光ファイバー増幅器におけるエネルギー変換効率と実効断面積の関係（計算例）

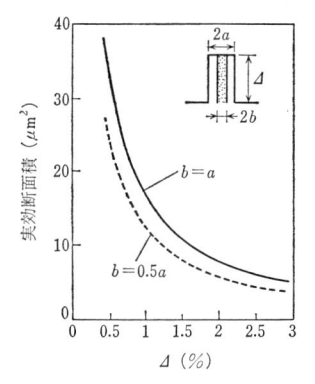

図 IV.2.9 実効断面積とコア・クラッド間の比屈折率差（Δ）の関係

図 IV.2.9 のように表される．カットオフ波長（V 値）一定の場合，A_{eff} はコア・クラッド間の比屈折率差 Δ に反比例し，高 NA 化と部分添加が A_{eff} の低減，すなわち増幅特性向上に有効であることがわかる．実用面では，NA の低い光ファイバー線路との接続性を考慮し，希土類添加ファイバーの NA を選択する必要がある．

c. 長尺微量 Er 添加ファイバー: 希土類元素を ppm オーダーで極微量添加した長尺の光ファイバー自身を光線路そのものとし，光ファイバーの損失を光線路全長にわたって均一に補償する分布定数的な使用方法も活発に研究・開発が進められている．その目的

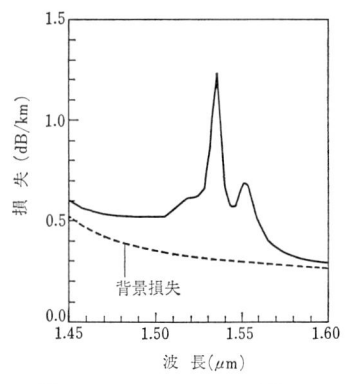

図 IV.2.10 微量 Er 添加分散シフトファイバーの損失スペクトル[25]

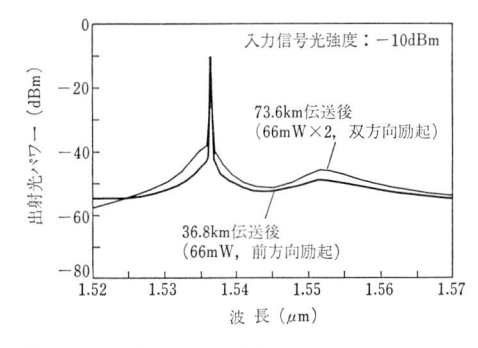

図 IV.2.11 微量 Er 添加分散シフトファイバーにおける長距離伝送後の出射光スペクトル[25]

の一つは，自然放出光の増幅（ASE 発生）を抑え低雑音の無損失光線路を実現することである．またソリトン伝送用の光線路としての利用も魅力的な目的である[8]．これらの目的で開発された長尺・微量 Er 添加分散シフトファイバー[25]の損失スペクトルを図 IV.2.10 に示す．また，Er 濃度が多少異なる2本のファイバーを接続し 36.8km 長としたもの，および4本接続し 73.6km 長としたものについての出射光の波形スペクトルを図 IV.2.11 にそれぞれ示す．今後は，さらに長手方向の Er 濃度分布を適正化することにより長手方向の信号光レベルの変動を抑えることや雑音特性の確認が望まれる．

（2）関連微小光学部品　　希土類元素添加光ファイバー増幅器には各種の微小光学部品が必要不可欠な構成要素として使われている．換言すれば，関連微小光学部品なくしては，光ファイバー増幅器の実用化はおろか，その開発もままならなかったに違いない[26]．以下，各微小光学部品について，光ファイバー増幅器での使用目的を中心に述べる．各部品の詳細な解説については，本ハンドブックの関連各章を御参照いただきたい．

　a．光合分波器：　波長の異なる励起光と信号光を合波し希土類元素添加光ファイバーに入射するために用いられる．ファイバー溶融形カップラーが希土類元素添加ファイバーや光ファイバー線路との低損失融着接続が容易なため多く利用されている．またダイクロイックミラーなどのバルク形の光合分波器も光軸調整などのむずかしさはあるが，ほかのバルク形部品との組合せにより小形化できる利点は大きい．図 IV.2.12 のように偏波ビームスプリッターや光アイソレーターと一体モジュール化を図った報告もある[27]．

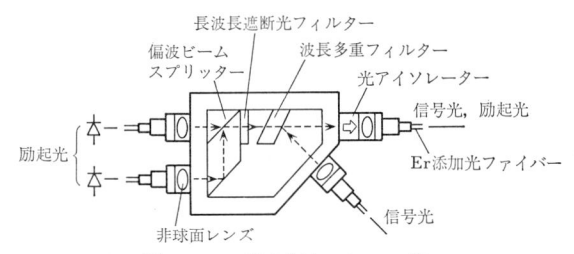

図 IV.2.12　光合分波モジュール[27]

　b．光アイソレーター：　各種光部品の接続点での反射戻り光により希土類元素添加光ファイバーでのレーザー発振を防止するために用いられる．また励起光源への戻り光を阻止し励起光源を保護する目的にも用いられる．希土類元素添加光ファイバー増幅器の特徴を生かすため偏波無依存性は必須である．

　c．光フィルター：　増幅後，光線路内へ励起光や自然放出光に基づく誘導放出光（ASE）の混入を防ぎ雑音特性を向上させるために用いられる．特に ASE の除去のためには，信号光波長以外は遮断する狭帯域光フィルターが必要となる．

　d．偏波ビームスプリッター：　二つの励起光源からの励起光を偏波合成し励起光パワーの増加を図るために用いられる．

　e．モードフィールド変換器：モードフィールド径の異なる希土類元素添加光ファイバ

一と通常ファイバーとの接続損失を低減するために接続部分でモードフィールド径を長さ方向に連続的に変化させたもの．融着接続後の追加放電による方法が簡便である．

[金森弘雄]

参考文献

1) 池上徹彦：MICROOPTICS NEWS, 8, 1 (1990), 1-6.
2) 中沢正隆：応用物理, **59**, 9 (1990), 1175-1192.
3) 中川清司, 川西悟基：光学, **18**, 6 (1989), 282-290.
4) 青木恭弘：光学, **18**, 6 (1989), 303-304.
5) 中沢正隆：応用物理, **56**, 10 (1987), 1265-1288.
6) 島田禎晋：O plus E, **113** (1989), 75-82.
7) 吉田尚弘, 枝川 登, 多賀秀徳, 笠 史郎, 山本 周, 若林博晴：MICROOPTICS NEWS, 8, 1 (1990), 29-34.
8) 中沢正隆：信学会誌, **74**, 3 (1991), 229-234.
9) 米田悦吾：信学会誌, **74**, 3 (1991), 235-239.
10) 萩本和男：MICROOPTICS NEWS, 8, 1 (1990), 23-28.
11) Y. Miyajima, T. Sugawa and T. Komukai: Tech. dig. Optical amplifiers and their applications 1991, WB3 (1991), 16-19.
12) Y. Ohishi, T. Kanamori, T. Kitagawa, S. Takahashi, E. Snitzer, G. H. Sigel, Jr.: Postdeadline paper of Conference on optical fiber communication, PD2 (1991), 10-13.
13) 横町之裕, 中里浩二, 重松昌行, 平井 茂, 千種佳樹, 鈴木修三：1991 信学会春季全大, C-323 (1991).
14) S. B. Poole, D. N. Payne and M. E. Fermann: Electron. Lett., **21**, 17 (1985), 737-738.
15) J. E. Toensend, S. B. Poole and D. N. Payne: Electron. Lett., **23**, 7 (1987), 329-331.
16) 清水 誠, 大森保治, 塙 文明, 堀口正治：昭61 信学会総全大 (1986), 1138.
17) 御前俊和, 菊川良宣, 林 徳治, 吉田 実, 田中紘幸, 新谷 健：昭62信学会半導体・材料全大 (1987), 441.
18) P. L. Bocko: Tech. dig. of 1989 Optical fiber communication conference, TUG2, Houston Texas (1989).
19) S. Mitachi, T. Miyashita and T. Kanamori: Electron. Lett., **17**, 17 (1981), 591-592.
20) Y. Ohishi, S. Sakaguchi and S. Takahashi: Electron. Lett., **22**, 20 (1986), 1034-1035.
21) 酒井哲也, 田中大一郎, 和田 朗, 山内良三：1990信学会秋季全大, C-269 (1990).
22) Y. Kimura and M. Nakazawa: Tech. dig. Optical amplifiers and their applications 1991, WD5, Snowmass Village, Colorado (1991), 60-63.
23) 中里浩二, 大西正志, 向後隆司, 渡辺 稔, 山西 徹：1991信学会秋季全大, C-222 (1991).
24) B. J. Ainslie, S. P. Craig, S. T. Davey and B. Wakefield: Materials Lett., **6**, 5/6 (1988), 139-144.
25) D. Tanaka, A. Wada, T. Sakai, T. Nozawa and R. Yamauchi: Tech. dig. Optical amplifiers and their applications 1991, ThD4, Snowmass Village, Colorado (1991), 156-159.
26) 中島啓幾：MICROOPTICS NEWS, 8 (1990, 2月), 111-114.
27) H. Takenaka, M. Fujita, Y. Odagiri, Y. Sunohara and Y. Mito: Tech. dig. Optical amplifiers and their applications 1991, FD2, Snowmass Village, Colorado (1991), 254-257.

2.1.3 励起用半導体レーザー

(1) 光ファイバー増幅器の吸収波長と半導体レーザーの波長 希土類元素をドープした光ファイバー増幅器を励起するには固体レーザー,気体レーザー,半導体レーザーなどのレーザー光源が用いられている.しかし,装置の小形化,低消費電力化,高信頼化などを実現するには半導体レーザーを用いることが重要である.したがって,光ファイバー増幅器の吸収波長帯を調べ,これに整合する半導体レーザーを選択する必要がある.

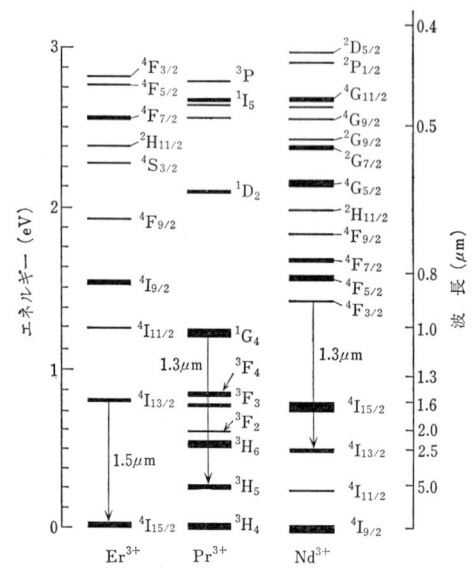

図 IV.2.13 に,光通信応用として重要な $1.5\,\mu\mathrm{m}$, $1.3\,\mu\mathrm{m}$ 波長帯の光ファイバー増幅器のドープ元素として用いられる Er,および Pr, Nd のエネルギー準位を示す.これらのエネルギー準位は母材に取り込まれたときに若干変化する.図 IV.2.14 には,室温連続動作が可能な各種半導体レーザーの発振波長範囲を示す.最短波長の AlGaInP/GaAs 系から長波長の InGaAsP/InP 系まで,$0.615\,\mu\mathrm{m}$ から $1.6\,\mu\mathrm{m}$ 程度までの波長範囲がカバーされている.し

図 IV.2.13 Er^{3+}, Pr^{3+}, Nd^{3+} イオンのエネルギー準位

かしながら励起光源に必要とされる 100 mW 級の高出力動作,光ファイバーとの高結合特性および高信頼性を兼ね備えた半導体レーザーの実現は容易ではない. $1.5\,\mu\mathrm{m}$ 波長帯の Er ドープ光ファイバー増幅器(EDFA)を励起する $1.48\,\mu\mathrm{m}$ 波長および $0.98\,\mu\mathrm{m}$ 波長の半導体レーザー,および $1.3\,\mu\mathrm{m}$ 波長帯の Pr ドープ光ファイバー増幅器 (PDFA) を励起する $1.02\,\mu\mathrm{m}$ 波長の高出力半導体レーザーが注力されて開発されている.

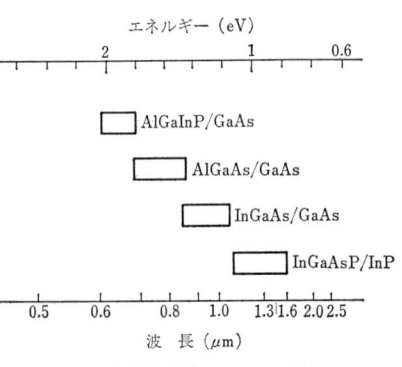

(2) $1.48\,\mu\mathrm{m}$ 波長半導体レーザー
半導体レーザー励起の光ファイバー増幅器が最初に報告されたのは $1.48\,\mu\mathrm{m}$ 波長半導体レーザーを用いてであったように[1], $1.48\,\mu\mathrm{m}$ 波長は EDFA の最重要な励起波長帯である.図 IV.2.15 に $1.48\,\mu\mathrm{m}$ 波長半導体レーザーの代表的な二つの構造を示す.(a)は活性層が $0.1\,\mu\mathrm{m}$ 程度の厚さのバルク

図 IV.2.14 各種半導体レーザーの発振波長範囲

InGaAsP 半導体レーザーである[2]．(b)は活性層を InGaAs/InGaAsP の多重量子井戸 (MQW) 構造とした半導体レーザーである[3]．光ファイバー増幅器励起用の高出力半導体

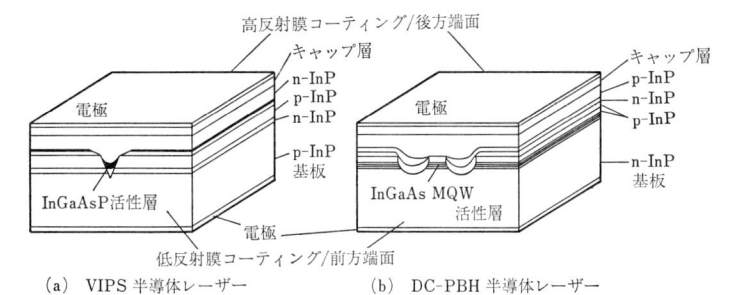

図 IV.2.15 高出力半導体レーザーの構造例

(a) VIPS 半導体レーザー
(b) DC-PBH 半導体レーザー

レーザー実現に必要な要件を以下に列挙する．

① 高出力まで安定な基本横モードを維持し，かつ光ファイバーとの高効率結合が可能な出射ビーム形状を与える光導波路構造．
② 内部吸収損失を低減し外部微分量子効率を増大．
③ 光ファイバー結合端面からの光取出し効率を高めるために，前方/後方端面反射率を非対称化．
④ 共振器長を長くし熱放散を向上．
⑤ 高い注入電流域まで活性層への効率よい電流閉込め．

図 IV.2.15 の構造ではともに pnpn 電流閉込め構造が形成されており，活性層への電流閉込めが良好である．活性層幅は高次モードがカットオフになる $1.5\,\mu m$ 程度以下に設定

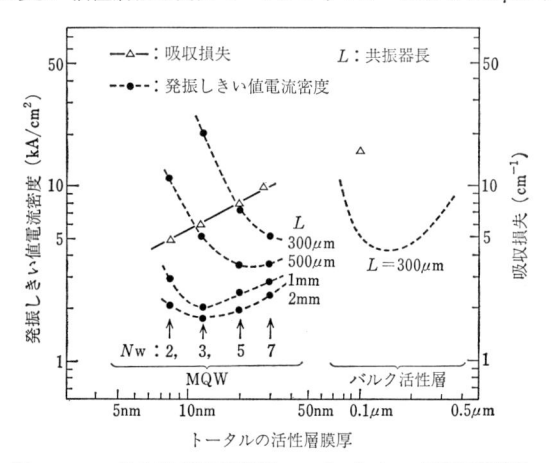

図 IV.2.16 多重量子井戸半導体レーザーとバルク活性層半導体レーザーの発振しきい値電流密度，吸収損失特性

されており，高出力域まで安定な基本横モードが維持されている．また誘電体膜を用いて端面反射率が非対称に形成されている．

半導体レーザーの基本パラメーターである吸収損失と発振しきい値電流密度は活性層構造に依存する．図Ⅵ.2.16にバルクおよび多重量子井戸（MQW）の活性層についての実験結果を示す．バルク活性層の場合には発振しきい値密度が増加することから $0.1\,\mu m$ 以下に活性層厚を減少するのがむずかしい．一方，量子井戸（膜厚 $40\,\text{Å}$ の InGaAs ウェル層）の場合には光学利得が増大することから多重量子井戸の総和厚さが $0.05\,\mu m$ 以下になっても発振しきい値が極端に増加することはない．この結果，活性層への光閉込め係数が小さく吸収損失が低減する．長い共振器を用いて熱放散を大きくすることが可能となる．図Ⅳ.2.15(b) の MQW-DC-PBH 半導体レーザーに関し，最大光出力の観点から量子井戸層数と共振器長との最適値を実験的に求めた結果を図Ⅳ.2.17に示す．両端面からの総光出力が最大になるのは量子井戸層数は5程度である．共振器長については 1 mm 程度までは光出力増大の効果が著しく，これ以上では増加は緩やかである．

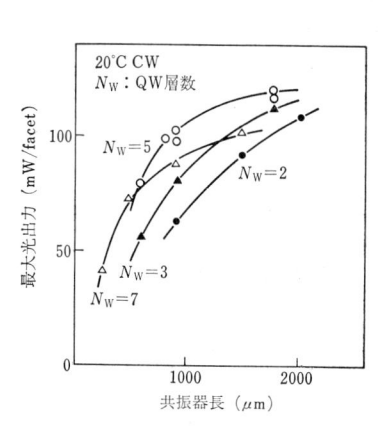

図Ⅳ.2.17 $1.48\,\mu m$ 波長 MQW-DC-PBH 半導体レーザーにおける 最大出力の共振器長と量子井戸層数依存性

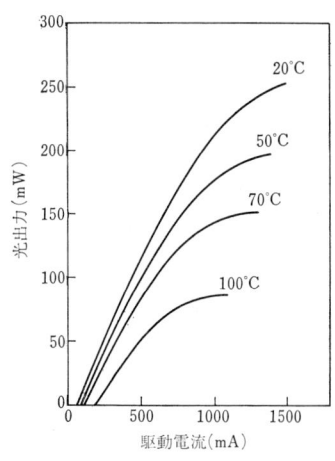

図Ⅳ.2.18 共振器長 1.8 mm の 1.48 μm 波長 MQW-DC-PBH 半導体レーザーの電流-光出力特性

以上の観点から共振器長が $900\,\mu m$, 1.8 mm の素子の電流-光出力，およびその温度依存性を求めた結果を図Ⅳ.2.18に示す．1.8 mm 素子では 20°C で最大 250 mW が得られた．100 mW 程度の出力で動作させる場合には駆動電流を低減する必要性から共振器長を1 mm 程度に設定して製品化されている．図Ⅳ.2.19は発振スペクトルである．一般に非常に広い幅の多モード発振を示し光出力増大とともに短波長側へ広がる傾向を示す．出射ビームはほぼ円形であり，水平，垂直方向の半値全角はそれぞれ 19°, 21°である．非球面レンズを用いて偏波保存光ファイバーに接続した場合の損失は平均 1.7 dB と良好である．図Ⅳ.2.20は 20°C, 100 mW の一定光出力条件での信頼性試験経過であり，駆動電流

増加の平均値は 2×10^{-6}/h である．このように $1.48\,\mu\mathrm{m}$ 半導体レーザーは 100 mW という高出力条件においても光通信用としての高い信頼性をもつことが確認されている．

$1.48\,\mu\mathrm{m}$ 半導体レーザーの性能向上への試みは継続されており，活性層構造をひずみ量子井戸構造にすることによる高出力動作や光ファイバー結合損失の低減が進められている．

（3） $0.98\,\mu\mathrm{m}$ 波長半導体レーザー
$0.98\,\mu\mathrm{m}$ は EDFA 励起の重要な波長帯であるが，従来 $0.85\,\mu\mathrm{m}$ から $1.1\,\mu\mathrm{m}$ にかけては GaAs や InP に格子整合し容易に結晶成長できる材料がないこと，また大きな用途もなかったことから開発が進められていなかった．近年，活性層は量子井戸のように薄膜であれば結晶基板と格子整合しなくても転位のない高品質な結晶が得られることがわかり，ひずみ量子井戸構造として，この波長域での動作が可能になった．すなわち，GaAs を基板とし $\mathrm{In}_x\mathrm{Ga}_{1-x}\mathrm{As}$ ひ

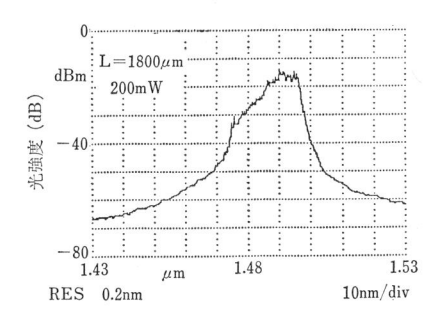

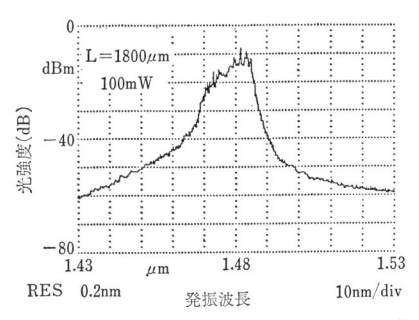

図 Ⅳ.2.19 $1.48\,\mu\mathrm{m}$ 波長 MQW-DC-PBH 半導体レーザーの発振スペクトル特性

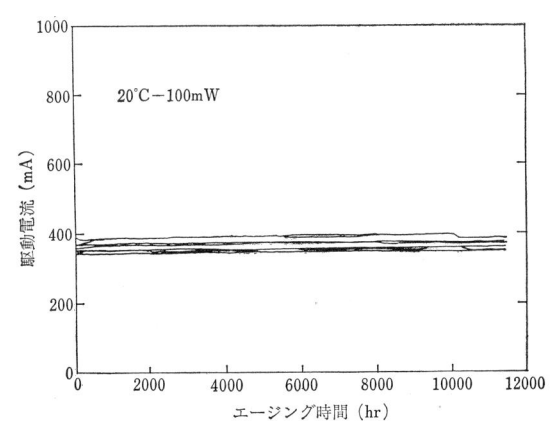

図 Ⅳ.2.20 $1.48\,\mu\mathrm{m}$ 波長 MQW-DC-PBH 半導体レーザーの 20℃，100 mW 定出力エージング試験

ずみ量子井戸活性層を形成することで 0.98 μm 半導体レーザー[4,5]や PDFA 励起用の 1.02 μm 半導体レーザーが実現されている[6].

図Ⅳ.2.21 に GaAs に混入する InAs 組成を変化させて 1.02 μm 波長までの半導体レーザーを試作し求めた発振しきい値と内部吸収損失の発振波長依存性を示す．いずれも良好であり内部吸収損失は長波長化に従って低減している．発振横モードの制御には作製が容易なリッジ構造やリッジ埋込み構造が試作されている．ここでは表面が平坦になり，エピ表面側を下向きにした状態でのヒートシンクへの融着が容易なリッジ埋込み構造素子を例に記述する．

図Ⅳ.2.22 に素子構造図を示す．活性層は InAs 組成が 25% の InGaAs を 2 層とする DQW(double-quantum-well)構造である[5]．屈折率導波構造とするために p-Al$_{0.4}$Ga$_{0.6}$As クラッド層よりも屈折率の小さな n-In$_{0.5}$Ga$_{0.5}$P 層でリッジ構造を埋め込んでいる．活性層幅 4 μm，共振器長 700 μm，前方端面反射率 1.5%，後方端面反射率 99% の素子の電流-光出力特性を，発振ビーム形状とともに図Ⅳ.2.23 に示す．発振しきい値 17 mA，電流-光出力の微分効率は 0.94 W/A であり 1.48 μm 半導体レーザーに比べ 2 倍以上の効率を示す．最大出力は 385 mW で基本横モードは 200 mW 程度まで維持された．基本横モードの水平放射角は 8.5°，垂直放射角は 32.5° である．図Ⅳ.2.24 に発振波長特性を示す．光出力増大と

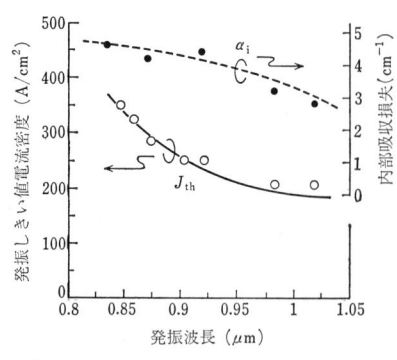

図Ⅳ.2.21 InGaAs/GaAs ひずみ量子井戸半導体レーザーの発振しきい値電流密度と内部吸収損失の発振波長依存性

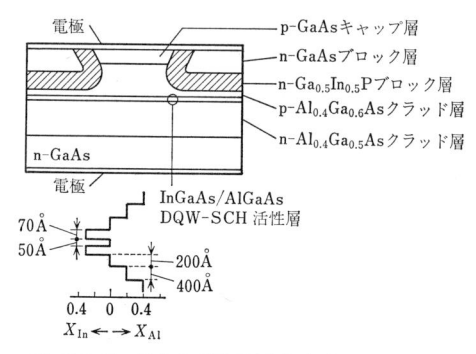

図Ⅳ.2.22 GaInP 埋込み層を有する InGaAs/GaAs ひずみ量子井戸半導体レーザーの構造図

ともに発振により長波長化する．図Ⅳ.2.25 は電流-光出力の温度依存性であり，1.48 μm 半導体レーザーに比較し依存性は小さい．

以上のように 0.98 μm 波長の InGaAs ひずみ量子井戸半導体レーザーは 1.48 μm 半導体レーザーに比較し微分効率，温度特性などの面で大きく優れ，光増幅装置を低消費電力化するうえで魅力的である．しかしながら，従来の AlGaAs 半導体レーザーに近いことから端面光学破壊（COD）による劣化や突発的な故障などの不安があり，信頼性の確立が非常に重要である．図Ⅳ.2.26 は AlGaAs 系材料の半導体レーザーに見られる DLD

2.1 光増幅器

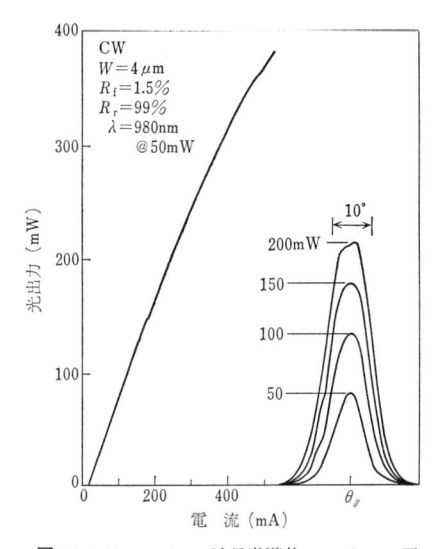

図 Ⅳ.2.23　0.98 μm 波長半導体レーザーの電流-光出力特性

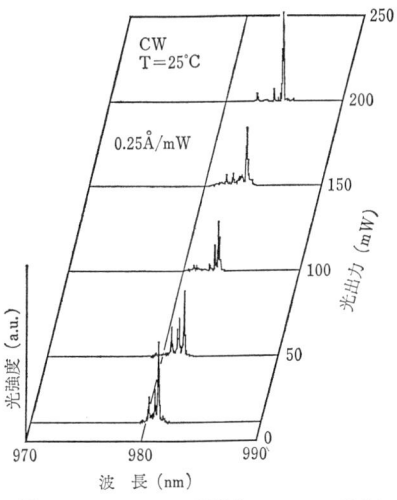

図 Ⅳ.2.24　0.98 μm 半導体レーザーの発振スペクトルの光出力依存性

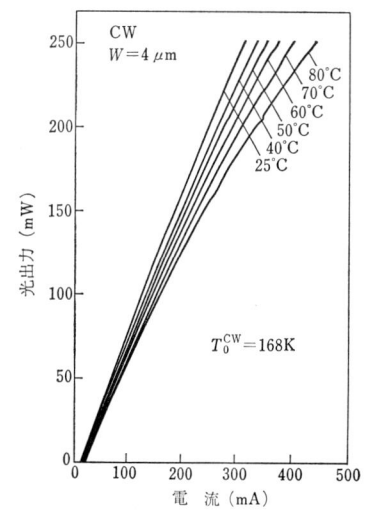

図 Ⅳ.2.25　0.98 μm 半導体レーザーの電流-光出力の動作温度依存性

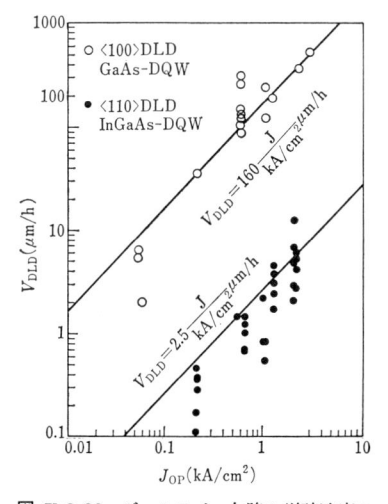

図 Ⅳ.2.26　ダークライン欠陥の増殖速度の電流密度依存性[7]

(dark-line-defect) の増殖速度を GaAs 半導体レーザーと InGaAs ひずみ QW 半導体レーザーとで比較した結果である[7]. InGaAs ひずみ QW では増殖速度が約 1% に減少して

おり高信頼性が期待される．図Ⅳ.2.27に0.98μm半導体レーザーの初期的な信頼性試験の経過を示す．50°C，100mWの一定光出力試験でも約10000時間安定に動作する素子が得られているが，なかには途中で劣化する素子もある．劣化の原因解明と良好な素子の選別条件の確立が実用化に向けた課題である．

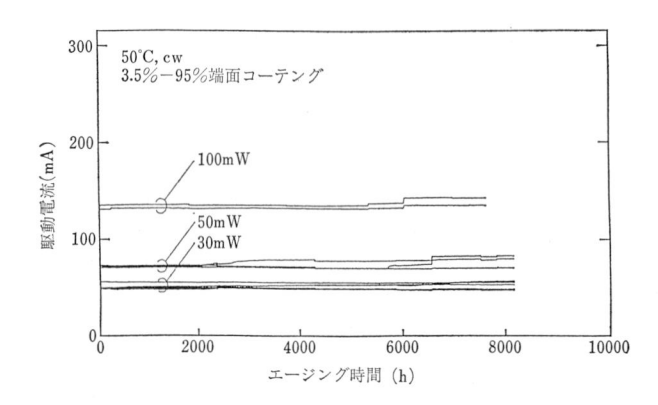

図Ⅳ.2.27　0.98μm半導体レーザーの100mW一定光出力エージング試験

　PDFA励起用の波長1.02μm半導体レーザーもInAs組成を増加させることにより作製可能である．0.98μm波長帯素子とほぼ同様な素子特性が得られている[6]．また最近は活性層はInGaAsのひずみ量子井戸であるが，これを囲む半導体層をGnInP，GaInAsP層とすることでAlを用いない素子も試作されている．このような材料では活性層までエッチングして埋め込む構造が作製できるため，1.48μm半導体レーザーと同様な円形の出射ビームが得られ，2dBの結合損失が得られている[8]．

　いずれにせよ，0.98μm，1.02μm波長の半導体レーザーを光増幅器の励起光源として光通信システムに導入するには信頼性の確立が最大課題である．

　（4）その他の波長の半導体レーザー　　可視光帯のAlGaInP半導体レーザー，0.7～0.83μm波長のAlGaAs半導体レーザーもEDFA，PDFAやNDFAの励起光源になりうるが[9]，1.48μmのInGaAsP半導体レーザーや0.98μmのInGaAsひずみQW半導体レーザーに比べて，高出力で高信頼性を実現するのはさらに困難になると思われる．したがって光ファイバー増幅器励起用光源としての開発はほとんど行われていないが，今後，新しい材料の光ファイバー増幅器が出現し，これらの波長帯素子が必要となったときには1.48μm帯，0.98μm帯素子を参考にした開発が遂行されると思われる．

2.1.4　希土類元素ドープ光ファイバー増幅器特性
（1）増幅特性
　a．**EDFAの増幅特性**[10]：　ErイオンをガラスElDFAについて，増幅特性に影響を与えるパラメーターはEr濃度，Erドーピング形状およびファイバー形状，共ドープ材，ファイバー長，励起波長などである．低励起光入力で高増倍特性を得

ることを目的として，それぞれのパラメーターの最適化が行われている．Er 濃度に関しては数百 ppm 以上になると蛍光寿命の減少により増幅効率が低下するが，共ドープ材として Al_2O_3 を用いるとこの影響が緩和される[11]．また Al_2O_3 を用いることで $1.53\mu m$ 波長のみならず $1.55\mu m$ 帯での比較的広い波長範囲で増幅特性を与えることが可能になる．ドープした Er イオンを均一に励起し，効率よく誘導放出を行わせるために Er イオンはコアの中心部にのみドープされる．励起波長については $1.48\mu m$, $0.98\mu m$, $0.83\mu m$ 波長の半導体レーザーが用いられているが，$0.83\mu m$ での励起は励起準位からさらに高エネルギー準位への吸収（excited state absorption）を引き起こすことから励起効率は $1.48\mu m$, $0.98\mu m$ に比べて低下する．

Kimura らは以上の観点に立ちほぼ最適化した EDFA 特性を報告しており[12]，図Ⅳ.2.28

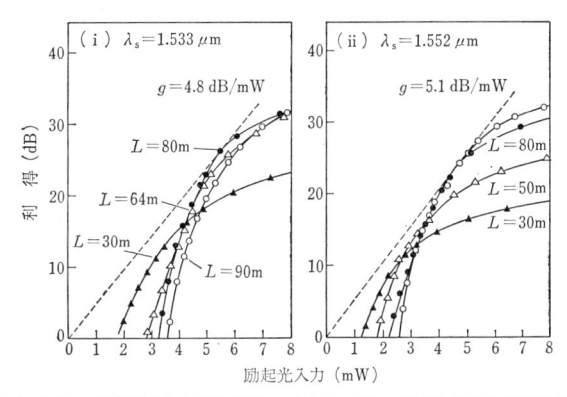

(a) $1.48\mu m$ 波長励起における $1.533\mu m$ 波長と $1.552\mu m$ 波長における利得特性

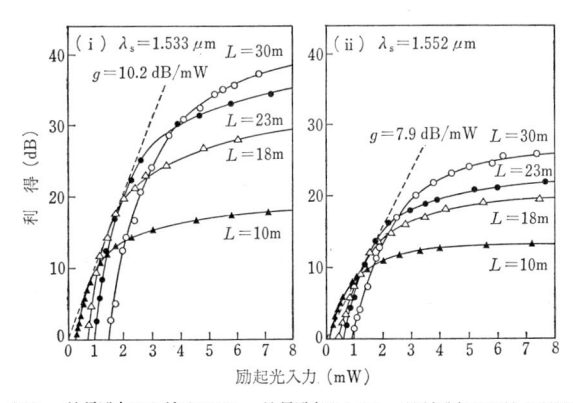

(b) $0.98\mu m$ 波長励起における $1.533\mu m$ 波長励起と $1.552\mu m$ 波長励起における利得特性[12]

図 Ⅳ.2.28 EDFA の利得特性

に増幅利得の光ファイバー長, 励起波長依存性, 図Ⅳ.2.29に飽和出力特性を示す. Erドープファイバーは VAD 液浸法により作製された. ガラス母材は SiO_2-GeO_2-Al_2O_3 からなり, Er ドープ量, Al ドープ量は 210ppm, 500ppm である. 屈折率差1.67%, モード半径 4.8μm である. 図Ⅳ.2.28に示されるように 1.48μm 波長励起では利得効率 5.1 dB/mW（ファイバー長 80～90m, 信号波長 1.552μm), 0.98μm 波長励起では 10.2dB/mW（ファイバー長 23m, 信号波長 1.533μm) と高効率特性が得られている. 0.98μm 波長励起と 1.48μm 波長励起とで最大効率の得られる信号波長が異なるのはファイバー長の違いによる.

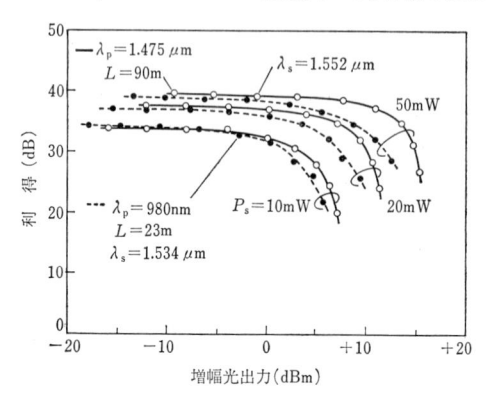

図Ⅳ.2.29 EDFA の飽和出力特性[12]

1.48μm 波長励起の場合には誘導放出した 1.533μm 付近の信号光が比較的長いファイバーを通過する間に再度吸収されるためである.

図Ⅳ.2.29 に見られるように, 1.48μm 波長の 50mW 励起により最大増幅出力 15.5 dBm（信号波長 1.552μm) が得られている. このときのエネルギー変換効率は 71% に達している. 利得が 3dB 低下する飽和出力は 0.98μm 波長励起よりも 1.48μm 波長励起のほうが大きい.

Er イオンの蛍光寿命は数 ms であることから励起光のオン・オフによる利得増減の応答帯域は数 kHz と遅い. 一方, 入力光信号については応答速度は誘導放出過程で決定されるため非常に速い応答を示し, 数 ps 幅の光ソリトン信号を増幅することも行われている. 100Å 以上の利得スペクトル帯域幅から換算すれば数 THz の応答帯域が見込まれる.

b. PDFA の増幅特性: ファイバー母材をフッ素系ガラス組成とし 1.31μm 波長での発光効率を改善することにより, Pr ドープファイバーが 1.3μm 波長帯での有力な光ファイバー増幅器として開発されている. 屈折率差を大きく, コア半径を小さくして 38.2dB の利得が得られている[13]. 図Ⅳ.2.30 は 1.017μm 波長の InGaAs ひずみ QW 半導体レーザーを励起光として構成した PDFA モジュールの増幅特性である[14]. Pr ドープファイバーのコアには

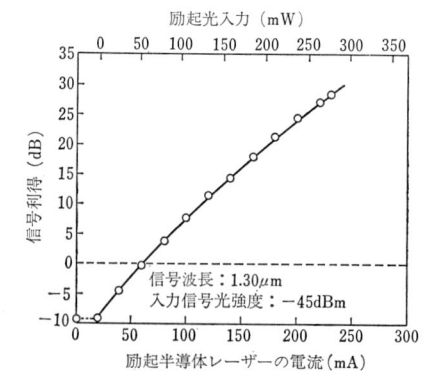

図Ⅳ.2.30 PDFA の利得特性[13]

2.1 光増幅器

ZBLAN-Li-F-PbF$_2$ が,クラッドには ZHBLAN が用いられている.ファイバー長 40m,Pr 濃度は 500ppm, 屈折率差は 3.7% である.前方および後方から励起し,280mW で 28.3dB の利得が得られている.利得 26dB における飽和出力は 6dBm である.図Ⅳ.2.31 には利得の信号波長依存性を示す.3dB の利得スペクトル帯域は 21nm であった.

以上のように 1.3μm 波長帯においても半導体レーザー励起で高い増幅利得が得られるようになった.しかし数本の 1.02μm 波長半導体レーザーを用いて励起するとしても 200mW もの励起光入力を高い信頼性をもって実現するのはむずかしい.Pr ドープファイバーの改良が今後とも必要と考えられる.

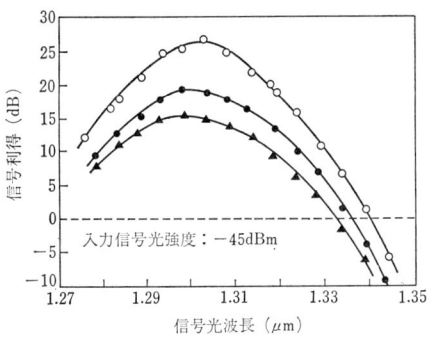

図Ⅳ.2.31 PDFA の利得スペクトル特性[13]

(2) 雑音特性 光ファイバー増幅器からの光出力は,増幅された信号光と増幅された自然放出光(ASE; amplified spontaneous emission)がある.自然放出光は広いスペクトル幅をもつ.したがって受光素子で光強度を検出する際の雑音は,① 増幅された信号光のショット雑音,② ASE によるショット雑音,③ 信号光と ASE のスペクトル成分によるビート雑音,④ ASE のスペクトル成分間のビート雑音,から構成される.受信器の直前に信号光を通過させる狭帯域の光フィルターを置けば,②と④の雑音はかなり除去できるが,③の雑音成分は除去できない.したがって雑音成分を小さくするには,狭帯域の光フィルターを用いることと,信号入力レベルを小さくしてビート雑音を小さくする必要がある.

光ファイバーの雑音を示すのに雑音指数 NF (noise figure) が定義される.

$$NF = SNR_{in}/SNR_{out} \tag{2.3}$$

ここで,SNR_{in}, SNR_{out}:入射光,増幅光の信号対雑音比である.

この表式は大越により以下の簡略された形で与えられた[15].

$$NF = 2n_{sp}(G-1)/G + 1/G \quad \text{(光増幅器内部の光強度が大きい場合)} \tag{2.4}$$

$$NF = 2n_{sp} \quad \text{(利得 } G \text{ が大きい場合)} \tag{2.5}$$

$$n_{sp} = N_2/(N_2 - N_1) \tag{2.6}$$

N_2, N_1 は上準位,下準位に分布する単位体積当たりの Er イオンの数である.N_2 が N_1 に対し十分大きく反転分布パラメーター n_{sp} は 1 となり,利得が十分大きい場合には NF は 2,すなわち 3dB になる.

雑音特性の測定結果を図Ⅳ.2.32 (a), (b) に示す.0.98μm 波長励起の場合には,励起光がそれ以上吸収されない最大励起にすると $N_1 \simeq 0$ になる.したがって,$N_2/(N_2-N_1)=1$ になり,NF は 3dB (量子限界) となり,図Ⅳ.2.32 (b) の測定結果に一致する[16].

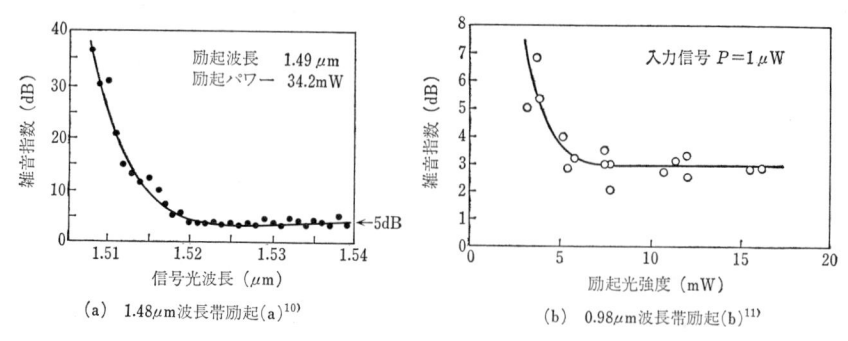

(a) 1.48μm波長帯励起(a)[10]   (b) 0.98μm波長帯励起(b)[11]

図 Ⅳ.2.32　EDFA の雑音指数

一方，1.48μm 励起の場合には NF は約 5 となる．これは 1.48μm 励起では誘導放出の上準位 $^4I_{13/2}$ のうちの高エネルギー側の準位 E_u に Er イオンを励起するが，この準位 E_u と誘導放出が起こる始準位 N_2 との間はボルツマン分布，$N_u = N_2 \exp(-\Delta E/kT) = 0.38$ で結ばれる．励起が十分に行われて透明になる条件が $N_u = N_1$ であることから，反転分布パラメーター $N_2/(N_2-N_1)$ が 1.6 となり，NF は 5.1dB 程度に見積られるのと整合する[10]．これから高感度受信特性を実現するには 0.98μm 波長励起が望ましいことがわかる．

2.1.5　光ファイバー増幅器の応用

光ファイバー増幅器は，高出力増幅が可能，広範囲な増幅波長帯域をもつ，低雑音である，伝送線路の光ファイバーとの整合性がよいなどの特徴をもつことからさまざまな応用が行われている．

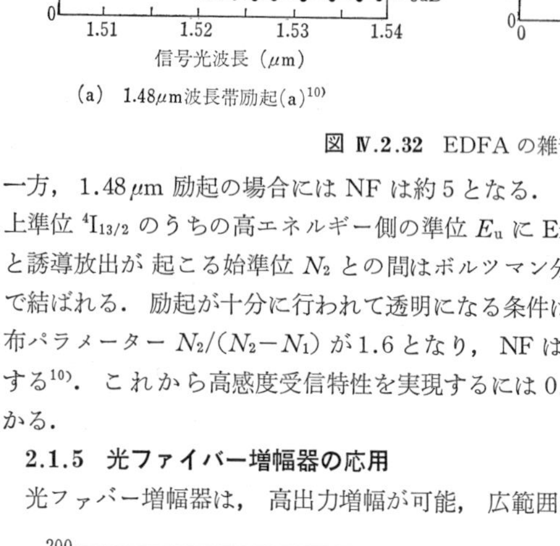

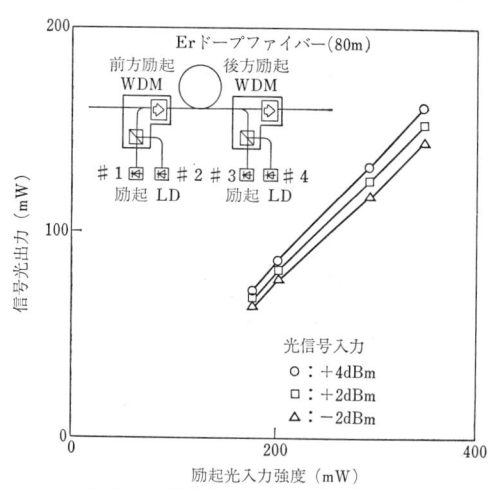

（1）後置増幅器（ポストアンプ）　図 Ⅳ.2.33 に高出力の光ポストアンプを形成した例を示す[17]．Er ドープファイバーを前方，後方から 4 個の 1.48μm 半導体レーザーで励起している．345mW 励起入力時に 1.552μm 波長の信号光が 170mW まで増幅されている．入射波長を 1.54μm から 1.56μm まで変化させても光出力の変動値は 0.5dB 以下であり，広範囲なスペクトル帯域を有している．

図 Ⅳ.2.33　高出力のEDFA 増殖出力特性[17]

（2）前置増幅器（プリアンプ）　光ファイバー増幅器の利得が 40dB を超えること

から，これを前置増幅器に用いることにより高感度の受信が可能になる．EDFA を用いた受信特性測定の構成を図 Ⅳ.2.34 に示す[18]．Er ドープファイバーは濃度 80 ppm，長さ

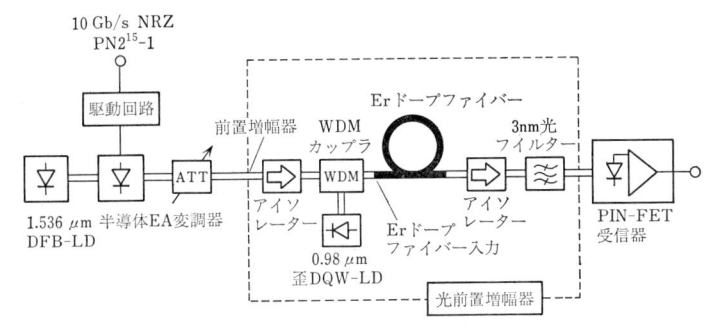

図 Ⅳ.2.34 EDFA を前置増幅器とする受信感度測定系[18]

60 m である．励起光源には低雑音が得られるように 0.98 μm 波長のひずみ量子井戸半導体レーザーが用いられており，前方方向から WDM 光ファイバーカップラーを用いて結合されている．InGaAs-PIN-PD の受光器の直前には狭帯域の光フィルターを挿入し信号光波長域以外の自然放出光を遮断している．

以上の受信器構成において，受信感度を決めるパラメーターは，光増幅器の利得，光フィルターの透過帯域幅，光増幅器内部の反射率（Er ドープファイバー端などからの反射），である．図 Ⅳ.2.35 に上記パラメーターと受信感度の関係を示す．信号速度は 10 Gb/s である．EDFA の利得が 20 dB 以下の領域では受信信号の S/N は主に受信器の熱雑音に支配されているため，利得の増加に比例して受信感度が改善される．一方，20 dB 以上の領域では信号光と自然放出光との間のビート雑音，自然放出どうしのビート雑音が支配的になる．これらの雑音は光フィルターを狭帯域化することにより減少される．増幅器内部の反射はさらなる利得増大に対し感度劣化を生じさせる．これから利得の最適値が存在する．光フィルターの帯域幅を 3 nm とした実験結果は計算値にほぼ一致しており，10^{-9} のビットエラーレートにおける最高感度は -37.2 dBm である．-35 dB 程度の内部反射が見込まれ，反射低減により -40 dBm 程度の感度が期待される．

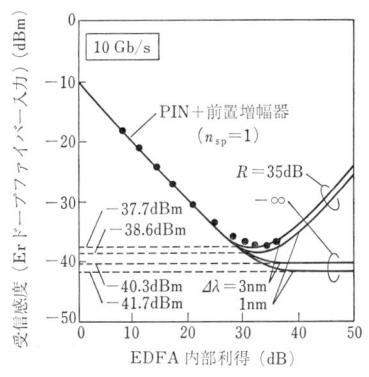

図 Ⅳ.2.35 受信感度の光増幅利得，光フィルター透過帯域幅（$\Delta\lambda$），反射率（R）依存性と測定結果[18]

（3）**線形増幅器** 長距離光伝送路の途中に光ファイバー増幅器を置いて，減衰してきた信号を増幅し再度伝送光ファイバーに送り出す中継器としての役割を果たすのが線形

増幅器である．これに対し受光器で受信し電気信号に変換し再度半導体レーザーを変調し光信号に変換する現方式は再生中継方式といわれる．線形増幅方式では光信号が遮断されることなく伝搬されることから，電子回路の簡素化，信号速度が代わっても対応できる，波長多重信号にも対応できる，などの特徴があり，長距離の光通信システム，特に大洋横断システムを目的とした伝送実験が行われている．

多段に光ファイバー増幅器を接続する場合には，中継間隔をできるだけ長くする，すなわち光増幅器の利得をできるだけ大きくすることが望まれる．一方，雑音指数 NF の表式からわかるように雑音も増幅される．

$$NF = (S_1/N_1)/(S_0/N_0) = (S_1/N_1)/(GS_1/N_0) \tag{2.7}$$

$$N_0 = NF \cdot GN_1 \tag{2.8}$$

利得 G を大きくとると雑音の増幅も大きくなり，多数段中継後の雑音蓄積が著しくなる．このような多段に接続した光増幅器全体の雑音指数の求め方については大越による報告がある[15]．

以上のように光増幅器を用いた長距離伝送を行うには全体伝送距離の全長，すなわち中継段数を考慮した適切な利得値に設定する増幅器設計が重要になる．図 Ⅳ.2.36 は Taga らにより報告された 10Gb/s, 9040 km の伝送実験の構成図である[19]．伝送用の光ファイバーは伝搬損失の平均は 0.22dB/km である．総合した光ファイバーのゼロ分散波長は 1.559μm である．この波長での伝送実験が行われた．274 段の中継増幅器が 33km おきに配置されており，各段の光出力は約 +2dBm に設定されている．各段の光増幅器の利得は 7dB 程度と見積もられる．最終段の光プリアンプの前にのみ 1nm の光フィルターが挿入されている．図 Ⅳ.2.37 が受信特性であり雑音蓄積により受信曲線の傾きが緩くなっているが，10 Gb/s の信号速度で 9040km と日本とアメリカ大陸を結ぶ距離の光増幅中継伝送が可能であることが示された．

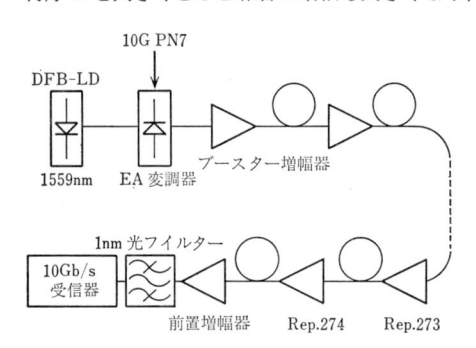

図 Ⅳ.2.36 10Gb/s, 9040km の光増幅器を用いた伝送実験の構成図[19]

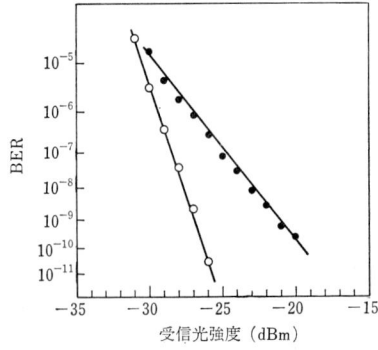

図 Ⅳ.2.37 10Gb/s, 9040km 伝送実験の受信感度特性

（4）波長多重信号の一括増幅 光増幅器の大きな特徴に波長多重化信号の一括増幅がある．2 波長程度の波長多重であれば分波してそれぞれを受信器で受けて再度設定され

2.1 光増幅器

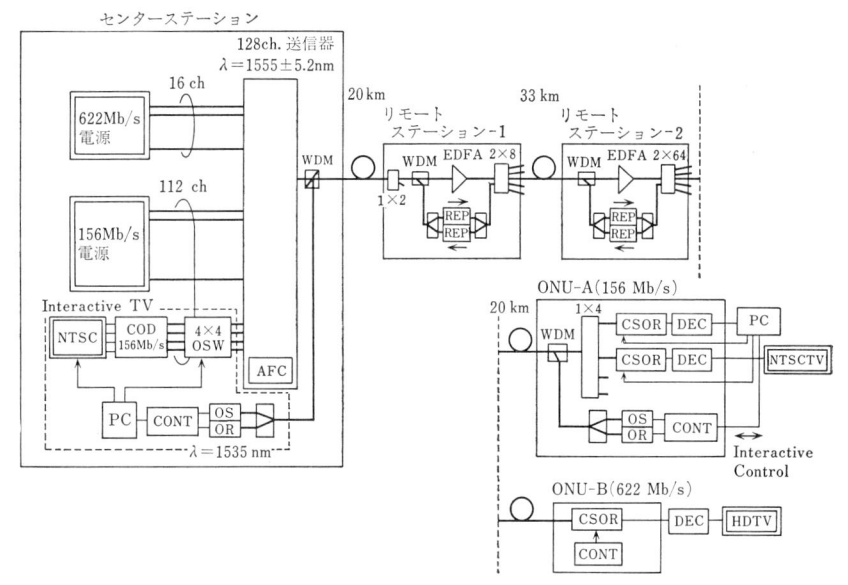

図 Ⅳ.2.38 EDFA を用いた128 チャネル FDM 分配系の構成図[20]

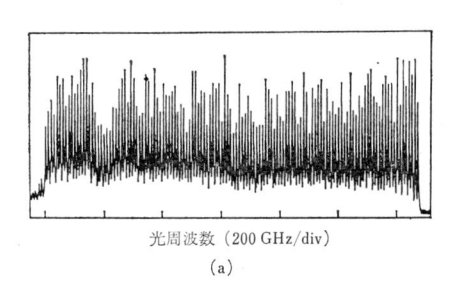

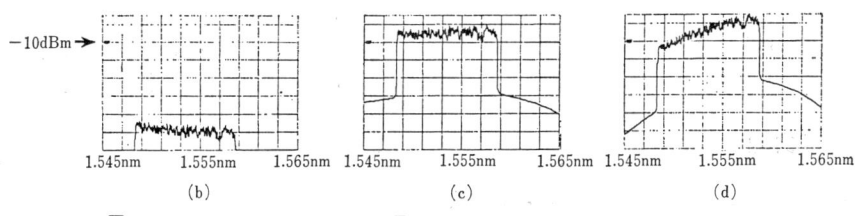

図 Ⅳ.2.39 128 チャネル FDM 信号の光スペクトル (a) と EDFA を用いて多段に増幅された光スペクトル (b), (c), (d)[20]

た波長の半導体レーザーを変調し合波して送り出すという再生中継方式も考えられる．しかし数十波長といった多数の波長多重あるいは周波数多重の場合には，このような方式はほとんど不可能であろう．図Ⅳ.2.38に示されるようにEDFAを用いて128チャネルの周波数多重された光信号を一括増幅する分配系システム実験がTobaらによって報告されている[20]．センター局には1552±5.2nmの波長域に10GHz間隔に信号が設定されている．各チャネルは156Mb/s (112チャネル) あるいは622Mb/s (16チャネル) の速度で周波数変調されている．束ねられて出射された信号は一括してEDFAで増幅されている．図Ⅳ.2.39は束ねられた信号のスペクトル (a) および (b)，第1段のEDFAで増幅された光信号スペクトル (c)，第2段のEDFAで増幅された光信号スペクトル (d) である．(a) の各チャネルの信号強度は-19dBm，(c) のEDFA利得は26.9dBm，(d) のEDFA利得は19.8dBである．(d) では入力信号強度が比較的大きいために利得飽和により光出力の波長依存性が見えている．このようにして分配された後に測定された受信特性において感度劣化は見られておらず，EDFAがこのような周波数多重信号の一括増幅にきわめて有効であることが確認されている．

（5）ソリトン信号の増幅[10]

EDFAが広い利得スペクトル幅を有し広帯域特性が得られることからソリトンパルスの増幅器としての応用が進められている．図Ⅳ.2.40は高いピーク値を有する光パルスの増幅特性であり，サブpsのパルス幅の光パルスに対しても利得が生じていることがわかる[10]．ソリトンパルスの形状を維持して光ファイバーを伝搬させるためには高いピーク値を保つ必要がある．図Ⅳ.2.40からもわかるようEDFAはこのような条件を満足する．最近では，30psのソリトン信号を500kmのループ状の光ファイバー伝送路を通してソリトン伝送可能距離が評価されている．EDFAは50kmおきに設置されており，ソリトンパルスは10Gb/sのパターンデータで変調されている．伝送誤りの評価では100万kmもの長距離の伝送可能性が示された[21]．

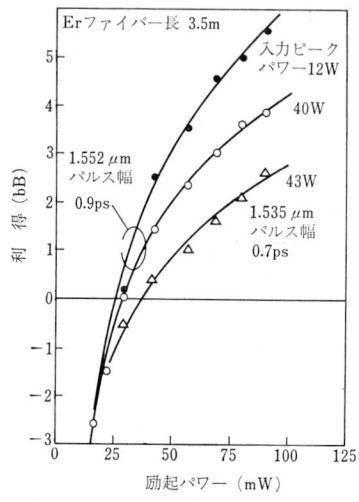

〔水戸郁夫〕

図 Ⅳ.2.40　光ソリトンパルスのEDFAによる増幅特性[10]

参考文献

1) M. Nakazawa, Y. Kimura and K. Suzuki: Appl. Phys. Lett., **54**, 23 (1989), 295-297.
2) S. Oshiba and Y. Tamura: J. Lightwave Technol., **8**, 9 (1990), 1350-1356.
3) H. Asano, S. Takano, M. Kawaradani, M. Kitamura and I. Mito: IEEE Photonics Technol. Lett., **3**, 5 (1991), 415-417.

4) M. Okayasu, M. Fukuda, T. Takeshita and S. Uehara: IEEE Photonice Technol. Lett., **2**, 10 (1990), 689-691.
5) K. Fukagai, S. Ishikawa, H. Asano, H. Fujii and K. Endo: Tech. digest of IOOC/ECOC '91 at Paris, (1991), 117-120/TuA 3-4.
6) S. Ishikawa, K. Fukagai, T. Miyazaki, H. Fujii and K. Endo: Tech. Digest of 13th IEEE semiconductor laser conference at Takamatsu (1992), 204-205.
7) K. Fukagai, S. Ishikawa, K. Endo and T. Yuasa: Jpn. J. Appl. Phys., **30**, 3A (1991), L 371-L 373.
8) 並木 周, 白坂有生, 菊田俊夫: 1993年電子情報通信学会春季大会, 第4分冊, 4-210/C-174 (1993).
9) K. Suzuki, Y. Kimura and M. Nakazawa: Electron Lett., **26**, 13 (1990), 948-949.
10) 中沢正隆: 応用物理, **59**, 9 (1990), 1175-1192.
11) R. I. Laming, D. N. Payne, F. Meli, G. Grasso and E. J. Tarbox: Tech. Digest of Topical Meeting of Optical Amplifiers and Their Applications at Monterey (1990), 16-19.
12) Y. Kimura, M. Nakazawa and K. Suzuki: Appl. Phys. Lett., **57**, 17 (1990), 2635-2637.
13) Y. Miyajima: Tech. Digest of Topical Meeting of Optical Amplifiers and Their Applications at Santa Fe (1992), 4-7-/WB1-1.
14) M. Shimizu, T. Kanamori, J. Tenmyo, M. Wada, M. Yamada, Y. Terunuma, Y. Ohishi and S. Sudo: Tech. Digest of OFC '93 at San Jose, PDP 12 (1993).
15) T. Okosi: Tec. Digest of Post Deadline Papers for Topical Meeting for Optical Amplifiers and Their Applications at Monterey, PDP-11 (1990).
16) R. I. Laming and D. N. Payne: IEEE Photonics Technol. Lett., **2**, 6 (1990), 418-421.
17) H. Takenaka, H. Okuno, M. Fujita, Y. Odagiri, Y. Sunohara and I. Mito: Tech. Digest of Topical Meeting of Optical Amplifiers and Their Applications at Snowmass Village (1991), 254-257.
18) 斉藤朝樹, 春原禎光, 深谷一夫, 石川 信, 藤田定男, 青木恭弘: 信学技法, CS-91 (1991), 13-18.
19) H. Taga, N. Edagawa, H. Tanaka, M. Suzuki, S. Yamamoto, H. Wakabayashi, N. S. Bergano, C. R. Davidson, G. M. Homsey, D. J. Kalmus, P. R. Trischitta, D. A. Gray and R. L. Maybach: Tech. Digetst of Post-Deadline-Papers for OFC/IOOC '93, San Jose, No. DP 1-1 (1993), 9-12.
20) H. Toba, K. Oda, K. Nakanishi, K. Nosu, K. Kato and Y. Hibino: Tech. Digest of OFC/IOOC '93 at San Jose, No. TuN 2 (1993), 66-67.
21) M. Nakazawa, K. Suzuki, E. Yamada, H. Kubota, Y. Kimura and M. Takaya: Tech. Digest of IOOC/OFC '93 at San Jose, PDP-7 (1993).

2.2 半導体レーザー増幅器

2.2.1 半導体レーザー増幅器の仕組み

半導体レーザー増幅器は,発光デバイスである半導体レーザー構造を増幅デバイスとして用いたもので,通常の半導体レーザー同様共振器をもつ共振形増幅器(Fabry-Peort type amplifier; FPA)と共振器をもたない進行形増幅器(traveling wave type amplifier; TWA)に分類される[1,2]. 共振形のなかにも,共振器を回折格子で形成する分布帰還形のものもある[3].

図 IV.2.41 に共振形増幅器の概念図を示す。反射率 R_1, R_2 の反射鏡で構成されており，基本的には半導体レーザーと同一構造である。また，両端面を無反射コーティングして，R_1, $R_2 \to 0$ とすれば進行波形増幅器となる。

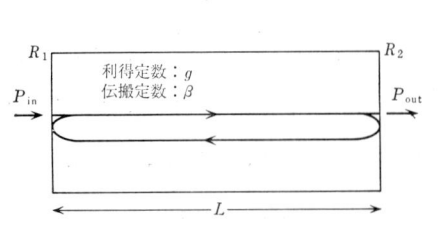

図 IV.2.41 半導体レーザー増幅器の概念図

図 IV.2.42 共振形光増幅器の波長に対する増幅特性の計算結果[4]

さて，共振形増幅器の利得を求めてみる。入射光の電界を E_{in}，出射光の電界を E_{out} とすると，次の関係がある。

$$E_{out} = \sqrt{(1-R_1)}\sqrt{(1-R_2)} \times \{\exp(\xi gL/2 - j\beta L) + \sqrt{(R_1R_2)}\exp(3\xi gL/2 - j3\beta L) + \cdots\} E_{in} \quad (2.9)$$

ここで，g：増幅器の媒質における単位長さ当たりの利得係数，ξ：光閉込め係数，L：増幅器の長さ，β：伝搬定数である。

したがって，利得 G は次式で表される。

$$G = |E_{out}/E_{in}|^2 = \frac{(1-R_1)(1-R_2)G_s}{\{1-\sqrt{(R_1R_2)}\,G_s\}^2 + 4\sqrt{(R_1R_2)}\,G_s\sin^2(\beta L)} \quad (2.10)$$

ここで，G_s：単一通過利得であり次式で与えられる。

$$G_s = \exp(\xi gL) \quad (2.11)$$

式 (2.10) からわかるように，$\beta L = 2n\pi$ を満足するとき，利得は最大となり共振状の増幅特性を示す。その共振ピークの波長間隔を $\Delta \lambda_m$ として，波長に対する増幅特性を示すと図 IV.2.42 のようになる[4]。共振形の場合には，この利得のピークに使用波長を合わせる必要がある。このピークでの値は次式で与えられる。

$$G_{max} = (1-R_1)(1-R_2)G_s/\{1-\sqrt{(R_1R_2)}\,G_s\}^2 \quad (2.12)$$

反射鏡の反射率を上げて，$\sqrt{R_1R_2}\,G_s \to 1$ とすると，$G_{max} \to \infty$ となり，一般に共振形増幅器は同一の長さの進行波形に比べて高利得である。しかし，共振形は，波長の精密な整合が必要である点や，飽和出力が小さい，雑音が大きいなどの問題点もあり，中継増幅などの応用では，主に進行波形が研究されている。この場合，無反射コーティングをして，増幅器端面の反射を防ぎ，共振器効果を排除する。理想的な進行波形増幅器の利得は，式 (2.11) で与えられる。長さが数百 μm で 20 dB から 30 dB の利得が得られている。実際には，残留の端面反射により利得の波長に対する変動が生じるが，これは式 (2.10) から次式を用いて評価できる[4]。

2.2 半導体レーザー増幅器

$$G_{max}/G_{min} = \{1+\sqrt{(R_1R_2)}\,G_s\}^2/\{1-\sqrt{(R_1R_2)}\,G_s\}^2 \qquad (2.13)$$

図Ⅳ.2.43に残留反射率と利得の変動値の関係を示す[4]. たとえば1dB以下に利得変動を抑えるためには, 残留反射率を10^{-4}程度まで低減する必要がある.

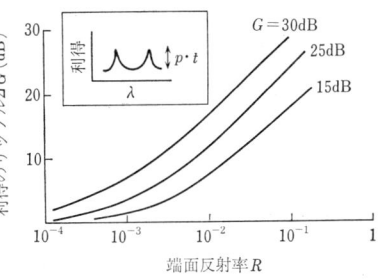

光増幅器の性能の重要な指標の一つとして飽和出力がある. 利得が微小信号入力のときの利得に比べて3dB低下するときの出力パワーであり, 通常, (dBm)の単位で表示される. 第Ⅱ部の5章で述べたようにレート方程式を用いて解析できる. 図Ⅳ.2.44に増幅器出力と利得との関係を示す[5]. 出力の増加とともに, 利得が減少する利得飽和が観測される. 一般に, 進行波形のものが共振形に比べて飽和出力が大きく, 20dBm以上の値も報告されている[6].

図 Ⅳ.2.43 残留反射率と利得変動との関係[4]

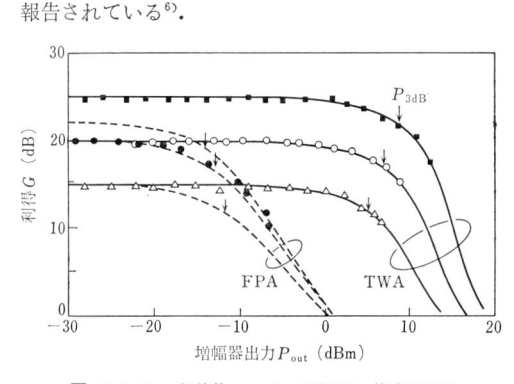

図 Ⅳ.2.44 半導体レーザー増幅器の飽和特性[5]

図Ⅳ.2.45に進行波形増幅器の利得スペクトルを示す[5]. 半導体増幅器では, バンド構造を有するために, 離散準位間での遷移を用いる光ファイバー増幅器に比べて利得帯域幅が広い. また, 使用波長域も用いる半導体材料の組成を変えることで, 広範囲な波長域での使用が可能であり, これは半導体増幅器の大きな利点である.

2.2.2 半導体レーザー増幅器のデバイス技術

前述したように, 進行波形増幅器を実現するためには, 増幅器端面での反射を防ぐ必要がある. このために, 図Ⅳ.2.46に示すような方法がとられている. 無反射コーティングは, 端面に単層あるいは多層の誘電体層を設けるものである. 単層の場合には, 半導体の屈折率をn_1, 外気の屈折率をn_2, 無反射膜の屈折率をn_3とすると, 平面波の入射に対しては, 無反射

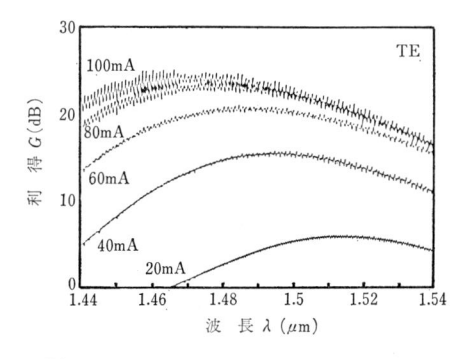

図 Ⅳ.2.45 進行波形増幅器の利得スペクトル[5]

膜の条件は厚さに対しては1/4波長であり，屈折率に対しては，

$$n_3 = \sqrt{(n_1 n_2)} \tag{2.14}$$

で表される．実際の増幅器では，伝搬する光は数 μm のスポットであり，式(2.14)は厳密には適用できない．導波モードを想定した厳密な無反射の条件が検討されている[7]．通常 n_3 としては，1.8程度が要求され，材料として SiO_x や SiN_x が用いられる．たとえば，SiO_x の屈折率は蒸着時の酸素分圧を制御することにより制御される．膜厚の制御は，端面からの光強度や素子の端子電圧を逐次モニターしながら精密に制御されて，残留反射率として 10^{-4} 以下の値が達成されている[8]．

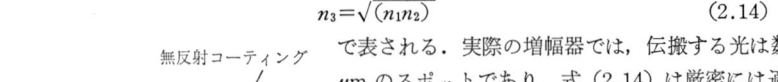

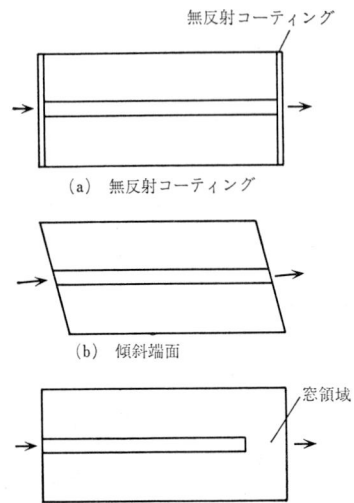

図 Ⅳ.2.46　進行波形増幅器における端面反射の抑制

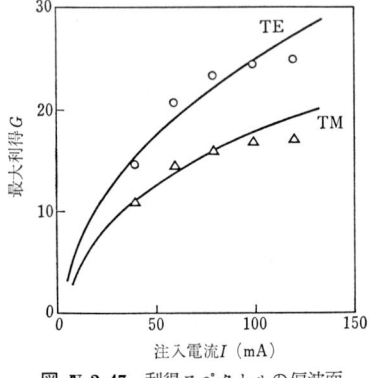

図 Ⅳ.2.47　利得スペクトルの偏波面依存性[5]

また，端面反射の影響を除去する別の方法として，図 Ⅳ.2.46 に示すように端面を傾斜させる方法[9]や窓構造[10]などが用いられている．

光増幅器を光通信の中継増幅器として用いる場合には，入射光の偏波方向はランダムであり，偏波依存性の小さな増幅器が望ましい．しかし，半導体光増幅器の場合には，光ファイバー増幅器と異なり，長方形状断面の光導波路を用いるために各偏波に対する光閉込め係数が異なり，利得に偏波依存性が生じてしまう．図 Ⅳ.2.47 に利得の偏波依存性についての測定例を示す．このような偏波依存性を除去するために，狭ストライプ構造[11]

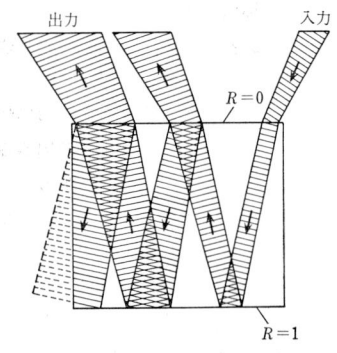

図 Ⅳ.2.48　ブロードエリア高出力増幅器

やひずみ量子井戸構造[12]が導入されている．

光ファイバーとの結合効率は，実際の使用上での利得を決めるうえできわめて重要であ

る.結合の方法としては,先端テーパー加工したファイバーや非球面レンズなどを用いた増幅器モジュールが報告されており,結合効率も片面当たり3dB以下の値も得られている.

2.2.3 いろいろな光増幅器

半導体レーザー増幅器の高出力応用として,図Ⅳ.2.48に示すようなブロードエリア形の高出力増幅器も研究されている[13].飽和出力として,10Wを越える出力も報告されている[14].

半導体レーザー増幅器の利点の一つとして,ほかの半導体光デバイスとの集積化があげられる.これまで,半導体レーザー,光検出器,光変調器などとの集積化が報告されてい

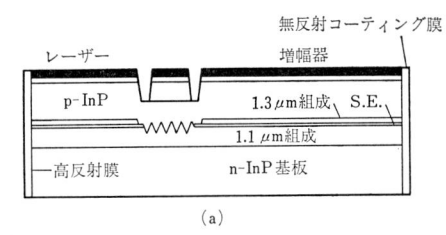

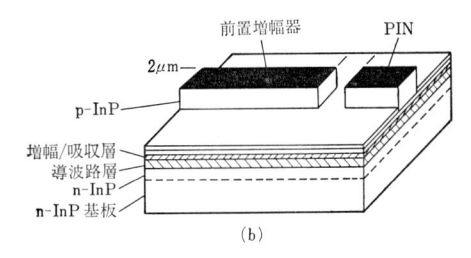

図 Ⅳ.2.49　光増幅器とレーザーの集積(a)[15]と光増幅器と光検出器との集積(b)[16]

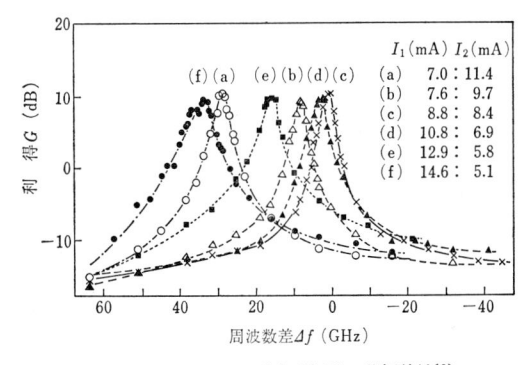

図 Ⅳ.2.50　DFB形光増幅器の共振特性[18]

る[15~17]. 図Ⅳ.2.49(a), (b)にそれぞれ半導体レーザー, 光検出器との集積化の例を示す. レーザーとの集積では, 増幅器は変調器としても用いることができる.

共振形増幅器は, 飽和出力や雑音の点では進行波形増幅器に劣るものの, 特定の波長を選択的に増幅するような機能が得られる. 図Ⅳ.2.50は, DFB形のものであり, 波長に対する増幅特性を示している[18]. 電極を分割して, 注入電流の比率を変えることにより, 共振周波数を変えることが可能で, 可変波長の光フィルターとして用いることができる.

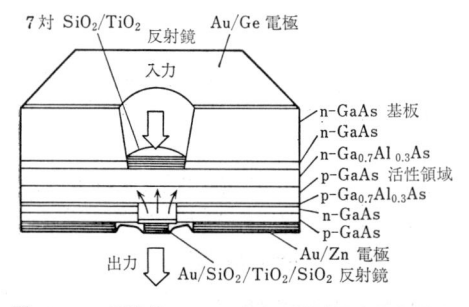

図Ⅳ.2.51 面発光レーザー形光増幅器/光フィルター[20]

また, 図Ⅳ.2.51に示すような光を半導体基板と垂直方向に入射する面形のものも報告されている[19,20]. この場合, 面発光レーザーと同様な構成で, DFB形同様に狭帯域の波長選択フィルターとして用いることができる. 特徴として, ① 高い波長分解能, ② 小さな偏波依存性, ③ 光ファイバーとの高い結合効率, ④ 高密度二次元集積化, ⑤ きわめて小さな消費電力などが期待されている. 　　　　　　　　　　　　　[小山二三夫]

参考文献

1) Y. Yamamoto: IEEE J. Quantum Electron., **QE-16**, 10 (1980), 1047-1052.
2) J. C. Simon: Electron. Lett., **18**, 11 (1982), 438-439.
3) H. Kawaguchi, K. Magari, K. Oe, K. Y. Noguchi and M. Fukuda: Appl. Phys. Lett., **50** (1987), 66-67.
4) M. J. O'Mahony: J. Lightwave Tech., **6**, 4 (1988), 531-544.
5) T. Saitoh and T. Mukai: IEEE J. Quantum Electron., **QE-23**, 6 (1987), 1010-1020.
6) U. Koren, R. M. Jopson, B. I. Miller, M. Chien, M. G. Young, C. A. Burrus, C. R. Giles, H. M. Presby, G. Raybon, J. D. Evankow, B. Tell and K. Brown-Goebeler: Appl. Phys. Lett., **59**, 19 (1991), 2351-2353.
7) T. Saitoh, T. Mukai and O. Mikami: IEEE J. Lightwave Tech., **LT-3**, 2 (1985), 288-293.
8) G. Eisenstein and L. W. Stulz: Appl. Opt., **23**, 1 (1984), 161-164.
9) C. E. Zah, J. S. Osinski, C. Caneau, S. G. Menocal, L. A. Reith, J. Alzman, F. K. Shokoohi and T. P. Lee: Electron. Lett., **23**, 19 (1987), 990-992.
10) N. A. Olsoon, R. F. Kazarinov, W. A. Nordland, C. H. Henry, M. G. Oberg, H. G. White, P. A. Garbinski and A. Savage: Electon. Lett., **25** (1989), 1048-1049.
11) B. Mersali, G. Gelly, A. Accard, J. L. Lafragette, P. Doussiere, M. Lambert and B. Fernier: Electron. Lett., **26** (1990), 124-125.
12) K. Magari, M. Okamoto, H. Yasaka, K. Sato, Y. Noguchi, O. Mikami: Photonics Tech. Lett., **2** (1990), 792-793.
13) G. L. Abbas, S. Yang, V. W. S. Chang and J. G. Fujimoto: IEEE J. Quantum Electron., **24** (1988), 609-617.

参　考　文　献

14) L. Goldberg, J. F. Weller, D. Mehuys, D. F. Welch and D. R. Scifres: Electron. Lett., **27** (1991), 927-928.
15) U. Koren, B. I. Miller, G. Raybon, M. Oron, M. G. Young, T. L. Koch, J. L. Demiguel, M. Chien, B. Tell, K. Brown-Goebeler and C. A. Burrus: Electron. Lett., **57** (1990), 1375-1377.
16) D. Wake, S. N. Judge, T. P. Spooner, M. J. Harlow, W. J. Duncan, I. D. Henning and M. J. O'Mahony: Electron. Lett., **26** (1990), 1166-1168.
17) J. E. Zucker, K. L. Jones, B. I. Miller, M. G. Young, U. Koren, B. Tell, K. Brown-Goebeler, R. M. Jopson, J. D. Evankow and C. A. Burrus: 2nd Topical Meeting on Optical Amplifiers and Their Applications, Postdeadline paper, PDP5 (1991).
18) K. Magari, H. Kawaguchi, K. Oe and M. Fukuda: IEEE J. Quantum Elecrton., **24**, 11 (1988), 2178-2190.
19) S. Kubota, F. Koyama and K. Iga: JELCE, **E74** (1991), 1689-1691.
20) F. Koyama, S. Kubota and K. Iga: Electron. Lett., **27** (1991), 1093-1095.

3. 光スイッチ

3.1 光スイッチの必要性

現在の光ファイバーネットワークの動向を見わたすと，情報化社会の進展に伴って幹線系光通信システムの情報量の大容量化が確実に進むとともに，インテリジェントビルに代表される構内のデータ通信ネットワークとして光 LAN システムの導入が進んでいる．将来的にも，回線数およびデータ伝送量の増大は進むとともに，一方では高精細画像（HDTV）などの新しい情報サービスが付加されさらに高速，広帯域の情報が扱われる高度化情報社会が到来すると思われる．この将来の高度情報社会は広帯域信号伝送が可能な光ファイバーネットワークが基盤となるのは必然であり，これらの状況に呼応して幹線系光通信および光 LAN システムの高速化の研究開発とともに，加入者（たとえば，home）にまで光ファイバーネットワークを広げるべく光加入者システム，光交換[1~3]，光 CATV などの新しい光システムの研究開発が活発に行われるようになっている．

この高度化情報社会に向かって，上述したそれぞれの光ファイバーシステムを高性能化，多機能化するために必要とされるキーデバイスの一つとして光伝送路の切替え，光波の変調を行う光スイッチ，変調器がある．現在実用に供されているものおよび研究開発段階であるものを合わせると数多くの方式があるが，そのなかで光導波路形のものはほかの光スイッチでは得られない小形，高効率（低消費電力），高速，多素子の集積化が可能という特徴をもち，現在から将来にかけて各種光ファイバーシステムの構築に必須のデバイスとなる．この光導波路形の光スイッチ，並びに変調器は最近徐々に製品化され，光通信分野の高性能化に寄与している．ここでは光スイッチ，特に光導波路形をとりあげ，技術的背景，最近の研究開発動向およびシステムへの適用例を述べる．

3.2 光スイッチの分類

3.2.1 光スイッチの種類

光スイッチの適用分野はおおまかに二つに分類される．一つが光通信や光交換システムに代表される光ファイバー網であり，もう一つは光の空間伝搬の並列性を用いる，高速並

列処理を目指す光演算（光コンピューティング），並びに高速/高密度な接続網を目指す光インターコネクションである．現在各種ある光スイッチをこのような適用分野に関して分類したものが表 IV.3.1 である．表 IV.3.1 にはそれぞれの光スイッチの動作原理の概略も併せて示している．光ファイバー網向けの光スイッチは主に平面形のデバイスであり，光演算/光インターコネクション向けは主に面形のデバイスである．

表 IV.3.1 光スイッチの分類

	デバイス形態	動作原理
光ファイバー網	機械的移動	プリズム，ミラー，ファイバーなどの機械的移動を利用
	音響光学素子（バルク形）	音波による光の回折を利用
	光導波路	光導波路の屈折率変化，光吸収などを利用
光演算	液晶セル	液晶の複屈折性を利用
	電気光学素子	電気光学結晶の複屈折性を利用
	光電融合素子	半導体材料の光/電気，電気/光の変換を利用

光ファイバー網向けの光スイッチは光通信事業の成長に伴って製品化が着実に進んでおり，実際のシステムに使用されているものが多い．一方，光演算/光インターコネクション向けのものは，システムそのものがまだ研究フェーズであるため光スイッチも同様なフェーズである．

3.2.2 光導波路形光スイッチの特徴

表 IV.3.2 には，光ファイバー網への適用に向けて主に開発が進められ，また製品化もなされている3種類（光導波路形，機械的移動形，音響光学形（バルク形））の光スイッチに関して，その重要な特性項目である高速性，駆動電圧，光スイッチ素子の集積化，損失の4項目についての概略比較を示している．

表 IV.3.2 光スイッチの特性比較

形態	高速性	駆動電力	集積化	損失
光導波路	◎ $\ll$ ns	○（電圧駆動）	◎	○
機械的移動	× $\sim$ ms	○（数百 mW）	△	○
音響光学形（バルク形）	△ 数十 ns	○（数百 mW）	△	○

光導波路形光スイッチの高速性に関しては，すでに超高速/長距離の幹線系光通信システム用に開発されている周波数帯域が数十GHzを超える光強度変調器の駆動技術を光スイッチに適用することにより，数十 ps の高速なスイッチングが行える能力を有している．また，集積化に関しては，光交換システムに向けて検討が進められているマトリクス光ス

イッチの項で述べるが，ワンチップに64個の光スイッチ素子が集積されたデバイスが開発されており，今後もさらなる多集積化の検討が進むと考えられる．

このように光導波路形の光スイッチはほかのタイプのものでは実現できない高速性，多素子の集積化の特徴を有している．したがって，今後ますます要求が高まる高速/広帯域信号の情報サービスの実現を担い，そのためにネットワーク化が推進される光ファイバーネット網にとっては必要不可欠なデバイスといえる．

3.3 導波路形光スイッチ

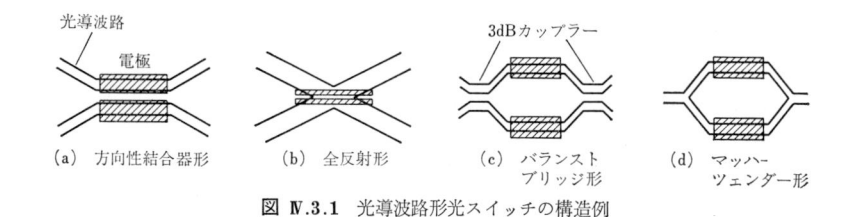

3.3.1 光導波路形光スイッチの構造例

光導波路形光スイッチ/変調器は目的，用途により種々のデバイスが検討されている．ここでは代表的な構造例を図Ⅳ.3.1に，また主な機能を表Ⅳ.3.3に示す．

(a) 方向性結合器形　(b) 全反射形　(c) バランストブリッジ形　(d) マッハーツェンダー形

図 Ⅳ.3.1　光導波路形光スイッチの構造例

表 Ⅳ.3.3　光導波路形光スイッチの代表例

名　称	導波光を制御する作用	主な機能
方向性結合器形	屈折率変化	光路切替え強度変調
全 反 射 形	屈折率変化	同　上
バランストブリッジ形	屈折率変化	同　上
マッハーツェンダー形	屈折率変化	強度変調

方向性結合器形は構成が比較的簡単であり，低損失，低電圧，低クロストーク特性が得やすいことからマトリクス光スイッチの構成エレメントとしてよく用いられる．全反射形は動作電圧，クロストークの点ではほかの方式より劣るが，波長依存性が小さいことやプロセス条件に対する依存性が小さいという特徴がある．また，バランストブリッジ形は同じ電極長に対して最も動作電圧が低いが，構成は複雑である．マッハーツェンダー形は光路を切り替える光スイッチとしてではなく高速の強度変調器に用いられている代表的な構造である．

3.3.2 マトリクス光スイッチ回路

高精細動画（HDTV）などの新しい情報サービスが導入されるなど，今後さらに高速，

広帯域の情報が扱われると予想される．この状況に対応し，高速，広帯域光信号の交換を実現する手段として，マトリクス光スイッチを用いて光-電気変換を介さずに光信号のままスイッチングする光交換システム[1~3]の研究開発が活発に行われている．

マトリクス光スイッチとは多数の2×2，1×2，2×1の光スイッチ素子を多段に接続することで$M×N$（M入力N出力）に構成されたものである．光-電気変換を介さずに光信号をそのままスイッチングできるので扱う光信号の帯域に制限がなく，また波長情報が保存できるため，高速，広帯域情報の交換を実現するデバイスとして必須のものである．光スイッチ素子を多数個同一基板上に集積でき，光導波路形マトリクス光スイッチは小形化が容易で，また，高効率化，高速化も図れる．強誘電体の$LiNbO_3$を用いた光スイッチは，① 低導波損失，② 光ファイバーとの低結合損失，③ 比較的低電圧なスイッチ動作，などが容易に実現でき，マトリクス光スイッチにとどまらず種々の光導波路形$LiNbO_3$デバイスの研究開発が行われている[4,5]．なかでも，後述する2個の偏光無依存動作を行う方向性結合器形光スイッチ素子を集積したOTDR用の$LiNbO_3$光スイッチはすでに製品化され，実用に供されている[6]．今後もマトリクス光スイッチをはじめ各種の導波路形$LiNbO_3$デバイスが次々に実用化されると考えられる．

一方，GaAs，InP系の化合物半導体材料を用いたマトリクス光スイッチは，$LiNbO_3$を用いたものに比べて，① 素子サイズの小形化，② 低電圧動作，③ 光増幅器などのほかの機能光素子の集積化，が可能であり，研究開発が盛んに行われている．

ここでは，導波路形デバイスの中で最も集積度が高く，空間分割形光交換の基本構成部品であるマトリクス光スイッチの現状について述べる．

（1） マトリクス光スイッチ

a. マトリクス構成： 図Ⅳ.3.2に代表的なノンブロッキング（非閉塞）マトリクススイッチの構成を4×4の場合を例に示す．

図Ⅳ.3.2（a）のクロスバー構成が非閉塞を得るための最も基本的なものである．図Ⅳ.3.2（b）の構成[7]ではクロスバー構成に比べスイッチ素子数は同じであるが，光透過方向のスイッチ段数が少なくかつ平均化されている．ここで，スイッチ素子長とスイッチ電圧の間にはほぼ反比例の関係があるので，各マトリクス構成においてデバイス全長が同じ場合，光透過方向のスイッチ段数が少ない構成ほどスイッチ素子を長尺化でき，低電圧動作が得られる．

また，任意の接続パスにおいて通過するスイッチ段数が同じため，スイッチ素子通過で発生する損失も均一化される．したがって，接続パス間の損失のばらつきを低減できるとともに，スイッチ段数の減少分の損失低減効果も見込まれる．図Ⅳ.3.2（c）の二重化構成では各クロスポイントを二重化することによってクロストークが低減される．（d）のツリー構成でもやはり1×Nの分配スイッチとN×1のセレクタースイッチによって低クロストークが得られる．（e）の簡略形ツリー構成[4]ではさらに構成が簡略となり，光透過方向のスイッチ段数はほかの方式に比べて最も少なくできる．したがって，スイッチ素子を一番長くでき，スイッチ電圧を最も低くできる．また，ツリー構成と同様に低クロスト

(a) クロスバー構成

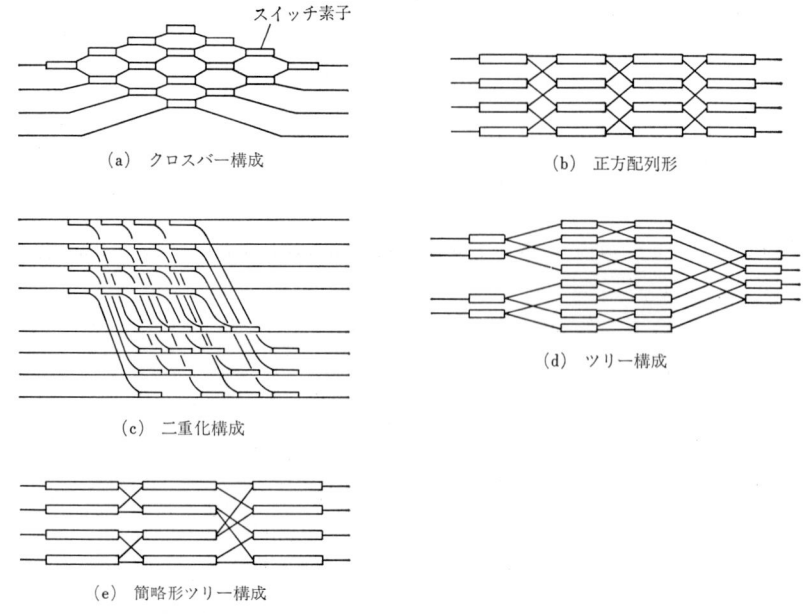

(b) 正方配列形

(c) 二重化構成

(d) ツリー構成

(e) 簡略形ツリー構成

図Ⅳ.3.2 ノンブロッキングマトリクス光スイッチの構成法

ークも得られる.

表Ⅳ.3.4, Ⅳ.3.5に各構成の比較を示す. 簡略形ツリー構成はクロストーク特性, スイッチ電圧とも他の構成に比べて優れている.

表Ⅳ.3.4 マトリクス構成法によるスイッチ電圧の比較

構 成	(a)	(b)	(e)
スイッチ電圧	2.3Vs	1.5Vs	Vs

表Ⅳ.3.5 マトリクス構成法によるクロストークの比較

構 成	(a)	(b)	(e)
クロストーク	$(N-1)X$	$(N-2)X$	X

N: マトリクスサイズ
X: クロスポイントのクロストーク
(各光スイッチ素子のクロストーク)

b. デバイス: マトリクス光スイッチは当初特定の偏光に対して動作する偏光依存形の研究開発が主であったが,実用的なシステムを構築するには,偏光調整を必要とせず通常のシングルモードファイバーだけによる接続が必須である. $LiNbO_3$では任意の偏光に対して動作する偏光無依存形マトリクス光スイッチについての,また半導体では単一光スイッチ素子の偏光無依存化の研究が現在進んでいる.

(2) 偏光依存形マトリクス光スイッチ

a. $LiNbO_3$: マトリクス規模としては図Ⅳ.3.2(a)に示すクロスバー構成を適用し

た非閉塞8×8スイッチが実現され[5]，現在までに再配置形の非閉塞ではあるが16×16まで拡大されている[8]．特性としては図Ⅳ.3.3に示すクロスバー構成が適用された8×8スイッチで入出力ファイバー間の挿入損失が約7dB，光スイッチの素子長が2.2mmに対してスイッチ電圧40Vである．このときスイッチングの効率を表す指標である（電極長・スイッチ電圧積）$L \cdot V_s$は，約88mm·Vである．また，クロストークとしては－15dB以下が得られている[9]．

b．半導体： 4×4スイッチとして，InP系電流注入交差形光スイッチを基本エレメントとしたクロスバー構成のもの[10]や，図Ⅳ.3.2(a)のマトリクス構成（簡略形ツリー構成）を用いたGaAs系方向性結合器形光スイッチを12個集積したもの[11]などが実現されている．電流注入形スイッチ[12]は小形化，偏光無依存動作が可能という特徴を有する．

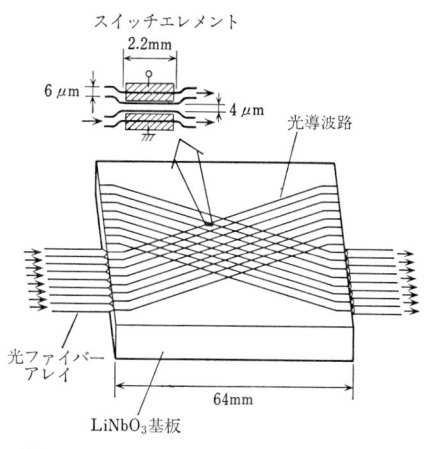

図Ⅳ.3.3 クロスバー構成偏光依存形LiNbO₃ 8×8マトリクス光スイッチ

一方，電気光学効果を用いた方向性結合器形スイッチ[13,14]は高速動作に適し，低クロストーク動作にも優れる．前述した簡略形ツリー構成を用いた4×4スイッチの全長は15mm，基本エレメントである方向性結合器形スイッチの結合器長は3mmであり，約1.6GHzのスイッチング帯域が得られている．なお，この4×4スイッチでは簡略形ツリー構成を採用しており，さらに結晶成長法としてMBEを，導波路加工法としてドライエッチング（RIBE）を組み合わせることにより，種々のデバイス特性のチップ内高均一化を図っている．スイッチ電圧の均一性9.0±0.5V（×状態）および21.9±1.5V（＝状態），伝搬損失のパス依存性±0.5dBなど[11]，諸特性の高均一化が達成されている．また，8×8スイッチへの拡張もすでに試みられている[15]．8×8スイッチは半導体としては最大の規模である．

（3）偏光無依存形光スイッチ素子 前述したように実用的なシステムを構築するには，偏光調整を必要とせず通常のシングルモードファイバーだけによる接続が必須である．そこで任意の偏光に対して動作する偏光無依存形の研究開発が現在進んでいる．

a．LiNbO₃： 偏光無依存化としては，図Ⅳ.3.4に示すようないくつかのタイプのものが検討されている[16〜18]．このなかで，z-cut基板を用いた方向性結合器形光スイッチで実現されたものが現在のところ最も低電圧，低クロストーク動作が得られている[16]．この光スイッチはTi拡散条件などの光導波路製作条件を制御してTM，TE両偏光に対する完全結合長を一致させクロス状態を電圧無印加で得，バー状態はTM，TE両偏光に対してそれぞれ電気光学定数r_{33}，r_{13}を用いて得る$\Delta\beta$同相駆動方式により偏光無依存動作が

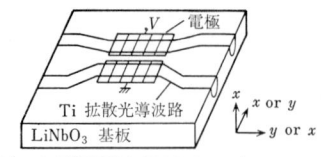

(a) $\Delta\beta$ 同相駆動方向性結合器形光スイッチ

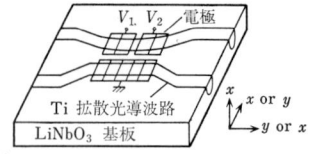

(b) 重み付け方向性結合器形光スイッチ

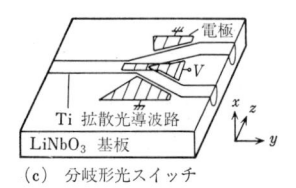

(c) 分岐形光スイッチ

図 Ⅳ.3.4　LiNbO₃ 偏光無依存形光スイッチの構造例

実現されている．ただし，最大の電気光学定数 r_{33} に比べて約 1/3 の大きさの r_{13} を使う必要があるためスイッチ電圧としては，TM 偏光動作と比較して約 3 倍の駆動電圧を必要とする．試作された光スイッチは素子長が 19 mm のとき，約 18 V のスイッチング電圧で偏光無依存動作が得られている．電極長とスイッチ電圧との積（$L \cdot V_s$）は，約 340 mm·V である．

　（ⅰ）製品化デバイス（OTDR 用光スイッチ[6]）：この偏光無依存光スイッチ素子は多集積デバイスへの適用と同時に，単体としての製品開発が行われている．図 Ⅳ.3.5 に示

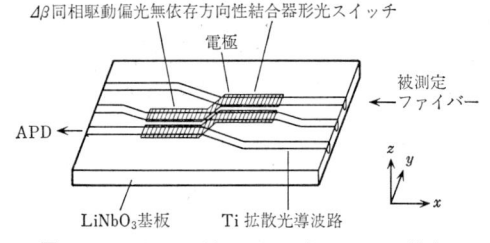

図 Ⅳ.3.5　OTDR 用 LiNbO₃ 光スイッチの構造

したのは，光ファイバー網における光ファイバー破断点，光ファイバー伝搬損失などを測定する OTDR 計器に用いられている方向性結合器を用いた光スイッチである．本スイッチは低いクロストークを確保するために，2 個の光スイッチ素子が用いられている．従来 AO 光スイッチが用いられているが，光導波路形光スイッチの高速動作特性により測定範囲のデッドゾーンを従来より大幅に短くすることができる．このデバイスは実用に供されている．

　（ⅱ）マトリクス光スイッチ：　マトリクス化の際には低電圧化が課題となる．スイッチ電圧低減のためのマトリクス構成としては，スイッチ素子長を最長にできる図 Ⅳ.3.2

(e)の簡略形ツリー構成が最適である．図Ⅳ.3.6に示す構成を適用し，合計64個の偏光無依存光スイッチ素子が集積された偏光無依存形では最大規模の8×8スイッチが実現されている[24]．デバイス全長65mm，光導波路の曲線部の最小曲率を40mm，交差角度を7度以上とした場合のスイッチ素子長は，図Ⅳ.3.2(a), (b)の構成を用いた場合にはそれぞれ3.2, 4.5mmであるのに対し，本構成では6mmとすることができる．これによりスイッチ電圧は前者二つの構成に比べ25～47％低減される．デバイスでは5.7mmの素子長を用い，波長1.3μmにおいてスイッチ電圧約70Vで偏光無依存動作をしている．このとき電極長とスイッチ電圧の積（$L \cdot V_s$積）は，約400mm・Vである．

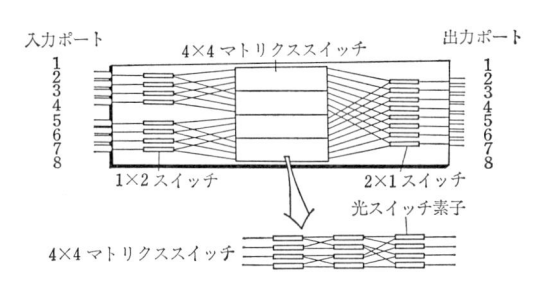

図 Ⅳ.3.6 偏光依存形簡易形ツリー構成
偏光無依存形LiNbO₃ 8×8マトリクス光スイッチの構成

入出力端面にファイバーを接続した場合の各接続パスのTE, TM偏光の挿入損失は，曲り導波路の幅を太くする構造[25]を用い低損失化を図ることで，TM偏光で6.3～12.0dB, TE偏光で6.5～8.5dBという比較的低い挿入損失を得ている．挿入損失，並びにそのばらつきは交差導波路での損失が大きく寄与していることが明らかとなっている．損失とそのばらつきのさらなる低減のために交差導波路構造に関する検討が進められ，2dB程度の低損失ばらつきの低減が図れることが報告されている[26]．また，各偏光におけるクロストークとしては，すべての接続状態において－18dB以下が確保されている．

図Ⅳ.3.7は後で述べる空間分割形交換システム専用に開発された偏光無依存LiNbO₃ 8×4機能光回路である[27]．HDTVなどの分配サービス系用の分岐-セレクター形の4×4

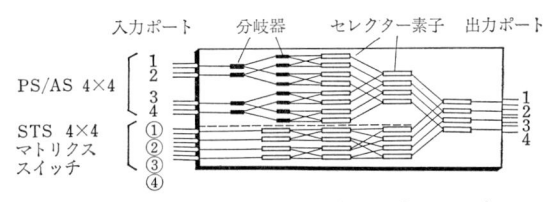

PS/AS 4×4：4×4 switch with passive splitter and active selector
STS 4×4 ：simplified tree strcture 4×4 matrix switch

図 Ⅳ.3.7 偏光無依存LiNbO₃ 8×4機能光回路

光スイッチと簡略形ツリー構成を用いた電話サービス系用の4×4マトリクス光スイッチを四つの2×1光スイッチ素子で結合させた構成であり，1チップに集積されている．挿入損失は，分岐-セレクター形4×4部分で13dB以下（分岐損失6dBを含む），4×4マトリクス部分で8dB以下が得られている．また，スイッチ電圧は8×8と同じ約70Vである．

b. 半導体： 従来の半導体光スイッチは（100）基板上に形成されており，電気光学効果を利用する場合，TE偏光に対してのみしか動作しない．これに対して，（111）方位基板を用いるとTE，TM両偏光に対して屈折率変化が生じ，偏光依存性を解消することができる．このとき，屈折率変化の大きさはTE-TM間で2倍異なるが，$\Delta\beta$同相駆動を用いれば同一電圧での偏光無依存スイッチング動作が可能である[23]．（111）方位基板を用いたGaAs系偏光無依存スイッチ[23]の構造を図Ⅳ.3.8に示す．素子長は4.2mmである．

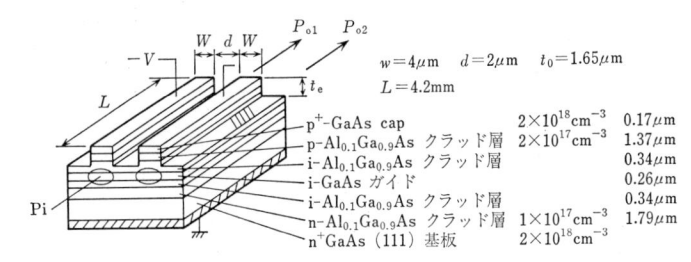

図 Ⅳ.3.8 （111）方位基板を用いたGaAs系偏光無依存スイッチの構造

いずれの偏光に対しても，電圧無印加で×状態，19V印加で=状態（動作波長は1.3μm）と，同一電圧でのスイッチング動作が実現されている．スイッチングの効率を表す指標である$L\cdot V_s$積は，約80mm・Vであり，LiNbO$_3$偏光無依存スイッチと比較すると4～5倍高効率である．なお，クロストークとしては，いずれの入射偏光に対しても-12dB以下である．

3.4 光スイッチの光システムへの適用

3.4.1 空間分割形光交換システムへの適用[24,25]

実用的な最小単位と考えられる32回線の空間分割形光交換システムは，最大8×8のマトリクス光スイッチを使って図Ⅳ.3.9に示すような3段クロス回路で構成できる．図Ⅳ.3.10は実際にLiNbO$_3$偏光無依存マトリクス光スイッチを用いて構築された空間分割形光交換システムの構成である[24]．TV電話サービスでは3段の32回線リンク接続通話路を用い，HDTV分配サービスでは780Mb/sのHDTV光信号を1×8外部分岐器経由で3段リンク接続通話路の三次スイッチ（図Ⅳ.3.7：8×4光機能光回路）に入力する構成を用いている．これにより32の加入者はTV電話サービスあるいは4種類のHDTV信号の分配サービスを受けることが可能であり，その実用性が実証されている．また，半導

3.4 光スイッチの光システムへの適用

体レーザー形光アンプを用いて光スイッチの損失を補償することによる回線数拡大の検討も進められ，100回線以上の実現性が示されている[25]．

3.4.2 ディジタルクロスコネクトシステムへの適用[26]

図 Ⅳ.3.11 に LiNbO₃ 偏光無依存マトリクス光スイッチがキーエレメントとなる，光ディジタルクロスコネクトシステム（光DCS）の（a）システム構成，並びに（b）ノード構成を示す[26]．

光 DCS とは，通常の通信は現有光伝送路を介して行われ，各ノードで電気信号に変換され電気 DCS へと入力されるが，現有光伝送路に障害が発生した場合，予備回線を用いて光-電気変換を介さずに他ノードの光スイッチ回路網を経由して経路を迂回させ，障害を復旧させるシステムである．迂回は

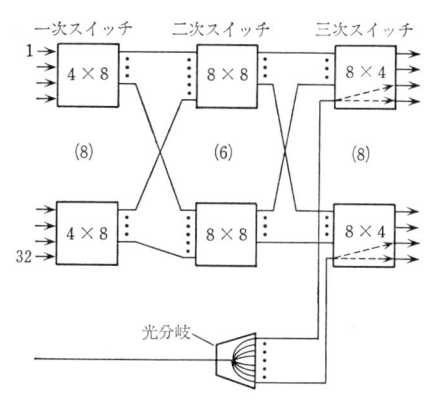

図 Ⅳ.3.9 3段構成32回線空間分割光交換システム

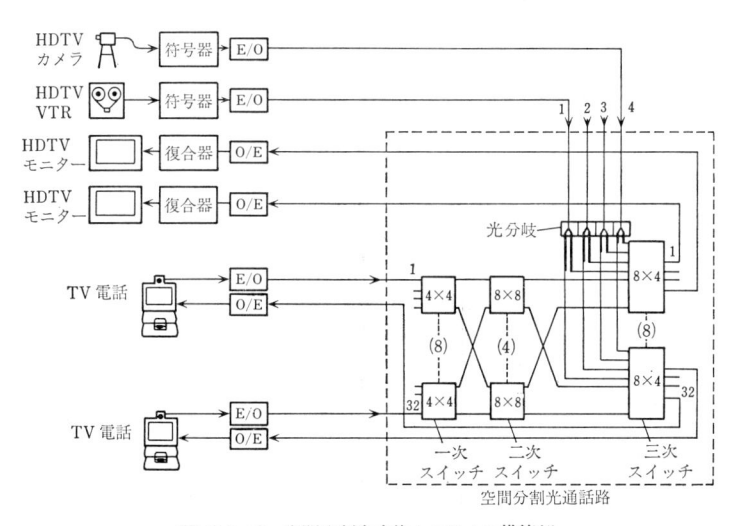

図 Ⅳ.3.10 空間分割光交換システムの構築例

場合により，複数のノードを通る．また，光 DCS は現有光伝送路の保守点検作業時にも利用できる．

本システムは，高ビットレートの拡張性も自由であり，LiNbO₃ 偏光無依存マトリクス光スイッチと半導体レーザー形光アンプを用いたシステムの提案，並びに実証がなされている[26]．

3. 光スイッチ

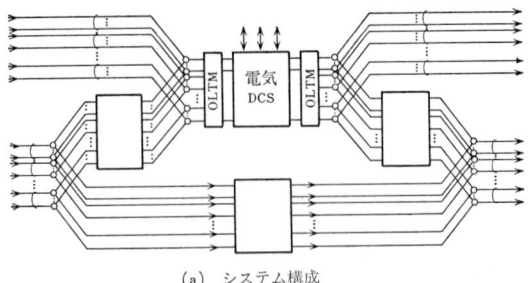

(a) システム構成

OLTM：光終端多重/分離装置

(b) ノード構成

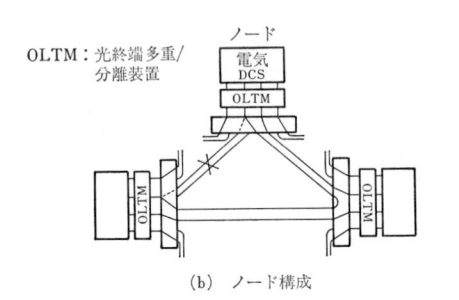

図 IV.3.11 ディジタルクロスコネクトシステムの構築例

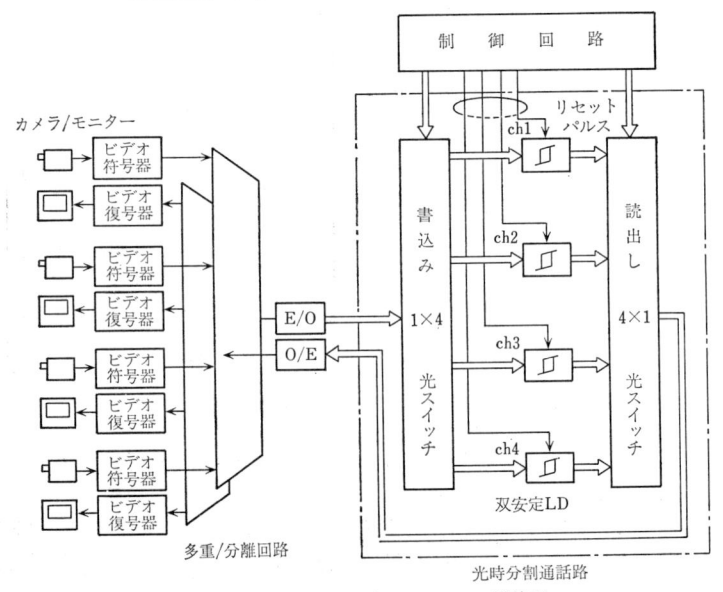

図 IV.3.12 時分割光交換システムの構築例

3.4.3 時分割形光通話路方式への適用[2,27]

時分割形光交換システムは電子式の交換機と同じ方式を用いるため，現状の時分割多重光伝送方式との整合性に優れている．また，各光デバイスを時分割多重により使用するためハードウェアを少なくでき，大容量光交換機を小形に構成できる可能性がある．

高速の光の MUX/DEMUX に LiNbO$_3$ デバイスを，光のメモリーに双安定 LD を用いて構築した時分割形光通話路の例を図Ⅳ.3.12に示す[2]．同様なシステムを構築して 512 Mb/s の信号速度を用いたシステム実験が行われている[27]． [西本 裕]

参考文献

1) 鈴木, 西本, 岩崎, 梶谷, 鹿田, 芦辺, 明石, 三橋：電子情報通信学会交換システム研究会資料, SSE 88-150 (1988).
2) S. Suzuki, T. Terakado, K. Komatsu, K. Nagashima, A. Suzuki and M. Kondo: IEEE J. Lightwave Tech., **LT-4**, 7 (1986), 894.
3) M. Nishio, T. Numai, S. Suzuki, M. Fujiwara, M. Itoh and S. Murata: ECOC '88 Part 2 (1988), 49.
4) H. Nishimoto, S. Suzuki and M. Kondo: Electron. Lett., **24** (1988), 1122-1123.
5) P. Granestrand, L. Thylen, B. Stoltz, K. Bergvall, W. Doldissen, H. Heidric and D. Hoffmann: Technical Digest of Integrated and Guided-Wave Optics, GA, WAA 3 (1986), 4-6.
6) 中村, 川島, 豊原, 伊関, 西本, 青山：1991年電子情報通信学会春季全国大会, C-237.
7) 佐脇, 山根, 下江, 中島：昭和62年電子情報通信総合全国大会, 941.
8) P. J. Duthie, M. J. Wale and I. Bennion: Technical Digest of Topical meeting on photonic switching (Sclt Lake City), 13 A-3.
9) S. Suzuki, M. Kondo, K. Nagashima, M. Mitsuhashi, K. Komatsu and T. Miyakawa: OFC/IOOC '87 WB 4.
10) H. Inoue, H. Nakamura, K. Morosawa, Y. Sasaki, T. Katsuyama and N. Chinone: IEEE J. Select. Areas Commun., **6** (1988), 1262-1266.
11) K. Komatsu, K. Hamamoto, M. Sugimoto, A. Ajisawa, Y. Kohga and A. Suzuki: IEEE J. Lightwave Technol., **9** (1991), 871-878.
12) O. Mikami and H. Nakagome: Electron. Lett., **20** (1984), 228-229.
13) H. Takeuchi, K. Nagata, H. Kawaguchi and K. Oe: Electron. Lett., **23** (1986), 1241-1243.
14) K. Komatsu, M. Sugimoto, A. Ajisawa and A. Suzuki: Technical Digest of 1989 Topical Meeting on Photonic Switching (Salt Lake City), pp. 177-179.
15) 浜本, 阿南, 小松, 杉本, 水戸：1991年電子情報通信学会春季全国大会, C-225.
16) M. Kondo, Y. Ohta, Y. Tanisawa, T. Aoyama and R. Ishikawa: Electron Lett., **23** (1987), 1167-1169.
17) P. Granestrand, B. Lagerestrom, P. Svenson, B. Stoltz, K. Bergvall, J.-E. Falk and H. Olofsson: Electron. Lett., **36** (1990), 4-5.
18) R. C. Alferness: Appl. Phys. Lett., **35** (1979), 748-750.
19) H. Nishimoto, M. Iwasaki, S. Suzuki and M. Kondo: IEEE Photonic Tech. Lett., **2**, 9 (1990), 634-636.
20) 西本, 鈴木, 近藤：電子情報通信学会光・量子エレクトロニクス研究会資料, OQE 88-64 (1988).
21) 神田, 西本, 近藤：第37回応用物理学関係連合講演会 (1990), 29 p-F-6.

22) 西本,岩崎,鈴木,近藤:電子情報通信学会光・量子エレクトロニクス研究会資料, OQE 88-147 (1988).
23) K. Komatsu, K. Hamamoto, M. Sugimoto, Y. Kohga and A. Suzuki: Technical Digest of Topical Meeting of Photonic Switching (Salt Lake Cisy), FA2 (1991), 193-196.
24) S. Suzuki, H. Nishimoto, M. Iwasaki, T. Kajitani, M. Kondo, M. Shikada, M. Ashibe and F. Akashi: Technical Digest of Topical Meeting on Photonic Switching (Salt Lake City), FE1.
25) M. Fujiwara, H. Nishimoto, T. Kajitani, M. Itoh and S. Suzuki: IEEE J. Lightwave Tech., **9** (1991), 155-160.
26) 白垣,コンラッド,塩沢,鈴木,藤原,坂口:電子情報通信学会春季全国大会, B-1003.
27) 黒柳,下江,村上,岩間,清野,小田川:電子情報通信学会交換研究会資料, SSE 88-64 (1988).

4. 集光用コンポーネント

4.1 分布屈折率マイクロレンズ

　分布屈折率レンズ（セルフォックレンズ）は1968年日本電気（株）と日本板硝子（株）の共同研究開発の結果発明された当時としては画期的な素子であった[1,2]．光の長距離伝送用としてGI形光ファイバーの原点となったセルフォックファイバーをはじめ，分布屈折率レンズとしてマイクロオプティックスという新しい光学分野[3]を切り開いた点で世界に向けて発信をした数少ない独創技術であった．

　一般に光通信システムを支える三大要素技術とは，発受光素子，光伝送路そして微小光回路素子をさす場合が多い．なかでも微小光回路素子は電子部品に対応し，システムを構成するうえで特性とコストが極限まで要求される分野である．

　光回路素子の設計製作，特性評価，接続技術などを総称してマイクロオプティックスとよばれる．

　マイクロオプティックスの原点は昭和43年（1968）の秋，日本電気（株）と日本板硝子（株）との共同開発になる集束性光伝送体"セルフォック"の発明である．当時は，多成分ガラス系のマルチモード形光ファイバーしか存在せず，屈折率分布をもつセルフォック光ファイバーの出現は，伝送損失を著しく低減させたばかりか，伝送帯域を大幅に広げることを可能にした画期的な技術革新であった．

　一方，大口径屈折率分布レンズ（セルフォックロッドレンズ）は，レンズ作用をもつことが知られており従来の球面レンズとは異なる特異な微小光学レンズとして注目をされていた．この分野の将来を見通していたセルフォックの発明者の一人である内田（日本電気）は翌昭和44年（1969）の電気学会誌（Jap, Elect. Eng., p.22, Feb, 1969）の中でマイクロオプティックスという言葉を初めて使った．

　その後昭和49年（1974）に開かれた電気4学会のシンポジウムで「光回路の集積化とその諸問題」と題して内田が光システムにおけるマイクロオプティックスの重要性を指摘した．さらに昭和53年（1978）イタリアのジェノバで開かれた第4回欧州光通信会議（4th ECOC）で内田，杉元両名（日本電気）がその招待講演の中でマイクロオプティックスの現状と将来について触れ，この分野が世界的に認知されるに至った．

また昭和54年（1979）アメリカのロチェスター大学光学研究所で、「第1回分布屈折率の光学素子，システムに関する学会（現在GRINとよばれている）」が開かれた．分布屈折率レンズの製法や応用に関する論文が投稿され，光学系のメーカーのみならずAT＆T[4]社やCORNING社など現在の光通信をリードする会社からの参加も多く，マイクロオプティックス研究の原点となった学会であった．

4.1.1 分布屈折率レンズの光学

屈折率が中心軸から周辺に向かって2乗分布近似で減少しているロッド状透明体はレンズ作用をもつことが知られている．一般に屈折率分布をもつレンズは，分布屈折率レンズ，GRINレンズ，セルフォックレンズとよばれる．

いま図Ⅳ.4.1のように分布屈折率レンズに光線が入射すると，光線上の線素 ds とその場所の屈折率 $n(r)$ の間には次のような関係が成立する．

$$\int n(r)ds = \text{const.} \quad (4.1)$$

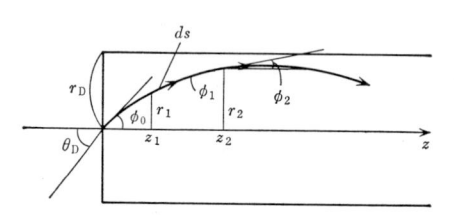

図 Ⅳ.4.1 分布屈折率レンズに入射したときの光線の軌道

この式は光線がどの経路をとるかにかかわらず，光路長が一定であるというフェルマーの原理を表している．ここでレンズを仮想的な同心円をもつ薄層（この層内では一定の屈折率をもつ）から成り立っているとし，かつこの層がステップ状に屈折率が変化していると仮定すると互いに隣合った層内ではスネルの法則が成立する．

$$n(r_1)\cos\phi_1 = n(r_2)\cos\phi_2 = \cdots = n(r_n)\cos\phi_n \quad (4.2)$$

式（4.2）を式（4.1）へ代入し，ds を dr で書き換えると，

$$\int n(r)ds = 4\int_0^r \frac{n^2(r)dr}{n_0\cos\phi_0\{(n^2(r)/n_0^2\cos^2\phi_0)-1\}^{1/2}} = \text{const.} \quad (4.3)$$

この式を成立させるような屈折率分布 $n(r)$ を求めることができれば，理想的な分布屈折率レンズが得られることになる．

いま子午面光線に対して，理想屈折率分布を次のように仮定すると[5]，

$$n^2(r) = n_0^2 \text{sech}^2(gr) = \{1-(gr)^2+2/3(gr)^4-17/45(gr)^6+\cdots\} \quad (4.4)$$

式（4.4）を式（4.3）に代入すると，式（4.3）の右辺は定数になることがわかる．すなわち，

$$\int n(r)ds = 2\pi n_0/g = n_0 p = \text{const.} \quad (4.5)$$

したがって，式（4.4）は，子午面光線に対する理想屈折率分布であることが導かれる．
いま式（4.4）の右辺の展開式を次のように表すと，

$$n^2(r) = n_0^2\{1-(gr)^2+h_4(gr)+h_6(gr)^6+\cdots\} \quad (4.6)$$

高次項 h_4, h_6 は屈折率分布の理想値からのずれを表し，レンズの収差係数と考えてもよ

い．そこで一般的に屈折率分布をもつレンズ媒体を式（4.6）のように表現する．

いま光軸に近い光線，すなわち近軸光線を扱うときには，$h_4=h_6=0$ とおいてもよい．すなわち，式（4.6）は，

$$n^2(r)=n_0^2\{1-(gr)^2\} \tag{4.7}$$

$$n(r)=n_0\{1-(gr)^2\}^{1/2}=n_0\{1-(gr)^2/2\} \tag{4.8}$$

と表すことができる．

また $g^2=A$ とおくと，

$$n(r)=n_0\{1-(A/2)r^2\} \tag{4.9}$$

g または A は，集束パラメーターともいい，屈折率分布の強さを表す重要な定数である．従来の球面レンズにおけるパワーに相当するものである．

式（4.8）で表現される分布屈折率レンズに光線が入射すると，子午面光線に対しては式（4.1）より，次のような微分方程式を満足しなければならない．

$$\frac{d^2r}{dz^2}=\frac{-grn_0^2}{n^2(r)\cos\phi} \tag{4.10}$$

ここに，ϕ：レンズ内の光線の r 位置における傾きを表す．

ここで近軸光線の仮定を導入すると，すなわち，$n^2(r)=n_0^2\cos\phi=1$ とおくと，式（4.10）は，次のようになる．

$$\frac{d^2r}{dz^2}=-gr \tag{4.11}$$

式（4.11）を境界条件を入れて解くと次のような光線マトリクスが得られる．

$$\begin{pmatrix}r_2\\ \dot{r}_2\end{pmatrix}=\begin{pmatrix}\cos gz_0 & \sin gz_0/n_0g\\ -n_0g\sin gz_0 & \cos gz_0\end{pmatrix}\begin{pmatrix}r_1\\ \dot{r}_1\end{pmatrix} \tag{4.12}$$

式（4.12）は，2乗屈折率分布をもつレンズ媒体の光線追跡のための基本の式である．すなわち入射条件が決まれば，図Ⅳ.4.2 に示すように出射光線の位置と傾きが一義的に決まるということである．

4.1.2 分布屈折率レンズの応用光学系[10,11]

分布屈折率レンズといえども実際の光学系を設計するときには，従来の球面レンズとほぼ同じ扱いでよい．一般的に次のような光学系の分類を用いる[12,13]．

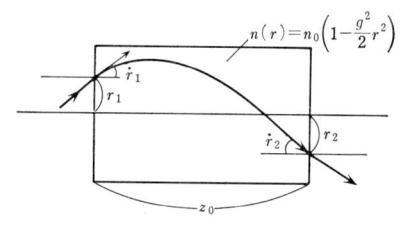

図 Ⅳ.4.2　レンズ長 z_0 をもつ分布屈折率レンズの入出力端での光線

軸上結像系……
- 点結像系（光源結合系）
- コリメート光学系（平行レンズ結合系）
- リレーレンズ系（画像伝送用ロッドレンズ）
- 集束系（回折限界レンズ系）

異軸結像系……位置・角度変換系（テレセントリック系）

多数開口系⋯⋯ { レンズアレイ（一次元系，二次元系）
              平板マイクロレンズ

（1） 点結像系　微小光源からの出射光を光ファイバーなどに効率よく入力させる光学系で光源結像系ともいわれる．この光学系は軸上の結像系であることと，倍率の変換系すなわち NA の変換光学系であることに特徴がある．したがって微小発光光源から大きな出射角で放射された光をこの光学系を介して，光源の像を拡大しその代わりに出射角を小さくすることができる．すなわち像の倍率と放射角の倍率がトレードオフの関係になっており，半導体レーザー（サブミクロンの微小光源，大きな放射角）の出射光を光ファイバー（数ミクロンの口径，小さな NA）に効率よく結合することができるのである．この光学系に用いる分布屈折率レンズはできるだけ大きな NA をもつ必要がある．また分布屈折率レンズの入射端面にわざわざ球面加工を施して NA を大きくすることも試みられている．NA の大きな分布屈折率レンズを用いたとき平均で 3dB の結合効率が得られており，球面加工した場合は 1dB という値が得られている．

最近はガラス製の非球面モールドレンズが出現し，高効率光結合が実現されている．今後，大量に普及させるためには同じ特性を出すためのレンズの製作コストがポイントである．またいかに人手をかけずに高信頼性実装を実現するかに開発の目標がある．

（2） コリメート光学系　点光源を分布屈折率レンズを介して平行ビームに変換する光学系である．出射ビームの平行度は，レンズのもつ収差はもちろん光源が点に近いほどよい．

図 Ⅳ.4.3 に光源として光ファイバーを選び，その光源からの出射光角度とスポットの広がりとの関係を示したものである．この光学系に用いる分布屈折率レンズは，光源の放射角を十分受容しうる NA をもつことが必須であるが，それ以上の NA は必要ではない．むしろ NA の小さい，すなわち g，A などの集束パラメーターの値が小さいものがよい．

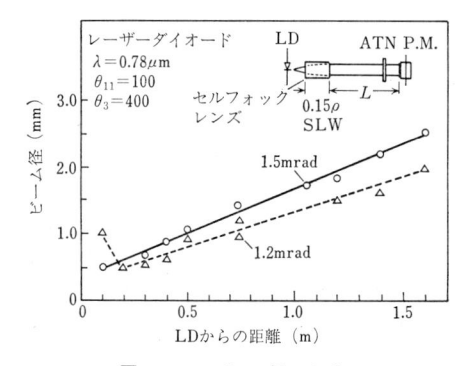

図 Ⅳ.4.3　ビーム径の広がり

図 Ⅳ.4.4 は，このコリメート光学系を2組対抗配置すれば平行ビーム変換系になることを示す．すなわち平行ビームで得られた空間に種々の光学素子を挿入することができる．したがって光回路素子を構成する最も基本的な光学系ということができる．

標準の分布屈折率レンズを用い

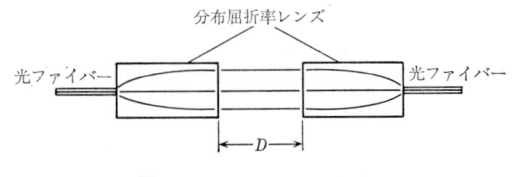

図 Ⅳ.4.4　平行ビーム変換系

れば，50～60 mm の空間を 1 dB 以下の挿入損失で結合させることができる．

（3） リレーレンズ系　分布屈折率レンズは，画像の伝送をすることもできる．図Ⅳ.4.5 は固体一体化構造をもつ内視鏡の例で，像の 1 対 1 伝送にはロッド状レンズを用い，対物レンズには NA の大きなレンズを組み込んである．ロッド状レンズ部は，色収差の小さな分布屈折率レンズを用い 1～3 周期長の長さをもつリレーレンズで構成されている．最近は口径 0.35 mm のレンズが実現されており，外径 0.6 mm，長さ 60 mm のステンレス管に挿入組み立てられた世界最小径をもつイメージスコープが製作されている．

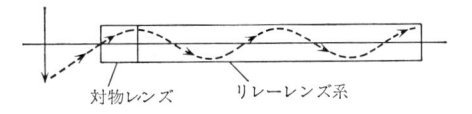

図 Ⅳ.4.5　固体一体化リレーレンズ

（4） 集　束　系　平面波またはガウスビームを分布屈折率レンズに入射させると出射側で集束スポットを結ぶ．レンズの収差を無視するとその回折限界スポット径は，次のように表すことができる．

$$D_{\text{dif}} = 1.22\lambda/\text{NA} = 1.22\lambda/n_0 g r_0 \tag{4.13}$$

ここに，r_0：レンズの半径を表す．

これは球面レンズの回折限界を示す式と同じである．したがってレンズのもつ NA を求めればよい．実際には分布屈折率レンズの NA は，光軸からのずれ，作動距離（レンズ出射端面からスポット位置までの距離）に依存するため，レンズの設計上注意を要する．

（5） 異軸結像系　分布屈折率レンズに光線を異軸入射させると，入出射端面で光線の位置と，角度の変換が互いに保存される関係をもつことがわかる．図Ⅳ.4.6 に示すように 0.25 周期長レンズに平行光を異軸入射すると，出射端で $n_0 g d_1$ なる角度で出射される．すなわち入射側の位置が，出射側の角度に変換されたことになる．また 0.5 周期長のレンズに異軸入射すると出射端では $-d_2$ なる位置で出射される．これはちょうど光軸に対して対称変換されたことになる．

このように位置と角度が保存される光学系はテレセントリック光学系ともよばれる．従来の球面レンズではテレセントリック光学系を構成するためには少なくとも 2 枚以上の複数のレンズの組合せが必要であったのに対し，分布屈折率レンズでは 1 枚のレンズでこの光学系が実現

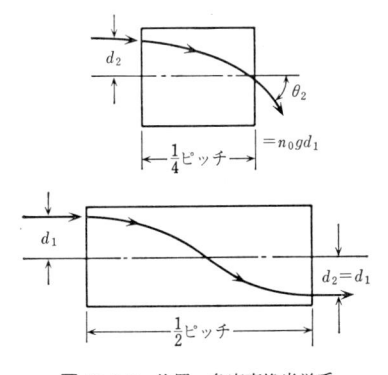

図 Ⅳ.4.6　位置・角度変換光学系

できることになる．この光学系は光線をいっさい空気中に出さずにレンズの内部で制御できるため安定した信頼性の高い光学素子をつくることができる．

(6) レンズアレイ[14]　分布屈折率レンズを多数個組み合わせると全く新しい複合光学系（アレイレンズ）が実現できる．図Ⅳ.4.7に示すようにこのアレイレンズは正立等倍実像条件をもつ分布屈折率レンズを1列または複数列光軸の平行度を保ちつつ配列したものでライン状または二次元の画像を一括伝送することができる．すなわち焦点距離の小さい微小なレンズで微小な画素をそれぞれ分担して伝送し，形成された個々の像面の重なりで一様な大面積結像面を得ようとするものである．本質的に短焦点レンズの集合であるため，共役長（物体面と像面との距離）をきわめて小さくできる．またレンズアレイは幅方向の明るさや解像度の一様性を確保できるため，複写機，ファクシミリの読取り光学系，スキャナーなど一次元の画像処理については最も優れた光学系ということができる．

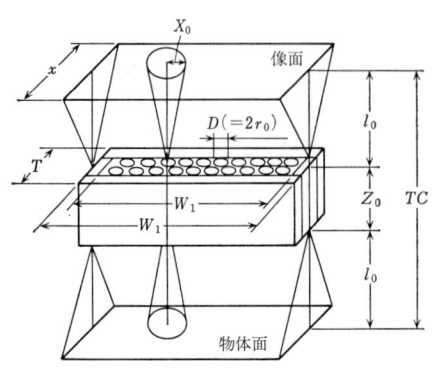

図Ⅳ.4.7　アレイレンズ光学系

[西澤紘一]

4.2　平板マイクロレンズ

分布屈折率レンズを平板ガラス基板に集積一体化したマイクロレンズアレイで，専門の学会[15]が開催されるほど各分野の研究者の興味を喚起してきた．そこでマイクロレンズアレイに絞って最近の進歩と将来の動向について紹介してみたい．

二次元マイクロレンズアレイは，1980年平板プラスチック基板に円形マスクを施しその開口部を介してドーパントを拡散移入する方法で実現されたのが最初であった[16]．その後ガラス基板を用いたイオン交換法が適用され，実用的なマイクロレンズアレイが製作された[17]．

ガラス表面に特殊な金属薄膜をコートし半導体工業で用いられているフォトリソグラフィー技術を駆使して精密な開口部を形成し，その開口部を介してイオン交換を行うという方法である．従来のロッド状分布屈折率レンズの場合のような全面拡散とは異なり，狭い開口部を介してのみ行われる選択イオン交換法ということができる．この際熱的なイオン交換のみならず，電界を印加して拡散を加速するとともに形成される屈折率差を大きくする方法なども開発されている[18]．

4.2.1　平板マイクロレンズの製法[19]

平板マイクロレンズの製造プロセスは図Ⅳ.4.8に示すとおりである．まず表面が平滑なガラス基板を用意し，その表面に金属薄膜をコートする．この金属膜は高温の溶融塩の侵食に耐えるようなものを選ぶ．通常 Ti 膜が用いられる．次にフォトレジストをスピン

4.2 平板マイクロレンズ

コートしあらかじめ用意したマスターマスクを介して露光,現像,エッチング工程を経て金属膜上に設計された開口部を形成する.

こうして得られた母材を高温の溶融塩に浸漬させ,設定された時間拡散処理すると開口部を介してイオン交換が進行し,ガラス基板中に三次元的な屈折率分布が形成される.フォトリソグラフィー法でこの金属膜に設けた開口部を介してイオン交換を行うが,図IV.4.8に示すように終了後平面研磨をする場合とイオン交換終了後そのままレンズとして利用する場合に分かれる.

前者を DI-PML とよび,NA は 0.2 くらいである.一方後者はイオン交換後に生じる体積変化による球面状の膨らみをそのまま利用したもので S-PML とよび,NA は 0.5 以上と大きなものが得られる[20].DI-PML がガラス中に形成された分布屈折率がレンズ作用を示すのに対して S-PML は球面状の膨らみが大部分レンズ作用を示し,分布屈折率の寄与が少ないことが特徴である.したがってイオン交換により生じるこの膨らみを精密に制御することが要求される.また良好なレンズを得るためにはイオン交換により生じる拡散面ができるだけ急峻に形成されることが必要でそのためにイオン拡散の濃度依存性を巧みに利用している.イオン種としては Tl や Ag が用いられる.

二次元のマイクロレンズ素子は,そのほかの方法でも実現されている.代表例は結晶化

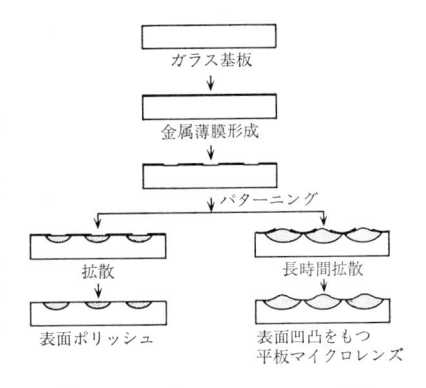

図 IV.4.8 平板マイクロレンズの製法

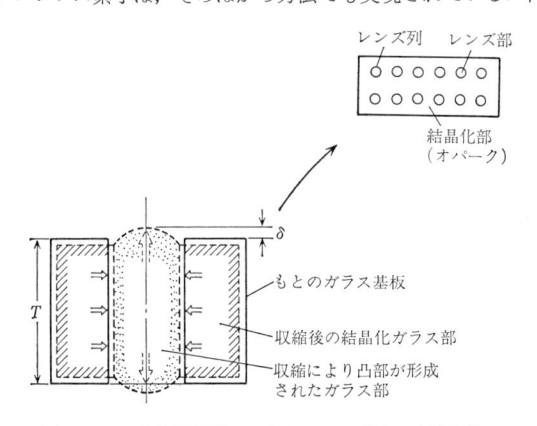

図 IV.4.9 応力利用形のマイクロレンズアレイ光学系

ガラスを利用したもので,図IV.4.9に示すようにリチウムなどを含むガラスに銅や金などの核形成材をドープしフォトリソグラフ技術を用いてレンズ部をマスクするようなパタ

ーンを形成する．その後強い紫外線を照射するとレンズ部以外の部分は結晶核が成長し，レンズ部はガラスのまま残ることになる．そこで適当な熱処理を施すとレンズ部以外の部分が結晶化し熱収縮を起こす．したがってガラスの部分はまわりの圧縮応力により両端面で凸形の熱変形を生じレンズ部を形成する[21]．

この方法はきわめて安定で低熱膨張係数をもつガラス基板を利用しているため光半導体素子（たとえばポリシリコン TFT 素子など）との整合性はよい．しかしレンズの配列精度，充てん密度，NAなどに制限があり今後の開発が期待されている．

4.2.2 平板マイクロレンズの光学特性[22]

ガラス基板上に多数個集積されたレンズアレイは，アレイとして精密な配列が確保されているだけでなく単独のマイクロレンズとしての光学特性も優れていなければならない．干渉計測やコヒーレント光の位相を取り扱うような場合には個々のレンズに対して高い光学特性が要求される．そこで図Ⅳ.4.10に示すようにレンズ径数十ミクロンから数百ミクロンという小口径レンズの波面収差を精密に測定できるマッハ-ツェンダー顕微干渉計が開発されている．

この装置にマイクロレンズをセットし得られた干渉縞画像からフリンジスキャニングによって最小二乗法解析でマイクロレンズの波面収差を求め，その結果を Zernike 多項式展開して収差を評価した．

図Ⅳ.4.11に代表的な仕様をもつマイクロレンズについての収差測定結果を示す．小口径レンズにもかかわらず収差は比較的小さいことがわかる．

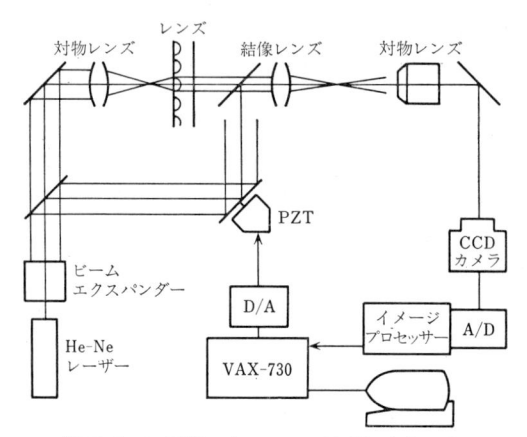

図Ⅳ.4.10 平板マイクロレンズ収差測定光学系

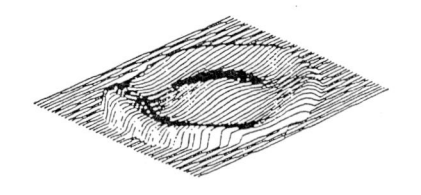

図Ⅳ.4.11 平板マイクロレンズの波面収差
レンズ径：160 μm，焦点距離：420 μm

4.2.3 平板マイクロレンズの応用光学

（1）アレイレンズ光集束系　平板マイクロレンズを受光素子アレイ，たとえば図

4.2 平板マイクロレンズ

図Ⅳ.4.12に示すようにCCDと組み合わせることで受光効率を向上させる光学系である[22]。

一般にCCDの受光面は配線などのために有効な受光面積は制限される．したがって受光素子に効率よく集光させるために各素子に対応する微小レンズを配列した平板マイクロレンズを用いる例である．平板マイクロレンズの応用光学系としてはきわめて有効であったが，現在ではCCD上に直接微小なレンズをフォトレジストを用いてモノリシックに形成させることが可能となり実用には至らなかった．

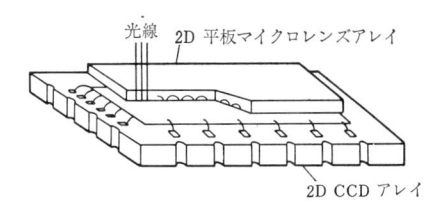

図Ⅳ.4.12 CCD受光光学系

しかしCCDの全面に一次元の平板マイクロレンズを設置して，レンズを介してCCDに直接結像させることで視差をつくり三次元的な像計測を可能とした応用が提案されている．これはカメラの自動焦点光学系にも適用が可能である．

（2） 有効開口向上用光学系[23,24]

基本的には前項と同じ構成であるが，透過光学系に応用したものである．図Ⅳ.4.13に示すように投射形TV用液晶パネルの入射側に平板マイクロレンズを配置することで入射光を液晶のピクセルに集光・透過させるという原理である．

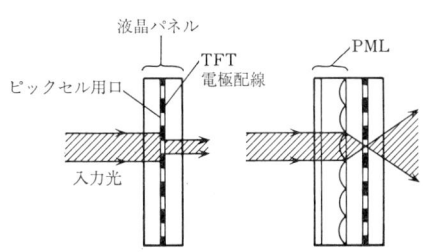

図Ⅳ.4.13 開口効率向上用アレイレンズ

この場合もパネルを構成している各液晶ピクセルの有効開口率が駆動回路や配線などにより制限されていることで平板マイクロレンズが有効となるのである．この場合は入射光ができるだけ平行であることが要件となり，また各ピクセルの有効開口以内に集光できればレンズのもつNAは小さいほうが望ましい．なぜなら液晶パネルをいったん透過すれば光線の広がりが小さいほうが投射レンズの口径を小さくできるからである．この場合の平板マイクロレンズは，各レンズを独立したものではなく，互いに接触させた構造をもつ．すなわち全面に細密充てんされたレンズが形成されることとなり，デッドスペースが存在しない平面レンズ板が可能となる．図Ⅳ.4.14にその様子を示す．すなわちもともと40％の開口効率をもつ液晶パネルに細密充てん形平板マイクロレ

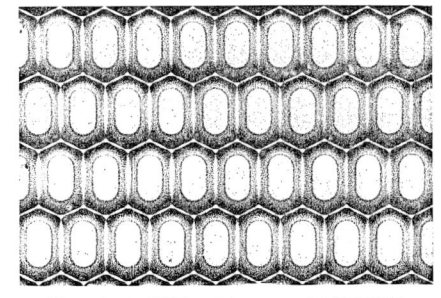

図Ⅳ.4.14 平板マイクロレンズの微細構造

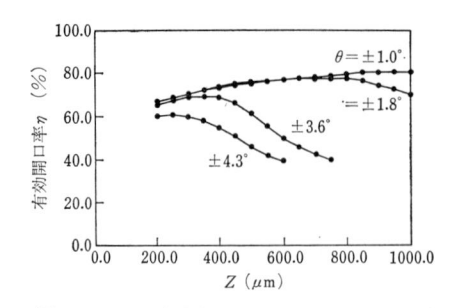

図 Ⅳ.4.15 入射光線の平行度と輝度向上の関係

ンズを前面に装着すると 80% という倍の開口効率に上がることを意味している.

また図 Ⅳ.4.15 には入射側の光線の平行度と開口効率の関係を示す. 平行度 3 度くらいから有効開口率が低下し始め，7 度近くになると有効開口率向上効果が小さくなることがわかる. 今後大面積のディスプレイには投射形 TV が期待されており, その明るさの向上に平板マイクロレンズの適用が必須となっていくと考えられる.

(3) 三次元ディスプレイ用光学系　平板マイクロレンズを一次元に形成すると蒲鉾形のレンチキラーレンズと同等な光学系ができる. 製作法はイオン交換の開口部を一次元的に形成すればよい. 図 Ⅳ.4.16 に示すようにきわめて位置精度がよくまた収差の小さい一次元レンズができるため, きわめて解像力のよい三次元立体像の再生が可能となる[26].

(4) 並列伝送用光結合光学系[27]　最近アレイ状光源やアレイ状検出器またはリボン光ファイバーケーブルなどが実用化され始め, 並列伝送システムが注目を浴びるようになってきた. この場合アレイ素子の間隔は一般に 250 ミクロンというきわめて狭いピッチをもっているため各アレイ状素子間の光結合に平板マイクロレンズを用いることができる.

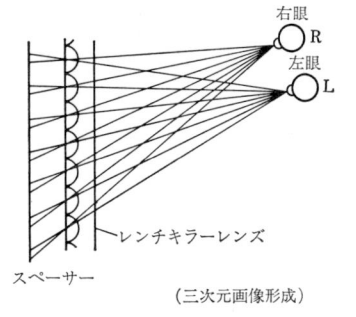

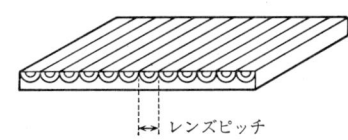

図 Ⅳ.4.17 に (a) 並列光源・光ファイバー結合系, (b) 平行光線結合系, (c) 光ファイバー・並列光検出器結合系の構成を示す. (a) の場合は平板マイクロレンズの NA (開口数) は大きいほうがよく製作法の項で述べた膨らみ利用のスウェルド形平板マイクロレンズがよい. 微小光源像を光ファイバー端面上に拡大結像する光学系の設計が必要である. また (b) の場合は結合する光ファイバーの NA (通常 0.1～0.2) 以内であればできるだけ収差の小さいレンズが望ましい. したがって分布屈折率形の平坦面をもつ平板マイクロレンズが用いられる. (c) の場合は光ファイバーからの出射光を二次光源とした結合光学系と同等であり光検出器の面積以内に集光できるよう設計する必要がある.

(5) 光並列処理用光学系[28]　図 Ⅳ.4.18 はインコヒーレントマルチイメージ結像系を示す. 各像の明るさは照明光の指向性によって決まり, 解像力は各微小レンズおよび平

図 Ⅳ.4.16　一次元レンチキラーレンズ

4.2 平板マイクロレンズ

(a) 並列光源・光ファイバー結合系
(b) 平行光線結合系
(c) 光ファイバー・並列光検出器結合系

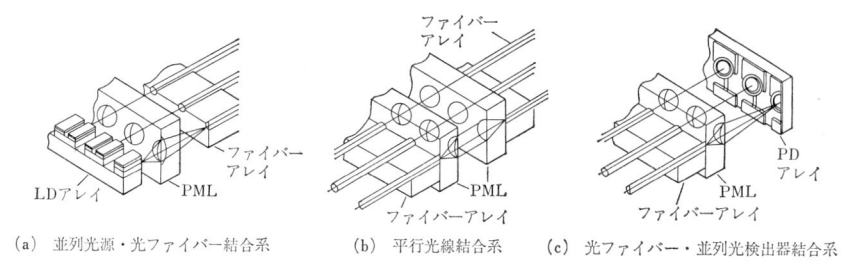

図 Ⅳ.4.17 並列光結合系アレイレンズ

板マイクロレンズの前面に置かれたコリメートレンズの波面収差の大きさで規定される．この場合の例では，平板マイクロレンズ（各レンズ口径：0.2 mm，焦点距離：1.0 mm，レンズ間隔：0.4 mm，正方配列）およびコリメーターレンズ（焦点距離：10 mm，レンズ口径：8 mm）で構成された光学系で各像面での MTF を求めるとほぼ回折限界の結像特性が得られている．またこのとき用いた平板マイクロレンズの波面収差は図 Ⅳ.4.19 に示すとおりである．

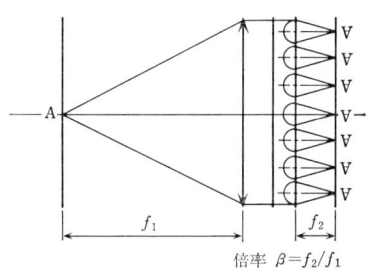

倍率 $\beta = f_2/f_1$

図 Ⅳ.4.18 マルチイメージングレンズ

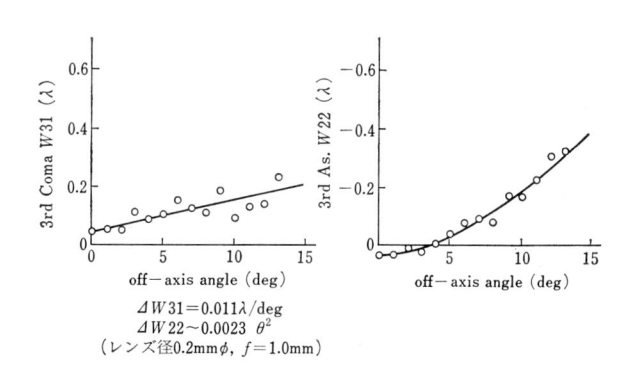

$\Delta W31 = 0.011\lambda/\text{deg}$
$\Delta W22 \sim 0.0023\ \theta^2$
（レンズ径0.2 mmϕ，$f = 1.0$ mm）

図 Ⅳ.4.19 平板マイクロレンズの波面収差

図 Ⅳ.4.20 にコヒーレントマルチイメージ結像系を示す．ただしこの場合は透過形でかつ各結像面のスペクトル分布を等しくするような光学系を構成している．いま入力パターン O が均一コヒーレント照明されているときそのコヒーレント光は入力パターンで位相

または振幅変調されレンズ L_3 を介して FT の位置にフーリエ変換像を形成する．この像を再び平板マイクロレンズで再フーリエ変換すればコヒーレントマルチイメージを得る．

この光学系を用いればフィルタリングなどの光並列処理ができることになる．またこの光学系は従来用いられてきた回折格子や HOE（ホログラフィック光学素子）などを用いたマルチイメージ光学系に比べてマイクロレンズの位置とイメージの位置が 1 対 1 に対応していること，各マルチイメージの位置の自由度があること，各イメージの均一性がよいこと，回折光ノイズが少ないことなど優れた特徴をもつ．　　　　　　　　　　　　　　　［西澤紘一］

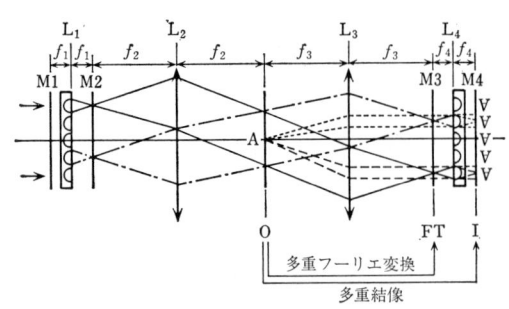

M1, M4 : r 領域における空間不変処理マスク
M2, M3 : f 領域における空間不変処理マスク

図 Ⅳ.4.20　コヒーレントマルチイメージ結像系

参 考 文 献

1) T. Uchida, M. Furukawa, I. Kitano, K. Koizumi and H. Matumura: IEEE J. Quantum Electron., **QE-6** (1970), 606-612,
2) I. Kitano, K. Koizumi, H. Matumura, T. Uchida and M. Furukawa: J. J. A. P., **37** (1970), 63-70.
3) 小泉　健：レーザ研究, **2**, 2 (1974), 91-100.
4) W. J. Tomlinson: Appl. Opt., **19** (1980), 1127.
5) S. Kawakami and J. Nishizawa: IEEE Trans. Microwave Theory Tech., **MTT-16**, 10 (1967), 814.
6) H. Kita, I. Kitano, T. Uchida and M. Furukawa: J. Am. Ceram. Soc., **54**, 7 (1971), 321.
7) P. B. Macedo et al.: US Patent No. 3,938,974.
8) Y. Asahara et al.: Appl. Opt., **24** (1985), 4312.
9) D. T. Moore: Proc. C1, MOC '89 (1989), 42.
10) T. Kitano, H. Matumura, M. Furukawa and I. Kitano: IEEE J. Quantum Electronics, **QE-9**, 10 (1973).
11) 西沢：光学技術コンタクト, **16**, 5 (1978), 25.
12) 西沢：電子材料, 9月 (1981), 113-118; 西沢：電子材料, 10月 (1981), 76-84.
13) 西沢：工業材料, **28**, 10 (1980), 85-96.
14) 遠山：オプトロニクス, **3** (1982), 56.
15) Microlens Arrays, IOP Short Meetings Teddington, UK, 1, May (1991).
16) M. Oikawa et al.: Jpn. J. Appl. Phys., **20** (1981), L 51.
17) M. Okikawa et al.: Jpn. J. Appl. Phys., **20** (1981), L 296.
18) K. Iga et al.: 3rd IOOC (1981) PD, TuL 4-1.
19) M. Oikawa et al.: Elect. Lett., **17** (1981), 452.
20) M. Oikawa et al.: Appl. Opt., **29**, 28 (1990), 4077.

21) N. F. Borrelli, D. L. Morse, R. H. Bellman and W. L. Morgen: Appl. Opt., **24**, 16 (1985), 2520-2525.
22) 浜中他: 第6回光波センシング技術研究会論文集 (1990), 107.
23) M. Oikawa et al.: SPIE, **898** (1988), 3.
24) H. Hamada et al.: SID '92, Tech. Digest (1992), 269.
25) 浜田他: Microoptics News, **10**, 4 (1992), 269.
26) 岡田他: 応用物理学会全国大会 (春, 1990), 30 a–PD-2.
27) M. Oikawa et al.: SPIE, **1544** (1991), 226.
28) K. Hamanaka et al.: Jpn. J. Appl. Phys., **29**, 7 (1990), L 1277.
29) M. Oikawa, K. Iga, T. Sanada, N. Yamamoto and K. Nishizawa: J. J. A. P., **20**, 4 (1981), L 296–L 298.
30) I. Kitano: Appl. Opt., **29**, 28 (1990), 3992-3997.

4.3 微小球レンズ

4.3.1 光学的基礎

　球レンズは研磨工程や組立工程がベアリングと同じで高精密加工でかつ大量生産が可能という特徴を有している．また光学特性は球の直径と屈折率という二つのパラメーターのみで決まるため収差は大きいが小形化，低コスト化が容易であり，最近のマイクロオプティックス素子として広く用いられている．

　一般に理想的な球レンズの焦点距離は，以下の式で定義される．

$$f = n \cdot R / 2(n-1) \tag{4.14}$$

ここに，R: 球の半径，n: 球の屈折率，である．

　この式 (4.14) でわかるように屈折率 2 をもつ球レンズの焦点距離は，出射側の球表面と一致する（$f=R$ となる）．

　また球レンズの入射側主平面および出射側主平面はいずれもレンズ中央に位置しており，近軸光線に関しては通常の薄肉レンズと等価である．しかし軸外光線に対しては図 IV.4.21 に示すように球面収差が半径の累乗で大きくなる．

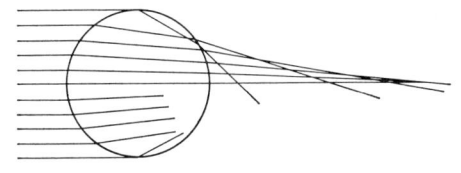

図 IV.4.21　球レンズの球面収差

　球レンズの球面収差（横収差）は次の式で表すことができる[1]．

$$X' = \frac{1}{2} \cdot \frac{n^2 - 3n + 1}{n^2} \cdot \frac{h^3}{R^2} - \frac{3}{8} \cdot \frac{-3n^4 + 13n^3 - 19n^2 + 13n - 3}{n^4} \cdot \frac{h^5}{R^4} \tag{4.15}$$

ここに，R: 球レンズの半径，n: 球レンズの屈折率，h: 入射面での光線の高さ，である．

　したがって球レンズの球面収差は R, n が決まれば，光線の入射高さ（光軸からの距離）の累乗で大きくなっていくことがわかる．

　また，球レンズの球面収差をレンズの NA（開口数）で表すこともできる．すなわち

$$X' = \frac{1}{4}\left[\frac{n}{(n-1)^2}\right]\cdot f\cdot\text{NA}^3 \qquad (4.16)$$

ただし，$\text{NA}=R/f=2(1-1/n)$

この式でわかるように，球面収差はレンズの NA の 3 乗に比例していることがわかる．図Ⅳ.4.22 に $f\cdot\text{NA}^3$ で規格化した球面収差量とレンズの屈折率との関係を示す．屈折率が 1.8 を超えると球面レンズや分布屈折率レンズの球面収差よりも小さくなることがわかる．したがって球レンズにおいて球面収差を小さくするためにはレンズの屈折率ができるだけ大きい材料を選ぶことが重要である[2,3]．

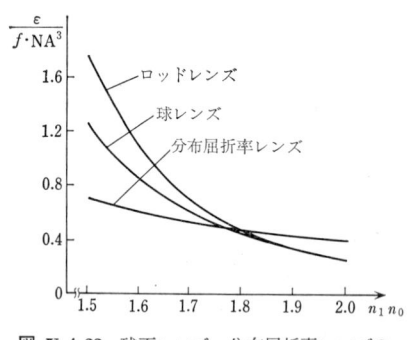

図Ⅳ.4.22 球面レンズ，分布屈折率レンズの球面収差と屈折率の関係

球レンズの応用光学系として図Ⅳ.4.23 のような共焦点・平行ビーム変換系がある．いま $f_1=f_2$ のときは点光源を平行ビームに変換し再び点像を等倍実像結像系を構成することができる．このときレンズの収差による受光側の像拡大率の変化は，レンズのもつ屈折率に依存する．すなわち図Ⅳ.4.23 に示すように $n=2.0$ のときが，最も収差の影響が少なくなることがわかる[4]．

均一な屈折率を有する球レンズは，大きな球面収差をもつことを示したが，屈折率が中心から半径方向に向かって 2 乗分布近似で減少していくような分布屈折率球レンズについては，図Ⅳ.4.24 に示すように球面収差を補正することができる．

この場合，球レンズを屈折率 n_2 を有する媒質中に埋め込んだ場合の球面収差量と入射光の位置の関係を示す．屈折率分布を付与することで球面収差量を大幅に低減させることができる．

4.3.2 球レンズの応用光学系

球レンズはその形状が対称性が高く構造も簡単であるため，光源と光

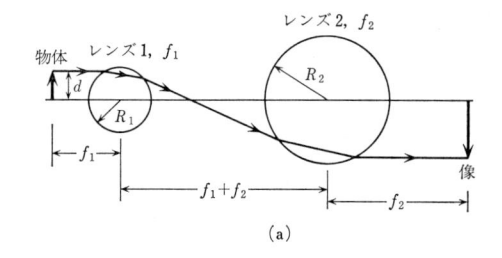

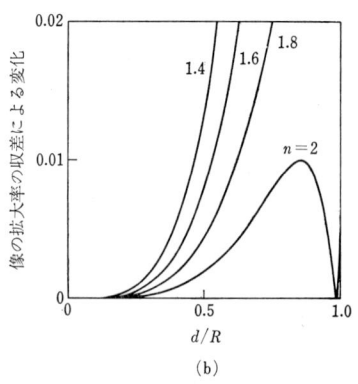

図Ⅳ.4.23 共焦点・平行ビーム変換系のときの収差量

ファイバーとの光学結合系やコリメーター光学系などマイクロオプティックス素子としては広く用いられている．

代表例は，図Ⅳ.4.25に示すようにLED集光用レンズである．LEDの出射面上に0.3〜0.6mm径の球レンズを接着固定する．図Ⅳ.4.26にその集光特性を示す．レンズの装着により出射角度分布が凸型となり，光ファイバーなどとの結合効率を向上させることができる[5]．

半導体レーザーと光ファイバーとの光結合系にも球レンズが応用されている．図Ⅳ.4.27, Ⅳ.4.28に示すように単レンズ系と共焦点複合レンズがある．一般に

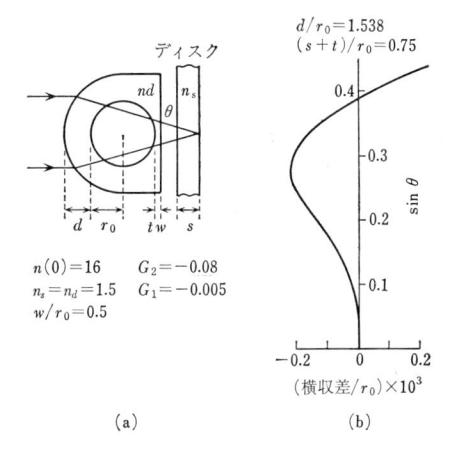

$n(0)=16$　$G_2=-0.08$
$n_s=n_d=1.5$　$G_1=-0.005$
$w/r_0=0.5$

$d/r_0=1.538$
$(s+t)/r_0=0.75$

(a) (b)

図 Ⅳ.4.24　分布屈折率球レンズの球面収差

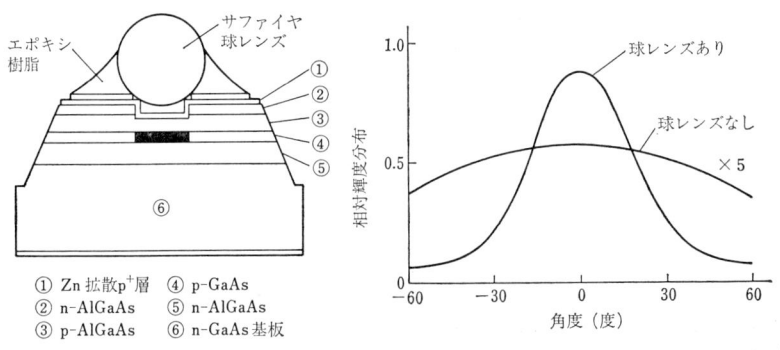

① Zn拡散p⁺層　④ p-GaAs
② n-AlGaAs　　⑤ n-AlGaAs
③ p-AlGaAs　　⑥ n-GaAs基板

図 Ⅳ.4.25　LED集光用レンズ

図 Ⅳ.4.26　出射角度分布

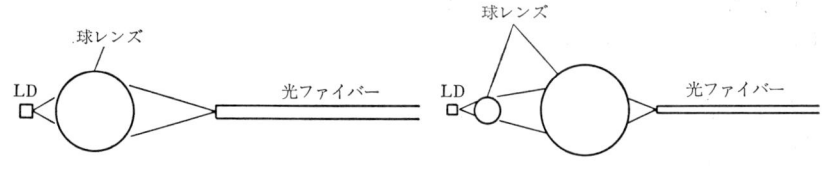

図 Ⅳ.4.27　単球レンズ光結合系

図 Ⅳ.4.28　共焦点複合系

は自由度が大きい共焦点複合レンズ系が用いられているが，第1レンズにはNAが大きいレンズが用いられる．第2レンズは分布屈折率レンズや球レンズが用いられるが，低コスト，量産化に対して球レンズ系が利用される[6]．

［西澤紘一］

参考文献

1) A. C. S. Van Heel : Advanced Optical Techniques, North-Holland (1967).
2) A. Nicia et al. : International Wire & Cable Symposium Proceedings (1981).
3) A. Nicia : Appl. Opt., **20** (1981).
4) 高梨：微小光学システムとその応用セミナーテキスト 3-1, 微小光学研究グループ (1981).
5) R. A. Abram et al. : J. Appl. Phys., **146** (1975), 3468.
6) 加藤他：電子情報通信学会秋季全国大会 (1989), C-227.

4.4 非球面レンズ

4.4.1 非球面レンズの特徴

　光学系に非球面を導入することで，従来から知られている球面だけを利用した光学系では達成できない仕様の実現や，光学性能の改善，コストの低減が可能である．

　非球面レンズ技術は種々の光学系に採用され成果をあげている．その中で微小光学の領域では，光ディスク用レンズ，レーザープリンター用レンズ，半導体レーザーと光ファイバーを結合するために用いられる結合レンズなどがある．いずれも光源としてレーザーを使用しているため色収差の補正が不要である．またこれらのレンズの役割は，平行光を1点に集光したり，逆に点光源からの発散光を平行光化（コリメート）する，点光源からの発散光を1点に集光するといったことであり，したがって必要とされる画角は小さいが結像性能として回折限界性能を要求されることから，通常球面収差の補正と正弦条件の満足とがレンズ設計上のポイントとなる．

　光学系の屈折面のうちの一面を非球面化することで，球面収差の補正が可能であり，また二つの面を非球面化することで正弦条件も満足できる[1]．以上のことから，これらのレンズの多くは単レンズであり，コリメーターレンズなどで開口数が小さい場合には，片面非球面レンズで十分な光学性能を満足することができる．

4.4.2 非球面レンズの製法[2]

（1） プラスチックモールド法[3]　　プラスチックレンズの成形法には，熱硬化性樹脂に用いられるキャスティング法と，熱可塑性樹脂に用いられる圧縮成形法，射出成形法，射出圧縮成形法などがある．

　その中で，微小光学用途の高精度プラスチックレンズは主として射出成形法で製作される．金型構造の例を図Ⅳ.4.29[2]に示す．またその基本工程を図Ⅳ.4.30に示す．表Ⅳ.4.1に射出成形に用いられる主なプラスチック素材とその物性を示す[4]．

　実際の成形では，成形時に成形温度，計量条件，射出条件，保圧条件などの成形機の制御パラメーターの最適化が必要である．しかしながらスプール，ランナー，コールドスラグウェル，ゲートなどの形状，寸法や配置，金型の温度調節法，離型（エジェクト）機構といった金型の構造と精度が成形品の総合的な品質を決めている場合が多い．

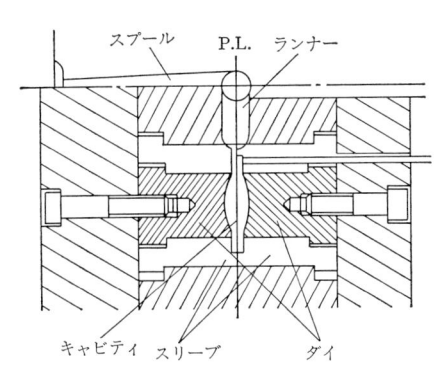

図 Ⅳ.4.29 プラスチックレンズ金型の構造[2]

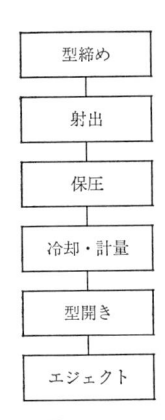

図 Ⅳ.4.30 射出成形法の基本工程

表 Ⅳ.4.1 光学用途の射出成形用プラスチック材料の諸特性[4]

項　目	単　位	PMMA	PC	OZ-100	APO
屈折率 n_d（23°C）		1.492	1.585	1.500	1.54
アッベ数 ν_d		58	30	57	54
屈折率の温度変化率	$\times 10^4/°C$	−11	−14	−12	−10
全光線透過率	%	92	90	92	91
光弾性定数	$\times 10^7 \mathrm{cm^2/kgf}$	6	90	3	8
ガラス転移点	°C	112	145	122	155
熱変形温度	°C	100	130	103	136
熱膨張係数	$\times 10^5/°C$	7	7	7	7
飽和吸水率	%	2.2	0.5	1.2	<0.01
密　度	g/cm³	1.19	1.20	1.16	1.05
ロックウェル硬度	M	80〜100	70	90〜100	―
アイゾット衝撃強度	kg·cm/cm	2〜3	80〜100	1〜2	―
曲げ弾性係数	kg/cm²	3.3	2.5	―	3.2

プラスチックレンズの射出成形では分子の配向による複屈折が生じやすいが，圧縮工程を導入することで光ディスク用対物レンズの複屈折をほぼ 1/7 に減少させた例が報告されている[5]．圧縮工程を含んだ射出成形法は射出圧縮成形法とよばれ，キャビティ内に樹脂を射出後，ゲートシールを素早く行い，樹脂がまだ流動性がある状態で，キャビティを前進させ加圧する方法であり，複屈折の低減のほかに，冷却時の収縮変形を少なくすることができることから，厚肉レンズの成形にも利用されている．

（2）**ガラスモールド法**　一般的な方法はガラスのブランクを加熱し，ガラスの軟化点近傍で金型により圧縮成形し，冷却後成形されたレンズを取り出す方法である（図 Ⅳ.4.31）[6]．開発された当初はガラス素材は低融点ガラスを使用していたが，現在は金型

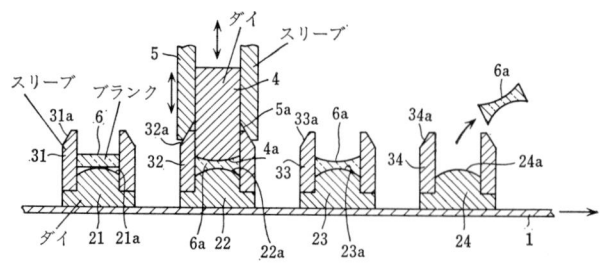

図 Ⅳ.4.31 ガラスモールド法[6]

構造や加熱・冷却法の工夫により最高到達温度の向上と加熱・冷却のサイクルタイムが短縮されたことから，通常の光学ガラスのほとんどが成形可能となった．しかしながら，サイクルタイムのいっそうの短縮，金型の長寿命化の目的で同一の光学的物性値を維持しながら低軟化点材料の開発が進められている．

ガラスモールド法ではプラスチックモールド法と比較して成形温度が高いため，金型には耐酸化性，ガラス材料の組成成分との非反応性，非付着性が必要であることから超硬合金材料や SiC などのセラミックスが使用されているが，さらに金型自身に Pt や Pt 系の合金，Cr_2O_3 などをコーティングして使用する場合が多い．

微小光学の領域では，焦点位置の温度変化が問題になりプラスチックモールドレンズが使えないレーザープリンター用レンズ[7]，半導体レーザーと光ファイバーとを結合するために用いられる結合レンズなどに利用されている[8]．

（3）**ハイブリッド法** ガラスレンズ基板上に薄い非球面層を紫外線硬化樹脂により重合成形する方式のレンズである．片面非球面レンズの場合は，紫外線を透過するガラスレンズを母体とすることで金属の金型を使用することができる．両面非球面レンズの場合には，金型として石英を使用し金型を通して紫外線を照射する（図 Ⅳ.4.32）[9]．ハイブリッドレンズは一部ビデオディスク再生用ピックアップの対物レンズで実用化されているが，微小光学の領域では，プラスチックモールドレンズとガラスモールドレンズの使い分けが進んでおり，むしろビデオカメラなどの撮影レンズに適用されている．

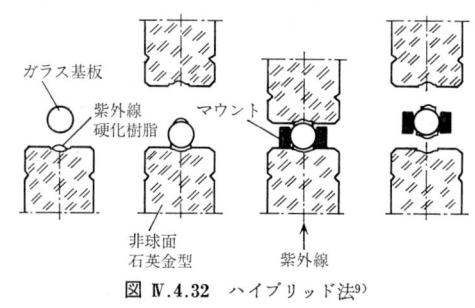

図 Ⅳ.4.32 ハイブリッド法[9]

（4）**非球面金型加工法**

a．切削法： 超精密 CNC 旋盤とダイヤモンド工具による切削加工で精度よく非球面形状を創成することができる．しかしながら，ダイヤモンド工具では加工材料が限定される．

無電解ニッケルめっきはダイヤモンド工具で切削加工が可能であるので、鋼材に無電解ニッケルめっきしたものは熱処理により必要な耐久性を得ることができ、プラスチックの射出成形非球面金型として主に用いられる。

b. 研削法: 超精密 CNC 旋盤に研削用のユニットを付加し、砥石による研削で非球面形状を創成する方法である。その一例を図Ⅳ.4.33 に示す[10]。研削法によりガラスモールドの金型に用いられる超硬材料や SiC などのセラミックスのような硬い材料を加工することができる。砥石としてはレジンボンドのダイヤモンド砥石を用いることが多いが、工具の磨耗により所望の非球面形状が得られない場合がある。このような場合、加工形状を測定し補正加工を行うことで対処する場合が多い。切削法と比較して、加工抵抗が1桁から2桁大きいため、CNC 旋盤、研削用ユニット、砥石に高剛性が要求される。

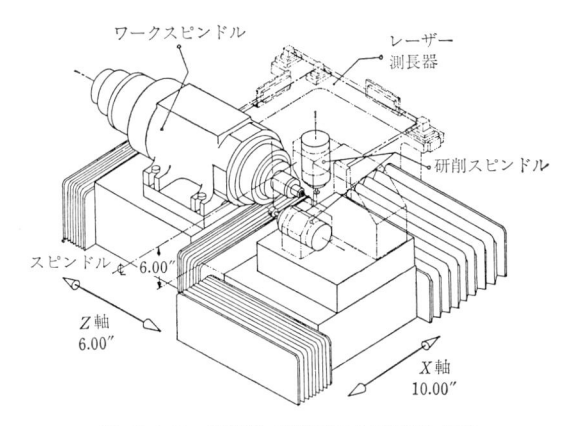

図Ⅳ.4.33 超精密二軸旋盤による研削加工[10]

c. 研磨法: 研磨加工は、材料除去速度が切削法や研削法と比較して著しく遅い。したがって、研磨加工は切削加工で残る加工面のツールマークの除去や、研削加工面の表面粗さ向上を目的として使われる。平面の研磨に関しては、メカノケミカルポリッシング、コロイダルシリカポリッシング、ハイドロプレーンポリッシング、P-MAC ポリッシング (progressive mechanical and chemical polishing)、EEM (elastic emission machining) などの非接触ポリッシングなど種々の方法が開発されているが[11]、非球面の研磨には機械的ポリッシングが適用されている。すでに切削や研削の前工程で所望の非球面形状が得られているので、この精度を維持しながら表面粗さの向上をはかる必要がある。ここでは二つの方法を紹介する。

(i) 静圧研磨法[12]: 空気圧により膨らませたバルーン状のポリッシャーに被加工物の非球面を押し付け、スラリー状の砥粒で研磨する（図Ⅳ.4.34）。非球面のほぼ全面にポリッシャーが当たるのは従来のガラスレンズの研磨法と同じである。

非球面の形状創成能力はないかわりに、研磨前の非球面形状を維持しながら表面粗

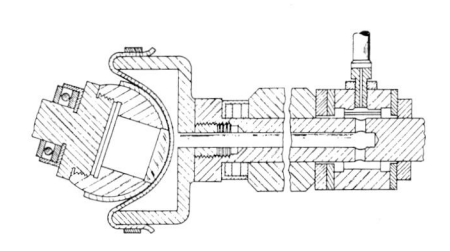

図Ⅳ.4.34 静圧研磨法[12]

さの向上が可能である．

(ii) 局部研磨法：非球面の大きさと比較して小形のポリッシャーを利用し非球面を局部的に修正研磨する方法である．研磨ヘッドは通常三軸の自由度をもち，非球面の各輪帯でポリッシャーを法線方向から加重し研磨することができる．図Ⅳ.4.35にその一例を示す[13]．各輪帯での加重，滞留時間，ワーク，ポリッシャーの回転速度などを制御することで，局部的に非球面を補正することも可能であるが，この場合非球面形状の測定を通して補正量を求める必要がある．

4.4.3 非球面レンズの集光特性

非球面レンズの集光特性の代表例として，コンパクトディスクの再生に用いられる非球面レンズを中心に説明する．開発当初は，半導体レーザーからの発散光をコリメーターレンズで平行光にし，この平行光を対物レンズでコンパクトディスクの記録面上に集光する光学系が用いられ，コリメーターレンズ，対物レンズはそれぞれ2枚構成，3枚構成の球面ガラスが使われていた．まずはじめに対物レンズがプラスチック両面非球面レンズに置き換えられた．その後，この対物レンズはコリメーターレンズを使用しないコリメーター一体形（有限共役形）のプラスチック両面非球面レンズに置き換えられてきた（図Ⅳ.4.36)[14]．

特に，コリメーター一体形では，レンズをディスクに平行に動かしてトラッキングを行うため，光軸上の収差だけではなく，軸外の収差を補正する必要がある．レンズの両面を非球面化することで，球面収差の補正と正弦条件を満足させることが可能であるので，軸外の残留収差の多くは非点収差である．三次の非点収差は屈折率とレンズの軸上厚に依存するが，必ずしも屈折率を上げれば良い結果が得られるわけではなく，プラスチックレンズで十分必要な性能が得られている[15]．

表Ⅳ.4.2は代表的な有限共役形両面非球面プラスチックレンズの仕様であり，図Ⅳ.4.37にその断面図，図Ⅳ.4.38

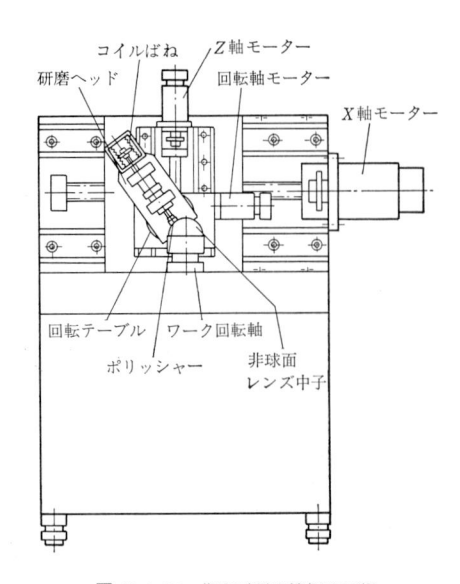

図Ⅳ.4.35 非球面研磨機概略図[13]

表Ⅳ.4.2 代表的な有限共役形両面非球面プラスチックレンズの仕様

1.	使用波長	780 nm
2.	焦点距離	3.9 mm
3.	開口数 （ディスク側）	0.45
4.	結像倍率	−1/5.5
5.	作動距離	2.12 mm
6.	基準物像間距離	31.18 mm
7.	カバーガラス	光源側　1.30 mm ディスク側　1.20 mm
8.	重量	0.12 mg

4.4 非球面レンズ

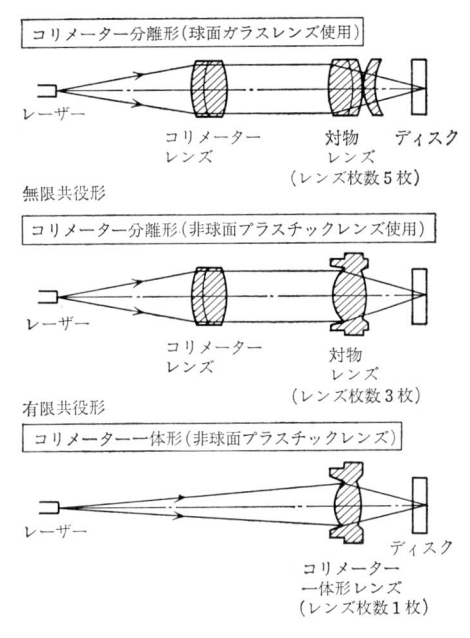

図 Ⅳ.4.36 無限共役形および有限共役形非球面プラスチックレンズ[14]

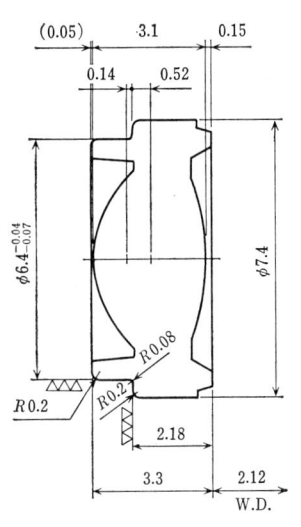

図 Ⅳ.4.37 コンパクトディスク用有限共役形両面非球面プラスチックレンズ断面

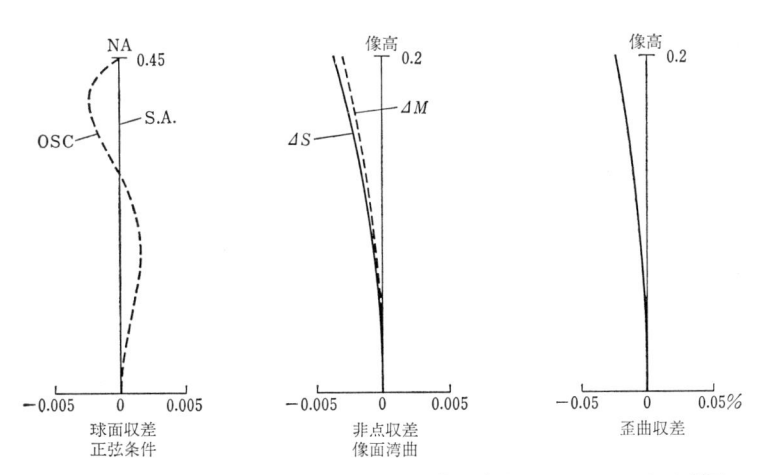

図 Ⅳ.4.38 コンパクトディスク用有限共役形両面非球面プラスチックレンズの収差図

に収差図，図Ⅳ.4.39に像高に対する波面収差特性を収差成分ごとに分類した図を示す．量産化されている対物レンズの軸上波面収差は0.03λ rms 以下である．

ビデオディスク再生用の対物レンズはNA（開口数）がコンパクトディスクの場合と比較して大きく，かつディスクサイズが大きいため必要なトラッキング量も大きく，レンズをディスクに平行に動かしてトラッキングを行う場合，単レンズでは所望の軸外収差が得られないことから無限共役形光学系が通常用いられる．対物レンズとしては両面非球面プラスチックモールドレンズが主流であるが一部に片面非球面ハイブリッドレンズが使われている．また，コリメーターレンズにも片面非球面プラスチックモールドレンズが使われつつある．

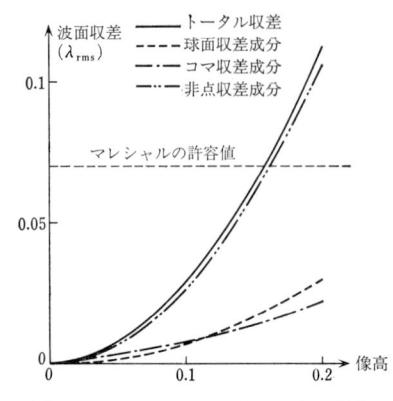

図 Ⅳ.4.39 コンパクトディスク用有限共役形両面非球面プラスチックレンズの像高に対する波面収差特性

光磁気ディスクでは，半導体レーザーの波長変動の対策として低色収差の必要がありかつ，カー効果を再生の原理としていることから低複屈折が求められている．ガラスモールドレンズでは低分散材料を使用することで，プラスチックレンズと比較して色収差を2/3程度に低減できる[16,17]．また複屈折は射出成形で作成されたプラスチックレンズと比較して少ない．しかしながら，色収差についてはコリメーター[18]やほかの補正光学系[19]を利用した対策が可能であり，また複屈折に関しても成形法を工夫することで光磁気ディスク用として十分な量まで低減された例が報告されている[18]．　　　　　　　　　　　　[荒井則一]

参考文献

1) M. Born and E. Wolf: Principle of Optics, Pergamon Press (1975), 197-202.
2) 細江：光技術動向調査報告書Ⅶ，光産業技術振興協会 (1991), 213-221.
3) 内尾舜二：プラスチックレンズ，ラバーダイジェスト社 (1982).
4) 荒井則一：光技術動向調査報告書Ⅶ，光産業技術振興協会 (1991), 236-239.
5) 荒井則一，服部洋幸: Konica Tech. Rep., **3** (1990), 81-87.
6) 特開昭63-74928号公報.
7) 日経ニューマテリアル, No. 99 (1991), 10-29.
8) 尾中　寛，石灰勲夫: Microoptics News, **9**, 3 (1991), 37-41.
9) Renso. J. M. Zwiers, Joseph J. M. Braat and Gerard C. M. Dortant: Proc. SPIE, **645** (1986), 53-57.
10) L. E. Chaloux: Proc. SPIE, **656** (1986), 61-67.
11) 土肥俊郎：光技術コンタクト, **29** (1991), 674-686.
12) D. F. Horne: Optical Production Technology, Adam Hilger (1972), 295-297.
13) 草野正明：光技術コンタクト, **29** (1991), 687-693.

14) 小島　忠: Konita Tech. Rep., **1** (1990), 85-91.
15) T. Matsumura, N. Arai and S. Nakamura: Technical Digest, Microoptics Conference '87, Tokyo, B 3 (1987), 22-25.
16) 石灰勲夫, 川井　豊, Microoptics News, **6**, 3 (1991), 177-181.
17) 田中康弘: Microoptics News, **6**, 3 (1991), 182-187.
18) N. Arai and H. Hattori: Proc. SPIE, **1139** (1989), 177-186.
19) 特開平 3-155514 号公報.

4.5 平面回折形マイクロレンズ

　回折現象を利用した光学素子について説明する．回折光学素子は種々の製法によって，平面上に微細なピッチの凹凸や濃淡の縞を構成し，光波の回折現象を利用して，レンズ作用を生じさせるものである．昔から使われている屈折現象を応用した素子を使わず，光の回折を利用して光路を曲げる方式のレンズが最近よく使われるようになってきた．

4.5.1 回折形光学素子の種類と特徴

　回折を利用した光学素子にはホログラフィックレンズ（ホロレンズあるいは HL で略称する）や，マイクロフレネルレンズ（マイクロフレネルゾーンプレート）あるいはグレーティングレンズ（GL）のほかにホログラムやホログラフィック光学素子（HOE）がある．

　これら各種の回折形光学素子を代表し，ここではグレーティングレンズをその総称として用いることにする．最近，光ディスクやレーザー応用の POS (point of sales) など各種の光情報機器に使われてきているので，HL や GL を中心に回折についてやや詳しく述べることにしたい．

　グレーティングレンズや HOE を代表とする回折形レンズはすでに述べたように，薄いプラスチックやガラスの平面上に微細なピッチの凹凸や濃淡の縞を構成し，光波の回折現象を利用して，レンズ作用を生じさせるものであるので，屈折形レンズに比較すると，次のようないろいろな特徴をもっている．

① わずか数ミクロンの厚さにおける光の回折を利用するので，非常に薄い形状の光学素子を構成できる．プリズムなどの光学素子との複合化[1,2]が容易であり，光学系全体の小形軽量化に適している．

② レーザー光を光源に用いる場合に，無収差で入力波面を任意の出力波面に容易に変換できる．したがって，合波，収束，発散，収差補正などの複数機能を単一素子で実現[3,4]できる．

③ 屈折形レンズと異なり，表面の微細な 1～2 μm の凹凸や濃淡をプラスチックや写真フィルムに転写できるので，複製が容易[5,6]である．

上に述べた長所をもっている反面，レンズ性能の波長依存性や高回折効率の困難性などの問題点も併せもっていることも忘れてはならない．

4.5.2 回折形光学素子によるレンズ作用の原理

光の光路を曲げるには屈折率の異なる二つの媒質の境界によって生じる反射と屈折の現象を利用するほかに回折現象を利用する方法がある．図Ⅳ.4.40 に示すように，平板に波長程度の直径 d の小さな孔を開けておき，波長 λ の光を入射させると，入射光はこの小孔によって回折され，回折角 2θ は

$$2\theta = \pm 2\lambda/\pi d \sim \pm \lambda/d \tag{4.17}$$

で表される．すなわち，小孔の直径が小さければ小さいほど，また波長が長ければ長いほど回折角度は大きくなる．この小孔を一列に等間隔で並べたものが回折格子である．すなわち，図Ⅳ.4.41 に示すように，回折格子の格子間隔を $2d$，格子幅を d とし，波長 λ の

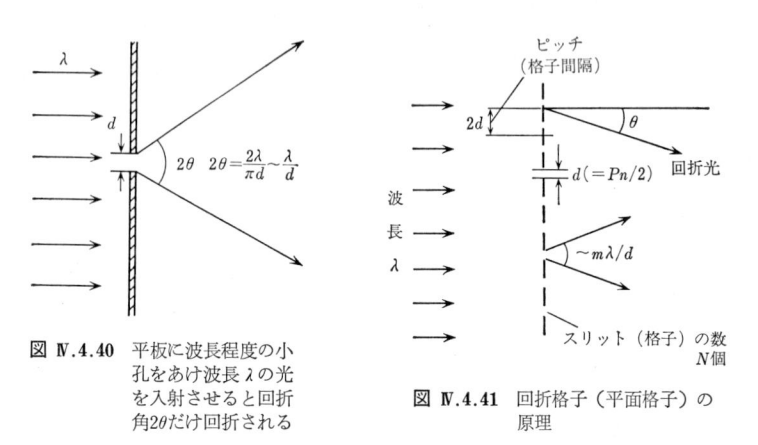

図 Ⅳ.4.40　平板に波長程度の小孔をあけ波長 λ の光を入射させると回折角 2θ だけ回折される

図 Ⅳ.4.41　回折格子（平面格子）の原理

レーザー光を格子面に垂直に入射させると，式（4.17）で与えられる各小孔からの回折光が互いに干渉し合う．容易に想像できるようにこの干渉は図Ⅳ.4.40 の上のほうに向かうビームと図Ⅳ.4.40 の下のほうに向かうビーム，さらに図Ⅳ.4.40 の上にも下にも進まず入射したまま真直ぐに進む成分（すなわち干渉しないで進む）の三つに分けることができる．このことを示したのが図Ⅳ.4.41 である．上方と下方とに進んだビームはそれぞれに一次，二次，…と高次の干渉が起こる．これら回折された光をそれぞれ一次，二次，…，m 次の回折光とよぶ．一次の回折角を θ_1 で表せば式（4.17）から，

$$\theta_1 = \pm \lambda/\pi d \sim \pm \lambda/2d$$

となるが，正確には $\sin\theta_1 = \pm\lambda/2d$ であり，二次の回折角 θ_2 は $\sin\theta_2 = \pm 2\lambda/2d = \pm\lambda/d$，三次の回折角 θ_3 は $\sin\theta_3 = \pm 3\lambda/2d$，$m$ 次の回折角 θ_m は

$$\sin\theta_m = \pm m\lambda/2d \tag{4.18}$$

で表される．m は整数（回折次数）である．次に，この格子間隔 $2d$ を p_n に置き換え，格子幅 d を $p_n/2$ で表す（$n=1, 2, 3, \cdots$）．ここで図Ⅳ.4.42 に示すように，図の一番下の格子幅を $p_1/2$ とし，図の上側へ向かうほどこの格子幅を少しずつ狭くする（これをチャーピングという）．すなわち p_2, p_3, p_4 の順に格子幅を次第に小さくすると，チャーピン

4.5 平面回折形マイクロレンズ

グ率に対応して，得られる回折光の回折角も少しずつ大きくなる．

格子間隔の減少率を，あらかじめ計算した値にしておくと，図の左側から入射する平行ビームがこのチャープドグレーティングによって図の右側の1点に集光するかのように回折させることができる．

これまで説明してきた回折格子は光を通す部分と光を遮る部分とが交互に現れる1対を格子間隔とするいわゆるバイナリ (binary) 形のグレーティング)やチャープドグレーティングとよばれる回折素子である．バイナリ形は写真乾板やフォトレジストに光ビームまたは電子ビームを格子形状に応じて照射することにより，あるいはレーザー光の干渉によるホログラフィックな手法によっても比較的容易に作製できる．しかしバイナリ形の回折格子は光の通過できる面積の半分が遮蔽されているので入射光量に対する透過回折光量の比すなわち透過回折効率が低いという欠点がある．これを改善するには遮光部分をなくせばよい．周期性をもち，しかも遮光部をもたない格子形状として，屈折率変調による厚膜グレーティングを作製すれば論理的には100％に近い回折効率が得られる[7]．屈折率変調でなく，一様な屈折率の材料を用いる場合には，図Ⅳ.4.43(b)に示すような鋸歯状のブレーズドグレーティングが一般的である．この構造は屈折率変調厚膜グレーティングに比較すると透過回折効率が論理的には最高84〜88％程度にしか高くできない[12,13]が，フォトポリマー法や射出成形法による大量転写レプリカが容易に生産できる点で特に産業界から注目されている．

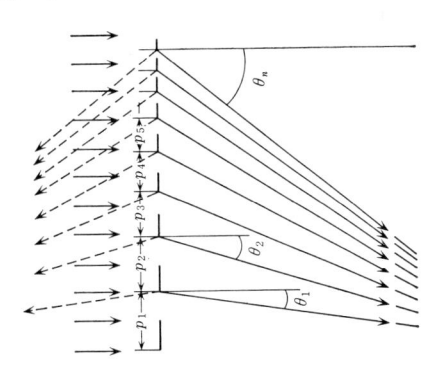

図Ⅳ.4.42 チャープド回折（格子）の原理 格子間隔を右上方に向かって徐々に狭くすると回折光は収束する．

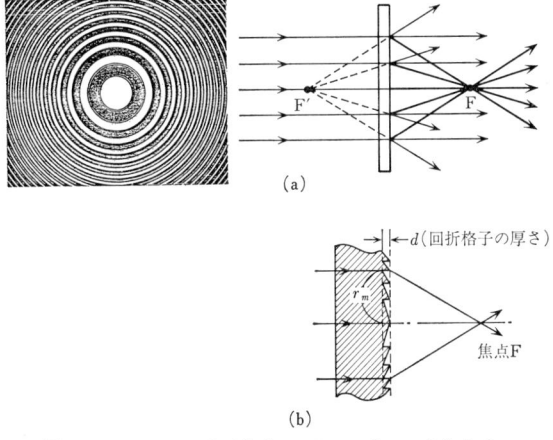

図Ⅳ.4.43 インライン形グレーティングレンズ(a)と同ブレーズドグレーティングレンズ(b)

図Ⅳ.4.43(b)の中で一点鎖線で表した中心線のまわりに回転対称に形成したものがインライン形のブレーズドグレーティングレンズである．インライン形とは入射光軸と射出光軸とが平行同軸である場合であり，そうでない場合は図Ⅳ.4.44に見られるようなオ

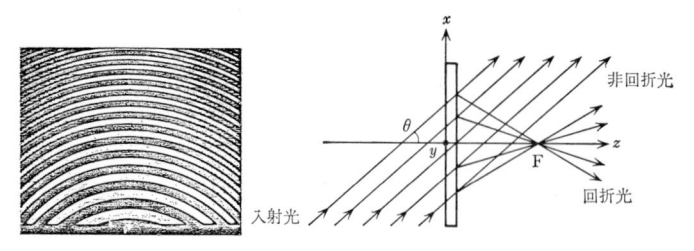

図 Ⅳ.4.44 オフアクシス形グレーティングレンズ

フアクシス形[3,21]がある。図Ⅳ.4.43の断面の右側あるいは左側から眺めれば同心円状にいくつもの輪帯が見える。この輪帯の幅は同心円の内側ほど広く，外側ほど狭くなっている。

さて，図Ⅳ.4.43のインライン形のブレーズドグレーティングレンズ（以後 GL と略記する）に左側から単色の平行光を入射させると GL の輪帯により回折された光ビームは，右側の1点 F に集光する。m 番目の輪帯により回折した光線と，中心を通る基準光線との光路差が，波長の整数倍であれば，二つの光波は互いに強めあう。その条件は，m 番目の輪帯半径を r_m とすれば，

$$\sqrt{r_m^2+f^2}-f=m\lambda \tag{4.19}$$

で与えられる。ここで，f は焦点距離である。したがって，輪帯半径 r_m は

$$r_m=\sqrt{m^2\lambda^2+2m\lambda f}=\sqrt{m\lambda(m\lambda+2f)} \tag{4.20}$$

で求められる。レンズの焦点距離と光の波長とを比較すると m が 1,000 以下では，$2f \gg m\lambda$ とみなせるから，この式は

$$r_m \fallingdotseq \sqrt{2mf\lambda} \tag{4.20}'$$

と近似できる。

レンズ外周ほど輪帯の間隔すなわちピッチは狭くなるので，最小ピッチ $p_{\min}$ は近似的に

$$p_{\min} \sim \lambda/\mathrm{NA} \tag{4.21}$$

で与えられる。

可視光に対しては，NA=0.1 程度で数ミクロン，NA=0.5 ではサブミクロンの微細ピッチとなる。

図Ⅳ.4.44のようなオフアクシス形 GL[3,21] の場合にも，レンズ上の1点 $p(x,y)$ を通過し，焦点 F に集光する光線の光路長を計算し，基準光線との光路差が $m\lambda$ となるような (x,y) 上値を求めればいい。図Ⅳ.4.44の例では

$$x\cdot\sin\theta+\sqrt{x^2+y^2+f^2}-f=m\lambda \tag{4.22}$$

となる[3]。

4.5.3 グレーティングの回折効率

グレーティングの回折効率の計算はたとえば重クロム酸ゼラチンを用いた屈折率変調形

の厚膜グレーティングと形状変調形のブレーズドグレーティングとでは計算方法も異なるし，後者の場合には形成された格子形状にも大きく依存する．そのため，前述したようにその理論の最大値もそれぞれ若干異なった値を示している．

屈折率変調形の場合に，厚さ d，周期 T の直線回折格子は媒質の屈折率を n とすると，次式で示されるパラメーター Q の大小によって区別される．

$$Q = 2\pi\lambda d/nT^2 \tag{4.23}$$

① $Q \ll 1$ であるような薄いグレーティングの場合

グレーティングに平面波が垂直に入射したときの m 次回折効率 η_m は

$$\eta_m = \left| \frac{1}{T} \int_0^T A(x) \exp\{i\phi(x)\} \exp\left(-i\frac{2\pi mx}{T}\right) dx \right|^2$$

で与えられる[7,8]．ただし，$A(x)$ は透過率，$\phi(x)$ は位相変化量を表す．

② $Q \gg 1$ であるような厚いグレーティングの場合

立体的な回折格子を多数の薄い平面格子に分割し，それぞれの領域における波動方程式の数値解を接続することによって回折効率を求めることができる．重クロム酸ゼラチンを用いた厚い位相変調格子，すなわち体積ホログラムの場合にはブラッグ角とよばれる特定の入射角をもつ光のみが強く回折され，100% 近い回折効率を得ることが可能である．このような厚いグレーティングにおいては，入射光の偏光方向（TE 波と TM 波）により，回折効率が異なることも知られている[9~14]．

文献 11, 12) で計算された形状変調形のブレーズドグレーティングにおける透過形のブレーズド回折格子の波動方程式の数値解析の結果を，図Ⅳ.4.45，Ⅳ.4.46 に示す．横軸は

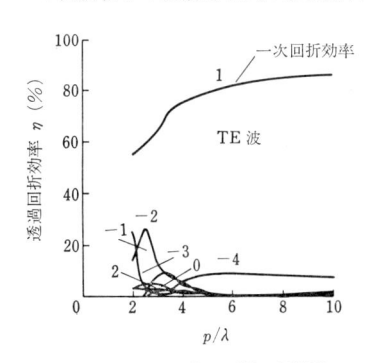

図 Ⅳ.4.45　TE 波の透過回折効率

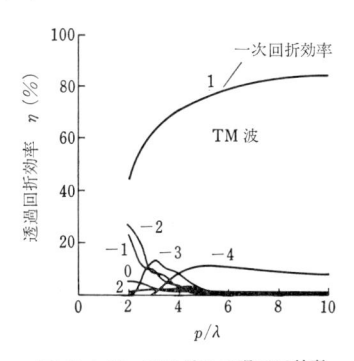

図 Ⅳ.4.46　TM 波の透過回折効率

格子間隔を波長で規格化した値であり，p が λ に比べて細かくなると，TE 波も TM 波も透過回折効率が低下することがわかる．

ここで p/λ を大きくする手段として，グレーティングレンズ基板を文献 11, 17) のように球面に加工（図Ⅳ.4.47）し，回折効果に屈折効果を重畳させて等価的に p/λ を増大させることができる．NA=0.45 や 0.47 の対物レンズが高い回折効率と広い有効視野角で

試作できている．また，NA=0.13 のグレーティングコリメーターレンズは，レンズ中心，外周を問わず，図 Ⅳ.4.45，Ⅳ.4.46 の $p/\lambda>6$ の領域にあり，85% 以上の効率が得られ，光ディスクピックアップ用に量産化がすすめられて，実用化され，実際の製品に搭載されている[5,6,12,15]．また，この種のレンズが最近再び脚光を浴びてきている．それは回折効果による焦点位置の波長依存性と屈折効果による焦点位置の波長依存性とがちょうど相補う関係にあるためである．その一例として波長依存性のない光学系として屈折レンズに回折レンズを接合させたバイナリ光学がアメリカを中心に研究されている[28]．

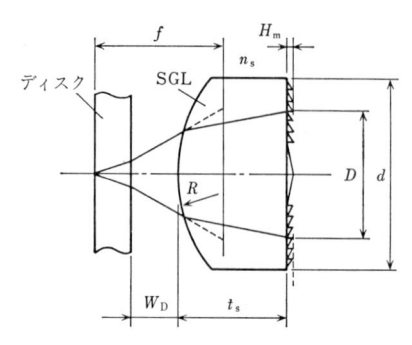

図 Ⅳ.4.47 グレーティングガラス基板を球面加工してグレーティングピッチ p/λ を増大させることに成功した球面グレーティングレンズ[11,17]

4.5.4 グレーティングレンズの諸特性

（1）波長依存性　式 (4.19)，(4.20)' から f は λ に反比例して変化し，NA の大きなレンズでは，λ が変わると球面収差も生じることが想像できる．図 Ⅳ.4.44 のオフアクシス形では，コマ収差も付加される．しかし，レーザー光を用いることを前提として，その波長に対応する回折格子ピッチを計算して作製すれば，波長依存性は問題とはならない．二光束干渉によって作製されたホロレンズの場合[18]には，作製波長と使用波長の違いによる色収差の発生が避けられず，重大な問題が生じる．すなわち，半導体レーザーの波長で記録できるホログラム材料が従来は存在せず，780 nm よりも短波長の Kr レーザーや Ar レーザー光を用いて作製しなければならなかったためである（今後は半導体レーザーの発振波長が短くなるにつれて次第に可能となろう）．いまのところ，ホロレンズは He-Ne レーザー応用スキャナーに用いられているにすぎない[26]．波長 630 nm 以下の可視半導体レーザーの実用化が期待されるゆえんである．一方，波長の違いによって生じる色収差を打ち消すため，故意に球面収差を含んだ物体光を用いる方法も提案されている[19]．

（2）斜め入射特性　GL の欠点の一つは，有効視野角がきわめて狭いことである．NA=0.13 の場合の，斜め入射時の点像分布関数の計

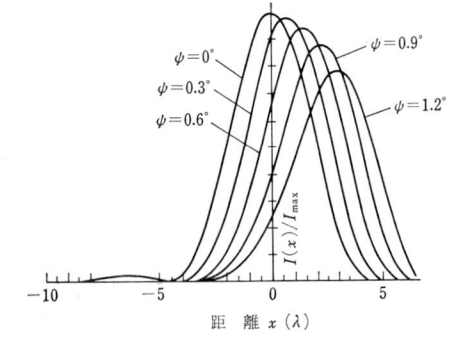

図 Ⅳ.4.48 平板インライン形 GL の斜め入射時の分布関数

算結果を図Ⅳ.4.48, Ⅳ.4.49に示す[8]. Maréchalの定義[5]を満たす許容入射角度 ϕ は, 1.2°以内である. この角度は, レンズのNAに逆比例して小さくなる. NA=0.2で0.45°, NA=0.45で0.15°程度である. 前述した球面基板にグレーティングレンズを密着する方法は, 有効視野角増大化にとっても有効である[11,17].

4.5.5 回折形光学素子原盤の作製

(1) 光食刻（フォトエッチング）法[1,2]

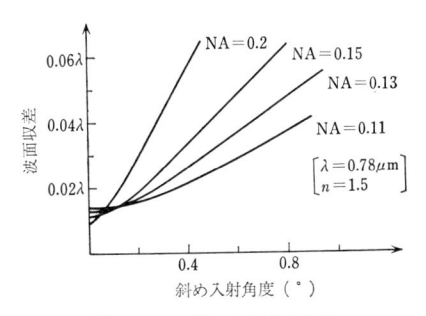

図 Ⅳ.4.49 斜め入射角度特性

現在, 半導体産業が超LSI製造用に採用している最もポピュラーな方法である. まず, 実際の描画サイズよりも10倍に拡大したグレーティングパターンのフォトマスクを作製する. 一方, 回折素子を刻むべき銅原版やSi基板の表面にPMMAで代表されるフォトレジスト（露光材）をスピンコートやノズル噴霧などの方法で薄く塗布する. この薄膜面に, 前述したフォトマスクをいわゆるステッパーといわれる装置（写真の引伸し機と同じような原理でたとえば1/10に縮小し, 面積が小さくなった分だけ次々と数多くの同じ画を繰り返し露光するのでこの名がある）により縮小露光する.

光の照射された箇所と照射されない箇所との間には写真技術の定着工程の際に物理・化学的な差異を生じることを利用する. たとえば光が照射されて水溶性の物質になったり, 逆に非水溶性になったりする性質を応用する. こうして, 図Ⅳ.4.50のようにフォトレジストに覆われた部分とフォトレジストに覆われない部分とができる. これ自身ですでに回折素子が形成されていることになるが, フォトエッチング法というのは半導体産業で行っていると同じようにフォトレジストに覆われていない部分に, 気相にしろ液相にしろ酸などを用いた基板を侵すエッチャントで基板そのものの表面にグレーティングパターンを刻む方法である.

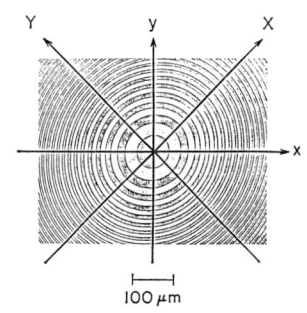

図 Ⅳ.4.50 フォトレジストに露光後定着させた結果のグレーティングレンズ（非点収差レンズ）

(2) ホログラフィック法[18] レーザー光の干渉縞を応用する方法である. すなわちフォトエッチング法で用いられているフォトマスクの代わりに, レーザービームの干渉により得られるレーザー光の強弱変化によってつくられるグレーティングパターンや回折格子パターンをフォトレジストをコートした半導体基板や銅基板上に直接露光する方法である. 図Ⅳ.4.51に一例としてグレーティングレンズ作成の場合の光学系を示す. また, フォトレジストの代わりに, フォトポリマリゼーション[11]応用（図Ⅳ.4.52）のグレーティングパターン形成法もある. すなわ

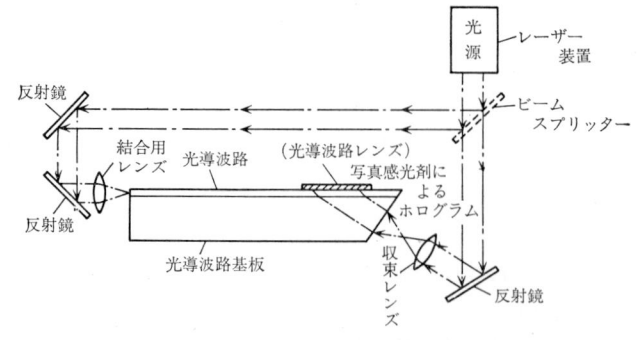

図 Ⅳ.4.51 レーザー光の干渉によって作成する導波路グレーティングレンズ作成法

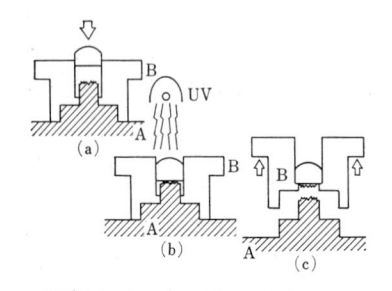

図 Ⅳ.4.52 フォトポリマリゼーション法による球面ガラス基板の平面部に紫外線硬化樹脂をコートし，そこへグレーティングパターン金型を密着させた後に紫外線を照射させる．樹脂が硬化してから金型を引き離すと球面ガラス基板にグレーティング薄膜がコートされている[11,17]

ちグレーティングパターンを刻むべき基板表面にモノマー液で構成された薄膜をコートしておき，紫外線レーザー光の干渉縞がこのモノマー薄膜上にできるようにしておく．紫外線レーザー光の強いところはレーザー光の $h\nu$ によってモノマーが架橋されポリマーになって硬化する．一方，紫外線レーザー光の弱いところはモノマーのままであり硬化しないので水洗により除去される．

(3) **電子ビーム直接描画法**[3,11,14,20,21,25]

フォトエッチング法における"フォトマスク＋露光"の代わりに，フォトレジスト上に直接電子線でグレーティングパターンを描画する方法である．テレビのブラウン管における電子銃と同じように，電子ビームは偏向コイルでなる偏向ヨークと高電界が印加できる偏向板による外部信号とにより，平面上を自由自在に動かせる微細ビームになる．したがって電子線で感光するフォトレジストであればフォトマスクなしで直接描画できる．

(4) **超精密旋盤法**[5,6,12,15] 電子線直接描画法の長所は自由自在にパターンを描画できることであるが，問題点は，① 微小点の集合で塗りつぶす方法をとっているので複雑な微細パターンを描画するに要する時間が場合によっては10時間のオーダーもかかること，② 電子線応用に共通な問題である二次電子の影響による超微細描画ができない（微細画像がボケる）などである．特に回折効率を上げるためにブレーズドグレーティングにする必要のあるときにパターンの断面形状が鋸歯状の尖鋭なパターンにならないという大きな欠点がある．これを克服する方法の一つに超精密旋盤法という機械的手法がある．

4.5 平面回折形マイクロレンズ

二次元的に複雑なパターンでなく，円対称なパターンであれば比較的簡単にブレーズドグレーティングを刻むことができる方法が超精密旋盤法である．これはダイヤモンドバイトとレーザー精密測長技術とを用いた超精密旋盤（diamond turning lathe）[30]を使って $0.01\,\mu\mathrm{m}$ の精度で精密切削加工を行うものである．このような超精密旋盤のメーカーはアメリカの Pneumo 社や Moore Special Tool 社をはじめ欧州や日本にも数社あり，超精密旋盤メーカーでなくとも日本の電気メーカーや光学メーカーでも自作の装置をもっているところが多い．非球面レンズ原盤をつくれるところではいつでも超精密旋盤法による回転対称の回折形ブレーズド光学素子原盤が作製できる．

4.5.6 回折形光学素子レプリカの作製

4.5.5項で述べた回折形光学素子原盤作成方法のいずれかを用いて原盤ができた後で，この回折形光学素子の大量複製（レプリカ）が必要な場合の複製方法はいくつか実用化されているが，これらはホログラムの複製法とほぼ同じである．列挙すれば：

① プラスチックレプリカ（射出成形，モールド，注形など）法[12,29]
② 写真印刷法[22]
③ フォトポリマー（2p）法[11]

である．①は光ディスク基板や CD，DVD やビデオディスクの量産技術と同じである．また，③は 4.5.5 項(2)のホログラフィック法で述べたと同様な方法である．

4.5.7 回折形レンズの応用

冒頭の回折形レンズの特徴の項で述べたように回折形レンズは軽く，薄く，量産に適しており，複合機能をもたせることも可能なので，レーザー光などを代表とするスペクトル幅の狭い光源を用

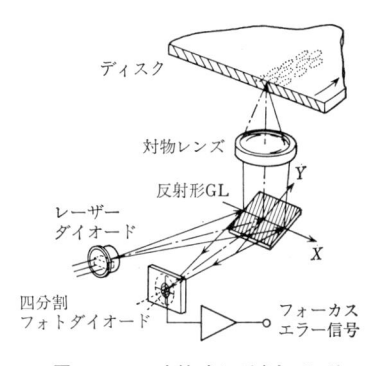

図 Ⅳ.4.53 文献 1)に示されている HOE の例

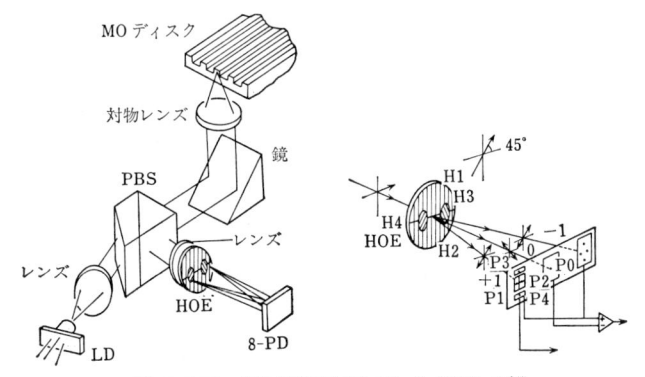

図 Ⅳ.4.54 文献 31)に示されている HOE の例

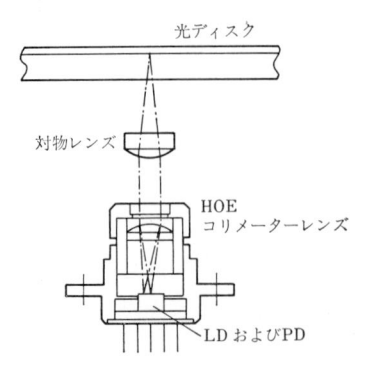

図 Ⅳ.4.55 文献 32)に示されている HOE の例

い，かつ，ビームの入射角があまり変動しない用途であれば限りなく応用が広がるものと思われる．従来の屈折形レンズが光学メーカー向きとすれば，この回折形レンズは半導体集積回路を得意とする電気メーカー向きということができる．応用の一例を列挙すると：

① レーザースキャナー用レンズ[26]
② レーザーポインターなどのコリメーターレンズ[33]
③ 光ディスクヘッド用コリメーターレンズ[12,15]
④ 光路変換と集光とを同時に行う複合機能レンズ
⑤ LCD（液晶）ディスプレイデバイスのバック照明用集光レンズ
⑥ LCD（液晶）ディスプレイデバイスの大面積化のためのアレイレンズ
⑦ 光ディスクヘッドの対物レンズ[16~18,21,22]
⑧ 光導波路レンズ[23~25]
⑨ 光ディスクヘッド光学系の集積化用多機能回折形レンズ[1~4,31,32,35~37]（図 Ⅳ.4.53～Ⅳ.4.56）

などがある．また，屈折形レンズでは全反射を利用する方法以外にほとんど達成できない光学素子としてはX線用光学部品があり，昔からフレネルゾーンプレートとして回折現象を利用したX線用レンズ[34]として使われている．半導体の分野では今後ますます集積度が上がり，X線描画法がふつうに使われる時代が間もなくやってくると思われるが，そのときの光学部品は回折形光学素子が主役となろう．

以上，グレーティングレンズの基本，原理，特徴の概要を述べた．今後の応用技術の発展が楽しみな分野である．

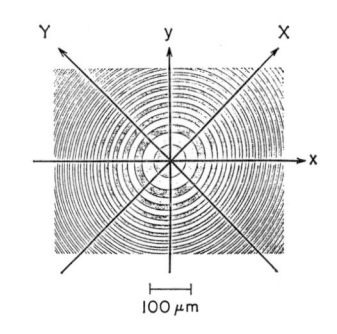

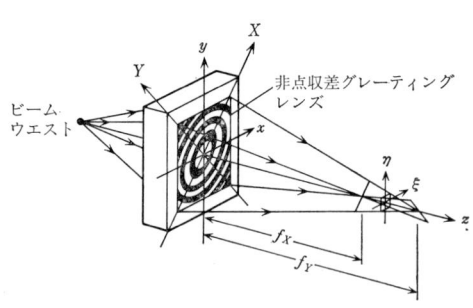

図 Ⅳ.4.56 文献 3)に示されている HOE の例

［後藤顕也］

参考文献

1) K. Tatsumi, T. Matsushita and S. Ito: Jpn. J. Appl. Phys., **26**, Suppl. 26-4 (1987), 127-130.
2) Y. Kimura, S. Sugama and Y. Ono: Jpn. J. Appl. Phys., **26**, Suppl. 26-4 (1987), 131-134.
3) G. Hatakoshi and K. Goto: Appl. Opt., **24** (1985), 4304-4310.
4) 塩野照弘, 渡垣謙太郎, 山崎 攻, 和佐清孝: MICROOPTICS NEWS, **3** (1985), 285-291; 光学, **15** (1986), 324.
5) 後藤顕也, 森 一成, 樋口義則, 高橋俊介, 上田勝宣: O plus E, **76** (1986/3), 75-83.
6) 久米雅弘, 大越誠一, 後藤顕也: 東芝レビュー, **41** (1986), 555-558.
7) R. Magnusson and T. R. Gaylord: J. Opt. Soc. Am., **68** (1978), 806-809.
8) 森 一成: 応用光エレクトロニクスハンドブック (野田健一, 大越孝敬監修), 昭晃堂 (1988), 474-480.
9) R. C. Enger and S. K. Case: Appl. Opt., **22** (1983), 3220-3228.
10) 小舘香椎子, 岡田佳子, 神谷武志: 光学, **14** (1985), 296-300,
11) K. Goto, K. Mori, G. Hatakoshi and S. Takahashi: Jpn. J. Appl. Phys., **26**, Suppl. 26-4 (1987), 135-140.
12) 後藤顕也, 森 一成, 樋口義則, 上田勝宣: 光学, **18** (1989), 358-367.
13) 榎本紳二, 西原 浩, 小山次郎: 電子通信学会技術研究報告, **OQE 83-89** (1983), 15-22.
14) T. Shiono, K. Setsune and O. Yamazaki: Appl. Opt., **26** (1987), 587-591; Tech. Digest of Micro Optics Conference, MOC '87 Tokyo, Soc. Jpn. Appl. Phys., Tokyo, F 5 (1987), 150-153.
15) K. Goto, Y. Higuchi and K. Mori: Proceedings on Optical Storage and Scanning Technology, SPIE, **1139** (1989), 169-176.
16) K. Goto and K. Mori: Tech. Digest of Micro Opt. Conf., MOC '91, Yokohama, Soc. Jpn. Appl. Phys., Tokyo, C 3 (1991), 28-31.
17) K. Goto and K. Mori: Jpn. J. Appl. Phys., **31**, part 1, No. 5 B (May 1992), 1586-1590.
18) C. Kojima, K. Miyahara, K. Hasegawa, T. Otobe and H. Ooki: Jpn. J. Appl. Phys., **20**, Suppl. 20-1 (1981), 199-205.
19) 桑山哲郎, 谷口尚郷, 須田繁幸, 中村保夫: MICROOPTICS NEWS, **3** (1985), 10-14.
20) 藤田輝雄, 西原 浩, 小山次郎: 電子通信学会論文誌 (C), **J 66-C** (1983), 85-91.
21) G. Hatakoshi, M. Yoshimi and K. Goto: Technical Digest, Fourth International Conference on Integrated Optics and Optical Fiber Communication (IOOC '83), paper 29 A 2-2 (1983), 76-77.
22) K. Tatsumi, T. Saheki, T. Takei and dK. Nukui: Appl. Opt., **23** (1984), 1742-1744.
23) G. Hatakoshi, H. Fujima and K. Goto: Appl. Opt., **23** (1984), 1749-1753.
24) 裏 升吾, 栖原敏明, 西原 浩, 小山次郎: 電子通信学会論文誌, **J 69-C** (1986), 609-615.
25) S. Ura, T. Suhara, H. Nishihara and J. Koyama: IEEE J. Lightwave Technology, **LT-4** (1986), 913-918.
26) 稲垣雄史, 池田弘之: 日経エレクトロニクス, No. 254 (1980), 138-162.
27) 後藤顕也: 応用物理, **57** (1988), 759-761.
28) W. B. Veldkamp: Tech. Digest G 1 of 3rd Microoptics Conference, MOC '91 Yokohama (Oct. 24-25, 1991), 102-105.
29) J. J. M. Braat, A. Smid and M. M. B. Wijnakker: Appl. Opt., **24** (1985), 1853-1855.
30) "Turning to millionths of a inch", AMERICAN MACHINIST (Nov. 1984) published

by McGraw-Hill, Inc.
31) A. Ohba, Y. Kimura, S. Sugama and Y. Ono: Tech. Digest of MOC/GRIN '89 TOKYO, H 4 (July 24-26, 1989), 224-227.
32) Wai-Hon-Lee: MICROOPTICS NEWS, **6** (1988), 210-215.
33) 井上十九男, 青山 茂, 緒方司郎, 山下 牧, 志村幹彦: MICROOPTICS NEWS, **5** (1987), 310-315.
34) Von Hans Wolter: Annalen der Physik, **10** (1952), 94-114.
35) J. C. Lehureau, J. Y. Beguin and J. Colineau: Technical Digest on International Symposium on Optical Memory 1989, 27 D-18 (Sept. 26-28, 1989) KOBE JAPAN.
36) J. C. Lehureau, J. Y. Beguin and J. Colineau: Jpn. J. Appl. Phys., **28** Suppl. 28-3 (1989), 201-203.
37) R. Linnebach, K. Gillessen, R. Germann, A. Forchel, M. Korn, M. H. Pilkuhn, J. Fröhlich and S. Greenard: Jpn. J. Appl. Phys., **28**, Suppl. 28-3 (1989), 209-211.

5. 接続用コンポーネント

5.1 光ファイバーコネクター

5.1.1 光ファイバーコネクターの用途

　光ファイバーコネクター（以下，本章では光コネクターと称する）は，光伝送装置や光測定器の入出力端子として用いられる以外に，光通信線路内では光ケーブルどうしの接続にも利用される．特に光加入者系では従来の電話局間の中継網とは異なり，加入者の増加・移転に柔軟かつ迅速に対応すること，および線路保守を容易にすること，という観点から線路途中で切替え・着脱を可能とする光コネクターが重要な構成部品となってくる[1]．
　図Ⅳ.5.1に加入者系における光コネクターの適用場所の例を示す．図Ⅳ.5.1に示され

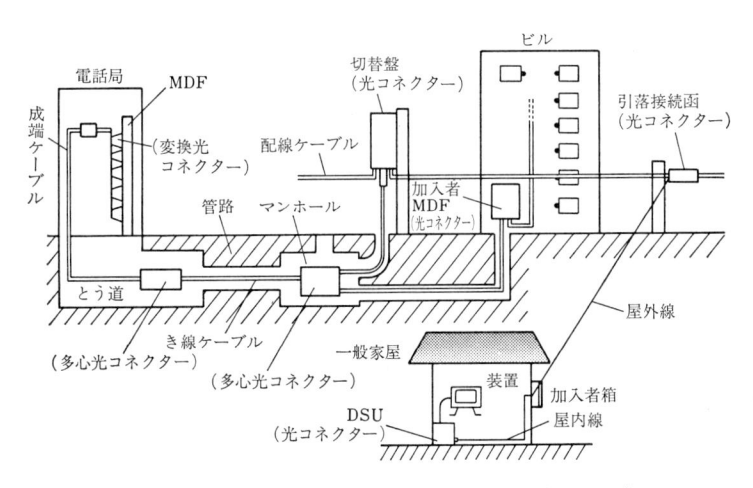

図 Ⅳ.5.1　光加入者系における光コネクターの適用場所の例[1]

るように光コネクターは電話局内の MDF（main distribution frame），切替盤，引落接続函，加入者宅内の DSU（digital service unit）などで光線路の切替え・分岐・機器と

の結合に用いられる．また最近は光ケーブルの現地布設接続工事を短時間で完了させるために，光ケーブルにあらかじめ工場内で光コネクターを取り付けておき光コネクター付ケーブルの形態で布設工事を行うことも進められている．前者の光コネクターは，着脱回数が比較的多くなるのに対し，後者はスプライス的結合（永久結合）が主であり着脱・切替えはむしろ付加機能となる．加入者系でのもう一つの特徴は，柱上切替盤や引落接続函に代表される屋外での使用に耐えうる信頼性が要求されることである．

5.1.2 接続損失の要因と対策

光ファイバーの接続は金属導体のように単に導体が接触すればよいのとは異なり，光が伝搬するコアどうしが正確に位置決めされる必要がある．すなわち光コネクターの接続損失または結合損失の最大の要因は，光ファイバーのコアどうしの機械的ミスアラインメントである．さらにほかの要因としては，2本のファイバーの構造パラメーターの相違，および端面反射があげられる．

（1）機械的ミスアラインメント　2本の光ファイバーを突き合わせた場合の接続損失はファイバー間の軸ずれ，角度ずれ，端面間隔に依存し，さらに光ファイバーの種類および光源の入射モードの状態によっても異なってくる．表IV.5.1に接続損失の理論近似

表 IV.5.1　接続損失の理論近似式[2,3]

接失要因	多モード光ファイバー	単一モード光ファイバー
軸ずれ (d) 角度ずれ (θ)	$-10\log_{10}\left\{1-\dfrac{u^4 D^2}{8(u^2-4)}\right\}$ $D^2=\left(\dfrac{d}{a}\right)^2+\left\{\dfrac{2\tilde{n}\tan(\theta/2)}{\mathrm{NA}}\right\}^2$ $u=2.405,\quad \tilde{n}=1$ a：コア半径，　NA：開口数	$-10\log_{10}[\exp\{(d/\omega_0)^2+(\pi n_2\omega_0\theta/\lambda)^2\}]$ ω_0：モードフィールド半径 λ：波長， n_2：クラッド部の屈折率
ファイバー間の間隙 (S)	$-10\log_{10}\{1-(S/2a)\mathrm{NA}\}$	$-10\log_{10}\left\{\dfrac{1+4Z^2}{(1+2Z^2)^2+Z^2}\right\}$ $Z=S\lambda/2\pi n_2\omega_0^2$
構造の不一致	（a）コア径の不一致 　　$-10\log_{10}\left\{\dfrac{16K^4}{(1+K)^4}(1-P)^2\right\}$ 　　$P=1-a_2/a_1,\quad K=1.46$ 　　a_1：送り側光ファイバーのコア半径 　　a_2：受け側光ファイバーのコア半径 （b）NAの不一致 　　$-10\log_{10}\left\{\dfrac{16K^4}{(1+K)^4}(1-q\varDelta_1)(1-q)^{1/2}\right\}$ 　　$q=1-\varDelta_2/\varDelta_1$ 　　$\varDelta_1$：送り側光ファイバーの比屈折率差 　　$\varDelta_2$：受け側光ファイバーの比屈折率差	$-10\log_{10}\left\{\left(\dfrac{2\omega_1\omega_2}{\omega_1^2+\omega_2^2}\right)^2\right\}$ ω_1,ω_2：各ファイバーのモードフィールド半径

（注）損失の単位はdB

5.1 光ファイバーコネクター

式[2,3)]をまとめる．このような損失を低減するため，光コネクターは基本的に
① フェルール（光ファイバーを位置決め保持する主に円筒状の部材）
② スリーブ（対向するフェルールを整列位置決めする主に管状の部材）
③ プラグ（フェルールが実装されるハウジング部材）
④ アダプター（スリーブが実装されるハウジング部材）

などから構成される．光ファイバー特に単一モード光ファイバーの偏心精度が悪かったころには，フェルール外周部と光ファイバーコアを調心する方法が必要であった[4)]．しかし，単一モード光ファイバーの偏心精度は最近では $0.5\,\mu m$ 程度以下にまで改善され，光ファイバーの外周面を基準として調心できるようになっている．この場合 $\phi 125\,\mu m$ の光ファイバーは，フェルール中心の $\phi 128\,\mu m$ 程度のガイド穴に挿入接着固定される．表Ⅳ.5.2 に単心光コネクターの各種フェルールの構造例を示す．この中でセラミックス＋金属は現

表 Ⅳ.5.2 単心光コネクター用フェルールの構造例

	材　質	構　成	主たる加工方式
複合フェルール	セラミック＋金属		研　削
	ガラス＋金属		研　削
	プラスチック＋金属		研　削成　形
単相フェルール	プラスチック		金型成形
	ガラス		研　削
	金　属		研　削ドリル加工
	アルミナセラミック		研　削
	ジルコニアセラミック		研　削

在最も普及している FC 光コネクターに用いられている構造で，光ファイバーガイドにセラミックスを使用し外周は金属により形成されている．

　フェルールの製造に際しては，光ファイバーガイド穴とフェルール外周部（$\phi 2.5\,mm$）をいかに高精度でかつ量産性高く加工するかがポイントとなる．たとえば FC フェルールでは，穴内面をラップすることで穴径寸法出しを施したセラミックキャピラリーを金属フェルール部に圧入後，ガイド穴中心に外周研削する，という方法で表Ⅳ.5.3 に示されるような $1\,\mu m$ 以下の高精度加工が実現されている[5,6)]．

　単相フェルールの中では，フェルール円筒部全体をジルコニアセラミックスで形成した

表 Ⅳ.5.3　FC 光コネクター用フェルールの寸法公差[5,6]

項　目	フェルール	
	多モードファイバー用	単一モードファイバー用
外径寸法	±1.0 μm	±0.5 μm
外径真円度	0.5 μm 以下	
外径円筒度	0.5 μm 以下	
外径面粗さ	1.0 μm 以下	0.5 μm 以下
微小穴の偏心	2.0 μm 以下	0.7 μm 以下
微小穴の平行度	0.3° 以下	

表 Ⅳ.5.4　セラミックスの物性値[7]

項　目	アルミナ	ジルコニア
曲げ強度（kgf/cm^2）	36	120
破壊靱性量（MN/m$^{3/2}$）	1〜3	6〜9
ヤング率（kgf/mm^2）	38000	19000
ビッカース硬度（kgf/mm^2）	1800	1200
結晶粒径（μm）	5 以下	0.5 以下

SC フェルールが圧入工程を省略でき量産性に富んでいる[7]．表 Ⅳ.5.4 にアルミナセラミックスとジルコニアセラミックスの物性値比較を示す．ジルコニアはアルミナに比べ高強度であり，結晶粒界も小さいので着脱時のフェルール欠けや耐摩耗性の点でも有利である．またヤング率が小さい点は後述する PC（physical contact）結合しやすいという利点に通じる．PC 結合の観点からは，プラスチック＋金属形の MP フェルールがある[8]．これは外周金属を研削加工で高精度化し，内部は金型にコアピンを挿入した状態でシリカ入りエポキシ樹脂をトランスファー成形することでガイド穴を形成している．

光コネクターを開発していくうえで寸法検査方法の確立は重要課題である．図 Ⅳ.5.2 に単心フェルールの偏心測定システムの構成例を示す[9]．フ

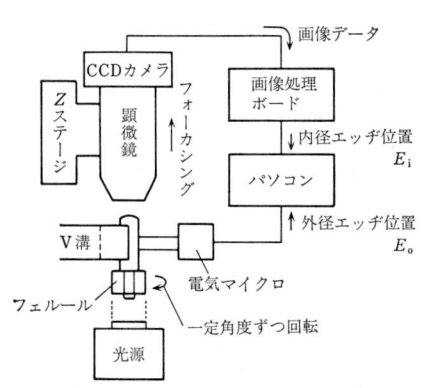

図 Ⅳ.5.2　単心フェルールの偏心測定システムの構成[9]

ェルールを一定角度ずつ回転させ各角度での内径エッジ位置 E_i と外径エッジ位置 E_o を測定する．ここで E_i は透過照明によるフェルール穴のエッジの画像から画像処理ボードにより読み取られ，E_o は電気マイクロにより読み取られる．次に E_o-E_i を回転角度に対し sine 曲線でフィッティングし，その振幅を偏心量，回転起点からピークまでの角度を偏心角として測定する．E_i の分解能は×100 倍のレンズを使用した場合 0.11 μm，E_o の分解能は 0.01 μm であり，これらにより達成される偏心量測定精度は 0.05 μm 以下である．多心コネクターの測定に関しても，ガイドピン穴径，光ファイバー穴径，偏心量などを透過照明による画像処理とレーザー測定器によるコネクター移動量測定を組み合わせることで，測定再現性精度 0.05 μm を達成したとの報告がある[10]．

(2) 光ファイバー構造パラメーターの不一致 光ファイバーの構造パラメーター不一致による損失は通常光コネクターの性質を表す場合には含めないが，実用上重要である．その理論近似式を表 IV.5.1 に合わせて示す．

(3) 端面反射 光コネクター端面では端面の機械加工精度の限界のため通常はファイバー突合せ面間に微小な空隙が生じる．このとき，光コネクターから出射された光はガラス～空気～ガラスの境界面でフレネル反射を受け約 0.3 dB の損失が発生する．さらに反射によって生じる戻り光は，光源の不安定性や光線路内での繰返し反射に基づく雑音の原因となり，その低減は損失以上に重要である．反射戻り光の強度は，入射光強度との比である反射減衰量として評価される．ガラス/空気の境界での反射減衰量は約 14 dB であるが，光加入者系では，40 dB 以上にまで反射減衰量を高くする必要がある．反射低減対策としては，大別すると

① 反射の方向が臨界角以上となるよう端面を斜め研磨する．
② コネクター端面に屈折率整合剤を塗布する．
③ コネクター端面を PC 結合する．
④ コネクター端面に反射防止膜をコーティングする．

等々があげられる．

①では端面形状変化に伴う若干の損失増加が発生するが反射低減効果は著しい．反射減衰量 40 dB を得るためには，光軸に垂直な面からの傾射角度を，GI 形光ファイバーでは 8° 以上，単一モードファイバーでは 4° 以上とすればよいことが計算から導かれる[11]．

②の方法では，フェルール端面を特殊形状にする必要がなく高い反射減衰量が得られるが[12]，注意すべき点は整合剤の選定と研磨条件である．まず反射減衰量 40 dB 以上を満足するためには，屈折率整合剤の屈折率は使用環境中の温度依存性も含めて 1.47±0.02 以内とする必要がある．さらに光吸収率の小さいことや取扱いやすさを考慮しシリコーン樹脂が用いられることが多い．

研磨条件に関しては，研磨による光ファイバー表面での高屈折率の加工変質層形成を防ぐことが重要である．その対策として，最初に硬度の高いダイヤモンドで研磨し，次に硬度の低い酸化セリウムで研磨することが有効であると提案されている[12]．最近では，さらに SiO_2 の超微粒子を用いてより良好な研磨ができるという報告もある[13]．

③は，光ファイバーのガラス端面どうしを，使用波長より十分近く，ほぼ空気層のない状態で密着させ反射の少ない接続状態を実現する方法である．この原理を利用したPC形光コネクター[14]では，図Ⅳ.5.3に示すようにフェルール先端を球面（約60 mm R）に研磨し，コネクターの結合力によりフェルール先端をミクロに変形させヘルツ接触とよばれるPC接触状態を実現している．図Ⅳ.5.4にフェルール材質別のPC結合時の接触領域と接触加圧力の関係を示す．PC結合の観点からは，ヤング率の小さいフェルール材質が適していることがわかる．この方法においても加工変質層が形成されない研磨条件を選ぶことはきわめて重要である[13]．

④の方法では，着脱耐久性や反射特性に優れた反射防止膜の成膜条件最適化がむずかしく開発が望まれるところである．

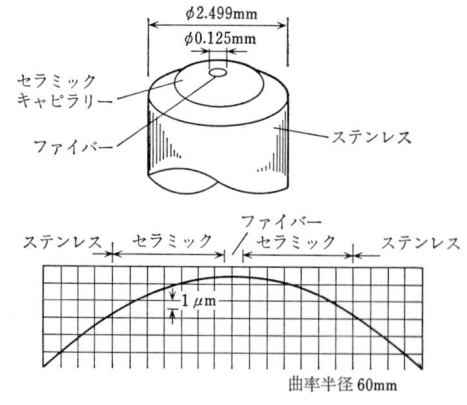

図Ⅳ.5.3 凸球面研磨によるフェルール端面の形状[14]

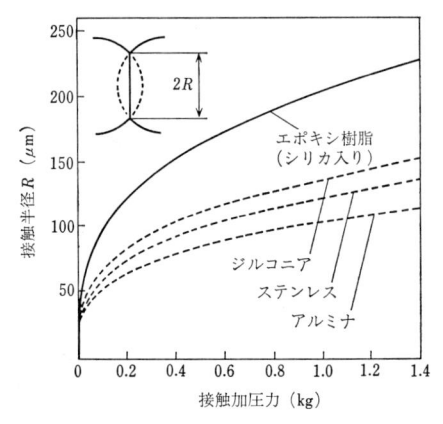

図Ⅳ.5.4 フェルール材質別のPC結合時の接触領域[14]

5.1.3 各種光コネクター

（1）単心光コネクター

a. FC光コネクター[5]： FC光コネクターはNTTにより開発された高精度光コネクターで多モードおよび単一モード光ファイバー用として国内では最も普及しているものである．その構造を図Ⅳ.5.5に示す．FCフェルールは外周金属＋内部セラミックスキャピラリーで形成され，接続はM8ねじ締結方式である．フェルール端面を約60 mm Rの研磨加工することでPC結合も実現され単一モード光ファイバーで平均接続損0.26 dBが達成されている[14]．

b. SC光コネクター[7,15]： SC光コネクターは低コスト，高密度実装，PC結合特性向上を狙ってNTTで開発された光コネクターである．その構造を図Ⅳ.5.6に示す．フェルールは低コスト化とPC結合に有利なジルコニアセラミックスで形成され，接続には着脱容易なプッシュプル結合方式を採用するとともに，ハウジングのプラスチック化，角

5.1 光ファイバーコネクター

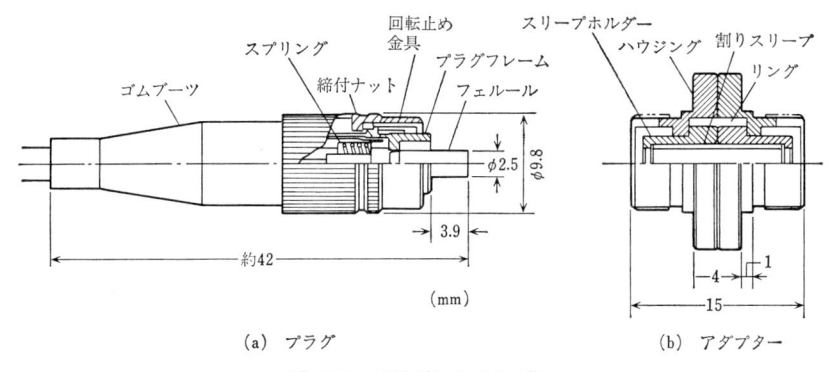

図 Ⅳ.5.5 FC 光コネクター[5]

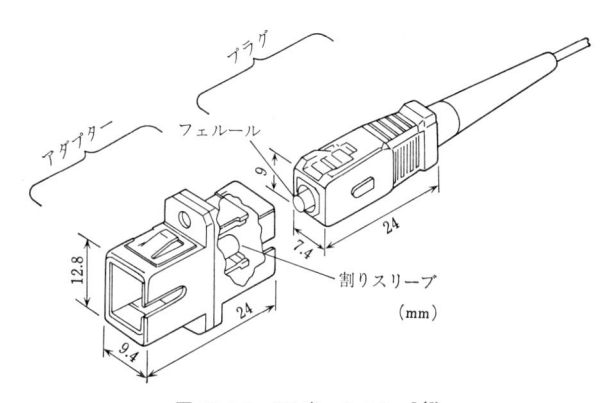

(a) プラグ (b) アダプター

図 Ⅳ.5.6 SC 光コネクター[7,15]

形化により低コスト化と実装性向上を図っている．単一モード光ファイバーの PC 結合では平均接続損失 0.08 dB，平均反射減衰量 29 dB を得たとの報告がある[16]．さらに PC 研磨に SiO_2 微粒子を使用することで平均反射減衰量 46 dB と反射特性も著しく改善されてきている[13]．

c. バイコニック光コネクター[17]： AT & T で開発され，アメリカで最も普及している光コネクターである．図 Ⅳ.5.7 に示すように，フェルール先端がテーパ状になっており，両テーパになっているスリーブに挿入し調心される点が大きな特徴である．フェルールは，シリカ入りのエポキシ樹脂に

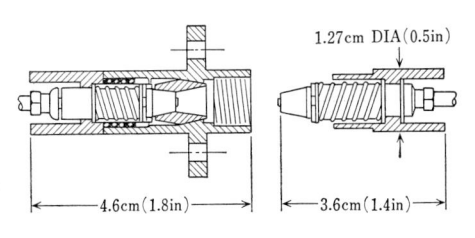

図 Ⅳ.5.7 バイコニック光コネクター[17]

より成形され，成形樹脂の流れを均一化するためにフェルール内部に金属円筒ガイドが挿入されている．単一モード光ファイバーに適用する際には，偏心低減のためプラグ内部に接着固定した光ファイバーのコアを中心としてプラグ外周を研削し，平均接続損失 0.3 dB 以下を実現している．

d. ST 光コネクター[17]： LAN 用光コネクターとして AT & T が開発した光コネクターで，低コスト化のためにアルミナセラミックス一体形フェルール，プラスチック製割りスリーブ，亜鉛ダイキャスト製ハウジングを用いている．締結構造はバヨネット式である．その構造を図Ⅳ.5.8 に示す．平均接続損失は多モード光ファイバーで 0.2 dB である．

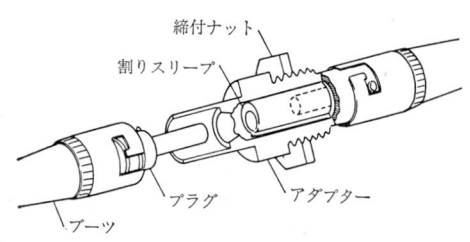

図 Ⅳ.5.8 ST 光コネクター[17]

（2）**多心光コネクター** 光ファイバー心線の多心テープ化に伴い複数の光ファイバーを一括接続する多心光コネクターは，現在すでに必要不可欠なものとなっている．単心光コネクターと比較し多心光コネクターでは，各光ファイバーの整列精度や光軸に対する回転方向の位置決めというむずかしさが加わる．さらに，加入者系光ケーブルでは光ファイバーテープの心数もいっそう増加しつつあり，これに対応した超多心コネクターの開発も現在なお続けられている．

a. MT 光コネクター[18]： 単一モード光ファイバーにも適用できかつ高速着脱が可能なものとして NTT によって開発された代表的な多心光コネクターである．図Ⅳ.5.9 に示されるように，フェルールには2本のガイドピン穴と，これを基準に配列位置決めされた光ファイバーガイド穴が設けられ，その偏心量が 0.7 μm 以下が達成されている．フェ

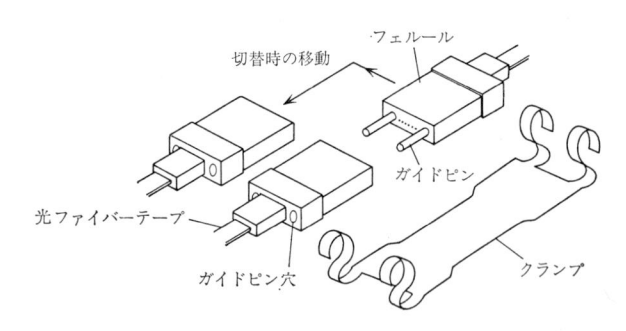

図 Ⅳ.5.9 MT 光コネクター[18]

ルールはプラスチック製であり，その結合は，2本のガイドピンに対向挿入の後，スプリング形クランプ材で安定化される．ガイドピン穴は貫通しており，外部よりガイドピンの移動およびフェルールの着脱をソレノイドを利用して行うことにより，光コネクターの切

替えを，平均 12 ms で実現できている[19]．反射対策は，フェルール端面への屈折率整合剤の塗布により行われている．

b．SMT 光コネクター[20]： 機器端末など，着脱を頻繁に行う箇所に適用するため，屈折率整合剤が不要なものとして NTT により新たに開発されたものである．その構造を図 Ⅳ.5.10 に示す．フェルール端面を軸方右に 8° の角度に斜め研磨し，さらにバフ研磨に

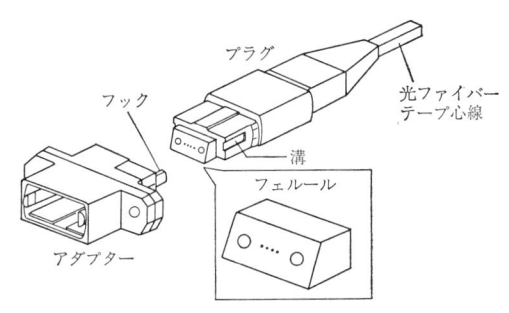

図 Ⅳ.5.10 SMT 光コネクター[20]

よりファイバー端面をわずかに突き出させファイバー端面どうしの直接接触を実現することにより平均反射減衰量 59 dB を達成している．またアダプター内側面のフックとプラグ側面の溝との嵌合により簡易な着脱を可能としている．接続損失も平均 0.16 dB が実現されることが確認されている．

c．シリコンチップアレイコネクター[17]： AT＆T で開発された 12 心一括結合用の光結合部材で，光コネクターというよりもむしろスプライサーとしての使われ方が主流である．フェルールは単結晶シリコンを材料とし，両面露光技術を用い上下面に異方性エッチングにより光ファイバーガイド用微小 V 溝が加工される．ここでシリコンの異方性エッチング効果により，角度 70.53° の V 溝が形成できる．図 Ⅳ.5.11 に示されるように，この V 溝で光ファイバーをサンドイッチするとともに

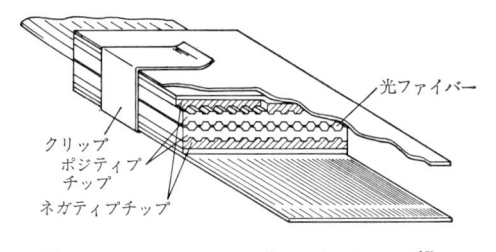

図 Ⅳ.5.11 シリコンチップアレイコネクター[17]

反対面のV溝はネガティブチップ上のガイドレールにはめ込まれ，対向するフェルールの整列突き合せを実現している．接続損失は 12 心一括結合の単一モード光ファイバーで平均約 0.4 dB である．

d．SV 光コネクター[21]： フェルール材料として研削加工性のよい単結晶シリコンを使用し，光ファイバーガイド用 V 溝とガイドピン用 V 溝をダイヤモンドブレードを用いて研削加工したもので，その構造を図 Ⅳ.5.12 に示す．2 本のガイドピンはガイドピン用

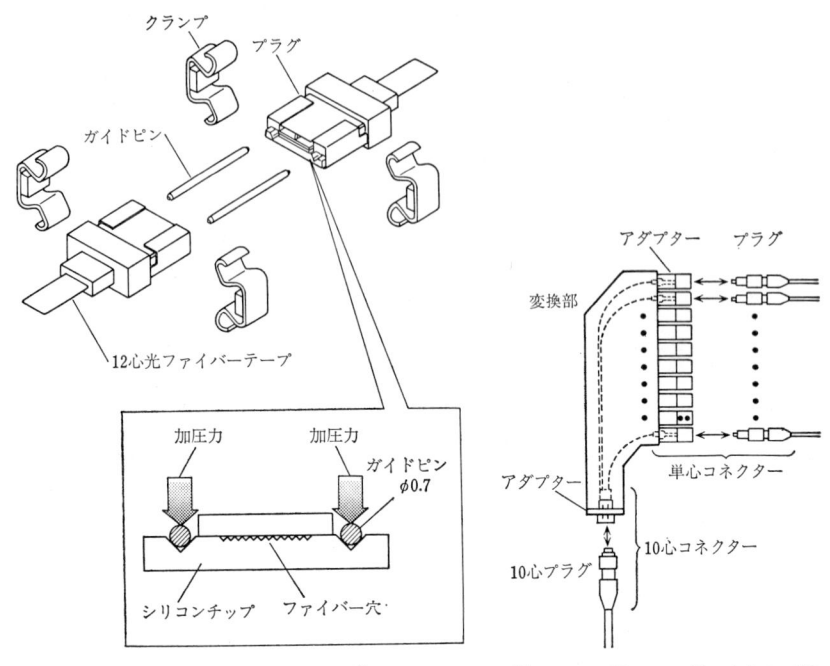

図 Ⅳ.5.12 SV光コネクター[21]

図 Ⅳ.5.13 Fan-out光コネクター[22]

V溝に加圧固定され結合の安定化を図っており，12心一括結合の単一モードファイバーで平均接続損失0.33dBが報告されている．

　e. Fan-out光コネクター[22,23]：多心光ファイバーテープから単心光ファイバーへの分岐結合用としてNTTで開発されたもので，その構造を図Ⅳ.5.13に示す．片側は，多心光コネクター，反対側は独立した単心光コネクターであり，ともにプッシュプル結合方式

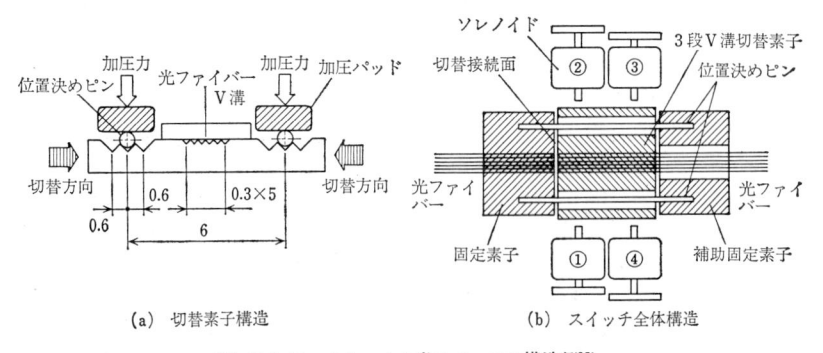

(a) 切替素子構造　　　　　　　　(b) スイッチ全体構造

図 Ⅳ.5.14 メカニカル光スイッチの構造例[25]

を採用している．多心から単心への変換部は光ファイバーを用いている．多モードファイバー 10 心での接続損失として平均 0.52 dB が報告されている．

（3） 光スイッチへの適用　光線路網の構築のためには光線路の切替えのための光スイッチは不可欠であり，現在は信頼性，自己保持性，低損失性の観点からメカニカルな光切替え機構をもつ光スイッチが使われている．これらは，MT 光コネクターを高速自動着脱するものや[18]，対向した多心光コネクターを平行移動させ切替えを行うもの[24]など光コネクター技術の範疇といえるものが多い．一例として図Ⅳ.5.14 に 4 ポート間の任意切替えが可能な光スイッチの構造を示す[25]．ある光ファイバーの切替え先を 3 か所設定できるように位置決めピンを 3 段 V 溝内に加圧固定し，ソレノイドによる駆動力によりピンが V 溝を乗り越え移動できるようにする．

切替え素子と固定素子間の若干の空隙には屈折率整合剤が介在されている．6 本のファイバーを図Ⅳ.5.15 のように配線し切替え素子の移動ピッチをファイバー配列ピッチの 2 本分とすることにより 4 ポート間の任意切替えが可能となる．このような光コネクターを用いた光スイッチの特徴は，光コネクター並の低損失，10 ms 程度以下の切替え速度，および切替え駆動時以外は電力消費がない自己保持形であることなどである．

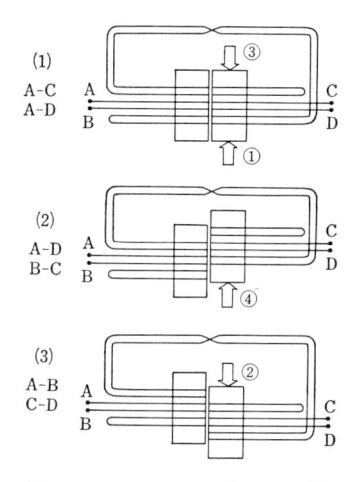

図 Ⅳ.5.15　メカニカル光スイッチ[25]における切替え形態

5.2　光ファイバー融着接続機

光コネクターと同様光ファイバーの融着接続においてもファイバー自身の偏心精度向上に伴い多心単一モード光ファイバーの一括低損失接続が，ファイバーの外径調心のみで可能となってきている．以下に，多心一括融着接続技術についてその作業手順に沿って記述する．

5.2.1　被　覆　除　去

光ファイバーの被覆は，刃物で傷をつけ抜き取られるが，多心光ファイバーテープでは被覆とファイバーの密着力が強いため作業性が悪くファイバーの断線も起きやすい．そこで約 100°C に加熱し密着性を弱めたうえで被覆を除去する工具が開発されている[26]．通常は，さらにアルコールなどの溶剤に浸したガーゼなどで光ファイバー表面の微細なゴミを拭き取る．

5.2.2　切　　　　断

低損失融着接続のためには光ファイバーの端面に光軸に垂直な鏡面を形成する必要があ

る．この方法として，超硬合金の刃などで光ファイバー表面に初期傷をつけたうえで曲げまたは引張応力を光ファイバーに加えて破断する．

多心一括融着では，さらに各心の切断点の不揃いをできるだけ抑える必要があり，操作の簡便な卓上形カッターが開発されている[27]．カッターの機構を図Ⅳ.5.16に示す．まず先端に曲率のついた刃をファイバーと直角方向に移動させ初期傷をつけた後，反対側から先端にゴムライニングしたブロックを接触させ破断させる．

5.2.3 融　　　着

切断されたファイバーどうしは対向配置された状態で加熱溶融され，互いに押しつけられることで接続される．熱源には高周波アーク放電を利用するのが一般的で，放電電流，時間を制御し最適条件を設定する．図Ⅳ.5.17に示す多心一括融着では，ガラスの表面張力による自己調心効果を利用するため，放電時間が10秒以上と長いことが特徴である．電極には温度耐久性に優れたタングステン系の金属が使用される．端面位置の設定，放電時

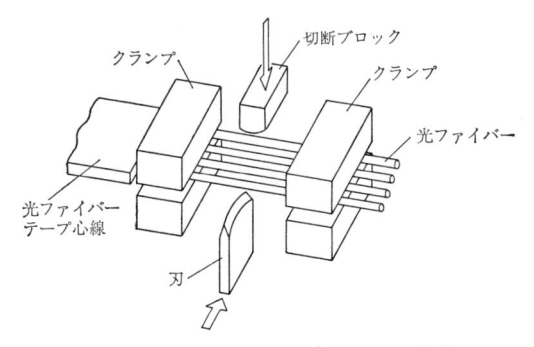

図 Ⅳ.5.16　多心光ファイバー用カッターの機構[27]

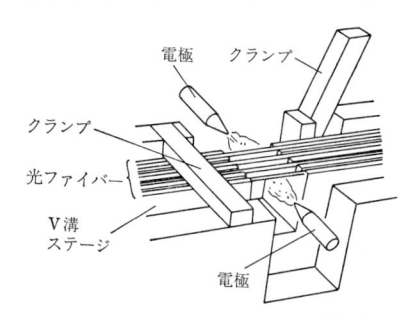

図 Ⅳ.5.17　多心光ファイバーの一括融着

の押込み量の設定などは図Ⅳ.5.18に示すようなミラーを用いた直交2方向からの観察系と画像処理により自動化されるようになった[28]．

またファイバー状態の観察から接続前のファイバー端面状態の良否判定や，接続後の損

失推定（実測値との誤差 0.1dB 以内）を行う機能も市販の融着接続機に盛り込まれている．

5.2.4 補　強

融着接続後，露出した光ファイバーの表面には熱収縮チューブを用いた補強が施される[29]．補強部の断面構造を図Ⅳ.5.19に示す．半円柱状のガラスセラミックス抗張力体とエチレン系共重合体ホットメルト接着剤を楕円チューブ状に成形したものが熱収縮チューブに収納されている．融着前にあらかじめ光ファイバーを接着剤チューブ内に通しておき，融着後，光ファイバー露出部に補強部材を移動させ加熱器により補強部材の加熱収縮が行われる．市販の加熱器には加熱前に接続部に張力をかけ強度テストするスクリーニング機能が備えられている．

5.2.5 特殊光ファイバーの融着接続

近年，通常の光ファイバー以外に多様な型式の光ファイバーが開発されており，それぞれに応じて融着接続技術も開発されている．たとえば偏波面保持ファイバーでは偏波の主軸方向を合わせたうえで接続される．強度と耐水素特性を画期的に改善するためのカーボン被覆ファイバーに対しては，予備放電により融着部のカーボン被覆を除去後接続を行う[29]．MFDの大きく異なるファイバーどうしの接続は光ファイバー増幅器で必要となる[30]．これに対しては，後述するTECファイバーと同様の原理で融着後の放電時間を延長することでコア中のGeやクラッド中のFの熱拡散を促進し高NA（小MFD）ファイバー側でコア・クラッド間の屈折率差を長手方向に連続して減少させ接続点での両ファイバーの

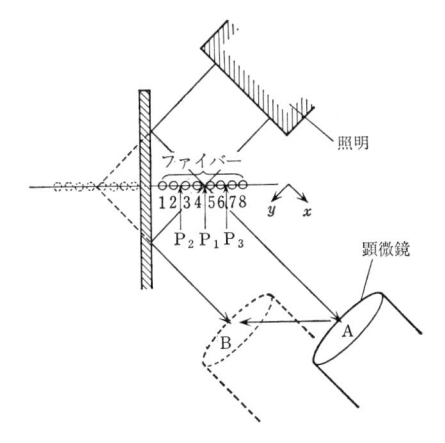

図 Ⅳ.5.18　8心光ファイバーの2方向一括観察系[28]

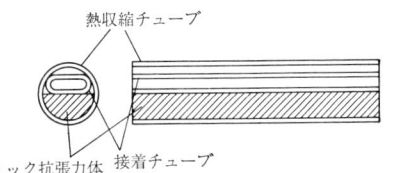

図 Ⅳ.5.19　多心光ファイバー融着接続部の補強部材[29]

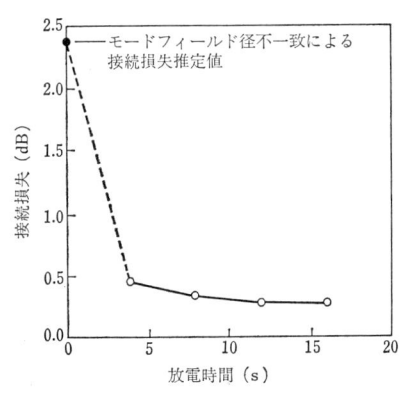

図 Ⅳ.5.20　光増幅用ファイバー（MFD=3.7 μm）と通常ファイバー（分散シフトファイバー，MFD=8.0 μm）の融着接続特性[30]

MFD不一致を低減し，低損失接続を実現させている[30]．

光増幅用高NA，Er添加光ファイバーと通常分散シフトファイバーとの接続における放電時間と接続特性の関係を図Ⅳ.5.20に示す．今後はさらに石英ファイバーとフッ化物ファイバーなどの異種ガラスどうしの接続や光導波路と光ファイバーとの接続などに実用的検討が望まれている．

5.3 光ファイバーと導波路形光部品との接続

導波路形光部品では多くの場合入出力ポートに光ファイバーが接続された形態で用いられる．このような接続は，ひとたびこれを低損失にしようとすると人手と時間のかかるやっかいな工程となり，接続の簡略化は導波路形光部品の本格実用化のための鍵を握る課題と考えられる．本節では，光ファイバーと導波路形光部品の接続に関しこれまで提案されてきたいくつかの方法，および関連技術について述べる．

5.3.1 光ファイバーと導波路の光導波構造が近い場合

伝搬する光のモードフィールド形状が円形でかつ約 ϕ 10 μm 程度である導波路では，光ファイバーとのモードフィールド不一致による損失（本章5.1.2項参照）は考慮せずにすむ．この場合の接続方法としては

① 導波路と同一基板上に加工したガイド溝に光ファイバーを挿入し接着固定する（図Ⅳ.5.21）

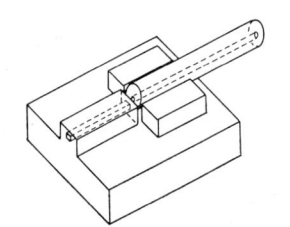

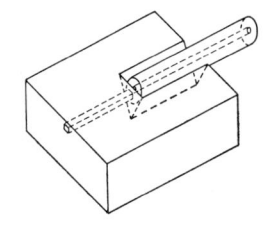

図 Ⅳ.5.21 光ファイバーガイド溝を用いた光ファイバーと光導波路との接続

② 導波路端面に直接光ファイバーを融着する
③ 光ファイバーアレイと導波路素子端面を突き合わせ（butting）調心・固定する（図Ⅳ.5.22）

などがある．①の方法ではガイド溝は主にフォトリソグラフィー技術とエッチング技術を用い作成される[31~33]．低損失化のポイントは，ガイド溝の位置，深さ，幅をいかに正確に加工し光ファイバーを調心するかである．導波路基板面に平行な方向の寸法・位置は，露光技術により対処しやすいが，特に深さ方向のサブミクロンの加工精度を確保することが課題であろう．

報告例として[33]，単結晶シリコン基板上の石英系導波路において，シリコンの異方性エッチングを効果的に利用し 0.4 dB 以下の接続を実現しているものがある．また光ファイバーをガイド溝に挿入していく方法についても自動化開発が望まれる．②の方法では，細い光ファイバーと導波路との熱容量差のために加熱手段に難点があると考えられるが，CO_2 レーザーを用いた報告例[34]もある．③は，調心をいかに短時間化・省人化するかが課題であろう．

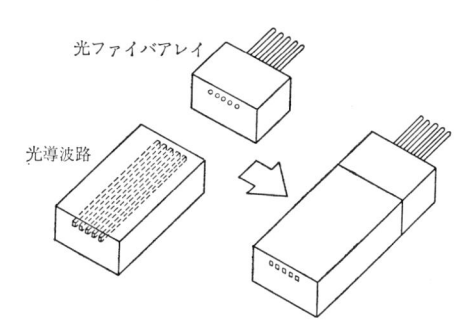

図 Ⅳ.5.22 光ファイバーアレイと光導波路との突合せによる接続

光ファイバーアレイと導波路素子との固定は接着剤による方法のほかに，両者を金属ハウジング内に装着・調心後，金属ハウジングどうしを YAG レーザー溶接する方法が FHD 法による石英系導波路で報告されており[35]，0.3 dB 以下の接続が達成されている．また $LiNbO_3$ 導波路では光ファイバーをルビービーズに固定しこれを導波路端面に接着する方法も報告されている[36]．

5.3.2 光ファイバーと導波路の光導波構造が異なる場合

この場合は，まず光ファイバーと導波路のモードフィールド形状不一致に起因する損失対策を打ったうえで前項に述べたような接続固定を実施する必要がある．その方法としては，

① 導波路と光ファイバー間に微小レンズを挿入する
② 導波路素子内にレンズを形成する（図 Ⅳ.5.23 (a)）
③ 導波路端面近傍に光ファイバーに近い構造の結合用導波路を設け，これと本来の導波路とで分布結合させる（図 Ⅳ.5.23 (b)）
④ 導波路端面近傍で導波路構造を連続的に変化させモードフィールドを変換させる（図 Ⅳ.5.23 (c)）

などの方法が試みられている．この中で①の方法は，光ファイバー，レンズ，導波路を三次元的にサブミクロンの高精度で配置する必要があり集積化や温度特性などの信頼性に難点がある．②の方法では GaAs/AlGaAs LD（波長 0.83 μm）への適用例[37]がそれぞれ報告されている．③の方法では，結合用導波路の長さを最適化することにより 95% 程度の結合率が得られることが示されている[38]．また結合用導波路をテーパ形状にすることで最適長の許容幅を広げることができる[38]．③の方法では導波路の幅だけではなく厚みや屈折率を長手方向に連続的に変化させる必要があるが個々の導波路材料・プロセスにおいて種種の工夫が報告されている[39]．

たとえば，石英導波路の合成法である FHD 法では面内で任意に屈折率と膜厚を制御で

(a) 導波路へのレンズ形成[37]

(b) 分布結合用導波路[38]

(c) モードフィールド変換導波路[39]

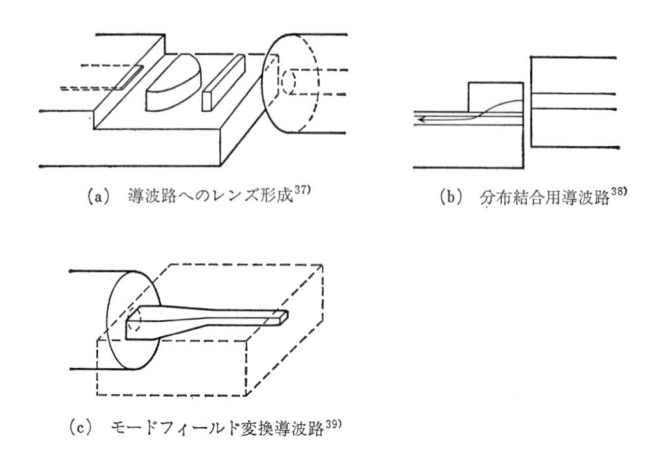

図 Ⅳ.5.23　モードフィールドの異なる導波路と光ファイバーとの接続

きる利点を活用し埋込み形導波路でモードフィールド変換を低損失で実現した報告[40]がある．図Ⅳ.5.24はInGaP LDのコア層中にストップエッチ層を多数積層し，ストップエッ

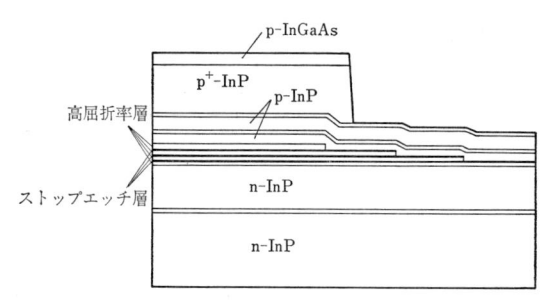

図 Ⅳ.5.24　コア厚みを変化させる光導波路[41]

チ層ごとにコア層を順次エッチング除去することで，長手方向にコア層厚を変化させた報告例[41]である．さらに図Ⅳ.5.25は，スパッタリング法におけるコア層形成時にシャドウマスク法により屈折率の異なる2種類のコア層を部分的に重ね合わせることで実質的にテーパを作成したスラブ導波路での報告例[42]である．

　光導波路とは直接関係ないが，モードフィールド変換に関連した技術として光ファイバー中でモードフィールドを連続的に変化させる技術も注目を集めている[43]．これは，光ファイバー中の屈折率調整用添加剤であるGeO_2の熱拡散を利用し光ファイバーを局所的に加熱することによるもので TEC (thermally diffused expanded core) ファイバーとよばれている．この技術では，光ファイバー中でV値をほとんど変化させることなくモードフィールドを連続的に変化させることが可能であり，光フィルター，光アイソレーター，

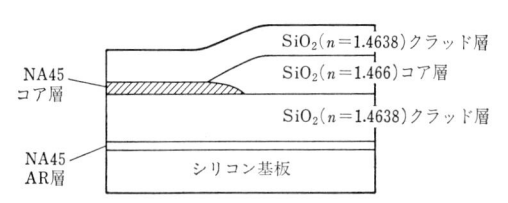

5.3 光ファイバーと導波路形光部品との接続　　　　　　　　　　　　　　　　*481*

```
NA45          SiO₂(n=1.4638)クラッド層
コア層         SiO₂(n=1.466)コア層
              SiO₂(n=1.4638)クラッド層
NA45
AR層          シリコン基板
```

図 Ⅳ.5.25　シャドウマスク法によるモードフィールド
　　　　　　　変換導波路[42]

偏光子などのファイバー埋込み形光部品の低損失・小型化を実現しうるものである．さらに，以上述べてきたような光素子どうしの結合を抜本的に簡略化する新技術として，自導光結合法が提案されている[44]．これは光素子に導かれた光を利用し，レンズの焦点，光ファイバーや光導波路のコアなどの箇所に自然に透明な突起や窪みを形成し，それらをはめ合わせていく手法であり，こうしてつくられた微小コネクターはプッチンマイクロコネクター（put-in microconnector）とよばれている．　　　［金森弘雄］

参考文献

1) 高島征二：NTT R & D, **38**, 4 (1989), 441-458.
2) D. Marcuse：The Bell System Technical Journal, **56**, 5 (1977), 703-718.
3) JIS C 5970-5972 (1987).
4) 福富秀雄（編著）：光ファイバケーブル（改訂版），電気通信協会，オーム社 (1986), 123-128.
5) 鈴木信雄，縄田喜代志：通研実報，**28**, 9 (1979), 1945-1958.
6) 小山正樹ほか：光通信回路とシステム，第1版，オーム社 (1987).
7) 杉田悦二，岩佐恭一，新宮敏宏：信学論（C），**J 70-C** (1987), 1405-1414.
8) 柿井俊昭，樫原告司，小宮健雄，鈴木修三，岩本悠也，坂田康夫：住友電気，**132**, 5 (1988), 51-59.
9) 植木宗昭，服部保次，上田知彦：1989信学会春季全大，B-686 (1989).
10) 牧　久雄，服部保次，柿井俊昭，上田知彦，青木健一：昭63信学会秋季全大，B-343 (1988).
11) 鈴木信雄，長野　修，東山孝司：通研実報，**35** (1984), 503-515.
12) 三川　泉，佐武俊明，加島宜雄，長沢真二：通研実報，**35**, 1 (1986), 99-107.
13) 斎藤忠男，松永和夫，大平文和：NTT 技術ジャーナル，**2**, 8 (1990), 80-83.
14) 鈴木信雄，猿渡正俊，奥山正弘，岩佐恭一：昭60信学総全大，2606 (1985).
15) 杉田悦二，岩佐恭一，稲垣秀一郎，笹倉久仁彦：通研実報，**36**, 7 (1987), 919-925.
16) 岩佐恭一，新宅敏宏，杉田悦二：昭62信学総全大 (1987), 2386.
17) J. M. Anderson, D. R. Frey and C. M. Miller：AT & T Technical Journal, **66**, 1 (1987), 45-64.
18) S. Nagasawa, H. Furukawa, M. Makita and H. Murata：Tech. Dig. 7th International Conference on Integrated Optics and Optical Fiber Communication, 21 C 2-1 (1989, Kobe, Japan).
19) I. Watanabe, M. Shimizu and H. Kobayashi：38th International Wire & Cable Symposium Proceedings (Nov., 1989, Fort Monmouth, New Jersey), 191-198.
20) 横山勇二，長沢真二，佐武俊明，横井正宏：信学会秋季全大，B-576 (1991).
21) K. Saito, T. Kakii, H. Ishida and S. Suzuki：38th International Wire & Cable Sym-

posium Proceedings (Nov., 1989, Fort Monmouth, New Jersey), 444-449.
22) S. Nagasawa: Proc. Optical Fiber Communication '86, WK2 (1986).
23) T. Komiya, T. Kakii, S. Suzuki and Y. Iwamoto: 37th International Wire & Cable Symposium Proceedings (1988), 670-678.
24) S. Nagasawa, H. Kobayashi and F. Ashiya: The Transaction of IEICE, E-73, 7 (1990), 1147-1149.
25) 斉藤和人, 上田知彦, 山西 徹, 鈴木修三: 信学会秋季大会, B-586 (1991).
26) 浜田真弘, 大阪啓司, 福間真澄, 浅野康雄: 昭63信学会秋季全大, B-354 (1988).
27) 大阪啓司, 浅野康雄, 臼井裕一, 渡辺 勤: 昭63信学会春季全大, B-620 (1988).
28) 浜田真弘, 渡辺 勤, 柳 公, 渡部和雄, 浅野康雄: 信学会春季全大, B-678 (1989).
29) 柳 公, 浅野康雄: 信学会秋季全大, B-418 (1989).
30) T. Kashiwada, M. Shigematsu, T. Kougo, H. Kanamori and M. Nishimura: Tech. dig. Optical amplifiers and their applications 1991, ThE2 (July 1991, Snowmass Village, Colorado), 166-169.
31) Y. Yamada, M. Kawachi, M. Yasu and M. Kobayashi: Electron. Lett., **20**, 8 (1984), 313-314.
32) 杉田彰夫, 大森保治, 小野瀬勝秀, 肥田安弘: 1991信学会春季全大, C-252 (1991).
33) G. Grand, S. Valette, G. J. Cannell, J. Aarnio and M del Giudice: 16th European Conference on Optical Communication Proceedings (Sept., 1990, Amsterdam, Netherland), 525-528.
34) 清水伸男: 信学論誌, **J67-C** (1984), 247-253.
35) 小林壮一, 鬼頭 勤, 肥田安弘, 山口真史: NTT R & D, **39**, 6 (1990), 931-938.
36) 中島啓幾: 光学, **19**, 12 (1990), 822-826.
37) J. Shimada, O. Ohguchi and R. Sawada: Tech. dig. 3rd Optoelectronics Conference, 12C 1-3 (July, 1990, Chiba, Japan), 134-135.
38) 水本哲弥: 光学, **19**, 12 (1990), 801-806.
39) 柳川久治: 光学, **19**, 12 (1990), 807-812.
40) H. Yanagawa, S. Nakamura and Y. Ohyama: Tech. dig. Integrated Photon. Research 1990, Ser. 5 (April, 1990, Hilton Head), 43-44.
41) T. L. Koch, U. Koren, G. Eisenstein, M. G. Young, M. Oron, C. R. Giles and B. I. Miller: IEEE J. Photon. Technol. Lett., **2** (1990), 80-90.
42) N. Yamaguchi, Y. Kokubun and K. Sato: IEEE/OSA. J. Lightwave Technol., **8**, 4 (1990), 587-594.
43) 白石和男, 川上彰二郎: 光学, **19**, 12 (1990), 827-828.
44) 佐々木彩子, 馬場俊彦, 伊賀健一: 光学, **22**, 8 (1993), 477-481.

6. 分岐・合流/分波・合波用コンポーネント

6.1 分岐・合流器,分波・合波器とは

 光分岐・合流器は,光パワーを複数のポートに分岐したり,複数のポートからの光パワーを合流する光コンポーネント（JISでは光分岐・結合器という用語が使用されているが,他の章や本章で"結合"を別の意味で使用しているので,混乱を避けるため"合流"を使用する）であり,光ファイバー伝送路から信号の一部を取り出しモニタリングを行う（このときは光タップと称されることもある）場合や,一つのノードから複数のノードに信号を放送分配する（このときはツリースプリッターと称される）場合や,複数（N個）のノード間で信号をやりとりする（このときは$N \times N$スターカップラーと称される）場合などに使用される.

 光分波・合波器は,異なる波長の光を分けたり（分波）,合わせたり（合波）する光コンポーネントであり,同一波長の光のパワーを分けたり合わせたりする光分岐・合流器とは異なる.すなわち,波長に応じて入出力ポート間の接続状態が決まるのが光分波・合波器であり,1波長に着目した場合,分岐・合流比は1もしくは0となる.このような光分波・合波器は,複数の異なる情報信号を1本の光ファイバーを通して同時に伝送したり,双方向の信号を伝送したりする場合に使用される.

 光分岐・合流器,光分波・合波器は,JISにおいてブランチングデバイスと総称されている.

 光分岐・合流器,光分波・合波器を構成するには,一般に,① 小形のレンズミラーなどのバルク素子を組み合わせる,② 光ファイバーに加工を施したり,光ファイバーに超小形の素子を設置する,③ 導波路自体に所要機能をもたせたり,ほかの超小形の素子を導波路に設置する,という3種のアプローチがとられており,次節以下,順次具体例を含め述べる.

6.2 バルク素子を用いた分岐・合流/分波・合波用コンポーネント

 小形のレンズミラーなどの素子を用いて構成した光コンポーネントは,空間ビーム光と

整合しており，光ピックアップなど空間ビーム光を取り扱う光学系や，光通信においては軸調心精度の緩い多モードファイバー用部品を中心に使用されている．

6.2.1 フィルター形

特定の波長での透過率が 0 から 1 の間の値をとるハーフミラーを用いることにより光分岐・合流器が，波長により透過率が 0 もしくは 1 となる干渉膜フィルターを用いることにより光分波・合波器が，構成できる．

図Ⅳ.6.1 に，コリメート用レンズとハーフミラーとから構成される 4 ポートの光分岐・合流器の構造例[1]を示す．ポート ① から入射した光はレンズによって平行光とされ，ハーフミラーによってポート ② および ③ 方向に進む光に分けられた後，レンズによって集光され，出射される．ほかのポート間の関係も同様である．ハーフミラーには，金属膜あるいは誘電体多層膜をガラス板あるいはプリズムに形成したものが多く用いられ，透過率および反射率の設計により所要の分岐・合流比が実現できる．

同様の構造でハーフミラーの代わりに誘電体多層膜による干渉フィルターを用いることにより，光分波・合波器が構成できる．しかしながら，干渉膜フィルターでは入射角が大きくなると透過率の偏光依存性が顕著となり問題となるので，図Ⅳ.6.1 そのままより，入射角を小さくした構造がとられる．図Ⅳ.6.2 に，1/4 ピッチ収束性ロッドレンズを用いた 2 波長（λ_1, λ_2）用光分波・合波器の構造例[2]を示す．ロッドレンズはコリメーターレンズ，集光レンズとして動作しており，干渉膜フィルターはそれぞれ λ_1 の光を反射，λ_2 の光を透過させる．誘電体多層膜による干渉フィルターでは，設計により，SWPF（短波長域通過フィルター），LWPF（長波長域通過フィルター），BPF（帯域通過フィルター）など種々の透過率波長特性を実現できる．

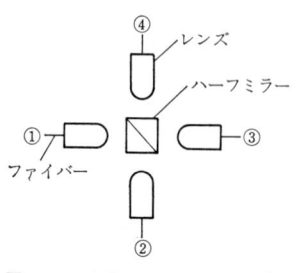

図 Ⅳ.6.1 バルクのフィルター素子を用いた光分岐・合流器の構造例

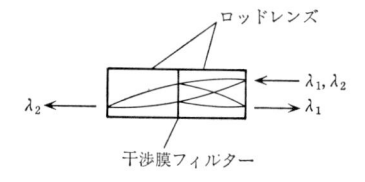

図 Ⅳ.6.2 バルクのフィルター素子を用いた光分波・合波器の構造例

6.2.2 回折格子形

フレネルゾーンプレートとよばれる特殊な回折格子を用いることにより光分岐・合流器が，回折格子の回折角の波長依存性を用いることにより光分波・合波器が構成できる．

2 個の円状フレネルゾーンプレートを共通基板上に形成した複合ゾーンプレートにより，光束の分離・合成および集光の二つの機能を同時に実現できる．図Ⅳ.6.3 に報告例[3]を示す．ここでは，半導体レーザー（LD）からの出射光を 2 本の光ファイバーに入射させる光分岐器が構成されている．

回折格子を用いた光分波・合波器は，入射ファイバー・出射ファイバー間を光学的に結

合するレンズもしくは凹面鏡と波長に応じて光を所要の角度で回折する回折格子とからなる．いま，中心波長，受光側の光ファイバーの間隔，焦点距離，回折格子のブレーズ角をそれぞれ λ, s, f, θ とすると，波長間隔 $\Delta\lambda$ は入射光・回折光と入射ファイバー・受光ファイバーとの空間的な関係から，

$$\Delta\lambda = s\cdot\lambda/(2\tan\theta\cdot f) \tag{6.1}$$

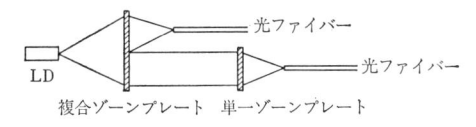

図 Ⅳ.6.3 フレネルゾーンプレートを用いた光分岐・合流器の構造例

と表される．

図 Ⅳ.6.4 に，回折格子を用いた光分波器（注：光合波器としては動作しない）の構造例[4]を示す．ここでは，10 μm コアの単一モードファイバーから出射された光はいったんガラスによるスラブ導波路に入射する．スラブ導波路においては，横方向では閉込め作用がなく光は自由に広がるが，回折格子は凹面状に形成されているのでこの集光作用が利用され，50 μm コアの多モードファイバーに入射する．測定された分波特性を図 Ⅳ.6.5 に

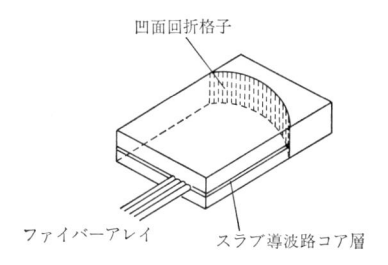

図 Ⅳ.6.4 回折格子を用いた光分波器の構造例

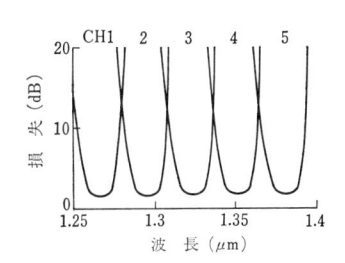

図 Ⅳ.6.5 回折格子を用いた光分波器（図 Ⅳ.6.4）の損失・波長特性評価結果

示す．この光分波器では，低損失化を図るため受光側に多モードファイバーを用いていることから，光合波器としては動作しない．

回折格子を用いた光分波・合波器は，数 nm から数十 nm 程度の狭い間隔に並べられた数波から数十波の多数の波長の光を分波・合波することができる．しかしながら，単一モードファイバー用としては，実用的に必要な 1 dB 程度以下の損失を実現するのが困難なこと，回折効率に偏光依存性のあること，広い温度範囲（通信用には通常 $-40\sim+85°C$ が要求される）での動作が困難なことから，あまり広く実用されるには至っていない．

6.3 ファイバー加工形の分岐・合流/分波・合波用コンポーネント

光ファイバーに加工を施したり，光ファイバーに超小形の素子を設置することにより構成した光コンポーネントは，光ファイバーと整合しており，単一モードファイバーとも低

損失（通常 0.1 dB 以下）に接続できることから，光ファイバー通信や光ファイバーセンサーの分野において広く実用化されている．

6.3.1 融　着　形

光ファイバーにおいては，光パワーはコア近傍に閉じ込められており，2本の光ファイバーを単に近接させても何も起こらない．しかしながら，第II部3.3.3項で述べられているように，コア近傍に閉じ込められている光のパワー分布が相互に重なりを生じるくらいコアが近接すると，両コア間で光パワーの交換（分布結合とよばれる）が行われるようになり，これを用いて分岐・合流の機能を実現できる．また，光パワーの分布は波長に依存するため（波長が長くなるほど分布は広がる），分布結合の量も波長に依存する．これをうまく利用すれば，光分波・合波器が構成できる．

このような分布結合を行わせるには，光ファイバーを細く延伸すればよい[5]．延伸により光ファイバーを減径すると，コア間隔が縮まる，コアが細くなることによって光パワーの閉込めが弱くなり光分布が広がる，の二つの効果が生じるからである．このようにして形成した光分岐・合流器の構造例を図IV.6.6に示す．ここでは，2本の光ファイバーはその側面の一部が互いに融着されており，融着部においては双円錐状のテーパが形成されている．分布結合はテーパウエスト（テーパの最も細いところ）近傍で生じる．

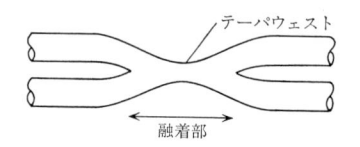

図 IV.6.6　溶融テーパファイバー形の光分岐・合流器/光分波・合波器の構造例

たとえば，テーパウエストにおいては，光通信用の標準的なファイバー（外径 125 μm，コア径 10 μm）を用いた場合その外径は 10 μm 程度以下に減径されており，コア（コア径は 1 μm 以下となっており，コアといってもコア内への光パワーの閉込め作用はほとんどない）から光がしみだしている．このタイプの光分岐・合流器（作製法・形状より溶融テーパファイバー形と称される）は，その構成上不連続点がないことから，きわめて低損失であるという特徴を有しており，たとえば，挿入損失 0.2 dB 程度のものがふつうである．また，この例では，分岐結合比が 1：1 から 1：10 程度のものが容易に得られる．

上述したように，溶融テーパファイバーはその分岐・合流比が波長依存性をもつ．この波長依存性を積極的に利用し，ある波長で分岐結合比が 1：0，逆に別の波長で 0：1 となるようにデバイスパラメーターを設定すれば，これは 2 波長用光分波・合波器となる[6]．したがって，その構成は図IV.6.6と全く同一であり，その外観も若干光分岐・合流器の場合より長さが長くなるものの同様である．このタイプの光分波・

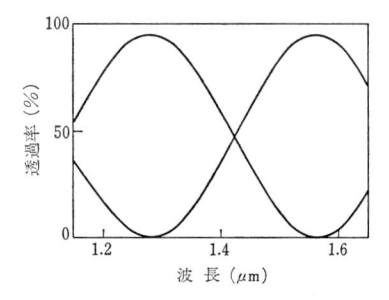

図 IV.6.7　溶融テーパファイバー形光分波・合波器の透過率・波長特性

合波器の透過率・波長特性の例を図Ⅳ.6.7に示す．この素子の動作波長は 1.3/1.55 μm，挿入損失は 0.3 dB，アイソレーションは 20 dB である．

6.3.2 フィルター埋込形

フィルターを光ファイバー内に埋め込んだ形にできれば，きわめて小形の光分岐・合流器，光分波・合波器が構成できる．フィルターを光ファイバー内に埋め込むには，端面にフィルターを直接蒸着した光ファイバーを用いる[7]ことも可能であるが，通常は以下に述べるように，光ファイバーに形成したスリットにフィルターチップを挿入する[8]ことが行われている．

図Ⅳ.6.8に，フィルター埋込形の光分波・合波器の構造例を示す．主路用，分岐路用の2本の光ファイバーは，基板表面に形成された所要パターンのガイド溝上に固定されており，2本の光ファイバーの交差点（分岐点）においては，主路用ファイバーに幅数十 μm のスリットが形成されている．スリット内には，数 mm 角の透明薄板上にフィルターが形成されたフィルターチップが挿入され，光学接着剤により固定されている．この例は光分波・合波器であるので，フィルターとしては誘電体多層膜による干渉フィルターが使用されるが，ハーフミラーを用いれば，全く同一の構成で光分岐・合流器として動作する．

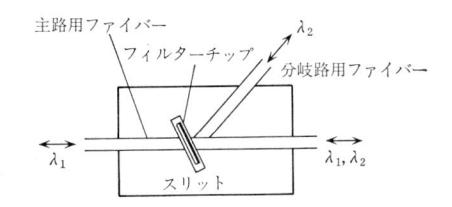

図 Ⅳ.6.8 ファイバー内フィルター埋込形光分岐・合流器/光分波・合波器の構造例

このようなファイバー内フィルター埋込形光分波・合波器は，単一モードのみでなく多モードでも動作する（溶融テーパファイバー形は単一モードのみで動作），短波長域通過形フィルター，帯域通過形フィルター，長波長域通過形フィルターなどいろいろな透過率・波長特性が実現できる（溶融テーパファイバー形では図Ⅳ.6.7に示すような周期的な波長特性のみ実現可能），数十 nm 程度の比較的狭い波長間隔の光分波・合波が可能である（溶融テーパファイバー形では 100 nm 程度以下の波長間隔ではアイソレーションが低下するとともに偏光依存性が顕著となってくる），などの特徴をもつ．

図Ⅳ.6.8の構造で，単一モード2波長双方向伝送用の光分波・合波器が試作されている[8]．この素子の動作波長は 1.3/1.55 μm，挿入損失は1対向（2個1対）で 1.2 dB，アイソレーションは 30 dB 以上である．

6.4 導波路形の分岐・合流/分波・合波用コンポーネント

導波路のチャネルパターンそのものを利用したり，超小形の素子を導波路に設置することにより構成した光コンポーネントは，未だ研究開発途上にあるものの，集積性および量産性の点で優れている．したがって，複数の光分岐・合流器/光分波・合波器からなる複合形コンポーネントにおいては，現在広く実用化されているファイバー加工形のものを置

き換えていくことが期待されている．

6.4.1 Y 分 岐

図Ⅳ.6.9 に示すように，アルファベットの Y の形状をもつチャネルパターン導波路である．直観から明らかなように，Y 分岐を用いた光分岐・合流器では，分岐点における放射損失が原理的に生じるという欠点を有するものの，分岐比が導波路のパラメーターに依存せず 0.5 である，分岐比の波長依存性がない，という実用上非常に優れた特徴をもっている．

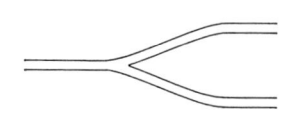

図 Ⅳ.6.9 Y 分岐導波路のチャネルパターン

Y 分岐による光分岐・合流器は，主に，低損失性に優れたガラス系導波路によって試作されている．特に，第Ⅲ部 2.2.3 項に述べられている FHD による石英系ガラス導波路を用いたものでは実用に近いものが得られており，1個の Y 分岐の損失として 0.3 dB 程度（分岐における放射損失，伝搬損失，曲げ損失含む，ただしファイバーとの結合損失を除く）の値がすでに実現されている[9]．

6.4.2 方向性結合器

（1）基本形　第Ⅱ部 3.3.3 項で述べられているように，コア近傍に閉じ込められている光のパワー分布が相互に重なりを生じるくらいコアが近接すると，両コア間で光パワーの交換（分布結合とよばれる）が行われるようになり，これを用いて分岐・合流の機能を実現できる．また，光パワーの分布は波長に依存するため（波長が長くなるほど分布は広がる），分布結合の量も波長に依存する．これをうまく利用すれば，光分波・合波器が構成できる．

図Ⅳ.6.10 (a)に，基本形である 2 入力，2 出力の光方向性結合器の導波路パターンを上面から見た概念図を示す．実際に分布結合が生じるのは二つのコアの近接した部分であ

図 Ⅳ.6.10　方向性結合器のチャネルパターン

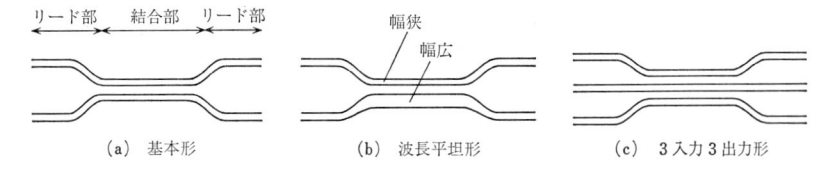

(a) 基本形　　(b) 波長平坦形　　(c) 3入力3出力形

り，その前後には入出力のためのリード部（ここでは分布結合が無視できるように二つのコアは十分離れている）が配置されている．方向性結合器では，Y 分岐と異なり，原理的に生じる損失はない．しかしながら，所望の分岐・合流比を実現するには $0.1\,\mu m$ 程度以下に導波路パラメーターを制御する必要がある．

方向性結合器による光分岐・合流器も Y 分岐と同様に，主に，低損失性に優れた FHD による石英系ガラス系導波路によって試作されている．文献報告例[9]では，1 個の方向性結合器の損失として 0.2 dB 程度（伝搬損失，曲げ損失含む，ただしファイバーとの結合

損失を除く),分岐・合流比のばらつき ±0.2dB 程度の値が実現されている.

(2) 波長平坦形　　上述した基本形では,二つのコアは同一である,すなわち,コア寸法(幅,厚さ)およびコア/クラッド間屈折率差は同一であることを,暗黙のうちに前提としていた.しかしながら,このような同一コアによる方向性結合器では,波長が長くなる→コアへの光パワーの閉込めが弱くなる→二つのコア間での光分布の重なりが大きくなる→分布結合が強くなる,というプロセスにより,波長が分岐・合流比にダイレクトに影響するため,ある程度広い範囲(たとえば$1.55\pm0.05\,\mu m$)での波長の使用を考えると問題になることがあった.

このような問題点を解決すべく,たとえば$1.3\,\mu m$ から $1.55\,\mu m$ というような広い波長範囲で分岐・合流比があまり波長に依存しない構造として,図Ⅳ.6.10(b)が提案されている[10].すなわち,この場合,二つのコアの伝搬定数が異なるようにコア幅を変えている.それぞれ図Ⅳ.6.10(a),(b)の方向性結合器に対して,分岐・合流比を縦軸に,分布結合の強さで正規化した結合部長を横軸にとって表したグラフを,図Ⅳ.6.11に示す.分岐・合流比として 0.5 が所望のとき,同一コアによる方向性結合器では矢印で示した箇所,すなわち横軸に対してカーブが最も急峻な所が動作点となっている.

分布結合の強さは波長によって変化するので,波長変化は横軸の位置の変化に対応する.したがって,同一コアによる方向性結合器の分岐・合流比は波長に敏感に依存する.一方,異なるコアを用いた方向性結合器の場合,パラメーターを適当に設定することにより,カーブの極点を動作点とし,横軸上の位置の変化に対して縦軸上の位置がほとんど変化しないようにすることができる.すなわち,分岐・合流比の波長依存性は小さくなる.引用文献では,同一コアを用いた基本形に対して波長依存性を1/4に低減できたと報告されている.

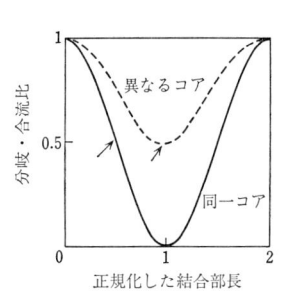

図Ⅳ.6.11. 方向性結合器における分岐・合流比と分布結合の強さで正規化した結合部長との関係

(3) 3入力3出力形　　前(1),(2)項とも二つのコアからなる2入力2出力の方向性結合器であった.同様にして,図Ⅳ.6.10(c)に示すように,三つのコアから3入力3出力の方向性結合器[11]もしくは1入力3出力の方向性結合器[12](入力側で中央の一つのコアのみ使用した場合)を構成することができる.引用文献ではいずれも,分岐・合流比の波長依存性を低減するため,上記同様の異なるコア幅の使用[11]もしくはコア幅へのテーパ構造の導入[12]を行っている.

6.4.3　マッハ-ツェンダー干渉計

図Ⅳ.6.12に,導波路により構成したマッハ-ツェンダー干渉計を示す.入射した光は1段目の方向性結合器DC1によりいったん二分され,二つの光路を別々に進んだ後,2段目の方向性結合器DC2により合成・干渉され,出射される.マッハ-ツェンダー干渉

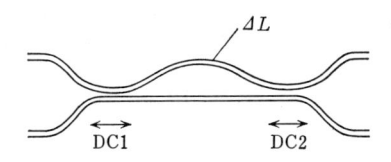

図 Ⅳ.6.12 導波路で構成したマッハ-ツェンダー干渉計のチャネルパターン

計全体としての分岐・合流比は，DC1，DC2 の分岐・合流比および二つの光路間の光路長差によって決定される．

マッハ-ツェンダー干渉計も前2項と同様に，低損失性に優れた FHD による石英系ガラス系導波路によって試作されている．報告例[13]では，入力ファイバーから出力ファイバーまでの全挿入損失で $0.4\,dB$，1.3 から $1.65\,\mu m$ にわたる波長範囲での分岐・合流比のばらつき $20±2\%$ の値が実現されている．

また，DC1 および DC2 の分岐・合流比を 0.5 に設定しておくと，光路長差により生じる光波の位相差は波長に反比例するので，マッハ-ツェンダー干渉計の分岐・合流比は波長とともに 0 と 1 の間を周期的に変動する．すなわち，光分波・合波器として動作する．本原理による光 FDM 用の光分波・合波器が FHD による石英ガラス導波路を用いて試作されており[9]，挿入損失 2 から $3\,dB$，アイソレーション $15\,dB$，光周波数領域でカウントした波長チャネル間隔 1 から $100\,GHz$ の特性が報告されている．

6.4.4 フィルター埋込形

6.3.2項で述べたファイバー加工形の光分岐・合流器，光分波・合波器において，光ファイバーをそのまま導波路に置き換えれば，導波路によるフィルター埋込形の光分岐・合流器，光分波・合波器となる．したがって，その構成も図 Ⅳ.6.8 とほぼ同様である．

$1.3/1.55\,\mu m$ 2 波長用光分波・合波器が FHD による石英系ガラス導波路を用いて試作されており[9]，挿入損失 $1～3\,dB$，アイソレーション $30～40\,dB$ の特性が報告されている．

6.4.5 集積分岐・合流コンポーネント

先述したように，すでに広く実用化されているファイバー加工形の光分岐・合流器は低損失（$0.2\,dB$ 程度がふつう）かつ低価格であり，これを上まわる単体の光分岐・合流器を導波路を用いて実現するのは不可能ではないものの非常に困難である．一方，ファイバー加工形の光コンポーネントでは複数の素子を集積化すればするほどコストが上昇するとともにファイバーの余長収納により大きくなるが，導波路形ではそれほどでもない．したがって，以下に述べる集積分岐・合流コンポーネントは比較的早期に実用化されるものと考えられる．

（1） ツリースプリッター　ツリースプリッターは一つの入力光を多数のポートに分ける光コンポーネントであり，親局からの信号を多数の子局に放送分配するシステムなどにおいて使用され，光加入者系を経済的に実現する passive optical network（PON）のキーコンポーネントの一つとして考えられている．

ツリースプリッターは，1×2 の分岐・合流器を単位としてトーナメント方式に結線していくことにより構成される．

図 Ⅳ.6.13（a）に Y 分岐導波路を用いた構成例を示す．FHD による石英系ガラス導波

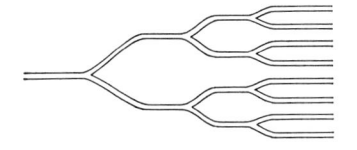

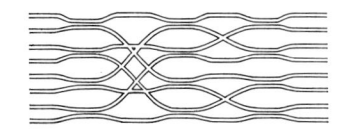

6.4 導波路形の分岐・合流/分波・合波用コンポーネント

(a) Y分岐導波路を用いたツリースプリッター

(b) 方向性結合器を用いたスターカップラー

図 Ⅳ.6.13 集積分岐・合流コンポーネント

路を用いたもの[14]，イオン交換による多成分ガラスを用いたもの[15]とも，最大1×16のものまで報告されている．

（2） **スターカップラー**　スターカップラーは多数の入力光を多数のポートに分ける光コンポーネントであり，多数の局間で信号を放送分配するシステムなどにおいて使用される．

スターカップラーは，2×2の分岐・合流器を単位として網目状に結線していくことにより構成される．

図Ⅳ.6.13（b）に方向性結合器を用いた構成例を示す．FHDによる石英系ガラス導波路を用いたものでは，最大32×32のもの[16]まで報告されている．　　　　［柳川久治］

参考文献

1) 栗田，寺井：電子通信学会春季全国大会，No. 843 (1978).
2) K. Kobayashi: Fiber and Integrated Opt., **2**, 1 (1979), 1-17.
3) K. Kodate, Y. Okada, T. Iida and T. Kamiya: Tech. Dig. 1st OEC (Tokyo, Japan) (July 1986), 66-67.
4) Y. Fujii and J. Minowa: Appl. Opt., **22**, 7 (1983), 974-978.
5) B. S. Kawasaki, K. O. Hill and R. G. Lamont: Opt. Lett., **6**, 7 (1981), 327-328.
6) C. M. Lawson, P. M. Kopera, T. Y Hsu and V. J. Tekippe: Electron. Lett., **20**, 23 (1984), 963-964.
7) H. Yanagawa, H. Hayakawa, T. Ochiai, K. Watanabe and H. Miyazawa: Tech. Dig. 11th OFC (New Orleans, LA), pap. ThJ1 (1988).
8) H. Yanagawa, T. Ochiai, H. Hayakawa and H. Miyazawa: IEEE/OSA J. Lightwave Technol., **7**, 11 (1989), 1646-1653.
9) T. Miyashita and M. Nakahara: Tech. Dig. 7th IOOC (Kobe, Japan), pap. 18D1-1 (1989).
10) H. Yanagawa, S. Nakamura, I. Ohyama and K. Ueki: IEEE/OSA J. Lightwave Technol., **8**, 9 (1990), 1292-1297.
11) A. Takagi, K. Jinguji and M. Kawachi: Tech. Dig. 14th OFC (San Diego, CA), pap. TuF4 (1991).
12) Y. Cai, T. Mizumoto, T. Saito and Y. Naito: Tech. Dig. 16th ECOC (Amsterdam, Netherlands) (1990), 553-556.
13) K. Jinguji, N. Takato, A. Sugita and M. Kawachi: Tech. Dig. 1st IPR (Hilton Head, SC), pap. WI7 (1990).
14) 須田，小林，塙，山口：電子情報通信学会春季全国大会，No. C-193 (1990).

15) D. Haux, M. Di Maggio, S. Samso, R. Hakoun and J. Martin: Tech. Dig. 7th IOOC (Kobe, Japan), pap. 18 D 1-3 (1989).
16) H. Yanagawa, T. Shimizu, S. Nakamura and I. Ohyama: Tech. Dig. 14th OFC (San Diego, CA), pap. TuE 3 (1991).

7. 波長制御デバイス

7.1 二次の非線形光学効果を用いた各種波長変換デバイス

　半導体レーザーの登場によりわれわれは小形で手軽なレーザー光源を手に入れることができた．小形であることから，これを民生品に搭載することが可能となった．いいかえれば，微小光学デバイス用の光源を手に入れたことになる．半導体レーザーは，発振波長として $1.5\,\mu m$, $1.3\,\mu m$ および $0.8\,\mu m$ 帯がすでに量産されている．また発振波長の短波長化も着々と進められており，室温では $0.67\,\mu m$ の発振が，液体窒素温度では青色領域の発振が達成されている．

　しかしながら，緑，青色領域の室温で安定に利用できる半導体レーザーは未だ完成されていない．一方では，小形で手軽な緑，青色領域のいわゆる短波長レーザー光源の要求が産業界に存在する．本節では，このような要求に応えるための二次の非線形光学効果を用いた波長変換デバイスについて概観する．

7.1.1 二次の非線形光学効果を有する材料

　ルビーレーザーの発明後すぐに，Franken らによって水晶からの第2高調波発生（SHG；second harmonic generation）が実験的に示されてから[1]，多くの研究者によって無機，有機の二次の非線形光学材料が開発されてきた．二次の非線形光学効果を結晶材料が有するためには，反像対称性を欠く（非中心対称性の）結晶である必要がある．大きな非線形性を有する無機結晶材料としては $LiNbO_3$（LN），$KNbO_3$（KN），$KTiOPO_4$（KTP）や $Ba_2NaNb_5O_{15}$（BNN）などがよく知られている．

　また，KH_2PO_4（KDP）や KD_2PO_4（KD*P）の結晶はその良好な結晶性を利点として Nd：YAG レーザーなどの高出力レーザーの高調波発生素子として広く実用に供されている．無機結晶材料の非線形性や物性値についてはすでに handbook[2] や総説[3] に詳しくまとめられている．

　有機材料の開発の歴史は無機材料のそれと同時期まで遡ることができる．しかしながら有機材料の研究開発が今日のように活況を呈するようになったのは，2-メチル-4-ニトロアニリン（MNA）が無機材料をはるかにしのぐ非線形性を有することが見出されたことによる．たとえば，LN は $d_{33} \sim 40\,pm/V$ と無機材料で最大の非線形性を有するが，MNA

は $d_{11} \sim 250\,\mathrm{pm/V}$ と LN を凌駕している．大きな非線形性を有する有機材料の設計指針"π電子共役構造に電子供与基と電子受容基を導入する"が得られたこと，計算機化学の充実によって化合物の物性予測が可能となったことも有機材料の研究開発が盛んとなった原因となっている．

有機材料も無機材料と同様に結晶材料としての利用が考えられてきたが，近年になって，高分子側鎖に非線形性を有する基を導入した（高分子側鎖形）材料や光学的に透明な高分子中に非線形性を有する分子を分散させた（高分子分散形）材料が提案され，有機材料の可能性を広げている[4,5]．

これらの材料は薄膜に形成された後，材料のガラス転移温度近傍まで加熱され，高電場が印加される．その後電場を保ったまま，室温まで冷却される．このいわゆる電場配向とよばれる処理によって，材料中の非線形性を有する側鎖あるいは分子は一方向に配向され，その配向状態が凍結される．電場配向前には側鎖あるいは分子が有する微視的な非線形性があらゆる方向を向いており，結晶でいうところの反像対称性を有するために巨視的な非線形性が発現されない．電場配向後にはこれらが一方向を向いているために非中心対称性を有するようになり巨視的にも非線形性が発現するようになる．これらの材料には分子レベルでは大きな非線形性を有するものの，結晶が反像対称性を有するために非線形性を表さない有機分子をも用いることができるなど，材料選択の幅が広いという特徴がある．有機材料についてはいくつかの成書[6~8]および総説[9]で詳しく述べられている．

非線形光学材料を用いて波長変換を行う場合に特に留意しなければならないことに位相整合の問題がある．これは基本波と第2高調波の材料中での位相速度を一致させることであり，これを達成することで第2高調波すなわち波長変換された光を外部に強く取り出すことができる．いくつかの位相整合の方法があり，それぞれのデバイス構造に適した方法が利用される．

代表的な位相整合の方法には，①角度位相整合，②温度位相整合，③ベクトル位相整合，④周期ドメイン反転，⑤導波-導波位相整合，⑥チェレンコフ位相整合などがある．①～③は材料中での基本波と高調波の屈折率を等しくする方法で，材料の屈折率分散および複屈折が利用される．④は擬位相整合ともよばれ厳密な意味での位相整合ではない．高調波から基本波へのエネルギーの逆流が生じないように，材料の非線形感受率テンソルの方向を周期的に反転させることで，基本波と高調波の位相差を調節する方法である[10]．⑤，⑥は光導波路構造における位相整合方法である．⑤は基本波および高調波ともに導波させる場合で，両者の伝搬定数（等価屈折率）を材料の屈折率と導波路寸法を制御することによって一致させる．⑥は基本波は導波させ，高調波は放射させる場合で，基本波および高調波の波長における導波層とクラッドの屈折率関係によって決定される．成書[8]に位相整合の全般的な解説がある．

高出力レーザーの波長変換の場合には，非線形光学結晶を角度位相整合が達成できる方位に切り出し，これにビームを1回通過させるだけで十分な変換効率を得ることができる．一般に変換効率は基本波強度に対して比例関係にあるので，半導体レーザーなどの低

7.1 二次の非線形光学効果を用いた各種波長変換デバイス   495

出力レーザーに対しては，この方式では高い変換効率を望むことができない．したがって，低出力レーザーの波長変換に際してはデバイス構造に工夫をこらさねばならなくなる．次項以下で工夫されたデバイス構造について記述する．

7.1.2 光共振器形波長変換デバイス

低出力レーザー用の波長変換デバイスの構造として提案されているものの一つに光共振器構造がある．共振器構造の利用の方式は，① レーザー共振器内部に非線形結晶を置く"内部共振器形"と，② レーザー外部に非線形結晶を内蔵した共振器を配置する"外部共振器形"に大別される．また外部共振器形は，②-a"外部定在波共振器形"と，②-b"外部リング共振器形"に分けられる．これら光共振器形波長変換デバイスの模式図を図 IV.7.1 に示す．

最初の内部共振器形の構造を用いた第2高調波発生は Geusic らによって行われた[11]．レーザー媒質に Nd:YAG を，非線形結晶に BNN を用い，入力ミラーは発振および高調波のどちらの波長に対しても HR，出力ミラーは発振波長に対しては HR，高調波波長に対してはこれを透過させるように選ばれている．近年，ポンプ光に半導体レーザーを用いた小形のグリーンあるいはブルーレーザーが開発され，すでに市販されるに至っている[12,13]．どちらもポンプ光には 0.8 μm 帯の半導体レーザーを用いている．グリーンレーザーの場合にはレーザー媒質に Nd:YAG を用いて 1.064 μm を発振させ，非線形結晶

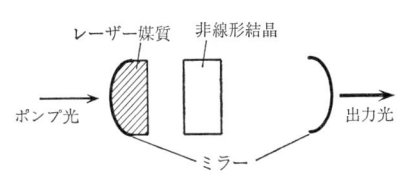

図 IV.7.1 各種光共振器形波長変換デバイス

(a) 内部共振器形

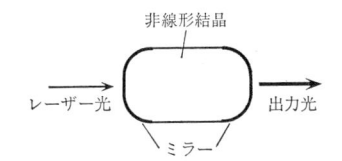

(b-1) 外部定在波共振器形

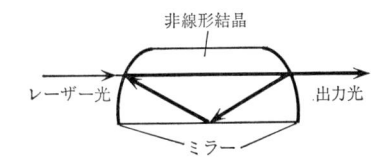

(b-2) 外部リング共振器形

に KTP あるいは KN を用いて第2高調波である 0.532 μm の出力を得ている．出力はカタログ値として 5mW が記載されている．ブルーレーザーは同様な構成であるが Nd:YAG の 0.94 μm の発振を利用している点が異なり，第2高調波の 0.473 μm の出力を得ている．また最近では，小形化をいっそう進めたマイクロチップレーザーの開発も盛んになっている[14]．

非常に興味深い材料に，レーザー媒質としての機能と非線形材料としての機能の両方を兼ね備えた "self-frequency-doubling crystal" がある．$Nd_xY_{(1-x)}Al_3(BO_3)_4$ (NYAB) はそのような結晶の一つであり，この結晶を用いた半導体レーザー励起グリーンレーザーも開発されている[15]．

これら内部共振器形デバイスは，レーザー共振器内部の非常に大きな基本波パワーを用

いることで波長変換効率の向上をねらっており，構造が簡単であるという利点がある．"green problem" とよばれるモード競合が引き起こすノイズが出力を不安定にするという問題があったが，エタロン挿入によるシングル縦モード化[16]や，λ/4板挿入による偏光制御[17]がこの問題に対するよい結果を与えている．半導体レーザーは直接変調可能であるが，励起されたレーザーはこれに同期した速い，深い変調が困難であるので，出力の変調が要求される場合にはこれが問題となる場合がある．

外部共振器形デバイスは，レーザー共振器外部に新たに基本波に対する共振器を設置し，この共振器内部に非線形結晶を置く構造となっており，共振器内部の増大した基本波パワーを利用することで，変換効率の向上を図っている．初期のころには光源に色素レーザーなどが用いられていたが[18]，最近では光源に半導体レーザー励起小形 Nd: YAG レーザーや半導体レーザーを用いたデバイスが報告されている[19~21]．

これらの報告では非線形結晶として KN や MgO をドープした LN が用いられ，小形 Nd: YAG レーザー（波長 1.064μm）を光源に用いた定在波共振器形の場合には 15mW の入力で 2mW の緑色光（波長 0.532μm）の出力が[19]，リング共振器形の場合には 52.6mW 入力で，29.7mW 出力が得られている．また，半導体レーザーを光源に用いた場合には 167mW の入力で，24mW の 0.421μm の出力が[20]，12.4mW の入力で 0.22mW の 0.432μm の出力[21]が報告されている．

外部共振器形は，内部共振器形で生じるいわゆる "green problem" を回避できる利点があるが，単一モード化された基本波レーザーと外部共振器の同期をとることが要請されるために，基本波レーザーに対しては周波数安定性が，共振器に対しては共振器長の調整が必要となる．

これら光共振器形デバイスに用いられる位相整合の方法としては，主に角度位相整合や温度位相整合が用いられ，非線形結晶は基本波に対して位相整合が達成できる方位に切り出されたものが用いられる．

7.1.3 光導波路形波長変換デバイス

光導波路構造を用いる利点は，基本波を導波路の非常に小さい断面積内に閉じ込めることによって基本波強度を

(a) 平板導波路形

(b) ファイバー形

(c) 周期ドメイン反転導波路形

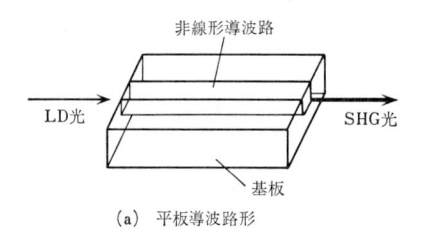

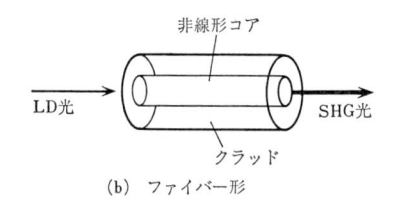

図 Ⅳ.7.2 各種光導波路形波長変換デバイス

飛躍的に増大させられることにある．前述したように変換効率は，基本的には基本波強度に比例するので，導波路構造の採用によって大きな変換効率を達成することが可能となる．また，光導波路構造では，角度位相整合や温度位相整合では用いることのできない非線形感受率テンソルの対角成分をも利用することができるという利点もある．

　種々の構造の光導波路形デバイスが提案されており，代表的なものに，① 平板導波路形，② ファイバー形および ③ 周期ドメイン反転導波路形がある．これら代表的な光導波路形波長変換デバイスの模式図を図 IV.7.2 に示す．

　光導波路は屈折率の高い領域に光を閉じ込めるもので，屈折率の低い基板上に屈折率の高い材料の層を形成したり，あるいは基板表層の屈折率をイオン交換などによって高めることで作成される．平板光導波路の場合，導波路の厚み方向のみに光が閉じ込められるものを"二次元光導波路"あるいは"スラブ光導波路"と，厚みおよび幅方向に光が閉じ込められるものを"三次元光導波路"あるいは"チャネル光導波路"とよぶ．光導波路形の波長変換デバイスでは，一般に導波路は非線形材料によって構成される．導波路が線形光学材料で，基板あるいはクラッドが非線形材料で構成される特殊なデバイス構造[22]も提案されている．

　平板導波路形の構造のデバイスでは，位相整合の方法として導波-導波位相整合，チェレンコフ位相整合あるいは周期ドメイン反転の手法が主に用いられる．$0.8\,\mu m$ 帯の半導体レーザーを光源に用いた，チェレンコフ位相整合方式のプロトン交換 LN チャネル導波路は，ブルーレーザーとしてすでに市販されている[23,24]．このデバイスは LN の非線形感受率テンソルの対角成分 d_{11} を用いており，40mW，$0.84\,\mu m$ の入力で，0.4mW，$0.42\,\mu m$ の出力を達成している．チェレンコフ位相整合による SHG 出力光は基板側に放射されるため，図 IV.7.2 の模式図とは異なり基本波とある角度（チェレンコフ角）を成して三日月状に出力される．実用のためには出力光は真円状のパターンが望ましく，アクシコンレンズなどを用いたビームの整形方法が考案されている．

　LN を光導波路に用いた場合には光ダメージが問題となる場合が多い．導波-導波位相整合方式の液相エピタキシャル（LPE）LN チャネル導波路を用いて，1mW を越える出力も報告されている[25]．これは $LiTaO_3$ を基板として用い，この上に LPE によって LN 導波路を作成している．また，位相整合は導波-導波方式ではあるが，LN の非線形感受率テンソルの非対角成分を利用するために基本波と高調波で異なる偏光面を与えており，したがって角度位相整合の概念も含まれている．有機材料を導波層とした平板導波路形デバイスも提案，開発されている[26,27]．

　ファイバー形の波長変換デバイスの代表例は有機コアファイバーである[28]．これはガラスのキャピラリー中に有機非線形材料の結晶を成長させたもので，有効な非線形感受率テンソルがキャピラリーの断面内にあることが重要となる．チェレンコフ位相整合が一般に用いられ，したがって出力光はリング状となる．また，無機非線形材料のファイバー化も試みられている[29]．

　平板導波路およびファイバーのどちらでも周期ドメイン反転による位相整合が試みられ

ている.周期ドメイン反転による位相整合の可能性は非線形光学の研究の初期から指摘されていた[30].この方法では,利用する非線形感受率テンソルの方向を材料のコヒーレンス長(数 μm 程度)ごとに反転させる必要があるが,このような細かなピッチを長距離(1 cm 程度)にわたって維持しながら材料を作成することに技術的な困難があり,近年になるまで注目を集めなかった.周期ドメイン反転構造の作成はバルク結晶育成で試みられたことがあったが[31,32],やはり精度よい周期反転構造の作成は困難であったと考えられる.

近年になって,微細加工技術の著しい進歩があった.この技術の応用によって実用レベルの周期ドメイン反転構造の作成はさほどむずかしい問題ではなくなりつつあり,周期ドメイン反転導波路形の波長変換デバイスの開発が最近多く報告されるようになった[33].多くは,LN あるいは $LiTaO_3$ を基板として用い,Ti 拡散あるいはプロトン交換を行った領域とそうでない領域を交互に作成する(図IV.7.2).このような周期ドメイン反転 $LiTaO_3$ 導波路を用い,841 nm,34 mW 入力で,0.21 mW の出力が報告されている[34].また,新しい方法として SiO_2 装荷誘起分極反転による方法が見出されている[35].

"balanced phase matching in segmented section"とよばれる方法も提案されており[36],Rb イオン交換した periodically segmented KTP 導波路を用い,834 nm,100 mW の入力で約 1.7 mW の出力を得ている[37].広義ではこの方法も周期ドメイン反転導波路形に含めることができる.あるいは文献[10]のように"periodic modulation of the nonlinear optical properties"とよぶのがこれら全体の手法をさすには相応しいかもしれない.有機材料を用いて周期ドメイン反転導波路形デバイスを作成する試みも報告されている[38].

7.1.4 変換効率

第2高調波発生の変換効率は一般に,

$$\eta_{\mathrm{SHG}} = \frac{P^{(2\omega)}}{P^{(\omega)}} \propto d^2 L^2 \frac{P^{(\omega)}}{S} \tag{7.1}$$

で表される.ここで,$P^{(\omega)}$,$P^{(2\omega)}$:基本波および第2高調波パワー,d:材料の非線形感受率,L:基本波と高調波の相互作用長(非線形材料あるいは導波路の寸法),S:基本波のビーム断面積(あるいは導波路断面積)である.

ビーム断面積が一定でない場合,基本波のエネルギー涸渇が大きい場合,チェレンコフ位相整合の場合などは別の表式が与えられている.変換効率は基本波パワーに依存するので,次式のような,

$$\eta_{\mathrm{norm}} = \frac{\eta_{\mathrm{SHG}}}{P^{(\omega)}} \tag{7.2}$$

規格化された変換効率も用いられる.

光共振器形の波長変換デバイスは,式 (7.1) の基本波パワー $P^{(\omega)}$ を大きくすることによって変換効率の増大を図っている.半導体レーザー励起レーザーの場合,たとえば,数百 mW の半導体レーザーで励起して,数十 mW の出力が得られている.出力ミラーの透過率を約 1% とすると,共振器内部のパワーは数 W に達していると考えられる.したがって,この共振器内部に非線形材料を置いた内部共振器形デバイスの場合には,励起用

の半導体レーザーを直接波長変換した場合に比べ1桁,半導体レーザー励起レーザーの出力を波長変換した場合に比べて2桁大きい変換効率が得られることになる.外部共振器形の場合には,共振器の損失に依存するが,入射する基本波パワー $P^{(\omega)}$ を共振器内部で数倍～数百倍に高めることができる.したがって,外部共振器を用いない場合に比べて数倍～数百倍の変換効率が得られる.

光導波路形の波長変換デバイスの場合には,式 (7.1) の断面積 S を小さくすることによって変換効率を向上させている.光導波路構造を用いない波長変換の場合基本波のビーム径は $50\,\mu\text{m}\phi$ 程度,一般的なチャネル導波路の断面積は数 $\mu\text{m}\times$ 数 μm 程度であることが多い.仮に空間伝搬させる場合の断面積を $2000(\mu\text{m})^2$,導波路の断面積を $30(\mu\text{m})^2$ とすると,光導波路構造の採用によって断面積 S を2桁小さくすることができ,したがって変換効率の2桁の向上が期待できる.ただし,光導波路形の場合には,基本波と高調波のモードの重なり積分,基本波のデバイスへの結合効率など考慮しなければならないその他の重要な要因も多い.

このほかに光導波路形の利点として相互作用長 L を長くとれることをあげることができる.空間伝搬の場合タイトにビームを絞り込むとビームウエストはたかだか数 mm 程度にしかならないが,導波路構造の場合には伝搬損失さえ低減できれば 1cm 程度の導波路長も可能である.

今後,光機能デバイスが集積化される方向にあることに対応して,集積可能で,変換効率の高い光導波路形の波長変換デバイスがますます注目されるようになると考えられる.

[松岡芳彦]

参 考 文 献

1) P. A. Franken, A. E. Hill, C. W. Peters and G. Weinreich: Phys. Rev. Lett., **7** (1961), 118.
2) S. Singh: Handbook of Laser Science and Technology, vol. 3(ed. M. J. Weber), CRC Press, Inc., (1986), 3-296.
3) D. N. Nikogosyan and G. G. Gurzadyan: Sov. J. Quantum Electron., **17** (1987), 970-977.
4) K. D. Singer, W. R. Holland, M. G. Kuzyk and G. L. Wolk: Mol. Cryst. Liq. Cryst., **189** (1990), 123-136.
5) L. M. Hayden, G. F. Sauter, F. R. Ore, P. L. Pasillas, J. M. Hoover, G. A. Lindsay and R. A. Henry: J. Appl. Phys., **68** (1990), 456-465.
6) "Nonlinear Optical Properties of Organic Molecules and Crystals", vols. 1 and 2, (eds. D. S. Chemla and J. Zyss), Academic Press (1986).
7) 加藤正雄,中西八郎編:有機非線形光学材料,シーエムシー (1985).
8) 梅垣真祐:有機非線形光学材料,ぶんしん出版 (1990).
9) B. K. Nayar and C. S. Winter: Opt. Quantum Electron., **22** (1990), 297-138.
10) S. Somekh and A. Yariv: Opt. Commun., **6** (1972), 301-304.
11) J. E. Geusic, H. J. Levinstein, S. Singh, R. G. Smith and L. G. Van Uitert: IEEE J. Quantum Electron., **QE-4** (1968), 352.
12) 天野 壮,横山精一,藤野正志,天野 覚,望月孝晏:レーザー研究,**18** (1990), 634-638.

13) 藤野正志, 横山精一, 天野 壮, 天野 覚, 望月孝晏: レーザー学会研究会報告, RTM-90-39, (1990), 19-23.
14) 北岡康夫, 小島哲男, 佐々木孝友, 中井貞雄: 光学, **19** (1990), 538-541.
15) 天野 壮, 横山精一, 小山英樹, 天野 覚, 望月孝晏: レーザー研究, **17** (1989), 895-898.
16) W. P. Risk and W. Lenth: Appl. Phys. Lett., **54** (1989), 789-791.
17) W. J. Kozlovsky, W. Lenth, E. E. Latta, A. Moser and G. L. Bona: Appl. Phys. Lett., **56** (1990), 2291-2292.
18) A. Ashkin, G. D. Boyd and J. M. Dziedzic: IEEE J. Quantum Electron., **QE-2** (1966), 109-124.
19) W. J. Kozlovsky, C. D. Nabors and R. L. Byer: Opt. Lett., **12** (1987), 1014-1016.
20) L. Goldberg and M. K. Chun: Appl. Phys. Lett., **55** (1989), 218-220.
21) G. J. Dixon, C. E. Tanner and C. E. Wieman: Opt. Lett., **14** (1989), 731-733.
22) R. H. Selfridge, T. K. Moon, P. Stroeve, J. Y. S. Lam, S. T. Kowel and A. Knoesen: Proc. SPIE, **971** (1988), 197-205.
23) 谷内哲夫, 山本和久: 応用物理, **56** (1987), 1637-1641.
24) 谷内哲夫: 機能材料, **3** (1989), 33-37.
25) 山田雅哉, 宮崎保光: 電子情報通信学会全国大会講演論文集, C-1 (1988), 89.
26) K. Sasaki, T. Kinoshita and N. Karasawa: Appl. Phys. Lett., **45** (1987), 333-334.
27) T. Kondo, R. Morita, N. Ogasawara, S. Umegaki and R. Ito: Jpn. J. Appl. Phys., **27** (1989), 1622-1626.
28) P. Kerkoc, Ch. Bosshard, H. Arend and P. Günter: Appl. Phys. Lett., **54** (1989), 487-489.
29) S. Sudo and I. Yokohama: Appl. Phys. Lett., **56** (1990), 1931-1933.
30) J. A. Armstrong, N. Bloembergen, J. Ducuing and P. S. Pershan: Phys. Rev., **127**(1962), 1918-1939.
31) D. Feng, N.-B. Ming, J.-F. Hong, Y.-S. Yang, J.-S. Zhu, Z. Yang and Y.-N. Wang: Appl. Phys. Lett., **37** (1980), 607-609.
32) A. Feisst and P. Koidl: Appl. Phys. Lett., **47** (1985), 1125-1127.
33) 伊藤弘昌: 光学, **19** (1990), 373-374.
34) 山本和久, 水内公典, 谷内哲夫: 第38回応用物理学関係連合講演会講演予稿集, No. 3, 28a-SF-11 (1991), 948.
35) 藤村昌寿, 栖原敏明, 西原 浩: 第38回応用物理学関係連合講演会講演予稿集, No. 3, 28a-SF-14 (1991), 949.
36) J. D. Bierlein, D. B. Laubacher and J. B. Brown: Appl. Phys. Lett., **56**(1990), 1725-1727.
37) C. J. van der Poel, S. Colak, J. D. Bierlein and J. B. Brown: CLEO Postdeadline Papers, CPDP33 (1990), 673-674.
38) G. Khanarian, R. A. Norwood, D. Hass, B. Feuer and D. Karim: Appl. Phys. Lett., **57** (1990), 977-979.

7.2 二次の非線形光学効果を用いない波長変換

長波長の光を短波長の光に変換するプロセスを総称してアップコンバージョンということができるが, ここでは二次の高調波発生を除いたプロセスに限定する. アップコンバージョンは希土類イオンを含む結晶やガラスをある波長の光で励起したとき, それよりもずっと短波長の発光が観測される現象であり, 赤外光検出や赤外の発光ダイオードの光を可

視光に変換する手段として 1960 年代から 1970 年代にかけてさかんに研究された[1]. 最近では赤外の半導体レーザーを励起光源としたコンパクトな可視光レーザーを実現するための研究が進められている.

7.2.1 周波数アップコンバージョンの原理と特徴

アップコンバージョンが生じるためには一つのフォトンの発生に対して二つ以上のフォトンが励起に関与することが必要である. 2 フォトン励起の場合のアップコンバージョン機構の一般的なモデルを図 IV.7.3 に示す.

(a) エネルギー伝達　(b) 二段階吸収　(c) 協力増感　(d) 2 光子吸収

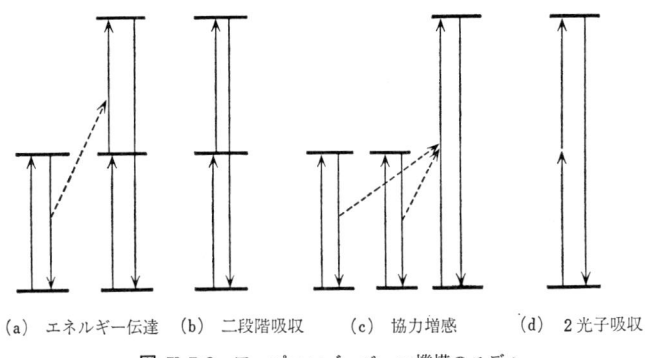

図 IV.7.3 アップコンバージョン機構のモデル

（a）は二つの中間励起状態にある同種あるいは異種のイオン間のエネルギー伝達による二段階励起, （b）は中間状態に励起されたイオンがさらに励起光を吸収する二段階吸収, （c）は二つの中間励起状態にあるイオンが一致してほかのイオンにエネルギー伝達する協力増感による励起, （d）は 2 フォトンを同時に吸収する 2 光子吸収による励起である. これらはいずれも発光強度が励起光強度の 2 乗に比例する非線形過程であるため, その効率は励起光強度に強く依存する点に特徴がある.

アップコンバージョンにおいて, その発光効率を決定している基本過程は次の六つに分類される.

（a） 共鳴輻射エネルギー伝達
（b） 共鳴非輻射エネルギー伝達
（c） 非共鳴非輻射エネルギー伝達
（d） 励起状態吸収
（e） 輻射遷移過程
（f） 多フォノン緩和過程

図 IV.7.4 に示すように, （a）ではエネルギー供与イオンを D, エネルギー受容イオンを A とするとき, D の発光スペクトルと A の吸収スペクトルに重なりがあり, D の発光を A が吸収することで D から A に共鳴的にエネルギーの伝達が生じる. この確率は, D-A イオン間距離 R, A の吸収断面積 σ_A, D の蛍光寿命 τ_S, D と A のスペクトル形状を

(a) 共鳴輻射　　(b) 共鳴非輻射　　(c) 非共鳴非輻射　　(d) 励起状態　(e) 輻射　(f) 多フォノン
　　エネルギー伝達　　　エネルギー伝達　　　　エネルギー伝達　　　吸収　　　遷移　　　緩和

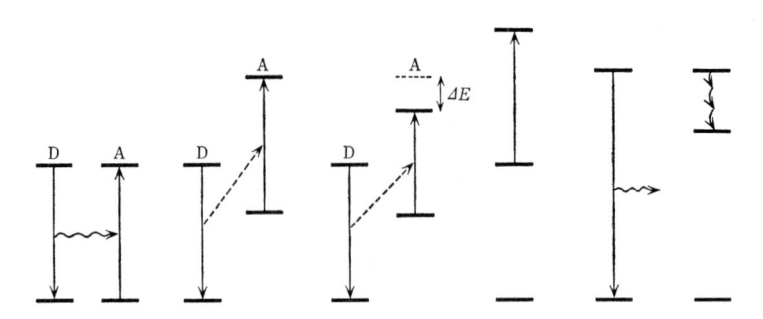

図 IV.7.4　アップコンバージョンにおける励起，発光，緩和の基本過程

g_D, g_A とすると，

$$P_{DA} = (\sigma_A/4\pi R^2)(1/\tau_S) g_D g_A d\nu \tag{7.3}$$

で与えられる[2]．(b) および (c) の場合は D から A へのエネルギーの移動は発光-吸収という過程を経ずに，D イオンと A イオンの双極子（あるいは多極子）間の相互作用によって非輻射的にエネルギーが伝達される．(b) の場合は (a) の場合と同じように D の発光スペクトルと A の吸収スペクトルに重なりがあることが必要であり，その確率は，

$$P_{DA} = (R_0/R)^n/\tau_S \tag{7.4}$$

となる[3]．ここで，R_0 は D から A にすべてのエネルギーが伝達する臨界イオン間距離であり，n は双極子間の相互作用の場合は 6 である．(c) においてはスペクトルに重なりがなくても母体のフォノンがそのエネルギーギャップを埋めあわせる形でエネルギー伝達が生じ，その確率はスペクトルに重なりがある場合の確率を $P_{DA}(0)$ として，

$$P_{DA}(\Delta E) = P_{DA}(0)\exp(-\beta\Delta E) \tag{7.5}$$

で与えられる[4]．ただし，β：母体の最大フォノンエネルギー，電子とフォノンの結合強度に依存する定数である．

　(a) から (c) の過程は D-A イオン間距離に依存し，イオン濃度の増加とともに効率が上昇する．(d) はエネルギー伝達によらない励起過程であり，したがって，その確率はイオンの濃度に依存しない．上記のいずれの場合も発光準位の励起密度は中間励起準位にあるイオン数に依存することから，中間準位の寿命と励起効率には密接な関係がある．

　(a) から (d) は，励起過程に関与するものであるのに対し，(e) と (f) は発光過程を決定するものである．(e) は発光準位からある終準位への輻射遷移確率を与えるもので，吸収スペクトルから求めることができる[5]．(f) は発光準位から母体のフォノンにエネルギーを与えて非輻射的に緩和する確率であり，発光の効率を決定する．これは発光準位と直下の準位とのエネルギー差を ΔE とすると，

$$P_{MPR} = P_{MPR}(0)\exp(-\alpha\Delta E) \tag{7.6}$$

で与えられる[4]．ただし，$P_{MPR}(0)$ はエネルギー差が 0 のときの緩和確率，α は (c) の β

と同様,母体のフォノンエネルギーと電子-フォノン結合強度に依存する定数である.多フォノン緩和確率は励起過程における中間励起準位の寿命にも大きな影響を与える.

それぞれのイオンや母体について,これらの要素過程を評価し,各エネルギー準位のイオン濃度に対するレート方程式を解くことによってアップコンバージョンの効率を原理的には見積ることができるが,多くの場合,いくつもの過程が複雑に重なり合って存在しているため簡単ではない.

アップコンバージョンによる波長変換の効率(発光効率)は入力を P_{in},出力を P_{out} とすると

$$\eta = P_{out}/P_{in} \tag{7.7}$$

で与えられる.nフォトン励起の場合の単位面積当たりの発光強度は励起光強度の n 乗に比例し,

$$(P_{out}/S) = \mu(P_{in}/S)^n \tag{7.8}$$

となるから,式(7.7)により変換効率は

$$\eta = \mu(P_{in}/S)^{n-1} \tag{7.9}$$

と書き表せ,μ を与えられた励起密度に対する変換効率と考えることができる[6].代表的なアップコンバージョン過程($n=2$)の変換効率 μ を表Ⅳ.7.1に示す.最も効率のよいのは励起イオン間のエネルギー伝達であり,次が励起状態からの吸収である.希土類イオンの種類,組合せ,ホスト材料の組成および励起の波長によってアップコンバージョン機構および,その効率も異なるが,多くの場合はこの二つが主要なものである.

表Ⅳ.7.1 主要なアップコンバージョン過程とその効率[1]

機 構	効率 μ (cm²/W)	母 体
エネルギー伝達	10^{-3}	Yb^{3+}/Er^{3+} : YF_3
励起状態吸収	10^{-5}	Er^{3+} : SrF_2
協力増感	10^{-6}	Yb^{3+}/Tb^{3+} : YF_3
SHG	10^{-11}	KDP
2光子吸収	10^{-13}	Eu^{2+} : CaF_2

7.2.2 各種周波数アップコンバージョン材料

アップコンバージョン材料として,これまで知られているのは希土類イオンを含有した結晶,ガラスがほとんどである.しかし,フォノンエネルギーの小さな有機結晶,高分子材料も母体となりうると考えられる.希土類イオンのアップコンバージョンの主なものを表Ⅳ.7.2にまとめる(引用文献は多数になるため,特記するもの以外は総説[1,7]を参照されたい).

アップコンバージョン材料として,詳しく研究されたのは980 nmの発光ダイオード励起を目的とした青,緑,赤色などの蛍光体である.Yb^{3+} を共ドープするこ

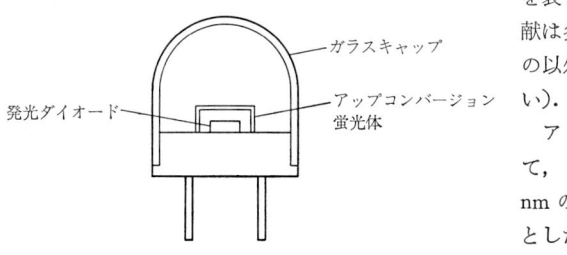

図 Ⅳ.7.5 赤外-可視波長変換ダイオード
(ガラスキャップ,発光ダイオード,アップコンバージョン蛍光体)

表 IV.7.2 希土類イオンのアップコンバージョン

色	発光波長 (μm)	励起波長 (μm)	活性イオン	母体
青	0.47〜0.48	0.98(LED, LD)	Tm/Yb	結晶, ガラス
	0.45, 0.48(L)	0.65+0.79(L)	Tm	結晶[8,9], ガラス
	0.46(L), 0.48(L)	0.65+0.68(L)	Tm	ガラス[10]
	0.41	0.98(LED, L)	Er/Yb	結晶, ガラス
	0.41	0.8(L), 1.5(LED)	Er	ガラス, 結晶
	0.47(L)	0.65(L)	Er	結晶[11]
	0.38(L)	0.59+0.79(L)	Nd	結晶[12]
	0.49	1.01+0.84(L)	Pr	ガラス[13]
緑	0.52, 0.55	0.98(LED, L)	Er/Yb	結晶, ガラス
	0.52, 0.55	1.5(LED, L)	Er	結晶, ガラス
	0.52, 0.55(L)	0.79〜0.8(L)	Er	結晶[14,15], ガラス[16]
	0.56(L)	0.97, 0.80(L)	Er	結晶[11]
	0.55(L)	0.65(L)	Ho	ガラス[17]
	0.55	0.98(LED, L)	Ho/Yb	結晶, ガラス
	0.52(L)	1.01+0.84(L)	Pr	ガラス[13]
黄	0.58〜0.59	0.8(L)	Nd	ガラス[18]
赤	0.61(L), 0.64(L), 0.7(L)	1.01+0.84(L)	Pr	ガラス[13]
	0.64(L)	0.84〜0.85(L)	Pr/Yb	ガラス[19]
	0.65	0.98(LED, L)	Er/Yb	結晶, ガラス
	0.65, 0.67(L)	0.8(L), 1.5(LED)	Er	ガラス, 結晶[15]
	0.65	0.80(L)	Er/Tm	ガラス[20]
	0.66	0.98(LED, L)	Ho/Yb	結晶, ガラス
	0.66	0.8(L)	Ho/Yb	ガラス
	0.67	0.98(LED, L)	Tm/Yb	結晶, ガラス
	0.67	0.79(L)	Tm	ガラス

* 発振波長の(L)はレーザー発振を，励起波長の(L)はレーザー光源を励起に用いたことを表す．

とにより，青はTm^{3+}，緑はEr^{3+}, Ho^{3+}，赤はEr^{3+}において強い発光を示す．特にEr^{3+}-Yb^{3+}系では緑と赤の強度比が母体の種類やイオンの濃度によって変化するため緑，黄，橙，赤に発光する蛍光体をつくることができる．過去に検討された応用の主なものは赤外のレーザー光の検出，あるいは赤外の発光ダイオードの波長変換により可視の発光源を得ようとするものである．後者については図IV.7.5に示すようなデバイスがつくられたが，緑の発光ダイオードの出現によって実用化には至らなかった．

赤外の発光ダイオードあるいは半導体レーザー励起光源として可視の発光を得るための材料について少し詳しく述べる．Er^{3+}イオンは緑，赤色の比較的強い発光を示すが，これに980nmに強い吸収をもつYb^{3+}イオンを共存させることにより発光強度は大きく増大する．これはYbからErへの効率的な共鳴エネルギー伝達によるものである．この場合のアップコンバージョン機構を図IV.7.6に示す．発光特性はホストの結晶により大き

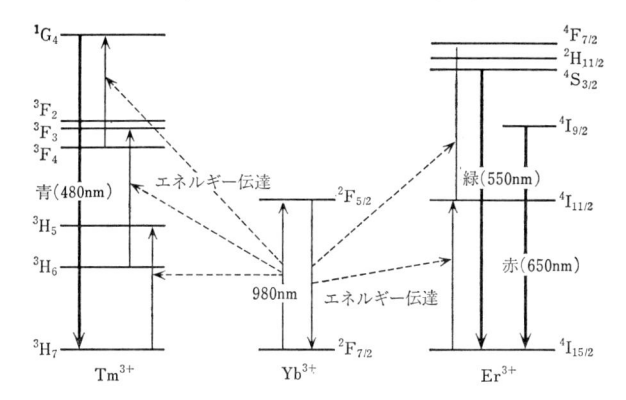

図 Ⅳ.7.6 Yb^{3+}-Er^{3+} 系と Yb^{3+}-Tm^{3+} 系のアップコンバージョン機構

く変化し,緑の発光はフッ化物,オキシフッ化物,酸化物結晶の順に弱くなるのに対し,赤の発光はある種のオキシフッ化物で最も強くなる.これは赤の発光の励起の機構に関係しており,図Ⅳ.7.6において,緑の発光準位からの多フォノン緩和による赤の発光準位へのエネルギー注入が母体のフォノンエネルギーの増大とともに増加すること基づく.緑にの発光の母体としては YF_3 が最も効率が高く,赤の発光に対してはフォノンエネルギーのやや大きな $YbOCl$ が優れている[1].一方,800nm の半導体レーザーを励起光源とする場合は Yb^{3+} の添加により緑の発光は減少し,赤の発光が増大する. Tm^{3+} の添加は赤の発光をさらに顕著に増大させる. Er^{3+} のみの場合に緑の発光が強く,濃度の増加とともに発光は増大するが,一定量以上では濃度消光による発光強度は減少する[20].

Tm^{3+} イオンは青の発光源として有用である.特に, Yb^{3+} を共ドープした系を 980nm 付近の波長をもつ発光ダイオードあるいは半導体レーザーで励起した場合,励起過程は図Ⅳ.7.6 に示すように 3 光子過程が主であるにもかかわらず,470nm 付近にかなり強い青の発光を示す. Yb^{3+} から Tm^{3+} へのエネルギー伝達は非共鳴形であるため,その効率を増大させるには比較的大きなエネルギーをもったフォノンの存在が望ましいが,一方で多フォノン緩和による発光効率の減少を防ぐためにはフォノンエネルギーは低いほうがよく,その結果最適なフォノンエネルギーをもつ母体が決定される[1].

Ho^{3+} イオンの場合,800nm 付近には吸収がないため, Yb^{3+} を共ドープすることで 980nm の発光ダイオードあるいは半導体レーザー励起で緑,赤の発光が得られる.この系は共鳴形のエネルギー伝達である Yb^{3+}-Er^{3+} 系と完全に非共鳴形のエネルギー伝達である Yb^{3+}-Tm^{3+} 系の中間に位置する.したがって, Yb^{3+}-Tm^{3+} 系に比べて最適な母体のフォノンエネルギーはやや小さいものと予想される[1].緑の発光強度はフッ化物ガラスの場合, Yb^{3+}-Er^{3+} 系と同程度である[21].

上記の系における,980nm 励起の場合のアップコンバージョン効率の理論的に予測される最大値 μ_0,その最適化に必要な母体の条件および,実際に得られている最大変換効

表 Ⅳ.7.3 Yb^{3+}-Er^{3+}, -Ho^{3+}, -Tm^{3+} 系のアップコンバージョン効率の理論的最大値，そのための最適化条件および実際に得られた最大効率[22]

発光	$\mu(cm^2/W)$ (理論値)	$\mu(cm^2/W)$ (実験値)	母体の最適化の条件
Er^{3+}: 緑	10^{-3}	10^{-3}	長い τ_S，やや小さい P_{DA}，低 Yb^{3+} 濃度，高 Er^{3+} 濃度
Er^{3+}: 赤	10^{-1}-1	10^{-2}	小さい β，大きい P_{DA}，高 Yb^{3+} 濃度，長い τ_S，やや高 Er^{3+} 濃度
Ho^{3+}: 緑	3×10^{-4}		最適 Ho^{3+} 濃度，大きい P_{DA}，高 Yb^{3+} 濃度，長い τ_S，小さい β
Tm^{3+}: 青	10^{-6}-10^{-5}*	10^{-5}*	最適 Tm^{3+} 濃度，大きい P_{DA}，高 Yb^{3+} 濃度，長い τ_S，やや大きい $W_{MPR}(0)$，小さい β

* $\mu(cm^4/W^2)$

率 μ を表 Ⅳ.7.3 に示す．

ただし，τ_S: Yb^{3+} の励起準位の寿命，P_{DA}: Yb^{3+} から発光イオンへのエネルギー伝達確率，β: 非共鳴エネルギー伝達のエネルギーギャップ依存性，$W_{MPR}(0)$: エネルギーギャップが 0 のときの非輻射遷移確率，である．

これによれば，各種の蛍光体において，すでに理論値に匹敵する変換効率が得られていることになる．しかしながら，次に述べるようなレーザーとしての応用を考えた場合，光学的に透明で，散乱損失のない材料が必要であるが，多くの蛍光体は単結晶化することがむずかしく，最適化されたアップコンバージョン単結晶は容易には得られない．一方，ガラスは組成を変えて発光特性を最適化することが比較的容易であることから，アップコンバージョンレーザー材料として有望である．

7.2.3 周波数アップコンバージョンレーザー

周波数アップコンバージョンレーザーは赤外の半導体レーザーを光源として，SHG 素子を用いることなく，直接に可視のレーザー光を得ることができるという点で，最近注目を集めているデバイスである．これまでに Er^{3+}，Tm^{3+}，Nd^{3+} を活性イオンとする結晶，Tm^{3+}，Ho^{3+}，Er^{3+}，Pr^{3+}，Pr^{3+}/Yb^{3+} を活性イオンとして含むガラスにおいてアップコンバージョンレーザー発振の報告がある．大部分のレーザー遷移は三準位系であること，また発光の始準位と直下準位とのエネルギー差が小さいことから発振は容易ではない．

結晶の場合，すべてが液体窒素温度以下の低温での発振に限られているのに対し，ガラスでは室温での発振が得られている．発光の効率は一般に結晶のほうが高く，かつ，発光のスペクトル幅も狭いことからレーザー発振には有利であるにもかかわらず，ガラスでのみ室温発振が得られているのは，ガラスの場合，ファイバー化することによって励起光を非常に狭い領域に閉じ込めることができ，その結果バルクの材料を用いた場合に比べ，ずっと高い励起密度を得ることができるためである．

最も研究されているアップコンバージョンレーザーは Er^{3+}: $LiYF_4$ 単結晶を用いたものであり，青，緑，赤のレーザー発振が色素レーザー，Ti^{3+}: サファイアレーザーおよび

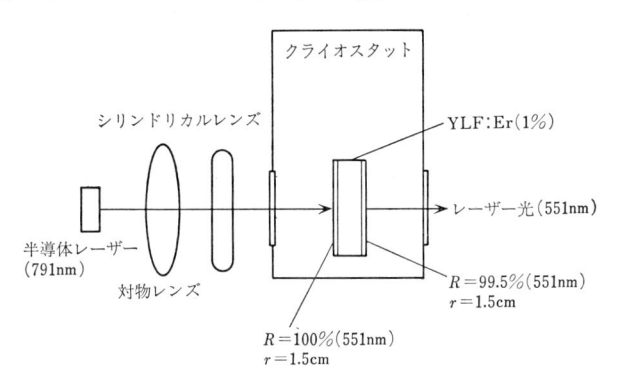

7.2 二次の非線形光学効果を用いない波長変換

半導体レーザー励起で報告されている[11,14,15]. 特に, 551nm ($^4S_{3/2}$-$^4I_{15/2}$) の緑色レーザーの場合, 40K という低温ではあるが, 791nm に発光波長をもつ半導体レーザー励起により発振している点で注目される[14]. Er 濃度が 1wt% の結晶の両端面を 1.5cm の曲率半径に研磨し, 直接ミラーコートを施したものを用い, 出力ミラーの透過率 0.5% に対し, 発振しきい値 34mW (吸収パワーとして) が得られている (図 Ⅳ.7.7). また, Tm^{3+}: $LiYF_4$ 単結晶を用いて青色レーザーが 450nm ($^1D_2$-$^3F_4$), 483nm ($^1G_4$-$^3H_6$) で得られているが, いずれも 10〜110K という低温での発振である[8,9].

図 Ⅳ.7.7 低温でのレーザー発振実験の模式図

これに対し, ガラスの場合には Er^{3+}, Ho^{3+}, Pr^{3+} を活性イオンとしたフッ化物ガラスファイバーを用いて室温でのアップコンバージョンレーザー発振が報告されている. 最初のガラスレーザーは Tm^{3+} 添加フッ化ジルコニウム系ガラスファイバー (Tm 0.125wt%, コア径 3μm, 長さ 177cm) を Kr^+ レーザーの 647.1nm と 676.4nm の 2 波長で同時励起することにより, 77K ではあるが青色の 455nm ($^1D_2$-$^3F_4$) および 480nm ($^1G_4$-$^3H_6$) で発振した. 480nm の発振はしきい値約 90mW で, 500mW の入力に対し出力 0.4mW を得た[10]. イオン濃度が低いためエネルギー伝達は無視でき, 中間励起準位からの吸収が主たる励起過程とみなせる.

最初の室温レーザー発振は図 Ⅳ.7.8 に示すように, Ho^{3+} の $^5S_2$-$^5I_8$ および $^5S_2$-$^5I_7$ 遷移による 550nm と 753nm の波長で実現された[17]. ファイバーは Ho 0.12wt%, コア径 2.7μm, 長さ 1m のものを用い, Kr^+ レーザーの 647.1nm での二段階励起により, しきい値 140mW, スロープ効率 6.2%, 最大出力 10mW の 550nm の発振が得られた. 励起光のファイバーへの結合効率は 30% 程度であり, これを

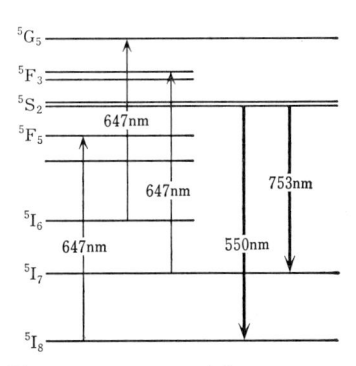

図 Ⅳ.7.8 Ho^{3+}: フッ化物ガラスファイバーのアップコンバージョンの過程とレーザー遷移

考慮するとスロープ効率は20%に達する．発振は540〜553nmの範囲で波長可変という特徴をもつ．

Ho^{3+}に続いて，Pr^{3+}/Yb^{3+}，Pr^{3+}，Er^{3+}ドープの単一モードガラスファイバーで室温発振が報告されている．Yb^{3+}/Pr^{3+}系の場合，Yb^{3+}からPr^{3+}へのエネルギー伝達によりPr^{3+}を中間準位に励起し，そこから励起状態吸収によって発光準位に励起される点が特徴的である（図IV.7.9）．ここでの問題は励起波長の850nm付近でのYb^{3+}イオンの吸収がきわめて弱いため，その励起効率が低いことである．Pr 0.1wt%，Yb 2wt%ドープ，コア径5.7μm，長さ75cmから3mの単一モードファイバーを用い，20mWを越える出力がスロープ効率10%で得られた[19]．Pr^{3+}：ドープファイバー（Pr: 0.056wt%）を1010nmと835nmの2波長で同時に励起して，491nm，520nm，620nm，635nmの

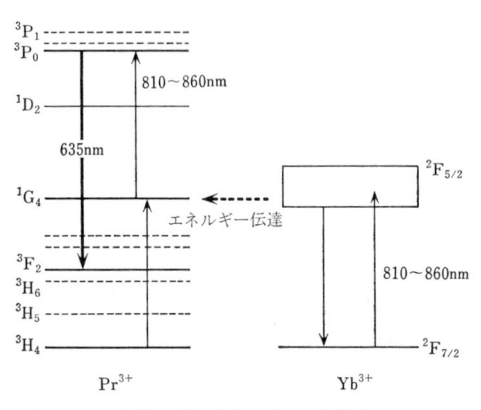

図 IV.7.9 Pr^{3+}-Yb^{3+}共ドープフッ化物ガラスファイバーのアップコンバージョン過程とレーザー遷移

レーザー発振が室温で報告されている．アップコンバージョンは，まず，1010nmで$^3H_4$準位から$^1G_4$準位に励起され，続いて835nmで$^3P_1$準位に励起されることによる．Yb^{3+}イオンからのエネルギー伝達を利用した場合に比べて，第1段目の励起効率が格段に大きいのが有利な点である．

Er^{3+}ドープのフッ化ジルコニウムファイバー（Er: 0.05wt%）についても800nmで励起し，546nm（$^4S_{3/2}$-$^4I_{15/2}$）の緑色レーザー発振が得られている．発振しきい値は吸収パワーで100mW，出力は励起強度の増加とともに飽和する傾向を示すが500mWの入力に対し20mWに達している[16]．

上記のように，いくつかの希土類を添加したフッ化ジルコニウム系の単一モードガラスファイバーを用いることで，室温でのレーザー発振が実現している．これは，光の効果的な閉込めというファイバーならではの特徴を生かしたものである．しかし，いずれも色素レーザー，Ti^{3+}：サファイアレーザーなどのコヒーレンス性のよい励起光を用いており，実用的なデバイスとするためには半導体レーザー励起での室温発振の実現が不可欠である．

最近，いくつかの進展がみられた．一つはTm^{3+}ドープのフッ化ジルコニウムガラスファイバーを980nmの半導体レーザー励起Yb^{3+}：石英ガラスファイバーレーザーの1140nmの光で励起して480nmの青色レーザー[23]が得られたこと，および，Yb^{3+}/Rr^{3+}ドープあるいはEr^{3+}ドープのフッ化ジルコニウムガラスファイバーを970nm付近の半

導体レーザーで励起して 520 nm[24]あるいは 540 nm[25]の緑色レーザーが得られたことであり，実用デバイスへの応用に一歩近づいたということができる． [虎溪久良]

参考文献

1) F. Auzel: Proc. IEEE, **61** (1973), 758-787.
2) F. Auzel: Radiationless Processes (eds. B. Di Bartolo and V. Goldberg), Plenum (1980), 213.
3) D. L. Dexter: J. Chem. Phys., **21** (1953), 836-850.
4) T. Miyakawa and D. L. Dexter: Phys. Rev., **B1** (1970), 2961-2969.
5) W. F. Krupke: IEEE J. Quantum. Electron., **QE-7** (1971), 153-159.
6) 櫛田: 応用物理, **39** (1970), 351-356.
7) 虎溪: New Glass, **5** (1990), 195-205.
8) D. C. Nguyen, G. E. Faulkner and M. Dulick: Appl. Opt., **28** (1990), 3553-3555.
9) R. M. Macfarlane, R. Wannemacher, T. Herbert and W. Lenth: Technical Digest, CLEO, paper CWF1 (1990).
10) J. Y. Allain, M. Monerie and H. Poignant: Electron. Lett., **26** (1990), 166-168.
11) T. Hebert, R. Wannemacher, W. Lenth and R. M. Macfarlane: Appl. Phys. Lett., **57** (1990), 1727.
12) R. M. Macfarlane, T. Tong, A. J. Silversmith and W. Lenth: Appl. Phys. Lett., **52** (1988), 1300.
13) R. G. Smart, D. C. Hanna, A. C. Tropper, S. T. Davey, S. F. Carter and D. Szebesta: Electron. Lett., **27** (1991), 1307-1309.
14) F. Tong, W. P. Risk, R. M. Facfarlane and W. Lenth: Electron. Lett., **25** (1989), 1389-1391.
15) R. A. Mcfarlane: Appl. Phys. Lett., **54** (1989), 2301-2302.
16) T. J. Whitley, C. A. Millar, R. Wyatt, M. C. Brierley and D. Szebesta: Electron. Lett., **27** (1991), 1785-1786.
17) J. Y. Allain, M. Monerie and H. Poignant: Electron. Lett., **26** (1990), 261-263.
18) Unpublished data
19) J. Y. Allain, M. Monerie and H. Poignant: Electron. Lett., **27** (1991), 1156-1157.
20) H. Toratani, A. Shikida, H. Yanagita and K. Okada: Rivista della Star. Vetro n. 1 (1992), 31-34.
21) Unpublished data
22) Y. Mita and E. Nagasawa: NEC Research & Development, No. 26 (1972), 140-149.
23) P. R. Barber et al.: Technical Digest, CLEO (Optical Society of America, Washington, DC, 1994), paper CMK 6.
24) D. Piehler, D. Craven, N. Kwong and H. Zarem: Electron. Lett., **29** (1993), 1857-1858.
25) D. Piehler and D. Craven: Technical Digest, CLEO (Opticl Society of America, Washington, DC, 1994), paper CMK 4.

8. 偏光制御デバイス

　光学的測定の手段として，偏光の解析の研究は古くから行われており，結晶の光学的異方性の解析による対象性の特定，エリプソメトリー法による固体表面や薄膜の解析，光弾性法による応力解析などがよく知られており，これらの基礎となる偏光の測定法，解析法や表示法については，これまでに数多くの名著が記され，遺されている[1~3]．
　レーザーの開発によって始まったレーザー光のエレクトロニクスへの応用の展開では，この偏光を利用した光部品や機器の開発が数多く進められてきている．偏光の測定法や解析法，表示法については他著に譲ることとし，ここでは，レーザー光に偏光の状態として情報を付加することを主眼において解説する．前半は主に波動の伝搬について述べ，後半では偏光を利用した素子について述べる．以下，光の偏りの一般的な説明と屈折率の異方性のある結晶中での光の伝搬特性の説明を行う．
　そして後半では，偏光を応用した素子について，静的に偏光を弁別または整えるための素子である偏光素子に関して，また，時間的にダイナミックに制御する偏光制御器については，偏光を制御する素子に原理として多用されている各種の物理光学効果と併せて説明する．

8.1 偏　　　光

　光は電磁波の一種の横波であって，マクスウェルの電磁界方程式を満たすベクトル量である．平面波の光の波動のもつ情報は，振幅，位相，周波数のパラメーターに加えて，同一波長の振動方向が直交する波動間のなす位相差によって形成される合成振動の振幅軌跡が光の偏光状態であって，この偏光状態がさらに上のパラメーターに付け加えられる．

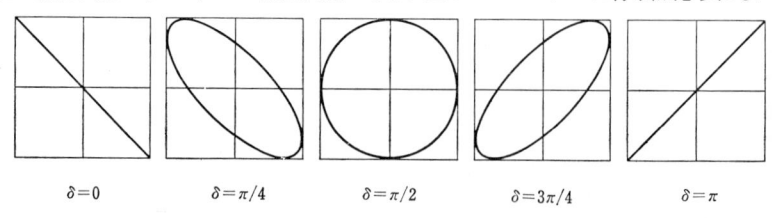

$\delta=0$　　　$\delta=\pi/4$　　　$\delta=\pi/2$　　　$\delta=3\pi/4$　　　$\delta=\pi$

図 Ⅳ.8.1　偏　光　の　状　態

光の周波数の領域での平面波の偏光状態は直線偏光,円偏光,楕円偏光のいずれかに分けられる.平面波の進行方向に垂直な断面内での光の電界ベクトルは直交する成分に分解でき,その成分の間の位相差によって合成電界の描く軌跡は直線,円,楕円を与える.図Ⅳ.8.1 に示すように直交成分の振幅が等しい場合を考え,位相差 δ が 0 または $\pm\pi$ のとき直線偏光,$\pm\pi/2$ のとき円偏光,上記特定の値以外の任意の位相差のときを楕円偏光とよぶ.

等方で均質,無損失の媒質を光が進む場合,直交する成分間の位相差や振幅は時間や場所によらず一定で偏光の状態も一定している.結晶のように屈折率の異方性を有する媒質では,光波が進むにつれ偏光状態は変化する.

8.2 複 屈 折 性

異方性媒質中の平面波の伝搬の様子は,結晶の対称性を反映した誘電率テンソルの下でマクスウェルの電磁界方程式を解くことで知ることができる.誘電率テンソルは一般に六つの成分で表されるが,主軸変換を施すと四つの成分で表すことができる.マクスウェルの式に平面波の解を代入すると電界成分 E_k に関する斉次方程式が導かれる.E_k がゼロでない解をもつために,係数行列式 $=0$ から,次の関係式が得られる.

$$\frac{s_1^2}{\frac{1}{n^2}-\frac{1}{\varepsilon_1}}+\frac{s_2^2}{\frac{1}{n^2}-\frac{1}{\varepsilon_2}}+\frac{s_3^2}{\frac{1}{n^2}-\frac{1}{\varepsilon_3}}=0 \tag{8.1}$$

平面波の波面法線ベクトル s (s_1, s_2, s_3) すなわち波面伝搬方向を与えると,屈折率 n が媒質のもつ主誘電率 $\varepsilon_1, \varepsilon_2, \varepsilon_3$ によって表されることを示す.式 (8.1) を位相速度 $v_i=c/\varepsilon_i^{1/2}$ で表すと,

$$\frac{s_1^2}{v_p^2-v_1^2}+\frac{s_2^2}{v_p^2-v_2^2}+\frac{s_3^2}{v_p^2-v_3^2}=0 \tag{8.2}$$

となり,v_p^2 に関する二次方程式となる.この式をフレネルの位相速度の式という.異方性媒質中を伝搬する平面波は,位相速度,電界ベクトルの異なる二つの独立な波が存在する.二つの平面波の位相速度の違い,すなわち $n=c/v_p$ から,屈折率の違いを複屈折という.

波面法線の方向によって二つの平面波の屈折率が異なり,これを表すのが屈折率曲面(図Ⅳ.8.2)であって,一般には3軸の楕円体で表され,これを屈折率楕円体といい,次の式で表される.

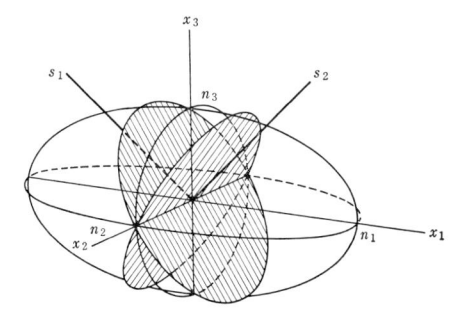

図Ⅳ.8.2 屈折率曲面

$$\frac{x^2}{n_x^2}+\frac{y^2}{n_y^2}+\frac{z^2}{n_z^2}=1 \tag{8.3}$$

複屈折を示さない方向が最大2方向あり,一方向のみの結晶を一軸性結晶,2軸ある結晶を二軸性結晶という.一軸性結晶では屈折率楕円体は回転楕円体となる.この複屈折を示さない波面伝搬方向を光学軸という.

8.3 偏光デバイス

光回路を構成するうえで,光の偏光状態を一定状態に整えたり,時間的に変化させる機能が必要となる.偏光状態を整える素子を偏光素子,時間的に変化させる素子を偏光制御素子とここではいう.

8.3.1 偏 光 素 子

光の偏光を一定状態につくりだす受動素子としては,移相子,旋光子,偏光子,偏光分離素子などをあげることができる.

(1) 移 相 子 移相子は直交する偏光間に移相差を与える素子で,代表的な素子はコンペンセーター(補償子)であり,1/2波長板や1/4波長板も移相子の一つである.通常,水晶のように透明性の高い複屈折結晶を光学軸を含む面(主平面)に垂直に光が透過するように切断研磨してつくられている.また,近年,コヒーレント光通信や一部の光ファイバーセンサーのように単一モード光ファイバーを透過した光を干渉させ,その干渉光強度を検出するような光回路系では,光ファイバーをコイル状に曲げ,コア部に応力を付加し,光弾性効果による複屈折を利用した移相子も検討されている[4].

(2) 旋 光 子 旋光子は偏光状態を θ だけ回転させる素子であって,水晶のように旋光性を有する結晶の,光学軸方向に進む右回り,左回り円偏光間に生ずる円複屈折による位相差を利用するものである.

(3) 偏 光 子 偏光子は特定の直線偏光を取り出す素子であり,偏光分離素子は直交する二つの直線偏光を空間的に光路を分離する素子である.用いられている光学現象には,複屈折,反射,透過,回折,吸収,二色性など多岐にあげられる.代表的な構造として積層板形,フィルム形,金属/誘電体積層形,複屈折回折格子形に分けることができる.表Ⅳ.8.1は偏光子に対して素子のタイプと用いられている光学的な原理とをまとめてある.

積層板偏光子は光軸に対してブルースター角に配置した,シリコンのように高い屈折率

表 Ⅳ.8.1 偏 光 子

タイプ	原 理
積層板偏光子	高屈折率積層板によるブルースター角での p 波透過, s 波反射
フィルム偏光板	高分子延伸フィルムの二色性吸収
金属/誘電体積層偏光子	金属層による TE 波吸収, TM 波透過
複屈折回折格子形偏光子	複屈折結晶板に異常光線に作用する位相格子を形成,常光線は透過

8.3 偏光デバイス

の板によってs波を反射し,p波を透過させるもので,透過光中のs波成分を少なくするために多数枚を重ねて用いられている.

フィルム偏光板は,近年液晶ディスプレイパネルに多く利用されてきている.一方向に延伸した高分子のシートにヨードを含浸させたものであって,延伸によって複屈折が生じると同時に生じる複吸収ともいうべき,偏光による吸収損失の差を利用する吸収形の偏光子である.シート状で大きな面積のものがつくれ,液晶パネルを挟み込んで使う上記の用途には好都合であるが,高分子の不整や散乱などで消光比が十分に得にくい場合もあり,計測や光部品などでは使われていない.

金属/誘電体積層偏光子[5]は図Ⅳ.8.3に示すように厚さ数 nm の金属膜と厚さ数百 nm の誘電体の交互多層膜よりなっており,TE 波を吸収させ,TM 波を透過させる吸収形の偏光子である.金属膜を Cu,誘電体を石英で構成した素子で,波長 $0.85\,\mu m$ で消光比 46dB,挿入損 0.3dB の結果が得られている.大面積の素子をつくることはむずかしいが,ファラデー回転子と組み合わせてファイバー通信用の小形の光アイソレーターとして実用化されている.

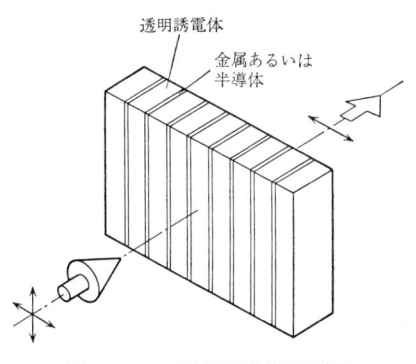

図Ⅳ.8.3 金属/誘電体積層偏光子

図Ⅳ.8.4 および図Ⅳ.8.5 に示す複屈折回折格子形偏光子[6]は,ニオブ酸リチウム結晶表面からのプロトンイオン交換が常光線屈折率に比べ異常光線屈折率を大きく増大させることを利用して,異常光線に対して回折を起こし,常光線は回折を起こさず透過となるように位相格子を形成した偏光回折形の偏光子である.消光比 20dB,挿入損 0.1dB の特性が得られている.板状であるため大面積で量産に向いた構造であり,また,板の両面を利用する,板を重ね合わせて消光比や広波長帯域化を図るなど,特性向上の工夫も容易という特徴もある.

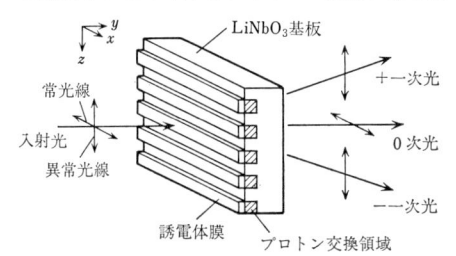

図Ⅳ.8.4 複屈折回折格子形偏光子の基本構造

偏光	空間的位相変化	出射光
常光線	誘電体膜 / プロトン交換領域	回折なし
異常光線	誘電体膜 / プロトン交換領域	すべて回折

図Ⅳ.8.5 複屈折回折格子形偏光子の動作原理

金属/誘電体積層偏光子と同じようにファラデー回転子と組み合わせ，光通信用アイソレーターを実現する研究が進められた．近年，回折格子をホログラム状に形成して偏光分離機能とビーム分割機能をあわせもたせた機能光学部品として，図Ⅳ.8.6に示すように光磁気ディスク用の光ピックアップへ応用する試みが行われている[7]．

上記以外，光ファイバーのコア部までクラッドを研磨し，金属膜や複屈折結晶を装荷して導波光のうちの特定電界成分を吸収や放射するタイプの光ファイバー形，同様の原理を導波路光に適用する検討も行われている．

8.3.2 偏光分離素子

偏光分離素子は，複屈折が大きく透明性のよい結晶を利用した素子の研究が古くから行われてきている．表Ⅳ.8.2は偏光分離素子に対して素子のタイプと用いられている光学的な原理とをまとめてある．

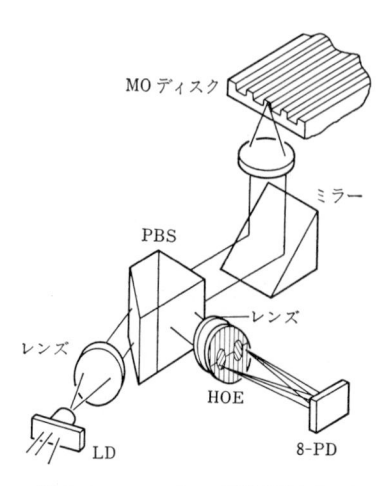

図Ⅳ.8.6 ホログラム光学素子を使った光ヘッド

グラン-トムソンプリズムに代表されるように，方解石のプリズムを屈折率が結晶の異常光線屈折率と常光線屈折率の間の値をもつカナダバルサムで貼り合わせ，異常光線はプリズム反射面を透過，常光線は全反射させる

表Ⅳ.8.2 偏光分離素子

タイプ	原　　理
複屈折プリズム	・複屈折プリズム反射面での常光線反射，異常光線透過 　（グラン-トムソンプリズムなど） ・複屈折プリズムでの常光線/異常光線の屈折角の違い 　（ウォラストンプリズムなど） ・複屈折結晶板での異常光線のウォークオフ 　（サバール板）
偏光フィルター	ガラス直角プリズム反射斜面での多層膜によるs波反射増強，p波透過
稠密格子	高屈折率/低屈折率稠密格子がつくる構造複屈折による異常光線のウォークオフ

ように構成したタイプのもの，ウォラストンプリズムのように結晶楔によって2光線に角偏位を与えるタイプのもの，サバール板のように，異常光線に生ずるウォークオフ（波面伝搬方向からポインティングベクトルの方向がずれる）を利用して2光線を偏位分離する素子など広く知られている．

上記の偏光分離素子は，結晶を使って高価であるのに対して，より安価な等方性のガラ

スを使って，その直角プリズムの斜面にs波の反射率を高める誘電体干渉膜を設けて貼り合わせて用いる偏光フィルターが広く実用されている．

屈折率の高い誘電体と低い誘電体とを交互に積み重ねその周期を光波長以下の稠密な層格子を形成すると，人工的な複屈折（構造複屈折）が発現し，図 IV.8.7 に示すように[8]，層に斜めに入射した異常光線は複屈折結晶と同じようにウォークオフを生じる．このためサバール板と同じ機能が実現できる．高屈折

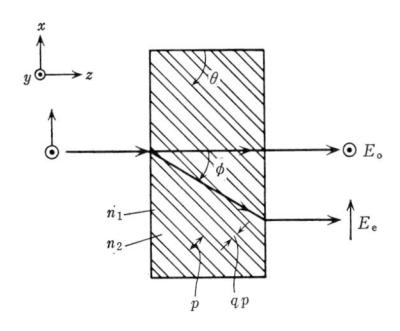

図 IV.8.7 積層形偏光分離素子

率膜にアモルファスシリコン，低屈折率膜に SiO_2 を用いた計算では，ウォークオフ角 $19.5°$ の結果が示されている．

8.4 偏光制御素子

時間的に偏光を制御することは，外場によって偏光間の位相差すなわち媒質の複屈折を電場，ひずみや磁場などの外場によって制御することである．利用されている効果は，電気光学効果，光弾性効果，磁気光学効果などの物理光学効果に帰着される．このうち多く使われる代表的な効果は，電気光学効果と磁気光学効果である．

8.4.1 電気光学効果と偏光制御器

電気光学効果は，結晶に電界を印加すると屈折率楕円体の変形や回転を起こす効果であって，一次の効果であるポッケルス効果と二次の効果であるカー効果がある．よく利用されるのは一次のポッケルス効果である．

たとえば，電気光学結晶としてよく用いられる結晶の一つである $LiNbO_3$ や $LiTaO_3$ 結晶の場合，結晶の外から電場 E_x, E_y, E_z が印加されると，式 (8.3) の屈折率楕円体は，

$$\begin{aligned}
&(1/n_o^2 - r_{22}E_y + r_{13}E_z)x^2 \\
&+ (1/n_o^2 - r_{22}E_y + r_{13}E_z)y^2 \\
&+ (1/n_e^2 + r_{33}E_z)z^2 - 2r_{22}E_x xy \\
&+ 2r_{51}E_y yz + 2r_{51}E_x zx = 1
\end{aligned} \quad (8.4)$$

となる．ここで，r_{ij} はポッケルス係数である．また，$LiNbO_3$ は一軸性結晶であって，$n_x = n_y = n_o$（常光線屈折率），$n_z = n_e$（異常光線屈折率）である．

（1）横効果形偏光制御器 いま，z 方向に外部電場が印加され，光の透過方向を y 方向としたとき，$E_z \neq 0, E_x = E_y = 0, y = 0$ で式 (8.4) の屈折率楕円体は，

$$\begin{aligned}
&(1/n_o^2 + r_{13}E_z)x^2 \\
&+ (1/n_e^2 + r_{33}E_z)z^2 = 1
\end{aligned} \quad (8.5)$$

となり，楕円体の回転は生ぜず，主屈折率が変化する．電場を印加しないときの楕円体，

$$\frac{x^2}{n_x^2}+\frac{z^2}{n_z^2}=1 \tag{8.3}$$

と比較すると，電場 E_z によって近似的に，

$$n_x=n_0-n_0^3 r_{13}E_z/2$$
$$n_z=n_e-n_e^3 r_{33}E_z/2$$

となり，主屈折率の大きさが変化することになる．

結晶の光透過方向の長さを l とし，xz 面内で $45°$ の直線偏光が入射したとすると，結晶透過後の x, z 両方向成分の位相の差 $\Delta\phi$ は，空気中の波長を λ_0 とすると，

$$\Delta\phi=2\pi(n_x-n_z)l/\lambda_0$$

となり，電場 E_z の強度によって，位相差 $\Delta\phi$ が $0\sim\pi/2\sim\pi$ と変位し，出射光の偏光は直線偏光，楕円偏光，円偏光，楕円偏光，直線偏光と推移する．

電気光学結晶の後の光路中にすでに述べた偏光子を挿入することによって，任意の直線偏光成分の偏光子透過強度を電場によって制御することができる．このような原理に基づくのが電気光学光強度変調器である．上の例では，電場の方向と光の透過方向が直交しているので横効果形変調器という．

（2） **縦効果形偏光制御器**　　また，KDP（KH_2PO_4）結晶の場合で，z 方向に外部電場が印加され，光の透過方向を z 方向としたとき，$E_z\neq 0$，$E_x=E_y=0$，$z=0$ で，屈折率楕円体は，

$$(1/n_0^2)x^2+(1/n_0^2)y^2$$
$$+2r_{63}E_z xy=1$$

となり，楕円体の回転が生じる．xy 面内で主軸変換を施し，新しい $45°$ 回転した軸を x', y' とすると，

$$n_x'=n_0-n_0^3 r_{63}E_z/2$$
$$n_y'=n_0+n_0^3 r_{63}E_z/2$$

となる．x 方向または y 方向に振動する直線偏光が入射したとすると，結晶透過後の x'，y' 両方向成分の位相の差 $\Delta\phi$ は，

$$\Delta\phi=2\pi(n_x'-n_z')l/\lambda_0$$

となり，電場 E_z の強度によって，出射光の偏光は直線偏光，楕円偏光，円偏光，楕円偏光，直線偏光と推移する．この場合も偏光子と組み合わせた強度変調器が実用されており，この場合は縦効果形電気光学変調器という．

8.4.2　磁気光学効果と回転直線偏光器

光を透過する媒質に外部磁場を印加すると，直線複屈折，円複屈折が生ずる．光の進行方向に平行に磁場を印加し円複屈折を生じさせる効果をファラデー効果，垂直に印加し，直線複屈折を起こすのを，フォークト効果またはコットン-ムートン効果という．

ファラデー効果を用いると，入射偏光を直線―楕円―直線とたどるのではなく，直線偏光のまま回転させることができる．

光透過方向に磁化された媒質中では，右回りおよび左回りの円偏光が固有伝搬光とな

る．入射直線偏光は振幅の等しい二つの円偏光に分かれて媒質中を進む．それぞれの屈折率 n_+, n_- の間に差があると，この差と媒質の長さ l に比例した偏光の回転が生じる．回転角 θ は，

$$\theta = VHl$$

で与えられる．ここで，V：ベルデ定数，H：印加磁界を表す．

2.1.2項に述べた旋光性と類似するが，ファラデー効果は非相反であるのに対し，旋光性は相反である．すなわち，ファラデー効果は印加磁場に対して順方向逆方向に光が透過しても同一回転方向に偏光回転を生じるのに対し，旋光性では逆に光が戻ると偏光回転はもとに戻る．媒質が強磁性体であると，一定以上の印加磁界で内部自発磁化が飽和し単位長さ当たりの回転角は飽和して一定となる．45°ファラデー回転子と偏光子とを組み合わせた光アイソレーターはこれらの原理に基づく．

媒質が常磁性体であると，回転角は印加磁界の大きさに比例して増大する．コイルなどによって印加磁界をコントロールすることによって回転直線偏光を生成することができる．このような回転直線偏光器の用途の一例として次のようなものがある．光磁気ディスク媒体のカー回転角の測定のように，反射光による微小な偏光回転角を測るのによく用いられる方法は直線偏光を媒体に照射し，その反射光を偏光子を回転させて直流的に測定するのに対して，回転直線偏光を照射すると，固定した偏光子の透過強度振幅の位相を電気的に高感度に測定することができる．

8.4.3 音響光学効果と回転直線偏光器

音響光学効果は音波のつくる位相格子によって光が回折を受ける効果であって，超音波光変調器や偏向器，波長フィルターなどが実用になっている．この超音波光変調器の一次回折光と0次光とをそれぞれ左右まわりの円偏光にして合波すると，音波の周波数に応じた回転直線偏光が得られる[9]．

[太田義徳]

参考文献

1) 久保田 広，浮田勇吉，會田軍太夫編：光学技術ハンドブック（増補版），朝倉書店 (1975).
2) 飯田修一，大野和郎，神前 熙，熊谷寛夫，沢田正三編：光学的測定，朝倉書店．
3) 応用物理学会光学懇話会編：結晶光学，森北出版 (1975).
4) 笹岡英資，高城政浩，菅沼 寛：応用物理，**62** (1993), 51-52.
5) K. Shiraishi, T. Yanagi, Y. Aizawa and S. Kawakami: J. Lightwave Technology, **9** (1990), 430-432.
6) Y. Urino, H. Nishimoto and Y. Ohta: Technical Digest 2nd. Optoelectronics Conference (1988), 167-171.
7) A. Ohba, Y. Kimura, S. Sugama, Y. Urino and Y. Ono: Jpn. J. Appl. Phys., **28** (1989), 359-361.
8) K. Shiraishi and S. Kawakami: Opt. Letts., **15** (1990), 516-518.
9) J. Shamir and Y. Fainman: Appl. Opt., **21** (1982), 364-365.

9. 光非相反デバイス

　光信号の伝達方向によって入出力端間の伝達特性が異なる素子を光非相反デバイスとよび，光アイソレーターと光サーキュレーターがある．理想的な光アイソレーターは，光信号を一方向（順方向）にのみ無損失で伝達し，逆方向に入射する光の伝達を完全に阻止する．この素子は，たとえば半導体レーザーの出力端に置いて反射戻り光のレーザーへの再入射による発振特性の劣化を防止するのに用いられる．

9.1 バルク形非相反デバイス

　空間ビーム光で入出力を行う形態のほかに，ファイバーを介して光入出力を行うファイバー埋込形も，非相反動作を担うデバイス部分は導波構造をもたないので，バルク形の非相反デバイスとして分類する．

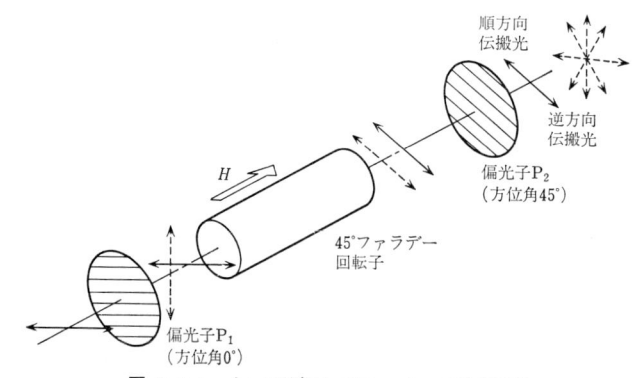

9.1.1 バルク形光アイソレーター

（1）アイソレーターの動作原理　　基本的な構造を図Ⅳ.9.1に示す．左側の入射端から入射した順方向伝搬光は，偏光子 P_1 を通過して直線偏光状態（実線）でファラデー回転子に入射する．磁化が光の伝搬方向と平行なファラデー回転子を伝搬する間に，ファラデー効果により偏波面が回転する．偏波面の回転角が45°となるように，ファラデー回

図 Ⅳ.9.1　バルク形光アイソレーターの動作原理

転子の伝搬長を設定する．偏光子 P_2 の透過偏波方向をファラデー回転子からの出射偏波方向に一致させておけば，光はそのまま偏光子 P_2 を通過して出力される．

逆方向伝搬光は偏光子 P_2 で直線偏光に整えられた後（破線），ファラデー回転子に入る．ファラデー回転子では，順方向伝搬光に対するのと同じ方向にさらに 45° 偏波面の回転を生じ，順方向の入射時と直交する直線偏波となって偏光子 P_1 へ入射する．この光波は偏光子 P_1 を通過できないために，逆方向伝搬光は出力されない．すなわち，アイソレーターとして動作する．

ファラデー回転角が 45° からずれると，順方向伝搬光に対しては挿入損の増加を，また逆方向伝搬光に対してはアイソレーション（逆方向伝搬光に対する損失で定義）の劣化をもたらす．

図Ⅳ.9.1 の構成では，入射光の偏波が偏光子 P_1 の透過偏波方向に一致する直線偏光でない場合には挿入損失が増加する．すなわち，動作特性が入射光の偏光状態に依存する偏光依存形である．これに対して，どのような入射偏波に対しても挿入損失の小さいアイソレーターとして動作する偏光無依存形がある．

（2） ファラデー回転子とアイソレーターの特性 基本的なアイソレーターは，ファラデー回転子と偏光子から構成される．このうち，偏光子については第 8 章で詳細に記述されているので，ここではファラデー回転子について述べる．

いわゆる長波長帯とよばれる $1.3\mu m$ および $1.55\mu m$ 帯においては，ファラデー回転子用の磁気光学材料として希土類鉄ガーネットが用いられている．また短波長（$0.8\mu m$）帯では，過去においては磁性ガラスの使用が検討されていたが[1]，磁気光学効果が小さいためにデバイスサイズが大きくなり実用的ではない．現在では，Bi 置換形の希土類鉄ガーネット膜を用いて実用的なアイソレーターが製作されている[2]．さらに波長の短い可視光領域においては，$Cd_{1-x}Mn_xTe$ などが研究レベルで検討されているが[3]，まだこれを用いて具体的なデバイスを実現するには至っていない．

希土類鉄ガーネット結晶は，フラックス法，フローティングゾーン（FZ）法，液相成長（LPE）法などにより成長される．GGG（$Gd_3Ga_5O_{12}$）などのガーネット基板上に結晶成長を行う LPE 法は，もともと薄膜の結晶成長に用いられていたが，膜厚数百 μm の厚膜を結晶成長する技術が開発され，良質なファラデー回転子を多量に製作することに成功している[4~7]．

ファラデー回転子に用いる磁気光学結晶に要求される特性として，次の項目があげられる．

① 性能指数（ファラデー回転係数/損失）が大きいこと
② 複屈折性がないこと
③ ファラデー回転係数の温度変化が小さいこと
④ 飽和に要する磁界が小さいこと

希土類鉄ガーネットの希土類元素の一部を Bi で置換することによって，性能指数の改善が図られている（第Ⅲ部第 4 章参照）．希土類鉄ガーネットのファラデー回転係数と光

吸収係数の波長特性の一例として，$Gd_{3-x}Bi_xFe_{5-y}Al_yO_{12}$ の特性を図Ⅳ.9.2に示す．1.1 μm以上の波長領域以外に，0.78 μm近傍に吸収の小さな波長域が存在するのがわかる．

実際にアイソレーターの構成に用いられている希土類鉄ガーネットのファラデー回転係数と光損失の特性を表Ⅳ.9.1に示す．

また，ファラデー回転子に複屈折性があると，アイソレーターを構成した場合に高いアイソレーションが得られないので，これを解消する必要がある[9]．さらに，アイソレーター特性の温度による変化を小さくするために，ファラデー回転係数の温度依存性を小さくするという方法[9,11,12]のほかに，特性の異なるアイソレーターを2段縦続接続して温度依存性を解消する方法も考えられ，良好な結果が得られている[13]．

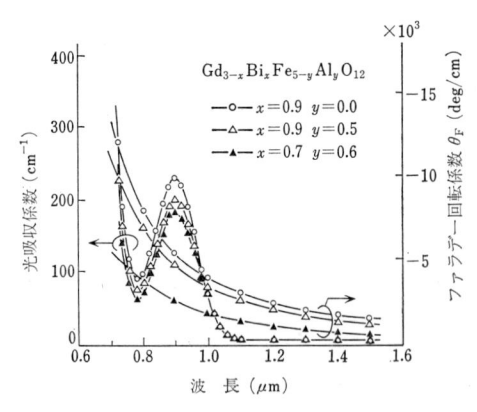

図Ⅳ.9.2 希土類鉄ガーネット $Gd_{3-x}Bi_xFe_{5-y}Al_yO_{12}$ のファラデー回転係数，光吸収係数の波長特性[8]

吸収係数：伝搬距離 L に対する光強度の変化を $\exp(-\alpha L)$ で表したときの α

後者の考え方は，使用可能波長範囲を広げる場合にも適用できる．

アイソレーターとしてデバイス化した場合の特性と，それに用いられているファラデー

表Ⅳ.9.1 代表的な希土類鉄ガーネットの特性

組 成	ファラデー回転係数 (deg/cm)	吸収係数 (cm^{-1})	波 長 (μm)	結晶成長法	文献
$Gd_{1.8}Bi_{1.2}Fe_5O_{12}$	-10100	73	0.78	改良フラックス法	2)
$(GdBi)_3(FeAlGa)_5O_{12}$	-7500	75	0.8	LPE法	5)
$Y_3Fe_5O_{12}$	217		1.3	フラックス法	9)
$Gd_{1.3}Y_{1.7}Fe_5O_{12}$	172		1.3	FZ法	9)
$Gd_{0.2}Y_{2.8}Fe_5O_{12}$	190	0.6	1.3	LPE法	4)
$(GdBi)_3(FeAlGa)_5O_{12}$	-1530	1.3	1.3	LPE法	5)
$(YbTbBi)_3Fe_5O_{12}$	-2400	2.4	1.3	LPE法	7)
$Yb_{0.3}Tb_{1.7}Bi_1Fe_5O_{12}$	-1800	3.7	1.3	LPE法	6)
$Yb_{0.3}Tb_{1.7}Bi_1Fe_5O_{12}$	-1200	1.8	1.55	LPE法	6)
$(GdBi)_3Fe_5O_{12}$	-1190	0.24	1.55	フラックス法	10)

回転子の材料を表Ⅳ.9.2に示す．挿入損失には各光学部品の光吸収による損失と，各要素部品の表面における反射損失が含まれる．反射防止膜のコーティングは，挿入損失を低減するとともに，入射端ならびにアイソレーター内部で発生する反射光が入射側へ戻る量を低減する（反射減衰量を大きくする）ために重要な技術である．反射減衰量を大きくす

9.1 バルク形非相反デバイス

表 IV.9.2 バルク形光アイソレーターの特性

波長 (μm)	挿入損失 (dB)	アイソレーション (dB)	ファラデー回転子	文献
0.78	1.5	32	$Gd_{1.8}Bi_{1.2}Fe_5O_{12}$	2)
1.3	0.35	34	$(GdBi)_3Fe_5O_{12}$	8)
1.3	0.8	25	$Gd_{0.2}Y_{2.8}Fe_5O_{12}$	4)
1.3	1.0	36	$Yb_{0.3}Tb_{1.7}Bi_1Fe_5O_{12}$	6)
1.55	0.5	32	$(GdBi)_3Fe_5O_{12}$	10)

表 IV.9.3 ガーネットの磁化を飽和させるのに必要な印加磁界

組　　成	印加磁界 (Oe)	文献
$Y_3Fe_5O_{12}$	1800	4)
$(YbTbBi)_3Fe_5O_{12}$	1250	7)
$(GdBi)_3Fe_5O_{12}$	1100	10)
$(GdBi)_3(FeAlGa)_5O_{12}$	228	5)
$Gd_{0.2}Y_{2.8}Fe_5O_{12}$	100	4)

るために，アイソレーターを構成する光学部品の光入出射端面の法線方向を光軸から傾けることも重要である．

さらに，アイソレーターを多段に縦続接続して，アイソレーションを改善する工夫もなされている[14]．

ファラデー回転子においては，磁化を光の伝搬方向と平行にする必要がある．磁区による光の回折などで特性が劣化するのを防ぐために[15]，通常は磁化を光の伝搬方向に飽和させて用いる．希土類鉄ガーネットで磁化を飽和させるためには表 IV.9.3 に示すように，大きなもので KOe オーダーの磁界を外部から印加する必要がある．実際の素子においては，小形で強い外部磁束密度をもつ磁石として SmCo 系磁石が用いられる．所望の特性を保証できる有効開口径を大きくするために，光ビーム通過断面においてファラデー回転子の回転角が均一となるように外部磁界分布を形成する必要がある．

（3）**偏光無依存化**　偏光無依存形アイソレーターの構成例[16]を図 IV.9.3 に示す．偏波分離素子を用いて入射光を直交する二つの偏波成分に空間的に分離し，一方の偏波成分を $\lambda/2$ 板を通過させて偏波面を 90° 回転し，2 成分の偏波面をそろえて偏光依存形ア

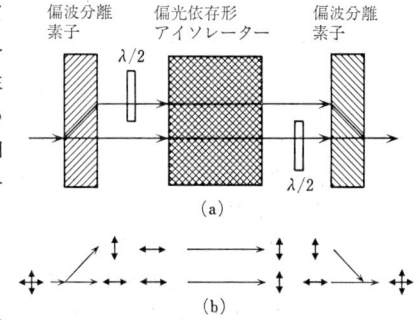

図 IV.9.3 偏光無依存形アイソレーターの構成[16]
図 (b) は順方向伝搬光の偏波面の回転の様子を表す．

イソレーターに入射させることで偏光無依存化を実現している．出力側は一方の偏波成分を $\lambda/2$ 板を通過させて偏波面を $90°$ 回転させ，入力と同じ偏光状態に戻している．この

表 Ⅳ.9.4　偏光無依存形アイソレーターの特性[16]

波長 (μm)	挿入損失 (dB)	アイソレーション(dB)
1.3	0.38	55.5
1.55	0.32	63.5

ファラデー回転子は $(YbTbBi)_3Fe_5O_{12}$，順方向挿入損失の偏光依存性は 0.01 dB 以下．

形式で得られている特性を表Ⅳ.9.4に示す．

（4）ファイバー埋込形アイソレーター　光ファイバーに接続して使用しやすいように，微小光学素子として光ファイバーの間に埋め込まれた形態のアイソレーターがある[17]．通常の光ファイバー中を伝送

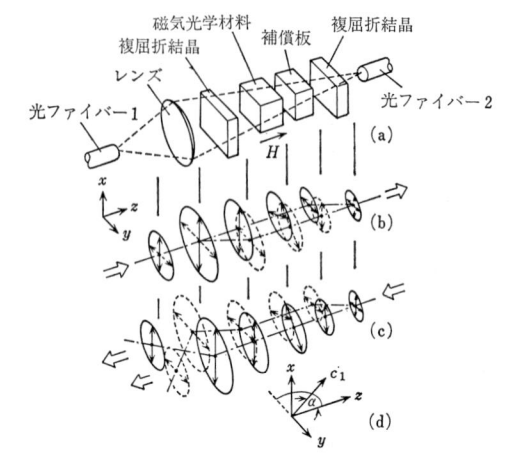

図 Ⅳ.9.4　偏光無依存形ファイバー埋込形アイソレーターの構成例[17]

図 (b), (c) はそれぞれ順方向，逆方向伝搬光の各偏波成分の伝搬の様子を表す．

されてきた光は特定の偏光状態ではないので，実用上は偏光無依存形である必要がある．

構成例を図Ⅳ.9.4に示す．基本的な動作原理はバルク形と同様であるが，光入出力端がほぼファイバーコア径で制限されているということを巧みに利用している[17~20]．すなわち，順方向に伝搬する光ビームにとっては損失なく入射側ファイバーから出射側ファイバーに結合できるのに対して，逆方向伝搬光は偏波分離素子を通過後にビーム位置がシフトするために，入射側ファイバーコアに結合されないようになっている．

導波構造をもたない微小光学部品を光ファイバー間に挿入するため，順方向伝搬光に対する入出射ファイバー間の光結合損失が増加するのを抑える工夫が必要である．ファイバーとアイソレーターの間にレンズを置いてビームを効率よく結合させる方法や，レンズ系を用いる代わりにスポットサイズ変換ファイバーを用いて回折による損失増加を抑えるという方法もある．スポットサイズ変換ファイバーは，通常のシングルモードファイバーを加熱処理してコア径を伝搬方向にテーパ状に変化させてつくられる[7]．

基本的にはバルク形アイソレーターと同じ要素部品で構成することができる．ただし，小形化のためと，レンズ系を用いない構成で回折損失を抑えるために，偏波分離素子やファラデー回転子などのアイソレーター構成部品の光学長をなるべく短くすることが望ましい．このため，ファラデー回転子においてはファラデー回転係数の大きな材料を，また偏波分離素子においては大きな偏波分離角度が得られる素子を用いる必要がある．

偏波分離素子としては，ルチルや方解石などを用いることができるが，より大きな分離角度を得るために高屈折率と低屈折率の誘電体を多層に堆積した人工異方性媒質が研究されている[20]．

ファイバー形アイソレーターとしてこれまで報告されている特性を表Ⅳ.9.5に示す．

表 Ⅳ.9.5 ファイバー埋込形光アイソレーターの特性

波　長 (μm)	挿入損失 (dB)	アイソレー ション(dB)	ファラデー 回転子	文献
1.318	5.13	23.2	$Y_3Fe_5O_{12}$	17)
1.3	0.8	35	$Y_3Fe_5O_{12}$	18)
1.3	1.5	44	Bi-YIG	19)
1.55	1.6	40	Bi-YIG	19)

9.1.2 バルク形サーキュレーター

バルク形アイソレーターと同様に，偏波分離素子やファラデー回転子などの光学部品を組み合わせて，偏光無依存形の光サーキュレーターが構成できる．

動作原理図を図Ⅳ.9.5に示す．偏波分離素子，ファラデー回転子，相反回転子から構成される．ポート1から入射した光波は偏波分離素子3によって互いに直交する二つの偏光成分（p偏光，s偏光）に分離された後，ファラデー回転子1と相反回転子2を透過する．ファラデー回転子による45°の偏波面回転と相反回転子による45°の回転が互いに加わり，入射偏波面に対して90°の偏波面回転を生ずる．

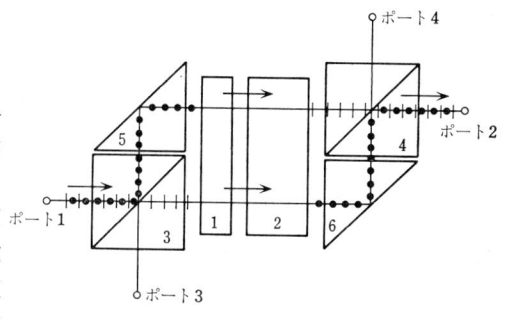

図 Ⅳ.9.5　偏光無依存形光サーキュレーターの構成と動作原理[21]

各偏光成分は偏波分離素子4によって合成され，ポート2から出力される．逆にポート2からの入射光に対しては，相反回転子による偏波面回転とファラデー回転子による回転が打ち消しあって回転子全体での偏波面回転がなくなるために，偏波分離素子で合成された後，ポート3から出力される．以下同様の原理で，ポート3からの入力はポート4へ，ポート4からの入力はポート1へそれぞれ出力される．

また，偏光ビームスプリッターと複屈折結晶を組み合わせて偏波分離素子として用い，アイソレーションポートに戻り光の漏れ成分が出力されるのを防ぐことでアイソレーションの改善が図られる[22]．

ファラデー回転子として用いられる磁気光学材料は，アイソレーターと共通である．こ

れまで報告されているサーキュレーターの特性と，用いられているファラデー回転子材料を表Ⅳ.9.6に示す．

表 Ⅳ.9.6 バルク形光サーキュレーターの特性

波長 (μm)	挿入損失 (dB)	アイソレー ション(dB)	ファラデー回転子	文献
1.32	<1.6	>16	$Y_3Fe_5O_{12}$	21)
1.27	<2.9	>14	$Y_3Fe_5O_{12}$	23)
1.3	<0.5	>24	$Y_3Fe_5O_{12}$	24)
1.3	≃2.5	>18	$Y_3Fe_5O_{12}$	25)
1.299	<1.0	>29.9	$Gd_{3-x}Bi_xFe_5O_{12}$	22)

9.2 導波路形非相反デバイス

 光集積回路用に導波路形の非相反デバイスが研究されている．バルク形と異なるのは，光波のエネルギーを波長と同程度の断面を有する導波路中に閉じ込めてデバイスを構成していることである．これにより，光電磁界は固有のモードとして伝搬することになり，導波路の構造によって各モードの伝搬速度が変化する．この点が，導波路形デバイスの設計に際してバルク形と大きく異なる点である．なお，偏波は TE，TM モードで区別される．

9.2.1 導波路形光アイソレーター

 導波路形光アイソレーターとして数多くの形式が研究されている．大きく分けて，TE モードと TM モード間のモード変換を用いるモード変換形と，TM モードの伝搬速度が伝搬方向によって異なる非相反移相現象を利用した非相反移相形に分類することができる．

 (1) モード変換形　導波路形デバイスにおいては入出力の偏波が同一である必要がある．したがって，順方向伝搬光に対してはモード変換がゼロで，逆方向伝搬光に対しては入射した TE モードが 100% TM モードに変換される，一方向性モード変換器を構成する必要がある[26~28]．ここでモード変換は，バルク形デバイスにおける偏波面の回転と同じ意味として解釈することができる．

 非相反モード変換器と相反モード変換器を組み合わせることにより，一方向性モード変換器を構成することができる．磁気光学媒質でこれを実現するために，非相反モード変換にファラデー効果が，相反モード変換にコットン-ムートン効果がそれぞれ用いられる[29~31]．ファラデー効果は光の伝搬方向と平行な磁化成分によって生ずるのに対して，磁化が光の伝搬方向と直交する場合にコットン-ムートン効果が生ずる．図Ⅳ.9.6 に示すように，2種類のモード変換領域を縦続に接続した構造は 2 領域形とよばれる．

 TE，TM モード間の位相整合は，モード変換を用いる導波路形アイソレーターの動作を考えるうえで重要である．バルクのファラデー回転子においては，互いに直交する二つ

9.2 導波路形非相反デバイス

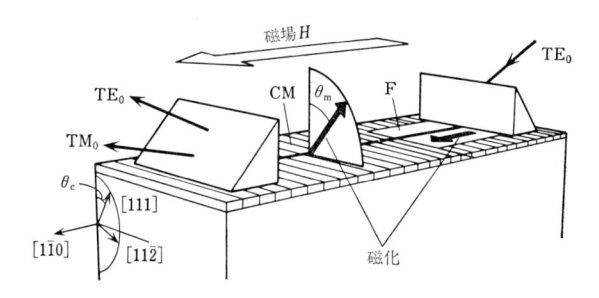

図 IV.9.6 ファラデー効果（F）とコットン-ムートン効果（CM）を用いた2領域形導波路光アイソレーターの構造[31]

の直線偏波の伝搬速度が等しいときに，直線偏波のままで偏波面の回転が起こる．これと同様に，導波路形ではTEモードとTMモードの伝搬速度が等しい，すなわち位相整合状態にあるときに100%のモード変換が可能となる．

しかし，ファラデー効果とコットン-ムートン効果を組み合わせて用いるアイソレーターにおいては，ファラデー領域においてTE, TMモードの伝搬速度にある程度の差があっても，この領域で50%のモード変換が得られれば，出力端で直線偏波となるような一方向性モード変換器を実現することはできる[32]．ただし，位相不整合の程度に合わせてコットン-ムートン領域の磁化方向（波長板の光学軸の方向に相当する）を適当に設定する必要がある．

導波路を伝搬するモードの伝搬定数は，導波路の膜厚・幅や導波路を構成する媒質の屈折率（複屈折も含む）によって変化する．したがって，位相整合状態を制御するためには，これらの導波路パラメーターを正確に制御する必要がある．導波路を製作した後，外部から応力を加えたり[33]，温度を変化させる[34]ことによって位相整合状態を制御することも試みられている．なお，希土類鉄ガーネットを結晶成長させて導波路を形成する場合に，導波路中に生ずる複屈折の要因として，成長した結晶と基板結晶との格子不整による応力複屈折[35]と，Biなどの置換元素がガーネット結晶中の特定の位置に入り込むことによって生ずる誘導複屈折がある[36]．

ファラデー領域とコットン-ムートン領域では磁化方向が互いに直交しており，この磁化構造を同一基板上に形成するために次のような手法が開発されている．まず，基板の結晶方位を適当に選んで磁気光学結晶（希土類鉄ガーネット）を成長させると，磁化が基板に立てた法線から所望の角度だけ傾いたコットン-ムートン領域が基板全体に形成される[37]．次いで，レーザーアニーリングによる局所加熱によって面内磁化領域をつくり[38]，弱い磁界を外部から印加してこの領域の磁化を光の伝搬方向と平行にそろえてファラデー領域を形成する．

この手法を用いて，基板法線から[111]軸が8°オフセットしたGGG基板上にLPE法で結晶成長した$(BiGdLu)_3(FeGa)_5O_{12}$膜でアイソレーターを試作し，アイソレーショ

ン(dB)と挿入損失(dB)の差で定義されるアイソレーション比12.5dBが得られている[31]．

2領域形では，互いに直交する2方向に磁化を制御する必要があり，製作上困難を伴う．これを回避するために，アイソレーター全体にわたって磁化が一方向に配向した単一領域形アイソレーターも研究されている．その形式として，① 導波路に全反射ミラーを形成して光路を90°折り曲げてファラデー効果と相反なモード変換を用いる形式[39,40]，② 光の伝搬軸と直交する面内で適当な方向に磁化をそろえて相反なモード変換と非相反なモード変換を用いる形式[41]，③ TMモードのみが受ける非相反な位相変化とモード変換を組み合わせる形式[42] が検討されている．各形式のデバイス構造を図 IV.9.7 に示す．

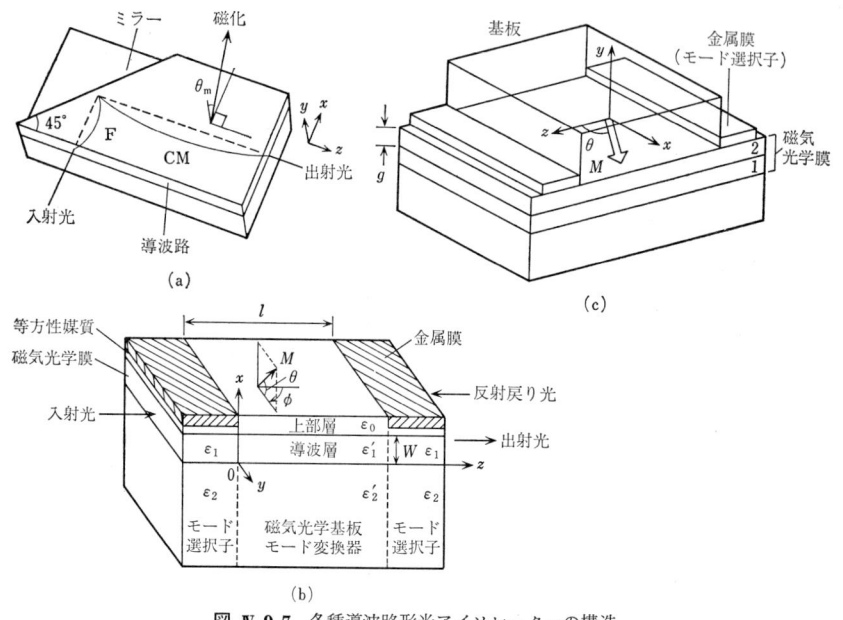

図 IV.9.7 各種導波路形光アイソレーターの構造
(a) F, CM はそれぞれファラデー効果とコットン-ムートン効果の領域を表す[40]．
(b) 磁化 M は全領域にわたって基板面から仰角 θ の方向に配向している[43]．
(c) 磁化は膜面内にある．

①，②の形式では基板に立てた法線から特定の角度だけ膜面方向に傾いた方位に磁化方向をそろえる必要があるのに対し，③の形式では膜面内で光の伝搬方向と特定の角度をなす方向に磁化をそろえることでアイソレーター動作が得られる．形式②の試作デバイスでアイソレーション比 13dB が報告されている[43]．

さらに，TE-TM モード間のモード変換を利用するのは同じであるが，後退波に対しては変換されたモードが放射モードとなり，基板もしくは上部層に放射されることでアイ

ソレーションを得る形式（半漏れ構造）もある[44]．実験でアイソレーター動作が得られたと報告されているが[45]，上部層に用いる複屈折結晶を導波層（磁気光学結晶）と再現性よく光学的にコンタクトをとることが，実用的なデバイスを製作するうえで解決すべき課題である．

（2） 非相反移相形　　上部層と基板の屈折率が異なる非対称導波路中に磁気光学媒質が含まれ，基板表面と平行かつ光の伝搬方向と直交する方向に磁化成分をもつとき，この導波路を伝搬する TM モードの伝搬速度は伝搬方向によって異なる[46]．これを非相反移相効果とよぶ．定性的には，光電磁界の上部層もしくは基板への"しみだし"が，伝搬方向によって異なることによって発生すると説明される．すなわち，屈折率の高い領域に多くの光エネルギーがしみだせば伝搬速度は遅くなり，伝搬方向が反転すると，逆に屈折率の低い領域へのしみだしが増加することで伝搬速度が変化する．この現象は，ファラデー回転と同じ一次の磁気光学係数に基づいて生ずる．また，TE モードはこの効果を全く受けない[47]．

伝搬方向を反転した場合に生ずる伝搬定数の差を単位伝搬長当たりの非相反移相量とすると，これは導波層の膜厚に対して図Ⅳ.9.8に示すように変化する[48]．図は，導波層のみが磁気光学媒質である場合の計算結果であるが，導波層厚がカットオフに近い領域で非相反移相量が最大になる．非相反移相量は磁気光学媒質のファラデー係数に比例する．また，導波路中のどの領域が磁気光学媒質によって構成されているのかによっても，非相反移相量が変化する．

非相反移相効果を利用したアイソレーターの構成を，図Ⅳ.9.9に示す．

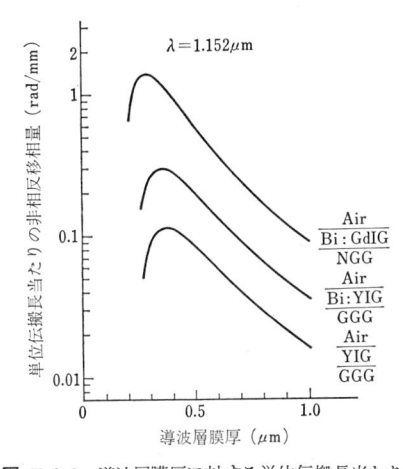

図 Ⅳ.9.8　導波層膜厚に対する単位伝搬長当たりの非相反移相量の変化[48]

導波層のみが磁気光学媒質（YIG, Bi : YIG, Bi : GdIG）からなる．波長は $1.152\,\mu m$

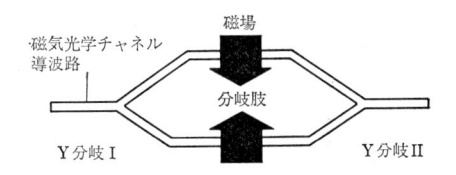

図 Ⅳ.9.9　非相反移相効果を用いた導波路形アイソレーターの構成例[49]

単一のモードのみを導波する Y 分岐チャネル導波路を2個用いて干渉系を構成し，順方向伝搬光は出力側の Y 分岐で同位相で合成され，逆方向伝搬光は逆位相で合成されるように干渉系が構成されている[49]．Y 分岐の2本の分岐導波路から入射した光波が合成される際に，同位相で入射した場合はそのまま相加されて出力導波路から出力されるが，互

いに逆位相で入射した場合には放射モードになって出力導波路からは出射されないというモードの選択性を利用している．

また，順方向と逆方向に伝搬する光が異なる伝搬定数をもつことを利用すると，順方向伝搬時は導波モードとして導波路を伝搬するが，後退波はもはや導波モードとして存在することができずに基板もしくは上部層への放射モードとして散逸させることも可能であり，これによりアイソレーターが構成できる[50]．チャネル導波路において，この原理とTE-TM モード変換を組み合わせたアイソレーターも研究されている[51]．

（3）その他の構造 偏光子も含めてデバイス全体を同一基板上に形成する完全導波路形のほかに，ファラデー回転子のみをガーネットの導波路で形成し，偏光子としてたとえばファイバー形偏光子を接続して用いるアイソレーターも研究されている[52~54]．ファラデー回転子を YIG 埋込導波路で形成したアイソレーターで，30 dB のアイソレーションが報告されている[55]．

（4）材料 導波路形非相反デバイスの素子長は，磁気光学効果の大きさに依存し，素子長を短くするためには大きな磁気光学効果を示す材料を用いる必要がある．また，導波路形では膜面内に光を導波させるため，吸収による損失とともに散乱損失の低減が重要である．

一般的には，LPE 法またはスパッタリング法によって GGG などのガーネット基板上に結晶成長した希土類鉄ガーネットが用いられる．導波路を形成する際に重要な屈折率の制御は，ガーネットの組成を制御することによって行われる．LPE 法で結晶成長する際

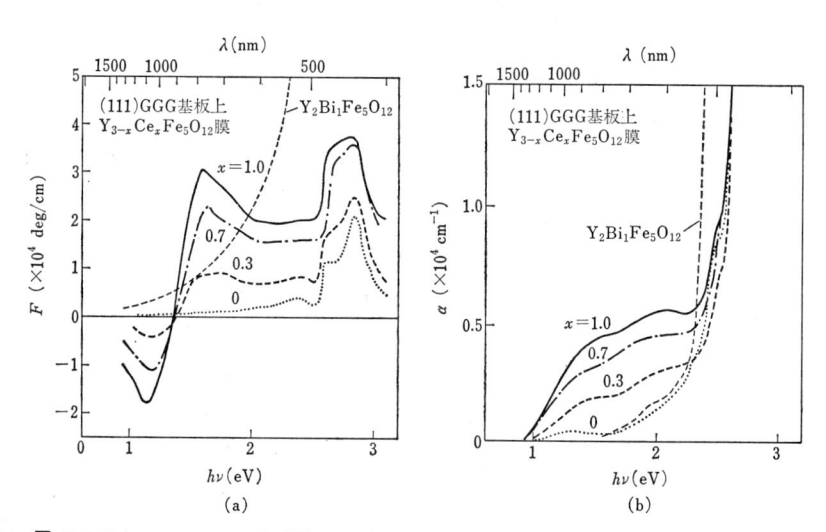

図 IV.9.10 スパッタリングで製作した $Y_{3-x}Ce_xFe_5O_{12}$ の (a) ファラデー回転係数，(b) 吸収係数の波長依存性[57]
比較のために，$Y_2Bi_1Fe_5O_{12}$ の特性も示されている．

に基板の回転速度を変化させることでわずかな組成変化を与え,微少な屈折率差を実現することも可能である[56].

磁気光学効果として,これまでは主にファラデー回転係数を増大させることが研究されてきた.希土類元素の一部を Bi で置換することにより,置換量にほぼ比例してファラデー回転係数が増加することはよく知られている.近年,Ce で置換することによって,Bi より大きなファラデー回転係数の増大が実現できることが示され[57],損失を低減すれば十分実用的な材料であると考えられる.$Y_{3-x}Ce_xFe_5O_{12}$ と $Y_2Bi_1Fe_5O_{12}$ のファラデー回転係数ならびに吸収係数の波長依存性を図Ⅳ.9.10に示す.現在のところ,Ce 置換ガーネット薄膜はスパッタリングによって形成されている.

なお,コットン-ムートン効果に関する研究報告は非常に少ない.

また,偏光子としては導波層に金属を装荷して TM モードに選択的に損失を与える形式が通常用いられる.

9.2.2 導波路形サーキュレーター

TM モードが受ける非相反移相効果を利用して,導波路形サーキュレーターが構成できる.2個の3dB方向性結合器と非相反移相器,相反移相器を組み合わせて,図Ⅳ.9.11に示すようなマッハ-ツェンダー干渉系を構成する[58].ポート1から入射した光は,方

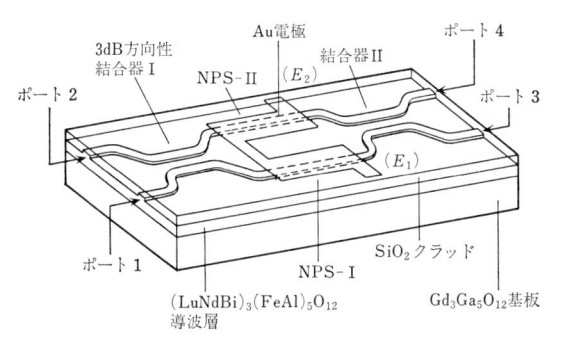

図 Ⅳ.9.11 導波路形光サーキュレーターの構造[58]
Au 電極に流れる直流電流がつくりだす磁界によって,非相反移相器(NPS)の磁化を膜面内で光の伝搬方向と直交するように配向させる.

向性結合器Ⅰで同振幅の二つの光波に分割された後,干渉系の2本の腕を通過して方向性結合器Ⅱによって合成される.このとき,非相反移相器によって2本の光路を伝搬する光波の間に $-90°$ の位相差を生ずるが,これを打ち消すために $+90°$ の位相推移を与えるように一方の光路を長く設定する(相反移相器).

その結果,同位相で方向性結合器Ⅱに入射し,出力はポート4から得られる.逆に,ポート4に入射した光波は,相反移相器における $+90°$ の位相変化に非相反移相器での位相変化 $+90°$ が加わり,逆位相で方向性結合器Ⅰに入射し,合成された光波はポート2から

出力される．同様にして，ポート2からの入力はポート3へ，ポート3からの入力はポート1へそれぞれ出力され，サーキュレーターとして動作する．

磁気光学材料に求められる特性として，デバイスサイズを小さくするために大きなファラデー回転係数を有することと，磁化を薄膜面内で光の伝搬方向と直交する方向にそろえなくてはならないので，これに要する外部磁界が小さいことが重要である．

特性は実用的には不十分であるが，上記の動作が試作デバイスにおいて確認されている[58]．デバイスサイズは，入出力の分岐導波路を含めて長さ約8mm，幅約50 μm である．このうち，±90°の非相反移相量を得るために必要な伝搬長は約4.6mmである．

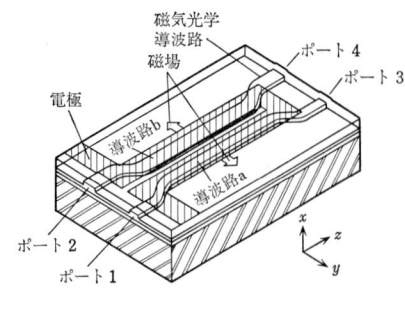

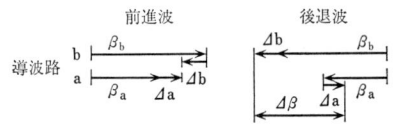

図 Ⅳ.9.12 結合導波路中に非相反移相効果を用いて構成した光サーキュレーター[57]

また，非相反移相効果を示す導波路で結合導波路を構成することによっても，サーキュレーター動作を実現することができる[48,59]（図Ⅳ.9.12）．すなわち，伝搬方向を反転すると伝搬モードの実効屈折率が変化するので，順方向と逆方向伝搬光に対して，結合導波路がそれぞれ位相整合，不整合状態となるように設定することができる．その結果，位相整合となる伝搬方向には入射導波路から cross 位置にあるポートに，位相不整合状態となる伝搬方向では bar 位置のポートに出射するように結合係数と結合長を設定すれば，サーキュレーター動作が得られる．　　　　　　　　　　　　　　　　　　　　　［水本哲弥］

参 考 文 献

1) K. Kobayashi and M. Seki: IEEE J. Quantum Electron., **QE-16,** 1 (1980), 11-22.
2) 玉城孝彦，対馬国郎：日本応用磁気学会誌，**9,** 2 (1985), 125-128.
3) A. E. Turner, R. L. Gunshor and S. Datta: Appl. Opt., **22,** 20 (1983), 3152-3154.
4) T. Aoyama, T. Hibiya and Y. Ohta: J. Lightwave Technol., **LT-1,** 1 (1983), 280-285.
5) T. Hibiya, T. Ishikawa and Y. Ohta: IEEE Trans. MAG, **MAG-22,** 1 (1986), 11-13.
6) 石川治男，湯原陽介，中島和宏，柴田　明，町田克巳：微小光学研究グループ機関誌, 4, 4(1986), 17-23.
7) K. Shiraishi, T. Yanagi, Y. Aizawa and S. Kawakami: J. Lightwave Technol., **9,** 4 (1991), 430-435.
8) 玉城孝彦，金田英明，対馬国郎：日本応用磁気学会誌，**10,** 2 (1986), 137-141.
9) 松本重貴，鈴木静雄，中村俊一：昭59電子通信学会総合全国大会 (1984), 4-59.
10) 鈴木克典，沼尻裕夫，玉城孝彦，対馬国郎：第10回日本応用磁気学会学術講演概要集(1986), 96.
11) 中島和宏，湯原陽介，町田克巳，藤井義正：電子情報通信学会論文誌，**J 70-C,** 1 (1987), 120-121.

参 考 文 献

12) H. Umezawa, Y. Yokoyama and N. Koshizuka: J. Appl. Phys., **63**, 8 (1988), 3113-3115.
13) K. Shiraishi and S. Kawakami: Opt. Lett., **12**, 7 (1987), 462-464.
14) 牧尾 諭, 武田 茂, 坂野伸治: 昭和62年電子情報通信学会半導体・材料部門全国大会 (1987), 2-169.
15) 玉城孝彦, 渡辺聡明, 対馬国郎: 第10回日本応用磁気学会学術講演概要集 (1986), 95.
16) K. Shiraishi: Electron. Lett., **27**, 4 (1991), 302-303.
17) 松本隆男: 電子通信学会論文誌, **J62-C**, 7 (1979), 505-512.
18) M. Shirasaki and K. Asama: Applied Optics, **21**, 23 (1982), 4296-4299.
19) K. W. Chang and W. V. Sorin: IEEE Photonics Technol. Lett., **1**, 3 (1989), 68-70.
20) K. Shiraishi and S. Kawakami: Opt. Lett., **15**, 9 (1990), 516-518.
21) H. Imamura, H. Iwasaki, K. Kubodera, Y. Torii and J. Noda: Electron. Lett., **15**, 25 (1979), 830-831.
22) Y. Fujii: J. Lightwave Technol., **9**, 4 (1991), 456-460.
23) T. Matsumoto: Electron. Lett., **16**, 1 (1980), 8-9.
24) M. Shirasaki, H. Kuwahara and T. Obokata: Applied Optics, **20**, 15 (1981), 2683-2687.
25) I. Yokohama, K. Okamoto and J. Noda: Electron. Lett., **22**, 7 (1986), 370-371.
26) S. Wang, M. Shah and J. D. Crow: J. Appl. Phys., **43**, 4 (1972), 1861-1875.
27) 山本鋥彦, 牧本利夫: 電子通信学会論文誌, **56-C**, 3 (1973), 187-194.
28) J. Warner: IEEE Trans. MTT, **MTT-23**, 1 (1975), 71-78.
29) J. P. Castera and G. Hepner: IEEE Trans. Mag., **MAG-13**, 5 (1977), 1583-1585.
30) 宮崎保光: 日本応用磁気学会誌, **6**, 5 (1982), 254-259.
31) K. Ando, T. Okoshi and N. Koshizuka: Appl. Phys. Lett., **53**, 1 (1988), 4-6.
32) T. Mizumoto, Y. Kawaoka and Y. Naito: Trans. IECE Japan, **E69**, 9 (1986), 968-972.
33) H. Dammann, E. Pross, G. Rabe, W. Tolksdorf and M. Zinke: Appl. Phys. Lett., **49**, 26 (1986), 1755-1757.
34) J. P. Castera, P. L. Meunier, J. M. Dupont and A. Carenco: Electron. Lett., **25**, 5 (1989), 297-298.
35) G. Hepner, J. P. Castera and B. Desormiere: AIP Conf. Proc., **29** (1975), 658-659.
36) K. Ando, N. Koshizuka, T. Okuda and Y. Yokoyama: Jpn. J. Appl. Phys., **22**, 10(1983), L618-L620.
37) K. Ando, N. Takeda, T. Okuda and N. Koshizuka: J. Appl. Phys., **57**, 3 (1985), 718-722.
38) K. Ando, Y. Yokoyama, T. Okuda and N. Koshizuka: J. Magnetism and Magnetic Mat., **35** (1983), 350-352.
39) H. Hemme, H. Dotsch and H.-P. Menzler: Appl. Opt., **26**, 18 (1987), 3811-3817.
40) K. Ando: Appl. Opt., **30**, 9 (1991), 1080-1084.
41) Y. Miyazaki and K. Taki: Trans. IEICE Japan, **E72**, 6 (1989), 742-750.
42) 水本哲弥, 内藤喜之: 1989年電子情報通信学会秋季全国大会 (1989), 4-179.
43) Y. Miyazaki and K. Taki: 7th International Conference on Integrated Optics and Optical Fiber Communication, Kobe, Technical Digest, vol. 3, (1989), 106-107.
44) S. Yamamoto, Y. Okamura and T. Makimoto: IEEE J. Quantum Electron., **QE-12**, 12 (1976), 764-770.
45) S. T. Kirsh, W. A. Biolsi, S. L. Blank, P. K. Tien, R. J. Martin, P. M. Bridenbaugh and P. Grabbe: J. Appl. Phys., **52**, 5 (1981), 3190-3199.
46) F. Auracher and H. H. Witte: Opt. Commun., **13**, 4 (1975), 435-438.
47) T. Mizumoto and Y. Naito: IEEE Trans. MTT, **MTT-30**, 6 (1982), 922-925.
48) T. Mizumoto, K. Oochi, T. Harada and Y. Naito: J. Lightwave Technol., **LT-4**, 3 (1986), 347-352.

49) Y. Okamura, H. Inuzuka, T. Kikuchi and S. Yamamoto: J. Lightwave Technol., **LT-4**, 7 (1986), 711-714.
50) H. Hemme, H. Dotsch and P. Hertel: Appl. Opt., **29**, 18 (1990), 2741-2744.
51) T. Shintaku and T. Uno: 17th European Conference on Optical Commun./8th Int. Conf. on Integrated Optics and Optical Fiber Commun., Paris. Technical Digest Part-1 (1991), 193-196.
52) R. Wolfe, J. Hegarty, J. F. Dillon, Jr., L. C. Luther, G. K. Celler, L. E. Trimble and C. S. Dorsey: Appl. Phys, Lett., **46**, 9 (1985), 817-819.
53) P. Friez, J. Machui and P.-L. Meunier: Proc. Int. Symp. Magneto-Optics, J. Magn. Soc. Jpn., **11**, Suppl. No. S1 (1987), 385-388.
54) E. Pross, W. Tolksdorf and H. Dammann: Appl. Phys. Lett., **52**, 9 (1988), 682-684.
55) H. Dammann, E. Pross, G. Rabe and W. Tolksdorf: 7th Int. Conf. on Integrated Optics and Optical Fiber Commun., Kobe, Technical Digest, vol. 3 (1989), 102-103.
56) W. Tolksdorf, H. Dammann, E. Pross, B. Strocka, H. J. Tolle and P. Willich: J. Crystal Growth, **83** (1987), 15-22.
57) 五味 学, 佐藤健輔, 古山浩志, 阿部正紀: 日本応用磁気学会誌, **13**, 2 (1989), 163-166.
58) T. Mizumoto, H. Chihara, N. Tokui and Y. Naito: Electron. Lett., **26**, 3 (1990), 199-200.
59) T. Shintaku and T. Uno: Trans. IEICE Japan, **E73**, 4 (1990), 474-476.

10. 光走査デバイス

すでに製品化が行われている光ディスクや，レーザープリンターなどの光情報装置や将来実用化が期待されている光コンピューターでは，レーザー光などの光を指定された所定の場所に導く走査デバイスが必要不可欠である．その種類としては，大別して歴史的に実績のある機械式をはじめ，高速光偏向が可能となる超音波方式，電気光学効果によるものなど，いくつかの方式がある．それぞれ長所および短所があり，用途によって使い分けることが大切である．本章では光走査デバイスについて応用を意識しながら述べる．

10.1 機械式走査デバイス

機械式走査デバイスとして最も知られているものは，回転多面鏡である．2～30面の多面鏡を毎分数千から数万回転で回転させるもので1000行/分以下の印刷速度をもつレーザープリンターから20000行/分クラスの超高速度印刷のレーザープリンターまで幅広く用いられている．走査角度は約±50度まで可能であり，超音波，電気光学効果を用いた他のデバイスの追従を許さない．回転多面鏡は微小光学のイメージとはほど遠いものであるが，現在のところ大きな走査角度で高速に光を走査できる数少ないデバイスである．

回転多面鏡として使われる材料はガラスとアルミであるが，最近はだいたいアルミに統一されてきた．従来の鏡面研磨に代わってアルミの一体研削技術による多面鏡の量産技術の確立が大きい．また駆動用のモーターの軸受けには回転数が2000～5000rpm付近のものはボールベアリングが使われているのに対して，10000rpm以上のモーターには，空気ベアリングを用いたものが使われており，摩耗が少なくまた潤滑用のオイルも使われておらず信頼性が高く寿命も長い．空気ベアリングを用いた多面鏡の一例を図Ⅳ.10.1に示す．卓上およびオフィス用のレーザープリンターでは前者が使われているのに対し，大形

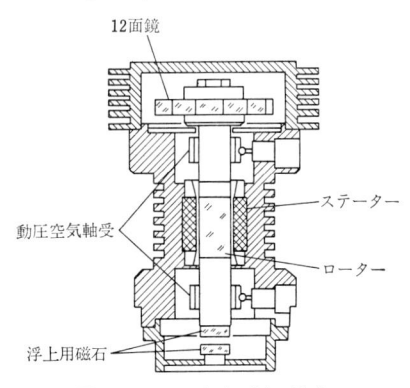

図 Ⅳ.10.1 回転多面鏡の構成

計算機用のレーザープリンターでは後者が使われている．後者は回転時には一切の機械的な接触なしに，しかも潤滑用のオイルを必要としないため，数年間にわたって連続運転しても性能劣化をもたらさないという特徴を有する．

またこの偏向デバイスを使い走査面上に均一なスポットを得るには $f\theta$ レンズとよばれる特定の量の歪曲収差を有する特殊レンズが使われている（第Ⅴ部 3.3.2 項「プリンター

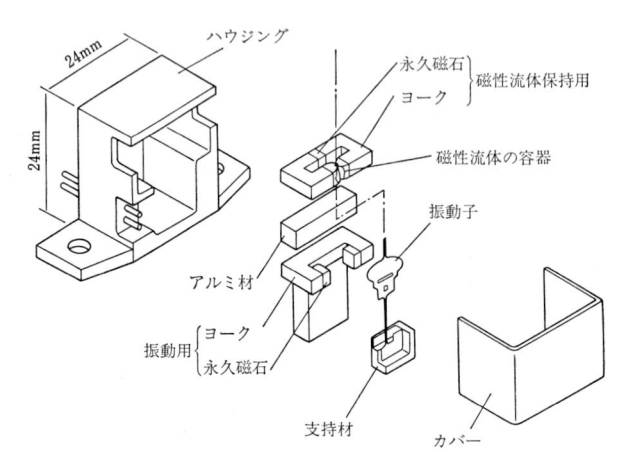

図 Ⅳ.10.2 水晶振動子を用いた偏向器

用光学素子」参照）．そのレンズ機能は回転多面鏡が等角速度光偏向を行うのに対し，走査面上で等速度光偏向を行わせるための変換である．

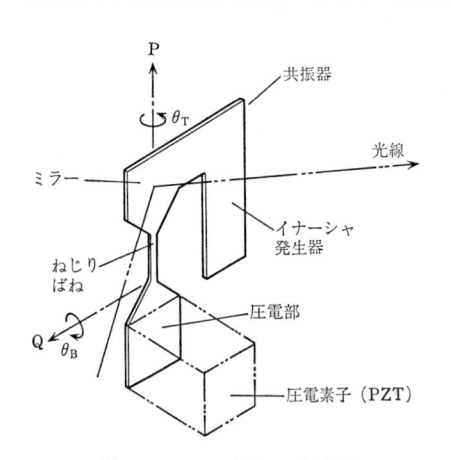

図 Ⅳ.10.3 Si を用いた振動子

それに対してガルバノミラーは寸法も小さく小形化できる可能性がある．これは歴史的にも微小電流計などの計測装置に使われてきたものであるが，この機械式走査デバイスでも最近微小光学的なデバイスが開発されている．

図 Ⅳ.10.2 は，水晶のエッチング技術を応用し，平面鏡を振動させて，レーザー光を走査させるガルバノミラーである．また，単結晶 Si のトーションバーを用いた超小形のスキャナーが開発されている．それはトーションバーのねじれと曲げの偏向モードを利用し，その変形モードの共振周波数で圧電素子を駆動させることにより2

軸の光走査を行うことができる（図Ⅳ.10.3）．偏向周波数は数 kHz まで可能であり，偏向角度は最大 60 度までが得られる．このガルバノミラーを用いて走査面上で当速度走査を行わせるためには F アークサイン θ レンズが用いられている．

10.2 超音波偏向走査デバイス

これは強弾性，強誘電体の結晶に高周波の信号を加え，超音波を発生させ，その媒質の弾性ひずみによる屈折率変化の周期的変化による回折効果を利用して，光の偏向方向を変えようというものである．機械式の偏向に対して，2～3 桁速度の速い μs オーダーの偏向速度が期待できる．

媒体としては，$LiNbO_3$，$LiTaO_3$，TeO_x などが物質弾性係数の大きい物質として知られている（詳しい原理は 4.6 節の「光弾性効果と音響効果」を参照されたい）．

走査デバイスとしては，バルク形と導波路形に分類される．

バルク形の一例を図Ⅳ.10.4に示す．結晶の片側に超音波発生用のトランスデューサーを設け 200～500 MHz 程度の高周波を加える．

その結果進行超音波が発生し，結晶の中を約 2～3 km/s の速度で進行する．その超音波による媒体のひずみにより光学的な屈折率の変化が波の節と腹で異なることから光学的な回折格子が形成され，ブラッグかラマンナス回折が生じる．超音波の周波数を変化させることにより，回折方向を変化させることが可能となる．

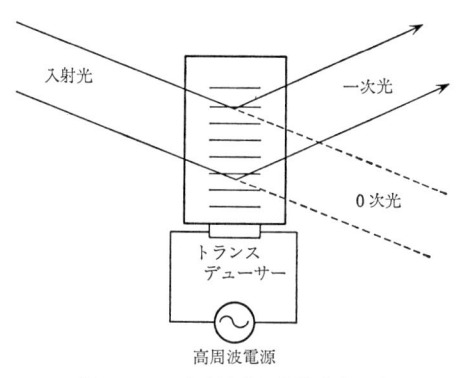

図 Ⅳ.10.4 超音波光偏向器（バルク）

回折の良さは次の量をメリット関数として与えられる．

$$M = \frac{n^6 p^2}{\rho v^3} \tag{10.1}$$

ここで，n: 屈折率，p: ひずみ光学定数，ρ: 質量密度，v: 超音波の速度である．

また，偏向スポットの数は，次の式で与えられる．

$$N = \Delta f \cdot D / v \tag{10.2}$$

ここで，Δf: 周波数幅，D: 使用するレーザービームの径である．

たとえば，$\Delta f = 100$ MHz，$D = 10$ mm，$v = 3$ km の場合には数百のスポット解像度が得られる．この数は光ディスクや，スペクトラムアナライザーでは十分な数であるが，レーザープリンターでは要求に対して約 1 桁少ない．

次に導波路の偏向器について述べる．

半導体レーザーを出た光は直接 Ti をドープした LiNbO₃ 導波路に導かれる．図IV.10.5 に LiNbO₃ を用いた偏向器の一例を示す．

導波路にはコリメート用のジオデシックレンズと SAW（表面弾性波）を発生させる櫛形状の電極が取り付けられている．

導波したレーザー光はコリメートレンズにより平行光束になり，SAW によってできた回折格子によって回折される．SAW の周波数を変えることにより，回折方向が変化する．回折効率は中心周波数で約 80% に達する．

偏向角度の半値幅は図IV.10.6 に示すことから判断すると約 1 度である．

この導波路 SAW 偏向素子は，スペクトラムアナライザーや光ディスクのトラッキングアクチュエーターなどへの幅広い応用が考えられている．

この超音波を用いた走査デバイスの欠点は使用するレーザー光の発振モードがマルチモードになると回折格子の波長分散特性のために集光スポットが広がってしまうという点である．この解決策としてはもう一つ回折格子を置いて，波長分散（色収差）を補正するアイデアも提案されている．

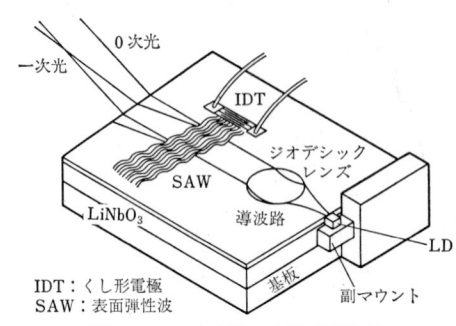

図 IV.10.5　超音波偏向器（導波路）

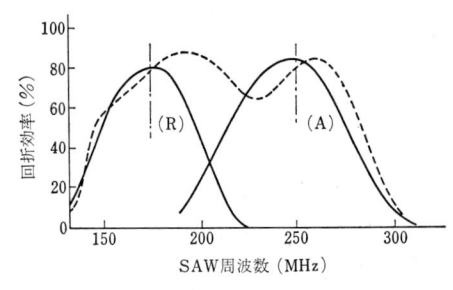

図 IV.10.6　超音波光偏向器の偏向帯域

10.3　電気光学走査デバイス

電気光学結晶に電圧を印加すると，電気光学効果（ポッケルス効果やカー効果）によって屈折率が変化することを用いて波面の方向を変えたり，偏光面を変える現象を用いた走査デバイスが開発されている．

図IV.10.7 は LiNbO₃ 電気光学結晶に格子上電極を付け電圧を加えて屈折率を変えその格子通過後の光の偏向方向を変化させ，その後光スイッチを一次元に配列し，一次元のシャッターアレイを構成させ，光走査を行うものである．プリンターに使用するために数千の素子を並列に配置している．

また，導波路技術を用いて同じくシャッターアレイを構成する例も報告されている（図

Ⅳ.10.8).

　この方式は波面を電界によって変化させることで，光に散乱を発生させるものであり，原理は前者とはよく似ている．ここでは電界を加えないと波面は乱れず，光が直進するのに対し，電界を加えた部分は波面が乱れスリットには散乱のために光が達せず集光面には達しない．これにより高速のシャッターアレイが導波路で構成できる可能性がある．

　また，複屈折と電気光学効果を利用して光路を2方向にディジタルに偏向する素子を縦列に n 段配列することで，2^n 乗の光スポットを形成する，ディジタル偏向素子も開発された（図Ⅳ.10.9）．ただし，これは KDP のバルクの素子で構成されており，印加電圧も数百ボルトと高いのが欠点である．

10.4　そ　の　他

　そのほかの素子としては，電圧をかけると電気分極を生じる効果を用いた圧力で振動する効果（電歪）や，強磁性体に磁界を加えると，若干形状が変化する効果（磁歪）による光偏向素子も開発されている．

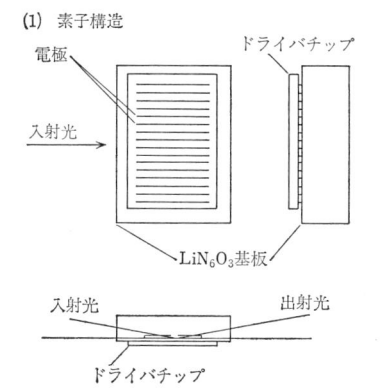

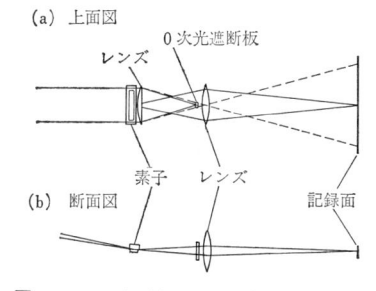

図 Ⅳ.10.7　全反射を用いた光走査アレイ

　そのほかにも光源やシャッターを一次元に配列した，リニアアレイ形光走査デバイスがいくつか開発され，プリンターに使用されている．このシャッターアレイや光源を並べたアレイの特徴はレーザープリンターにおいては走査光学系の寸法を小さくでき，感光ドラムの近傍に走査光学系を並べることができることである．

（1）LED アレイ素子　　GaAsP や GaAlAs などの LED 素子を一次元に並べたも

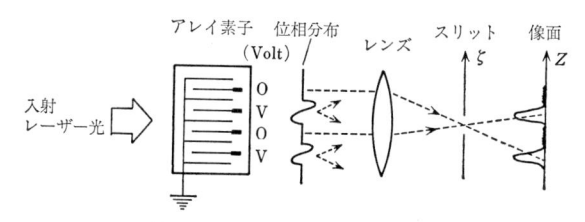

図 Ⅳ.10.8　導波路形光走査アレイ

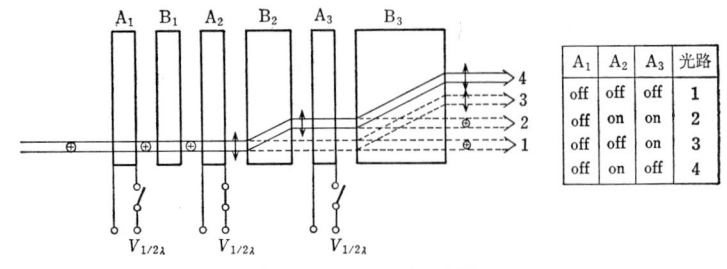

図 Ⅳ.10.9　2^n 形光偏向器

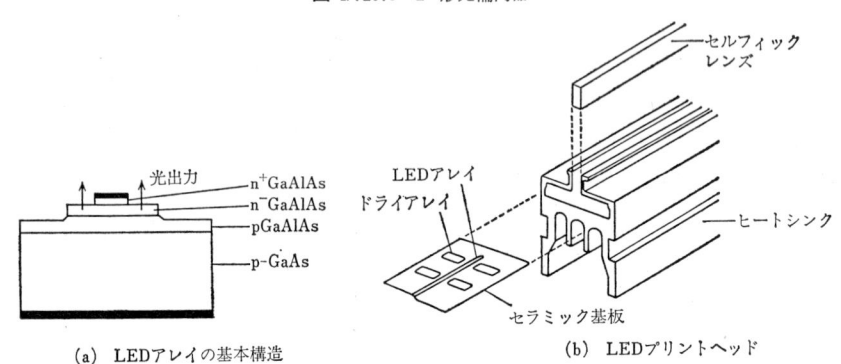

A_1	A_2	A_3	光路
off	off	off	1
off	on	on	2
off	off	on	3
off	on	off	4

図 Ⅳ.10.10　LED シャッターアレイ

(a) LEDアレイの基本構造
(b) LEDプリントヘッド

のである．GaAsP の発光波長は 640～740nm，GaAlAs の場合は 700～780nm である．後者の発光効率は前者の約 10 倍にも達しており，高速プリンターに適する．GaAlAs を用いた光源の断面構造と LED プリンターヘッドの構造を図 Ⅳ.10.10 に示す．

（2）**エレクトロルミネッセンス（EL）アレイ素子**　EL は平面ディスプレイ素子として開発が進められているが，EL の平面に垂直方向に発光する光より薄膜の端面からでる光が 100 倍にも達することを用いて，EL のプリンターヘッドが開発されている（図 Ⅳ.10.11）．

（3）**蛍光体アレイ素子**　蛍光体に熱電子を与えると発光する原理を用いて，アレイ

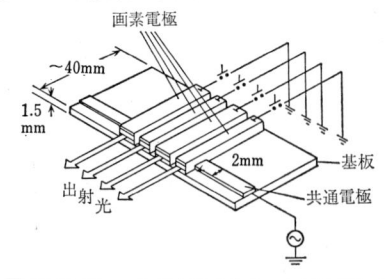

図 Ⅳ.10.11　エレクトロルミネッセンスアレイ

10.4 その他

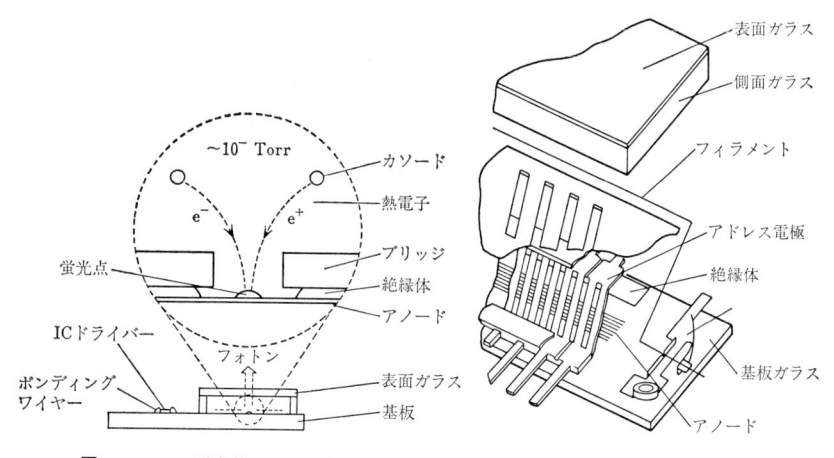

図 Ⅳ.10.12 蛍光体アレイ（素子断面）

図 Ⅳ.10.13 蛍光体アレイ（素子構造）

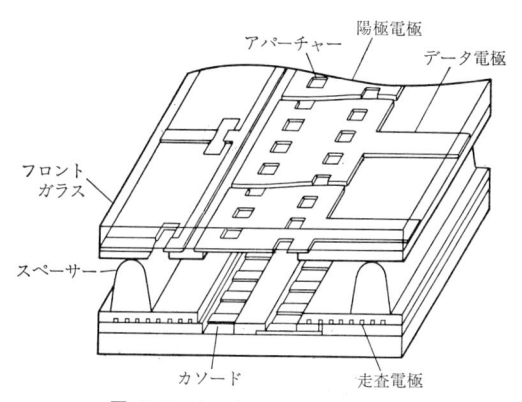

図 Ⅳ.10.14 プラズマヘッドアレイ

ヘッドがつくられている．素子構造とヘッド構成図を図Ⅳ.10.12, Ⅳ.10.13に示す．発光体として，ZnやZsが使われており，波長は550nmである．

（4）プラズマアレイ素子　プラズマ発光アレイは平面ディスプレイ用に用いられている気体放電素子をプリンターヘッドに適用したものである．図Ⅳ.10.14にその構造を示す．放電はHe/Ar混合素子を放電させたものである．

後者のシャッターアレイの代表的なものとしては，液晶アレイの素子がある．強誘電性液晶素子の配向性が印加電圧の有無で変化することを用いて，直線偏光の透過率に差が生じることを用いている．動作原理とプリンターの構成を図Ⅳ.10.15に示す．

このように数多くの光素子が開発されてきた．それぞれ長短各特性をもつが，現在のと

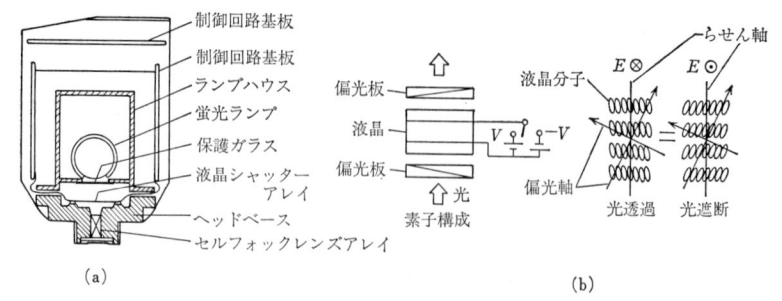

図 Ⅳ.10.15 液晶シャッターアレイ

ころ最初に述べた，機械的光走査素子の優位を覆すまでには至っていない．

[有本　昭]

参考文献

1) 斎藤　進，安西正保，和田英一，小島亮二，和田島邦雄：日立評論，**65**，10 (1983)，19-24.
2) 日経メカニカル (1991.1.21)，43-49.
3) 後藤博史，今仲行一：第 38 回応用物理学関係連合講演会講演予稿集，28p-C-2 (1991)，806.
4) 西原　浩，春名正光，酢原敏明：光集積回路，オーム社 (1985)，326.
5) A. Arimoto et al.: Appl. Opt., **29**, 2 (1990).
6) R. V. Johnson, D. Hecht, R. Sprague, L. Frores, D. Steinmetz and W. Turner: Optical Engineering, **22**, 6 (1983), 665-674.
7) K. Kataoka et al.: Proc. of GRIN'85 G2.1 (1985), 103-107.
8) W. Kulke et al.: IBM J. Res. & Dev., **8**, 64 (1964).
9) T. Umeda et al.: SID 85 Digest (1985), 376.
10) H. Takatsu et al.: Japan Display'83 (1983).
11) 平根他：電子通信学会全国大会 (1986).
12) Z. K. Kun et al.: SID 28 (1987).
13) S. Tomita et al.: SPSE The 6th Int. Congress on Advances in Non-Impact Printing Technologies (1990), 760-767.
14) T. Teshigawara et al.：同上 (1990)，746-759.
15) A. Takahashi et al.: SPSE The 5th Int. Congress on advances in Non-Impact Printing Technologies (1989), 323-326.

11. 光集積回路

11.1 光集積回路の基本技術[1,2]

近年,光技術および光応用システムへの要望が各方面で強くなるにつれて,光部品の小形,安定化が要求されるようになり,光集積回路技術への期待が大きくなってきた.本章では,その基本技術を概説する.

11.1.1 光集積回路の特徴

光集積回路(optical integrated circuits)とは,一つの基板の表面(近く)に屈折率のわずかに高い部分をつくって光導波路とし,これを基本にして,光源であるレーザーダイオード,および機能素子であるスイッチ,変調器など,ならびに光検出素子であるフォトダイオードを集積化することによって,全体として,ある機能をもたせるようにしたものである.そして,集積化によって,光学系の小形軽量化,安定化,高性能化をはかることを目的としたものである.

光集積回路技術の特徴は次のとおりである.

① 単一モード導波路の構成

導波路はスラブ導波路か,またはチャネル導波路が使用されるが,いずれも単一モード伝搬可能な断面の大きさをもつようにつくられる.

② 集積化による安定な光軸

光集積回路は,一つの基板上にいくつかの個別素子をつくり付けるのであるから,バルク部品で組み立てられる光学システムがもつ光軸ずれの問題がなくなり,つねに安定な光軸が保持され,したがって,振動や温度などの環境に対しても強い.これは,光集積回路の最大の利点ともいえよう.

③ 光制御が容易

単一モード導波路であるので,自由空間ビームや多モード導波路に比べて,電気光学効果や音響光学効果,熱光学効果などによる制御がうまくできる(多モードの場合には各モードを同様に制御することが困難である).

④ 低電圧動作および相互作用長の短縮

単一モード導波路のため,制御用の電極ギャップを小さくできるので,低電圧動作が可

能となると同時に，相互作用が大きくなるため，相互作用長が短くなり，デバイスの小形化につながる．

⑤ 高速動作

電極寸法が小さく，したがって，静電容量が小さくなるため，高速スイッチ，高速変調が可能となる．

⑥ 大きな光パワー密度

単一モード導波路を伝搬する光は狭い空間に閉じ込められているので，その光パワー密度は大きくすることができる．したがって，導波路材料の非線形光学効果を利用したデバイスに適する．しかし，逆に光損傷を受けやすいという欠点にもなる．

⑦ 小形，軽量

デバイスは一般に数 cm 角の薄い基板であるので，きわめて小形，軽量となる．

⑧ プレーナー加工

シリコン上の LSI デバイスのように，基板の片面側からだけのアクセスですべての加工ができるので，将来の大量生産，ひいては低価格化につながる．

11.1.2 単一モード導波路（第Ⅱ部3.1.7項参照）

導波路の寸法と屈折率分布が与えられており，その中にある波長の光波を励起したとき，伝搬可能なモードは，一般には複数個存在する．しかし，ある条件下では，高次モードがカットオフとなり伝搬できず，最低次モード1個だけが伝搬可能になる．このとき，この導波路を単一モード導波路という．単一モード導波路では，導波光の強度分布が，スラブ導波路の場合には，厚さ方向にピークが一つ，またチャネル導波路の場合には，図Ⅳ.11.1に示すように，さらに横方向にもピークが一つである．

光集積回路では，このような単一モード導波路を基本にして，種々の素子が構成される．単一モード伝搬条件およびその導波路に設計については，第Ⅱ部3.1.7項を参照していただきたい．

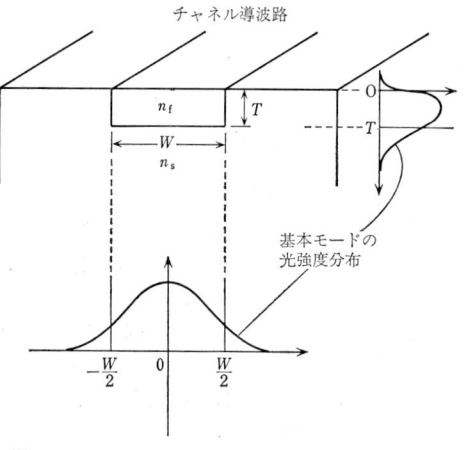

図 Ⅳ.11.1　チャネル導波路と単一モード光強度分布

11.1.3 導波路用薄膜作製技術

使用される材料の種類は多く，またそれらに適した作製法が検討されてきた．表Ⅳ.11.1は代表的な光導波路材料とそれに関連した導波路層の作製法をまとめたものである．

11.1 光集積回路の基本技術

表 Ⅳ.11.1 光導波路材料と作製プロセス

作製技術		ポリマー	ガラス	カルコゲナイド	LiNbO₃ LiTaO₃	ZnO	Nb₂O₅ Ta₂O₅	Si₃N₄	YIG	GaAs
デポジション	スピンコーティング	○								
	熱蒸着			◎						
	スパッタリング		◎	◎		◎	○			
	CVD		○				○	○		○
	重合	○								
熱拡散					◎					
イオン交換			◎		○					
イオン注入			○							○
エピタキシャル成長	LPE				○				○	○
	VPE					○				○
	MBE									○

11.1.4 パターニング技術

光 IC 中の素子作製のためのパターニングは重要な要素技術である．パターニングには，電子ビームやレーザービームを用いて，パターン化したマスクを作製し，それを導波路上に UV 光で転写する間接法と，マスクを用いないで，導波路上にコーティングしたレジストに電子ビームやレーザービームを用いて，直接パターニングする直接法がある．間接法は一度マスクをつくると，繰返し使用により，同一のパターンを得ることができるが，転写のため分解能が低下するという欠点がある．それに対して，直接法は，分解能はよくなるが，1個1個描画することが必要になる．両者の比較を表 Ⅳ.11.2 に示す．

表 Ⅳ.11.2 電子ビーム描画とレーザービーム描画の特徴

	マスク	マスクレス（直接描画）
小面積 超微細パターン	電子ビーム描画	電子ビーム描画
大面積 微細パターン	電子ビーム走査＋ステージのステップ移動	レーザービーム＋ステージの連続移動

（1）**小面積，超微細パターニング**　1mm 角程度のサイズで，約 $0.5\,\mu m$ 周期の曲線形チャープグレーティングなどの複雑な超微細パターニングの場合には，特殊設計した電子ビーム描画装置が使用される．図 Ⅳ.11.2 は，そのような装置によって走査可能なパターンの例を示す．

（2）**大面積，微細パターニング**　光 IC では，素子数が増加すると，細長く（50 mm 以上になることがある），大面積になり，マスク作製がむずかしくなる．この場合には，二つの手法があり，一つは，電子ビームで小面積を描き，ステージをステップ的に移

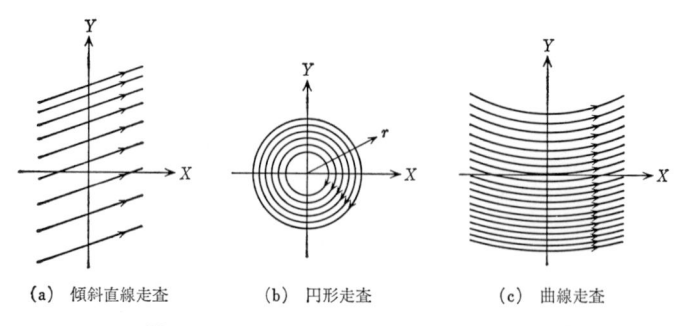

```
(a) 傾斜直線走査      (b) 円形走査      (c) 曲線走査
```

図 Ⅳ.11.2 電子ビーム描画の走査のパターン例

動させる方法であり，他は，レーザービームを固定し，ステージを連続的に移動させて描画する方法である．このような方式をもつ近年開発されたレーザービーム描画装置は描画面積 50mm 角，精度 $0.2\mu m$ の性能をもっている．

11.1.5 応用研究分野[3]

現在，研究が進行中の光 IC デバイスを大別すると次のようになる．
① 光ファイバー通信関係：高速マルチスイッチ，超高速変調器，波長多重/分波器など
② 光情報処理関係：RF スペクトルアナライザー，コリレーター，A/D 変換器，光ピックアップ，光コンピューターなど
③ センサー・計測関係：ジャイロ，位置，温度，ガスセンサー，LDV デバイスなど
④ 光源，波長変換素子関係：ダイオードアレイ，SHG 素子など

これらのデバイスについて，代表的なものを次節で解説する．

11.2 通信用光 IC

光マトリクススイッチ（第Ⅳ部 3.3 節），超高速光変調器，マイクロ波回路への応用については，該当の節を参照のこと．

マイクロ波やミリ波帯の電気信号を，いったん光波信号に変換し，さまざまな処理を施した後に，再び電気信号に戻すという，マイクロ波やミリ波帯の信号処理技術が考えられている．電気信号を光波によって搬送することで，光ファイバーの優れた伝送特性が活用され，また，最近の光アンプの急速な発展に伴って，信号の多分配や長距離伝送も，電気信号のまま行うよりはるかに容易と考えられる．

図 Ⅳ.11.3 は，その一例であり，17 GHz 帯マイクロ波光伝送の実験系である[4]．17 GHz 帯において感度のよい共振形 $LiNbO_3$ 光変調器を用いて光位相変調を行い，偏波面保存ファイバーによって 1km 信号伝送を実現している．ファイバーには，信号光と偏波面の直交する参照光とを偏波多重方式によって同時に伝送し，受端では，これら 2 光波を取り出してホモダイン検波し，原信号を再生している．この方面の応用技術は今後広く発展す

11.3 光集積 RF スペクトルアナライザー　　545

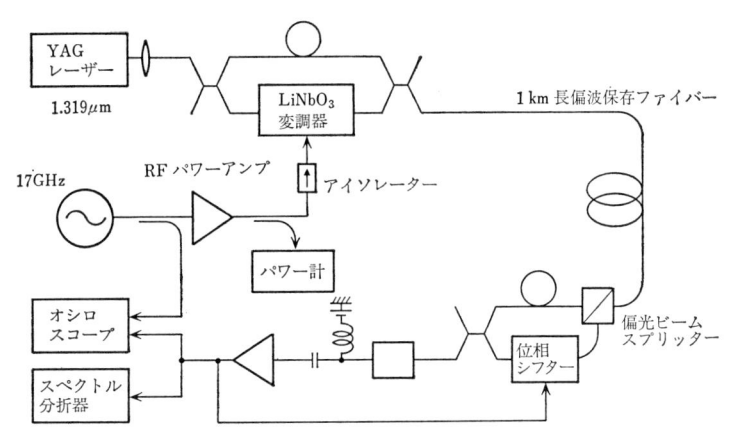

図 Ⅳ.11.3　マイクロ波伝送システムへの光変調器の応用

るものと思われる．

11.3　光集積 RF スペクトルアナライザー

　光集積 RF スペクトルアナライザー（IOSA; integrated optical spectrum analyser）は信号処理用の光集積回路の代表例であり，レーダー信号処理のための高速・実時間スペクトル分析，電波望遠鏡の信号処理などの応用が考えられ，アメリカ，欧州，日本の多くのグループにより長期間研究開発が続けられてきた．
　IOSA は図 Ⅳ.11.4 のように導波形広帯域音響光学（AO; acousto-optic）ブラッグセルと，導波光のコリメート用，フーリエ変換用の導波路レンズを集積化したデバイスで，高周波信号の周波数スペクトルを実時間分析するものである．ブラッグセルでの導波光回折角は表面弾性波（SAW）トランスデューサー電極に入力した RF 信号の周波数に比例

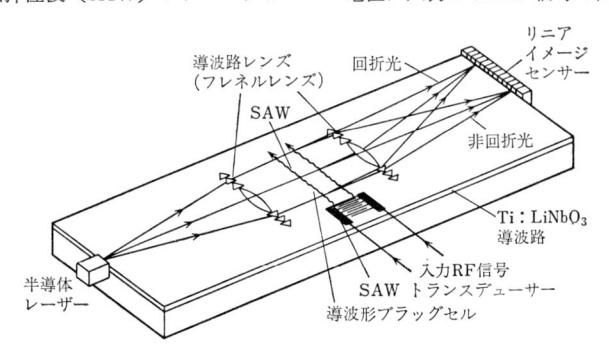

図 Ⅳ.11.4　光集積 RF スペクトルアナライザー

し，回折効率は小信号域では RF パワーに比例するので，フーリエ変換レンズの焦点面には入力信号のスペクトルに比例する光強度分布が得られ，これを検出器アレイで光電変換すればスペクトル信号が得られる．

広帯域 IOSA の導波路材料としては，高周波数域で良好な SAW, AO 特性を示す $LiNbO_3$（Ti 拡散導波路）が最適と考えられ，理論的には 1 GHz 帯域，1 MHz 分解能，1 μs 応答が可能とされている[5]．IOSA 構成上のキーコンポーネントは導波路レンズであり，これまで各種のレンズを利用したデバイスが提案・作製・評価されてきた．

アメリカを中心に開発された IOSA は，導波路面に形成した洗面器状凹曲面の測地線に沿って導波光が屈曲伝搬することを原理とするジオデシックレンズを用いたデバイスである．全集積化[6〜8]やこれまで最高のダイナミックレンジ（>40dB）[7]，最高の分解能 (2.7MHz)[8] はこの種の IOSA で達成されており，最も完成度の高い信号処理用光集積回路と考えられる．しかし，ジオデシックレンズの作製には特殊な装置による超精密機械的切削加工が必要なため量産に適さず，また焦点距離の精密制御が容易でなく分解能劣化が生じやすいなどの欠点がある．

ジオデシックレンズ使用 IOSA の問題点を解決するため，擬似周期構造による導波光回折でレンズ作用を実現する各種の回折形レンズを用いた IOSA の研究が行われた．回折形レンズは電子ビーム描画とプレーナ技術で作製でき，高効率化は容易でないが，焦点距離・集光特性はほとんど平面的パターンのみで決まるので精度達成が容易であるという特徴がある．

図Ⅳ.11.4 は導波路フレネルレンズを用いた IOSA である[9]．フレネルレンズは，レンズ形状にパターン化した Si-N 膜をマスクとして，選択的にプロトン交換を行い Ti: $LiNbO_3$ 導波路内の屈折率を変化させることにより作製される．これらの IOSA のブラッグセルには電子ビーム直接描画作製の傾斜指チャープトランスデューサーが採用され，この2チャネルアレイでこれまでの IOSA で最高の周波数帯域 1 GHz (0.3〜1.3 GHz 域) が達成されている[10]．また，外部検出器を用いた実験で 2〜4 MHz の分解能が得られる．

光検出器を含めた準モノリシック集積化が可能な Si 基板導波路を用いた IOSA の研究も行われている．$As_2S_3/SiO_2/Si$ 導波路や $Si_3N_4/SiO_2/Si$ 導波路に ZnO トランスデューサーを用いたブラッグセルと導波路フレネルレンズを集積化したデバイスが作製されている[11,12]．また最近は，光源を含めた全モノリシック集積化をめざした GaAs 系導波路デバイスの研究が活発化しており，これらを ZnO/GaAs 導波路に集積したデバイスで帯域 280 MHz 分解能 5.5 MHz が得られている[13]．

音響光学形以外のデバイスとしては，電気光学（EO）効果を用いた IOSA の提案や検討[14]，YIG 導波路における静磁表面波（MSSW）による光回折の利用の検討[15] などが報告されている．

11.4 情報記録・読取り用光 IC

11.4.1 光集積プリンターヘッド

データ記録には，光ビームの走査が重要であり，その走査素子である光スキャナーは光プリンター，ディスプレイ，画像読取り・変換などの画像処理システムの重要な要素である．現在はスキャナーとしてポリゴンミラーやバルク AO 偏向器などが用いられているが，光集積化により高効率化・小形化の可能性があり，研究されている．

図 Ⅳ.11.5 に光集積プリンターヘッド（IOPH）の構成を示す[16]．IOPH は，適当なスポット幅と広い走査幅が得られるよう集光グレーティングカップラー（FGC）を長焦点化したデバイスで，光源またはブラッグセルにビデオ信号を加えてラスターを輝度変調し，感光フィルムやゼログラフィー感光ドラムの上に画像をプリントする．LiNbO$_3$ 導波路と焦点距離 15cm の FGC を用いた場合，理論的には 30mm の走査幅，1000 程度の分解点数が実現可能である．焦点距離 10cm の試作デバイスで走査幅 7mm，分解点数 100 の動作が得られている．

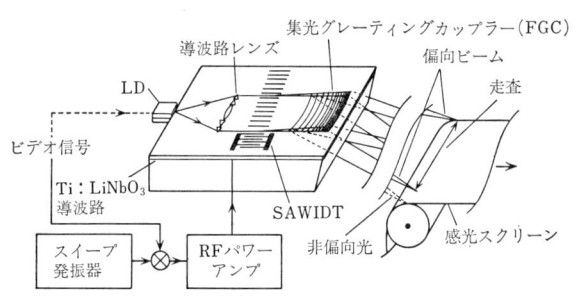

図 Ⅳ.11.5 光集積プリンターヘッド

このような AO ブラッグセルのプリンターへの応用では，偏向角と分解点数の拡大が重要課題である．2段セルによる2回回折を利用した広角化が検討されており，入出力グレーティングカップラー（GC）をもつ偏向器が作製され，外部レンズ使用で偏向角 11.8°，分解点数 1500 が達成されている[17]．

導波形 AO セルは光情報処理機器のための各種レーザー用強度変調器としても多くの応用があるが，入出力結合効率の面で問題があった．LiNbO$_3$ 導波路用 GC はこれまで高効率が得られていなかったが，理論解析により非ブレーズ化 GC でも 90% 程度の効率が実現可能なことが明らかになり，改善が進んでいる．この種のデバイスの性能は近く実用レベルに達するものと期待される．

11.4.2 光集積ディスクピックアップ

（1）構造　光ディスクに代表される高密度光情報の読取り用光デバイスはマイク

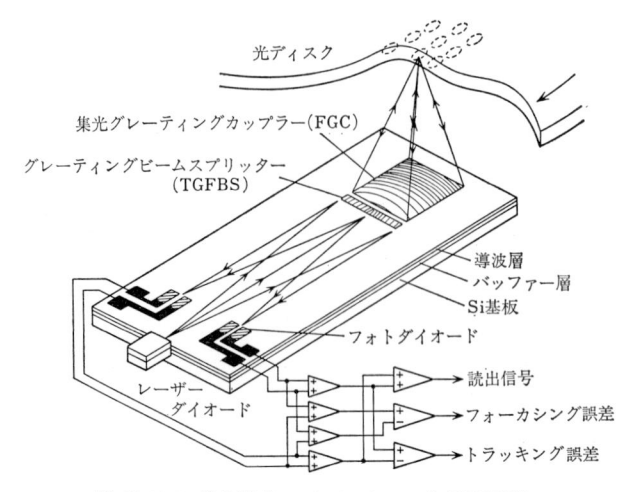

図 Ⅳ.11.6 光集積ディスクピックアップ (IODPU)

ロオプティクスを用いてすでに完成されているが，小形・高性能化と生産性改善をめざして光集積回路化の要求が高まっている．図Ⅳ.11.6 はコンパクトディスク（CD）などの読出し専用ディスクのための光集積ディスクピックアップ（integrated-optic disc pickup device; IODPU）を示す[18]．IODPU はピックアップの光学系を全集積化したもので，ディスクからの反射に応じた読取り信号と，フォーカシング/トラッキングサーボのための誤差信号を出力する機能をもっている．集積化の具体的構成を最初に示したものであり，提案以来，同じ IODPU またはキーコンポーネントである集光グレーティングカップラー（FGC）の研究が国内外の数グループで行われている．

光導波路内に設けた周期構造すなわちグレーティングは一種のホログラフィック光学素子であり，プレーナー技術で作製できるので集積化に適するとともに，波面変換・位相整合を中心とした多くの機能・複合機能を実現できるので広範な応用可能性がある[19~21]．

IODPU は，Si 基板ガラス薄膜導波路に，集光グレーティングカップラー（FGC），グレーティングビームスプリッター（TGFBS），フォトダイオードを集積して構成される．FGC は導波光の入出力に多用されるグレーティングカップラーを変形したもので，周期が $0.6\,\mu m$ 程度のチャープ（周期変化）曲線群パターンをもち，入出力と集光の機能を果たす．半導体レーザー（LD）からの発散導波光は FGC でディスク上に集光され，反射光が再び導波路内に結合される．

TGFBS はツインのチャープグレーティングであり，戻り光の波面を2分割し，光軸をブラッグ回折による偏向で分離し，弱いレンズ作用で二つの検出点に集光する．このような複合機能をもたせたグレーティング素子を用いることにより，素子数最小化とデバイス構成の簡単化を図っている．PD は 2 検出点のそれぞれの両側に各 2 個が Si 基板表面に

設けられている.導波光を効率よく PD に結合するため,基板と導波路層間の SiO₂ バッファー層をテーパ状にして導波層が Si 表面に漸近する構造となっている.

(2) 動作原理 読取り信号は 4 個の PD の光電流の和で得られる.フォーカシング誤差検出はフーコー法の原理によるものであり,図Ⅳ.11.7 のようにディスクが遠方にずれると FGC の結像特性により戻り光が検出点前方に集光されるので内側の PD に大きな光電流が流れ,ディスクが近方にずれると逆の状態になる.したがって外側・内側の PD の光電流の差をとれば誤差信号が得られる.トラッキング誤差検出はプッシュプル法に基づいている.IODPU は LD-FGC 線に関して左右対称であるので,誤差がなければ対称関係の PD に等量の電流が生じるが,誤差発生により光波の対称性が崩れるため,対称 PD の光電流の差をとることにより誤差信号が得られる.

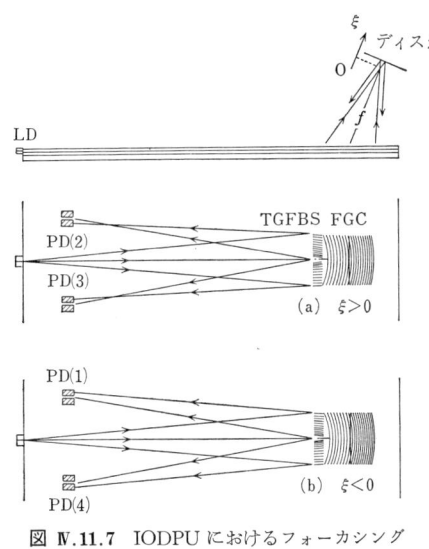

図Ⅳ.11.7 IODPU におけるフォーカシング誤差検出の原理

(a) 超分解特性: ピックアップ (PU) の光学的総合特性は読取り応答で記述・評価できる.IODPU は,集光を FGC による回折で実現している,離散性を示す導波モードを利用している,光軸が折曲がっており軸対称性をもたない,矩形開口である,など通常のレンズ使用 PU と異なる特徴をもつため,特異な応答を示す.導波モードの離散性を考慮した回折理論による解析で,IODPU の応答特性は,ピット幅方向の分解能に関しては通常の PU と同様であるが,ピット長方向の分解能に関しては導波モード離散性に起因するフィルター効果のため共焦点光学系と等価になることが明らかにされた.すなわち IODPU は検出器の前にスリットを挿入したレンズ光学系と等価である.また,この半共焦点特性と指数関数形瞳関数による高空間周波数域増強効果のため超分解特性を示し,通常の PU に比べて小さな開口で必要な読取り性能を実現できることが明らかになった[22].

(b) 製作と動作確認: IODPU の作製は,Si 基板への PD 作製,熱酸化 SiO₂ バッファー層形成,ガラス導波路層,Si-N グレーティング層の堆積,FGC/TGFBS の電子ビーム (EB) 描画と反応性イオンエッチング (RIE) 転写などのプロセスで行われる.回折限界集光特性を得るための FGC パターン精度要求は非常に厳しく,精密製作の努力が続けられている.

これまで IODPU の実験で,集光スポットサイズ $1.4\times1.5\,\mu m^2$(回折限界値 $1.2\times1.3\,\mu m^2$)およびフォーカシング/トラッキング誤差信号の確認,などがなされている.スポッ

トサイズが限界値に完全に達していないのは，わずかな FGC パターン作製誤差，導波路パラメーター誤差，LD 波長誤差による収差と，導波路光散乱の効果の累積によるものと思われる．

(3) **課題** IODPU の本質的な問題点は，波長分散の大きな FGC を集光素子として用いているので，LD に戻り光によるモードホッピングや多モード発振などの波長不安定が生じると動作不能に陥ることである．DFB-LD，干渉形 LD，複合共振器 LD などのモード安定化 LD の応用による解決が望まれる．

一方，導波路を用いた集積化 PU には上記の IODPU のほかにこれを変形した種々の構成が可能である．IODPU の導波路と LD の間を光ファイバーでリンクした光源分離形 IODPU は，可動部の超小形軽量化が可能で高速化に有利であり，ファイバー-LD 間にアイソレーターを挿入して波長不安定の問題を除去できる特徴がある．また，書換え可能な高密度メモリーである光磁気（MO）ディスクでは，読取りには磁気カー効果による微小な偏光回転を検出する必要があるが，FGC の偏光分離機能を利用して読取りデバイスを構成することができる[23]．

11.4.3 並列光情報読取り用光集積ディスクピックアップ

これは IODPU の考えを並列情報読取りデバイスに発展させたものである．

(1) **構造と設計** 図Ⅳ.11.8 に光カード形式の配列光メモリーを一次元並列に読み出す光集積 PU の概念図を示す[24]．Si 基板ガラス導波路に線集光グレーティングカップラー（LFGC），分波・結像導波路グレーティング（BSIG）および PD アレイを集積して構成されている．半導体レーザー（LD）光で励振された発散導波光は LFGC で回折され直線状に集光される．線上の配列光メモリーからの反射光は，同一 LFGC の逆結合により再び導波路内に導かれる．BSIG のレンズ作用により，一次元配列情報は，PD アレイ上に結像（拡大投影）され同時に読み出される．

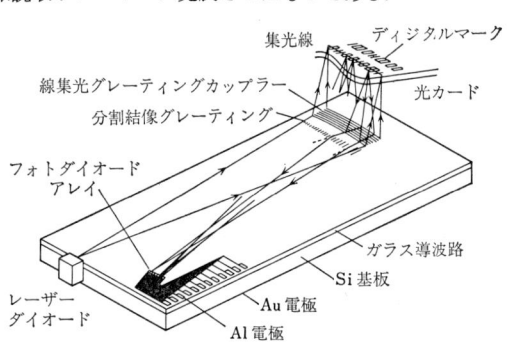

図 Ⅳ.11.8 光情報並列読出し用光集積デバイスの構成

LFGC は発散導波光を空間円柱波に結合するように設計される．したがって，出力結合においては無収差光学系であり，一様な光強度の集光ラインが得られる．再入力結合における入射波は，配列光メモリーからの反射光であり，情報を含んだ複雑な波面を有しており，同一 LFGC では導波光に完全結合はしない．すなわち，配列光メモリーのサイズが小さくなると，LFGC のフィルター効果により光情報が失われることに留意しなければならない．したがって，デバイス設計においては RMS 波面収差の見積りが重要となる．BSIG は分波機能（回折効率50%）と結像機能を合わせもたせたグレーティングで，

ブラッグ回折領域で広い受容角を得るために結合長と結合係数に分布をもたせている．

(2) 作製と動作確認 デバイスはフォトリソグラフィー，EB リソグラフィーを含むプレーナープロセスで作製できる．導波路は熱酸化 SiO_2 バッファー層に Si–N グレーティング層，Corning♯7059 ガラス導波層を堆積して構成した．PD アレイは Si 基板に pn 接合を形成して得た．導波光を pn 接合に導入するために SiO_2 光バッファー層にテーパーを設けている．グレーティング素子は EB 描画，RIE により Si–N 層を凹凸加工して作製した．LFGC はサブミクロンの周期および曲率をもち，BSIG はテーパーフレームと傾斜グレーティングパターンを有している．導波路欠陥などにより集光線内での一様性には課題が残るが，線集光作用が確認できる．また，$18\mu m \times 9\mu m$ サイズのビットセルを用いた並列読出しの基本動作が確認されている[25]．

11.5 計測用光IC

計測用光 IC を大別すると，次のようになる．

① 薄膜導波路自体がセンサーとして働くもの，または導波路上にセンサー部を設けたもの．この例として LN 導波形干渉計を用いた温度センサーが提案されて以来，圧力，変位，速度などさまざまなタイプの光 IC が報告されている[26]．

② センシング部として，たとえば，光ファイバーを用い，信号処理光学系（通常は干渉光学系）を一つの基板上に集積したもの．この光学系は振動などに対してきわめて安定であり，光 IC の重要な応用対象である．

この節では，上記②の代表例を紹介する．

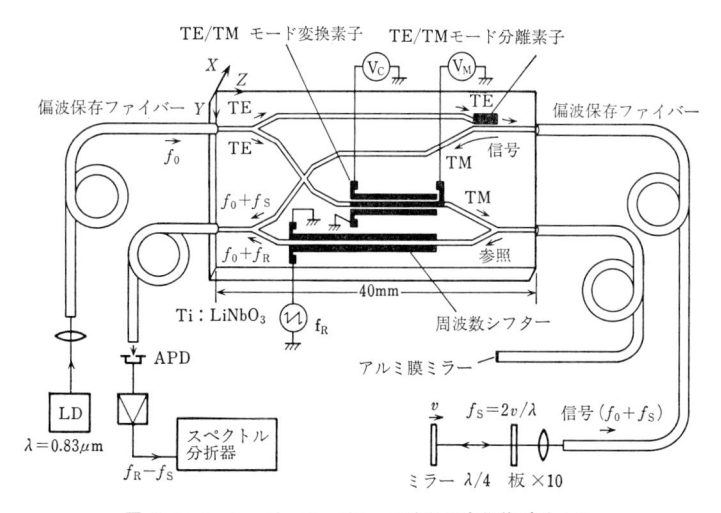

図 Ⅳ.11.9 レーザードップラー速度計用光集積デバイス

11.5.1 レーザードップラー速度計

　レーザードップラー速度計測法は移動物体の速度計測をする標準的な方法であるが，光学系が複雑であるため，光学軸ずれに悩まされる．その意味でも，この光学系の集積化はきわめて有用である．

　一般に光導波路中には，二つの直交モードが存在するので，導波路に接続するファイバーとしては，偏波保存ファイバーが用いられる．これに伴って，マッハーツェンダー干渉計には，物体の移動方向を識別するための素子に加えて，半波長板と偏光ビームスプリッターが組み込まれる．図Ⅳ.11.9はその代表例である[27]．

　LN 光 IC 設計上の重要なポイントは基板結晶の選択である．可視光あるいは $0.8\,\mu m$ 帯の近赤外光領域において，LN の異常光線を導波モードとして利用すると光損傷が起こり，数十 μW 程度の低入力光パワーレベルで Ti 拡散導波路自体の屈折率が変化する．この光損傷を避けるために，図Ⅳ.11.9 の構成では，基板に Z 軸伝搬 LN を用い，TE, TM モード波がともに常光線になるようにしている．この場合，LN の最も小さな電気光学定数 r_{22} を用いて導波光を制御することになるので，以下に述べる素子の電極長が 10 mm を越え，光 IC の全長は 40mm になる．この反面，TE, TM モードの伝搬定数差が小さいので，櫛形電極を必要とせず，容易に高効率のモード変換が行えるという利点がある．

　このデバイスの構成は，単一モード Ti 拡散導波路幅を $4\,\mu m$ とし，マッハーツェンダー干渉計の二つのアームを交差させたものである．この導波路に沿って，必要な光機能素子が配置されている．まず，周波数シフターとして，セロダイン形周波数シフターを採用しているので，鋸歯状波電圧を印加するための2本の平行電極がある．また，半波長板の役割を果たす TE/TM モード変換素子として，両モードの伝搬定数差補償と結合係数調整のための3電極素子がある[28]．さらに，TE/TM モードスプリッターは隣接する2本の導波路幅が $0.2\,\mu m$ 異なる非対称方向性結合器にアルミ膜を部分的に装荷したものである．この先にコア径 $5\,\mu m$ の偏波保存ファイバーが接続されている．

　光源は出力 30mW，波長 $0.83\,\mu m$ の半導体レーザー（LD）である．この LD の可干渉距離はたかだか 30cm 程度なので，導波路の参照光アームに，測定用ファイバーとほぼ同じ長さのファイバーを接続し，その一端にアルミ蒸着ミラーを付けて，LD の低コヒーレンスを補償している．

　光 IC を作製するうえでのポイントは，幅 $4\,\mu m$ の導波路を全長 40mm にわたって 0.1 μm 精度でパターニングすることである．これには，この目的で開発されたレーザービーム描画装置[29]を使用している．また，ファイバーの接続には，端面ブロック装荷法が採用されている．両者を樹脂で固定した後の結合効率は60%以上である．さらに，LD および APD と基板とが偏波保存ファイバーを介して結合されている．この光 IC を用いて移動鏡の速度計測を行い，SN 比が 20dB 以上で速度検出が行えることが確認されている．

　上述の光 IC をもとにして，セロダイン周波数シフターと光スイッチを集積化した導波

11.5 計測用光IC

形干渉計に2本のファイバーを接続した，時分割二次元速度計測用光ICも提案・試作されている[30]．これらのデバイスでは，ドップラーシフト周波数の測定範囲はセロダイン周波数シフターに印加する鋸歯状波電圧のフライバック時間によって制限され，たかだか数MHzである．この制限を除くために，Z軸伝搬LNに適した構造の偏光干渉形周波数シフター（1.6GHz）が提案され，これを組み込んだLDV用光ICが報告されている[31]．

11.5.2 ファイバージャイロ（第V部6.5節参照）

サニャック効果を利用したファイバージャイロは最も実用化に近いセンサーの一つである．ファイバージャイロの光集積化については，初期のころ，ZカットLN基板に位相変

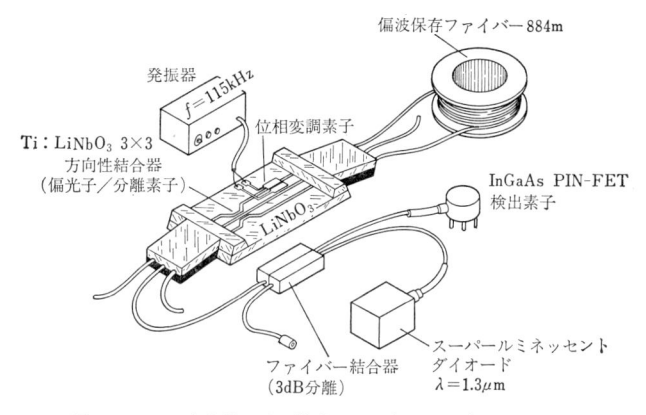

図Ⅳ.11.10 光集積回路で構成された光ファイバージャイロ

調素子，偏光子，3dBカップラーを含むすべての光学系を集積化した光ICが提案された．しかし，最近は，偏光子と位相変調素子の部分をTi拡散LN基板上に集積し，これにファイバー形3-dBカップラーを接続したタイプが主流であり[32,33]，図Ⅳ.11.10はその一例である[34]．さらに，わが国では，LN位相変調素子を組み込んだ閉ループ形のファイバージャイロの実用化が進められている[35]．

11.5.3 OTDR

光ファイバーの途中にきずや破断点がある場合に，その位置や大きさを測定する方法にOTDR法がある．OTDRとは，optical time-domain reflectometerの略であり，ファイバーの一端から光パルスを入射し，反射光パルスの戻り時間とそのレベルなどを測定する装置である．装置近端や互いに近接した複数の反射点の情報を得るためには，反射光パルスが戻ってきた時間にのみ開く光スイッチが必要となる．通常，音響光学形光スイッチが使われるが，数m以内での測定を可能にするには，切替え速度数ns以下のより高速の光スイッチで，かつ偏光依存性のない，そしてクロストークの小さい光スイッチが要求される．

図Ⅳ.11.11は，一つの基板上にTE/TMモード方向性結合器を2段集積化することに

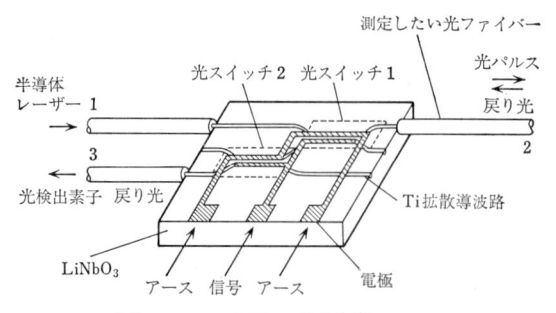

図 Ⅳ.11.11　OTDR 用光集積スイッチ

より，実現された OTDR 用光スイッチを示す[36]．各スイッチエレメントの長さは 19mm，導波路幅および導波路間隔は 9 μm である．挿入損失 3.4dB，クロストーク −34dB 以下，切替え速度 2ns の実用上十分な性能が得られている．このデバイスは，最近，駆動回路が付加し，実用的な LN 光スイッチとして開発され，光 IC デバイスとしては，初めて実用装置に組み込まれた貴重な例である．　　　　　　　　　　　　　　　［西原　浩］

参考文献

1) 西原　浩, 春名正光, 栖原敏明：光集積回路，オーム社 (1985).
2) H. Nishihara, M. Haruna and T. Suhara: "Optical Integrated Circuits," McGraw-Hill, New York (1989).
3) 西原　浩編：レーザ研究, **19**, 4 (1991).
4) T. Mizouchi et al.: Tech. Digest of OEC '90 (1990), 146.
5) M. K. Barnoski, B. U. Chen, T. R. Joseph, J. Y. Lee and O. G. Ramer: IEEE Trans Circuit Syst., **CAS-26** (1979), 1113.
6) D. Mergerian, E. C. Malarbey, R. P. Pautienus, J. C. Bradley, G. E. Marx, L. D. Hutcheson and A. L. Kellner: Appl. Opt., **19** (1980), 3033.
7) D. Mergerian, E. C. Malarbey, R. P. Pautienus: Int. Conf. Integrated Opt. and Optical Fiber Commun. (IOOC '83), Tokyo (1983), 30 B 3-6.
8) M. Kanazawa, T. Atsumi, M. Takami and T. Ito: IOOC '83 (1983), 30 B 3-5.
9) T. Suhara, S. Fujiwara and H. Nishihara: Appl. Opt., **25** (1986), 3379.
10) T. Suhara, H. Nishihara and J. Koyama: IOOC '83, (1983), 29 C 5-5.
11) T. Suhara, T. Shiono, H. Nishihara and J. Koyama: J. Lightwave Tech., **LT-1** (1983), 624.
12) S. Valette, J. Lizet, P. Mottier, J. P. Jadot, S. Renard, A. Fournier, A. M. Grouillet, P. Gidon and H. Denis: Electron. Lett., **19** (1983), 883.
13) Y. Abdelrazek, C. S. Tsai and T. Q. Vu: IEEE J. Quantum Electron., **QE-22** (1986), 861.
14) L. Thylen and L. Stensland: IEEE J. Quantum Electron., **QE-18** (1982), 381.
15) D. Young and C. S. Tsai: Appl. Phys. Lett., **53** (1988), 1696.
16) T. Suhara, N. Nozaki and H. Nishihara: Proc. Europ. Conf. Integrated Opt., Glasgow,

(1987), 119.
17) 羽島正美，野崎信春，砂川 寛，後藤千秋，飯島俊雄，神山宏二：信学技報，**OQE 88-139** (1989).
18) S. Ura, T. Suhara, H. Nishihara and J. Koyama: IEEE J. Lightwave Tech., **LT-4**, 7 (1986), 913-918.
19) T. Suhara and H. Nishihara: IEEE J. Quantum Electron., **QE-22**, 6 (1986), 845-867.
20) 栖原敏明，西原 浩：レーザー研究，**19**, 4 (1991), 344-353.
21) T. Suhara and H. Nishihara: Proc. SPIE, 1136 (1989), 92-99.
22) 栖原敏明，西原 浩：光学，**18** (1989), 92.
23) T. Suhara, H. Ishimaru, S. Ura and H. Nishihara: Trans. IEICE, **E73**, 1 (1990), 110-115.
24) S. Ura, Y. Furukawa, T. Suhara and H. Nishihara: J. Opt. Soc. Am. A, **7** (1990), 1759-1763.
25) S. Ura, M. Shinohara, T. Suhara and H. Nishihara: Technical Digest of Int'l Symp. Opt. Memory '91, October 1-4 (1991).
26) 各種の LN 光 IC は次の文献中でまとめられている．光協会編「光技術動向調査報告書 V」2.4.3 光 IC 応用計測（春名著）3 月 (1989).
27) H. Toda, M. Haruna and H. Nishihara: J. Lightwave Techno., **LT-5** (1987), 901.
28) M. Haruna, J. Shimada and H. Nishihara: Trans. IECE of Japan, **E69** (1986), 418.
29) M. Haruna, S. Yoshida, H. Toda and H. Nishihara: Appl. Opt., **26** (1987), 4587.
30) H. Toda, K. Kasazumi, M. Haruna and H. Nishihara: J. Lightwave Techno., **LT-7** (1989), 364.
31) M. Haruna, T. Yamasaki, H. Hirata, H. Toda and H. Nishihara: OFS '90, Proc. 113, Sydney, Dec. (1990).
32) W. J. Minford, F. T. Stone, B. R. Youmans and R. K. Bartman: SPIE, **1169** (1990), 304.
33) T. Findakly, S. Lane and M. Baramson: SPIE, **1169** (1990), 413.
34) W. J. Minford, R. De Paula and G. A. Bogert: OFS '88, FBB2, New Orleans, Jan. (1988).
35) A. Kurokawa, K. Kajiwara, N. Usui, Y. Hayakawa, M. Haruna and H. Nishihara: OFS '89, Proc. 107, Paris, Sept. (1989).
36) Y. Tanigawa, T. Aoyama, R. Ishikawa, M. Kondo and Y. Ohta: IGWO '88, TuC3, Santa Fe, March (1988).

12. 実装技術

12.1 ハイブリッド光実装

12.1.1 ハイブリッド光実装の役割

　光デバイスや光装置の実現には，多様な能動・受動素子を組み合わせることが要求される．単一のモノリシック技術ですべての要求をカバーすることは困難であり，ハイブリッド光実装（hybrid optical packaging）技術が重要である[1]．

　モノリシック技術が圧倒的優位にあると思われがちな電子デバイス分野においても，機器の小形，軽量，薄形化の堆進には，モノリシック半導体IC自身の高集積化に加えてハイブリッドICやSMT（surface mounting technology）方式による表面実装部品のプリント板への組込みなどのハイブリッド実装技術の果たしてきた役割は大きい[2]．シリコンの役割が大きい電子デバイスと異なり，ガラス，化合物半導体，誘電体結晶，光磁気材料などの多彩な材料を組み合わせることが要求される光エレクトロニクスデバイスの今後の発展にとってハイブリッド光実装技術の役割はよりいっそう大きいといえる[3]．

　比較的大規模な光装置は，図Ⅳ.12.1に示すように階層をなして構成されると考えられる．ハイブリッド光実装に関係深い技術開発方向としては，チップ，モジュール，ボードの各レベルに対応して

① ハイブリッド集積化
② モジュール化
③ オンボード化

をあげることができ，これらの開発方向は相互に関連し合っている．

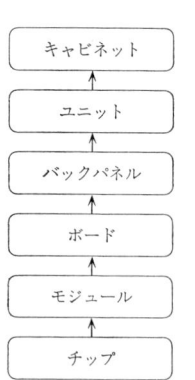

図 Ⅳ.12.1　光装置の階層構成

　ハイブリッド集積化はプレーナー技術の活用により平面基板上に光導波路や異種光材料素子を複合化し光デバイスの小形化，安定化，量産化を図る試みである．

　モジュール化は，複数の素子を使いやすい単位にユニット化あるいはブロック化するものである．組合せの自由度が大きく，これまでに半導体レーザーモジュール，光合分波器

モジュールなどの数多くの実績がある．現行の光システムを支えているのは，これらの光モジュール群である[4]．

オンボード化は，チップやモジュール形態をなるべく標準化し平面ボード上に装着することによって多様な光回路需要に対応する試みである．

モジュール化については，デバイス機能別に別章で触れられているので，以下本節では，ハイブリッド集積化とオンボード化の技術動向について紹介する．

12.1.2 ハイブリッド集積化

ハイブリッド集積化の代表例は，シリコン基板上のハイブリッド光集積構想である．シリコン基板 (Si ウェーハ) の優れた機械的特性，化学安定性，熱伝導性，量産性，微細加工特性等に着目して，シリコン基板をハイブリッド光集積や光実装のベースとする構想は，

- hybrid optical integration on silicon,
- hybrid optical packaging on silicon,
- silicon optical bench,
- silicon optical motherboard,
- silicon optical waferboard,

などの呼称で，比較的小規模な半導体レーザーモジュールのレベルからフルウェーハシリコン基板を用いる光インターコネクション分野までにわたり幅広い検討が進められている[5~7]．

一例として波長多重用送受信モジュールの構成例を図 IV.12.2 に示した[8]．シリコン基板上の石英系多モード光導波路を中心として干渉膜フィルター，微小ミラー，半導体レー

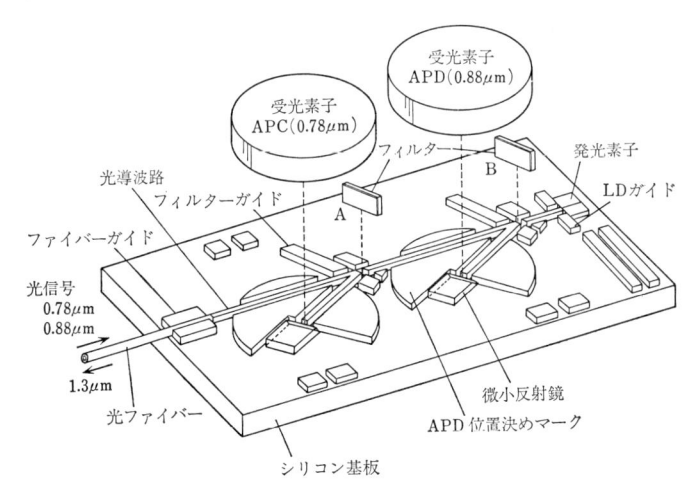

図 IV.12.2 Si 基板上の導波路形ハイブリッド光集積：波長多重光送受信モジュール

ザー，フォトダイオードが複合化されている．シリコン基板は半導体レーザーチップのヒートシンクとしての役割も兼ねている．類似の構成は単一モード系でも試みられている[9]．単一モード系では干渉膜フィルターの代わりに単一モード光導波路自身で構成された方向性結合器形フィルターやマッハ-ツェンダー光干渉計形フィルターを用いることが可能である．

シリコン基板上の所定位置に正確に光素子を配置するために，図Ⅳ.12.2では位置合せ用ガイド溝が設けられている．ガイド溝としてシリコン基板の異方性エッチングにより形成したV溝構造を用いることもある[5]．また，はんだバンプ技術を適用して光素子チップを所定位置に精密に配置する方法（flip-chip bonding）も試みられている[7]．光素子チップを搭載する代わりに化合物半導体エピタキシャル成長膜を所望位置に貼り付けた後に，シリコン基板上で光素子へと微細加工する方法（epitaxial lift off）も研究されている[10]．シリコン基板上に直接化合物半導体膜をヘテロエピタキシャル成長させ半導体レーザー素子へと加工する方法も研究途上にあり，将来の材料ハイブリッド手法として期待されている．

より簡便なハイブリッド集積化形態として，図Ⅳ.12.3の断面図のように"導波板"上に面形の受発光素子を搭載し，導波板内での光線の多重反射を利用し受発光素子を連結する方法が提案されている[7,11,12]．必要に応じて導波板（通常はガラス板）の所望箇所に，光線の分配や集光や分割を行うためのマイクロレンズやグレーティングが設けられる．本方法は三次元光導波路の形成を必要とせず，簡易な光インターコネクションや小形光データバスの構築に用途を見出すと期待される．

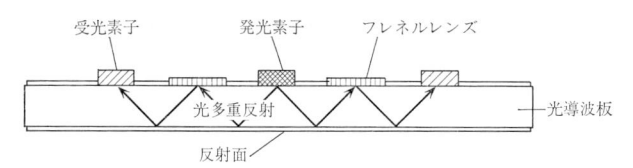

図Ⅳ.12.3　光配線板を用いたハイブリッド光集積[12]

12.1.3 ハイブリッド光配線

いろいろな光デバイスを組み合わせてサブシステムに構成したり，光集積回路を光ファイバーなど外部伝送系と接続するために，モジュール技術，実装技術がなくてはならない．これまで，いくつかの構成法や実装法が考案されており，ここではそれらの概要を紹介する．

（1）**光プリントボード**　図Ⅳ.12.4に示すように，ハイブリッド的な方法によって，半導体レーザーや光検出器など既存の光デバイスを連結する．基本となるのは，基板上に設けられた光導波路で，上下にも光を曲げて多くの機能をもたせる[13]．単に光導波路だけでなく，マイクロレンズやフィルターなど微小光学素子を有効に利用する．光集積回路の困難点の一つが，異種材料の集積にあるので，これを緩和しようとする処置である．実験的にも45°に光を曲げたり，三次元的に集積する試みもなされている[14]．

12.1 ハイブリッド光実装

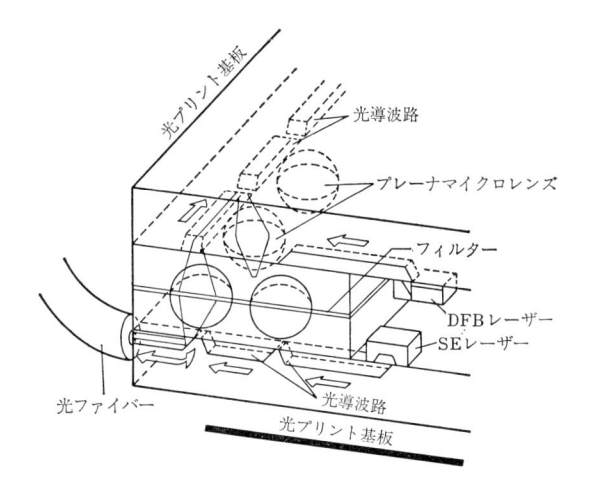

図Ⅳ.12.4 光プリント基板[13,14)]

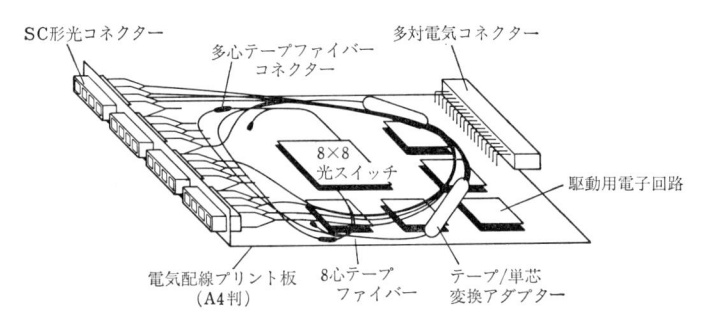

図Ⅳ.12.5 光ボードの例

光部品を光装置に組み込む場合には，適当なボード上に配置する形態をとることが多い．図Ⅳ.12.5には，現状の光ボードの例として，マトリックス光スイッチボードの構成を示した．光スイッチの入出力光ファイバー配線はA4判サイズのボードの上で余長処理を施されボード端の光コネクターアレイへと導かれている．ボードの空き領域には，光スイッチ駆動用の電子回路群がプリント電気配線上に整然と配置され，一見無秩序な光ファイバー配線と対象的である．

これまでのところボードに載せるべき光部品が比較的単純で個数も少なかったので，図Ⅳ.12.5のボード実装（光ファイバー配線）でしのいできたが，今後の光システムの拡大普及のためには，図Ⅳ.12.5に代わる将来形態のオンボード化技術の開発が望まれている．

（2）**光プラットフォーム**　光コンピューターの構成を，重い定盤の上から小形の光

プラットフォームへ移そうとするのが，図Ⅳ.12.6に示す方法である．透明基板の底面を反射面とし，光ビーム状にして斜めに伝搬させる．基板の上部は，光デバイスが配置されており，光をいろいろな目的で処理するようになっている[15]．

図 Ⅳ.12.6　光プラットフォーム[15,16)]

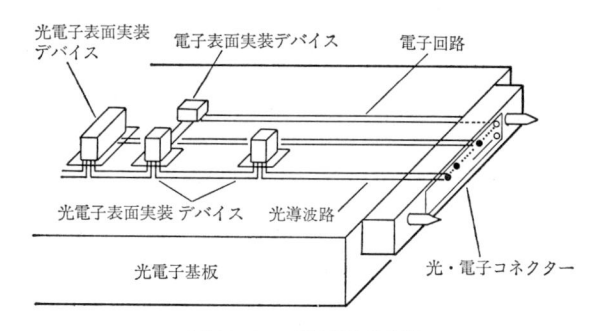

図 Ⅳ.12.7　光表面実装[17,18)]

面発光レーザーと組み合わせたり，画像の変換・処理が試みられている[16]．光を斜めに伝搬させるので，偏波依存性がでる，斜めのレンズ特性の収差などが問題になろう．

（3）　光表面実装　図Ⅳ.12.7に示すのは，光表面実装法（O-SMT）で，エレクトロニクスにおける表面実装を光の領域に適用しようとするものである[17]．光プリント板と同じく，平面状の基板に光導波路をつくり，個別の光デバイスを実装する．エレクトロニクス関連の集積回路は基板上に集積できる．ここでも，セルフォックレンズなど微小光学素子をハイブリッド的に組み合わせることもできる．実験的に光の 45°出射が試みられている[18]．

光プリント板材料としては，プリント板がカード程度の大きさの場合は，シリコン基板を用いることも考えられるが，A4判程度の大きさを目指すには樹脂板，ガラス板，セラミック板を採用する必要がある．この光プリント板構想はボードレベルでのハイブリッド集積化とみなすこともできる．

図Ⅳ.12.7のような光プリント板を実現するには，大面積基板への低損失導波路の形成に加えて，ハイブリッド集積に適した光素子形態の工夫，光導波路と光素子との結合，高密度光コネクターの構造，バックパネルとの接続などの難題が山積している．今後，光プ

リント板構想を現実のものとするには，各技術課題の突破努力とともに，開発投資を支える大量の光システム需要を育てることが必要である． [伊賀健一・河内正夫]

参考文献

1) 光実装技術全般については，「微小光学と実装技術」微小光学特別セミナーⅧ資料，石垣記念ホール (1990).
2) 本多：電子材料，1988年5月号，14-23.
3) 芳野：光量エレ研究会資料，OQE 91-62 (1991).
4) M. R. Matthews, B. M. Macdonald and K. R. Preston: IEEE Trans. Comp., Hybrids, Manufa. Technol., CHMT-13 (1990), 798-806.
5) G. E. Blonger: Tech. Digest LEOS '90, OE 12.1/ThWW 1, Boston, Nov. (1990).
6) R. A. Boudreau: Tech. Digest LEOS '90, OE 12.2/ThWW 2, Boston, Nov. (1990).
7) J. W. Parker: J. Lightwave Technol., **9** (1991), 1764-1772.
8) M. Kawachi, M. Kobayashi and T. Miyashita: Proc. IGWO '86, FDD 5, Atlanta, Feb. (1986).
9) C. H. Henry, G. E. Blonder and R. F. Kazarinov: J. Lightwave Technol., **7** (1989), 1530-1539.
10) W. K. Chan, A. Yi-Yan and T. J. Gmitter: IEEE J. Quantum Electron., **27** (1991), 717-725.
11) R. A. Linke: IEEE Photon, Technol. Lett., **3** (1991), 850-852.
12) J. Jahns: Tech. Digest MOC '91, K 1, Yokohama, Oct. (1991).
13) Y. Kokubun, T. Baba and K. Iga: IECE Nat'l Conv. Rec., 309 (1984).
14) Y. Kokubun, T. Baba and K. Iga: Electron. Rec., **21**, 1 (1985), 508.
15) J. Jahns: Optical Complex Systems (1990).
16) J. Jahns: 3rd Microoptics Conference, Yokohama (1991).
17) 内田禎二，益田好律，本望　宏：信学全大，C-263 (1991).
18) T. Uchida, Y. Masuda, M. Akazawa: ECOC '91, Paris (1991).

12.2 積層光集積回路

12.2.1 積層光集積回路の原理

上で述べた問題点を解決できそうな方法として，図Ⅳ.12.8に示すように平板マイクロレンズを利用して二次元アレイ状の光学素子を積層することにより，所望の機能を二次元アレイ状に一括して構成する積層光集積回路[1～3]がある．各単位光回路は，これまで，個別レンズを用いて実現されてきたさまざまな光回路が二次元ないし一次元アレイとして集積できる．また，必要に応じて積層後，個別素子として切り出すことにより光回路の大量生産が可能となる．この光回路には次のような特徴がある．

① 同一のものを規格化して大量生産できる．

② 個々の素子が決められたピッチ間隔で平板上に配列してあるため，積層するとき軸が互いに合っており光軸合せも一度ですむ．

③ 光回路の特徴である異なる材料（ガラス，誘電体膜，金属，電気光学結晶，磁気光

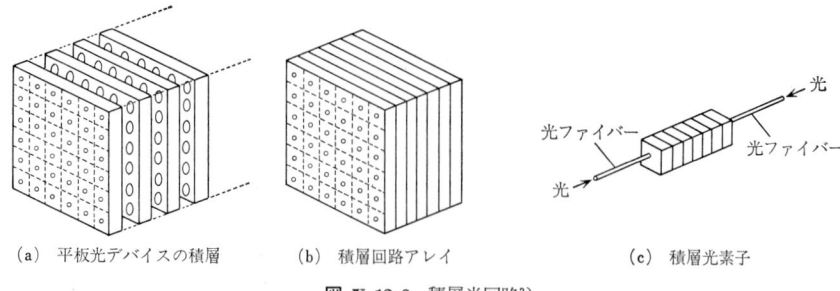

図 Ⅳ.12.8 積層光回路[3]

(a) 平板光デバイスの積層　(b) 積層回路アレイ　(c) 積層光素子

学結晶など）の組合せが積層により可能となる．
④　光ファイバーとの結合に光軸合せなしの構成が可能である．
⑤　多モードファイバー用と単一モードファイバー用の構成が同じである．
⑥　光の偏波方向によっても，ほとんど特性が変化しない．

12.2.2　構　成　法

図 Ⅳ.12.9 に微小光学素子の基本系を示す[3]．図（a）は，同軸結像系で，発光素子とファイバーかファイバーどうしの結合回路を形成する．平板マイクロレンズを用いて，2×2ファイバー結合アレイが試作され，50 μm コア径の分布屈折率ファイバーを用いた実験で，損失 0.5dB（10％の損失）と小さな値が得られている．また，LED からの光をファイバーに結合させたところ，直接接続に比べて 3.3dB の結合効率が改善された[4]．さらに，CCD と組み合わせて感度向上に利用することや[4]，ビームスプリッターを用いた反射形同軸結像系を構成して光コンピューティングへの応用としてマッチドフィルターの製作[5]も試みられている．図（b）は，異軸結像

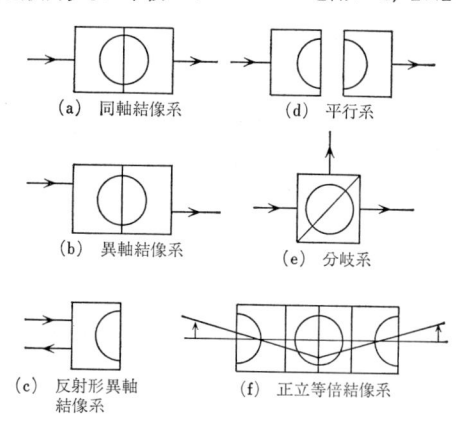

(a) 同軸結像系
(b) 異軸結像系
(c) 反射形異軸結像系
(d) 平行系
(e) 分岐系
(f) 正立等倍結像系

図 Ⅳ.12.9　微小光学素子の基本系[3]

系で，光源は光軸から離れた位置に置かれ，分岐回路，多重分岐回路，方向性結合器，スターカップラーなどに利用できる．図（c）は，反射形異軸結像系で，多重分岐回路，タップ，スイッチなどに適する．図（d）は，平行系で，中間で偏光，フィルタリングなどの処理を行うことにより，分岐挿入回路，方向性結合器，減衰器，スイッチ非相反回路などが構成できる．また，ほぼ半球状のレンズを利用することにより，図（e）の分岐光学系が構成できる．図（f）に示すような正立等倍結像系を構成して良好な結像特性が確認されているので，モノリシックな二次元画像の正立等倍変換が可能となる．

12.2.3 必要なプレーナーデバイス
（1） 平板マイクロレンズ　　大量生産性と光軸合せの簡単化を目指して，プラスチックにおける拡散重合法[6]とガラスにおけるイオン交換拡散法[7]を用いて1979年に初めて図 Ⅳ.12.10 のような軸方向と半径方向の両方向に屈折率が分布する平板マイクロレンズが実現された．電界を印加することによりイオン交換を著しく促進させる電界移入法[8]と製作工程の簡単なイオン交換拡散法によってレンズが製作されている[9]．

ガラス基板にマスクを付けた後にフォトリソグラフィーの手法により直径百 μm 前後の円形窓を設け，溶融塩につけてイオン交換により屈折率分布を

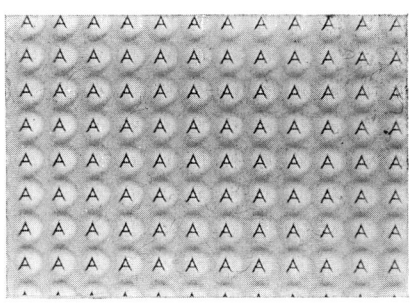

図 Ⅳ.12.10　平板マイクロレンズとその結像

形成する．数時間電界を印加して直径 0.9mm，焦点距離 2mm，開口数 NA=0.23 のレンズができる．この値は通常の NA≈0.2 の多モードファイバーからの光を受光するのに十分な値である．さらに，このレンズを背中合せに2枚積層すると焦点距離 1.8mm，NA=0.38 となる．この値は市場で入手可能なロッドレンズの NA に近い．このレンズに波長が 0.633 μm の He-Ne レーザー光を通して集光させたところ，スポット径約 3.8 μm とほぼ回折限界に近い値が得られている．半導体レーザーからの出射光を受けるには NA=0.5 程度が必要であるが，特別のガラス基板により 0.54 まで増大させることができる[10]．さらに収差を小さくして単一モードファイバー用や光ディスク用にも考えられなくはない．また，レンズの間隔も直径とほぼ同じにできるので，0.01～2mm 間隔のレンズアレイが二次元的にでき，ちょうどトンボの複眼のような光コンポーネントも考えられる．

このほか，微小レンズアレイの製作法として，プラズマ CVD 法により SiO_2 と Si_3O_4 の混合物を，ガラス基板上に掘った半球状の穴に堆積させる方法が報告されている[11]．この場合，屈折率差 $\Delta n=0.5$ であり高 NA レンズが期待できる．また，光化学反応可能なガラス基板を用いたレンズの報告もあり[12]，種々の方法による試みが活発になってきた．

（2） 面発光レーザー　　これに対して，もともとから二次元アレイ状にレーザーを並べるのが面発光レーザーの考え方である[13]．基板表面と垂直にレーザー光を出射する面発光半導体レーザーが以下に示す特徴をもっているが，1977年ごろからその研究が開始された．その後，面発光のレーザーの研究は近年多くの研究者により精力的に進められつつあり，光エレクトロニクスの主要な学術会議においてもセッションを占めるに至っている．1991年以降，いくつかの研究機関でいろいろな面発光レーザーが研究され始めた．現在研究されている面発光レーザーの構造は大きく3種類に分類できると考えられる．これらのレーザーの特徴を表 Ⅳ.12.1 にまとめる．

ここでは微小垂直共振器形面発光レーザーの研究成果を中心に紹介する．面発光レーザ

12. 実装技術

表 Ⅳ.12.1 面発光レーザーの種類[1]

1. 垂直共振器	2. 水平共振器	3. 曲がり共振器
	回折格子	曲がり導波路
	45°反射鏡	45°反射鏡

一の最初のモデルは，共振器を単に化学的にみがいた基板の表面と成長表面とに金属をつけただけの反射鏡で形成しており，GaInAsP系で77Kにおける発振は1979年に初めて観測された．その後，室温動作には吸収をもつ基板を取り除くことが本質的に必要であるということを明らかにして微小垂直共振器形面発光レーザーの研究を開始した．しかし，面発光レーザーは活性領域長が，$2 \sim 3 \mu m$ と短いため，低しきい値化のためには，レーザー反射鏡の高反射率化が不可欠であり，また，活性層での電流狭窄機構のない従来構造では活性層内で約 $30 \mu m\phi$ の電流広がりが生じ，低しきい値化が阻まれる．そこで，しきい値電流の低減のため円形埋込み構造と高い反射率を与える誘電体多層膜反射鏡を導入した．また，活性領域をさらに微小化することにより，直径 $6 \mu m$，共振器長 $7 \mu m$ のマイクロ

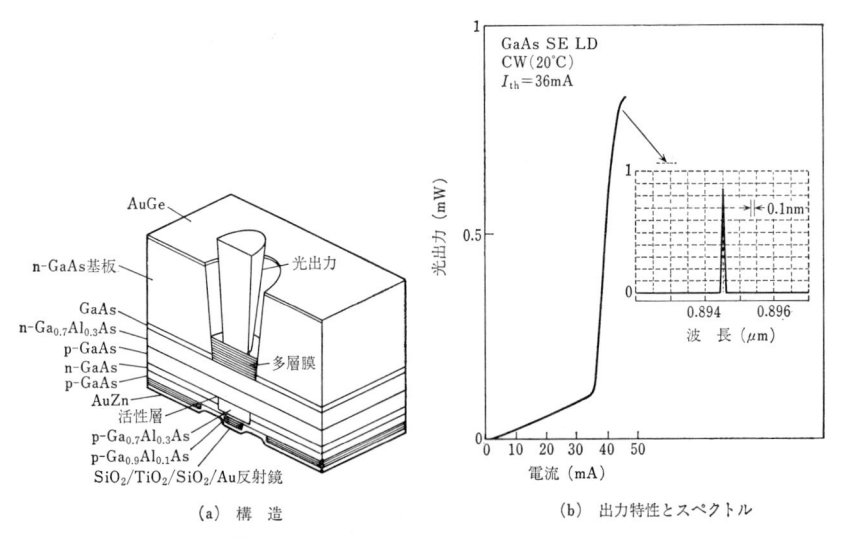

(a) 構造　　　　(b) 出力特性とスペクトル

図 Ⅳ.12.11 室温連続動作した面発光レーザー[1]

構造 GaAlAs/GaAs 面発光レーザーが実現できた．得られたレーザー特性として，室温パルス動作（6 kpps, 1 μs）のもとでしきい値電流は 6 mA であり，しきい値の 3.3 倍までの単一モード動作を確認した[14]．

これまで，面発光レーザーは，主に，液相成長法を用いて製作されてきたが，平坦性，層厚制御性および量産性に優れた結晶成長法である有機金属気相成長（MOCVD）法を用いれば，たとえば，組成の異なる半導体薄膜を周期的に組み合わせた半導体多層膜反射鏡の形成が容易であり，レーザー共振器を結晶中に内在させた DBR や DFB 構造が可能となる[15]．MOCVD 法を用いて製作した面発光レーザーによって 1988 年に初めての室温連続動作を得た[16]．そのデバイス構造と I-L 特性を図 Ⅳ.12.11 に示す．

次に，二次元レーザーアレイにすることを考えてみると，微小垂直共振器構造ではレーザー単体当たりに要する面積はおよそ 10 μmϕ であり共振器長 300 μm 程度のほかのレーザーと比較して面内配置の自由度が大きい．また，ほかのデバイスとの結合を考えると，ビームの広がり角 5 度程度の円形の鋭いビームが得られる微小垂直共振器構造が最も高い結合効率が得られると考えられる．また，図 Ⅳ.12.12 に示すような 1 μm 以下の微小な共振器を 3 μm 間隔に並べた光ゲートアレイあるいは短パルスレーザーアレイもおもしろい試みである[17]．非線形エタロンとして光コンピューターを目指している．

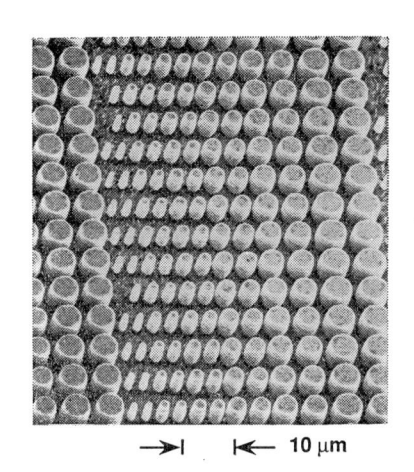

図 Ⅳ.12.12　微小面発光レーザー[15]

（3）面発光レーザーとその積層化　これまで，面発光レーザーの反射鏡としては Au 蒸着膜，誘電体多層膜などが用いられてきたが，この場合，基板をエッチングにより除去して短共振器構造を形成するプロセスが必要であるほか，面発光レーザーに光変調器などのほかの半導体光デバイスを積層集積する場合障害となる．これに代わる反射鏡として，異なる組成の半導体を 1/4 波長厚みで交互に積み重ねた半導体多層膜反射鏡が考えられる．すでに，DFB 面発光レーザーについては水平方向からのキャリヤー注入の実験あるいは光励起の実験が報告されている．

DBR 面発光レーザーの実現を目的として，厚さ 3 μm の活性層を，p 形および n 形にドープした 15 対の $Ga_{0.9}Al_{0.1}As$/AlAs 多層膜でクラッドした形式が提案された[15]．この組成は多層膜での光吸収を避けるためと各層での屈折率差を最大にとるように選定してある．成長したウェーハの SEM 断面写真を図 Ⅳ.12.13 に示す．多層膜の周期は 1600 Å である．多層膜反射鏡の反射率スペクトル測定より，GaAs 系面発光レーザーの発振波長に相当する波長 0.87 μm で最大反射率 97% が得られている．不純物をドープした半導体多層膜により，99% 以上の高反射率と電流の注入が同時に達成できることが明らかとな

図 Ⅳ.12.13 面発光レーザー用半導体多層膜（AlAs と GaAlAs の λ/4 厚の多層膜）

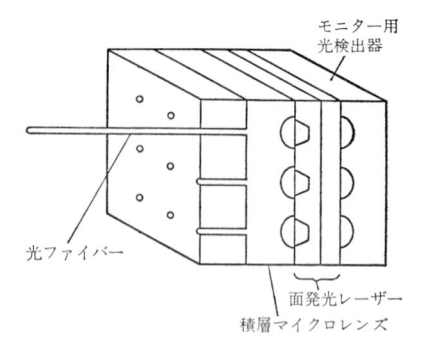

図 Ⅳ.12.14 面発光レーザーを基本とする集積化

った．このウェーハを用いて DBR 形面発光レーザーを製作し，通常の誘電体反射鏡で得られるよりも低いしきい値を得た[15]．

（4）**光機能素子** さらに，最近の MOCVD や CBE などの薄膜成長技術の研究進展を考えると，MQW（多重量子井戸），MQB（多重量子障壁）などにより，数千 cm^{-1} といったきわめて高い利得や電子の高効率閉じ込めが期待できる．さらに面発光レーザーを基本として，垂直方向に光デバイスを継続集積できるので図 Ⅳ.12.14 のような三次元積層光集積回路の実現も夢ではない．アレイ状の光ファイバーとの連係もおもしろい．

一方，いろいろな機能をもつ光デバイス，たとえば量子構造を利用する光変調器，スイッチ，しきい値デバイス，増幅器などを，モノリシックに積層集積する技術は，面発光レーザーと関連して重要になってこよう．この場合，MOCVD，MBE，CBE などの極薄膜半導体結晶成長技術がキーとなってくる．この場合，積層する各デバイス間の光分離が問題であるが，現在の技術だけでは解決がむずかしい．ただし，磁気半導体のモノリシックな積層による光アイソレーターの実現などが必要であるが，未開拓といってよい．

（5）**シリコンウェーハ上への積層** シリコン（Si）の集積回路としてのポテンシャルを生かして，Si 上への Ⅲ-Ⅴ 属半導体のエピタキシーが研究されている．たとえば，Si 基板上への GaAs 系レーザーの製作，また，最近では Si 基板上への GaInAsP レーザーの成長が MOCVD 法などによって試みられている．このような異種材料のエピタキシャル成長は，異なる機能の複合化の点から興味深い．

また，Si 上への光デバイス集積も重要な将来技術である[18]．ARROW 形光導波路[19]は Si 基板上に薄いバッファー層で，かつ厚い活性層の単一モード導波路ができることから興味ある形式として注目されている．

12.2.4 将来の応用システム

（1）**並列多重通信** ここでは，ペタビット（Peta b/s）（Peta＝10^{15}）の PCM ディジタルシステムを想定して，その可能性を探る．光通信の実用化も進み，加入者系への適

用,さらに Tb/s 程度の PCM システム大容量化も検討されている.しかし,現在の 4 kHz 帯域の電話から,約 100 MHz の帯域を必要とする高精細 TV が通常のベースとなれば,トランク伝送路の帯域は少なくともその比 25000 倍だけ大きくなければいけない.現在の最高速 PCM の等価アナログ帯域が 5 GHz とすれば周波数にして 1.25×10^{14} Hz,すなわち Pb/s 程度の PCM ディジタルシステムが対応する(P は Peta = 10^{15}).

まず,送・受・中継器に用いる最高速のエレクトロニクス周波数限界としてアナログ周波数で 10 GHz を期待して 2 チャネルを収容する.並列・多重方式で残りの 25000 倍をいかに実現するかが問題となる.この答を見つけるのがこれからの課題となろうが,ここでは一つの試案を提供したい.

ここで,例として,波長 1.55 μm 帯の低分散光ファイバーを使用した 10 GHz を 1 チャネルとして並列・多重方式を考える.すなわち,この波長帯の波長幅 0.1 nm は 12.5 GHz に対するので,1 nm ごとに 20 波程度の波長多重を考えるのはさほど困難ではない.このとき,中心波長 1.55 μm に対して 20 nm の帯域(比帯域=13%)の使用率は未だ 1/10 である.したがって,周波数多重あるいは時間多重はオプションとして残る.次に,625 チャネル程度の空間多重を行う.

次に,必要なデバイスの可能性について考えてみる.このように多くのチャネルを並列・多重する場合,用いるデバイスの超小形化,集積化がキーポイントとなる.その一つの解決策として二次元並列デバイスの考え方が参考となろう.すなわち面発光レーザー形デバイスと積層光集積回路および高速 VLSI 併用である.

面発光形光デバイスはいま述べた並列・多重方式に必須の構成法と思われ,逆に面発光形光デバイスができなければこの方式は実現がむずかしそうだ.そこで,面発光形光デバイスの特徴についてまとめてみると以下のようになる.

① 偏波面依存性が小さい.
② 二次元アレイ化が可能.
③ 結合効率が大きくとれる(ビームモードで単一・多モードファイバーと相いれる).

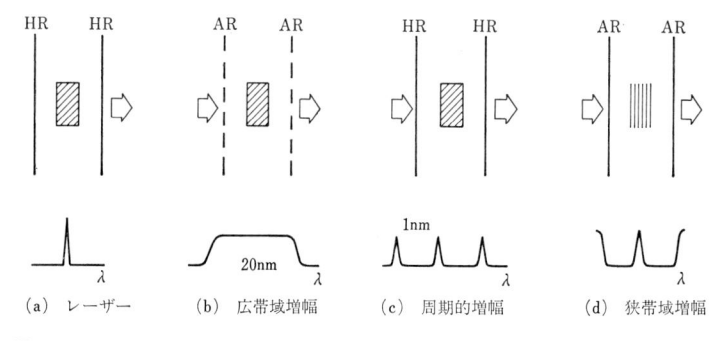

(a) レーザー (b) 広帯域増幅 (c) 周期的増幅 (d) 狭帯域増幅

図 Ⅳ.12.15 面発光レーザー形デバイスの構成法.HR:高反射率,AR:反射防止膜

④ 積層集積が可能.

受動形積層光集積回路の構成法についてはすでに提案したので，ここでは能動形デバイスのエレメントについて図Ⅳ.12.15に示す．これらの組合せで周波数可変，増幅，スイッチング，フィルターなどの機能が実現できると期待される．ただし欠点としては，光利得や光路長変化量が小さいこと，交換デバイスがつくりにくいことなどがあげられるが，量子井戸・超格子構造の導入や立体回路構成が手助けになろう．なお，最大の問題はLSIと同じく素子間の結合をいかに能率よく行うかにあり，三次元的な光配線の考え方が必要となる．

（2）光ディスク　微小光学素子を最も巧みに利用してシステムを構成し，かつ産業規模に発展しつつあるが，ますます光ピックアップの小形化がなされつつある．そこでは，半導体レーザー短波長化とマルチビーム化，マイクロレンズの軽量化，面発光レーザーの利用，グレーティングレンズを複合化した集積形ディスクピックアップなどが進歩するであろう[20]．

（3）光電子機器　コピーマシーンにも，多くのマイクロレンズをアレイ状にして1対1の正立実像系を構成するものもある[21]．これと同じ働きをするものに折返し反射鏡を用いるものも考えられている．また，平板マイクロレンズを用いて，正立等倍結像系を構成して良好な結像特性が確認されている．平板マイクロレンズを用いることによりモノリシックな二次元画像の正立等倍変換が可能となる．逆に，レーザープリンターでは，レーザー光を変調して信号を文字に変える高速プリンターとして発展中である．

カメラにおいてもオートフォーカス機構はマイクロオプティクスの例としてあげられる．いろいろな方式が提案，実用になっているが，アレイレンズによって焦点ずれが検出され，焦点が自動制御されるものがある．その他，レーザーや光ファイバーを使う光波利用センシングなどこれから発展の兆しを見せている．

（4）並列光情報処理へのアプローチ　光コンピューティングは並列処理が期待できることから，将来の演算システムとして期待されている．これには，①TSEコンピューター[22]，OPALS[23]などの全光演算，②光ニューロコンピューターが研究されているが，③並列演算用のLSIと連結した光チップ，あるいは，光ヘッドの考え方が有効であろう．すなわち，二次元画像の認識，処理を光の段階でできるだけこなし，LSIによる並列演算と組み合わせるとおもしろい．

これから発展が予想される並列光情報処理の分野に対して，対処すべきハードウェアについて考えてみる．多くの光コンピューターに関する研究がなされているが，短時間のうちに，現在の最高速コンピューターに比肩するようなマシーンが実現できるだけのハードウェアが提供できるとは思えない．その前に，図Ⅳ.12.16のような画像認識や並列処理を行う光ニューロコンピューターのベクトル演算デバイスの集積化が試みられている[24]．しかし，あまり光に機能的なことを期待せず，たとえばニューロコンピューターのフロントヘッドとして光の並列性を主に利用することなどが実際的ではなかろうか．並列マイクロオプティクスレンズとマッチドフィルター[25]を用いる画像認識処理などの研究が進ん

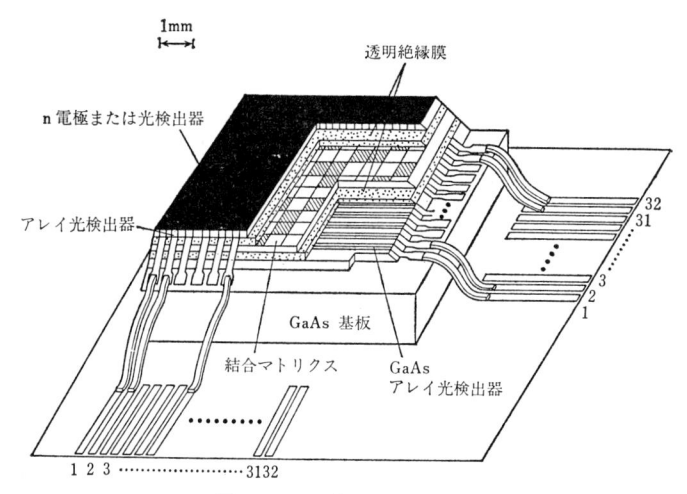

図 Ⅳ.12.16 光ニューロチップ

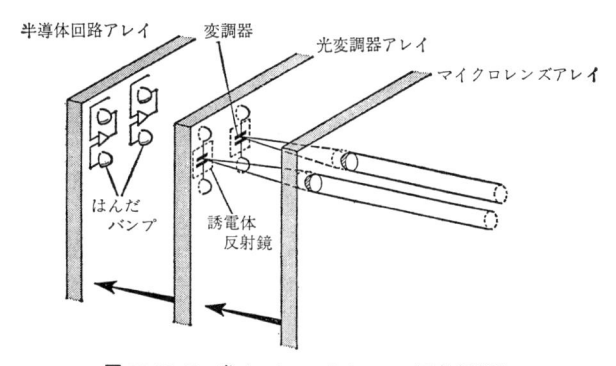

図 Ⅳ.12.17 光インターコネクション用光変調器

でいる．

(5) **光インターコネクション**　光技術のもう一つのおもしろい発展が光によるLSI-チップ間あるいは回路-ボード間の接続にあると考えられる．すなわちLSIの集積度が大きくなってくると，デバイス間の配線が極度に複雑になってくる．そこで，高速の光伝送を応用して簡単かつ高速化しようというもので，ホログラムによるもの，直接光通信を行うものなどが考えられている．W. Stewartによる光インターコネクションを目指す図Ⅳ.12.17のようなSi/PLZTの光変調器は後者に属し，共通の光源を用いて光を並列に伝送しようとする目的でつくられた[25]．変調速度は遅いものの，実用的な並列デバイスができたという．

[伊賀健一]

参考文献

1) 伊賀健一: 応用物理, **55** (1986), 661.
2) K. Iga, Y. Kokubun and M. Oikawa: Fundamentals of Microoptics, Academic Press/Ohm, New York (1984).
3) K. Iga, M. Oikawa, S. Misawa, J. Banno and Y. Kokubun: Appl. Opt., **21** (1982), 3456.
4) 及川正尋, 根本浩之, 浜中賢二郎, 奥田栄次: Microoptics News, **6** (1988), 19-24.
5) M. Agu and A. Akiba: Digest of 1st Microoptics Conference, F7 (1987).
6) M. Oikawa, K. Iga and S. Sanada: Electron. Lett., **17** (1981), 452.
7) M. Oikawa, K. Iga, T. Sanada, N. Yamamoto and K. Nishizawa: Jpn. J. Appl. Phys., **20** (1981), L296.
8) K. Iga and S. Misawa: Appl. Opt., **25** (1986), 3388-96.
9) X. Zhu, K. Iga and S. Misawa: Sixth Topical Meeting on Gradient-Index Optical Imaging Systems, B3 (1985).
10) S. Misawa, M. Oikawa and K. Iga: Appl. Opt., **23** (1984), 1784-86.
11) G. D. Khoe, H. G. Kock, J. A. Luijendijk, C. H. J. van den Brekel and D. Küppers:
12) N. F. Borrelli and D. L. Morse: 4th Top. Meet. Gradient-Index Opt. Imaging Systems (1983), D1.
    ECOC, **7**, 6 (1981), 1-4.
13) K. Iga, F. Koyama and S. Kinoshita: (Invited) IEEE J. Quant. Electron., **QE-24**, (1988), 1845.
14) K. Iga, S. Kinoshita and F. Koyama: Electron. Lett., **23** (1987), 134.
15) T. Sakaguchi, F. Koyama and K. Iga: Electron. Lett., **24** (1988), 928.
16) F. Koyama, S. Kinoshita and K. Iga: 2nd Optoeectronic Conference (OEC), PD-4 (1988).
17) J. L. Jewell, A. Scherer, S. L. McCall, A. C. Gossard and J. H. Englich: Appl. Phys. Lett., **51** (1988), 94.
18) T. Miyashita, K. Fujita and T. Inokuchi: Digest of 1st Microoptics Conference, F7 (1987).
19) Y. Kokubun, T. Baba and K. Iga: Electron. Lett., **21** (1985), 508.
20) S. Ura, T. Suhara and H. Nishihara: Digest of 1st Microoptics Conference, H3 (1987).
21) I. Kitano: JARECT, Optical Devices and Fibers, Ohm, **5** (1983), 151.
22) D. Schaefer and J. Strong, III: Proc. IEEE, **65** (1977), 129.
23) Y. Ichioka and J. Tanida: Proc. IEEE, **72** (1984), 787.
24) J. Ohta, M. Takahashi, Y. Nitta, S. Tai, K. Mitsunaga and K. Kyuma: Optics Letters, **14** (1989), 844.
25) W. J. Stewart: Digest of 1st Microoptics Conference, F7 (1987).

13. 受光デバイス

13.1 受光デバイスの分類と特徴

　光のエネルギーを電気エネルギーまたは熱エネルギーに変換する機能を有するデバイスが受光素子である．本章ではその中で最も一般的な前者の光電変換機能をもつ受光素子について概説する．受光素子をその光電変換の原理から分類すると，物質に光を照射したときに物質内部に電子等のキャリアが生成される効果，すなわち内部光電効果を利用したものと，照射した光のエネルギーによって物質の外部の真空中に電子が放出される効果，すなわち外部光電効果を利用したものに大別される．内部光電効果によるものは，光が照射される物質としてもっぱら半導体が用いられており，後述するように種々のフォトダイオード等にその原理が用いられている．一方，外部光電効果によるものは，光電子増倍管がその代表例である．図 Ⅳ.13.1 にこれらの効果による各種の受光素子を示す．内部光電効

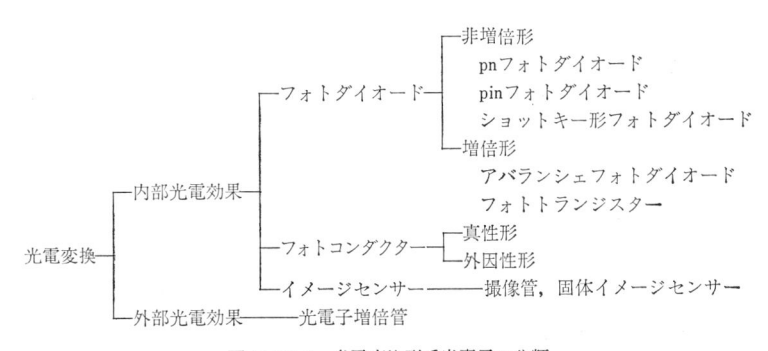

```
                                   ┌─ 非増倍形
                                   │    pnフォトダイオード
                   ┌─ フォトダイオード ─┤    pinフォトダイオード
                   │                 │    ショットキー形フォトダイオード
                   │                 └─ 増倍形
         ┌─ 内部光電効果 ─┤                      アバランシェフォトダイオード
         │        │                             フォトトランジスター
光電変換 ─┤        ├─ フォトコンダクター ─┬─ 真性形
         │        │                     └─ 外因形
         │        └─ イメージセンサー ───── 撮像管，固体イメージセンサー
         └─ 外部光電効果 ──── 光電子増倍管
```

図 Ⅳ.13.1 光電変換形受光素子の分類

果を利用するもののなかで，フォトダイオードは，半導体内部の光起電力効果によるものであり，光照射下において，半導体内部に発生する起電力を利用して電流を外部回路に流し，光信号の検出を行っている．素子内部で利得を有するか否かによって，増倍形，非増倍形の各種のフォトダイオードが存在する．フォトダイオードは，一般に高速で光電変換

効率も優れているため,光通信用の検出器や光パワーメーターのセンサー等,変調された光の検波や光強度の測定等に利用されている.

フォトコンダクターは光導電効果を用いており,光励起によって生じたキャリアにより導電率が増加するという導電率の変調現象を利用して光信号を検知している.一般にフォトダイオードよりも低速で感度も良くないが,外部よりフォトコンダクターを構成する物質中に不純物を導入して,光波長数 μm の中赤外光から 10 μm 以上の遠赤外光を検知できるようにした素子(外因性形)や,不純物の導入のないもの(真因性形)では,可視光から中赤外領域を検出できる素子等,幅広い波長領域の光を検出できるものが作製されている.

イメージセンサーは発光パターンを二次元の画像情報として得ることを目的とした素子で,電子管による撮像管と半導体のみで構成された固体イメージセンサーがある.後者の固体イメージセンサーは,光センサー部にはフォトダイオードアレイが用いられており,光電変換の原理としては上述の内部光電効果によるものであるが,画像化するために信号の読み出しを行う走査回路とフォトダイオードアレイが一体化されている.

外部光電効果の代表である光電子増倍管は,光電変換部である光電面での光電変換効率は内部光電効果型の半導体受光素子よりも劣るが,光電面の背後に二次電子放射効率の高い電子増倍電極を有しており,非常に高い利得が得られることが特徴である.このため極微弱光の光強度計測等にもっぱら利用されている.

13.2 フォトダイオード

フォトダイオードにおいて受光が可能となる基本的要件は,照射された光が半導体内部で吸収されることである.図Ⅳ.13.2に光励起による半導体内部の最も基本的なキャリア生成過程を示す.光が吸収されるためには,光のエネルギー $h\nu$ が半導体のバンドギャップエネルギー E_g より大きいことが必要である.この関係を光の波長 λ で表すと,照射光の波長 λ が式 (13.1) を満足する場合のみ光の吸収が可能となる.

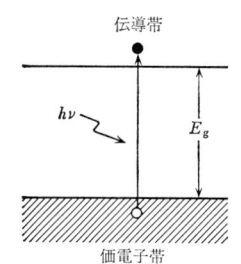

$$\lambda(\mu m) < \frac{1.24}{E_g(\text{eV})} \quad (13.1)$$

図 Ⅳ.13.2 半導体内部の基本的なキャリア生成過程(●電子,○正孔)

$1.24/E_g$ より長い波長の光は透過してしまう.式 (13.1) を満足する場合には,照射光のエネルギーを得て伝導帯,価電子帯におのおの電子および正孔が生成される.生成された電子・正孔対が受光素子の光電流となり光電変換が達成される.

半導体内部で光が吸収される度合いは吸収係数 α とよばれ,式 (13.2) の関係が存在する.

$$I = I_0 e^{-\alpha x} \quad (13.2)$$

ここに I_0 は半導体表面（$x=0$）での入射光強度，I は半導体内部の距離 x の点における光強度を表す．吸収係数 α は長さの逆数の単位をもち，通常 cm^{-1} で表される．図Ⅳ.13.3 に代表的な半導体の吸収係数の光波長依存性を示す[1]．InPやGaAs等の直接遷移形の材料では，吸収端とよばれるバンドギャップエネルギー付近から，吸収係数の急激な立ち上がりがみられる．一方，Ge, Si 等の間接遷移形の材料では，立ち上がりは比較的緩やかであるが，直接遷移形，間接遷移形いずれの場合でも，曲線が十分立ち上がったところでは，$10^4 cm^{-1}$ 前後の値を有することがわかる．これらの材料の吸収係数の値は，使用波長に対して，フォトダイオードの動作層の厚みを決定する基本的なパラメーターである．

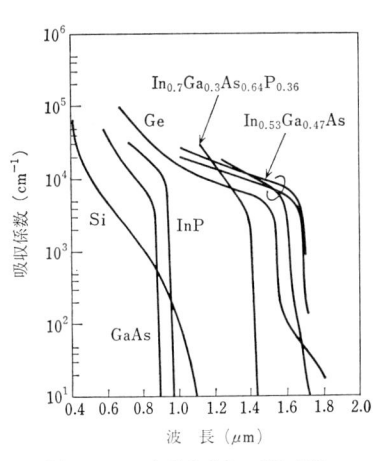

次項 13.2.1 から 13.2.5 では構造による分類に従って，各種のフォトダイオードについて概説する．

図 Ⅳ.13.3 各種半導体の吸収係数の光波長依存性[1]

13.2.1 pn フォトダイオード

pn フォトダイオードはフォトダイオードの最も基本的な形態である．図Ⅳ.13.4(a)～(c)にその構造の模式図，バンド構造，電界分布等を示す．pn フォトダイオードは図Ⅳ.13.4(a)に示すように，n 側電極にプラス電圧を印加して逆バイアス状態で使用する．図.13.4(b)に示すように，半導体のバンドギャップエネルギー E_g よりも大きなエネルギーをもつ光に応答し，光が入射すると価電子帯には正孔が，伝導帯には電子が励起される．これらの光励起によって生じた電子や正孔のキャリアは，外部電界またはpn接合中の内部電界によって，おのおの電子はn側へ，正孔はp側に輸送される．これによって生じた光起電力効果によって外部回路に光電流が流れ信号が検出される．pn フォトダイオードの基本特性は，光電変換効率，周波数特性，雑音等であり，以下おのおのについて概説する．

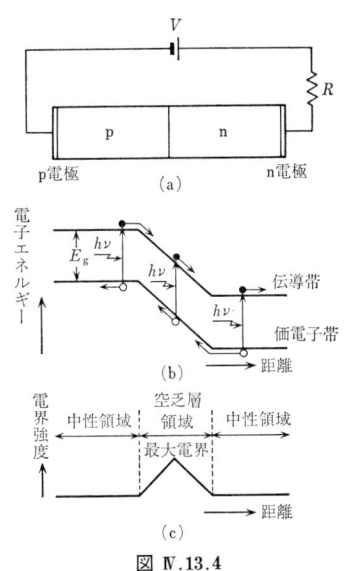

（1）光電変換効率 光電変換効率を表すパラメーターは，量子効率 η とよばれ，次の式

図 Ⅳ.13.4
(a) pn フォトダイオード構造図
(b) バンド構造（●電子，○正孔）
(c) 電界分布

(13.3)で表される.

$$\eta = \frac{I_{p0}/q}{p/(h\nu)} \tag{13.3}$$

p は入射光信号パワー,ν は入射光の振動数,h はプランクの定数,I_{p0} は素子に流れる光電流(フォトカレント),q は電荷素量である.式 (13.3) は入射したフォトンの総数 $p/(h\nu)$ のうち,何個が光電流を担うキャリア I_{p0}/q として光電変換されるかを表してい

る.図 IV.13.5 に半導体を用いた数種の pn フォトダイオードの量子効率の光波長依存性を示す[2].ある一つの材料における量子効率に着目した場合,長波長側の量子効率のカットオフは,その材料のバンドギャップエネルギーで決まっており,前述のようにバンドギャップエネルギーよりも小さなエネルギーの波長は半導体中で吸収されずに透過するため量子効率は低下する.一方,短波長側では入射光が半導体の表面近傍で吸収さ

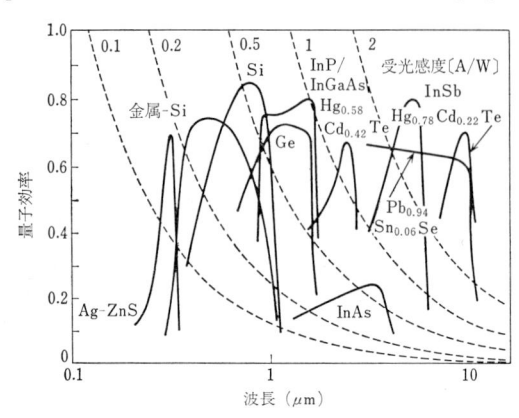

図 IV.13.5 種々のフォトダイオードの量子効率の光波長依存性[2]

れるために,生成されたキャリアは表面再結合により消滅してしまい,外部に電流として取り出すことができない.このために短波長側でも量子効率は低下する.

(2) 周波数特性 pn フォトダイオード内の電界分布は図 IV.13.4 (c) に示すように,電界の大きい pn 接合の空乏層領域と電界のない中性領域に分けられる.応答速度を決定する要因は,空乏層中ではキャリアのドリフト速度制限であり,その 3 dB 遮断周波数 f_t は近似的に式 (13.4) で与えられる[3].

$$f_t = 0.4 \frac{l}{v_s} \tag{13.4}$$

ここに,l は空乏層領域の幅,v_s は空乏層領域の高電界中のキャリアの飽和速度で,通常の半導体では 10^7 cm·sec^{-1} 程度である.一方,中性領域中ではキャリアは拡散により輸送され,拡散速度制限となる.この場合,3 dB 遮断周波数 f_{Diff} は近似的に次の式(13.5)で与えられる[3].

$$f_{\text{Diff}} = \frac{2.4 D}{2\pi L^2} \tag{13.5}$$

ここに D は中性領域中でのキャリアの拡散定数,L は拡散距離である.pn フォトダイオードでは一般に pn 接合の空乏層領域幅は短く,相対的に拡散距離の方が長いために後述する pin フォトダイオードに比べ,応答速度を決める要因としてキャリアの拡散時間の影響が大きい.

pnフォトダイオードの応答速度を決める第3の要因は，素子の容量 C と外部回路に接続される負荷抵抗 R の積，すなわち，CR時定数である．CR時定数による3dB遮断周波数 f_{CR} は式 (13.6) で与えられる．

$$f_{CR} = \frac{1}{2\pi CR} \tag{13.6}$$

f_{CR} を増大させるためには，フォトダイオードの受光面積を小さくして容量を低減することが必要である．

（3）雑音 光が pn フォトダイオードに照射されているとき，素子には光電流のほかに暗電流が流れている．暗電流は光照射がない状態での pn 接合の逆方向電流である．pn フォトダイオードが発生する雑音は，これらの電流に起因するショット雑音で，通常，雑音電流の2乗平均値 $\overline{i^2}$ により次式で表される．

$$\overline{i^2} = 2q(I_P + I_D)B \tag{13.7}$$

ここに I_P は光電流，I_D は暗電流，B はバンド幅である．このショット雑音とフォトダイオードに接続される次段の増幅器の熱雑音の和が光の受信器全体の雑音となる．

13.2.2 pin フォトダイオード

pin フォトダイオードは図Ⅳ.13.6 に示すように，p^+ 領域と n^+ 領域の間にキャリア濃度が $10^{15}\,\mathrm{cm}^{-3}$ 程度の低い i 層をはさんだ構造で，10 V 程度の低バイアス電圧でも空乏層が i 層全域に広がるように作製されている．i 層の厚みは，前述の式 (13.2) において半導体中の光の強度 I が入射光強度 I_0 の $1/e$ から $1/e^2$ になる距離，すなわち $1/\alpha\sim 2/\alpha$ 程度の厚みに設計される．光はほとんど i 層の空乏層中で吸収されるため，pn フォトダイオードでみられるような遅い拡散電流成分が排除され，pin フォトダイオードの応答速度は，空乏層領域中のキャリアのドリフト速度のみで決定される．したがって pin フォトダ

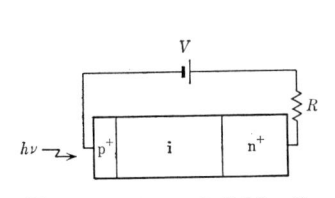

図Ⅳ.13.6 pin フォトダイオード構造の模式図

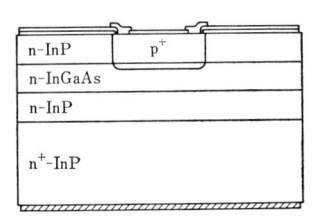

図Ⅳ.13.7 InGaAs pin フォトダイオードの構造断面図[4]

イオードは一般に応答が速く，後述のアバランシェフォトダイオードとともに光通信用の受光素子の中心的存在となっている．現在市販されている pin フォトダイオードは，光波長 0.8 μm 帯では Si pin フォトダイオード，光波長 1.3〜1.55 μm の 1 μm 帯では Ge pin フォトダイオード，InGaAs pin フォトダイオード等がある．図Ⅳ.13.7 に InGaAs pin フォトダイオードの構造断面図を示す[4]．光吸収層となる InGaAs 層の上部に 1 μm 帯光が透過する InP ウィンドウ層が設けてあるため，表面でのキャリアの再結合が排除され，80% 以上の高い量子効率が得られている．また，1 μm 帯の光に対して，InGaAs

の光吸収係数は前述の $10^4 cm^{-1}$ 程度であり，InGaAs 層の厚みは 2〜3 μm と短かいため，数 GHz 以上の高い 3dB 遮断周波数が実現されている．

13.2.3 ショットキー形フォトダイオード

金属薄膜と半導体のショットキー接合からなるフォトダイオードである．図Ⅳ.13.8(a)，(b) にそのバンド構造図を示すが[3]，光の吸収には二つのモードがある．一つは光のエネルギーが半導体のバンドギャップエネルギー E_g より小さく，かつショットキーバリアの高さ $q\phi_{Bn}$ より大きい場合である（図Ⅳ.13.8(a))．この場合，光は金属-半導体接合の金属中で吸収され，金属中で光励起により発生した電子がショットキー接合のバリアをのりこえて半導体中へ注入される．この電子が半導体中の空乏層 W を走行して光電流が流れる．もう一つの場合は，入射光のエネルギーが E_g より大きい場合で，このとき光は半導体中で吸収される（図Ⅳ.13.8(b))．半導体中で光励起により発生した電子・正孔対は，13.2.2 の pin フォトダイオードの場合と同じく空乏層 W の中を走行して光電流を発生する．図Ⅳ.13.8(a) の場合は金属と半導体との組み合わせを選ぶことにより，1 μm 以上の長波長の光を検知することができる．一方，図Ⅳ.13.8(b) の場合は紫外領域の短波長の光を検知する場合に有利である．通常の pin フォトダイオードでは，紫外光は表面の p 形高濃度層内で吸収されてしまい，この高濃度層中の再結合のため，発生したキャリアが消滅するので，外部に光電流を取り出すことができない．ショットキー接合では，この p 形高濃度層がなく，表面金属層の直下から空乏層が存在するため，紫外光のような短波長の光でも高効率に検知することができる．GaAsP や GaP の半導体を用いたショットキー形素子が作製されており，200 nm 付近の紫外領域から可視光領域に波長感度を有している．ショットキー形フォトダイオードは通常半導体のブレークダウン電圧以下の電圧を印加して用いられるが，ブレークダウン近傍の電圧を印加して，後述するアバランシェフォトダイオードを GaAs で作製した例も報告されている[5]．

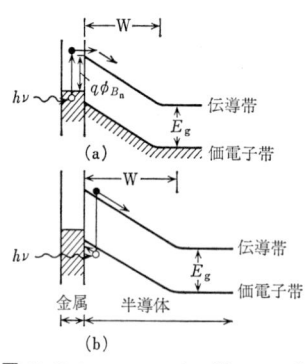

図Ⅳ.13.8 ショットキー形フォトダイオードのバンド構造図[3]
(a) $E_g > h\nu > q\phi_{Bn}$ の場合
(b) $h\nu > E_g$ の場合

13.2.4 アバランシェフォトダイオード

アバランシェフォトダイオード（APD）は素子内部で電流の利得を有する増倍形の受光素子である．あらゆるフォトダイオードの中で最も高感度であり，pin フォトダイオードと同様，主として光通信用の検知器として使われている．APD 内部では，光励起によって生成された電子または正孔からなるキャリアが，逆方向に高バイアスされた接合の高電界部（通常 1×10^5 V/cm 以上）を走行する間に，高エネルギーを得，格子原子と衝突して電離するという過程を連鎖反応的に繰り返している．これにより伝導帯および価電子

帯中の自由な電子-正孔対が増倍され，内部利得が生ずる．この衝突電離による電子・正孔対の発生率を表すパラメーターが電子または正孔に対するイオン化率 α, β である．この α, β は電子あるいは正孔が単位距離進む間に衝突電離により発生する電子・正孔対の数を表している．α, β は APD を構成する材料によって決まる物質定数であるが，APD の増倍率，雑音特性，周波数特性等を決定する最も重要なパラメーターである．図Ⅳ.13.9 に各種の材料のイオン化率の電界値依存性を示す[6]．以下 APD の主要な諸特性について述べる．

（1）増倍率 APD の内部利得を表すパラメーターで，キャリアの増倍後の光電流 I_p と，増倍前の初期光電流 I_{po} の比で定義される．この比を M で表すと，増倍率 M は次式で与えられる．

$$M = \frac{I_p}{I_{po}} \tag{13.8}$$

（2）雑音特性 フォトダイオードの雑音は 13.2.1 で述べたようにショット雑音であるが，APD ではキャリア増倍過程により，この雑音も増倍を受ける．さらにキャリア増倍過程の統計的なゆらぎのために，この増倍を受けたショット雑音にさらに過剰な雑音が相乗される[7]．この過剰な雑音は過剰雑音係数 F で表される．以上の過程から APD のショット雑音電流の 2 乗平均は次の式（13.9）で表される．

$$\overline{i^2} = 2qIM^2FB \tag{13.9}$$

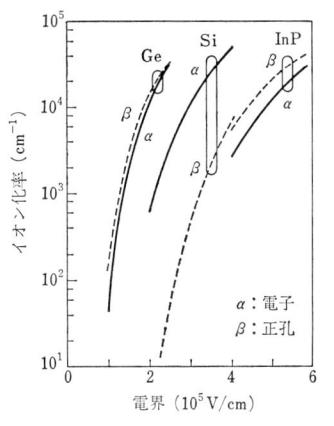

図Ⅳ.13.9 各種の半導体材料のイオン化率の電界値依存性[6]

ここに M は APD の増倍率，I は増倍を受ける前の $M=1$ における素子に流れる全電流で，$M=1$ のときの光電流 I_{po} と，受光部を通り増倍を受ける暗電流成分との和である．APD を使用する場合には，ショット雑音が M^2 倍されることは本来避けられないことであるが，過剰雑音は本質的には不可避であるものの，イオン化率 α, β や APD の増倍領域への注入電流の形態によって大きく左右される量である．すなわち，APD では α, β や注入電流を考慮して F 値ができるだけ低くなるように素子構造が決定されている．過剰雑音係数 F は，増倍領域へ正孔電流のみが注入されるとしたときには，近似的に次式で与えられる．

$$F = M\left\{1 + \frac{1-k}{k}\left(\frac{M-1}{M}\right)^2\right\} \tag{13.10}$$

ここに k は正孔と電子のイオン化率比 β/α である．図Ⅳ.13.10 に式（13.10）を用いて，k をパラメーターとして計算した過剰雑音係数の増倍率依存性を示す．正孔注入の場合はイオン化率比 k が大きいほど，過剰雑音係数が下がることがわかる．図Ⅳ.13.10 には電子のみが増倍領域に注入される場合も示してあるが，この場合にはイオン化率比が 1 より小さく，電子のイオン化率が正孔のイオン化率を大きく上回る方が雑音は低下する．光波長

13. ~1.55 μm の 1 μm 帯光通信用 APD の構成材料である Ge や InP では,図 IV.13.9 からもわかるように,k 値は 1.7~2.5 程度である。過剰雑音係数 F の値は増倍率 10 において,Ge APD で~9,InP を増倍層とした APD で~5 程度となっている。また,0.8 μm 帯の Si では電子のイオン化率が正孔のイオン化率よりもはるかに大きく,$k\sim0.02$ であり,SiAPD の F 値は増倍率 100 でも 4 程度ときわめて低雑音な値が得られている。

(3) 周波数特性 APD では 13.2.1 に述べた通常のフォトダイオードのもつ周波数特性のほかに,増倍現象特有の時定数が存在する。これは増倍立ち上り時間とよばれるもので,ある一定の増倍率 M に達するまでに要する時間を表す。増倍立ち上り時間は雑音特性同

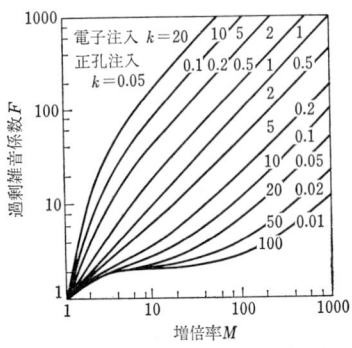

図 IV.13.10 過剰雑音係数の増倍率依存性

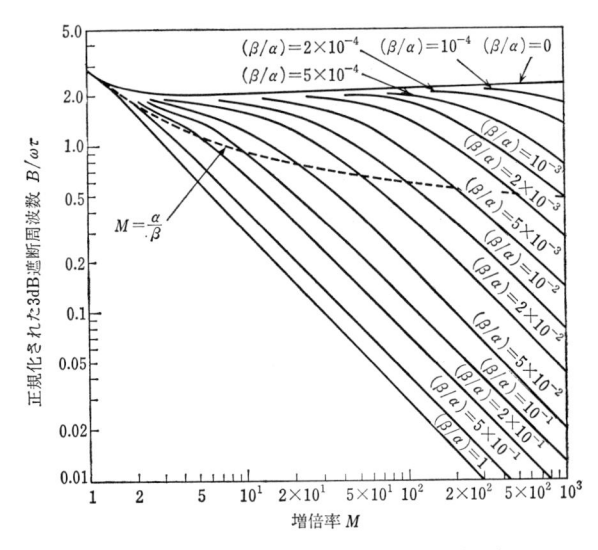

図 IV.13.11 APD の 3 dB 遮断周波数の増倍率依存性
パラメーター β/α は正孔と電子のイオン化率比[8]

様,イオン化率比に大きく依存する。図 IV.13.11 はイオン化率比をパラメーターとして,APD の 3 dB 遮断周波数が増倍率 M にいかに依存するかを表している[8]。本図から 3 dB 遮断周波数は,過剰雑音係数と同様,正孔と電子のイオン化率 β と α の開きが大きいほどまた M が小さいほど向上することがわかる。図 IV.13.11 で特に M が $M=$

α/β より大きい領域では，3dB 遮断周波数は M の増加に対し直線的に低下する．これは本領域で増倍率と 3dB 遮断周波数の積が一定となることを示している．すなわち，増倍立ち上り時間による 3dB 遮断周波数 f_M は次式で表される．

$$f_M = \frac{1}{2\pi\tau M} \tag{13.11}$$

ここに τ は真性応答時間とよばれる定数で，τM が増倍立ち上り時間となる．τ の値は APD の材料や構造によっても異なるが，Ge や InP の APD で，通常 10^{-12} s オーダー，Si APD では 10^{-13} s 程度である．

表 Ⅳ.13.1 各種 APD の諸特性

特性 \ APD	InP/InGaAs APD	Ge APD	Si APD
受光径 (μm)	30	50	300
量子効率 (%)	80	75	70
降伏電圧 (V)	80	30	150
暗電流 (nA)	30	150	0.3
遮断周波数 (MHz)	2500	2500	500
過剰雑音係数	5	9	4.5
端子間容量 (pF)	0.7	1	1.5

注 1) InP/InGaAs APD および Ge APD の特性は光波長 1.3 μm，Si APD は光波長 0.85 μm のときの測定値．
2) 暗電流は降伏電圧の 90% のバイアス電圧のときの測定値．
3) 遮断周波数は InP/InGaAs APD および Ge APD は増倍率 10 のとき，Si APD は増倍率 50 のときの測定値．
4) 過剰雑音係数は InP/InGaAs APD および Ge APD では増倍率 10，Si APD は増倍率 100 のときの測定値．

図 Ⅳ.13.12 に現在 1 μm 帯光通信で中心的に使われている InP/InGaAs APD の構造を示す[9]．InGaAs 層で光が吸収され，その結果生じたキャリアが上方の InP 層へ注入され，InP 層内でキャリアが増倍を受けるようになっている．光吸収層と増倍層が分離されているため，SAM (separate absorption and multiplication) 構造とよばれている．表 Ⅳ.13.1 に市販されている 1 μm 帯光通信用の InP/InGaAs APD, Ge APD および 0.8 μm 帯光通信用の Si APD の代表的特性を示す．

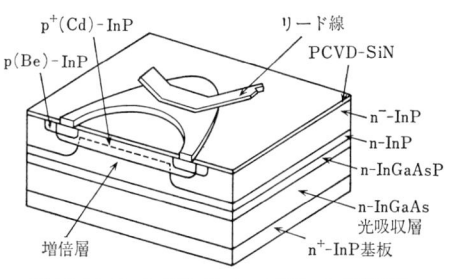

図 Ⅳ.13.12 InP/InGaAs APD の構造図[9]

13.2.5 フォトトランジスター[10]

npn または pnp 接合からなるトランジスター構造において，ベース領域を受光部とした

受光素子をフォトトランジスターという．APD 同様，内部利得を有するが，利得の発生する機構はあくまでトランジスター動作によるもので，APD のそれとは異なる．図IV.13.13 に npn フォトトランジスターのバンド構造を示す．光照射により，p 形ベース領域に電子・正孔対が生成される様子が示してある．このバンド構造において，内部利得が生ずる原理を以下に述べる．光により生成された電子はコレクターへ向けて拡散し，コレクター電流となるが，正孔は障壁に阻まれてベース内に滞留する．この滞留した正孔はベース内に空間電荷を形成し，この空間電荷のためにベース領域の伝導帯および価電子帯は図の点線に示すように下がる．エミッター，

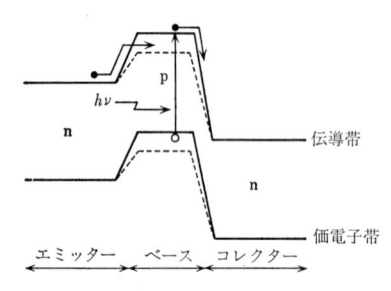

図 IV.13.13 npn フォトトランジスターのバンド構造図
（●電子，○正孔）

ベース間はこの空間電荷のために順方向にバイアスされ，エミッターからベースへ電子が注入される．これが上述の電子によるコレクター電流に加わり，大きな電流が流れる．すなわち電流が増幅される．この電流の増幅を示すパラメーターが光利得である．光利得 G はコレクター電流の光照射による増分 I_c を用い，次式で表される[11]．

$$G = h\nu I_c / q p_0 \tag{13.12}$$

ここに h はプランクの定数，ν は光の振動数，q は電荷素量，p_0 は入射光の光パワーである．

図 IV.13.14 に光波長 1 μm 帯に感度を有する InP/InGaAs npn フォトトランジスターを示す[11]．エミッターにバンドギャップの大きな InP を用い

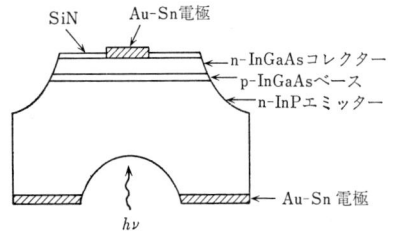

図 IV.13.14 InP/InGaAs npn フォトトランジスターの構造図[11]

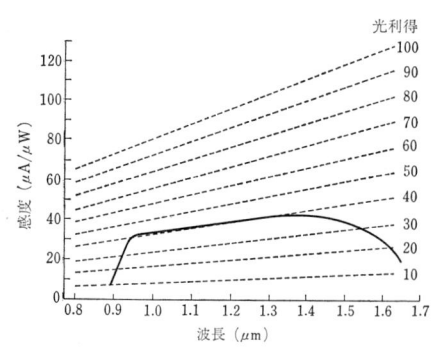

図 IV.13.15 InP/InGaAs ヘテロ接合フォトトランジスターの波長感度特性と光利得（入射光パワー～1 nW）[11]

ており，ベース領域の正孔がエミッターへ逆注入 されるのを防ぐようになっている．図 IV.13.15 にこのヘテロ接合フォトトランジスターの波長感度特性と光の利得を示す[11]．長波長側のカットオフ光波長 1.65 μm は，InGaAs ベース層の吸収端で決まっており，短波長側のカットオフは，InP エミッター中での光吸収により制限されている．特性は

0.95 μm から 1.65 μm にわたってほぼ平坦であり,約 40 倍の光利得が得られている.このフォトトランジスターは光通信用の受光素子としての研究的色彩の強いものであるが,実用に供されているものとしては,Si フォトトランジスターが市販されており,光スイッチ等へ適用されている.

13.3 フォトコンダクター[12]

フォトコンダクターは光導電効果,すなわち光照射による導電率の増加を外部回路の電流の増加として検知するものである.構造はバルク半導体の両端にオーミック電極を設けるだけでよく,pn 接合は不要である.13.1 節で述べたように,光励起による電子のバンド間遷移(図Ⅳ.13.2 参照)を利用してキャリアをつくる真性形フォトコンダクターと図Ⅳ.13.16 に示すように,不純物準位と価電子帯ないしは伝導帯間の遷移によりキャリアをつくる外因性形フォトコンダクターの 2 種類が存在する.波長感度は,真性形ではバンドギャップエネルギーで決まる波長まで,外因性形はより長波長まで応答し,不純物のエネルギー準位で決まる E_d, E_a に対応した光波長が長波長側のカットオフとなる.

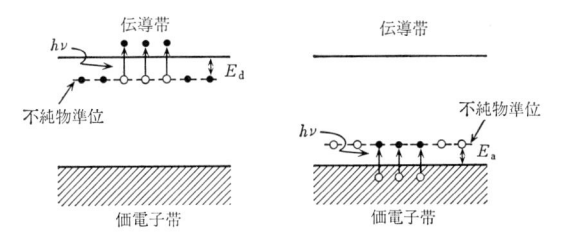

図 Ⅳ.13.16 不純物準位を介した外因性形フォトコンダクターのキャリア生成過程(●電子,○正孔)

フォトコンダクターでは,光励起によって発生したキャリアが再結合によって消滅する時間,すなわちキャリアの寿命が,キャリアの電極間走行時間よりも長いときに電流利得が生ずる.これは不純物準位からの励起等,一方のキャリアが動きにくい場合には,動きやすい方のキャリアが電極に達した後も,動きにくい方のキャリアの電荷を中和するように,素子内にキャリアが流れ込み続けるからである.この結果,光励起により発生した以上のキャリア数が伝導に寄与し利得が生ずる.簡単なモデルでは,利得を G,キャリアの寿命を τ,走行時間を t としたとき,利得は次式で与えられる.

$$G = \frac{\tau}{t} \tag{13.13}$$

フォトコンダクターの感度は,各種の素子の比較に便利な指標として,比検出度 D^* で表される.D^* は雑音等価パワーを NEP,測定系のバンド幅を B,素子の受光面積を A としたとき,次式で与えられる.

$$D^* = \sqrt{A}\sqrt{B}(\text{NEP})^{-1} \quad (\text{cm}(\text{Hz})^{1/2}/\text{W}) \qquad (13.14)$$

ここに雑音等価パワー NEP は，雑音電流と等しい信号光電流を発生させる光入射パワー，すなわち S/N=1 のときの光入射パワーを表す．NEP が小さいほど感度は高くなる．雑音電流は測定系のバンド幅，および受光面積のおのおのの平方根に比例するため，D^* は，受光面積およびバンド幅のおのおのの平方根を NEP の逆数に掛けることにより，受光面積やバンド幅で規格化した値で表される．図 Ⅳ.13.17 に種々のフォトコンダクターの比検出度を示す[13]．真性形フォトコンダクターでは，PbS や HgCdTe 等がある．HgCdTe は $Hg_{1-x}Cd_xTe$ と表され，組成比 x を変えることにより，数 μm から十数 μm の広い領域で波長感度を有する素子が得られている．外因性形フォトコンダクターとしては，Ge 結晶に Au や Hg 等の不純物をドープした素子が一般的である．これらの赤外光用フォトコンダクターでは，バンドギャップエネルギーが小さく，また外因性形は浅い不純物準位を有している．このため常温では，熱励起キャリアの影響が大きく，S/N 比が大幅に劣化する．この S/N 比劣化を排除するために，これらの素子では PbS のように 300 K の常温で使用可能な素子もあるが，一般的には 77 K または 4 K 程度まで冷却して熱励起キャリアの発生を抑制して使用する．

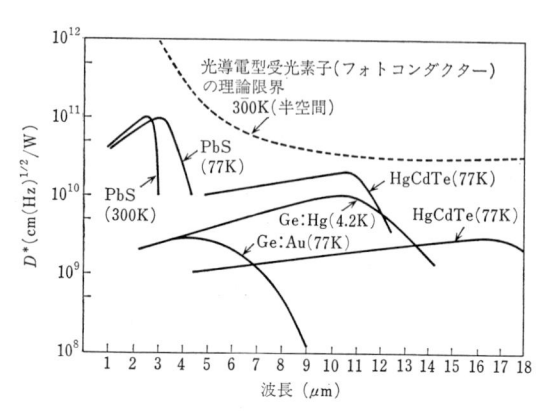

図 Ⅳ.13.17 フォトコンダクターの比検出度 D^* の光波長依存性[13]

13.4 その他の受光素子

13.4.1 イメージセンサー

13.1 節で述べたように，イメージセンサーは発光パターンを画像化するために，光センサーを一次元ないしは二次元的に配置した素子で，電子管方式の撮像管と半導体を用いた固体イメージセンサーに大別される．図 Ⅳ.13.18 に固体イメージセンサーの一例として，赤外線検出用の CCD (charge coupled device) 形素子を示す[14]．光電変換部として，HgCdTe や InSb の化合物半導体受光素子，信号の読み出し部は，SiCCD から構成されており，両者はバンプとよばれる In の結合電極によって，ハイブリッド接続されている．これらの化合物半導体を用いたハイブリッド形イメージセンサーはもっぱら二次元赤外センサーとして，物体表面の温度測定等，地球観測，医療，その他産業分野で広く利用されている．

13.4 その他の受光素子

図 Ⅳ.13.18 HgCdTe ハイブリッド形イメージセンサー[14]

図 Ⅳ.13.19 ヘッドオン形光電子増倍管の構造断面図

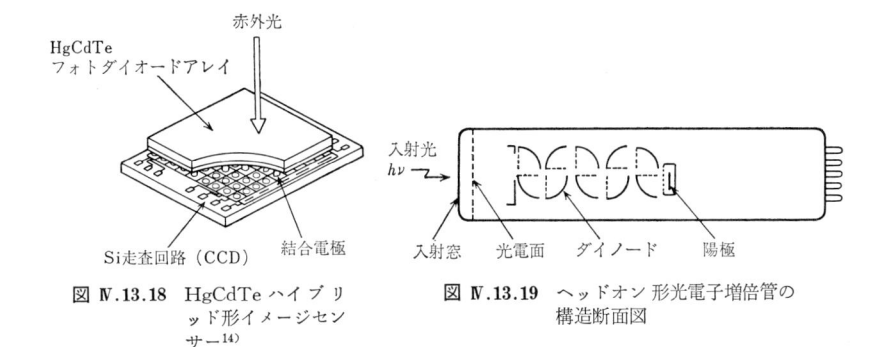

13.4.2 光電子増倍管

光電子増倍管は，13.1節に述べたように外部光電効果を用いた電子管タイプの受光素子である．使用目的に応じて各種の構造の光電子増倍管があるが，図 Ⅳ.13.19 にその一例として，ヘッドオン形とよばれる入射光を光電子増倍管の頭部より照射するタイプの構造を示す．外部光電効果により，入射光に対応して電子を電子管内の真空中に放射する光電面，さらに，この発生した電子を増倍するダイノードとよばれる二次電子増倍電極が主要構成要素である．図Ⅳ.13.20 に代表的な光電面の分光感度特性を示す[15]．長波長側のカットオフ波長は，光電面の材料のバンドギャップエネルギー，短波長側のカットオフは，光電子増倍管の入射窓材の透過率によって決まっている．量子効率は，0.1～10％程度でフォトダイオードに比べ低いが，ダイノードでは，10^6～10^7 倍の高い増倍率が得られるため，全体としては非常に高感度となっている．また，雑音特性も，増倍過程が電子のみの増倍で，13.2.4のアバランシェフォトダイオード（APD）のような正孔による増倍過程が存在しないために統計的ゆらぎが少なく，APD に比べ低雑音特性が得られている．光電子増倍管は，一般に APD のような半導体素子に比べて大型で，印加電圧も1000

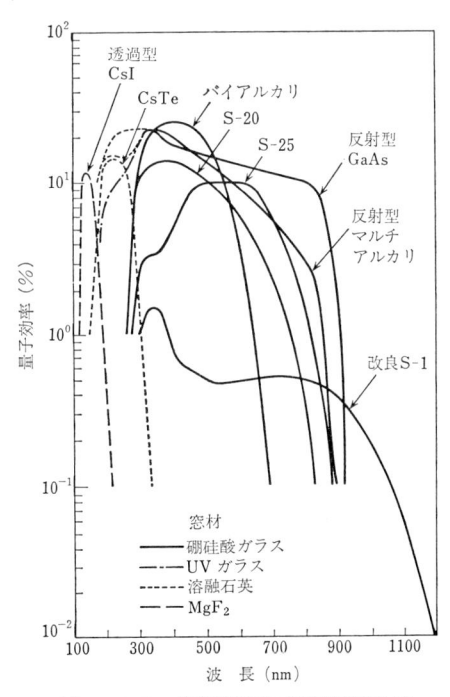

図 Ⅳ.13.20 各種光電面の分光感度特性[15]

〜2000 V と高いが，上記の高感度特性を有するために，極微弱光計測にはきわめて有利な素子といえる．　　　　　　　　　　　　　　　　　　　　　　　　　　　[三川　孝]

参考文献

1) 光エレクトロニクス事典編集委員会編：光エレクトロニクス事典，産業調査会，事典出版センター (1992), 611.
2) 電子情報通信学会編：電子情報通信ハンドブック，オーム社 (1988), 1015.
3) S. M. Sze: Physics of Semiconductor Devices, John Wiley & Sons (1969).
4) T. Mikawa, S. Kagawa and T. Kaneda: FUJITSU Sci. Tech. J., **20** (1984), 201-218.
5) W. T. Lindley, R. J. Phelan, Jr., C. M. Wolfe and A. G. Foyt: Appl. Phys. Lett., **14**, (1969), 197-199.
6) 電子情報通信学会編：電子情報通信ハンドブック，オーム社 (1988), 1016.
7) R. J. McIntyre: IEEE Trans. on Electron Devices, **ED-13** (1966), 164-168.
8) R. B. Emmons: J. Appl. Phys., **38** (1967), 3705-3714.
9) 電子情報通信学会編：電子情報通信ハンドブック，オーム社 (1988), 1019.
10) ホトトランジスタについて記載してある解説書は，たとえば，今井哲二，生駒俊明，佐藤安夫，藤本正友編著：化合物半導体デバイス [II]，工業調査会 (1985).
11) J. C. Campbell, A. G. Dentai, C. A. Burrus, Jr. and J. F. Ferguson: IEEE J. Quantum Electron., **QE-17** (1981), 264-269.
12) フォトコンダクタについて記載してある解説書は，たとえば，高橋　清著：半導体工学，森北出版 (1975).
13) JOEM 日本オプトメカトロニクス協会編：オプトエレクトロニクス技術 '91，半導体光検出器 (1991), 50.
14) 宮本義博：センサ技術，**11** (1991), 77-80.
15) 鈴木誠司，林　達郎：応用物理，**55** (1986), 49-50.

14. 光変調器

14.1 光変調器の概要

微小光学の特徴の一つに光の制御のしやすさがある.すなわち,光ビームのビーム径や導波光のスポットサイズが小さいことを利用して物質との相互作用の効率を高め,伝播する光の諸性質を変化させることが可能である.こうした働きが総称して光変調といわれるものだが,それをデバイス化したのが光変調器である.本章では光通信用の高速・広帯域変調器を中心に各種光変調器の材料・構成・応用について述べる.

14.1.1 光変調器の歴史

電気信号から光信号への変換をつかさどる光変調器の研究が始まったのは固体レーザーやガスレーザーが出現したオプトエレクトロニクスの黎明期であった1960年代に遡る[1].当時は電気光学効果や音響光学効果などを有する光学結晶材料の探索期[2]でもあり,バルク結晶のこれらの効果を使って,レーザー光の変調が盛んに試みられたのであった.He-NeレーザーやArレーザーは1990年代の今日に至っても地味な存在ではあるがさまざまな分野で幅広く使われており,その変調を必要とする一部の応用にはバルク型を中心とする光変調器が不可欠である[3].

さて,1970年代に入って半導体レーザー(LD)が室温で連続発振する見通しが得られるや注入電流の有無で発光を制御する直接変調が主流となってしまった.すなわち,光通信システムの導入が発光ダイオード(LED)と多モードファイバーによる小容量・短距離伝送から始まり,1980年代半ばには長波長帯LDと単一モードファイバーによる日本列島縦断や第三太平洋横断海底ケーブル(TPC-3)敷設が進められるに至った.この間,高速性の追究や同様の原理に基づく光スイッチへの応用をねらって,導波路形光変調器関連の研究が$LiNbO_3$(ニオブ酸リチウム,以下LNと略す)に金属チタンを熱拡散[4]したTi:$LiNbO_3$デバイスを中心として細々ではあるが継続された[5].

1980年代後半に入り,光通信の大容量化・長距離伝送化が進むにつれて,直接変調方式の問題点が明らかとなってきた.すなわち,電流の注入時に発振波長がわずかに揺らぐチャーピングがファイバーの波長分散特性と相まって信号波形劣化を起こすことが大きな課題となったのである.すなわち,Gb/s伝送の担い手として華々しく登場した動的単一

モードレーザーである DFB-LD の直接変調ではこのチャーピングが数 Å あり，伝送速度が 2Gb/s 前後であれば数十〜100km の伝送には耐えられるがそれ以上は厳しいことがわかった．かつて加えて Er ドープファイバー光増幅器が誕生したことにより，従来の中継方式から光増幅中継方式に替わると，分散劣化が蓄積されることになり，ますます直接変調の限界が顕著にあらわれることが容易に想定されるようになったのである．

この間，安定性・信頼性に疑問をもたれていた LN 導波路形デバイスに対しても数々の改良や工夫が施され　最もつくりやすいマッハ－ツェンダー（MZ）形変調器[6]が本質的にチャーピングがない[7]ことから注目を集め，光増幅中継方式の端局用として伝送実験に欠くべからざるものとなってきた．1989年〜1993年にかけては実に多くの光増幅多中継伝送実験[8]が行われ，その光送信部に LN-MZ 変調器が用いられてその有用性が確認された．1995年前後に予定されている第五太平洋横断光海底ケーブル（TPC-5）では中継器用の光ファイバー増幅器と ならんで端局用には LN 外部変調器が商用化されるはずである．その一方で，陸上の超高速システムにも前述のチャーピングの問題から外部変調方式が採用されつつあり，LN-MZ 以外にも DFB-LD と同じ半導体材料をベースにした電界吸収形および MZ 形の光変調器およびその集積化の開発が行われている[9]．また，いわゆる有機非線形材料を用いた光変調器の研究も盛んに行われつつある[10]．

光通信分野ではこれまで述べてきたディジタル公衆網幹線系における IM-DD（強度変調―直接検波）方式用の強度変調器以外に現行のアナログ CATV 分配網ではトランクライン伝送用の一部で AM または FM の LN アナログ変調器が用いられている[11]．これは DFB-LD の直接アナログ変調では雑音・歪みが大きい場合である．このほか，光増幅器

表 Ⅳ.14.1　光変調に関する分類

光源との関係	直接変調　／　外部変調
対　　象	強度／位相／周波数／偏光　／　時間軸／空間
信号形式 変調形式	アナログ　／　ディジタル　／　サブキャリア AM/FM　　　RZ/NRZ　　　SCM
周波数帯域	狭帯域　／　広帯域
制御電極	集中形／進行波形　／　共振形
光源との距離	モノリシック集積　／　極近傍　／　遠端
入出射の関係	透過形　／　反射形　／　回折形
利用する効果	電気光学　／　音響光学　／　磁気光学　／　メカニカル フランツ－ケルディッシュ　／　シュタルク　／　プラズマ　／　励起子
動作原理	吸収／屈折率変化　／　干渉　／　回折
デバイス 構　　成	導波路（直線／方向性結合器／分岐干渉（MZ）／Y 分岐） バルク（結晶／ガラス）／面形（液晶／半導体）
主な材料	Ti:LiNbO$_3$／LiTaO$_3$／TeO$_2$／SiO$_2$／有機非線形

と実用化で影の薄くなった感があるが，コヒーレント検波方式では位相・周波数に対する変調器が必要となる．また，将来の光通信といわれるソリトン伝送方式ではソリトン波のコーディングのために外部変調が必須となる．さらに，21世紀に向けての新インフラストラクチャー構築としての光加入者網においても将来の広帯域 ISDN へのグレードアップをはかる際に加入者宅に低速の外部光変調器を置くという提案もある．

光ファイバー通信用広帯域外部変調器を中心に 1990 年代初頭までの歴史的経緯を述べてきたが，このほかにも原理・応用は多岐にわたる．次節では光変調器の範疇に属するものを網羅して分類する．

14.1.2 光変調器の分類と応用例

光変調器と一口にいっても，何を変調するかその対象に始まり，変調形式，帯域，電極構造，光源・光路との関係，利用する効果，動作原理，デバイス構成から材料の多岐にわたる組み合わせがありうる．表 IV.14.1 にその分類を一覧した．また，応用も光通信のみならず，光計測や光情報処理の各分野にも適用されている（表 IV.14.2）．

表 IV.14.2 光変調の応用と構成例

	応用対象	光源波長	構成例（使用デバイス例）	変調帯域
光通信	長距離・大容量	1.5 μm	LN マッハーツェンダー外部変調器	0〜20 Gb/s
	短距離・大容量	1.3/1.5 μm	変調器集積化 DFB-LD	0〜10 Gb/s
	光 CATV 幹線	1.3/1.5 μm	DFB-LD 直接/YAG-LN 外部変調	0〜5 GHz
	光フィーダー（マイクロセル）	1.3/1.5 μm	DFB-LD 直接/YAG-LN 外部変調	0〜2.5 GHz
光計測	ファイバージャイロ	0.8 μm	LN 位相変調	〜100 MHz
	測距	1.3 μm	LN 強度変調	0〜2.5 GHz
	コンポーネントアナライザー	1.5 μm	LN 強度変調	0〜18 GHz
光情報処理	レーザープリンター	0.5 μm	TeO$_2$ 音響光学	10〜100 MHz
	実時間処理	1.3 μm	ガーネット系磁気光学	2〜12 GHz
	画像処理	可視光	空間変調器（液晶，LN）	空間周波数

14.2 LiNbO$_3$（LN）導波路形光変調器

4.1.1 でも概略を述べたが，LN 導波路形光変調器は光通信分野で実用化された数少ない導波路デバイスの代表である．本節ではその特徴と応用について述べる．

14.2.1 LN 導波路の特長とデバイス化[12]

LN 導波路は 1970 年代から実に多くの研究論文を輩出してきた．その歴史をまとめてみると図 IV.14.1 のようになる．こうした活発な研究が行われた背景には LN 導波路の以下の特長があげられよう．

1) LiNbO$_3$ 結晶は可視から赤外にいたる波長領域で透明かつ大形基板の育成が可能．
2) 金属 Ti の熱拡散により低損失（〜0.1 dB/cm）な単一モード導波路を形成できる．

14. 光変調器

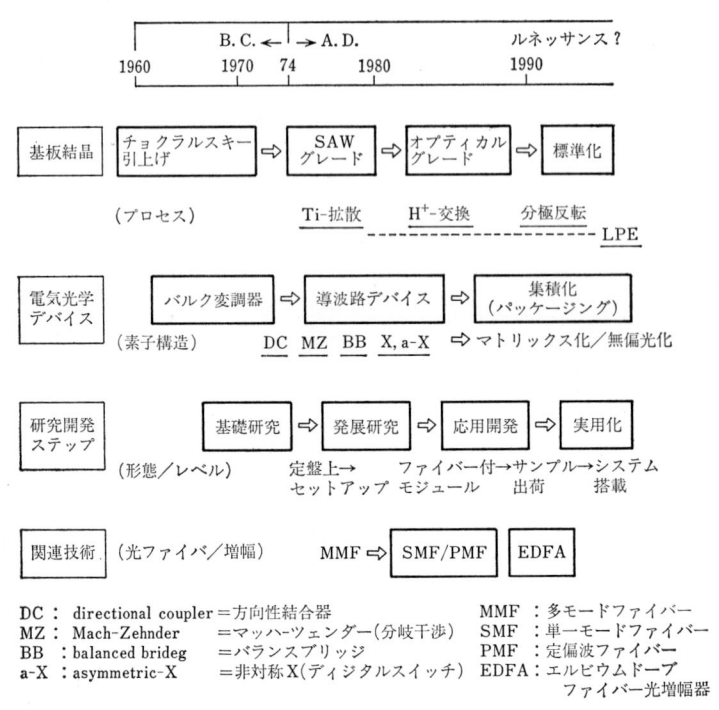

図 Ⅳ.14.1　LiNbO₃ 関連技術の変遷

DC : directional coupler =方向性結合器
MZ : Mach-Zehnder =マッハ-ツェンダー(分岐干渉)
BB : balanced brideg =バランスブリッジ
a-X : asymmetric-X =非対称X(ディジタルスイッチ)
MMF =多モードファイバー
SMF =単一モードファイバー
PMF =定偏波ファイバー
EDFA =エルビウムドープファイバー光増幅器

3) 導波路のスポットサイズが単一モードファイバーに近く,低損失（<1dB）接続が可能.
4) ポッケルス効果により,電子伝導が関与せずに高速な変調・スイッチが行える.
5) マスク数わずか2〜3枚の簡便な工程で光変調・スイッチ素子や回路を形成できる.

その一方で後述する実用化に向けた多くの課題があったため,実験室からフィールドに出るまでに約20年の歳月を要した.

表Ⅳ.14.3にLN導波路デバイスの基本的な素子構造と特徴を示す.当初,変調・スイッチとしては方向性結合器形が実験に用いられていた[13]が,よりチャーピングの少ないマッハ-ツェンダー形が現在では外部変調器の主流となっている.

14.2.2　マッハ-ツェンダー（MZ）形変調器の特性改良と超高速伝送

光通信の幹線で長距離・大容量伝送用に用いられようとしている進行波形電極を有する代表的なMZ変調器の例[14]を図Ⅳ.14.2に示す. 1.55 μm帯で低損失・低駆動電圧かつ安定に動作するためには以下の課題があった.

① ファイバーとの永久固定,② 過剰損失の低減,③ プロセスの余裕度（歩留り）

14.2 LiNbO₃ (LN) 導波路形光変調器

表 IV.14.3 Ti: LiNbO₃ 導波路を用いた基本素子構造

素子名	基本構造	特徴
直線形		・位相変調のみ
カットオフ形		・電界印加時にのみ導波 ・高駆動電圧
方向性結合器形 (DC) 反転Δβ形		・結合長によらず動作点が存在 ・波長依存性あり
方向性結合器形 (DC) 完全結合形		・設計の自由度が少ない 　(結合と位相変調が同一部) ・損失は小, クロストーク大 ・完全結合長をつくる精度が厳しい ・波長依存性大
マッハツェンダー形 分岐干渉形 (MZ)		・設計の自由度大 ・Y分岐の過剰損失大 ・波長依存性小, 消光比大 ・2×2(BB), 1×2(a-X)に拡張可能
バランスブリッジ形 (BB)		・設計の自由度大 　(変調部/結合部の分離) ・素子寸法大, 損失増加 ・結合部の電気光学的微調整可
交差形 (X)		・交差長によらず動作点が複数存在 　(周期的スイッチ: 2モード干渉) ・波長依存性急峻
非対称X形 (a-x)		・ディジタルスイッチ特性 　↓ ・両偏光に動作可(SW電圧増大)

④ 変調帯域幅の拡大 (と消費電力抑制), ⑤ 動作点の温度安定性と⑥ 長期安定性 これらに対して次に列記するそれぞれの対策を講じることにより解決がはかられた. ①ルビー-ビーズ法[15]) による 低損失で強固な広温度範囲ファイバー永久接続 (図 IV.

14.3)

②③モード結合Y分岐[16]による過剰損失低減の再現性（図Ⅳ.14.4）

④バッファ層厚，電極厚の増大[17]による光波/マイクロ波の速度整合

⑤焦電効果で誘起された電荷分布のSiコート[18]による均一化でドリフト抑止（図Ⅳ.14.5）

⑥バッファ層の形成プロセス改良[19]と動作点バイアス補償回路[20]による長期動作保証

その結果，駆動電圧5V，帯域 0〜20GHz，挿入損失2dB，反射戻り光60dB，温度範囲0〜60°Cのファイバー付き外部変調器モジュールが得られるに至った．

駆動電圧と帯域とはトレードオフの関係にあるが，シールド形の電極構造[21]をとることなどにより効率を高めて70GHzまで帯域を拡大した例[22]も報告されている．

このMZ変調器を用いて10Gb/s以上の超高速伝送実験が成功し，エルビウムドープファイバーを用いた光増幅中継においても波形劣化がきわめて少ないことが実証された[23〜26]．また，光ファイバーの非線形効果を利用した光ソリトン伝送[27]においても光源パルスのコーディング

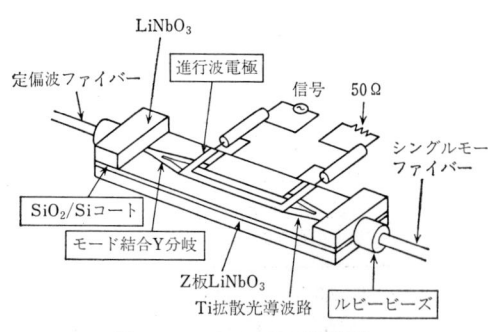

図Ⅳ.14.2 LN-MZ変調器[14]

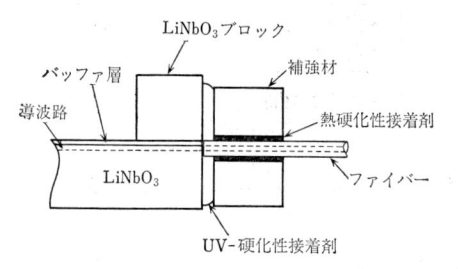

図Ⅳ.14.3 ルビービーズによるファイバー＝導波路永久接続[15]

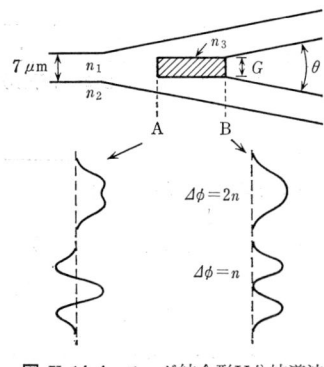

図Ⅳ.14.4 モード結合形Y分岐導波路[16]

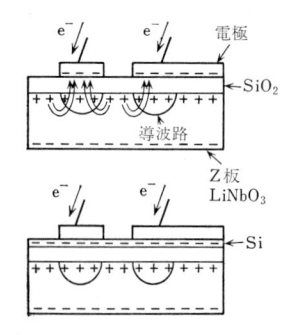

図Ⅳ.14.5 Siコートによる温度ドリフト抑制[18]

の登場に MZ 変調器がしばしば用いられている．

14.2.3 その他の LN 変調器

LN 変調器には光通信分野でもこのほかに種々の用途があり，さまざまな構造のデバイスが試みられている．まず，MZ 形をアナログシステムに適用する試み[28~30]について図Ⅳ.14.6に示す．それぞれに固体あるいはガラスレーザーの外部変調器として直線性を改善して CATV の幹線などに適用しようとするものである．以上の MZ 変調器の大半が進

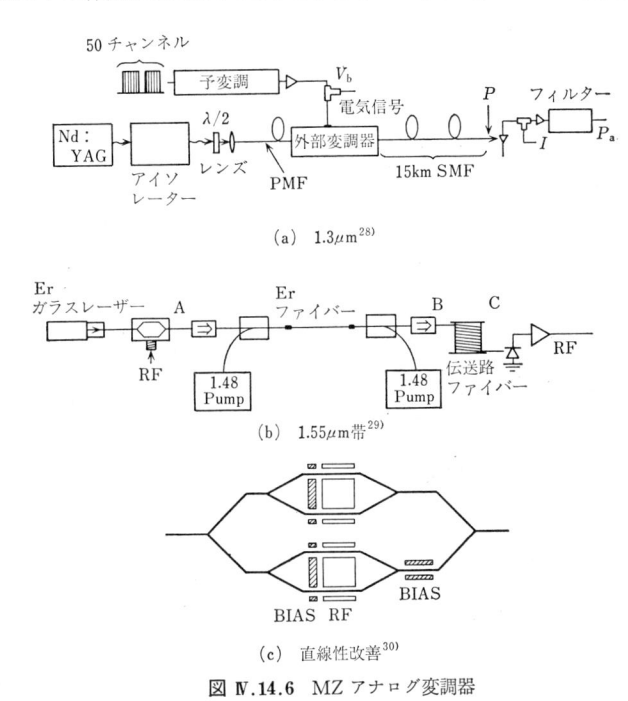

(a) 1.3μm[28]

(b) 1.55μm帯[29]

(c) 直線性改善[30]

図 Ⅳ.14.6 MZ アナログ変調器

行波形電極で広帯域を変調しようとするのに対して特定の周波数領域のみに対して変調をかける場合は図Ⅳ.14.7に示される共振形電極[31]が効率的である．一方，低速の信号に対しても加入者の末端に反射形の変調器を置いて LD レスにしようとする試み[32,33]もある（図Ⅳ.14.8）.

通信以外の用途での LN 変調器としては計測用があげられる．MZ 変調器を内蔵した超高速光コンポーネントアナライザー[34]がすでに市販されている．また，MZ 変調器により GHz の変調をかけた光を使った測距についての報告[35]もある．それ以外の応用として最近自動車にも搭載され始めているファイバージャイロの方式の中にはLN の位相変調器と方向性結合器を集積化したいわゆるジャイロチップ[36]を用いるものもあるが，導波路の形成には H^+ 交換が用いられている[37]．また，レーザードップラー速度計や変位計

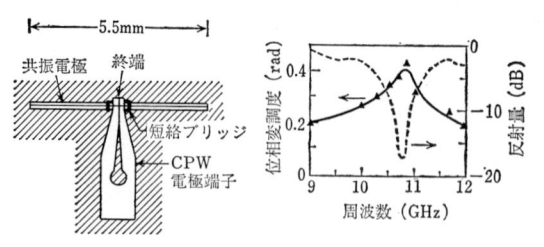

図 Ⅳ.14.7 共振形電極による狭帯域変調[31]

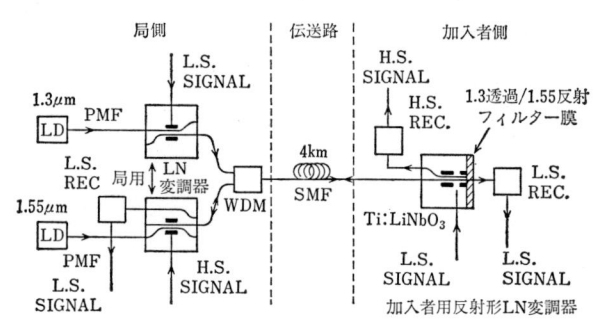

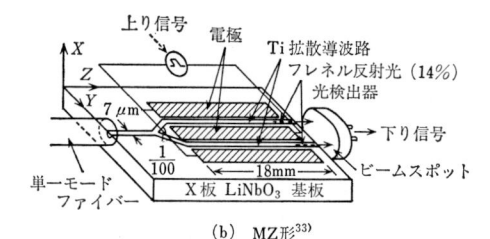

図 Ⅳ.14.8 加入者用反射形変調器
(a) 方向性結合器形[32]
(b) MZ形[33]

測用二周波直交偏光干渉計を LN 上に集積化する試みもされている[38].

14.3 半導体系光変調器

半導体系材料には大別して LN などの電気光学結晶と同様の屈折率を変化させて変調する方法と吸収係数を変化させて変調を行う 2 種類がある．本節ではそれぞれの動作原理を細かく分類した後に代表的な変調器である電界吸収形変調器とマッハ-ツェンダー形変調器について述べる．

14.3.1 半導体系光変調器の動作原理

半導体結晶の吸収係数の制御には，古くから知られている吸収端波長を電界によって変

14.3 半導体系光変調器

(a) フランツ-ケルディッシュ効果変調器

(b) QCSE変調器

(c) ワニアシュタルク効果変調器

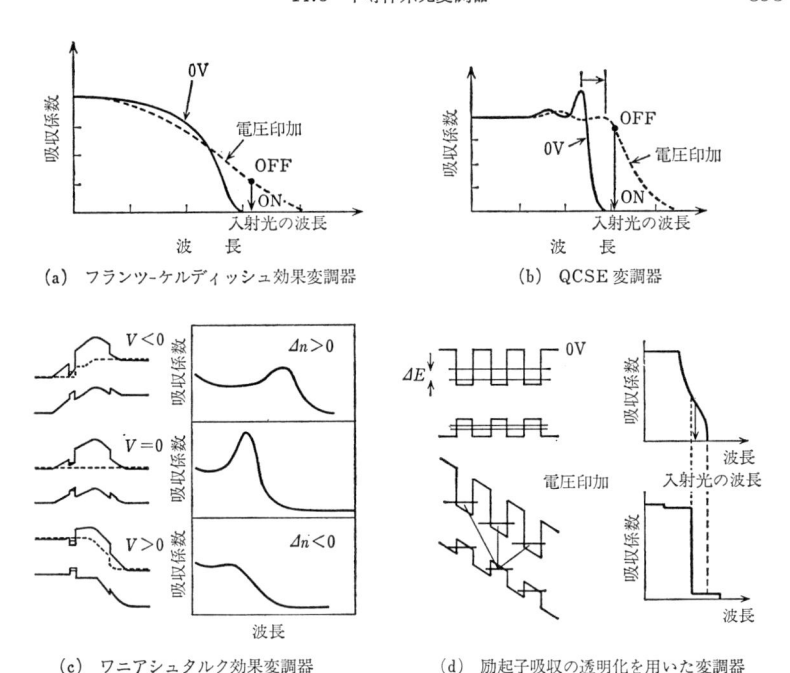

(d) 励起子吸収の透明化を用いた変調器

図 IV.14.9　吸収係数の変化の原理図

化させる ① フランツ-ケルディッシュ効果[39~41] に加えて，最近では量子井戸構造での電界効果である，② 量子閉じ込めシュタルク効果[42~44] や ③ ワニアシュタルク効果[45]，さらには ④ 励起子吸収のキャリアによる透明化[46] などが利用される．図 IV.14.9 ①～④ はこれらの動作原理を模式的に示すものである．このうち，②，④ は屈折率も同時に変調される[47~49]．屈折率のみを変調する効果としては，⑤ 電気光学効果[50,51] のみならず，キャリアを注入した際の ⑥ プラズマ効果[52,53] やその逆の ⑦ キャリアの枯渇[54] などがある．

14.3.2 電界吸収形変調器と光源との集積化

図 IV.14.10 はフランツ-ケルディッシュ効果を利用した電界吸収形の変調器を DFB-LD にモノリシック集積した例[40] である．変調器側は，単純な導波路構造となっており，LDとの接続部分に工夫を要する．構成材料は InGaAsP/InP 系で高抵抗 InP 埋め込みを用いている．1.3 μm 帯および 1.5 μm 帯で 10 Gb/s 変調時に 0.1 Å の低チャープが得られ，分散の少ないファイバ

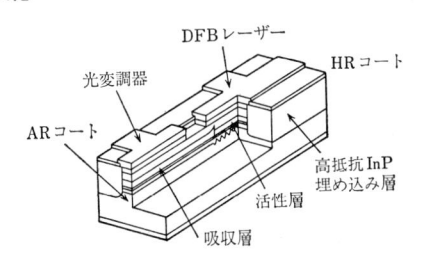

図 IV.14.10　電界吸収形変調器集積化 DFB レーザー

ーであれば短中距離の伝送には使える見通しが立っている．

14.3.3 半導体マッハーツェンダー形変調器

LN変調器と同じようにマッハーツェンダー構造をとる半導体変調器もいくつか報告され，高速変調を実現している．電気光学効果を利用したものの例では効果の大きなGaAs/AlGaAs系で駆動電圧5V，帯域25GHz[50]あるいは7V，37GHz[54]が報告されている．長波長帯ではInGaAs/InP系[47]よりもInGaAs/InAlAs系MQW構造[48]が量子サイズ効果が顕著であり，駆動電圧4V，帯域17GHzが報告されている．図Ⅳ.14.11には励起子吸収を利用したMZ変調器の例[49]を示す．

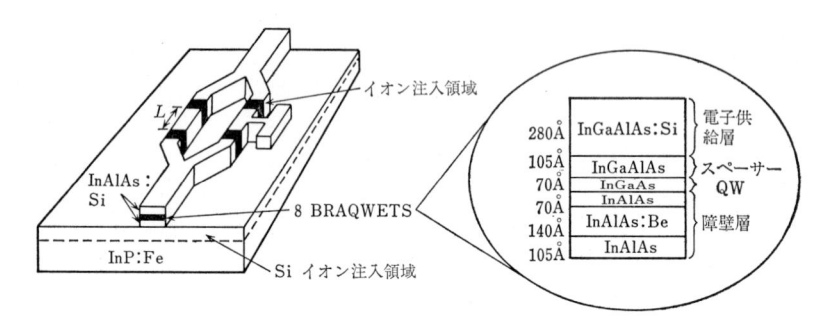

図 Ⅳ.14.11 マッハーツェンダー形半導体光変調器

14.4 その他の光変調器

LN，半導体のほかに光変調器用材料として有機物や音響光学，磁気光学材料を用いたものもそれぞれに特徴をもっている．また，空間変調器には固有の技術的な特徴がある．これらを本節では述べる．

14.4.1 有機非線形材料による光変調器

EOポリマーなどの有機非線形材料を用いた光変調素子の研究はLNの置き換えを狙って始められた．その背景には以下の諸点があげられる．

1) 材料の合成やブレンドに自由度があり，大きな電気光学効果が発現する可能性がある．
2) 基板の材料・サイズを選ばず，大面積にわたって安価に塗布できる．
3) 紫外線照射や電場配向などの簡便な手段で導波路が形成できる．
4) LNよりも誘電率が低いため，マイクロ波と光波の速度整合がとりやすい．

これまでに20GHzを越える広帯域変調を示すMZ変調器が試作されている[55]．また，低速では電気光学効果のほかに熱光学効果を使った変調器・スイッチも検討されている[56]．

14.4.2 音響光学変調器

AOM と略してよばれる音響光学変調器は光学媒体に超音波を印加した際に屈折率が変化する光弾性効果を使用している．入射ビーム径と超音波の波長の関係で屈折を起こす場合と回折を起こす場合がある．後者には Raman-Nath, collinear などがあるが，高い効率はブラッグ回折により得られる．使用される結晶としてはモリブデン酸鉛（$PbMoO_4$），二酸化テルル（TeO_2）や水晶が，またガラスにも音響光学効果がある．ビーム径を 100 μm 以下に絞ると回折効率60～80％，変調周波数 十～100 MHz が得られる．大型のレーザープリンターやガスレーザーを用いた精密測定器などのほか，エキシマレーザーにも用いられる．

導波路上で音響光学効果を用いるデバイスについても研究が多いが，変調器よりもむしろ偏向器やチューナブルフィルターをめざしている．

14.4.3 磁気光学変調器

磁気光学媒体に磁界を印加した際の偏光面の回転を変調することにより微弱な磁気光学特性の検出が可能となる．常磁性ガラスのファラデー効果などが精密な測定器に使われている．一方，磁性体表面を静磁波が伝搬する際のエネルギーで導波光がブラッグ回折する現象を使うと GHz オーダーの変調や処理が可能となる[57]．GGG 基板上にエピ成長した

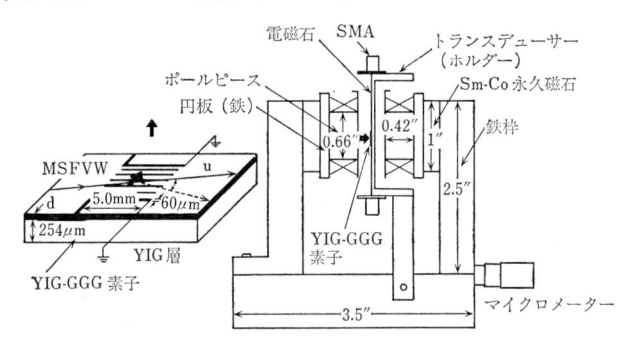

図 Ⅳ.14.12 磁気光学変調器[58]

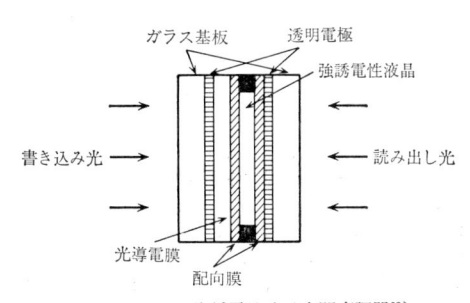

図 Ⅳ.14.13 強誘電性液晶空間変調器[62]

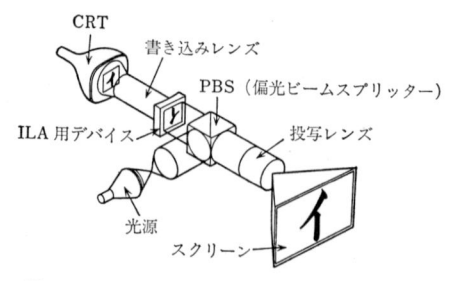

図 Ⅳ.14.14 空間変調器を用いた投写形ディスプレイ[63]

YIG 膜を用いて 2〜12 GHz で動作するブラッグセル（図 Ⅳ.14.12）が試作されている[58]．

14.4.4 空間光変調器

画像処理をリアルタイムで行える空間変調器は BSO 結晶[59]，LN 結晶[60] などの電荷蓄積による屈折率変化を利用するタイプと溶融の電気光学効果を用いるタイプがある．後者では電極構造や材料にバラエティがあり[61,62]，強誘電性液晶を用いることにより性能の向上がなされている（図 Ⅳ.14.13）．液晶空間変調器の応用として高輝度・高精細投射形ディスプレイ[63] があげられる（図 Ⅳ.14.14）．　　　　　　　　　　　　　　　　　[中島啓幾]

参 考 文 献

1) I. P. Kaminow: An Introduction of Electrooptic Devies, Academic Press (1970).
2) 新関: 応用物理, **38** (1969), 812.
3) 天野: オプトロニクス, No. 5 (1985), 61.
4) R. V. Schmidt and I. P. Kaminow: Appl. Phys. Lett., **25** (1974), 498.
5) R. Alferness: IEEE J. Quantum Electron., **QE-17** (1981), 959.
6) 井筒, 末田: 電子通信学会論文誌 C, **J 64-C** (1981), 264.
7) F. Koyama and K. Iga: IEEE J. Lightwave Tech., **LT-6** (1988), 87.
8) 神谷, 荒川編: 超高速光スイッチング技術, 培風館 (1993), 第 10 章.
9) 同上, 第 6 章.
10) 同上, 第 4 章.
11) 同上, 第 7 章.
12) 応用物理学会光学懇話会編: 光集積回路―基礎と応用―, 朝倉書店 (1989), 第 6 章, 第 8 章.
13) S. Korotky et al.: OFC' 85 (1985), PD-1.
14) 清野ほか: 電子情報通信学会光・量子エレクトロニクス研究会技術報告, OQE 89-35 (1985).
15) N. Mekada et al.: Appl. Opt., **29** (1990), 5096.
16) M. Seino et al.: ECOC '87, **1** (1987), 117.
17) M. Seino et al.: OEC '88 (1988), PD-1.
18) I. Sawaki et al.: CLEO '86 (1986) 46, H. Nakajima: IOOC '89 (1989), 19 D 3-3.
19) 中沢ほか: 1992 年電子情報通信学会春季大会 D-212, OFC' 92 (1992), PD-3.
20) 桑田ほか: 1990 年電子情報通信学会春季大会 B-976; Suzuki et al.: OFC '92 (1992), WM 3.

参 考 文 献

21) K. Kawano et al.: Electron. Lett., **25** (1989), 1382.
22) 野口ほか: 1993年電子情報通信学会秋季大会, C-175.
23) T. Okiyama et al.: IOOC '89 (1989), 20 D 4-5.
24) H. Nishimoto et al.: IOOC '89 (1989), 20 PDA-8.
25) K. Hagimoto et al.: Optical Amp. & Appl., '90 (1990), TuA 2.
26) A. H. Gnauck and C. R. Giles: ECOC '91 (1991), PDP-2.
27) 中沢: 電子情報通信学会誌, **74** (1991), 234.
28) R. B. Childs et al.: OFC '90 (1990), PD-23.
29) D. R. Huber et al.: OFC '91 (1991), PD-16.
30) G. S. Maurer et al.: OFC '91 (1991), Th 15.
31) M. Izutsu et al.: OFC '87 (1987), TuQ 32, IOOC '89 (1989), 19 D 4-1.
32) E. J. Murphy et al.: IEEE J. Lightwave Tech., **LT-6** (1988), 937.
33) 石川ほか: 1992年電子情報通信学会春季全国大会, C-21.
34) R. J. Jungerman et al.: HP journal, **42** (1991), 41.
35) 斉藤ほか: 光学, **29** (1993), 142.
36) 梶岡ほか: オプトロニクス, No. 3 (1994), 61.
37) J. L. Jackel et al.: Appl. Phys. Lett., **41** (1982), 607.
38) 春名: オプトロニクス, No. 6 (1994), 58.
39) M. Suzuki et al.: IEEE J. Lightwave Tech., **LT-5** (1987), 1277.
40) H. Soda et al.: Electron Lett., **26** (1990), 9.
41) G. Mak et al.: IEEE Phot. Tech. Lett., **2** (1990), 10.
42) D. A. B. Miller et al.: Phys. Rev., **B 32** (1985), 1043.
43) U. Koren et al.: Appl. Phys. Lett., **51** (1987), 1132.
44) K. Wakita et al.: IEEE J. Lightwave Tech., **LT-8** (1990), 1027.
45) J. Bleuse et al.: Appl. Phys. Lett., **53** (1988), 2632.
46) M. Wegener et al.: Phys. Rev., **B 41** (1990), 3097.
47) J. E. Zucker et al.: IEEE Phot. Tech. Lett., **2** (1990), 32.
48) H. Sano et al.: OFC' 93 (1993), ThK 5.
49) J. E. Zucker et al.: IEEE Phot. Tech. Lett., **2** (1990), 804.
50) R. G. Walker et al.: IOOC '89 (1989), 19 PDC 2-5.
51) H. Takeuchi et al.: IEEE Phot. Tech. Lett., **1** (1989), 227.
52) S. Sakano et al.: Electron. Lett., **22** (1986), 594.
53) Y. Okada et al.: Appl. Phys. Lett., **55** (1989), 2591.
54) R. G. Walker et al.: IOOC-ECOC '91 (1991), WeB 7-3.
55) D. G. Girton et al.: Appl. Phys. Lett., **58** (1991), 1730.
56) G. R. Mohlmann et al.: Proc. SPIE, **1560** (1991), 426.
57) C. S. Tsai et al.: IEEE Trans. on Microwave Theory and Tech., **38** (1990), 560.
58) C. L. Wang et al.: IEEE J. Lightwave Tech., **LT-10** (1992), 644.
59) S. L. Hou et al.: Appl. Phys. Lett., **18** (1971), 325.
60) 原: 応用物理, **62** (1993), 595.
61) 山本: 応用物理, **62** (1993), 597.
62) 諸川: 応用物理, **62** (1993), 599.
63) 三好: Microoptics News, **12** (1994), 31.

第Ⅴ部 システム編

1. 光通信

1.1 光通信ネットワークにおける微小光学部品の役割

通信の目的は情報の伝達であり，正確かつ迅速で効率的な情報伝達の方法が追求されてきた．このような努力による電気通信および光通信の最近の発展は目覚ましく，距離を感じさせない通信が可能になりつつある．光通信システムでは，電気信号化した情報をレーザーダイオードや発光ダイオードで光信号化し，この光信号を光ファイバーで伝送した後，フォトダイオードで電気信号に再変換する．

光の基本的性質である高周波性，広帯域性を活用した光通信システムは長距離，大容量の基幹回線に適用されている．一方，レーザーダイオード，発光ダイオード，フォトダイオードの小形，簡便性や光ファイバーの細径，軽量，無誘導，可撓性から，加入者系システムやローカルエリア通信網（LAN；local area network），さらには，電力会社や航空機・船舶内の通信システムなど，経済性や柔軟性，多様性が要求される分野でも光通信システムは用いられている．

光通信システムを実用的に機能させるには，上記の基本光素子のほかに，それぞれの使

基本光素子		レーザーダイオード 発光ダイオード		光ファイバー		フォトダイオード
		光送信機 →○→		→○→		→○→ 光受信機
微小光学部品	基本	発光モジュール	光コネクター 光分岐結合器 光スイッチ	光スターカップラー 光分岐結合器 光スイッチ	光コネクター 光分岐結合器 光スイッチ	受光モジュール 光減衰器 光方向性結合器
	高性能化	光アイソレーター 光変調器 光増幅器 偏光カップラー 光スイッチ		光増幅器		光増幅器 偏光制御器 光遅延等化器 光フィルター
	高機能化	波長変換器	光合波器 光サーキュレーター	波長変換器 光双安定回路	光分波器 光サーキュレーター	波長チューナー 波長変換器 光双安定回路
	保守/測定			光スイッチ，光合分波器，光サーキュレーター，光増幅器		

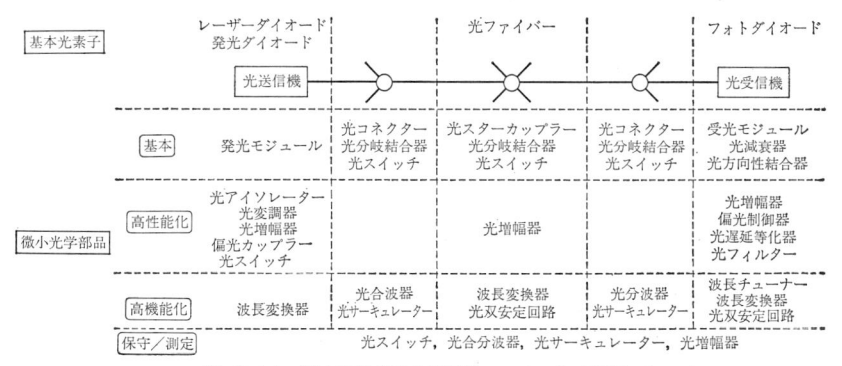

図 V.1.1 微小光学部品と光通信システムとの関係

用目的に応じて，いくつかの微小光学部品を加える必要がある．また，システムの建設，運用，保守においても，種々の機能の微小光学部品が必要である．

図 V.1.1 は光通信システムの基本構成と使用される微小光学部品を示している．光通信システムを構成するうえで基本的に必要な微小光学部品のほか，システムを高性能化するためや高機能化するためにも微小光学部品が必要である．光通信システムを構成するうえで基本的に必要な微小光学部品には，発光モジュール，受光モジュール，光コネクター，光スターカップラー，光スイッチなどがあり，どちらかというと，伝送路中で用いられる．この種の微小光学部品は，柔軟で多様な光通信システム網を構成するために欠くことができない．

光通信システムを高性能化する微小光学部品には，光アイソレーター，光変調器，光増幅器などがあり，多くの場合，光送信機や光受信機に内蔵される．これらは，種々の原因によるシステム性能の制限を緩和し，より高速，長距離の情報伝送を可能にするために用いられる．光合分波器，波長チューナー，波長変換器などはシステムの高機能化に効果がある．さらに，光スイッチ，光合分波器，光サーキュレーターなどは，光通信システムの建設，運用，保守に役立っている．

光通信システム用の微小光学部品は，特性の面では，特に，低挿入損失で高阻止減衰量が要求される．小形，安価で耐震，耐候，信頼性に優れ，安定に動作することは，ほかの用途と同様に考慮すべき事項であるが，光ファイバーとの良好な接続性や偏光無依存動作が求められるのは，光通信システムで用いられる微小光学部品に特徴的な事柄である．これらのシステム要求を満たす，いくつかの微小光学部品が光通信システムで用いられ，システムの高性能化，高機能化に貢献している．

1.2 基幹伝送系システム

NTT における中継伝送系への光通信システムの商用導入は，1981 年に，当時の技術レベルとシステム経済性とのバランスの点より，中容量システムである F-32M 方式と F-100M 方式から開始された．その後 1983 年には F-400M 方式，1987 年には F-1.6G 方式の導入が開始され，現在，F-1.6G 方式は日本の通信網のバックボーンとして広く用いられている．F-400M 方式と F-1.6G 方式に対応する海底伝送システムの FS-400M 方式，FS-1.8G 方式は，それぞれ，1986 年，1990 年に導入が開始されている．

上記の方式の主要諸元を表 V.1.1 に示す．新しく開発された方式になるに従って，長波長帯と単一モード光ファイバーの利用，高速光変復調技術の向上で，長距離，大容量化が進んでいる．また，それに伴い，光アイソレーターや光変調器などの微小光学部品が使用されている．

1.2.1 反射戻り光の対策

レーザーダイオードからの出射光の一部は，光ファイバーや微小光学部品の屈折率不整合点で反射され，レーザーダイオードに戻り，結合する．このような反射戻り光は，レー

1.2 基幹伝送系システム

表 V.1.1 中継伝送系システムの主要諸元

方式 項目	F-32 M	F-100 M	F-400 M	F-1.6 G
伝送速度	64.128 Mb/s	111.689 Mb/s	445.837 Mb/s	1820.9 Mb/s
電話換算容量	480 ch	1440 ch	5760 ch	23040 ch
波長	1.3 μm →			1.55 μm
光ファイバー	SM(1.3 μm ゼロ分散) →		SM (1.55 μm ゼロ分散)	
発光素子	InGaAsP/InP-FP-LD →		InGaAsP/InP-DFB-LD	
受光素子	Ge-APD →		InGaAs-APD	
中継間隔	40 km (1.3 μm) →		80 km (1.55 μm)	
商用開始時期	1981.12	1981.12	1983.12	1987.12

SM：単一モード，FP：ファブリーペロー形，DFB：分布帰還形，LD：レーザーダイオード，APD：アバランシェフォトダイオード

ザーダイオードの動作特性に重大な影響を及ぼすことが知られている．しかしながら，その影響は複雑であり，レーザーダイオードの構造，戻り光の強度，コヒーレンス度，反射の位置などにより大きく変化する．

F-1.6 G 方式では，モード分配雑音や分散制限の影響を低減するため，高速変調時にも単一縦モードで発振することが可能な分布帰還形のレーザーダイオードを用いている[1]．しかしながら，分布帰還形レーザーダイオードにも，上述のような反射戻り光の影響がある．図 V.1.2 は，長さが 2.5 m の単一モード光ファイバーと分布帰還形レーザーダイオードとの結合系における相対雑音強度（RIN；relative intensity noise）増加の実験結果である[2]．相対雑音強度の測定は，周波数 80 MHz（光が光ファイバー中を往復する時間に関係），帯域幅 1 MHz で行っている．

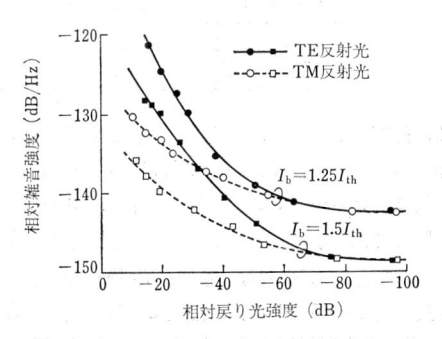

図 V.1.2 反射戻り光による相対雑音強度の増加

また，分布帰還形レーザーダイオード側の光ファイバー端面は，その点での反射の影響をなくすため，斜め端面にしている．この実験では，相対戻り光強度が$-70\,\mathrm{dB}$程度以上になると，相対雑音強度が急激に増加している．雑音増加の程度は，戻り光の偏光に大きく依存し，レーザー光の偏光に相当するTE偏光の場合に影響が大きい．また，実験は，戻り光により発光スペクトルも劣化することを明らかにしている．このような実験結果に基づき，F-1.6G方式では，高リターンロスの光コネクターを用いるとともに，発光モジュールに光アイソレーターを内蔵させ，戻り光強度を大幅に低減している．

戻り光による符号伝送特性の劣化についての実験的検討が行われている[3]．この伝送実験では，符号速度が$1.8\,\mathrm{Gb/s}$のNRZ光信号が伝搬する光ファイバーの途中に可変反射器を挿入して，強制的に反射戻り光を発生させている．光アイソレーターを用いない場合には，$-10\,\mathrm{dB}$程度の強制反射を与えると，符号誤り率が10^{-9}程度からエラーフロアーが生じるが，光アイソレーターを用いた場合には，強制反射を$-7.5\,\mathrm{dB}$程度にしても符号誤り率特性の劣化が生じていない．

以上の例のように，光アイソレーターは，高速光伝送システムにおける反射戻り光の対策として非常に有効である．

1.2.2 超高速光強度変調

レーザーダイオードを直接変調すると，注入電流の変化に伴って活性層の屈折率が変化するので，発振波長の時間的変化（チャーピング）が生じる[4]．超高速光伝送においては，チャーピングにより伝送距離が制限される．そこで，レーザーダイオードの構造や注入電流波形を工夫してチャーピングを抑止する検討が行われている．また，光変調器を用いて外部変調を行っても，チャーピングを十分小さくできる．表V.1.2は，レーザーダイオードを通常の方法で直接変調した場合と，光変調器で外部変調した場合の比較であ

表 V.1.2　外部変調と直接変調の比較

変調形式	外部変調	直接変調
帯域	非常に広帯域（$>10\,\mathrm{GHz}$）	広帯域（$\sim 10\,\mathrm{GHz}$）
チャーピング	非常に小さい（$\alpha: <0.1$）	大きい（$\alpha: 4\sim 6$）
挿入損失	比較的大きい（$2\sim 5\,\mathrm{dB}$）	—
駆動電圧	比較的高電圧（$3\sim 6\,\mathrm{V}$）	低電圧（$1\sim 2\,\mathrm{V}$）

る．外部変調の場合，特性的には，ほとんどチャーピングを生じないで，$20\,\mathrm{GHz}$程度の帯域の変調が可能である．表V.1.2中のαは，レーザーダイオードの構造や材料によって決まるチャーピングの程度を表すパラメーターである．

図V.1.3は，分散による再生中継間隔の限界（所要符号誤り率：10^{-11}）の計算例である．この計算において，光ファイバーの分散は$2\,\mathrm{ps/nm/km}$で，レーザーダイオードの無変調時のスペクトル幅は無視できる程度に小さいとしている．また，パラメーターαの値は，外部変調では0，直接変調では4を用いている．このように，外部変調によって

チャーピングの影響を除けば，分散による再生中継間隔の限界は，直接変調に比べて20倍程度も延長でき，その効果は大きい．

光変調器を用いて，10 Gb/s，505 km の伝送実験が行われている[5]．この実験では，再生中継間隔の分散制限を低減するため Ti 拡散 LiNbO$_3$ 導波路で構成したマッハ-ツェンダー形光変調器を用いている．また，Er ドープ光ファイバー増幅器を用いて，伝送路光ファイバーの損失を補償し，再生中継間隔を拡大している．また，Ti 拡散 LiNbO$_3$ 導波路光変調器を用いた 8 Gb/s，68 km の伝送実験も行われており[6]，超高速光伝送システムにおける光変調器の有効性が確認されている．

図 V.1.3 分散による再生中継間隔の制限

1.2.3 光源の冗長構成

海底伝送システムでは，たとえ小さな故障であっても，その修理のために光ファイバーケーブルを海底から引き揚げなければならず，多大な時間と労力，費用がかかる．このため，海底伝送システムでは，陸上系の伝送システムに比べて非常に高い信頼度が要求される．特に，現時点でのレーザーダイオードの信頼度は海底伝送システムの要求を満足するほどには十分でなく，予備のレーザーダイオードを海底光中継器に用意しておく冗長構成によって，システムの信頼性を高めている．

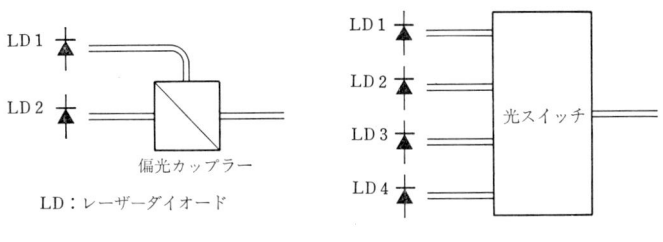

(a) 偏光カップラーによる冗長構成　　(b) 光スイッチによる冗長構成

図 V.1.4 レーザーダイオードの冗長構成

NTT が開発した FS-400 M 方式では，図 V.1.4(a) のように，現用1，予備1のレーザーダイオードを，偏光カップラーを用いて，伝送路光ファイバーに結合している[7]．このような冗長構成によって，1台の中継器当たりの故障率を 80 fit 以下にするために要求されるレーザーダイオードの故障率を 30 fit 以下から 300 fit 以下に緩和している．

図 V.1.4(b) のように，光スイッチを用いた冗長構成も用いられている．アメリカの SL システムやフランスの S 280 システムでは，光中継器に用意された4個のレーザーダイオードのうち，伝送路光ファイバーと接続する現用のレーザーダイオードを光スイッチ

1.2.4 海中分岐

海底光ケーブルには6～8本の光ファイバーが収容されている．海中分岐は，それらの光ファイバーを海中において複数のグループに分け，それぞれを別々の目的地に向かわせるものである．海中分岐の導入により，通信網構成上の自由度が増し，また，複数の地点を個別のケーブルで接続する場合に比べ必要なケーブル総長を短くでき，罹障確率も低減できる．

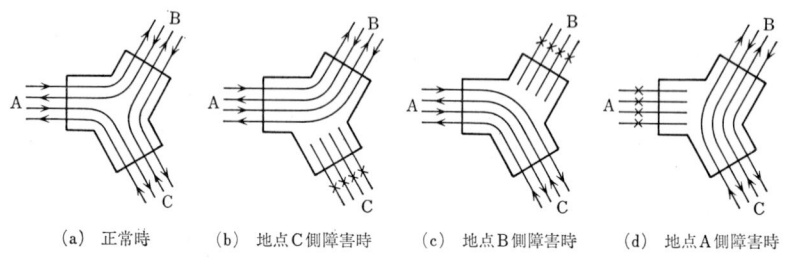

(a) 正常時　　(b) 地点C側障害時　　(c) 地点B側障害時　　(d) 地点A側障害時

図 V.1.5　海中分岐と障害時のルート切替え

図 V.1.5は，地点 A, B, C を，4本の光ファイバーを収容したケーブルを用いて，海中分岐で接続した図である．正常時には，図 V.1.5(a)のように，地点 A, B, C が，各ケーブルの1対の光ファイバーで，それぞれ接続されている．海中分岐部と地点 C の間のケーブルが障害になった場合には，図 V.1.5(b)のように，海中分岐部で接続替えが行われ，地点 A からのケーブルのすべての光ファイバーが地点 B からのケーブルに接続される．海中分岐部には，光ファイバーの接続替えのための光スイッチ，接続替え制御信号をモニターするための光分岐結合器が用いられている[10]．

第3太平洋横断ケーブル（TPC-3）では，日本，アメリカ（ハワイ），グアムが海中分岐で接続され，また，第8大西洋横断ケーブル（TAT-8）では，アメリカ，イギリス，フランスが海中分岐で接続されている．

1.3　加入者系システム

すでに述べたように，光通信システムは，基幹伝送系の大容量化と経済化に貢献し，多くの商用実績がある．加入者系の光通信システムの導入，特に，加入者宅までの光化（FTTH; fiber to the home）ができれば，広帯域な通信サービスが可能となり，その影響はきわめて大きい．しかしながら，現在まで，光通信システムの加入者系への本格的な導入は実現しておらず，FTTH を目指した精力的な研究が続けられている．

加入者アクセス系の基本的な構成には，図 V.1.6 に示すように，シングルスター構成とダブルスター構成がある．シングルスター構成では，局と加入者宅が個別に光ファイバ

ーで結ばれている．これに対し，ダブルスター構成では，局と加入者宅の間の伝送路の一部を複数の加入者で共用する構成である．

(a) シングルスター構成　　　　　(b) ダブルスター構成

アクティブ：
光送受信回路と
時分割集線回路
パッシブ：
光スターカップラー
光合分波器

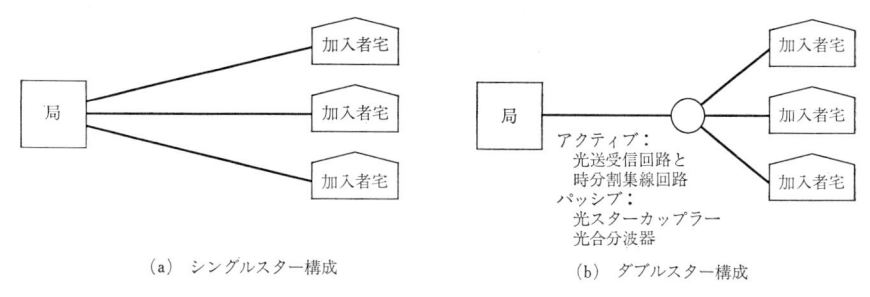

図 V.1.6 加入者アクセス系の基本的な構成

シングルスター構成は，既存のメタリック加入者系システムの形態である．光加入者系システムにおいても，当初から，この構成が検討されてきた．

ダブルスター構成は，さらに，アクティブダブルスター構成とパッシブダブルスター構成とに分類できる．アクティブダブルスター構成では，局と加入者宅との間に，光送受信回路と時分割集線回路を含む能動装置が設置される．この構成では電気段での集線であり，局と加入者宅は，光の領域で連続して接続されていない．したがって，光システムとしては，局と能動装置間，能動装置と加入者宅間に分けて考えることができ，この意味で，アクティブダブルスター構成は，シングルスター構成と同じである．

パッシブダブルスター構成では，局と加入者宅との間に，光スターカップラーあるいは光合分波器が設置される．加入者の集線は光領域で行われ，光技術的に，シングルスター構成，アクティブダブルスター構成と異なる．この構成では，個々の加入者を識別する方法が必要である．

加入者系システムは，経済性が強く意識されて構成される．このため，各加入者宅に設置される光送受信機の低コスト化が追求されており，安価な光合分波器や波長チューナ，発光モジュール，受光モジュールなどの微小光学部品が必要とされている．

1.3.1 シングルスター構成

シングルスター構成の加入者系システムは，1978年ごろから検討が開始されている．その後，横須賀地区，吉祥寺地区での現場試験，あるいは，三鷹地区における INS モデルシステム試験などが行われてきた．

複合光加入者系伝送システムは，これらの試験で培われた技術的経験を生かすとともに経済化を追求したシングルスター構成のシステムである[11]．本システムは，局から2kmの範囲の加入者に，同時2チャネルの映像選択分配サービスと双方向低速データ伝送サービス，64kb/s系サービスを提供する．このため，図 V.1.7 のように，電気段における時分割多重，周波数分割多重と，光段の波長分割多重が用いられている．経済性の観点から，発光素子には発光ダイオードを用いている．波長は，$\lambda_1 = 0.88 \mu m$, $\lambda_2 = 0.78 \mu m$, λ_3

=1.3 μm である. 受光素子は, 映像系のサービスを含むチャネルには, アバランシェフォトダイオードを, 加入者宅から局へ向かうチャネルには PIN フォトダイオードを用いている. 光ファイバーは, 発光ダイオードとの結合性を考慮して, 標準の分布屈折率形多モード光ファイバーを用いている.

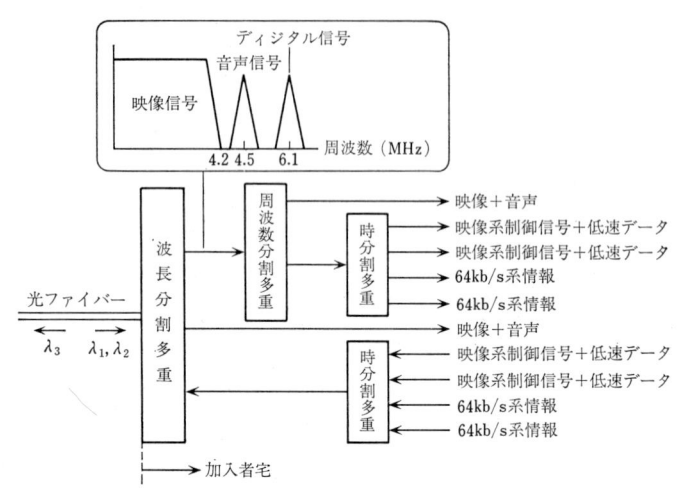

図 V.1.7 複合光加入者伝送システムの信号多重形式

複合光加入者系伝送システムでは, 経済性を追求する過程において, 機能を複合した微小光学部品が開発された. 従来, 波長分割多重 (WDM; wavelength division multiplexing) システムを構成する場合, 個別の発光モジュール, 受光モジュール, 光合分波器などを光コネクターを介して接続していたので, 部品点数が多く, 経済性に劣るだけでなく, 寸法や損失も必要以上に大きくなっていた. そこで, 発光モジュール, 受光モジュール, 光合分波器を一体化して同一基板上に配置して接続部品を削減するとともに, 組立工程を無調整化した波長多重送受信モジュールが開発され[12], 複合加入者系装置の経済化, 小形化に貢献している.

1.3.2 パッシブダブルスター構成

パッシブダブルスター構成では分岐による損失があるので, それを補償する適当な方法がなければ, 分岐数を大きくすることができず, 共用部分の利用効率もあがらない. 光増幅器は, パッシブダブルスター構成の光加入者系システムにおける分岐損失を補償する手段として, 大いに期待されている.

光スターカップラーと光増幅器を多段に接続した映像同時分配のシステム実験が行われている[13]. 本実験の構成を図 V.1.8 に示す. 16 分岐の光スターカップラーを 4 段構成にして, 約 6 万 5 千の加入者宅への信号分配を模擬している. 分配損失を補償するため, 各光スターカップラーの直前に, 前方励起 Er ドープ光ファイバー増幅器を挿入している.

1.3 加入者系システム

実験では，40チャネルのAM映像信号と7チャネルのFM映像信号（HDTV信号を含む）を周波数分割多重し，分布帰還形レーザーダイオード（波長：1.552 μm）をアナログ変調している．受信側では，InGaAsアバランシェフォトダイオードで電気信号に変換し，チューナーで希望のチャネルを選択受信する．

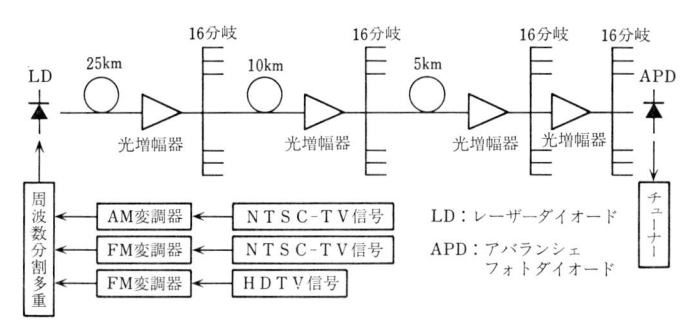

図 V.1.8 映像同時伝送システム実験の構成

なお，分散の影響による複合二次ひずみ（CSO；composite second order distortion）を低減するために，ゼロ分散波長が1.55 μmの単一モード光ファイバーを用いている．4段の光スターカップラーおよび4段の光増幅器を通過した映像信号の評価信号対雑音比（SNR；signal to noise ratio，HDTVについては無評価信号対雑音比）の劣化は6〜8 dB程度であった．本実験の結果は，光増幅器を用いることで，実用的な規模でパッシブダブルスター構成の映像分配形光加入者系システムが構成可能なことを示している．

なお，この実験では電気段でチャネルの選択を行っているが，波長チューナーを用いた映像分配システムの実験も行われている．

公衆通信の基本である電話サービスを，パッシブダブルスター構成で行う（TPON；telephony on passive optical network）場合には，前述の映像分配サービスとは異なり，個々の加入者宅を識別する方法が必要である．その代表的な方法が，時分割多元接続（TDMA；time division multiple access）[14]と波長分割多元接続[15]である．時分割多元接続では，ある時間には一つの加入者宅だけから信号が送出されるように，信号の送信あるいは受信の時間を制御する．この方法では，共用の伝送路の伝送速度は，多重された加入者数と各加入者にサービスされる情報の伝送速度との積になる．したがって，加入者の多重数あるいは情報伝送速度は，この観点から制限される．

一方，波長分割多元接続では，信号の合波あるいは分岐に光合分波器が用いられ，各加入者は，個別に割り当てられた特定の波長の光信号のみを送信あるいは受信する．したがって，サービスされる情報伝送速度は加入者の多重数によって制限されない．また，特定の波長の光信号に着目すれば局と加入者宅の間に分岐はないので，分岐損失を考えなくてよい．しかしながら，加入者数に等しい多重数の波長分割多重システムが必要であり，実用的な規模のシステムを構成しようとすると，従来にない多波長多重用の光合波器が必要

になるという技術的問題がある．

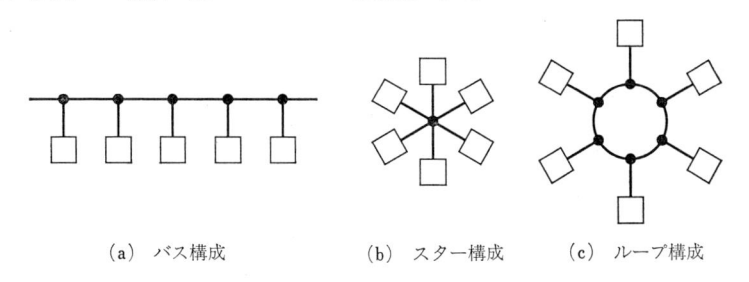

1.4 光ローカルエリア通信網

ローカルエリア通信網（LAN）は，同一の建物内あるいは敷地内などの限られた地域に設置された端末を接続し，通信，情報処理を行うネットワークである．各ノードが伝送路を共用して放送形の通信が行われることに特徴がある．光通信技術を適用することにより，ローカルエリア通信網が広帯域化，長距離化され，耐電磁環境性も向上する．また，光ファイバーケーブルの布設が容易であることも利点である．公衆系の光通信システムでは，大部分が単一モード化されているが，光ローカルエリア通信網では多モードのシステムがかなり多い．光ローカルエリア通信網は，網構成と伝送路アクセス方式によって分類される．

1.4.1 光ローカルエリア通信網の構成

図V.1.9は代表的な網構成を示している．バス構成は，共有伝送路の途中にT形の光分岐結合器を挿入して構成し，比較的簡単な構成で多点間の通信が行える．しかしながら，送信された光信号は複数のT形光分岐結合器を通過して伝送されるので，ノード数が多く，また，T形光分岐結合器の過剰損失が十分に小さくない場合には，末端のノードに対する伝送損失が非常に大きくなる．これまでに低過剰損失のT形光分岐結合器は実現しておらず，バス構成の光ローカルエリア通信網は少ない．

(a) バス構成　　(b) スター構成　　(c) ループ構成

図 V.1.9　光ローカルエリア通信網の基本構成

スター構成は，バス構成で分散していた光信号の分岐結合点を1点に集中した構成であり，T形光分岐結合器の代わりに光スターカップラーが用いられる．本構成では分岐による損失の累積がないので，光スターカップラーの過剰損失は比較的大きくても許容できる．なお，一般的には，加入者アクセス系のシングルスター構成のような構成をスター構成とよび，図V.1.9(b)に示した構成は，トポロジー的には図V.1.9(a)と同じであるので，バス構成とよばれることが多いが，微小光学部品の観点からは技術が異なるので，あえて，図V.1.9(b)をスター構成とよぶ．

図V.1.9(c)はループ構成であり，バス構成の伝送路端を結んだものと考えられ，光分岐結合器が必要である．各ノードが光信号を一方向に再生中継する能動形式である場合

には，ノードの故障がシステム全体に波及するので，バイパスやループバックなどの対策が必要である．商品化されている光ローカルエリア通信網は，ループ構成のものが多い．

光ローカルエリア通信網で用いられる光スターカップラーや光分岐結合器は，システムを構成するのに不可欠な基本部品であり，また，光スイッチがシステム障害対策として用いられる．したがって，これらの微小光学部品は信頼性が高いことが要求される．また，過剰損失の小さいT形光分岐結合器も強く望まれている．

1.4.2 伝送路アクセス方式

光ローカルエリア通信網では放送形の通信が行われるため，競合する送信要求を制御する伝送路アクセス方式が重要である．代表的な伝送路アクセス方式には，CSMA/CD (carrier sense multiple access/collision detection) 方式，トークンパッシング (token passing) 方式，プリアサインメント (pre-assignment) 方式，スロッテッドリング (slotted ring) 方式などがある．

CSMA/CD方式では，伝送路使用状態と信号衝突の検知機能を用い，各ノードの送信を制御する．各ノードは，送信前に伝送路の使用状態を検知し，伝送路が空き状態の場合に送信を開始する．複数のノードが同時に送信した場合には，信号が衝突し，これを検知した送信ノードは直ちに送信を中断する．データは，適当な時間を経過してから，同様な手順で再送出される．本方式は，バス構成，スター構成で多く用いられている．

トークンパッシング方式は，ループ構成で多く用いられている．データの同時送信を回避するため，送信権を示すトークンとよばれるコードをループ上で巡回させ，トークンを取り込んだノードだけが送信を開始できる．

プリアサインメント方式は，各ノードの通信可能時間が特定の周期的な分割タイムスロットに決められている方式であり，バス，スター，ループのいずれの構成でも用いられている．

スロッテッドリング方式は，分割されたタイムスロットのうち，任意の空きスロットを用いて送信する方式であり，今後，広く用いられると考えられている．

1.4.3 スター構成

最大100ノードが収容可能なスター構成の光ローカルエリア通信網が検討されている[16]．本システムでは，各ノードが，500m以内の標準の分布屈折率形多モード光ファイバーを介して，光スターカップラーと接続される．各ノードには最大10の64kb/s系端末あるいは1.5Mb/s系端末が収容でき，32Mb/sの光信号が送受信される．なお，発光素子には，波長が$0.85\mu m$の発光ダイオードを，受光素子には，アバランシェフォトダイオードを用いている．伝送路アクセスは，優先順位付きCSMA/CD方式で行っている．

CSMA/CD方式による伝送路アクセスでは，信号衝突の検知能力が高いこと，受信光パワーのばらつきが小さいことが必要である．衝突の検知方法については，ダイパルス (dipulse) 変換による符号化とパーシャルレスポンス (partial response) 回路による復号化との組合せでの符号則違反 (CRV; coding rule violation) を利用した方法を考案し，光パワーの差が8dB程度の光信号が衝突した場合にも衝突の検知を可能にしている．受

信光パワーのばらつきに関しては，送信光パワーのばらつきを小さく，また，光コネクターやスプライス部の接続損失を小さくするとともに，光スターカップラーの挿入損失のばらつき（分配偏差）を小さくする必要がある．上述のシステムでは，平均過剰損失 5 dB 以下，分配偏差 ±1 dB 以内の光スターカップラーが開発，使用され，衝突検知機能の向上に寄与している．

1.4.4 ループ構成

最大 100 ノードが収容可能なループ構成の光ローカルエリア通信網（OPALnet-II）が検討されている[17]．各ノードには最大 48 の 64 kb/s パケット系端末と最大 48 の 64 kb/s 非パケット系端末および最大 2 の 1.5 Mb/s 非パケット系端末が収容でき，1 km 以内の標準の分布屈折率形多モード光ファイバーを介して，ループ状に接続される．光ファイバーループを循環する光信号の速度は 100 Mb/s である．発光素子はレーザーダイオード（波長：0.85 μm），受光素子はアバランシェフォトダイオードである．

OPALnet-II では，光信号列をパケット系信号割当部分と非パケット系信号割当部分に

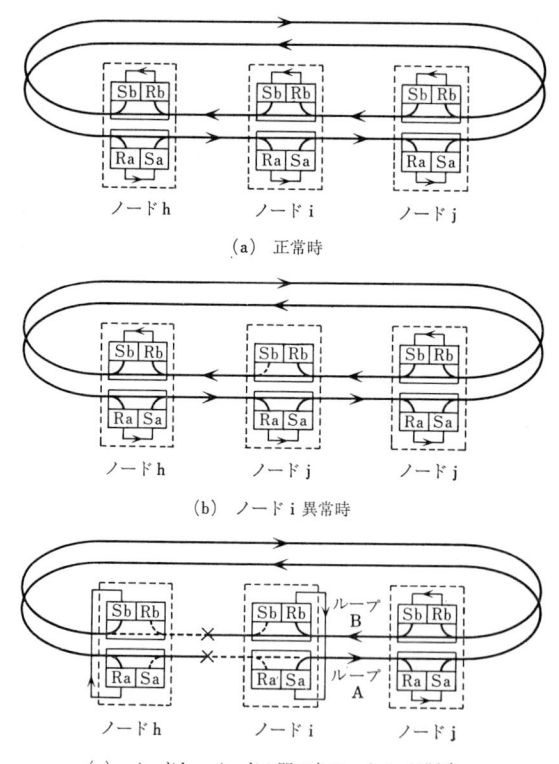

(a) 正常時

(b) ノード i 異常時

(c) ノード h・ノード i 間で光ファイバー切断時

図 V.1.10 OPALnet-II の障害対策

分けることで，パケット系信号と非パケット系信号の同時伝送を可能にしている．各端末の発呼状態に応じて，双方の割当部分の比率を制御し，回線の使用効率を高めている．伝送路アクセスは，パケット系端末についてはトークンパッシング方式で，非パケット系端末については時分割多元接続方式で行っている．

ループ構成の光ローカルエリア通信網では，ノードの故障がシステム全体に波及するので，障害対策が重要である．従来，あるノードが故障した場合，光信号が故障ノードを通過しないように，光スイッチを用いて迂回経路を構成していた[18]．また，各ノードと伝送路との結合に光方向性結合器を用いた，常時，迂回経路を有する方法（常時バイパス）も検討されている[19]．

OPALnet-II では，図 V.1.10 のように，ノードの故障を常時バイパスで，光ファイバーの障害を二重化したループのループバックで対応している．常時バイパスについては，ノードと伝送路との結合を2個のY形光分岐結合器で構成する光アクセッサーを用いること，ノードを通過した光信号とバイパス光信号の合成をパルスインターレースとよぶ方法で行うことで機能を向上させている．また，図 V.1.10(c) のように，ノード h・ノード i 間で光ファイバーが切断された場合には，ノード h ではループ A の受信信号をループ B に，ノード i ではループ B の受信信号をループ A に，それぞれ，電気段で折り返すことによって，新しい一つのループを形成している．

1.5 次世代光通信システム

光通信システムの研究は1970年ごろから始まり，1980年ごろには商用導入が開始された．それ以降，高速，長距離伝送を目指した研究が行われ，それらの成果は次々と商用化されてきた．また，最近では，将来のより高度な光通信のために，よりいっそうの高速，長距離化の追求や新波長帯の開拓などのほか，従来のシステムとは全く異なる技術基盤による新しい光通信システムの研究が活発になっている．なかでも，光の波としての性質を利用するコヒーレント光通信，Er ドープ光ファイバー増幅器の応用，あるいは，光ファイバーの非線形効果を活用するソリトン伝送は，次世代の光通信システムとしての大きな発展が期待されている．

新しい技術基盤の光通信システムは，高性能，高安定，高精度な光部品を必要とする．また，アレイ化や機能を複合化した光部品，さらには，従来にない新しい機能の光部品も要求されるであろう．光集積回路を含めた微小光学部品技術がこのような高度で多様な要求に応え，次世代の光通信システムの発展に貢献することが期待されている．

1.5.1 コヒーレント光通信

コヒーレント光通信システムでは，コヒーレンス度の高い発光素子を用いて光波の振幅，周波数，位相を変調し，ホモダイン（homodyne）またはヘテロダイン（heterodyne）検波を行う．図 V.1.11 のように，ヘテロダイン光波通信システムの受信感度は，従来の強度変調（IM; intensity modulation）/直接検波（DD; direct detection）より 10～25

dBも高感度である．変調形式による受信感度の差は，位相シフトキーイング（PSK；phase shift keying）は周波数シフトキーイング（FSK；frequency shift keying）より，

```
9 dB  ……[PSKホモダイン]…………………………………………………
6 dB  ………………………………[PSKヘテロダイン][CPFSKヘテロダイン]
3 dB  ……[ASKホモダイン]…[FSKヘテロダイン]
0 dB  ………………………………[ASKヘテロダイン]
```

10〜25dB
強度変調/直接検波

ASK：振幅シフトキーイング
FSK：周波数シフトキーイング
PSK：位相シフトキーイング
CPFSK：位相連続周波数シフトキーイング

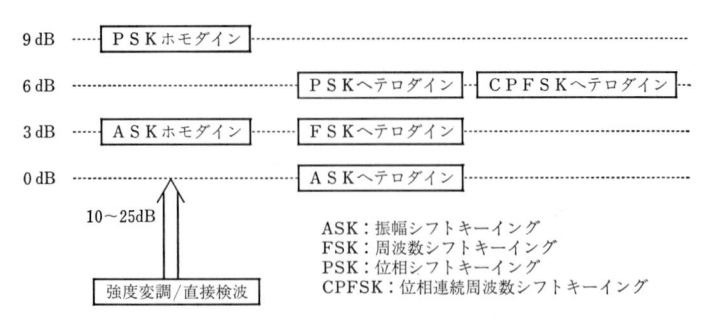

図 V.1.11 変復調方式と受信感度の関係

周波数シフトキーイングは振幅シフトキーイング（ASK；amplitude shift keying）より，それぞれ，3 dB 高感度である．また，ホモダイン検波はヘテロダイン検波より，3 dB 受信感度が向上する．

コヒーレント光通信は受信感度が高いので，無中継伝送距離の延長やパッシブダブルスター構成の分配損失の補償が可能となる．図 V.1.12 は，コヒーレント光通信システムの主な伝送実験の伝送速度と無中継伝送距離である．年々，高速度，長距離化が進み，1990 年には 2.5 Gb/s，350 km の伝送実験や 10 Gb/s，151 km の伝送実験が行われている．また，コヒーレント光通信ではコヒーレンス度の高い発光素子を用いているので，高密度な波長分割多重（光周波数分割多重とよばれる）を行い波長領域の利用効率を向上することができる．

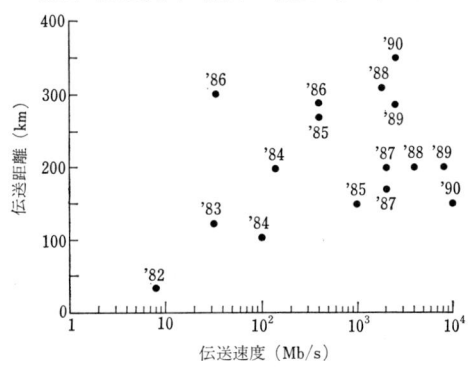

図 V.1.12 主なコヒーレント伝送システム実験の伝送速度および伝送距離

コヒーレント光通信システムを構成するには，振幅変調用や位相変調用の光変調器，受信信号光と局部発振光とを混合するための光方向性結合器などが必要である．また，光周波数分割多重を行う場合には，光合分波器や光スターカップラー，波長チューナーなどが用いられる．

（1）偏光変動の補償 効率のよいコヒーレント検波を行うには，偏光状態が整合した状態で，受信信号光と局部発振光とを混合する必要がある．しかしながら，受信信号光の偏光状態は，たとえ，送信部で特定の偏光状態の信号光が光ファイバーに結合したとしても，大きく変化する．このため，何らかの偏光変動の対策が必要である．

1.5 次世代光通信システム

偏光変動の補償方法には，可変方位の1/4波長板と1/2波長板を用いて受信信号光の偏光状態を特定の状態になるよう制御する方法と，図 V.1.13 にその構成の一例を示すような受信信号光を直交する偏光に分離して検波したあと電気段で合成する偏波ダイバーシティー受信（polarization diversity reception）の方法がある．前者の方法では，波長板を光ファイバーや光学結晶などで構成した例がある．

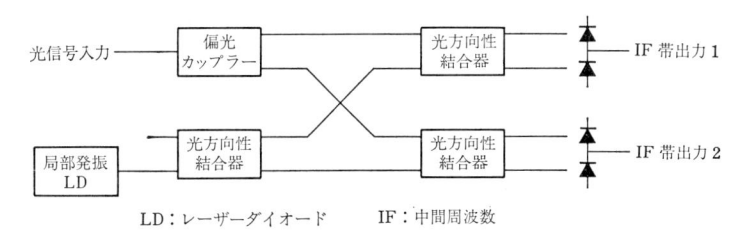

図 V.1.13 偏波ダイバーシティー受信回路の構成

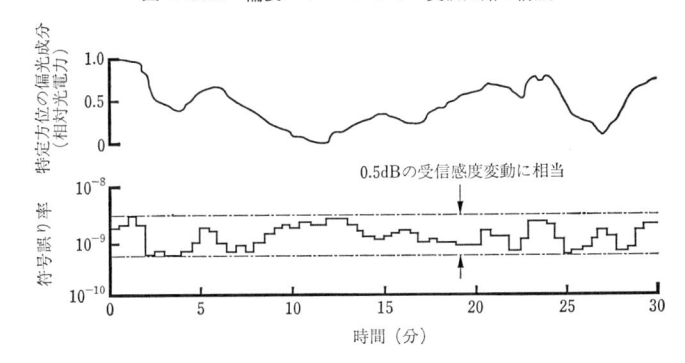

図 V.1.14 偏光状態の変動による符号誤り率の変動

2.5 Gb/s，位相連続周波数シフトキーイング（CPFSK；continuous phase FSK）の伝送実験が行われている[20]．受信回路は，偏光変動補償と雑音低減のため，偏波ダイバーシティー/バランス受信回路を用いている．この受信回路の偏光変動補償効果は，符号誤り率が 10^{-9} 程度の場合，図 V.1.14 のように測定されている．受信信号光の偏光状態が変化しても，符号誤り率は 8×10^{-10}〜3.7×10^{-9} の範囲に収まっている．これは，受信感度変動に換算して 0.5 dB に相当し，使用した受信回路は十分な偏光変動補償効果を示すことが確かめられている．この伝送装置は，延長 431 km の松山・呉間と松山・大分間の海底光ファイバーケーブルを用いた実験に適用され，現場環境下でも安定に動作することが確認されている．

（2）光周波数分割多重　光周波数分割多重システムの実験例として，622 Mb/s の周波数シフトキーイング信号を，チャネル間隔が 10 GHz で 100 チャネル多重して，50.5 km 伝送した実験[21]を紹介する．実験では，各チャネルの信号光を 128×128 光スターカ

ップラーで合波し、光ファイバーで伝送後、7段のマッハ-ツェンダー干渉計で構成した波長チューナーで所望のチャネルを選択受信している。

光ファイバー伝送後の特定のチャネルの符号誤り率特性が、特定のチャネルのみを伝送した場合とすべてのチャネルを伝送した場合について、測定されている。各チャネルの送信光電力を4光波混合の影響が十分小さくなるように設定した結果、符号誤り率特性はどちらの場合もほとんど差がなく、チャネル間干渉が十分小さいことが示されている。なお、本実験では、周波数弁別器（frequency discriminaior）にもマッハ-ツェンダー干渉計が使用されている。

光周波数分割多重と同様に、波長領域の利用効率を向上する目的で、マイクロ波領域で周波数分割多重した信号で光を変調する副搬送波多重（subcarrier multiplexing）システム[22]も活発に検討されている。

1.5.2 Er ドープ光ファイバー増幅器の応用

Er ドープ光ファイバー増幅器は、光ファイバーの低損失波長域である 1.55 μm 帯で増幅作用を示し、高効率、高出力、広帯域、低雑音で、光ファイバーとの整合性に優れ、非線形性が小さいなど多くの特徴があることから、それが光通信システムに与える影響の大きさが指摘されている[23]。これらの性質から、Er ドープ光ファイバー増幅器は、光信号の符号速度や変調形式、多重化方式に依存しない光増幅器として動作し、高速、長距離伝送システムのブースター増幅器や中継器、あるいは、パッシブダブルスター構成での分配損失補償やソリトン伝送での光ファイバー損失補償用の増幅器としてなど、多くの用途に適用できる。

Er ドープ光ファイバー増幅器を中継器として使用し、2.5 Gb/s の位相連続周波数シフトキーイング信号を 2223 km 伝送する実験が行われている[24]。本実験では、25 の Er ドープ光ファイバー増幅器が約 80 km 間隔で伝送路に挿入され、合計で 440 dB の利得を得ている。信号光の波長での伝送路光ファイバーの損失、分散は、それぞれ、454.5 dB、2326 ps/nm である。このような伝送系における符号誤り率が測定され、その受信感度は、光ファイバーを伝送しない場合を基準にして、4.2 dB だけ劣化したことが述べられている。また、Er ドープ光ファイバー増幅器に起因する中間周波数帯の雑音は、図 V.1.15 のように、光増幅器数に比例して増加すること、その結果、受信感度は光増幅器の増加とともに徐々に劣化することが明らかにされている。

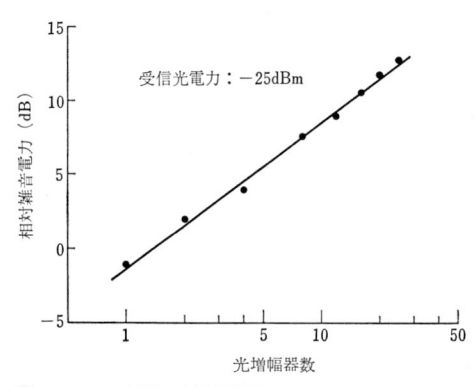

図 V.1.15　中間周波数帯雑音増加の光増幅器数依存性

1.5.3 ソリトン伝送

光ファイバーは，光を微小断面積のコアに閉じ込めているので電界が強く，また，相互作用長も長いので，優れた非線形材料でもある．光ファイバーの分散は高速符号伝送において伝送距離を制限する大きな要因であるが，信号光の波長が光ファイバーの異常分散領域にある場合には，この分散による光パルスの広がりと，光ファイバー中の非線形効果の一つである自己位相変調 (self phase modulation) 効果によるパルス圧縮とをつり合わせることによって，その波形が安定に保たれて伝搬する光ソリトン (soliton) を発生できる．

通常の用途においては光ファイバーは十分に低損失であるといえるが，光ソリトン伝送を行う場合には，光ファイバーの損失が大きな問題となる．光ファイバーの損失は非線形効果を弱め，その結果，分散の影響が大きくなって，パルス幅が広がる．したがって，光ソリトン伝送を行うには，光ファイバーの損失補償を行う必要があり，光増幅器が不可欠である．

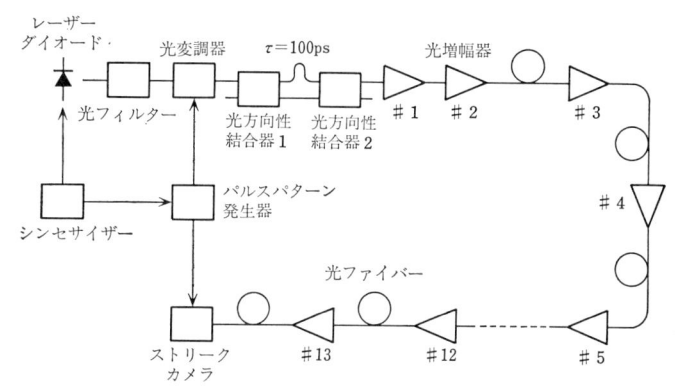

図 V.1.16 ソリトン伝送実験の構成

Er ドープ光ファイバー増幅器による集中的な補償方法で，10 Gb/s の光ソリトンを 300 km 伝送する実験が，図 V.1.16 の構成で行われている[25]．本実験では，光ファイバーの損失によるパルス幅の広がりを，基本包絡線ソリトンより少し振幅の大きいソリトンを光ファイバーに入力して，入力側でパルス幅を圧縮することで補償している．すなわち，ある距離を伝搬したソリトンのパルス幅は入力時の幅と等しく，振幅は小さくなる．したがって，このような点に光ファイバーの損失を補償する光増幅器を挿入すれば，パルス幅の狭まり，広がりを繰り返しながら，光ソリトンが伝搬することになる．実験では，この目的で 11 の Er ドープ光ファイバー増幅器を 25 km 間隔で配置している．300 km 伝搬後のソリトン波形をストリークカメラで観察し，波形ひずみがないこと，パルスの引込みや反発現象がないことが確認されている．

また，ソリトンの波長分割多重伝送実験も行われている[26]．2 チャネルの 2 Gb/s 伝送において，チャネル間隔が 0.52 nm のとき，どちらのチャネルでも，伝搬長 9000 km で

符号誤り率 10^{-9} を達成している。また，ソリトンの衝突があっても，チャネル間隔が 0.7nm 以上であれば，あるいは，光ファイバー中での衝突であれば，符号誤り率特性に影響を与えないことが確かめられている。 　　　　　　　　　　　　　　　　　　　　　　　　　　　　　　　[藤井洋二]

参考文献

1) 木村英俊, 中川清司: NTT 電気通信研究所研究実用化報告, **36**, 2 (1987), 153-160.
2) T. Sugie and M. Saruwatari: J. Lightwave Technol., **4**, 2 (1986), 236-245.
3) 青木 聰, 村田 淳, 高井厚志, 八田 康: 日立評論, **72**, 4 (1990), 349-354.
4) 楓 和久: 電子通信学会誌, **69**, 10 (1986), 1042-1046.
5) K. Hagimoto, S. Nishi and K. Nakagawa: J. Lightwave Technol., **8**, 9 (1990), 1387-1395.
6) S. K. Korotky, A. H. Gnauck, B. L. Kasper, J. C. Campbell, J. J. Veselka, J. R. Talman and A. R. Mccormick: J. Lightwave Technol., **5**, 10 (1987), 1505-1509.
7) H. Fukinuki, T. Ito, M. Aiki and Y. Hayashi: J. Lightwave Technol., **2**, 6 (1984), 754-760.
8) P. K. Runge and P. R. Trischitta: J. Lightwave Technol., **2**, 6 (1984), 744-753.
9) P. Franco, J.-P. Trezeguet and J. Thiennot: J. Lightwave Technol., **2**, 6 (1984), 761-766.
10) 茂手木光博, 藤原春生, 近藤道雄: FUJITSU, **37**, 6 (1986), 465-472.
11) 橋本国生, 山縣 淳: 電気通信研究所研究実用化報告, **35**, 11 (1987), 1097-1104.
12) K. Kato, Y. Tachikawa, T. Oguchi, Y. Fujii and I. Nishi: J. Lightwave Technol., **6**, 4 (1988), 492-499.
13) 菊島浩二, 米田悦吾, 首藤晃一, 吉永尚生: 電子情報通信学会光通信システム研究会資料, OCS 90-28 (1990).
14) J. R. Stern, J. W. Ballance, D. W, Faulkner, S. Hornung, D. B. Payne and K. Oakley: Electron. Lett., **23**, 24 (1987), 1255-1257.
15) S. S. Wagner, H. Kobrinski, T. J. Robe, H. L. Lemberg and L. S. Smoot: Electron. Lett., **24**, 6 (1988), 344-346.
16) Y. Hakamada and K. Oguchi: J. Lightwave Technol., **3**, 3 (1985), 511-524.
17) N. Tokura, Y. Oikawa and Y. Kimura: J. Lightwave Technol., **3**, 3 (1985), 479-489.
18) T. Nishitani, K. Ohasa, K. Tsukada and Y. Ohgushi: J. Lightwave Technol., **3**, 3 (1985), 525-531.
19) A. Albanese: Bell Syst. Tech. J., **61**, 2 (1982), 247-256.
20) T. Imai, N. Ohkawa, Y. Hayashi and Y. Ichihashi: J. Lightwave Technol., **9**, 6 (1986), 761-769.
21) H. Toba, K. Oda, K. Nakanishi, N. Shibata, K. Nosu, N. Takato and M. Fukuda: J. Lightwave Technol., **8**, 9 (1990), 1396-1401.
22) R. Olshansky, V. A. Lanzisera and P. M. Hill: J. Lightwave Technol., **7**, 9 (1989), 1329-1342.
23) S. Shimada: Opt. and Photon. News, **1**, 1 (1990), 6-12.
24) S. Saito, T. Imai and T. Ito: J. Lightwave Technol., **9**, 2 (1990), 161-169.
25) M. Nakazawa, K. Suzuki, H. Kubota, E. Yamada and Y. Kimura: IEEE J. Quantum Electron., **26**, 12 (1990), 2095-2102.
26) N. A. Olsson, P. A. Andrekson, J. R. Simpson, T. Tanbun-ek, R. A. Logan and K. W. Wecht: Electron. Lett., **27**, 9 (1991), 695-697.

2. 光メモリーと微小光学素子

2.1 光メモリーの種類と光デバイス

　現在実用になっている光メモリーシステムはレーザー光など空間的にコヒーレントな光ビームを屈折素子や回折素子を用い，その波長で定まる回折限界で制限される微小スポットに絞り込んで光ディスクや光カードなどの媒体に記録・再生するシステムであり，一般にサブミクロンサイズの情報ビットを媒体に書き込んだり，媒体から読み出したりしている．この方式の光メモリーにおける光デバイスは光ヘッドと記録媒体であり，それらの技術によってシステム全体の性能が左右される．現在の技術では光カードシステムにおける光ヘッドは光ディスクシステムの光ヘッドに包含されるので，ここでは光ディスクヘッドを中心に述べる．

　光ヘッドはCDプレーヤー，DVDプレーヤー，光ビデオディスクプレイヤー，パソコン用のCD-ROMドライブ，コンピューター用の追記形光ディスクドライブ，さらに光磁気ディスクドライブに使われ，これらの光ディスクシステムの中での最重要部品である．ここでは光ディスクヘッド（略称は光ヘッド）の技術概要を微小光学の観点から述べる．

　光ヘッドは数多くの光学部品，オプトエレクトロニクス部品，さらに自動焦点制御と自動トラック制御のための多くの自動制御メカ部品などで構成されている．なかでもキーコンポーネントとされているのは対物レンズと対物レンズアクチュエーターおよび半導体レーザーである．

　対物レンズ，光ディスク用半導体レーザー，さらに光ヘッドに使用するその他の光学部品の機能とデバイス概要についても述べる．半導体レーザーではノイズ特性や出力特性を加味して，光ヘッド設計の観点から述べる．また，オプトメカトロニクス部品の代表である対物レンズアクチュエーターや光ヘッドサーボ制御についての概要も述べる．

　光ヘッドは，半導体レーザー光をその発振波長λで決まる絞込み限界（回折限界）にまで細く収束し，サブミクロンの微小サイズ化情報ビット列を光ディスク媒体に記録したり，光ディスク上に記録されたその情報ビット列を非接触的に読み出す機能を有している．そのために，光ヘッドには半導体レーザーダイオード，レーザービーム整形光学系，送受光分離のための偏光ビームスプリッター，フォーカスエラー検出光学系，トラッキングエラ

—検出光学系，フォーカス制御用アクチュエーター，トラッキング制御用アクチュエーター，厚い（0.6mm や 1.2mm）光ディスク基板を通してレーザービームを回折限界によって制限されるまでの微小サイズに収束させる高開口数（NA）の対物レンズ，再生信号検

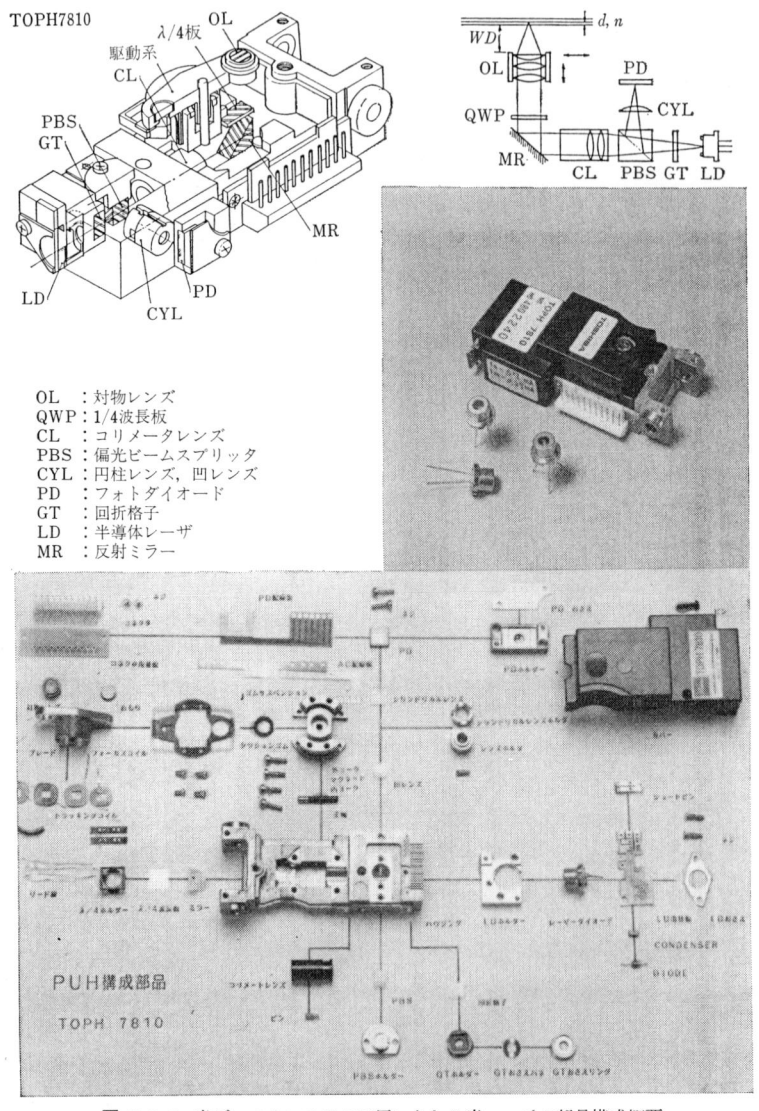

OL ：対物レンズ
QWP ：1/4波長板
CL ：コリメータレンズ
PBS ：偏光ビームスプリッタ
CYL ：円柱レンズ，凹レンズ
PD ：フォトダイオード
GT ：回折格子
LD ：半導体レーザ
MR ：反射ミラー

図 V.2.1 光ディスクシステムに用いられる光ヘッドの部品構成概要

出光学系などが搭載されている．

　光ディスクシステムを小形軽量にするため最近のヘッドは内蔵部品の小形軽量化が図られており，なかでも，記録済トラック検出のためのヘッドアクセス時間の高速化には光学素子の微小化，小形軽量複合化技術が必須である．ほかの光学部品に比べて光ディスク用微小光学素子では許容される光学部品の幾何学的波面収差，すなわち光学部品の設計製造上の面精度不備による収差発生が特に厳しく制限されるという特徴をもっている．光ディスク用微小光学素子の現状と今後の開発動向について述べる．

2.2　光ヘッド構成と対物レンズの機能

　ここで述べる光ヘッド用光学部品としては上で述べた各機能部品のなかで，半導体レーザー，レーザービーム整形光学素子，ビームスプリッター，フォーカスエラー検出光学素子，トラッキングエラー検出光学素子，高 NA の対物レンズ，さらに再生信号検出光学素子などをさす．これらの光学部品を用いた各種用途の光ヘッドの代表例を図V.2.1〜V.2.5に示す．図V.2.1は再生専用の光ヘッドの基本構成の一例を示している．図V.2.2はコンパクトディスク(CD)用，図V.2.3はビデオディスク（VDまたはLDとも称されている）用，図V.2.4は追記形（WORM；write once read many）光ディスク用である．図V.2.5, V.2.6は書換え可能な光ヘッドであり，それぞれ光磁気ディスク（MO/re-writable）用，相変化（PC/re-writable）光ディスク用の光学系概要を示す．

2.2.1　光ディスクヘッド構成

　再生専用の CD-ROM システムで使用されている光ヘッドの概略とその部品構成（図V.2.1）に示すように，光ヘッドの中の重要なキー部品は対物レンズ，対物レンズの二軸アクチュエーター，フォーカスエラー検出光学素子，トラッキングエラー検出光学素子，ならびに半導体レーザーとコリメーターレンズである．これらの中でもとりわけ，対物レン

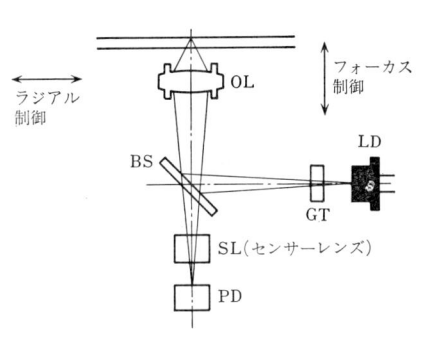

図 V.2.2　コンパクトディスク（CD）用光ヘッドの光学系概要

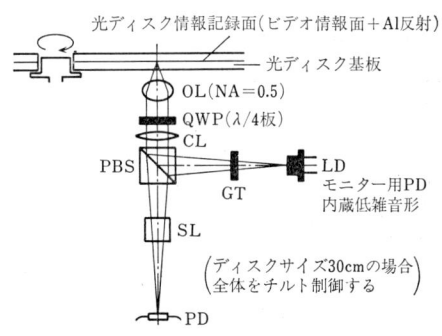

図 V.2.3　ビデオディスク（VD）用光ヘッドの光学系概要

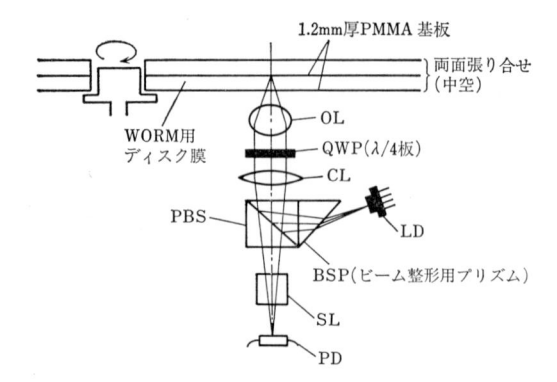

図 V.2.4 追記形（WORM；write once read many）光ディスク用光ヘッドの光学系概要

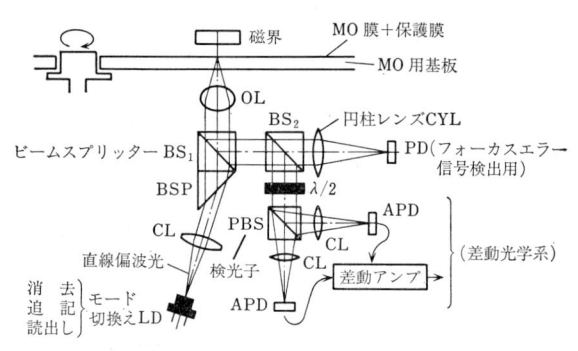

図 V.2.5 光磁気（MO）ディスク用書換え可能ヘッドの光学系概要

ズとコリメーターレンズとは半導体レーザーから射出される球面波ビームの波面の乱れをできるだけ少なくして光ディスクの情報ビット面へ伝え，光ディスクのビット面上でのレーザーのビームウエストにおける波面収差発生をできるだけ少なくするための非平面の光学面からなる重要な光学素子である．

なぜならば，ビームスプリッターや反射ミラーなどの平面光学部品は比較的容易に製造できかつその平面度を維持できるが対物レンズやコリメーターレンズなどの非平面光学部品は波面収差発生を少なく抑えることはむずかしい．というのは，球面レンズのみでは必ず球面収差を発生するからである．したがって，球面収差の発生を低く抑えるために従来の研磨技術製球面レンズ複数枚で構成する"組合せレンズ"が必要となるかあるいは球面レンズの使用を避けて1枚の非球面レンズを使用すればよい．ところが，非球面レンズは価格的に高価すぎることと，プラスチック非球面レンズの場合には温度によって焦点距離

2.2 光ヘッド構成と対物レンズの機能　　　623

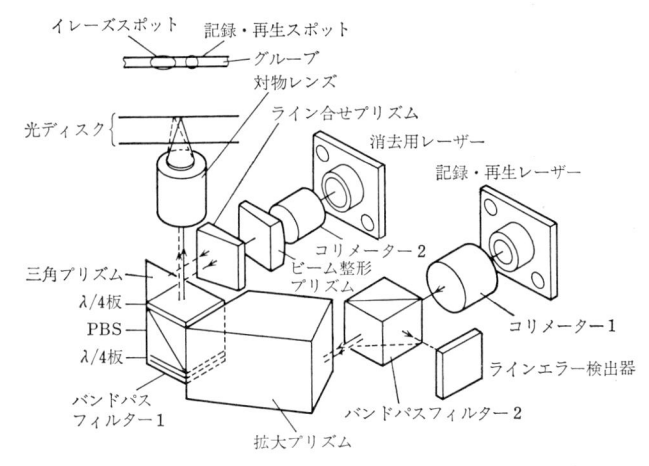

図 V.2.6　相変化（PC）光ディスク用書換え可能ヘッド光学系概要

が変わるためにコリメーターレンズとして使えないという問題がある．
　そこで，原理的には球面収差発生のない回折形のグレーティングレンズを光ヘッドに導入し，光ヘッドを低価格で高性能化しようという研究も行われた．回折形のグレーティングレンズと原理を同じくしてビームスプリッターとほかのレンズ系との複合光学素子化に成功したのがホログラフィックレンズあるいはホログラフィック光学素子（HOE）である．光ヘッドの機能と構成の概要，対物レンズの機能，そして回折形レンズの代表としてのグレーティングレンズの基本とその応用を以下に述べる．

2.2.2　光ヘッドの基本と対物レンズの基本的特性

　すでに述べたように光ヘッドは光ディスクに記録された幅 $0.5\,\mu\mathrm{m}$ で長さ $0.5〜3.3\,\mu\mathrm{m}$ のビットサイズによるビット列間隔（トラック間隔）$1.6\,\mu\mathrm{m}$ の高密度情報をレーザービームによる非接触的な方法で正確に読み出したり，これらのビット列を光ディスク上に記録することができる"光ディスクシステム"における重要なキーコンポーネントである．
　光ヘッドをレーザー光束をその波長 λ で決まる回折限界まで細く絞るための光学系，特に，高 NA の対物レンズや低波面収差のコリメーターレンズ，さらに焦点誤差検出ならびにトラッキング誤差検出のための光部品などでなる光学系と，焦点誤差検出信号ならびにトラッキング誤差検出信号に応じて対物レンズの焦点位置を制御するための対物レンズアクチュエーターの二つに分けて考える．
　対物レンズはそのビームウエストをディスクトラック間隔 $1.6\,\mu\mathrm{m}$，ピット幅 $0.5\,\mu\mathrm{m}$ でビット長 $0.5\,\mu\mathrm{m}$（WORM 用や re-writable 用光ディスク）あるいは $0.9〜3.3\,\mu\mathrm{m}$（CD 用光ディスク）の記録情報を誤りなく追跡して，ピット情報を正確に検出するためにはトラック左右方向（ディスクラジアル方向）で $2.0\,\mu\mathrm{m}$，トラック進行方向で $1.7\,\mu\mathrm{m}$ 以下に

絞らなければならない．ここでは光学で従来から使われている慣習に従って，ビームの周辺光強度がビーム中央の光強度の $1/e^2$ に低下するところの直径 ω をビーム径として定義する．レーザー波長を λ，対物レンズの開口数を NA で表すとビームウエスト径 ω は

$$\omega = K \cdot \lambda / NA \tag{2.1}$$

で与えられる．ここで定数 K は対物レンズへの入射光束の光量振幅分布が均等のときには 0.96 であり，光量振幅分布がレーザービーム断面のようにガウス分布で表されるときには 1.34 の値をとる．したがって，式 (2.1) から対物レンズの開口数 (NA) としては 0.45 (ただし $\lambda = 0.78\,\mu m$ の CD 用のとき)，または 0.55 (ただし $\lambda = 0.83\,\mu m$，記録可能用の WORM ならびに re-writable ヘッドのとき) と求めることができる．ここで，レンズへのレーザービーム径を d，レンズの焦点距離を f で表すと開口数 NA は

$$NA = \sin\theta = (d/2)/\sqrt{(d/2)^2 + f^2} \tag{2.2}$$

で与えられる．NA が 0.5，レーザー波長 λ が $0.78\,\mu m$ で，入射ビーム径 d が 4 mm の場合に，焦点距離 f は 3.5 mm となる．特に θ が小さいときには $\sin\theta = \tan\theta$ であるから

$$NA = \sin\theta \fallingdotseq \tan\theta = d/(2f) \tag{2.3}$$

と単純に表すことができる．またレンズの焦点深度 Δz は $1/NA^2$ に比例するので

$$\Delta z \propto \lambda/(NA)^2 \tag{2.4}$$

対物レンズのように大きな NA の場合には焦点深度はきわめて浅くなり $\lambda = 0.78\,\mu m$，NA=0.45 の場合に $\pm 1.93\,\mu m$ となる．NA=0.55 の場合には $\pm 1.28\,\mu m$ と，さらに狭くなる．したがって，光ディスク面のひずみや回転に伴う上下変動にもかかわらず対物レンズのビームウエストがつねに光ディスクの情報記録面±焦点深度以内にレンズ位置を制御する必要がある．その制御装置が対物レンズアクチュエーターである[1]．

光ディスク用微小光学素子の設計仕様上のカメラや望遠鏡やレーザープリンターなどに使われる各光学素子の設計仕様との大きな違いはその許容波面収差が桁違いに厳しいことである．特に，半導体レーザーから射出したレーザー光が対物レンズを経て上述光ディスク媒体に至るまでの光路上の各微小光学素子に許される許容波面収差にはきわめて厳しいものがある．

2.3 光ディスク用光部品の許容波面収差

2.3.1 光ディスク用光学部品の種類と許容波面収差

レーザービームを回折限界にまで細く絞るためには半導体レーザーから対物レンズまでの全光学部品の波面収差を一定レベルにキープしておく必要がある．

図 V.2.1 に示す光ヘッド光学系においては，半導体レーザー (LD)，回折格子 (GT)，コリメーターレンズ (CL)，ビームスプリッター (BS)，対物レンズ (OL)，さらに，光ヘッドへ対物レンズを設置する際に発生するレンズ傾きによる波面収差を調整シロ (ADJT) という概念で与えておき，製造の際の歩留り向上に寄与させる．

光ディスクシステムにおいてレーザー光の波面を乱す最大の光学部品は光ディスク基板

(DISC) である．これら各光学素子や組立て調整シロに与えられる許容最大波面収差の根2乗平均値 (rms) を Maréchal criterion：$(\delta\omega)_{MC}$ [2] 以下にキープしなければならない．この意味は，いろいろな光学部品を経由した後の光ビームの中心強度と周辺強度との比があまりばらつかないことということである．すなわち中心強度の 80% に低下するビーム半径の範囲までが許容でき，数値的に表すと 0.07λ 以内となる範囲と定義されているのが Maréchal criterion である．

CD ディスク基板自身の許容波面収差は規格によってすでに $(\delta\omega)_{DISC}=0.05\lambda$ が与えられている．光ヘッドメーカーの製造ノウハウに属する対物レンズ設置調整シロにかかわる波面収差劣化分を $(\delta\omega)_{ADJT}$ で表すことにする．その値を仮に 0.025λ とすると，全体で $(\delta\omega)_{MC} \leq 0.07\lambda$ を達成するには各光学部品の許容最大波面収差 $(\delta\omega)$ を厳しく管理しなければならない．すなわち

$$(\delta\omega)_{MC} \leq \lambda/14 \qquad (2.5)$$

となる．ここで $(\delta\omega)_{MC}$ は次の式（2.6）で与えられる．

$$(\delta\omega)_{MC}{}^2 = (\delta\omega)_{DISC}{}^2 + (\delta\omega)_{ADJT}{}^2 + (\delta\omega)_{LD}{}^2 + (\delta\omega)_{GT}{}^2 \\ + (\delta\omega)_{BS}{}^2 + (\delta\omega)_{CL}{}^2 + (\delta\omega)_{OL}{}^2 \qquad (2.6)$$

一般に半導体レーザーは平行平面窓を具備しており，さらに戻り光ノイズに強くするためのトレードオフとして若干の非点隔差も許さねばならず $(\delta\omega)_{LD}$ は 0.013λ 程度である．平面光学素子である回折格子とビームスプリッターに許される波面収差 $(\delta\omega)_{GT}$ と $(\delta\omega)_{BS}$ とは比較的製造が容易なので，それぞれ 0.012λ, 0.015λ とする．球面形状のコリメーターレンズと対物レンズの波面収差 $(\delta\omega)_{CL}$ と $(\delta\omega)_{OL}$ は平面素子に比較して小さくするのがむずかしいので，それぞれ 0.025λ と 0.03λ とを与えると，これでどうにか系全体で $(\delta\omega)_{MC}$ が 0.072λ となる．

この値は目標の 0.07λ にきわめて近い値である．わずかに不足している分は光ヘッドメーカーの技術に属する対物レンズの設置調整シロ $(\delta\omega)_{ADJT}$ の値をとり崩すことになる．式（2.5）から，対物レンズの波面収差を 0.03λ に抑えてもコリメーターレンズを 0.025λ 以下にしなければビームウエストが大きくなり過ぎ，光ディスク再生の際にビットエラー発生頻度が高くなってしまうことがわかる．以上の理由でコリメーターレンズの波面収差を 0.025λ 以下に目標設定しなければならないことが明らかとなった．

球面単レンズではこの値をクリアすることが困難であるので従来は球面ガラス組合せレンズ（ダブレット）が使われていた．なぜなら非球面プラスチックレンズは温度変化による焦点距離変動が大きすぎ，非球面ガラスレンズはコリメーターレンズとしては高価過ぎたからである．

2.3.2 波面収差とアプラナティックレンズ

光ディスクシステムの記録用ならびに再生用に使用される光ヘッドの対物レンズは一定の視野内で幾何学収差が少ないきわめて良い性能でのものでなければならない．少なくとも回折限界の性能をもつことが必要とされる．

回折限界の性能とは光学部品ならびに光学系に残存する各種の幾何学収差（すなわち球

面収差,非点収差,コマ収差,像面湾曲収差,および歪曲収差のいわゆるザイデルの5収差)が良好に補正されていて,回折効果によって点像の大きさが決定されている状態をいい, rms (root mean square) 値で評価した波面収差値が $\lambda/14$ ($=0.07\lambda$) 以下になる状態である. 波面収差値が 0.07λ 以下になれば, 点像の中心強度が収差ゼロの場合の80%以上が達成できる. この状態を与える収差の範囲が先に述べた Maréchal の criterion であり,一般に光学部品の波面収差性能を表示する際によく使われる.

光ディスクヘッド用の光学部品ではこのザイデルの5収差[2]のなかでも, 特に球面収差とコマ収差が重要であり, この二つの収差が特に良好に補正されていることが必要である. したがって光ヘッド光学部品のなかでも特に重要部品である対物レンズとコリメーターレンズは球面収差とコマ収差に関して特に良好に補正されていなければならない. この二つの収差に関して良好に補正されているレンズは特にアプラナティックレンズとよばれている.

2.4 対物レンズの種類

アプラナティックレンズを実現する方法がこれまで種々,開発されてきている. 3種の異なる屈折率をもつ球面研磨ガラスによる3枚構成組合せレンズ(トリプレット)や球面研磨ガラス2枚構成の組合せレンズ(ダブレット), セルフォックレンズの端面を球面研磨した片球面 GRIN レンズ, 両面非球面プラスチックモールドレンズ, 両面非球面ガラスプレスレンズ, 球面ガラス単玉に非球面プラスチック層をコートしたレンズ, 平面グレーティングレンズならびに片球面ガラスにグレーティングをコートしたレンズなどが光ヘッド用にこれまでに発表されたアプラナティックレンズである. 以下にこれら各種アプラナティックレンズの簡単な比較を行い, 図 V.2.7〜図 V.2.13 に概略構成を示す.

(a) ガラストリプレット　　(b) ガラスダブレット

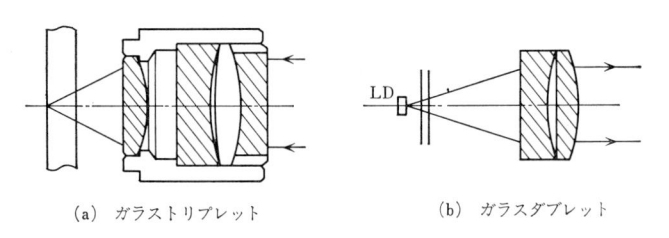

図 V.2.7　球面組合せガラスレンズの例

2.4.1　3枚構成ガラス組合せレンズ (ガラストリプレット)

1980年初期に光ディスクシステム用にオリンパス光学工業をはじめとし, ニコン, 旭光学, トプコン, ミノルタ, 日東光学など, 日本のカメラレンズを設計製造できるメーカーが競って開発を進めたのが球面レンズ3枚組合せによる低波面収差の対物レンズである.

しかし，計6面のガラス球面研磨，各レンズ2面の心だし作業，計3枚のレンズの面取り作業と組立て作業など球面研磨，心取り，組立て調整に膨大な時間がかかり，月産10万個の生産で1個当たりの対物レンズ単価が1000円以上となる．1982年から1985年までがガラス製トリプレットの最盛期であり，その後は低価格の代替品にとって代わられ，現在では車搭載用かカラオケバーなどの光学的悪環境用の光ヘッドおよびコンパクトディスクやビデオディスクの原盤記録用など特殊用途のレーザービーム収束用高 NA レンズとして使われているにすぎない．ガラスダブレットは主として光ヘッドのコリメーターレンズとして使われていた．

2.4.2 片球面研磨 GRIN レンズ

日本板硝子が日本電気（NEC）と共同で1970年に開発したセルフォックレンズは半径 a の断面円の中心を対称に外周に向かって距離 r のところの屈折率は中心部のそれを n_0 とすると，近似的に

$$n(r) = n_0/\cosh(a \cdot r) \fallingdotseq n_0\{1 - \Delta n(r/a)^2\} \qquad (2.7)$$

で表される．ここで Δn は中心と外周部との比屈折率差である．このような円柱状レンズを集束性ロッドレンズあるいは GRIN（graded index: 屈折率分布）レンズとよび，光通信部品に多用されている．しかし，GRIN レンズだけでは光ディスクヘッド用アプラナティックレンズにはなりえない．現在の技術では Δn が0.001以下と非常に小さく，せいぜい NA=0.15 程度のレンズしか得られないからであり，また球面収差も上述の許容値を越えて，大きくなり過ぎるためである．

日本板硝子は1985年オリンパス光学工業と共同で GRIN レンズの円柱の片面を球面研磨することにより，NA=0.45 と高 NA で，かつ，光ディスクヘッド用アプラナティックレンズを GRIN で実現[3]した．球面収差値も低く抑えることに成功し，CD 用光ヘッドの対物レンズとして実用化に成功した．もともと，GRIN レンズは素材の円柱ガラスをカリウム（K）イオンなどの含まれている溶液中に長時間浸し，溶液中の K イオンが円柱ガラスの外周部から中心に向かって徐々に円柱ガラス中のタリウム（Tl）イオンとイオン交換される現象を利用して2乗分布の屈折率をもつように円柱の外周から屈折率を低下させてつくられる．そのためレンズ素材が高価である．乾式の自動レンズ研磨技術と装置

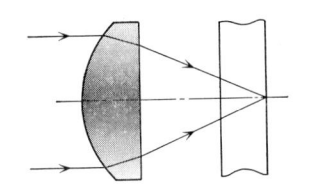

図 V.2.8 球面研磨 GRIN レンズ

とをもつオリンパスが自社製の光ヘッドに搭載させているほかはあまり普及してはいない．

2.4.3 両面非球面プラスチックモールドレンズ

東北大学科学計測研究所の吉田正太郎教授が両面非球面のアプラナティックレンズを1957年に考案・計算・設計した．その後 Philips 社は1982年に最初の両面非球面プラスチックモールド対物レンズを開発・発表[4]したが，Philips 社は実用にならないと宣言しそれ以後の開発を中止したいきさつがある．その理由は第一に温度による焦点距離変化，第

二に水分吸収による形状変化(すなわち焦点距離変化),第三に対物レンズの直径が4～5 mmϕとメガネレンズに比較して小さいためにプラスチック射出成形の際の金型へのプラスチックの流入口(ゲート)からの流速分布の影響が成形品にも現れ,コマ収差の現れる方向性(残存コマ収差)とともに複屈折性が残るためである.

プラスチックは屈折率の温度係数と体膨張係数とがガラスに対してそれぞれ約2桁と約1桁も大きいので,一般に回折限界の高性能を必要とする光ディスクヘッド用のレンズには使えない. -5～$+55°C$ すなわち$60°C$以上の周囲温度変化に耐えなければならない家庭用のCDプレーヤーやVDプレーヤーの場合に屈折率と体膨張係数とが大きく変わる結果,両面非球面プラスチックモールドレンズの焦点距離が大きく変動し,レンズ固定形の一般用やコリメーターレンズ用には使えない.

ところがほかの用途に比較し,光ディスクヘッドの対物レンズ用だけは特別である.なぜなら,光ヘッドの対物レンズは自動焦点制御用フォーカスアクチュエーターと一体になっており,周辺温度変化により焦点距離が変動しても自動的にレンズ位置補正がなされるからである.このことに目を付けたのがコニカとソニーで,1984年に共同開発により発表した両面非球面プラスチックモールド対物レンズ[5,6](CD用NA=0.45のレンズ)の特徴の第一点である.第二に直径の小さな光ヘッド対物レンズの外周にかなり分厚いレンズ枠を設けることによって射出成形の際のゲートなどの影響を極力避けたこと,第三に,どうしても避け切れないゲート方向に現れるコマ収差の影響についてはコマ収差の現れる方向にレンズの光軸に対して対物レンズ自体を傾けて使用してコマ収差を補正する方法をとったことである.こうすることにより,式(2.6)における対物レンズの設置調整シロ$(\delta\omega)_{\text{ADJT}}$の値をとり崩し,対物レンズの波面収差$(\delta\omega)_{\text{OL}}$が多少大きな値であっても全体で$(\delta\omega)_{\text{MC}} \leq 0.07\lambda$を達成することができる結果を得ることができる.

この種の光ヘッド用プラスチックモールド対物レンズは,コニカ,富士写真工機のほかにコンピューター制御の超精密旋盤を所有しプラスチック射出成型技術をもつところはどこでも(ソニーや東芝などの電気メーカーでも)製造できるようになった.ただし,実際の量産品は価格の点で光学メーカーのものを搭載している.このように,非球面レンズが容易にできるようになったのはスーパーオスロという名の両面非球面レンズ設計ソフトが容易に入手できるようになったことにも一因がある.両面非球面プラスチックモールド対物レンズの量産メーカーは上記両社のほかにKodak社,Corning社,オリンパス光学工業,コルコート,旭光学などである.このような特別の限定された使用法によって対物レンズとして両面非球面プラスチックモールドレンズの使用が可能になったので,この限定使用範囲を逸脱すればプラスチックモールドレンズは使用できなくなる.

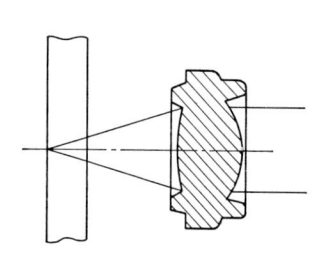

図 V.2.9 非球面プラスチックレンズ

2.4.4 両面非球面ガラスプレスレンズ (非球面ガラスレンズ)

家庭の環境温度範囲を越えた自動車用や航空機用のCDプレーヤーやCD-ROM, さらに高信頼性を要するコンピューター機器用, もしくは複屈折性のある光学部品の使用を極力抑えなければならない光磁気ディスク用ヘッドには両面非球面ガラスプレスレンズが多く使われている.

アメリカのCorning社が低軟化ガラスを用いて1983年に試作したのが最初[7~9]であるが, 光ディスクヘッド用に実用化したのは松下電器と住田硝子の協同開発による有限共役系 (対物レンズとコリメーターとの一体形) 対物レンズ[10,11]とアルプス電気の無限共役系の対物レンズである.

両面非球面ガラスプレスレンズの試作はCorning社に続いてHOYA (株)[12], オリンパス[13], アメリカKodak社など, かなり多く発表されているが松下とアルプスのCD用を除いては実際の光ヘッドに量産搭載 (月産100 kp以上) された実績は少ない. それは技術的な問題ではなく, 経済的な理由や経営方針の観点からである. CD用は現在の世界需要が月産10,000 kp以上であるが, 小形で両面非球面ガラスプレスレンズを必要とする3.5″光磁気ディスクドライブ市場がまだ小さすぎることも原因している.

両面非球面ガラスプレスレンズはプラスチックモールドレンズと同じように, コンピューター制御の超精密旋盤 (ダイヤモンドターニングマシン) による成形金型加工技術がポイントである. しかし, プレスガラスレンズの場合には高温成形のために高温に耐える金型材料が必須であるとともに成形に要する静圧力を高くする必要がある. そのために, 金型の寿命が短く, 成形された対物レンズの単価がかなり高くつく理由の一つとなっている.

ガラス材料自身にしてもプラスチック材料と比較すると材料単価が桁違いに高価であるとともに, 一つのレンズの成形に必要な溶融ガラス

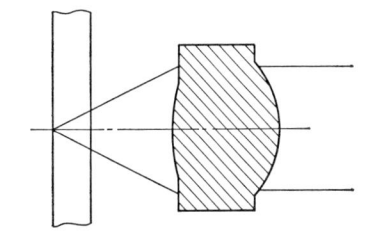

図 V.2.10 非球面ガラスレンズ

を過不足なく計量してからプレスするという工程が追加になるため高価となる.

2.4.5 非球面プラスチック層付球面ガラス単玉レンズ

オランダのPhilips社が両面非球面プラスチックモールド対物レンズの開発を1982年に中止[14]した. その後, アプラナテックな対物レンズを得るために自社のガラス技術を駆使し, 高屈折率性の特殊ガラスを球面に研磨したレンズ基板を用い, これにプラスチックの非球面層を紫外線硬化樹脂で形成接着した非球面プラスチック層を付加した球面ガラスレンズ (ASPL) を開発し, 1985年から実用化[15]した. ただしここで用いる球面研磨ガラスレンズは高い屈折率の特殊ガラス材料が必要で, これが高価であることと, この材料は鉛ガラスが主成分であるためにレンズ重量がほかの種類の対物レンズに比較して2~3倍と重いのでコンピューター用光ヘッドの高速アクセス用には使いにくいし, 低価格性が重要なCD用にも使用できない. 現在はPhilips社も自社用のVDプレーヤーに使用して

いるだけである．

2.4.6 平面グレーティングコリメーターレンズ (GCL)

（1）コリメーターレンズを必要とする用途　これまで対物レンズを中心に述べてきたが光ディスクヘッドには半導体レーザーからのレーザー光を効率よく利用するためと，対物レンズへ平行ビームを入射させて焦点制御やラジアル制御のために無限共役系対物レンズを光軸に沿って前後左右に動かしてもビームウエストに収差が発生しないようにするにはコリメーターレンズも必要である．CD用のヘッドではCDに記録されたディジタルピットのROMメモリー情報を読み出せればよく，書き込む必要がないので光ディスク面上でわずかな0.1～0.2mW程度のレーザーパワーが得られればよいことから，半導体レーザーの光ビームを効率よく対物レンズに集める必要はない．

したがって，このような場合には有限共役系の対物レンズも使用することもできる．しかし，ビデオディスク（VD）用の光ヘッドではアナログピットのROMメモリーを読み出すので，対物レンズの光軸に沿って前後左右に微小振動させるとコリメーターレンズのない有限共役系の対物レンズでは微小振動に伴うレーザー光の結合係数も変わるので得られる信号のSNが劣化する．またディジタルピットの記録も行うWORM用光ヘッドやre-writable用光ヘッドでは光ビームの集光効率の点で無限共役系の対物レンズが必須である．したがってこれらのヘッドでは対物レンズに平行ビームを入射させる必要があるので半導体レーザーからの球面波を平面波に変換するコリメーターレンズが必須である．

（2）従来のコリメーターレンズの問題点　従来のコリメーターレンズは温度変化によって焦点距離が変わらないガラスを主体とした材料で構成されていた．両面非球面プラスチックモールドレンズの焦点距離は温度変化により大きく変動するので焦点距離自動補正機構の付いていない光ヘッドのコリメーターレンズとしては使えない．したがって，1985年まではコリメーターレンズには温度変化の少ないガラスを主体としたガラスダブレット，球面研磨GRINレンズ，非球面ガラスレンズ，ASPLなどしか用いられていなかった．

1977年から回折形レンズをホロレンズ，電子線描画のグレーティングレンズ，光導波路グレーティングレンズなど開発を続けていた東芝で[16~19]は従来のコリメーターレンズは，いずれも対物レンズ並みに高価で，かつ重量も重く高速アクセスのためには不適であるとの確信から，1984年にプラスチックモールドによるグレーティングレンズ（GCL）を開発[20,21]した．それを1986年にはCD用光ヘッドの実機に搭載[21,22]し，1986年だけで約20万台の出荷を行った．

（3）平行平板プラスチックコリメーターレンズ　グレーティングコリメーターレンズは口径が7mmφで厚さが1～2mmの平行平板のプラスチックである．この平行平板

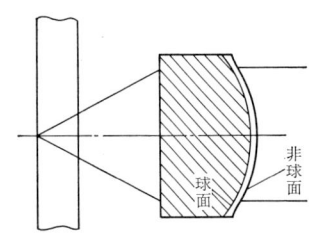

図 V.2.11　非球面プラスチック層付球面ガラスレンズ[15]

の片側の表面に，高さがわずか 1.6 μm の鋸歯状断面の同心円状グレーティングが刻み込んである．全体形状が平行平板であるためにプラスチックの熱膨張や屈折率の温度変化は焦点距離の温度変化としてはほとんど現れないという特徴がある．しかも，従来のコリメーターレンズに比較して重量と価格が約 1/10 であるという利点がある．制約条件として第一にスペクトル幅の狭いレーザー光を光源にしなければならないこ

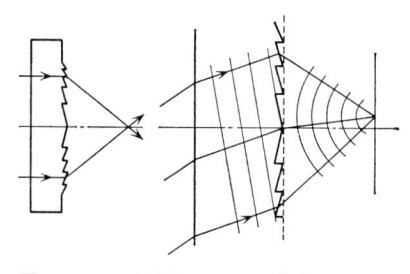

図 V.2.12 平面グレーティングプラスチックレンズ

と，第二に回折効率が 85% 程度なので従来の屈折形レンズに比べて透過光量が若干（〜15%）少ないことなどがあげられる．しかし，これらは光ヘッドを設計するときにあらかじめ考慮しておけば解決できる問題である．

2.4.7 片球面グレーティングレンズ (SGL)

(1) 高 NA の用途には不適な平面グレーティングレンズ　1986 年だけで約 200 kp の出荷実績をつくった平面グレーティングレンズ GCL はレーザー光のコリメーターレンズとしては理想に近い性能をもっており，単価も重量もほかの方法によるコリメーターレンズの 1/10 以下であるが，しかし，これをそのまま高 NA の屈折形レンズの代替として使用することができない．なぜなら，① NA が高くなると不等間隔グレーティングピッチが狭くなるからである．その結果，レンズの外周部では同心円状の不等間隔グレーティング輪帯のピッチが波長の数倍以下の狭さとなり回折効率が極度に低下するので，グレーティングレンズ全体としての回折効率すなわち集光効率が 50% 以下になってしまうからである．平面グレーティングレンズを高い NA の対物レンズとして使う場合に発生するもう一つの問題点として，② レンズへの入射光の許容入射角が屈折方式の球面レンズや非球面レンズに比較してきわめて狭い点をあげなければならない．

そこでこれらの，① 回折効率の低下と，② 狭い許容入射角とを補うために，また，③ 安価で性能のよい対物レンズとするために片球面ガラス基板の平面側に薄いグレーティングレンズ層を形成させた片球面グレーティングレンズ (spherical grating lens; SGL) が 1986 年に開発[23,24]された．屈折現象と回折現象とを組み合わせた新方式の対物レンズ[32]である．片側が球面ガラス基板で，もう一方の面にグレーティングレンズ薄膜層をコートしたコンバインドレンズである．最近ではバイナリー光学として光インターコネクション[33]や屈折現象と回折現象とを組み合わせた色消しレンズとして再び注目され始めている．すなわち屈折素子では短波長光は長波長光に比較して屈折角が大きいが回折素子ではこの逆であり，短波長光は長波長光に比較して回折角が小さいことを利用するものである．

この SGL がその外形形状で似ている非球面プラスチック層付き球面ガラス単玉レンズ (ASPL) と異なる点は ASPL は，非球面プラスチック層も球面ガラスガラス基板（単玉

レンズ）も屈折現象を利用しており，アプラナティックレンズとするための球面収差を補正するための非球面プラスチック層厚を SGL のグレーティングレンズ層厚とは比較にならないほど厚くしなければならない点である．グレーティングレンズ層は原理的に回折現象のためのブレーズド格子の深さ $1.6\,\mu m$ 厚があれば十分であるが，ASPL の非球面プラスチック層は屈折のためにある程度の層厚が原理的に必要である．すべてを屈折現象でまかない，かつ非球面プラスチック層をできるだけ薄く構成する目的で，できるだけ球面ガラス基板に屈折効果をもたせるには基板屈折率をかなり高くしなければならない．そのことは球面ガラス基板材料が鉛ガラスなど高価でかつ重いものとなる理由となっている．

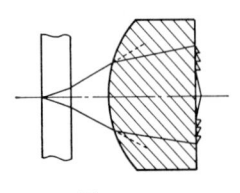

図 V.2.13
球面グレーティングレンズ

以上で明らかなように SGL は ASPL に比較して薄いプラスチック層であるだけでなく，ガラス基板も通常の安価な軽いガラス材料で構成できる利点がある．

2.5 光ヘッドの対物レンズアクチュエーター

2.5.1 対物レンズアクチュエーターに要求される機能

光ディスクの回転やその形状のひずみに応じて回転中の光ディスク面が最大 $\pm 1\,\text{mm}$ 程度も上下に変動する．したがって焦点深度の浅い対物レンズの焦点（ビームウエスト）位置がこの焦点深度（$\pm 1\,\mu m$）の精度内で光ディスクの情報記録面につねに位置するように対物レンズを最大 $\pm 1\,\text{mm}$ ほどレンズの光軸方向に高速で移動させて焦点制御させなければならない．

また，光ディスク基板を射出成形で作成する際の偏心の大きさとプレーヤーやディスクドライブのスピンドルモーターの許容偏心とを合わせると約 $125\,\mu m$ にもなる．さらに光ヘッドは記録されたトラックや記録すべきトラックを（迅速に）探し出す（アクセス）時間を短くするためとトラック番号や地番をすばやく探し出すために対物レンズを半径方向に $\pm 400\,\mu m$ も高速移動させなければならない．

これら焦点方向の位置制御とラジアル方向の位置制御とを行うために二軸制御の対物レンズアクチュエーターが必要である．制御可動範囲として光ディスク面に垂直方向（focus: F 方向）に $2\,\text{mm}$（$\pm 1\,\text{mm}$），かつ，光ディスクの半径方向（radial: R 方向）に $0.8\,\text{mm}$（$\pm 400\,\mu m$）が経済的に可能である駆動力はいまのところ磁界中に置かれたコイルに電流を流し，生ずる電磁力を利用する電磁方式しか実用になっていない．

実用化されている中では，F 方向と R 方向の直交二軸の方向に対物レンズを駆動させるアクチュエーターを大別するとばね支持方式と軸回転摺動方式となる．直交二軸対物レンズアクチュエーターのばね支持方式（略称ばね式）は (a) ムービングコイル形（MC 形）と (b) ムービングマグネット形（MM 形）に，軸回転摺動方式（略称軸摺動式）は (c) 内光路形と (d) 外光路形とに分けられる．

2.5 光ヘッドの対物レンズアクチュエーター

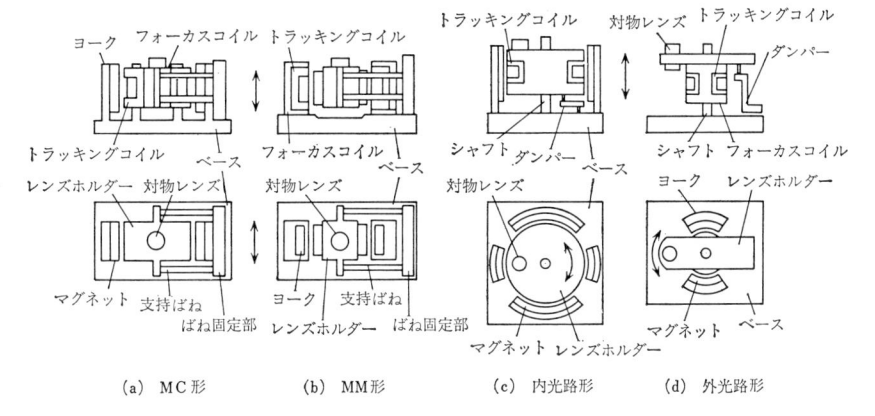

図 V.2.14 二軸電磁式対物レンズアクチュエーター構成[44]

(a) MC形　(b) MM形　(c) 内光路形　(d) 外光路形

ばね式は摩擦のないスムーズな,かつ軽い動きの性能が得られやすい反面,組立て精度の点と対物レンズの傾き姿勢維持の点で軸摺動式より若干劣る.軸摺動式はちょうど,ばね式の長所と短所とを反対にした特徴を有している.代表的な直交二軸電磁式アクチュエーターの構成例の模式図を図 V.2.14 に示す.

2.5.2 対物レンズアクチュエーターの振動系解析

アクチュエーターの可動部質量を M,弾性材料のダンパー材の制動係数を D,アクチュエーターのばね定数を K とし,駆動力を $f(t)$,変位を $x(t)$ とすれば,フォーカス方向のアクチュエーターのモデル化された系は図 V.2.15 のような簡単な振動系[45]として考えることができ,式 (2.8) で表される.

$$M\frac{d^2x(t)}{dt^2}+D\frac{dx(t)}{dt}+Kx(t)=f(t) \qquad (2.8)$$

図 V.2.15 アクチュエーターのモデル

駆動力 $f(t)$ はフォーカスコイルに電流を流すことにより得られる.

$$f(t)=nlBi(t) \qquad (2.9)$$

ここで,n: コイルの巻数,l: コイルの駆動有効長,B: コイルに作用する有効磁束密度,$i(t)$: コイル電流を表している.式 (2.9) を式 (2.8) に代入して,ラプラス変換を行えば,

$$(Ms^2+Ds+K)X(s)=nlBI(s) \qquad (2.10)$$

となる.したがって,入力電流 $I(s)$ によるアクチュエーター変位 $X(s)$ に対する伝達関数 $G_1(s)$ は式 (2.11) で表される.

$$G_1(s)=\frac{X(s)}{I(s)}=\frac{nlB}{Ms^2+Ds+K} \qquad (2.11)$$

この電流伝達関数 $G_1(s)$ において $s=j\omega$ ($\omega=$角周波数) とおき，利得 ($|G(j\omega)|$) と位相 ($\angle G(j\omega)$) をグラフに表す．横軸を周波数，縦軸を利得 ($20\log|G(j\omega)|$) と位相 ($\angle G(j\omega)$) にしてグラフ化したのが Bode plot (ボード線図, 図 V.2.16[45]) である．

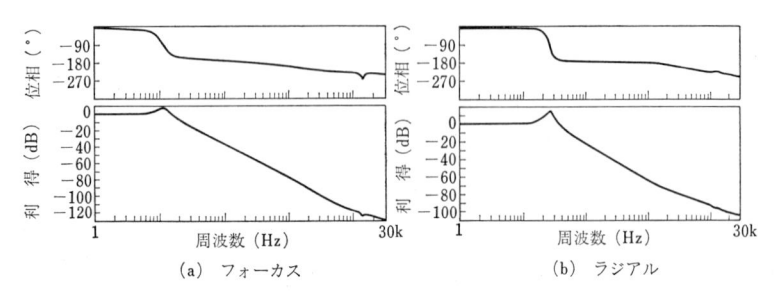

図 V.2.16　アクチュエーターのボード線図

2.5.3　直交二軸電磁式アクチュエーターとマグネット

図 V.2.14 で明らかなように光ヘッドの対物レンズ直交二軸電磁式アクチュエーターにはいずれもマグネット (永久磁石) が必要である．磁石の基本となる物理量は，磁界 H (Oe)，磁束密度 B (G)，および磁化 M (G) であり，これらは次の関係で結ばれている．

$$B = H + 4\pi M \quad (2.12)$$

永久磁石の特性を記述するには，図 V.2.17 に示す B-H ヒステリシス曲線の第二象限の部分，すなわち減磁曲線が用いられる．ただしここでは磁界 H は図の左向きすなわち磁石の磁化の方向と逆の向きを正にとる．

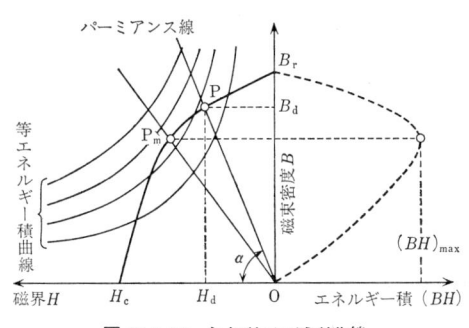

図 V.2.17　永久磁石の減磁曲線

減磁曲線を数値的に表現するには，縦軸の切片である残留磁束密度 B_r と横軸の切片である保磁力 H_c とを用いる．さらに減磁曲線の角張りの程度を示すものとして角形比 (B_r/B_s) を用いることもある．ここで B_s は飽和磁束密度である．

着磁された永久磁石の内部には，残留磁化 M_r ($=B_r/4\pi$) のつくる反磁界 H_d が存在するので，その動作点 (B_d, H_d) は図 V.2.17 の減磁曲線上の点 P に位置する．ここで反磁界 H_d は磁化 M に比例し

$$H_d = -NM \quad (2.13)$$

と書くことができる．比例定数 N は，試料の形状のみに依存する数で，反磁界係数とよぶ．減磁曲線上で P 点を決定するには図示のようなパーミアンス線を引いて求めたほうが便利である．$B/H=p$ をパーミアンス係数と定義し，試料の反磁界係数 N から

$$p=(4\pi-N)/N \tag{2.14}$$

と計算され，さらに次式によって角 α を求める．

$$\alpha=\tan^{-1}p \tag{2.15}$$

H 軸から角 α だけ傾いた直線（パーミアンス線）を引くと，減磁曲線との交点 P から磁石の動作点 (B_d, H_d) を読み取ることができる．p も α も N と同様に試料の形状のみに依存する数値である．特に長さ L，直径 d の丸棒状の試料では反磁界係数 N が L/d の寸法比だけで決定される．この状態の磁石試料が外部につくる静磁界の全エネルギーは

$$U=(B_d, H_d)\cdot V/(8\pi) \tag{2.16}$$

で与えられる．ここで V は磁石の体積である．この式は与えられた体積の磁石が外部につくる全静磁エネルギーは $B_d\cdot H_d$ の積に比例することを示す．$B_d\cdot H_d$ はエネルギー積とよばれ，その値は減磁曲線上の P 点の位置によって変化する．その変化の様子を図 V.2.17 の第一象限に点線で示す．磁石の動作点が P_m 点にあるときに最大となり，その最大値を $(BH)_{\max}$ と記号する．単位は $G\cdot Oe$ である．実用磁石材料については 10^6 倍の $MG\cdot Oe$ の単位で測定している．最大エネルギー積 $(BH)_{\max}$ は最適形状の場合に取り出しうる静磁エネルギーに対応するもので，磁石材料の性能指数として広く用いられている．

減磁曲線から最大エネルギー積 $(BH)_{\max}$ を読み取る際に第二象限に等エネルギー積曲線群を併記すると便利である．

永久磁石（マグネット）の歴史は 1917 年の東北大学の本多光太郎による KS 鋼の発明から始まったといわれる．図 V.2.18 に永久磁石材料の進歩を示す．図 V.2.18 の縦軸に記載されているように永久磁石の磁気特性を評価するには，残留磁束密度 B_r，保磁力 H_c，および最大エネルギー積 $(BH)_{\max}$ の値が重要であり，実用磁石材料では，その単位の

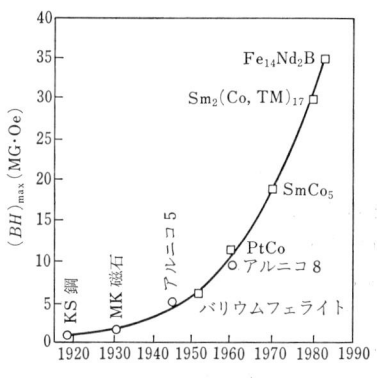

図 V.2.18 永久磁石材料の進歩

$MG\cdot Oe$ をも省略して $(BH)_{\max}$ が 5 とか 25 とか 32 と表現している．

2.5.4 フォーカスアクチュエーター用コイルの設計

アクチュエーターのフォーカスコイルに電流を流し，電流と直交方向にマグネットによりエアーギャップ内磁束密度 B_g (T) を印加し，F 方向に発生する力 $(\xi(N))$ を求める．m_0 (kg) をコイル以外のアクチュエーター可動部重量，m_c (kg) をコイル重量，β をコイルを流れる電流によって発生する運動の加速度 (m/s^2) とすると

$$\xi=(m_0+m_c)\cdot\beta \tag{2.17}$$

ι をコイルに流れる電流 (A)，η をコイル利用率，l をコイル長 (m) とするとフレミングの左手の法則により

$$\xi=B_g\cdot\iota\cdot\eta\cdot l \tag{2.18}$$

また，コイル線材の電気抵抗を $\rho\,(\Omega/\mathrm{m})$ とすると，コイルの直流抵抗 $R\,(\Omega)$ は

$$R = \rho \cdot l \tag{2.19}$$

で表されるので，コイルに流れる電流 ι は式 (2.17)，(2.18) から

$$\iota = (m_0 + m_c) \cdot \beta / (B_g \cdot \eta \cdot l) \tag{2.20}$$

また，コイルにかかる電圧を $E\,(\mathrm{V})$ とすると $\iota = E/R$ から電圧は

$$E = \rho (m_0 + m_c) \beta / (B_g \cdot \eta) \tag{2.21}$$

で表される.

2.5.5 光ディスクヘッド用永久磁石材料

光ヘッドに実際に使われる直交二軸電磁式アクチュエーターの駆動感度はF方向で0.5～10 mm/V，R方向で 0.2～1 mm/V 程度が必要である．一般に，コイルの巻線数は 50～150 turn 程度であり，線径が 0.1～0.2 mm と細いのでコイルのインピーダンスは 5～8Ω となる．入手しうる電子部品の関係から直交二軸電磁式アクチュエーターの中立点維持電流を通常，約 100 mA に設定しているのが普通である．フォーカス系では光ヘッド使用時に重力加速度 $15\,g$ 以上が必要とされる．光ヘッドを組み込む光ディスクドライブあるいは光ディスクプレーヤーのヘッド駆動電子回路の許容電流を 1 A，電源電圧を ±5 V とすると以下の条件が式 (2.17)～(2.21) を使って求められる.

$$\beta \geq 15 \times 9.8 = 147\,(\mathrm{m/s^2})$$
$$\iota = 1\,(\mathrm{A}), \quad E \leq 5\,(\mathrm{V})$$
$$(m_0 + m_c) = 2.95\,g\,(\text{コイル利用効率}\,\eta\,\text{を}\,0.45)$$

式 (2.20)，(2.21) を使って，加速度 $\beta = 15\,g$ を得るのに必要な電流，電圧を求めることができる．また，これにより ±1 mm のフォーカス制御を行うに必要な力が求まり磁極間のエアーギャップ約 1.5 mm に必要な磁束密度 B_g は 2k～4k Gauss であることが求まる．一般にサマリウムコバルト磁石 $\{(BH)_{\max} = 24\,\mathrm{MG \cdot Oe}\}$ が使用される．$(BH)_{\max}$ の小さな低価格のバリウムフェライト磁石も使用できるが，同じ式 (2.16) でUを得るためにサマリウムコバルト磁石の約 5 倍の体積が必要となり，据置き用の大形のVD用や 12″ WORM ディスクドライブ用途以外では光ディスクヘッドが大きくなりすぎる.

CD 用，CD-ROM 用，3.5～5.25″ WORM 用，re-writable 用光ディスクドライブにはバッテリー駆動電流の制限や光ディスクの最内周トラックへピットを記録したり再生したりの場合の光ヘッドとスピンドルモーターとの相互寸法的制約（小形にしなければならない）などの理由からバリウムフェライト磁石やプラスチックマグネットなどの低価格磁石はいまだに使用されていない.

2.6 半導体レーザーと光ヘッド光学部品特性

半導体レーザーは対物レンズとともに光ヘッドのキー部品である．ここでは半導体レーザーの諸特性のうち光ヘッドに必要な出力パワー，偏光，射出角，発振モード，ならびにレーザー出力雑音特性の概要を述べる.

2.6.1 光ディスクヘッド用半導体レーザーの基本特性

(1) 出力特性：I/L特性 図 V.2.19 に半導体レーザー電流対光出力特性（I-L 特性）ならびにレーザーパッケージ内蔵のモニター用フォトダイオード出力の例を示す．一

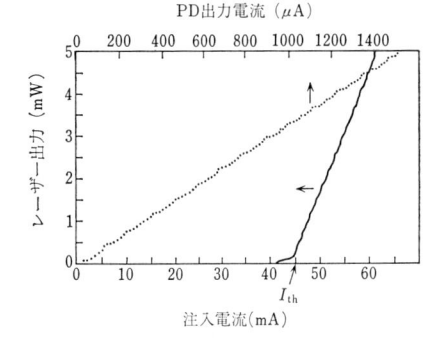

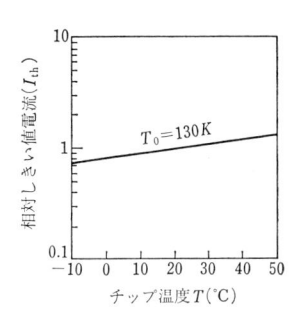

(a) 半導体レーザーの I-L 特性の例 (b) I_{th} の温度特性の一例

図 V.2.19 半導体レーザー電流対光出力と I_{th} の温度特性例

般に半導体レーザーチップの両端面から等量の光強度が発生している．しかし一般の I-L 特性では出力側（片端面）のみの光パワーでレーザー出力を定義する．発振しきい値電流 I_{th} を越えた注入電流 I とともにレーザー出力 L が直線的に増大する．この動作電流 I_{op} は 10～30 mA の範囲にあるのがふつうである．

I_{th} は接合部温度 T_j の関数であり，次式で表される．

$$I_{th} \propto \exp(T_j/T_0) \tag{2.22}$$

T_0 は特性温度とよばれる定数である．すなわち T_0 が大きいほど I_{th} の温度依存性が小さい．$I > I_{th}$ の電流領域での直線の勾配を微分量子効率とよびレーザーの発振効率のよさを表す．半導体レーザーの種類や材料によって微分量子効率すなわち勾配が異なる．

この I-L 曲線は温度によっても全体が変化する．そこで光ディスクヘッド用途の場合

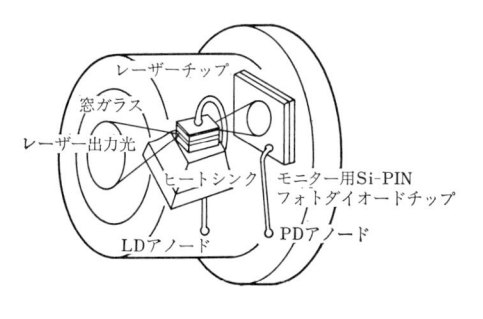

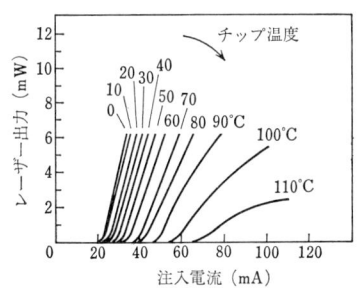

(a) 半導体レーザーパッケージ内部概略 (b) レーザー出力の温度変化の一例

図 V.2.20 レーザーパッケージ内部概略と出力の温度変化例

には図 V.2.20 (a) に示すレーザーパッケージ内部のレーザーチップの非出力側端面側へ設置したモニター用フォトダイオードの出力を利用して，レーザー出力パワーが一定になるよう APC (automatic power control) による注入電流制御を行う．

図 V.2.21 に半導体レーザーの APC 回路例を示す．この回路で使用するフォトダイオードならびに IC の応答周波数が数十 GHz 以上であればレーザーの戻り光誘起ノイズやモードホッピング誘起ノイズをも抑えることができる．

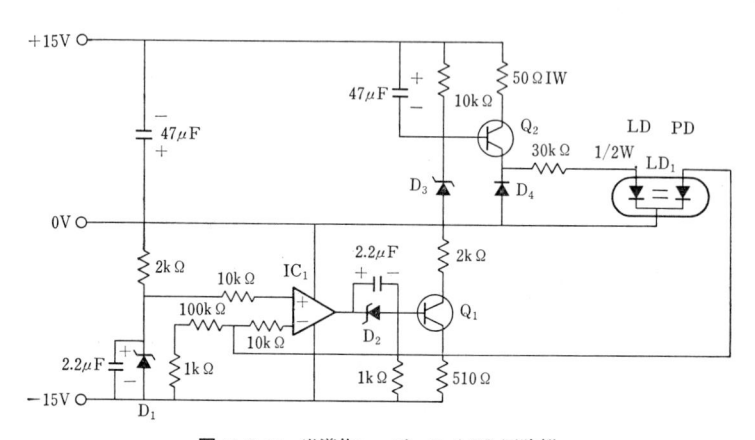

図 V.2.21 半導体レーザーの APC 回路例

しかし，CD 用や OA 用の光ディスクヘッドの場合には価格的に高価になり過ぎる．したがって，光ディスクの回転数に応じた光ディスクピット信号周波数の 1 桁上の周波数応答ができるデバイスや回路定数を選ぶ．具体的には数十 MHz の周波数に応答するフォトダイオードや IC を使用している．戻り光誘起ノイズ等の問題解決のために後述する低ノイズ半導体レーザーの選択使用の方法がとられる．

（2）**偏光特性と光ヘッド用偏光ビームスプリッター**　半導体レーザーは一般に pn 接合面に平行な方向に直線偏光している．CD 用や VD 用に用いられるレーザーパワーは光ディスク面上で 0.2〜0.5 mW でレーザー出力としては 2〜5 mW である．また，WORM 用や re-writable 用の記録レーザーパワーは光ディスク面上で 7〜15 mW で，レーザー出力としては 15〜35 mW である．低いパワー領域での半導体レーザー（LD と略記される）の上述の偏光方向とそれに直交する偏光成分の混在比すなわち偏光比は一般に 100：1 以下である．高パワー領域ではこの偏光比はさらに大きくとれる．

図 V.2.3〜V.2.6 に示した光ヘッドの光学系では，この直線偏光の偏光比を利用し偏光ビームスプリッター (PBS) と 4 分の 1 波長板とで構成した送受光分離機能（アイソレーター機能）が光ヘッドの重要な構成要素の一つであることを示している．すなわち，光ディスク情報記録面への自動焦点調整機能とディスクトラックの自動追尾機能とを具備した対物レンズが光ディスクへの送光ビームと光ディスクからの受光ビームの双方の共通部

品である限り，光ディスクヘッド内部に送受光分離機能が必要である．ここでは単なる送受光分離機能だけではなく，半導体レーザーの偏光特性を利用して光量損失を最小限に抑える機能も重要である．

あらかじめLDからの直線偏光ビームを偏光ビームスプリッターのp成分方向すなわち透過光となるようにPBSの向きとLDチップの向きとを調整しておけば光量の損失がない状態でLD光はPBSを通過できる．PBSを通過したレーザー光は前述対物レンズにより回折限界値までの微小スポットに絞られる前に4分の1波長板（QWP）に入射する．QWPは n_1, n_2 の二つの屈折率をもつ複屈折結晶でなる．レーザー波長をλ, QWPの板厚を L_Q, C を光速とすれば4分の1波長板に入射する直線偏光レーザー（p波）光が板厚 L_Q を通過する際に n_1 の屈折率楕円体軸方向成分とそれと直交する n_2 の屈折率楕円体軸方向成分とに等量に分かれるようにp波の振動方向と結晶軸方向を調整すれば，それぞれの成分のレーザー光通過時間は $L_Q \times n_1/C$, $L_Q \times n_2/C$ となる．

QWP射出時点で合成された透過レーザー光は $(n_1-n_2)L_Q/C$ だけ二つの直交偏波光間に時間差を生ずる．すなわちQWPを出たレーザー光は，もはや直線偏波光ではなく，時間とともに偏光方向が変わる楕円偏波光となっている．この直交偏波光間の時間差がレーザー光波の $\pi/2$ すなわち $\lambda/4C$ の整数倍（m）となるように L_Q を設計すればQWPを出たレーザー光は円偏光となる．この関係からQWPの結晶の厚さ L_Q が求まる．L_Q は次式で与えられる．

$$L_Q = m\lambda/4(n_1-n_2) \qquad (2.23)$$

ここで，n_1-n_2 の値の正負により右回りの円偏光であるか，左回りの円偏光であるかが決まる．4分の1波長板QWPを経た円偏波レーザー光は対物レンズで回折限界制限値にまで絞られ，光ディスクの情報記録面に照射される．情報記録面はCDの場合にはアルミニウム薄膜蒸着の反射面およびアルミニウム蒸着された深さ $\lambda/8$ の凹凸状ピットとで構成されている．反射面で反射されたり，ピットによって回折・反射されたりする照射円偏波レーザー光は反射の際に光波の位相が π だけ変わる．したがって対物レンズを経て再びQWPに戻る反射円波光はもとの照射円偏波光とは円偏波の回転の向きが反対になっている．この光がQWPを透過するともとのレーザー光（p波）とは偏光の向きが直交した直線偏光（s波）となる．対物レンズからPBSまで戻ったこのs波は半導体レーザーのほうへは進めず，進行方向を90度曲げられ，焦点誤差検出光学系，トラッキング誤差検出光学系，およびピット信号検出光学系へと導かれる．

（3） 放射角特性とコリメーター/ビーム整形プリズム 波動光学あるいは電磁気学でよく知られている回折の現象のために，レーザー光は遠方にいくにつれて少しずつ広がる．指向性を表す広がりの角 $\delta\theta$ と，レーザーを出る光束つまりビーム直径 d, およびレーザー光の波長 λ との間には単純に

$$\delta\theta = \pi\lambda/(2d) \approx \lambda/d \qquad (2.24)$$

の関係がある．レーザー光束の断面内強度分布と遠方における角分布との間には波動回折理論におけるフーリエ変換の関係があるが，式（2.24）は比較的単純な強度分布をしてい

るときの指向性のおおよその角度の大きさを示す式である．

図V.2.22に光ディスクヘッド用半導体レーザーのチップの概略構造模式図とレーザーチップから射出されるレーザービームの広がり状況を示す．通常，レーザー共振器のX-Y

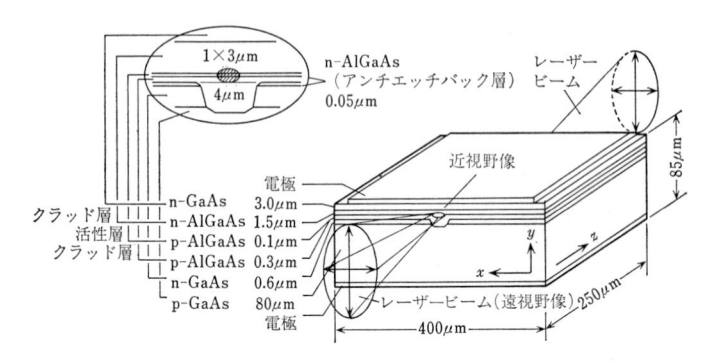

図V.2.22 半導体レーザーチップと射出ビームの広がり角

平面の非対称性構造により発光点が楕円形状をしている．レーザービームはチップ端面の微小な領域から放出される．その発光点に近い位置での光束断面強度分布パターンをニアフィールドパターン（near field pattern；NFP，一般に$1 \times 3 \mu m$のサイズ）とよび，発光点から十分離れた位置での光束断面強度分布パターンをファーフィールドパターン（far field pattern；FFP）とよぶ．FFPは式（2.24）で与えられるビーム広がり角を反映するので接合面方向に横長の楕円形状をした発光点から，接合面に垂直方向へは広く接合面に平行方向へは狭い縦長の楕円パターンとなる．

半導体レーザーのpn接合面に平行方向と垂直方向の放射角をそれぞれ$\theta_{//}$と$\theta_{\perp}$とで表すと，発光点におけるpn接合面に平行方向のビーム径を$d_{//}$，pn接合面に垂直方向のビーム径を$d_{\perp}$とすると，$d_{//}=3 \mu m$，$d_{\perp}=1 \mu m$，$\lambda=0.78 \mu m$のとき式（2.24）から

$$\left.\begin{array}{l}\theta_{//} \simeq \lambda/d_{//}=0.26\,\mathrm{rad}=14.9° \simeq 15° \\ \theta_{\perp} \simeq \lambda/d_{\perp}=0.78\,\mathrm{rad}=44.7° \simeq 45°\end{array}\right\} \quad (2.25)$$

なる楕円放射ビームとなる．このようにレーザー共振器の二次元的な非対称性が原因で生じる回転非対称なFFPは回転対称な二次元の球面レンズで構成する光学系を光ディスクヘッドに使用する場合に次の問題を生ずる．

① $\theta_{//}$の角度に合わせたNAのレンズでは，円形のコリメートビームが得られるがレーザーパワーの利用効率は1/4程度に低下する．

② $\theta_{\perp}$の角度に合わせたNAのレンズではレーザーパワー利用率はよいが，レンズ径が大きく，またコリメートされたビームも楕円のままという不便さが残る．

CD，CD-ROM，VDなど再生専用光ディスクヘッドの場合には光ディスクのピット情報面へのレーザーパワーは0.2 mWもあれば十分であるので，①の方法がとられる．なぜならピット情報面からの反射光や回折光がこの値より1桁低下して$20 \mu W$が光電変換

のためのフォトダイオードへ入射し，その結果 10 μA の信号電流しか得られなくても帯域幅 2 MHz の信号としては十分な SN と考えられるからである．ところが，WORM（追記形）や magneto-optic による re-writable（書換え可能形）光ヘッドの場合には情報記録面上で 10～15 mW のレーザーパワーを必要とする．出力パワーに寿命の点で限界のある半導体レーザーを使用するので，① の方法が採用できない．② の方法も光ディスク面にピットを記録する際に楕円断面ビームでは問題となる．問題解決方法として

(1) 対称な FFP が得られる半導体レーザーの開発
(2) 非回転対称な光学系による楕円断面ビームへの変換

の 2 方法がある．

(1) はたとえば pn 接合面に平行な上下の 2 面だけでなく pn 接合面に垂直な左右にも活性層より屈折率の低いクラッド層を形成する方法である．上下・左右に対称なレーザー導波路兼共振器を形成することにより円形断面ビームが得られるタイプとしての埋込み形ヘテロ接合（BH）レーザーがある．しかし，レーザーの製造プロセスが複雑で寿命・信頼性に未解決の問題が残されている．また，シングルモード発振でありコヒーレンスがよすぎるために，レーザーの温度変化とともに起こるモードホップ雑音の問題とレーザー共振器への戻り光誘起雑音の問題もあり，現在では使用されていない．依然として非対称なファーフィールドパターンをもつ半導体レーザーがいまのところ光ディスクヘッド用途の主流となっている[45]．

(2) の方法によって問題を解決するには前述したように再生専用の光ヘッドの場合と追記形（WORM）もしくは書換え可能（re-writable）な光ヘッドの場合とに分けて考えなければならない．前者は上述 ① の方法を，後者は次の 2 方法がとられている．

- ビーム整形プリズムによる楕円断面の円形断面ビームへの変換
- 低波面収差の円筒レンズ系による楕円断面の円形断面ビームへの変換

後者の方法を採用する場合に，0.02λ 程度の低い波面収差の円筒レンズが容易に入手できないので，いまのところもっぱら前者のビーム整形プリズム法が採用されている．

(4) **非点隔差特性**　半導体レーザー応用の光学システムを設計するにあたって，考慮しなければならない重要な特性はレーザーの非点隔差特性である．利得導波形レーザーの非点隔差は約 30 μm，屈折導波形レーザーでは 2～15 μm 程度であり，レーザーのチップ構造により大きく変化する．非点隔差をもつレーザーを光源に用いて，回転対称形の球面レンズでレーザービームを集束させた場合に $d_{//}$ 方向の焦点距離と $d_\perp$ 方向の焦点距離とが異なるために，両方向のビームウエストが同一場所に生じない現象となって現れる．

利得導波形レーザーは屈折導波形レーザーに比較して一般に非点隔差が大きい．ビーム放射角特性における $\theta_{//}$ と $\theta_\perp$ との差が大きいほど一般的に非点隔差も大きい．図 V.2.23 に半導体レーザーにおける非点隔差を説明する．光導波路内の光の平面波とレーザーチップの端面から発する球面波との境界近房を $d_{//}$ 方向と $d_\perp$ 方向のそれぞれのビームウエストとみなすことができ，両者のチップ端面からの距離の差が半導体レーザーの非点隔差である．このような非点隔差の生ずる理由は，GaAlAs レーザーの接合面に平行な方向は

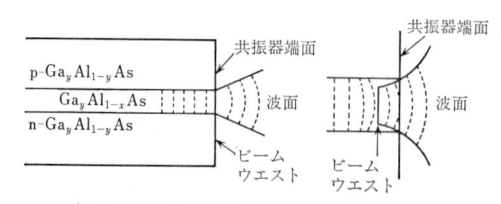

図 V.2.23 半導体レーザーの非点隔差

(a) 接合面に垂直方向
(b) 接合面に平行方向

Al の濃度が高く屈折率の低いクラッド層で挟まれているのに対し，接合面に垂直な方向は BH レーザー以外ではクラッド層に見られるような大きな屈折率差がないことのためである．

半導体レーザーの非点隔差を補償・矯正する手段としては，レーザービームの光軸 z 方向に垂直な x 方向の焦点距離と y 方向の焦点距離とが異なる光学部品を光軸に挿入する方法があげられる．半導体レーザーとコリメーターレンズとの間に平行平板ガラスを x 方向あるいは y 方向のみ斜めに挿入する単純な方法がよく採用される．こうすることにより x 方向の光学的長さ（屈折率 nx 光路長 L）と y 方向の光学的長さが斜めにした分だけ厚くなり非点隔差を補償することができる．図 V.2.24 にガラス平行平板の斜め挿入法による非点隔差補償例を示す．

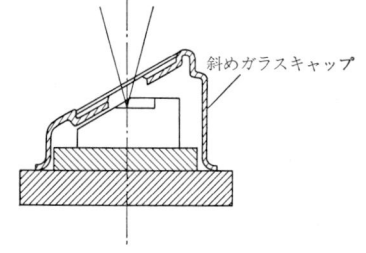

2.6.2 レーザー発振モードに起因する雑音特性

（1）発振波長特性 光ディスクヘッドに用いられる半導体レーザーはいまのところ GaAlAs 系である．発振波長が ROM ディスクの場合で 780 ± 10 nm，WORM ディスクの場合には 800〜840 nm（中心的な波長は 815 nm）と国際標準規格で決められている．いずれも本来ならできる限り短波長のほうが再生の場合の SN やアイパターンの向上と記録の場合の記録密度の向上が期待できる．しかし，寿命ならびに雑音特性などの信頼性の点から上記の波長が一応決められている．

半導体レーザーは気体レーザーや結晶レーザーに比較して発振波長の温度変化が大きい．図 V.2.25 に示す GaAlAs 系レーザーの場合の発振波長の温度特性例にみられるよう

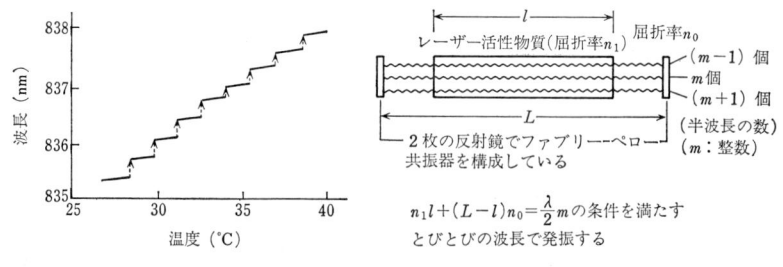

図 V.2.24 ガラス平行平板を斜め挿入する非点隔差補償例

$n_1 l + (L-l) n_0 = \frac{\lambda}{2} m$ の条件を満たすとびとびの波長で発振する

図 V.2.25 単一縦モードレーザーの発振波長の温度特性例[8]

に 0.2～0.3 nm/°C の発振波長変化がある．温度上昇とともに長波長側へ発振波長がシフトする．周囲の温度変化によるだけでなくレーザーの注入電流の増加によってもレーザーチップの内部が発熱し発振波長が長波長側へシフトする．連続的な全体のマクロな波長シフトは半導体材料の伝導帯と価電子帯との間のエネルギー幅（禁制帯）が温度とともに狭くなることによる．

ミクロな波長シフトはレーザー共振器間隔であるチップの両端面のへき開面間間隔が熱膨張により長くなり，レーザー共振器に発生している光波の半波長の整数倍からなる定在波の波長が長くなるためである．

以上はすでに発振スペクトル波長が定まったレーザーチップについての波長の温度特性である．しかし半導体レーザーの特性として，レーザーチップにおけるレーザー共振器内の導波路損失が多くなるとフェルミレベルが上昇する．いわゆる，エネルギーギャップフィリング効果[46]が起こり，実質上の禁制帯幅が広がることになる．このため，レーザー発振波長は短波長側にシフトする．すなわち，GaAlAs レーザーの発振波長がレーザー活性層中の Al の濃度に必ずしも正比例して短波長側にシフトするとは限らない．したがって GaAlAs レーザーの発振波長範囲は長波長側で Al の濃度が 0 の場合の 900 nm，短波長側でレーザー活性層の結晶性が損なわれない程度までに Al の濃度を最大限（～30％）に増やした場合でかつバンドギャップフィリング効果も併せレーザー寿命に著しく影響しない程度にまでレーザー共振器内の損失を許した場合で 740 nm 程度が実用レーザーの限界である．さらに，短波長化が必要な場合は InGaAlP レーザー（630～660 nm）や InGaAsP レーザーとなる．

（2）発振スペクトル　　レーザー共振器の横方向に単一なレーザーの発振スペクトルは縦方向が単一の場合や縦方向がマルチの場合，ならびに後述するようなセルフパルセーション[43]が起こっている場合に応じて，図 V.2.26 のように 3 種に分けられる．

（a）の単一縦モードレーザーを利用するときの最大の問題点はレーザーの温度が変わった場合のモードホッピングによって発生するレーザー出力の雑音と，レーザー共振器へ光ディスクなどから反射したレーザー光が戻ってきて干渉し，レーザー出力変動を起こすことである．単一縦モードレーザー光は屈折率導波形レーザーから容易に得られる．

（b）のマルチモードレーザー光は利得導波形レーザーから得られる．したがって，マルチモードレーザーには非点隔差が大きく発生していることが多い．

（c）のセルフパルセーションレーザー光は屈折率導波形の性質と利得導波形の性質の両方を兼ね備えている．すなわち，空間コヒーレンスが単一縦モードレーザー寄りで非点隔差が比較的少ない．このレーザーはレーザーチップを構成する狭いストライプ幅全体にわたって均一な電流分布になっているのではなく，ストライプの中央部と周辺部とで電流密度が異なる構造のため，活性層のストライプ幅中央部の可飽和吸収現象によってレーザーの間欠発振が起こっている．パルス繰返し周波数は高く 1 GHz 程度である．この場合，パルス立上りと立下りとで活性層温度が変化する．したがって 1 パルス内での発振スペクトルも変化する．活性層内のキャリヤー分布も電流分布も均一でないので空間ホールバー

(a) 単一縦モードレーザー　(b) マルチモードレーザー　(c) セルフパルセーションレーザー

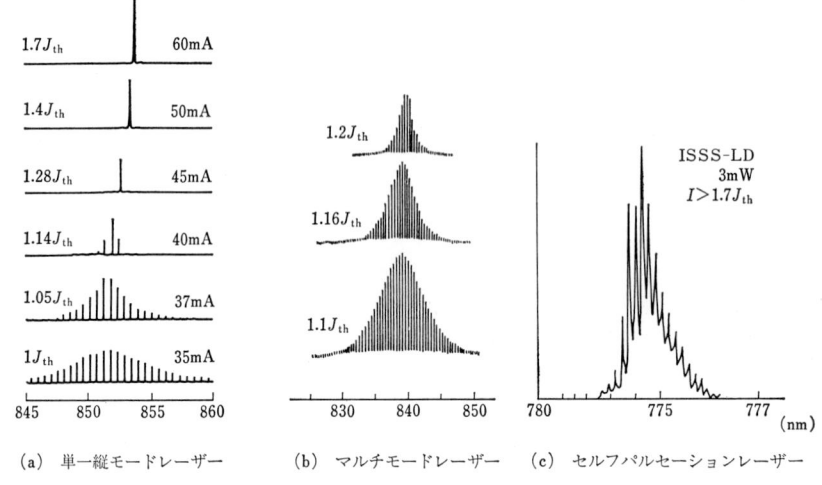

図 V.2.26　横モードが単一な場合のレーザー発振スペクトル

ニング現象が起こりにくく，レーザーの発振スペクトルはマルチモードのままである．パルス幅にしてサブピコ秒時間内でのスペクトル変化のためにスペクトル幅が広がり，隣接モード間のスペクトルとの融合さえも起こり，スペクトルが連続的にもなる．

屈折率導波形レーザーは単一縦モードレーザー光が発生しやすく，単一モードレーザー光は空間的にも時間的にもコヒーレンスがきわめて優れている．光ディスクヘッドへの応用の場合に空間コヒーレンスがよいことはレーザービームを回折限界値にまで絞り込むための必須の条件である．しかし，時間的コヒーレンスがよすぎる場合には，温度変化誘起雑音と戻り光誘起雑音の問題を発生させるので歓迎されない[41]．

（3） 温度変化誘起雑音と戻り光誘起雑音　時間コヒーレンスがよすぎる場合の例としての単一縦モードレーザーは2.6.1項(1)のレーザー発振波長の温度特性のところでも述べたようにレーザーチップの温度上昇や注入電流の増大とともに発振波長が長波長側へシフトする．これらによる温度変化がさらに増大すると，現在発振している発振モードが次のモードへ跳ぶ現象いわゆるモードホッピング現象が起こる．問題なのはこの現象が起こるとレーザー光に雑音（ノイズ）が発生することである．本来なら発振波長的に単一レーザーしか発振しないはずのところ，モードホッピングの瞬間には同時に二つのモードでの発振が起こっている．

しかも，これが可逆現象であるために二つのモードに対応する上下二つの発振波長がしばらくシーソーゲームのように競合する．すなわち，一つのモードから次のモードに移る際に，一度だけの完全な一方通行ではなく瞬時的（〜100 ns）ではあるが逆方向の遷移も起こっている．しばらく往復し，結果としてレーザー出力の強度変動と波長変動とを生じる．この変動が温度変化誘起雑音である．CDディスクとは異なり光VDのようにアナロ

グパルス記録（pulse frequency modulation；PFM）の場合には RF 信号の SN がバンド幅 300 kHz で周波数領域 2〜12 MHz にわたって 70 dB 以上を必要とする．したがって，この温度変化によって誘起されるレーザー光の強度変動がもろに VD のビデオ画像雑音となって現れる．図 V.2.27 に単一縦モードレーザーのモードホッピングノイズの測定例を示す[43]．

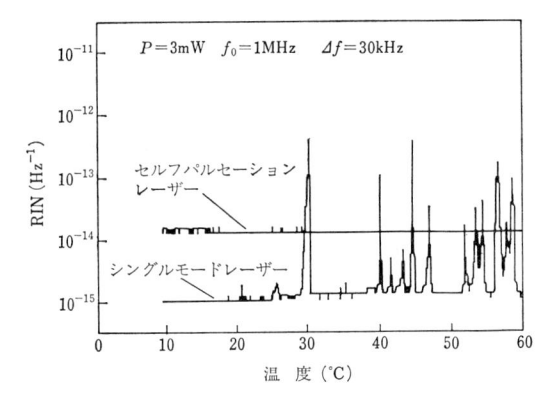

図 V.2.27 モードホッピングノイズの測定例

半導体レーザーからの射出レーザー光が光ヘッド内の光学部品や光ディスクに照射され，その一部のわずかな反射光が再びレーザー共振器に戻ると，時間コヒーレンスのよい単一縦モードレーザーなどの場合には，帰還された光とこれから発生する光とがレーザー共振器内で干渉する．このために，レーザーの出力変動を誘起することになる．この変動が戻り光誘起雑音である．マルチモードレーザーの場合にはレーザーと光ディスクなどの反射面との間の光学的距離がレーザー半波長の整数倍ごとに干渉性が強くなり戻り光誘起雑音を発生する．図 V.2.28 に戻り光量対相対雑音強度比の実験値を示す．戻り光誘起雑音の発生を極力抑えるには，レーザー光の時間的コヒーレンスを劣化させればよい．すなわち，レーザー共振器内の光の位相と戻り光の位相とがつねに一致しないようにすればよい．

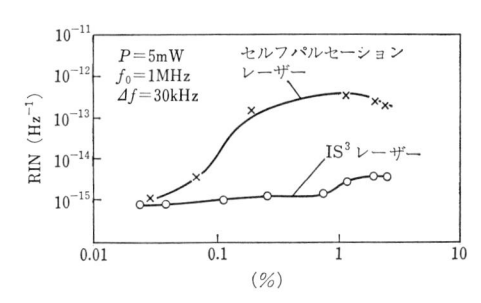

図 V.2.28 戻り光量の相対ノイズ強度比（RIN）の実験値

2.6.3 光ディスクヘッド用半導体レーザーの雑音低減策

温度変化誘起雑音と戻り光誘起雑音とを低減する手段について述べる．温度変化により誘起されるモードホッピング雑音を抑えるには単一縦モードレーザーの使用を止めればよい．また，戻り光誘起雑音を抑えるには半導体レーザーの射出面に再びレーザー光が戻らぬように光軸をずらしてしまえばよい．しかし，後者の場合はわずかな散乱光がレーザー共振器に戻っても雑音を誘起するのでそれを避けるには装置を大形にしなければならない．したがって，両雑音を同時に低減するにはいまのところ次に示す時間的コヒーレンス

の人為的劣化の方法と超高速 APC (automatic power control) の可能な電子回路の開発が現実的である．次にこれまで開発されている方法を列挙する．

（1） 半導体レーザーの時間的コヒーレンス劣化法
① 非点隔差を強制的に補償する方法を併用したマルチモード半導体レーザーの採用
② 注入電流の高周波変調法によって，シングルモードレーザーから人為的にマルチモードレーザーを得る方法
③ セルフパルセーションレーザーの採用
④ すりガラスなどとの併用による位相攪乱法（戻り光誘起雑音にのみ有効）
⑤ シングルモードレーザー光をレーザー共振器へ強く帰還させる強制マルチモード化法（強制的に強くフィードバックすればマルチモード発振化する[41]）

（2） 外部から強制的にレーザー出力を安定化する法
⑥ 超高速 APC 電子回路によりレーザーの出力変動を強制的に抑え込む方法
⑦ 完全なアイソレーターの採用による強制隔離法
⑧ 軸ずらしによる強制隔離法

CD プレーヤーでは，⑤が採用されていることが多い．VD プレーヤーでは③および②の方法がよく使われている．追記形 WORM ディスクドライブや書換え可能形 re-writable ディスクドライブでは，②，③および⑥，⑦の採用が普通である．

光ディスクシステムにおける光ヘッドの機械的機能は
① 半導体レーザーのもつ光学的特性を生かしたまま，細く絞ったビームを対物レンズの焦点深度（約 $\pm 1\,\mu m$）以内にキープしつつ，対物レンズを光ディスクに垂直方向に光ディスクの回転とともに生じるディスクの上下揺動に応じて ± 1 mm も高速変位駆動させる機能
② 幅 $0.5\,\mu m$ のピット列上に焦点をつねに合わせつつ，そのビームウエストを光ディスク半径方向に $\pm 0.1\,\mu m$ の位置精度で，ディスクの回転とともに生じる回転半径とトラック半径との偏心に応じ $\pm 400\,\mu m$ もラジアル方向へ高速変位駆動させて偏心補正する機能
③ 光ディスクのトラック番号・番地を高速に探し出すために光ヘッド全体をラジアル方向に高速移動させるヘッドアクセス機能
④ コンピューター用高性能ヘッドの場合に高速アクセスによりヘッドが目的のトラックを検出して急停止する際の対物レンズ首振り振動対策として，対物レンズの各瞬時位置の検出と制御用対物レンズ位置サーボ機能

に分けることができる．いずれもフォーカス方向またはラジアル方向に光ヘッドあるいは対物レンズを高速変位駆動させる必要がある．特に対物レンズを光ディスク面に垂直方向とラジアル方向とに直交二軸駆動する対物レンズアクチュエーターの性能は光ディスクシステム全体の性能を左右する重要部品である．

フォーカス制御とラジアル制御のボード線図上で数 Hz から十数 kHz にわたって副共振

2.6 半導体レーザーと光ヘッド光学部品特性

や二次共振など不要振動発生を防ぐために光ヘッド全体の小形・軽量・薄形化のほかに可動部の小形化と軽量化ならびに可動部材料の高剛性化の研究が必須である．そのために部品の小形軽量化が必要であり対物レンズとコリメーターレンズならびに直交二軸アクチュエーターの永久磁石材料も重要なポイントとなる．

光ヘッドに必要な光学性能を得る目的でレーザービームを空間的に種々加工する際に，光学的特性としては，半導体レーザー光のもつ諸特性を生かしつつレーザーから光ディスクの情報ピット面に達するまでレーザーからの射出波面を最小限の波面の乱れにキープする必要がある．そのために，ディスク情報ピット面上で，波長780 nmの半導体レーザー光を$1.6\,\mu m\phi$程度に収束させるにはレーザーから光ディスクまでのすべての光学部品の波面収差の根2乗平均（rms）をMaréchal criterion[2]，すなわち0.07λ以内に抑えなければならない．そのために回折限界性能の光学部品が必要である．

平面研磨の光学部品である半導体レーザーのガラスウィンドウ，回折格子，ビームスプリッター，反射プリズム，さらに，水晶製の$\lambda/4$波長板，ビーム整形プリズムなどは比較的容易に低波面収差を達成できる．しかし光ディスク基板自身の波面収差（CDの場合の波面収差は0.05λと規格で決められている）を含めたすべての光学部品の波面収差の根2乗平均を0.07λ以内に抑えるには対物レンズとコリメーターレンズの波面収差をそれぞれ0.03λと0.025λとに抑えなければならないが，これは簡単にはいかない．

なぜなら，単球面レンズだけでは球面収差があまりにも大きいために上述の0.03λと0.025λ以内とに収めることができないからである．したがって，屈折率，曲率，厚さの異なる複数枚の球面研磨ガラスレンズの組合せレンズ（トリプレットやダブレット）が必要である．1枚だけのレンズで上述の低波面収差を達成するには非球面レンズが必要である．ガラス非球面レンズは製造設備と金型寿命の点でレンズ単価が高価になりすぎる．しかし，価格的にペイできるプラスチックの非球面レンズは射出成形の際のゲートの影響によりコマ収差発生を伴う．コマ収差発生を補正するために，光ヘッドでは対物レンズの光軸傾き調整器を内蔵させてプラスチック非球面レンズを実用化している．

ところがこの非球面レンズでもコリメーターレンズとしては使えない．なぜならプラスチック材料の屈折率の温度係数と線膨張温度係数とがガラスに比較してそれぞれ100倍と10倍も大きいのでコリメーターレンズの焦点距離の温度特性が大きすぎるからである．原理的に球面収差のない回折形レンズを実際の光ディスクヘッドに搭載するために，① 三次元的に空間の1点に回折限界で制限されるビームウエストにまで理論的に収束できる電子ビーム描画光導波路レンズ[16]，② 回折光と非回折光とを分離する機能をもつ電子ビーム描画オフアクシス形グレーティング対物レンズ[18,19]，③ コリメーターレンズ[25]，④ ブレーズ化された高効率のグレーティングコリメーター回転対称形レンズ[21,22]，⑤ その応用の片球面グレーティング対物レンズ（SGL）[23,24,32]について簡単に紹介した．

電気的特性に関しては，シグナルモードレーザー固有のモードホッピング雑音と戻り光誘起雑音特性とを調べ，空間コヒーレンシィを劣化させずに時間コヒーレンスを劣化させる方法を紹介した．

85％程度の回折効率の回折形レンズが量産可能という平板グレーティングレンズの実現を契機として種々の応用例が開発されている．立石電機からグレーティングコリメーターレンズ付き半導体レーザーが1987年に開発[25]され，1986年に三菱電機から反射形グレーティングレンズ（RGL）[26]，同年に日本電気からホログラフィックオプティカルエレメント（HOE）[27]が開発・発表された．アメリカのPencom社からも同様なHOEが開発[28]され一部市販されている．しかしまだ月産100kp個の量産には至っていない．シャープもPhilips社と共同でHOEを実用化し，量産市販をしている．

1987年以降は単なる集光用のレンズとしてよりも回折効果を利用した複合光学部品としてのグレーティングレンズあるいはホログラフィックオプティカルエレメントの研究開発に主力が注がれている．1988年には日立製作所からビームスプリッターと3ビーム用の回折格子の複合素子[29]が，松下電器からフォーカシングエラー検出光学素子とビームスプリッター（BS）の複合素子[30]が開発されている．日本電気からも改良された反射形HOEと光磁気ディスクヘッドの光磁気信号検出光学系の複合素子がそれぞれ1枚のHOEで開発できたとの報告[31]がなされている．　　　　　　　　　　　　　　　　　　[後藤顕也]

参考文献

1) 後藤顕也：応用光エレクトロニクスハンドブック（野田健一，大越孝敬監修），昭晃堂（1989），419-436；木目健治郎：同書（1989），520-529.
2) M. Born and E. Wolf: Principles of Optics, Pergamon Press, Oxford (1975), 197-202.
3) 遠山　実，西　寿巳，市川裕之：MICROOPTICS NEWS, **3** (1985), 5-9; S. Kittaka, T. Yamane, Y. Kaite and M. Toyama: Technical Digest of MOC/GRIN '89, TOKYO, G 4, 152-155 (July 24-26, 1989).
4) J. Haisma, E. Hugues and C. Balralat: Optics Letters, **4** (1979), 70-72.
5) T. Kiriki, N. Izumiya, K. Sakurai and T. Kojima: Conf. Laser & Elect-Opt (Cal. USA, 1984) Conf. Digt., WB 3; K. Shintani: Conf. Laser & Elect-Opt (Cal. USA) Conf. Digest, WB 2 (1984).
6) 小島　忠：O plus E, No. 58 (1984), 78-83.
7) R. O. Mashmeyer, R. M. Hujar, L. L. Carpenter, B. W. Nicholson and E. F. Volzenilek: Appl. Opt., **22** (1983), 2413-2417.
8) R. O. Mashmeyer and K. Konishi: MICROOPTICS NEWS, **3** (1985), 33-41.
9) R. O. Mashmeyer et. al: Appl Opt., **22**, 16 (1983), 2410, USP 4,026,692 (1977).
10) 工業調査会：M & E (1985), 42-43.
11) Y. Tanaka, Y. Nagaoka and M. Ueda: Jpn. J. Appl. Phys., **26**, Supplement 26-4 (1987), 121-126.
12) 泉谷徹郎，石灰勲夫，広田慎一郎：MICROOPTICS NEWS, **3** (1985), 42-45；石灰勲夫，川井　豊：MICROOPTICS NEWS, **6** (1988), 177-181.
13) 袴塚康治：窯業協会年会（May 1985）．
14) J. Haisma, E. Hugues and C. Balralat: Optics Letters, **4** (1979), 70-72.
15) J. J. M. Braat, A. Smid and M. M. B. Wijnakker: Appl. Opt., **24** (1985), 1853-1855.
16) G. Hatakoshi, H. Fujima and K. Goto: Techn. Digest, Topical Meeting on Gradient-Index Opt. Imaging Systems, Kobe, pape　F 5 (1983), 166-169; G. Hatakoshi, H. Fujima

参考文献

and K. Goto: Appl. Opt., **23** (1984), 1749-1753；藤間晴美, 波多腰女一, 後藤顕也：1983年春季応用物理関係連合講演会, 講演予稿集, 175, 4a-J-1 (1983/4).
17) 大越誠一, 峰尾弘毅, 波多腰女一：特開昭58-94142, (1981/11出願)；波多腰女一, 峰尾弘毅, 大越誠一, 後藤顕也：特開昭60-28044, (1983/7出願).
18) 波多腰女一, 吉見 信, 後藤顕也：1983年春季応用物理関係連合講演会, 講演予稿集, 176, 4a-J-6 (1983/4); G. Hatakoshi, M. Yoshimi and K. Goto: IOOC '83, Tech. Digest (1983), 76-77.
19) G. Hatakoshi and K. Goto: Appl. Opt., **24** (1985), 1749-1753.
20) 森 一成, 高橋俊介, 樋口義則, 後藤顕也：第46回応用物理学会学術講演会, 講演予稿集, 107, 3a-X-8, (1985/10)；高橋俊介, 森 一成, 樋口義則, 後藤顕也, 上田勝宣：第46回応用物理学会学術講演会, 講演予稿集, 107, 3a-X-9；樋口義則, 森 一成, 高橋俊介, 後藤顕也, 上田勝宣, 海陸嘉徳：第46回応用物理学会学術講演会, 講演予稿集, 3a-X-10, 107 (1985)；後藤顕也, 森 一成, 樋口義則, 高橋俊介, 上田勝宣：O plus E, No. 76 (1986/3), 75-83.
21) 森 一成, 高橋俊介, 樋口義則, 後藤顕也：MICROOPTICS NEWS, **3** (1985), 292-298；上田勝宣, 天野 啓, 海陸嘉徳, 住谷充夫, 森 一成, 後藤顕也：昭和61年度精密工学会春季大会学術講演会論文集 (1986), 377-378；上田勝宣, 住谷充夫：精密工学会誌, **52** (1986), 2016-2019.
22) 大越誠一, 久米雅弘, 後藤顕也：東芝レビュー, **41** (1986), 555-558；後藤顕也：光学, **13** (1984), 146-149；後藤顕也, 森 一成, 樋口義則, 上田勝宣：光学, **18** (1989), 358-367.
23) 後藤顕也：O plus E, No. 112 (1989/3), 96-103.
24) K. Goto, K. Mori, G. Hatakoshi and S. Takahashi: Jpn. J. Appl. Phys., **26**, Supplement 26-4 (1987), 135-140.
25) 井上十九男, 青山 茂, 緒方司郎, 山下 牧, 志村幹彦：MICROOPTICS NEWS, **5** (1987), 310-315.
26) K. Tatsumi, T. Matsushita and S. Ito: Jpn. J. Appl. Phys., **26**, Suppl. 26-4 (1987), 127-130.
27) Y. Kimura, S. Sugama and Y. Ono: Jpn. J. Appl. Phys., **26**, Suppl. 26-4 (1987), 131-134.
28) Wai-Hon-Lee: MICROOPTICS NEWS, **6** (1988), 210-215.
29) 大西邦一, 有本 昭, 井上雅之, 福井幸夫：1988年春季応用物理関係連合講演会, 講演予稿集 (第3分冊), 29p-ZQ13 (April 1988).
30) 門脇慎一, 金馬慶明, 加藤 誠, 細美哲雄：第49回応用物理学会学術講演会, 講演予稿集 4a-ZD-5, 838 (1988/10).
31) A. Ohba, Y. Kimura, S. Sugama and Y. Ono: Tech. Digest of MOC/GRIN '89 TOKYO, H4 224-227 (July 24-26, 1989).
32) K. Goto and K. Mori: Jpn. J. Appl. Phys., **31** part 1, No. 5B (1992), 1586-1590.
33) W. B. Veldkamp: Techn. Digest G1 of 3rd Microoptics Conference, MOC '91 Yokohama (1991), 102-105.
34) 後藤顕也：光学, **13** (1984), 146-149.
35) 後藤顕也：応用光エレクトロニクスハンドブック (野田健一, 大越孝敬監修), 昭晃堂 (1989), 419-436.
36) 後藤顕也, 栗原春樹, 高橋好一：東芝レビュー, **39** (1984), 699-674.
37) K. Goto, Y. Higuchi, M. Kume, S. Ohgoshi, A. Yamada and A. Suzuki: Digest of Technical Papers WAM 3.2 International Conference on Consumer Electronics, IEEE (Jun. 5-7, 1985), 44-45.
38) 後藤顕也：応用光エレクトロニクスハンドブック (野田健一, 大越孝敬監修), 昭晃堂 (1989), 500-519.

39) 大越誠一, 久米雅弘, 後藤顕也: 東芝レビュー, **41** (1986), 555-558.
40) 後藤顕也: 光ディスクシステム, 朝倉書店 (1989), 203-233.
41) Y. Unno and K. Goto: Proceedings on Optical Data Strage, SPIE 382 (1983), 32-37.
42) 後藤顕也: オプトエレクトロニクス入門 (稲場文男・永井 淳監修), オーム社 (1981).
43) 後藤顕也, 栗原春樹: MICROOPTICS NEWS, **1** (1983), 156-160.
44) 伊藤和夫: 3ビーム方式光学ヘッドの組立て調整技術, トリケップス社, ホワイトシリーズ WS 48, 157 (1986).
45) 後藤顕也: オプトエレクトロニクス入門 (改訂2版), オーム社 (1991), 221-227.
46) H. C. Cassey et al.: Heterostructure Lasers, part A, Fundamental Principles, Academic Press (1978), 245-248.

3. 光電子機器

3.1 カメラ

カメラといわれているものはいろいろあるが，ここではコンシューマー用のスチールカメラとビデオカメラに用いられている光学系に限定する．

3.1.1 スチールカメラの光学系

スチールカメラは，レンズによってフィルム上に被写体を結像させる装置であり撮影終了後，ネガフィルムの場合は，現像後印画紙にプリントされた写真を鑑賞し，リバーサルフィルムの場合は，現像後スライドプロジェクターで拡大投影して鑑賞し，インスタントフィルムの場合は撮影終了後数分で鑑賞することができる．

スチールカメラで用いられている光学系は，フィルム上に被写体を結像させる撮影レンズ，被写体の構図を見るファインダー光学系，被写体のピント合せをする合焦用光学系，および被写体の明るさを計る露出用光学系などがあるが，本節では撮影レンズ，ファインダー光学系に限定する．

（1） フィルムの画面寸法および印画紙の画面寸法　スチールカメラで使用される代表的なフィルムの画面寸法は表 V.3.1[1]のように，代表的な印画紙の画面寸法は表 V.3.2[2]

表 V.3.1　代表的なフィルムの画面寸法

画面寸法の呼び	基準寸法（単位：mm）	
	短辺	長辺
ライカサイズ	24	36
パノラマサイズ	13	36
ハーフサイズ	17	24
110サイズ	12	17
ディスクサイズ	10.6	8.2
4.5×6（セミ判）	41.5	56
6×6	56	56
6×7	56	69
6×9（ブローニ判）	56	82.6

表 V.3.2　代表的な印画紙の画面寸法

画面寸法の呼び	基準寸法（単位：mm）	
	短辺	長辺
8.2×11.8	81.5	118
8.9×12.7	89	127
12×16.5（カビネ）	120	165
16.5×21.6（八切）	165	216
20.3×25.4（六切）	203	254
25.4×30.5（四切）	254	305
35.6×43.2（半切）	345	432
45.7×56（全紙）	457	560
8.9×25.4	89	254

のようになる.

一般に同一の画面寸法の印画紙にプリントされた写真では,大きいフィルムからプリントされた写真のほうが小さいフィルムからプリントされた写真より良い.

(2) 撮影レンズ

a. 撮影レンズの役割: 人物や風景などの被写体をフィルム上に結像する役割をもつ.詳細な役割は,おおむね以下のとおりである.

・被写体の微細構造を忠実に再現する役割 …解像力,OTFで表される
・被写体の形状を忠実に再現する役割 …歪曲(ひずみ)で表される
・被写体の明るさ分布を忠実に再現する役割…周辺光量比で表される
・被写体の色を忠実に再現する役割 …分光透過率で表される

① 解像力,OTF: 解像力は,撮影レンズの評価によく用いられておりカメラ雑誌などでもよく使われている.図V.3.1のような解像力チャートとよばれる規則的に並んだ白黒の縞をどこまで分離できるかを表す値が解像力で,白黒の縞のピッチを p とするとき,解像力を R とすると,R は,$R=(1/p)$ 本/mm となる.

たとえば10本/mmの解像力をもっている撮影レンズは,ピッチ0.1mmの白黒の縞を分離できる.

図 V.3.1 解像力チャート

OTF (optical transfer function) や,その振幅値である MTF (modulation transfer function) は,撮影レンズのコントラストの再現度を表す値でレンズ評価に最も適しており,実用化されている.詳細は,第Ⅱ部2章6節の結像系のOTFを参照のこと.

② 歪曲(ひずみ): 像形状のひずみを表し,図V.3.2のように樽形歪曲と糸巻き形歪曲がある.

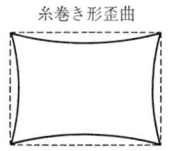

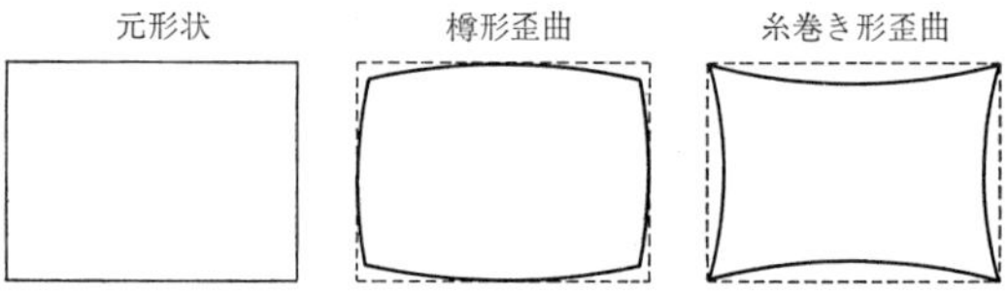

図 V.3.2 歪 曲

③ 周辺光量比: 画面中心部の光量に対する画面周辺部の光量の比であり,図V.3.3のように像高(フィルム中心からの距離)を横軸に周辺光量比を縦軸にとって表される.周辺光量比は,比像面照度ともいう[3].

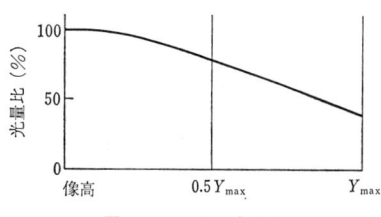

図 V.3.3 周辺光量比

④ 分光透過率: 透過率は,レンズへの入射光の強度に対するレンズからの出射光の強度の比である.ガラスの吸収やレンズ表面のコーティングの影響で,光の波長により透過率は異なる.分光透過率は,波長の変化に対する透過率を表す.一般に,図V.3.4の

ように，波長を横軸に透過率を縦軸にとって表される．

b. 撮影レンズの仕様: 撮影レンズを使うときや設計するときには，撮影レンズの特徴を知ることが必要である．撮影レンズの特徴を表すものが仕様であり，撮影レンズの代表的な仕様には以下のような項目がある．

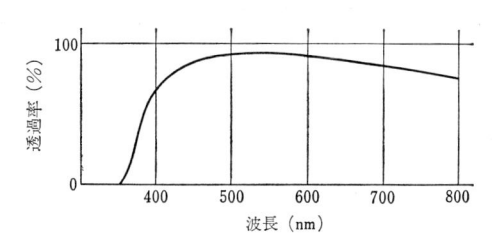

図 V.3.4 分光透過率

- 画面サイズ　　　　…使用されるフィルムの画面寸法
- 焦点距離　　　　　…像側主点から像側焦点までの距離
- 画角　　　　　　　…フィルムに写る被写体の角度範囲を表す
- Fナンバー　　　　…レンズの明るさを表す
- フランジフォーカス…レンズマウントから像側焦点までの距離
- 結像性能　　　　　…解像力，OTF，歪曲（ひずみ），周辺光量比，分光透過率

① 画面サイズ： 使用されるフィルムの画面寸法で定まる．代表的なフィルムサイズは，ライカサイズである．その画面寸法は，表 V.3.1 に示すように 24mm×36mm で，対角線方向の長さは，43.27mm である．

② 焦点距離： レンズの焦点距離は，図 V.3.5 のように無限遠の被写体からレンズに平行に入射する光線とレンズから出射する光線との交点（この交点を含む光軸との直交

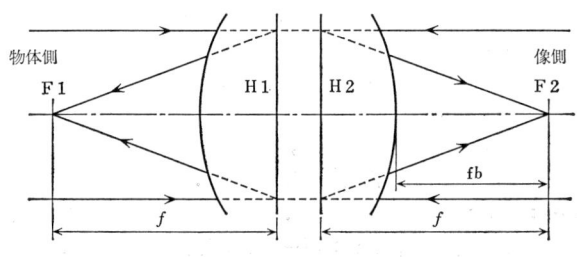

F1：物体側焦点　　H1：物体側主点　　f：焦点距離
F2：像側焦点　　　H2：像側主点　　　fb：バックフォーカス

図 V.3.5 焦点距離

面すなわち像側主平面の光軸上の交点を像側主点という）よりレンズから出射する光線と光軸との交点（像側焦点という）までの距離である．

レンズの最終面より像側焦点までの距離を，バックフォーカスという．

逆に像側からレンズに平行に入射する光線とレンズから出射する光線との交点（この交点を含む，光軸との垂直平面すなわち物体側主平面の光軸上との交点を物体側主点という）よりレンズから出射する光線と光軸との交点（物体側焦点という）までの距離も，焦点距

離で，像界側と区別するうえで，物界側焦点距離という．
主点，焦点は，図 V.3.6 に示されるように以下のような特性をもっている．

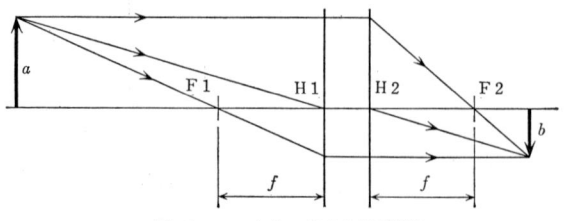

図 V.3.6 主点，焦点と光線経路

・物体側主平面に入射する光線は，像側主平面上から同じ高さで出射する
・光軸に平行に入射する光線は，出射後像側焦点を通過する
・物体側焦点を通過して入射する光線は，光軸に平行に出射する

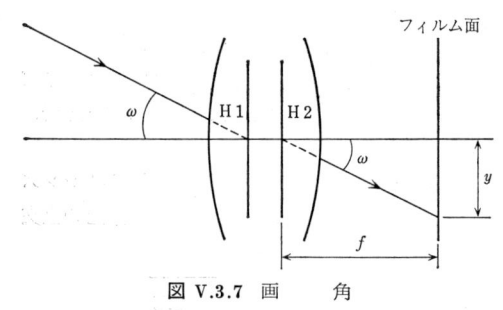

結像倍率 M は，被写体 a と像 b の大きさの比であり，図 V.3.6 に示すように $M=b/a$ である．

③ 画角： フィルムに写る被写体の角度範囲は，画面サイズと撮影レンズの焦点距離により決まる．図 V.3.7 のようにフィルムに写る被写体の角度範囲が画角で，フィルムの対角線長のレンズ

図 V.3.7 画角

の像側主点に対する角度で表される．焦点距離を f，対角線長を $2y$ とすると，画角 2ω は，$y=f \tan \omega$ で表される．

ライカサイズのフィルム（24mm×36mm，対角線長 43.27mm）を用いる撮影レンズの焦点距離と画角との関係は，表 V.3.3 のようになる．

④ F ナンバー： レンズの明るさを表す．図 V.3.8 のようにレンズの焦点距離を f，レンズの有効口径を D とすると，F ナンバー F は，下式で表される．

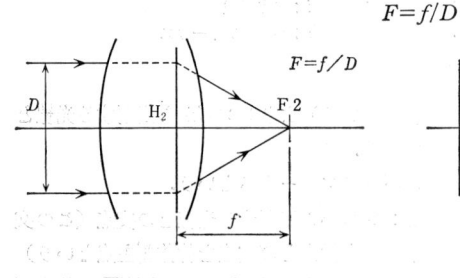

$$F=f/D$$

図 V.3.8 F ナンバー

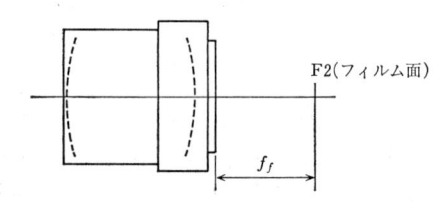

f_f：フランジフォーカス

図 V.3.9 フランジフォーカス

3.1 カメラ

表 V.3.3 焦点距離と画角

焦点距離 (mm)	対角線方向画角 (43.27 mm)	長辺方向画角 (36 mm)	短辺方向画角 (24 mm)
21	91 度 42 分	81 度 12 分	59 度 29 分
24	84 度 4 分	73 度 44 分	53 度 8 分
28	75 度 23 分	65 度 28 分	46 度 24 分
35	63 度 26 分	54 度 26 分	37 度 51 分
40	56 度 49 分	48 度 27 分	33 度 24 分
50	46 度 48 分	39 度 36 分	26 度 59 分
70	34 度 21 分	28 度 50 分	19 度 27 分
85	28 度 33 分	23 度 55 分	16 度 4 分
100	24 度 25 分	20 度 24 分	13 度 41 分
135	18 度 12 分	15 度 11 分	10 度 10 分
200	12 度 21 分	10 度 17 分	6 度 52 分
300	8 度 15 分	6 度 52 分	4 度 35 分
500	4 度 57 分	4 度 7 分	2 度 45 分
1000	2 度 29 分	2 度 4 分	1 度 23 分
2000	1 度 14 分	1 度 2 分	0 度 41 分

Ｆナンバーの式より，Ｆナンバーが2倍になると，レンズに入射する光束の断面積が4分の1になるので，光量も4分の1になる．一般にレンズには絞りがあり，開放絞り以外は1を基準に2乗して2倍になる以下のようなＦナンバーが使われ，絞りが一段変化すると光量は2倍変化する[4]．

1, 1.4, 2, 2.8, 4.5, 6, 8, 11, 16, 22, 32, …

⑤ フランジフォーカス： 図 V.3.9 のようにレンズマウントから，像側焦点までの距離で，同一メーカーの一眼レフカメラ用交換レンズでは一定であるが，メーカー間では異なることがあるので注意が必要である．

⑥ 結像性能： 撮影レンズにとって最も重要なものである．解像力，OTF，歪曲（ひずみ），周辺光量比，分光透過率いずれも重要であるが，用途により，重要視される項目は異なる．たとえば被写体の形状を忠実に記録したい場合は，歪曲が小さいレンズを使うことが必要であり，被写体の色合いを忠実に記録したい場合は，短波長から長波長まで分

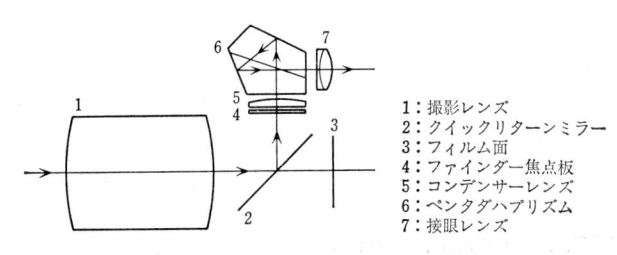

1：撮影レンズ
2：クイックリターンミラー
3：フィルム面
4：ファインダー焦点板
5：コンデンサーレンズ
6：ペンタダハプリズム
7：接眼レンズ

図 V.3.10 一眼レフカメラの基本構成

光透過率の良いレンズを使うことが必要である.

(3) 一眼レフカメラ用撮影レンズ　一眼レフカメラは，図V.3.10のようにクイックリターンミラーやペンタダハプリズムを利用して，撮影レンズを通る被写体からの光線をファインダー像として見ることができ，撮影レンズも交換できるので，種々の交換レンズを使用できる．

一眼レフカメラの撮影レンズは，クイックリターンミラーの可動スペースを確保するために，焦点距離にかかわらず一定以上のバックフォーカスが必要である．

交換レンズとしては，単焦点レンズとズームレンズおよびコンバーターがある．

a. 単焦点レンズ：　ライカサイズフィルム用の単焦点レンズは，焦点距離10mm以下の超広角レンズから焦点距離1000mm以上の超望遠レンズまでの幅広い焦点距離をもつレンズがある．撮影レンズの分類の方法はいくつかあるが，画角で分類すると広角レンズ，標準レンズ，望遠レンズに分類される．

① **広角レンズ：**　画角が60度以上で，ライカサイズでは焦点距離40mm以下であり，バックフォーカスは，ファインダー用のクイックリターンミラーの可動スペースを確保するために焦点距離以上に長くなっている．

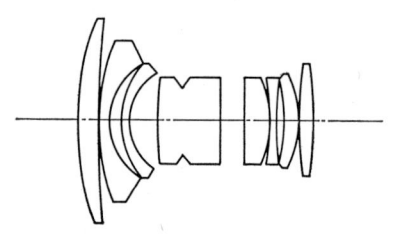

図V.3.11　レトロフォーカスタイプのレンズ

バックフォーカスを長くするために，レンズタイプとしては，図V.3.11のようなレトロフォーカスタイプが使われる．レトロフォーカスタイプは，図V.3.12のように前群に負の焦点距離をもつレンズ群を，後群に正の焦点距離をもつレンズ群

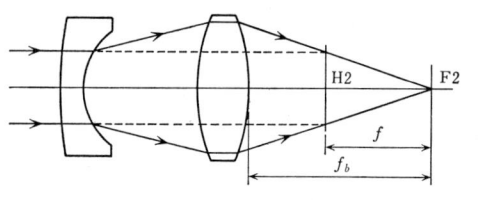

図V.3.12　レトロフォーカスタイプのモデル

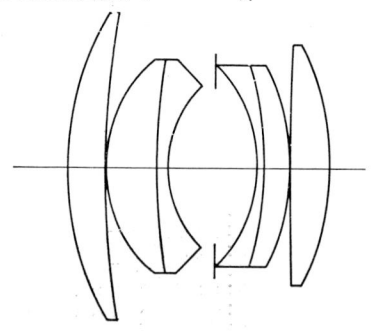

図V.3.13　ガウスタイプのレンズ[6]

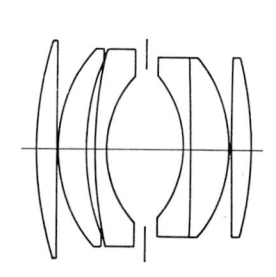

図V.3.14　変形ガウスタイプのレンズ[7]

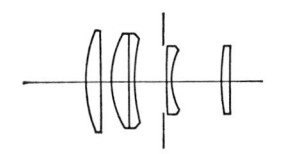

図 V.3.15 テレフォトタイプのレンズ[8]

を配置することで，長いバックフォーカスを得ることができる．

② 標準レンズ： 画角がおおよそ30度から60度であり，ライカサイズでは焦点距離は，おおよそ 40mm から 80mm であり，F ナンバーは，F2 以下と明るい．F ナンバーを明るくするために，レンズタイプとしては，図 V.3.13 のようなガウスタイプや図 V.3.14 のような変形ガウスタイプが用いられる．

③ 望遠レンズ： 画角が30度以下であり，ライカサイズでは焦点距離は，80mm 以上であり，広角レンズとは反対に，バックフォーカスは，焦点距離に比べて非常に短い．これは，レンズの前面からフィルムまでの長さを短くするためである．バックフォーカスを短くするために，レンズタイプとしては，図 V.3.15 のようなテレフォトタイプや，図 V.3.16 のようなミラータイプが使われる．

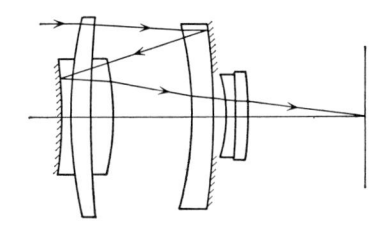

図 V.3.16 ミラータイプのレンズ[9]

図 V.3.17 のように前群に正の焦点距離をもつレンズ群を，後群に負の焦点距離をもつレンズ群を配置することで，バックフォーカスを短くすることができる．

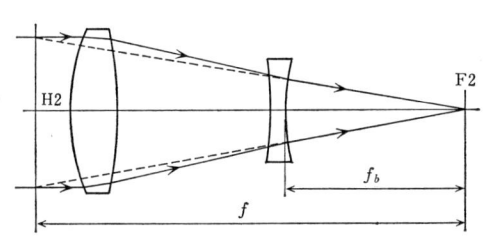

図 V.3.17 テレフォトタイプのモデル

b. ズームレンズ： 1本のレンズで連続的に焦点距離を変えることができるので非常に便利である．

単焦点レンズでは，一般にフォーカシングのとき以外はレンズを動かすことはないが，ズームレンズでは，フォーカシングのとき以外にも複数のレンズ群を移動することで焦点距離を変えることができる．図 V.3.18 のように，一群のレンズ群の移動のみでは，焦点

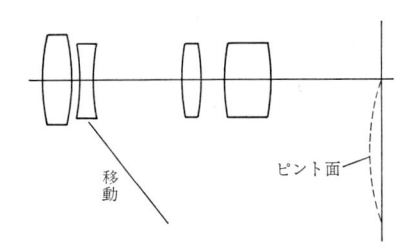

図 V.3.18 一群のレンズ群の移動によるピント移動

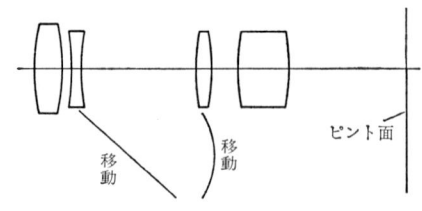

距離を変えることはできるが，ピント面を一定に保つことができないので，図 V.3.19 のように複数のレンズ群を移動することが必要である．

ズームレンズのタイプとしては，図 V.3.20 のようにそれぞれのレンズ群の役割が決まっている古典的なタイプと，図 V.3.21 のようにそれぞれのレンズ群が自由に移動する新タイプがある．

図 V.3.19 複数のレンズ群の移動によるピント補正

図 V.3.20 のような古典的なタイプでは，第1レンズ群は，焦点距離を変えるためのズーミング時には移動せず，フォーカシング時のみ移動し，第2レンズ群，第3レンズ群は，フォーカシング時には移動せず，ズーミング時のみ移動し，第4レンズ群は，リレーレンズとしての機能をもち，フォーカシング時，ズーミング時のいずれにおいても移動しない．

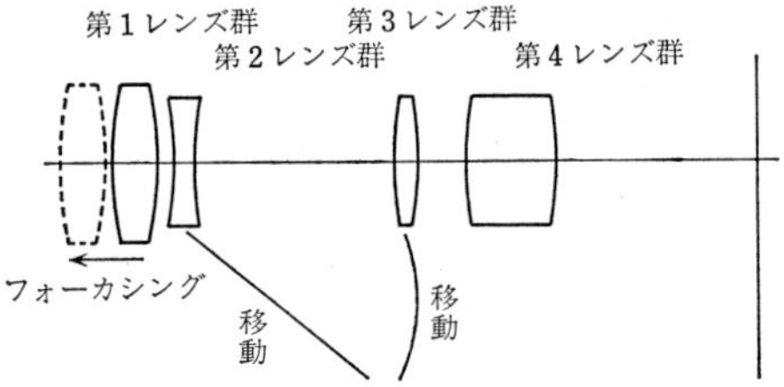

図 V.3.20 古典的なタイプのズームレンズの各群の移動の様子

図 V.3.21 のような新タイプでは，各レンズ群は，フォーカシング時，ズーミング時にかかわらず自由に移動する．

図 V.3.20 のような古典的なタイプのズームレンズは，レンズを移動させる構造が簡単になるので，以前はよく図 V.3.22 のような望遠系のズームレンズとして使われていた．

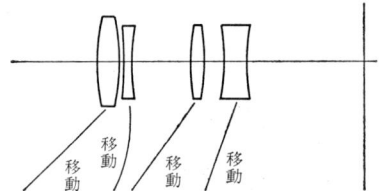

図 V.3.21 のような新タイプのズームレンズは，各レンズ群の移動が複雑なため製作上の問題があったが，近年の加工精度の向上および制御技術の進歩に伴い，製作上の問題が解消され，一般に使われるようになった．新タイプのズームレンズは，古典的なタイプの

図 V.3.21 新タイプのズームレンズの各群の移動の様子

ズームレンズと違い第1群も移動するので，縮退時に非常に短くなり携帯に有利である．

図 V.3.23 に2群で構成される標準域のズームレンズを，図 V.3.24 に多群で構成される標準域を含む高変倍ズームレンズを，図 V.3.25 に多群で構成される望遠系のズームレンズを示す．

c. コンバーター： 単焦点レンズやズームレンズに装着することにより，焦点距離を拡大あるいは縮小する働きをする．レンズの前側に装着するフロントコンバーターとレンズの後側に装着するリアコンバーターがあるが，一眼レフカメラ用撮影レンズのコンバーターは，一般にリアコンバーターである．

3.1 カメラ

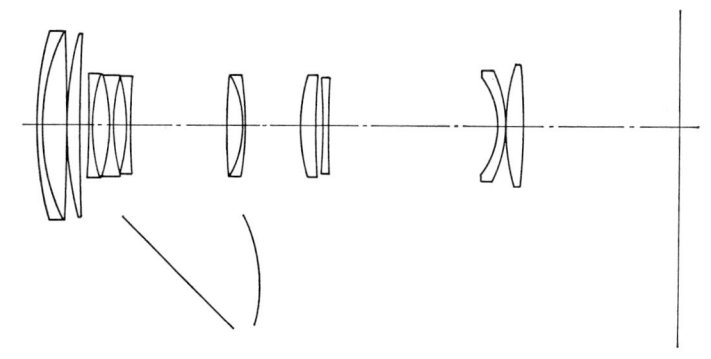

図 V.3.22 古典的なタイプの望遠系のズームレンズ[10]

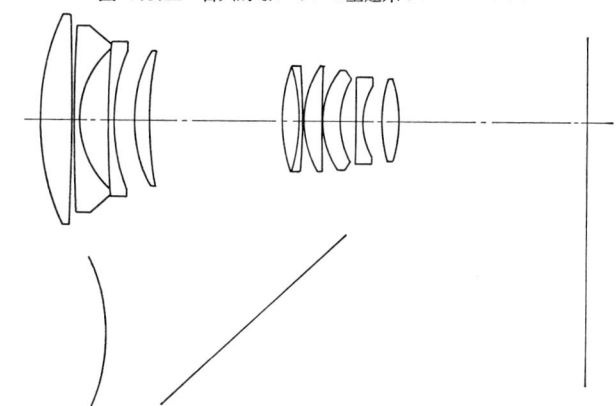

図 V.3.23 新タイプの標準域のズームレンズ[11]

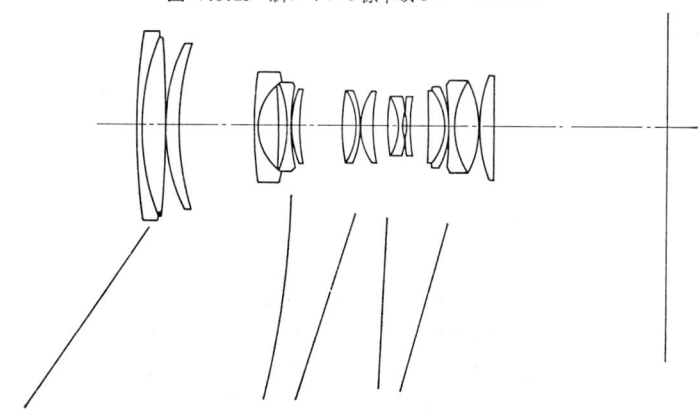

図 V.3.24 新タイプの標準域を含む高変倍ズームレンズ[12]

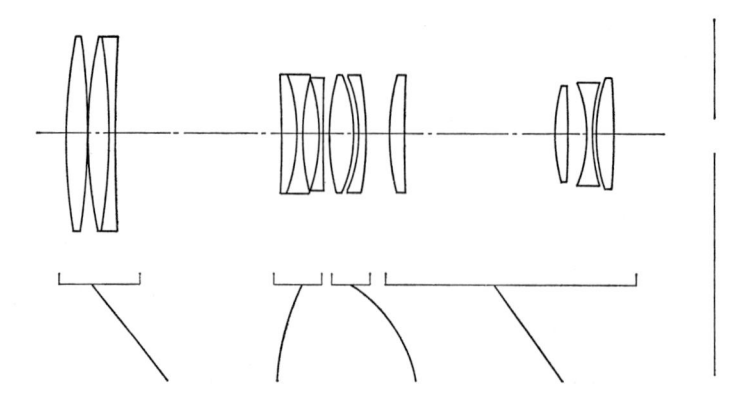

図 V.3.25　新タイプの望遠系のズームレンズ[13]

　焦点距離を拡大する働きをするコンバーターは，負の焦点距離をもつテレコンバーターであり，焦点距離を縮小する働きをするコンバーターは，正の焦点距離をもつワイドコンバーターである．

　図 V.3.26 のようにリアコンバーターを装着して焦点距離を拡大するときには，焦点距離を M 倍に拡大すると F ナンバーも M 倍となるので，F ナンバーの大きい暗いレンズにリアテレコンバーターを装着すると，F ナンバーがさらに暗くなるので手ブレに注意しなければならない．図 V.3.27 にリアテレコンバーターの例を示す．

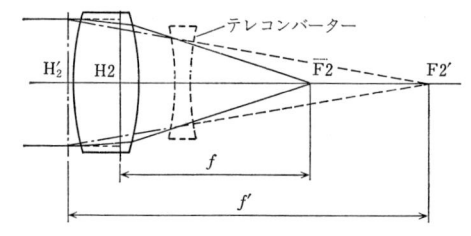

図 V.3.26　リアテレコンバーターのモデル

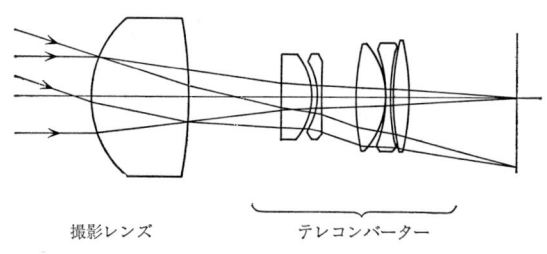

図 V.3.27　リアテレコンバーター

(4) コンパクトカメラ用撮影レンズ　コンパクトカメラでは，図 V.3.28 のように一眼レフカメラとは異なり，ファインダー像を撮影レンズとは別のレンズを用いて見るので，一眼レフカメラでは必要なファインダー用のクイックリターンミラーの可動スペースが不要になるので，撮影レンズのバックフォーカスを短くすることができ，撮影レンズはコンパクトになる．

3.1 カメラ

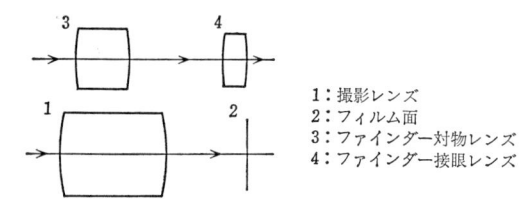

```
1：撮影レンズ
2：フィルム面
3：ファインダー対物レンズ
4：ファインダー接眼レンズ
```

図 V.3.28　コンパクトカメラの基本構成

撮影レンズとしては，単焦点レンズとズームレンズおよび2焦点レンズがある．

a．単焦点レンズ： ライカサイズフィルム用の単焦点レンズは，コンパクトカメラにおいては一眼レフカメラとは異なり大部分焦点距離が 40 mm 以下の広角レンズであり，Fナンバー 2.8 以上の暗いレンズである．

レンズタイプとしては，図 V.3.29 のようなトリプレット，図 V.3.30 のようなテッサーがよく用いられている．

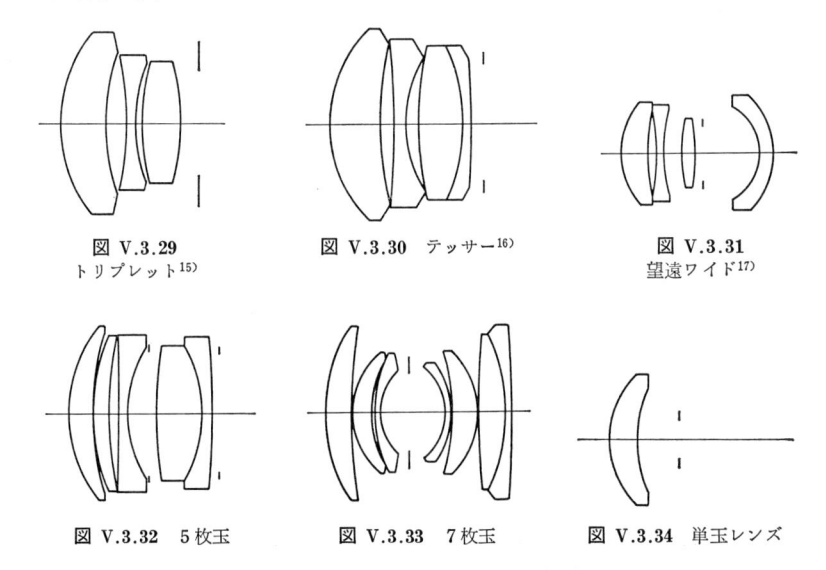

図 V.3.29　トリプレット[15]

図 V.3.30　テッサー[16]

図 V.3.31　望遠ワイド[17]

図 V.3.32　5枚玉

図 V.3.33　7枚玉

図 V.3.34　単玉レンズ

レンズ全面からフィルム面までのいわゆるレンズ全長を短くするために，図 V.3.31 のような望遠ワイドといわれるレンズタイプが用いられることもある．

Fナンバー 2.8 以下の明るいレンズを搭載したカメラがいくつかあるが，その種のレンズでは，図 V.3.32 や図 V.3.33 のように5枚以上のレンズ構成のレンズタイプを用いて結像性能を向上させている．

レンズ付きフィルムでは，Fナンバーが 10 程度と非常に暗いので図 V.3.34 のような単玉レンズや図 V.3.35 のような2枚玉レンズが用いられており，さらにそれらのレンズ

材料としてプラスチックが用いられているので,非常に廉価である.

b. ズームレンズ: コンパクトカメラ用のズームレンズは,レンズ全長を短くするた

図 V.3.35　2枚玉レンズ

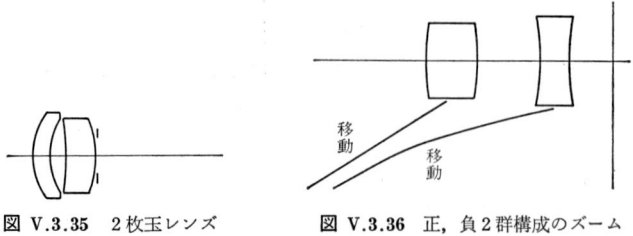

図 V.3.36　正,負2群構成のズームレンズモデル

めにバックフォーカスを短くしている.バックフォーカスを短くするために,図 V.3.36 のような正レンズ群が先行して,その後に負レンズ群が続くレンズタイプがよく使われる.

ライカサイズフィルムでは,短焦点側の焦点距離は,大部分 28mm～40mm と広角であり,1.5倍程度の小さいズーム比をもつレンズから3倍以上の大きいズーム比をもつレンズまで多数出ている.

ズーム比の小さいレンズは,図 V.3.37 のように正レンズ群と負レンズ群の2群で構成され,2群を独立に移動させている.

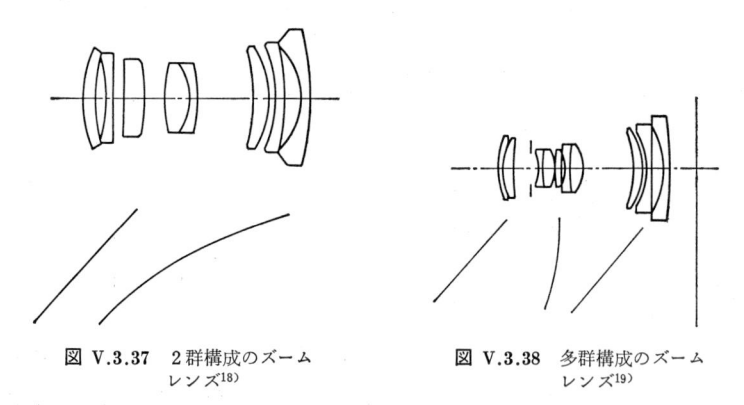

図 V.3.37　2群構成のズームレンズ[18]

図 V.3.38　多群構成のズームレンズ[19]

ズーム比の大きいレンズは,図 V.3.38 のように先行する正レンズ群をいくつかに分割したレンズ群とその後に続く負レンズ群で構成され,多数の群を独立に移動させているので図 V.3.37 のようなレンズに比べて機構が複雑になる.

図 V.3.37,図 V.3.38 のレンズは,短焦点側でレンズ全長が短くなるので,カメラとしてコンパクトになる.短焦点側の焦点距離が長いズームレンズは,短焦点側でもレンズ全長が短くならないのでコンパクトカメラではほとんど使われていない.

c. 2焦点レンズ: 文字どおり二つの焦点距離をもつレンズで,図 V.3.39 のように単焦点レンズの後ろにリアコンバーターを出し入れすることにより二つの焦点距離を得ることができる.

コンパクトカメラ用のリアコンバーターは,一眼レフカメラ用のリアコンバーターと違い1本の単焦点レンズにのみ使われるので図 V.3.40 のように少ないレンズ枚数で構成される.

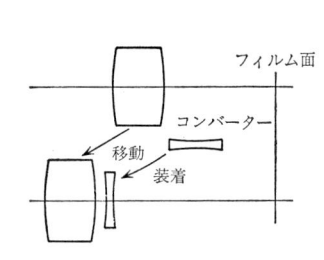

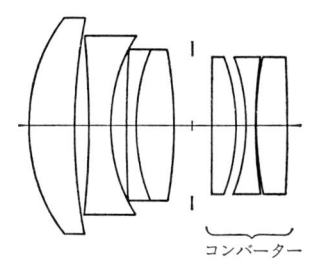

図 V.3.39　リアコンバーターモデル　　図 V.3.40　リアコンバーター[20]

(5) 撮影レンズの新技術の動向　　撮影レンズに用いられつつあるレンズの新しい技術として,レンズ面の非球面化や,レンズ材料として不均質な屈折率—GRIN—をもつガラスの利用が,製品や特許で見られる.

a. 非球面レンズの利用: レンズ面を非球面化することは,レンズの性能向上,レンズのコンパクト化,レンズ枚数の減少に有効なことはよく知られていたが,精度よく製作することがむずかしいため,高精度な面形状を必要とする撮影レンズなどにはあまり使われなかった.

非球面形状の高精度な加工技術,面形状の高精度な測定技術が進歩してきて,高精度な非球面形状を得ることが可能になり,いろいろな方法でつくられる非球面レンズが,撮影レンズにも使われるようになった.

非球面レンズとして,ガラスモールド非球面レンズ,プラスチックモールド非球面レンズ,複合形非球面レンズ,および直接加工非球面レンズが,それぞれの長所,短所を勘案されて現在よく使われている.

それぞれの非球面レンズは,下記のような方法でつくられる.

① ガラスモールド非球面レンズの加工方法: 軟化状態にあるガラスを,非球面金型でプレスして非球面形状を転写成形する方法.

② プラスチックモールド非球面レンズの加工方法: 非球面金型をもつ成形型で構成されるキャビティに光学プラスチック材料を注入し,成形する方法.

③ 複合形非球面レンズの加工方法: 球面形状に加工されたガラスレンズ上に,非球面金型により,薄い非球面樹脂層を成形する方法.すなわち,レプリカ非球面レンズである.

④ 直接加工非球面レンズの加工方法： ガラスレンズを研削，研磨で直接加工して非球面をつくる方法．

それぞれの非球面レンズの特徴は，表 V.3.4 のようになる．

表 V.3.4　おのおのの非球面レンズの特徴

	ガラス モールド	プラスチック モールド	複合形	直接加工
面精度	良 好	良 好	良 好	良 好
環境特性（耐熱，湿度）	良 好	やや悪い(対策要)	普 通	良 好
量産コスト	やや高い	安 い	やや高い	非常に高い
量産性	良 好	非常に良い	良 好	悪 い
材料選択の自由度	普 通	少ない	普 通	多 い
大きさ制限	小形状	ほとんど制限なし	ほとんど制限なし	ほとんど制限なし

ガラスモールド非球面レンズ，プラスチックモールド非球面レンズ，複合形非球面レンズ，および直接加工非球面レンズを使用したレンズの例を，図 V.3.41，図 V.3.42，図 V.3.43 および図 V.3.44 に示す．

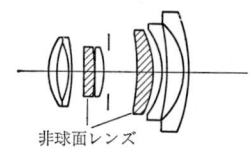

図 V.3.41　ガラスモールド非球面レンズの使用例[21]

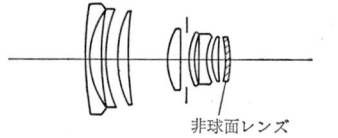

図 V.3.42　プラスチックモールド非球面レンズの使用例[22]

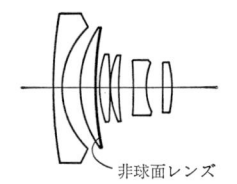

図 V.3.43　複合形非球面レンズの使用例[23]

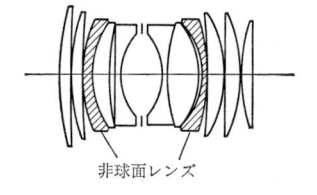

図 V.3.44　直接加工非球面レンズの使用例[24]

b. 不均質な屈折率—GRIN—をもつレンズの利用： レンズに使用される材料は，ガラス，プラスチックにかかわらず，光学特性は，均質であるが，屈折率が連続的に変わる材料の利用が考慮されはじめてきた．このような材料は，gradient index—略称 GRIN—媒質といわれ，図 V.3.45 のように光軸に垂直方向に屈折率が連続的に変わる radial-GRIN と図 V.3.46 のように光軸方向に屈折率が連続的に変わる axial-GRIN がある．

GRIN媒質をレンズ材料として使用することは，レンズ設計上，非球面を使用する以上に効果があることは知られているが，製造面の制約で，コピー用レンズなどでは使用さ

図 V.3.45 radial-GRIN のモデル

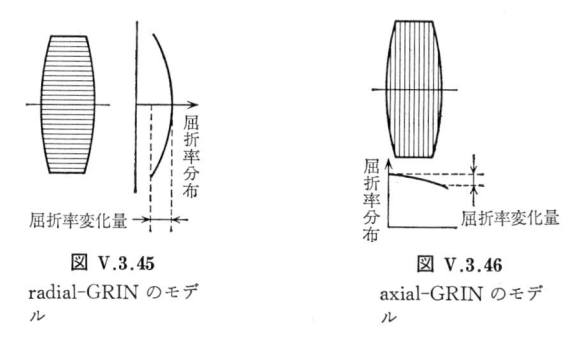

図 V.3.46 axial-GRIN のモデル

れているが，GRIN媒質をレンズ材料として使用した撮影レンズは，まだ商品化されていない．しかし，図V.3.47のようなレンズの設計例が特許として発表され，有用性が確認されており，近い将来実用化が期待できる．

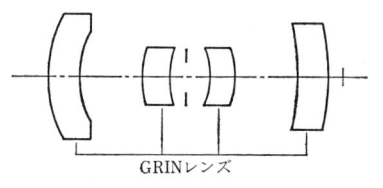

(6) ファインダー光学系 ファインダーの主な役割は，撮影時に被写体の構図を確認することである．その他の役割として，撮影に必要な各種情報・シャッター速度，Fナンバー，輝度，被写体距離，などを確認するための表示や，ピント確認やピント合せがある．

図 V.3.47 GRIN媒質を使用したレンズの設計例[25]

ファインダー光学系は，撮影レンズと異なり正立正像の虚像をつくる．

a. 一眼レフカメラ用ファインダー光学系: 図V.3.48のようになっており，撮影レンズを通る被写体からのフィルムに向かう光線をクイックリターンミラーで反射させ，焦点面に置かれる焦点板上に結像させて，その像を正立正像とするためペンタダハプリズムのようなミラーを介して接眼レンズで拡大して見る．

焦点板とペンタダハプリズムの間に視野を明るくするために，集光用のフレネルレンズやコンデンサーレンズが置かれる．焦点板の近くには，被写体の撮影範囲を規制する視野

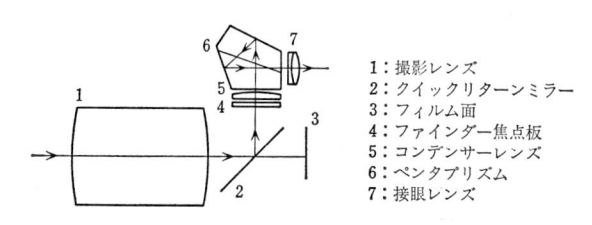

1：撮影レンズ
2：クイックリターンミラー
3：フィルム面
4：ファインダー焦点板
5：コンデンサーレンズ
6：ペンタプリズム
7：接眼レンズ

図 V.3.48 一眼レフカメラ用ファインダー光学系

枠や撮影に必要な各種情報の表示手段が置かれる．

ファインダー倍率は，撮影レンズの焦点距離を f_o，接眼レンズの焦点距離を f_e とすると，f_o/f_e で表される．したがって撮影レンズの焦点距離が長くなると，ファインダー像は大きく見え，ズームレンズを使用するとズーミングによりファインダー像の大きさは変化する．

このファインダー光学系の特徴は，図 V.3.48 のように撮影レンズを通る被写体からの光線を利用するので，フィルムに写る被写体の撮影範囲をそのまま見ることになりいわゆるパララックスがないことである．

ファインダー光学系の視野枠は，カメラ製造時の加工誤差や印画紙へのプリント時の誤差を考慮して高級カメラ以外はフィルムに写る被写体の撮影範囲より小さい被写体の撮影範囲に設定されている．フィルムに写る被写体の撮影範囲に対するファインダー光学系の視野枠内に見える被写体の撮影範囲の比を，ファインダー光学系の視野率という．

b. コンパクトカメラ用ファインダー光学系： 一眼レフカメラ用ファインダー光学系とは異なり，撮影レンズとは全く別の光学系になっているため図 V.3.49 のようにパララックスが発生する．

虚像式ファインダーと実像式ファインダーが，コンパクトカメラ用として使用されている．

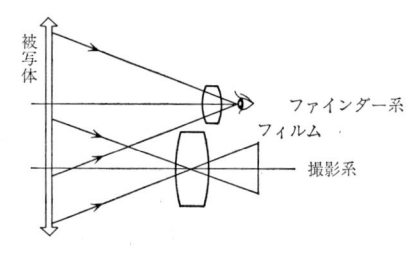

図 V.3.49 パララックスの説明図

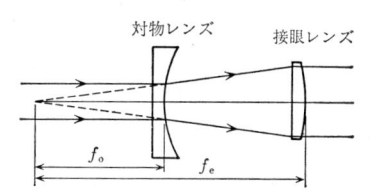

図 V.3.50 逆ガリレオファインダー

① **虚像式ファインダー：** 基本的には図 V.3.50 のように負の対物レンズと正の接眼レンズとからなり，逆ガリレオファインダーといわれる．

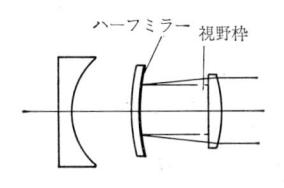

図 V.3.51 アルバダ式逆ガリレオファインダー

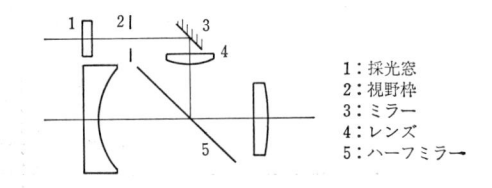

図 V.3.52 採光式逆ガリレオファインダー

1：採光窓
2：視野枠
3：ミラー
4：レンズ
5：ハーフミラー

ファインダー倍率は，対物レンズの焦点距離を f_o，接眼レンズの焦点距離を f_e とすると，f_o/f_e で表される．図 V.3.50 のように負の対物レンズで結ばれる虚像を接眼レンズで拡大して見るので $f_o < f_e$ となり，ファインダー倍率は，1以下である．

視野枠の表示法は，図 V.3.51 のように対物レンズと接眼レンズとの間にパワーの小さいレンズを置き，そのレンズの一面をハーフミラーにし接眼レンズ上に置かれた視野枠をハーフミラーを介して拡大するいわゆるアルバダ式と，図 V.3.52 のように対物レンズと接眼レンズとの間にハーフミラーを置き，対物レンズと接眼レンズの光路外に置かれた視野枠をレンズとハーフミラーを介して拡大するいわゆる採光式がある．

撮影レンズがズームレンズのときには，対物レンズを図 V.3.53 のようにズームレンズにし，撮影レンズが2焦点レンズのときには，対物レンズを図 V.3.54 のように2焦点レンズあるいは図 V.3.53 のようにズームレンズにと，撮影レンズに応じて対応している．

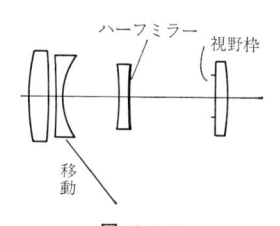

図 V.3.53 アルバダ式逆ガリレオズームファインダー

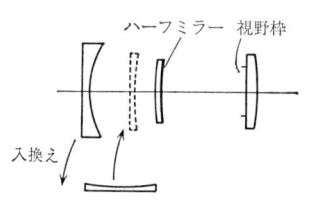

図 V.3.54 アルバダ式逆ガリレオ2焦点ファインダー

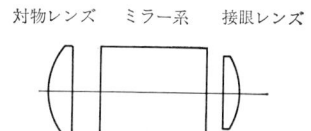

図 V.3.55 実像式ファインダー

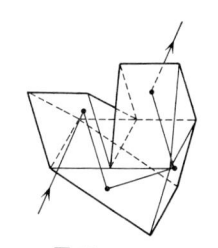

図 V.3.56 正立正像のためのプリズム

② 実像式ファインダー： 基本的には図 V.3.55 のように正の対物レンズと正の接眼レンズとその間に置かれた正立正像にするためのミラー系から成り立ち，ケプラーファインダーともいわれる．

正立正像にするためのミラー系として，図 V.3.56 のようなプリズムがよく使用される．正立正像にするためにミラー系による反射回数は，偶数回である．撮影レンズがズームレンズのときには，図 V.3.57 のように対物レンズをズームレンズにして対応している．撮影レンズのズームレン

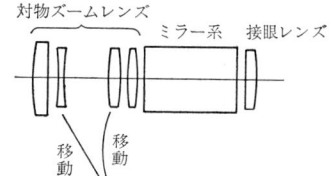

図 V.3.57 実像式ズームファインダー

ズのズーム比が大きくなると，性能確保，コンパクト化の観点からみて，実像式ファインダーが，虚像式ファインダーよりはるかに優れているといえる．

3.1.2 ビデオカメラの光学系

ビデオカメラは，レンズによりCCDや撮像管などの撮像素子上に被写体を結像させ，撮像素子上の結像情報を電気信号に変換して磁気テープに記録する装置であって，テレビに再生して見ることができる．

（1）撮像素子の画面寸法 ビデオカメラで使用される代表的な撮像素子は，二次元のCCDであり，代表的な画面寸法は，表V.3.5のようになる．スチールカメラのフィ

表 V.3.5 CCDの画面寸法

画面寸法の呼び	基準寸法	
（単位：mm）	短辺	長辺
2/3 インチ	6.6	8.8
1/2 インチ	4.8	6.4
1/3 インチ	3.6	4.8

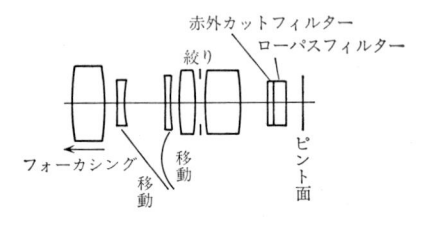

図 V.3.58 ビデオカメラ用撮影レンズの基本構成

ルムの画面寸法に比べて非常に小さいので，画角が同じとき，ビデオカメラの撮影レンズの焦点距離は，スチールカメラの撮影レンズの焦点距離に比べて小さくなり，レンズ形状も小さくなる．

短辺と長辺との比は，ビデオカメラでは3：4で，スチールカメラのライカサイズでは2：3である．

（2）光学系の特徴 ビデオカメラで使用される撮影レンズは，大部分がズームレンズであり，ズームレンズのズーム比は，大部分6倍以上である．

ビデオカメラ用撮影レンズは，撮像素子としてCCDや撮像管を用いるため，スチールカメラ用撮影レンズとは異なる特性をもち，図V.3.58のように付加光学素子を必要とする．

a．テレセントリック： 図V.3.59のようにレンズの絞りの中心を通る光線，いわゆる主光線が，最終面から光軸にほぼ平行に出射することをテレセントリックであるという．

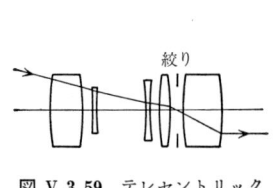

図 V.3.59 テレセントリック光学系

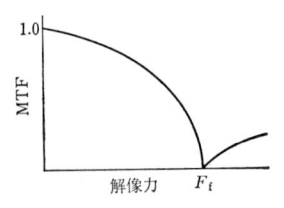

図 V.3.60 ローパスフィルター特性

これは，CCDの受光面の前面に置かれるカラーフィルターの特性やローパスフィルターとして使われる水晶板の機能を損なわないために必要な撮影レンズの特性である．

b. ローパスフィルター： ビデオカメラの撮像素子としてのCCDの素子ピッチや撮像管の捜査線ピッチと撮像素子上での被写体の微細構造のピッチが一致するとモアレ縞が発生する．

撮像素子のピッチ以上の被写体の微細構造を，撮像素子上に到達させないようにするために図 V.3.58 のようにローパスフィルターの機能をもつ水晶板が，被写体と撮像素子の間に置かれる．

ローパスフィルターとしての水晶板の特性は，図 V.3.60 のように解像力 F_f 以下の被写体の微細構造しか通さない．

c. 赤外カットフィルター： 撮像素子としてのCCDや撮像管は，赤外光に対して感度が高いので赤外光をカットする必要がある．

赤外カットフィルターは，被写体と撮像素子の間ならどこに置いても構わないが一般に，図 V.3.58 のようにレンズ最終面と撮像素子の間に水晶板と一緒に置かれる．赤外カットフィルターは，図 V.3.61 のような透過率特性をもっている．

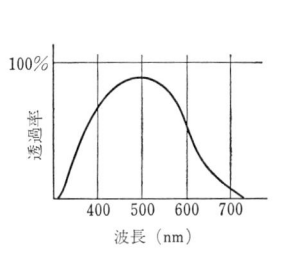

図 V.3.61 赤外カットフィルターの透過率特性

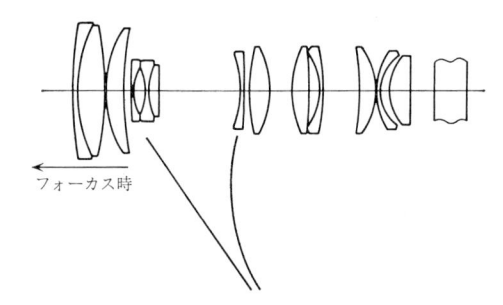

図 V.3.62 古典的なタイプのズームレンズ[26)]

（3） ズームレンズの特徴： ビデオカメラで撮影レンズとして使用されるズームレンズは，ズーム比が大きいことのほかにFナンバーがF2以下と非常に明るいレンズとなっている．

ビデオカメラのズームレンズのタイプは，スチールカメラと同じく図 V.3.20 のような古典的なタイプと，図 V.3.21 のような新タイプがある．

以前は，あまり高い加工精度や制御技術を必要としない古典的なタイプが使用されていたが，近年は，加工精度の向上および制御技術の進歩に伴い，大部分のビデオカメラで新タイプが使用されている．

スチールカメラの撮影レンズと同じく，ビデオカメラのズームレンズでもレンズの性能向上，レンズのコンパクト化，レンズ枚数の削減のために各種の非球面レンズが，積極的に使用されている．

ビデオカメラのズームレンズは，新タイプの使用，各種の非球面レンズの使用，および撮像素子の小画面化でますます小形軽量化している．

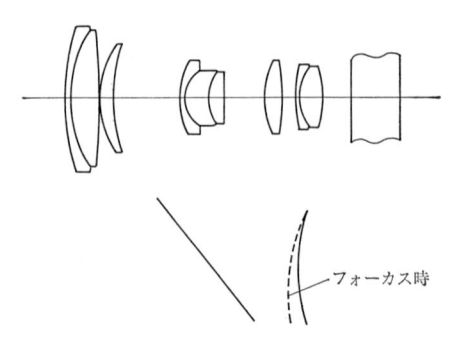

図 V.3.63　新タイプのズームレンズ[27]

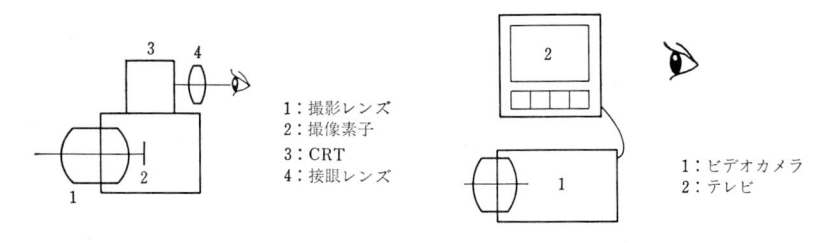

図 V.3.64　ビデオカメラのファインダー光学系

1：撮影レンズ
2：撮像素子
3：CRT
4：接眼レンズ

図 V.3.65　被写体構図のテレビでの確認

1：ビデオカメラ
2：テレビ

図 V.3.62 のような古典的なタイプのズームレンズは大きく，レンズ枚数も多いが，図 V.3.63 のような新タイプのズームレンズは，非球面レンズの使用との相乗効果で非常に小さく，レンズ枚数も少ない．

（4）**ファインダー光学系**　ビデオカメラのファインダー光学系は，スチールカメラのファインダー光学系と異なり，図 V.3.64 のように撮像素子上の結像情報を小さいテレビ上にリアルタイムで再生し，再生像を，接眼レンズで拡大する簡単なものである．図 V.3.65 のように撮像素子上の結像情報を大きいテレビ上にリアルタイムで再生すれば，接眼レンズを使用しないで被写体の構図を確認できる．　　　　　　　　　　　　［石山唱藏］

参考文献

1) 日本規格協会：JIS B 7115（カメラの画面寸法）
2) 日本規格協会：JIS K 7523（一般用シート写真印画紙の寸法）
3) 日本規格協会：JIS B 7096（写真レンズの開口効率及び比像面照度の測定方法）
4) 日本規格協会：JIS B 7106（写真レンズの絞り目盛の表示方法）

5) 下倉敏子：特開昭 55-87,117（レトロフォーカス型広角レンズ）
6) 横田秀夫：特開昭 57-73,712（ガウス型レンズ）
7) 中村荘一：特開昭 54-104,334（ガウス型写真レンズ）
8) 今井利広：特開昭 49-10,026（コンパクトな望遠レンズ）
9) 青木　滋：特開昭 58-11,913（反射屈折レンズ）
10) 濱西芳徳：特開昭 57-138,612（4群構成望遠ズームレンズ）
11) 中村荘一：特開昭 51-82,642（広角ズームレンズ系）
12) 石山唱藏：特開昭 57-2,014（高変倍率ズームレンズ）
13) 工藤吉信：特開昭 61-133,916（望遠ズームレンズ）
14) 鎮目秀雄：特開昭 54-63,752（望遠用リア・コンバーターレンズ）
15) 石山唱藏, 渡部良子：特開昭 57-2,012（後置絞りを持つトリプレットレンズ）
16) 下倉敏子：特開昭 56-75,611（ビハインド絞り用レンズ）
17) 藤田久雄：特開平 4-104,113（コンパクトな広角レンズ）
18) 伊藤孝之：特開昭 62-264,019（コンパクトカメラ用ズームレンズ）
19) 小方康司：特開平 4-37,810（ズームレンズ）
20) 山田康幸：特開昭 57-46,224（補助レンズを備えたレンズ系）
21) 大田耕平：特開平 4-134,410（小型のズームレンズ）
22) 大田耕平, 下倉敏子：特開昭 61-87,117（2群ズームレンズ）
23) 荻野修司：特開昭 59-64,811（二成分ズームレンズ）
24) 髙橋貞利：特開昭 62-138,809（大口径比のガウス型レンズ）
25) 槌山博文, 青木法彦：特開平 4-15,610（変倍レンズ）
26) 石山唱藏, 宮前　博：特開昭 63-239,414（ズームレンズ）
27) 小野周佑, 石黒敬三, 平本理恵子, 中嶋康夫：特開平 3-33,710（非球面ズームレンズ）

3.2　複写機の光学系

　初期の複写機（PPC；plane paper copier）は原稿を 1:1 で複写する方式が主流であったが，最近では倍率を変えて複写できる方式が主流になってきた．変倍率としては50%から200%まで変倍可能な機種が多い．さらにイメージスキャナーとレーザープリンターを組み合わせたディジタルコピアも開発され，縦・横の倍率を自由に変換できたり，画像の反転，回転などの機能のついたインテリジェントコピアへと進歩してきている．

3.2.1　アナログ複写機の光学系[1]

（1）レンズによる結像と明るさ　　レンズによる結像式はよく知られているように，次の式（3.1）で表せる．

$$\frac{1}{a}-\frac{1}{b}=-\frac{1}{f} \tag{3.1}$$

ここで f：レンズの焦点距離，a, b：それぞれ物体距離と像距離で，レンズの主点を基準として物体側を負，レンズより像側を正としてある．このとき複写機の光学系として重要な倍率 m, 中心照度 E は次のようになる[2]．

$$m=\frac{b}{a} \tag{3.2}$$

$$E = \frac{\pi TL}{4F^2(1-m)^2} \tag{3.3}$$

ここで，F：レンズの F 値，T：レンズの透過率，L：物体の輝度である．倍率 m は倒立像のとき負の値をとる．結像光学系の概略図を図 V.3.66 に示す．

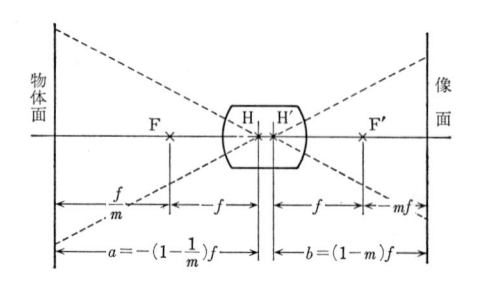

図 V.3.66 レンズによる結像
H, H′ はそれぞれ前側主点，後側主点，F, F′ はそれぞれ前側焦点，後側焦点

画面の周辺部の照度 $E(\theta)$ はレンズの開口効率 $H(\theta)$ と画角 θ で決まり，

$$E(\theta) = E \cdot H(\theta) \cos^4 \theta \tag{3.4}$$

で表される．最近の複写レンズの開口効率は 100% になっているレンズが多い．開口効率 100% のレンズを用いても式 (3.4) のように画面周辺部ではコサイン 4 乗則で像面照度が低下するため，周辺光量は約 20% 低下することになる．これを補正するため照明系では中心部より周辺部を明るく照明しておかなければならない．

（2） **レンズタイプ**　複写機は等倍結像で使用される頻度が多いため，等倍結像がレンズ設計の基本となっている．レンズ構成は図 V.3.67 に示すように対称形が基本形である．4 群 6 枚構成あるいは 4 群 4 枚構成が一般的なレンズ構成で明るさは F5 程度である．

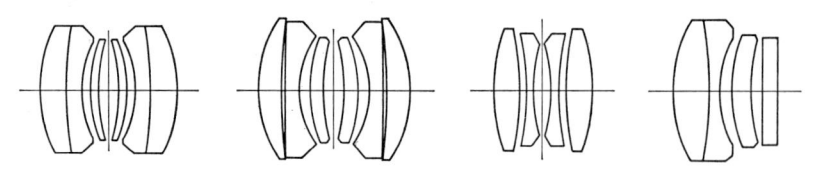

(a) オルソメタ形レンズ　(b) オルソメタ(分離)形レンズ　(c) 4 枚構成レンズ　(d) 反射形(ミラー)レンズ

図 V.3.67 複写レンズのタイプ

倍率は 1:1 が基準で 0.7 倍から 1.4 倍あるいは 0.5 倍から 2 倍の範囲で使用できるようになっている．結像性能は 16 から 20 本/mm において MTF が 15% から 20% 以上である．図 V.3.67 のレンズタイプのうち反射形レンズ（ミラーレンズ）は光学系が小さくできるので 1:1 結像の複写機に多く用いられていたが，変倍がしにくいことから最近で

3.2 複写機の光学系

はスルーレンズが多く使用されるようになってきている．

2種類のプラスチックレンズを用い明るさを F16 と暗くして設計した複写レンズもある[3]．温湿度の変化に対しても必要な MTF が得られるようにするためにレンズの開口を小さくしてある．

（3） 露光方式 複写機の露光方式はスリット状に原稿を走査するスリット露光方式と原稿全面を投影露光する全面露光方式がある．図 V.3.68 のように各種の露光方式があるが，最近ではスリット露光方式が主流になっている．スリット露光方式はミラーを数枚用いて走査する方式で，代表的な例を図 V.3.69 に示す[4]．第1ミラーが A から B に移動するとき第1ミラーと第2ミラーを 2：1 の速度で走査すると，コンタクトガラスからスルーレンズまでの光路長がつねに等しくなる．このスリット露光方式は装置がコンパクトになるため多くの機種に採用されている．

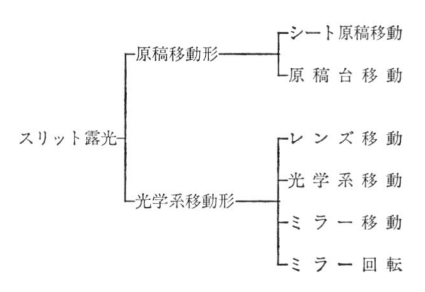

図 V.3.68 複写機の露光方式

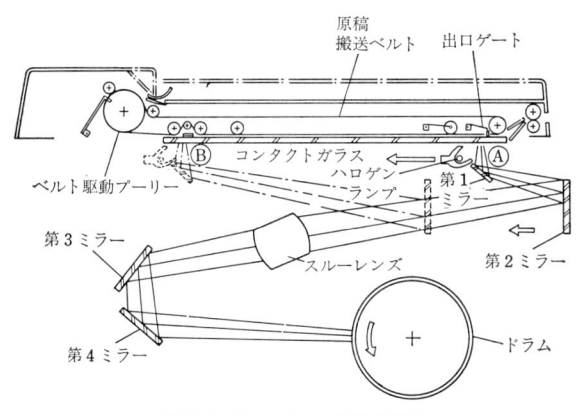

図 V.3.69 スリット露光光学系

（4） 照 明 系 照明系の光源には棒状のハロゲンランプあるいは蛍光ランプが用いられる．図 V.3.70 のように $L(\text{cd/m}^2)$ の輝度をもつ発光点から距離 r だけ離れた物点 P が受ける照度 E は，それぞれの法線とのなす角度を θ, ϕ として，

$$dE = \frac{Lds \cdot \cos\theta}{r^2}\cos\phi \quad (\text{lx})$$

$$E=\int_s \frac{L\cos\theta\cos\phi}{r^2}ds \quad (\text{lx}) \tag{3.5}$$

で求められる[5].

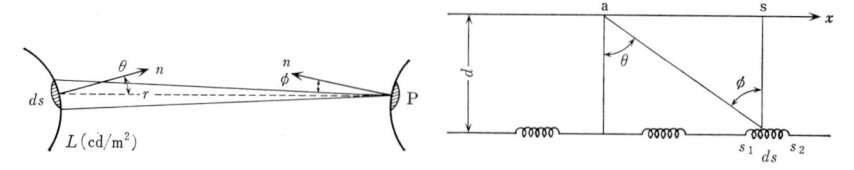

図 V.3.70 点光源による照度
n はそれぞれの面の法線方向.

図 V.3.71 棒状ハロゲンランプによる照度

図 V.3.71 のように，フィラメントがとびとびに並んでいるとき，フィラメントから垂直に距離 d だけ離れた位置の a 点がひとつのフィラメントから受ける照度 E_1 は，図より $\theta=\phi$ であるから，フィラメントの長さを s_1 から s_2 として式 (3.5) より，

$$E_1=\int_{s_1}^{s_2}\frac{L\cos^2\theta}{r^2}ds$$
$$=L\int_{s_1}^{s_2}\frac{d^2}{[d^2+(a-s)^2]^2}ds \tag{3.6}$$

となる．各フィラメントから受ける照度を合計すれば原稿面の照度が図 V.3.72 のように求められる．実際の照明系は楕円形のリフレクターが図 V.3.73 のように配置されている．このときリフレクターで反射した光線は発光点と原稿面までの距離 d が反射位置で異なり，原稿面の照度分布はその総和となるが，照度分布の傾向は経験的に式 (3.6) で近似できる．

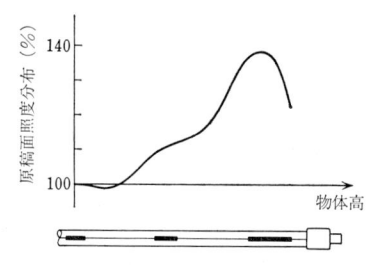

図 V.3.72 ハロゲンランプによる原稿面照度分布

3.2.2 ディジタル複写機の光学系

原稿を読み取るイメージスキャナーと 3.3 節にあるレーザープリンターおよび画像処理を行うイメージプロセッサーを組み合わせたディジタル複写機が最近普及してきた[6]．図 V.3.74 にその概念図を示す[7]．原稿をイメージスキャナーで読み取り，プリンターで出力する方式である．画像をディジタル信号として読み取るため画像編集処理機能や画質向上処理機能をもたせることが比較的容易である．画像編集処理機能としては，変倍，縦横独立変倍，移動，回転，反転，合成，色反転などがあり，画質向上処理機能としては，シェーディング補正，γ 補正，濃度変換，MTF 補正などがある[8]．

出力部のレーザープリンターは中間調を 2 値のドットで表現する方式と多値で表現する方式がある．2 値で中間調を表す方式には各画素の濃度を画素ごとに変化するしきい値で 2 値化して表現するディザ法と，入力の 1 ドットに対応した複数の出力ドットを決められ

3.2 複写機の光学系

(a) 楕円ミラー1枚によるリフレクター

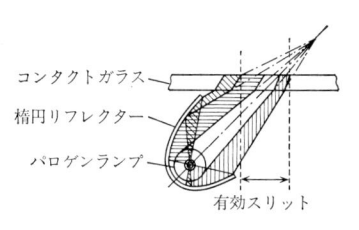

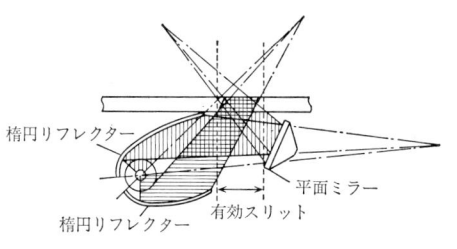

(b) 楕円ミラー2種と平面反射鏡によるリフレクター。左右から照明されるので，凹凸のある原稿のとき陰がでにくくなる．

図 V.3.73　リフレクターによる照明

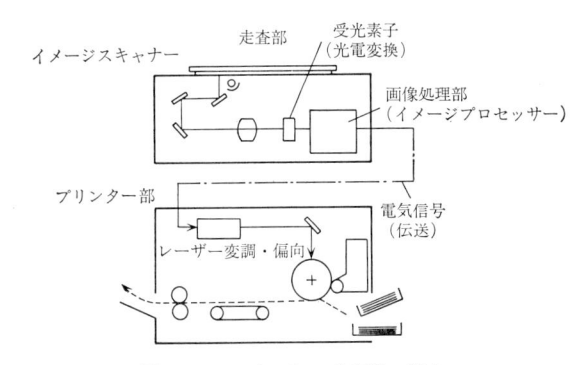

図 V.3.74　ディジタル複写機の構成

た濃度パターンで出力していく濃度パターン法がある．ディザ法はしきい値マトリクスをもっており，入力データの濃度の値がしきい値マトリクスを越えれば黒，以下であれば白に変換する．この方法は解像性には優れているが，ノイズも強調してしまう欠点がある．濃度パターン法は入力の1画素を複数のマトリクス（たとえば4×4）の濃度パターンで表現し，階調の表現の仕方は濃度パターンで決められている．この方法は階調性は良いが分離能が不足する欠点がある．

多値で表現する方式はレーザーの出力形態を変えて多値を表現するが，これにはパルス幅変調法と光強度変調法がある．パルス幅変調法はレーザーの出力を一定にして出力のパルス幅を変え，主走査方向のドット径を変えて変調する方式である．光強度変調法はレーザーの出力を変えてドットの光強度を変える方式である．これらの方式およびその改良方式によりディジタル複写機では従来のアナログ複写機に比べて高品質な画像が得られるようになった．特にディジタルカラー複写機ではこれらの特徴が十分に生かされている．イメージスキャナーは色分解フィルターを介して色情報を読み取ることが簡単にできるため，ディジタル複写機はカラー複写機に適した応用であるといえる．

3.2.3 微小光学結像素子を用いた複写光学系

(1) 等倍結像素子　従来の複写レンズに代わる結像素子として図 V.3.75 にあるようなレンズアレイが提案されており，屈折率分布形（分布屈折率ともいう）レンズ，光ファイバー，微小レンズがある[9]．このなかで光ファイバーはレンズとしての結像作用をもたないが光ファイバー束として画像伝送が可能であるので結像素子に加えた．図 V.3.75 の中で複写機に搭載されたことのある等倍結像素子は，屈折率分布形レンズアレイ[10,11]，平板マイクロレンズ，クラッド形ファイバーアレイ，板状レンズアレイ，ルーフミラーレンズアレイである．

```
分布屈折率レンズ ─┬─ 屈折率分布形レンズアレイ
                └─ 平板マイクロレンズアレイ
ファイバー ────── クラッド形ファイバーアレイ
              ┌─ 板状レンズアレイ（3枚構成）
              ├─ 2枚構成テレセントリックレンズアレイ
微小レンズ ───┼─ 1枚構成テレセントリックレンズアレイ
              ├─ 球レンズアレイ
              └─ ルーフミラーレンズアレイ（RMLA）
```

図 V.3.75　等倍結像素子の分類

(2) 屈折率分布形レンズアレイの結像　屈折率分布形レンズの屈折率分布は，光軸と直角な方向に放物線状になっている．光の進行は正弦波を描いて進む．中心の屈折率を n_0，屈折率分布定数を A，中心から半径方向の距離を r とすると，屈折率分布 $n(r)$ は，

$$n(r) = n_0\left(1 - \frac{1}{2}Ar^2\right) \tag{3.7}$$

で近似することができる．近軸光線方程式は，

$$n\frac{d^2r}{dz^2} = \frac{dn(r)}{dr} \tag{3.8}$$

であるから式 (3.7), (3.8) を解くことにより焦点距離 f，主点位置 H，結像位置 l，倍率 M は次のように求められる[12]．

$$\begin{aligned}
f &= [n_0\sqrt{A}\sin(\sqrt{A}Z_0)]^{-1} \\
H &= \frac{1}{n_0\sqrt{A}}\tan(\sqrt{A}Z_0/2) \\
l &= \frac{-\sin(\sqrt{A}Z_0) + n_0\sqrt{A}\,l_0\cos(\sqrt{A}Z_0)}{n_0\sqrt{A}[n_0\sqrt{A}\,l_0\sin(\sqrt{A}Z_0) + \cos(\sqrt{A}Z_0)]} \\
M &= [n_0\sqrt{A}\,l_0\sin(\sqrt{A}Z_0) + \cos(\sqrt{A}Z_0)]^{-1}
\end{aligned} \tag{3.9}$$

ここで，l_0：物体距離，Z_0：レンズの長さである．Z_0 を適当に選ぶことにより凸レンズや凹レンズにすることができる．

単レンズでは複写機としての必要な画面サイズをカバーすることはできないのでアレイ状にして画面を広げる．アレイ状にして像を連続的に結ばせるためには個々のレンズは正立等倍実像でなければならない（図 V.3.76）．これは等倍結像素子に共通な基本原理である．正立等倍結像となるための条件は，式 (3.9) において，$l=-l_0$, $M=+1$ である．この条件を用いると，

$$l = -H = -\frac{1}{n_0\sqrt{A}}\tan(\sqrt{A}Z_0/2) \tag{3.10}$$

となる．すなわち，正立等倍結像のときは前側主点位置に物体があり，後側主点位置に像

ができる．このとき，結像素子の中間点には縮小倒立像ができている．図 V.3.77 に式 (3.9) の関係を示す[13]．図 V.3.77 において，正立像を得ることができるレンズの長さは，光が正弦波で進む1周期長を P とするとき，$2P/4$ から $3P/4$ の範囲である．さらに結像性能が良く実用的な範囲は，図の中でハッチングを施した，$7P/12$ から $9P/12$ の範囲である．

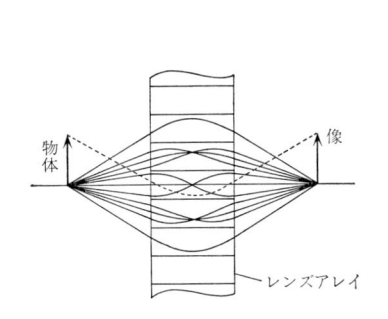

図 V.3.76 屈折率分布形レンズアレイによる等倍結像

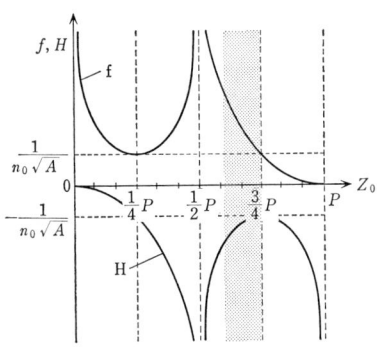

図 V.3.77 屈折率分布形レンズアレイの長さと焦点距離 (f)，主点位置 (H)
P は一周期長，Z_0 はレンズの長さ

複写機に必要な光学系の MTF は，5本/mm で 50% 以上，10本/mm で 25% 以上である．したがって屈折率分布形レンズも通常のレンズと同様な解像性能をもたなくてはならない．

（3） 屈折率分布形レンズアレイの光量分布[13,14]　1本の屈折率分布形レンズによる像面照度分布は図 V.3.78 のような回転楕円体になっていると近似できる[15]．光軸を含む断面 X-Y 面での照度分布 $e(X)$ は，

$$\frac{X^2}{X_0^2} + \frac{\{e(X)\}^2}{Z_0^2} = 1 \qquad (3.11)$$

である．X_0：最大画面の X 座標，Z_0：光軸上の照度である．像面までの距離を l，最大画角を θ，レンズの透過率を t，物体の輝度を B，レンズの直径を D とするとき，通常のレンズの明るさは

$$Z_0 = \frac{t\pi B}{4}(D/l)^2$$

であるから，式 (3.11) は次のように書き換えられる．

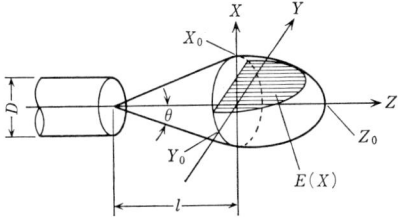

図 V.3.78 1本の屈折率分布形レンズによる光量分布

$$e(X) = \frac{\pi}{4} tB\left(\frac{D}{l}\right)^2 \left\{1 - \frac{X^2}{(l\theta)^2}\right\}^{1/2} \qquad (3.12)$$

このレンズを Y 方向に走査したとき，露光面上の1点が受ける光量は図 V.3.78 の斜

線の部分である．斜線部も楕円の一部であり，その照度 $E(X)$ は面積を求めればよい．

$$E(X) = \frac{\pi}{8} tB \frac{\theta D^2}{l} \left\{ 1 - \frac{X^2}{(l\theta)^2} \right\} \tag{3.13}$$

アレイ状に配列したときの光量分布は次のようにして求めることができる．Y 方向に1列にレンズが並んでいるとき，X 方向における光量分布の平均値を $F_1(X)$ とすると，$F_1(X)$ はレンズが n 本並んでいたときの単位長さの照度分布として求められる（図 V.3.79）．

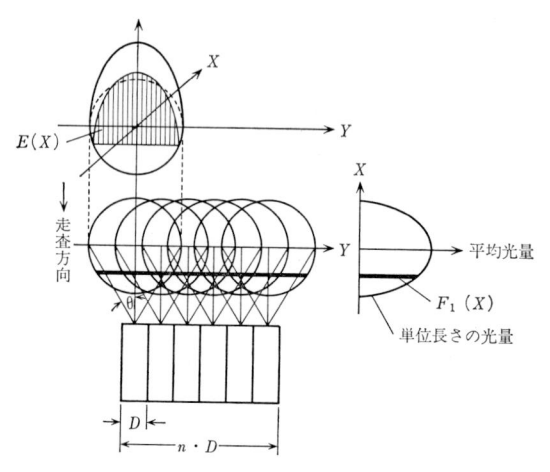

図 V.3.79　1列アレイの光量分布
平均光量は Y 方向で平均化した X 方向の光量である．

$$F_1(X) = nE(X) \frac{1}{nD}$$
$$= \frac{\pi^2}{8} tB \frac{\theta D}{l} \left\{ 1 - \frac{X^2}{(l\theta)^2} \right\} \tag{3.14}$$

複写機ではスリット露光走査光学系として用いられるため，走査したとき像面で得られる光量を知ることが重要である．1列アレイを走査したとき，像面で得られる光量を I_1 とすると，I_1 は式 (3.14) を積分することにより得られる．

$$I_1 = \int_{-l\theta}^{l\theta} F_1(X) dX$$
$$= \frac{\pi^2}{6} tB\theta^2 D \tag{3.15}$$

アレイの数が N 列の複数列アレイの光量は光量を I_N とすると I_N は I_1 の N 倍として求められる．

一般にレンズの明るさは F 値で表しているので，屈折率分布形レンズアレイも等価的な F 値で表しておくと通常のレンズとの明るさ比較が容易になり便利である．倍率が1

倍のときのレンズの像面照度 I は，

$$I=\frac{\pi}{16}tB\left(\frac{1}{F}\right)^2$$

である．屈折率分布形レンズアレイの光量を表す式 (3.15) は露光幅 W 内での明るさの合計である．これを露光幅 W 内で平均化し，レンズの F 値と等価であるとすることにより等価 F 値を定義する．すなわち，

$$\frac{\pi}{16}tB\left(\frac{1}{F}\right)^2=\frac{\pi^2}{6W}tBN\theta^2 D$$

これより等価 F 値は，

$$F=\left(\frac{3W}{8\pi N\theta^2 D}\right)^{1/2} \tag{3.16}$$

を得る．ここで露光幅 W は，

$$W=2l\theta+\frac{\sqrt{3}}{2}D(N-1) \tag{3.17}$$

である．θ が $9°$ のとき 2 列アレイの等価 F 値は 4.9 で，通常のレンズとほぼ同じ明るさである．

レンズアレイには特有の明るさムラがある．これはそれぞれのレンズを通った光が，像面で合成されるために起こるものである．この光量ムラは式 (3.13) をレンズの直径 D だけずらして合成することにより求めることができる．このときの光量を $I(Y)$ とすると，1 列アレイのときは

$$I(Y)=\sum_{i=0}^{n}E(Y+iD)+\sum_{i=0}^{n}E(Y-iD) \tag{3.18}$$

2 列アレイのときは，

$$I(Y)=\sum_{i=0}^{n}E(Y+iD/2)+\sum_{i=0}^{n}E(Y-iD/2) \tag{3.19}$$

となる．$I(Y)$ の最大値を I_{max}，最小値を I_{min} とするとき，光量ムラ ΔI を $\Delta I=(I_{max}-I_{min})/I_{max}$ で定義する．物体の 1 点を結像するのに使われる平均のレンズの数を光量分布の重なり度 m として，光量ムラ ΔI を求めたのが図 V.3.80 である．光量ムラが大きいとスリット露光方式による電子写真の場合，画面上に白いスジや黒いスジとなって現れる．この影響を最小限にするため屈折率分布形レンズアレイは，光量ムラが極小となる重なり度で設計されている．スジ状の光量ムラの許容値は電子写真プロセスにより違いはあるが，およそ 5% 以下であり，実際のレンズアレイは 1~2% 以下になるように設計されている．

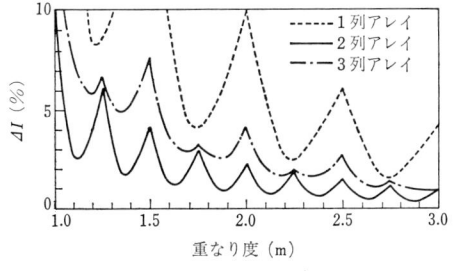

図 V.3.80　屈折率分布形レンズアレイの光量ムラ

(4) 板状レンズアレイ　屈折率分布形レンズアレイと同様に，板状レンズアレイも光学系の中央で倒立像を形成する．図V.3.81のように第1レンズで物体の倒立像を第2

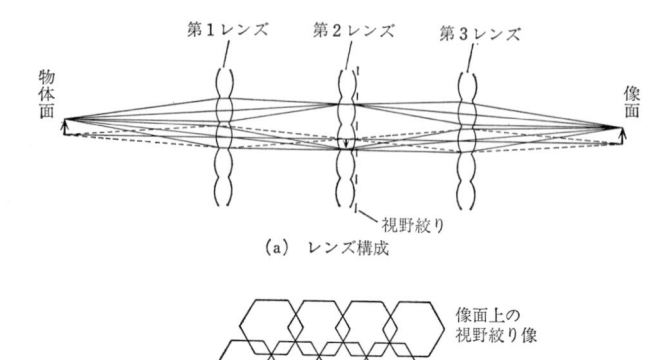

(a) レンズ構成

(b) 結像面における露光形状
　　結像面に視野絞りの形状が投影される

図 V.3.81　板状レンズアレイ

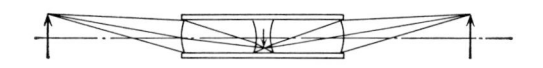

図 V.3.82　2枚構成レンズアレイ（テレセントリックレンズアレイ）

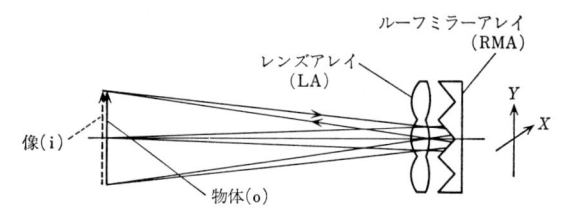

(a) Y方向の基本構成と光路（正立像系）

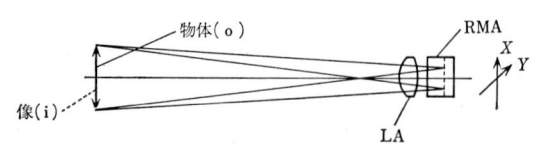

(b) X方向の基本構成と光路（倒立像系）

図 V.3.83　ルーフミラーレンズアレイ（RMLA）

レンズの中央に形成し，その倒立像を第3レンズで像面に結像する．第2レンズは第1レンズからの光を屈折させて第3レンズに導く役目をしており，結像性能にはあまり寄与していない．このため第2レンズはフィールドレンズあるいはリレーレンズとよばれる．走査したとき像面照度が均一になるように，第2レンズの前あるいは後に六角形の視野絞りを置く．

3枚構成のレンズを2枚で行うことも可能である．図 V.3.82 は2枚構成レンズアレイの結像作用を示した図である．フィールドレンズを省き，第1レンズと第2レンズの間をテレセントリックな光学系にし，光が第1レンズから第2レンズに入射するようにしている．このためレンズの肉厚が厚くなる特徴がある．空気間隔のところでテレセントリックになっているのでテレセントリックレンズアレイともよばれている．

(5) ルーフミラーレンズアレイ[16,17]

ルーフミラーレンズアレイ（RMLA）はレンズアレイ（LA）と，屋根形の反射鏡であるルーフミラーアレイ（RMA）よりなる1列アレイの等倍結像素子である．図 V.3.83 に示すように RMA で2度反射することにより像を反転するため中間像を形成することなく成立像を形成することが可能である．単一のルーフミラーレンズにおいて，ルーフミラーの稜線方向を X 方向，その直行方向を Y 方向とすると，X 方向に倒立実像，Y 方向に正立実像を形成する．アレイ状にして像を連続的につなげるには Y 方向にレンズ系を配列する．X 方向は倒立像となるため，屈折率分布形レンズアレイや板状レンズアレイのように複数列のアレイにすることはできない．また図 V.3.83(a), (b) にあるように，物体面と結像面は同一平面に隣接して形成されるため，結像素子として使うには図 V.3.84 のようにミラーで光路を分離してユニット化する． 　　　　　　　［小椋行夫］

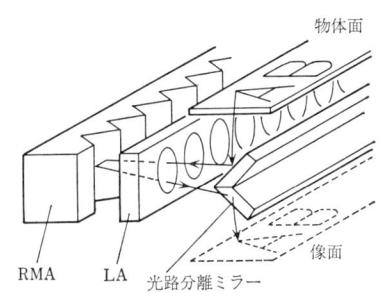

図 V.3.84 ルーフミラーレンズアレイユニット

3.3 光プリンター

3.3.1 レーザープリンターの光学系

ガスレーザーを光源として開発されたレーザープリンターは，光源を半導体レーザーにすることにより大幅な小形化を実現し，パーソナルコンピューター，ワードプロセッサーなどの OA 機器の発展とともにこれらの出力端末機器として大きく発展してきた．光源の安定化，光学系の設計技術，感光体の開発などの進歩に支えられ，より高速，高密度の特徴を生かすことができ，OA 機器の出力装置として必要不可欠な機器となった[18,19]．画素密度も文字印刷の 340 dpi クラスから印刷機並の 1200 dpi まで開発が進み，特に 1200 dpi クラスでは印刷と同等の画像品質が得られるようになった[20]．

レーザープリンターの光学系[21]は一般に光源，コリメートレンズ，面倒れ補正光学系，ポリゴンミラー（回転多面鏡），$f\theta$ レンズより構成される．光源は半導体レーザーが使われ画像信号に応じて直接変調される．ガスレーザーを光源とするときは音響光学素子（AOM）でレーザービームを変調するがこの方式は装置が大きくなる．光源を半導体レーザーにしたことが装置の小形化を実現した最大の要因となっている．代表的な光学系の構成図を図 V.3.85 に示す[22]．画像信号に合わせて変調されて出力したレーザー光は，半導体レーザーに近接して設置されたコリメートレンズで平行光束となって射出される．平行な光は円筒レンズ（シリンドリカルレンズ）で副走査方向（ポリゴンの回転方向と垂直な方向）のみポリゴンミラー面に集光する．その後ポリゴンミラーで回転走査され $f\theta$ レンズで感光体面上に集光する．感光体の前面には長尺の円筒レンズがあり副走査方向にのみパワーをもつ．副走査方向において，ポリゴンミラーの回転面と感光体面は共役になっており，ポリゴンミラーの反射面が傾いても感光体面上の集光位置が変化しないようになっている．$f\theta$ レンズはビームを集光させるとともに回転走査された光束を等速直線走査に変換する機能をもつ．

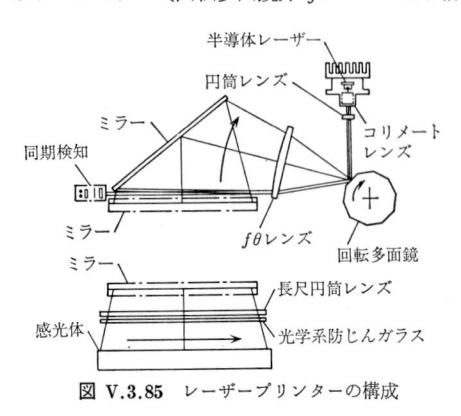

図 V.3.85 レーザープリンターの構成

3.3.2 レーザービームの伝搬

レーザー光の光強度分布はほぼガウス分布をしており，レーザーのパワーを P，レーザービームの半径を a，ビームの中心からの距離を r とするとき，その強度分布 I は

$$I = \frac{2P}{\pi a^2} \exp(-2r^2/a^2) \qquad (3.20)$$

で表される．ビーム径は中心強度の $1/e^2$ になるところをよび，全体の光量の 86.5% が含まれている．

レーザービームのスポットサイズ $2\omega_0$ は図 V.3.86 のように双曲線状に伝搬し，スポットサイズが最小のところをビームウエストとよぶ．波面はビームウエスト位置では平面であるが，その他の位置では曲率半径 R の球面波になっている．図 V.3.86 において，

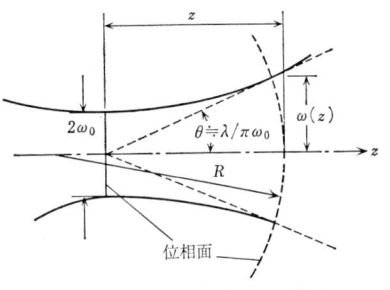

図 V.3.86 ガウスビームの断面

$$\omega^2(Z) = \omega_0^2 \left[1 + \left(\frac{\lambda z}{\pi \omega_0^2} \right)^2 \right]$$

$$R(Z) = Z \left[1 + \left(\frac{\pi \omega_0^2}{\lambda z} \right)^2 \right] \qquad (3.21)$$

の関係がある[23~26]．

ガウスビームが集束する場合のビームウエストサイズ ω_0 とビームウエスト位置 Z は式 (3.21) から次のように得られる．

$$\omega_0{}^2 = \frac{\omega^2}{1+(\pi\omega^2/\lambda R)^2}$$
$$Z = \frac{R}{1+(\lambda R/\pi\omega^2)^2} \qquad (3.22)$$

焦点距離 f の薄肉レンズにガウスビームが入射するとき，入射波面の曲率半径を R_1，射出波面の曲率半径を R_2 とすると，ガウスビームにおいても幾何光学の結像式と同様な式が与えられる[27,28]．

$$\frac{1}{R_1} + \frac{1}{R_2} = \frac{1}{f} \qquad (3.23)$$

図 V.3.87 のように，ガウスビームがレンズに入射するとき，その伝搬は式 (3.21)～(3.23) より次の2式として与えられる[24]．

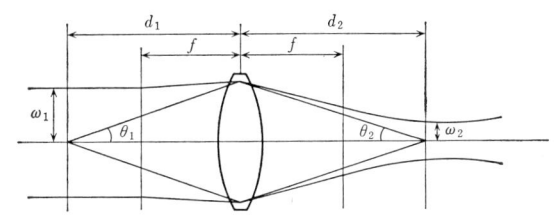

図 V.3.87 レンズによるガウスビームの伝搬

$$\frac{1}{\omega_2{}^2} = \frac{1}{\omega_1{}^2}\left(1-\frac{d_1}{f}\right)^2 + \frac{1}{f^2}\left(\frac{\pi\omega_1}{\lambda}\right)^2$$
$$d_2 - f = (d_1 - f)\frac{f^2}{(d_1-f)^2 + (\pi\omega_1{}^2/\lambda)^2} \qquad (3.24)$$

双曲面でレンズを伝搬する光束の漸近線の角度 θ は

$$\sin\theta = \frac{\lambda}{\pi\omega_1} \qquad (3.25)$$

で与えられる．式 (3.24) において $d_1=f$ とすると $d_2=f$ となる．このことは幾何光学ではレンズの焦点位置に物点を置くと無限遠方に結像するが，ガウスビームでは焦点位置にビームウエストができることを表している．このときビームウエスト ω_2 は，式 (3.24) から，

$$\omega_2 = \frac{\omega_1}{(\pi\omega_1{}^2/\lambda R)} = \frac{\lambda f}{\pi\omega_1} \qquad (3.26)$$

である．

3.3.3 レーザープリンター用光学素子

（1）**コリメートレンズ**　光源に用いる半導体レーザーのファーフィールドパターンは接合方向で半値全幅が $\theta_{/\!/}=7\sim28°$ 程度，その垂直方向で $\theta_\perp=30\sim50°$ 程度である．コ

リメートレンズはこの発散光を効率よくコリメートし平行光に変換するレンズである．開口数は NA=0.25〜0.5 程度のレンズが用いられる．光ディスク用のコリメートレンズは非球面プラスチックレンズが使用されているが，レーザープリンターは使用条件，精度の点から2，3枚構成のガラスレンズが用いられている．コリメートレンズは点光源を平行にする機能をもつので，球面収差と正弦条件が小さくなるように設計されている．

（2） $f\theta$ レンズ　　ふつうのレンズは入射角 θ の平行光束に対して，焦点面での像高は焦点距離を f として $f\tan\theta$ となっている．レーザープリンターの光束はポリゴンミラーで等角速度で走査されているので，結像レンズは感光体面上にビームスポットを形成するとともに等角速度で入射した光束を等速直線走査に変換する機能をもっている．すなわち入射角 θ に対して像高が $f\theta$ になるように設計されている[29]．レンズにこの $f\theta$ 特性をもたせるには，歪曲収差（ディストーション）を所定の量にすればよい．図V.3.88において，レンズの理想像高を H，実際の像高を H' とするときレンズの歪曲収差 Dist は，Dist＝$(H'-H)/H\times100\%$ で定義される．$f\theta$ 特性を表すのに次のリニアリティー $L(\theta)$ を定義する．

$$L(\theta)=\frac{H'-f\theta}{f\theta}\times100\%$$

$$=\frac{\tan\theta}{\theta}(\text{Dist}+100)-100\%$$

$$(3.27)$$

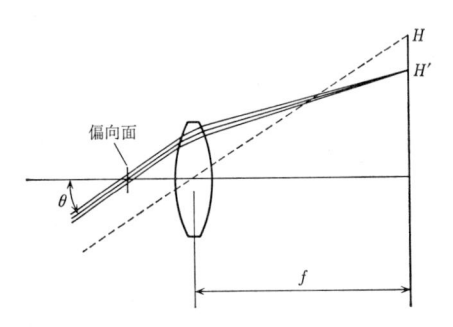

図 V.3.88　$f\theta$ レンズの特性
H は理想像高，H' は実際の像高．

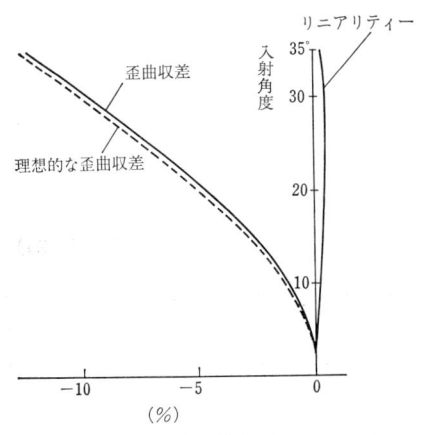

図 V.3.89　$f\theta$ レンズの歪曲収差とリニアリティー
（焦点距離 f＝270mm のとき）

式（3.27）で $L(\theta)=0$ とすることにより理想的な歪曲収差を求めることができる．図V.3.89に焦点距離 f＝270mm の $f\theta$ レンズの歪曲収差とリニアリティーの例を示す．プリンターとして許容できるリニアリティーはおよそ1％以下である．

$f\theta$ レンズは2枚から3枚程度のレンズが用いられるが，低コスト化を狙って単レンズで実現した例もある[30]．なおビーム走査をポリゴンミラーの代わりにガルバノミラーで行うと f アークサインレンズになる[31]．

（3）面倒れ補正光学系　ポリゴンミラーの回転方向（主走査方向）と直行する方向（副走査方向）に反射面の面倒れがあると感光体面上で副走査方向にうねりを生じる．副

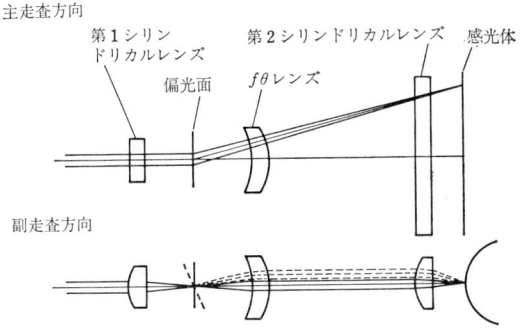

図 V.3.90　面倒れ補正光学系

走査方向において反射面と感光体面が共役になっていれば光束は必ず同じ位置に像を結ぶ．この様子を示したのが図 V.3.90 である．偏光面（ポリゴンミラー面）の前面にある第1シリンドリカルレンズで副走査方向のみ偏向面に集光させ，次に $f\theta$ レンズと第2シリンドリカルレンズで感光体面に結像させる．このとき主走査方向は $f\theta$ レンズだけの結像となっている．$f\theta$ レンズと結像面（感光体面）の間にシリンドリカルレンズを配置すると像面湾曲が発生する．像面湾曲をできるだけ小さくするために第2シリンドリカルレンズは感光体に近づけて設置する．

$f\theta$ レンズと第2シリンドリカルレンズの機能を $f\theta$ レンズだけで行うことも可能である．このとき $f\theta$ レンズはアナモフィックなトロイダルレンズになる．図 V.3.91 はプラスチックレンズで設計した例である[32]．この例は2枚構成の $f\theta$ レンズで，第1面が球面，第2面と第4面が回転対称な非球面，第3面が回転非対称な非球面になっている．

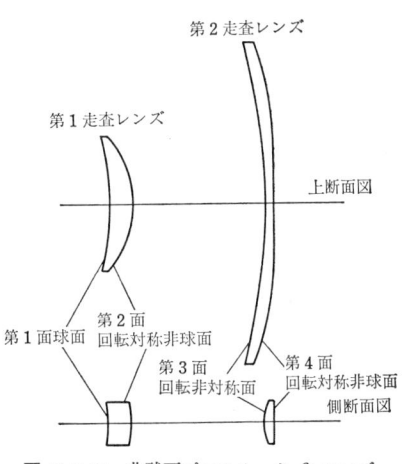

図 V.3.91　非球面プラスチック $f\theta$ レンズ

3.3.4　その他の光プリンター

光ビームをラスター走査して記録するレーザープリンター以外の光プリンターヘッドには固体走査方式がある．固体走査方式には蛍光灯などの光源をスイッチングして記録する液晶シャッターと自己発光形の LED アレイ[33]，蛍光体ドットアレイ（FLDA；fluorescent dot array)[34], CRT[35], EL, プラズマ発光などが提案されている。

（1）液晶プリンター 液晶シャッターアレイによる光プリンターは液晶の光スイッチング機能で光の透過・遮光を行い，感光体に記録する方式である。可動部がないため装置を小さくできる特徴があるが，長尺化が困難なこととシャッターの消光比が悪い欠点がある。図 V.3.92 に液晶シャッターヘッドを示す。蛍光灯などの光源の光をライトガイドで液晶シャッターアレイに導き，液晶シャッターアレイの情報をレンズアレイなどの等倍結像素子で感光体に記録する。液晶アレイの加工，応答速度から 300 dpi で 8ppm 程度の機種に向いている。

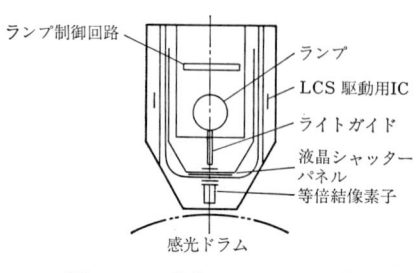

図 V.3.92 液晶シャッターヘッド

（2）LED アレイプリンター LED アレイは自己発光素子であるので液晶シャッターのような光源は必要ないが，LED アレイの情報を感光体に記録する手段は液晶シャッターアレイと同様に等倍結像素子により行う。プリンターに必要なサイズの LED アレイをつくることが困難な時代は LED アレイを 2 列に配列して，感光体上では 1 列に作像させる方式が提案されたが，1 チップで必要な長さの LED アレイが製造されるようになり，1 列でヘッドが構成されるようになった。装置を小形にでき，消光比が高く比較的高速にできる特徴があるが，輝度のばらつきが大きい欠点がある。

（3）蛍光体ドットアレイ（FLDA）プリンター[34] FLDA はカソード，グリッド，アノードからなる直熱式の平形三極真空管の蛍光体アレイである。アノードがセグメント化され，その上に発光部となる高輝度蛍光体がアレイ上に配列してある。駆動用の IC は蛍光体の配列に対して片側 1 列に実装されている。画像信号が IC に入力され，FLDA が駆動されると蛍光体アレイが発光し，結像素子を介して感光体に作像する。FLDA のヘッドの断面を図 V.3.93 に示す。この例では蛍光体アレイの情報を記録する等倍結像素子として図 V.3.83 にある RMLA を用いている。有効印字幅は 8.5 インチで印字密度は 300 dpi である。

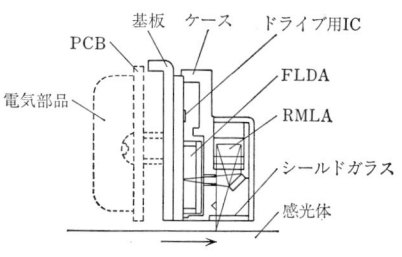

図 V.3.93 蛍光体ドットアレイ（FLDA）ヘッド

［小椋行夫］

参考文献

1) 船戸広義：光アライアンス，**1**, 2 (1990), 66-71.
2) 吉江　清：光学技術ハンドブック，朝倉書店 (1970), 330-333.

3) T. Kouchiwa: Proceeding of 1985 International Lens Design Conf., SPIE, Vol. 554 (1985), 419.
4) 橋本 誠, 森 五郎: Ricoh Technical Report, No. 7 (1982), 42-50.
5) 吉江 清: 光学技術ハンドブック, 朝倉書店 (1970), 321.
6) 船戸広義: 光アライアンス, **2**, 1 (1991), 51-55.
7) 相馬郁夫: 光技術コンタクト, **25**, 2 (1987), 110-117.
8) 小見恭治: 画像電子学会誌, **15**, 2 (1986), 97-92.
9) 応用物理学会光学懇話会編, 小椋行夫, 南 節夫: オプトエレクトロニクス, 朝倉書店 (1986), 22-24.
10) M. Kawazu and Y. Ogura: Appl. Opt., **19**, 7 (1980), 1105-1112.
11) 河津元昭: O plus E, No. 22 (1981), 65-73.
12) 坂本正憲, 上島秀元, 古川元章, 遠山 実, 山田哲也: 電子写真, **12**, 1 (1973), 12-21.
13) 小椋行夫: Ricoh Technical Report, No. 2 (1979), 18-27.
14) 小椋行夫: 光学, **10**, 2 (1981), 111-117.
15) 越智 宏: 画像電子写真学会誌, **4**, 1 (1975), 13-21.
16) 井口敏之: Ricoh Technical Report, No. 13 (1985), 30-37.
17) T. Miyashita, K. Fujita and T. Inokuchi: 1st Microoptic Conference (1987), 158-161.
18) 有本 昭, 斉藤 進, 森山茂夫: 光学, **19**, 6 (1990), 350-357.
19) 箕浦一雄, 鈴木雅之: 光学, **19**, 5 (1990), 283-289.
20) K. Minoura, Y. Shiraiwa and K. Isaka: SPIE Optical hard copy and printing, Vol. 1254 (1990).
21) 船戸広義: 光アライアンス, **1**, 1 (1990), 53-56.
22) 駒田健弥, 持丸英明, 浜口 巌: Ricoh Technical Report, No. 13 (1985), 68-75.
23) 小山次郎, 西原 浩: 光波電子工学, コロナ社 (1978), 16-19.
24) H. Kogelnik: The Bell System Technical Journal, March (1965), 455-494.
25) 龍岡静夫, 杉浦幸雄: NHK 技術研究, **27**, 1 (1975), 10-19.
26) J. D. Zook and T. C. Lee: Appl. Opt., **11**, 10 (1972), 2140-2145.
27) 内田禎二, 植木敦史: 電子通信学会誌, **62**, 5 (1979), 538-545.
28) H. Kogelnik and T. Li: Appl. Opt., **5**, 10 (1966), 1550-1567.
29) S. Minami and K. Minoura: SPIE, **193** (1979), 202-208.
30) 佐久間信夫: Ricoh Technical Report, No. 9 (1983), 4-8.
31) 箕浦一雄, 立岡正道, 南 節夫: 光学, **10**, 5 (1981), 348-355.
32) 藤田久雄, 山崎敬之: Konika Technical Report, **2** (1989), 34-42.
33) 立石和義, 池田泰久, 小谷進太郎: 電子通信学会技術研究報告, IE 80-71 (1980).
34) 富田 悟, 須藤浩三, 服部 仁, 加藤幾雄, 山口勝巳, 斉藤政範: Hard Copy Printing '90 予稿集, NIP-16 (1990), 201-204.
35) 井口敏之: Ricoh Technical Report, No. 3 (1989), 32-29.

4. ステッパーの光学系

半導体メモリーの記憶容量は,約3年で4倍の容量に増大する速度で進歩している.パターン寸法の微細化のために,光リソグラフィーに使用される露光装置の光源は,g線(波長435.8nm)からi線(波長365.0nm)へと短い波長に移行した.さらに最小線幅0.25～0.2μmといわれる256メガビットDRAMでは,より短波長化のためにKrFエキシマレーザー(波長248nm)が使われようとしている.また,より解像度を向上させるために,位相シフト露光や変形照明などの技術が研究されている.

4.1 結像光学系概略

4.1.1 レンズによる結像

LSI露光装置は1μm以下の高解像度が要求されている.そのため結像レンズは収差がほとんど除去された理想レンズに設計されており,回折限界まで解像することが求められている.ステッパーの光学系は次節にあるように部分コヒーレント照明であるが,ここではインコヒーレント照明の結像性能から説明する.結像性能はOTFで表され,収差がゼロに近い理想レンズは,自己相関により求めることができる[1].

OTFをR,瞳関数を$H(\xi, \eta)$とするとOTFは

$$R(u, v) = \frac{1}{R_0} \iint H(\xi, \eta) H^*(\xi - \xi_0, \eta - \eta_0) d\xi d\eta$$

$$H(\xi, \eta) = A(\xi, \eta) \exp \frac{2\pi}{\lambda} i W(\xi, \eta) \tag{4.1}$$

で求められる.ここで,$A(\xi, \eta)$:波面上の各点での振幅,$W(\xi, \eta)$:波面収差である.

波面収差Wがゼロのとき,OTFは互いにずれた瞳の重なり合った部分の面積を求めればよく,結果は次のように簡単になる[1].

$$\left.\begin{array}{l} R(S) = \dfrac{1}{\pi}(2\beta - \sin 2\beta) \\ \cos\beta = \dfrac{S}{2}, \quad S = \dfrac{\lambda}{\mathrm{NA}} u \end{array}\right\} \tag{4.2}$$

ここで,S:正規化された空間周波数,u:実際の空間周波数である.またNA:開口数,λ:波長である.$S=2$のときOTFは0になり,このときの実際の空間周波数はカットオ

4.1 結像光学系概略

フ周波数といわれている．分解能 ε は空間周波数 u の逆数であるから次のようになる．

$$\varepsilon=\frac{1}{u}=\frac{1}{S}\cdot\frac{\lambda}{\mathrm{NA}} \tag{4.3}$$

露光装置の結像性能は解像度で表現する．解像度 R は

$$R=k_1\frac{\lambda}{\mathrm{NA}} \tag{4.4}$$

と定義される．k_1 はプロセスの条件で決まる定数である．解像度 R は分解能 ε の 1/2 の関係があるので，

$$\left.\begin{array}{l} \varepsilon=2R \\ \dfrac{1}{S}=\dfrac{\lambda}{\mathrm{NA}}=2k_1\dfrac{\lambda}{\mathrm{NA}} \\ 2k_1=\dfrac{1}{S} \end{array}\right\} \tag{4.5}$$

となる．表 V.4.1 に k_1，空間周波数 S および OTF の値を示す．リソグラフィーでは約 1 μm の厚さのレジストがきれいな矩形に解像することが要求されている．そのためステ

表 V.4.1　k_1 と OTF の関係

k_1	S	OTF(%)
0.8	0.625	60.9
0.6	0.833	48.5
0.508	0.984	40
0.4	1.25	26
0.305	1.64	8.9
0.25	2	0

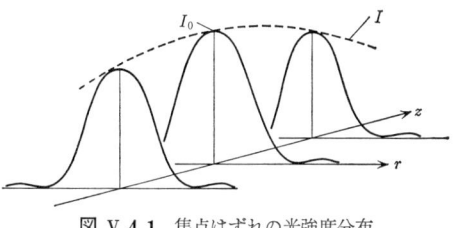

図 V.4.1　焦点はずれの光強度分布

ッパー光学系ではコントラストが高いことが必要であり，OTF で 40% から 60% が解像限界となっている．これらの値はプロセス定数 k_1 では 0.5 から 0.8 に相当している．カメラや複写機などの画像機器に要求される OTF と比べると，ステッパー光学系の OTF は大きな値となっている．式(4.4)はステッパーの解像度を求める式として広く用いられている．

焦点はずれの光強度分布を図 V.4.1 に示す．図 V.4.1 において，デフォーカスしたときの中心強度の曲線 I は焦点位置の光強度を I_0 として

$$\left.\begin{array}{l} I=I_0\left(\dfrac{\sin^2 a}{a^2}\right) \\ a=\dfrac{\pi}{2\lambda}\mathrm{NA}^2\cdot Z \end{array}\right\} \tag{4.6}$$

で与えられる[2]．このときレンズの焦点深度 DOF (depth of focus) を，光強度のピークが焦点位置から 80% になった範囲と定義する．式(4.6)において，$I=0.8I_0$ となる条件は $a\fallingdotseq\pi/4$ のときである．これより

$$Z=\frac{1}{2}\frac{\lambda}{\mathrm{NA}^2} \tag{4.7}$$

となる．1/2 を係数 k_2 で置き換えて，

$$\mathrm{DOF} = k_2 \frac{\lambda}{\mathrm{NA}^2} \tag{4.8}$$

を得る．

式（4.4）と式（4.8）は露光装置の光学系において，解像度と焦点深度を表す式として広く用いられている．k_1, k_2 はリソグラフィープロセス条件で決まるので，プロセス定数といわれている．

4.1.2 部分コヒーレント照明による結像

投影装置の照明方法には結像レンズの入射瞳に光源像をつくるケーラー（köhler）照明，物体面に光源像をつくるクリティカル（critical）照明，および物体面を拡散照明する拡散照明がある．ステッパーの光学系にはケーラー照明が用いられている．この方式は顕微鏡やマイクロリーダーなどと同じ照明系で，光源の像を結像レンズの入射瞳につくるため照明効率がよい．

図 V.4.2 にステッパー光学系の概略図を示す．光源からの光束は，ビームコンプレッサーあるいはビームエキスパンダーで適当な光束に変換されてホモジナイザーに入射する．ホモジナイザーは 3～6mm 角のレンズアレイより構成されており，照明系の照度分布を均一にするとともに，射出端面付近で二次光源を形成する．昆虫の複眼に似ているところから蠅の目レンズ（フライアイレンズ）ともよばれる．二次光源からの光は照明レンズで半導体の回路パターンが描かれているレチクルを照明し，結像レンズでウェーハ面上に結像する．このとき二次光源の像は結像レンズの入射瞳面にできる．

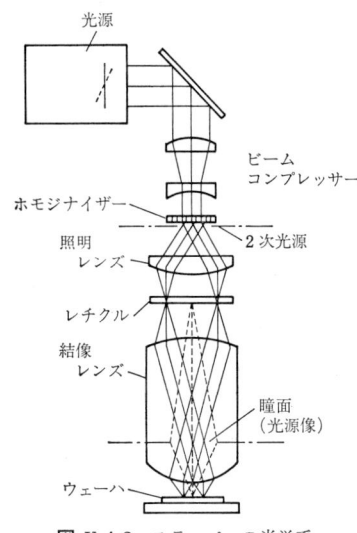

図 V.4.2 ステッパーの光学系

二次光源の各点光源からの光はそれぞれ照明レンズで平行光束として物体面を照明するため，それぞれの傾きをもった平面波が物体を照明していることになる．二次光源の各点は互いにインコヒーレントであるため，物体面は種々の方向から互いにインコヒーレントな平面波で照明されており，その結果物体面の各点は互いにコヒーレントでも，インコヒーレントでもない状態になる．このような照明を部分的コヒーレント（partially coherent）照明という．一方，単一の平行光束による平面波で物体を照明する方式を，コヒーレント照明という．

結像レンズの入射瞳における光源の大きさが ϕ_1，結像レンズの入射瞳の大きさが ϕ_2 であるとき，その大きさの比

$$\sigma = \frac{\phi_1}{\phi_2} \tag{4.9}$$

は照明のコヒーレンス度を決定し，結像性能に強い影響を与える．$\sigma=0$ はコヒーレント照明，$\sigma=\infty$ はインコヒーレント照明に相当し，その間は部分的コヒーレント照明である．σ をパラメーターとして種々の空間周波数の正弦波チャートの理想レンズによる像コントラストを計算したものが図 V.4.3 である．σ 値を小さくすることにより低周波のコ

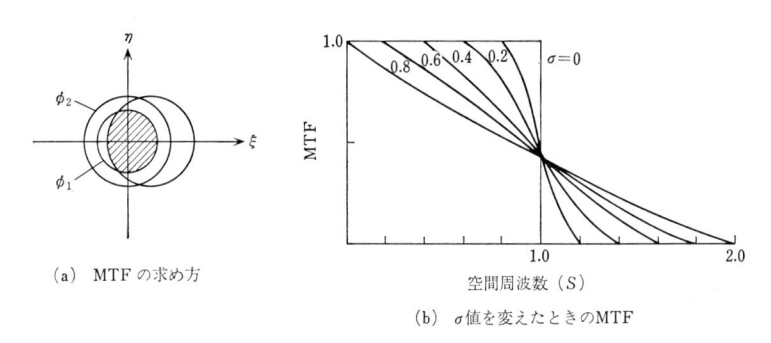

(a) MTF の求め方

(b) σ 値を変えたときのMTF

図 V.4.3　部分コヒーレント照明の MTF

ントラストを上げることができるが，あまり σ を小さくすると実際のパターンにおいて回折縞が発生するという弊害がある．ステッパーでは σ 値は 0.5 前後になっている．

4.2　投影露光装置

LSI の回路パターンを投影してウェーハを露光する投影露光方式（projection）は，密着露光方式（contact）や近接露光方式（proximity）より複雑になるが，高解像度が得られるため露光方式の主流になっている．ここでは投影露光装置の代表的なタイプを示す．

4.2.1　反射形等倍露光装置

図 V.4.4 に示すような凹面鏡とその凹面鏡の 1/2 の曲率半径をもつ凸面鏡より構成される同心 2 面鏡は，高次のメリディオナル像面湾曲以外のほとんどの収差がないという特徴をもっている．このタイプは A. Offner が提案したタイプなので Offner 形とよばれている[3~5]．

この特徴を生かして，等倍形スリット走査方式として実用化した装置に，反射形等倍露光装置（mirror projection mask aligner）がある[6~8]．図 V.4.5 はその光学系の概略図である．図 V.4.4 あるいは図 V.4.5 からわかるように，反射

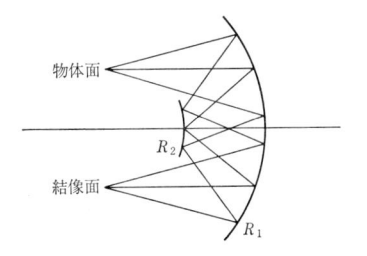

図 V.4.4　2 面鏡による等倍結像

光学系は光軸に近い物体からの光はけられを生じ結像しない．したがって露光範囲は軸外領域に限られる．使用像高でサジタル像面とメリディオナル像面の収差のバランスをとる

ため，凹面鏡の曲率半径 R_1 と凸面鏡の曲率半径 R_2 の条件 $R_1=2R_2$ を，各面の曲率中心で非同心にわずかにずらしている．開口数 $NA=0.15$ で水銀ランプの i 線，h 線あるいは g 線を光源として，$1.5\mu m$ 解像に対して $\pm 6\mu m$ の焦点深度をもっている．

4.2.2 反射屈折形等倍光学系

凹面反射鏡とこれに同心の凸レンズを組み合わせた等倍結像系は Offner 形光学系と同様に高次のメリディオナル像面湾曲以外のほとんどの収差がなくなる条件があり，等倍形ステッパーとして実用化されている[9]．このタイプはダイソン (Dyson) 形とよばれ[10]，反射鏡が1面なので，ほかの反射光学系より

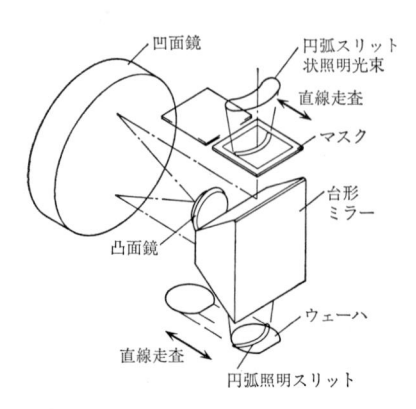

図 V.4.5 ミラープロジェクションマスクアライナー（Offner 形）

開口数を大きくすることが可能である[11]．レンズを物体面と結像面に近づけて収差補正するため，レチクルとウェーハの設置方法に工夫を要する．

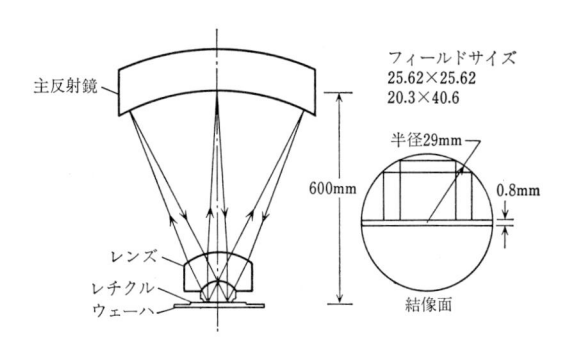

図 V.4.6 Half Field Dyson 形（反射屈折形等倍光学系）
一般的なレンズのフィールドサイズの半分が物体面，残り半分が結像面になっている．これを用いた実際のステッパーでは図のように2種類のフィールドサイズがつくられるようになっている．

図 V.4.6 は従来の Dyson 形を改良した Half Field Dyson 形である．開口数を $NA=0.7$ まで大きくして $0.25\mu m$ を解像させている．開口数を大きくしたことにより，焦点深度が浅くなる欠点がある．レチクルとウェーハの設置は図 V.4.7 のように工夫しているが，焦点深度が浅いことには変わりがない．照明は図 V.4.6 で主反射鏡を通して行い，レチクルは反射形である．照明系は光導波路束を用いたクリティカル照明系になっている．

4.2.3 屈折形縮小投影装置

LSI 露光装置で最も一般的な方式であり,現在この方式が主流である.半導体チップの2個分をウェーハ上に順次露光していくので,ステップアンドリピート方式とよばれる.光学系は図 V.4.8 に示したようになっている.光源は1メガビット,4メガビット用は水銀ランプの g 線が用いられているが,16メガビットでは i 線が用いられる.64メガビットもレジストの改良,照明系の改良あるいは位相シフト技術との併用などで,i 線を用いることが検討されている.また波長の短い KrF エキシマレーザーを用いることも検討されている.

64メガビットにおいて,解像度は $0.3\sim0.35\,\mu m$ が要求されるため,式 (4.4) から計算できるように,i 線を用いた場合レンズの開口数は,$k_1=0.5$ として NA=0.52 から 0.6 になる.256メガビットでの必要な解像度は,0.2 から $0.25\,\mu m$ であり,KrF エキシマレーザー(波長 248nm)を光源としても,NA=0.5 以上が必要になる.式 (4.8) からわかるように,開口数を大きくすると焦点深度が浅くなる.16メガビット以前では $\pm1\,\mu m$ の焦点深度が要求されているが,256M ビットになると焦点深度は $\pm0.2\,\mu m$ 程度しか得られず,レジストおよび LSI 素子構成の改良が必須となる.表 V.4.2 にメモリー容量と設計ルールおよび使用光源を示す.

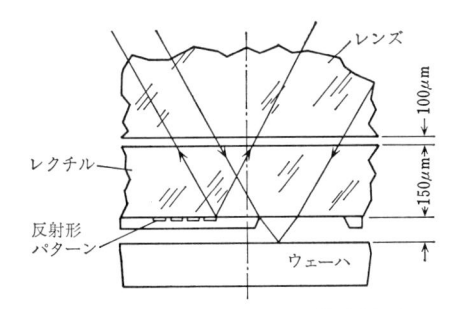

図 V.4.7 Half Field Dyson 形の露光面

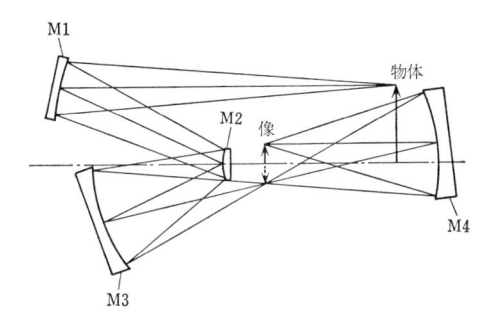

図 V.4.8 反射光学系

表 V.4.2 設計ルールと使用光源

メモリー	設計ルール (μm)	使用光源(波長 nm)
1M	1.2	g 線 (435.83)
4M	0.8	g 線 (435.83)
16M	0.5〜0.6	i 線 (365.01)
64M	0.3〜0.35	i 線 (365.01),KrF エキシマレーザー (248)
256M	0.2〜0.25	KrF エキシマレーザー (248),ArF エキシマレーザー (193)
1G	0.18〜0.15	ArF エキシマレーザー,X 線,電子線

4.2.4 走査形縮小投影光学装置

反射光学系にはサジタル非点収差,歪曲収差,球面収差がない特異解をもつタイプがあ

る．この特徴を生かして図 V.4.8 のような4面鏡を基本形として，収差補正のためにレンズを追加し，図 V.4.9 のような反射屈折光学系を用いた例がある[12,13]．図 V.4.8 の基

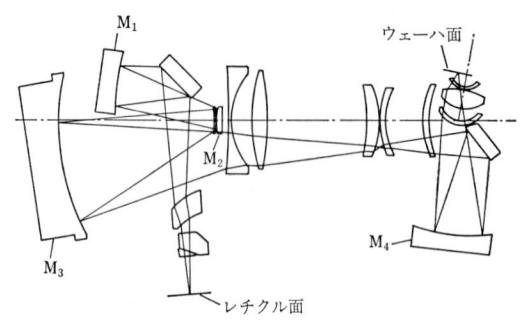

図 V.4.9　反射屈折光学系

本形において M1, M2, M3 の反射鏡では縮小倒立像になっており，M4 の反射鏡では等倍結像になっている．全体としてはテレセントリック光学系で縮小像を形成している．

　図 V.4.9 の光学系では，4.2.1 項の反射形等倍光学系と同様に非点収差のバランスを良くし，ある特定の像高で収差を補正している．さらにそのときの像高で，非点収差の色収差が最小になるように設計しているため，単一の硝材でも部分的に色消しになっている．

　使用可能な像高の範囲が狭いため，露光幅は反射形等倍露光光学系と同様に円弧状になる．

　図 V.4.10 のように円弧状スリットでウェーハ上を走査しながら順次進むのでステップアンドスキャン方式とよばれている．露光スリット幅 20 mm×6 mm を走査し，20 mm×32.5 mm の露光範囲を得ている．開口数 NA=0.357，縮小率 4：1 で，解像度は $0.5\,\mu\mathrm{m}$ 以上である．使用波長は部分色消しをしているため波長幅が広く，水銀アークランプの 240 nm から 255 nm が使用可能である．

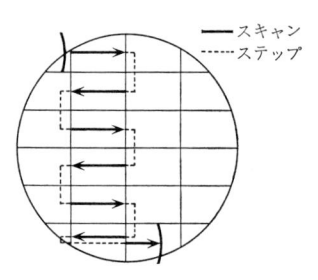

図 V.4.10　ステップアンドスキャン方式の露光

4.3　位相シフト技術

　レンズの解像度は式（4.4）にあるように，レンズの開口数と波長で決まる．解像度を向上させるためには，波長を短くするか，開口数を大きくすればよい．そのほかに解像度を向上させる手段の一つに，位相シフト法がある[14]．

　光学系の解像度は隣りあう2点が分離しているかどうかで決まる．2点間の距離が近づけば，その中間の光強度は大きくなり解像せず，2点間の距離が離れれば中間の光強度は小さくなり解像する．光強度は振幅の2乗なので，何らかの方法で一方の位相を反転させ

4.3 位相シフト技術　　　　　　　　　　　　　　　695

て振幅を負にすれば，2点間の中間に必ず振幅がゼロで光強度もゼロの点が存在し2点は分離できる．Levensonは初めてこの方法がリソグラフィーに適用できることを提案し

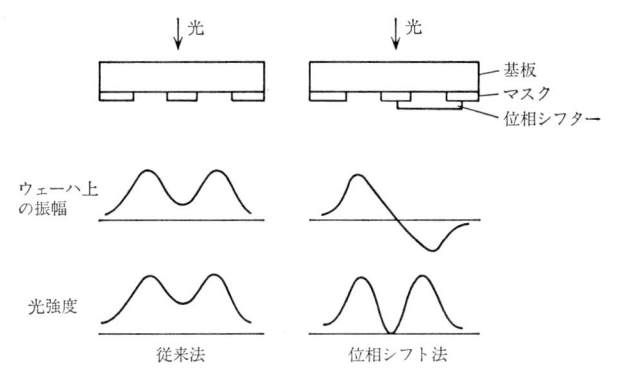

図 V.4.11　位相シフトの原理

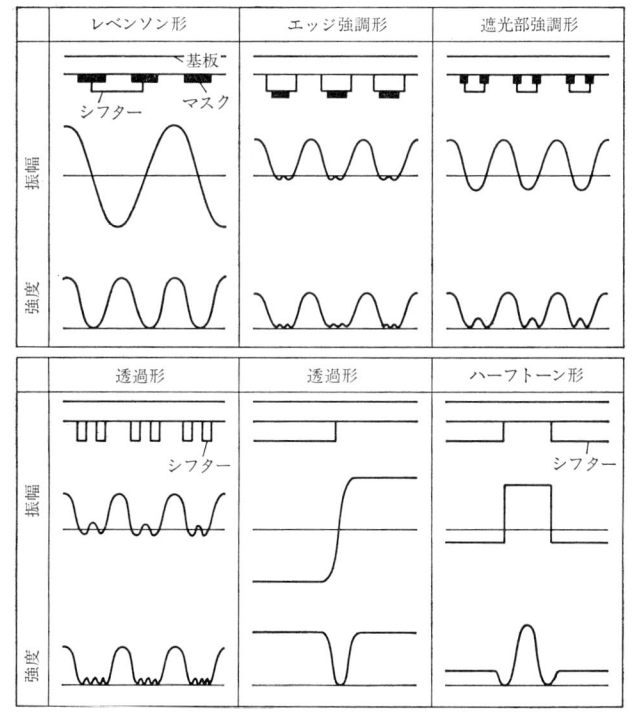

図 V.4.12　位相シフトマスクの種類

た[15]．その原理図を図 V.4.11 に示す．シフターは一つおきに配置することになるので，ラインアンドスペースには特に応用しやすい．位相を制御する位相シフターは透明な材質であればよい．シフターの厚さを d，屈折率を n，波長を λ，位相を θ とするとき

$$d=\frac{\lambda\theta}{2\pi(n-1)} \quad (4.10)$$

の関係がある．位相が 180° のとき，光強度は同じになり効率がよい．このとき式 (4.10) は

$$d=\frac{\lambda}{2(n-1)} \quad (4.11)$$

となる．

原理は簡単であるが，マスクパターンへの適用範囲に制限があるため，さまざまな位相シフト法が提案されている．図 V.4.12 に位相シフトマスクの例を示す．レベンソン形はラインアンドスペースのような周期的なパターンに効果があるが，コンタクトホールのような孤立パターンや，周期性のないパターンには適用しにくいという欠点がある．それらを補うため，孤立ラインに向いている透過形やコンタクトホールに向いているハーフトーン形が提案されている．図 V.4.13 は位相シフトマスクを用いたときと用いないときの露光の例である．位相シフトマスクにより解像度が向上している効果が明確にわかる．

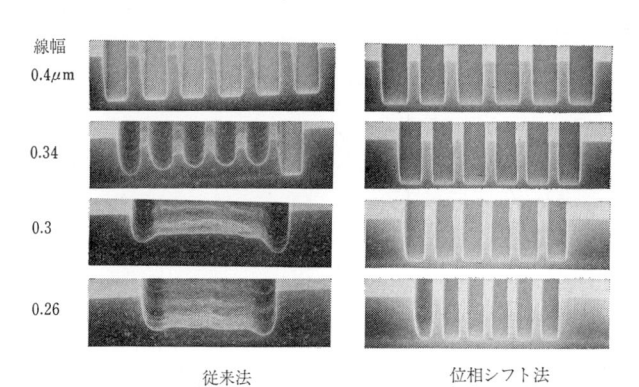

図 V.4.13 位相シフトマスクによる露光
開口数 NA＝0.45，コヒーレンスファクター σ＝0.3．

図 V.4.12 はいずれも 1 種類のシフターで，位相を 180° 変える方式である．これらのタイプはたとえば，3 本ラインの中央部が途中でなくなり 2 本ラインになるような非周期パターンには適用できない．すべてのパターンに適用可能とするために，シフターを 120° と 240° にした三相位相シフトマスクもある[16]． ［小椋行夫］

参 考 文 献

1) 速水良定：光機器の光学Ⅱ，日本オプトメカトロニクス協会 (1989), 570.

参考文献

2) 久保田 広：波動光学, 岩波書店 (1971), 317.
3) A. Offner: U. S. Patent, No. 3,748,015 (1973).
4) A. Offner: Opt. Eng., **14**, 2 (1975), 130-132.
5) O. R. Wood, W. T. Silfvast and T. E. Jewell: J. Vac. Sci. Technol., **B7**. 6 (1989), 1613-1615.
6) A. Suzuki: Appli. Opt., **22**, 24 (1983), 3943-3949.
7) A. Suzuki: Appli. Opt., **22**, 24 (1983), 3950-3956.
8) 鈴木章義：光学, **14** (1985), 343-349.
9) 中嶋規文, 岸田篤士：電子材料3月号 (1989), 80-86.
10) J. Dyson: J. Opt. Soc. Am., **49**, 7 (1959), 13-716.
11) A. Grenville, R. L. Heish, R. von Bunau, Y. Lee, D. A. Markle, G. Owen and R. F. Pease: The 35th Inter. Sympo. on Electron, Ion and Photon Beams, O2 (1991).
12) J. D. Buckley, D. N. Galburt and C. Karatas: J. Voc. Sci. Technol., **B7**, 6 (1989), 1607-1812.
13) D. R. Shafer, A. Offner and D. Rama: U. S. Patent, No. 4,747,678 および 特開昭 63-163319.
14) 岡崎信次：光学, **20** (1991), 488-493.
15) M. D. Levenson, N. S. Viswanathan and R. A. Simpson: IEEE Trans. Electron Devices, **ED-29** (1982), 1828-1836.
16) T. Tanabe: Journal of Photopolymer Science and Technology, **4**, 1 (1991), 125-126.

5. ディスプレイ

　画像は伝達できる情報の多さだけではなく，楽しみを与えてくれるアメニティー媒体としてもその利用分野を広げつつある．屋外，構内，室内，机上とその規模をさまざまに変えながらわれわれの目にふれるチャンスが非常に広がってきているのは，これまでの単純な印刷塗布方式から機械的な表示方式や電気的な表示方式まで種々の表示方式が実用化されてきているからにほかならない．

　特に最近際だった進歩を見せているのが技術革新によって表示能力，品位が急速に向上している，フラットパネルディスプレイ（FPD）の分野である．この分野の進歩によって，従来の表示機器が置き換わっただけでなく，新しい製品の出現をも促すようになった．この最も顕著な例はいうまでもなくコンピューターである．表 V.5.1 にその一例を

表 V.5.1　ダイナブックとパソピア1600の寸法と重量の比較

		J3100 SS 001		パソピア 1600	
		外形寸法 (mm)	重量 (g)	外形寸法 (mm)	重量 (kg)
本体	PCB 電源	289×226	400	395×334 280×160×63	1.5 1.8
	FDD HDD 匡体他	96×133×172 (70×100×19)	250 (200) 1450	146×210×425 149×208×43 470×400×110	1.4 1.8 5.0
キーボードユニット		298×116×16	200	500×234×26	1.1
ディスプレイ		255×144×10	400	370×394×391	13.0
合計		310×254×44	2700		26.5

示す．ここで明らかなように各部品の軽薄短小化もさることながら，ディスプレイ部分における，体積で1/155，重量で1/33という変化が，ノートブック形のパーソナルコンピューターという新しい概念の製品を生みだす原動力になったのは明らかである．もちろん，FPDの進歩はこの分野にとどまらず，新しい画像情報の表示器機として種々の分野で利用されている．ここではFPDの各方式について概観する．

5.1 電子ディスプレイデバイスの方式

駅の広場等での大面積ディスプレイにはキューブ回転による機械的な表示方式が用いられている場合もあるが，その多くは電子的なものである．現在，開発が進められている電子ディスプレイの方式を図 V.5.1 にまとめた．

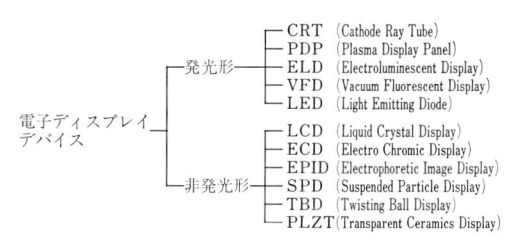

```
                    ┌─ CRT  (Cathode Ray Tube)
                    ├─ PDP  (Plasma Display Panel)
          ┌─ 発光形 ─┼─ ELD  (Electroluminescent Display)
          │         ├─ VFD  (Vacuum Fluorescent Display)
電子ディスプレイ ─┤         └─ LED  (Light Emitting Diode)
  デバイス  │         ┌─ LCD  (Liquid Crystal Display)
          │         ├─ ECD  (Electro Chromic Display)
          │         ├─ EPID (Electrophoretic Image Display)
          └─非発光形┼─ SPD  (Suspended Particle Display)
                    ├─ TBD  (Twisting Ball Display)
                    └─ PLZT (Transparent Ceramics Display)
```

図 V.5.1 電子ディスプレイデバイスの種類

発光形としては，CRT を中心にプラズマディスプレイ（PDP），EL（ELD），蛍光表示管（VFD），発光ダイオード（LED）方式があり，非発光形としては液晶ディスプレイ（LCD），エレクトロクロミックディスプレイ（ECD），電気泳動ディスプレイ（EPID）などが考えられている．FPD の台頭が目覚しいとはいえ，ディスプレイ市場においては CRT がまだまだ 8 割近くのシェアーを有している．ある調査では，1995 年にはディスプレイ市場は 3 兆円を越え，CRT が〜50％，LCD が 35％ 程度を占めるという予測がなされている．特徴的なのは現在ほとんどシェアーのない EL が，現時点の 20 倍，FPD の 1 割程度を占める可能性が見えていることであろう．確かに，最近の傾向として確実に実用化が進みつつあり今後が期待される素子である．

5.2 ブラウン管（CRT）

CRT は Braun によって発明されてほぼ 100 年，表示機の王座を維持してきた．特に大形品，高級品では日本の独壇場の製品であるが，現在でもオイルショック時の省電力化を経て，高解像度化，大形化，平面化へと進みつつあり，未だにその性能やコストから見たとき王座を譲ってはいない．

TV 用ではよく知られているように，大画面化，パネル面の平坦化，画面の角形化，HDTV 対応を目的とした高精細化，高画質化が進められている．HDTV 用は，32″，36″ の 2 種類に標準化されたので，超大形はプロジェクションタイプとなる．

ディスプレイ用 CRT は FPD に押され気味で，性能的にも 0.31mm の高解像度，640×480 ドットと FPD とほぼ共通レベルが要求されている．カラーと白黒の比率は 6：4 程度である．グラフィックディスプレイ用は WS，CAD/CAM 用途に 0.21mm ピッチ

以下，1024×768以上が最近の要求となりつつある．この分野はカラーと白黒の比率は現在8:2程度であり，なお年伸び率30～40%を示すカラー化は必須というべきであろう．ただし，現時点では圧倒的なシェアーをもち急成長を続けているが，いずれFPD化されることになろう．

このような応用製品の展開の陰でも，ガラスバルブの強度解析を踏まえたCADの充実による設計手法，シャドーマスクの保持機構改善，熱変形の抑制，低膨張のインバー材の実用化，電子銃，偏向系の見直し，外光コントラストに対する対策（フラットフェース化，表面のダイレクトエッチング，シリカ粒子の付着，金属蒸着膜の多層コーティング），蛍光体の改良，フォトタッキー法による塗布の実用化など全面的な改善がいまも勢力的に押し進められている．開発段階ではあるが，CRTの平板化も検討されている．4″カラー管の開発に続き，大形化に進んでいるが，電子ビーム制御が複雑で種々の工夫がされている．量産化に関しては，真空に対して強度的に対応できるガラス成形技術が残っている．

5.3 液晶ディスプレイ（LCD）

FPDの旗手として伸張著しい液晶表示素子は，低消費電力，低電圧を特徴として，表示性能に格段の進歩を見せている．図V.5.2にLCDの表示方式を示す．

電卓，腕時計用の小形表示素子としてTN（twisted nematic）液晶から出発した単純マトリクス形は，現在の代表的使用例であるワープロ，パソコン用表示素子としてSTN（super-twisted nematic）形で大形化，高精細化，カラー化，広視野角化を図り，CRTに匹敵する程度までに性能改善を行ってきた．

これら単純マトリクス形に対し，小形TV用としてスタートしたアクティブマトリクス形はTFT（thin film transitor）タイプを主流として，パソコン対応の大形製品の量産が開始され，画質

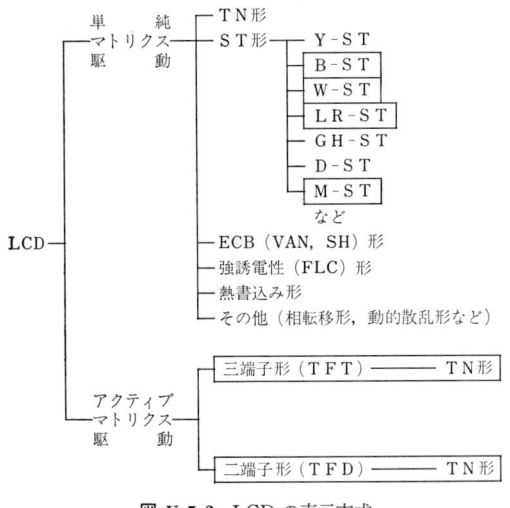

図 V.5.2　LCDの表示方式

```
              ┌ TN形
     単純     ├ ST形 ┬ Y-ST
     マトリクス│      ├ B-ST
     駆動     │      ├ W-ST
              │      ├ LR-ST
              │      ├ GH-ST
              │      ├ D-ST
              │      ├ M-ST
              │      └ など
              ├ ECB（VAN, SH）形
LCD ─┤        ├ 強誘電性（FLC）形
              ├ 熱書込み形
              └ その他（相転移形，動的散乱形など）

     アクティブ ┌ 三端子形（TFT）────── TN形
     マトリクス │
     駆動     └ 二端子形（TFD）────── TN形
```

品位的にはCRTを越えようとしている．さらにサイズが大形化され，壁掛けTVとして実用化されるのもそれほど遠い時期ではないと思われる．

図V.5.3に液晶表示素子の市場規模を示す．1995年でも，単純マトリクスLCDが市場の半ばを占めていると考えられている．まずこれらLCDの方式について概観し，応用

5.3 液晶ディスプレイ (LCD)

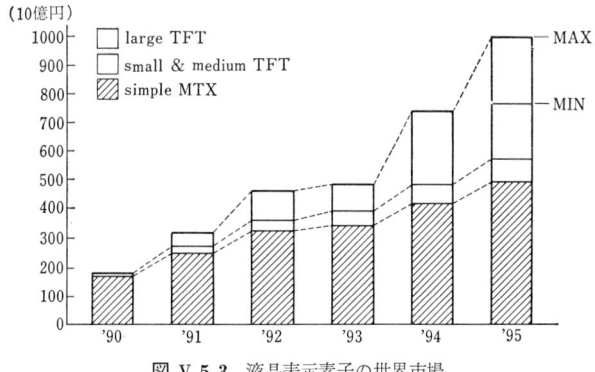

図 V.5.3 液晶表示素子の世界市場

光学的見地から FPD の検査に必要な装置類について触れる．

5.3.1 単純マトリクス形 (SM-LCD)

この方式には TN 形と STN 形とがあり，その違いを表 V.5.2 に示す．この違いの原因は図 V.5.4 に示すように液晶分子のねじれ角を 90°から 210°まで大きくしたことで，

表 V.5.2 TN 形と STN 形の比較

	TN 形LCD	ST形LCD(210°ツイスト)
表示性能		
表示コントラスト	3：1	15：1
レスポンス	200ms	200ms
視角	±13°	±45°
縦ライン数	128本	200本
表示原理	旋光現象	複屈折現象
素子構成		
液晶材料	ネマティック液晶	ネマティック液晶+カイラル剤
ツイスト角	90°	210°
セル厚精度	±0.5μm	±0.05μm
透過率-電圧特性	低急峻性	高急峻性

これによって電圧-透過率特性が非常に急峻になった．従来，液晶層の上下 ITO 間でアドレスされた領域のまわりの漏れ電界でも反応を示し，コントラストがとれにくかった TN 形に比べ，電圧応答がステップ状になった STN 形ではコントラストが上昇しただけでなく，アドレス領域の微細化も可能となった．このため，大形で高精細のコントラストの高い視野角の広いパネルが得られるようになり，ワープロやパソコンへの展開が可能となった．

さらに，製造技術の進歩により，本来全く相反する特性である（ステップ関数的電圧応

答特性の下で，透過率を電圧でコントロールする）"階調性"をもったパネルの量産も可能となった．また，コントラストが大きくとれるために，片側のガラス基板にカラーフィルターを設けカラー化もできるようになり，大形 TFT に先駆けて，量産が開始された．

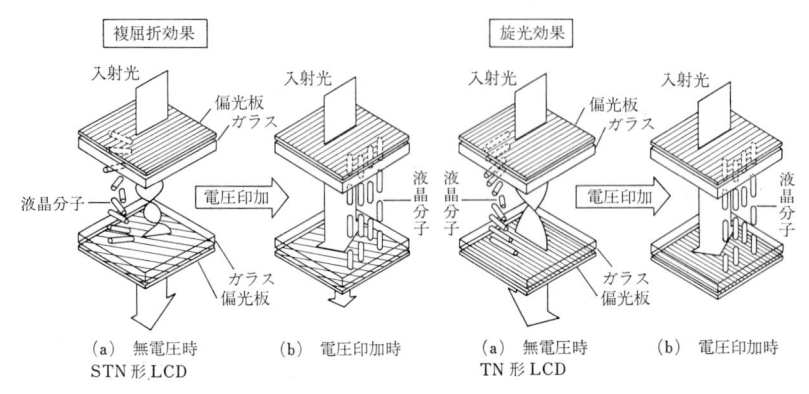

図 V.5.4 TN 形と STN 形の動作原理

さらに，パソコンなどでのマウスの動きに追随できるように高速形が開発され商品化も進んでいる．これには液晶材料自体の開発を含め，液晶層を従来の ~6μm から ~4μm 程度まで狭くすることによる生産上の諸問題の解決が前提となった．

5.3.2 アクティブマトリクス形（AM-LCD）

この方式ではガラス基板上に薄膜トランジスター（TFT）などのアクティブなスイッチング素子を各表示画素ごとに設けているため，表示品位は非常に素晴らしく，画面の端の部分でも原理的に，にじみなどがなく非常に見やすい表示となっており，今後，その軽量性，薄形性を活かして，徐々に CRT に置き換わっていくものと非常に大きな期待が寄せられ各社の参入が相次いでいる．最初の工程である TFT の製造工程は半導体プロセスとほぼ同じであり，非常に多額の初期投資を必要とし，各社，膨大な資源投入を行いながら，量産に向けて活動を開始している．

超大形 TV 用としては，CRT の投射形もあるが，本命はやはり，液晶タイプと見られており，2″ 程度の液晶素子 3 個を三原色に対応させてスクリーン上で画像を重ね合わせるプロジェクション方式が一般的であり，HDTV にも比較的容易に対応できる特徴がある．このとき，スクリーン上の光量を確保するために小さな液晶パネルを透過する光量が膨大なものになり，その耐光性などの関連から，TFT 材料として，現在の a-Si に対し，p-Si への切替えが考えられている．

単純マトリクスで LCD は機械的な精度を出すのが大きな問題であったが，アクティブマトリクス LCD では，1 画面を構成する 20～100 万個のトランジスターの 1 個でも不良があればパネル自体を破棄せねばならないという表示素子共通の非常に過酷な条件があ

り，やはりこれが製造歩留り上，最後まで残る問題となろう．このため，冗長性をもたせる，リペア工程を導入するなどの工夫がなされている．またキー部品としてはカラーフィルターや駆動用ICがある．カラーフィルターは従来の染色法に加え，分散法，印刷法，電着法の実用化が進められているが，これ自体の製造歩留りも問題で，コスト低減の大きな妨げになっている．駆動用ICのコストも大きく低価格化が望まれる．技術的には，今後高精細化が進むにつれて，ピンピッチが狭くなり100 μmを切った実装法の開発が重要になる．

液晶材料自体もまだまだ開発の余地があり，量産化の目処がついたとされる強誘電性液晶をはじめ高分子分散形など，今後ともなおいっそうの発展が期待され，それに応じた新しい表示形式が出てくる可能性がある．

5.3.3 評価・検査装置

大形液晶パネルの製造装置，検査評価装置といった製造環境は，この分野の急激な進展のせいもあり，現状は半導体用の各種装置の延長線上にあり，ようやく液晶専用の装置が市場に出始めたところである．ここでは，光学的な装置としての検査・評価装置について述べる．

図V.5.5に液晶表示素子の製造プロセスに沿った主な検査・評価項目を示す．液晶素子での主な不良は，目に見える異常（きず，ごみなど），液晶層にかかる電圧分布の異常（TFT・電極配線などの異常），液晶層での電界強度分布の異常（液晶層や配向膜の厚さムラなど）と液晶自体の異常であり，これらをプロセスの上流でいかに早く的確に検出するかが最大問題になっている．

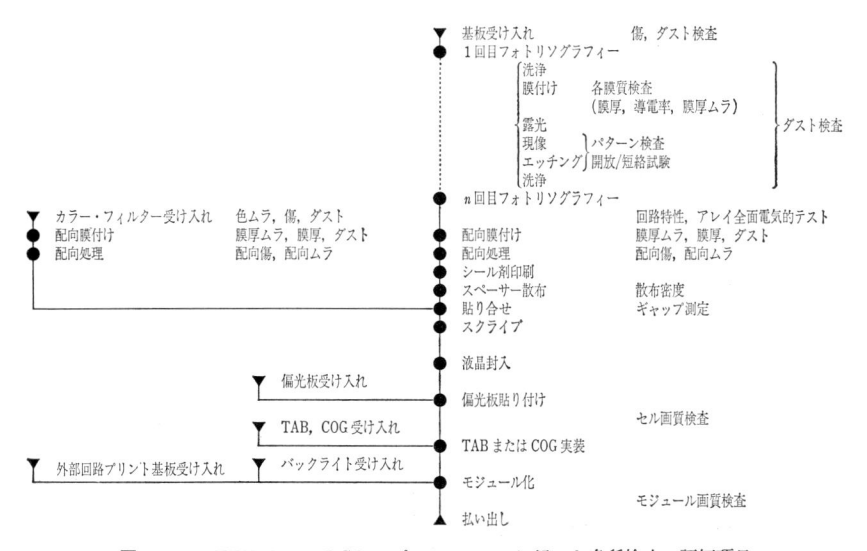

図V.5.5 TFTカラーLCDのプロセスフローに沿った各種検査・評価項目

(1) 微細パターン広域検査 単純マトリクスであれ，アクティブマトリクスであれ，液晶素子は局所的に電界を生じさせるための電気的微細パターンを有している．それぞれの製造プロセスが終了した段階で，電気的なチェックを行うことはもちろんだが，プロセスの途中で何らかのチェックを行い，プロセス条件へのフィードバックを行いたい．このために，TFT を構成しているパターン各層の欠陥，電極配線部の異常を 40cm 角のガラス基板上で〜1μm の精度で高速検査できる光学的装置が必要となる．

これまで，種々の原理が提案されている．たとえば，これらパターンのほとんどが繰返しパターンであることを利用して，まずある領域の顕微鏡像をメモリに蓄積し，次にその隣のパターンを取り込み，先ほどのパターンと比較し，異常の有無を調べる方法が実用化されている．レンズによってフーリエ変換し，完全パターンのフーリエ像をマスクとして重ね合わせ，異常を調べる方法もある．また，〜1μm 角の各点の透過光量または反射光量を直接メモリに蓄積し，種々の画像処理を高速で行うことによって詳細な情報を入手する方法も提案されている．いずれにせよ，電気特性が測定できない，早い段階での検査には光学的手法が不可欠であり，この分野の不良検出の精度アップと高速化は今後の重要な課題である．

また，これらパターンの最終検査は電気的なチェックになるが，光学的なユニークな方法として電圧分布を直接可視化する方法が実現している．これは厚膜のポッケルスセルの片側に共通電極として ITO 薄膜を形成し，電圧を印加した TFT 基板に近づけセル内に電圧分布を生じさせる．ポッケルスセルに入射させた直線偏光の偏光面のセル内電圧に応じた回転を検出し，TFT 基板上の電圧分布を明暗パターンとして取り出すものである．〜20μm の解像力，〜0.1V の分解能があり，TFT の性能検査としては現段階では十分な能力と考えられる．

(2) 画質検査 LCD に限らず，表示素子に表示欠陥があればこれは致命的問題であるが，これは文字どおり目に見える欠陥であるため，最終ユーザーからの要求も非常に厳しいレベルになる．これらは現在，すべて目視検査を行っているが，このような官能検査を正確に行うことは不可能に近く明確な基準を設けることが非常にむずかしい．これらの検査を，画像処理によって自動的に行うことが要求されているが，これもまたいくつかの理由によって実現することが非常に困難である．すなわち，各画素ごとの明るさがある程度違っていても，完全にランダムに分布していれば，人間の目にはわからない．しかし，わずかに明るさの違う画素が，ある面積集まったり，周期的に分布した場合に対しては人間の目は非常に敏感である．

結局，人間の判断の対象になる現象を，検出可能な信号にいかに置き換えるかが問題であり，現在行われている，全画素の輝度データを取り込み，画像処理的にソフト対応しようとする試みは解決策の第一段階であり，将来的にはもっと直接的な変換方法が出てくるのかもしれない．非常に期待したい分野である．

(3) ダスト検査 ダスト，きず，コンタミは半導体素子に限らず，液晶表示素子においても大敵であり難敵である．通常，集光したレーザービームで基板上をスキャンし，

乱反射光を測定して，異物の存在とそのサイズを知ることができる．液晶素子で問題となる粒子の大きさはほぼ1μm以上といわれているが，それが存在する場所が光学的に非常に不均一な状態にあり，そのために検出が困難になっている．すなわち，粒子が乗っている表面は金属パターン，誘電体パターンが層状に重なりあったTFTパターン上であったり，凹凸の激しい，色分散分布があるカラーフィルター上であったりする．また，このように微小な対象物を40cm角程度の大面積に対して非常に高速で検査しなければならない．さらに，検出するだけではなく，異物の種類を知りたいなど要求はいろいろある．しかし，半導体の製造プロセスで培われた技術を用いて液晶専用の装置も出始めており，今後，光学的システムの開発が続き，いずれこれらの問題も解決されるであろう．

5.4 プラズマディスプレイ (PDP)

放電による発光形のFPDとしては，現時点でVFDに次ぐシェアーであるが，パソコン搭載の大形から券売機等の比較的小形のディスプレイまで使用されており，ここ数年のうちに逆転するものと考えられている．これは，その特性である鮮明さ，大容量性，大形化の可能性，視角の広さ，長寿命に加え，カラー化の可能性などの魅力による．

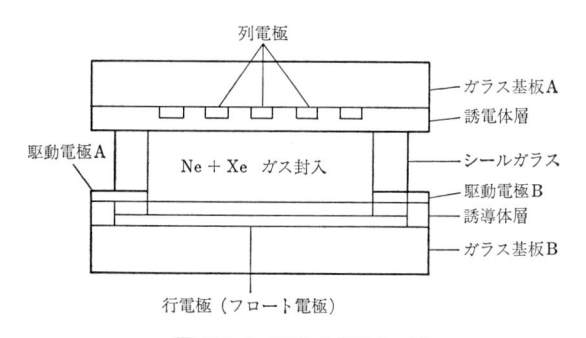

図 V.5.6 PDPの構造の一例

この方式は，ガス放電の発光を利用するもので，電極が放電ガス中に露出している直流形と誘電体の被覆をもち，交流駆動される交流形とがある．LCDに比べ，駆動電圧が高いこと，駆動電力が多いことが欠点になっていたが，駆動方法の改良により小形，低消費電力，低コスト化が進められ，従来の～100V駆動から～30V駆動程度までに低下，平均的な消費電力も約3WとLCDと同程度までになってきた．また，階調表示の要求に対しては，直流形では放電時間を制御するパルス変調により，交流形では放電回数を制御する周波数変調によって達成している．

カラー化は，放電時の発生紫外線でRGB三原色の蛍光体を励起して行うため，紫外線のリークによるクロストークが問題である．この低減のために，障壁を形成するための高精細厚膜技術が，蛍光体自体の開発に加えて重要である．

5.5 蛍光表示管（VFD）

1967年に日本で発明された蛍光表示ディスプレイは現在CRTの1割弱のシェアーで，自発光形のFPDの中ではトップである．これはやはり比較的歴史が長く，マルチカラーの表示の容易性，多様なパターンの高密度実装の可能性に負うところが大きい．用途としては，当初の電卓用から音響製品，家電製品，自動車のインパネ，計測器などの表示部にと使用範囲が広がってきている．大形の例としては，9″の640×400のドットマトリクスモノクロが端末用に使用されている例がある．

基本構造は三極真空管でアノード上の蛍光体が発光する．当初のZnO:O系の青緑色発光の蛍光表示管の開発に始まり，In_2O_3を混合した絶縁性蛍光体材料へ，また反射蛍光面形構造に対し前面発光形へ，さらに駆動IC内蔵形などへの展開が進んできている．カラー化は緑色の色純度に問題があり，フルカラーは達成できていないが現在はマルチカラーということで実用性をもたせている．大画面用としては，高速電子励起による高輝度高効率の小形マトリクスパネルを多数並べるなどの，LCDと同様な方式も考えられている．

今後の方向性としては，フルカラー化を目指した蛍光材料の開発はもちろんだが，電子放射源の改良による長寿命化，蛍光体の効率向上やTFT（薄膜トランジスター）を内蔵した，アクティブマトリクスVFDのアイデアも出されており興味のあるところである．

5.6 EL（ELD）

1960年代に開発が進んだ初期のELパネルは電圧，発光輝度などの問題で光源としては普及はしなかった．最近，LCD用のバックライト用に復活し，一時期使用されたが，やはり十分な輝度が得られないこと，劣化が早いことなどのためにやはりその役を降りている．これに対し，画像表示用としては海外での実用化が進み，自発光，全固体，表示の見やすさ，高精細，高コントラスト，大表示容量などの特徴を活かして普及が進み，この分野の伸び率はほぼ年率34%とフラットパネルディスプレイの中ではLCDと並ぶ大き

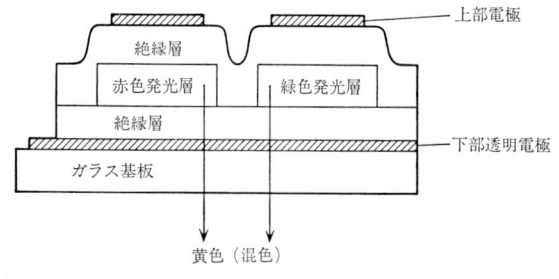

図 V.5.7 並列配置形薄膜EL素子構造

な値を示している．最近国内でもパソコンなどへ搭載され始めており，640×480 ドットで 16 階調，平均消費電力 12 W のパネルが実現している．

単色の発光は，ZnS: Mn 系で黄色が，ZnS: Tb, F 系で緑色が，CaS: Eu, F, Cu, Br 系で赤色が，SrS: Ce, KEu 系で青緑色が，SrS: Ce, K, Eu 系で白色が得られているが，赤，緑，青の安定した発光素材の開発が基本であろう．

カラー化の努力は，一例を図 V.5.7 に示すが，このような薄膜 EL 素子で，赤と緑を市松に配列したパネルや緑と黄置を線状に交互配列した平面配置形と，異なる発光色の素子を積み重ねる積層形が研究されているが，やはり青色の発光が困難であることが非常に大きな障害になっている．今後の課題としては，階調表示，低電力化，カラー化，長寿命化，コスト低減などがあげられよう．

5.7 発光ダイオード（LED）

発光ダイオードの特徴は，PDP の 1～2 桁程度大きい発光効率にあり，屋外でも十分な視認性が得られるところにある．ディスプレイとしては，高輝度自動車用ブレーキランプ，通信・照明用光源，AV 機器，回路動作のチェック，パイロット・表示ランプ，インジケーター，光センサー・リモコンなど幅広く使用されている．特に，大形画面，視角の広さ，耐水・耐候性，長寿命，メンテナンスフリーの特徴を活かした情報提供形の屋外ディスプレイに適しており，電光ニュース，広告，交通情報板などに応用されている．しかし，市場的には，現状 PDP と同程度であろうが今後の伸びはそれほどには期待できないようである．

GaAlAs の赤色，GaP:N の緑色，およびそれらの組合せを用いた表示はよく見るところである．特筆すべきことは，最近 GaN の青色 LED の発光効率が実用化領域に入り，商品化されたことである．これによってフルカラー表示用素子として大きな飛躍を遂げる可能性がでてきた．

5.8 そ の 他

ECD は電気的な作用による色変化を利用するものであるが，代表例としての WO_3 系の場合のように，電気化学的な酸化還元反応を用いていた．非常にコントラストの良い視野角の広い表示が可能であるが，広く普及するには至らなかった．

これまで，種々の表示素子について概観してきたが，まだまだ高性能化が進んでいる CRT にほかの表示素子が追いつき追い越すのは容易なことではない．しかしながら，省スペースの要求は必ずしも日本の特殊事情ではなく世界共通の需要としてこれからも根強く続くものと考えられる．その回答としての FPD の一つの方向が LCD であり，この方式が今後急激に普及し，また高性能化していくことはまちがいない．しかしながら，この

ことはここで述べたその他の表示方式が劣っているということを示しているのではなく，多分，LCDがもつ"素性の良さ"もさることながら，日本的な"研究開発を中心とする集中豪雨的な資源の投入"に負うところも大きいのではないだろうか．この意味において，従来技術の新しい表示方式への展開をはじめ，新技術，新方式の研究開発は，やはり非常に重要なことであり，今後とも重要なテーマとして継続され，次々に新しい芽が出てくることを期待したい．その一つの芽として真空マイクロ素子をあげておきたい．

[庄野裕夫]

6. 光センサー

6.1 光センサーの概要

　光センサーは，物体で反射や透過をして強度や位相，周波数などが変化した光を検出して，物体の性質やその変化などを計測する．一般に物体に非接触で，高い感度，高い精度で計測ができるので，広く利用されている．最近，微小光学素子と関連技術の発展に伴い，これまでの光センサーが著しく小形，軽量になり，信頼性も向上し，扱いやすくなった．それだけではなく，従来にない素子を利用する新しい機能をもつ光センサーも次々に登場している．特に光ファイバーセンサーや光導波路センサーが数多く提案され，実用化がはかられている．

　光ファイバーセンサーは，光ファイバー自体をセンサーとして，あるいは光の伝送路として利用する．たとえば，光ファイバー周辺の温度が変化したり，外部から圧力が加わったりすると，光ファイバーを伝搬する光の強度や位相が変化するので，光ファイバー自体がセンサーとなる．また，光ファイバーを伝送路とするセンサーでは，物体によって強度などが変化した光を伝送し，離れた位置で検出する．光路を自由に曲げて光を導けるだけでなく，電磁界の影響を受けず，爆発性の環境でも利用できる．長尺ファイバーによる高感度化，光ファイバーに沿った分布測定もできる．温度，圧力のほか，変位，回転，振動，速度，電磁界，濃度，屈折率の測定などさまざまな応用が試みられている[1]~[6]．

　一方，光導波路センサーには，導波路自体またはその付属部分をセンサーとするものと，センサーには光ファイバーなどを利用し，信号処理の光学系を導波路で集積化するものがある．導波路自体をセンサーとして伝搬する光の強度や位相の変化を検出することで，新しい形式のガスセンサーや温度・湿度センサーなどが実現されている．光学系を導波路で構成するセンサーでは，複雑な光学系を一体化でき，小形で軽量となり，調整が不要で機械的な安定性が向上する．光ファイバーレーザードップラー速度計用光導波路などがある[7,8]．

　光センサーの小形化に伴い，光源にも He-Ne レーザーに代わって超小形の半導体レーザーが利用されるようになってきた．出力，波長とも安定しており，干渉測定でも利用できる．センサー全体が小形になるので，安定性が増す．また，駆動電流を変調すると出力

および周波数が変化するので，外部の変調器なしで，繰り返しパルス光を得たり，周波数変調によって高精度の干渉測定ができる[9]．

このような光センサーの小形化により，周辺技術の進歩と相まって，光による計測技術が応用できる分野がさらに大きく広がっている．

以下の節では，このような光センサーの実例をいくつかとりあげる．

6.2 物体検知センサー

光ファイバーや光導波路自体をセンサーとして，伝搬した光の強度や位相変化から物体の存在やその性質を検出できる．

6.2.1 化学量センサー

石英系ガラスの光ファイバーは耐腐食性が高く，化学性雰囲気の中でも使用できるので，気体や液体の濃度を測定する化学量センサーとして利用できる．電磁誘導の影響を受けず電気火花も生じないので化学プラントにおける可燃性，爆発性の気体や液体の検出にも用いられる[10,11]．

コアのみの光ファイバーまたは薄いクラッドをもつ光ファイバーに一定の曲げを与える．図 V.6.1 に示すように周囲の液体などがクラッドの役割をして，光ファイバー中を全反射して光が伝搬していく．液体の屈折率が大きくなると，全反射の臨界角が大きくなって損失が増大し，光ファイバーを伝搬する光の強度が低下する．10^{-3} の屈折率変化を検出できる[12]．

光導波路で全反射を利用するセンサーもある．ガラス基板中に表面で折れ曲がった光導波路をつくり，そこを伝搬する光が表面の空気との境界面で全反射するようにする．この

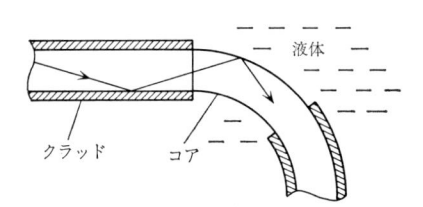

図 V.6.1 全反射を利用する光ファイバー屈折率センサー[12]

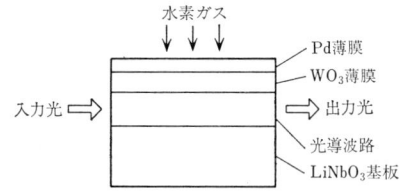

図 V.6.2 エバネッセント波を利用する光導波路水素ガスセンサー（水素検出部分の断面図）[11]

表面に油などが付着すると全反射の条件が変化して伝搬する光の強度が低下する．これらのセンサーは小形で簡単な構造であり，角度の設計により広い範囲の化学薬品の検出に応用できる[11]．

光導波路を伝搬する光がクラッド層にしみだすエバネッセント波を利用する光導波路センサーもある．図 V.6.2 は水素ガスセンサーの例である．$LiNbO_3$ 基板上に Ti 拡散でつ

くった単一モード導波路の上に WO_3 および Pd の薄膜を蒸着してある．導波路を伝搬する光は一部が WO_3 の層にしみだす．水素ガスが周囲にあると，水素分子が Pd 層で吸着解離されて陽子と電子に分かれる．これらが WO_3 層へ拡散すると，H_xWO_3（タングステン酸ブロンズ）ができて青く着色する．そのため光の吸収が増大し，光導波路を伝搬する光の強度が低下する．水素濃度が 1000 ppm のとき，強度が 10 dB 程度低下する[11]．

6.2.2 温度・圧力センサー

光ファイバーの周囲の温度や圧力が変わると，光ファイバーの長さや屈折率が変化し，伝搬する光の位相が変化する．これを干渉計により検出する[13,14]．単一モード光ファイバーを用いるマッハ-ツェンダー干渉計形のセンサーを図 V.6.3 に示す．レーザーからの光

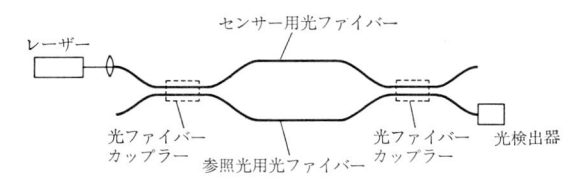

図 V.6.3 光ファイバー干渉センサー（マッハ-ツェンダー形）

を光ファイバーカップラーで二つに分けて，一方の光ファイバーをセンサー用，他方を参照光用とする．二つの光を再びカップラーで重ね合わせて検出する．測定感度はセンサー部の光ファイバーの長さに比例する．光の位相変化は 10^2 rad/°C·m 程度または 10^{-4} rad/Pa·m 程度である．水中の音波を検出するハイドロフォンもある．光ファイバーを電歪素子や磁歪素子に巻き付けると，それぞれ電圧および磁束密度の測定ができる．

このほか光ファイバー中で繰り返し反射する光の干渉を利用するファブリー-ペロー干渉計形のセンサーもある．また，偏波面保存単一モード光ファイバーを伝搬する互いに偏光が直交した二つの光の干渉によっても，温度変化などを測定できる．

光導波路を用いると，多数の光学素子を同一の基板上に一体化できるので，機械的に安定した光学系ができる．特に安定性が要求される干渉センサーを一体化して構成すると，その効果が大きい[8]．マッハ-ツェンダー干渉計形のセンサーを図 V.6.4 に示す．Ti 拡

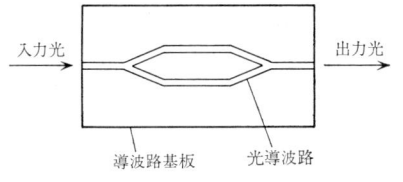

図 V.6.4 光導波路干渉センサー（マッハ-ツェンダー形）

散 $LiNbO_3$ 導波路で Y 分岐により光を二つに分けて，後に再び重ね合わせる．一方の光路をセンサー用，他方を参照光用とする．または二つの光路ともセンサー用とみなし，光導波路の長さを変えておく．温度，湿度や圧力などの変化を光の位相差の変化から測定できる[15,16]．

6.3 変位センサー

光ファイバーを光の伝送路とするセンサーに変位センサーがある．物体による反射光の強度や位相の変化を検出する．反射光の位相変化を光導波路で構成した干渉計で検出する変位センサーもある．

6.3.1 光ファイバーによる変位センサー

光ファイバー束からの出射光が物体で反射して光ファイバー束に戻るときの強度変化を利用する変位センサーは早くから実用化されている．数 μm から数百 μm の変位や振動を測定できる[17]．

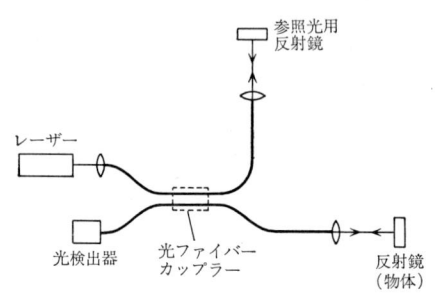

図 V.6.5 光ファイバー干渉センサー（トワイマン-グリーン形）

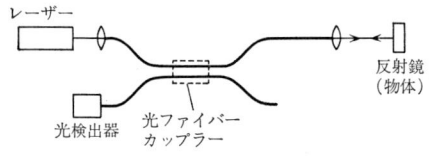

図 V.6.6 光ファイバー干渉センサー（フィゾー形）

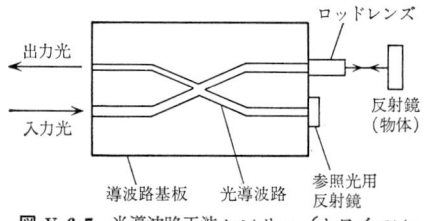

図 V.6.7 光導波路干渉センサー（トワイマン-グリーン形）[19]

物体の変位を高精度で測定するために干渉を利用するセンサーも多数提案されている[13]．トワイマン-グリーン干渉計形センサーを図 V.6.5 に示す．光ファイバーカップラーにより光を二つに分けて，出射端のレンズで平行にし，一方を変位などを測定すべき物体で反射させ，他方を参照光用の反射鏡で反射させる．それぞれの光ファイバーに戻ってきた光を重ね合わせて干渉させる．検出される光の強度は，出射端のレンズと物体との距離が，光の波長の1/2 変化するごとに周期的に変化するので，数 μm までの変位や振動振幅を測定できる．

図 V.6.6 のフィゾー干渉計形センサーでは，光ファイバーを伝搬した光をレンズで平行にして，物体を照射する．物体表面で反射した光と反射膜をつけた光ファイバーの出射端面で反射した光が重なって光ファイバーに戻り，検出される．この干渉センサーでは，干渉する二つの光が同一の光ファイバーを伝搬するので，光ファイバー周辺の温度変動などの外乱による影響が少ない．また，光ファイバーとして多モード光ファイバーを用いることもできる．多モード光ファイバーを用いると散乱光でも効率よく検出できるので，物体表面が粗面であっ

6.3.2 光導波路による変位センサー

光導波路を利用する変位センサーの例を図 V.6.7 に示す．Ti 拡散 LiNbO$_3$ 導波路の非対称 X 分岐を用いるトワイマン-グリーン形の干渉計である．入射光を二つに分けて参照光は導波路端にある反射鏡で反射させ，測定用の光は物体で反射後，導波路に戻り参照光と重なる．検出される光の強度は，物体までの距離が光の波長の 1/2 変化するごとに周期的に変化する[19]．光導波路の自然複屈折による TE-TM モード間の位相差を利用すると，同様の干渉計で位相差の異なる 2 組の干渉縞を検出できるので，変位の向きもわかる[20]．

6.4 レーザードップラー速度計

運動する物体にレーザー光を照射すると，散乱される光の周波数がドップラー効果によってもとの周波数から偏移する．レーザードップラー速度計 (laser Doppler velocimeter; LDV) では，この周波数偏移を測定して物体の速度を求める．

図 V.6.8 のように速度ベクトル v で運動している物体に，波数ベクトル k_i の光が入射すると，散乱光の周波数偏移は次の式のようになる．

$$\Delta f = (1/2\pi)(k_s - k_i) \cdot v \qquad (6.1)$$

ここで，k_s：散乱光の波数ベクトルである．

物体の運動方向に対する光の入射角および散乱光の観測方向がわかっていれば，周波数偏移から物体の運動速度がわかる．

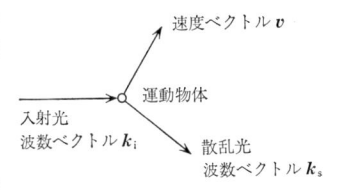

図 V.6.8 運動物体による光の散乱

周波数偏移を求めるには，干渉計で散乱光にもとの周波数の光を重ね合わせ，検出される電気信号の周波数を測定する．速度の向きを知るためには，重ね合わせる光の周波数を一定量だけ偏移させておく．この偏移周波数と検出した信号の周波数との大小から，散乱光の周波数偏移の符号がわかる．

レーザードップラー速度計は，非接触で測定対象を乱すことがなく，$10^{-6} \sim 10^3$ m/s 程度の速度を，数 μm 程度の高い空間分解能で測定できる．すでに確立された技術として，流体の速度や流量の測定，製造プロセスでの製品の流れ速度の測定，物体の振動速度の測定などに広く応用されている[21,22]．

6.4.1 光ファイバーレーザードップラー速度計

レーザードップラー速度計で，物体を照射する光や散乱光を光ファイバーで導くと，物体の近傍まで光を導いたり，物体上で各点を移動して測定するのが簡単にできるので，より広範囲の物体に適用できる[23,24]．

光ファイバーレーザードップラー速度計の光学系の配置例を図 V.6.9 に示す．図 V.6.9(a) は参照光形の配置で，運動物体を照射する光も散乱光も同一の光ファイバーで導き，周波数シフターで周波数を一定量偏移させた参照光と重ね合わせて検出する．図 V.

(a) 参照光形

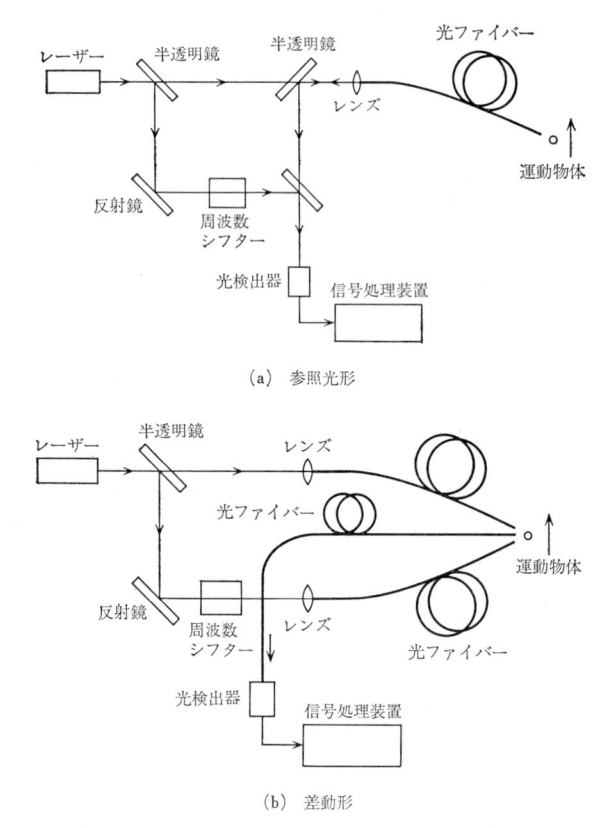

(b) 差動形

図 V.6.9 光ファイバーレーザードップラー速度計

6.9(b)は差動形で，互いに周波数のずれた二つの光を光ファイバーで導いて運動物体を二つの異なる方向から照射し，符号が反対の周波数偏移を受けた二つの散乱光どうしを重ね合わせて別の光ファイバーで検出する。

すでに実用化が進められ，流速，製品の移動速度の測定，振動物体の測定などに利用されている。

6.4.2 光導波路レーザードップラー速度計

レーザードップラー速度計を構成する光学素子を光導波路によって一つの基板上に集積すると，安定した測定が簡単にできる。

$LiNbO_3$ 基板に Ti 拡散法で単一モード導波路を製作し，干渉計と周波数シフター，偏波制御素子とを集積している。これに物体照射と散乱光検出用の偏波面保存単一モード光ファイバーを結合し，レーザーおよび光検出器とも偏波面保存光ファイバーで結合してい

る．光学系が小形で安定しており，計測時に光学系を調整する必要がない[8,25]．

6.5 光ファイバージャイロ

　閉じたループをつくる光路を光が互いに逆回りに伝搬するとき，このループが回転すると，右回りと左回りに伝搬する光の間には位相差を生じる．この現象はサニャック効果（Gagnac effect）とよばれている．光ファイバージャイロは，光ファイバーからなる閉じたループを右回りと左回りに伝搬する光の間の位相差を測定して，回転角速度を検出する[26〜29]．

　図 V.6.10 に示すように，光ファイバーを N 回巻いたループが角速度 Ω で回転すると，右回りの光と左回りの光との間には次の式で与えられる位相差 $\Delta\phi$ を生じる．

$$\Delta\phi = (8\pi^2 R^2 N\Omega/c\lambda) \quad (6.2)$$

ここで，R：光ファイバーループの半径，c：光の速度，λ：波長である．位相差 $\Delta\phi$ はループの回転角速度 Ω に比例する．光ファイバーの巻数 N にも比例するので，長尺の光ファイバーを用いて巻数を大きくするとよい．

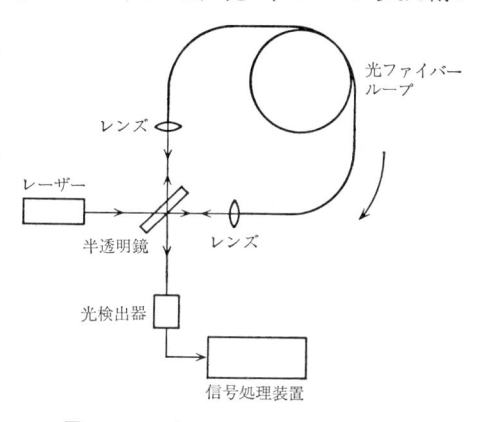

図 V.6.10　光ファイバージャイロの基本構成

　位相差を高感度で検出するには，光ファイバーループをさらに別の干渉計と組み合わせて，その干渉計で光の位相変調をして同期検出する方法や光の周波数を偏移させて光ヘテロダイン検出する方法などがある．0.1°/時間以下の高い感度も実現されている．

　このほか，光ファイバーループを光リング共振器とし，回転による共振周波数の変化を利用する方式のジャイロがある．

　光ファイバージャイロは車両の位置測定，航空機の慣性航法などへの応用が試みられている．

　光ファイバージャイロの安定化をはかるために，干渉計部分と周波数シフターを光導波路として集積化したジャイロもある[28,29]．

6.6　半導体レーザーを用いる高精度干渉計

　干渉計測を高精度化するために，光の位相を変調する縞走査干渉法や周波数を偏移させるヘテロダイン干渉法がある[30,31]．これらの方法では，干渉計の光路中に光変調装置が必要になる．半導体レーザーを光源に用いて光の周波数を変調すると，独立した光変調装置がなくても，干渉する光の位相を変えられるので，簡単に高精度の干渉計測を実現でき

る．光源の小形化に加えて，光学系も単純になるので，干渉計が扱いやすくなる．

6.6.1 高精度干渉法の原理

干渉法で光の波長より高い精度で測定するには，干渉縞の強度変化を内挿する．しかし，光の強度分布の空間的または時間的変動のために，光路差について光の波長の1/10を越える高い精度を得るのは容易ではない．そこで，一つの干渉縞パターンだけでなく，干渉する一方の光の位相を変化させて得られる多数の干渉縞パターンを用いて高い精度を得るのが縞走査干渉法（位相ステップ干渉法）である．また，ヘテロダイン干渉法では，光の周波数を偏移させて干渉縞の強度を連続的に変化させ，電気信号の測定によって高い精度を得る[30,31]．

物体の表面形状を測定する図 V.6.11 のようなトワイマン-グリーン干渉計を考える．半導体レーザーからの光を半透明鏡で二つに分けた後，透過光を被測定物体で，反射光を参照光用反射鏡で反射させて，再び半透明鏡で重ね合わせる．観測される干渉縞の強度は，干渉する二つの光の位相差を $\Delta\phi(x)$ とすると，次のように表せる．

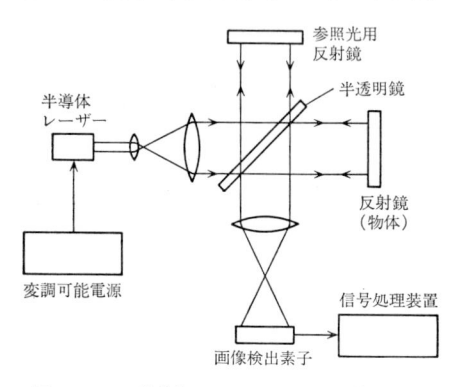

図 V.6.11 半導体レーザーを用いる高精度干渉計

$$I(x)=A(x)+B(x)\cos\Delta\phi(x) \qquad (6.3)$$

ただし，$A(x)$, $B(x)$：定数であり，x：観測面上の点の座標を表す．位相差は干渉する二つの光の光路差を $\Delta L(x)$，光の波長を λ とすると，

$$\Delta\phi(x)=(2\pi/\lambda)\Delta L(x) \qquad (6.4)$$

となる．光路差は半透明鏡から物体までの距離と参照光用反射鏡までの距離との差の2倍に等しいので，干渉縞は表面の凹凸について光の波長の1/2ごとの等高線となる．

縞走査干渉法では，干渉する一方の光の位相を，たとえば，π/2 ずつ段階的に変化させて干渉縞の強度を4回測定する．それぞれの強度を $I_1(x)$, $I_2(x)$, $I_3(x)$ および $I_4(x)$ とすると，次のようにして位相差を計算できる．

$$\Delta\phi(x)=\tan^{-1}\{[I_2(x)-I_4(x)]/[I_1(x)-I_3(x)]\} \quad (\mathrm{mod}\ \pi) \qquad (6.5)$$

ここで，mod π は π の整数倍の不確定性があることを示す．この不確定性は物体の表面形状を求めるとき，連続性を考えて，求めた位相差に π の整数倍を加算または減算して除く．

縞走査干渉法では，観測面上のある一点での光の位相差を，その点での強度の値のみから求めるので，干渉縞の強度が空間的に一様でなくても，影響を受けない．また，多数回の強度の測定値から位相差を計算するので，時間的な強度変動の影響も少ない．そのため光路差について光の波長の1/100を越える高い精度が得られる．

一方，ヘテロダイン干渉法では，干渉する一方の光の周波数を一定量だけ偏移させて，正弦波状に強度が時間変化する干渉縞を各点で検出する．これは干渉する一方の光の位相

を，連続的に変化させることと同じである．検出される正弦波信号の位相は，周波数を偏移させないときの二つの光の位相差に対応する．そのため信号の位相を測定すれば，光の位相差がわかる．この方法でも，ある一点での光の位相差は，その点での強度変化の繰返しの位相のみから求めるので，干渉縞の空間的な強度ムラや時間的な強度変動の影響をほとんど受けず，精度の高い計測ができる．

このときに，正弦波状に変化する干渉縞の強度を正弦波の 1/4 周期分ずつ積分して測定し，これらの積分値をそれぞれ $I_1(x)$, $I_2(x)$, $I_3(x)$ および $I_4(x)$ とすると，縞走査干渉法の場合と同じく式 (6.5) から干渉する光の位相差が求められる．

6.6.2 半導体レーザーの周波数変調

縞走査干渉法で，干渉する一方の光の位相を変化させるには，たとえば，参照光用反射鏡にピエゾ素子をつけ，これに電圧を加えて微小変位させる．

図 V.6.11 に示すように干渉計の光源を半導体レーザーにすると，可動部分なしに，簡単に位相変化を与えることができる[9,32]．半導体レーザーは発振する光の周波数が，モードホップがなければ，駆動電流または温度の変化によって線形性よく変化する．光の周波数が変化すると，位相差が変化する．

光の周波数を f，光の速度を c とすると，二つの光の位相差は，

$$\Delta \phi(x) = (2\pi f/c)\Delta L(x) \tag{6.6}$$

となる．そこで，レーザーの駆動電流または温度を変えて，光の周波数を次の式で与えられる δf ずつ変化させて，干渉縞の強度を 4 回測定すれば，縞走査干渉法を実現できる．

$$\delta f = [c/\Delta L(x_0)]/4 \tag{6.7}$$

ここで，$\Delta L(x_0)$：基準とする点 x_0 での光路差である．

必要な周波数変化 δf は光路差 $\Delta L(x_0)$ に依存する．実際には，干渉縞を観測して強度を正弦波状に 1 周期変化させるのに要する駆動電流または温度の変化量を求めて，その 1/4 ずつ変化させればよい．

この方法でレンズの波面収差や鏡面の表面形状などが測定されている．光源に AlGaAs レーザー（波長 788.2nm）を用い，駆動電流を 65mA から 1.25mA ずつ増加させて 4 枚の干渉縞パターンから光の位相差を計算し，光の波長の約 1/37 の測定精度を得ている．電流に対する光の波長変化は 0.0046nm/mA である[33]．

ヘテロダイン干渉法では，光の周波数を偏移させるのに超音波光変調器がよく利用される．光源を半導体レーザーとして，光の周波数を，たとえば，振幅が $c/\Delta L(x_0)$ の整数倍の鋸歯状波で変調すると，干渉縞の強度が正弦波状に変わる．これにより光変調器なしでヘテロダイン干渉法を実現できる．

ヘテロダイン干渉法で正弦波信号を積分検出する方法で，干渉する光の位相差の分布を測定した例もある[34,35]．半導体レーザーの駆動電流を三角波で変調し，正弦波状に強度変化する干渉縞を，イメージセンサーの電荷蓄積時間を利用して強度変化の周期の 1/4 ずつ積分して検出し，光の位相差を求める．縞走査法と異なり，干渉する光の位相差を連続的に高速で変化させるので，一点について 50ms 程度の短時間で測定ができる．

半導体レーザーによるヘテロダイン法をフィゾー形の光ファイバー干渉計に適用すると，光ファイバーの先端に光変調器がなくても，物体の微小変位を高精度で遠隔測定できる．また，半導体レーザーによる縞走査干渉法をホログラフィー干渉法に適用して，粗面物体の変形を実時間測定した例もある[36]．

[中島俊典]

参 考 文 献

1) 大越孝敬編：光ファイバセンサ，オーム社 (1986).
2) 布下正宏，久間和生：光ファイバセンサ―基礎と応用―，情報調査会 (1986).
3) A. N. Chester, S. Martellucci and A. M. Verga Scheggi (eds.): Optical Fiber Sensors, Martinus Nijhoff Publishers (1987).
4) 大塚喜弘：応用物理, **56**, 6 (1987), 702-719.
5) 西沢紘一：オプトロニクス, No. 112 (1991), 98-106.
6) 西沢紘一：オプトロニクス, No. 113 (1991), 195-201.
7) 西原 浩，春名正光，栖原敏明：光集積回路，オーム社 (1985).
8) 春名正光，西原 浩：光学, **17**, 6 (1988), 285-292.
9) 山口一郎，角田義人編：半導体レーザーと光計測，学会出版センター (1992).
10) 南 茂夫：応用物理, **55**, 1 (1986), 56-62.
11) 西沢紘一：計測と制御, **24**, 9 (1985), 823-826.
12) T. Takeo and H. Hattori: J. Appl. Phys., **21**, 10 (1982), 1509-1512.
13) 今井正明，大塚喜弘：光学, **13**, 2 (1984), 153-162.
14) 保立和夫：光学, **19**, 8 (1990), 542-551.
15) L. M. Johnson, F. J. Leonberger and G. W. Pratt, Jr.: Appl. Phys. Lett., **41**, 2 (1982), 134-136.
16) M. Haruna, H. Nakajima and H. Nishihara: Appl. Opt., **24**, 16 (1985), 2483-2484.
17) R. O. Cook and C. W. Hamm: Appl. Opt., **18**, 19 (1979), 3230-3241.
18) 中島俊典：光学, **16**, 5 (1987), 210-215.
19) M. Izutsu, A. Enokihara and T. Sueta: Electron. Lett., **18**, 20 (1982), 867-868.
20) 細川速美，山下 牧：O plus E, No. 111 (1989), 85-90.
21) 三品博達，朝倉利光：応用物理, **42**, 6 (1973), 560-573.
22) 中谷 登：レーザ応用技術ハンドブック（レーザ協会編），朝倉書店 (1984), 290-295.
23) K. Kyuma, S. Tai, K. Hamanaka and M. Nunoshita: Appl. Opt., **20**, 14 (1981), 2424-2427.
24) 中島 健：O plus E, No. 111 (1989), 79-84.
25) H. Toda, M. Haruna and H. Nishihara: J. Lightwave Technol., **LT-5**, 7 (1987), 901-905.
26) S. Ezekiel and H. J. Arditty: Fiber-Optic Rotation Sensors and Related Technologies, Springer (1982).
27) 藤井陽一：レーザ応用技術ハンドブック（レーザ協会編），朝倉書店 (1984), 298-300.
28) 保立和夫：光学, **19**, 7 (1990), 472-480.
29) 保立和夫：オプトロニクス, No. 128 (1992), 49-60.
30) 中島俊典：光学, **9**, 5 (1980), 266-274.
31) 武田光夫：光学, **13**, 1 (1984), 55-65.
32) 石井行弘：光学, **20**, 5 (1991), 265-270.
33) Y. Ishii, J. Chen and K. Murata: Opt. Lett., **12**, 4 (1987), 233-235.
34) K. Tatsuno and Y. Tsunoda: Appl. Opt., **26**, 1 (1987), 37-40.
35) J. Chen, Y. Ishii and K. Murata: Appl. Opt., **27**, 1 (1988), 124-128.
36) Y. Ishii: Opt. Commun., **66**, 2, 3 (1988), 74-78.

7. X線光学機器

X線領域では，屈折形レンズや直入射ミラーの製作が困難なために，X線光学機器としては，研究用のX線回折装置や分光器が主であった．産業用機器としての利用も，結晶の評価や元素分析に限られていた．このような状況も，新しいX線源の出現や高性能の光学素子の開発によって，大きく変わろうとしている．本章では，現在開発中の機器を含め，新しいX線光学機器の現状を述べる．

7.1 X線光学機器の構成要素

X線機器の主な構成要素は，光源，光学素子，検出器である．ここでは，代表的なX線源と光学素子の特徴を述べる．検出器は多岐にわたるので，参考文献を示しておく[1]．

7.1.1 X 線 源

（1） X 線 管　古くから使われている電子線衝撃によるX線発生装置である．X線量（光子数）が必要な場合には，大電流に耐えられる回転ターゲット形，X線顕微鏡のような画像用としては，高輝度微小焦点形になる．後者の場合，電子銃の高輝度化が必要で，従来のタングステンフィラメントからLaB_6やタングステン単結晶に変えると，輝度が向上する．

X線管は，取扱いが容易で比較的安価であり，ターゲットの交換によって，広い範囲の線スペクトルと連続スペクトルが得られる．基礎研究用光源として最も基本になるX線源である．

（2） プラズマX線源　ターゲットに強電界をかけると，プラズマが生成し，X線が発生する．比較的小形のパルスレーザーでも，集光して単位面積（$1 cm^2$）当たりのパワーを$10^{12} W$前後にすると，プラズマX線が発生する．発生するX線の波長は，入力レーザーのエネルギーとターゲットの種類によっても異なるが，軟X線領域（$1～10 nm$）では，X線管に比べて桁違いに大きな出力になる．レーザーからX線への変換効率も1～数十％に及び，小形で高出力の装置が開発されつつある．繰返し周波数も，小形レーザーの場合，$10 Hz$以上のものも市販されており，動画像も得られる状態にある．パルス幅がナノ秒オーダーであり，高速現象の解明には有力な手段となりうる．

（3） 小形放射光光源　大形放射光は，広い分野の基礎研究用装置として，世界各国

で開発され実用化されている．一方，産業用としては，比較的小形の放射光光源が最近開発され，軟X線源としての利用が始まっている．一般の放射光装置は，加速器の大きさが数十メートル以上あり，通常の実験室規模の大きさではない．小形放射光は，本体が数メートル以下であり，作業室を含めても20メートル四方程度におさまる．1~10nm前後の連続スペクトル光源としては，きわめて使いやすいX線源である．

（4）X線源のまとめ　3種類のX線源の特徴について，おもな項目を表V.7.1に示す．

表 V.7.1　実験室規模のX線源の比較

項目＼X線源	X 線 管	プラズマX線	小形放射光
波長域	0.1~10 nm	1~10 nm	0.2~10 nm
スペクトル	ライン・連続	ライン・連続	連続
パルス性	機械的に可	1~数十 Hz	~10^8 Hz（単一パルスまたは連続
コスト	~10^7 円	>10^7 円	>10^9 円
大きさ	~1 m	~2 m	~5 m
1台当たりの実験ポート	~2	~2	>10

7.1.2　X線光学素子

X線領域では，すべての物質の屈折率が1よりわずかに小さく，屈折形レンズの製作が不可能である．そのため，屈折以外の物理現象を利用して，光学素子の製作を行っている．X線光学機器に使われる代表的な素子の概要を述べる[2]．

（1）結　　晶　波長1nm以下の短波長X線に対して，最も信頼のおける光学素子である．結晶格子の配列の正確さは，X線波長に比べて2~3桁高く，格子面によるブラッグ反射は波長選択性が良い．主な分光結晶と利用波長範囲を図V.7.1に示す[3]．高分

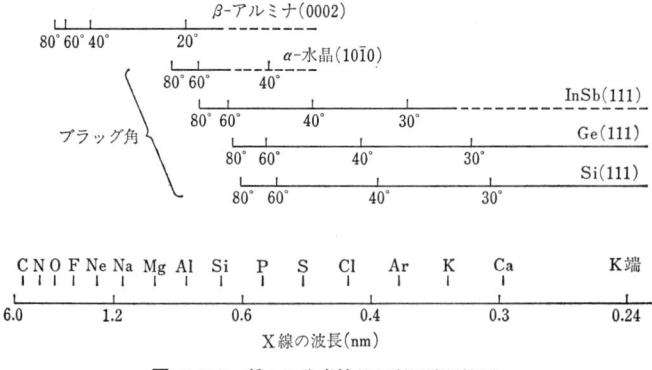

図 V.7.1　種々の分光結晶と利用波長範囲

解能の分光,平行度の高いコリメーターとしての利用が主であるが,非対称ブラッグ反射を利用したX線像の拡大や縮小用素子として使われることもある.結晶を湾曲させて,分光集光素子としても利用されるが,形状の制御がむずかしく,集光スポットサイズは数百 μm 前後である.

(2) **回折格子** 反射形と透過形が開発されているが,前者が一般的である.主に,結晶の利用が困難な軟X線領域で使われる.図V.7.2に示すように,入射角 θ_i,回

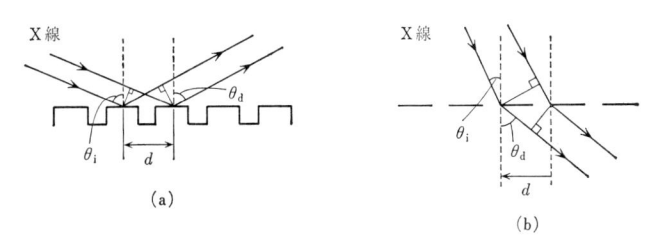

図 V.7.2 反射形(a)および透過形回折格子(b)

折角 θ_d,格子間隔 d とすると

$$d(\sin\theta_d - \sin\theta_i) = m\lambda \quad (m=1, 2, \cdots) \tag{7.1}$$

の関係が成り立つ.反射形は,全反射を利用した斜入射凹面回折格子が最もよく使われる.従来は,等間隔の格子によるローランド円利用の分光が主であったが,不等間隔の格子加工法の進歩により,分光特性の異なるいろいろな光学系がつくられている.

透過形回折格子は,リソグラフィーによる微細加工技術の進歩によって可能になった.サブミクロンの格子間隔で,1nm 以上の軟X線分光に利用できる.きわめて簡単な光学系で分光できるが,分解能が低いので,スペクトルの概要を調べるのに適している.

(3) **斜入射全反射ミラー** 鏡面の屈折率が1よりわずかに小さいことを利用すると,鏡面にすれすれに入射する(斜入射)X線は全反射を起こす.この現象を利用してX線の集光や結像が行われている.光学系としては,回転軸対称のパイプ状ミラーと球面あるいは非球面の一部を使う軸はずしミラーに大別できる.斜入射光学系では,凹面鏡は非点収差が大きく,1個のミラーでは点状光源の正確な収束・集光が不可能である.

点収束X線の形成には,凹面鏡を2枚直交させた Kirkpatrick–Baez 形か回転楕円ミラーを使う必要がある.軸はずし斜入射ミラー光学系の例を図V.7.3に示す.さらに精度の高いマイクロビームの形成や結像には,2個あるいは偶数個の非球面ミラーを連結させ,コマ収差などを除いた光学系にする必要がある.X線顕微鏡やX線望遠鏡の対物ミラーとして使われている代表的なミラーとして,図V.7.4にウォルター形ミラーの概念図を示す[4].この光学系は,集光効率が比較的高く,解像力もナノメートル台が期待できる.

全反射光学系の特徴は,臨界波長(ミラー材と斜入射角によって決まる全反射可能な最も短い波長)以上のX線の結像が,同一固定の光学系で行えることである.そのため,微小部品の欠陥検査や生体の微細構造観察など,波長に大きく依存しない機器用に適して

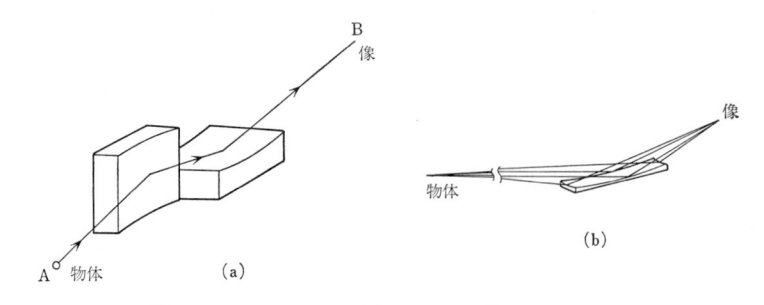

図 V.7.3 Kirkpatrick 形光学系（a）と楕円面ミラー（b）

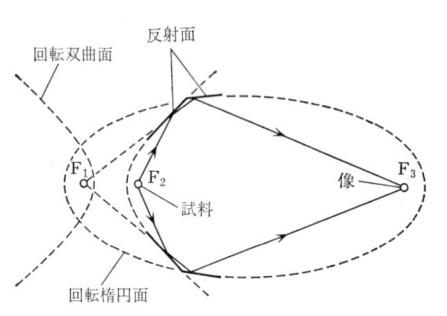

図 V.7.4 ウォルター形ミラー

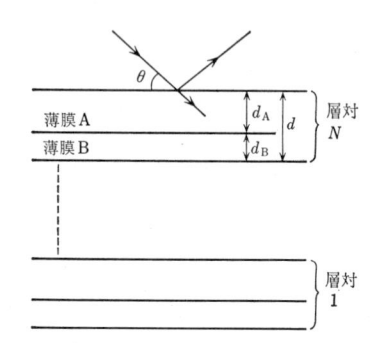

図 V.7.5 多層膜ミラー
d は周期，d_A，d_B は異なる物質の厚さ．

いる．

（4）多層膜ミラー　屈折率の大きく異なる薄膜を交互に重ね，直入射に近い入射角でX線の反射率を増大させる人工的な反射面を多層膜ミラーとよんでいる．模式図を図V.7.5に示す．膜の周期と入射角および波長との間には，通常のブラッグ反射と同じ関係が成り立つ．数 nm 以下の短波長X線に対しては，多層膜形成のむずかしさから，直入射の利用が困難になり，斜入射で使われる．

結晶に比べ，比較的広いバンド幅（$\Delta\lambda/\lambda=1/10\sim1/20$）のスペクトル分解能なので，X線量（光子数）が必要なときに，分光素子として使われる．直入射光学系は，X線リソグラフィー用の縮小光学系やX線顕微鏡の対物素子として使われる．

（5）ゾーンプレート　図 V.7.6に示すような，X線に対して透明・不透明の同心円状の板をゾーンプレートとよんでいる[5]．この素子は，

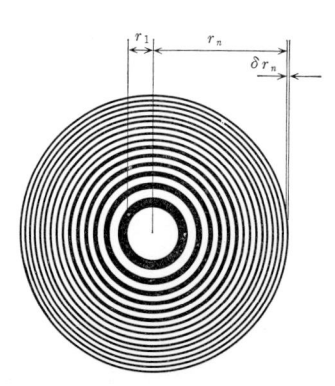

図 V.7.6 ゾーンプレート

光学的回折を利用して分光・集光・結像が行える．一次，三次などの奇数次回折光が結像作用を示すが，通常の結像には，一次の回折光を使う．分光能力は，輪帯の数 N に依存し，$\lambda/\Delta\lambda \sim N$ となる．解像力は，最外輪帯の最小線幅にほぼ等しい．透明・不透明のゾーンプレートでは，結像に寄与する回折効率が数％以下と低いので，不透明部分の輪帯を半透明にし，透明輪帯に対し位相を 180° ずらして回折効率の向上を図っている．ゾーンプレートは，主に X 線顕微鏡の対物素子として使われている．

7.2 X 線分光器

X 線分光器には，大別すると連続スペクトルから単色光を得るタイプと発光光源のスペクトル分布を求めるタイプに分けられる．前者は，放射光のような連続発光スペクトルを物性研究用に単色化する場合に用い，後者は，プラズマ X 線源のようなパルス発光のスペクトル分布測定などに使われる．分光器をモノクロメーターとよぶのが一般的であるが，これらを区別する場合には，前者をモノクロメーター，後者をポリクロメーターとよぶ．

7.2.1 X 線モノクロメーター

（1） 平面状結晶および回折格子の利用　連続スペクトルを分散させ単色化する装置の総称で，短波長 X 線用は結晶を分光素子として使い，軟 X 線用は反射回折格子を使う．

いずれの場合も，最も簡単なタイプは，平面状素子を使ったものである．結晶の場合は，ブラッグ反射を使って，単色光を得る．結晶格子面の周期 d，斜入射角 θ_B との間には

$$2d\sin\theta_B = n\lambda \quad (n=1, 2, \cdots) \tag{7.2}$$

の関係があるので，入射角の変化によって任意の単色 X 線が得られる．この分光器の欠点は，波長によって出射方向が異なることである．この欠点を補う方法として，図 V.7.7 に示すような平行 2 結晶分光器がある．この分光器は，X 線の波長を変えても，出射方向が変化しないように，結晶の平行移動と回転を同期させ，任意の波長を選択できるようにしてある．

平面回折格子も似たような使い方ができる．図 V.7.8 は，2 枚の全反射ミラーと反射回折格子を組み合わせて，入射ビームと出射ビームの光軸を一定に保つ分光光学系である．

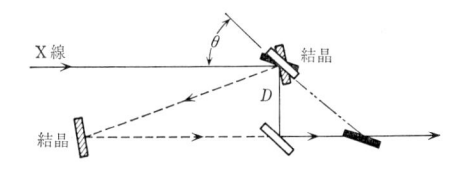

図 V.7.7　2 結晶分光光学系

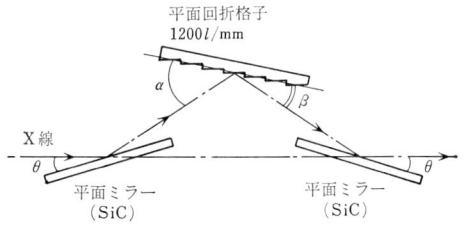

図 V.7.8　平面回折格子と全反射ミラーとの組合せ分光光学系

波長の選択は，回折格子の回転によって行う．

（2） 凹面結晶，回折格子の利用 分光素子を凹面にすれば，集光作用の結果，明るい光学系が可能になる．発散X線に対しては，図 V.7.9 のようなローランド円を利用した分光光学系が使われる．凹面結晶あるいは回折格子の曲率半径を R とした場合，その凹面に接する直径 R の円をローランド円とよぶ．このとき，この円周上の一点 S から出たX線は，凹面分光素子によって，同一円周上のほかの点 P に分光され集光する．入射角 α の大きい斜入射領域では，非点収差が大きくなり，集光点の像 P が垂直方向に伸びてしまう．現在使われている大半の分光器は，このローランド円を何らかの形で利用している．

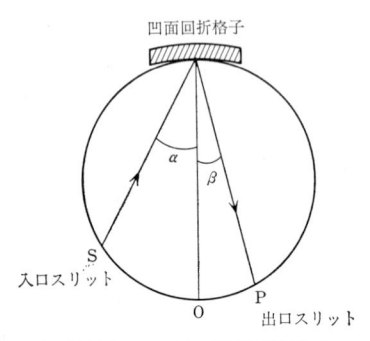

図 V.7.9 ローランド円を利用した分光光学系

一例として，放射光軟X線分光器（グラスホッパー形モノクロメーター）を図 V.7.10 に示す．M_0 ミラーと M_1 ミラーによって水平，垂直方向の集光を行い，反射ミラーを伴う入射スリット S_1 に入射する．入射スリット S_1 と出射スリット S_2 は点線のようなアームで結

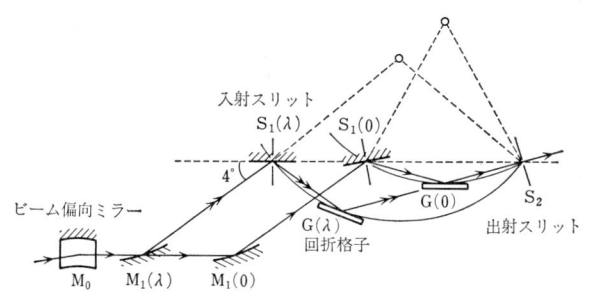

図 V.7.10 グラスホッパー形モノクロメーター

ばれ，目的の波長に応じて図のような動きをする．図には 0 次と波長 λ の場合が示されている．この分光器は出射スリット位置と出射ビーム方向が固定なので非常に使いやすい．

7.2.2 X線ポリクロメーター

この分光器は，主にパルス状のX線発光分布同時測定に用いられる．図 V.7.11 は，Hamos 形結晶分光器の応用例である[6]．円筒形の結晶の曲率中心軸上にX線源（図ではターゲット）を置くと，発光X線は，円筒結晶で分光され，中心軸上に波長分解され集光する．分光器の検出面をこの中心軸上で結晶に平行に配置すると，同時に発光スペクトルが計測可能になる．円筒の円周方向に入射したX線がすべて分光されて集光するので，点光源に対して比較的明るい光学系になる．

次に，平面に結像分光させるポリクロメーターの例を図 V.7.12 に示す[7]．近似的に平

7.3 X線生物顕微鏡

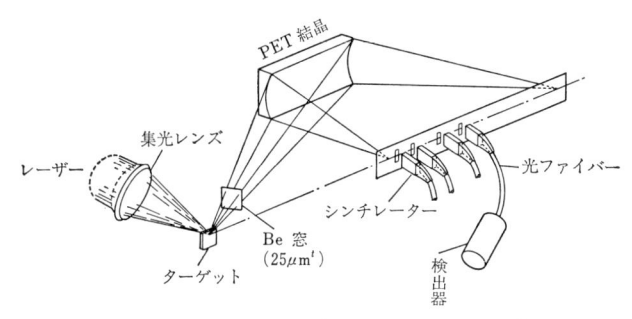

図 V.7.11 Hamos形X線ポリクロメーターと検出器

面結像が行えるように，凹面回折格子の溝ピッチが不等間隔に機械刻線されている．数nmから数十nmの波長を効率よく結像分光できる．検出面にはフォトダイオードアレイを配置し，多波長同時測定を可能にしている．

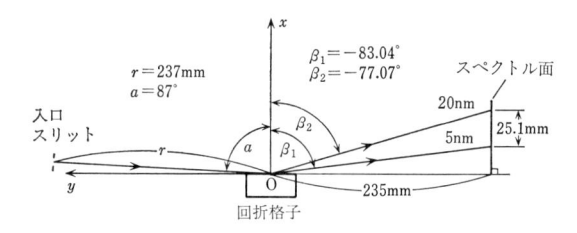

図 V.7.12 平面結像形ポリクロメーター

光源像と分光が同時に測定できる結像分光系を図V.7.13に示す[8]．光源の空間像結像にはウォルター形ミラーを利用し，分光には透過回折格子を用いる．素透しの格子を使えば，真空紫外から軟X線までの広い範囲の分光結像が可能になる．

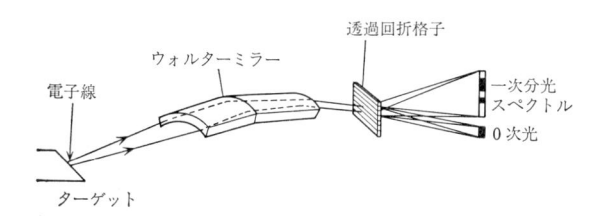

図 V.7.13 結像分光光学系

7.3 X線生物顕微鏡

X線は，電子線に比べ透過力が大きく，可視光に比べ波長が短い．この特徴は，大気中あるいは水溶液中における生きた試料の高分解能観察を可能にする．現在，いろいろな手

法で生物観察が試みられている．

7.3.1 X線吸収コントラスト

生体試料の主要構成元素である酸素，窒素，炭素などの吸収端波長は軟X線領域に存在する．生体の観察には，主にこれらの吸収端のある軟X線（波長2～5nm）が利用される．

吸収は，元素の種類，密度，試料の厚さおよび波長が与えられれば一意に決まる．試料の厚さを x (cm) とすると，X線の吸収は式 (7.3) で表される．

$$I = I_0 \exp(-\mu_l x) \tag{7.3}$$

ここで，I および I_0：それぞれ透過および入射強度，μ_l (cm^{-1})：線吸収係数である．μ_l は注目する元素の質量吸収係数 μ_m (cm^2/g) と試料の密度 ρ (g/cm^3) を用いて

$$\mu_l = \mu_m \rho \tag{7.4}$$

と表される．μ_m は元素と入射波長が与えられれば一意に決まる．水の吸収が比較的小さくなる軟X線領域の線吸収係数の例を図V.7.14に示す．図から明らかなように，水の構成元素である酸素の吸収端波長2.3nm付近から，炭素の吸収端波長4.3nm付近まで，水の吸収係数が1桁程度小さいことがわかる．この波長域での空気の吸収係数は，さらに2桁以上も小さい．このように，この波長域は，生体試料の自然な状態での観察に適していることがわかる．

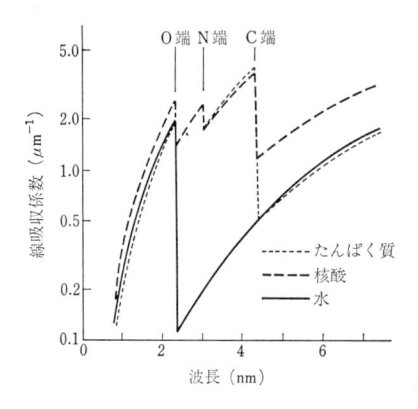

図 V.7.14 たんぱく質，核酸，水の線吸収係数

7.3.2 X線顕微鏡の種類

X線顕微鏡は，大別すると，拡大像を直接得る結像形と，マイクロビームを走査し画素ごとの信号を画像化する走査形に分けられる．さらに，それぞれの方法が，結像あるいは収束用の光学素子を使う場合と使わない場合に分類できる．主なX線顕微鏡を表V.7.2に示す．投影拡大法や密着法は簡便ではあるが，試料の固定や多量のX線を照射するなど，生きた細胞などの観察には不向きである．これに比べ，X線レンズの機能をもつ光学素子を用いる方法は，試料の取扱いに自由度が増し，動的観察も容易である．高解像度のゾーンプレートとウォルターミラーを用いた光学系が代表的なものである．

表 V.7.2 主なX線顕微鏡

光学素子の有無	光 学 系	画像化モード
な　　　し	投 影 拡 大 法 密　　着　　法	幾何学的拡大 等　　　倍
あ　　　り	ゾーンプレート 斜入射ミラー 多層膜ミラー	結 像・走 査 結 像・走 査 結 像・走 査

7.3.3 ゾーンプレートX線顕微鏡

（1）結　像　形　　ゾーンプレートは，回折効率が低いので放射光のような強力光源

が必要である．さらに，回折を利用しているので色収差を伴う．そのため必ずX線を単色化しなければならない．放射光の分光には，通常凹面回折格子を用いることが多いが，ゾーンプレートX線顕微鏡では，分光と集光が同時にできるコンデンサーゾーンプレート照明光学系を用いる．ゾーンプレートX線顕微鏡光学系の概念図を図 V.7.15 に示す[9]．照

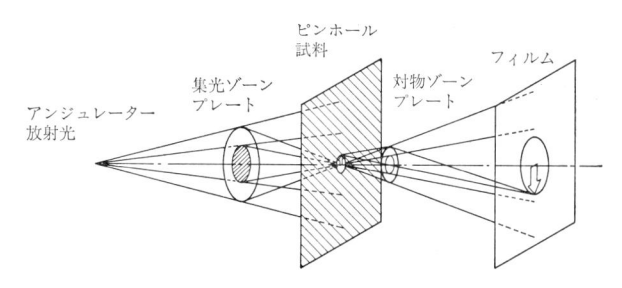

図 V.7.15 ゾーンプレートX線顕微鏡光学系

明用と対物ゾーンプレートの中心部の数ゾーンは，0次の直接光が像面中心部にかぶらないように，不透明にする必要がある．さらに，物体面は，試料用のピンホールを除いて不透明にし，0次および高次の迷光を防ぐ必要がある．

表 V.7.3 に集光および対物ゾーンプレートの数値例を示す．使用波長は，2.5 nm 前後を想定している．照明効率を最大にするため，両者の開口数を一致させる．アンジュレーター放射光を用いて得られた赤血球のゾーンプレートX線顕微鏡写真を図 V.7.16 に示す．

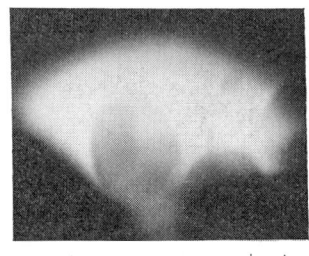

表 V.7.3 ゾーンプレート数値例

項　　目	コンデンサー z.p.	対物 z.p.
第1ゾーン半径（μm）	15.8	5.0
最大径（μm）	1000.0	100.0
ゾーン数	1000	100
最外帯幅（μm）	0.25	0.25

図 V.7.16 ゾーンプレート軟X線顕微鏡像（赤血球）

（2）走査形　試料上を微小なX線ビームで走査して得られる透過像は，空間的な情報が定量的に得られるので，解析が容易になる．さらに，この方法は，生体試料のような照射損傷を受けやすい物体に対し，入射X線の大半が信号として検出されるので効率がよい．X線のマイクロビームは，従来，ピンホールによってつくられてきたが，分解能

や明るさにも限界があり，光学素子の利用が盛んになってきた．

ゾーンプレートが軟X線用の収束素子として用いられている．光学系の一例を図 V.7.17 に示す．窒素の吸収端波長（3.1 nm）より長波では，大気の吸収も比較的小さいので，

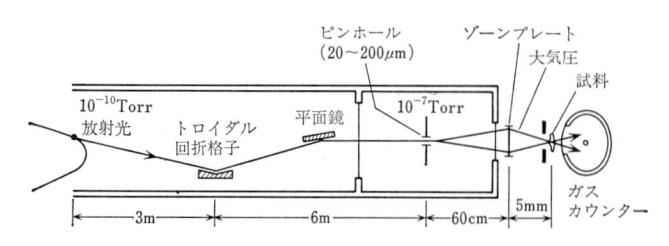

図 V.7.17 ゾーンプレート放射光走査形軟X線顕微鏡

ゾーンプレートと試料は大気中に置ける．カルシウムのL吸収端前後（3.55 nm と 3.58 nm）による透過像を比較し，カルシウム分布を画像化している．現在 75 nm の分解能が報告されている[10]．

7.3.4 斜入射ミラーX線顕微鏡

ゾーンプレートは強力な単色光を必要とするため，実用的な装置は，すべて放射光を光源としている．一方，ウィルターミラーは単色光の必要がなく，ゾーンプレートに比べ，X線の集光効率が高いので，通常のX線管あるいはプラズマX線源でも実用的な装置が可能である．

図 V.7.18 に，著者らによって試作された結像形斜入射ミラーX線顕微鏡光学系の一例を示す．ターゲット材に，アルミニウムや炭素のような軽元素を使うと，軟X線領域に何本かの強力な線スペクトルを発生する．ターゲット付近は，レーザーによってプラズマ化

図 V.7.18 レーザープラズマX線源利用の斜入射ミラーX線顕微鏡

された高速微粒子による汚れが著しいので，試料は照明用集光ミラーの後方に配置する．対物ウォルターミラーの幾何学的パラメーターの一例を図 V.7.19 に示す．倍率は 20 倍で反射面はパイレックスガラスでできている．大きさが小さいので真空レプリカ法によって製作した[11]．X線励起用のレーザーは出力 1.4 J，パルス幅 8 ns，波長 1.06 μm の Nd-YAG レーザーを用いた．図 V.7.20 に，微細格子パターンのX線顕微鏡像を示す．パターンのピッチは 1 μm で，0.5 μm の線幅をもっている．撮影に使用した波長は 4.5〜8 nm のアルミニウムプラズマX線である．撮影は 1 パルス 12 ns 前後で行われた．分解能は 0.1 μm 以上が得られており，実験室系の装置として今後の発展が期待されている．

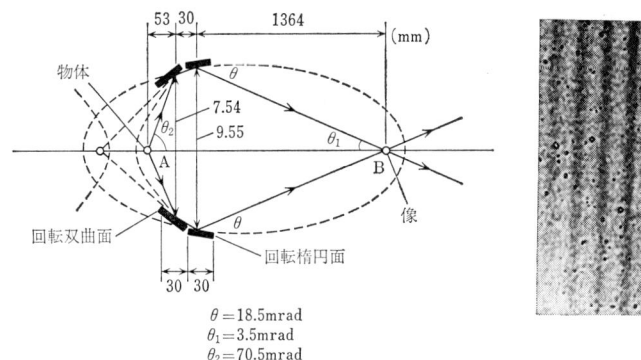

図 V.7.19 斜入射X線顕微鏡対物ウォルターミラーの幾何学的パラメーター

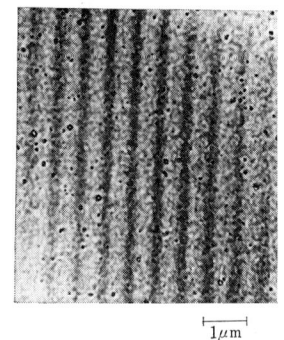

図 V.7.20 斜入射X線顕微鏡像 微細透過回折格子拡大像

7.4 X線リソグラフィー装置

　超LSIの集積度は，数年ごとに4倍の割合で増加し，21世紀初頭には1ギガビットDRAMの出現も予想されている．集積度が増すにつれ，回路パターンの線幅も小さくなり，1ギガDRAMで$0.15\mu m$前後になる．現在使われている紫外線露光技術では，$0.3\mu m$前後の線幅が限界であり，早晩X線露光が必要になると思われる．X線露光は，線幅の改善のみならず，加工深さも大きくできるので，マイクロマシン製作にも非常に有利である．

　X線露光には，マスクパターンを1対1に焼き付けるプロキシミティー法と光学系によって縮小パターンを得る縮小投影法がある．いずれの方法もX線源として放射光の利用を中心に展開されている．

7.4.1 プロキシミティー露光装置

　マスクパターンをレジスト面に近接させ1対1の倍率でX線露光を行う方法である．露光視野が比較的大きくとれるので，LSI用として試作機がつくられている．

　装置の最大の問題は，マスクパターンエッジによるフレネル回折のぼけである．パターンぼけの大きさは，マスク-レジスト間距離と波長の積の平方根にほぼ等しいので，短波長の利用が望まれるが，レジスト感度とマスク吸収体（線幅が小さくなると，パターンの高さと線幅のアスペクト比がきわめて大きくなり，製作が困難になる）の制約から，最適波長が決まってくる．さらに，マスク基板としてSi_3N_4を使うことが多く，必然的にシリコンの吸収端波長$0.67nm$より長波長の軟X線が使われる．その結果，マスク基板は厚さが$2\mu m$前後，大きさ約$25mm$角の非常に薄く，こわれやすいものになっている．

　放射光利用のX線プロキシミティー露光装置の概念図を図V.7.21に示す．放射光からのビームは，水平の扇形に近いので，矩形の露光領域を得るためには，ビームの上下走査が

7. X線光学機器

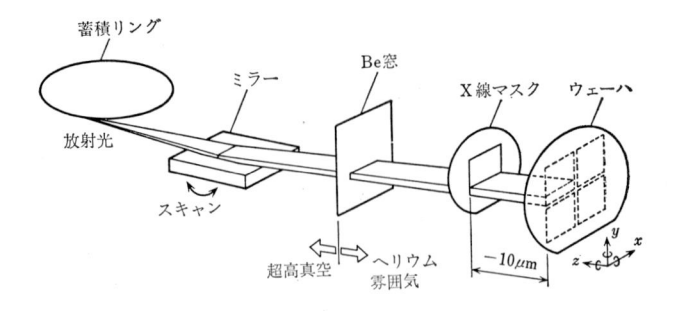

図 V.7.21 X線プロキシミティー露光装置

必要になる．光源自身の上下走査も試みられているが，現在では，ミラーによる走査が一般的になっている．露光装置は，きわめて精度の高い駆動機構を備えているので，通常，光源とはベリリウム窓で仕切っている．しかしながら，空気による軟X線の吸収も無視しえないので，装置をヘリウム雰囲気中に入れることも多い．露光は，6～8 インチウェーハにステップアンドリピート方式で行う．X線マスクとウェーハの位置合せは，最小線幅の数分の1の精度を要する．マスク-ウェーハ間のギャップは $20\,\mu m$ 前後と狭く，機械的接触は絶対に避けなければならない．位置合せのモニターは，レーザー干渉法によることが多く，$0.05\,\mu m$ 以下の精度がつねに要求される．

7.4.2 縮小投影露光装置

等倍の近接X線露光では，薄膜状マスクの製作がむずかしく，さらに，位置合せ精度の要求が厳しい．$0.1\,\mu m$ 以下の線幅の加工には，上記の条件を緩和するために，縮小光学系の採用が不可欠である．

縮小露光光学系には，有効視野を大きくするために，直入射光学系が用いられる．多層膜の成膜技術の進歩により，$10\,nm$ 以上の超軟X線領域では，数十％以上の高反率を示す多層膜ミラーの製作が可能になっている．そのため，縮小露光では，通常，シリコンのL吸収端波長（$12.3\,nm$）が使われている．この波長域では，透過X線マスクの製作が困難なために，多層膜を利用した反射形X線マスクが使われている．

一例として，NTT が試作した放射光縮小光学系を図 V.7.22 に示す[12]．光学系として，同一球心をもつシュバルツシルト形を用いている．固定の光学系では，収差のために大きな視野が得られないので，一方向に大きな視野をとり，マスクとウェーハを同期させてもう一方向を走査している．縮小率は 1/8，

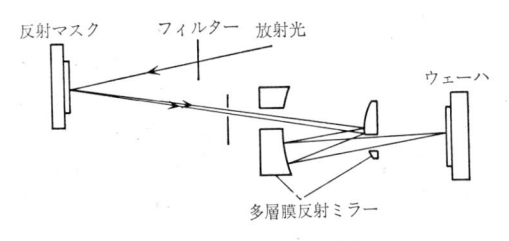

図 V.7.22 放射光縮小露光装置

波長は 13 nm, 多層膜は Mo/B$_4$C で構成されている. 0.5×0.15 mm の視野で約 0.1 μm のパターンが得られている.

縮小露光装置は, 開発が始まってから日が浅く, 実用的なレベルには, いくつかの課題を解決する必要がある.

7.5　X線マイクロトモグラフィー装置

医療分野で使われている CT（コンピュータートモグラフィー）の技術は, 三次元の断層像を得る簡便な方法としてその応用範囲が広い. この手法を材料や岩石などに適用し, 微細構造を観察するX線マイクロトモグラフィー装置が開発されてきた. 測定試料が小さい場合は, 試料を回転し, X線源と検出器を固定しておくのが一般的である. 放射光と微小焦点X線管の利用が代表的である.

7.5.1　放射光マイクロトモグラフィー

高分解能像を得るためには, 高解像度検出器ならびに像拡大光学系が必要となる. 放射光のように, 平行性の良いビームに対しては, 非対称カット結晶による像拡大光学系が適している. 図 V.7.23 のように, 結晶表面に対して回折面が α だけ傾いているとき, 拡大率 M, 入射角度 θ_0 は次式で表される.

$$M = S/S_0 = \sin(\theta_B + \alpha)/\sin(\theta_B - \alpha)$$
$$\theta_0 = \theta_B - \alpha$$
(7.5)

ここで, S_0 と S: それぞれ入射および反射X線束の大きさ, θ_B: ブラッグ角である.

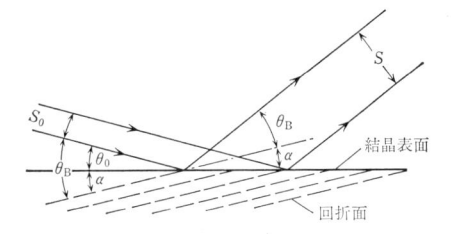

図 V.7.23　非対称カット結晶反射によるX線像の拡大

この像拡大法を利用したマイクロトモグラフィーシステムを図 V.7.24 に示す[13]. 連続スペクトルをもつ放射光は, 2結晶分光器によって単色化され, 試料に照射される. 試料

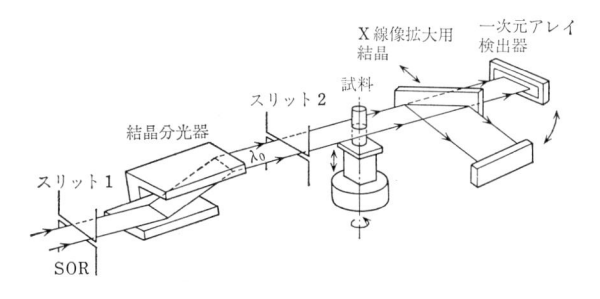

図 V.7.24　放射光マイクロトモグラフィー装置

を透過したX線は，非対称カット結晶によって像拡大され，一次元配列検出器に入る．像拡大用にはシリコン単結晶が用いられるが，回折強度の関係から倍率は5〜10倍前後である．そのため，分解能は $10\,\mu m$ 程度にとどまっている．セラミックスや隕石などの研究が行われている．

7.5.2 発散X線ビームマイクロトモグラフィー

放射光のような平行ビームでは，像拡大にも限度があり分解能をさらに向上させることは容易でない．この問題を解決する方法の一つとして，微小X線源発散ビームによる像拡大法がある．この方法は，単純な幾何学的拡大で任意の倍率が得られる．分解能は，線源の大きさと検出器の解像度によるが，倍率さえ大きくすれば後者は問題ない．筆者らの光学系を図V.7.25に示す[14]．X線源は，電子ビーム収束レンズ付きの微小焦点X線発生装置である．試料から見たX線源の見かけの大きさを小さくするために，取出し角を $10°$ 前後にする．検出器はガラス窓なしの一次元CCDを使う．CCDはペルチェ素子で冷却して暗電流を減らして使う．X線源の大きさを $5\,\mu m$ 前後にすることは比較的容易で，高分解能の断層像が得られる．

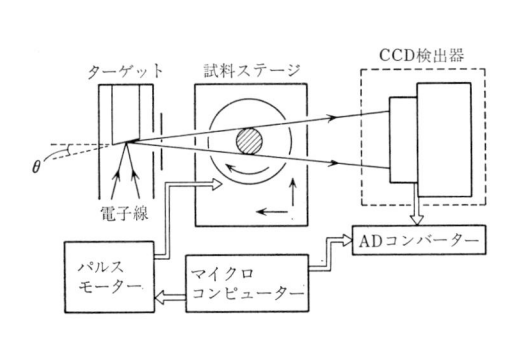

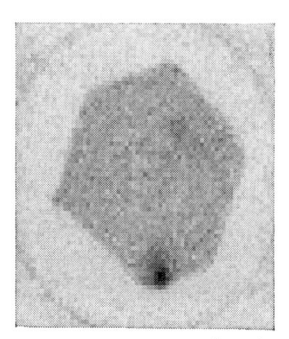

図 V.7.25 発散ビームマイクロトモグラフィー装置

図 V.7.26 マイクロトモグラフィー断層像人工ダイヤモンド微粒子像

図V.7.26に人工ダイヤモンド微粒子のX線断層像を示す．大きさは $300\,\mu m$ 前後で，合成時に混入した金属不純物（図で黒く映っている）がはっきりわかる．使用した波長は銅の特性線 $0.15\,nm$ で，倍率は25倍である．

7.6 X線顕微分析装置

X線は内殻電子を励起するのに十分な光子エネルギーを有しているので，蛍光X線による元素分析や光電子による電子状態分析にも有用である．古くからこれらの信号を分析手段に使ってきたが，微小領域の分析はX線収束素子がなかったために大きな進歩がなかっ

た．幸い，放射光と新しい素子の開発により，顕微分析装置を組み立てることが可能になった．

7.6.1 放射光蛍光X線分析顕微鏡

蛍光X線は元素に特有な線スペクトルなので，エネルギー分析によって元素の同定が容易に行える．励起用X線としては比較的短波長が使われる．そのため，収束用素子としては斜入射ミラーが用いられる．ウォルターミラーを用いた筆者らの光学系を図V.7.27(a)

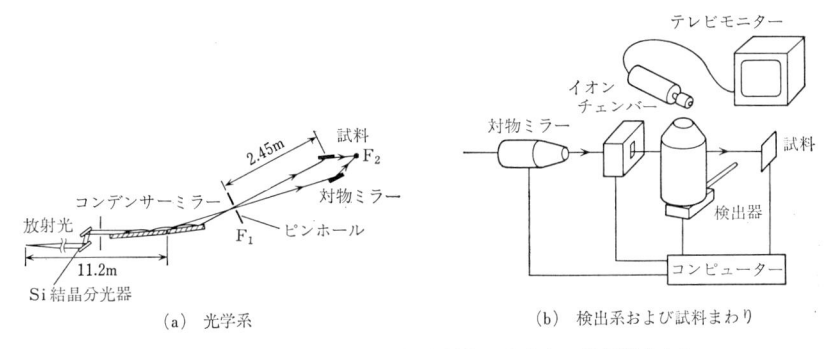

(a) 光学系

(b) 検出系および試料まわり

図 V.7.27 放射光蛍光X線分析顕微鏡光学系（a）と試料付近（b）

に示す[15]．0.1nm 前後の放射光の垂直方向広がり（約 0.2 m rad）をすべて取り込むために，数十 cm の大形ミラーを集光用に用いた．マイクロビーム創成のために，さらに，小形ウォルターミラーを利用した．集光ミラー前段には，シリコン単結晶によるモノクロメーターを配置してある．1～2 μm 径のスポットサイズが得られている．試料付近はすべて大気中で，試料は焦点位置で二次元に走査できる．試料まわりを図V.7.27(b) に示す．蛍光X線はシリコン半導体検出器によってエネルギー分析される．図 V.7.28 に花崗岩中の鉄およびカルシウム分布測定例を示す．これらの装置は，微小領域の微量分析手段として使われ始めている．

7.6.2 走査形光電子顕微鏡

光電子は，物質の電子状態を忠実に反映するので，表面物性の貴重な手段として利用されている．微小領域からの光電子は，微細化する素子の表面分析手段として，多

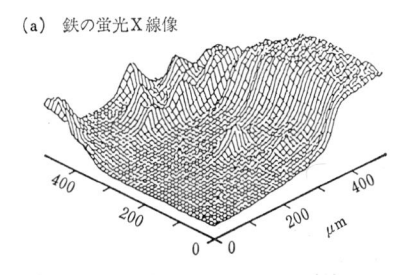

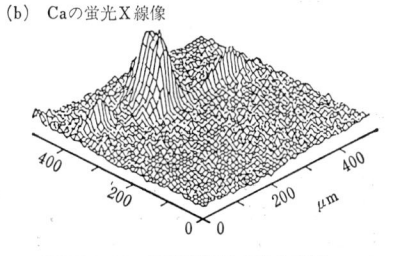

(a) 鉄の蛍光X線像

(b) Caの蛍光X線像

図 V.7.28 花崗岩微量成分分布図
測定は同時・同一箇所．

くの情報を提供してくれる．放射光を利用したいくつかの光電子顕微鏡が試作されている．

現在，最も分解能の高い方法は，アンジュレーター放射光とゾーンプレートの組合せによって実現されている．光学系を図 V.7.29 に示す[16]．試料および検出器は超高真空中にある．シリコンやアルミ細線などの光電子分光像が $0.3\,\mu m$ 以下の分解能で得られている．

斜入射ミラーを用いた光電子顕微鏡が筆者らによって組み立てられている[17]．試料まわりを図 V.7.30 に示す．分解能は 8.3 nm の軟X線に対して約 $2\,\mu m$ である．微小領域における SiO_2 からの光電子スペクトル出力を図 V.7.31 に示す．アンジュレーター光利用により，空間分解能の向上と高感度分光が可能になると思われる．

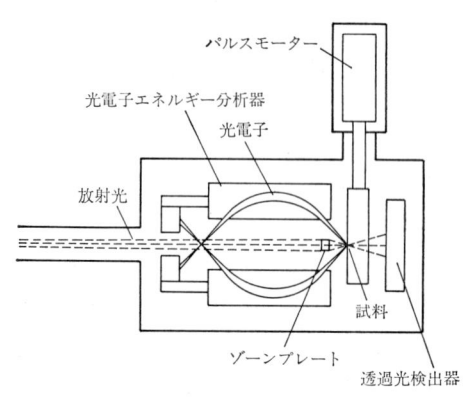

図 V.7.29　ゾーンプレート光電子顕微鏡試料付近

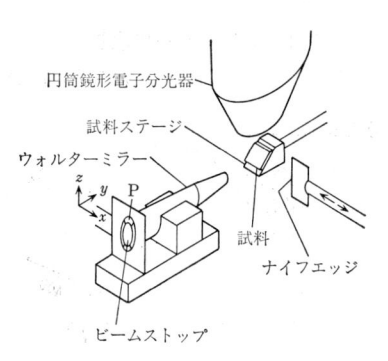

図 V.7.30　斜入射ミラー光電子顕微鏡試料付近

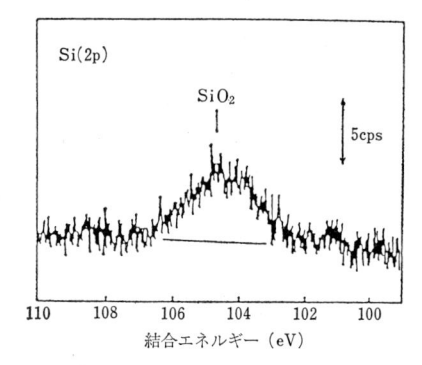

図 V.7.31　微小部光電子スペクトル　試料：シリコンウェーハ

[青木貞雄]

参考文献

1) 長谷川賢一：シンクロトロン放射利用技術，サイエンスフォーラム (1989), 120-124.
2) 青木貞雄：応用物理, **56**, 3 (1987), 342-351.
3) J. Cerino, J. Stöhr and N. Hower: Nucl. Instrum. & Methods, **172** (1980), 227-236.
4) V. H. Wolter: Ann. Phys., **10** (1952), 94-114.
5) B. Niemann, D. Rudolph and G. Schmahl: Opt. Commun., **12**, 2 (1974), 160-163.

参 考 文 献

6) 山口直洋, 水井順一: 光学, **9**, 3 (1980), 157-164.
7) T. Kita, T. Harada, N. Nakano and H. Kuroda: Appl. Opt., **22**, 4 (1983), 512-513.
8) N. M. Ceglio: AIP Conference Proceedings No. 75, Low Energy X-ray Diagnostics (1981), 210-222.
9) Y. Kagoshima, S. Aoki, W. Kakuchi, M. Sekimoto, H. Maezawa, K. Hyodo and M. Ando: Rev. Sci. Instrum., **60**, 7 (1989), 2448-2451.
10) H. Rarback, D. Shu, S. C. Feng, H. Ade, J. Kirz, I. McNulty, D. P. Kern, T. H. P. Chang, Y. Vladimirsky, N. Iskander, D. Attwood, K. McQuaid and S. Rothman: Rev. Sci. Instrum., **59**, 1 (1988), 52-59.
11) S. Aoki and Y. Sakayanagi: Ann. N. Y. Acad. Sci., **342** (1980), 158-166.
12) H. Kinoshita, K. Kurihara, T. Mizota, T. Haga and Y. Torii: Technical Digest, Soft X-Ray Projection Lithography (1991), 57-59.
13) 宇佐美勝久: シンクロトロン放射利用技術, サイエンスフォーラム (1989), 293-299.
14) S. Aoki, M. Ohshiba and Y. Kagoshima: Jpn. J. Appl. Phys., **27**, 9 (1988), 1784-1785.
15) Y. Gohshi, S. Aoki, A. Iida, S. Hayakawa, H. Yamaji and K. Sakurai: Jpn. J. Appl. Phys., **26**, 8 (1987), L 1260-L 1262.
16) H. Ade, J. Kirz, S. L. Hulbert, E. D. Johnson, E. Anderson and D. Kern: Appl. Phys. Lett., **56**, 19 (1990), 1841-1843.
17) K. Ninomiya, Y. Hirai, A. Momose, S. Aoki and K. Suzuki: Jpn. J. Appl. Phys., **29**, 6 (1990), L 1026-L 1028.

8. 画像伝送光学機器

8.1 ファイバーを用いた画像伝送

　画像伝送を行う場合，ファイバーを伝送体として用いる方法と，ファイバーを信号線として用いる方法がある．ファイバーを伝送体として用いる方法はイメージガイドとよばれ，図 V.8.1 に示すような構造である．特徴としては両端が正しく1対1に対応配置されている．このイメージガイドの両端にレンズを配することにより，ファイバースコープとして用いる．図 V.8.2 に基本構造を示す．

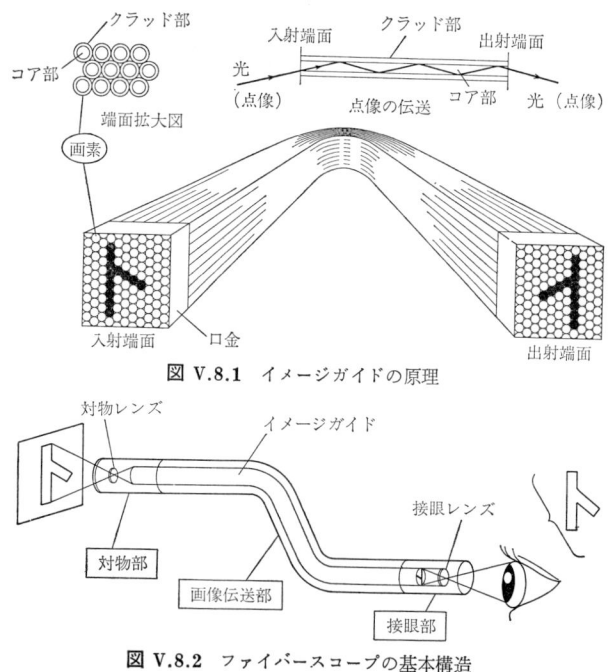

図 V.8.1　イメージガイドの原理

図 V.8.2　ファイバースコープの基本構造

8.1 ファイバーを用いた画像伝送

一方，ファイバーを信号線として用いる方法はテレビカメラで発生する電気信号をE/O変換器で光信号に変換し，光ファイバーを信号伝送体として用い，終端のO/E変換器で電気信号に戻し，画像を得るものである．図V.8.3に基本構成を示す．

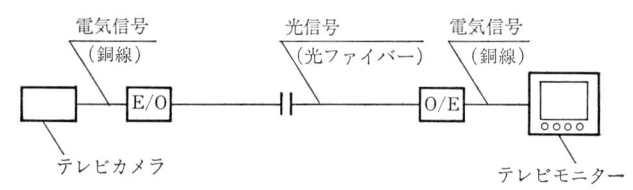

図V.8.3 光ファイバーによる画像伝送

イメージガイドの種類と特徴[1~5]

ファイバーを伝送体として用いるイメージガイドはイメージバンドル，イメージファイバーとよばれる種類がある．

（1）イメージバンドル　イメージバンドルは約 $10\,\mu m$ 程度の細いファイバーを束ねたもので，両端においてのみ1対1に対応配列している．両端以外は細いファイバーがバラバラのため，屈曲性に豊み，画素数に比べて，許容曲げ半径が小さくできる．典型的なイメージバンドルの製造方法を図V.8.4に示す．本図でわかるように，第一に細いファイバーを製造し，そのファイバーをドラムに導く．このときドラムの一部に整列部をもうけ，テープを製造する．このテープを積み重ねることによりイメージバンドルを製作する．

テープのファイバーの配列数，積み重ね数によりイメージバンドルの画素数が決まる．特徴としては前述したように整列部のみファイバーが固定され，それ以外は細いファイバーがバラバラで構成されているため，屈曲性に豊んでいる．しかしながら，製造長としては，ドラム直径により制約されるため，長尺ものはできにくい．現在，多成分ガラスを使用したファイバースコープは長さ約6m程度である．多成分ガラスの場合，あまり長くすると光の損失の点からも不利である．多成分ガラスを石英ガラスに置き換えることにより，長尺のイメージバンドルを用いた長尺のファイバースコープが可能である．図V.8.5に各種ファイバーの透過率を示す．

（2）イメージファイバー　イメージバンドルの製造法によると長尺のイメージガイドはでき

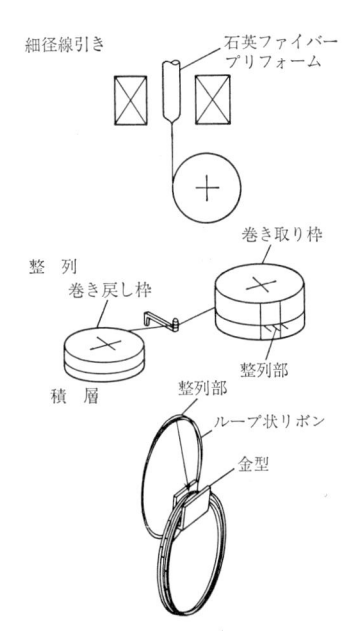

図V.8.4 イメージバンドルの製造方法

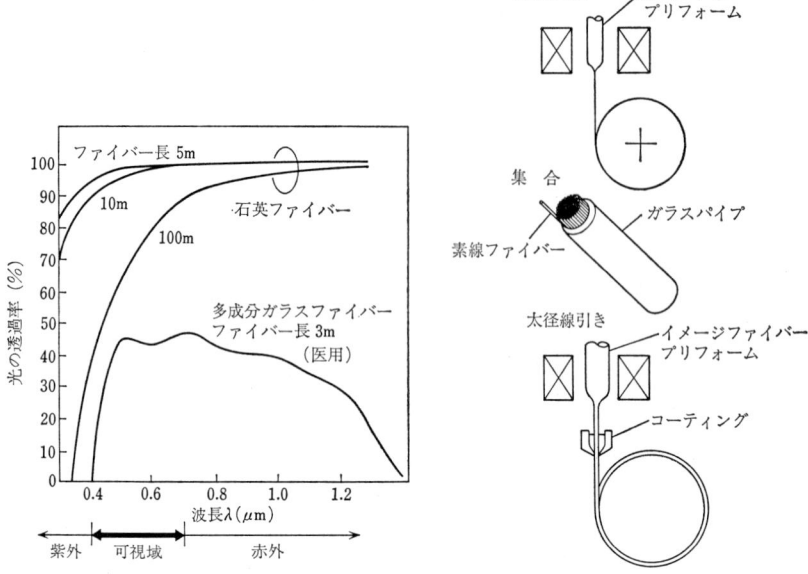

図 V.8.5　各種光ファイバーの透過率　　　図 V.8.6　イメージファイバーの製造方法

ない．石英の損失の小ささを生かすため，長尺のイメージガイドを製造する方法が各種考案された．図 V.8.6 にその一例を示す．それにより製造されたイメージガイドをイメージファイバーとよぶ．ガラスパイプの中に入るファイバー素線の数により画素数が決まり，ファイバー素線の長さにより製造長が決まる．

特徴としては，長尺が可能な代わりに，画素数が多くなると，イメージファイバーの外径が大きくなり，曲がりにくくなる．ただし，イメージファイバーはどこで切断しても，同じファイバー配置のため，ファイバースコープの製造長が前述のドラム径に左右されるのとはちがい，自由に長さを決め，製造することができる．

8.2　ファイバースコープ

イメージバンドルとイメージファイバーを用いた特徴のあるファイバースコープを示す．

8.2.1　石英フレキシブルファイバースコープ

石英フレキシブルファイバースコープは多成分ガラスファイバーを用いたファイバースコープのイメージバンドル部つまり画像伝送するガラス材料を多成分から石英に置き換えたものである．

これにより，石英の特徴である低損失と耐放射線性を利用することができる．損失につ

いては図V.8.5を参照し，耐放射線性については次項にゆずる．将来的には図V.8.7に示すような各種機能が考えられるが，ここでは典型的な仕様を表V.8.1に，外観図を図V.8.8に示す．

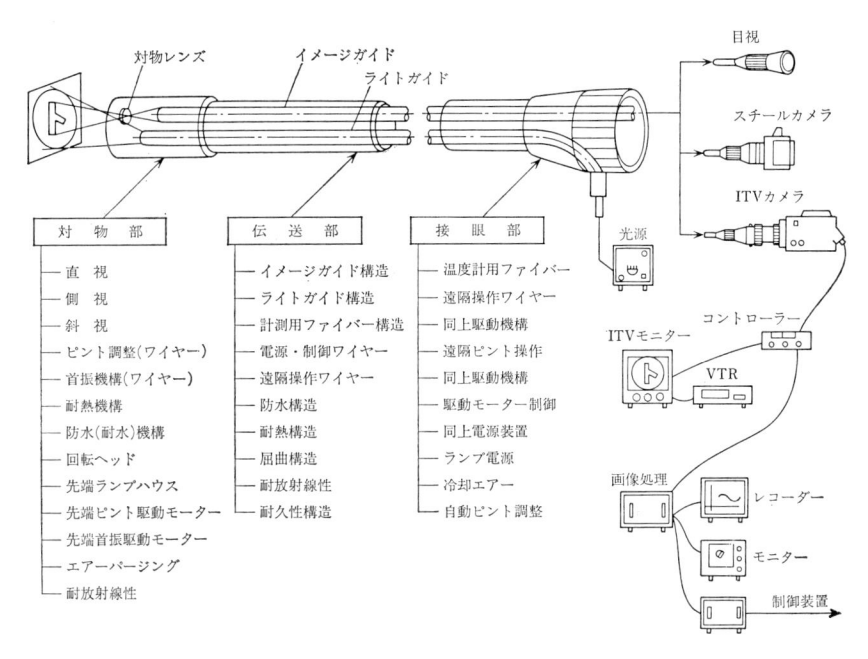

図 V.8.7 ファイバースコープの各種機能

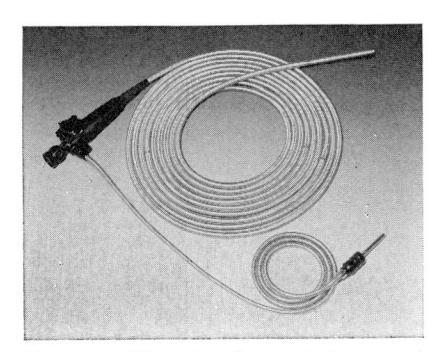

図 V.8.8 石英フレキシブルファイバースコープ

表 V.8.1 石英フレキシブルファイバースコープの仕様

視野角	対角 60°
観察深度	10～80 mm
外径	約 13.0 mm
首振り角度	up & down 100°
全長	10000 mm

8.2.2 耐放射線用ファイバースコープ

石英ファイバーの特徴の一つに耐放射線性がある．従来の多成分ファイバーに比べ，耐

放射線性は格段に優れている.

(1) イメージファイバーの耐放射線性[6,7]　ガラスにγ線や中性子が照射されると,ガラスに損失増加が生じ,光が透過しにくくなる.これはガラスに放射線が照射されるとガラス内に構造欠陥が生じ,損失増加の原因となる.図V.8.9に従来の製法で製造していたイメージファイバーの放射線照射による損失増加を示す.いままで高線量といえども総線量で10^6 radがせいぜいであったが,原子力発電所における安全確保,保守点検が必要条件となり,さらに高線量下で使用されることが起こり始めた.これに対応するための耐放射線イメージファイバーがある.

表V.8.2に各種石英ガラスの分析結果を示す.このうちで試料Dは従来の製法で製造したイメージファイバーとの比較を行うために参考に入れてある.図V.8.10に表V.8.2に出してある材料で光ファイバーを製造したときの初期損失を示す.この初期損失は表V.8.2の材料を光ファイバー化し(この光ファイバーの仕様はSI形,コア:260 μm,クラッド:400 μm,$\Delta=0.7\%$)測定した.

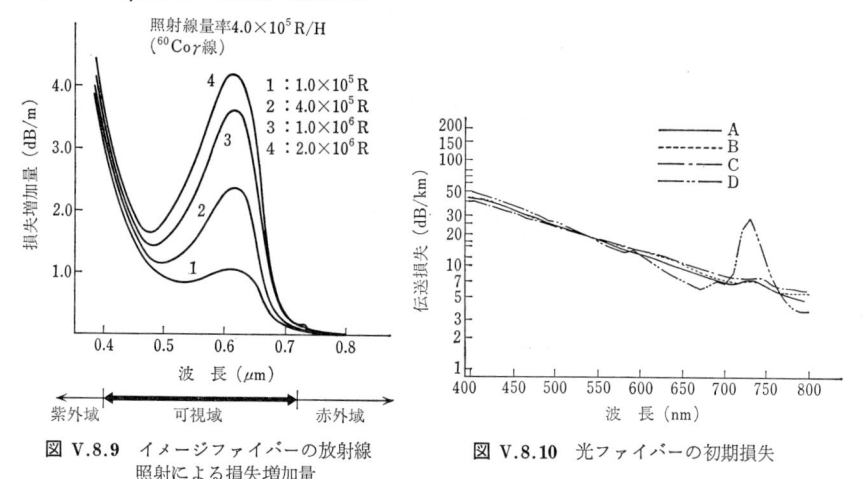

図 V.8.9 イメージファイバーの放射線照射による損失増加量

図 V.8.10 光ファイバーの初期損失

表 V.8.2 イメージファイバーの組成

試料	OH濃度 (ppm)	Cl濃度 (ppm)	金属不純物 (ppm)				バルク分光分析 (%)		製法
			Na	Cr	Fe	Ni	215 nm	245 nm	
A	12	<0.05	0.0013	<0.03	<3	<0.3	0	0	VAD
B	<1	840	0.0006	<0.03	<3	<0.3	2	20	VAD
C	<1	2000	0.0015	<0.04	<3	<0.3	~0	~90	VAD
D	800	<0.06	0.0017	<0.03	<3	<0.3	~0	~0	—

($\equiv$Si・) ($\equiv$Si—Si$\equiv$)

(注) Clおよび金属不純物は放射化分析により,OH濃度はファイバー化後の損失吸収より推定した.またバルク分光分析の%はピーク高さを表す.

図 V.8.11 にγ線照射後の光ファイバー素線の損失増加を示す．この図より試料 A, B は同程度の損失増加を示し，試料 C, D はこれに比べて損失増加は大きくなっている．図 V.8.10 にある試料 B と比較のために従来の製法による試料 D でイメージファイバーを製造し，γ線を照射した．この結果を図 V.8.12 に示す．この図からわかるように，光ファイバー素線で行った結果と同じ結果が得られた．つまり，試料 B がより優れた耐放射線性を示す．試料 B のイメージファイバーの諸元と構造を表 V.8.3 に示す．また，表 V.8.4 に耐放射線イメージファイバーの仕様を示す．

（2）耐放射線ファイバースコープ

前述のイメージファイバーを用いファイバースコープ化されている．たとえば図 V.8.12 に示すような非常に狭い隙間の中にファイバースコープを挿入し，観察することができる．

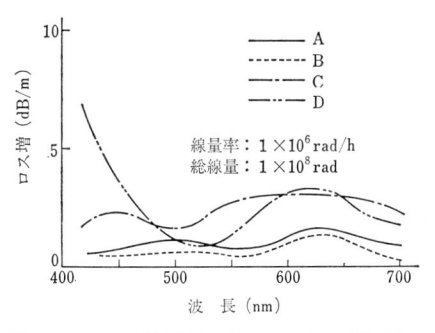

図 V.8.11 γ線照射後の光ファイバーの損失増加

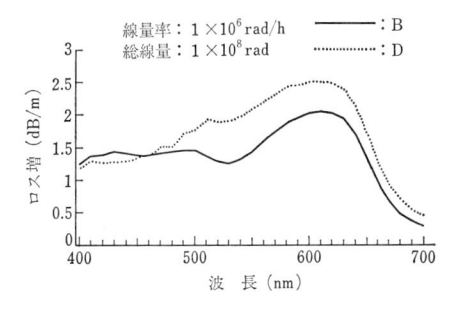

図 V.8.12 γ線照射後のイメージファイバーの損失増加

表 V.8.3 試料 B の諸元

画素数	ファイバー外径	コア径	クラッド組成	Δ
9000	φ1.3mm	約 10μm	B＋F ドープ石英	0.7%

表 V.8.4 耐放射線イメージファイバーの仕様

項目＼型式	IF-3000H	IF-6000H	IF-9000H	IF-12000H
画素数	約 3000	約 6000	約 9000	約 12000
p.e バンドル径	φ0.7	φ1.0	φ1.3	φ1.5
シース外径	テフロン φ1.4	テフロン φ1.9	テフロン φ2.1	テフロン φ2.5
耐熱温度（°C）	200	200	200	200
耐放射線性	線量率 1×10^6 rad/h において総線量 1×10^8 rad 被爆後 100h 以上の使用可能	線量率 1×10^6 rad/h において総線量 1×10^8 rad 被爆後 100h 以上の使用可能	線量率 1×10^6 rad/h において総線量 1×10^8 rad 被爆後 100h 以上の使用可能	線量率 1×10^6 rad/h において総線量 1×10^8 rad 被爆後 100h 以上の使用可能

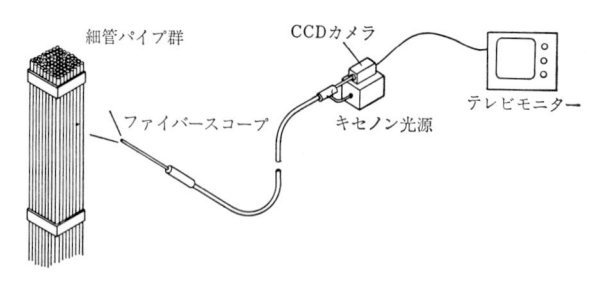

図 V.8.13 狭部観察の概念図

8.2.3 管路内点検用ファイバースコープ[8~10]

電力ケーブルの管路のうち電力ケーブルが入っている管路は管内径と電力ケーブル外径の差があまり大きくないため，従来よりあるカメラでは挿入することができず，電力ケーブルが入っていない空孔の調査を行い，その結果より管路の良否を推定していた．本装置は電力ケーブルと管路の間に挿入し管路の状態を点検するものである．

（1）装置の概要 本装置は，押込みロッド，ドラム，コントローラーより構成されており，押込みロッドの先端にあるマイクロレンズにより画像を撮りイメージファイバーの端面に結像し，その像をイメージファイバー終端で受け，TVカメラによりTVモニターに写し出すものである．コントローラーには挿入長をTVモニターに表示する電子計尺器などを備えている．図 V.8.14 に全体写真を示す．表 V.8.4 に仕様を示す．

図 V.8.14 管路内点検ファイバースコープ

（2）挿入機能 電力ケーブルと管路の隙間に押込みロッドを挿入するため，外径は重要な要因である．マイクロレンズの外径，泥などを除去するための水噴出機構，収納筒を考慮すると外径は 20 mm となる．また押込みロッドは外皮のシースが破損したとき，交換できるように中空 FRP ロッドである．

押込み剛性ではカーボンロッドのほうが優れているが，ドラムへの収納，製作などを考慮し，FRP としてある．剛性は 5×10^6 kg·mm² 程度あれば片押込みで約 100 m 程度挿入できる．押込みロッドの中には画像伝送用のイメージファイバー，照明用のライトガイド，先端の泥を除去するためのテフロンパイプが収納されている．図 V.8.15 に構造を示す．

（3）異常識別機能 イメージファイバーの画素数は異物確認など分解能に左右される．ここではケーブル内にある異常物を認識するには 10000 画素程度のイメージファイバ

8.2 ファイバースコープ

表 V.8.5 管路点検装置の仕様

構成部品		仕様
ファイバースコープ	高剛性押込みロッド	中空FRPロッド（外径 ϕ 16mm）
	イメージガイド	画素数 10000 画素
	ライトガイド	約 200 本
	泥水除去パイプ	テフロンパイプ
	巻枠	巻枠 ϕ 2000 mm
コントローラー	テレビモニター	作業指示用，人孔用
	画像記録装置	VTR（VHS方式）
	画像処理	パーソナルコンピューター
	（寸法測定用）	ビデオメジャリングゲイジャ
		ビデオタイプライター
	電話器，スピーカー	作業指示用，人孔用
光源		500 W キセノン
電子計尺器	計尺器	電子式，画像表示式
泥水除去装置	エアコンプレッサー	吐出量 40 l/min
		圧力 max 7 kg/cm^2
	水ポンプ	吐出量 3 l/min
		圧力 max 35 kg/cm^2
	水タンプ	ポリタンク 20 l

ーが必要である．カラー化のための照明光量を満足するため 500 W キセノンを用いている．本装置によりバーコード 0.5 mm 程度の分解能およびカラーチャートによる色識別が可能である．

（4）泥水除去機能 ファイバースコープ先端に泥水などの異物が付着すると観察できなくなるため除去する．方法としては，車のワイパーなどがあるが機構が複雑になる．本装置ではまず初めに水を噴射し泥などを泥水とし流す．その後空気を噴出し，きれいに水等を洗い流す方法とした．水，空気を送圧，送水するテフロンパイプは内径 2.5 mm，厚さ 0.5 mm である．エアコンプレッサーは元圧 max 8 kg/cm^2，吐出空気量 40 l/min，水ポンプ 吐出量 3.0 l/min，元圧 max 35 kg/cm^2 が必要である．図 V.8.16 に先端構造を示す．

（5）上下判別機能 長尺ファイバースコープは押し込むにつれて回転する可能性がある．回

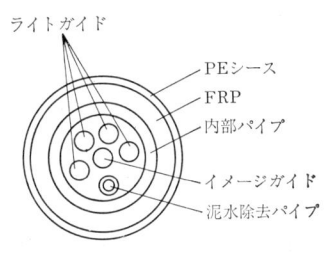

図 V.8.15 押込みロッドの構造

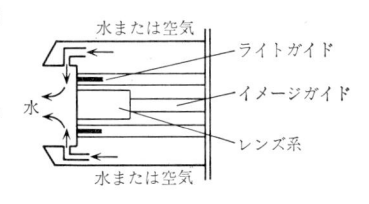

図 V.8.16 先端構造図

転したとき，上下方向が判別できなくなるため，図 V.8.17 に示すようなガラス板の間の隙間に金属球を入れ TV モニター上に写し出し上下を判別する．

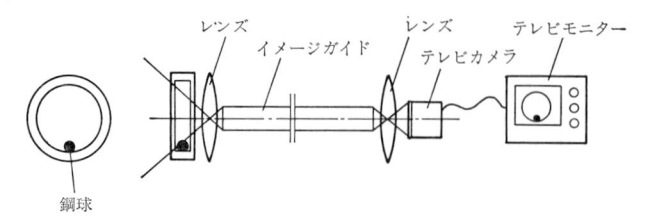

図 V.8.17 上下判別機能

（6）**寸法測定機能** 段差などの寸法測定には幾何学法を用い，モニター上の画面を画像処理法により測定する．測定精度は mm 単位で測定できる．

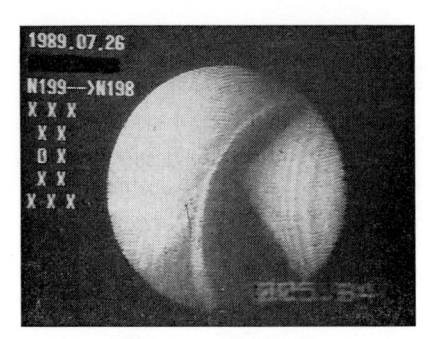

（7）**挿入長の画像表示** ケーブルの挿入長をロータリーエンコーダーを用いカウント数に変換し，画像信号にのせてモニター画面に表示させる．自動的に挿入長が TV モニター画面に表示されるため，便利である．

（8）**現地試験結果** 本装置を用いて現地試験を行った．前述した各種機能は十分満足する結果が得られた．約 60 mm 程度の隙間があれば 100 m 程度挿入することができ，管路の状態も十分観察できた．図 V.8.18 に実管路の内部を示す．

図 V.8.18 管路内状況

8.3 パイプカメラ（ハイビジョンスコープ）[11~13]

従来より空孔（ケーブルの入っていない管）の検査にパイプカメラが使用されている．多くは引込み式のパイプカメラであり，管路内径が大きい場合には，自走式のパイプカメラなどが使用されている．ここでは押込みロッドに FRP を用いた押込み式パイプカメラを示す．

8.3.1 カラーパイプカメラに要求される性能

管路内を観察するために，必要な項目は以下のようなものである．
- カラー画面を得られる照明光量
- 管路内部が黒くても観察できる照明光量
- カメラが回転しても，上下のわかる天地判別機能付
- 焦点遠隔調整可能

・TV 画面上に挿入長を自動表示するための電子計尺器

（1） 照明光量　　管路内面が黒い場合，照明を吸収するため，白い管に比べて多くの光量を必要とする．しかしながら，光量つまりランプの数を増やすと発熱が多くなり，ランプのそばにある CCD チップおよび電気回路部品に熱による悪影響を及ぼす．使用時間の制限と発熱による温度上昇を防止する必要がある．図 V.8.19 にカメラ筒体に放熱部を備えた図および図 V.8.20 に放熱対策を施した筒体と施さない筒体での温度上昇を示す．

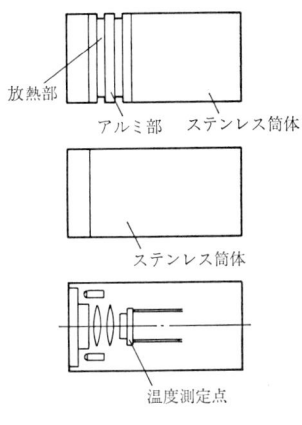

図 V.8.19　カメラヘッドと温度測定点

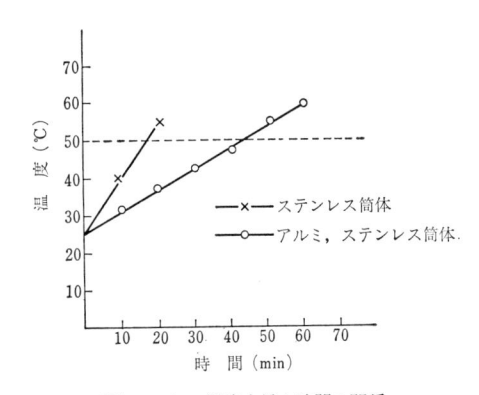

図 V.8.20　温度上昇と時間の関係

（2） 天地判別機能　　カメラ回転により管円の上下が不明になることは修理などを行う場合，修理方法の決定に重要な意味をもつ．そのためにも上下判別はぜひ必要な技術である．通常は前述の 8.2.3 項 (5) に示すような鋼球を使用していたが，鋼球の場合，画面をかくす部分が多いため，多角形の上下判別板が考案されている．図 V.8.21 に判別球と判別板の比較を示す．

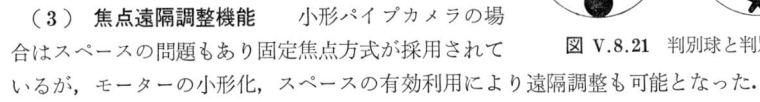

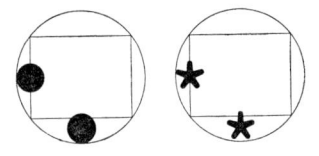

図 V.8.21　判別球と判別板

（3） 焦点遠隔調整機能　　小形パイプカメラの場合はスペースの問題もあり固定焦点方式が採用されているが，モーターの小形化，スペースの有効利用により遠隔調整も可能となった．

（4） 電子計尺器　　押込みロッドを挿入させると同時に TV 画面上に挿入長を表示させることは利用上非常に有効である．挿入するロッドにロータリーエンコーダーを取り付けカウント数に変換し CCU で映像に合成できるように文字出力し，TV 画面に表示する．図 V.8.22 に電子計尺器ビデオタイプライターのブロック図を示す．

8.3.2　全体構造図

カラーパイプカメラの全体構成図を図 V.8.23 に示す．カメラヘッドは画像を撮るカメ

図 V.8.22 電子計尺器，タイプライターブロック図

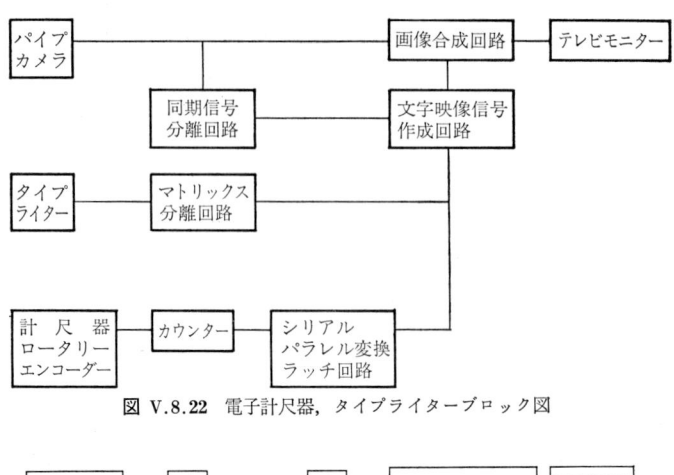

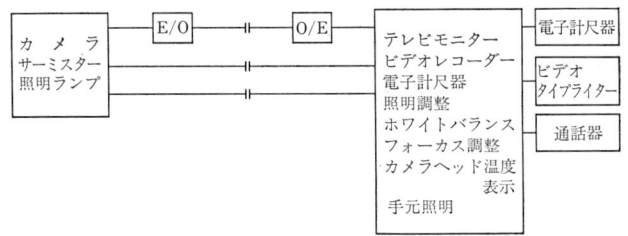

図 V.8.23 全体構成図

ラと暗部を照明する照明ランプよりなり，照明ランプを長時間使用するとカメラヘッド内にある電子部品に悪影響を及ぼすため，カメラヘッド内の温度を測定するサーミスターが入っている．また長距離伝送を行うために電気-光変換のためのO/Eが収納されている．ドラムで電気信号に変換し，コントローラーに伝送している．コントローラーはテレビモニター，ビデオレコーダー，TV画面に挿入長を表示する電子計尺器，色調整のためのホワイトバランス，焦点調整のためのフォーカス調整装置，カメラ内部の温度を表示する温度表示装置が備えられている．また，カラーパイプカメラの仕様を

図 V.8.24 パイプカメラ

表V.8.6に示す．全体写真を図V.8.24に示す．

[熊谷康一]

8.3 パイプカメラ

表 V.8.6 カラーパイプカメラの仕様

構成		構造			性能等
		外径 (mm)	長さ (mm)	重さ (kg)	
カメラヘッド部	①カメラ部	60	274	2	1/2″ CCDカメラ,水平解像度300本以上,天地識別機能
	②アクティブコネクター部	60	178	—	カメラ部着脱機構・画像電気信号を光信号に変換
	③そり	75	—	—	カメラヘッド部管軸心保持,衝撃緩和機能
④押込みロッド		12.5	260 実装	230 g/m	最大押込み長250 m,画像信号用光ファイバーと電源用心線を内包
⑤リール		1035	W640:H1160	150	光・電変換,スリップリング,ブレーキ,キャスター付
⑥コントロールユニット		W540, H910, D700		120	
⑥-1 制御盤		主電源sw,照明sw,光量調整,フォーカス調整,ホワイトバランス調整,映像出力,音声sw,通話機			
⑥-2 モニター		9インチカラーTV			
⑥-3 VTR		VHS方式(ベータにも変更可能)			
⑥-4 電子計尺機		自動式,5桁カウンター,0.01 m 単位(〜999.99 m),正逆回転計測			
⑥-5 キーボード		画面に英文字,数字,カナ,各種記号をインポーズ			
⑦サブモニターTV		3インチカラーTV,通話機内蔵(作業者監視用)			
⑧計尺機センサー		ローラー回転方式			
⑨マンホール導入具		ローラーガイド方式,NTT規格			

参考文献

1) 市ノ渡 浩,倉島克則,二ノ宮隆夫,早川博恭,清水健男:光通信システム設計入門,啓学出版 (1984), 117-140.
2) 古河電気工業株式会社編:光システム設計マニュアル,電気書院 (1986), 115-188.
3) 古河電気工業株式会社カタログ:ファイテル光ファイバスコープ (1993).
4) 松田美一,石橋時夫,清水健男,佐藤継男,渋谷晟二,折茂勝己,熊谷康一:古河電工時報 (1983), 147-152.
5) 石橋時夫,柴田俊昭:古河電工時報,(1987), 55-64.
6) 辻井正秀,林 宏高,佐藤継男,飯野 顕,石橋時夫,岩田春樹,清水健男,熊谷康一:FAPIG,第124号 (1990-3).
7) 林 宏高,辻井正秀,佐藤継男,飯野 顕:イメージファイバの耐放射線性,C-320, 1990年,電子情報通信学会春季全国大会.
8) 熊谷康一他:電工時報 (1991).
9) 熊谷康一,栗田 稔:電気学会電線ケーブル研究会 (1990年2月).

10) 関西電力株式会社カタログ：ファイバスコープによる電力ケーブル管路点検装置 (1991).
11) 熊谷康一他：電工時報 (1991).
12) アイレック技建株式会社カタログ：カラーハイビジョンスコープ (1990).
13) 古河電気工業株式会社カタログ：カラーハイビジョンスコープ (1990).

9. 光情報処理

最近では,光情報処理という用語に,いわゆる光コンピューターなどの光ディジタル技術を含ませることがあるが,ここでは伝統に従って空間フィルタリングに代表される光アナログ技術をさすことにする.

光情報処理の数多くの具体例については文献[1,2]に詳しいので,ここでは比較的最近の動きについて紹介するにとどめる.

9.1 コヒーレント光情報処理

電子計算機を用いるディジタル画像処理と比較したとき,光による画像処理の利点は,主として高速性と並列性にある.その最も顕著な例が,第Ⅱ部2.7.1項で述べた,レンズによるフーリエ変換である.原理的にはレンズ1枚の簡単な光学系で,そこを光が通過する一瞬の間に,二次元画像情報のフーリエ変換が行えるというもので,単位時間当たりの計算量としては莫大なものがある.特に,この場合の並列性は,二次元画像情報の各要素間のすべてのインターコネクションを含んでおり,各要素に対する処理を独立に並行して行うだけの単なる並列性とは比べものにならない.

問題点は,古くから指摘されていたように,① 取り扱うデータがアナログデータでありダイナミックレンジや精度が大きくとれないこと,② フーリエ変換(およびそれと密接に関連した相関演算)などの複雑な処理には威力を発揮するが,単純な四則演算(特に減算と除算)と論理演算など汎用コンピューターを組み上げるために必須な基本演算にはむしろ不向きなこと,③ 画像データを高速かつ容易に入力あるいは変調するためのデバイスとして良いものがないこと,④ 入力と出力の物理量あるいはデータ表現法の違いにより,出力をそのまま次のステップの入力として用いることができないこと,などである.

コヒーレント光情報処理の研究は,まずレーザーの発明によって60年代に最初の発展期を迎え,種々の基本的な手法の提案と原理の確認実験が行われた.初期の画像入力手段は写真乳剤が中心であったが,70~80年代にはインコヒーレント・コヒーレント変換素子や実時間ホログラム記録材料としてのBSO素子やサーモプラスチックの開発によって実用化への期待が高まり,相似図形の判別など,それまでより一歩踏み込んだ新しい手法の

提案も活発になった．80年代末から現在にかけて，光情報処理にとって新たな研究ブームが訪れているようにみえる．

これを支えているのはフォトリフラクティブ結晶，液晶パネルなどの新デバイスの開発と，CCD撮像素子の小形化である．その結果，前掲の問題点のうちとくに3番目について大きな進展がみられ，用途を限った専用システムとしては，かなり有望視されるものがいくつか出てきた．今後，GRINロッドレンズアレイの高性能化と面発光半導体レーザーアレイの進歩，さらに新しい未知のデバイスの開発と相まっていっそうの発展が期待される．ほかの問題点についても克服されれば，汎用コンピューターとしての道も開かれるであろう．

9.1.1 マッチトフィルター

フーリエ光学（第Ⅱ部2.7節）で述べたように，レンズのフーリエ変換作用を利用して二次元の空間フィルタリングを行うことができ，これをもとにして種々の画像処理・パターン認識・数学的演算を施すことが可能である[1~3]．

基本となる光学系は二重フーリエ変換光学系（第Ⅱ部2.7節の図Ⅱ.2.33）で，しばしば$4f$の光学系とよばれる．振幅透過率が入力画像と同じ分布$i(x, y)$を与える入力デバイスを物体面に置きコヒーレントな平面波で照射すると，フーリエ変換面での光の複素振幅分布は入力のフーリエ変換$I(u, v)$となり，このまま光を素通りさせれば，もう一度フーリエ変換が行われて，出力面（結像面）には入力画像と同じ複素振幅分布$i(x, y)$が生じる（出力面の座標系は物体面の座標系を反転したものにとっておく［フーリエ積分定理（第Ⅱ部2.7.2項(3)(f)）］．

フーリエ変換面に振幅透過率が$H(u, v)$のフィルターを置くと，その直後の透過光の複素振幅分布は$I(u, v)H(u, v)$という積で表せる．出力面における複素振幅は，この積のフーリエ逆変換となり，フーリエ光学（第Ⅱ部2.7節）のコンボリューション定理［第Ⅱ部2.7節の式(2.21)］から，出力面上の複素振幅分布は$i(x, y)$と$h(x, y)$のコンボリューションとなる．ただし，$h(x, y)$は$H(u, v)$の逆フーリエ変換である．

たとえばフーリエ変換面で光軸に近い部分だけを通過させるマスクを置くと，ローパスフィルターとなるように，$H(u, v)$として適当なものを与えることにより，各種のフィルタリング，微分演算などが行われる．

特に，参照物体$s(x, y)$のフーリエ変換$S(u, v)$の複素共役をフィルターに選べば，$H(u, v)=S^*(u, v)$であり，フィルターを透過した光波は$|S(u, v)|^2$となって位相分布が平坦になり，波面が光軸方向に進む平面波となる．このような光波は出力面の原点すなわち光軸付近に集中して明るいスポットとなる．出力面での振幅分布を数式で表すと$s(x, y)$の自己相関$s(x, y) ☆ s(x, y)$となる．一方，入力$i(x, y)$が$s(x, y)$と異なる場合には，フィルター透過光は位相分布が平坦でなくなり出力面において広がるため明るいスポットとならない．出力面での振幅分布は$i(x, y)$と$s(x, y)$の相互相関関数$i(x, y) ☆ s(x, y)$で表せる．この性質を利用して，参照物体と同じ物体を選び出すことができパターン認識に応用できる．このようなフィルターをマッチトフィルターという[2,3]．

入力面において，参照物体を横ずらししたもの $s(x-a, y-b)$ がある場合には，フーリエ光学のシフト定理［第Ⅱ部2.7.2項(3)(c)］からわかるように，フィルター透過波は傾いた平面波となり，出力面においては座標 (a, b) の位置に明るいスポットができるため，参照物体の位置も検出できる．さらに，入力面に複数の参照物体および異なる物体が共存する場合には，参照物体が存在する位置に明るいスポット群が生ずる．

マッチフィルターは，Vander Lugt フィルターのようにホログラフィーの手法でつくることができる（第Ⅱ部2.7.4項参照）．また，図V.9.1の方法で，Vander Lugt フィルターを多重化して，いくつかの異なる参照物体についての検出を同時に行うことができる[3],[8]．

平板マイクロレンズアレイによって入力物体の複製像を多数個アレイ状につくり[6]，複製した像のそれぞれに異なるマッチフィルターを作用させる並列処理（図V.9.2）も行われている[7]．さらに，長い GRIN ロッドを並べたアレイの適当な箇所をダイヤモンドカッターで切断して，マイクロレンズアレイの並列空間フィルタリング光学系が作製されている[9]．

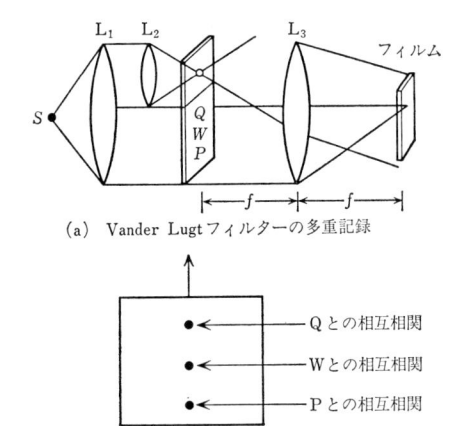

図 V.9.1 マッチフィルターの多重化[3]

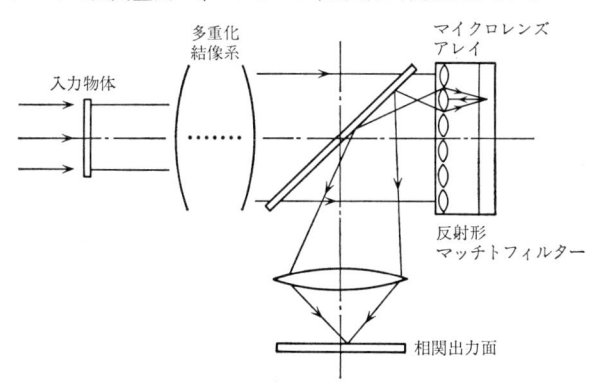

図 V.9.2 マイクロレンズアレイを用いる並列マッチフィルター[7]

最近，テレビやコンピューターディスプレイ用の液晶パネルの開発が進み，空間光変調器に転用することが容易になった．ディスプレイ用の液晶パネルは振幅変調器であるが，これから偏光板を取り除くと位相変調フィルターとして用いることができる．これをマッ

チトフィルターに用いると，テレビ信号を切り換えて容易にフィルター内容を変化させることが可能になり，操作性と自由度が増す[4]．

9.1.2 ジョイント変換

二つのパターン f と g を横に並べて光学的フーリエ変換を行うと，フーリエ変換の線形性とシフト定理により，フーリエ変換面にはそれぞれのフーリエ変換 F と G が，互いに f と g の距離に比例する波面の傾き ϕ を伴って現れる．このまま素通しにすれば二重フーリエ変換光学系（第II部2.7節図II.2.33）の出力面には，f と g の像が生じる．

フーリエ変換面での強度は

$$I(u, v) = |F(u, v) + G(u, v) \exp(i\phi u)|^2$$
$$= |F(u, v)|^2 + |G(u, v)|^2$$
$$+ F(u, v) G^*(u, v) \exp(-i\phi u)$$
$$+ F^*(u, v) G(u, v) \exp(i\phi u) \quad (9.1)$$

である．フーリエ変換面において光を素通しにせず，透過光の複素振幅分布が $I(u, v)$ に比例するようにできれば，出力面では第1項と第2項の成分が光軸を中心として現れ，第3項および第4項の成分は波面の傾きに対応して光軸から互いに逆方向に離れた位置に生じる．フーリエ光学のコンボリューション定理（第II部2.7.2項(3)(d)）から，前者は f および g のそれぞれの自己相関関数，後者は f と g の相互相関関数となる．

f と g をそれぞれ入力物体および参照物体とすると，マッチトフィルターと同様にパターン識別に用いることができる[10~13]．

CCD撮像素子と液晶テレビを利用したハイブリッドシステムの例を図V.9.3に示す．BSOなどのインコヒーレント・コヒーレント変換素子を用いて光学的に行うことも可能である．

9.1.3 相似図形認識

マッチトフィルターによるパターン認識では，空間フィルタリング光学系のシフトインバリアントな特性により，入力パターンが横移動しても，出力の相関ピークはそれに対応して横移動をするだけで，その形は変わらず，同一のパターンとして認識できる．ただし，入力パターンが回転したり，大きさが変化したりすると，相関ピークがくずれて同一のパターンとして認識できない．

実際の用途では，相似図形を同一のパターンとして認識したい場合が多いが，通常のマッチトフィルターの方法によると，一つのパターンに対して大きさと回転角の異なる非常に多くのフィルターを用意しなければならず現実的なアプローチとはいえない．

この問題の解決法の一つは，シフトバリアントな光学系によって入力パターンを異なる座標系に写像する前処理を行うことである．たとえば入力パターンを極座標で $f(r, \theta)$ のように表し，これを横軸が $\log r$ で縦軸が θ の直交座標に写像すれば，大きさの変化は横軸方向の移動，回転は縦軸方向の移動となり，マッチトフィルターにより同一のパターンとして判別できる[14]．

このような $\log r$–θ 座標への写像は，入力パターンに適当な位相分布 $\phi(x, y)$ を重ね，

9.1 コヒーレント光情報処理

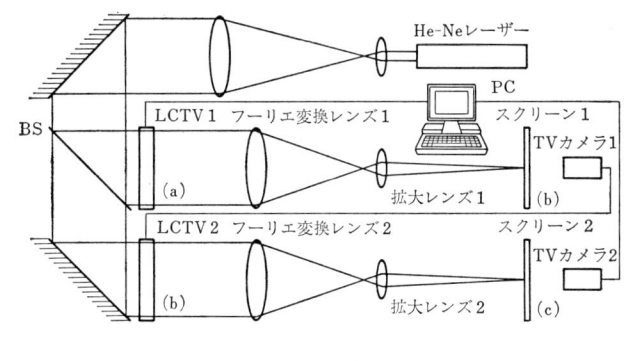

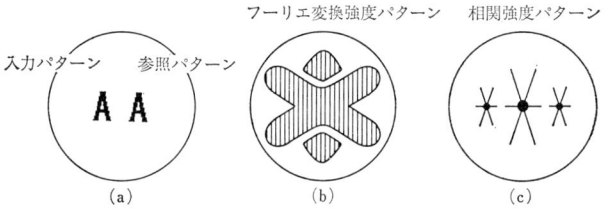

図 V.9.3 ジョイント変換用 CCD ハイブリッドシステム
(a), (b), (c) のパターンは, 光学系の対応する記号の位置に生じる.
(竹村安弘氏提供)

それを光学的にフーリエ変換することによって実現することができる．この位相分布 ϕ は停留位相法で与えられる微分方程式を解くことによって求められる．写像されたパターンは BSO などのインコヒーレント・コヒーレント変換素子で透過率分布に直され次段のマッチトフィルターへと導かれる（図 V.9.4）[15]．

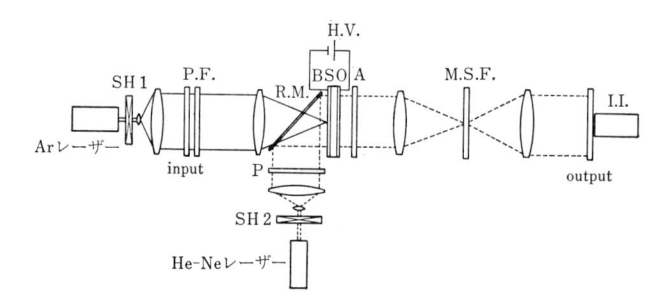

図 V.9.4 $\log r\text{-}\theta$ 座標変換による相似図形判別[15]

入力パターンの回転にかかわらず同一パターンとして認識するための別な方法として，サーキュラーハーモニックフィルターがある[16]．いま識別すべき参照パターンを極座標で表して $g(r, \theta)$ とし，

$$g(r, \theta) = \sum_{n=0}^{\infty} g_n(r) \exp(-in\theta) \tag{9.2}$$

ただし,

$$g_n(r) = \frac{1}{2\pi} \int_0^{2\pi} g(r, \theta) \exp(in\theta) d\theta \tag{9.3}$$

のように級数展開する．これをサーキュラーハーモニック展開とよぶ．この級数の適当な次数 m の項のみを選び，それに対して作成したマッチフィルターを m 次のサーキュラーハーモニックフィルターという．

入力パターン $f(r, \theta)$ を α だけ回転したものに，このマッチフィルターを作用させると，出力面に生じる相関スポットの中心強度は，

$$\left| 2\pi \exp[im(\alpha - \pi)] \int_0^{\infty} f_m(r) g_m^*(r) r dr \right|^2 \tag{9.4}$$

であり回転角 α に依存しない．ここで, $f_m(r)$ は $f(r, \theta)$ をサーキュラーハーモニック展開したときの m 次の係数である．特に入力パターンが参照パターンと一致したときの相関スポットの中心強度は

$$4\pi^2 \int_0^{\infty} |g_m(r)|^2 r dr$$

となる．

9.1.4 位相共役波の応用

マッチフィルターの振幅透過率分布は，参照パターンのフーリエ変換の位相共役であり，たとえばホログラフィーの手法による Vander Lugt フィルターとして実現することができた．しかしながら，写真材料に記録する通常のホログラフィーでは，現像・定着のプロセスが必要であり即時性と柔軟性に欠ける．

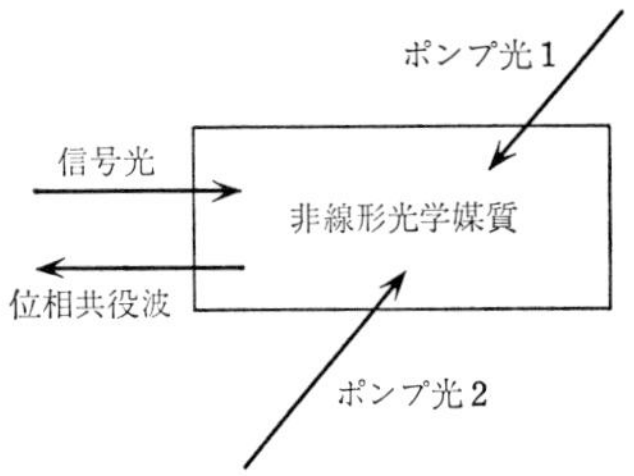

光強度によって屈折率が変化する非線形光学材料を用いれば，実時間のホログラフィー記録・再生が可能であり，マッチフィルターの内容を能動的に変化させることも容易になる．たとえば図 V.9.5 の 4 光波混合の方法において，2 本のポンプ光を互いに反対方向に非線形媒質に入射させておき，別な方向から信号光を入射させると，これと反対方向に進行する位相共役な光波が生まれる[17]．この現象は媒質の三次の非線形感受率 χ_3 による現象であるが，一方のポンプ光と信号光が干渉してできたホログラムを他方のポンプ光で読み出した結果，位相共役な光波が再生されると解釈することもできる．参照パターン $s(x, y)$ を光学的フーリエ変換したものを 4 光波混合の信号光として与えてマッチフィルターを実時間でつくり，入力パターン $i(x, y)$ のフーリエ変換を読出し用のポンプ光とすれば，フーリエ変換面でのフィルタリングが行われ，生じた位相共役波を光学的にフーリエ変換して相関出力 $s \star i$ を得ることができる．また，さらに書込み用のポンプ光

図 V.9.5 4 光波混合による位相共役波の発生[17]

として別なパターン $r(x,y)$ のフーリエ変換を用いると，これとのコンボリューション $r*s☆i$ が得られる[18]．

　従来このような非線形光学効果は効率が低く，ポンプ光として MW オーダーの強い光が必要であったが，チタン酸バリウム単結晶に代表されるフォトリフラクティブ効果ではmW オーダーの低出力レーザーで十分であり，これによって位相共役波発生が容易に行えるようになった．また，入射光を結晶に通すだけで，結晶壁面での反射とビームファニングによって自然に4光波混合の光路が構成される自己ポンプ効果によって簡単に位相共役波を発生させることができる[19~21]．

　フォトリフラクティブ効果を利用した光情報処理として，画像の減算や増幅，位相情報の可視化など多くの興味ある応用が報告されているが，なかでもこの効果の時間応答特性を積極的に利用した光学的なノヴェルティーフィルターが注目を集めている．ノヴェルティーフィルターは画像のなかの変化した部分だけを表示するフィルターである．図 V.9.6 の方法では，マイケルソン干渉計の2枚の鏡を位相共役ミラーで置き換えた光学系が基本になっている．このような干渉計の特性として，二つの光路を通って進行するそれぞれの振幅の差が出力面の方向に反射される．いま液晶パネルから偏光板を取り除いてつくった空間位相変調器にTV カメラからの静止画像信号を入力すると透過波は入力画像と同じ位相分布をもつ光波として位相共役ミラーに入射し，反射された共役波が再び位相変調器を通過するとき波面の変形がもとに戻されて平面波となる．他方の光路を進む反射波も平面波であるから，出力面では両者が打ち消されて暗くなる．フォトリフラクティブ効果の時間応答は遅いので，入力画像の一部に変化が起こると，位相変調器を再び通過する光波が変化のあった部分でしばらくは平面波に戻らないため，干渉条件がくずれて出力面の対応する部分が明るくなる．入射信号光と一様なポンプ光との2光波混合によって時間変化を検出する方法もある[20,21]．

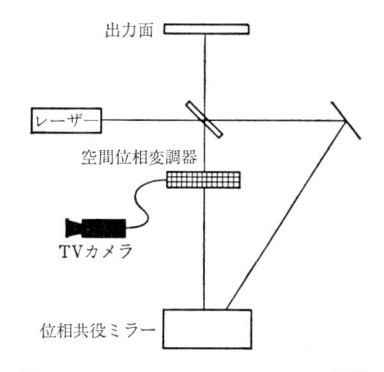

図 V.9.6　ノヴェルティーフィルター[20,21]

9.2　インコヒーレント光情報処理

　コヒーレント光情報処理では光の複素振幅で表された情報に対して干渉現象に基づいた処理を行ったが，インコヒーレント光情報処理では光の強度で表現された情報を取り扱う．基本となる演算は，光の透過による乗算と，重ね合せによる加算で，コヒーレントな場合に比べて自由度が小さいが，余分な光の干渉などの影響がないので扱いやすい利点をもつ．

9.2.1 ベクトル・マトリクス演算

インコヒーレント光情報処理の得意な積和演算の代表例が

$$u_i = \sum_{j=1}^{N} T_{ij} v_j \qquad (9.5)$$

という形のマトリクスとベクトルの積である．連立方程式やテンソルに関連して数学や物理学のいろいろな問題に登場するが，特に最近は，光ニューラルネットワークの研究においてニューロンモデルのシナプスでの重み付け加算がよく話題となっている．

光学的にベクトル・マトリクス演算を実行するには，シリンドリカルレンズを利用するアナモルフィック光学系（図 V.9.7(a))[3]）が昔からよく知られているが，LEDとフォトダイオードの一次元アレイで，マトリクスを表す二次元の空間光振幅変調器をはさむタイプのものが提案され光ニューロチップ（図 V.9.7(b)）とよばれている[22]．後者のタイプ

(a) アナモルフィック光学系[3]

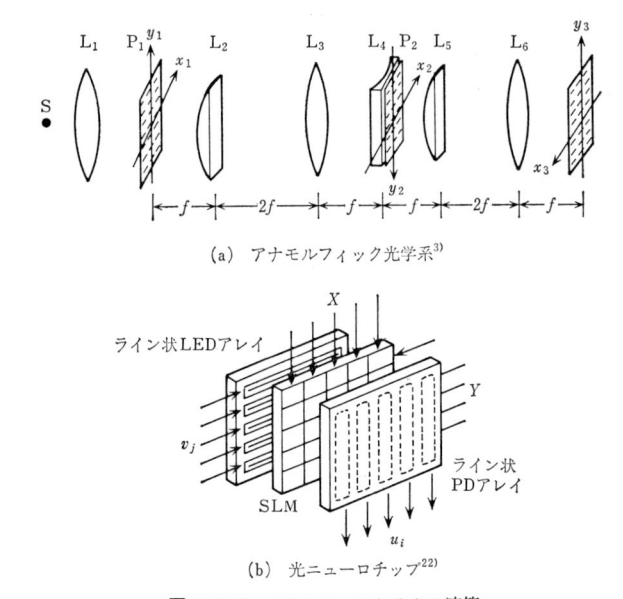

(b) 光ニューロチップ[22]

図 V.9.7 ベクトル・マトリクス演算

は集積化したアレイを密着して配置できるため小形で機械的安定性に優れている．さらに，この光ニューロチップの空間光変調器とフォトディテクタアレイを感度可変の二次元フォトディテクタアレイによって置き換えることにより2層構造の光ニューロチップが実現できる[22]．

9.2.2 視覚システムをモデルにした光情報処理

生物の視覚システムを参考にした光情報処理の研究が活発になっている．特にヒトの網膜における低次の信号処理に着目したアマクロニックセンサーは微小光学とエレクトロニ

クスのハイブリッド集積化として注目されている．網膜内部の神経組織は水平細胞，双極細胞などが層構造をなしており，複数の視細胞からの信号は互いにインターコネクトされて処理されたのち視神経によって大脳へと伝達されている．図V.9.8のデバイスでは信号処理用アナログ回路と一緒にシリコン基板上に集積された送信用LEDから次層の基板

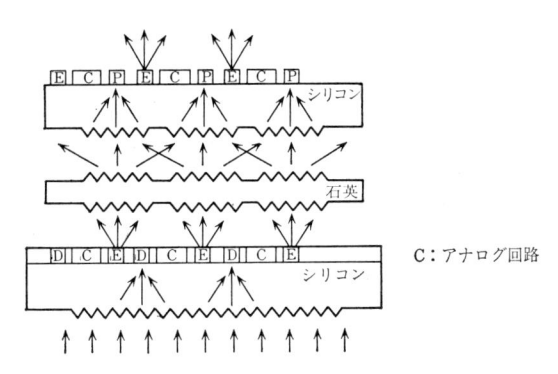

図 V.9.8 多層アマクロニックネットワーク[23]

上の受信用フォトダイオードへの光インターコネクションに石英製の回折素子を用いている[23]．

そのほか，フォトトランジスターとLEDの間に近傍演算用のディジタル集積回路をはさんだものを単位構造として，これを64×64の二次元アレイ化した人工視覚システム（図V.9.9）も試作されている．並列処理により画像のエッジ抽出，細線化，動体検出などがマイクロ～数百マイクロ秒の短時間で高速に実行可能である[24]．

また，2層構造の光ニューロチップに用いられた感度可変二次元フォトディテクタアレイに入力画像を投影してベクトル・マトリクス演算を行い，この出力をニューラルネットワークに通して画像処理する人工網膜素子も製作され，エッジ抽出などの実験が行われている[25]．

［小松進一］

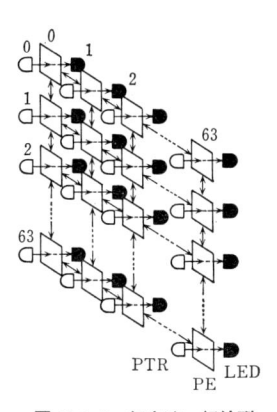

図 V.9.9 超高速・超並列ビジョンシステム[24]

参 考 文 献

1) 辻内，一岡，峯本：光情報処理（応用物理学会編），オーム社 (1989).
2) 飯塚啓吾：光工学，共立出版 (1983).
3) J. W. Goodman: Introduction to Fourier Optics, McGraw-Hill (1968).
4) T. H. Barnes, T. Eiju, K. Matsuda and N. Ohyama: Appl. Opt., **28** (1989), 4845.
5) A. Vander Lugt: IEEE Trans., **IT-10** (1964), 139.

6) A. Akiba and K. Iga: Appl. Opt., **29** (1990), 4092.
7) M. Agu, A. Akiba, T. Mochizuki and S. Kamemaru: Appl. Opt., **29** (1990), 4087.
8) 亀丸, 清水: 光学, **20** (1991), 275.
9) 浜中, 岸本: Microoptics News, **9**, 2 (1991), 59.
10) C. S. Weaver and J. W. Goodman: Appl. Opt., **5** (1966), 1248.
11) F. T. S. Yu and X. J. Lu: Opt. Commun., **52** (1984), 10.
12) 荻原, 大坪: 光学, **20** (1991), 277.
13) F. T. S. Yu, Q. W. Song, Y. S. Cheng and Don A. Gregory: Appl. Opt., **29** (1990), 225.
14) D. Psaltis and D. Casasent: Appl. Opt., **16** (1977), 2288.
15) Y. Saito, S. Komatsu and H. Ohzu: Opt. Commun., **47** (1983), 8.
16) H. H. Arsenault, Y. N. Hsu and K. Chalasinska-Macukow: Opt. Eng., **23** (1984), 705.
17) A. Yariv and P. Yeh: Optical Waves in Crystals, John Wiley & Sons (1984).
18) A. E. Chiou and P. Yeh: Opt. Eng., **27** (1988), 385.
19) J. Feinberg (久間訳): 光科学 (パリティ別冊シリーズ No. 8) (1991), 91.
20) 北山研一: 応用物理, **61** (1992), 14.
21) D. Z. Anderson and J. Feinberg: IEEE J. Quantum Electron, **25** (1989), 635.
22) 新田, 太田, 田井, 久間: Microoptics News, **9**, 2 (1991), 53.
23) W. B. Veldkamp: MOC '91 Techn. Digest (1991), 102.
24) 石川正俊: 光学, **21** (1992), 678.
25) 原, 久間: Microoptics News, **11**, 3 (1993).

10. 光インターコネクション

10.1 情報媒体としての光

　光インターコネクションは光の圧倒的な情報伝送能力を利用して，電子システムで無視できなくなりつつある信号遅延の問題を解決するだけでなく，スイッチング素子との組合せにより演算に最適な結合網が構成できるなど，光コンピューティングへの応用も期待されている．ここではまず，情報媒体としての光と電子の特徴を比較する．

a. 伝送容量

　例として 5 GHz のマイクロ波と可視光（500 THz）の伝送容量を比較する．情報伝送容量は搬送波の周波数に比例するから，原理的に光の伝送容量はマイクロ波より 5 桁大きい．次に，導波路寸法が波長に比例すると仮定すれば，1 本のマイクロ波導波管内に 10^{10} 本の光導波路が入る計算になる．これに前述の周波数軸上の多重性を考慮すれば，光とマイクロ波の断面積当たりの伝送容量は図 V.10.1 に示す体積比（10^{15} 倍）で表現される．ただし，現実には種々の物理的制約からこれをすべて利用できるわけではない．

b. 伝送線路

　電気配線は導体で構成される．電気は 2 極性媒体であり，入出力端子においてインピーダンスが定義される．素子どうしはインピーダンスを介して互いに影響を及ぼしあう．

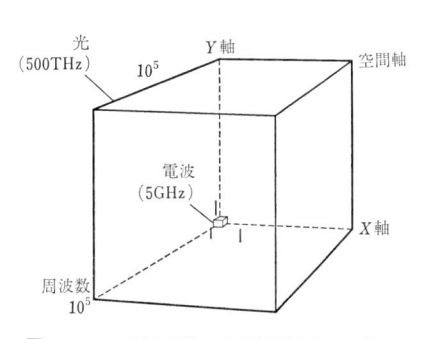

図 V.10.1 光と電波の情報伝送容量の比較

- 光導波路は誘電体で構成される．フォトンは単極性であり，光の線路にはアースの概念がない．光素子は反射光の影響を除けば互いに独立した存在である．
- 線路断面積は波長に比例するので電気より光のほうが高密度な配線を実装できる．
- 電気配線間では分布容量を介して信号周波数に比例したクロストークが発生する．光線路間のクロストークは線路間距離に依存するが，信号周波数には比例しない．

- 光は同一面内での交差配線が可能であるが，電気配線の交差は多層化が必要である．

c. 空間伝搬

光は波長が短いので，指向性のよいビームを形成できる．また，レンズ光学系を利用して，1点から多点へ同じ情報を伝える放送形伝送や，遠く離れた微小面積領域間での1対1接続などを容易に実現できる．これに対し，波長の長い電波は小まわりがきかず，放送形の情報伝達しかできない．

d. 素子集積度

光素子の最小寸法は光の波長で決定される．これに対し，電子素子の最小寸法は電子波の波長で決まり，単位面積当たりの素子集積度は電子素子のほうが優位である．しかし三次元集積では実配線を必要とする電子回路よりも自由空間接続が可能な光素子が優位にある．

10.2 光インターコネクションと計算機技術

10.2.1 電子計算機と信号遅延

電子計算機システムは今後ますます大規模化，超並列化が進むと考えられる．このため電子計算機内部での情報の流れの管理がますます重要になるが，並列度の向上とともにプロセッサー間の通信のオーバーヘッドがシステム性能のボトルネックになりつつある．素子レベルでは電子素子のゲート速度は確実に向上してもLSIチップ間，チップ内での信号遅延やクロックの分配が困難になるなどシステム全体の処理速度が向上しない．

このような電子計算機システムにおける情報伝送ネックを光の情報伝送能力を用いて解決するのが光インターコネクションであり，光通信技術を装置間，ボード間，チップ間へと拡張することで，システム内での情報伝送能力の大幅な向上が期待できる．

伝送は光，処理はエレクトロニクスというように，それぞれが得意な分野を担当することで技術の効率的な複合化が図られる．

10.2.2 光インターコネクションと光コンピューティング

光の役割を情報伝送から処理まで拡張したものが光コンピューターである．その詳細は次章にゆずるが，そこでも光は単に情報を運ぶ役割を果たしているにすぎない．

フォトンどうしは相互作用をもたない．たとえば，光情報処理で利用されるコヒーレント光の干渉効果はフォトンの振動の重ね合せである．ディジタル処理に用いられる非線形光素子内部では入力光と伝導電子または束縛電子が相互作用を行い，その結果として出力光が得られる．光素子の高速

図 V.10.2 アソシアトロンとそのバックプレーンの電気配線（石川正俊氏提供）

性は光の入出力が外部負荷に影響されないためで，電子素子，光素子ともに内部での電子の役割に本質的な差異はない．

ニューラルネットワークを含む超並列計算機アーキテクチャーが光に期待するものは光の「大容量伝送性」とその「柔軟な接続性」にある．光コンピューティングは超並列計算機アーキテクチャーの光化と位置づけられ，光インターコネクションはこれを実現する基盤技術である．図V.10.2は東大の石川教授が製作した光アソシアトロン[1]の受光部とそのバックプレーンの電気配線の様子である．

10.3 光インターコネクションの方式

光インターコネクションの方式についてはさまざまな分類法がある[2]．ここでは接続が固定されたものと，接続を動的に変更できるものに分けて考える．前者の例としてはバス方式が，後者の例としては各種光スイッチング回路網がそれぞれ対応する．いずれも超並列計算機のアーキテクチャーに対応して光化が試みられている．

10.3.1 光バス

複数のプロセッサーが共通の伝送路を利用して情報交換を行うネットワークを共通バス方式という．コスト的に最も安価なシステムであるが，スループットは線路の伝送容量で制限され，プロセッサー数が増えるとアクセス待期時間が増加する．

このため入出力装置ごとに独立した専用バスを設ける方式が考えられ，図V.10.3に示すリング，スター，ツリー，メッシュ，ハイパーキューブ，完全結合などのネットワークがある．光技術の導入によりプロセッサー間の情報交換が大幅に改善される．時間，空間，波長域にわたる光多重技術，OEIC を中心とした電子回路と光バスのインタフェース，さらにこれらを支えるマイクロオプティックス技術の充実が必要である．

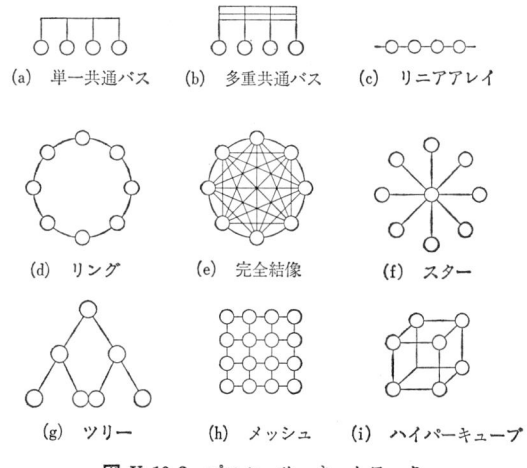

図 V.10.3 プロセッサーネットワーク
(a) 単一共通バス　(b) 多重共通バス　(c) リニアアレイ
(d) リング　(e) 完全結像　(f) スター
(g) ツリー　(h) メッシュ　(i) ハイパーキューブ

10.3.2 光スイッチング回路網

スイッチング回路を介した光接続網はスイッチの設定により，任意の結線網を形成できることから，光交換網から光演算まで幅広い応用が期待される．スイッチング回路網は大

きく分けて，クロスバー方式と多段接続方式に分類される．

（1） クロスバー方式　クロスバーは図 V.10.4 に示すような網目状のネットワーク（NW）で，交差点のスイッチにより入出力間の接続を設定する．クロスバー接続では一

(a) クロスバー接続　　(b) 空間光変調素子によるクロスバースイッチの構成

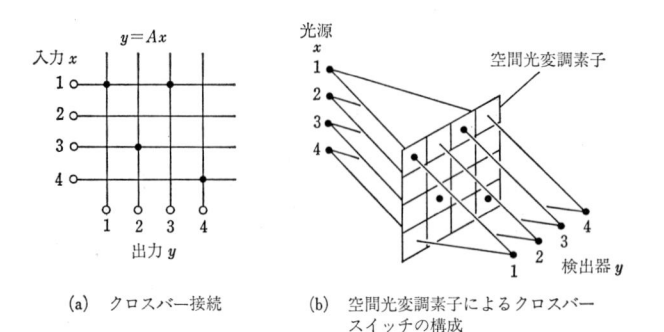

図 V.10.4　空間光変調素子を用いたクロスバースイッチ

つの入出力接続が他の入出力接続を妨害することがなく，この性質をノンブロッキング性という．1対の入出力端子間の接続は1個のスイッチですみ，制御が簡単である．制御アルゴリズムも単純で，ソフト的に安価なシステムを構築できる．ただし，入出力数 N が増大するとスイッチ数も N^2 で増加するためハード面でのコストが上昇し，大規模なシステムの構築には適さない．空間光変調器の進歩は大規模な光クロスバー回路網の実現を容易にする．図 V.10.4（b）はレンズと空間光変調器の組合せによる光クロスバースイッチである．図 V.10.4（a）の接続は図 V.10.4（b）の空間光変調器で黒点のセルだけが光を透過するようセットすればよい．図 V.10.5 は偏光ビームスプリッターの基本動作とこれを応用したクロスバー回路の構成を示す．

(a) 偏光ビームスプリッターと偏波面制御素子の組合せによるスイッチ動作　　(b) クロスバースイッチの構成

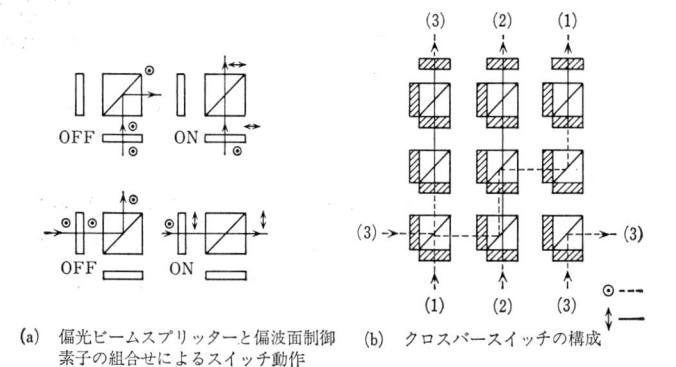

図 V.10.5　偏光ビームスプリッターと偏波面制御素子の組合せによるクロスバースイッチ

10.3 光インターコネクションの方式

（2） 多段接続方式 クロスバーの欠点であるスイッチ数の増加を緩和する方法に多段接続法がある．図 V.10.6 に示す四つの基本2対2スイッチ回路を介して図 V.10.7 に示すようなさまざまの多段ネットワークが構成される．多段接続方式はクロスバー方式に比べて少ないスイッチ数でネットワークを構成できるが，一方で遅延の増加や制御が複雑になるなどの欠点もある．また，スイッチ操作だけでは任意の結線を実現できない回路網もあり，これをブロッキング性という．

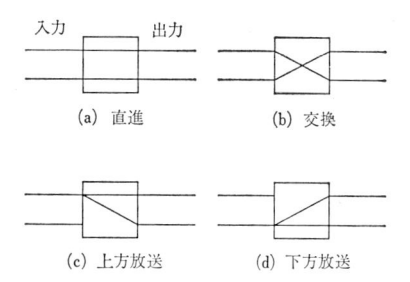

(a) 直進　　(b) 交換　　(c) 上方放送　　(d) 下方放送

図 V.10.6 基本2対2スイッチ回路

(a) シャッフル交換　(b) オメガNW　(c) バタフライ形バンヤンNW

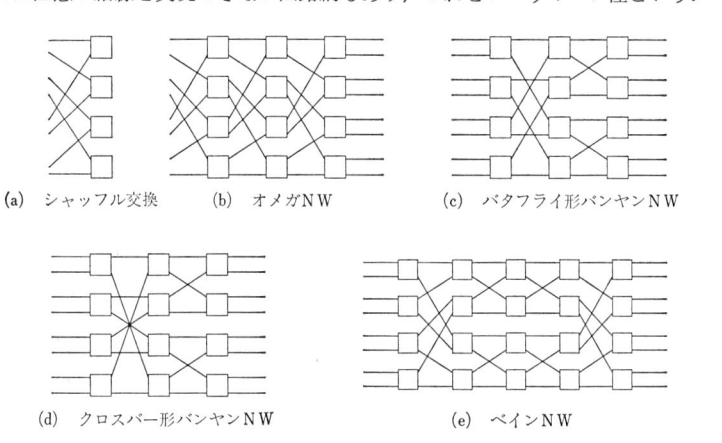

(d) クロスバー形バンヤンNW　(e) ベインNW

図 V.10.7 多段接続ネットワーク

多段ネットワークのトポロジーは超並列演算アーキテクチャーの用途に応じてさまざまな工夫がされ，種々の命名がされているが，いずれも機能的にはほとんど等価である．以下，光学的に実現が試みられているネットワークを中心に紹介する．

a. シャッフル交換（shuffle exchange）: 図 V.10.7(a) の結線はトランプのシャッフルから名づけられた．図 V.10.8 にレンズを用いたシャッフルの実現法を示す[3]．シャッフルだけでは最上位と最下位の交換ができないのでスイッチ回路と組

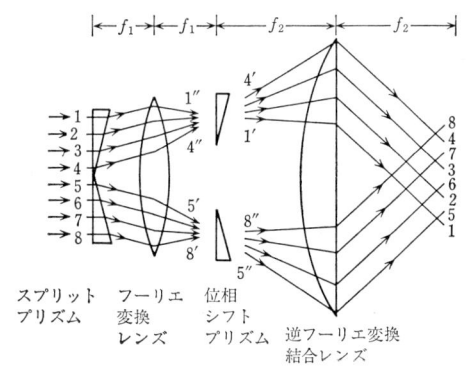

スプリットプリズム　フーリエ変換レンズ　位相シフトプリズム　逆フーリエ変換結合レンズ

図 V.10.8 レンズ光学系によるシャッフル[3]

み合わせて用い,これをシャッフル交換という.図V.10.7(b)はシャッフル交換を多段接続したものでオメガネットワークとよばれる.

b. バンヤン(banyan)ネットワーク: 各段ごとにネットワークが2分割され,入出力間のパスがただ一つしか定義されない多段接続網をバンヤンネットワークという.他のトポロジーに比べてトータルのクロスオーバーが少ないことからVLSIの配線にも応用される[4].入出力間の接続性についてはブロッキングなネットワークである.図V.10.7(c)は,結線の一部が並行クロスするバタフライ接続を用いたバンヤンネットワーク,(d)は,結線の一部が逆順序(クロスオーバー)に接続されたバンヤンネットワークである.図V.10.9にバタフライ接続の光学的実現法を示す[5].偏光プリズムの前に置かれた偏光

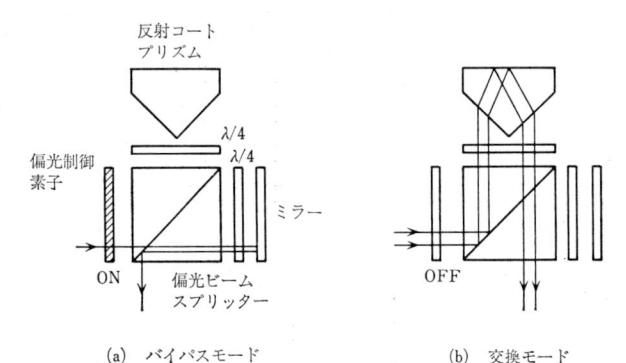

図 V.10.9 プリズムを用いたバタフライ接続[5]

制御素子をオン・オフしてバイパス接続とバタフライ接続の切替えを行う.バタフライ接続にはプリズムを利用する.図V.10.10にクロスオーバー接続の光学的実現法を示す[6].コーナキューブとして利用されるプリズムがクロスオーバーを,ミラーが並行シフトの結線を,それぞれ実現する.

c. ベイン(bene)ネットワーク: 図V.10.7(e)のように,左右非対称なネットワークの出力どうしを結合して左右対称になるようにしたものをベインネットワークという.もとの非対称ネットワーク(この場合はベースラインNW)はブロッキングであるが,

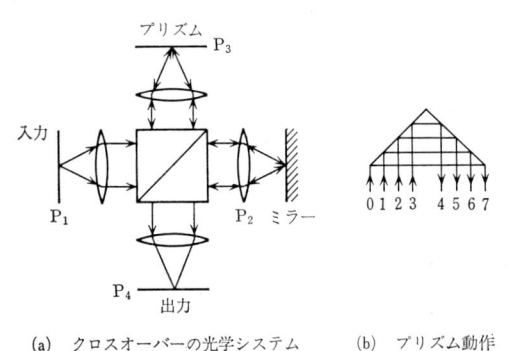

図 V.10.10 プリズムを用いたクロスオーバー接続[6]

ベイン構成にすると機能的にはクロスバーと等価になり,結合状態を手直しすることで任意の結合を付加できる「再構成可能」なネットワークになる.ただし,ほかの結合を妨害

することがあるのでノンブロッキングではない．

10.4 光インターコネクションとデバイス

光インターコネクションを実現するうえでマイクロオプティックスがはたす役割は大きい．ここでは光接続に用いられる各種要素技術について述べる．

10.4.1 自由空間接続

（1） ホログラムと光インターコネクション ホログラムは他の光学素子に比べて軽量，小形であり，かつレンズなどでは実現が困難な多焦点光学系を一つのホログラムで実現できることからVLSIチップ間の光による信号伝送やクロックの分配などの応用が考えられる[7]．図V.9.11に示すようにチップ上の光源から上方のホログラムに光を送信し，反射した光を別のチップ上の検出器で受信する．計算機ホログラムによりさまざまな光接続のパターンが実現される．

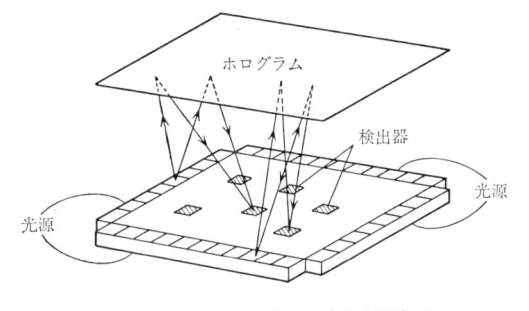

図 V.10.11 ホログラムを用いた自由空間光インターコネクション[7]

（2） 空間光変調素子 空間光変調素子（spatial light modulator; SLM）は，伝搬光を制御する素子が二次元マトリクス状に配置されたもので，透過光や反射光の位相，吸収，偏光，偏向などを制御する．個々のエレメントを電気的にアドレスする方式は，集積度が向上するにつれて困難になり，大規模並列処理では光によるアドレスが有利になる．

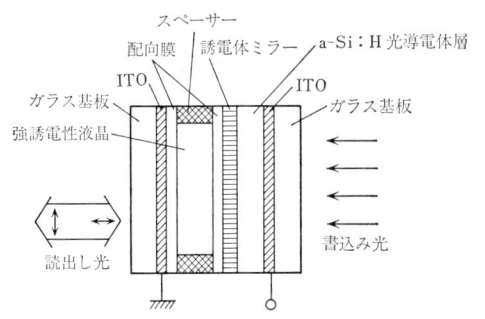

図 V.10.12 光アドレス形液晶空間光変調素子[8]

a. 液晶 SLM: 液晶に電圧を印加すると複屈折効果が発生し，入射光に対する反射率の変化や透過光の偏波面の回転が起こる．図V.10.12は光アドレス形液晶SLMである[8]．液晶は大画面ディスプレイへの応用が進んでおり，安価で集積度の高いSLMが期待できる．素子の応答速度はms程度であるが，強誘電液晶ではμsの応答が可能である．

b. DMD（deformable mirror device）： 図V.10.13はテキサスインスツルメント社

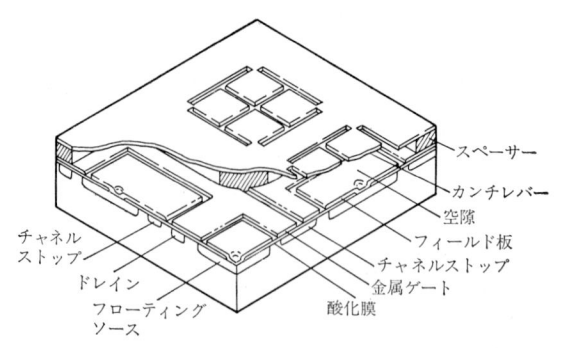

図 V.10.13 可変形ミラー空間光変調素子[9]

で開発された可変形ミラー素子（DMD）で，シリコン基板上に形成された微小ミラーを電気アドレス時のクーロン力で変形させて光ビームの位相や方向を制御する[9]．1000×1000 程度の集積度が容易に実現できる．

c. 超音波 SLM： 物質中を伝搬する超音波が形成する回折格子を利用して光を偏向する．超音波 SLM は普通一次元構成で用いられる．超音波に時間信号をのせることでシストリックアーキテクチャーや時系列信号の処理に用いられる[10]．

d. 電気光学結晶 SLM： BSO や PLZT など強誘電体結晶の電気光学効果による屈折率変化を利用する．図 V.10.14 は BSO 結晶を用いた PROM（Pockels readout optical modulator）である[11]．短波長光の照射により結晶内に誘起された光電子が電界分布を形成し，これが局所的屈折率変化を起こす．読み出しは長波長光で行われる．

e. SEED（self electrooptic effect device）： PIN-PD の i 層に多重量子井戸構造をもつ素子で，入射光に比例した光電流により量子井戸に電圧が加わるとエキシトン吸収ピークが移動して反射率や吸収率が大きく変化する．S-SEED（図 V.10.15）は二つの

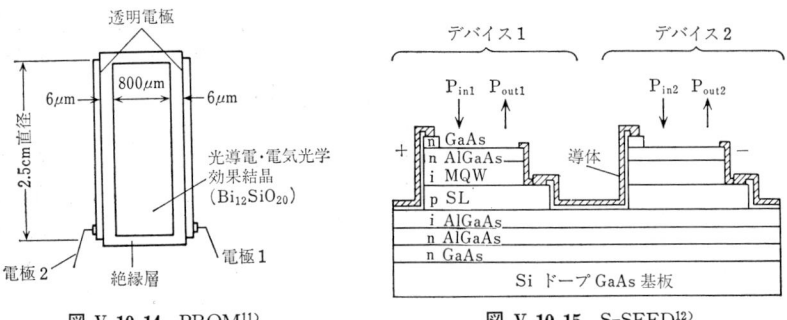

図 V.10.14 PROM[11]　　　　図 V.10.15 S-SEED[12]

SEED から構成され，一方の素子への入射光で発生する光電流が隣接素子の印加電圧を変化させて，その透過率または反射率を制御する[12]．結果として光-光制御が行われる．集

積度 125×256 の SEED 素子が開発されている.

10.4.2 導波接続素子

（1） プレーナ光学系　平板ガラスブロックの表面にフレネルレンズやホログラムなどの光学素子を集積し，画像情報などをブロック表面での全反射を利用して伝送する（図V.10.16)[13]．光学系がコンパクトになり，ブロックの積み重ねで柔軟に光学系を構築できる．図V.10.17はプレーナ光学系を利用したボード間のバックプレーン光バスの試みである[14]．

（2） 屈折率分布形光線路　屈折率分布光線路は画像情報をはじめとする二次元情報をひずみなしに伝送できる．これを利用して結像面の位置に各種の二次元光デバイスや電子回路基盤を差し込む実装技術（OBIS; optical bus interconnection system）が提案されている（図V.10.18).

（3） 光導波路デバイス　誘電体や半導体導波路での電気光学効果やキャリヤー注入効果による屈折率変化を利用したマトリクス光スイッチが種々開発されているが，素子形状や，挿入損失の観点から大規模集積は困難である．その対策として，8×8のマトリクススイッチと半導体光増幅器の組合せによる128チャネル光スイッチの実験が試みられている[16]．

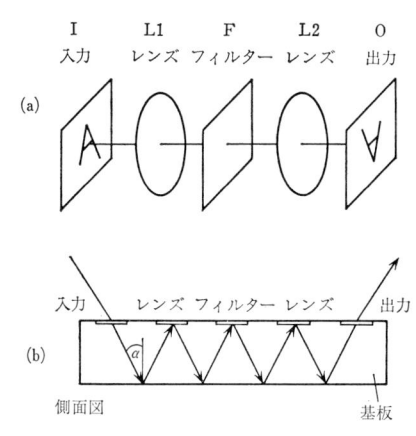

図 V.10.16　プレーナ光学素子[13]

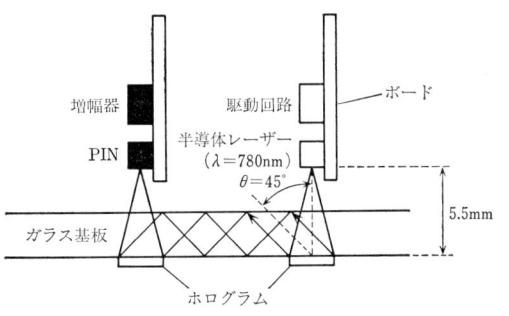

図 V.10.17　ガラス基板とホログラムを用いたバックプレーン光バス[14]

　導波モードは閉空間における量子化された波動の状態であり，すべての波動状態は導波モードの重ね合せで記述される．光通信では単一モード線路が要求されるが，光情報処理ではむしろ線路の多モード性を積極的に生かし，各固有モードを独立した情報キャリヤーとして利用することも将来必要になろう．図V.10.19は分岐線路を利用したモード次数変換（シャッフル）の例である[17]．

10.4.3 発受光デバイス

（1） 発受光素子の高速化　高速な光バスを実現するには，発受光素子の高速化が必要である．半導体発光素子の変調帯域を広げる一つの方法は発光領域でのキャリヤー寿命

を短くすることであり，これには注入電流の増大や不純物濃度の増加が有効である．

レーザーでは，共振器中のフォトンの寿命も変調帯域に影響し，これを短くするには短共振器長化が有効である．さらに pn 接合などの寄生容量も変調帯域に影響するので，素子構造の最適化も必要である．半導体レーザーの有効変調帯域は数十 GHz が実用上の限界であろう．

半導体受光素子の帯域は発光素子に比べて低い．一般に受光素子の高感度化と高速化は両立しない．

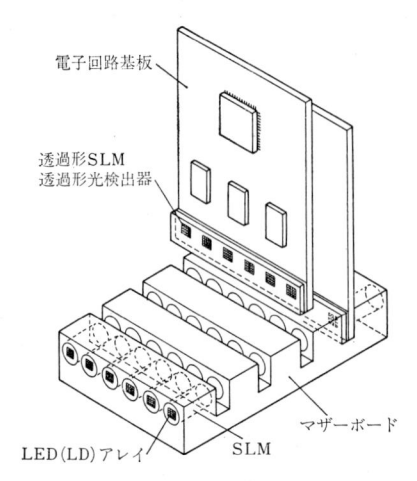

図 V.10.18 屈折率分布形レンズを用いた光接続システム[15]

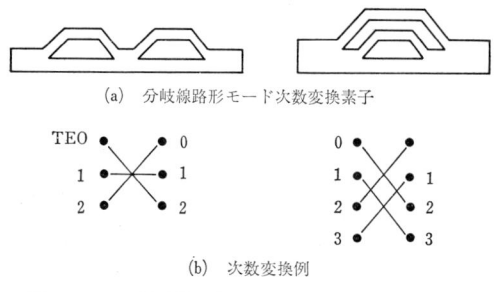

図 V.10.19 誘電体分岐線路を用いたモード次数変換[17]

(a) 分岐線路形モード次数変換素子

(b) 次数変換例

（2） 空間変調半導体レーザー　光ビームの偏向，収束さらに偏光状態をも制御する機能を有する半導体レーザーを空間変調半導体レーザーと定義する．これらの機能は従来，空間光変調素子などの外部変調素子を必要とした．図 V.10.20 にビーム偏向，収束機能半導体レーザーの動作原理を示す[18]．半導体レーザー内のキャリヤー分布を制御することにより放射光の遠視野像が変化する．ビーム偏向を利用した光論理演算手法[19]や光バスへの応用が考えられる[20]．

（3） 波長変換素子　波長軸上での並列性を利用するには，波長を自由に制御する技術が必要である．波長安定化，多波長同時発振，波長掃引，波長変換などの機能を有する半導体光素子の開発が必要である．

（4） 発受光素子のアレイ化　二次元アレイ発受光素子はパターンなどの並列情報の光電入出力インターフェースとして重要である．発光素子は発熱量が大きいので集積度を上げるのがむずかしい．LED は技術的にかなり成熟しており，最近では面発光レーザーの研究が盛んである[21]．ただし，発光機能の集積だけでは高出力光源とマイクロレンズアレイの組合せとの競合になる．

受光素子では CCD アレイのように数十万素子の集積が実現しているが，その読出しは時系列である．大規模集積の発受光素子で並列アドレスやスペースバリアントな制御を実現するには電気配線の改良や光アドレス方式の採用が必要である．

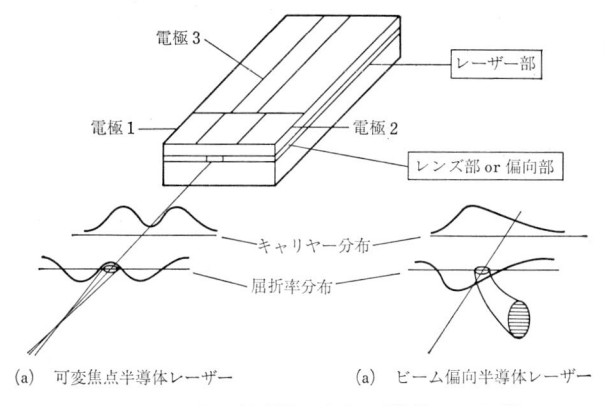

10.4 光インターコネクションとデバイス

図 V.10.20 空間変調機能を有する半導体レーザー[18]

(a) 可変焦点半導体レーザー (a) ビーム偏向半導体レーザー

10.4.4 光電複合素子 (OEIC)

(1) 電子素子と光素子の集積　光ネットワークと電子回路間のコンパクトな光電インターフェースを実現するには光素子と電子素子の一体化が必要である. 図 V.10.21 は半絶縁 GaAs 基板上に半導体レーザー, フォトダイオード, 駆動およびモニター回路を集積したOEICである[22]. 機能やプロセスの異なる素子を集積しようとすると製造プロセスが複雑になり歩留りが悪くなる. 個別素子の特性を損なわずに一体化するのもむずかしい. 一般に発光素子と電子回路よりも受光素子と電子回路を一体化するほうが集積効果が大きい. 受光素子はインピーダンスが高く, 集積により浮遊容量の低減が可能になり, 受信特性の向上が期待できる.

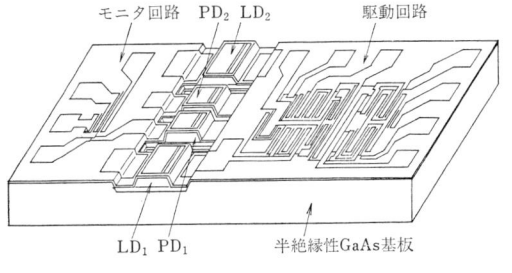

図 V.10.21 レーザー, 検出器, 駆動回路, モニターを集積したOEIC[22]

OEIC は用途によって, 材料的に異なる組合せが考えられる. $0.8\,\mu m$ 帯では GaAs 系, $1.3 \sim 1.5\,\mu m$ 帯では InP 系化合物半導体が用いられる[23]. Si-LSI を中心とするプロセッサー間の光インターコネクションを目的として, Si 基板上への発光機能の集積が試みられている[24]. 発光素子と電子素子を集積する代わりに光変調素子と電子回路を集積する試みもある[25]. トランジスターに直流電流が供給されるように, 未変調の光ビームを外部より供給し, チップ側でこれを変調して送信に利用するという発想である.

IBM では, 光バス用の送受信モジュールとして, 4個の MSM 受発素子と 8000 の MESFET をモノリシックに集積した OEIC や, 4個の半導体レーザーアレイと 6000 の

MESFETをハイブリッドに一体化したOEICチップを開発し，1Gb/sでの動作を実現している[26]．

（2）**光電融合デバイス**　既存の電子素子や光素子の概念にとらわれず，電子と光の機能を融合した新しい光デバイスの集積化が試みられている．

a．pnpn光デバイス：　電気的ヒステリシス特性を示すサイリスタのpnpn構造に受光層と発光層を付加して光信号の書込み，保持，読出しなどを行う光機能素子が開発されている．例としてVSTEPの構造を図V.10.22に示す[27]．nsオーダーのスイッチング動作が可能であり，また状態保持に要する消費電力も$2\mu W$と少ない．

b．光ニューロチップ：　ニューラル処理に必要な積和演算を光で行うデバイスで，空間変調素子を発光素子と受光素子でサンドイッチした構造をもつ．空間変調素子の厚みによる光のにじみをさけるため，受光素子に感度調節機能を付加したものも開発されている[28]．

c．三次元光共有メモリー：　三次元光共有メモリー[29]は，複数のCPUが共通のデータを同時にアクセスして複数の処理を同時に実行できるよう設計されている（図V.10.23）．発光受光素子を搭載したシリコンLSIメモリーを多層に重ね，一つのCPUから書き込まれたデータ

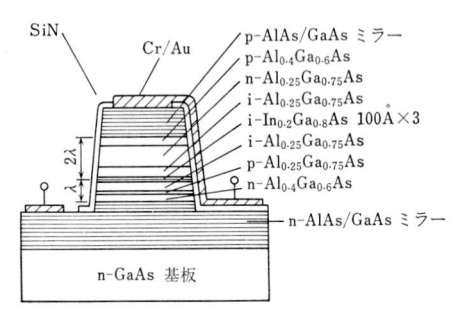

図 V.10.22　VSTEP素子[27]

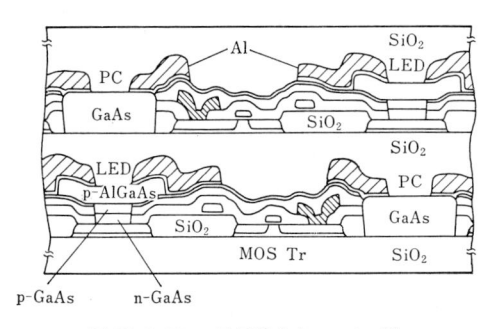

図 V.10.23　三次元光共有メモリー[29]

が直ちに上下のメモリーに転送される．

10.5　光インターコネクションとその応用

10.5.1　計算機技術と光バス

光インターコネクション技術の計算機技術への応用は始まったばかりであり，具体的な応用例は少なく，設計や提案の段階のものが多い．ここではそのいくつかを紹介する．

Dialogシステム[30]は数百台規模のマルチプロセッサーシステムを目指し，円弧状に配置したプロセッサー間を反射鏡やホログラムを用いて光学的に結合する光バスである（図V.10.24）．円筒鏡は放送形通信に，ホログラムは選択的な通信に利用される．

10.5 光インターコネクションとその応用

図 V.10.24 Dialog システム[30]

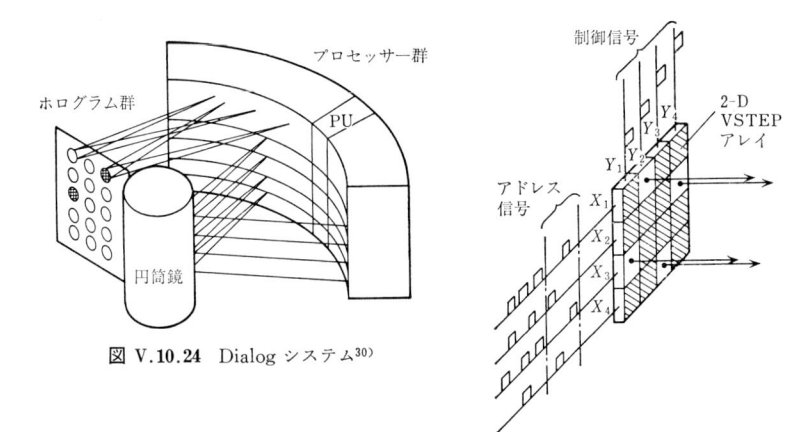

図 V.10.25 VSTEP を用いたクロスバー交換器[27]

LISA[31] は空間伝搬を用いた1対 N の光バスで，アレイ光源の発光パターンと受信側の検出器の空間配列が一致する場合に通信を可能にするシステムである．

POEM[32] は計算機ホログラムを介してウェーハスケール LSI 上のプロセッサー間を結合することを目指しており，システム性能の計算機シミュレーションが行われている．

空間伝搬の代わりにガラスのプレーナ導波路をウェーハ上に積層し，信号やクロックの分配を行う光バスの試みも始まっている[33]．

10.5.2 光スイッチング網

高密度な光スイッチング回路は光通信網における交換器だけでなく，信号のディジタル演算処理への応用も期待させる．ここではその取組みを紹介する．

VSTEP を用いたクロスバー交換器の構成法[27]を図 V.10.25 に示す．横からアドレス信号をヘッドにもつ信号が入り，垂直方向からのアドレス信号と横方向からのアドレス信

表 V.10.1 代表的なスイッチング回路網の諸特性

	遅延	クロスポイント数	結合
クロスバー	1	N^2	ノンブロッキング
シャッフル交換	1	$\dfrac{N}{2}$	ブロッキング
オメガ	$\log_2 N$	$\dfrac{N}{2}\log_2 N$	ブロッキング
バンヤン	$\log_2 N$	$\dfrac{N}{2}\log_2 N$	ブロッキング
ベースライン	$\log_2 N$	$\dfrac{N}{2}\log_2 N$	ブロッキング
ベイン	$2\log_2 N - 1$	$\dfrac{N}{2}(2\log_2 N - 1)$	再構成可能

号が同期した位置の素子が作動して信号を右方向に送信する．

SEED は現在最も集積度の高い光スイッチ素子アレイで，スペースバリアントなミラーとの組合せによるバンヤンネットワーク[34]やパイプラインプロセッサー[35]の構成など，さまざまなスイッチング回路網アーキテクチャーの研究が進められている．

再構成可能な多段接続ネットワークとしてのベイン網については，液晶偏波制御素子と複屈折素子の組合せにより 128×128 の二次元接続網が試作されている[36]．

ネットワークのスイッチングを適当にセットすることで，特定の演算に最適なネットワークを構成できる．これについては，クロスバースイッチ回路網を用いて FFT や相関演算などを実行できるプログラマブルデータフロー計算機の構成[37]や，多段接続網を用いたプログラマブル論理アレイ[38]などの提案がある． 　　　　　　　　　　[矢嶋弘義]

参考文献

1) M. Ishikawa, N. Mukohzaka, H. Toyoda and Y. Suzuki: Appl. Opt., **28**, 2 (1989), 291-301.
2) 黒川恭一，相磯秀夫：情報処理, **27**, 9 (1986), 1005-1021.
3) A. W. Lohmann, W. Stoke and G. Stucke: Appl. Opt., **25**, 10 (1986), 1530-1531.
4) F. E. Kiamilev, P. Marchand, A. V. Krishnamoorthy, S. C. Esner and S. H. Lee: IEEE, **LT-9**, 12 (1991), 1674-1692.
5) T. Nakagami, T. Yamamoto and H. Itoh: OSA Proc. on Photonic Switching, vol. 8, Saltlake (1991), 67-71.
6) J. Jahn and M. J. Murdocca: Appl. Opt., **27** (1988), 3155-3160.
7) J. W. Goodman, F. I. Leonberger, S. Kung and R. Athale: IEEE Proc., **72**, 7 (1984), 850-865.
8) W. P. Bleha, L. T. Lipton, E. Wiener-Avnear, J. Grinberg, P. G. Reif, D. Casasent, H. B. Brown and B. V. Markevitch: Optical Eng., **17**, 4 (1978), 371-384.
9) D. A. Gregory, R. G. Juday, J. Sampsell, R. Gale, R. W. Cohn and S. E. Monroe, Jr.: Optics Lett., **13**, 1 (1988), 10-13.
10) W. T. Rhodes and P. S. Guifoyle: Proc. IEEE, **72** (1984), 820-830.
11) 峯本 工, 陳　靖：光学, **18** (1989), 337-342.
12) A. L. Lentine, H. S. Hinton, D. A. B. Miller and L. M. F. Chirovsky: Appl. Phys. Lett., **52** (1988), 1419-1421.
13) J. Jahn and A. Huang: Appl. Opt., **28** (1990), 1602-1605.
14) J. W. Parker: IEEE, **LT-9**, 12 (1991), 1764-1773.
15) K. Hamanaka: Optics Lett., **16**, 16 (1991), 1222-1224.
16) C. Burke, M. Fujiwara, M. Yamaguchi, H. Nishimoto and H. Honmou: OSA Proc. on Photonic Switching, vol. 8, Saltlake (1991).
17) H. Yajima: IEEE, **QE-15**, 6 (1979), 482-487.
18) S. Mukai, Y. Kaneko, M. Watanabe, H. Itoh and H. Yajima: Appl. Phys. Lett., **51**, 25 (1987), 2091-2093.
19) H. itoh, S. Mukai, M. Watanabe, M. Mori and H. Yajima: IEE Proc.-J., **138**, 2 (1991), 113-116.
20) 伊藤日出男，向井誠二，渡辺正信，矢嶋弘義：電子情報通信学会論文誌 C-1 (1992).
21) 伊賀健一，小山二三夫：面発光レーザ，オーム社 (1990).

参 考 文 献

22) H. Nakano, S. Yamashita, T. Tanaka, M. Hirano and M. Maeda: IEEE, **LT-4**, 6 (1986), 574-582.
23) T. Horimatsu and M. Sasaki: IEEE, **LT-7**, 11 (1989), 1612-1622.
24) S. Sasaki, T. Soga, M. Takeyasu and M. Umeno: Appl. Phys. Lett., **48**, 6 (1986), 413-414.
25) T. Lin, A. Ersen, J.H. Wang, S. Dasgupta, S. Esener and S.H. Lee: Appl. Opt., **29**, 11 (1990), 1595-1603.
26) J.F. Ewen, K.P. Jackson, R.J.S. Bates and E.B. Flint: IEEE, **LT-9**, 12 (1991), 1755-1763.
27) I. Ogura, Y. Tashiro, S. Kawai, K. Yamada, M. Sugimoto, K. Kubota and K. Kasahara: Appl. Phys. Lett., **57**, 6 (1990), 540-542.
28) J. Ohta, Y. Nitta, S. Tai, M. Takahashi and K. Kyuma: IEEE, **LT-9**, 12 (1991), 1747-1754.
29) M. Koyanagi, H. Takata, T. Maemoto and M. Hirose: OPTOELECTRONICS-Device and Tech., **3**, 1 (1988), 83-98.
30) 浜崎陽一, 岡田義邦, 鈴木基史: bit, **21**, 4 (1989), 169-174.
31) T. Sakano, K. Noguchi and T. Matsumoto: IEEE, **LT-9**, 12 (1991), 1733-1741.
32) F. Kiamilev, S.C. Esener, R. Paturi, Y. Fainman, P. Mercier, C.C. Guest and S.H. Lee: Opt. Eng., **28** (1989), 396-409.
33) R.A. Linke: Proc. of Photonics in Switching, vol. 8, Saltlake (1991), 72-76.
34) F.B. McCormic and M. Prise: Appl. Opt., **29**, 14 (1990), 2013-2018.
35) M.B. Prise, N.C. Craft, M.M. Downs, R.E. LaMarche, L.A. D'Asano, L.M.F. Chirovsky and M.J. Murdocca: Appl. Opt., **30**, 17 (1991), 2287-2296.
36) K. Noguchi, T. Sakano, T. Matsumoto: IEEE, **LT-9**, 12 (1991), 1726-1732.
37) A.D. McAulay: Opt. Eng., **25**, 1 (1986), 82-90.
38) M. Murdocca, A. Huang, J. Jahn and N. Streible: Appl. Opt., **27**, 9 (1988), 1651-1660.

11. 光コンピューター

コンピューターに対する科学計算能力の向上やより知的な情報処理に適したコンピューターの実現を要請するニーズが顕在化している[1,2]．しかしながら，一方ではSiのVLSI技術をベースにしたコンピューターの高速化に限界が見え始めており[3,4]，さらにはフォンノイマン形のディジタルコンピューターによる情報処理が，本質的にパターン認識や画像処理などには適していないという指摘もなされている[5]．このような背景のもとに，新しいコンピューターのパラダイムが求められており，超並列コンピューティング[6]や生体の情報処理機能を模倣したニューラルネットに基づいた並列分散形の情報処理システムのニューロコンピューティング[7]~[10]に期待が寄せられている．

一方，光の魅力は，光路をデータチャネルとみたときの光インターコネクトの超並列性，高速・広帯域性と[11],[12]，光素子の超高速性にある[13]．これらのハードウェア技術と革新的なコンピューターのパラダイムを融合して，両者のメリットを最大限に引き出すことによって従来のコンピューターの問題点を解消し，その能力をよりいっそう向上させようとするのが光コンピューターの狙いとするところである．光コンピューターを実現するためには，アーキテクチャー，演算体系や演算アルゴリズム，演算制御法，さらには光素子・材料に至るまで総合的な研究が必要である[14]~[26]．光コンピューターの概念には幅があり，道具立てとして光を導入する範囲，アーキテクチャーの相違，データがアナログかディジタルかの違いなどによって，さまざまな形態が存在しうる[26]．本章では，その中でも光並列ディジタルコンピューターとアナログ演算を基本とする光ニューラルネットという将来的な光コンピューターに焦点を当て，それらの研究の意義を解説し，いくつかの代表的な研究事例を紹介する．

11.1 何故，光コンピューターなのか

11.1.1 コンピューターが直面している問題

（1）フォンノイマンボトルネック　　従来の逐次処理形コンピューターでは，図V.11.1に示すように，CPUからメモリーへのアクセスはアドレス線を介して行われ，一度に一つのメモリーにしかアクセスできないので，メモリーとCPUの間に通信路の狭隘化が生じる．これをフォンノイマンボトルネックとよぶ[14]．その結果，プロセッサーをいか

11.1 何故, 光コンピューターなのか

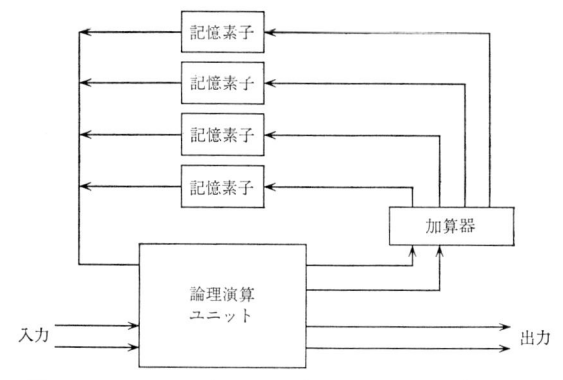

図 V.11.1 フォンノイマンコンピューターのアーキテクチャー

に高速化しても, システム全体のクロック周波数は上がらない. このボトルネックを解消するためには, アドレスなしで並列にメモリーにアクセスすることが必要であり, 光の超並列性がこの問題を解決する可能性がある.

(2) VLSI の諸問題

a. 帯域制限[3]: 今後のコンピューターの高速化を阻むのは VLSI における金属配線の遅延とインピーダンスの不整合による反射であるといわれている. ゲートに到達する信号間に遅延時間差があると, ゲートの誤動作の原因になる. これをクロックスキューという. これを防ぐためには, コンピューター内の配線長の上限を決め, それよりも短い配線に対する遅延をこれに揃えなければならない. たとえば, 1GHz のクロック周波数に対しては, 最大配線長は 10cm 強となる. 遅延の原因は配線のインピーダンスと端子の浮遊容量で決まる時定数に支配されるので, スケールダウンによる高速化は望めない.

一方, 配線の特性インピーダンスと受信器のインピーダンスに不整合があると, 受信器で反射が生じる. たとえば, 配線長が十数 cm でもクロック周波数が 1GHz になれば, 反射波が十分に減衰しないまま次の信号に重畳するのでエラーの原因になる. これらが原因で, 将来的にも金属配線で 1GHz を越えるクロック周波数を実現するのは困難であると予想されている. 光配線はこれらの問題がないので, 代替技術として有望である.

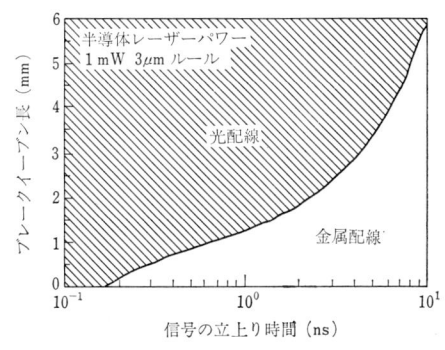

図 V.11.2 信号の立上り時間とブレークイーブン配線長

b. 消費電力: 光インターコネクトでは, 光電変換用の受光素子と発光素子の駆動と, 受光素子の浮遊容量の充電に電力が消費される点では金属配線と大差はないが, 途中

の線路の浮遊容量の充電が不要な点が電気配線との根本的な相違である．そのために，配線が長くなると光インターコネクトが有利になる[27]．図V.11.2には，金属配線と光インターコネクトの消費エネルギーが等しくなる配線長で定義されるブレークイーブン配線長と，信号の立上り時間の関係を示す．信号が高速になるにつれて，配線長が短い場合にも光配線のほうが有利になることがわかる．

c．ソフトウェアの危機： ソフトウェアの生産は，2025年には地球上の全人類がソフトウェア生産に従事しても増大する需要に追いつかない状況になり，近い将来ソフトウェアの危機が到来するといわれている[28]．ニューラルネットは基本的にはプログラムが不要であり，この問題に対する一つの解決策になりうる．

11.1.2 光コンピューター：新しいコンピューターのパラダイム

ここで取り上げる光並列ディジタルコンピューターと光ニューラルネットの二つのパラダイムは，いずれも従来のエレクトロニクスコンピューターの問題を解消するばかりではなく，前者はディジタル特有の高精度な論理演算や数値処理の手段を提供し，後者はアナログの特徴を生かしたパターン認識などの曖昧なデータに対する知的で柔軟な処理を実現するものである．なお，従来のエレクトロニクスコンピューターへ光配線を導入する近未来的なアプローチは前章「光インターコネクション」に譲ることとし，ここでは触れない．

（1） 光並列ディジタルコンピューター 並列・ディジタル処理に絞ることとする．アナログ光情報処理は古くから行われており，たとえばレンズを用いたフーリエ変換，空間フィルタリング，光相関などは光の性質を巧みに利用したものである[29]．しかしながら，単機能のため，用途がごく限られており複雑な処理には適していない．これに対してディジタル処理は，一般に柔軟性に優れ，雑音に対して強く高精度であり，またアーキテクチャーと素子を切り離すことができるので素子の標準化が可能で，システムと素子の開発リスクが小さくなるという利点がある．

一方，並列コンピューターは図V.11.3に示すように，プロセッサーの粒度（複雑度），プロセッサーの自律性，さらにはメモリーの局在性という三つの次元で分類される[30]．光コンピューターについて見れば，プロセッシングエレメント（PEと略す）の粒度は，純光素子の場合とLSIと光素子を融合した光電子ハイブリッドの場合とでは異なってくる．

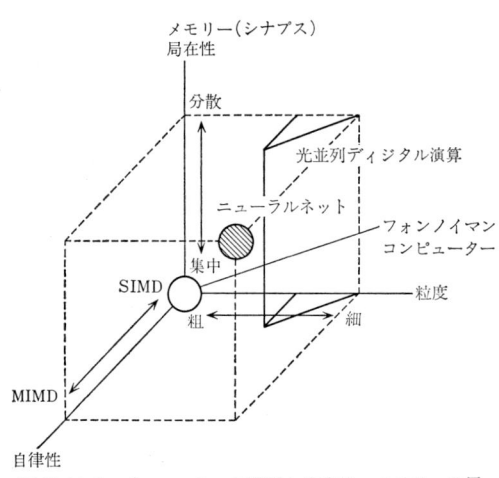

図 V.11.3 プロセッサーの粒度と自律性，メモリーの局在性からみた並列コンピューターの分類

光素子単体では複雑な処理を行うのは困難なため，粒度の低い計算能力の PE を非常に多く使った超細粒度が適しており，一方，光電子ハイブリッド形では処理は LSI で行うので，粒度はこれよりも粗い場合もありうる．PE の自律性の観点からは，超細粒度の PE に対しては，すべての PE を単一の命令ストリームによって制御する SIMD 形が適しており，PE の粒度がやや粗くなると MIMD 形も考えられる．

超並列のアプローチは，画像処理のように全体のタスクに対して並列処理が比較的大きな割合を占める専用プロセッサーへの応用を目ざしたものであり，PE の粒度が粗い光電子ハイブリッド形には一般的な論理演算や数値計算を行う汎用コンピューターを指向したものもある．これらの具体的な事例については 11.2 節で詳しく述べる．

（２）光ニューラルネット　ニューラルネットは，アナログ情報処理を基本とする MIMD 形の並列処理の範疇に属する[31]．従来のノイマン形のコンピューターとの最も大きな相違は，ネットワークの構造がアダプティブで，学習機能を備えているのでプログラムが不要である点である．神経回路網をモデル化したニューラルネットは，図 V.11.4 に示すようなニューロンに相当する多入力・1出力の細粒度のプロセッシングエレメント

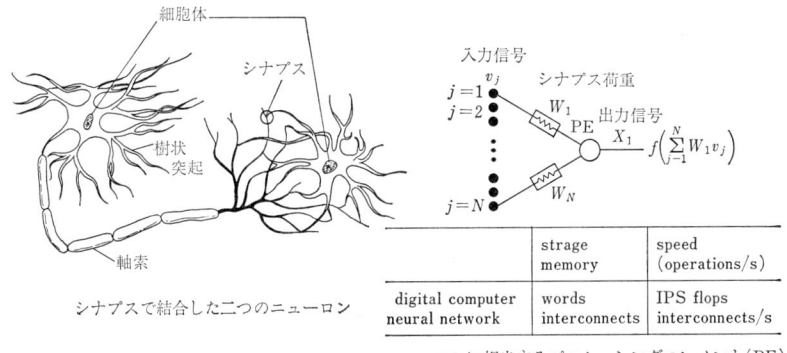

	strage memory	speed (operations/s)
digital computer	words	IPS flops
neural network	interconnects	interconnects/s

ニューロンに相当するプロセッシングエレメント（PE）

図 V.11.4　シナプスで結合した二つのニューロンとニューロンに相当するプロセッシングエレメント（PE）

がネットワークのノードに対応し，ニューロンどうしはシナプスを介して結合している．PE はほかの PE の出力にシナプス荷重 w_{ij} を付けて加算し，これがしきい値を越えれば興奮する．コンピューターのメモリーに相当するのがシナプスの強度，すなわちシナプス荷重である．メモリーはネットワーク全体に分散させ，シナプス荷重としてアナログ量で貯えられているので，あるパターンの一部が入力されると，一部のニューロンの興奮がほかのニューロンの興奮を呼び起こし，特定のパターンが想起される．シナプス荷重は正負いずれかの符号をとり，もし $w_{ij}>0$ であれば，両方が興奮するかどちらも興奮しないかのいずれかであるが，$w_{ij}<0$ であれば，どちらか一方が興奮し，他方が抑制される．代表的なネットワークの構造には，図 V.11.5 が示す相互結合ネットワークと階層ネットワ

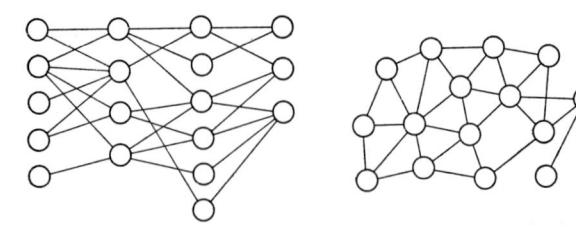

(a) 階層ネットワーク　　　(b) 相互結合ネットワーク

図 V.11.5　代表的なニューラルネットワークの例

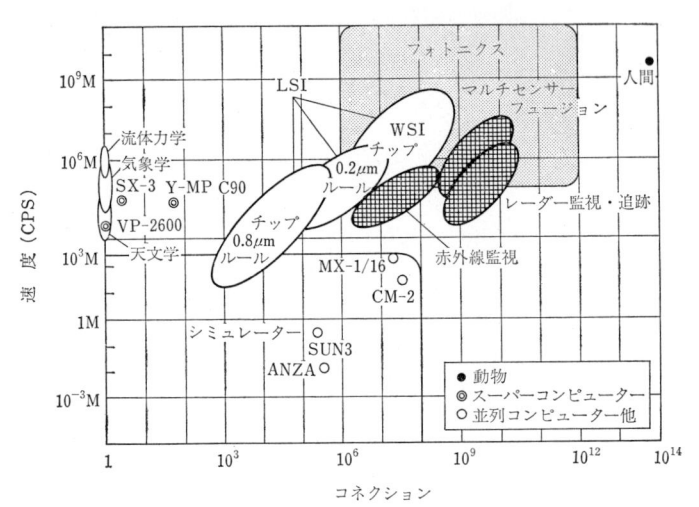

図 V.11.6　ニューラルネットのシミュレーターと専用ハードウェアおよび潜在的なニーズに関する処理能力と並列性

ークがある[10]．それぞれの代表的なネットワークについては，11.3.1項で詳しく述べる．

　ニューラルネットを実現するアプローチには，シミュレーターと専用ハードウェアがある．ニューラルネットをハードウェアで実現することの目的はネットワークの大規模化にある．図 V.11.6には，代表的なニューラルネットのシミュレーターのシナプス数と処理能力の単位である CPS（connection per second）とエレクトロニクスおよび光技術によるハードウェアの可能性を示している．図からもわかるように，画像の認識，レーダー波形の解析，あるいはこれらを複合化したマルチセンサーフュージョンを中心とした軍事応用では 10 TCPS を越えるニーズも顕在化しており[2]，この要請に応えるものはハードウェアをおいては存在しない[32]．ハードウェアの実現方法には，シリコン VLSI 技術と光技術を用いるオルタナティブがある．現在のところ，アナログ LSI[33] で 2300 ニューロンの人工網膜チップ[34] と，ディジタル WSI（wafer scale integration）で 576 ニューロン[35]

11.1 何故, 光コンピューターなのか

が実現されている. 光技術は Si の VLSI 技術に比べるとより将来的な技術に位置づけられるが, 光あるいは光電子を融合した技術は超大規模化が図れる可能性を示唆している.

(3) 光コンピューターの基本演算と光素子 光ディジタルコンピューターおよび光ニューラルネットの基本的な演算とそれに用いる光素子について説明する. なお, 光素子の詳細な解説は他章に譲ることとし, ここでは簡単な説明に止める. 図 V.11.7 には, 光論理素子あるいは光メモリーの候補となるいくつかの光素子とエレクトロニクス素子の1ビット当たりの消費エネルギーと応答時間の観点から比較している[36]. 応答速度で, 超高速領域 I, 高速領域 II, 低速(超並列)領域 III に分けている. 10 ps 以下の超高速領域 I

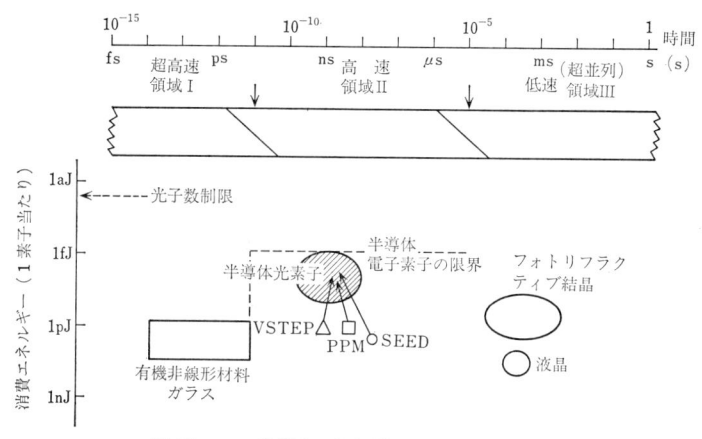

図 V.11.7 光素子の応答時間と消費エネルギー

表 V.11.1 光ディジタルコンピューターと光ニューラルネットの構成要素の光素子

	構成要素	機能	光素子
光演算	論理ゲート	論理演算	光半導体スイッチ 光双安定 LD, 非線形エタロン
	メモリー	ディジタルメモリー	光半導体スイッチ, 光双安定 LD 非線形エタロン, SLM* OEIC (O/E+RAM)
光ニューラル	配線	信号伝達	空間光配線, 平板光学系, 光導波路
	PE	積和演算 しきい値処理	円筒レンズ系, SLM, PD アレイ 空間光変調管, 位相共役鏡
	シナプス	アナログメモリー	SLM, (実時間)体積ホログラム 輝尽蛍光体, 光ディスク

* SLM (spatial light modulator): 空間光変調器, LD (laser diode): 半導体レーザー, QCSE (quantum confined Stark effect): 量子閉じ込め効果, HPT (heterostructure photonic transistor), PD: photo diode の略称

では，有機材料やガラス材料などの光素子以外に候補は見当たらない．また 100 μs 以上の低速領域IIIのフォトリフラクティブ結晶，液晶などは面的な広がりがあり，高分解能でかつ消費電力も低いので，超並列処理に有利である．また，高速領域IIの光半導体素子も高速並列処理用の素子としての可能性を秘めている．

表V.11.1に光ディジタルコンピューターおよび光ニューラルネットのキーとなる構成要素とその光素子を列挙している[37]．立体的な空間光配線を生かすためには，図V.11.8[38]に示すように，素子を二次元に規則的に稠密に配列したアレイ素子を多段に並べて，素子間を光配線する構成が有利である．そのためには，光素子が次のような二つの条件を満たしていなければならない．まず，多段接続の条件として，①光入出力が基板に対して垂直である，②波長変化に対する許容度が大きい，③ファンアウトの光損失を補償できる増幅機能を素子自体が備えていることが必要であり，さらに二次元アレイを高密度な集積化を実現するための条件として，①低消費エネルギーである，②構造や配線が簡単であることがあげられる．以下に，光ディジタルコンピューターおよび光ニューラルネットの基本演算とその演算素子と光メモリーについてまとめる．なお，光配線用の素子については11.1.2項で述べる．

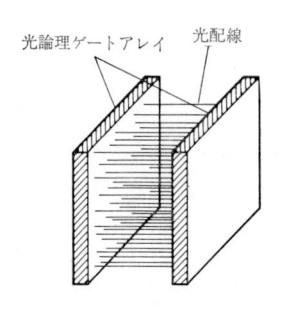

図 V.11.8 空間光配線を用いた二次元光素子アレイの多段構成

a. 光ディジタルコンピューターの場合： 光並列ディジタル演算は光論理ゲートを用いた論理演算が基本であり，光論理素子は図 V.11.9 に示すように，信号端子，制御用端子，出力端子からなる3端子素子である．演算素子はブール代数の完全系をなす AND, OR, NOT の3種類の演算，あるいは NOR 単独を実行できることが条件である．図 V.11.10(a) に示すような光非線形素子のいわゆる

図 V.11.9 3端子形の光論理素子

微分利得のような光入出力特性を用いると，二つの信号光が同時に入力した場合に ON 状態になるように制御光の強度を定めると AND 演算が実行でき，一つの信号光で ON 状態になるように制御光の強度を定めると OR 演算が実行できる．否定論理は，真値が透過光の場合には一般に反射光がその出力となる．(b)のような非線形の光入出力特性は，NOR や NAND の否定論理に適している．図 V.11.11 のような光双安定特性は，論理素子あるいはメモリーとしても用いることができる．論理演算の動作原理は先の光非線形素子の場合と同様であるが，制御光がある間は演算結果を出力し続ける点が特徴である．

現在のところ最も開発が進んでいるのは，ネマティック液晶や強誘電体液晶を用いた空間光変調器[39,40]である．本来画像の入出力用素子として用いられてきたが，メモリーや

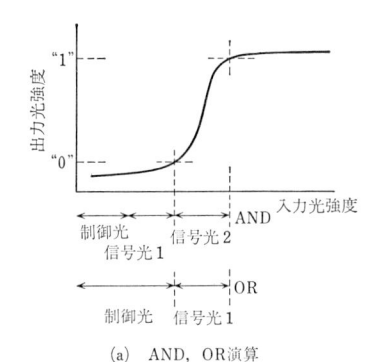

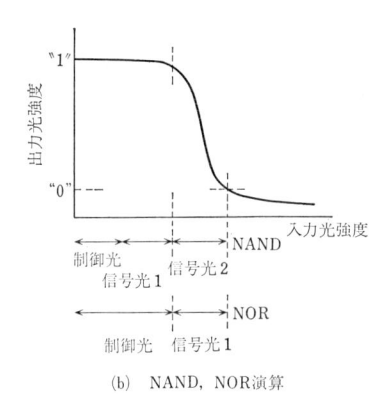

11.1 何故，光コンピューターなのか

図 V.11.10 光非線形性を用いた論理演算
 (a) AND, OR演算
 (b) NAND, NOR演算

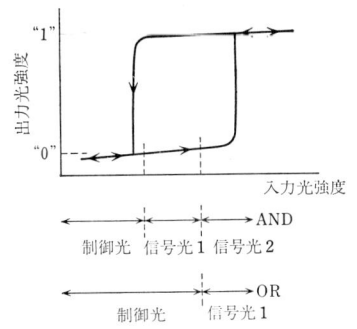

図 V.11.11 光双安定性を用いた論理演算

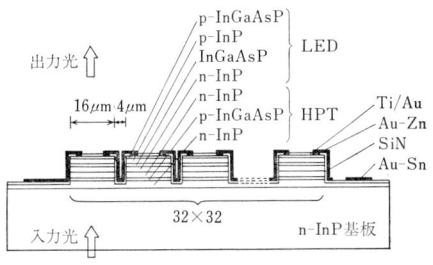

図 V.11.12 PPM (photonic parallel memory) の構造

論理ゲートとして作用するものもある．素子面積が大きく，分解能が高いという利点があるが，応答速度はたかだか数十 μs 程度 と遅い．

これに対して，個別の素子を二次元に規則的に配列したアレイ素子は，モノリシック集積化に適したアプローチであり，なかでも化合物光半導体素子は高速素子として有望である．

ここでは，化合物半導体光スイッチ素子に焦点を当てる．表 V.11.2 に示すように，素子の機能で分類すると，ラッチ可能なスイッチ，双安定スイッチおよびメモリー機能のない非ラッチスイッチの三つがある．ラッチ可能なスイッチや双安定スイッチは，自己発光形および非発光形の種々のタイプの素子が検討されている．

自己発光形は発光素子と光スイッチが複合されたものであり，一例として図 V.11.12 に PPM (photonic parallel memory) の構造を示す[41]．npn 構造の HPT (heterojunction phototransistor) と LED (light emitting diode) を縦方向に集積化した構造であり，バイアス電圧を印加した状態で光信号が入射すると，HPT が ON し発光を開始する．このとき，内部の光帰還による電流-電圧特性の負性抵抗によって双安定が得られ，光スイッチ・増幅機能のあるメモリーとして動作する．スイッチングエネルギーは 4pJ で，これ

表 V.11.2 光半導体スイッチ

	ラッチスイッチ	双安定スイッチ	非ラッチスイッチ
発光形	LED＋光サイリスター （VSTEP） LED＋HPT* （PPM）	多電極 LD スイッチ**	
非発光形	MQW＋HPT* （EARS）	MQW-pin** （SEED） 非線形エタロン	HPT 光サイリスター

* 光帰還，** 電気帰還のあるもの
VSTEP: vertical to surface transmission electron-photonic devices
PPM: photonic parallel memory, SEED: self electro-optic effect devices
EARS: exiton absorptive reflection switch, HPT: heterojunction phototransistor

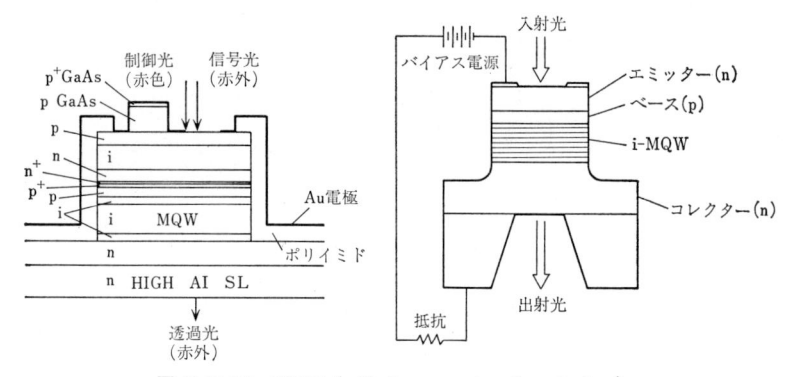

図 V.11.13 SEED (self-electro-optic effect devices)

以外にも光消去が可能なタイプもある[42]．VSTEP (vertical to surface transmission electron-photonic devices) は，pnpn 構造の光スイッチとして HPT の代わりに光サイリスターに LED をサンドイッチした構造である[43]．スイッチングエネルギーは 1pJ，メモリー保持電力は $2\mu W$ である．両素子ともに，1 チップに 64×64 を集積化した 1k ビットのメモリーが実現されている．

一方，非発光形の SEED (self electro-optic effect devices)[44] は，図 V.11.13 に示すように多重量子井戸 (MQW; multi-quantum well) を i 層とする pin 構造と定電圧源と抵抗が直列に接続されている．pin 層には逆バイアスを印加しておき，可視域の制御光を吸収させて励起子吸収ピークに波長を合わせた赤外域の信号光の透過率を変化させるもので，MQW の励起子吸収のピークが外部電界によって長波長側に移動する量子閉じ込めシュタルク効果 (QCSE; quantun confined Stark effect) を利用している．帰還回路があるため，信号光は光双安定性を示す．この素子はスイッチングエネルギーがサブ pJ と低いが，欠点は消光比が 3dB と低いことで，これを解決する方法として S-SEED (Symmetric SEED)がある.これは2個のSEEDを電気的に直列接続したS-SEEDに,正,負の論理値を別々に入力して双対動作をさせる方法である[45].EARS[46]も同様にMQW-pinのQCSEを利用した非発光・反射形である.これらのMQWのQCSEを利用した素子の一つの問題点は,入力信号に対する許容波長範囲が10nm程度と発光形に比べて狭いことであり,従属接続するには光吸収の波長特性をかなりそろえる必要がある.しかしながら非発光形の素子は,発光形に比べ消費エネルギーは低減できるので,高密度な集積化に有利である.これらのほかにも,同様の動作原理に基づいた種々の構造の半導体光スイッチが検討されている[47].

b. ニューラルネットの場合: 光ニューラルネットの基本演算は表V.11.1に示すように,積和演算としきい値素子の二つのアナログ演算である.図V.11.14は発光・受光素子アレイと光学的マスクからなるベクトル・行列乗算のインコヒーレント光学系である[48].発光素子アレイでベクトルv_iの値を0または1の2値で表示し,シナプス荷重に対応する透過率のマスクで光強度を変調してシナプスの重み付けを行い,透

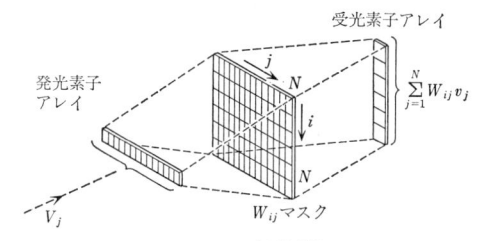

図 V.11.14 ベクトル・行列乗算のインコヒーレント光学系

過光を集光するかまたは受光した光電流の和をとることによって積和演算が行われる.バイポーラの値を表現するときには,正負の2系統に分割し,受光した後電気的に両出力の差分をとる.

シナプス素子はシナプス荷重を記憶するアナログメモリーであり,学習を行う場合には書換え・消去性と,ニューロン数の2乗のシナプス荷重を記録できる大容量性が要求される.体積ホログラムによってPE間のシナプス結合に相当する光配線が行える[49].体積ホログラムは理論上最大$10^{12}/cm^3$のシナプス荷重の記録が可能である.またホログラム媒体としてフォトリフラクティブ結晶[50],[51]を用いると,

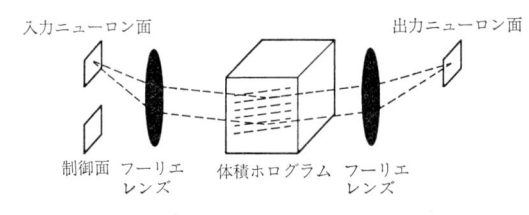

図 V.11.15 実時間体積ホログラムを用いた光ニューラルネットのシナプス結合

実時間で書換えができる.図V.11.15に示すように,ニューロンのON・OFFのパターンを示す入力パターンと所望の出力(制御)パターンの干渉が,フォトリフラクティブ効果によって電荷の移動を引き起こし,局所的な空間電界が形成される.これにポッケルス効果(一次の電気光学効果)が作用して,屈折率が干渉パターンに応じて変調され屈折率格子が形成される.ホログラムに入力パターンを参照光として照射すると,記録された出力パターンがシナプス荷重に対応した回折効率で再生される.ホログラムを角度多重法で

多重記録すると，理論上は大量の入出力パターンのシナプス荷重を記録することが可能である．しかしながら，新たな情報を記録する際にすでに記録されたホログラムが，照射時間に応じて指数関数的に破壊されるという厄介な問題が実際には生じる．これを回避するために書込みによる屈折率変調の増加分と既存のホログラムの照射による消去分の均衡をとりながら，位相格子が飽和しないように短時間ずつ順番に繰り返し記録する学習のスケジューリング等の工夫が必要である．この方法で100画素，15パターンを約200回で多重記録した報告[52]がされているが，未だ理論限界との隔たりはきわめて大きい．

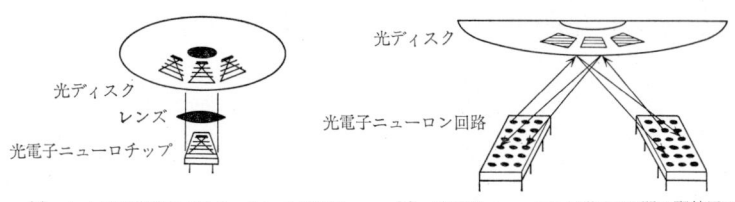

一方，光ディスクの大記憶容量と並列読出しの可能性という利点を生かして，シナプス素子に用いる試みもなされている[53]．図 V.11.16(a) に示すように，シナプス荷重をブロック単位で光ディスク上に記録し，並列的に読み出して LSI ニューロン回路に光学的

(a) シナプス荷重のメモリーとしての応用　　(b) 光電子ニューロン回路のPE間の配線用のホログラム素子としての応用

図 V.11.16　光ディスクの光ニューラルネットへの応用

に書き込む方法や，(b) のように光ディスク上に CGH (computer generated hologram) を記録し，ニューロン素子間の空間光配線用の回折素子として用いる方法などが試みられている．光ディスク1枚の記憶容量は数 G ビットあるので，ニューロン数約1000個分のシナプス（$10^3 \times 10^3$）を1000パターン分が記憶できる．ただし，データ転送速度の高速化のためには，ブロック単位で二次元的に記録されたデータの並列アクセス技術が必要である．

空間的に連続なパターンに対する光学的なしきい値処理は，空間光変調管（MSLM）[54]

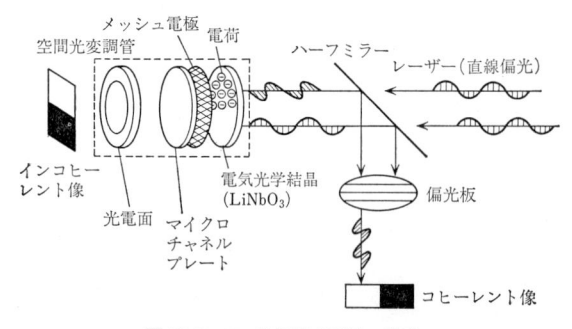

図 V.11.17　空間光変調管の構造

の入出力光強度に対するシグモイド的な非線形特性が利用できる.この空間光変調管は,図 V.11.17 に示すようにマイクロチャネルプレートを用いて,光学的パターンを結晶上の電荷パターンとして記録し,ポッケルス効果を利用して読出しのレーザー光の位相をパターンに応じて変調するものであり,パターンに対する記録や演算に用いることができる.具体的な応用例は 11.3.2 項に示す.また,論理ゲートに用いられる光半導体スイッチ素子アレイも離散的なパターンのしきい値素子に利用できる.

位相共役鏡[55]は,光ニューラルネットにおいて反射形の像増幅素子あるいはしきい値処理用の素子として用いることができる.最も簡便な方法は,フォトリフラクティブ効果を利用して 4 光波混合で位相共役波を発生させる方法であり,$BaTiO_3$ などの結晶を用いると比較的低レーザー光強度 (mW/cm^2) オーダーで所望の非線形性が得られる.詳しくは 11.3.2 項で述べる.

(4) 光　配　線　　光配線に関する一般的な解説は,前章「光インターコネクション」に譲ることとし,ここでは光コンピューターにおける光配線に焦点を絞り,光を伝搬する,曲げる,集める,分ける,重ねるという受動的な機能に限ることとする.媒体としては導波路,自由空間,平面光学素子を取り上げ,それぞれの機能,特徴を表 V.11.3 にまとめている[56].導波路は,精密な位置合せは不要であるが,他に比べて配線密度を上

表 V.11.3　素子・媒体による光インターコネクトの分類

素子・媒体	必要な機能	長　　所	短　　所
導波路	点間の導波	位置合せ不要,小形	固定配線,高製作精度 低配線密度
自由空間	方向制御 結像	可変配線,高配線密度, スケールダウン効果(レンズ収差)	精密位置合せ, 波長安定化
平面光学素子	導波,結像	半可変配線,高配線密度 ロゴ的組立て,経済化	高製作精度,限定機能 波長安定化

げることがむずかしい.一方,自由空間では光ビームの高精度な方向制御を要するが,高密度な配線ができ,配線のパターンも可変である.またレンズの収差はスケールダウンで減少するので,大形の単レンズの代替としてマイクロレンズ[57]が有利である.ただし,マイクロオプティクスには,簡便で安定な実装方法の実現という課題が残されている.最近提案された平面光学素子[58]は,自由空間の代わりに平板スラブ内に光を伝搬させ,面の上下につくり付けたフレネルレンズなどのビーム回折光学素子で光を制御するものである.この方法は自由空間と導波路のハイブリッド的な方法で,将来的には面発光形レーザー[59]や受光素子アレイや LSI と一体化を図ることも可能であり,今後の技術の進展が期待される.超並列性を重視すれば自由空間と平面光学素子が両者が有望であるが,現状で技術的な成熟度が高いのは空間光配線である.

11.2 光ディジタルコンピューターの代表例

ここではシステムを指向した研究に絞って，いくつかの具体的な事例を解説する．したがって，全体のシステムイメージが現時点で明確になっていないものについては，割愛することとする．

11.2.1 OPALS (optical parallel array logic system)
（1）システムアーキテクチャー OPALS は光アレイロジックに基づく光並列コンピューターである[60]．図 V.11.8 に示すように，光アレイロジックを実行するプロセッサー，復号器，入出力ポート，並列帰還系からなる構成である．

（2）光アレイロジックを用いた光学的構成 光アレイロジックは論理代数を基本とする並列演算法であり，エレクトロニクスのアレイロジックの原理[61]を取り入れた論理演算方法である．アレイロジックは入力変数のすべての最小項（minterm）を論理積によって生成してアドレスを付与して記憶し，

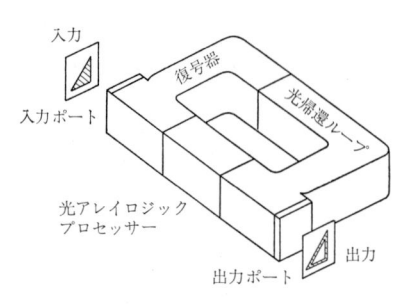

図 V.11.18 OPALS (optical parallel array logic system) のアーキテクチャー

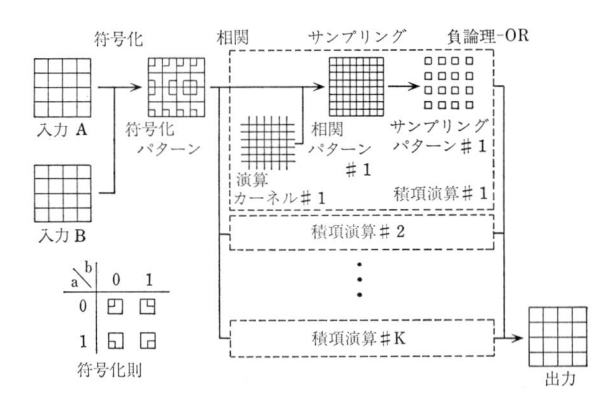

関数に対応するアドレスの最小項の和を 1 ビットの情報として出力するものである．光アレイロジックの積・和の論理演算のアルゴリズムは，図 V.11.19 に示すように二次元

図 V.11.19 光アレイロジックの積・和演算のアルゴリズム

データの符号化と光アレイロジックプロセッサーにおける演算からなり，プロセッサーにおいては符号化されたデータと演算カーネルとの相関演算と，復号マスクを用いたサンプ

リングによって演算結果を得て，この論理を反転して和をとるという操作である．光学的には，OSC (optical shadow casting) とよばれる空間符号化パターンを用いた光論理ゲートによって実現できる．

図 V.11.20 は OSC の光学系である．入力像 A, B の符号化パターンは投影系の入力面におかれ，点光源アレイで照明される．点光源を演算カーネルのパターンに従って点灯してスクリーン上に像を投影させ，復号マスクで投影された像を取り出せば，光の明暗信号として演算結果が得られる．論理演算の内容は演算カーネルで指示される点光源アレイの点滅パターンを変化させることによってプログラマブルにできる．光電子ハイブリット形システムにおいて，符号化パターンと演算カーネルの入力パターンの相関を光学的に行った実験で，システムの基本動作が確認されている[62]．

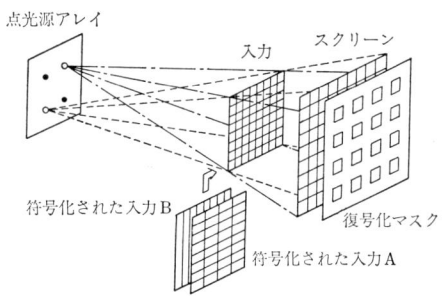

図 V.11.20 OSC (optical shadow casting) の光学系

11.2.2 規則的空間光配線網に基づく光コンピューター

（1）システムアーキテクチャー　AT & T で開発されている汎用コンピューターを目指したディジタル光コンピューターのアーキテクチャーを図 V.11.21 に示す[38]．二

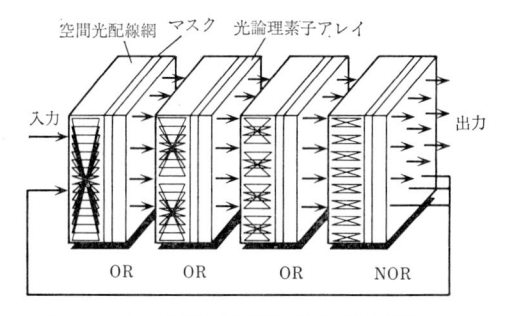

図 V.11.21 規則的空間光配線網に基づく光コンピューターのアーキテクチャー

次元光論理ゲートアレイを多段に並べ，それらの間を規則的なパターンの空間光配線で接続し次節で述べるプログラマブル論理アレイ (PLA) を構成しており，出力は入力と帰還回路で結ばれている．空間光配線にパーフェクトシャッフル網，バンヤン網などの動的な規則配線網を用いると，n 個の入出力の論理ゲート間の任意の接続を $\log_2 n$ 段で行うことができる．この規則配線網に PLA をマッピングすると，論理回路が構成できる．アーキテクチャーは，並列マシンに通常用いられている動的な規則配線網[63]を採用している点ではオーソドックスであるといえるが，論理ゲートアレイ間の接続はすべて光配線で行ってい

る．セルラロジック[64]的な演算を行う画像専用プロセッサーとは違い，処理されるデータは画像のような二次元とは限らず，逐次処理で実行される時系列的なデータを想定しているという点で，「汎用」コンピューターを指向しているといえるであろう．

演算の実行形態はパイプライン形であり，各段のゲートアレイは前段から流れてくるデータに対して同一の処理を実行する．図 V.11.21 において，一次元のデータアレイが光論理ゲートアレイに入力すると，データは次のように流れる．まず，上段の1行の論理ゲート列に入力され処理された出力は，光配線網によって隣接する後段の論理ゲートアレイの決められた位置の論理ゲートに入力され，順次処理を繰り返される．得られた出力は入力側に帰還され，1行下の論理ゲート列に入力され異なる演算処理が順次実行される．この間に処理を終えた上の行の論理ゲートには新しい入力データが入り，同一の処理がパイプライン方式で実行される．

（2） 光学的構成方法

a. 動的な規則網に基づくプログラマブル論理アレイ（PLA）： PLA は，2入力・2出力の論理ゲートに変数とその否定を入力し，すべての組合せの最小項の論理積を生成し，それらの論理和をとることによって任意の論理関数を生成する．出力は真値とその否定の両方である．図 V.11.22 は，バンヤン網で構成した例である[38]．バンヤン網は完全パーミュテーション（入力と出力の関係が1対1）であるが，閉塞網のためノードで競合が生じるのでデータの衝突を回避するための制御が必要である．PLA は，任意の論理関数を規則的なトポロジーで実現するので，構成が単純で大規模システムへの拡張が容易であり，かつフォールトトレラントなシステム設計ができるなどの利点があるが，逆に論理ゲートの稼働率は低い．

b. 光論理ゲートアレイ[65]： PLA の光論理ゲートアレイは，図 V.11.23 に示すような光学系で構成されている．まず図のような規則的な光配線を行うため，前段の論理ゲートからの出力ビームは，適当な光学系で分岐・移動され，その中の二つのビームが次段の入力信号光として，一つの論理ゲートに入射する．ビームスプリッターを通過しマスクに当たり，反射されたビームはビームスプリッターで90度回折し，右側の光論理素子アレイに入射し，素子を ON する．ON した素子は，左側から入射する読出し用（クロック）レーザー光を反射し，反射光はビームスプリッターで2度90度回折し，次段への出力光となる．入力がない論理ゲートでは，読出し

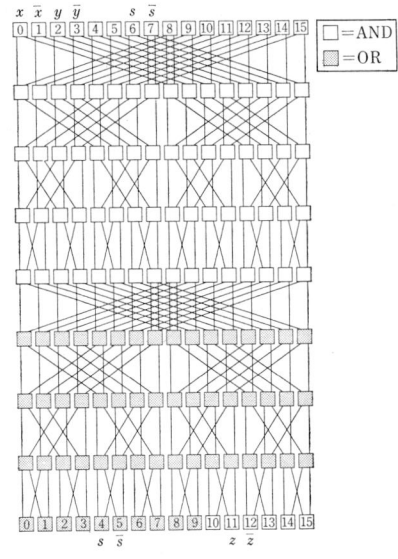

図 V.11.22 バンヤン網で構成した PLA

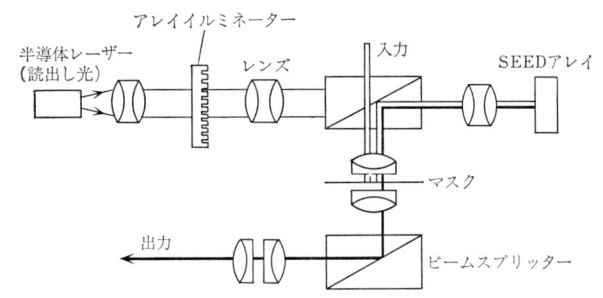

11.2 光ディジタルコンピューターの代表例

図 V.11.23 光論理ゲートアレイの光学系

光は吸収されるので出力はなく，結果的にANDまたはORの演算が行われたことになる．光学系で生じる光の減衰は，この論理ゲートの読出し用レーザー光によって補償できる．光論理ゲートには，11.1.2 (3)a で述べた非発光形の双安定光スイッチであるSEED電気的に直列に接続したS-SEED (symmetric SEED) を差動動作させる．出力は真値とその否定を出力する2入力2出力の双対論理を行う．

11.2.3 ILA 光プロセッサー

（1）演算体系　画像論理代数（image logic algebra；ILA）なる演算体系について述べる[66)~68)]．ILA は数理形態学[69)]を基本としており，従来の符号置換論理[70)]，光アレイロジック[61)]，2値論理代数[71)]などの代表的な並列論理方法を包含する演算体系である．

a. 画像と NCP の定義：　ILA が対象とするデータは，空間的に離散化され，画素値が0または1の2値画像である．演算用パターンとして，図 V.11.24 のような NCP (neighborhood configuration pattern) を新たに導入する．

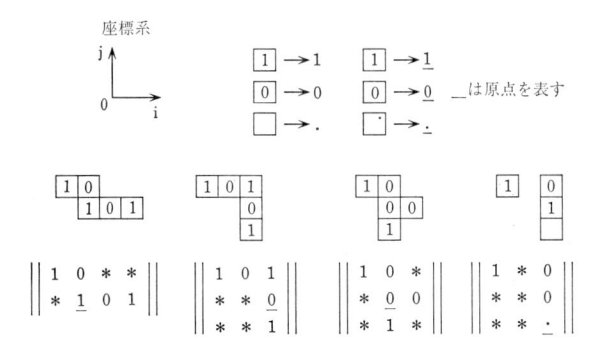

図 V.11.24 NCP (neighborhood configuration pattern) の表記法

b. 画像論理代数の基本演算：　表 V.11.4 に示すように，画像に対する三つの演算（AND, OR, NOT）および四つの変換（shift, image casting, multiple imaging；TEST）と，NCP を用いた二つの演算，extended erosion, dilation，および NCP に関する四つ

表 V.11.4 ILA の基本演算

画像間		画像と NCP	NCP 間
演算	変換		
AND OR NOT	shift image casting multiple imaging TEST	extended erosion dilation	AND OR NOT shift

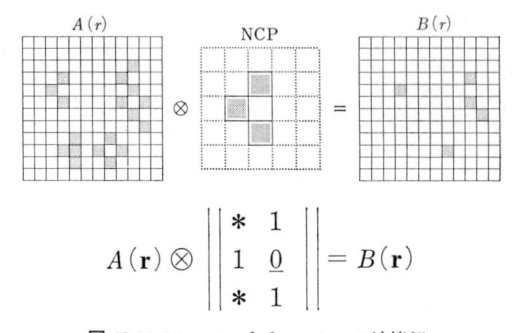

図 V.11.25 extended erosion の演算例

$$A(\mathbf{r}) \otimes \left\| \begin{matrix} * & 1 \\ 1 & \underline{0} \\ * & 1 \end{matrix} \right\| = B(\mathbf{r})$$

の演算, AND, OR, NOT, shift からなる. extended erosion, dilation は, それぞれパターンの収縮, 膨張を行う. 図 V.11.25 は extended erosion の例である.

(2) **システムアーキテクチャーと光学的構成**[66]

a. システムアーキテクチャー: 図 V.11.26 は, その光プロセッサーのアーキテクチャーである. 光インターコネクションの超並列性という長所を生かし, 複雑な処理に不向きな光機能素子の弱点を補う工夫がなされている. いくつかの単一機能の光演算モジュ

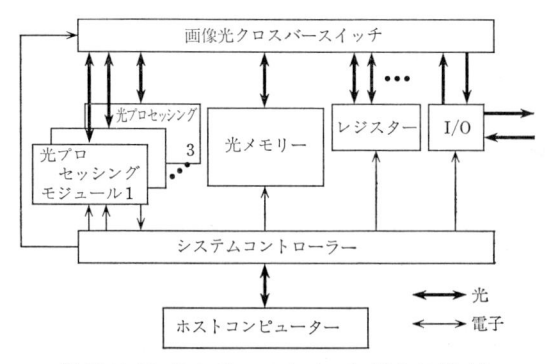

図 V.11.26 ILA (image logic algebla) に基づく光プロセッサーの構成方法

ールと並列アクセス可能な光メモリーを，光空間スイッチ網で接続している．各演算モジュールは細粒度の PE アレイからなり，ビットプレーンとよばれるビットごとに展開された二次元データアレイ上の格子点にそれぞれ PE を割り当て，SIMD の演算命令形式でデータを処理する完全並列アーキテクチャーである．最も自由なデータの交換を行うために，すべてのモジュールとメモリー間に接続路を設け，接続路を動的に変化できる完全結合形の画像光クロスバースイッチを採用している．このスイッチの特徴は，光ビームの形で空間を伝搬してくるビットプレーンの二次元データを，直列・並列変換なしに二次元のままスイッチングできることである．完全結合形であるから出力ポートに空きがある限

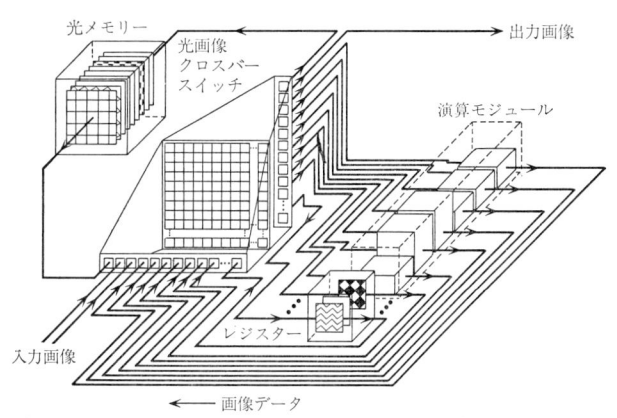

図 V.11.27 ILA (image logic algebla) に基づく光プロセッサーのアーキテクチャー

り，任意の入力ポートから空いている任意の出力ポートへの接続が可能である．クロスバースイッチはスイッチング素子を最も多く必要とする構成であり，大規模になると実現が困難であるが，ここで使用するスイッチの規模は後に述べるように，たかだか 10×10 程度であるので実現可能といえる．

b. 光学的構成方法： 図 V.11.27 は本光プロセッサーの概念図である．図中の太線および破線は，それぞれ二次元画像とシステム制御信号の流れを示している．画像光クロスバースイッチは画像を並列的に交換する空間光スイッチで，たとえば図 V.11.28 に示すように多重結像系と点光源アレイを

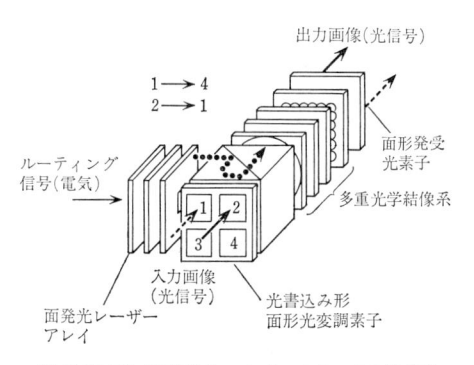

図 V.11.28 画像光クロスバースイッチの構成例

組み合わせて構成できる[72]．一方，各光プロセッサーモジュールは，上記の基本的な演算の特定の一つを実行する単純機能形であり，image casting や multiple imaging などは受動光学部品のみで比較的簡単に構成でき，extended erosion や dilation には光論理ゲートアレイを用いる必要がある．

(3) 処理能力の評価

a. システムのサイクル時間: システムのサイクル時間を見積もる．サイクル時間 T_{proc} は次式で表される．

$$T_{proc} = (T_{in} \text{ or } T_{mem}) + T_{mod} + T_{xb} + T_{pro} \qquad (11.1)$$

ここに，T_{proc}：システムのサイクル時間，T_{in}：入力インターフェースの応答時間，T_{mem}：バッファメモリーのアクセス時間，T_{mod}：光プロセッサーモジュールの応答時間，T_{xb}：画像光クロスバースイッチの応答時間，T_{pro}：光プロセッサーモジュールとメモリー間の信号伝搬時間である．

いま，画像光クロスバースイッチを図V.11.28に示すように，入力データ書込み用に面形光変調器，読出し用の面発光レーザー，出力用の発光形のラッチで構成するとすれば，応答時間 T_{xb} は光論理ゲートのスイッチング時間 T_{SW} の3倍になるので，$T_{xb}\sim 3T_{SW}$ となる．ILA の基本演算は平均3段の光論理ゲートで実行できるので，光プロセッサーモジュールの応答時間 T_{mod} は，光論理ゲートのスイッチング時間の3倍の $3T_{SW}$ になる．光メモリーにも同様の光半導体素子をラッチとして用いることができるので，$T_{mem}\sim T_{SW}$ となる．したがって，システムのサイクル時間は

$$T_{proc} \sim 7T_{SW} \qquad (11.2)$$

で近似できる．

b. システムの処理能力: いま仮に，浮動少数点演算を実行するのに必要な論理演算回数を，AND 演算換算で100回とし，半導体光素子の応答時間を10nsとすると，プロセッサー全体のサイクル時間は70nsとなり，並列度を $10^3 \times 10^3$ とすると140GFLOPS の処理能力が達成できる．

11.2.4 その他の光コンピューティングシステム

(1) **POEM** (programmable optoelectronic multiprocessors)[73]　VLSI プロセッサーとプログラマブル空間光配線を基本とする光電子ハイブリッド形汎用コンピューターである．図V.11.29に示すように，VLSI プロセッサーと光メモリーの二次元アレイがホログラム素子を介してグローバルに配線され，クロック信号と制御信号用のビームはCGH でプロセッサーとメモリーに分配される．ホログラム素子は外部からの制御ビームによって書き換えられるので，動的な配線の切替えが可能であり，システムクロックに同期して実時間でホログラムを更新するとプログラマブルな演算が実現できるのが特徴である．プロセッサーチップ上には，送信用の PLZT 光変調器と受光素子が搭載され，メモリーアレイの RAM チップ上にも送信用の PLZT 光変調器と受光素子が搭載されている．

電気・光変換に発光素子を用いずに光変調器を用いる理由は，Si ベースの PLZT 光変

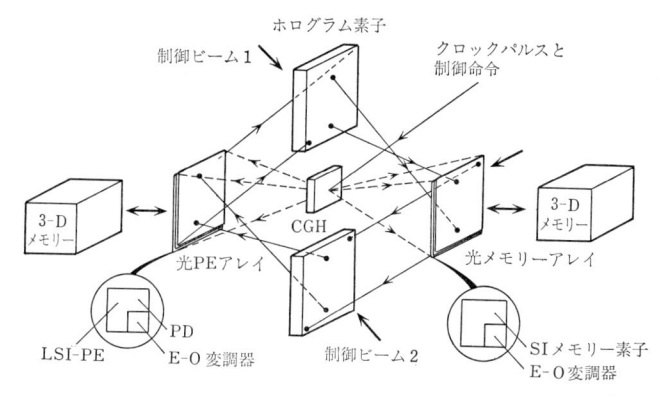

11.2 光ディジタルコンピューターの代表例

図 V.11.29 POEM (programmable optoelectric multiprocessors) の光学系の概念図

調器を Si 基板上に集積する技術のほうが，化合物半導体の発光素子を Si 基板上に集積化するよりも容易であり，かつ消費電力の低減が図れるのでファンアウトが増やせるためである．隣接するプロセッサー間の通信は電気的に行われる．光配線と金属配線の使い分けは，11.1.2項で述べたように両配線に必要な消費エネルギーが等しくなる距離であるブレークイーブン長を境として，これよりも長い場合には光配線を用いる．このシステムでは，データ処理，メモリーはエレクトロニクスで行い，配線は光空間光配線と電気配線を併用しており，両者の長所を互いに生かした構成であるといえる．プロセッサーの粒度も可変で，演算も SIMD または MIMD のいずれも実行可能とされている．現在のところ，システムとしての実験的な報告はなされていない．

（2） **DOCIP**（digital optical cellular image processor）[74]　セルラロジックの演算原理は，二次元データアレイをそれ自身のデータと近傍のセルのデータのみから決定される値に変換するものであり，この原理に基づく画像処理専用プロセッサーを DOCIP とよぶ．DOCIP は細粒度の PE を画素ごとに割り当て，近傍の PE 間を規則的に接続することを特徴としている．図 V.11.30 はその基本的なアーキテクチャーであり，二次元光 PE アレイが空間光配線用のホログラム素子を介して接続され，PE アレイの出力は入

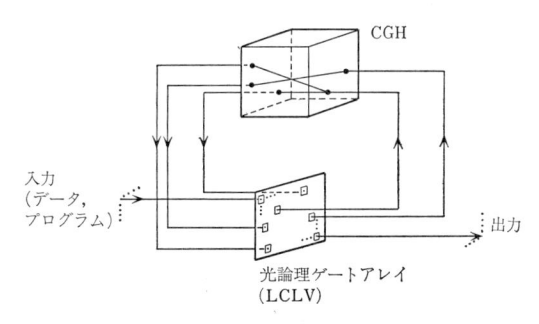

図 V.11.30 DOCIP (digital cellular image processor) のアーキテクチャー

力に帰還されている[75],[76]．この光学系で逐次処理を行うことによって，ランダムな接続の論理回路と等価な演算が実行される．処理内容の変更は，CGH の配線パターンをオフラインで書き換えることによって行う．実験では，光論理ゲートアレイとして光書込み形液晶光バルブ（LCLV）を用い，LCLV から反射された読出しレーザー光をホログラムを通して再び LCLV の書込み面に帰還することによって，隣接する PE どうしを配線している．LCLV の入出力光強度の非線形応答特性は NOR ゲートとして動作する．実験ではゲート数は 54 個とし，ホログラムは，それぞれのプロセッサーとその周辺の複数のプロセッサーとの接続パターンを規定する 53 個のサブホログラムをホログラム素子に記録して，ゲート間の接続が確認された．なお LCLV の分解能は 10 lp/mm で最大画素数は 100/cm^2 となり，繰返し周波数 400 Hz である．

（3）組合せ論理に基づくディジタル光コンピューター[77]　光シストリック演算に基づく積和演算の PLA を用いた，数値演算および論理演算用の汎用コンピューターである．この PLA は NOT および AND 演算で変数の任意の積項を生成し，OR 演算で積項の和をとり，所望の演算を実現するものである．先の 11.2.1 項のアレイロジックや 11.2.2 項の PLA との相違は，生成される積項が必ずしも最小項だけとは限らず，変数の任意の組合せを含むところである．2 ビット×2 ビットの乗算を例にとると，ブロック図 V.11.31（a）に示すように，まず 2 ビットの変数 A, B の乗算に必要な五つの積項を生成

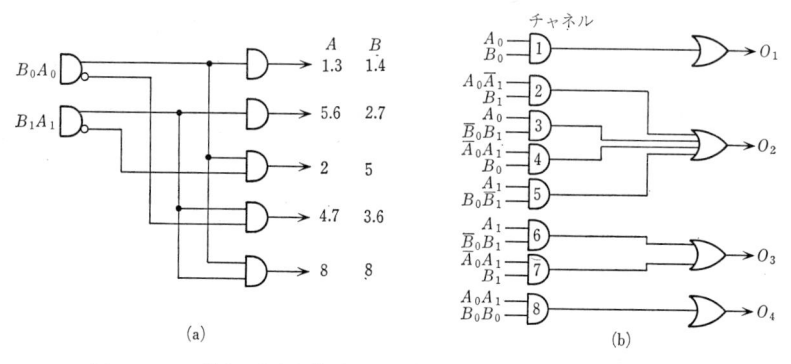

図 V.11.31　組合せ論理の積項の生成ブロック図（a）と積項の和の生成のブロック図（2×2 ビットの場合）（b）

し，続いて（b）に示すように，これらから下記の第 1 ビット O_1 から第 4 ビット O_4 までの 4 種類の積和項を生成する．

$$\begin{aligned}O_1 &= A_0 B_0 \\ O_2 &= A_0 \overline{B}_0 B_1 + \overline{A}_1 A_1 B_0 + A_1 B_0 \overline{B}_1 + A_0 \overline{A}_1 B_1 \\ O_3 &= A_1 \overline{B}_0 B_1 + \overline{A}_0 A_1 B_1 \\ O_4 &= A_0 A_1 B_0 B_1\end{aligned} \quad (11.3)$$

このような PLA の演算を実行する光学的に実行する方法として，図 V.11.32 に示すよう

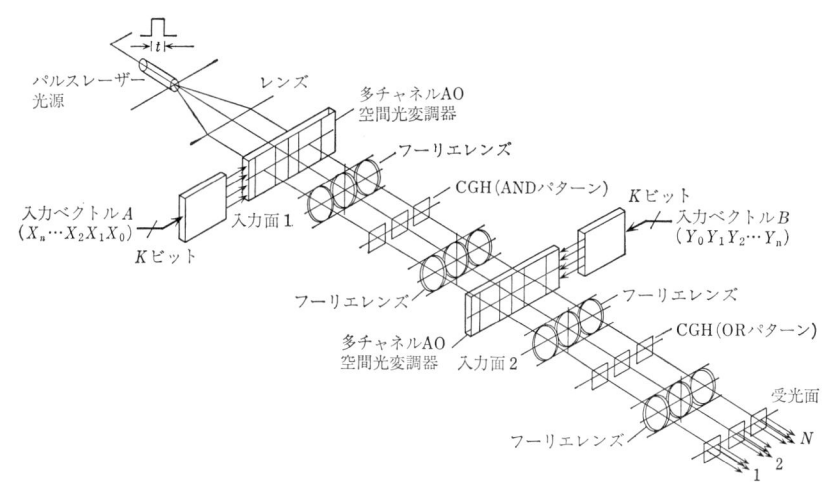

図 V.11.32 プログラマブルな組合せ論理に基づく光コンピューターのアーキテクチャー

なシストリック演算を実行する光学系[78),79)]を用いている．図はNビットの場合であるが，最初のNチャネルのAO（音響）空間光変調器には，変数Aの積項の結果が変調信号として各チャネルに入力され，背面からのレーザー光で読み出される．なお，積項を生成するcombination generatorは電子回路である．読出し光はフーリエ変換され，CGHを介して第2のAO偏向器の所定のチャネルに入力される．第2のAO空間光変調器には，変数Bの積項の結果が変調信号として入力されているので，変数Aの積項で変調された透過光はA, Bの積項どうしの積となる．最後に透過光からCGHによって積項の和をとり，それぞれの積和ごとに受光することによって，所望の積和項を出力として得る．この演算方法は，積和演算を並列的に実行するので，リップルキャリー方式に比べて高速である．しかしながら生成すべき積項数Cはビット数の増加に伴い

$$C = \sum_i {}_nC_i(2^i-1) \tag{11.4}$$

に従って爆発的に増大するので，ハードウェアの負担が大きい．たとえば，$n=8$ビットの演算ではCは6305になる．たとえば，TeO_2のAO偏向器の場合には，読出し光のパルス幅を8nsとすると，音速は$6.3mm/\mu s$であるからチャネル間隔は$50\mu m$となり200チャネル/cm^2になるので，5ビットの演算が可能である．以上述べた数値演算への応用以外にも，AND, OR, NOTの論理演算によってexclucive NOR回路でPLAを構成すれば，word comparatorとしてデータベースの検索などに同様の光学系で実現できる．

（4）符号置換論理に基づく光プロセッサー 二次元の2値パターンの代入を基本とする演算方法であり，特定のパターンの探索とほかのパターンとの置換からなる[70)]．処理の内容は，探索パターンと置換パターンからなる代入規則によって指定される．図V.11.33は4×4の画素からなるパターンに対する記号置換の例であり，処理の手順を示

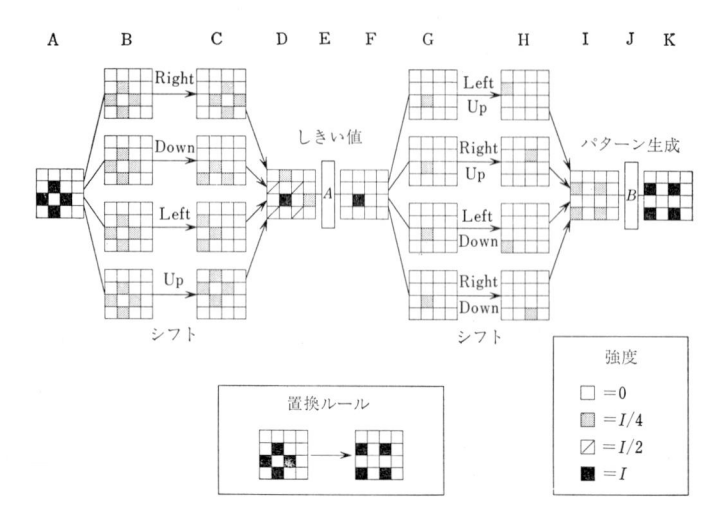

図 V.11.33 記号置換法のアルゴリズム（4×4画像の場合）

強度
□ = 0
▨ = I/4
▧ = I/2
■ = I

している．入力パターン A は探索パターンを一つ含んでいる．入力パターンは四つにコピーされ，探索パターンに応じてそれぞれ1画素分上下左右にシフトし重畳されたのち，しきい値処理される．再生された強度1の出力信号は，置換ルールに従って四つにコピーされ上下左右にシフトされたのち，合成されて置換パターンが生成される．

光学的に実行する方法として，図 V.11.34 に示すような傾いたミラーで構成したマイケルソン干渉系が用いられる[80]．入力パターンの分離（コピー）・シフトおよび重畳を行い，これにしきい値処理を施すことによって探索パターンが検出できる．また，パターンの置換は同様の光学的な手法で，しきい値処理されたパターンのシフトと重畳によって行える．なおしきい値処理は NOR 演算に相当する明暗の反転とマスキングからなる．記号置換論理は，パターンマッチングを並列的に実行することができるので，特に光学的な手法を用いて実現するのには適している．さらに，演算に応じて特定の置換ルールを定めることによって種々の演算が実行できるので，画像処理や数値演算などに応用できる．

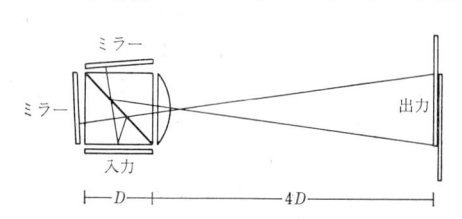

図 V.11.34 マイケルソン干渉計を用いた分離・シフト・重畳の光学系

11.3 光ニューラルネットの代表例

11.3.1 光連想記憶
(1) ホップフィールドの連想記憶[81]
a. ネットワークのダイナミクス： 連想記憶は記憶すべきパターンの情報をシナプス荷重としてネットワーク全体に埋め込んでおき，パターンの一部分を入力したときに興奮したニューロンが結合しているほかのニューロンの興奮を呼び起こすことによって，もとのパターンを復元するものである．ホップフィールドのモデルは，1980年代のニューラルネット研究のフィーバーのきっかけをつくった連想記憶の代表的なモデルである．図V.11.5の相互結合ネットワークにおいて，シナプス結合を対称なものに限ったことによってエネルギーの概念を導入でき，ネットワークのダイナミクスが明解になったのが特徴である．シナプス行列 W は，次式のように記憶しようとする M 個のパターンを2値ベクトルで表現した $v_i^{(m)}$ ($m=1,\cdots,M$) の外積演算で表現される．ただし，v_i は -1 または 1 の2値とするものとする．

$$w_{ij}=\begin{cases}\sum_{m}^{M}v_i^{(m)}v_j^{(m)} & (i \neq j)\\ 0 & (i=j)\end{cases} \tag{11.5}$$

入力ベクトル v_j に対する出力はシナプス行列 W を用いて次式で与えられる．

$$v_i'=f(s_i)$$
$$s_i=\sum_j w_{ij}v_j \tag{11.6}$$

ただし，$f(\cdot)$ はしきい値関数であり，単調増加関数のシグモイド関数あるいは階段関数などが用いられる．出力は2値となり以下の値をとる．

$$v_i'=\begin{cases}1 & \text{for } s_i>0\\ -1 & \text{for } s_i<0\end{cases} \tag{11.7}$$

いま，系全体の特性を見るためにマクロな量として次式のエネルギー関数 E を定義する．

$$E=-(1/2)\sum_i\sum_j w_{ij}v_iv_j \tag{11.8}$$

ここで，v_i はユニット i の状態変数である．上式から，エネルギーの変化分 ΔE は次式で表される．

$$\Delta E=-(1/2)\Delta v_i\sum_j w_{ij}v_j \tag{11.9}$$

が得られ，式 (11.6) から

$$s_i=-\Delta E/2\Delta v_i \tag{11.10}$$

となる．上式から，i ニューロンの状態変化 Δv_i が $1(\Delta v_i>0)$ になる，すなわち 0 から 1 に変化するのは，$s_i>0$ のときであるから，

$$\Delta E<0$$

となる．これとは逆に，i ニューロンの状態変化 Δv_i が $-1(\Delta v_i<0)$ になる，すなわち 1

から0に変化するのは，$s_i<0$ のときであるから同じく

$$\Delta E<0$$

が成り立つ．以上のことから，ニューロンの状態の変化に対してつねにエネルギーが減少する方向に向かうので，系はエネルギーが極小になる点に落ち着くことが保証される．図 V.11.35 は一般的なエネルギー関数 E を，一次元的なニューロンの状態に対して示したものであり，エネルギーが最小となるグローバルミニマ以外に二つのローカルミニマが存在する多安定の場合である[82]．この場合には，上記の性質はエネルギー関数の収束点が必ずしもグローバルミニマになるという保証はない．

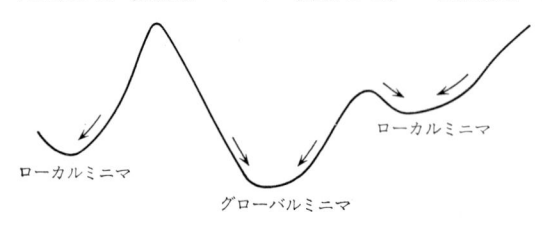

図 V.11.35 ホップフィードモデルのエネルギー関数（多安定の場合）

連想記憶は，このエネルギー関数の極小点の一つをメモリー内容の一つに対応させておき，それに近い入力に対してネットワークが対応する極小点に収束する性質を利用して，完全なメモリー内容を想起するものである．もし入力ベクトルが記憶ベクトルの一つの $v_j^{(m0)}$ である場合には，出力は式 (11.5)，(11.6) より

$$v_i' = f[\sum_j \sum_m v_i^{(m)} v_j^{(m)} v_j^{(m0)}]$$
$$= f[2N_{m0}-N)v_i^{(m0)}] + \sum_{m \neq m0}(v^{(m)} \cdot v^{(m0)})v_i^{(m)} \qquad (11.11)$$

となる．ここで，N_{m0} は $v_i^{(m0)}$ 中で $v^{(m)}$ と一致したビット数，N はビット長を表し，（・）は内積を表す．上式は記憶されているベクトルと入力ベクトル $v_j^{(m)}$ の相関を意味している．右辺の第1項は，想起されたベクトルであり内積の値である $(2N_{m0}-N)$ 倍に増幅されて想起される．一方，第2項は記憶されたベクトルと入力ベクトルが直交していない場合には，漏話の原因となるものである．また，連想記憶としての記憶容量 M は，次式で与えられる．

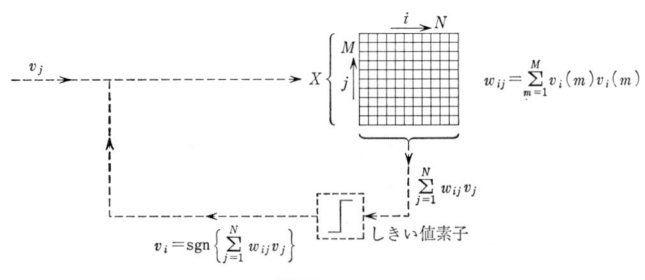

$$M=N/(4\ln N) \qquad (11.12)$$

図 V.11.36

11.3 光ニューラルネットの代表例

b. 光学的実現方法：行列・ベクトル乗算を用いた構成[48,82]： 図 V.11.36 は行列・ベクトル乗算の光学系における演算アルゴリズムのブロック図である．光学系は，離散化されたニューロン間のグローバルな光配線を 11.1.2 項に示したベクトル・行列乗算の光学系で行い，これに電気的なニューロンのしきい値処理機能を付加した構成である．受光素子で光電変換された出力電流は差動増幅器でしきい値処理され，その結果は入力側の発光素子に帰還され，出力が収束するまで処理が繰り返される．最初の実験は，発光素子のLED，受光素子にフォトダイオードを用いて，32 ビット中 11 ビットの誤りに対して誤り訂正の結果が得ている．この方法以外にも種々の光学系が検討されている．

（2）ホログラムを用いた連想記憶[83,84] 非線形ホログラム連想記憶 NHAM（nonlinear holographic associative memory）は，従来の D. Gabor らのホログラム連想メモリー（HAM）[85]に，ニューラルネットの非線形しきい値処理を取り入れ，S/N 比や記憶容量を向上させるとともに，誤り訂正機能も付加したものである．先のベクトル・行列演算系が離散的でディジタル情報に適しているのに対して，空間的に連続でアナログのパターンの処理に適した方法である．図 V.11.37 は，光帰還形の NHAM 光学系の概念図である．Vander Lugt 光相関器[86]を二つの位相共役鏡で挟んで共振器を構成している．

右側の位相共役鏡(PCM; phase conjugate mirror)はしきい値処理を行い，左側の位相共役鏡は共振器の発振に必要な利得を与える．位相共役鏡にはポンプ光を必要としない自己励起位相共役鏡（SP-PCM; self-pumped PCM）が用いられている．ホログラムには，フーリエ変換像 a^m を平面波の参照光 b^m で角度多重記録しておく．部分的な入力像 a^{m0} をホログラムに照射すると，参照光 b^{m0} 以外にもいくつかの参照光が回折されレンズでフーリエ変換されるが，位相共役鏡 PCM1 でしきい値処理され強い相関ピーク光の位相共役波だけが反射される．この反射光は複数の

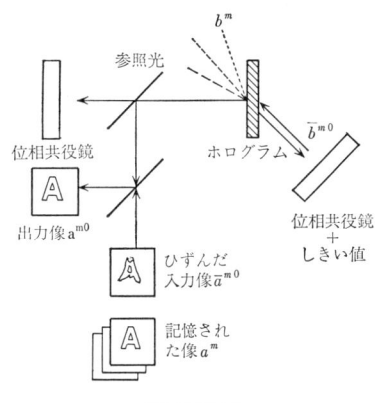

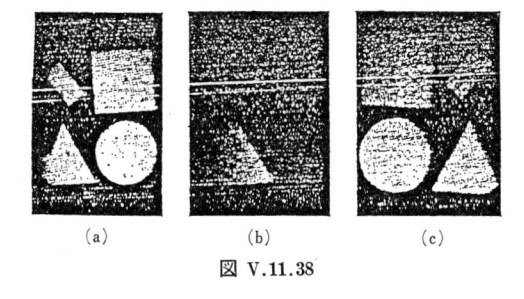

図 V.11.37

図 V.11.38

参照光からなっており，a^{m0} 以外の記憶像も想起する．読み出された像は他方の位相共役鏡 PCM2 で増幅され，再びホログラムを照射する．このように，ビームが共振器を1往復する過程で，2回の相関・畳み込みが行われ，これを繰り返すうちに，しだいに入力像と最も相関が強い像 a^{m0} だけが出力に現れるようになる．図 V.11.38 は実験結果であり，左から（a）は記憶された像，（b）は部分的な入力像，（c）は想起された像である．

（3） その他の連想メモリー：ホログラムリング共振器メモリー[87]　リング共振器の横モードをメモリー内容に対応させることによって，ある入力パターンに対して発振する固有モードを想起出力とする光連想メモリーを紹介する．図 V.11.39 はホログラム媒体

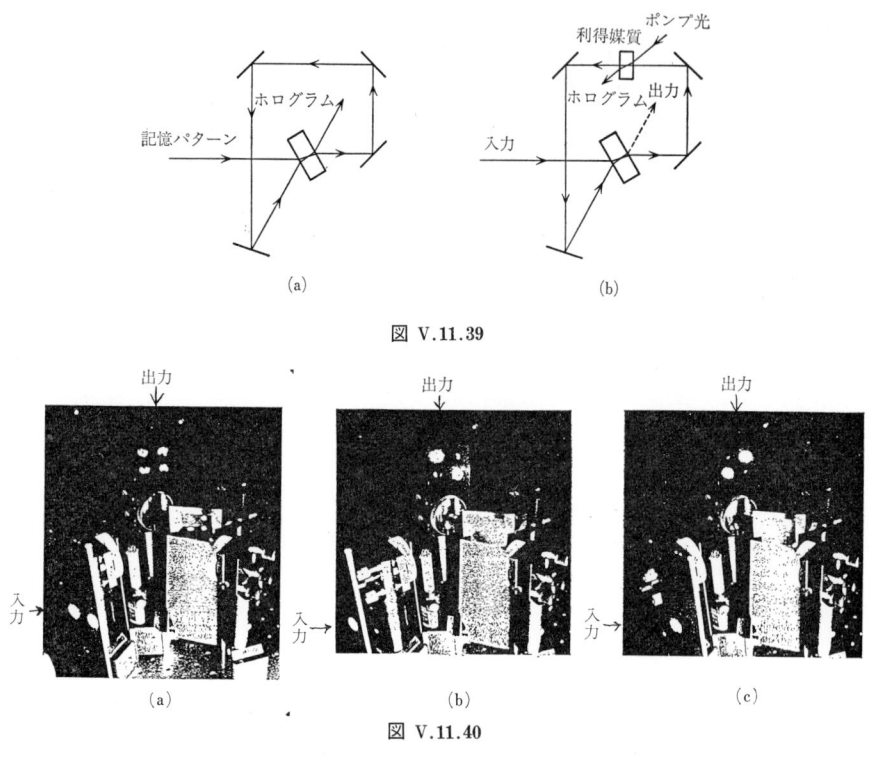

図 V.11.39

図 V.11.40

をリング共振器の中に挿入した光学系である．ホログラム媒体にはフォトリフラクティブ結晶を用いているので，発振に必要な利得も2光波混合によって供給できる．図 V.11.38 (a) はホログラムに入力される横モードのパターン（共振器の横モード）を記録する光学系であり，入力パターンを物体光と参照光に分岐して記録する．(b) は想起の過程である．記録されたパターンの一部が入力されると，入力パターンに最も類似した共振器モー

ドが発振し，増幅され再びホログラムを照射するという過程を繰り返すうちに，最初は競合して発振していたほかのモードが減衰し最終的に発振した横モードのパターンは単一のモードとなる．このことは，不完全な入力に対する想起過程で，誤り訂正が行われていることに相当する．図V.11.40の実験結果が示すように，（a）では上部の2点の入力に対して4点が想起されており，（b），（c）ではそれぞれ右下方，左下方の点のみの入力パターンに対して対角線上の2点が想起されている．

11.3.2 学習形光ニューラルネット

(1) 一般的な学習則 ニューラルネットにおける学習とは，入力に対して所望の出力が得られるように，ネットワーク自身が自律的にシナプス荷重を適切な値に設定する（結合の消滅や新たな生成も含む）ことであり，シナプス荷重の変化を規定する学習則は種々存在する．最も簡単な例として，iニューロンとjニューロンとのシナプスに対する学習を考える．シナプス荷重w_{ij}の変化分，すなわち修正信号Δw_{ij}は一般的に入力信号と誤差信号の積として，次式で表現できる[8]．

$$\Delta w_{ij} = \eta \delta_i v_j \qquad (11.13)$$

ただし，η：学習係数を表し，δ_i：ニューロンiの誤差信号，v_j：ニューロンjからニューロンiへの入力信号である．表V.11.5は主な学習における修正信号を示している．

表 V.11.5 主な学習則と修正信号

学習則	誤差信号 δ	ネットワーク
デルタ則	$t-o$	単純パーセプトロン
逆伝搬学習	$(t_k-o_k)f'(\sum w_{kj}o_j)$ （出力層） $(\sum w_{kj}\delta_k)f'(\sum w_{ji}o_i)$ （中間層）	多層ネットワーク
直交学習	$t_i - \sum w_{ij}o_j$	アソシアトロン他

* t_i：ニューロンiの教師信号，o：出力，o_i：ニューロンiの出力

(2) 逆伝搬学習法の光学的実現

a. 逆伝搬学習： まず，小脳の学習ネットワークのモデルとなった単純パーセプトロン[83]から始める．図V.11.41に示すように入力（S）層と中間（A）層のすべてのユニットが一様に結合しており，中間層と出力（R）層のシナプスのみが学習で修正可能なネットワークである．出力ニューロンは一つで，0または1を出力するしきい値素子である．学習則はデルタ則（Widrow-Hoff 則ともよばれる）とよばれ，学習信号は表V.11.5に示すように，誤差信号δは単に（教師信号

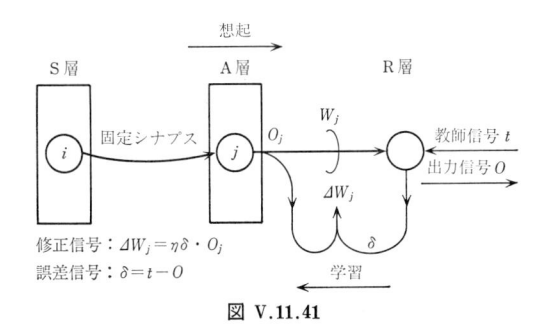

修正信号：$\Delta W_j = \eta \delta \cdot O_j$
誤差信号：$\delta = t - O$

図 V.11.41

t ー出力信号 o) の形をとる.単純パーセプトロンはパターン分類機として働くが,線形分離が可能なパターンにしか適用できない[89].この点を改良したのが,逆伝搬学習法に基づく多層ネットワークである.

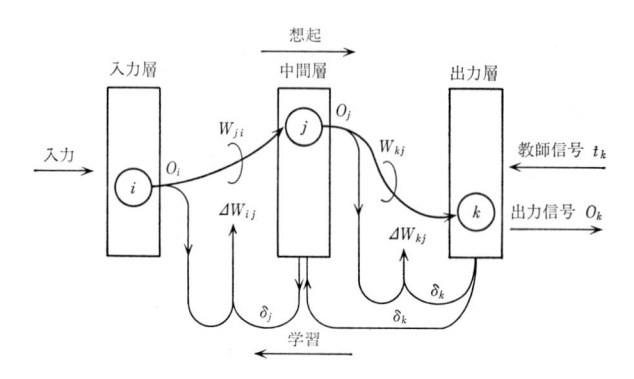

図 V.11.42

修正信号:$\Delta W_{kj} = \eta \delta_k \cdot O_k$, $\Delta W_{ji} = \eta \delta_j \cdot O_i$
誤差信号:$\delta_k = (t_k - O_k) f'_k(\sum_j W_{kj} O_j)$, $\delta_j = (\sum_k W_{kj} \delta_k) f'(\sum_i W_{ji} O_i)$

ここではその最も簡単な例として図 V.11.42 に示す入力層,中間層,出力層からなる3層のネットワーク構造を仮定する.すべてのニューロンは単純増加の連続関数で表されるしきい値関数を仮定している点が,単純パーセプトロンと違うことに注意を要する.逆伝搬学習法は一般化されたデルタ学習則ともよばれ,システムの性能を表す評価関数として,ネットワークに提示された入力に対する出力と望ましい出力(教師信号 t)との2乗誤差 E

$$E = (1/2) \sum_k (t_k - O_k)^2 \qquad (11.14)$$

が極小になるように各層間のシナプス荷重 w_{kj} を修正するものである.逆伝搬学習法の由来は,誤差信号 δ を出力層から入力層へ逆方向に伝搬させて前層のシナプス荷重の学習信号を生成するところからきている.表 V.11.5 に示すように,出力層と中間層のシナプスに関する誤差信号 δ_k は(教師信号ー出力信号)の積の形で表現され,中間層と入力層間の誤差信号 δ_j は出力層の誤差信号を逆方向に伝搬させて得られる $\sum w_{kj} \delta_k$ を含んでいる.誤差信号にしきい値関数 $f(\cdot)$ の入力信号に対する微分 f' を含んでいる点が,上記の単純パーセプトロンと異なる.

逆伝搬学習は,パターンの一般的なマッピング能力に優れており,ネットワークのパラメーター(層数,PE 数,シナプス荷重,学習係数)が豊富にあるので,パターン識別分類機として種々の応用に対応できるという利点がある.一方,最大の欠点は,学習の収束に時間がかかり過ぎることであり,比較的単純な問題でも数十万回の学習を必要とすることがしばしばある.

11.3 光ニューラルネットの代表例

b. 逆伝搬学習法の光学的な実現方法: 多層ネットワークにおける逆伝搬学習法については，いくつかの光学的な構成法が提案されているが，その中で代表的なものを紹介する．図V.11.43は層間のインターコネクション用の素子に11.1.2項で述べたフォトリフラクティブ結晶の体積ホログラムを用い，ニューロン層にあたるPEの二次元アレイには空間光変調器を用いた3層ニューラルネットの光学系である[90]．逆伝搬学習の誤差信号は後に述べるように，純光学的に生成できる．

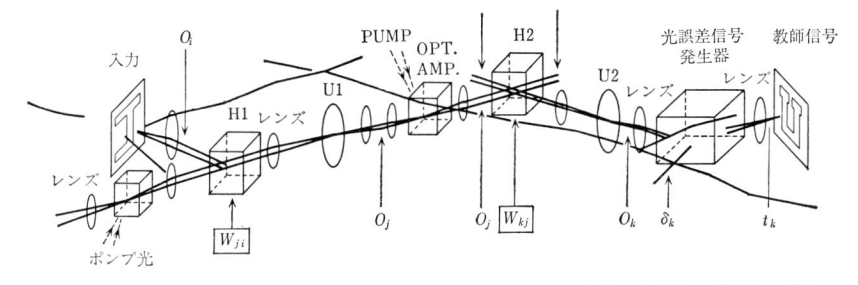

図 V.11.43

H1, H2：フォトリフラクティブ結晶ホログラム
U1, U2：空間光変調管を用いたニューロン面

→ 想起
← 学習

まず，単純パーセプトロンの学習を光学的に行った実験結果[91]を紹介する．単純パーセプトロンの学習実験は2層の光学系で行われた．出力層のニューロンは一つで，出力はHIGH (1) またはLOW (0) の2値，すなわち光出力の有無で表示されるので，パターン分類機として働く．学習はデルタ則に基づいているので，修正信号は0か1となり，1の場合にはシナプスの強度を強め，0の場合には弱める．光学的にはそれぞれホログラムの再書込み，部分的な消去に対応する．この学習はフォトリフラクティブ結晶の応答時間と照射する光強度との関係から，11.1.2項に述べたようなスケジューリングに従って行った．式 (11.13) 中の学習係数はホログラムの書込み光あるいは消去光の照射時間によって調整できる．ホログラムにBSO結晶を用いた実験では，$1\mathrm{mW/cm^2}$ のビームで90%の書込み時間が3.4s，50%の消去に1s要した．なお，ホログラムの書込み波長はArレーザー（515nm）であり，読出しは，すでに記録されているホログラムを消去しないように，BSOの感度が低いHe-Neレーザー（633nm）を用いた．

図V.11.44はアルファベット4文字の学習過程におけるシナプスの出力光強度の実験値と理論値を示している．その結果，2回の学習を終えた時点でZ, Jに対する出力がHIGHとなり，U, Nの出力がLOWとして判別が可能になっている．また，実験では，学習係数を増大すると収束が早まるかわりに，出力が振動する傾向があり，学習の収束速度と学習の精度がトレードオフの関係にあることが確かめられた．光3層ネットにおける逆伝搬学習については，まだ初歩的な実験[92]が行われている段階であるが，以下には，その中の純光学的な誤差信号の生成の実験結果[93]を示す．

図V.11.45は，出力層の誤差信号が生成される過程を示す実験結果である．入力には

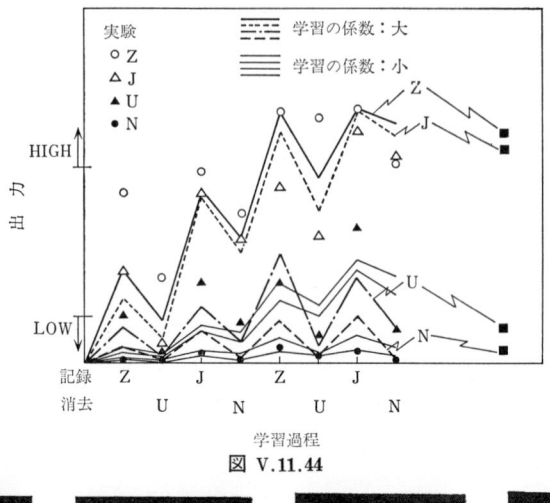

図 V.11.44

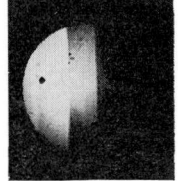

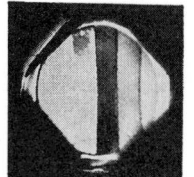

図 V.11.45

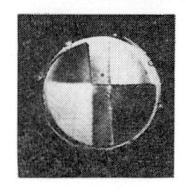

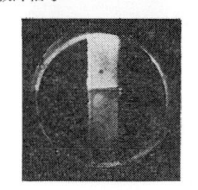

5階調の明暗パターンを用い，教師信号は仮に半円形のパターンとした．(a)は入力信号と教師信号，(b)は出力信号（明暗反転），(c)は教師信号と出力信号の差，(d)は誤差信号である．中間層の誤差信号は，出力層の誤差信号を出力層から逆方向に伝搬させホログラム H2 を読み出して得られる回折光から生成できるので，光多層ニューラルネットの学習への拡張も可能である．多層化の課題は，実時間ホログラムの回折効率の向上等を含め，光学系の光損失の低減を図ることである．

（3）光アソシアトロン[94),95)]　光アソシアトロンは直交学習を，光学的に実現した光ニューラルネットである．表 V.11.5 より，直交学習の修正信号 Δw_{ij} は自己相関の場合には次式で与えられる．

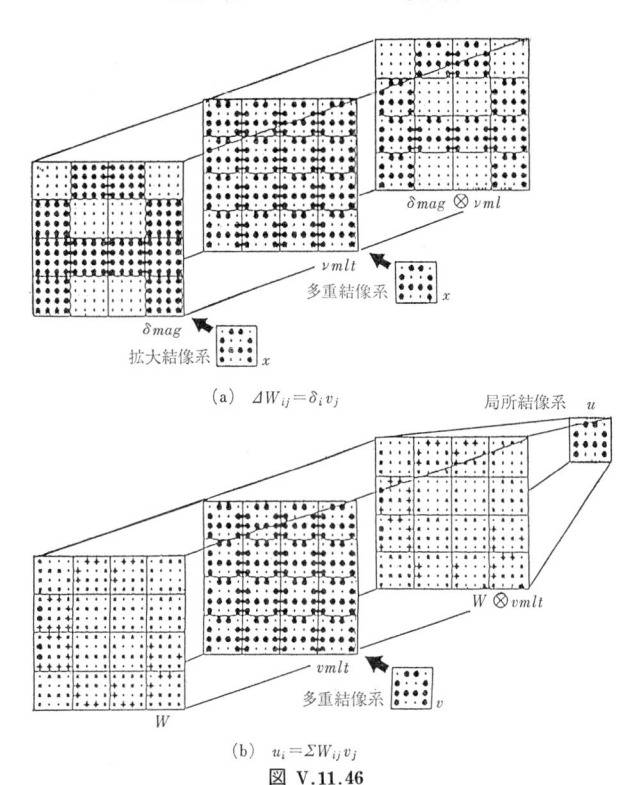

11.3 光ニューラルネットの代表例

(a) $\Delta W_{ij} = \delta_i v_j$

(b) $u_i = \Sigma W_{ij} v_j$

図 V.11.46

$$\Delta w_{ij} = \eta(v_i - \Sigma w_{ij}v_j)v_j \tag{11.15}$$

ここで，η：学習係数，v_i：入力ベクトルである．

光アソシアトロンではこのベクトル表現を二次元のパターンに対して並列的に実行し，学習と想起を行っている．式 (11.15) に基づく学習の修正信号の生成の演算を，図 V.11.46 に示すように誤差信号 $\delta_i (= v_i - \Sigma w_{ij} v_j)$ の二次元パターンを行列のサイズを合わせて拡大し，一方の二次元の入力パターン v_j を空間的に多重化し，ブロックごとに両者の和をとる方法で実行する．また，想起のベクトル行列乗算 $\Sigma w_{ij} v_j$ も，同様にシナプス行列 W の要素の配置換えと v_j の空間的な多重化を行い，ブロックごとに両者の和をとる方法で実行する．

図 V.11.47 はこれらの操作を行う光学系である．空間光変調管がシナプス行列用の光書込み形メモリーとして用いられている．MSLM1 に書き込まれた記憶行列と，MSLM2 に書き込まれた多量化された二次元パターン入力とを連続して読み出すことにより，両者の乗算が並列に実行される．その結果はフォトダイオード（PD）アレイで読み出され，

電子回路で加算・しきい値処理されて出力が得られる．学習過程では，出力と入力パターンとの差から修正信号がコンピューターで計算され，その結果がLEDアレイ1からMSLM1に書き込まれ，シナプス行列の内容が修正される．シナプス行列の修正は，出力が入力と一致するまで繰り返される．実験では，ニューロン数16，記憶行列の時限が16×16で，アルファベット3文字で想起が行われている．ニューラルネットのハードウェアでは一般に，学習によって光素子の不均一性も補償することができるといわれているが，本実験ではその効果が確認できたとされている．

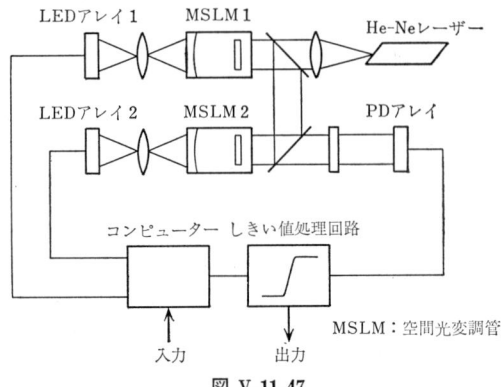

図 V.11.47

（4） その他の光学習ネット

a. 輝尽蛍光体を用いた光学習ニューラルネット[96]: シナプス素子として輝尽蛍光体を用いた光ニューラルネットの学習について述べる．輝尽蛍光体は深い準位の不純物をドープしたwide-gapの半導体であり，電子トラッピング材料の一種である．材料は希土類（Eu, Sm）をドープしたII-VI族半導体（CaS）であり，可視光でパターンを書き込み赤外光で読み出すと，可視光を発光し書き込まれたパターンが再生される．書込み状態は長期にわたって保持され，赤外光を一様に照射することによってメモリーの消去もできるので，学習形の書き換え可能なシナプス用の並列光メモリーとして用いることができる．図V.11.48は輝尽蛍光体をシナプス素子に用いた直交学習を行う光ニューラルネットの光学

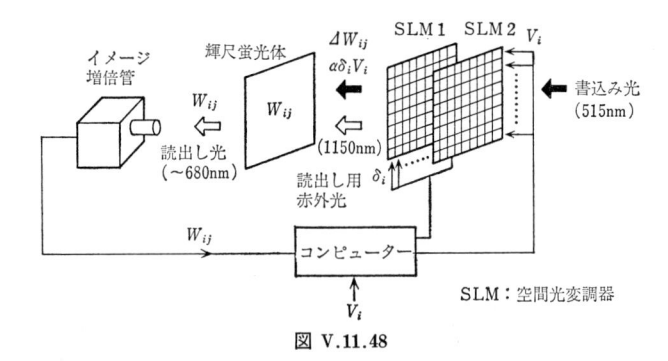

図 V.11.48

系であり，誤差信号と入力信号の光学的なベクトル外積演算で生成するための二つの空間光変調器と，輝尽蛍光体，その読出し光の受光系とコンピューターからなっている．表V.11.5で与えられる修正信号 Δw_{ij} は，システムの出力システムと教師信号の差からコン

11.3 光ニューラルネットの代表例

ピューターで計算して得られた誤差信号 δ_i を空間光変調器1に入力し，空間光変調器2に入力した入力ベクトル v_j との光学的な外積演算から生成される．二つの空間光変調器を透過して修正信号で強度変調された可視レーザー光（515nm）を，輝尽蛍光体に照射することによって，シナプス行列の書込みが行われ，読出し用の赤外光（1150nm）を照射したときに発光する可視光（680nm）を受光することによって読出しが行える．この手順を繰り返し行い，修正信号がゼロになった時点で学習が完了する．

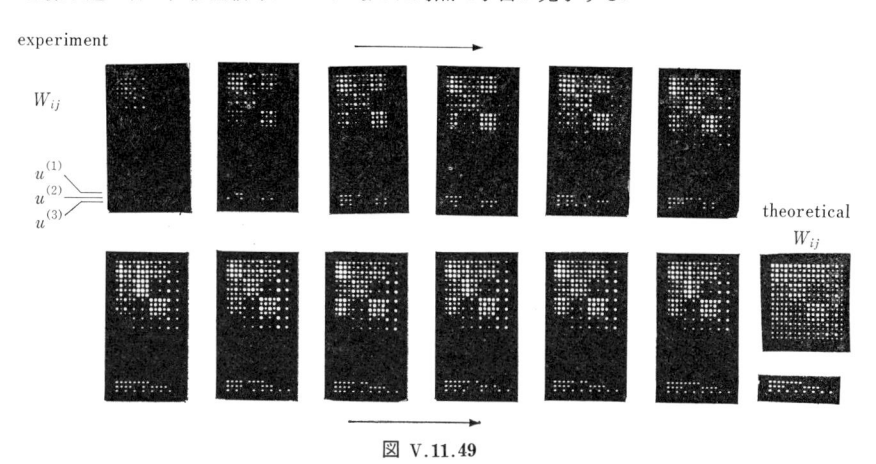

図 V.11.49

図 V.11.49 は実験例であり，三つの16ビットの2値のベクトル

$$V^{(1)}=(0,0,0,0,0,0,0,0,1,1,1,1,1,1,1,1)$$
$$V^{(2)}=(0,0,0,0,1,1,1,1,0,0,0,0,1,1,1,1)$$
$$V^{(3)}=(1,0,1,0,1,0,1,0,1,0,1,0,1,0,1,0)$$

に対するシナプス行列の形成の過程を示しており，20回の学習で得られたシナプス行列は理論値とよく一致しているのがわかる．現状の輝尽蛍光体の空間分解能は7lp/mmと実用上は十分ではないが，将来的には10^2lp/mmまで向上できる見通しであり，$1cm^2$当たり$10^3 \times 10^3$の画素の処理も可能である．また，応答時間も20ns以下と高速であることから，究極的には$1TOPS/cm^2$を越える処理能力

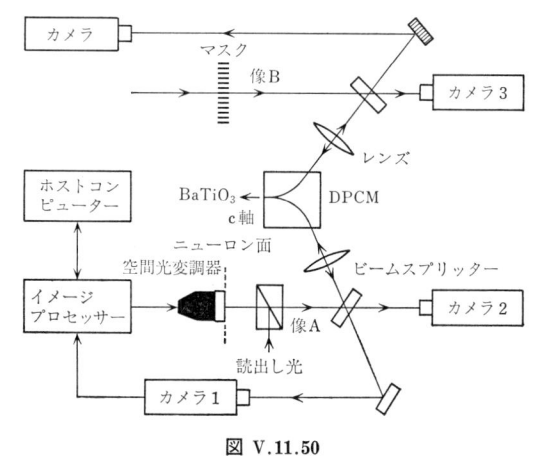

図 V.11.50

が実現できるものと期待される.

b. 位相共役鏡を用いた学習光ニューラルネット[97]: 位相共役鏡をシナプス結合荷重のメモリーに用いた,相互想起形光連想記憶を紹介する.

図 V.11.50 は,DPCM (double phase conjugate mirror) をシナプス素子に用いた光ニューラルネットの光学系である.DPCM は,互いにインコヒーレントなビーム A, B をフォトリフラクティブ結晶の両面から入射すると,ビームファニングとよばれる散乱

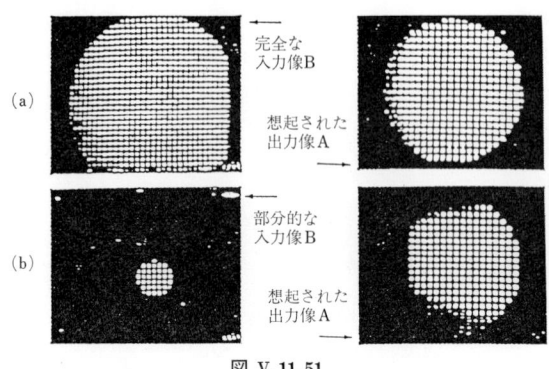

(a) 完全な入力像B / 想起された出力像A
(b) 部分的な入力像B / 想起された出力像A

図 V.11.51

が生じて散乱光どうしの干渉によって格子が形成される.それぞれの入射ビームが形成する格子のうち,周期と方向が一致するものだけが強勢になり,入射光がその格子によって回折されそれぞれの位相共役波が発生する.本ニューラルネットでは,DCPM で発生した位相共役波は,互いに他方の入射ビームの空間的な情報を担うという性質があるため相互想起が行える.

図 V.11.51 (a), (b) に示すような像 B (各 375 画素,35 画素) を上から画素のスポット径がやや小さい像 A (700 画素) を下からともに PR 結晶に入力すると,DPCM によって A と B の各画素間のグローバルなシナプス結合が実現する.この後,入力を像 B のみにすると,(a) に示すように,モニターカメラ 1 には像 A が現れ,部分的な入力 B (35 画素) に対しても,(b) に示すように像 A の約 85% の画素が想起されておりグローバルなシナプス結合が実現されていることがわかる.ちなみに,像 B を画素ピッチよりも小さい範囲でずらして入射すると,出力像 A にはなにも見えなかった.学習の過程では,この出力信号をカメラ 1 のイメージプロセッサーに取り込み,コンピューターによってしきい値処理して得られるニューラルネットの出力を,再び入力用空間光変調器に帰還し,像 B との DPCM を記録し直すことによって,シナプス結合が修正される.

11.3.3 光ニューロチップ

(1) 光アドレス形ニューロン回路[98] シナプス荷重を,空間光配線によって光電子ニューロン回路上に設けられた光導電層に書き込む新たな光ニューロンチップへのアプローチについて述べる.図 V.11.52 (a) に示すように,シナプス行列のパターンで強度変調された光ビームを光電子ニューロン回路に照射して,シナプス行列を書き込む.光電子ニューロン回路は (b) に示すように,ガラス基板上にストライプ状の金属薄膜をアモルファスシリコン薄膜の上下に,互いに 90°交差する方向に何本も並べた構造である.アモルファスシリコンは導電性があるので,照射される光強度によって光導電層の抵抗値が変化する.したがって,シナプス荷重の値に比例した光強度の光をアモルファスシリコンに照

11.3 光ニューラルネットの代表例

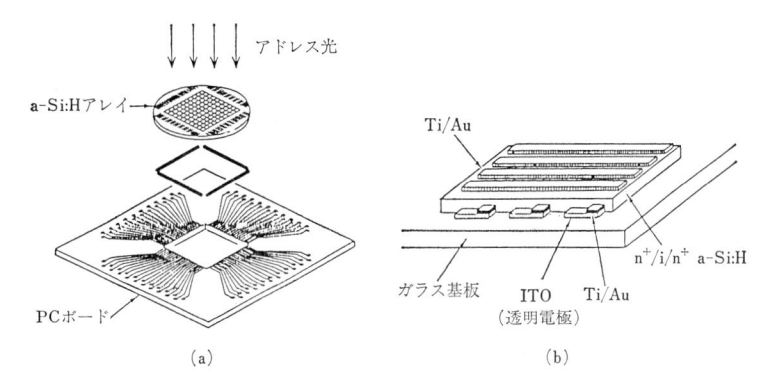

図 V.11.52

射することによって，シナプス行列を抵抗値として回路にマッピングできる．抵抗値で表されたシナプスを通過した電流の合計がニューロンの入力となり，回路の外部でこれがしきい値処理されて出力が電圧として得られる．実験では，120×120 のシナプス行列が実現されている．本方法はシナプス荷重の設定を光空間配線で行えるので，LSI ニューロチップにおける金属配線を減らすことができるので，大規模集積化が期待できる．

（2）可変シナプス形光ニューロチップ[99]　シナプス荷重を変化できる光ニューロチップについて述べる．このチップは 11.1.2 項の光ベクトル・行列乗算の光学系を基本にしており，図 V.11.53 に示すように，感度可変のフォトダイオード（VSPD; variable-sensitivity photodiode）をシナプス素子に用い，これと帯状の LED アレイをモノリシック化したものである．VSPD はバイアス電圧によって入射光の光電流への変換効率をアナログ的に変化できるので，シナプス荷重に応じたバイアス電圧を加えれば，シナプス行列を VSPD の二次元アレイ上にマッピングできる．学習の過程では，学習信号の情報を VSPD のバイアス電圧に帰還すればシナプス荷重を更新できる．現在のところ，ニューロン数 8 で処理速度 700 MCPS が得られている．なおしきい値処理は外部で行われて

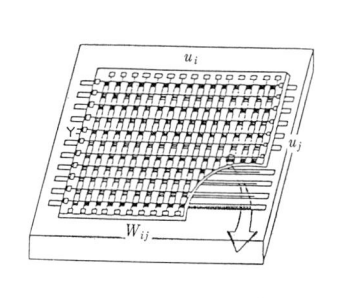

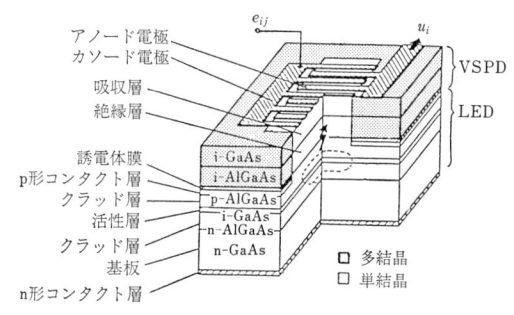

図 V.11.53

いる．本チップの集積密度は，隣接するVSPDへの光の漏話によって制限され，理論的には 2000/cm² と見積もられている．

この基本的な構造はすでに N. H. Farhat らによって提案されており[100]，また帯状の LED アレイと帯状の PD アレイで光学マスクをサンドイッチ構造に集積化した GaAs 光ニューロチップも実現されているが[101]，シナプス荷重が固定であったためプログラマブルな処理や学習は行えなかった．その意味でVSPDを用いた可変シナプスは興味深い．ただし，ニューロン数の2乗個の VSPD への電圧供給のための個別配線が高集積化の問題点である．

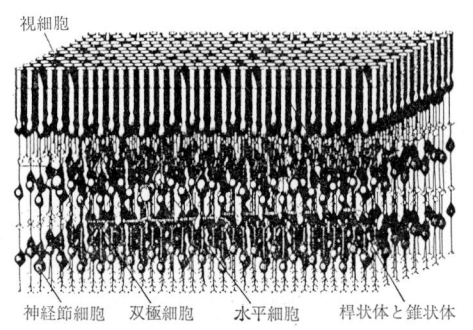

（3）人工光網膜　人間の網膜は図 V.11.54[34] に示すように，多層構造であり，水平細胞は垂直方向に視細胞と双極細胞に結合しており，また水平方向には各細胞どうしが互いに結合している．網膜には，空間的および時間的な変化を強調する働きがある．水平細胞は周囲の細胞の電位の平均値を一定の時間遅れを伴って出力し，空間的に変化のある入力パターンに対しては輪郭抽出を行う．双極細胞は視細胞の実時間の局所的な応答と，水平細胞からの信号の差に比例した信号を出力する．その結果，動く物体の像に対しては動きのみを強調する．

図 V.11.54

上記の網膜の働きをモデル化したのが側抑制ニューラルネットである[102]．図 V.11.55(a) は簡単のために一次元のネットワークを示している．隣接するニューロンは互いに，図(b)に示すような on 中心—off 周辺のメキシカンハット形のシナプス荷重の分布に従って結合しているので，近傍のニューロンとは正（興奮性）のシナプス荷重で結ばれ，その外側のニューロンとは負（抑制性）のシナプス荷重で結ばれている．シナプス荷重が負の値のときには，いずれかのニューロンが興奮すると，もう一方のニューロンの興奮を抑えるという競合作用が働く．このようなネットワークのダイナミクスを離散時間で表現すると次式のようになる[103]．

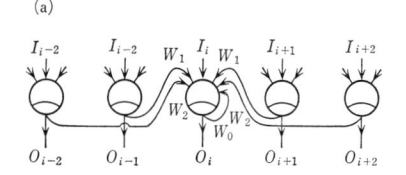

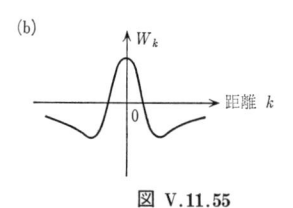

図 V.11.55

$$O_i(t+1) = f[I_i(t) + \sum_k w_k O_{i+k}(t)] \qquad (11.16)$$

11.3 光ニューラルネットの代表例

ただし，$f(\cdot)$ はシグモイド関数，I_i は i 番目のニューロンへの外部からの入力，w_k は i 番目のニューロンとのシナプス荷重を示しており，正または負の値をとるものとする．

図 V.11.55(b) のようなシナプス荷重の分布の場合には，空間的に一様な入力に対するネットワークの応答は，両端のニューロンのみが興奮状態になる．これを二次元のニューロンに拡張すれば，結果として輪郭抽出になる．

ハードウェアに関しては，シリコンの LSI チップで 50×50 のセルが実現されている．ここでは，人工光網膜用の光素子として開発された ILCOD (internally light coupled optical device) の構造と動作原理について述べる[104),105)]．図 V.11.56 は，ILCOD の具体的な構造であり，光ニューロン素子を集積化し互いに光学的に結合したものである．(a)

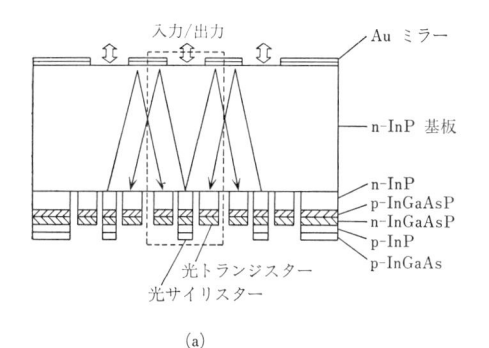

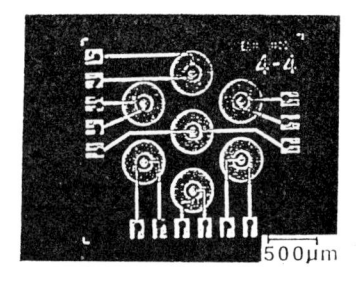

図 V.11.56

に示すように光ニューロン素子は，スイッチと発光機能を有する円形の pnpn 光サイリスター部の周囲を，リング状の npn 光トランジスター/受光素子が囲む構造になっている．入出力は基板の裏面の開口を通して行う．試作された7素子のユニットは直径 100 μm の光サイリスターと内径 150 μm，外径 480 μm のリング形光トランジスターからなり，入出力の窓の直径は 150 μm である．基板の裏面には金属ミラーが設けられ，発光の一部は金属ミラーで反射され，周辺の素子に一様に分配される．この反射光の帰還によって，素子は周辺の素子が光学的に結合され，シナプスが形成される．受光部で発生した光電流は光トランジスターで増幅された後，光サイリスター部に負帰還されスイッチを短絡し発光を停止する．すなわち負のシナプス結合が働き，ニューロンの興奮が抑制される．抑制されるニューロン素子は六角配置の中心のニューロンのみで周辺の素子は興奮状態を維持するので，結果的に輪郭が抽出される．

図 V.11.57 は輪郭抽出の原理的な実験結果である．(a) は反射面（基板の裏面）からみた概観図であり，(b) は光入力に対して7素子がすべて ON した状態，(c) は最終的に中心の素子のみが OFF になった状態を示している．光サイリスターのスイッチング電圧および電流は，それぞれ 1.2V，5mA であり，波長 1.0〜1.5 μm の広い範囲でスイッチの光パワーは 10 μW 以下であり，開口からの光出力は 5 μW である．また，スイッ

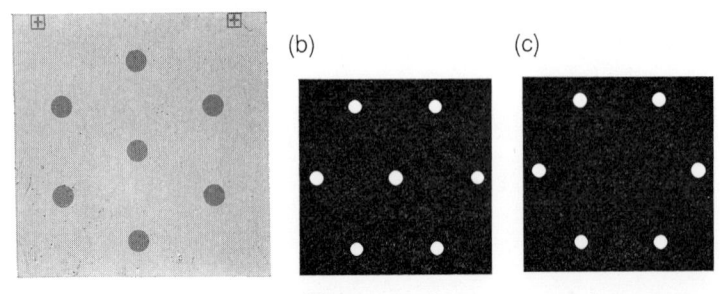

図 V.11.57

チングの ON, OFF の応答時間はともに 50 ns である．ただし，現状の素子では HPT の電流利得が不足しているので，この利得の改善がモノリシック化にあたっての課題として残されている．この ILCOD は画像の特徴抽出などを行うプリプロセッサーとして，ニューラルネットのパターン認識能力とを統合化した画像処理システムへの発展が期待できる．

　本章では，従来のエレクトロニクスコンピューターの直面している問題点を明らかにし，光コンピューターが今後の情報処理に対してどのような役割を担おうとしているかについて述べた．さらに，光並列ディジタルコンピューターと光ニューラルネットに関する代表的な研究事例を紹介した．これまでの議論から，今後の光コンピューターの研究課題は以下のように整理されよう．
・光の性質と親和性のよいアーキテクチャーの探索
・光論理演算および光インターコネクト技術の確立
・光論理素子，光メモリー，光インターコネクト素子などの光素子の開発
また，研究の方法論として
・ハードウェアによる実験的な検証
が重要であると思われる．光コンピューターのメリットを享受するためには，まず，応用すべき問題の性質を明らかにし，それに最も適した光コンピューターのシステムを設計することが重要である．応用分野を特定すれば，エレクトロニクスコンピューターを凌駕する性質を発揮することも可能であり，ホストコンピューターのバックエンドプロセッサーとして互いに相補的な役割を果たすような使い方が，光コンピューターの実用化の糸口になるであろう． [北山研一]

参 考 文 献

1) たとえば，シドニー・カーリン，ノリス・パーカー・スミス：スーパーコンピュータ時代，HBJ

参考文献

　　　出版局 (1989).
2) J. C. Lupo: IEEE Comm. Magazine (Nov., 1989), 82-88.
3) H. S. Stone and I. Cocke: COMPUTER (Sept., 1991), 30-38.
4) K. E. Benson, L. C. Kimerling and P. T. Panousis: AT & T Tech. J.(Nov./Dec., 1991), 16-31.
5) ダニエル・ヒリス: コネクションマシン, パーソナルメディア社 (1985).
6) R. Duncun: COMPUTER (Feb., 1990), 5-16.
7) 甘利俊一: 神経回路網の数理, 産業図書 (1978).
8) D. E. Rummelhart, James L. McClelland and the PDP Research Group: Parallel distributed processing, vol. 1, MIT Press (1987).
9) 合原一幸: ニューロコンピュータ, 東京電機大学出版局 (1988).
10) 麻生英樹: ニューラルネットワーク情報処理, 産業図書 (1988).
11) J. W. Goodman, F. J. Leonberger, S.-Y. Kung and R. A. Athale: Proc. IEEE, **72**, (1984), 850.
12) 武田光夫: 応用物理, **56** (1987), 361.
13) P. W. Smith: Bell Syst. Tech. J., **61** (1982), 1975-1993.
14) A. Huang: Proc. of IEEE, **72** (1984), 780-786.
15) A. A. Sawchuk and T. C. Strand: Proc. IEEE, **72** (1988), 758-779.
16) 一岡芳樹: 応用物理, **54** (1985).
17) 稲場文男編: 光コンピュータ, オーム社 (1985).
18) T. E. Bell: IEEE Spectrum (Aug., 1986), 34-57.
19) 特集「近未来コンピュータへの『道』」, Computer Today (1987.3).
20) Y. S. Abu-Mostafa and D. Psaltis: Sci. Am., **256** (March, 1987), 66-73.
21) 谷田 貝: 応用物理, **57** (1988), 1136.
22) 石川正俊: 信学誌, **72** (1989), 157-163.
23) N. Streibl, K.-E. Brenner, A. Huang, J. Jahns, J. Jewell, A. W. Lohmann, D. A. B. Miller, M. Murdocca, M. E. Prise and T. Sizer: Proc. IEEE, **77** (1989), 1954-1969.
24) 谷田 純: 光学, **20** (1991), 632-641.
25) A. D. McAulay: Optical Computer Architectures, Wiley-Interscience (1991).
26) 石原 聡: 光コンピュータ, 岩波書店 (1989).
27) M. R. Feldman, S. C. Esener, C C. Guest and S. H. Lee: Appl. Opt., **27** (1988), 1742-1751.
28) 那野比古: コンピュータ近未来学, 日刊工業新聞社 (1989).
29) 辻内順平, 一岡芳樹, 峯本 工: 光情報処理, オーム社 (1989).
30) L. D. Hutcheson: Proc. Fall Joint Comp. Conf. (1986), 448.
31) R. Hecht-Nielsen: Neurocomputing, Addison Wesley (1989).
32) J. Alspector: IEEE Comm. Magazine (Nov., 1989), 29-36.
33) C. Mead: Analog VLSI and neural systems, Addison Wesley (1989).
34) C. Mead and M. Mahowald: Neural Networks, **1** (1988), 91.
35) M. Yasunaga, N. Masuda, M. Asai, M. Yamada, A. Masaki and Y. Hirai: IJCNN '89, II-213-217 (Washington D. C. (June., 1989)).
36) 北山研一: 光学, **20** (1991), 657-663.
37) 北山研一: O plus E, (1989), 107-113.
38) M. Murdocca: Digital design methodology for optical computing, MIT Press (1990).
39) J. A. Neff, R. A. Athale and S. H. Lee: Proc. IEEE, **78** (1990), 826-855.
40) 岩城忠雄: 光学, **19** (1990), 295-301.
41) K. Matuda, K. Takimoto, D. Lee and J. Shibata: IEEE Trans. Electron Dev., **37**,

(1990), 1630-1634.
42) K. Matuda, H. Adachi, T. Chino and J. Shibata: IEEE Electron. Dev. Lett., **11** (1990), 442-444.
43) K. Kasahara, Y. Tashiro, N. Hamao, M. Sugimoto and T. Yanase: Appl. Phys. Lett., **52** (1988), 679.
44) D. A. B. Miller, D. S. Chemla and T. C. Damen: Appl. Phys. Lett., **45** (1984), 13-15.
45) A. L. Lentine, H. S. Hinton, D. A. B. Miller, J. E. Henry, J. E. Cunningham and L. M. F. Chirovsky: IEEE J. Quantum Electron., **25** (1989), 1928-1936.
46) C. Amano, S. Matsuo and T. Kurokawa: 1991 Quantum Optoelectronics Topical Meeting, MB2 Salt Lake City (March., 1991).
47) たとえば, P. Zhou, J. Cheng, C. F. Schaus, C. Hains, K. Zheng and A. Torres: Appl. Phys. Lett., **59** (1991), 2504-2506.
48) N. Farhat, D. Psaltis, A. Parata and E. Paek: Appl. Opt., **24** (1985), 1469.
49) D. Psaltis, D. Brady and K. Wagner: Appl. Opt., **27** (1988), 1752.
50) 黒田和男: O plus E, (1989.9), 117-124.
51) 北山研一: 応用物理 (1992.1).
52) D. Psaltis, S. Lin, A. A. Yamamura, X.-G. Gu, K. Hsu and D. Brady: IEEE Comm. Magazine (Nov., 1989), 37-40.
53) D. Psaltis, M. A. Neifeld, A. Yamamura and S. Kobayashi: Appl. Opt., **29** (1990), 2038-2057.
54) T. Hara, Y. Ooi, Y. Kato and Y. Suzuki: Proc. SPIE, **613** (1986), 153.
55) R. A. Fisher, ed.: Optical phase conjugation, Academic Press (1983).
56) 武田光夫: 第38回応用物理学関係連合講演会シンポジウム 30-ZV-7 (1991).
57) K. Hamanaka, H. Nemoto, M. Oikawa, E. Okuda and T. Kishino: Appl. Opt., **29** (1990), 4064-4070.
58) J. Jahns and A. Huang: Appl. Opt., **28** (1990), 1602-1605.
59) 伊賀健一, 小山二三夫: 面発光レーザ, オーム社 (1989).
60) J. Tanida and Y. Ichioka: J. Opt. Soc. Am., **A 2** (1985), 1245-1253.
61) H. Fleisher and L. I. Maissel: IBM J. Res. Develop. (March, 1975), 98-109.
62) D. Miyazaki, J. Tanida and Y. Ichioka: Jpn. J. Appl. Phys., **29** (1990), L1550-1552.
63) 富田真二, 末吉敏則: 並列処理マシン, オーム社 (1989).
64) K. Preston, Jr. and M. J. B. Duff: Modern cellular automata, Theory and applications, Plenum (1984).
65) M. E. Prise, N. C. Craft, M. M. Downs, R. E. LaMarche, L. A. D'Asaro, L. M. F. Chirovsky and M. J. Murdocca: Appl. Opt., **30** (1991), 2287-2296.
66) M. Fukui and K. Kitayama: Appl. Opt., **31** (1992), 581-591.
67) 福井将樹, 北山研一: 情処学会誌, **33** (1992) 270-277.
68) M. Fukui and K. Kitayama: submitted for publication.
69) J. Serra: Image analysis and mathematical morphology, Academic Press (1982).
70) K.-H. Brenner, A. Huang and N. Streibl: Appl. Opt., **25** (1986), 3054-3060.
71) K.-S. Huang: A digital optical cellular image processor, World Scientific, Singapore (1990).
72) M. Fukui and K. Kitayama: submitted for publication.
73) F. Kiamilev, S. C. Esener, Y. Fainman, P. Mercier, C. C. Guest and S. H. Lee: Opt. Eng., **28** (1989), 399-409.
74) K. S. Huang, A. A. Sawchuk, B. K. Jenkins, P. Chavel, J. M. Wang, A. G. Weber, C. H. Wang and I. Glaser: Proc. Soc. Photo-Opt. Instr. Eng., **963** (1988), 687-794.

75) A. A. Sawchuk and T. C. Strand: Proc. IEEE, **72** (1984), 753.
76) B. K. Jenkins, A. A. Sawchuk, T. C. Strand, R. Forcheimer and B. Soffer: Appl. Opt., **2** (1984), 3455-3464.
77) P. S. Guifloyte and W. J. Wiley: Appl. Opt., **27** (1988), 1661-1673.
78) H. T. Kung: Computer, **15** (1982), 37-46.
79) H. J. Caulfield, W. T. Rhodes, M. J. Foster and S. Horvitz: Opt. Comm., **40** (1981), 86-90.
80) K.-H. Brenner, M. Kufner and S. Kufner: Appl. Opt., **29** (1990), 1610-1618.
81) J. J. Hopfield and D. W. Tank: Proc. Natl. Acad. Sci. USA, **81** (1984), 3088-3092.
82) D. Psaltis and N. Farhat: Opt. Lett., **10** (1985), 98.
83) Y. Owechko, G. L. Dunning, E. Marom and B. H. Soffer: Appl. Opt., **26** (1987), 1900-1910.
84) B. H. Soffer, G. J. Dunning, Y. Owechko and E. Marom: Opt. Lett., **11** (1986), 118-120.
85) D. Gabor: IBM J. Res. & Dev., 156 (1969).
86) A. B. Vander Lugt: IEEE Trans. Inf. Theory IT-10, 2 (1964).
87) D. Z. Anderson: Opt. Lett., **11** (1986), 56-58.
88) F. Rosenblatt: Princiles of neurodyamics-Perceptrons and the theory of brain mechanism, Spartan (1961).
89) M. L. Minsky and S. A. Papert: Perceptrons, MIT Press (1969).
90) K. Wagner and D. Psaltis: Appl. Opt., **26** (1987), 5039.
91) H. Yoshinaga, K. Kitayama and T. Hori: Opt. Lett., **14** (1989), 716-718.
92) K. Kitayama, H. Yoshinaga and T. Hara: Tech. Digest of IJCNN '89, II465-II471. Washington D. C. (June, 1989).
93) H. Yoshinaga, K. Kitayama and T. Hara: Opt. Lett., **14** (1989), 202; **14** (1989), 901.
94) M. Ishikawa, M. Mukohzaka, H. Toyoda and Y. Suzuki: Appl. Opt., **28** (1989), 291-301.
95) 石川正俊: 信学会誌, **72** (1989), 157-163.
96) F. Itoh, K. Kitayama and Y. Tamura: Opt. Lett., **15** (1990), 860-862.
97) E. L. Dunning, Y. Owechko and B. H. Soffer: Opt. Lett., **16** (1991), 928-930.
98) C. D. Kornfield, R. C. Frye, C. C. Wong and E. A. Rietman: IEEE Proc. International Conference on Neural Networks, 2, II-357 (1988).
99) J. Ohta, Y. Nitta and K. Kyuma: Opt. Lett., **16** (1991), 744-746.
100) N. H. Farhat: Appl. Opt., **26** (1987), 5093-5103.
101) J. Ohta, M. Takahashi, Y. Nitta, S. Tai, K. Mitunaga and K. Kyuma: Opt. Lett., **14** (1989), 844.
102) Y. Kohonen: Self-organization and Assocative Memory, Springer-Verlag (1987).
103) 川上, 北山: 信学論, J73-D-II (1990), 1346-1353.
104) Y. Nakano, M. Ikeda, W. Kawakami and E. Kitayama: Appl. Phys. Lett., **58** (1991), 1698.
105) W. Kawakami, K. Kitayama, Y. Nakano and M. Ikeda: Opt. Lett., **16** (1991).

索引

ア

アイコナール係数 35,37,39,41
アイコナール方程式 19,35
アイソプラナチック条件 56
アイソレーション 313,519,526
アイソレーションポート 523
アイドラー光 201
アクセス時間 632
アクチュエーター 633
アクティブマトリクス形 700
アクティブマトリクス VFD 706
アサーマルガラス 268
アスペクト比 382
アダプター 467
圧電効果 172
アップコンバージョン 500
アッベ数 278
アッベの不変量 24
アナモルフィック光学系 756
アナログ CATV 586
アナログ光情報処理 776
アナログ変調器 586
アバランシェフォトダイオード 576
アプラナチック条件 56
アプラナチックな対物レンズ 629
アプラナチックレンズ 626,632
アモルファス・フェリ磁性体 304
アルコラート 267
アルミノケイ酸塩ガラス 240
アレイレンズ光集束系 438
アンジュレーター放射光 727
暗所視 207
暗電流 575

イ

イオン化率 577
イオン交換 491
イオン交換法 261
イオン伝導性 242
イオン濃度分布 264
イオンの電子分極率 261
イオンビームエッチング 350
イオンビームリソグラフィー 345
移行過程 48
異軸結像系 433,435
異常光線屈折率 166
位相 61
——のずれ 306
位相共役 203
位相共役鏡 799
位相共役波 754
位相空間表現法 141
位相差 172,173
移相子 512
位相シフトキーイング 614
位相シフト構造 156
位相シフト法 339,694
位相シフトマスク 696
位相整合 302,494,524
位相整合角 176,196
位相整合条件 193,195
位相整合状態 525
位相フィルター 102
位相不整合 193
一眼レフカメラ用撮影レンズ 656
一眼レフカメラ用ファインダー光学系 665
一軸性結晶 166,195,512
一次電気光学効果 169,227,229
一方向性モード変換器 524
異方性エッチング 473,479
イメージガイド 253,736
イメージスキャナー 675

イメージセンサー 582
イメージバンドル 737
イメージファイバー 737
色消しレンズ 631
色収差 34,278,727
色知覚機構 213
印画紙 651
インコヒーレント光情報処理 755
インコヒーレント・コヒーレント変換素子 753
インコヒーレントマルチイメージ結像系 440
インパルス応答 103
インライン形グレーティングレンズ 455
インラインホログラム 105

ウ

ウイナー–ヒンチンの定理 99
ウェットエッチング 235,346
ウォークオフ 192,196
ウォルター形ミラー 721
埋込み形導波路 255

エ

永久磁石 634
永久磁石材料 647
エキシマレーザー投影光学系 340
液晶 SLM 765
液晶カプセル分散ガラス 277
液晶空間変調器 596
液晶ディスプレイ 699,700
液晶パネル 751
液晶プリンター 686
液相成長法 230,519
液相法 388
エッチング 330
エッチング技術 346
エネルギー関数 797
エネルギーギャップフィリング

818　　　　　　　　　索　引

特性　643
エネルギー伝達　501
エルビウム添加光ファイバー　387
エルビウム添加光ファイバー増幅器　387
エルミート-ガウス関数　67
エルミート-ガウスモード関数　123
エレクトロクロミックガラス　276
エレクトロクロミックディスプレイ　699
エレクトロルミネッセンスアレイ素子　538
円形開口　75
遠視野像（ファーフィールドパターン）　118,181,382,640
円筒結晶　724
円筒座標系　151
円偏光　639

オ

応答帯域　404
凹面回折格子　81
応力複屈折　525
オキシフッ化物　505
オフアクシス形　456,458
オフアクシスホログラム　105
オプティカルダメッジ　169
音響光学形光スイッチ　419
音響光学ガラス　271
音響光学効果　585
音響光学フィルター　272
音響光学変調器　595
温度整合技術　176
温度センサー　551
オンボード化　557

カ

外因性形フォトコンダクター　581
開口関数　102
開口効率　672
開口数　15,118,624
回　折　62
回折角　15,454,455
回折形光学素子　462
回折形レンズ　546
回折限界　78,623

回折現象　73,453,632
回折光　454,455
回折光学素子　453
回折格子　80,149,454,455,484,721
回折格子結合器　159
回折効率　460,631
　　——の計算　456
回折積分　67
回折損失　522
解像度　331
解像力　652
階段屈折率円筒光ファイバー　132
階段屈折率形 POF　296
海中分岐　606
回転多面鏡　533
回転直線偏光器　516
ガイドピン　472
外部光電効果　571,583
外部変調器　586
界面ゲル共重合法　296
ガウスビーム　76,90,199
　　——の集光　77
ガウス分布　382
カオス　203
カー回転角　304
化学的強化方法　238
化学量センサー　710
化学量論比　171
書換え可能光ヘッド　621
拡散速度制限　574
学習則　801
学習のスケジューリング　784
角振動数　61
角度整合技術　175
カー効果　167,168
加工精度　326
加工変質層　469
重ね合せの原理　62
画質検査　704
可視発光ダイオード　373
過剰雑音係数　577
過剰散乱　290,292
ガスソース MBE 成長法　233
画像光クロスバースイッチ　791
画像伝送　336
画像認識処理　568
画像論理代数　789

片球面グレーティングレンズ　631
片球面研磨 GRIN レンズ　627
活性イオン　504
活性層　376
カットオフ　115
カットオフ周波数　104
カップラー　8
可変位相差板　173
可変形ミラー素子　766
ガボア形ホログラム　105
可飽和吸収体　384
カーボン被覆ファイバー　477
ガラス基板　241
ガラス転移温度　294
ガラス転移点　236
ガラス非球面レンズ　647
ガラスプレストレンズ　629
ガラスモールド法　447
カラーパイプカメラ　744,745
カラーフィルター　703
カルコゲナイド　259
カルコゲナイドガラス　242
過冷却液体　236
干　渉　61,62
干渉膜フィルター　484
干渉マトリクス　127
感受率　185
間接遷移形　224
完全結合　140
完全正規直交系　68
桿　体　207
感　度　331
簡略形ツリー構成　421
管路内点検用ファイバースコープ　742

キ

機械式走査デバイス　533
機械的移動形光スイッチ　419
規格化された変換効率　498
規格化周波数　13,112
規格化伝搬定数　13,114
記号置換法　795
疑似位相整合　200,302,361
希釈磁性半導体　316
輝尽蛍光体　806
奇数次モード　112
気相成長法　231
気相法　388

索　引

気

気体放電素子　539
希土類イオン　500
希土類元素添加光ファイバー増幅器　387
希土類元素ドープ光ファイバー　402
希土類鉄ガーネット　312,519
基本モード　114,379
奇モード　139
逆伝搬学習　801
キャリヤー密度　379
球欠像面　57
球欠像面湾曲　42,57
吸収係数　572,592
吸収損失　101,287,297
吸収端波長　726
球面収差　34,42,55,297,626
キュリー温度　170
共役関係　32
境界条件　109
共焦点光学系　549
共振形増幅器　411
共振形 LiNbO$_3$ 光変調器　544
強度雑音　384
強誘電性液晶素子　539
協力増感　501
局部研磨法　450
虚像式ファインダー　666
許容最大波面収差　625
許容入射角度　459
許容波面収差　625
キルヒホッフの回折積分式　83
近軸色収差係数　45
近軸結像面　32
近軸追跡式　24,25
近軸特性量　26,28
近軸理論　19,23,27,37
禁止帯　156
均質等方媒質　21
均質媒質系　30
近視野像（ニアフィールドパターン）　116,181,379,640
禁制帯　643
禁制帯幅　376
近赤外低損失ポリマー　289
近接平行導波路間の光結合　138
金属/誘電体積層偏光子　513

ク

空間インピーダンス　124
空間周波数　95
空間的ホールバーニング　158
空間光変調管　751,785
空間光変調器　596
空間光変調素子　765
空間フィルター　102
空間フィルタリング　102,749
空間分割形光交換システム　426
空間変調半導体レーザー　768
偶数次モード　112
偶モード　139
くし関数　100
屈折異常　206
屈折過程　51
屈折式　42
屈折率　23,27,282,298
屈折率温度係数　628
屈折率整合剤　469
屈折率楕円体　166,168,169,299,511,639
屈折率導波形　377
屈折率導波形レーザー　643,644
屈折率分散　196
屈折率分布　296
屈折率分布形成法　16
屈折率分布形光線路　767
屈折率分布形ポリマー材料　295
屈折率分布形レンズ（分布屈折率レンズ）　431,676〜679
屈折率変調　455
屈折力　24
組合せ論理　794
クラッド（層）　107,376
グレーティングカップラー　159
グレーティングレンズ　453,623,630
クロストーク　553
クロスバー構成　421
クロスバー方式　761
クロックスキュー　775
グローバルミニマ　798

ケ

蛍光X線　733
蛍光体　504
蛍光体アレイ素子　539
蛍光体材料　706
蛍光体ドットアレイプリンター　686
蛍光表示管　699,706
結合回路　562
結合係数　140,149,153,156
結合効率　137
結合損失　466
結合導波路　530
結合波方程式　192
結合モード方程式　148,155
結合モード理論　147
結晶　720
結像光学系のフーリエ解析　103
結像倍率　32
ゲート　628
ケミカルエッチング液　347
ケーラー照明　690
減磁曲線　634
原子屈折　279
原子振動吸収　287
原子分散　279
現像　329
研削法　449
研磨法　450

コ

コア　107
光学系全体の結像関係　33
光学系の屈折力　32
光学系の主平面　32
光学系の特性量　37
光学系の横倍率　30
光学損傷　269
光学的超解像　307
光学的伝達関数　104
光学的方向余弦　46
光学薄膜　65
広角レンズ　656
交換結合膜　307
交換定数　305
口径長　200
格子間隔　454
格子整合条件　226

格子ベクトル 147
高周波重畳法 384
高出力増幅器 415
光線軌跡 13,143
光線の追跡式 23
光線方程式 20
光線マトリクス 73,433
構造複屈折 515
高速 APC 法 384
光電子増倍管 583
光電複合素子 769
光電流センサー 318
光波領域可変フィルター 174
高ピーク光出力レーザー 270
高平均光出力レーザー 270
光路長 20,47
小形放射光光源 719
コサイン4乗則 672
誤差信号 801
コットン-ムートン効果 524
コヒーレンス長 193
コヒーレンス度 691
コヒーレント光情報処理 749
コヒーレントマルチイメージ結像系 441
コ マ 34,42
コマ収差 458,626,628
固有値方程式 113
固有複屈折 285
固有モード 110
固有モード展開 118
固有モード展開法 67
コリメーター 6
コリメーターレンズ 630
コリメート光学系 434
コングルエント 357
コンタクト露光法 337
コントラスト特性 104
コンバインドレンズ 631
コンパクトカメラ用撮影レンズ 660
コンパクトカメラ用ファインダー光学系 666
コンパクトディスク 548,621
コンバーター 658
コンボリューション定理 99

サ

最大エネルギー積 635
最大受光角 118
最適スリット幅 80
ザイデルの5収差 626
彩 度 211,219
サーキュラーハーモニック展開 754
サクションキャスティング法 391
撮影レンズ 652,653
雑 音 187
雑音指数 188,408
雑音特性 405
サニャック効果 553,715
差分近似 152
サマリウムコバルト磁石 636
酸化物系光ファイバー 260
Ⅲ-Ⅴ族半導体材料 223
3光波混合 201
三次元導波路 128
三次元光共有メモリー 770
三次収差係数 39
三次収差論 35
三次の非線形光学効果 202
三次の非線形分極 202
三斜晶系 167
参照球面 58,91
3dB 方向性結合器 529
サンプリング周波数 100
サンプリング定理 100
散乱損失 528

シ

ジオデシックレンズ 536
磁界感度 305
磁界強度変調方式 307
磁界計測 319
紫外線硬化樹脂 448
時間コヒーレンス 645
時間的コヒーレンス劣化法 646
しきい値 507
しきい値関数 797
磁気光学効果 516
磁気光学探傷 319
磁気光学変調器 595
磁気センサー 273
色 相 211,219
磁気的に誘因された超解像 307
磁 区 521
軸上色収差係数 45
軸上結像系 433
軸ずれ損失特性 137
シグナル光 201
軸はずしホログラム 105
シグモイド関数 797
軸モード 383
自己位相変調 203,617
自己収束 203
自己相関 688,750
自己相関定理 99
子午像面湾曲 57
自己調心効果 476
自己保持形 475
自己補償効果 373
子午面 57
視細胞 206
磁石の体積 635
磁性ガラス 241
自然複屈折 173
自然放出 178,184
自然放出光の増幅 394
実屈折率導波形 377
実効Fナンバー 87,88
実効屈折率 154
実効断面積 392
実効伝搬定数 159
実像式ファインダー 667
質量吸収係数 726
自導光結合法 481
シナプス 777
シナプス荷重 777
視物質 211
シフト定理 98
時分割形光交換システム 429
時分割多元接続 609
磁壁エネルギー 305
縞走査干渉法 716
ジャイロチップ 591
弱導波近似 133
射出圧縮成形法 447
射出成形法 446
射出瞳 33,53,103
シャドウマスク法 480
シャフル交換 763
ジャマン干渉計 64
周 期 13
周期ドメイン反転 497
重希土類-遷移金属合金系 304
集 光 76
集光グレーティングカップラー

索 引

547
集光限界 78
集光レンズ 6
収差係数 39, 40
　——の計算公式 41〜43
　——の自由度 37
収差限界 79
収差図 53
収差分類 59
収差論 19
　——の導出 34
重水素 288
重水素化 297
修正信号 801
集束系 435
集束定数 12
集束パラメーター 433
周波数 61
周波数雑音 384
周波数シフター 272
周波数シフトキーイング 614
周波数多重 410
重複眼 209
周辺光量比 652
縮小投影露光装置 730
縮小投影露光法 338
縮退光波混合 204
主光線 57
受光デバイス 571
シュバルツシルト形 730
ジョイント変換 752
上限光線 53
常光線屈折率 166
常時バイパス 613
焦点距離 24, 32
焦電効果 590
焦点深度 200, 624, 689, 693
焦点調節 206
照　度 672〜674, 678, 679
ショットキー形フォトダイオード 576
ショット雑音 575
ショット雑音限界 188
シリコンチップアレイコネクター 473
シリコン半導体検出器 733
シールド形電極 590
自励発振 384
磁　歪 537
真空マイクロ素子 708

真空レプリカ法 728
シングルラスター構成 606
シングルモード発振 641
神経回路網 777
神経重複眼 210
神経節細胞層 207
人工異方性媒質 523
進行形増幅器 411
人工光網膜 810
人工視覚システム 757
進行波形電極 588
人工網膜素子 756
真性形フォトコンダクター 581
振動吸収 288
振動数 61
振　幅 61
振幅フィルター 102
信頼性試験 402

ス

錐　体 207
垂直磁化条件 304
垂直磁気異方性 304
水熱合成法 357
数理形態学 789
スケーリング 98
スターカップラー 145, 483, 491, 483
スター構成 610
スチールカメラの光学系 651
ステッパー 690
ステップアンドスキャン 694
ステップアンドリピート 693
スネルの法則 21, 176, 432
スパッタリング法 528
スペクトル線幅 184
スポット径 380
スポットサイズ 116
スポットサイズ変換ファイバー 522
スポットダイヤグラム 57
ズームレンズ 657, 662
スリット 74
スリット露光 673, 678, 679
スリーブ 467
スロープ効率 507

セ

静圧研磨法 450

正弦条件 55
正弦波形状回折格子 155
静磁エネルギー 305
静磁界の全エネルギー 635
青色LED 372
性能指数 305, 519
正方晶系 167
正立等倍変換 562
石英ガラス 240
石英系ガラス 242
石英系ガラス導波路 488, 490, 491
石英系光導波路 247
石英系光ファイバー 244
石英フレキシブルファイバースコープ 738
赤外カットフィルター 669
赤外用ガラス 259
赤色LED 371
積層光集積回路 561
積層板偏光子 512
切削法 448
接続損失 466
瀬谷・波岡形分光器 82
セルフォックレンズ 29, 432
セルフパルセーション 643
セロダイン形周波数シフター 552
せん亜鉛鉱形結晶 171
線吸収係数 726
線形性 98
旋光子 512
線集光グレーティングカップラー 550
全反射形光スイッチ 420
鮮明度 63
全面露光 673

ソ

相関距離 291
相互相関関数 750
走査形X線顕微鏡 727
走査形光電子顕微鏡 733
走査光学系 92
相似図形認識 752
送受光分離機能 639
相対強度雑音 184, 384
相対雑音強度 603
挿入損失 315
増倍立ち上り時間 578

822　索　引

増倍率　577
相反移相器　529
相反モード変換器　524
相変化光ディスク　621
像面照度分布　677
像面湾曲　34,57
側抑制回路モデル　209
側抑制ニューラルネット　810
組成変調多層膜材料　308
ソリトン信号　410
ソリトン伝送方式　587
損失導波形　377
ゾーンプレート　722
ゾーンプレートX線顕微鏡　727

タ

耐エッチング性　331
第3高調波発生　299
対称三層平板導波路　110
体積ホログラム　457,783
ダイソン形　692
第2高調波発生　175,194,298,493
耐熱性ポリマー　294,295
ダイノード　583
対物レンズ　625,626,628,631,632
耐放射線用ファイバースコープ　739
体膨張係数　628
ダイヤモンドターニングマシン　629
楕円偏波光　639
楕円放射ビーム　640
楕円率　306
多機能回折形レンズ　462
濁度　291
多重量子井戸　398
多重量子井戸構造　228,397
多心光コネクター　472
多数開口系　434
ダスト検査　704
多成分ガラス　491
多成分系光導波路　254
多成分分光ファイバー　250
多層アマクロニックネットワーク　757
多層平板導波路　123
多層膜コーティング　66

多層膜ミラー　722
多層レジスト　336
多層レジスト法　338
多段接続方式　763
縦効果形偏光制御器　516
縦方向成分　110
縦モード　383
縦モード間隔　383
多フォノン緩和過程　501
ダブルスター構成　606
ダブルヘテロ構造　376
ダブルヘテロ接合　225,226
ダブレット　626
単一縦モードレーザー　645
単一モード確率　157
単一モード条件　115,119
単一モード導波路　115,542
——の合流と分岐　144
単一モードファイバー　135
タングステンブロンズ形結晶　172
単純マトリクス形　700
単焦点レンズ　656,661
端面光学破壊　400
端面反射率　381,397

チ

チェレンコフ位相整合　497
チェレンコフ放射　302
チェレンコフ放射形第2高調波発生　160
遅延線ガラス　241
逐次処理　774
チャネル導波路　542
チャーピング　454,604
チャープドグレーティング　455
チャープトグレーティングカップラー　160
中間励起準位　502
中継増幅器　414
中赤外光ファイバー　259
チューナブルフィルター　595
稠密格子　514
超音波SLM　766
超音波偏向走査デバイス　535
潮解性　170
超高速APC　646
長尺微量Er添加ファイバー　393

超精密CNC旋盤　448
超精密旋盤　461,629
超軟X線領域　730
超分解特性　549
直交学習　804
直接遷移形　224
直接変調　586
直入射　722
チョクラルスキー法　357

ツ

追加放電　395
追記形光ディスク　621
突き合わせ調心　478
ツリー構成　421
ツリースプリッター　483,490

テ

ディザ法　674,675
ディスプレイ　698
低軟化ガラス　629
ディラックのデルタ関数　100
デルタ則　801
テレセントリック　668,681
テレセントリック光学系　435
電界印加　361
電界印加イオン交換　255
電界吸収形変調器　593
電界吸収効果　227
電気泳動ディスプレイ　699
電気感受率テンソル　298
電気光学係数　171
電気光学結晶SLM　766
電気光学効果　166,515,585
電気光学定数　299
電気光学走査デバイス　536
点結像系　434
電子計尺器　745
電子遷移　237
電子遷移吸収　287
電子線レジスト　334
電磁波　61
電子ビーム照射　361
電子ビーム描画法　343,543
電子ビームリソグラフィー　342
電子分極率　262
点像強度分布　82,89,90
点像強度分布関数　103
転送式　42

索引

点像振幅分布 83,89
点像振幅分布関数 103
伝送損失 287,297
伝送帯域 296
点像の中心強度値 92
点像分布関数 103,458
伝達関数 633
電導性ガラス 241
電場配向 494
電力反射率 127
電歪 537

ト

等位相面 61
投影拡大法 726
等価F値 679
透過回折効率 455
等価屈折率 131,154
等価屈折率法 130
透過波長域 191
同心円状グレーティング 631
動的単一モード 156
等倍結像素子 676
等倍反射投影露光法 338
導波円筒形 150
導波モード 115
導波路 496
導波路回折格子 147
導波路形 487
導波路形光スイッチ 419
導波路形光部品 248,478
導波路形非相反デバイス 524
導波路グレーティングレンズ 150
導波路フレネルレンズ 546
導波路レンズ 545
動物の眼 208
等方性散乱強度 291
透明性 287
特性温度 183,637
特性指数 194
トークンパッシング方式 611
閉込め係数（光閉込め係数） 14,118,398
ドップラー効果 713
ドップラーシフト周波数 553
ドーパント 243
ドープ光ファイバー増幅器 396
ドメイン反転 200

ドライエッチング 235,348
ドリフト速度制限 574
トリプレット 626
トワイマン-グリーン干渉計 64

ナ

ナイキスト条件 101
内部光電効果 571
斜入射光学系 721
斜入射全反射ミラー 721
斜入射ミラーX線顕微鏡 728

ニ

ニアフィールドパターン（近視野像） 116,181,379,640
2結晶分光器 723
2光子吸収 501
二軸性結晶 166,512
二次元フーリエ変換 94
二次電気光学効果 169
二次非線形感受率 189
二重フーリエ変換光学系 101,750
二重ヘテロ構造 180
2焦点レンズ 663
二段階吸収 501
入射瞳 53
入射瞳面 33
ニューロン 777

ネ

ネガタイプX線レジスト 335
ネガタイプ deep-UV レジスト 334
ネガタイプ電子線レジスト 335
ネガタイプ UV レジスト 333
熱可塑性ポリマー 294
熱硬化性ポリマー 294
熱的緩和 302

ノ

ノヴェルティーフィルター 755
濃度消光 391,505
濃度パターン法 675
ノンブロッキング性 762

ハ

バイアス補償回路 590
倍音吸収 288
配向 299
配向複屈折 284
バイコニック光コネクター 470
ハイビジョンスコープ 744
パイプカメラ 744
ハイブリッド光実装 556
ハイブリッド集積 7
ハイブリッド法 448
ハイブリッドモード 133
倍率色収差係数 45
波数ベクトル 61
バス構成 610
パーセバルの定理 99
パターニング技術 543
バタフライ接続 764
波長 61
波長可変 508
波長選択フィルター 416
波長多重 8,408
波長分割多元接続 609
波長分割多重 608,614
波長平坦形 488
波長変換 494
波長変換素子 768
バックフォーカス量 55
発光強度 501
発光準位 502
発光ダイオード 229,367,699,707
発散X線ビームマイクロトモグラフィー 732
発振スペクトル 383
発振波長 376
——の温度変化 642
波動 61
波動方程式 109,377
ハーフミラー 484
ハミルトニアン 47
ハミルトンの方程式 47
波面 61
波面係数 69
波面収差 58,79,83,91
パラメトリック増幅 201
パラメトリック発振 201
バランストブリッジ形光スイッ

索引

チ 420
バルク形光スイッチ 419
バルク形非相反デバイス 518
バルク素子 483
パルスレーザー 719
ハンケル関数 150
反磁性ガラス 273
反射形等倍露光装置 691
反射屈折形等倍光学系 692
反射屈折の法則 21,51
反射減衰量 520
反射防止膜 520
反射戻り光 602
反射率 12,66
反転分布 269
反転分布パラメーター 405
半導体ドープガラス 274
半導体微細加工技術 322
半導体レーザー 178,229,376,636,717
半導体レーザー増幅器 411
半導体レーザー励起 495
反導波構造 378
バンドギャップ 376
バンドギャップエネルギー 223,229
バンドギャップ波長 224
バンドフィリング効果 228
反応性イオンエッチング 349
半波長電圧 173
半漏れ構造 527
バンヤンネットワーク 764
バンヤン網 788

ヒ

光アイソレーター 363,374,388,394,518
光アイソレーター用材料 311
光アソシアトロン 804
光アナログ技術 749
光アレイロジック 786
光インターコネクション 569,760
光エネルギーの保存則 100
光 FDM 490
光カー効果 202
光機能素子 566
光共振器 495
光屈折効果 359
光合分波器 394

光合分波モジュール 394
光コネクター 388,465
光コンピューティング 760
光サイリスター 811
光サーキュレーター 518
光散乱 290
光散乱損失 290
光磁界センサー用材料 311
光磁気光学ガラス 273
光シストリック演算 794
光集積 RF スペクトルアナライザー 545
光集積回路 7,541
光集積ディスクピックアップ 548
光情報処理 749
光スイッチ 9,418,475
光スイッチング回路網 761
光スイッチング素子 298
光スイッチング網 771
光スキャナー 547
光双安定 203
光増幅 184
光増幅器 260,608
光ソリトン 203,617
光損傷 177,359
光第 2 高調波発生素子 360
光タップ 483
光ディジタルクロスコネクトシステム 427
光ディスク 568
光ディスク基板 624
光電子機器 568
光導電効果 581
光導波路 107
　——の合流と分岐 141
光導波路センサー 709
光導波路デバイス 767
光閉込め係数 14,118,398
光ニューラルネット 776
光ニューラルネットワーク 756
光ニューロコンピューター 568
光ニューロチップ 756,770,808
光バス 761
光非相反デバイス 518
光表面実装 560
光表面実装法 560

光ファイバー 131,244
光ファイバーアレイ 478
光ファイバーコネクター 465
光ファイバージャイロ 715
光ファイバーセンサー 709
光ファイバー増幅器 270,396
光ファイバー通信 8
光ファイバープリフォーム 296
光ファイバー融着接続機 475
光フィルター 388,394,416
光プラットホーム 559
光プリントボード 558
光分岐回路 8
光分岐・結合器 483
光分岐・合流器 483
光分波・合波器 483
光並列処理用光学系 440
光並列ディジタルコンピューター 776
光ヘッド 619
光偏向 174
光偏向器 272
光変調器 272,585
光メモリーシステム 619
光利得 580
光リソグラフィー 688
光露光レジスト 332
非球面 22
非球面プラスチック層 629,632
非球面レンズ 446,450,663
比屈折率差 112
比検出度 581
比視度曲線 211
微小光学 3
微小垂直共振器 564
微小垂直共振器構造 565
ひずみ特性 90,92
ひずみ量子井戸構造 399
非線形屈折率 203
非線形光学効果 274,260,493,542
非線形光学材料 298,493
非線形光学定数 161,171
非線形分極 161,189
非線形ホログラム連想記憶 799
非相反移相形 524
非相反移相器 529

索　引

非相反移相現象　524
非相反モード変換器　524
非対称X形合流分岐回路　146
非対称カット結晶　731
非対称三層平板導波路　120
　——の単一モード条件　122
非対称分岐回路　146
非調和定数　288
ビデオカメラの光学系　668
ビデオタイプライター　745
ビデオディスク　621
非点隔差　380,641,642
非点収差　34,42,57,380,724
ビート雑音　407
ビート雑音限界　187
瞳関数　86,89,103,688
　——の自己相関関数　89
瞳近軸光線　37,44
　——の初値　44
瞳の球面収差　42
瞳の三次収差係数　39
非複屈折性ポリマー　284
非輻射遷移　268
被覆除去　475
微分量子効率　637
ビームウエスト　624,682,683
ビーム整形プリズム　641
ビーム伝搬法　15
ビームパラメーター　71
標準レンズ　657
表面弾性波　536
表面弾性波トランスデューサー電極　545
ビルトインキャスティング法　391
ピン止め　305
ピンニングサイト　305
ピンニング力　305

フ

ファイバー　497
ファイバー埋込形アイソレーター　522
ファイバー加工形　485
ファイバー形偏光子　528
ファイバージャイロ　591
ファイバースコープ　737,738
ファイバーバンドル　250
ファイバーラマン増幅器　387
ファインダー光学系　665
ファーフィールドのフラウンホーファー回折　94
ファーフィールドパターン（遠視野像）　118,181,382,640
ファブリー-ペロー干渉計　65,376,383
ファラデー回転ガラス　273
ファラデー回転係数　519
ファラデー回転子　518
ファラデー回転子材料　312
ファラデー効果　517,524
フィゾーの干渉計　64
フィネス　65
フィルター埋込形　487,490
フィルムの画面寸法　651
フィルム偏光板　513
封管法　235
フェルマーの原理　20
フェルール　467
フォトエッチング　460
フォトクロミックガラス　276
フォトコンダクター　581
フォトダイオード　572
フォトトランジスター　579
フォトポリマリゼーション　459
フォトマスク　459,460
フォトリソグラフィー　337
フォトリフラクティブ結晶　780
フォトリフラクティブ効果　204,359,755
フォトレジスト　327
フォトレジスト位相格子　325
フォノンエネルギー　502
フォログラフィックリソグラフィー　341
フォンノイマンボトルネック　774
不均一構造　290
不均質な屈折率　664
複眼　208
複屈折　284,299,511
複屈折回折格子形偏光子　513
複屈折結晶　523
複屈折プリズム　514
複合二次ひずみ　609
複写機　671,673,678
輻射遷移過程　501
複写レンズ　672,676
複素振幅フィルター　102,106
複素反射率　127
副搬送波多重　616
フッ化物　505
フッ化物ガラス　260,505
フッ化物系ファイバー　390
フッ化ジルコニウム系ガラスファイバー　507
物体近軸光線　36,44
　——の初値　44
ブッチンマイクロコネクター　481
物理的強化方法　238
部分的コヒーレント照明　690,691
不遊条件　82,88
浮遊帯域溶融法　357
フライアイレンズ　690
ブラウン管　699
プラグ　467
プラスチック非球面レンズ　647
プラスチックモールド　628,630
プラスチックモールド法　446
プラズマアレイ素子　539
プラズマX線源　719
プラズマエッチング　349
プラズマ効果　228,379
プラズマディスプレイ　699,705
プラズマ分散効果　226
ブラッグ回折　595
ブラッグ角　457
ブラッグ条件　147,155
ブラッグセル　545,596
フラックス法　357,519
ブラッグ反射　272,720
ブランチングデバイス　483
フランツ-ケルディシュ効果　227,593
フーリエ解析　93
フーリエ逆変換　95
フーリエ光学　93
フーリエ積分定理　101
フーリエ変換　82,89,102
プリペア　328
ブール代数　780
ブレークイーブン配線長　776
ブレーズド回折格子（ブレーズ

索引

ドグレーティング）457, 461
ブレーズドグレーティングレンズ 455
ブレーナ光学系 767
フレネル-キルヒホッフ積分 68
フレネルゾーンプレート 453, 462
フレネルゾーンプレートアレイ 326
フレネルの位相速度の式 511
ブレンド法 284
プロキシミティー露光 337
プロキシミティー露光装置 729
プログラマブル論理アレイ 787
プロジェクション方式 702
プロセス定数 690
プロセッサーの粒度 776
ブロッキング性 763
フローティングゾーン法 519
分解能 80, 689
分　極 168
分極反転 360
分極率 278
分極率楕円体 285
分光結晶 720
分散曲線 113, 114
分散能 80
分子屈折 278
分子スタッフィング法 266, 267, 388
分子ビーム成長法 232
分子容 278
分布帰還形レーザー（DFB レーザー）155
分布屈折率 27, 35
分布屈折率形 29
分布屈折率媒質 21, 23, 30
分布屈折率光導波路 67
分布屈折率平板導波路 122
分布屈折率レンズ（屈折率分布形レンズ）431, 676〜679
分布屈折率ロッドレンズ 6
分布結合 486, 488
分布結合用導波路 480
分布反射形レーザー（DBR レーザー）158

ヘ

平行ビーム変換系 434
平行平板 631
平板グレーティングレンズ 648
平板マイクロレンズ 6, 436, 563
平板マイクロレンズアレイ 751
平面グレーティングコリメーターレンズ 630
平面結像形ポリクロメーター 725
平面光学素子 785
並列空間フィルタリング光学系 751
並列多重通信 566
並列光情報処理 568
ペインネットワーク 764
ベクトル・行列乗算 783
ベクトル・マトリクス演算 756
ペッツヴァル項 43, 44
ヘッドホン形 583
ヘテロダイン 613
ヘテロダイン干渉法 716
ヘルツ接触 470
ベルデ定数 273, 317
ベルヌーイ法 357
ヘルムホルツ-ラグランジュの不変式 28
ヘルムホルツ-ラグランジュの不変量 26, 31
変位センサー 712
変換効率 161, 392, 498, 503
偏　光 510
偏光依存形マトリクス光スイッチ 422, 519
偏光干渉形周波数シフター 553
偏向器 595
偏光子 512
偏光特性 639
偏光比 638
偏光ビームスプリッター 523, 638
偏光フィルター 514
偏光分離素子 514
偏光無依存形 519

偏光無依存形マトリクス光スイッチ 422
偏波依存性 414
偏波ダイバーシティ受信 615
偏波ビームスプリッター 394
偏波分離素子 521
偏波面保存ファイバー 544

ホ

ホイヘンスの原理 73
ポイントアイコナール 34〜36, 41
望遠レンズ 657
方向性結合器 8
方向性結合器形光スイッチ 420
放射角特性 639
放射光蛍光X線分析顕微鏡 733
放射光マイクロトモグラフィー 731
放射損失 108
放射導波路形回折格子 159
放射モード 115, 159, 528
飽和強度 187
飽和出力 187, 413
ポジタイプX線レジスト 335
ポジタイプ deep-UV レジスト 333
ポジタイプ電子線レジスト 334
ポジタイプ UV レジスト 332
補償温度 304
保磁力 305
ポストベーク 330
ポッケルス効果 167, 298, 588
ホップフィールドのモデル 797
ボード線図 634
ホモダイン 613
ホモジナイザー 690
ポリカーボネート 294
ポリクロメーター 723
ポリマー 460
ポリマー光ファイバー 295
ホログラフィー 105
ホログラフィックオプティカルエレメント 648
ホログラフィック回折格子 81
ホログラフィック光学素子

索　引　　　　　　　　　　　　　　　　　827

453, 623
ホログラフィックフィルター 106
ホログラフィックレンズ　453
ホログラム連想メモリー　799
ポンプ光　201

マ

マイクロオプティックス　3, 431
マイクロレーザー　271
マイクロレンズ　6, 297
マイケルソン干渉計　796
マーク長記録方式　307
マスク　324
マスクアライナー　692
マッチドフィルター　568, 750
マッハツェンダー形光スイッチ　420
マッハツェンダー形変調器　586, 594
マッハツェンダー干渉計　64, 145, 489, 529, 552
マトリクス　71
マトリクス光スイッチ　420
マルチカラー　706
マルチモード　644
マルチモード導波路　256
マルチモードレーザー　645
マレシャルリミット　79

ミ

密着法　726
ミラー係数　190

ム

無機レジスト　336
無限共役系対物レンズ　630
無収差　453
無反射コーティング　412

メ

明　度　211, 219
メキシカンハット　810
メモリー　774
メーラーの公式　68
面内磁化領域　525
面発光レーザー　416, 563
面発光レーザー形光増幅器 416

モ

網　膜　810
モジュール化　556
モースポテンシャル　288
モード安定化LD　550
モード位相整合　302
モード間隔　180
モードの直交性　149
モードフィールド　479
モードフィールド径　116, 135
モードフィールド変換　480
モードフィールド変換器　388, 394
モードフィールド変換導波路 480
モード分配雑音　384
モード変換形　524
モードホッピング現象　644
モードホッピング雑音　384, 641, 645
戻り光誘起雑音　384, 645
モノクロメーター　723
モノマー　460
漏れ構造導波路　125

ユ

有機金属気相成長装置　232
有機非線形材料　594
有限共役形　450
有限共役系の対物レンズ　630
有効開口数向上用光学系　439
有効視野角　458
有効非線形感受率　193
融　着　476
融着接続　395
誘電正接　170
誘電体　356
誘電体保護層　307
誘電率ゆらぎ　291
誘導複屈折　525
誘導ブリュアン散乱　203, 387
誘導放出　178, 184
誘導放出断面積　269
誘導ラマン散乱　203, 387

ヨ

揺動説理論　290
溶融テーパファイバー　486
横効果形偏光制御器　515

横収差　38
横収差係数　35, 39
横方向成分　110
横モード　376
4分の1波長シフト　156
4分の1波長板　639

ラ

ライトガイド　250, 253
ラプラス変換　633
ラマンシフト量　387
ランダム共重合法　285
ランベルト-ベールの法則　237

リ

リオのフィルター　174
離散サンプル画像　100
理想結像点　38
理想結像論　19
理想像高　57
リソグラフィー技術　322, 336
リソグラフィープロセス　323
利　得　186, 412
利得係数　156
利得結合　157
利得定数　185
利得スペクトル　413
利得導波形　377
利得導波形レーザー　643
利得飽和　186
リニアアレイ形光走査デバイス 537
リーマンの積分法　152
量子井戸　224, 225
量子構造　566
量子効率　573
量子細線　224, 225
量子雑音　384
量子閉じ込めシュタルク効果 228, 782
量子箱　224, 225
両面非球面ガラスプレストレンズ　629
両面非球面のアプラナティックレンズ　627
リレーレンズ系　435
リンス　329

ル

ループ構成　610

828　索　引

ループバック　613
ルーフミラーレンズ　676,681
ルングークッターギル法　47

レ

励起光強度　501
励起子　593
励起準位吸収　392
励起状態吸収　501
レイリー散乱　291
レイリーリミット　79
レーザーガラス　267
レーザー共振器　179
レーザードップラー速度計　591,713
レーザー発振　506
レーザービーム走査光学系　90
レーザービームの点像強度分布　92
レーザービーム描画　543
レーザービーム描画装置　544
レーザープラズマX線源　728
レーザープリンター　671,674,681,683,684
レジスト材料　327
レジスト除去　330
レジスト塗布　327
レジストプロセス技術　327
レート方程式　179
レプリカ　461
レンズアクチュエーター　632
レンズアレイ　436
レンズによるフーリエ変換　95
連想記憶　797
レンチキラーレンズ　440
連立眼　209

ロ

ローカルエリア通信網　610
ローカルミニマ　798
露光・放射線照射　329
ロッドインチューブ法　253,391
ローパスフィルター　669
ローランド円　81,724
ローレンツーローレンス式　237,278

ワ

歪　曲　34,42,652
歪曲収差　57
歪曲収差係数　91

欧 文 索 引

A

AOM　595
APC回路　638
APD　576
ARROW　125,126
ARROW-B　126
ASE発生　394

B

Bi置換RIG膜　313
Bi置換ガーネット系材料　307
BSO結晶　596

C

CATV　591
CCD　732
CCDハイブリッドシステム　753
CD　67,548
CGH　784
circle polynomial　59
CN比　308
CPU　774
CR時定数　573
CRT　699
CSMA/CD方式　611
cut-off周波数　89

CZ法　357

D

DBRレーザー　158
deep-UVリソグラフィー　340
deep-UVレジスト　333
DMD　766
DOCIP　793
DPCM　808

E

EDFA　402
EHモード　134
EL　699,706
ELD　706
EOポリマー　594
Erイオンの蛍光寿命　404
Erドープ光ファイバー増幅器　616
ESA　392

F

Fナンバー　86
$f\theta$レンズ　684,685
fan-out光コネクター　474
FC光コネクター　467,470
FHD　488,490,491

FTTH　606
FZ法　357

G

GCL　630
GGG　308
GI線ポリマー光ファイバー　295
GRIN球レンズ　297
GRINレンズ　432

H

H交換　359,361
half field Dyson形　692
HEモード　133
HOE　623
HPT　781

I

ILA　789
ILCOD　811

K

KDP形結晶　170
Kleinmanの対称性　190
KTN結晶　170
KTP　356

L

LB膜　300
LCD　700
LED　367,707
LEDアレイ素子　538
LEDアレイプリンター　686
LFGC　550
LN　356
LN導波路形デバイス　586
LPE法　357
LPモード　134

M

Makerフリンジ　194
Manley-Roweの関係式　193
Marcatili法　128
MCVD法　388
MIMD　777
MSLM　785
MT光コネクター　472
MTF　104

N

NA　15,118
Nd-YAGレーザー　728
NF　405
NFP　116
NHAM　799
noncritical位相整合　199

O

OEIC　769
Offner形　691
OLD　400
OPALS　786
OSC　787
OTDR法　553
OTDR用光スイッチ　424
OTF　82,89,104,688,689
OVD法　245,390

P

PC結合　468,469
PCM　799
PDFA　404
PDP　705
Petermannの近似表現　136
pinフォトダイオード　575
PLA　787
pnフォトダイオード　573
pnpn光デバイス　770
POEM　792
PON　490
POS　453
PPM　781
Prドープ光ファイバー増幅器　396
PTF　104

Q

QCSE　228,782
QPM　361
quasi-invariant法　34

R

RGB表色系　215
RIG垂直磁化膜　317
RIN　384

S

SC光コネクター　470
SCフェルール　468
SEED　766,782
Sellmeierの式　196
SGL　631
SHG　298,360
SHGグリーンレーザー　363
SI形POF　296
SIMD　777
SMT　556
SMT光コネクター　473
Sol-Gel法　236
SR光　345
S-SEED　782
ST光コネクター　472
STN　700
Strehlの中心強度比　89
SV光コネクター　473

T

TbFeCo系材料　304
TEモード　111,552
TECファイバー　480
TE/TMモードスプリッター　552
TE/TMモード変換素子　552
THG　299
Ti拡散　359
TMモード　111,552
TN液晶　700
TPON　609
TSSG法　357

U

UCS色度図　218
UVレジスト　332
UVリソグラフィー　337

V

Vパラメーター　112
VAD法　246,388
Vander Lugtフィルター　751
VFD　706
VSPD　809
VSTEP　782

W

Widrow-Hoff則　801
WORM　621
WSI　778

X

X線管　719
X線顕微鏡分析装置　732
X線光学素子　720
X線生物顕微鏡　725
X線断層像　732
X線分光器　723
X線マイクロトモグラフィー装置　731
X線マスク　730
X線リソグラフィー　343
X線リソグラフィー装置　729
X線レジスト　335
X線露光　729
X線露光方式　344
XYZ表色系　216

Y

Y分岐　488,590
Y分岐導波路　490
YAG　356

Z

Zernike多項式展開　438

資 料 編

掲載会社索引

日本電気硝子株式会社 …………………………………………………… 1
昭和オプトロニクス株式会社 ………………………………………… 2，3
HOYA株式会社 …………………………………………………………… 4
日本板硝子株式会社 ……………………………………………………… 5

資 料 編

光ファイバ永久接続器 ガラススプライス®

ガラススプライス® は、現場での光ファイバ心線の接続を短時間で確実に行えるメカニカルスプライスです。その接続損失、信頼性は永久接続に使用可能で、単心から12心までの光ファイバ心線に対応しています。GSFM, GSR, GSCの種類があり、1995年中頃には新製品を発売する予定です。

●GSFMの特長
・接続作業が簡単
　手早く、スピーディに作業が行えます。
　約3分間という短時間で作業が完了します。
・低損失な接続性能
　低損失な接続性能と高信頼性を持っているため永久接続に使用可能です。
・経済的
　作業用治工具は小型、軽量、かつコンパクトに設計されしかも低価格。使いやすく持ち運びに便利です。

●GSFMの性能
高速・大容量通信ネットワークの構成部品としての性能、信頼性を備えています。

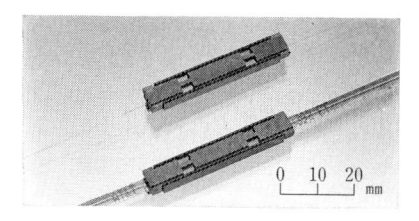

GSFM
＊接続損失（GSFM 4心テープ用）

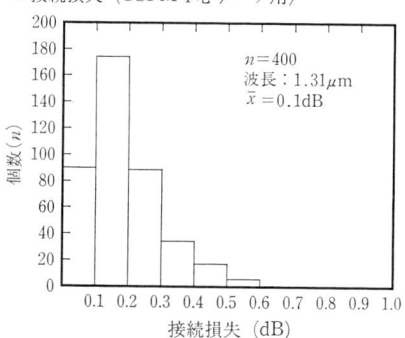

$n = 400$
波長：$1.31\mu m$
$\bar{x} = 0.1dB$

接続損失（dB）

ガラススプライスGSFM	平均接続損失 （$\lambda = 1.31\mu m$）	反射減衰量 （10〜50℃）
単心光ファイバ用	0.1dB	45dB以上
4心テープ光ファイバ用	0.1dB	

■光通信用球レンズ
当社は精密加工技術を用いて光通信用に各種球レンズを生産しています。
特に最近では，光通信用球レンズ・モジュールを開発し幅広いニーズに応えています。

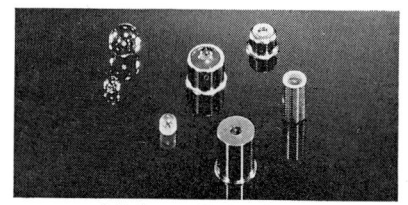

各種球レンズおよび加工品

日本電気硝子株式会社
電子材料開発課

大阪　〒532　大阪市淀川区宮原4丁目1－14　TEL 06-399-2721　FAX 06-399-2731
東京　〒108　東京都港区三田1丁目4－28　TEL 03-3456-3511　FAX 03-3456-3553

資料編

SOCのオプトロニクス製品

　昭和オプトロニクス株式会社は1954年設立以来，光技術の中核を成す光学素子の開発・製造を手掛け，その間に培われた優れた赤外線応用技術，レーザ応用技術，光デバイス製造技術をベースに，あらゆるオプトロニクス製品のニーズにお応えし，学会や産業界において高い評価を得ております。
　ますます高性能化されていく光技術のキーワードを「低損失」「高耐力」「高安定」と捉え，これにより実現される「高品質」をあらゆる製品に追求しております。

■散乱光測定装置
　光学素子の散乱量をppmオーダーで測定します。積分球と凹面鏡を併用した集光方式により，試料面での散乱強度分布や散乱光の散乱角度依存性等が評価できます。
　また，微少透過率の測定にも用いることができます。
- 波　長；633nm，543nm
- 試料サイズ；15ϕ～40ϕの平行平面
- 散乱検出角；±1°～±80°
- 分解能；1 ppm

■波長変換素子
　高出力YAGレーザ対応BBO，LBOの高効率波長変換素子で，すべて高耐力・耐湿性ARコーティング付です。
- 波　長；1064⇒532（SHG1064）
　　　　　532⇒266（SHG532）
　　　　　1064/532⇒355（THG1664）
- 寸　法；2×2×1～10×10×10mm（W×H×L）

■エキシマレーザ用集光レンズ
　エキシマレーザと可視光との色消しレンズですから加工点の同時観察が可能です。
- ○KVH40-9.6　（f＝ 40，分解能2μm，加工範囲2mmϕ）
- ○KV100-25　　（f＝100，分解能3μm，加工範囲2mmϕ）
- ○KV200-25　　（f＝200，分解能6μm，加工範囲4mmϕ）
- ○KVW1/3-46　（f＝110，分解能3μm，加工範囲10mmϕ □）

■レーザ用バリアブルアッテネータ
　レーザ光のエネルギーを90％～5％の範囲でマニュアルまたはパソコン制御により連続的に可変します。反射光は吸収され外部にはもれません。
- 有効径；43×20mm

昭和オプトロニクス株式会社

本　　　社　〒154 東京都世田谷区新町3丁目5-3　TEL 03-5450-5131(代表)
横浜事業所　〒226 神奈川県横浜市緑区白山1丁目22-1　TEL 045-931-6511(代表)

資料編　　　　　　　　　　　　　　　　3

SOCのオプトロニクス製品

■赤外線用レンズ
　赤外線カメラ用レンズの設計製作をします。
- 波　長；$3\sim5\,\mu m$，$8\sim12\,\mu m$
- 材　質；Ge，Si，ZnS，ZnSe，他
- 形　状：平面，球面，非球面で300mmϕまで

■高出力レーザ用$f\theta$レンズ
　優れた集光特性と$f\theta$特性をもち，高出力レーザ用に開発された$f\theta$レンズです。保護用のウインドウの交換も容易におこなえます。
　○FT250/3-1064　　　波長1064nm　　　加工範囲120mmϕ
　○FT150/3-1064AH　　波長1064/633nm　加工範囲120mmϕ
　○FT150/3-1064　　　波長1064nm　　　加工範囲120mmϕ
　○FT100/2-1064　　　波長1064nm　　　加工範囲 76mmϕ
　○FT150/2-266　　　 波長 266nm　　　加工範囲 72mmϕ

■Laser Watcher
　赤外線のレーザを可視光に変換し，ビームの位置の検知やモード形状の判定などに使用できます。
　○Laser Watcher IR-1；波長 $0.9\sim1.07\,\mu m$，発光波長　緑色
　○Laser Watcher IR-2；波長 $1.48\sim1.55\,\mu m$，発光波長　赤色
　○紫外線レーザ用も近日発売予定

■各種レーザ用オプティクス

■紫外線から赤外線までの各種レンズおよび光学システム

■光変調素子，光スイッチ（AO素子等）

■光計測機器および装置

■真空・耐圧，耐放射線，耐震動衝撃，衛星搭載用などの特殊用途光学機器

■単品部品から特注装置まで，ご要望にお応えします。

昭和オプトロニクス株式会社

本　　　社　〒154 東京都世田谷区新町3丁目5－3　TEL 03-5450-5131(代表)
横浜事業所　〒226 神奈川県横浜市緑区白山1丁目22－1　TEL 045-931-6511(代表)

4　　　　　資　料　編

ガラスモールド光学部品

ガラスモールド光学部品は，超精密型を用い，光学ガラスをプレス成形することにより，大量生産されています。カメラなどの従来用途に加えて，新しい分野での利用が期待されています。

特殊光学部品

超精密型加工技術にリソグラフィー加工技術を付加することにより，従来にない機能を持った光学部品が実現できます。

1．複合プリズム，複合機能レンズ
2．回折光学素子(ホログラフィック素子など)
3．トーリックレンズ，シリンドリカルレンズ
4．マイクロレンズアレー
5．その他高精度ガラス成形品

非球面レンズ

1．レーザープリンター用
2．光通信用
3．光ピックアップ用
4．カメラ用
5．光センサー用

※写真（上）は，巾 $0.75 \sim 0.50 \mu m$，深さ $0.07 \mu m$ のパターンをガラスに転写したSEM写真です。
※写真（下）は，ガラスモールド非球面レンズの一例です。

代表的な非球面マイクロレンズ

品　名	焦点距離	開口数	使用波長	品　名	焦点距離	開口数	使用波長
A70	0.71mm	0.60	1550nm	A51	6.00mm	0.40	830nm
A76	1.18mm	0.40	1300nm	AH11	6.25mm	0.40	780nm
A85	1.57mm	0.50	1310nm	A62	6.67mm	0.33	780nm
A61	3.00mm	0.55	780nm	A129	7.00mm	0.39	810nm
A16	3.00mm	0.55	830nm	A125	8.00mm	0.28	780nm
A36	3.80mm	0.53	830nm	A63	8.00mm	0.30	780nm
A25	3.90mm	0.55	830nm	A26	8.00mm	0.31	830nm
AH4	4.20mm	0.50	780nm	A41	10.00mm	0.33	780nm

ＨＯＹＡ株式会社

オプティクス営業部　営業３課　〒196 東京都昭島市武蔵野3-3-1　TEL 0425-46-2640
　　　　　　　　　　　　　　　　　　　　　　　　　　　　　　　FAX 0425-46-1191

NSG SELFOC

ハイパフォーマンスLDMシリーズ

光通信から光センシングまで

LDM（レーザダイオードモジュール）
PDM（フォトダイオードモジュール）

特長：高安定性、高結合効率性を実現した軽量小型
　　　なレセプタクルタイプのモジュールです。
用途：光LAN、光データリンク、光センサ、他。

LDCM（レーザダイオードコリメータモジュール）

特長：可視半導体レーザ光を用いた視認性の高い
　　　LDコリメータです。
用途：バーコードスキャナ、光センサ、他。

※ピグテールタイプ、その他の仕様についても御用命下さい。

新しい仲間が
加わりました。

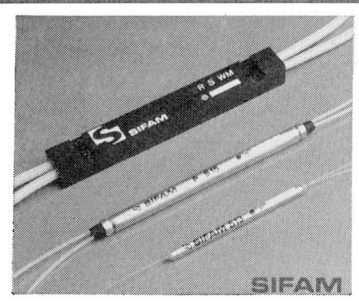

光ファイバカプラー　　　　　　　　　　LED、PD素子、各種モジュール

試作から量産まであらゆるニーズに対応致します。是非お問い合わせください。

⊙ 日本板硝子株式会社　光事業部

東京●〒105 東京都港区芝 1-11-11（住友不動産芝ビル）TEL.(03)5443-0159　FAX.(03)5443-0160

微小光学ハンドブック（普及版）	定価はカバーに表示

1995年6月20日　初　版第1刷
2008年6月15日　普及版第1刷

編集者	応 用 物 理 学 会
	日 本 光 学 会
発行者	朝　倉　邦　造
発行所	株式会社　朝　倉　書　店
	東京都新宿区新小川町6-29
	郵 便 番 号　162-8707
	電　話　03(3260)0141
	F A X　03(3260)0180
	http://www.asakura.co.jp

〈検印省略〉

ⓒ 1995〈無断複写・転載を禁ず〉　　　　新日本印刷・渡辺製本

ISBN 978-4-254-21035-4　C 3050　　　　Printed in Japan